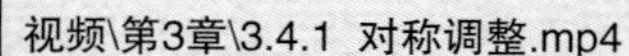

视频\第3章\3.4.1 对称调整.mp4

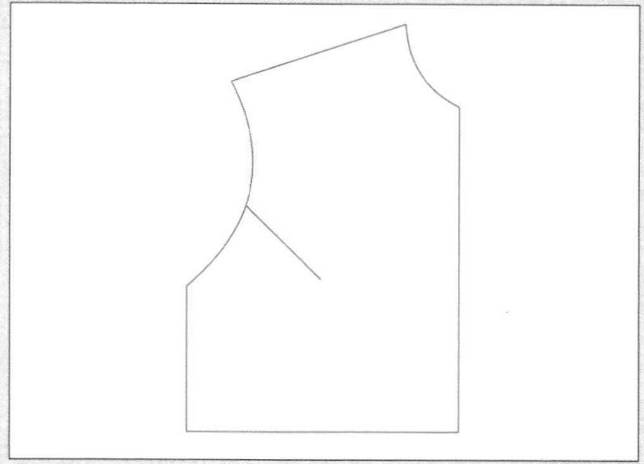

视频\第3章\3.4.2 收省.mp4

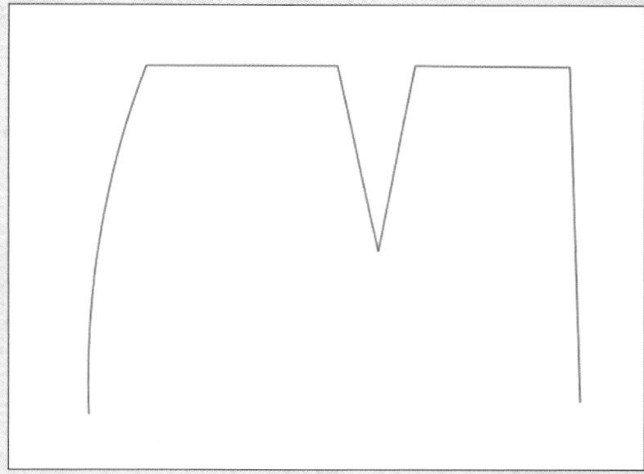

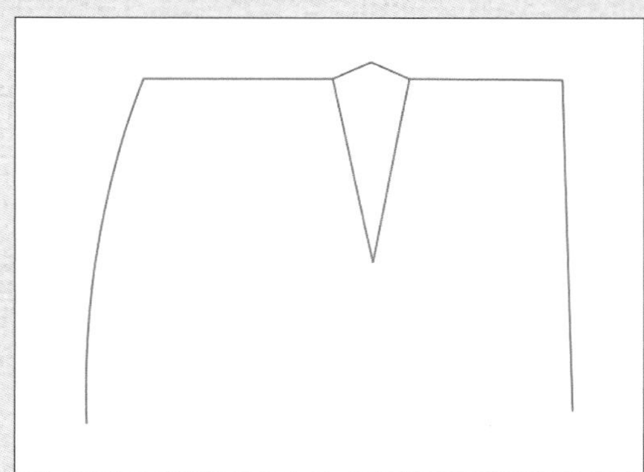

视频\第3章\3.4.3 加省山.mp4

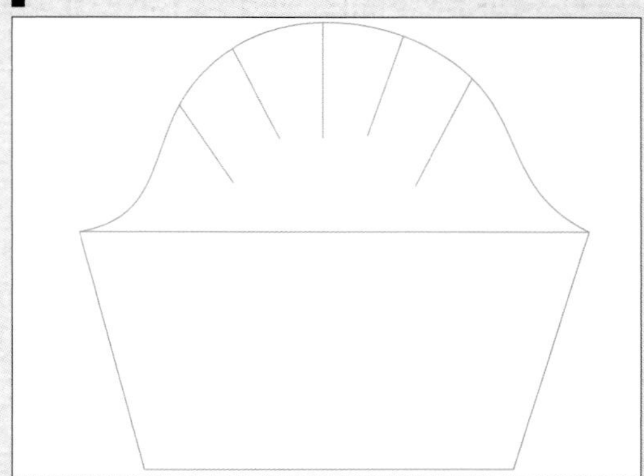

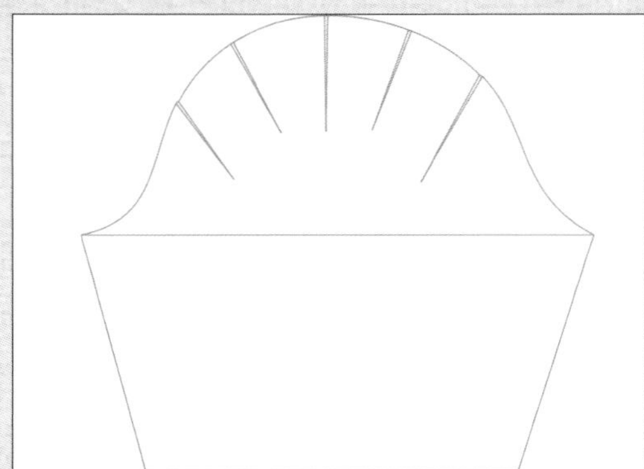

视频\第3章\3.4.4 插入省褶.mp4

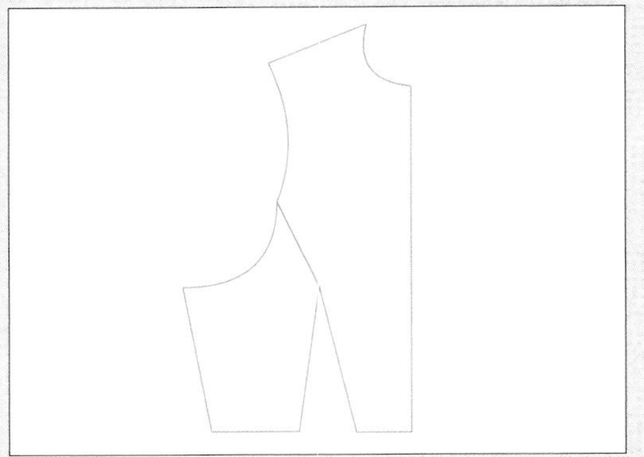

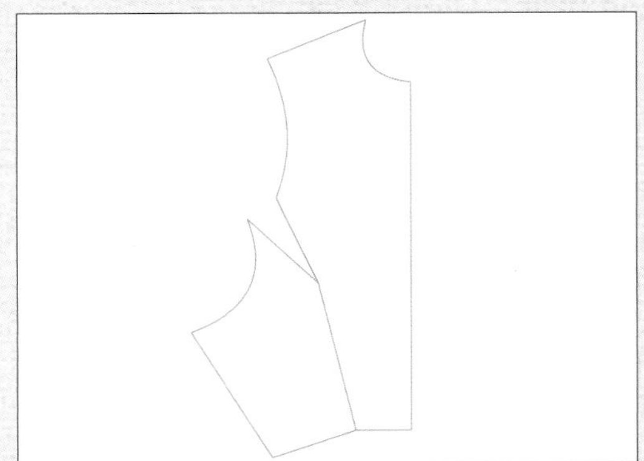

视频\第3章\3.4.5 转省.mp4

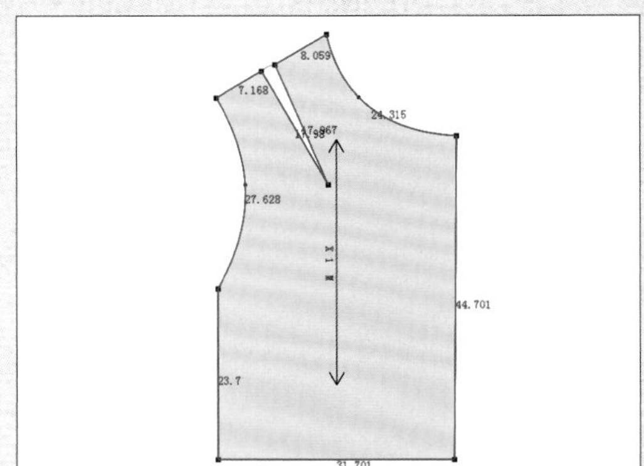

视频\第3章\3.4.6 剪刀.mp4

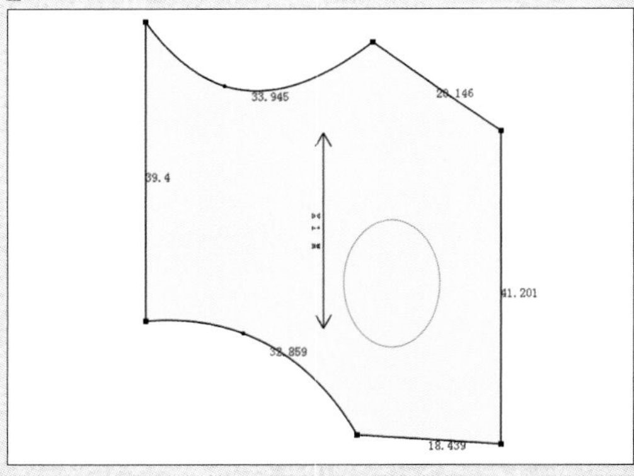

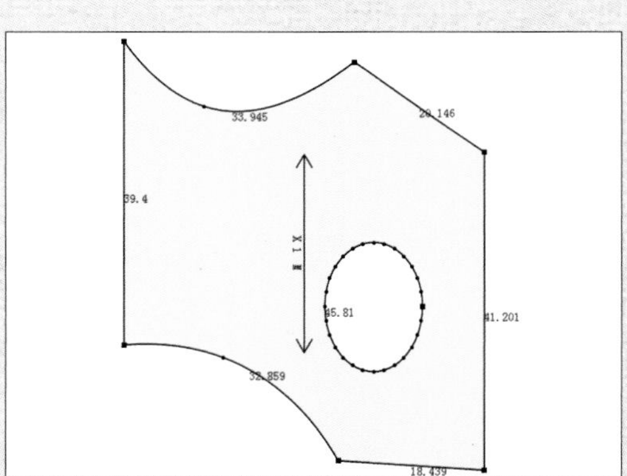

视频\第3章\3.4.7 拾取内轮廓.mp4

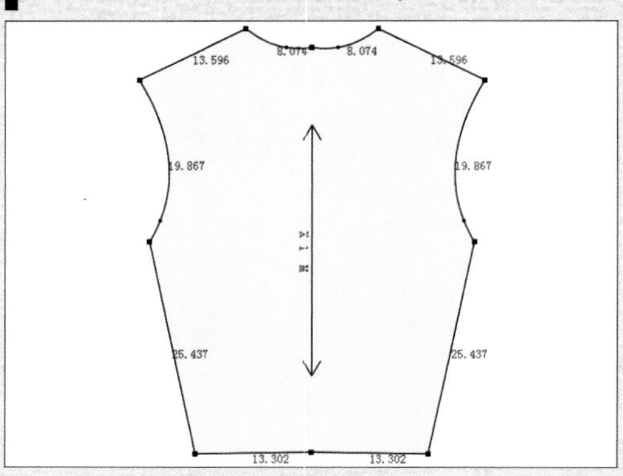

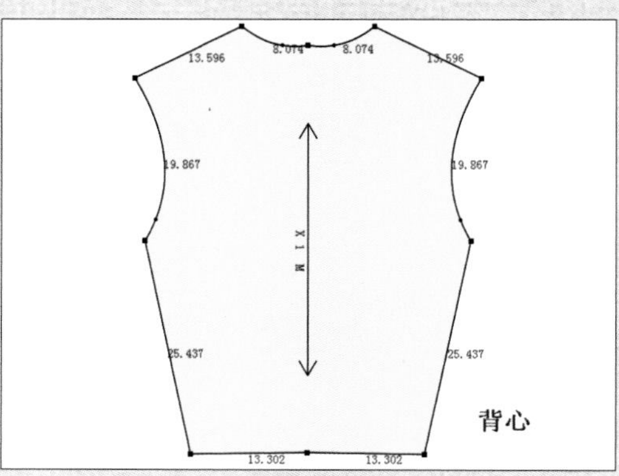

视频\第3章\3.4.8 加文字.mp4

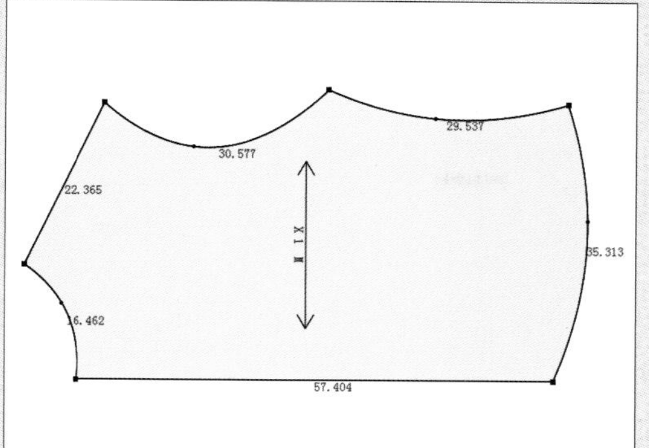

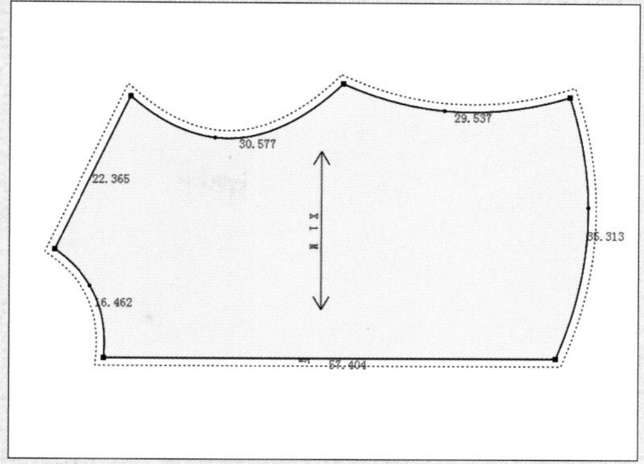

视频\第3章\3.4.9 加缝份.mp4

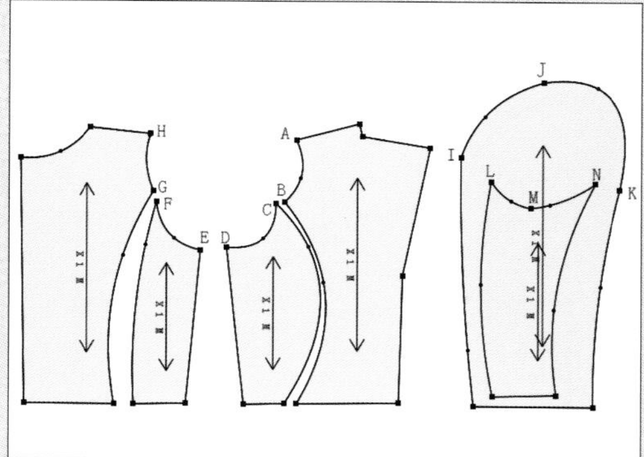

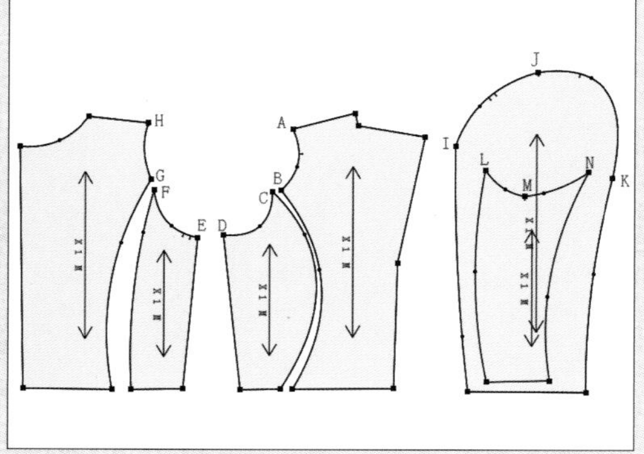

视频\第3章\3.4.10 袖对刀.mp4

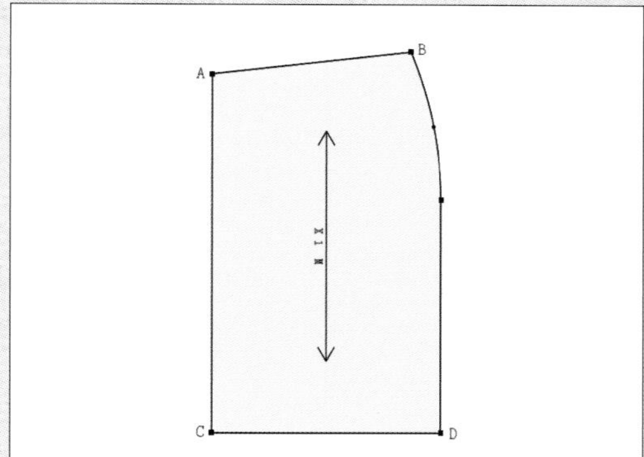

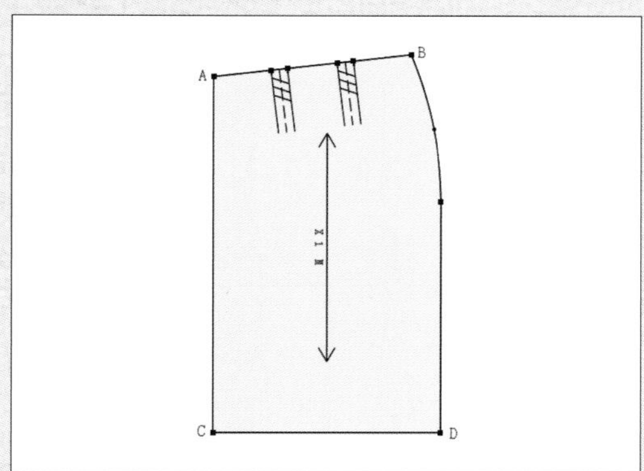

视频\第3章\3.4.11 褶.mp4

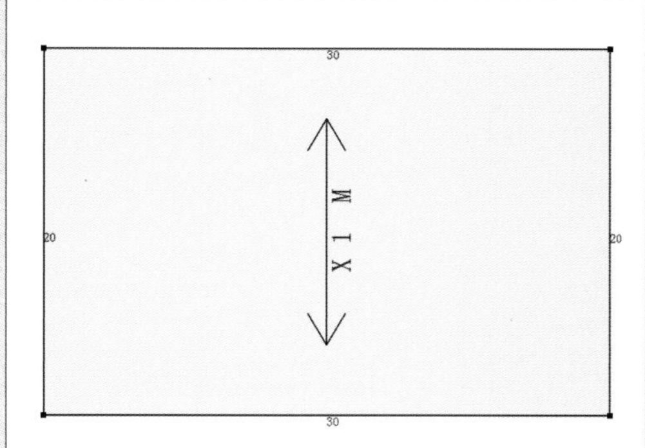

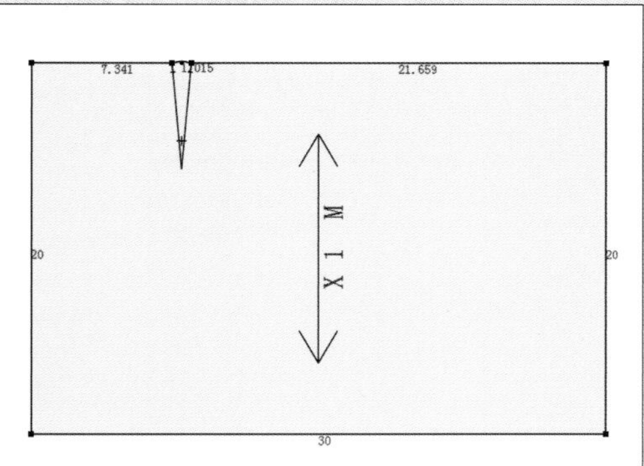

视频\第3章\3.4.12 V型省.mp4

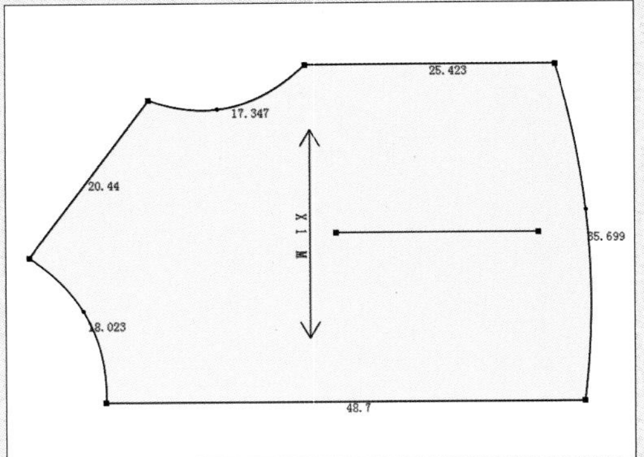

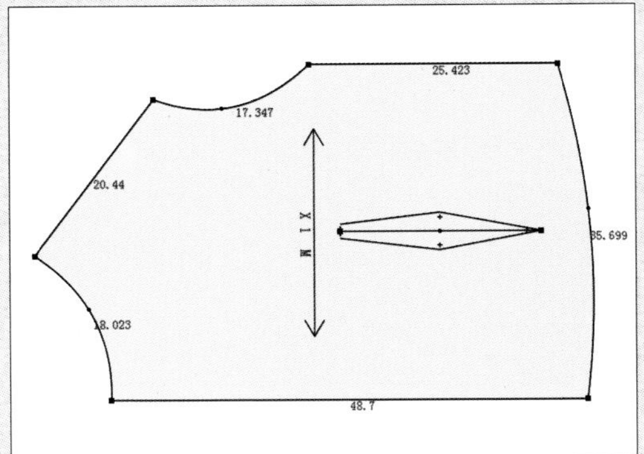

视频\第3章\3.4.13 锥型省.mp4

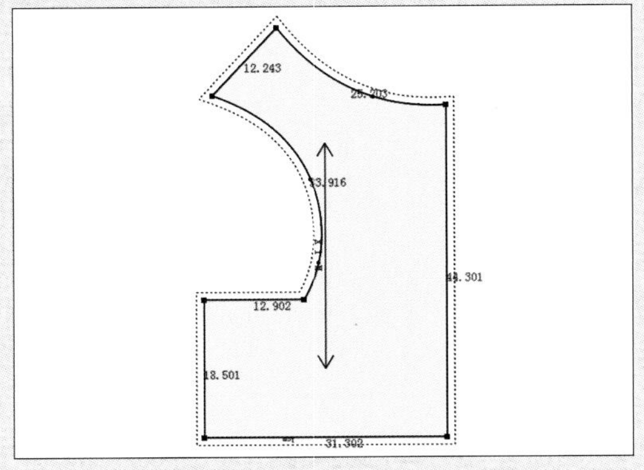

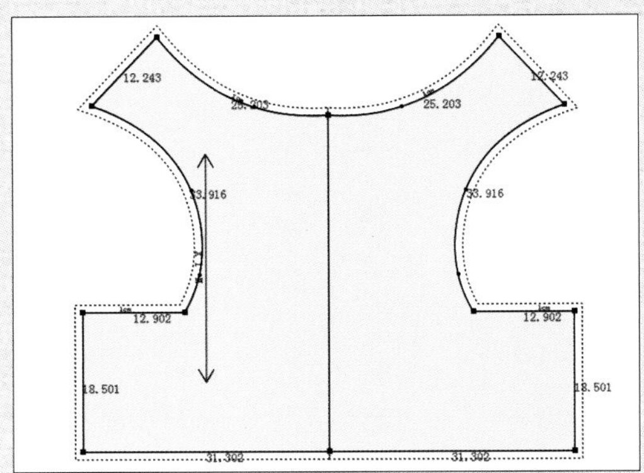

视频\第3章\3.4.14 纸样对称.mp4

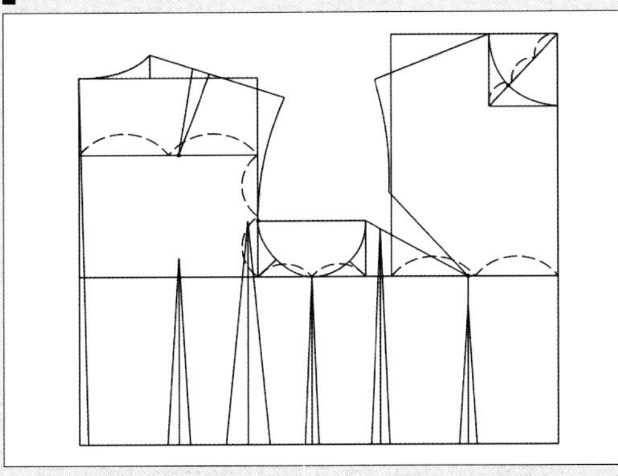

视频\第6章\6.1 文化式女上装原型CAD制版.mp4

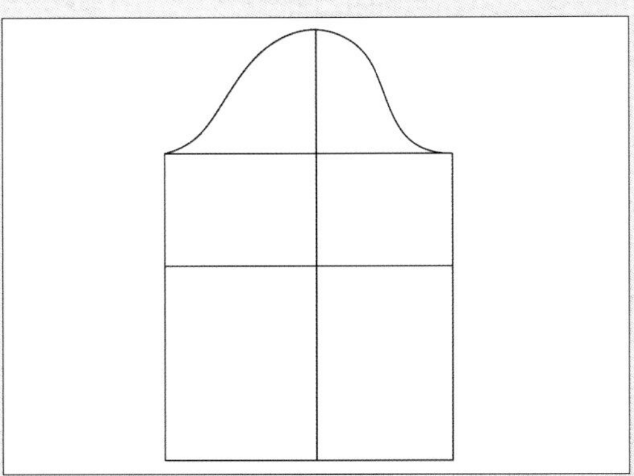

视频\第6章\6.2 文化式女装袖子原型CAD制版.mp4

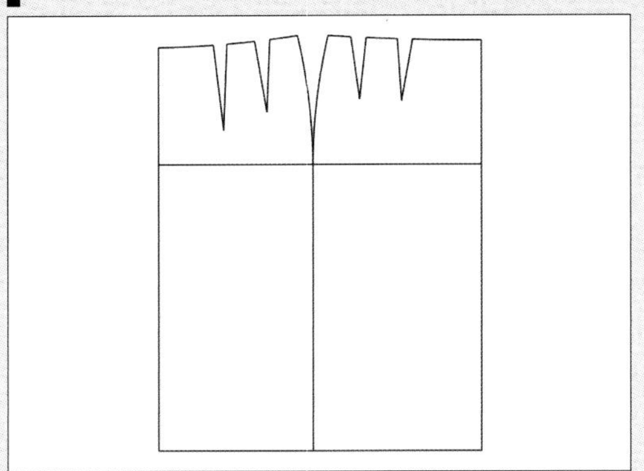

视频\第6章\6.3 裙装原型CAD制版.mp4

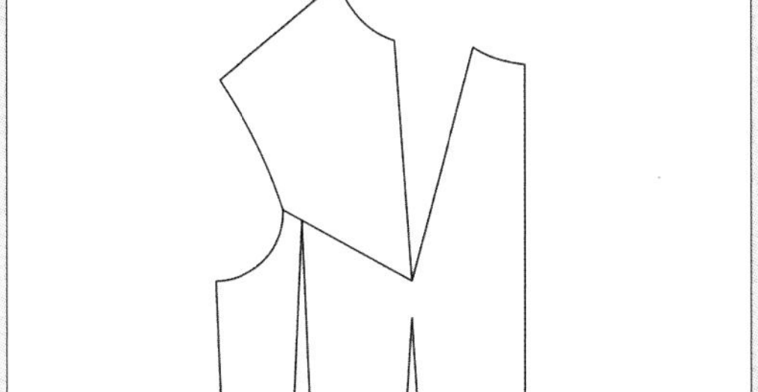

视频\第7章\7.1.1 领省.mp4

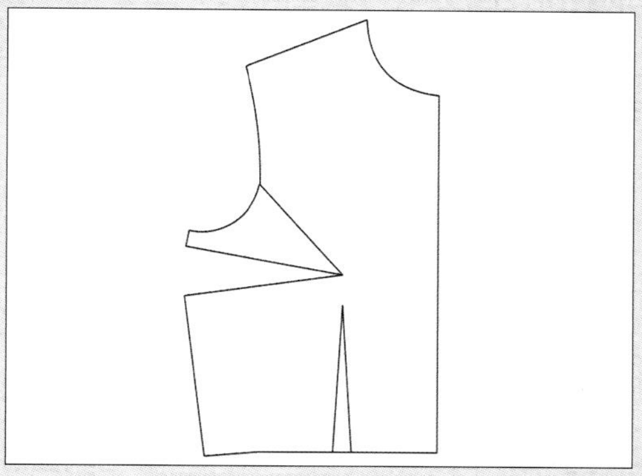

视频\第7章\7.1.2 腋下省.mp4

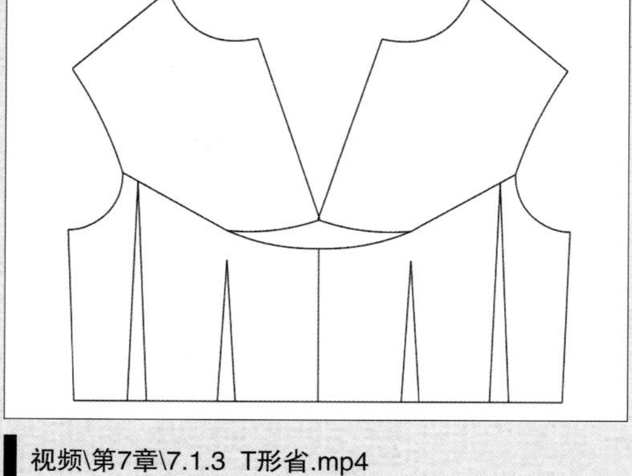

视频\第7章\7.1.3 T形省.mp4

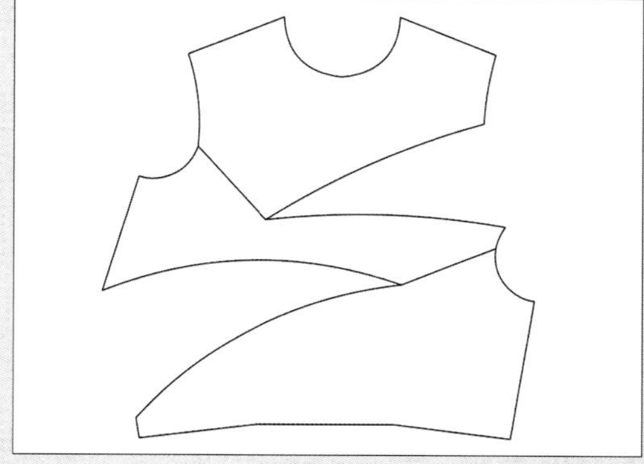

视频\第7章\7.1.4 特殊形状省.mp4

视频\第7章\7.2.1 U形分割线.mp4

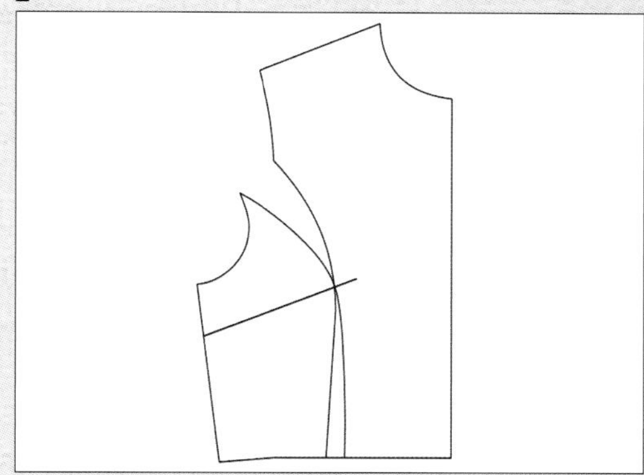

视频\第7章\7.2.2 公主线.mp4

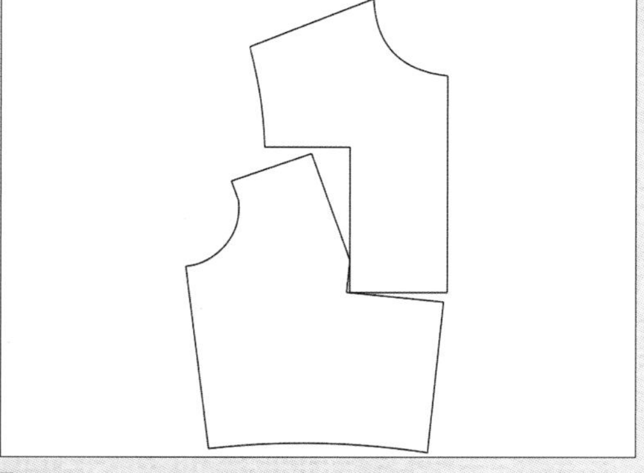

视频\第7章\7.2.3 直线分割线.mp4

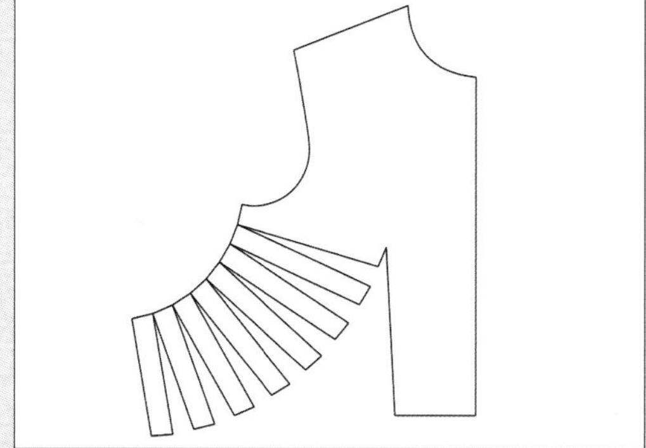

视频\第7章\7.3.1 褶裥一.mp4

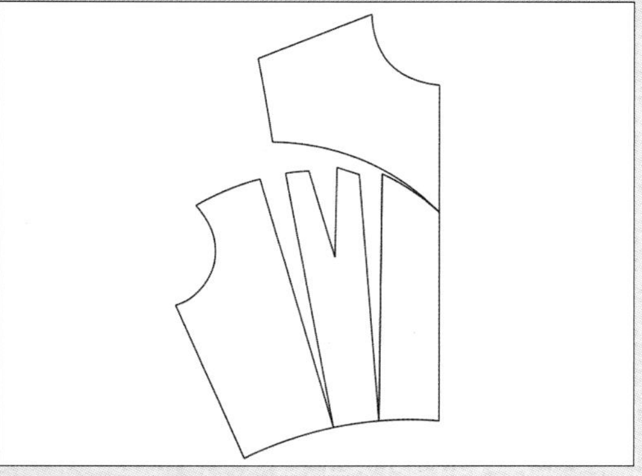

视频\第7章\7.3.2 褶裥二.mp4

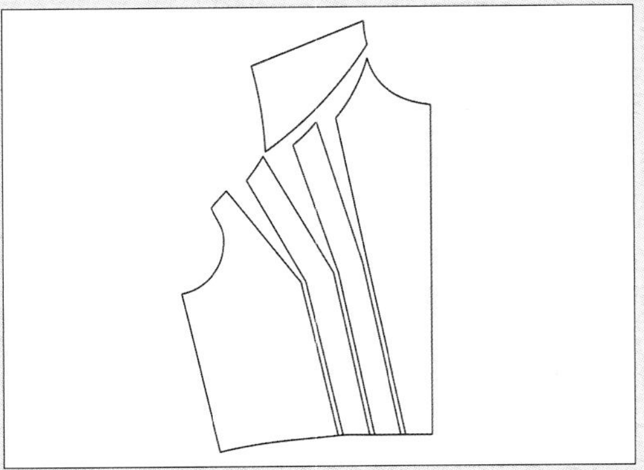

视频\第7章\7.3.3 褶裥三.mp4

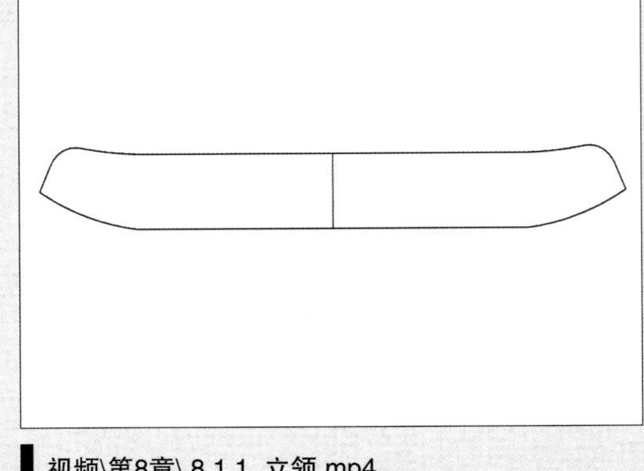

视频\第8章\ 8.1.1 立领.mp4

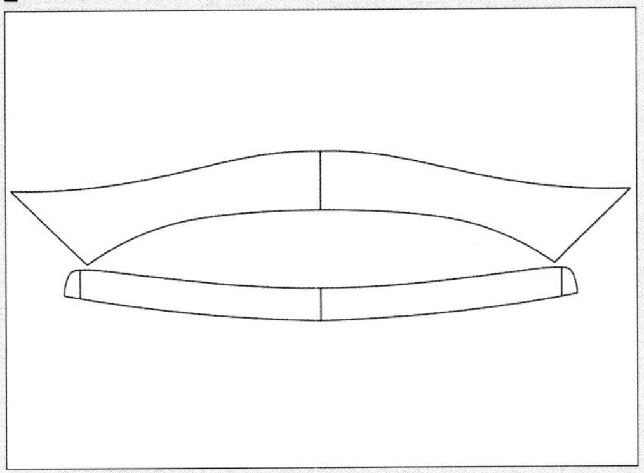

视频\第8章\8.1.2 翻领.mp4

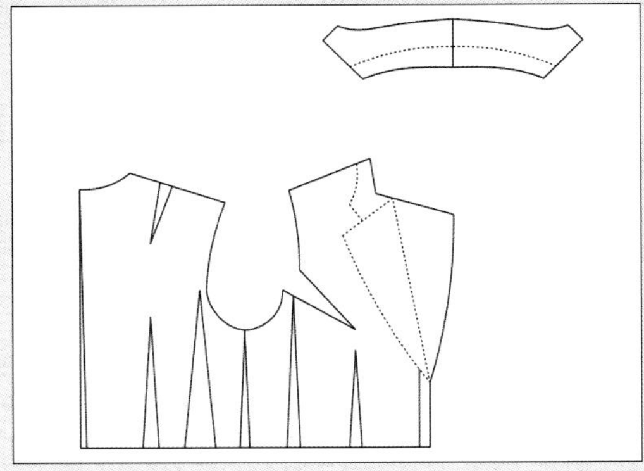

视频\第8章\8.1.3 翻驳领.mp4

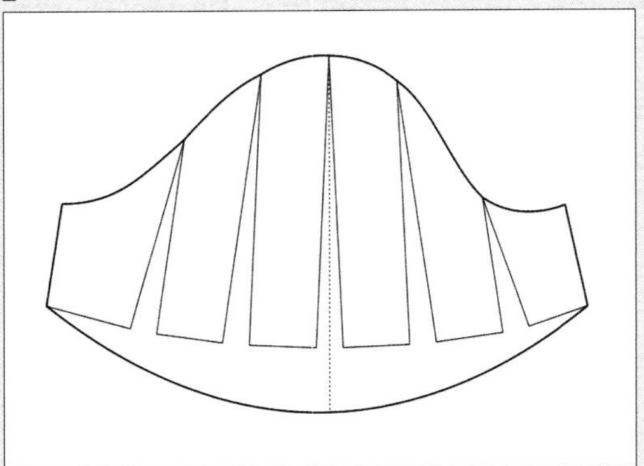

视频\第8章\8.2.1 灯笼袖.mp4

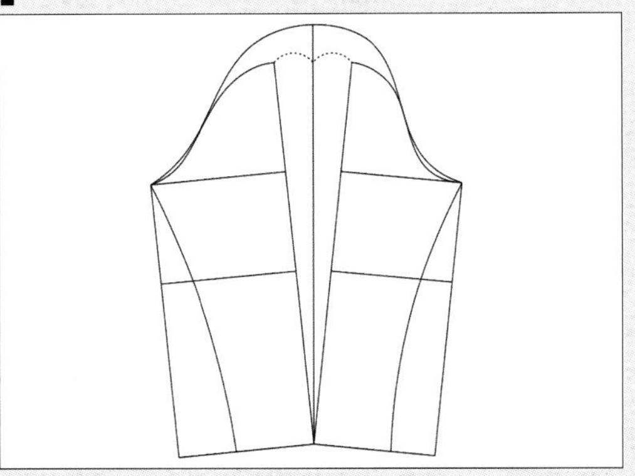

视频\第8章\8.2.2 火腿袖.mp4

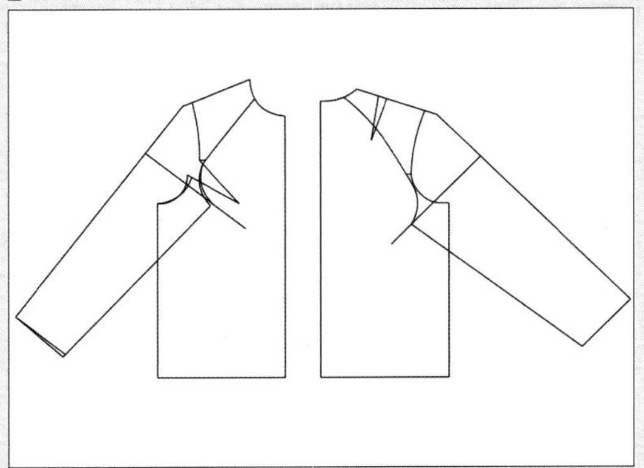

视频\第8章\8.2.3 插肩袖.mp4

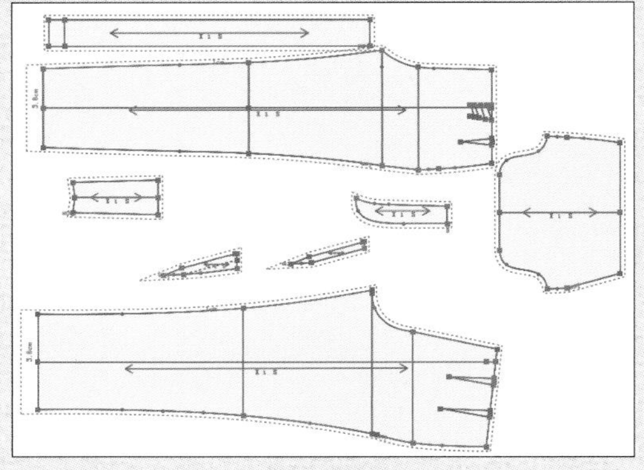

视频\第9章\ 9.1 女西裤.swf

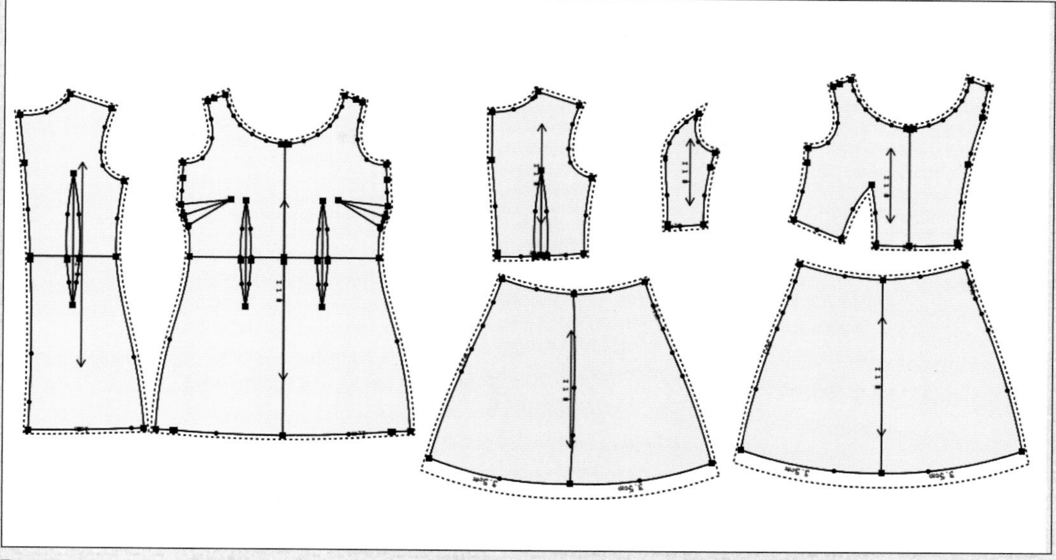

视频\第9章\9.2 连衣裙.swf

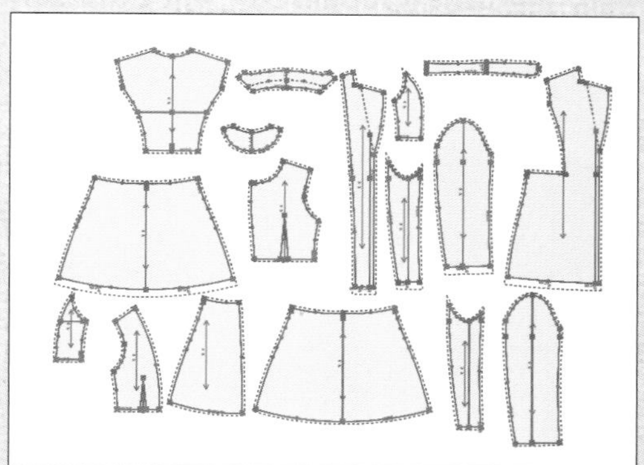

视频\第9章\9.3 风衣.swf

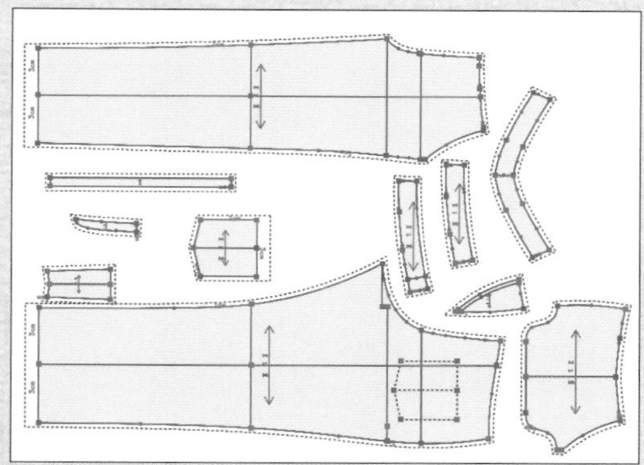

视频\第10章\10.1 休闲裤.swf

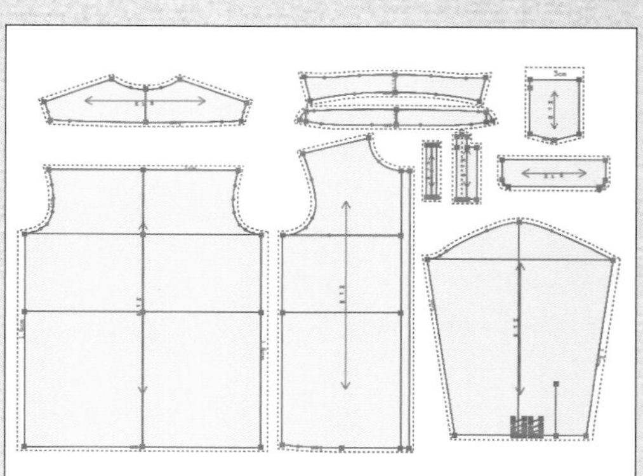

视频\第10章\10.2 男式衬衣.swf

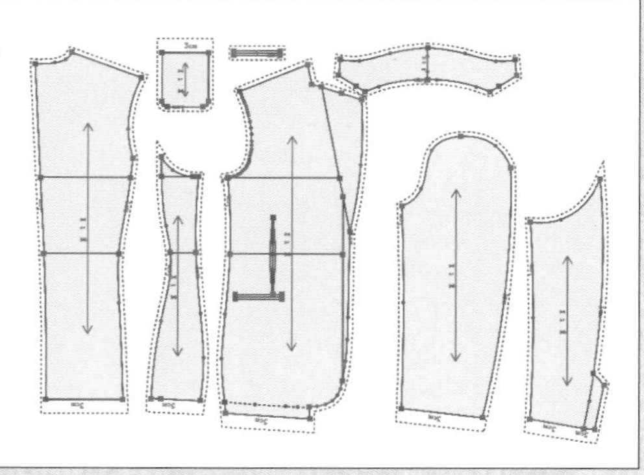

视频\第10章\10.3 男式西装外套.swf

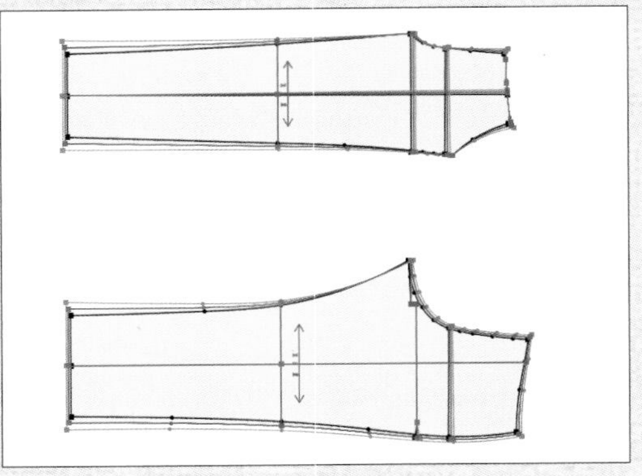

视频\第11章\11.1.1 休闲裤的放码.mp4

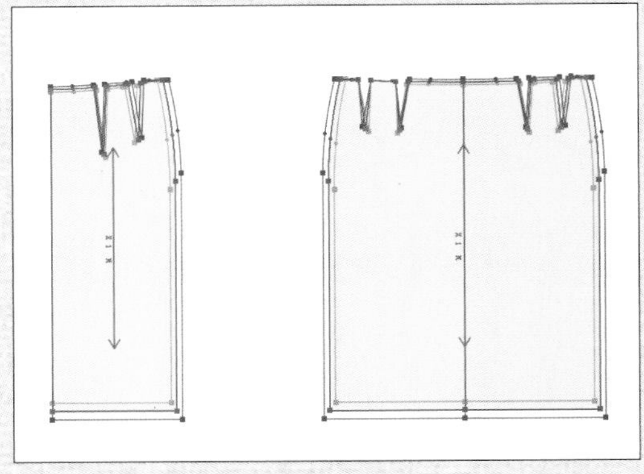

视频\第11章\11.1.2 裙子的放码.mp4

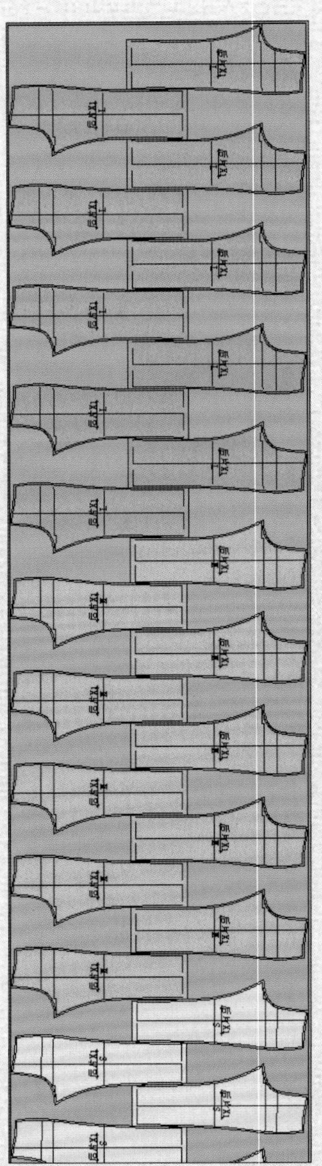

视频\第11章\11.2.1 休闲裤的排料.mp4

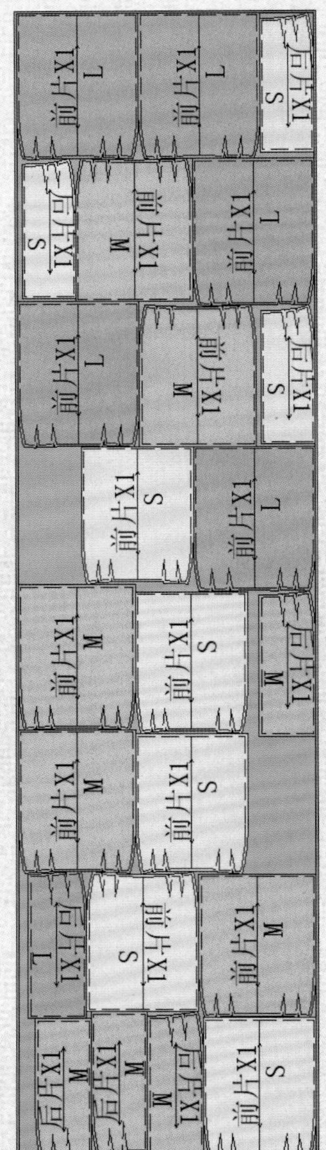

视频\第11章\11.2.2 裙子的排料.mp4

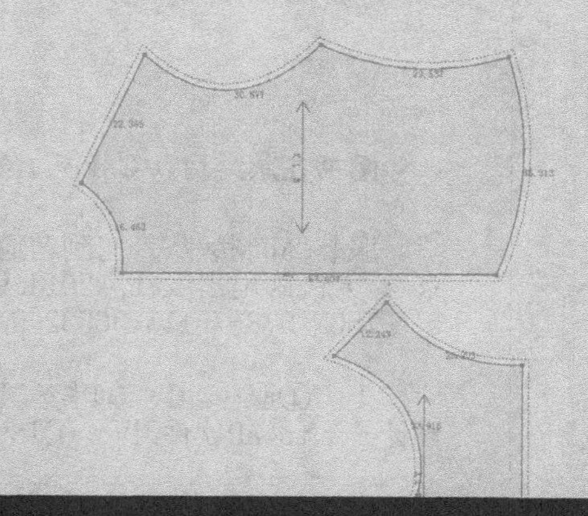

服装CAD制版
从入门到精通

华天印象　编著

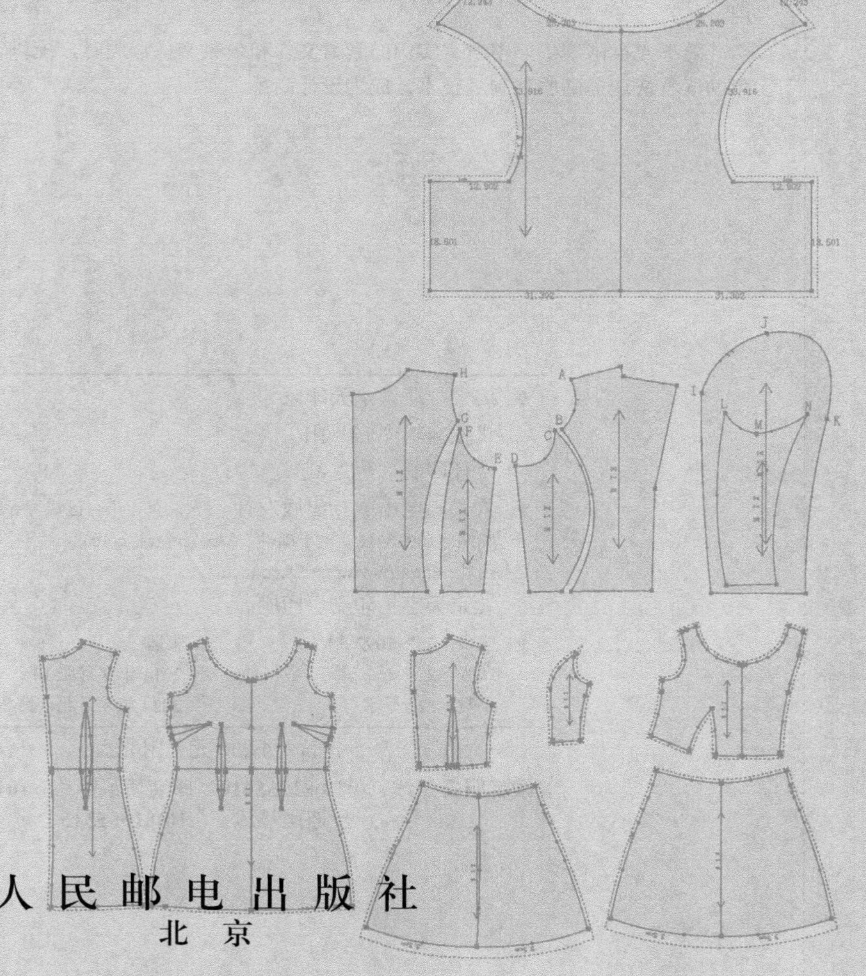

人民邮电出版社
北京

图书在版编目（CIP）数据

服装CAD制版从入门到精通 / 华天印象编著. -- 北京 : 人民邮电出版社, 2014.9
ISBN 978-7-115-36332-9

Ⅰ. ①服… Ⅱ. ①华… Ⅲ. ①服装设计－计算机辅助设计－AutoCAD软件 Ⅳ. ①TS941.26

中国版本图书馆CIP数据核字(2014)第161609号

内 容 提 要

本书从初学者的角度入手，紧扣服装设计教学内容大纲，通过大量实例演练，教学与自学结合，帮助读者从入门到精通服装 CAD 制版设计。

本书包括服装 CAD 制版的基本知识、富怡服装 CAD 软件入门、设计与放码 CAD 系统、排料系统、工业纸样的制作、原型 CAD 制版、省褶与分割线的设计、衣领与衣袖的设计、女装制版、男装制版、服装 CAD 放码与排料等内容。全书结构清晰、语言简洁，适合作为各高等院校、高等职业技术学院、职业技术类培训学校的服装设计专业的教材及配套用书，还适合从事服装设计创意等工作的在职人士学习使用。

随书光盘附赠了书中所有实例的素材文件和效果文件，同时，配以 500 多分钟实例操作视频演示，帮助读者快速提高服装制版技术，成为设计高手。

◆ 编　　著　华天印象
　责任编辑　张丹阳
　责任印制　程彦红

◆ 人民邮电出版社出版发行　　北京市丰台区成寿寺路 11 号
　邮编　100164　　电子邮件　315@ptpress.com.cn
　网址　http://www.ptpress.com.cn
　北京天宇星印刷厂印刷

◆ 开本：787×1092　1/16　　彩插：4
　印张：22　　2014 年 9 月第 1 版
　字数：527 千字　　2024 年 8 月北京第 26 次印刷

定价：49.00 元（附光盘）

读者服务热线：(010)81055410　印装质量热线：(010)81055316
反盗版热线：(010)81055315

■ 本书简介

富怡服装CAD系统设计与放码软件是基于微软公司的标准操作平台Windows98/2000/XP/7开发出来的一套全中文环境的专业服装工艺软件。本书依托日本第八代文化式女上装原型和富怡服装CAD软件V9版本为基础，全面系统地介绍最新服装CAD技术。

■ 本书特色

特色	特色说明
6大 专题设计实训	本书精讲了6大应用案例：服装原型制版、领省、T形省、公主线、直线分割线、立领、翻驳领、灯笼袖、火腿袖以及插肩袖设计、女装制版、男装制版、服装CAD放码与排料等，让读者能够学有所成，快速领会，成为设计高手
11大 技术专题精讲	本书专讲了13大技术专题：服装CAD制版的基本知识、富怡服装CAD软件入门、设计与放码CAD系统、服装原型制版、省褶与分割线的设计、领型与袖型的设计、男女装制版、服装CAD放码与排料等，帮助读者从零开始，循序渐进，一步一个台阶进行学习，结合书中的中小型实例，成为设计高手
40多个 专家提醒放送	作者在编写时，将平时工作中总结的各方面富怡服装CAD实战技巧、设计经验等毫无保留的奉献给读者，不仅大大地提高了本书的实用性，更方便读者提升软件的实战技巧与经验，从而大大提高读者学习与工作效率，学有所成
40多个 技能实例奉献	本书通过大量的技能实例，来辅讲软件，共计46个，帮助读者在实战演练中逐步掌握软件的核心技能与操作技巧。与同类书相比，读者可以省去学无用理论的时间，更能掌握超出同类书大量的实用技能和案例，让学习更高效
70多款 素材效果奉献	随书光盘包含了27个素材文件，46个效果文件。其中素材包括文化式女上装原型、裙子、袖子、翻驳领、连衣裙以及休闲裤等，应有尽有，供读者使用
500多分钟 语音视频演示	书中全部的技能实例，以及最后6大综合案例，全部录制了带语音讲解的演示视频，时间长度达500多分钟（8个多小时），重现了书中所有实例的操作，读者可以结合书本，也可以独立的观看视频演示，像看电影一样进行学习
1400多张 图片全程图解	本书采用了1400多张图片，对软件的技术、实例的讲解、效果的展示，进行了全程式的图解，通过这些大量清晰的图片，让实例的内容变得更通俗易懂，读者可以一目了然，快速领会，举一反三，制作出更多精美漂亮的效果

■ 适合读者

本书结构清晰、语言简洁，适合作为各高等学院、高等职业技术学院、职业技术类培训学校的服装设计方面的教材、配套用书，还适合于从事服装设计创意等工作的人。

■ 作者售后

本书由华天印象编著，由于编写水平有限，书中难免有错误和疏漏之处，恳请广大读者批评、指正。读者在学习的过程中，如果遇到问题，可以与作者联系（电子邮箱itsir@qq.com）。

■ 版权声明

本书及光盘中所采用的图片、模型、音频、视频和赠品等素材，均为所属公司、网站或个人所有，本书引用仅为说明（教学）之用，绝无侵权之意，特此声明。

编　者

Contents

目 录

本章建议学习时间120分钟

第 1 章 服装CAD制版的基本知识

学前提示

对服装产业来说，服装CAD的应用已经成为历史性变革的标志。本章主要向读者介绍服装CAD的基本知识、服装的号型、服装制图的符号与代号以及服装制版的专业术语。

本章内容

- 初识服装CAD
- 服装号型
- 服装制图的符号与代号

通过本章的学习，您可以

- 掌握服装CAD系统的基本知识
- 掌握服装CAD的发展现状与趋势
- 掌握服装号型
- 掌握服装制图的符号
- 掌握服装制图国际代号
- 掌握服装制版的专业术语

1.1 初识服装CAD

随着社会经济的发展，人们生活水平和文化修养的提高，人们的衣着消费也发生了变化，由最初的盲目从众变为追求品牌和个性，款式上既显示个性又具有时代特色。服装穿着品味的提高促使服装业向多品种、小批量、短周期、高质量方向发展，而服装CAD（服装计算机辅助设计）正应服装业的发展特点，具有对市场的快速反应能力，成为服装企业面对市场竞争的有效工具。

1.1.1 服装CAD系统介绍

服装CAD就是计算机辅助服装设计的简称，一般有创作设计（款式、色彩、服饰配件等）、出样、放码和排料等。服装CAD系统是利用计算机图形技术，在计算机软硬件系统的基础上开发出来实用系统，使设计师可以在屏幕上设计服装款式和衣片。计算机中可存储大量的款式和花样供设计师选择和修改，设计过程可大为简化。由于可参照资料多了，设计师的想象力和创造力也就丰富了。服装CAD系统将服装设计师的设计思想、经验和创造力与计算机系统的强大功能密切结合，必将成为现代服装设计的主要方式，服装技术有力地支持了服装艺术！

服装CAD是在20世纪70年代起步发展的，服装CAD系统由硬件和软件两部分组成。

服装CAD硬件系统是软件的载体，一般包括以下3种。

- **数字化读入设备：**相当于扫描仪。专用扫描仪用来扫描款式效果图或面料。数字化纸样读入仪用来读取手工绘制的纸样。
- **电脑：**对电脑的配置要求不是很高，最好是P4、30GB~40GB硬盘、256MB内存。显示器也应该好些，最好17英寸以上的纯平显示器，保证图样效果又善待设计师的眼睛。
- **输出设备：**打印机、绘图仪或自动拖铺裁床。打印款式效果图一般彩色打印机就可，绘制纸样则需要90cm以上幅宽的纸样打印机。绘图仪的价格与输出幅宽有关。

服装CAD的软件是硬件的灵魂，从功能上来分一般包括以下4种。

- **服装款式设计系统：**包括服装面料的设计以及服装款式的设计。
- **服装纸样设计系统：**包括结构图的绘制功能、纸样的生成、缝份的加放、标注标记等功能。
- **服装样片推码系统：**由单号型纸样生成系统多号型纸样。
- **服装样片排料系统：**设置门幅、缩水率等面料信息、进行样片的模拟排料，确定排料方案。

目前服装CAD的使用已渗透到了服装生产过程的各个阶段。服装CAD系统可用来进行服装款式图的绘制（有时可以进行面料的设计和通过试穿系统检验款式效果并进行调整）、服装样板的制作、对基础样板进行放码、对完成的衣片进行排料、对完成的排料方案直接通过服装裁剪CAM系统进行裁剪。

1.1.2 服装CAD在工业生产中的应用

服装CAD是将人和计算机有机结合起来，最大限度地提高服装企业的“快速反应”能力，在服装工业生产及现代化进程中起到至关重要的作用。服装CAD在工业生产中的应用主要体现以下两个方面。

1. 提高工作效率和设计精度，保证产品质量

首先服装产品的生产周期主要取决于技术准备工作的周期，对于小批量生产更是如此。采用服装CAD后，其技术准备工作周期可缩短几倍乃至几十倍，产品加工周期便可大大缩短，企业便有余力进行产品的更新换代，从而提高企业自身的活力。

随着经济的发展，人们生活水平的提高，对高档产品的需求也不断增加，因而提高产品的质量，即提高产品的档次乃是增加企业效益的有效措施。由于在传统手工业生产中，人为因素对产品质量影响严重，从设计阶段就存在着精度低等先天不足，产品质量难以提升。近年来，由于采用服装CAD，不仅使得产品的设计精度得以提高，而且使后续加工工序采用新技术（如CAM、CAPP、FMS等）得以实现，为产品质量提供了可靠的保障，这就意味着增加产值和提高生产效益。

2. 节省人力资源、降低生产成本、信息管理科学化

服装业属于加工产业，因此产品的生产成本是决定生产效益的重要因素。在生产成本中，原材料的消耗和人工费用占相当比例。采用服装CAD后，一般可节省2/3的人力，面料的利用率可提高2%～3%。这对于批量生产，尤其是高档产品而言其效益更是相当可观的。

提高企业的现代化管理水平同样是服装企业、特别是中小型服装企业所面临的突出问题之一，常常使得企业的经营者焦头烂额。企业的现代化水平的提高取决于理念、体制以及手段的更新。纸样是服装企业重要的技术资源，采用服装计算机辅助设计技术来制作纸样以及随之而来的提高效率、改善质量、降低成本的作用是显而易见的，它不仅改善了企业的管理手段，而且也更新了企业的理念。

1.1.3 服装CAD的发展现状与趋势

我国从20世纪80年代中期，在引进、消化和吸收国外软件基础上开始服装CAD的研制。随着各行业研究开发人员的迅速投入，我国服装CAD系统较快地从研究开发阶段进入实用化、商品化和产业化阶段。目前性能较好、功能比较完善、市场推广力强、商业化运作比较成功的国内服装CAD系统主要有：航天工业总公司710所研制的ARISA系统、杭州爱科电脑技术公司的ECHO系统、北京日升天辰电子有限责任公司的NAC-700系统（现已经升级到NAC-2000系统）、深圳富怡电脑机械有限责任公司的RICIIPEACE系统。已形成以北京为中心，北京、杭州、深圳为轴线的CAD产业大发展的格局。

目前，我国服装CAD的技术水平，在二维CAD的各功能模块的开发和配置上已接近国外同类系统的水平，而在三维CAD及二维CAD网络通信应用上与国外CAD软件相比还有一定距离。国内服装CAD系统近年来有了长足的进步，起步虽晚，但也颇具特色，虽然与国外先进水平有所差距，但却能够抓住国内生产的特点，制作出更符合国情的软件系统。而且价格比国外产品便宜得多，因此在性能价格比却有一定优势。国产的服装CAD系统是在结合我国服装企业的生产方式与特点及基础上开发出来的，常用的款式设计、打板、放码、排料等二维CAD模块在功能和实用性方面已不逊色于国外同类软件。系统提供了全汉化的操作界面和提示信息，使得软件操作便捷，简单易学。

虽然中国服装CAD市场上的开发商很多，如法国力克、美国格柏、PGM、德国艾斯特、加拿大派特、北京Nissyo、深圳富怡和杭州爱科等，但由于受到从业人员素质和行业整体生产水平等因素的制约，就目前的服装CAD市场而言，CAD并未能达到普及化的程度。目前业内比较一致地认可这样一组数据：我国目前约有服装生产企业5万家，而使用服装CAD的企业仅在3000家左右，也就是说我国服装CAD的市场普及率仅在6%左右。而在发达国家，服装CAD已基本普及。法国和美国等国80%左右的服装企业都普及了CAD，服装CAD的应用已经历了3个阶段，而中国的服装CAD普及还处于第一阶段，甚至还出现了一方面CAD生产商积极努力地参加各种展会，进行产品推广，另一方面众多服装企业却持币观望的现象。

目前我国服装CAD应用推广存在以下问题。

1. 盲目引进

我国有些服装企业在引进服装CAD系统时存在盲目性，引进后不能使服装CAD系统很好地发挥其应有的作用，不少服装企业引进的CAD系统还处于闲置状态。有些服装企业对CAD系统知之甚少，了解得并不全面，购买的产品不适合本企业的生产特点，造成财力、物力上的浪费。

2. 技术力量弱

由于服装行业在我国发展起步较晚，只有十几年的历史，服装行业的技术力量很薄弱。服装企业中有大专以上学历的技术人员很少，人员素质不高，对服装CAD系统的消化吸收能力不强，因而造成企业引进的CAD系统未能发挥其应有的作用。目前，CAD存在的问题，包括性价比、软件的抗干扰能力、兼容性和精度等，更重要的是软件要尽量人性化，便于操作，这也是适应中国企业特色的重点之一。国内公司所研发的系统已经基本上解决了语言、习惯等问题，目前市场普及率还不高的原因在于与服装CAD系统相配套的硬件和服务还跟不上。

3. 厂商与用户结合不够

服装CAD系统的研究开发商与用户之间缺乏有效的沟通，因此造成一方面服装CAD系统的实用性有些欠缺，另一方面用户不能很好地开发应用系统。目前国内所研究开发的服装CAD系统，在软件的实用性和硬件的配套性等方面还存在一些问题，有待于改进和进一步研制开发。

使用服装CAD是趋势，要选择适合本企业的产品及规模的系统。服装企业在选择服装CAD系统时要清醒地认识服装CAD系统在企业生产中的定位和真实作用，最好的不一定是最适用的。适合的，才是最好的。服装CAD系统作为一个长线产品，不能只了解产品，更应该重视了解产品开发商的真实状况。全面了解产品，尤其要关注产品的成熟度和客户的长期满意度，综合考虑性能价格比，特别是购买后的折旧率和耗材费用。一个能适应各种计算机硬件配置环境、各种生产环境、各类设计师习惯的产品，要能经得起市场的磨练，我国的企业要学会透过产品的“新”看其背后的价值。

服装CAD作为一种与计算机技术密切相关的产物，其发展经历过初期、成长、成熟等阶段。据研究，今后的服装CAD将呈现如下的发展趋势。

1. 智能化与自动化

早期的服装CAD系统本身缺乏灵活的判断、推理和分析能力，使用者仅限于具有较高专业知识和丰富经验的服装专业人员，并且只是简单地用鼠标、键盘和显示器等现代工具代替了传统的纸和笔。随着CAD用户群的扩大和计算机技术的迅速发展，开发智能化专家系统成为CAD新的发展方向。服装款式千变万化，但是万变不离其宗。利用人工智能技术开发服装智能化系统，可以帮助服装设计师构思和设计新颖的服装款式，完成款式到服装样片的自动生成设计，从而提高设计与工艺的水平，缩短生产周期，降低成本。

2. 集成化

由于计算机网络通信技术飞速发展，服装CAD的领域不断扩大，原来自成一体的系统正向（计算机集成制造系统CIMS）趋近。CIMS是指在信息技术、工艺理论、计算机技术和现代化管理科学的基础上，通过新的生产管理模式、计算机风格和数据库把信息、计划、设计、制造、管理经营等各个环节有机集成起来，根据多变的市场需求，使产品从设计、加工、管理到投放市场等各方面所需的工作量降到最低限度。进而充分发挥企业综合优势，提高企业对市场的快速反应能力和经济效率。CIMS正成为未来服装企业的模式，是服装CAD系统发展的一个必然趋势。

3. 网络化

服装的流行周期越来越短，服装企业能否建立高效的快速反应机制是当今企业在激烈竞争中能否胜出的一大关键。而服装厂在定单、原料、设计、工艺到生产定货过程中的网络化已成为企业在市场运作中必不可少的快速反应手段。近几年来随着国际互联网的高速发展，一个现代服装企业的CIMS已成为国际信息高速公路上的一个网点，其产品信息可以在几秒之内传输到世界各地。随着专业化、全球化生产经营模式的发展，企业对异地协同设计、制造的需求也将越来越明显。21世纪是网络的时代，基于Web的辅助设计系统可以充分利用网络的强大功能保证数据的集中、统一和共享，实现产品的异地设计和并行工程。建立开放式、分布式的工作站网络环境下的CAD系统将成为网络时代服装CAD发展的重要趋势。

1.2 服装号型

服装号型定义是根据正常人体的规律和使用需要，选出最有代表性的部位，经合理归并设置的。“号”指高度，以厘米表示人体的身高，是设计服装长度的依据；“型”指围度，以厘米表示人体胸围或腰围，是设计服装围度的依据。人体体形也属于“型”的范围，以胸腰落差为依据把人体划分成：Y、A、B、C四种体形。

服装号型国家标准日前已由国家质量监督检验检疫总局、国家标准化管理委员会批准发布。GB/T1335.1—2008《服装号型男子》和GB/T1335.2-2008《服装号型女子》于2009年8月1日起实施。GB/T1335.3-2009《服装号型儿童》于2010年1月1日起实施。

服装号型国家标准自实施以来对规范和指导我国服装生产和销售都起到了良好的作用，我国批量性生产的服装的适体性有了明显改善。但是，由于我国现有的服装号型国家标准的人体数据是基于1987年人体数据调查的基础上建立的，与现实具体情况有较大的出入。二十年来，随着我国经济的快速发展，社会的不断进步，人民的生活水平有了很大的提高，我国人口的社会结构、年龄结构在不断变化，消费者的平均身高、体重、体态都与过去有了很大区别，人们的消费行为和穿着观念也在发生转变，原有的服装号型已不能完全满足服装工业生产和广大消费者对服装适体性的要求，必须加以改进和完善。此外，我国加入WTO后，服装市场竞争进一步加剧，欧、美、日本等国家和地区纷纷利用技术壁垒，对我国的纺织服装出口设置技术障碍，而我国在建立保护自己的贸易技术壁垒方面却显得束手无策，处于被动地位。修订服装号型国家标准并完善相关应用技术将对我国的服装贸易起到了积极地推动和保护作用。因此，服装号型国家标准的修订和相关技术研究工作势在必行。但采集我国人体数据是一项较庞大的工程，我国人体数据采集和建立人体尺寸数据库的项目已于2003年在国家科技部立项。但由于国家目前只测量了儿童的人体数据，成人男子的人体数据还没有采集，因此，本次标准起草小组对服装号型国家标准先主要进行了编辑性修改，对标准中的主要技术内容没有进行大的修改。

1.2.1 男装

号型所标志的数据有时与人体规格相吻合，有时近似，因此具体对号时可以参照就近靠拢的方法。男装可参考表1-1和表1-2。

表1-1 男衣

上衣尺码	S	M	L	XL	XXL	XXXL
服装尺码	46	48	50	52	54	56
中国号型	165/80A	170/84A	175/88A	180/92A	185/96A	185/100A
胸围（厘米）	82-85	86-89	90-93	94-97	98-102	103-107
腰围（厘米）	72-75	76-79	80-84	85-88	89-92	93-96
肩宽（厘米）	42	44	46	48	50	52
适合身高（厘米）	163/167	168/172	173/177	178/182	182/187	187/190

表1-2 男裤

裤子尺码	29	30	31	32	33	34	35	36
对应臀围（市尺）	2尺9	3尺	3尺1	3尺2	3尺3	3尺4	3尺5	3尺6
对应臀围（厘米）	97	100	103	107	110	113	117	120
对应腰围（市尺）	2尺2	2尺3	2尺4	2尺5	2尺6	2尺7	2尺8	2尺9
对应腰围（厘米）	73	77	80	83	87	90	93	97

1.2.2 女装

由于女装与男装相比较小，所以女装的号型与男装也不相同，其可参考表1-3和表1-4。

表1-3 女衣

上衣尺码	S	M	L	XL	XXL	XXXL
服装尺码	38	40	42	44	46	48
中国号型	165/80A	170/84A	175/88A	180/92A	185/96A	185/100A
胸围（厘米）	78−81	82−85	86−89	90−93	94−97	98−102
腰围（厘米）	62−66	67−70	71−74	75−79	80−84	85−89
肩宽（厘米）	36	38	40	42	44	46
适合身高（厘米）	153/157	158/162	163/167	168/172	172/177	177/180

表1-4 女裤

裤子尺码	24	26	27	28	29	30	31
对应臀围（市尺）	2尺4	2尺6	2尺7	2尺8	2尺9	3尺	3尺1
对应臀围（厘米）	81−84	84−87	87−90	90−93	93−96	96−99	99−102
对应腰围（市尺）	1尺8	1尺9	2尺	2尺1	2尺2	2尺3	2尺4
对应腰围（厘米）	60	63	67	70	73	77	80

1.3 服装制图的符号与代号

在进行服装结构制图时，制图中所使用的各种线条、符号、代号是服装专业中所运用的共同语言和必须遵守的共同语言，每一种制图符号、代号都表示了某一种用途和相关的内容。

1.3.1 服装制图符号

在进行服装制图时，为了表达方便统一，于是就有了服装制图符号（见表1-5）。要想成为一名优秀的服装设计师，服装制图符号的掌握是至关重要的。

表1-5 服装制图符号

符号形式	名称	说明
△ 2	特殊放缝	与一般缝量不同的缝份量
	拉链	装拉链的部位
	斜料	用有箭头的直线表示布料的经纱方向
	阴裥	裥底在下的折裥
	明裥	裥底在上的折裥
○ △ □	等量号	两者相等量
	等分线	将线段等比例划分
	直角	两者成垂直状态
	重叠	两者相互重叠
↓↑	经向	有箭头直线表示布料的经纱方向
→	顺向	表示褶裥、省道、覆势等折倒方向（线尾的布料在线头的布料之上）
	缩缝	用于布料缝合时的收缩
	归拢	将某部位归拢变形
	拔开	将某部位拉展变形
⊗ ◎	按扣	两者成凹凸状且用弹簧加以固定

续表

符号形式	名称	说明
	钩扣	两者成钩合固定
	开省	省道的部位需减去
	拼合	表示相关布料拼合一致
	衬布	表示衬布
	合位	表示缝合时应对准的部位
	拉链装止点	拉链的止点部位
	缝合止点	除缝合止点外，还表示缝合开始的位置，附加物安装的位置
	拉伸	将某部位长度方向拉长
	收缩	将某部位长度缩短
	钮眼	两短线间距离表示钮眼大小
	钉扣	表示钉扣的位置
	省道	将某部位缝去
(前) (后)	对位记号	表示相关衣片两侧的对位
或	部件安装的部位	部件安装的所在部位
	部环安装的部位	装布环的位置
	线袢安装位置	表示线袢安装的位置及方向
	钻眼位置	表示裁剪时需钻眼的位置
	单向折裥	表示顺向折裥自高向低的折倒方向
	对合折裥	表示对合折裥自高向低的折倒方向
	折裥的省道	斜向表示省道的折倒方向
	缉双止口	表示布边缉缝双道止口线

1.3.2　服装制图国际代号

服装部位代号是为了方便制图标注，在制图过程中表达以及总体规格设计。部位代号是用来表示人体各主要测量部位，国际上以该部位的英文单词的第一个字母为代号，以便于统一规范（见表1-6）。

表1-6　服装制图中基本部位的代号

部位	代号	部位	代号
衣长	DL	臀围线	HL
裙长	SKL	腰围线	WL
袖长	SL	胸围线	BL
袖窿	AH	领围线	NL
前腰节长	FWL	膝围线	KL
后腰节长	BWL	肘线	EL
胸围	B	胸点	BP
头围	HS	肩宽	SW
腰围	W	肩点	SP
臀围	H	肘点	EP
领围	N	前颈点	FNP
肩宽	S	后颈点	BNP
前胸宽	FBL	颈侧点	SNP
后背宽	BBW	前片	F
袖口	CW	后片	B
总体高	G	袖口	C
袖山高	SCH	帽高	HH
裙子	S	帽宽	HW

部位	代号	部位	代号
长度（外长）	L	反面	WS
长度（内长）	I	裤子	P

1.4 服装制版的专业术语

款式决定版型，款式属于服装设计（设计师），版型属于服装工程（打版师），而无论是服装设计还是服装工程，都必须了解服装制版的专业术语。服装制版的专业术语如下所示。

前后对位点：服装衣片上的定点，以保证袖片与袖窿缝合时的平衡和准确。

平衡点：在服装裁片上打剪口或做标记以保证接缝处完全吻合。

搭门宽：钉扣线与服装前片止口之间的距离。

裤子裆缝线：经过两裤片之间连接裤片的缝合线。

尺寸：即尺度。服装专业术语上指身体某一部位的尺寸，例如腰围、臀围等。

放松量：衣片结构在体型尺寸上的增加量，以便保证舒适感和便于身体活动的额外空间。

缝合线：衣片内部的缝合线，例如领片贴边或袖克夫内部的缝合线。

假缝线：将衣片假缝时的缝合线。

门襟：指钉纽扣的衣片前门襟，或指男式西裤的前裤门襟。

围度：测量身体的周长。

纱向：板型上的纱向标志，将板型放在衣料上时，纱向标志与布边平行。

净板：没有缝份的板型。

袖孔：袖窿。

V形省：V形省用于裤片的后部。

袖山高：从袖片最高点到袖笼深的距离。

本章建议学习时间 **120** 分钟

第 2 章 富怡服装CAD软件入门

学前提示

服装CAD是计算机辅助设计系统，对于服装产业来说，服装CAD的应用已经成为历史性变革的标志。本章主要向读者介绍富怡服装CAD的基本知识、该系统的配置和软件的安装等内容。

本章内容

- 富怡服装CAD的基本知识
- 富怡服装CAD V9系统的配置
- 富怡服装CAD V9的安装、启动与退出

通过本章的学习，您可以

- 掌握富怡服装CAD的特色
- 掌握富怡服装CAD的优势
- 掌握富怡服装CAD V9的专业术语
- 掌握富怡服装CAD V9的安装
- 掌握富怡服装CAD V9的启动
- 掌握富怡服装CAD V9的退出

视频演示

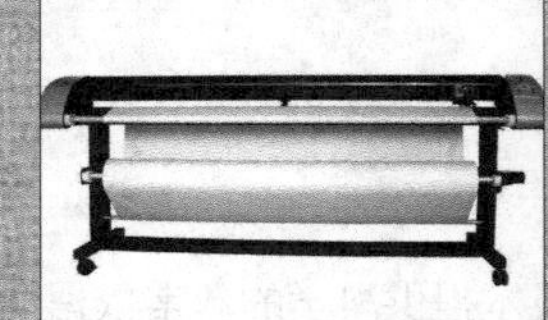

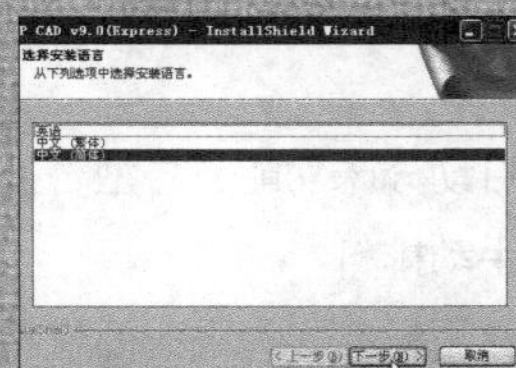

2.1 富怡服装CAD的基本知识

富怡服装CAD系统是用于服装、内衣、帽、箱包、沙发、帐篷等行业的专用出版、放码及排版的软件。该系统功能强大、操作简单、好学易用。可以极好地提高工作效率及产品质量，是现在服装企业必不可少的工具。

2.1.1 富怡服装CAD简介

富怡服装CAD系统是一套应用于纺织、服装行业生产的专业电脑软件。它是集纸样设计、放码、排料于一体的专业系统。它可以开纸样、放码、排料及打印各种比例纸样图、排料图等，为纺织、服装行业提供了一个方便快捷、灵活高效的生产环境。

2.1.2 富怡服装CAD的特色

富怡服装CAD系统具有多个系统，而不同的系统，其特色也不相同。

1. 纸样输入系统

- 纸样输入系统具备参数法制版和自由法制版双重制版模式。
- 人性化的界面设计，使传统手工制版习惯通过计算机完美体现。
- 自由设计法、原型法、公式法、比例法等多种打版方式，满足每位设计师的要求。
- 迅速完成量身定制（包括特体的样版自动生成）。
- 特有的自动存储功能，避免了文件的遗失。
- 多种服装制作工艺符号及缝纫标志，可辅助完成工艺单。
- 多种省处理、褶处理功能和15种缝边拐角类型。
- 精确的测量、方便的纸样文字注解、高效的改版和逼真的1:1显示功能。
- 计算机自动放码，并可按需修改各部位尺寸。
- 强大的联动调整功能，使缝合的部位更合理。

2. 放码系统

- 放码系统中具备点放码、线放码两种以上的放码方式；放码系统具备修改样版的功能。
- 多种放码方式：点放码、规则放码、切开线放码和量体放码。
- 多种档差测量及复制功能。
- 多种样版校对及检查功能。
- 强大、便捷的随意改版功能。
- 可重复的比例放缩和纸样缩水处理。
- 任意样片的读图输入，数据准确无误。
- 提供多种国际标准CAD格式文档（如*.DXF或*.AAMA），兼容其他CAD系统。

3. 排料系统

- 排料系统具备自动算料功能、自动分床功能、号型替换功能。
- 全自动排料、人机交互排料和手动排料。
- 独有的算料功能，快速自动计算用料率，为采购面料和粗算成本提供科学的数字依据。
- **多种定位方式**：随意翻转、定量重叠、限制重叠、多片紧靠以及先排大片再排小片等。

- 根据面辅料、同颜色不同号型，不同颜色不同号型的特点自动分床，择优排料。
- 随意设定条格尺寸，进行对条格的排料处理。
- 在不影响已排样片的情况下，实现纸样号型和单独纸样的关联替换。
- 样版可重叠或制作丝缕倾斜，并可任意分割样片。同时，排料图可作180° 旋转复制或复制倒插。
- 可输入1:1或任意比例之排料图（迷你唛架）。

2.1.3 富怡服装CAD V9的优势

富怡服装CAD V9系统相对于其他版本来说，具有以下优势。

1. 自动打版

软件中存储了大量的纸样库，能轻松修改部位尺寸为订单尺寸，自动放码并生成新的文件，为快速估算用料提供了确切的数据。用户也可自行建立纸样库。

2. 自由设计

- 智能笔的多功能一支笔中包含了二十多种功能，一般款式在不切换工具的情况下可一气呵成。
- 在不弹出对话框的情况下定尺寸制作结构图时，可以直接输数据定尺寸，提高了工作效率。
- 就近定位（按F9键切换）在线条不剪断的情况下，能就近定尺寸。
- 自动匹配线段等分点在线上定位时能自动抓取线段等分点。
- 鼠标的滑轮及空格键随时对结构线、纸样放缩显示或移动纸样。
- 曲线与直线间的顺滑连接一段线上有一部分直线一部分曲线，连接处能顺滑对接，不会起尖角。
- 调整时可有弦高显示。
- **合并调整**：能把多组结构线或多个纸样上的线拼合起来调整。
- **对称调整的联动性**：调整对称的一边，另一边也在关联调整。
- **测量**：测量的数据能自动刷新。
- **转省**：能同心转省、不同心转省、等分转省、一省转多省、可全省转移也可按比例转移、转省后省尖可以移动也可以不动。
- **加褶**：有刀褶、工字褶、明褶、暗褶，可平均加褶，可以是全褶也可以是半褶，能在指定线上加直线褶或曲线褶。在线上也可插入一个省褶或多个省褶。
- **去除余量**：对指定线加长或缩短，在指定的位置插入省褶。
- **螺旋荷叶边**：可做头尾等宽螺旋荷叶边，也可头尾不等宽荷叶边。
- **圆角处理**：能做等距离圆角与不等距圆角。
- **剪纸样**：提供填色成样、选线成样、框剪成样的多种成样方式，及成空心纸样功能。并且形成纸样时缝份可自动生成。
- **缝份**：缝份与纸样边线是关联的，调整边线时缝份自动更新。等量缝份或切角相同的部位可同时设定或修改，特定位置的缝份也是关联的。
- **剪口的定位或修改**：同时在多段线上加距离相等的剪口，在一段线上等分加剪口，剪口的形式多样；在袖子与大身的缝合位置可一次性对剪口位。
- **自动生成朴、贴**：在已有的纸样上自动生成新的朴样、贴样。
- **工艺图库**：软件提供了上百种缝制工艺图。可对其修改尺寸，并可自由移动或旋转放置于适合的部位。
- **缝迹线、绗缝线**：提供了多种直线类型、曲线类型，可自由组合不同线型。绗缝线可以在单向线与交叉线间选择，夹角能自行设定。

- **缩水、局部缩水：**对相同面料的纸样统一缩水，也可对个别的纸样局部缩水处理。
- **文件的安全恢复：**每一个文件都设有自动备份，或因突发情况文件没有保存，系统也会帮用户找回数据。
- **文件的保密功能：**软件能对客户的文件进行保护，即使文件被复制也不会被盗用。
- **ASTM、TIIP：**软件可输入ASTM、TIIP文件及输出ASTM，与其他CAD进行资源共享。
- **自定义工具条：**界面上显示工具可以自行组合，右键菜单显示工具也可自行设置。

3. 手工纸样导入

通过数码相机或数字化仪把手工纸样变成电脑中纸样，可以是单码输入，也可是齐码输入。

4. 放码

- **自动判断正负：**用点放码表放码时，软件能自动判断各码放码量的正负。
- **同时能对放码量相同的部位放码：**可框选放码点进行同时放码。
- 纸样边线及辅助线各码间可平行放码。
- 纸样上的辅助线或可随边线放码也可自行单独放码。
- **定尺寸放码：**可按线的长度或直度放码。
- **分组放码：**可在组间放码也可在组内放码。
- **文字放码：**文字的内容在各码上显示可以不同，其位置也能放码。
- **扣位、扣眼：**可以在指定线上平均加扣位、扣眼，也可按照指定间距加扣位、扣眼。放码时在各码上的数量可以等同，也可不同。
- **放码量复制：**可一对一的复制，也可一对多的复制。

5. 绘图

- **输出风格：**有绘图、全切、半刀切割的形式。
- **绘图线型：**净样线、毛样线、辅助线绘制线类型可分开设置。
- **选页绘图：**指定绘制其中的部分唛架。
- **唛架头：**绘图时可在唛架头或尾绘制唛架的详细说明。
- **绘图前自检：**如果唛架上有漏排或同边或非同种面料的纸样，系统能自动检测到。

6. 改版

- **影子：**改版时下方可以有影子显示，是否对纸样进行了修改一目了然。多次改版后纸样也能返回影子原形。
- **整体移动及只对线偏移：**多部位调整相同的数据时，可同时调整。
- **调整基码及基码之外的码（点或线）：**调整纸样时，可同时调整所有码或只调整单个码，可按比例调整也可平行调整。
- **显示线段的长度：**可自动显示各线段的长度。
- **省褶的合并调整：**在基码上或放了码的省褶上，能把省褶收起来查看并调整省褶底线的顺滑。
- **行走功能：**用一个纸样在另一个样上行走并调整对接线是否流畅。

7. 排料

- **超级排料：**在短时间内排图利用率高过手工长时间的排料，并有避色差、捆绑、固定纸样的功能。
- **算料（估料）功能：**可以精确的算出每一定单的用料（包括用布的长度和质量），并可自动分床（或手工分床），大大降低工厂成本损耗。
- 系统根据不同布料能自动分离纸样。
- **手动排料操作简单：**用鼠标或快捷键就可完成翻转、吃位、倾斜。
- **对条格：**可跟随先排纸样对条格，也能指定位置对条格，手动、自动排料都可能对条格。

- **检查重叠量**：能检查出纸样间的重叠量。
- **双唛架**：可以用主辅双层唛架排料。
- **参考唛架**：可以参考已排好的唛架排新的唛架。
- **复制、倒插唛架**：在排了部分唛架的基础上可复制、倒插唛架。
- **刀模排版**：针对用刀模裁剪的排料模式，刀模间可倒插排、交错排、反倒插排、反交错排。
- **关联**：在排好的唛架后，纸样有改动时唛架能联动。
- **分段排料**：针对切割机分段切割可分段排料。

2.1.4 富怡服装CAD V9系统专业术语解释

在富怡服装CAD V9系统中，读者经常会见到以下的专业术语，其含义分别如下。

- **单击鼠标左键**：指按下鼠标左键并且在还没有移动鼠标的情况下释放鼠标左键。
- **单击鼠标右键**：指按下鼠标右键并且在还没有移动鼠标的情况下释放鼠标右键，其还表示某一命令的操作结束。
- **双击鼠标右键**：指在同一位置快速单击鼠标右键两次。
- **单击鼠标左键并拖曳**：指将鼠标移动到点、线图元上后，单击鼠标左键的同时并拖曳鼠标。
- **单击鼠标右键并拖曳**：指将鼠标移动到点、线图元上后，单击鼠标右键的同时并拖曳鼠标。
- **左键框选**：指在没有将鼠标移动到点、线图元之前，单击鼠标左键的同时拖曳鼠标至合适位置。如果距离线比较近，为了避免变成单击鼠标左键并拖曳，可以通过在单击鼠标左键前按【Ctrl】键。
- **右键框选**：指在没有将鼠标移动到点、线图元之前，单击鼠标右键的同时拖曳鼠标至合适位置。如果距离线比较近，为了避免变成单击鼠标右键并拖曳，可以通过在单击鼠标右键前按【Ctrl】键。
- **单击**：没有特意说明右键时，都是指左键。
- **框选**：没有特意说明右键时，都是指左键。
- **F1–F12**：指键盘上方的12个按键。
- **Ctrl+Z**：按住【Ctrl】键的同时，按住【Z】键。
- **Ctrl+F12**：按住【Ctrl】键的同时，按住【F12】键。
- **【Esc】键**：指键盘左上角的【Esc】键。

2.2 富怡服装CAD V9系统的配置

服装CAD系统是以计算机为核心，由软件和硬件两部分组成。硬件包括计算机、数字化仪、扫描仪、摄像机、手写板、数码相机、绘图仪、打印机、计算机裁床等设备。其中由计算机里的服装CAD软件为核心控制作用，其他的统称为计算机外部设备，分别执行输入、输出等特定功能。

- **计算机**：包括主机、显示器、键盘和鼠标，操作系统要求是Windows 98/Me/XP/2000。显示器最好使用17英寸以上的纯平显示器，显示器的分辨率最好在1024像素×768像素以上。硬盘空间需30GB ~40GB，内存容量需128MB以上。
- **数码相机、摄像机、扫描仪**：用这些设备可以方便地输入图像。例如拍摄顾客、模特的外形，或者拍摄服装、布料、图案以及零部件，并将图像资料输入计算机，准备进行款式设计。
- **手写板**：与鼠标的用途很相似，主要用于屏幕光标的快速定位。手写板的分辨率很高，十分精确，可用于结构设计中的数据输入等。

- **数字化仪**：一种图形输入设备，在服装CAD系统中，往往采用大型数字化仪作为服装样版的输入工具，它可以迅速将企业纸样或成衣输入到计算机中，并可修改、测量及添加各种工艺标识，读取方便、定位准确，如图2-1所示。
- **打印机**：可以打印彩色效果图、款式图，或者打印缩小比例的结构图、放码图、排料图。
- **绘图仪**：一种输出1：1纸样和排料图的必备设施。大型的绘图仪有笔式、喷墨式、平板式和滚筒式。绘图仪可以根据不同的需要使用90cm~220cm不同宽幅的纸张。喷墨式绘图仪，如图2-2所示。

图2-1 数字化仪

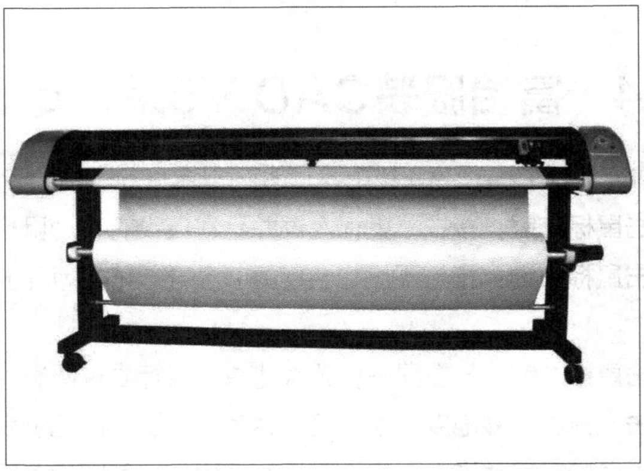

图2-2 绘图仪

- **电脑裁床**：按照服装CAD排料系统的文件对布料进行自动裁切。可以最大限度地使用服装CAD的资料，实现高速度、高精度、高效率的自动切割，如图2-3所示。

图2-3 电脑裁床

2.3 富怡服装CAD V9的安装、启动与退出

富怡服装CAD V9是Windows操作系统环境下最新的服装制版软件，在使用富怡服装CAD V9程序之前，需要先安装富怡服装CAD V9，并正确启动和退出富怡服装CAD V9。本节主要向读者介绍富怡服装CAD V9的安装、启动与退出。

2.3.1 安装富怡服装CAD V9

在使用富怡服装CAD V9之前，首先需要对软件进行安装。

素材文件	无
效果文件	无
视频文件	光盘\视频\第2章\2.3.1安装富怡服装CAD V9.mp4

步骤解析

步骤 1 双击软件安装目录下的安装程序，弹出相应的对话框，选择“中文（简体）”选项，单击“下一步”按钮，如图2-4所示。

步骤 2 进入“准备安装”界面，显示安装进度，如图2-5所示。

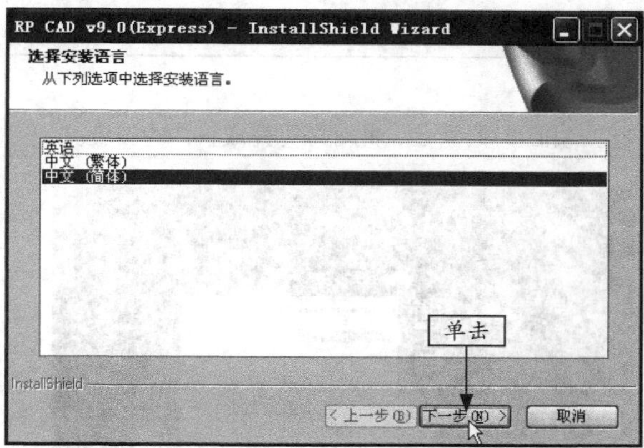

图2-4 单击“下一步”按钮

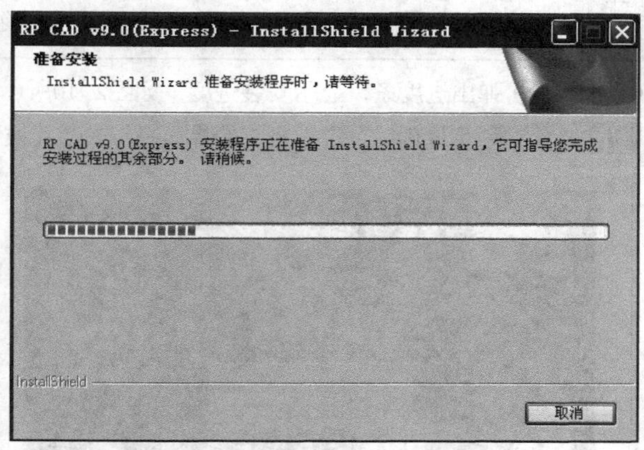

图2-5 显示安装进度

步骤 3 稍等片刻，弹出“安装程序”对话框，进入“许可证协议”界面，单击“是”按钮，如图2-6所示。

步骤 4 进入“安装目录”界面，单击“浏览”按钮，如图2-7所示。

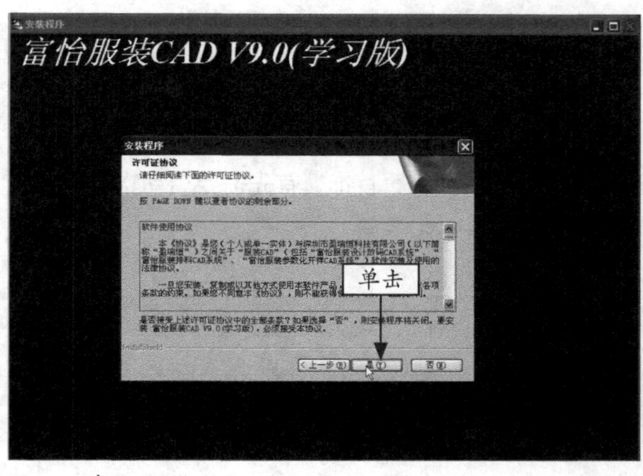

图2-6 单击“是”按钮

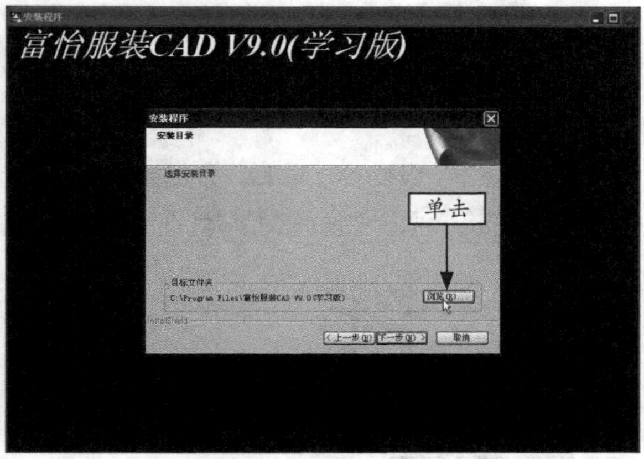

图2-7 单击“浏览”按钮

步骤 5 弹出“选择文件夹”对话框，更改路径，单击“确定”按钮，如图2-8所示。

步骤 6 执行操作后，返回“安装目录”对话框，单击“下一步”按钮，如图2-9所示。

图2-8 单击“确定”按钮

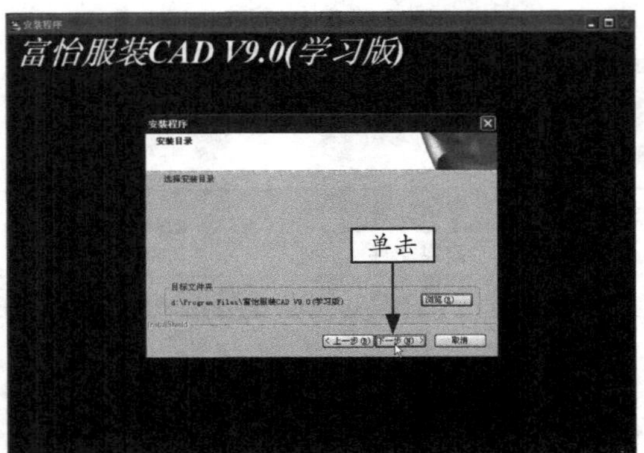

图2-9 单击“下一步”按钮

高手点拨

用户可在富怡官网http://www.richforever.cn/下载免费的富怡服装CAD V9（学习版）软件。

步骤 7 弹出进度条，显示安装进度，如图2-10所示。

步骤 8 稍等片刻后，进入相应的界面，单击“完成”按钮，如图2-11所示，此时即可完成软件的安装。

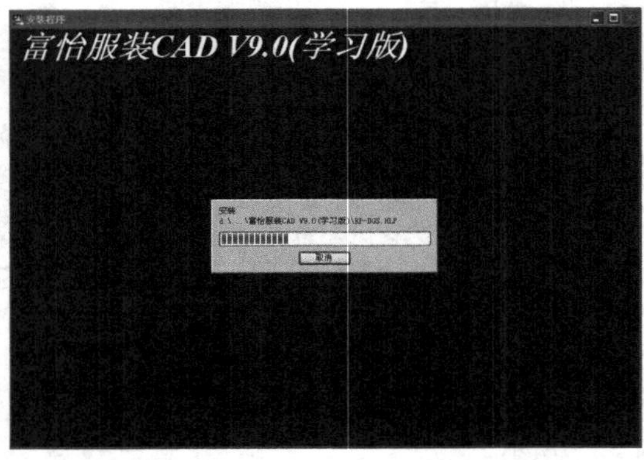

图2-10 显示安装进度

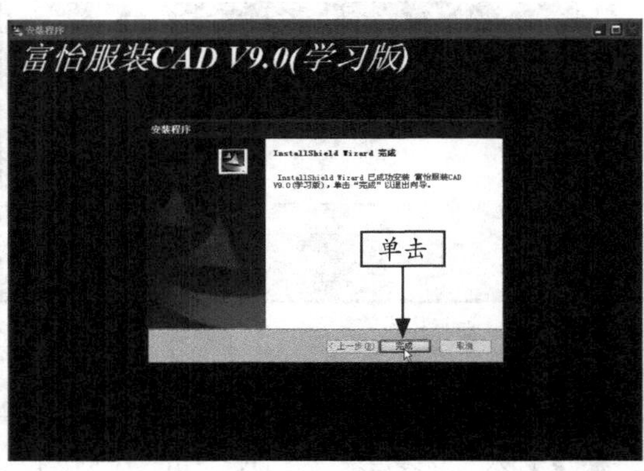

图2-11 单击“完成”按钮

2.3.2 启动富怡服装CAD V9

在安装好富怡服装CAD V9后，如果要使用富怡服装CAD V9进行绘制和编辑首饰，首先需要启动软件。富怡服装CAD系统包含两个软件：富怡服装设计CAD放码软件和富怡服装排料CAD系统。

	素材文件	无
	效果文件	无
	视频文件	光盘\视频\第2章\2.3.2启动富怡服装CAD V9.mp4

步骤解析

步骤 1 在电脑桌面上单击RP-DGS图标，如图2-12所示。

步骤 2 双击鼠标左键，出现欢迎界面，如图2-13所示。

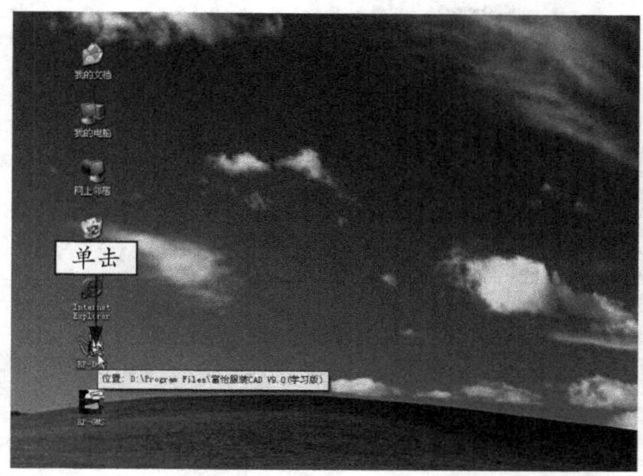

图2-12 单击图标

图2-13 欢迎界面

步骤 3 欢迎界面消失后，系统进入服装设计与放码CAD软件环境，此时即可启动富怡服装CAD放码软件，如图2-14所示。

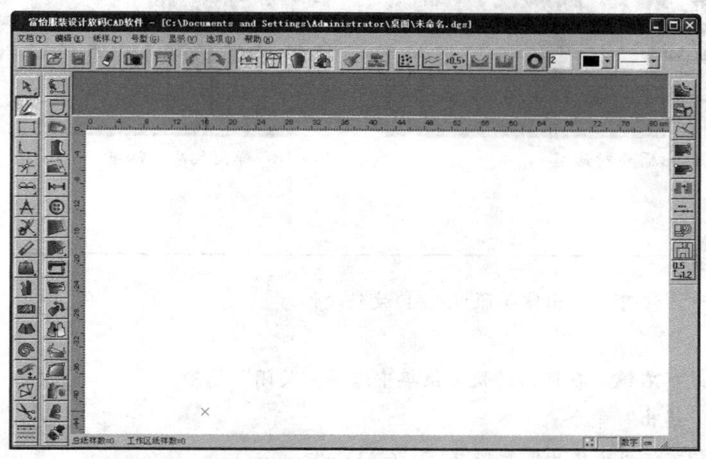

图2-14 启动富怡服装CAD放码软件

步骤 4 在电脑桌面上单击RP-DGS图标，如图2-15所示。

步骤 5 双击鼠标左键，出现欢迎界面，欢迎界面消失后，系统进入服装排料CAD系统环境，此时即可启动富怡服装排料CAD系统，如图2-16所示。

图2-15 单击相应的图标

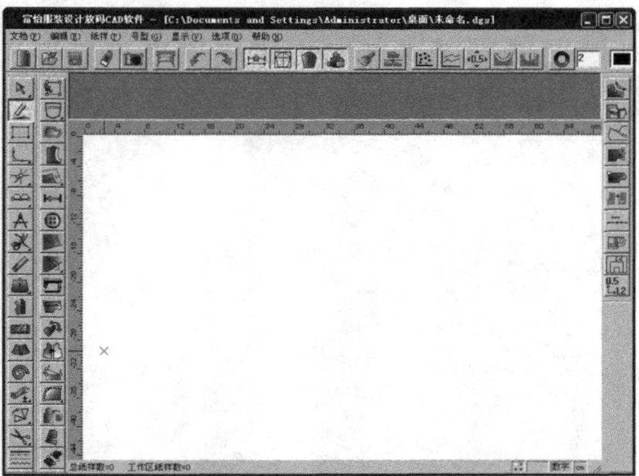

图2-16 启动富怡服装排料CAD系统

高手点拨

其中，还有以下3种方法可以启动富怡服装CAD V9。

- 选择桌面上的应用程序图标，然后单击鼠标右键，在弹出的快捷菜单中选择“打开”选项。
- 单击“开始”｜“所有程序”｜“富怡服装CAD V9.0（学习版）”｜RP-DGS（或RP-GMS）命令。
- 双击格式为.dgs或.mkr的文件。

2.3.3 退出富怡服装CAD

如果用户完成了工作，可以退出富怡服装CAD应用程序。富怡服装CAD与退出其他大多数应用程序的方法大致相同，单击“标题栏”右上角的“关闭”按钮即可。若在绘图区中进行了部分操作，之前也未保存，在退出富怡服装设计与放码CAD软件时，将弹出“富怡服装设计与放码CAD软件”对话框，如图2-17所示。在退出富怡服装排料CAD系统时，将弹出“富怡服装排料CAD系统”对话框，如图2-18所示，提示用户保存文件。

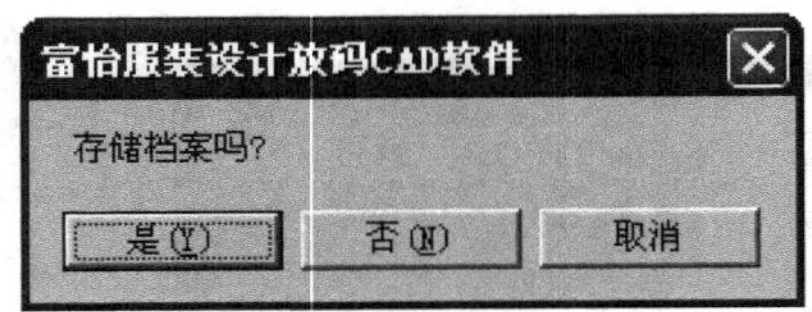

图2-17 弹出需要对话框

图2-18 弹出相应对话框

高手点拨

其中，还有以下3种方法可以退出富怡服装CAD放码软件。

- 按【Alt+F4】组合键。
- 在标题栏上单击鼠标右键，在弹出的快捷菜单中选择“关闭”选项。
- 单击“文档”｜“退出”命令。

其中，还有以下3种方法可以退出富怡服装排料CAD系统。

- 按【Alt+F4】组合键。
- 在标题栏上单击鼠标右键，在弹出的快捷菜单中选择“关闭”选项。
- 单击“文档”｜“结束”命令。

本章建议学习时间120分钟

第3章 设计与放码CAD软件

学前提示

设计与放码CAD软件是富怡服装CAD软件的一部分，其主要用于纸样的设计与放码。本章主要向读者介绍设计与放码软件的基本知识，主要包括设计与放码软件的工作界面、文件的基本操作以及设计与放码软件快速入门等内容。

本章内容

- 设计与放码软件概述
- 设计与放码软件工作界面
- 设计与放码软件快速入门
- 文件的基本操作

通过本章的学习，您可以

- 掌握另存文件的方法
- 掌握对称调整的方法
- 掌握收省的方法
- 掌握转省的方法
- 掌握加缝份的方法
- 掌握标纸样对称的方法

视频演示

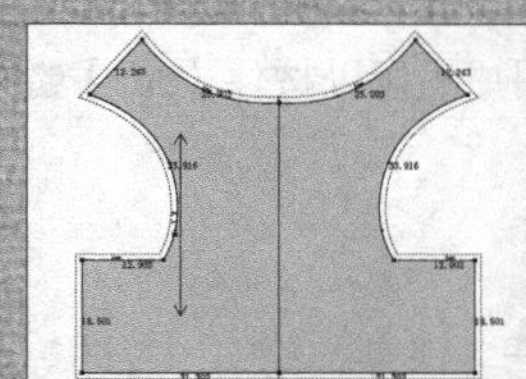

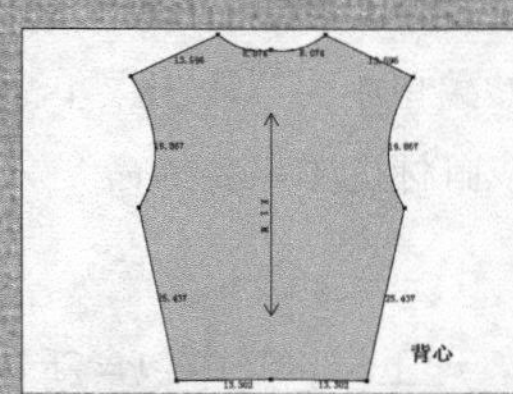

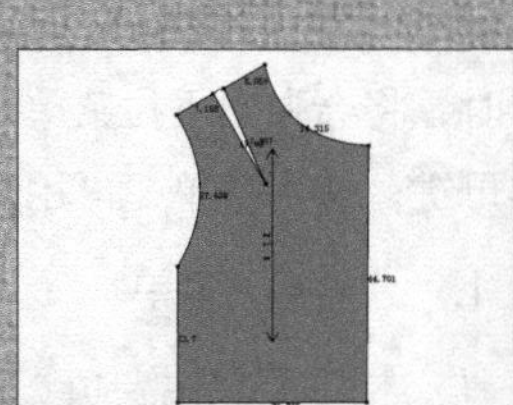

3.1 设计与放码软件概述

富怡服装CAD系统是用于服装、内衣、帽、箱包、沙发、帐篷等行业的专用出版、放码及排版的软件。该系统功能强大、操作简单、好学易用，可以大大提高工作效率及产品质量，是现在服装企业必不可少的工具。

3.2 设计与放码软件工作界面

设计与放码CAD软件的工作界面包括标题栏、菜单栏、快捷工具栏、衣片列表框、设计工具栏、纸样工具栏、标尺、放码工具栏、工作区和状态栏，如图3-1所示。

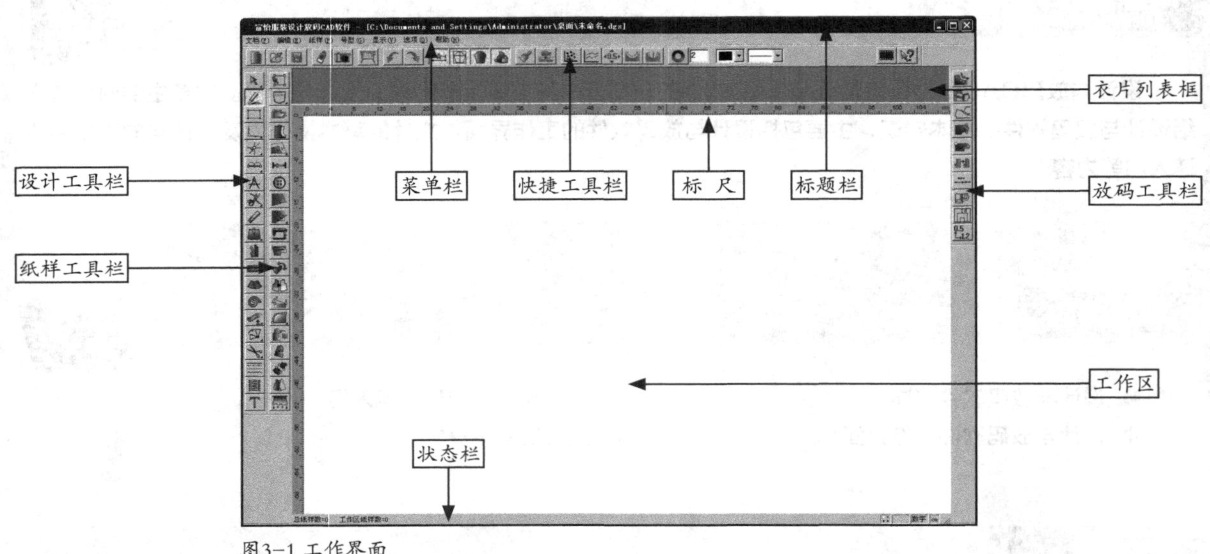

图3-1 工作界面

3.2.1 标题栏

标题栏位于工作界面的最上方，用于显示当前打开文件的存盘路径，标题栏右侧是Windows标准应用程序的控制按钮，分别是“最小化”按钮、“向下还原”/“最大化”按钮与“关闭”按钮。

3.2.2 菜单栏

菜单栏位于标题栏的下方，该区是放置菜单命令的地方，每个菜单的下拉菜单中又有各种子命令。单击菜单命令时，将会弹出下拉菜单，在下拉菜单中可以单击菜单命令。用户也可以按住【Alt】键的同时按住菜单后对应的字母键，启用菜单，再用方向键或鼠标选中需要的命令。

1. “文档”菜单

“文档”菜单主要负责文件的管理工作，其中包含新建、打开、保存、输出、打印等基本文件操作命令，如图3-2所示。

在“文档”菜单中，各主要命令的含义如下。

❶另存为：给当前文件做备份，可以更改存储路径与名称。

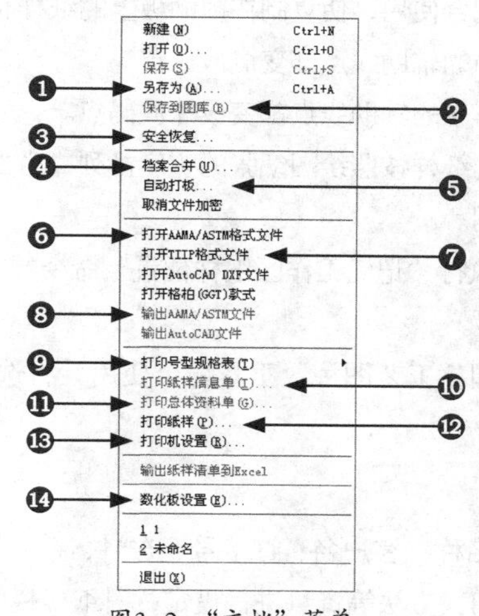

图3-2 “文档”菜单

❷保存到图库：与“加入/调整工艺图片”工具配合制作工艺图库。

❸安全恢复：因断电没来得及保存的文件，用该命令可以将其找回。

❹档案合并：把文件名不同的档案合并到一起。

❺自动打版：调用公式法打版文件，可以在尺寸规格表中修改需要的尺寸。

❻打开AAMA/ASTM格式文件：可打开AAMA/ASTM格式文件，该格式是国际通用格式。

❼打开TIIP格式文件：用于打开日本的*.dxf纸样文件，TIIP是日本文件格式。

❽输出AAMA/ASTM文件：把本软件文件转成ASTM格式文件。

❾打印号型规格表：该命令用于打印号型规格表。

❿打印纸样信息单：用于打印纸样的详细资料，如纸样的名称、说明、面料以及数量等。

⓫打印总体资料单：用于打印所有纸样的信息资料，并集中显示在一起。

⓬打印纸样：用于在打印机上打印纸样或草图。

⓭打印机设置：用于设置打印机型号和纸张大小及方向。

⓮数化板设置：对数化板指令信息设置。

2. “编辑”菜单

“编辑”菜单主要用于对选中的纸样进行复制、剪切、粘贴等操作，其中包含剪切纸样、复制纸样、粘贴纸样等基本编辑操作命令，如图3-3所示。

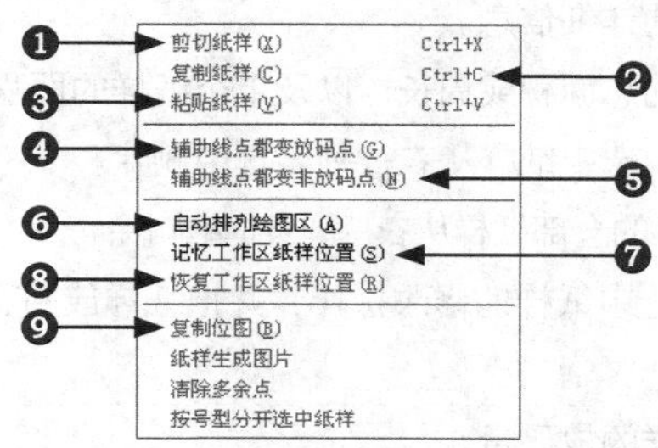

图3-3 “编辑”菜单

在“编辑”菜单中，各主要命令的含义如下。

❶剪切纸样：与粘贴纸样配合使用，把选中的纸样剪切到粘贴板上。

❷复制纸样：与粘贴纸样配合使用，把选中的纸样复制到粘贴板上。

❸粘贴纸样：该命令与复制纸样配合使用，使复制在剪贴板上的纸样粘贴在目前打开的文件中。

❹辅助线点都变放码点：将纸样中的辅助线点都变成放码点。

❺辅助线点都变非放码点：将纸样中的辅助线点都变成非放码点。

❻自动排列绘图区：将工作区中的纸样按照绘图纸张的宽度排列，省去手动排列的麻烦。

❼记忆工作区纸样位置：再次应用。

❽恢复工作区纸样位置：对已经执行“记忆工作区纸样位置”命令的文件，再次打开该文件时，用本命令可以恢复上次纸样在工作区中的摆放位置。

❾复制位图：该命令与“加入/调整工艺图片”工具配合使用，将选择的结构图以图片的形式复制在剪贴板上。

3. “纸样”菜单

“纸样”菜单主要用于对款式的名称、客户名、订单号、布料、布纹等资料进行设定；对款式中的某一个纸样名称、说明、布料、布纹、号型、剪裁方法等资料进行设定；对纸样栏中的某一个纸样进行删除和复制；对纸样的布纹线重新定义等。如图3-4所示为“纸样”菜单。

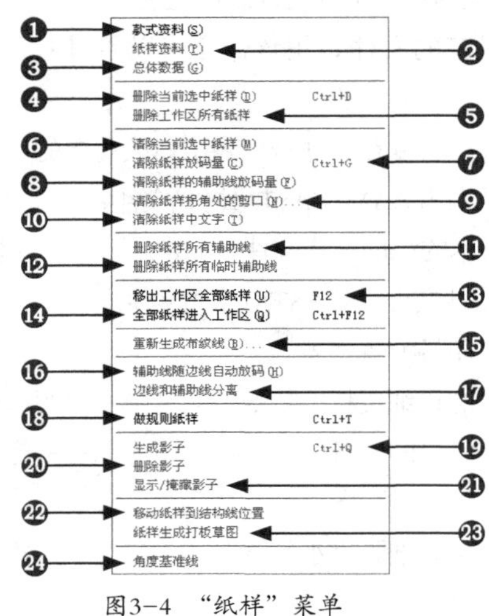

图3-4 “纸样”菜单

在“纸样”菜单中，各主要命令的含义如下。

❶款式资料：用于输入同一文件中的所有纸样的共同信息。在款式资料中输入的信息可以在布纹线上下显示，并可传送到排料。

❷纸样资料：编辑当前选中纸样的详细信息。

❸总体数据：查看文件不同布料的总面积或周长，以及单个纸样的面积、周长。

❹删除当前选中纸样：将工作区中选中纸样从衣片列表框中删除。

❺删除工作区所有纸样：将工作区中的全部纸样从衣片列表框中删除。

❻清除当前选中纸样：清除当前选中纸样的修改操作，并把纸样放回衣片列表框中。用于多次修改后再回到修改前的情况。

❼清除纸样放码量：用于清除纸样的放码量。

❽清除纸样的辅助线放码量：用于删除纸样辅助线的放码量。

❾清除纸样拐角处的剪口：用于删除纸样拐角处的剪口。

⑩清除纸样中的文字：清除纸样中用T工具写上的文字。

⑪删除纸样所有辅助线：用于删除纸样的辅助线。

⑫删除纸样所有临时辅助线：用于删除纸样的临时辅助线。

⑬移除工作区全部纸样：将工作区全部纸样移出工作区。

⑭全部纸样进入工作区：将纸样列表框的全部纸样放入工作区。

⑮重新生成布纹线：恢复编辑过的布纹线至原始状态。

⑯辅助线随边线自动放码：将与边线相接的辅助线随边线自动放码。

⑰边线与辅助线分离：使边线与辅助线不关联。使用该命令后选中边线点入码时，辅助线上的放码量保持不变。

⑱做规则纸样：做圆或矩形纸样。

⑲生成影子：将选中纸样的所有点线生成影子，方便在改版后可看到改版前的影子。

⑳删除影子：删除纸样上的影子。

㉑显示/掩藏影子：用于显示或掩藏影子。

㉒移动纸样到结构线位置：将移动过的纸样再移动到结构线位置。

㉓纸样生成打版草图：将纸样生成新的打版草图。

㉔角度基准线：在纸样上定位，如在纸样上定位袋位、腰位。

4. “号型”菜单

“号型”菜单主要用于设定纸样的各个部位的尺寸规格、纸样的大小号型变化以及记录和修改在制图中出现的变量，如图3-5所示为“号型”菜单。

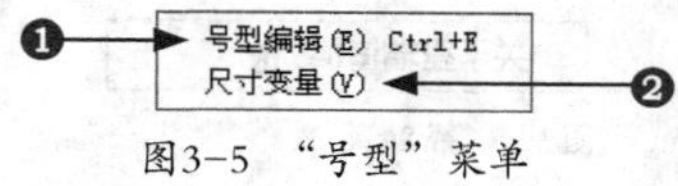

图3-5　“号型”菜单

在号型菜单中，各命令的含义如下。

❶号型编辑：编辑号型尺码及颜色，以便放码。可以输入服装的规格尺寸、方便打版、自动放码时采用数据，同时也备份了详细的尺寸资料。

❷尺寸变量：用于存放线段测量的记录。

5. “显示”菜单

“显示”菜单主要用来设定工作界面中某些工具栏的显示与隐藏，当选项前打✔时，表示该工具栏呈显示状态；如果没有标记，则表示该工具栏隐藏，如图3-6所示为“显示”菜单。

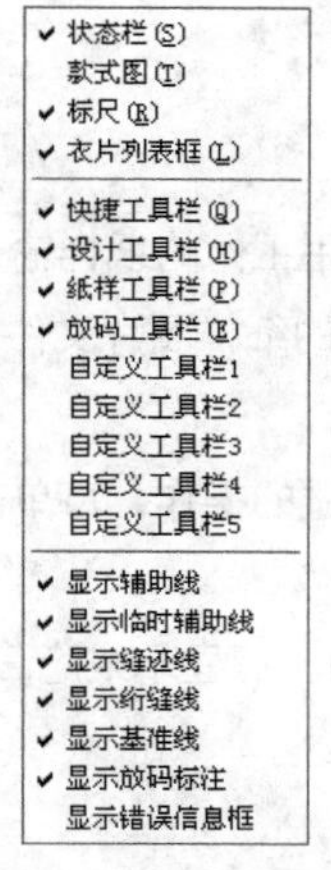

图3-6　“显示”菜单

6. “选项”菜单

“选项”菜单主要用于对操作系统的多种参数进行设置，对纸样、视窗的颜色进行设置，对纸样上的字体进行设置，如图3-7所示为“选项”菜单。

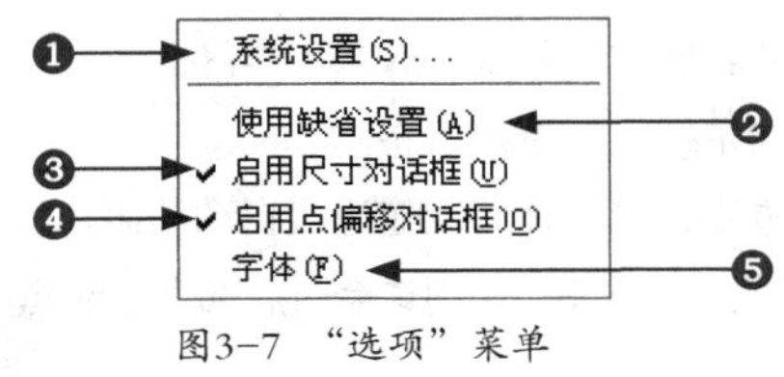

图3-7 “选项”菜单

在“选项”菜单中，各命令的含义如下。

❶系统设置：系统设置中有多个选项卡，可对系统各项进行设置。

❷使用缺省设置：采用系统默认的设置。

❸启用尺寸对话框：该命令前有✔时，绘制指定长度线、定位或定数调整时有对话框显示，反之则无。

❹启用点偏移对话框：该命令前有✔时，用调整工具调整放码点时有对话框，反之则无。

❺字体：用来设置工具信息提示、T文字、布纹线上的字体、尺寸变量的字体等的字形和大小，也可以把原来设置过的字体再返回到系统默认的字体。

7. “帮助”菜单

“帮助”菜单主要用来显示当前使用软件的版本，如图3-8所示为“帮助”菜单。

关于盈瑞恒DGS(A)...

图3-8 帮助菜单

3.2.3 快捷工具栏

快捷工具栏用于放置常用命令的快捷图标，如图3-9所示，为快速完成设计与放码工作提供了极大的方便。

图3-9 快捷工具栏

在快捷工具栏中，各主要按钮的含义如下。

- **“新建”按钮**：新建一个空白文档。
- **“打开”按钮**：打开一个文件。
- **“保存”按钮**：保存文件。
- **“读纸样”按钮**：借助数化板和鼠标，将手工做的纸样输入计算机。
- **“数码输入”按钮**：打开用数码相机拍摄的纸样图片文件。
- **“绘图”按钮**：按比例绘制纸样或结构图。
- **“撤销”按钮**：该工具用于按顺序撤销做过的操作，每单击一次该按钮就可撤销一步操作。
- **“重新执行”按钮**：恢复撤销的操作。
- **“显示/隐藏变量标注”**按钮：单击该按钮，可显示或隐藏纸样的变量标注。
- **“显示结构线”按钮**：可显示或隐藏设计线。
- **“显示样片”按钮**：可显示或隐藏纸样。

- **“仅显示一个纸样”按钮**：单击该按钮，工作区只有一个纸样并且以全屏方式显示，即当前纸样被锁定。纸样被锁定后，只能对该纸样操作，可以防止对其他纸样的误操作。没有单击该按钮时，可以显示多个纸样。
- **“将工作窗的纸样收起”按钮**：将选中的纸样从工作区收起。
- **“纸样按查找方式显示”按钮**：按照布料名称把纸样窗的纸样放置在工作区中。
- **“点放码表”按钮**：对纸样进行点放码。单击该按钮，弹出“点放码表”对话框，如图3-10所示。
- **“线放码表”按钮**：对纸样进行线放码。单击该按钮，弹出“线放码表”对话框，如图3-11所示。
- **“按方向键放码”按钮**：按键盘上的方向键进行放码。单击该按钮，弹出“按方向键放码”对话框，如图3-12所示。

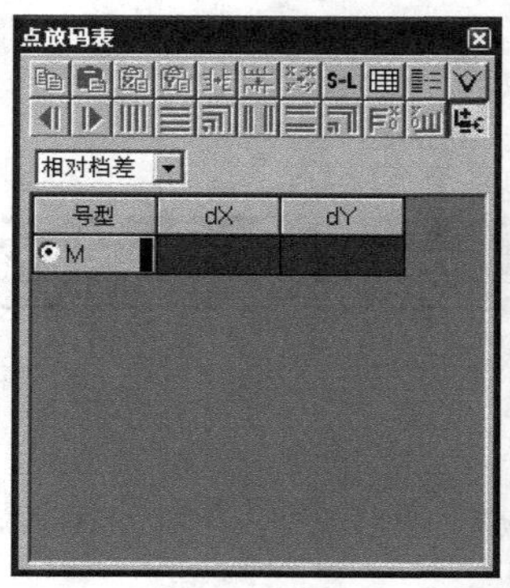

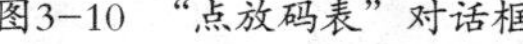
图3-10　“点放码表”对话框

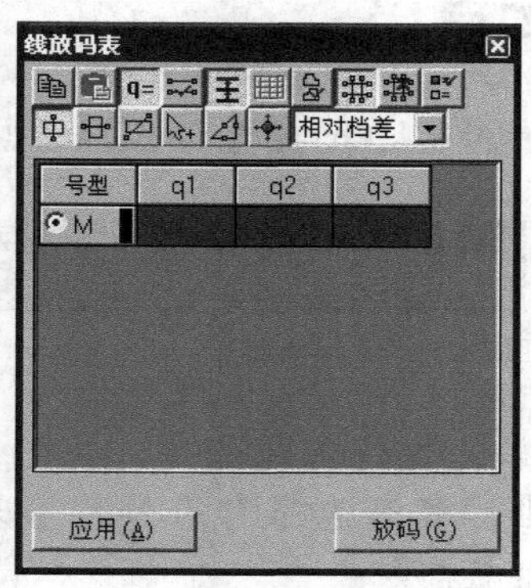

图3-11　“线放码表”对话框

- **“定型放码”按钮**：采用定型放码可以让其他码的曲线的弯曲程度与基码的一样。
- **“等幅高放码”按钮**：两个放码点之间的弧线按照等高的方式放码。
- **“颜色设置”按钮**：单击该按钮，将弹出“设置颜色”对话框，如图3-13所示，在其中可以修改视窗中的各种颜色设置。

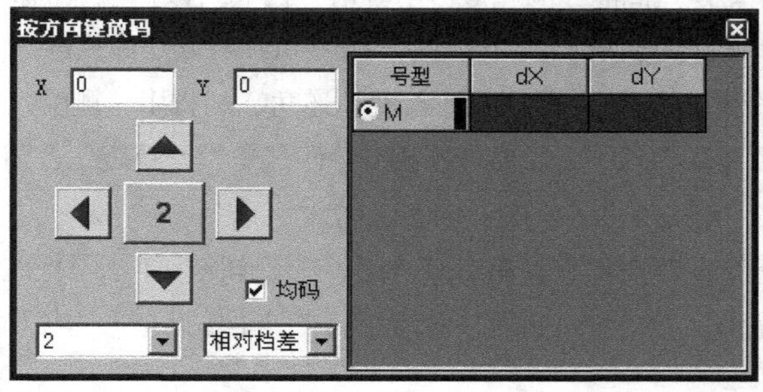

图3-12　“按方向键放码”对话框

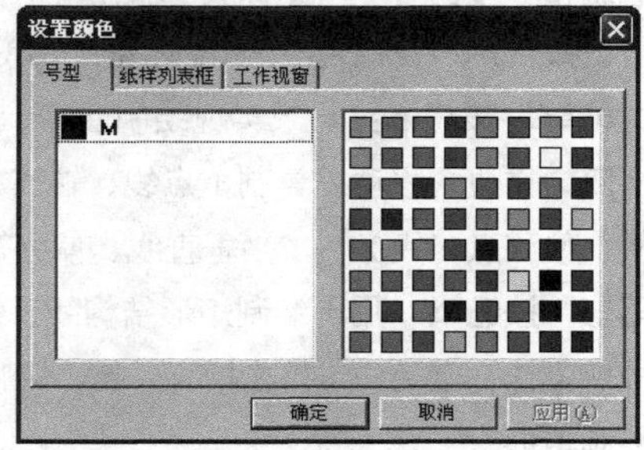

图3-13　“设置颜色”对话框

- **“等分数”数值框**：结合“等分规”使用，显示的数字为等分数。
- **“线颜色”下拉列表框**：用于设置线条的颜色，如图3-14所示。单击“线颜色”下拉列表框，选择相应的颜色，则绘制的图形的颜色为选择的颜色。如果要改变已画曲线的颜色，只需选择颜色，单击“设置线的颜色类型”按钮，在曲线上单击鼠标右键或右键框选曲线即可。
- **“线类型”下拉列表框**：用于设置不同类型的线条，如图3-15所示。单击“线类型”下拉列表框，选择相应的类型，则绘制的图形的类型为选择的类型。如果要改变已画曲线的类型，只需选择类型，单击“设置线的颜色类型”按钮，然后选择曲线即可。

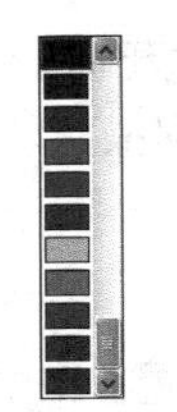
图3-14 “线颜色”下拉列表框

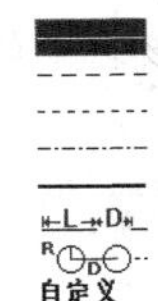

图3-15 “线类型”下拉列表框

- “播放演示”按钮：播放工具操作的录像。
- “帮助”按钮：工具使用帮助的快捷方式。

3.2.4 设计工具栏

设计工具栏用于放置绘制及修改结构线的工具，如图3-16所示。

图3-16 设计工具栏

在设计工具栏中，各主要按钮的含义如下。

- “调整工具”按钮：用于调整曲线的形状，修改曲线上控制点的个数，曲线点与转折点的转换，改变钻孔、扣眼、省、褶的属性。
- “合并调整”按钮：将线段移动旋转后调整，常用于调整前后袖笼、下摆、省道、前后领口及肩点拼接处等位置的调整。适用于纸样、结构线。
- “对称调整”按钮：对纸样或结构线对称调整，常用于对领的调整。
- “省褶合起调整”按钮：把纸样上的省、褶合并起来调整，只适用于纸样。
- “曲线定长调整”按钮：在曲线长度保持不变的情况下，调整期形状。对结构线、纸样皆可操作。
- “线调整”按钮：当光标为时，可检查或调整两点间曲线的长度、两点间直度，也可以对端点偏移调整。单击该按钮，并在曲线上单击鼠标左键，弹出“线调整”对话框，如图3-17所示，在其中可以对曲线进行调整。
- “智能笔”按钮：原来实现绘制曲线、绘制矩形、调整、调整线的长度、连角、加省山、删除、单向靠边、双向靠边、移动（复制）点线、转省、剪断（连接线）、收省、不相交等距线、相交等距线、圆规、三角板、偏移点（线）、水平垂直线、偏移等。
- “矩形”按钮：用于绘制矩形结构线、纸样内的矩形辅助线。单击该按钮，在工作区中单击鼠标左键，然后拖曳鼠标，至另一点单击鼠标左键，弹出“矩形”对话框，如图3-18所示，在其中输入矩形的长和宽，即可绘制矩形。

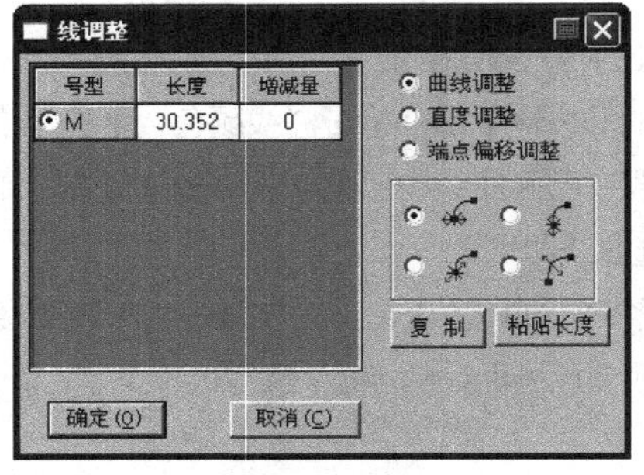

图3-17 “线调整”对话框

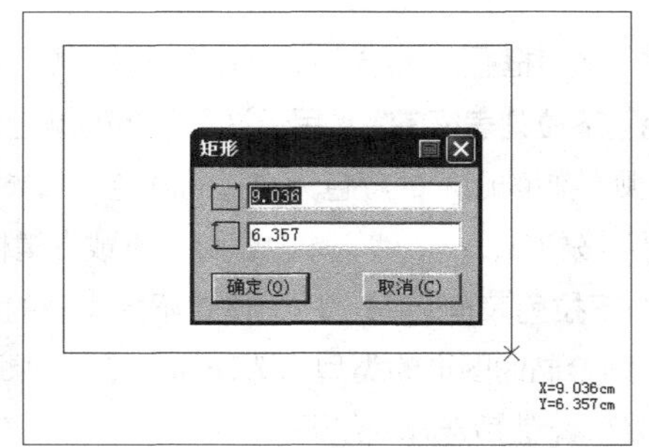

图3-18 “矩形”对话框

- **“圆角”按钮**：在两条不平行的曲线上绘制圆角，用于制作西服前片底摆、圆角口袋，适用于纸样、结构线。在工作区中依次选择要圆角的两条曲线，并在合适位置单击鼠标左键，弹出“顺滑连角”对话框，如图3-19所示，在其中输入相应的参数，即可圆角曲线。
- “三点弧线”按钮：过三点可绘制一段圆弧线或三点圆，适用于绘制结构线和纸样辅助线。

高手点拨

单击“三角弧线”按钮，按住【Shift】键的同时，在工作区中任取三点，即可绘制圆。

- **“CR圆弧”按钮**：用于绘制圆弧或圆，适用于绘制结构线和纸样辅助线。单击该按钮，指针变成*⌒，在工作区中任取三点，确定圆心、半径、圆边线，弹出“弧长”对话框，如图3-20所示，在其中输入相应的参数，即可绘制一段圆弧。
- **“椭圆”按钮**：在草图或纸样上绘制椭圆。单击该按钮，指针变为*⊕，在工作区中任取两点，弹出“椭圆”对话框，如图3-21所示，在其中输入相应的参数，即可绘制椭圆。

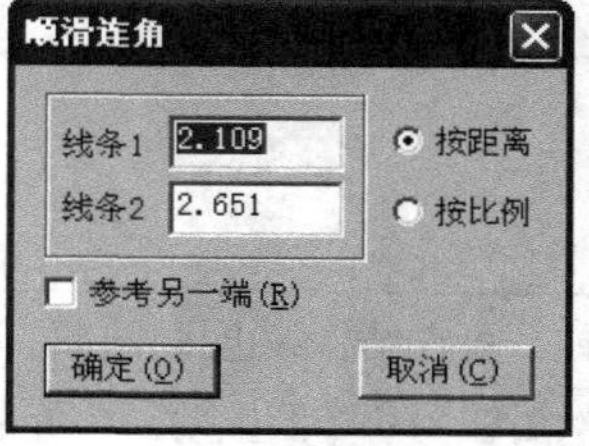

图3-19 “顺滑连角”对话框

图3-20 “弧长”对话框

图3-21 “椭圆”对话框

- **“角度线”按钮**：用于绘制角度线、切线。单击该按钮，在工作区中的曲线上单击鼠标左键，然后在曲线上选择一点，确定角度线的起点，此时工作区中出现两条互相垂直的坐标线（绿色），如图3-22所示。按【Shift】键，可以切换两种不同角度的坐标线，如图3-23所示。在工作区中单击鼠标右键，可以切换不同的角度起始边，如图3-24所示。确定好起始边后，在工作区中确定终点，此时将弹出“角度线”对话框，如图3-25所示，在其中输入相应的参数值，即可绘制角度线。

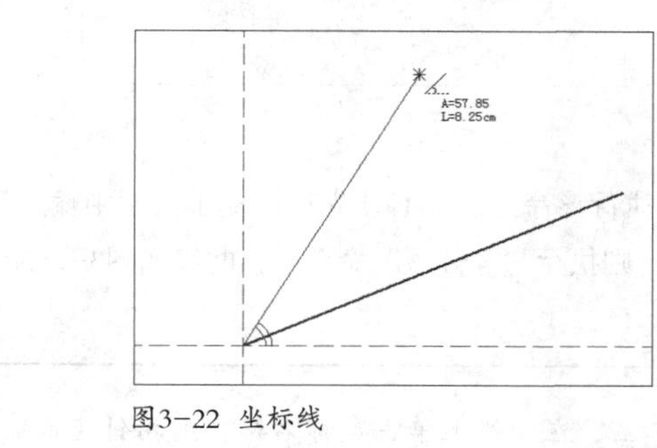

图3-22 坐标线

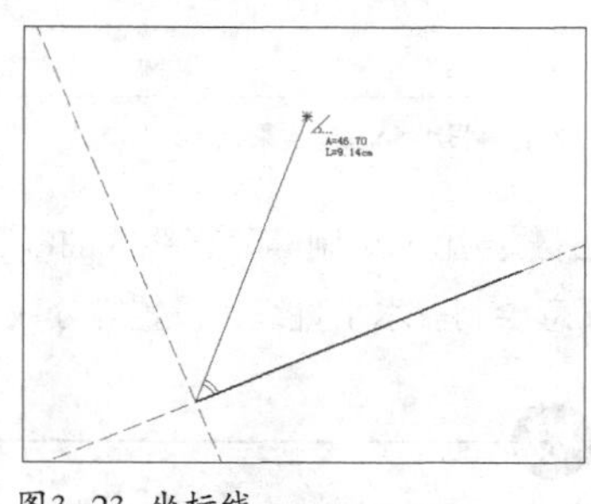
图3-23 坐标线

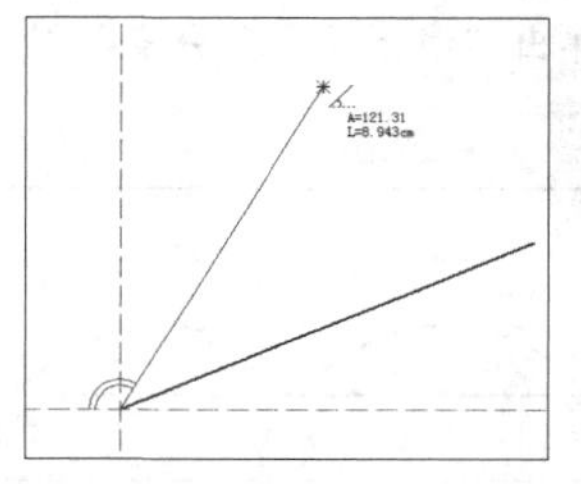
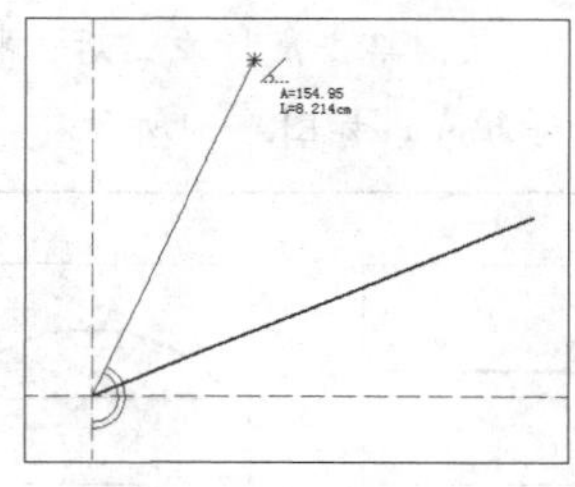
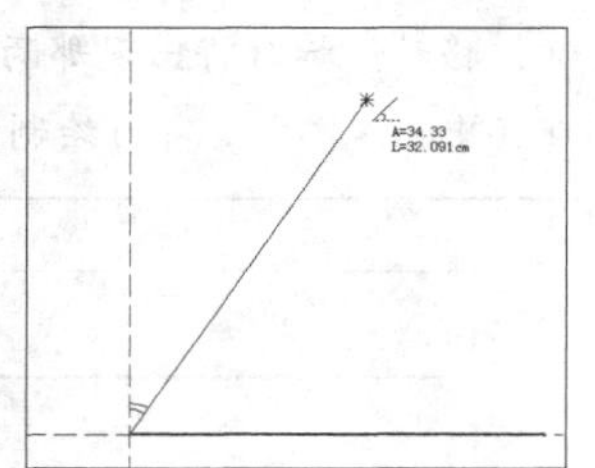
图3-24 不同的角度起始边

单击该按钮后，如果按【Shift】键，指针将变成 ，此时将切换到绘制切线状态，在工作区中的圆弧上单击鼠标左键，然后在圆弧上选择一点，确定切线的起点，并确定切线的终点，此时将弹出“长度”对话框，如图3-26所示，在其中输入相应的参数值，即可绘制切线。

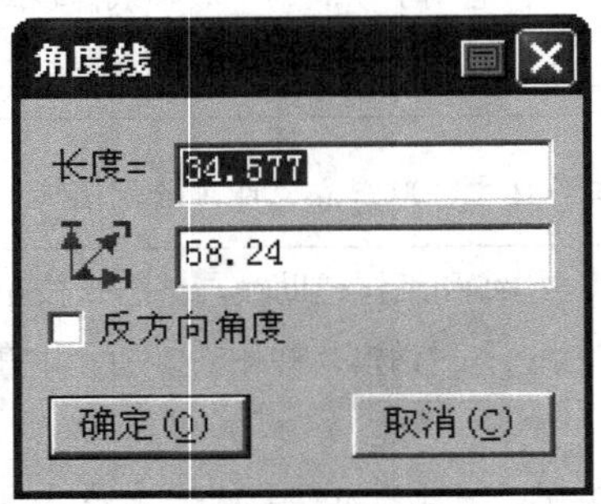

图3-25 “角度线”对话框

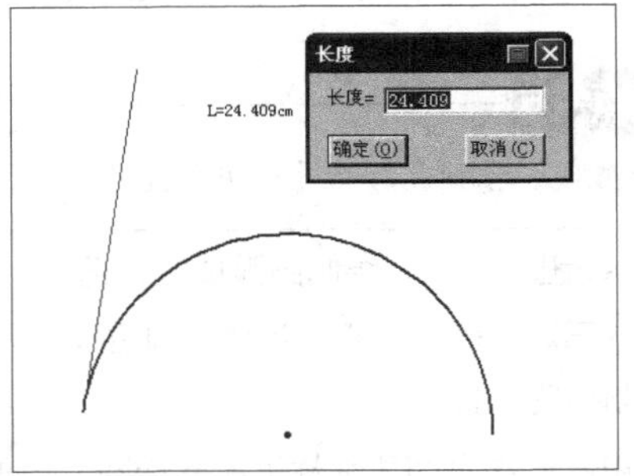

图3-26 “长度”对话框

高手点拨

在“角度线”对话框中，各主要选项的含义如下。

- 长度：指所做线的长度。
- ：指所做的角度。

- **“点到圆或两圆之间的切线”按钮**：绘制点到圆或两圆之间的切线，可在结构线上操作也可以在纸样的辅助线上操作。单击该按钮，在工作区中的点或圆上单击鼠标左键，然后在另一个圆上单击鼠标左键，即可绘制切线，图3-27为绘制切线前后效果对比。

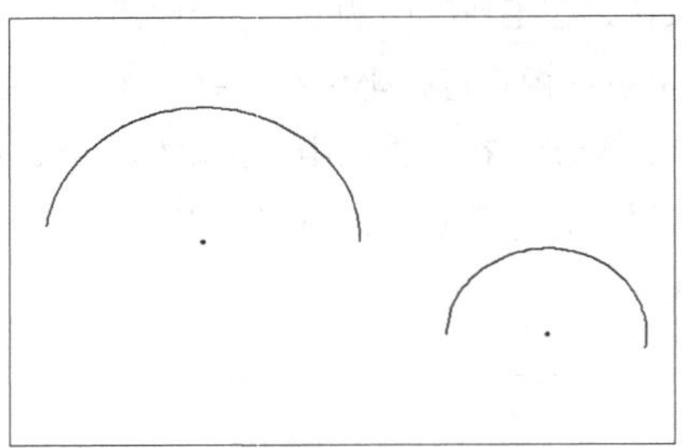

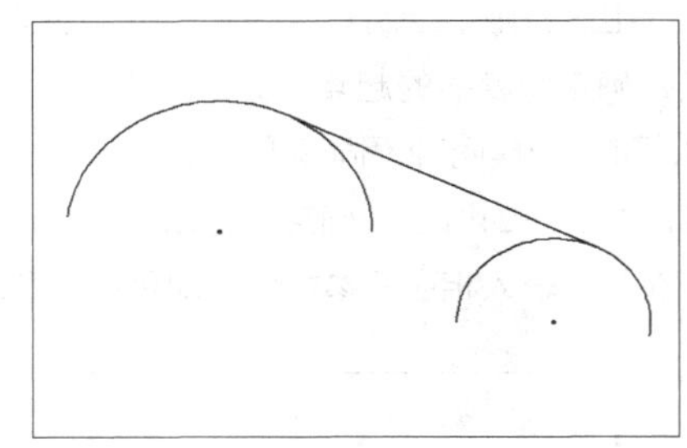

图3-27 绘制切线前后效果对比

- **“等分规”按钮**：用于绘制等分直线或曲线。在执行该命令前，必须先在快捷工具栏中输入等分数，然后选择曲线。任意绘制一水平直线，设置等分数为3，则执行“等分规”命令后，曲线如图3-28所示。

高手点拨

执行“等分规”命令后，默认情况下的鼠标指针为 ，在曲线上单击鼠标右键，则指针变成 ，此时绘制的曲线如图3-29所示。若执行“等分规”命令后，按【Shift】键，则指针将变成 ，此时在线上的某个点上单击鼠标左键，移动鼠标时将出现那两个对称点，单击鼠标左键后，将弹出“线上反向等分点”对话框，如图3-30所示，在其中输入参数，即可绘制两个等距点，如图3-31所示。

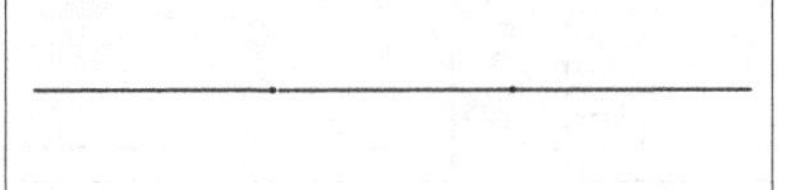
图3-28 等分曲线

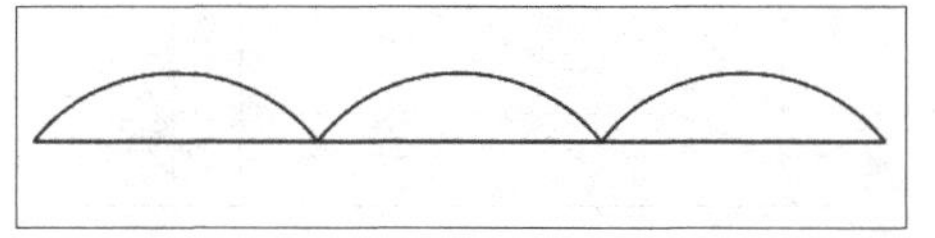
图3-29 等分曲线

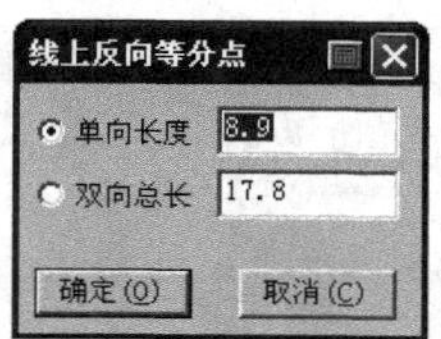

图3-30 “线上反向等分点”对话框

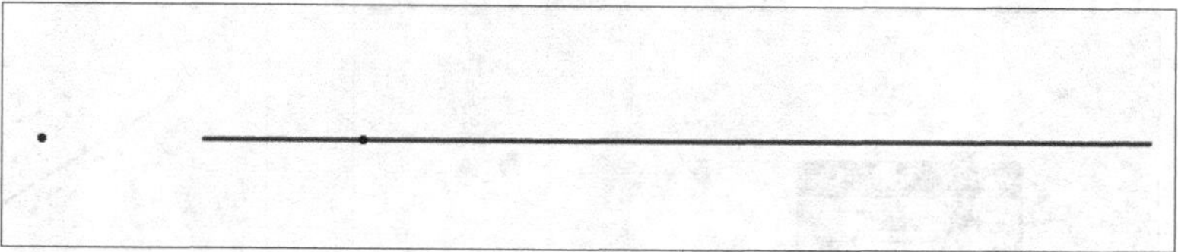

图3-31 等距点

- “点”按钮：用于在线上加点或在空白处加点，适用于纸样、结构线。当在线上的合适位置单击鼠标左键时，将弹出“点的位置”对话框，如图3-32所示，在其中输入相应的参数值，即可绘制点，如图3-33所示。

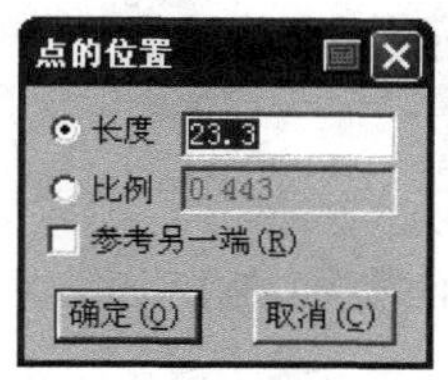

图3-32 “点的位置”对话框

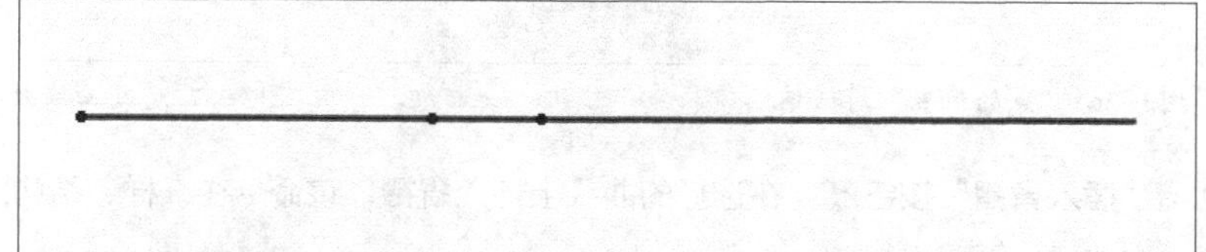

图3-33 绘制点

- “圆规”按钮：用于绘制从某一点到一条直线上的定长直线，或通过两点绘制出两条指定长度的线。常用于绘制袖山斜线、西装驳头等。当在某一点上单击鼠标左键，然后在线上单击鼠标左键时，将弹出“单圆规”对话框，如图3-34所示。当在某一点上单击鼠标左键，然后在另一点上单击鼠标左键时，将弹出“双圆规”对话框，如图3-35所示。

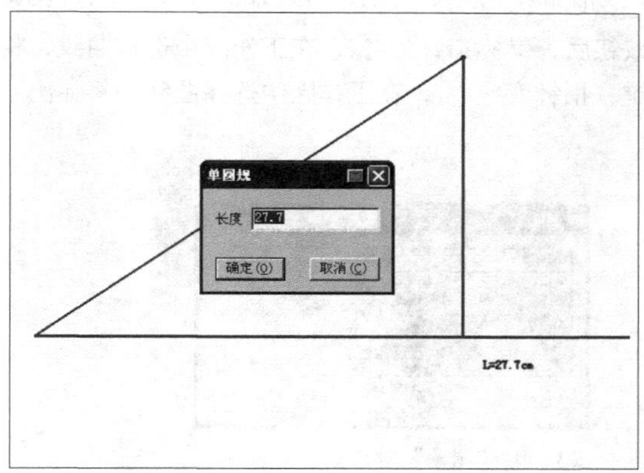

图3-34 “单圆规”对话框

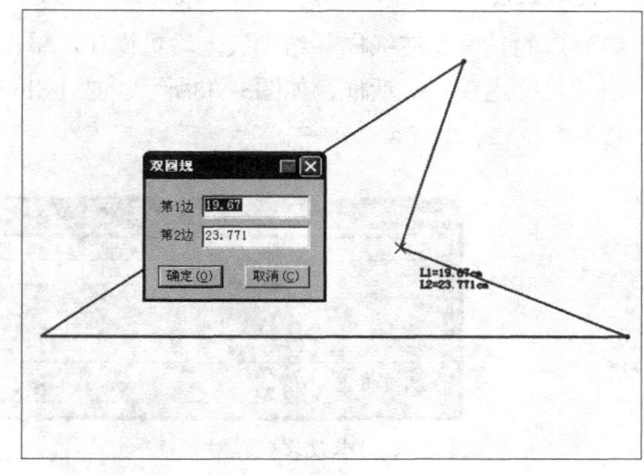

图3-35 “双圆规”对话框

- “剪断线”按钮：将一条曲线从指定的位置断开，变成两条单独的曲线，或把多条曲线连接为一条曲线。单击该按钮，在工作区中选择曲线，然后在线上指定一点为剪断点，弹出“点的位置”对话框，如图3-36所示，单击“确定”按钮，即可剪断曲线，在工作区中选择相应的曲线，查看效果，如图3-37所示。

- “关联/不关联”按钮：端点相交的曲线在调整时，使用过关联的两端点会一起调整，使用过不关联的两端点不会一起调整。端点相交的线默认为关联。

- “橡皮擦”按钮：用于删除结构图上的点、线，纸样上的辅助线、剪口、钻孔、省褶等。
- “收省”按钮：用于在结构线上插入省道，只适用于结构线。
- “加省山”按钮：给省道上加省山，适用于在结构线上操作。

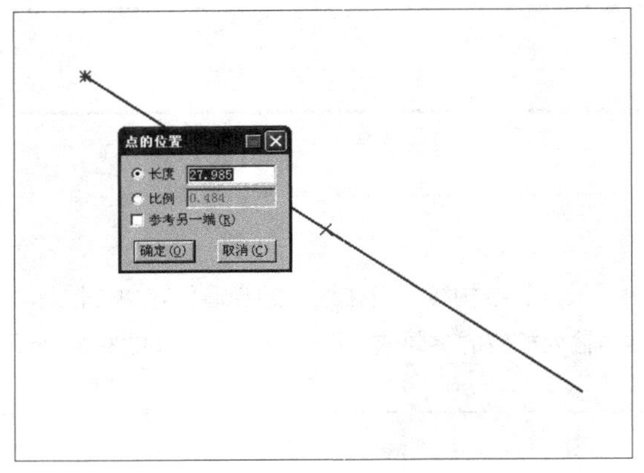

图3-36 “点的位置”对话框

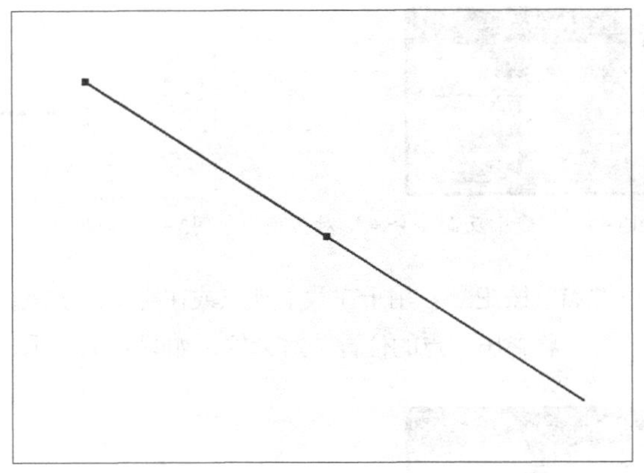
图3-37 剪断曲线效果

- **“插入省褶”按钮**：在选择的曲线上插入省褶，该命令在纸样、结构图上均可操作，常用于制作泡泡袖、立体口袋等。
- **“转省”按钮**：在结构线上转省。
- **“褶展开”按钮**：在结构线上增加工字褶或刀褶。
- **“分割、展开、去除余量”按钮**：对一组曲线展开或去除余量，适用于在结构线上操作，常用于对领、荷叶边、大摆裙等的处理。
- **“荷叶边”按钮**：用于绘制螺旋型荷叶边。
- **“比较长度”按钮**：用于测量一段曲线的长度、多段线相加所得总长、比较多段线的差值，也可以测量剪口到点的长度。在纸样、结构线上均可操作。单击该按钮后，鼠标指针为 ，在工作区中选择曲线，将弹出“长度比较”对话框，如图3-38所示。按【Shift】键，指针变成 ，在工作区中选择曲线，将弹出“测量”对话框，如图3-39所示。

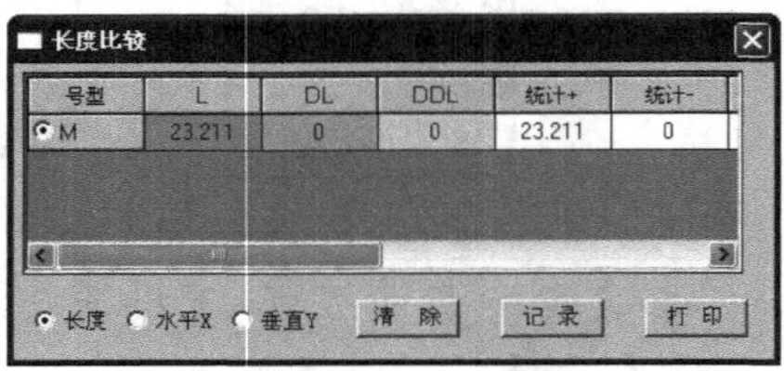

图3-38 “长度比较”对话框

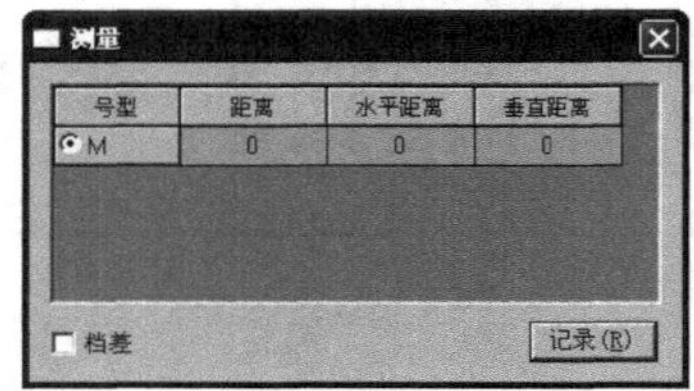

图3-39 “测量”对话框

- **“量角器”按钮**：测量角度，在纸样、结构线上均可操作。

高手点拨

在使用“量角器”测量角度时，不同情况下的测量方法也不同。

■测量一条曲线的角度：在要测量的曲线上单击鼠标左键，然后单击鼠标右键，弹出“角度测量”对话框，如图3-40所示，显示测量数据。

■测量两条曲线的夹角：在要测量的两条曲线上单击鼠标左键，然后在工作区空白位置单击鼠标右键，弹出“角度测量”对话框，如图3-41所示，显示测量数据。

■测量三个点形成的角度：在工作区中依次单击省尖点、两省边线点，弹出“角度测量”对话框，显示测量数据。

■测量两个点形成的角度：按住【Shift】键的同时，分别在两个点上单击鼠标左键，弹出“角度测量”对话框，显示测量数据。

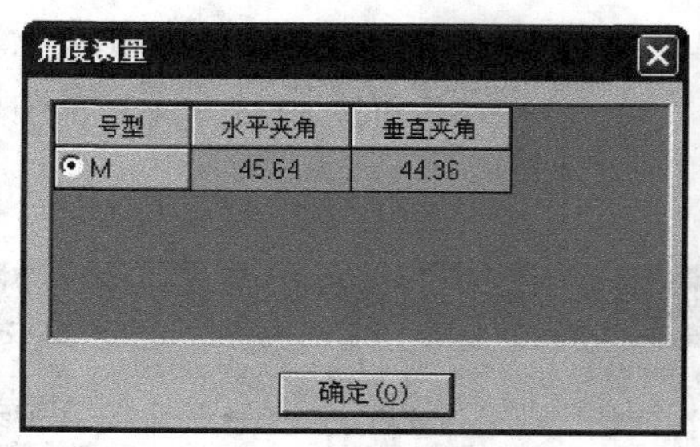

图3-40　“角度测量”对话框

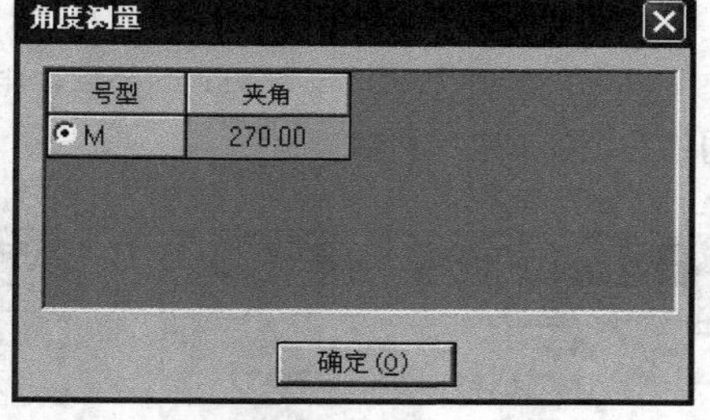

图3-41　“角度测量”对话框

- **“旋转”按钮**：用于旋转复制或旋转一组点或曲线，适用于结构线和纸样辅助线。
- **“对称”按钮**：用于对称复制或对称一组点或曲线，适用于结构线和纸样辅助线。
- **“移动”按钮**：用于复制移动或移动一组点或曲线，适用于结构线和纸样辅助线。
- **“对接”按钮**：用于把一组曲线和另一组曲线对接上，适用于结构线与纸样辅助线，常用于肩斜线等位置的对接。
- **“剪刀”按钮**：用于从结构线或辅助线上拾取纸样。
- **“拾取内轮廓”按钮**：将纸样内某区域挖空。
- **“设置线的颜色类型”按钮**：用于修改结构线的颜色、线类型、纸样辅助线的线类型、输出类型。
- **“加入、调整工艺图片”按钮**：与“文档”菜单的“保存到图库”命令配合制作工艺图片；调出并调整工艺图片；可复制位图将其应用于办公软件中。
- **“加文字”按钮**：用于在结构图上或纸样上加文字、移动文字、修改或删除文字。

3.2.5　纸样工具栏

当用剪刀工具剪下纸样后，用纸样工具栏工具将其进行细部加工，如加剪口、加钻孔、加缝份。加缝迹线、加缩水等。如图3-42所示为纸样工具栏。

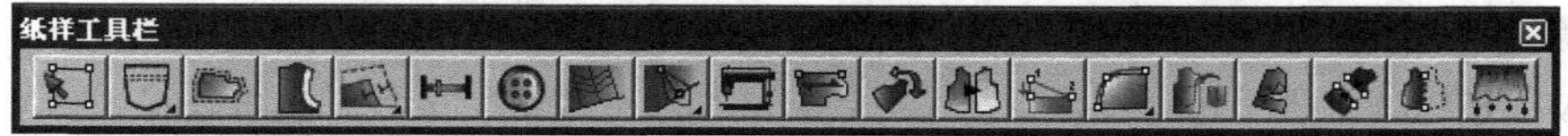

图3-42　纸样工具栏

在纸样工具栏中，各主要按钮的含义如下。

- **“选择纸样控制点”按钮**：在纸样上选择点、线并修改其属性。
- **“缝迹线”按钮**：在纸样边上加缝迹线、修改缝迹线。
- **“绗缝线”按钮**：在纸样上添加绗缝线、修改绗缝线。
- **“加缝份”按钮**：给纸样加缝份或修改缝份量及缝份形状。
- **“做衬”按钮**：在纸样上做粘合衬。
- **“剪口”按钮**：在纸样边上加剪口、拐角处加剪口以及辅助线指向边线的位置加剪口，调整剪口的方向，对剪口放码、修改剪口的定位尺寸及属性。
- **“袖对刀”按钮**：在袖笼和袖山上分别打剪口，并且前袖笼、前袖山是打单剪口，后袖笼、后袖山是打双剪口。
- **“眼位”按钮**：在纸样上加扣眼、修改眼位。单击该按钮，在工作区的纸样上单击鼠标左键，弹出“加扣眼”对话框，如图3-43所示，设置相应的参数，单击“确定”按钮，即可添加扣眼。如果要修改扣眼，在已经画好的眼位上单击鼠标右键。

- **“钻孔”按钮**：在纸样上加钻孔、修改钻孔。单击该按钮，在工作区的纸样上单击鼠标左键，弹出“钻孔”对话框，如图3-44所示，设置相应的参数，单击“确定”按钮，即可添加钻孔。如果要修改钻孔，在已经画好的钻孔上单击鼠标右键。

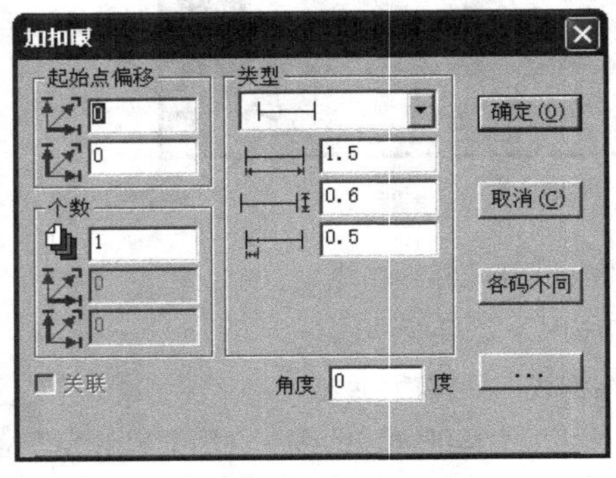

图3-43 “加扣眼”对话框

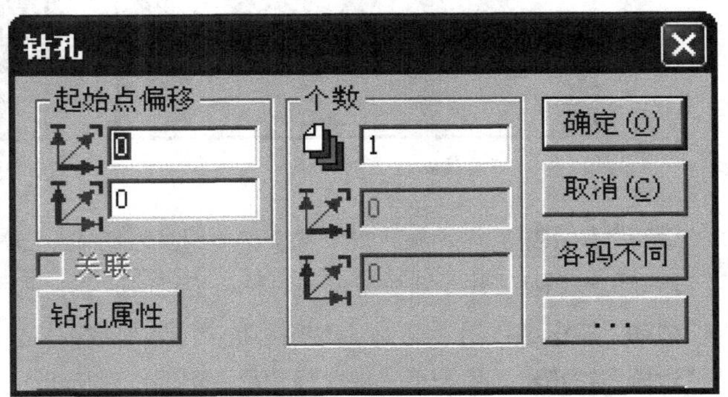

图3-44 “钻孔”对话框

- **“褶”按钮**：在纸样边线上增加或修改刀褶、工字褶，也可以把在结构线上加的褶用该工具变成纸样上的褶图元。做通褶时在原纸样上会把褶量加进去，纸样大小会发生变化，如果加的是半褶，只是加了褶符号，纸样大小不改变。
- **“V型省”按钮**：在纸样边线上增加或修改V型省。
- **“锥形省”按钮**：在纸样边线上增加或修改锥型省。
- **“比拼行走”按钮**：一个纸样的边线在另一个纸样的边线上行走，可调整内部线对接是否准确或圆顺，也可以加剪口。
- **“布纹线”按钮**：用于调整布纹线的方向、位置、长度以及布纹线上的文字信息。
- **“旋转衣片”按钮**：旋转纸样。
- **“水平垂直翻转”按钮**：翻转纸样。
- **“水平/垂直校正”按钮**：将一段曲线校正成水平或垂直状态，常用于校正读图纸样，只适合微调。
- **“重新顺滑曲线”按钮**：用于调整曲线并且关键点的位置不变，常用于处理读图纸样。
- **“曲线替换”按钮**：纸样间的曲线替换，或者将结构线变成纸样边线，也可以将纸样上的辅助线变成边线。
- **“纸样变闭合辅助线”按钮**：将一个纸样的边线变为另一个纸样的闭合辅助线。
- **“分割纸样”按钮**：单击该按钮，可分割纸样。
- **“合并纸样”按钮**：将两个纸样合并成一个纸样，新的纸样可以包含原来的省量或消除省量。
- **“纸样对称”按钮**：对称复制纸样。
- **“缩水”按钮**：预留纸样缩水率。

3.2.6 放码工具栏

该栏存放着放码所要用到的一些工具，还可以对全部或部分号型进行调整修改。如图3-45所示为放码工具栏。

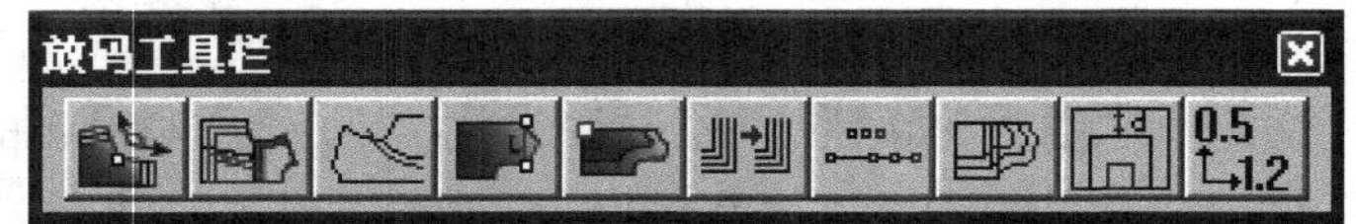

图3-45 放码工具栏

在放码工具栏中，各主要按钮的含义如下。

- **“平行交点”按钮**：用于纸样边线的放码，使放码点与其相交的两边分别平行放码，常用于西服领口的放码。
- **“辅助线平行放码”按钮**：纸样内部线放码，单击该按钮后，内部辅助线会平行放码且与边线相交。
- **“辅助线放码”按钮**：纸样边线上的辅助线端点按照边线指定点的长度来放码。
- **“肩斜线放码”按钮**：将一片的肩点按照总肩宽的一半进行放码，放码后的肩线是平行的。
- **“各码对齐”按钮**：将各码按点或剪口（扣位、眼位）线对齐或恢复原状。
- **“复制点放码量”按钮**：复制某一点的放码量，粘贴到另一点。
- **“点随线段放码”按钮**：根据两点的放码比例对指定点放码。
- **“设定/取消辅助线随边线放码”按钮**：辅助线随边放码，或者辅助线不随边线放码。
- **“平行放码”按钮**：对纸样边线、纸样辅助线平行放码，常用于文胸放码。
- **“档差标注”按钮**：给放码纸样加档差标注。

3.2.7　衣片列表框

该栏用于放置当前款式中纸样的裁片。每一个单独的纸样放置在一小格的纸样框中，纸样框的布局可以通过单击“选项”|“系统设置”|“界面设置”|“纸样列表框布局”命令来改变其位置，并可通过单击拖动进行纸样顺序的调整。还可以在这里选择衣片来用菜单命令对其进行复制、删除操作。

3.2.8　标尺

标尺用于显示当前使用的度量单位。

3.2.9　工作区

工作区就如一张带有坐标的无限大的纸，可以在此进行打版放码，工作区的下边缘及右边缘各有一个滑块和两个箭头，用于水平或垂直移动窗口中的内容。

3.2.10　状态栏

状态栏位于工作界面的最底部，显示当前所选择工具的名称，一些工具还有操作步骤提示。

3.3　文件的基本操作

在设计与放码软件中，用户可以进行一系列的基本操作，如新建文件、打开文件、另存文件、导入文件等。

3.3.1　新建文件

在设计与放码软件中，用户可以根据实际需要新建一个文件。若在软件中进行了操作，且操作未进行保存，新建文件时将弹出“富怡服装设计与放码CAD软件”对话框，提示用户存储档案。

高手点拨

用户可以通过以下两种方法新建文件。

- 单击“文档” | “新建”命令。
- 按【Ctrl+N】组合键。
- 在快捷工具栏中单击“新建”按钮。

3.3.2 打开文件

在使用设计与放码软件进行服装设计时，常常需要对纸样进行编辑或者重新设计，这时就需要打开相应的文件以进行相应操作。

	素材文件	光盘\素材\第3章\3-46.dgs
	效果文件	无
	视频文件	光盘\视频\第3章\3.3.1打开文件.mp4

步骤解析

步骤1 单击“文档” | “打开”命令，如图3-46所示。

步骤2 弹出“打开”对话框，选择合适的文件，单击“打开”按钮，如图3-47所示。

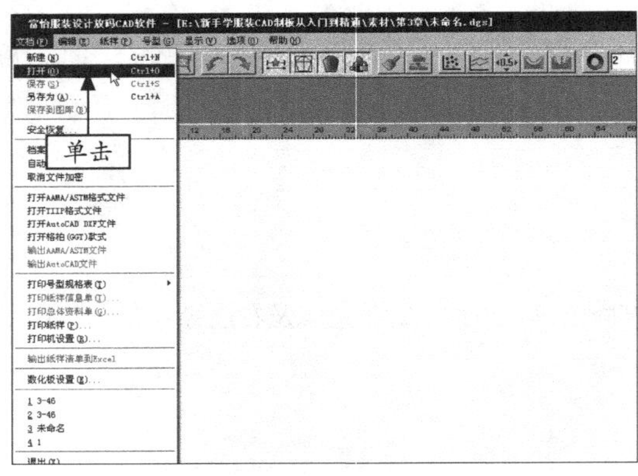

图3-46 单击“打开”命令

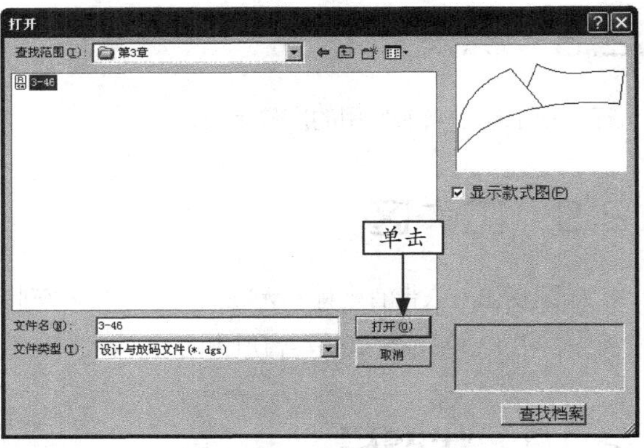

图3-47 单击“打开”按钮

步骤3 执行操作后，即可打开文件，如图3-48所示。

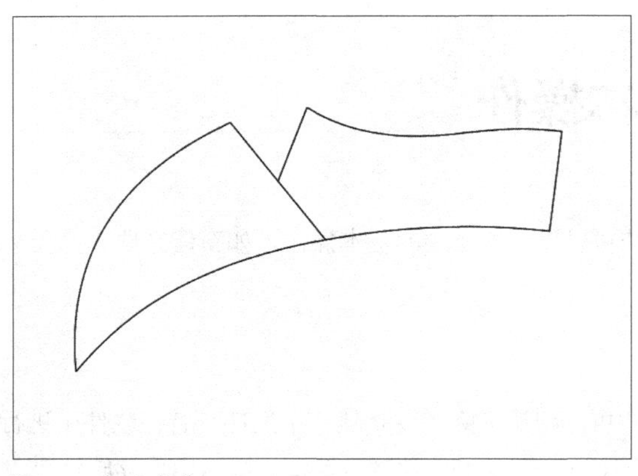

图3-48 打开文件

高手点拨

用户还可以通过以下3种方法打开文件。

- 单击快捷工具栏中的“打开”按钮。
- 按【Ctrl+O】组合键。
- 在格式为.dgs的文件上双击鼠标左键。

3.3.3　另存文件

在设计与放码软件中，用户可以根据需要将文件保存至别的磁盘中。

	素材文件	光盘\素材\第3章\3-49.dgs
	效果文件	光盘\效果\第3章\3-51.dgs
	视频文件	光盘\视频\第3章\3.3.2另存文件.mp4

步骤解析

步骤 1 按【Ctrl+O】组合键，打开一幅素材文件，如图3-49所示。

步骤 2 在菜单栏中，单击“文档”|“另存为”命令，如图3-50所示。

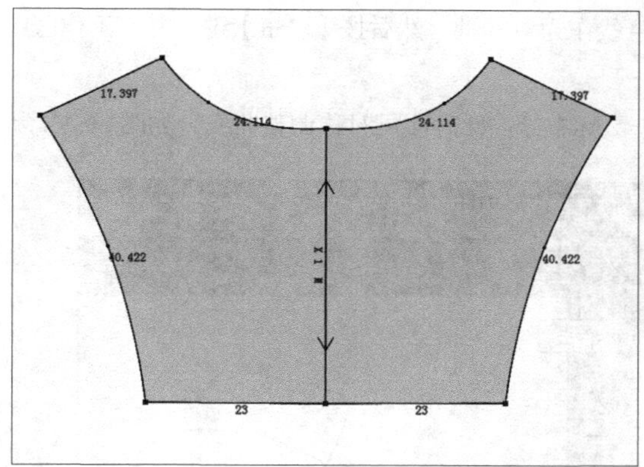

图3-49　打开素材

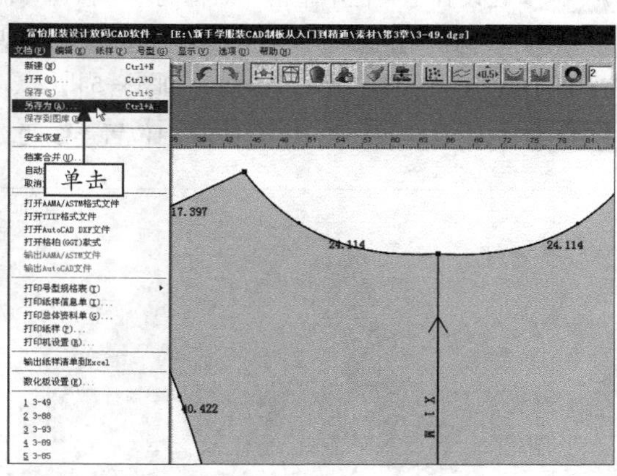

图3-50　单击“另存为”命令

步骤 3 执行操作后，弹出“文档另存为”对话框，设置文件名和保存路径，单击“保存”按钮，如图3-51所示。

步骤 4 执行操作后，即可另存文件。

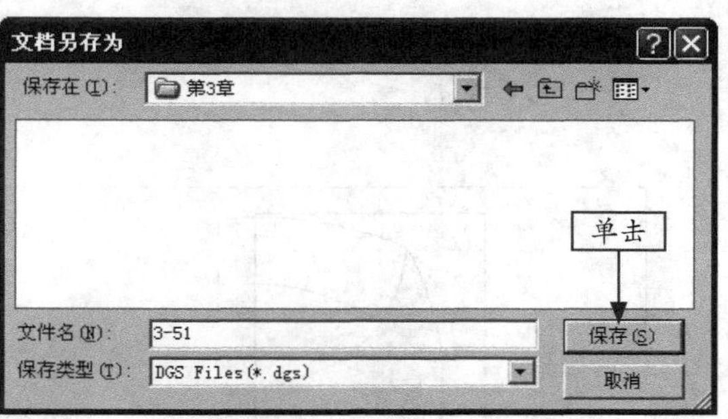

图3-51　单击“保存”命令

高手点拨

用户还可以通过按【Ctrl+A】组合键来另存文件。

3.4 设计与放码软件快速入门

为了方便读者快速掌握设计与放码软件的操作方法，本节将对设计与放码软件的一些常用的工具进行详细的讲解。

3.4.1 对称调整

在设计与放码软件中，用户使用“对称调整”工具可以将图形沿对称轴进行对称复制。下面将详细介绍使用“对称调整”工具对称复制曲线的操作方法。

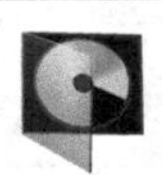	素材文件	光盘\素材\第3章\3-52.dgs
	效果文件	光盘\效果\第3章\3-55.dgs
	视频文件	光盘\视频\第3章\3.4.1对称调整.mp4

步骤解析

步骤 1 按【Ctrl+O】组合键，打开一幅素材文件，如图3-52所示。

步骤 2 在设计工具栏中单击“对称调整”按钮，如图3-53所示。

步骤 3 根据状态栏提示，在工作区中选择中间的竖直直线作为对称轴，然后按【Shift】键，并在工作区中框选左侧的曲线作为要对称调整的曲线，如图3-54所示。

步骤 4 执行操作后，在工作区的空白位置连续两次单击鼠标右键，此时即可对称调整曲线，如图3-55所示。

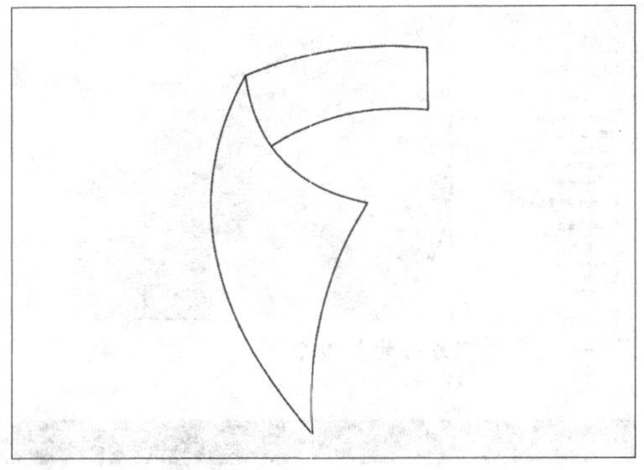

图3-52 打开素材

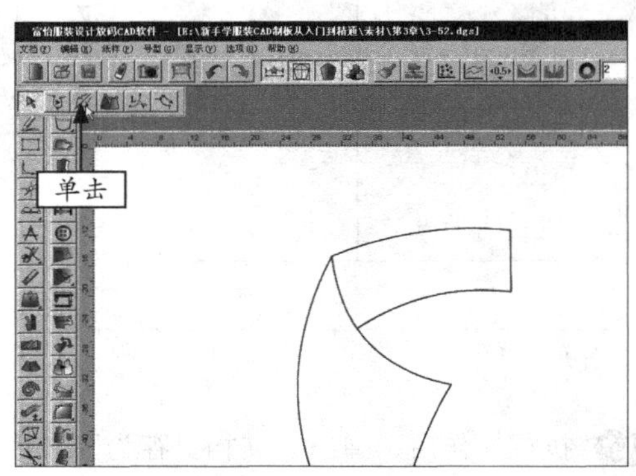

图3-53 单击“对称调整”按钮

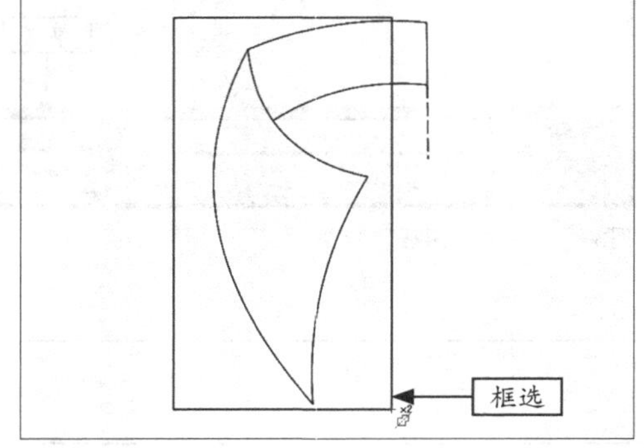

图3-54 框选曲线

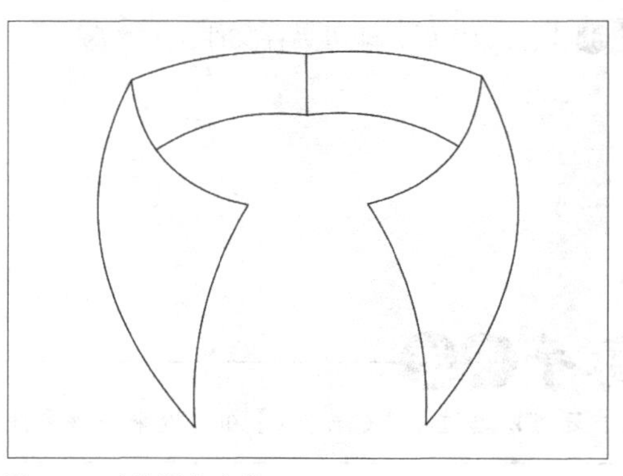

图3-55 对称调整曲线

3.4.2 收省

在设计与放码软件中，用户使用“收省”工具可以为结构线插入省道。下面将详细介绍使用“收省”工具插入省道的操作方法。

素材文件	光盘\素材\第3章\3-56.dgs
效果文件	光盘\效果\第3章\3-61.dgs
视频文件	光盘\视频\第3章\3.4.2收省.mp4

步骤解析

步骤 1 按【Ctrl+O】组合键，打开一幅素材文件，如图3-56所示。

步骤 2 在设计工具栏中单击“收省”按钮，如图3-57所示。

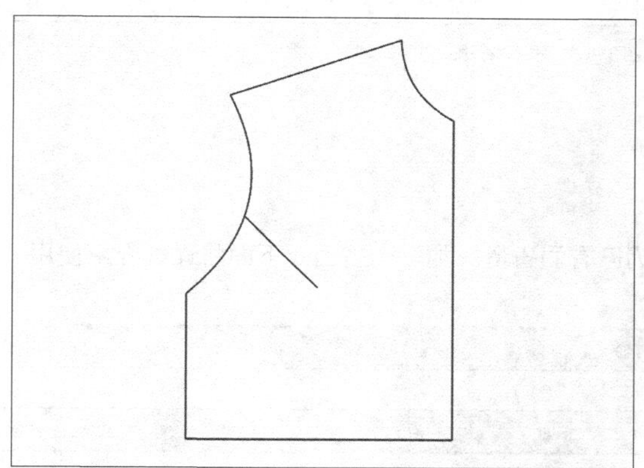

图3-56 打开素材

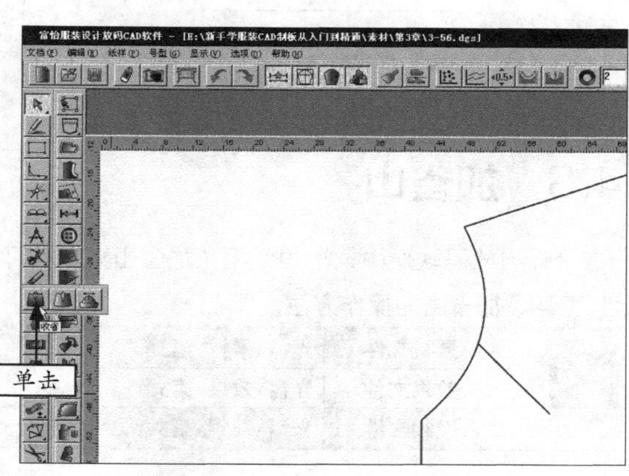

图3-57 单击“收省”按钮

高手点拨

在插入省道的过程中，用户还可以根据需要调整结构线的形状。另外，在插入省道时，省宽不能为0。

步骤 3 根据状态栏提示，在工作区中选择左侧的弧线作为截取省宽的线，如图3-58所示。

步骤 4 根据提示，在工作区中选择倾斜的曲线作为省线，如图3-59所示。

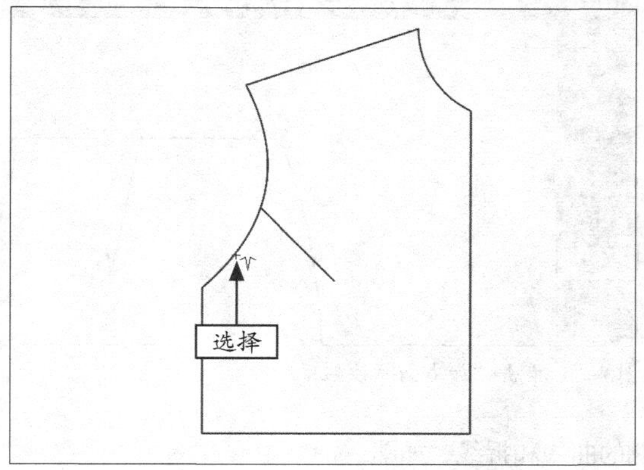

图3-58 选择截取省宽的线

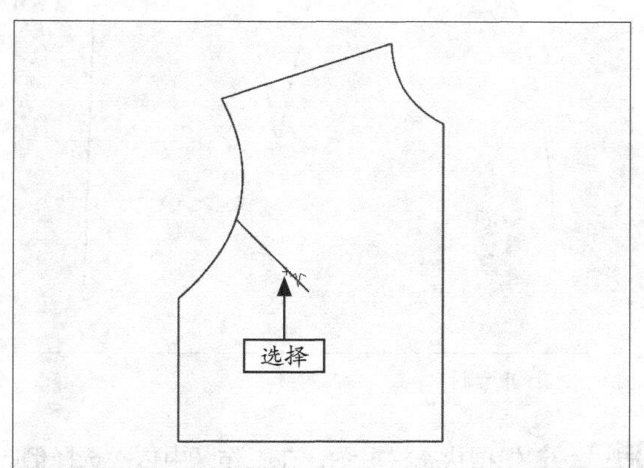

图3-59 选择省线

步骤 5 弹出“省宽”对话框，设置“省宽”为2，单击“确定”按钮，如图3-60所示。

步骤 6 在工作区中的合适位置单击鼠标左键，确定省山，执行操作后，在工作区中单击鼠标右键，即可插入省道，如图3-61所示。

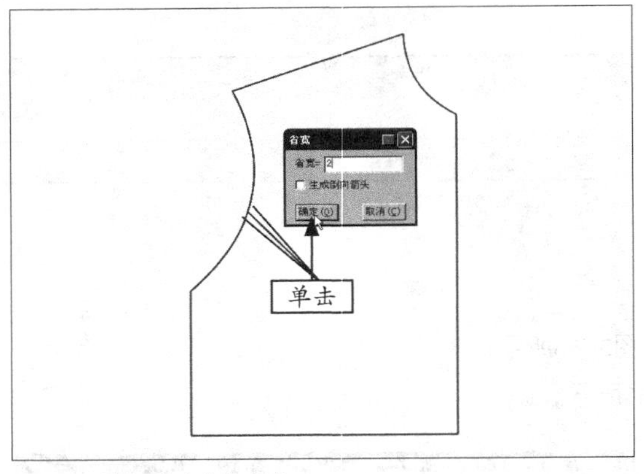

图3-60 单击“确定”按钮

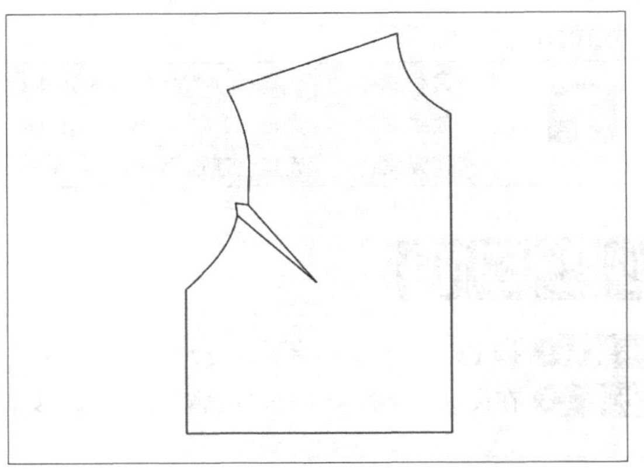

图3-61 插入省道

3.4.3 加省山

在设计与放码软件中，用户使用“加省山”工具可以为已有的省道添加一个省山。下面将详细介绍使用“加省山”工具添加省山的操作方法。

	素材文件	光盘\素材\第3章\3-62.dgs
	效果文件	光盘\效果\第3章\3-61.dgs
	视频文件	光盘\视频\第3章\3.4.3加省山.mp4

步骤解析

步骤 1 按【Ctrl+O】组合键，打开一幅素材文件，如图3-62所示。

步骤 2 在设计工具栏中单击“加省山”按钮，如图3-63所示。

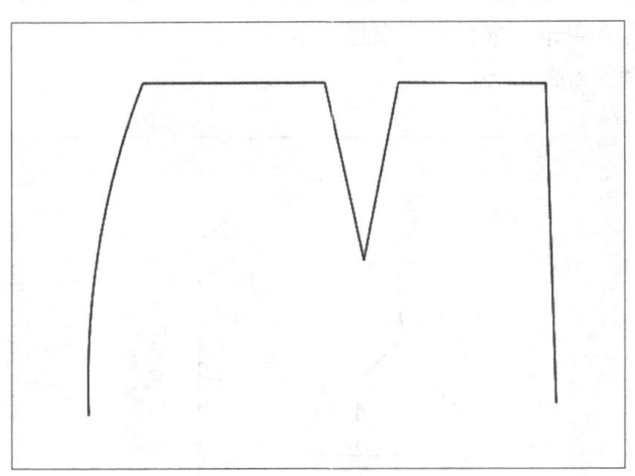

图3-62 打开素材

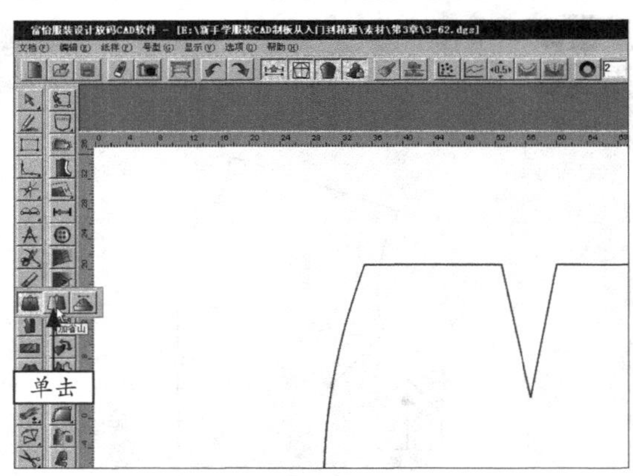

图3-63 单击“加省山”按钮

步骤 3 根据状态栏提示，在工作区中依次选择倒向一侧的曲线和折线，如图3-64所示。

步骤 4 执行操作后，即可为省道添加省山，如图3-65所示。

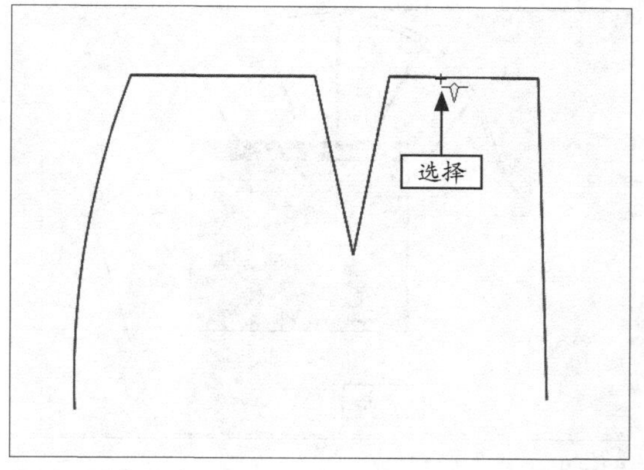

图3-64 选择曲线和折线

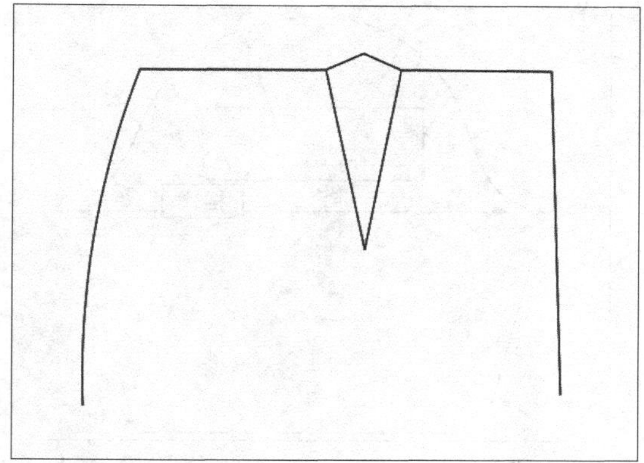
图3-65 添加省山

3.4.4 插入省褶

在设计与放码软件中，用户使用“插入省褶”工具可以为纸样或结构线插入省或褶。下面将详细介绍插入省褶的操作方法。

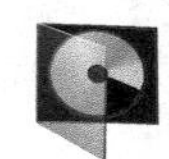	**素材文件**	光盘\素材\第3章\3-66.dgs
	效果文件	光盘\效果\第3章\3-70.dgs
	视频文件	光盘\视频\第3章\3.4.4插入省褶.mp4

步骤解析

步骤 1 按【Ctrl+O】组合键，打开一幅素材文件，如图3-66所示。

步骤 2 在设计工具栏中单击“插入省褶”按钮，如图3-67所示。

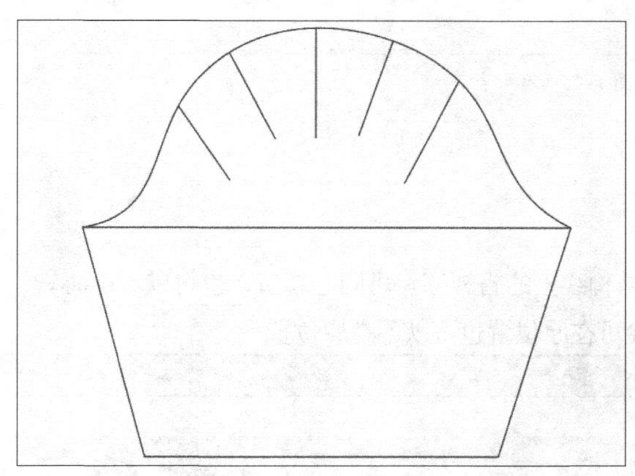
图3-66 打开素材

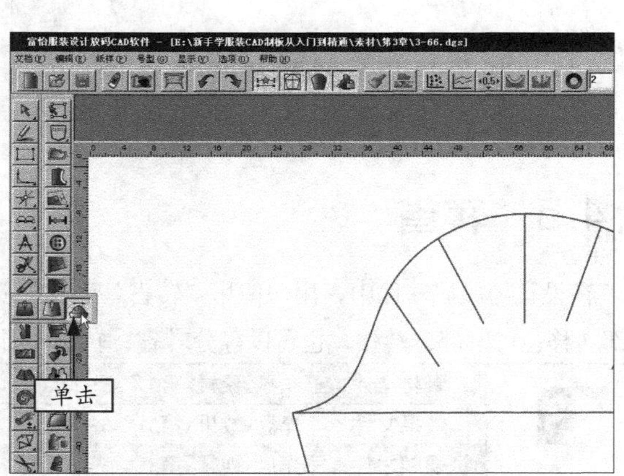

图3-67 单击“插入省褶”按钮

步骤 3 根据状态栏提示，在工作区中选择上方的袖山弧线，然后框选下方的展开线，如图3-68所示。

步骤 4 在工作区中单击鼠标右键，弹出“指定线的插入省”对话框，在“处理方式”选项区中选中“褶”单选按钮，然后设置“总量”为2、“均量”为0.4，单击“确定”按钮，如图3-69所示。

高手点拨

在插入省褶时，如果没有展开线，只需选择袖山弧线，然后单击两次鼠标右键即可。

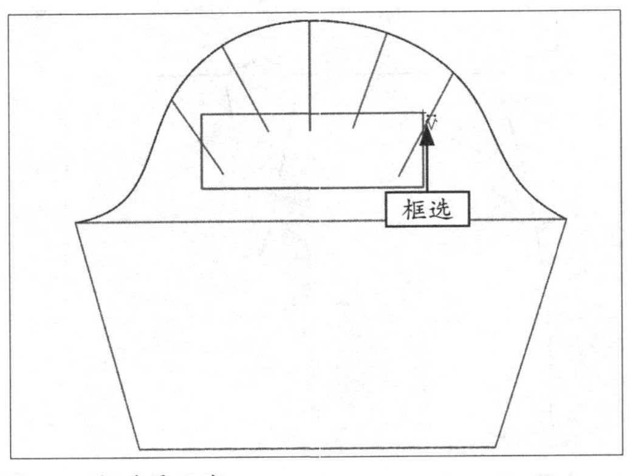

图3-68 框选展开线

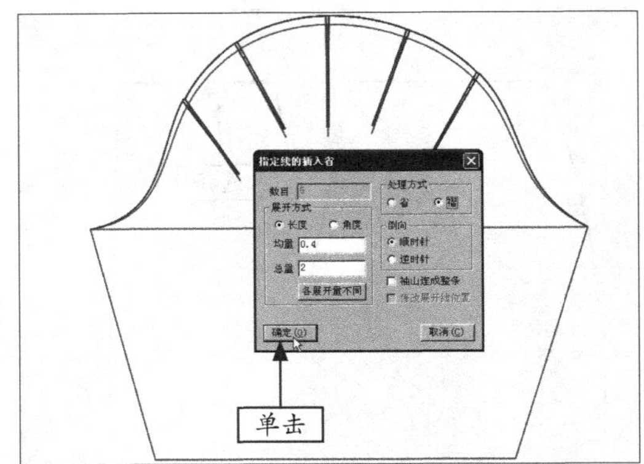

图3-69 单击“确定”按钮

步骤 5 执行操作后，即可插入褶，效果如图3-70所示。

高手点拨

若在“指定线的插入省”对话框中选中“省”单选按钮，则效果如图3-71所示。

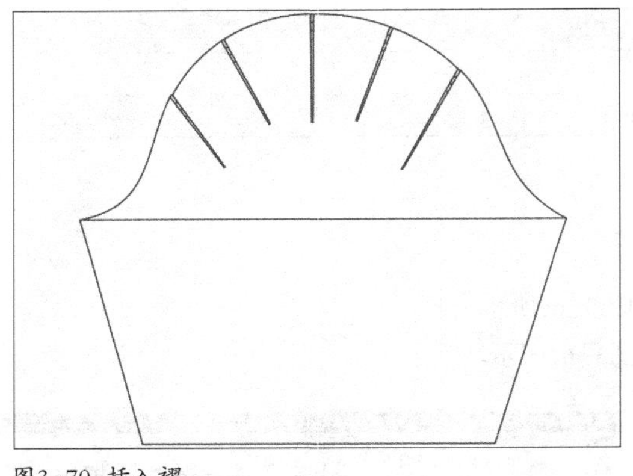

图3-70 插入褶

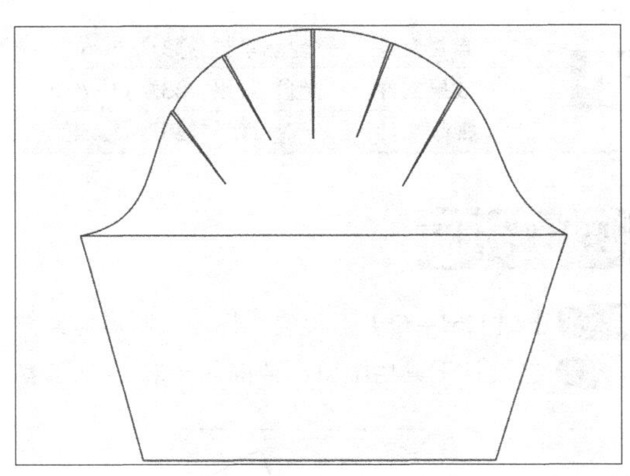

图3-71 插入省

3.4.5 转省

在设计与放码软件中，用户使用“转省”工具可以将结构线上的省转移。可同心转省，也可以不同心转，可全部转移也可以部分转移，也可以等分转省，转省后新省尖可在原位置也可以不在原位置。

	素材文件	光盘\素材\第3章\3-72.dgs
	效果文件	光盘\效果\第3章\3-76.dgs
	视频文件	光盘\视频\第3章\3.4.5转省.mp4

步骤解析

步骤 1 按【Ctrl+O】组合键，打开一幅素材文件，如图3-72所示。

步骤 2 在设计工具栏中单击“转省”按钮，如图3-73所示。

步骤 3 根据状态栏提示，在工作区中框选转移线，单击鼠标右键结束选择，然后选择新省线，如图3-74所示。

步骤 4 在工作区中单击鼠标右键，然后在工作区中依次选择相应的曲线以确定合并省的起始边和终止边，如图3-75所示。

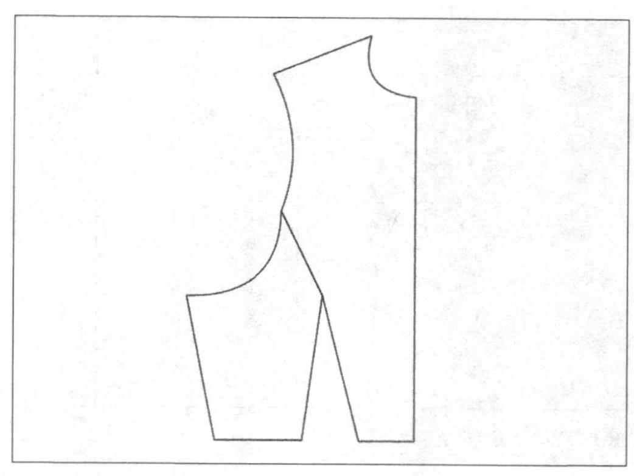

图3-72 打开素材

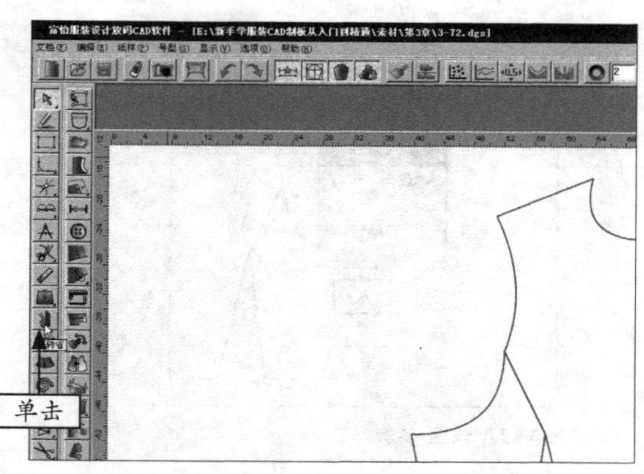

图3-73 单击“转省”按钮

高手点拨

适转省用于在结构线上进行操作。

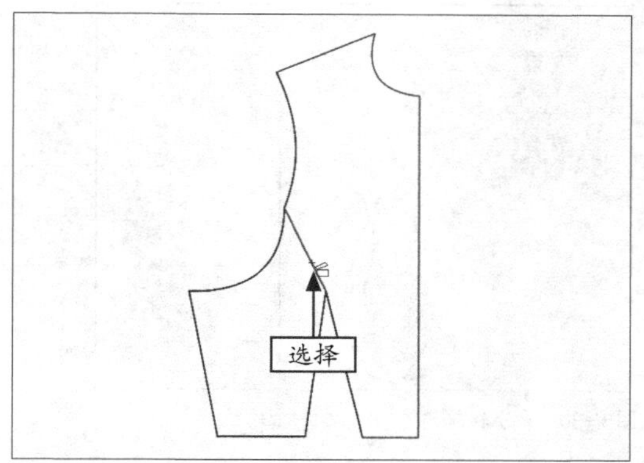

图3-74 选择新省线

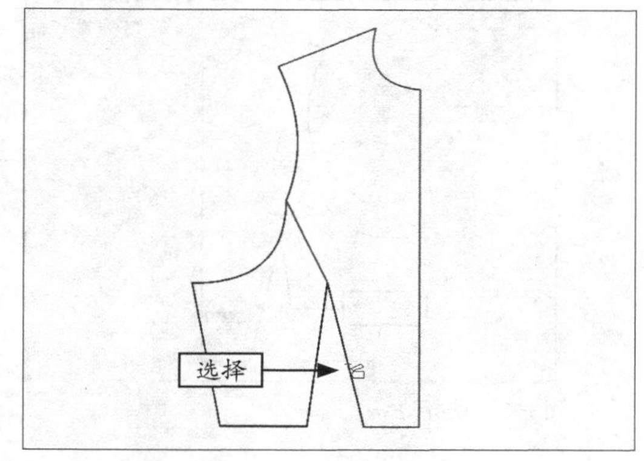

图3-75 选择边

步骤 5 执行操作后，即可转省，效果如图3-76所示。

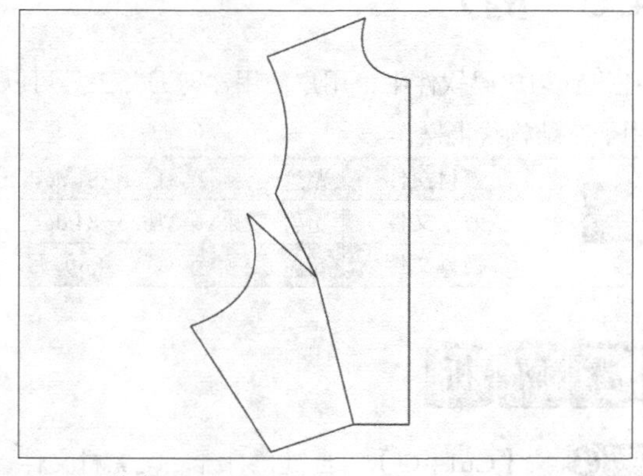

图3-76 转省效果

高手点拨

若要进行部分转省，用户可以在选择合并省的起始边后，按住【Ctrl】键的同时，选择量一条边，此时将弹出“转省”对话框，设置“比例”为50%，如图3-77所示，单击“确定”按钮，即可部分转省，效果如图3-78所示。

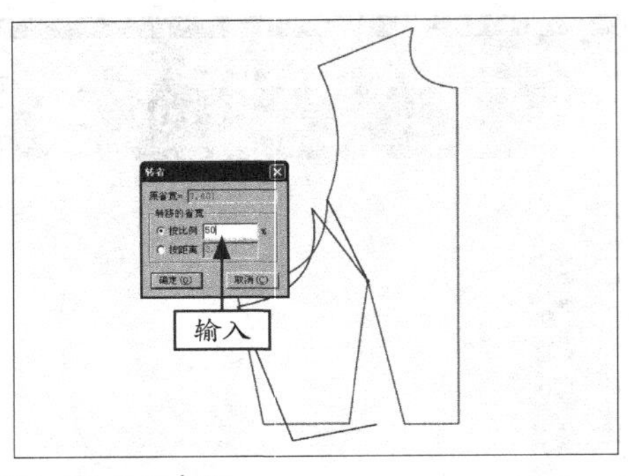

图3-77 设置参数

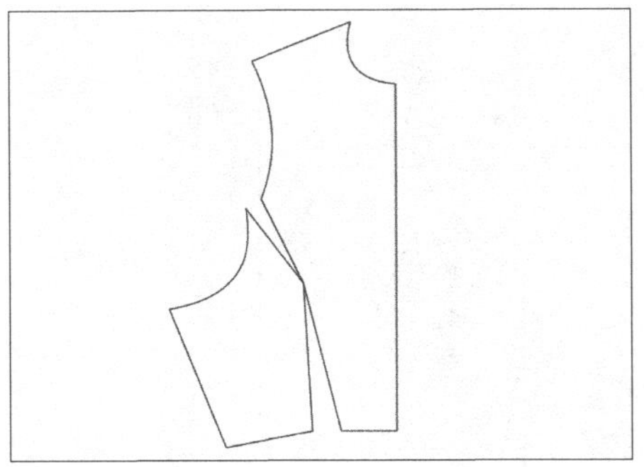

图3-78 部分转省

高手点拨

若要进行等分转省，用户可以在选择合并省的起始边后，直接输入等分数（此处输入2），然后选择终止边，如图3-79所示，执行操作后，即可等分转省，效果如图3-80所示。

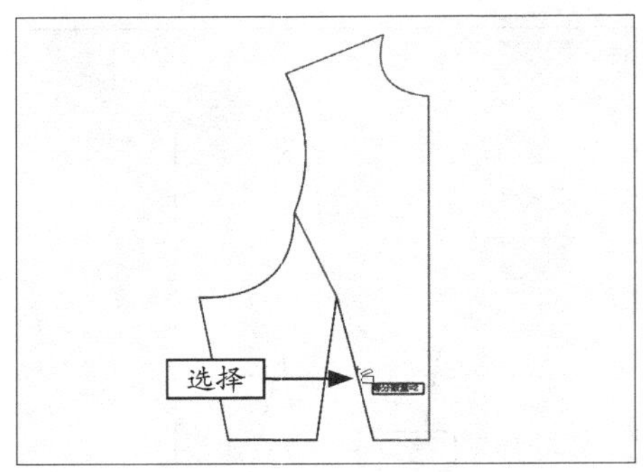

图3-79 选择边

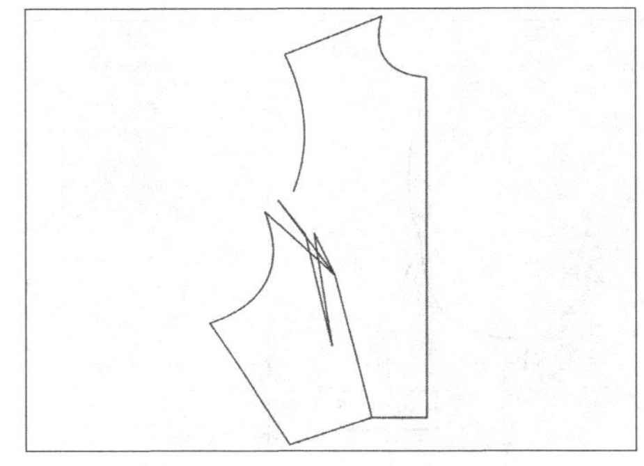

图3-80 等分转省

3.4.6 剪刀

在设计与放码软件中，用户使用“剪刀”工具可以用褶将结构线展开，同时加入褶的标识及褶底的修正量。只适用于在结构线上操作。

	素材文件	光盘\素材\第3章\3-81.dgs
	效果文件	光盘\效果\第3章\3-84.dgs
	视频文件	光盘\视频\第3章\3.4.6剪刀.mp4

步骤解析

步骤 1 按【Ctrl+O】组合键，打开一幅素材文件，如图3-81所示。

步骤 2 在设计工具栏中单击“剪刀”按钮，如图3-82所示。

高手点拨

用户还可以通过以下两种方法拾取纸样。

- 在工作区框选围成纸样的曲线，然后单击鼠标右键。
- 在工作区中曲线的端点上依次单击鼠标左键（如果是圆弧，还需在弧上取一点），然后单击鼠标右键。

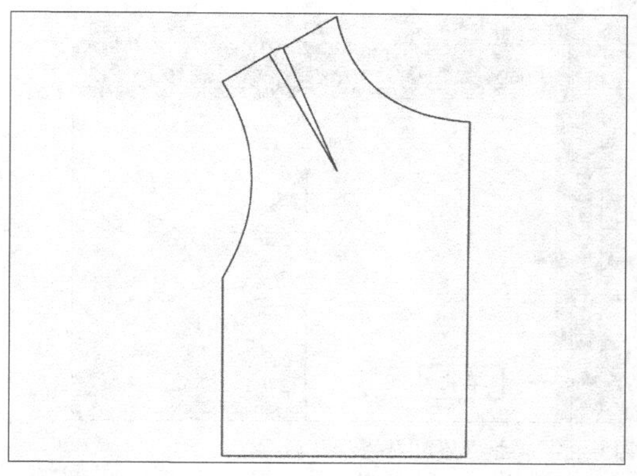

图3-81 打开素材

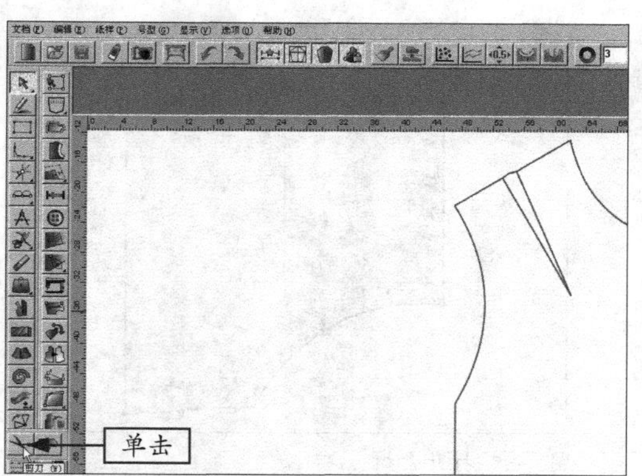

图3-82 单击“剪刀”按钮

步骤 3 按住【Shift】键的同时，在工作区中核实的区域单击鼠标左键，如图3-83所示。

步骤 4 执行操作后，单击鼠标右键，即可通过剪刀拾取纸样，如图3-84所示。

图3-83 单击鼠标左键

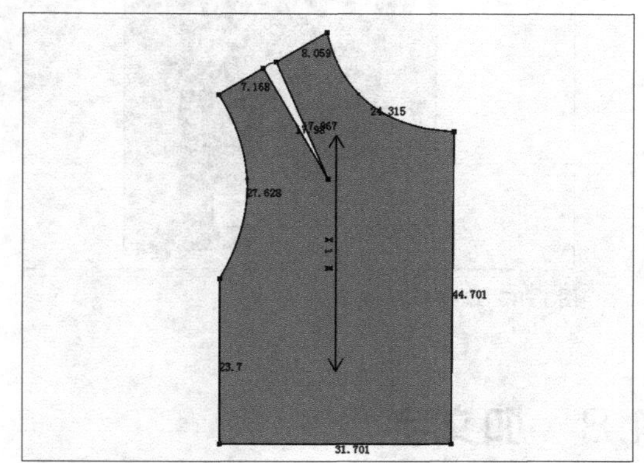

图3-84 拾取纸样

3.4.7 拾取内轮廓

在设计与放码软件中，用户使用“拾取内轮廓”工具可以在纸样内挖空心图。

	素材文件	光盘\素材\第3章\3-81.dgs
	效果文件	光盘\效果\第3章\3-84.dgs
	视频文件	光盘\视频\第3章\3.4.7拾取内轮廓.mp4

步骤解析

步骤 1 按【Ctrl+O】组合键，打开一幅素材文件，如图3-85所示。

步骤 2 在设计工具栏中单击“拾取内轮廓”按钮，如图3-86所示。

步骤 3 在纸样上单击鼠标右键，然后选择辅助线，如图3-87所示。

步骤 4 执行操作后，单击鼠标右键，即可通过拾取内轮廓挖空纸样，如图3-88所示。

高手点拨

用户还可以直接在辅助线上单击鼠标左键，然后单击鼠标右键来挖空纸样。

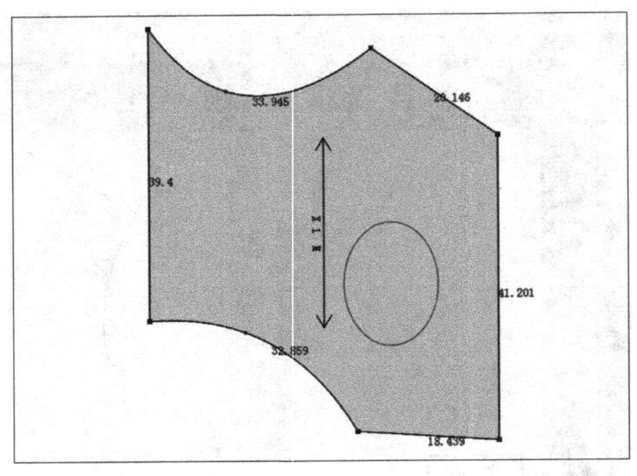
图3-85 打开素材

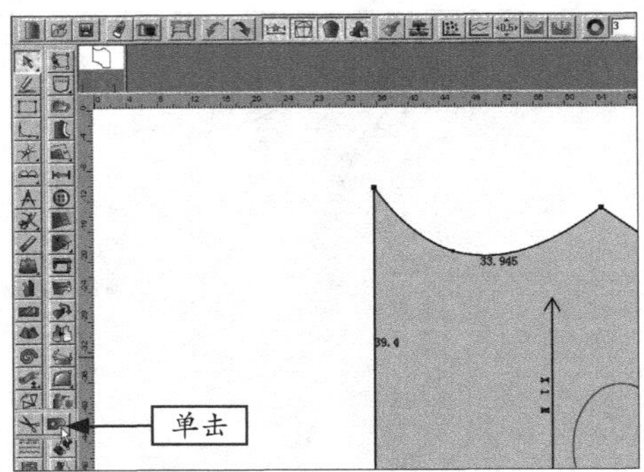

图3-86 单击“拾取内轮廓”按钮

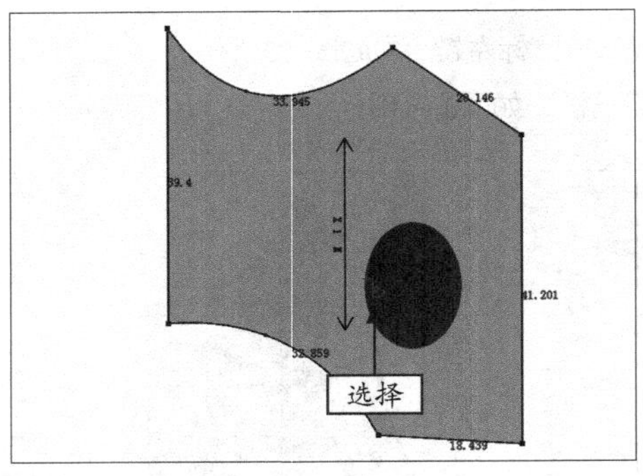

图3-87 选择辅助线

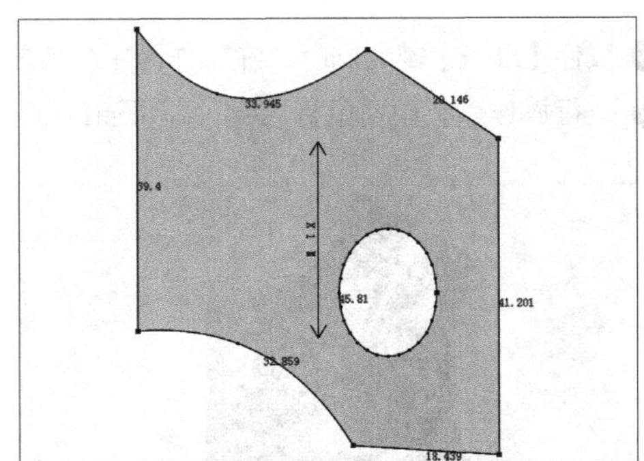
图3-88 拾取内轮廓

3.4.8 加文字

在设计与放码软件中，用户使用“拾取内轮廓”工具可以在纸样内挖空心图。

	素材文件	光盘\素材\第3章\3-89.dgs
	效果文件	光盘\效果\第3章\3-93.dgs
	视频文件	光盘\视频\第3章\3.4.8加文字.mp4

步骤解析

步骤1 按【Ctrl+O】组合键，打开一幅素材文件，如图3-89所示。

步骤2 在设计工具栏中单击“加文字”按钮T，如图3-90所示。

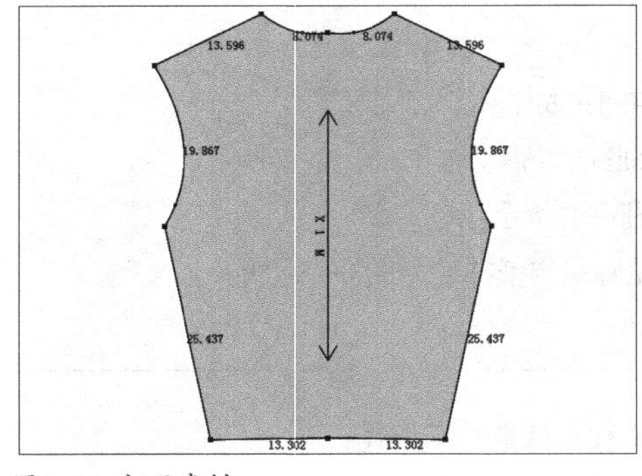
图3-89 打开素材

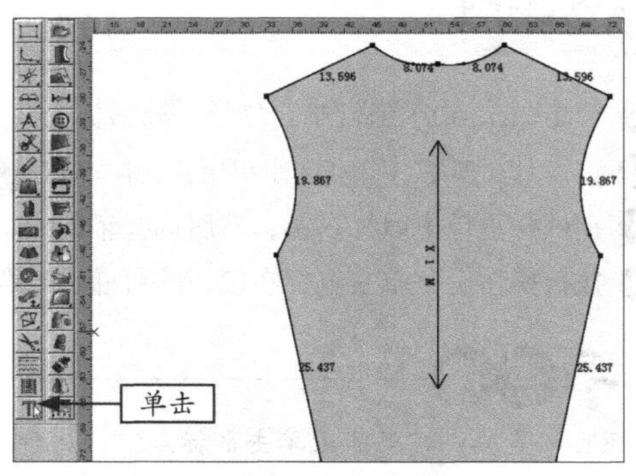

图3-90 单击“加文字”按钮

步骤 3 在工作区右下角单击鼠标左键，弹出"文字"对话框，在"文字"文本框中输入背心，并设置"高度"为3，单击"字体"按钮，如图3-91所示。

步骤 4 弹出"字体"对话框，设置"字体"为"新宋体"、"字形"为"粗体"，单击"确定"按钮，如图3-92所示。

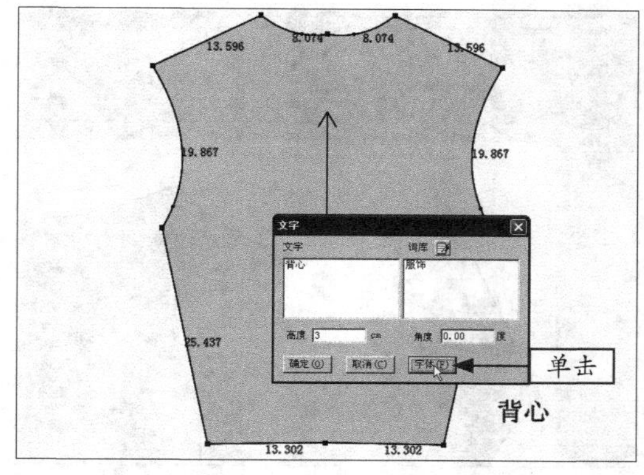

图3-91 单击"字体"按钮

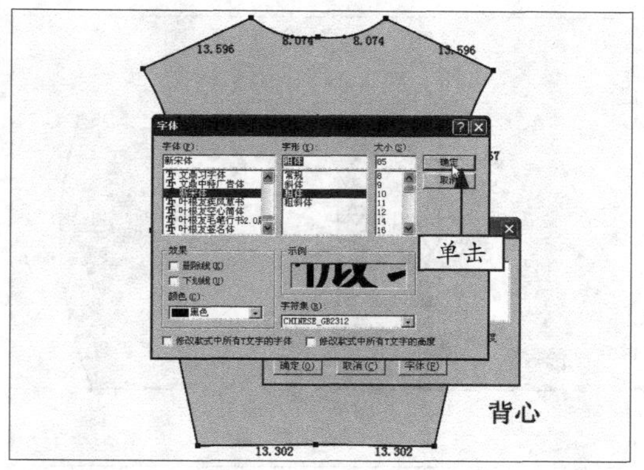

图3-92 单击"确定"按钮

步骤 5 执行操作后，在"文字"对话框中单击"确定"按钮，即可加文字，如图3-93所示。

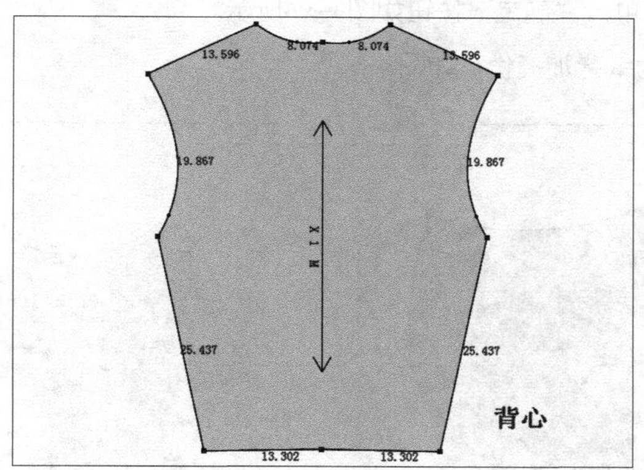

图3-93 加文字

高手点拨

在"字体"对话框中，各主要选项的含义如下。

- 文字：用于输入需要的文字。
- 角度：用于设置文字排列的角度。
- 高度：用于设置文字的大小。
- 字体：单击该按钮，弹出"字体"对话框，其中可以设置文字的效果、颜色等更多的有关字体的内容。

3.4.9 加缝份

在设计与放码软件中，用户使用"加缝份"工具可以用于给纸样加缝份或修改缝份量及切角。

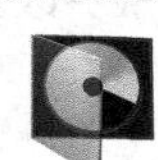	素材文件	光盘\素材\第3章\3-94.dgs
	效果文件	光盘\效果\第3章\3-97.dgs
	视频文件	光盘\视频\第3章\3.4.9加缝份.mp4

步骤解析

步骤 1 按【Ctrl+O】组合键，打开一幅素材文件，如图3−94所示。

步骤 2 在纸样工具栏中单击“加缝份”按钮，如图3−95所示。

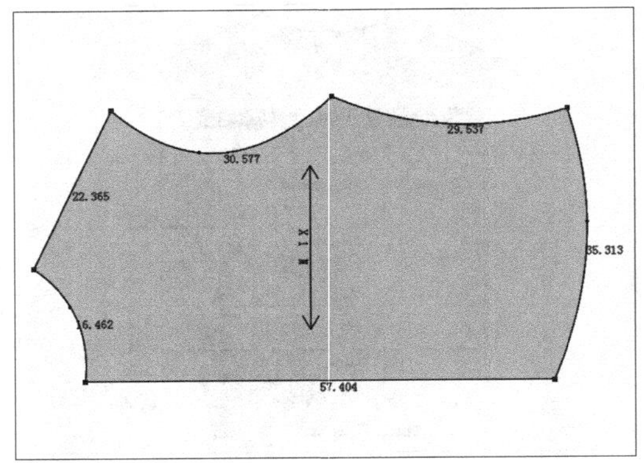

图3−94 打开素材

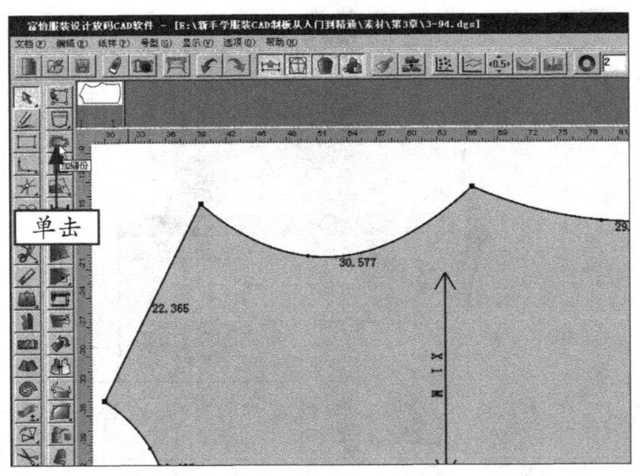

图3−95 单击“加缝份”按钮

步骤 3 在工作区纸样的边线点上单击鼠标左键，弹出“衣片缝份”对话框，设置“缝份量”为1，选中“工作区中的所有纸样”单选按钮，单击“确定”按钮如图3−96所示。

步骤 4 执行操作后，即可为纸样加缝份，如图3−97所示。

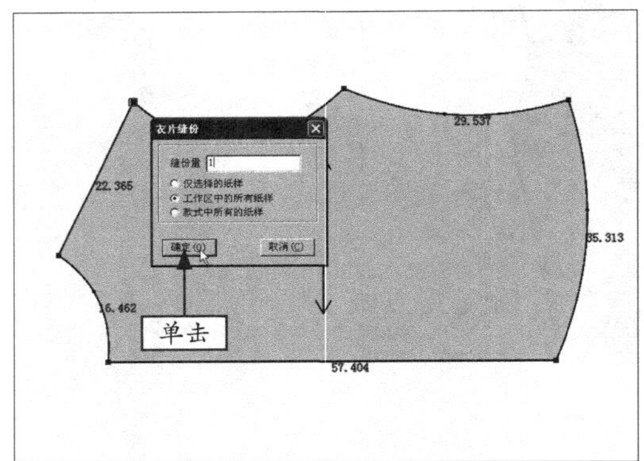

图3−96 单击“确定”按钮

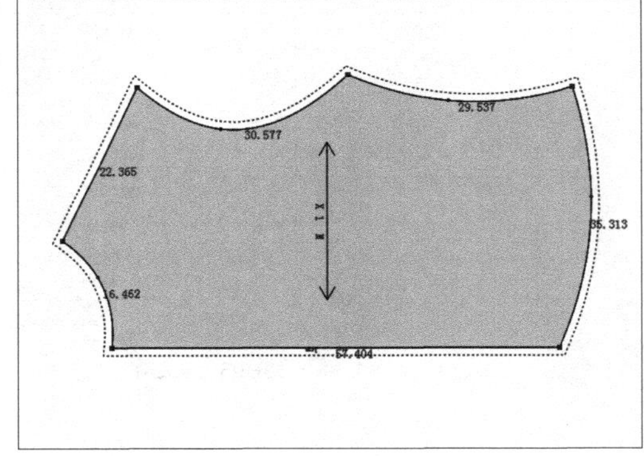

图3−97 加缝份

高手点拨

在设计与放码软件中，缝份线是系统默认隐藏的，若要其在工作区中显示出来，可以单击“选项”｜“系统设置”命令，弹出“系统设置”对话框，在“开关设置”选项卡中选中“显示缝份线”复选框，如图3−98所示，然后单击“确定”按钮。用户也可以通过按【F7】键来显示或隐藏缝份线。

在设计与放码软件中，用户还可以对其进行以下的操作。

- **边线上加（修改）相同缝份量**：单击该按钮，在工作区中框选加相同缝量的边线，单击鼠标右键，弹出“加缝份”对话框，如图3−99所示，输入缝份量，选择合适的切角，单击“确定”按钮即可。
- **修改缝份量**：单击该按钮，按数字键，然后按回车键，再在纸样边线上单击鼠标左键，缝份量即可被更改。
- **加缝份量**：单击该按钮，在纸样的边线上单击鼠标左键，弹出“加缝份”对话框，设置缝份量，单击“确定”按钮即可。

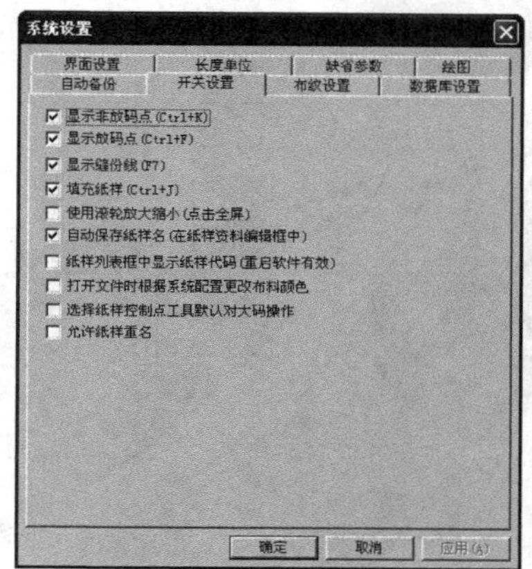

图3-98 系统设置对话框

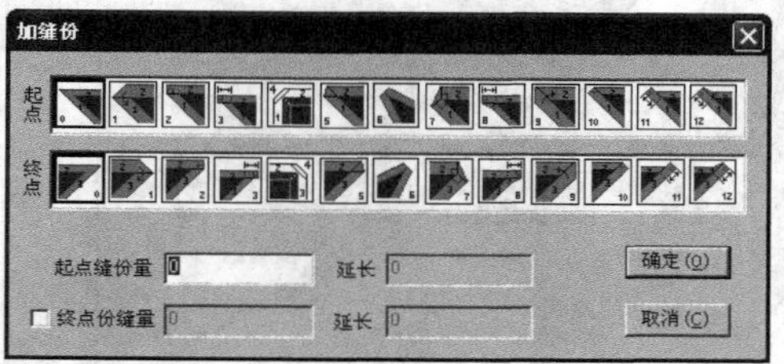

图3-99 "加缝份"对话框

- **选择边线点加（修改）缝份量**：单击该按钮，在点1上单击鼠标左键的同时，并拖曳鼠标至点3上，然后释放鼠标，弹出"加缝份"对话框，设置缝份量，单击"确定"按钮即可，如图3-100所示为修改缝份量的前后效果对比。

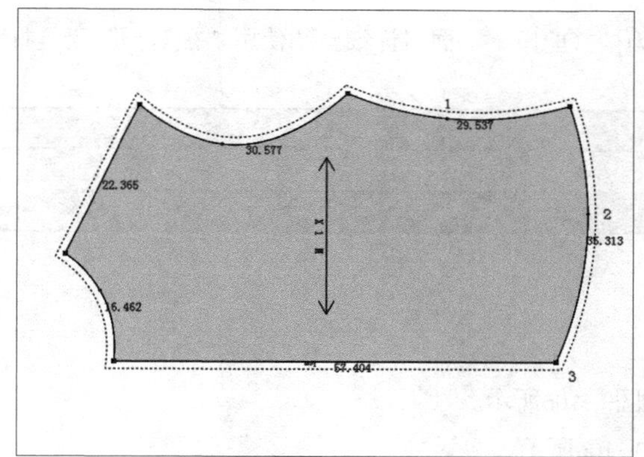

图3-100 修改缝份量的前后效果对比

- **修改单个角的缝份边角**：单击该按钮，在需要修改的点上单击鼠标右键，弹出"拐角缝份类型"对话框，如图3-101所示，选择合适的切角，设置需要的参数，然后确定即可，效果如图3-102所示。

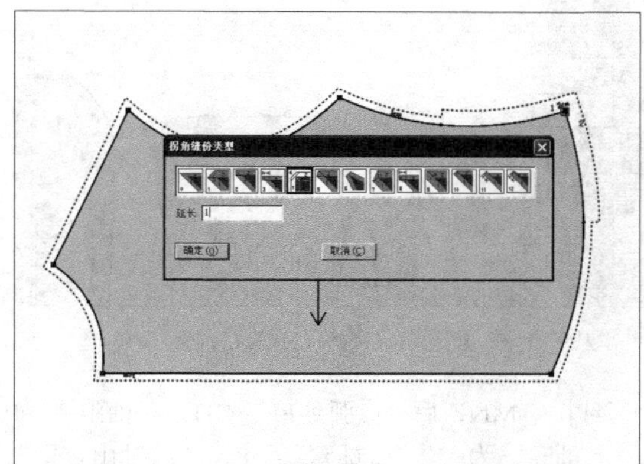

图3-101 弹出"拐角缝份类型"对话框

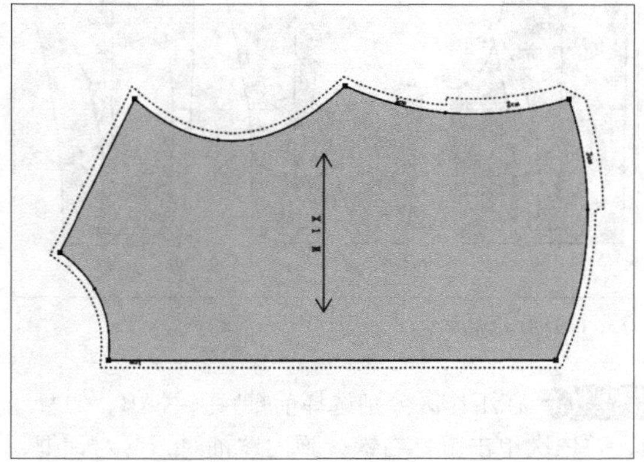

图3-102 修改效果

- **修改两边线等长的切角**：单击该按钮，按【Shift】键，此时鼠标指针变为 ，并弹出"关联缝份"对话框，在工作区中依次选择合适的边线，如图3-103所示，执行操作后，即可修改两边线等长的切角，如图3-104所示。

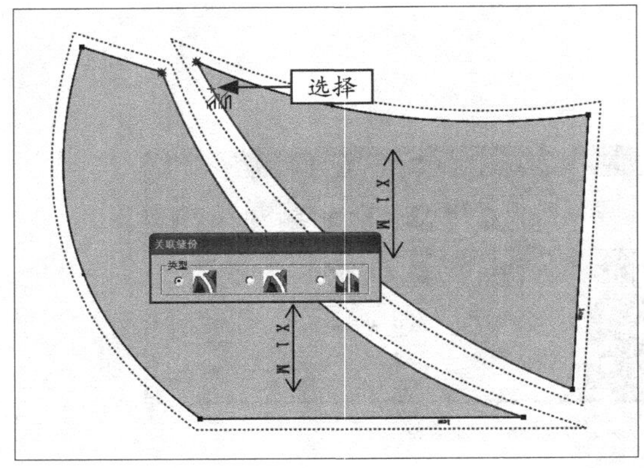

图3-103 选择合适的边线

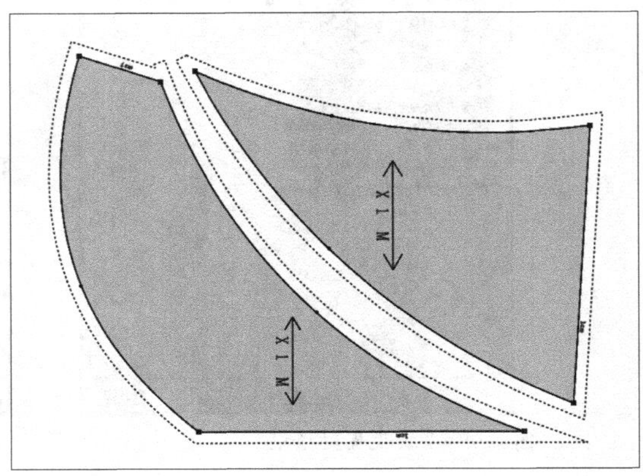

图3-104 修改两边线等长的切角

3.4.10 袖对刀

在设计与放码软件中，用户使用“袖对刀”工具可以为袖打剪口。下面将详细介绍使用“袖对刀”工具打剪口的操作方法。

	素材文件	光盘\素材\第3章\3-105.dgs
	效果文件	光盘\效果\第3章\3-108.dgs
	视频文件	光盘\视频\第3章\3.4.10袖对刀.mp4

步骤解析

步骤 1 按【Ctrl+O】组合键，打开一幅素材文件，如图3-105所示。

步骤 2 在纸样工具栏中单击“袖对刀”按钮，如图3-106所示。

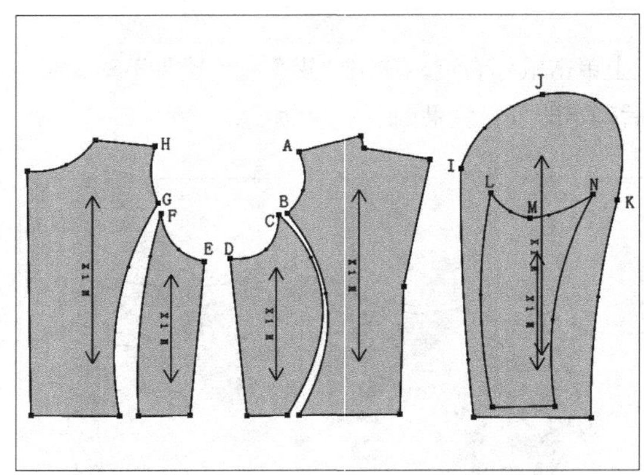

图3-105 打开素材

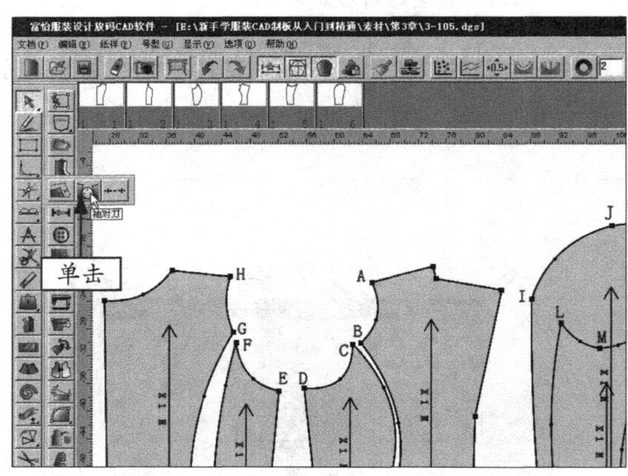

图3-106 单击“袖对刀”按钮

步骤 3 在工作区分别选择前袖窿弧线AB、CD，前袖山弧线JK、MN，后袖窿弧线EF、GH，后袖山弧线IJ、LN，并依次单击鼠标右键，弹出“袖对刀”对话框，设置“前袖窿”为6、“后袖窿”为8、“后袖山容量”为0.5，单击“确定”按钮，如图3-107所示。

步骤 4 执行操作后，即可完成袖对刀的操作，如图3-108所示。

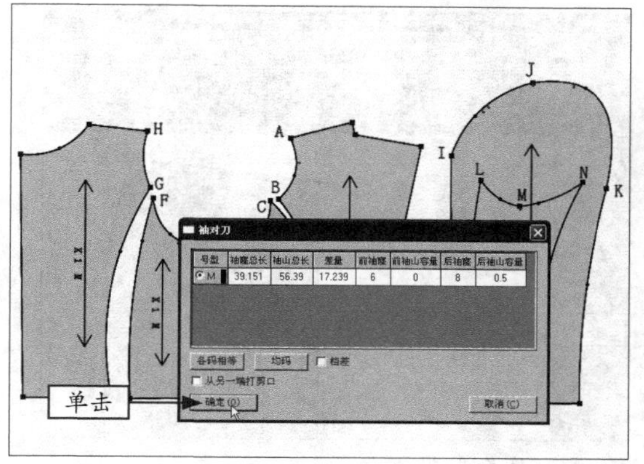

图3-107 单击"确定"按钮

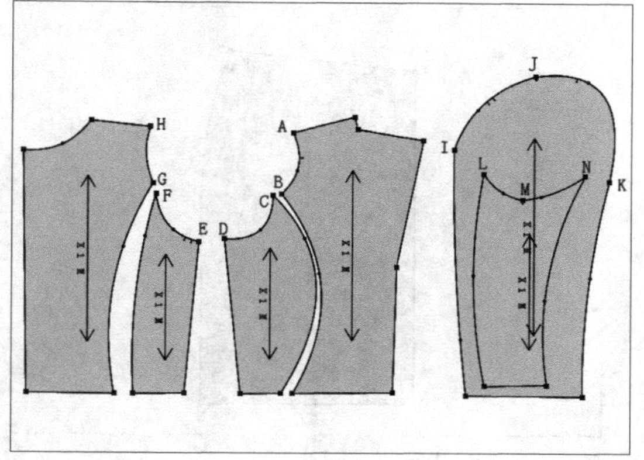
图3-108 袖对刀

高手点拨

在"袖对刀"对话框中，各主要选项的含义如下。

- 号型：当选中号型前的单选按钮时，该码显示，所加剪口也即时显示。
- 袖窿总长：指袖窿的总长。
- 袖山总长：指袖山的总长。
- 差量：指袖山总长与袖窿总长的差值。
- 前袖窿：指剪口距夹底或肩点的长度。
- 前袖山容量：指前袖山的剪口距离与前袖笼剪口距离的差值。
- 后袖窿：指剪口距夹底或肩点的长度。
- 后袖山容量：指后袖山的剪口距离与后前袖笼剪口距离的差值。
- 从另一端打剪口：如果选线时是从夹底开始选择的，选中该复选框，剪口的距离从肩点开始计算。

3.4.11 褶

在设计与放码软件中，用户使用"褶"工具可以给纸样添加褶。

	素材文件	光盘\素材\第3章\3-109.dgs
	效果文件	光盘\效果\第3章\3-112.dgs
	视频文件	光盘\视频\第3章\3.4.11褶.mp4

步骤解析

步骤 1 按【Ctrl+O】组合键，打开一幅素材文件，如图3-109所示。

步骤 2 在纸样工具栏中单击"褶"按钮，如图3-110所示。

高手点拨

在"褶"对话框中，各主要选项的含义如下。

- 上褶宽：当各码褶量相等时，单击"上褶宽"的表格，这一列的表格全选中，可一次性输入褶量。"下褶宽"褶长也同理。
- 剪口属性：设置剪口的类型、宽度、大小等。
- 斜线属性：设置褶上标识的斜线条线及间隔等。
- 各码相等：对实际值起效，以当前选中的表格项数值为准，将该组中其他号型变成相等的数值。
- 均码：设置相邻号型的差量相等。

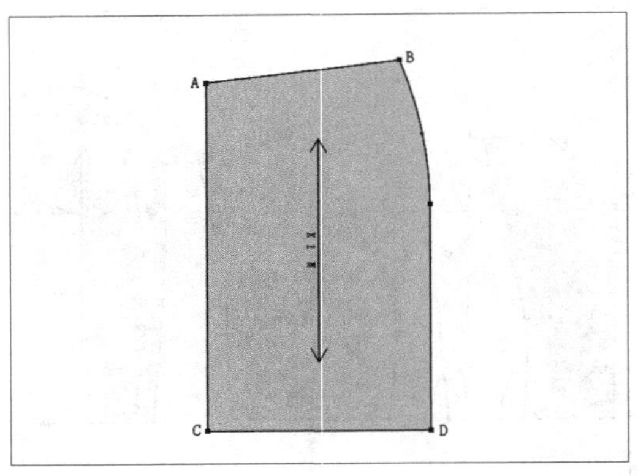

图3-109 打开素材

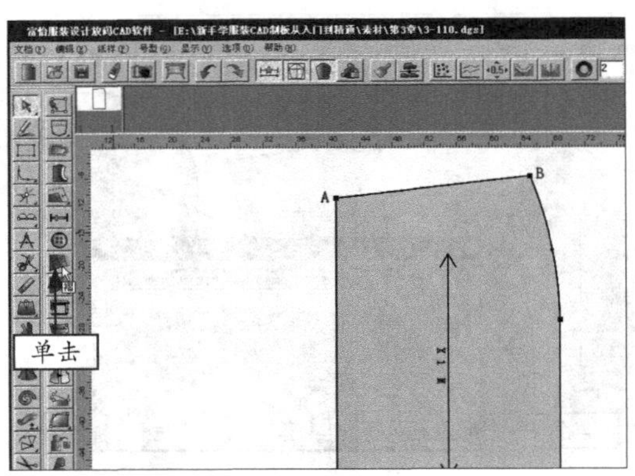

图3-110 单击“褶”按钮

高手点拨

当纸样上有褶线时，单击该按钮，然后分别单击纸样上的褶线，并单击鼠标右键，弹出“褶”对话框，设置需要的参数，然后确定即可添加褶。

步骤 3 在工作区中纸样的AB线上单击鼠标左键，然后在纸样的右侧单击鼠标右键，弹出“褶”对话框，设置“上褶宽”和“下褶宽”分别为2，单击“确定”按钮，如图3-111所示。

步骤 4 执行操作后，在工作区中单击鼠标右键，即可给纸样添加褶，如图3-112所示。

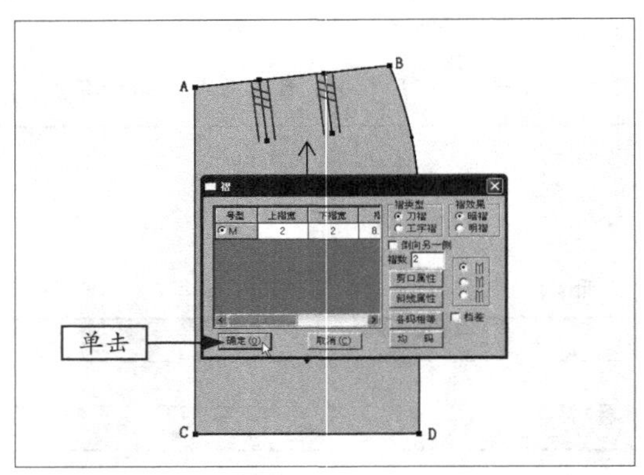

图3-111 单击“确定”按钮

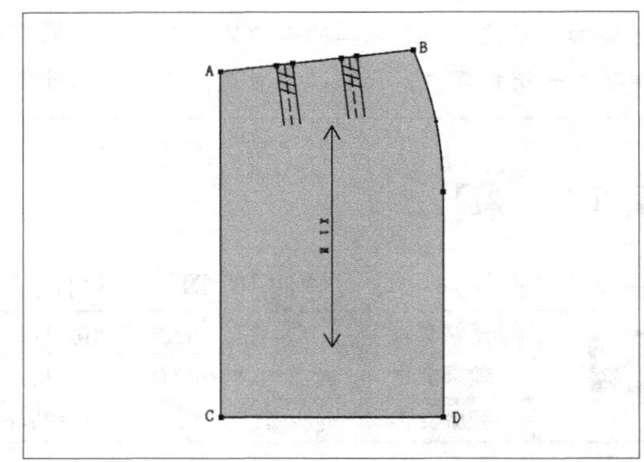

图3-112 添加褶

若要制作通褶，用户可以在工作区中依次选择AB、CD两边线，然后单击鼠标右键，弹出“褶”对话框，设置相应的参数，如图3-113所示，单击“确定”按钮，并在工作区中单击鼠标右键，即可制作通褶，如图3-114所示。

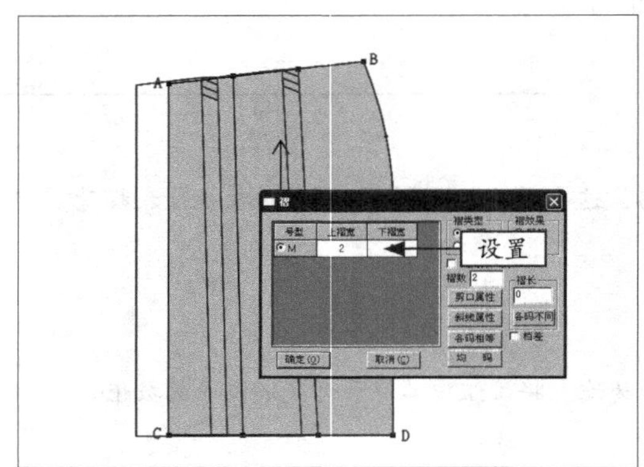

图3-113 设置参数

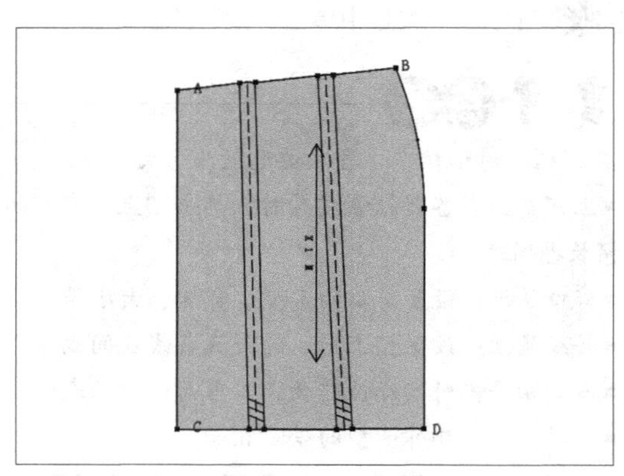

图3-114 通褶效果

3.4.12 V型省

在设计与放码软件中，用户使用“V型省”工具可以给纸样添加V型省或修改纸样原有的V型省，也可以把在结构线上加的省用该工具变成省图元。

素材文件	光盘\素材\第3章\3-115.dgs
效果文件	光盘\效果\第3章\3-119.dgs
视频文件	光盘\视频\第3章\3.4.12V型省.mp4

步骤解析

步骤 1 按【Ctrl+O】组合键，打开一幅素材文件，如图3-115所示。

步骤 2 在纸样工具栏中单击“V型省”按钮，如图3-116所示。

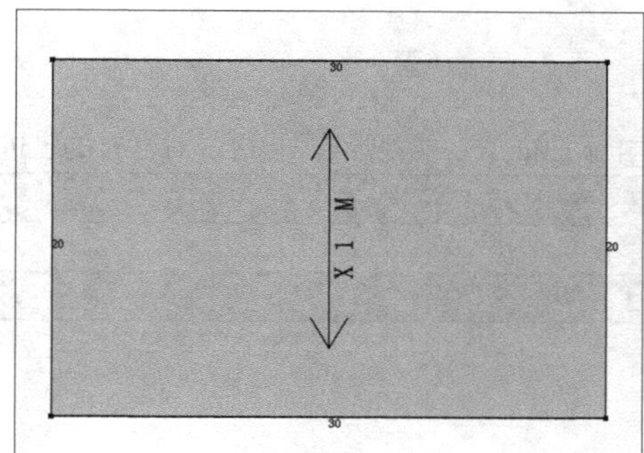

图3-115 打开素材

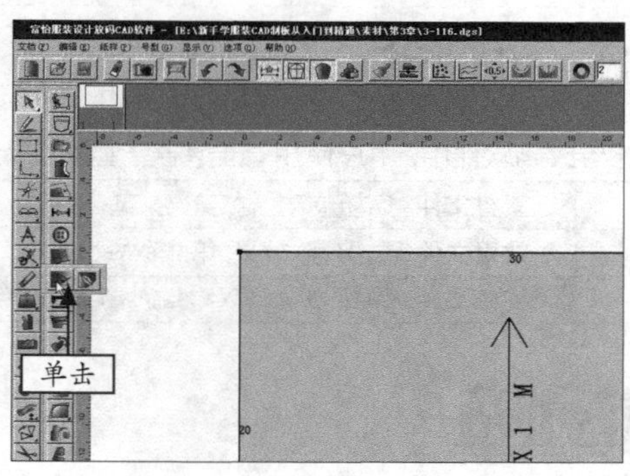

图3-116 单击“V型省”按钮

步骤 3 在工作区中纸样的上方边线上任取一点，单击鼠标左键，弹出“点的位置”对话框，接受默认的参数，单击“确定”按钮，如图3-117所示。

步骤 4 向下拖曳鼠标，至合适位置后单击鼠标左键，弹出“尖省”对话框，设置W为1，单击“确定”按钮，如图3-118所示。

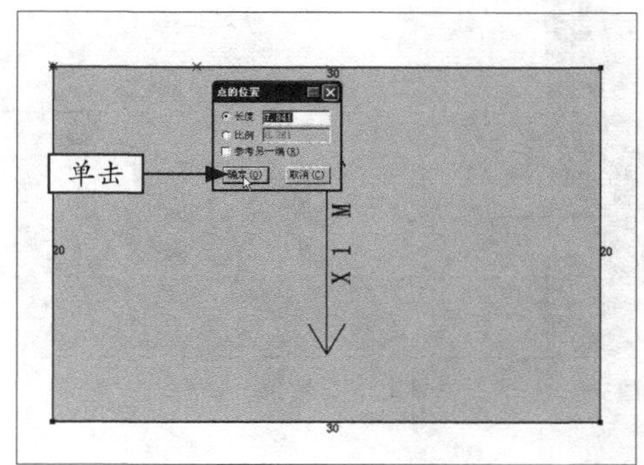

图3-117 单击“确定”按钮

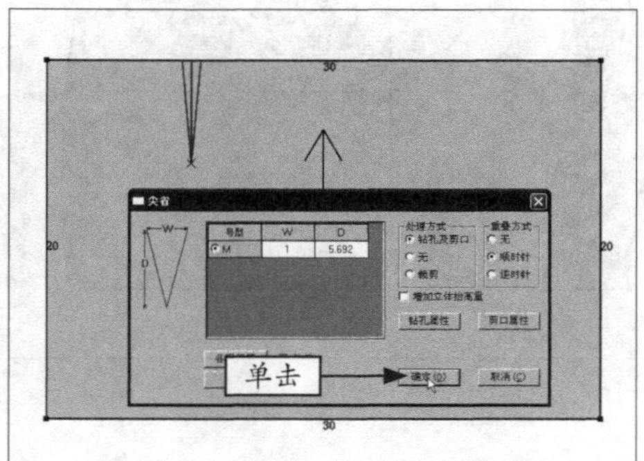

图3-118 单击“确定”按钮

步骤 5 执行操作后，在工作区中单击鼠标右键，即可添加V型省，如图3-119所示。

高手点拨

如果纸样上有省线，用户可以直接选择省线，此时将弹出“尖省”对话框，输入相应的参数并确认，即可添加V型省。

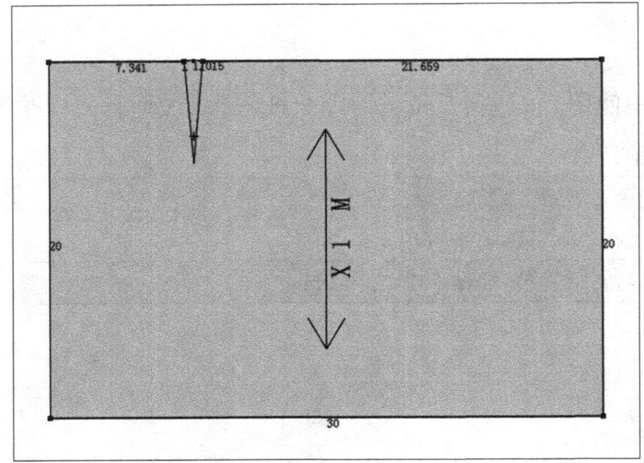

图3-119 添加V型省

3.4.13 锥型省

在设计与放码软件中，用户使用“锥型省”工具可以给纸样添加锥型省或菱形省，也可以对已有的省进行修改。

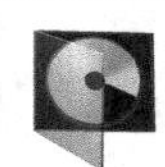

素材文件	光盘\素材\第3章\3-120.dgs
效果文件	光盘\效果\第3章\3-123.dgs
视频文件	光盘\视频\第3章\3.4.13锥型省.mp4

步骤解析

步骤1 按【Ctrl+O】组合键，打开一幅素材文件，如图3-120所示。

步骤2 在纸样工具栏中单击“锥型省”按钮，如图3-121所示。

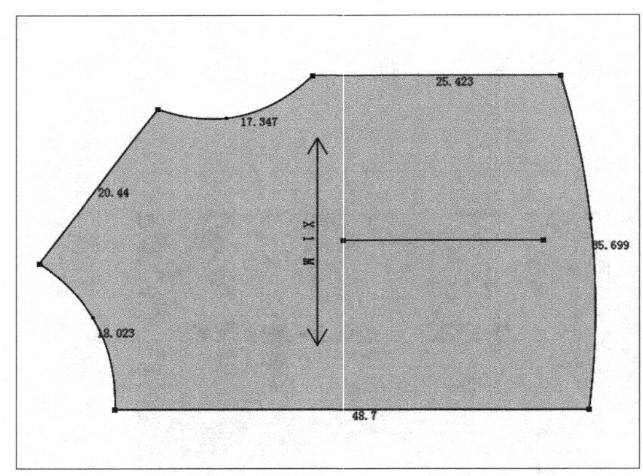

图3-120 打开素材

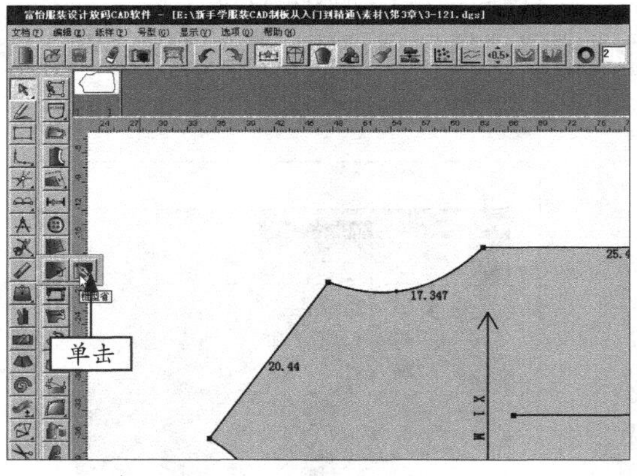

图3-121 单击“锥型省”按钮

步骤3 在工作区中纸样的合适位置依次选择3点，弹出“锥型省”对话框，设置W1为1.5，单击“确定”按钮，如图3-122所示。

步骤4 执行操作后，即可给纸样添加锥型省，如图3-123所示。

高手点拨

当“锥型省”对话框中，W1、W2、D1、D2：分别指省底宽度、省腰宽度、省腰到省底的长度、全省长。

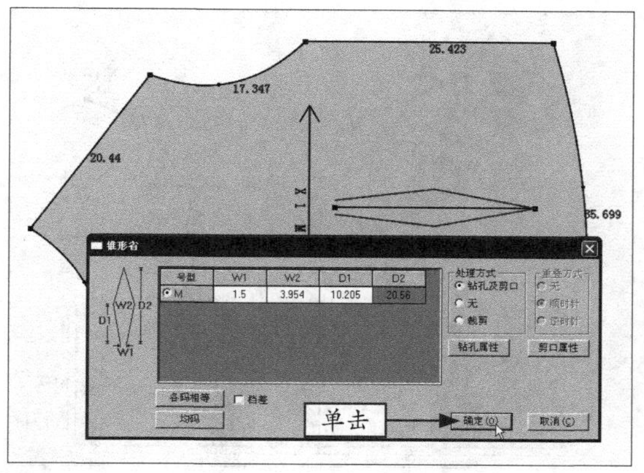

图3-122 单击“确定”按钮

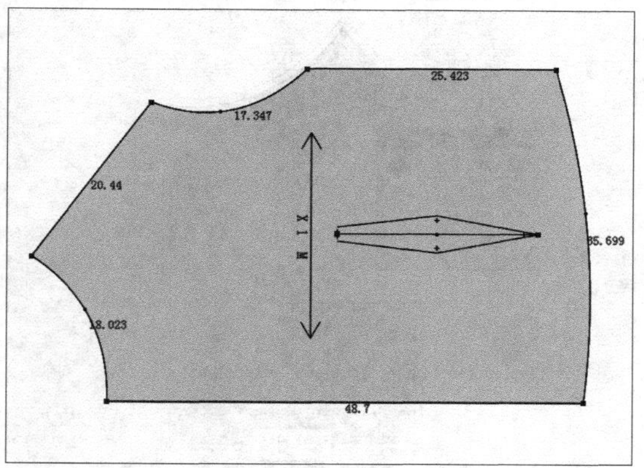
图3-123 添加锥型省

3.4.14 纸样对称

在设计与放码软件中，用户使用“锥型省”工具可以给纸样添加锥型省或菱形省，也可以对已有的省进行修改。

	素材文件	光盘\素材\第3章\3-124.dgs
	效果文件	光盘\效果\第3章\3-127.dgs
	视频文件	光盘\视频\第3章\3.4.14纸样对称.mp4

步骤 1 按【Ctrl+O】组合键，打开一幅素材文件，如图3-124所示。

步骤 2 在纸样工具栏中单击“纸样对称”按钮，如图3-125所示。

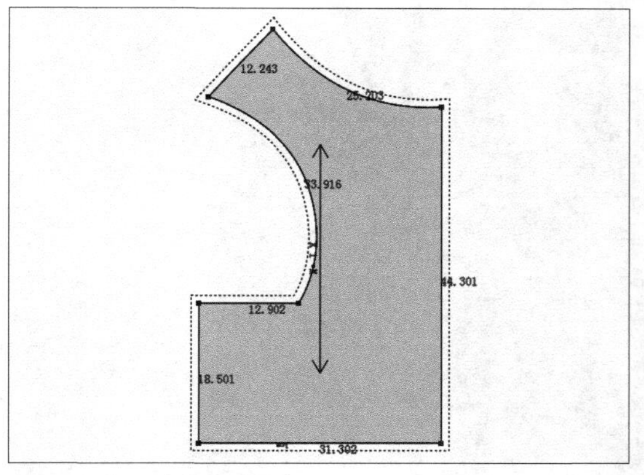
图3-124 打开素材

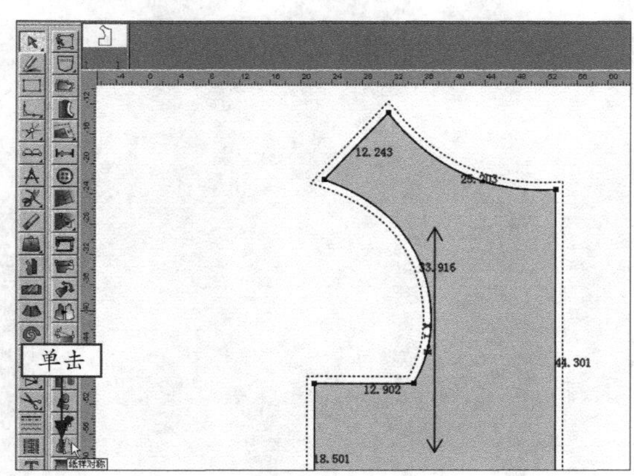

图3-125 单击“纸样对称”按钮

步骤 3 弹出“对称纸样”对话框，选中相应的单选按钮，然后对称轴的两点上单击鼠标左键，如图3-126所示。

步骤 4 执行操作后，即可完成纸样的对称，如图3-127所示。

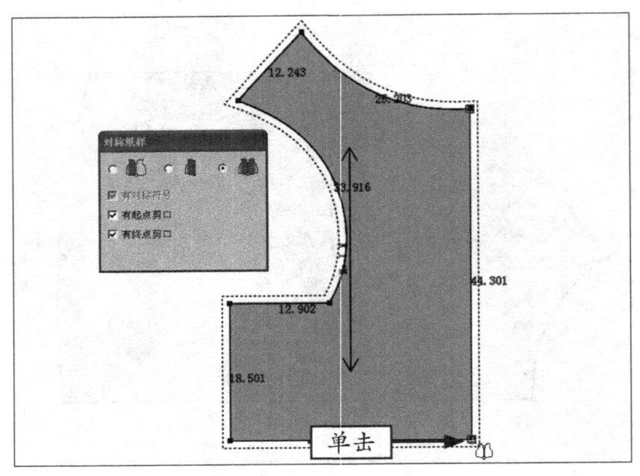

图3-126 单击“确定”按钮

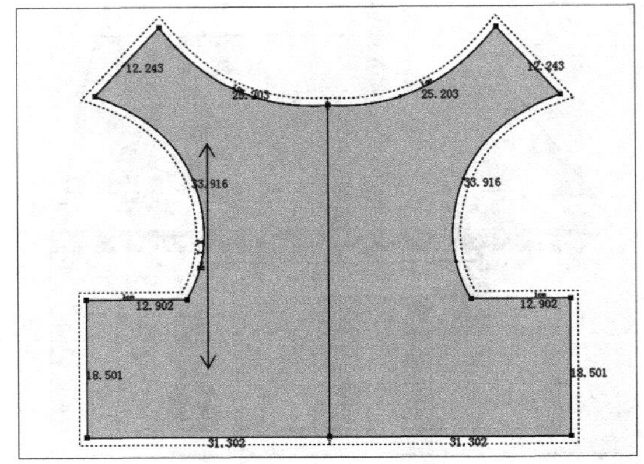

图3-127 添加锥型省

本章建议学习时间 **120** 分钟

第 4 章 排料系统

学前提示

富怡服装CAD排料系统是用于服装、内衣、帽、箱包、沙发、帐篷等行业的专业排料的软件。本章主要向读者介绍排料系统的概述，排料系统的工作界面以及排料系统的基本操作。

本章内容

- 排料系统概述
- 排料原则
- 排料系统工作界面
- 排料系统基本操作

通过本章的学习，您可以

- 掌握计算机辅助排料的优点
- 掌握服装排料原则
- 掌握排料系统的工作界面
- 掌握排料系统文件的打开
- 掌握排料系统位图的输出

视频演示

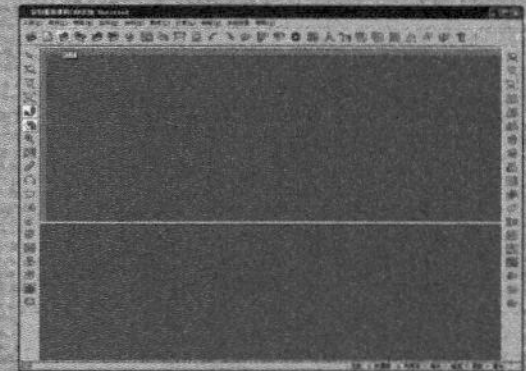

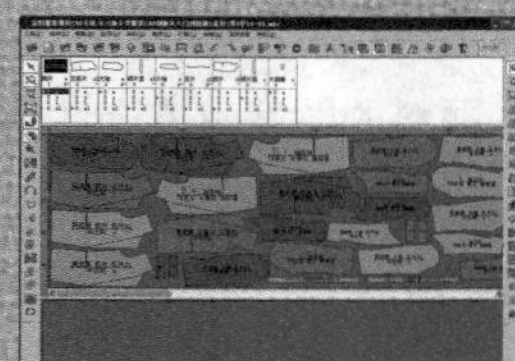

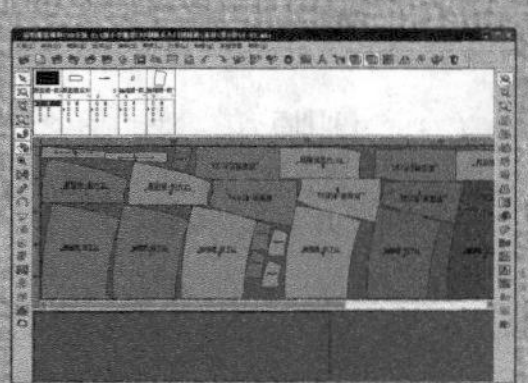

4.1 排料系统概述

排料系统是为服装行业提供的排唛架专用软件，它界面简洁，所设计的排料工具功能强大、使用方便。为用户在竞争激烈的服装市场中提高生产效率，缩短生产周期，增加服装产品的技术含量和高附加值提供强有力的保障。

4.1.1 计算机辅助排料的优点

- 计算机辅助排料与手工排料相比，具有以下优点。
- 大大提高制造精度和生产效率。
- 比手工更节约成本。
- 减少误差，提高品质。
- 节省原材料，降低生产成本。
- 方便管理与存档。
- 降低劳动强度，改善工作环境。
- 实现远程打版和资料传送。
- 提升企业形象。

4.1.2 排料原则

在使用富怡服装CAD进行排料时，首先要掌握以下排料原则。

1. 保证设计质量，符合工艺要求

- **丝缕正直：**在排料时要严格按照技术部门的要求，认真注意丝缕的正直。绝不允许为了省料而自行改变丝缕方向，当然在规定的技术标准内允许有事实上的误差，但决不能把直丝变成横丝或斜丝，这些都要经过技术部门确定后，才能改变。因为丝缕是否正直，直接关系到成形后的衣服是否平整挺括，不走样，穿着是否舒适美观，即质量问题。
- **正反面正确：**服装面料有正反面之分，且服装上许多衣片具有对称性，左右对称。因此排料要结合铺料方式（单向、双向），即要保证面料正反一致，又要保证衣片的对称。
- 对条对格，有倒顺毛、花，倒顺图案面料的排料处理如下。

（1）对条对格处理：即条格面料的排料问题，服装款式设计时，对于条格面料，为使成衣后服装达到外形美观，都会提出一定的要求。如两片衣片相接后，条格连贯衔接，如同一片完整面料。有的要求两片衣片相接后条格对称；也有的要求两片衣片相接后条格相互成一定角度（喇叭裙、连衣裙）。

（2）倒顺毛面料：表面起毛或起绒的面料，沿经向毛绒的排列就具有方向性。如灯芯绒面料一般应倒毛做，使成衣颜色偏深。粗纺类毛呢面料，如大衣呢、花呢、绒类面料，为防止明暗光线反光不一致，并且不易粘灰尘、起球，一般应顺毛做，因此排料时都要顺排。

（3）倒顺花、倒顺图案：这些面料的图案有方向性，如花草树木、建筑物、动物等，不是四方连续，如面料方向放错了，就会头脚倒置。

- **避免色差：**布料在印、染、整理过程中，可能存在有色差，进口面料质量较好，色差很少，而国产面料色差往往较严重。有段色差的面料，排料时应将相组合的部件尽可能排在同一纬向上，同件衣服的各片，排列时不应前后间隔太大，距离越大，色差程度就会越大。

- **核对样板块数，不准遗漏**：要严格按照技术部门给的样板及面辅料清单进行检查。

2. 节约用料

在保证设计和制作工艺要求的前提下，尽量减少面料的用量是排料时应遵循的重要原则，也是工业化批量生产用料省的最大特点。

服装的成本，很大程度上在于面料的用量多少，而决定面料用量多少的关键又是排料方法。如何通过排料找出一种用料最省的样板排放形式，很大程度要靠经验和技巧。根据经验，以下一些方法对提高面料利用率，节约用料是引之有效的。

- **先大后小**：排料时，先将主要部件较大的样板排好，然后再把零部件较小的样板在大片样板的间隙中及剩余部分进行排列。即小样板填排。
- **套排紧密**：要讲究排料艺术，注意排料布局，根据衣片和零部件的不同形状和角度，采用平对平、斜对斜、凹对凸的方法进行合理套排，并使两头排齐，减少空隙，充分提高原料的利用率。
- **缺口合并**：前后衣片的袖笼合在一起，就可以裁一只口袋，如分开，则变成较小的两块，可能毫无用处。缺口合并的目的是将碎料合并在一起，可以用来裁零料等小片样板，提高原料的利用率。
- **大小搭配**：当同一床上要排几件时，应将大小不同规格的样板相互搭配，如有S、M、L、XL、XXL五只规格，一般采用以L码为中间码，M与XL搭配排料，S与XXL搭配。当然件数要相同。

4.2 排料系统工作界面

排料系统的工作界面包括标题栏、菜单栏、主工具匣、布料工具匣、纸样窗、尺码列表框、标尺、唛架工具匣1、唛架工具匣2、主唛架区、辅唛架区和状态栏，如图4-1所示。

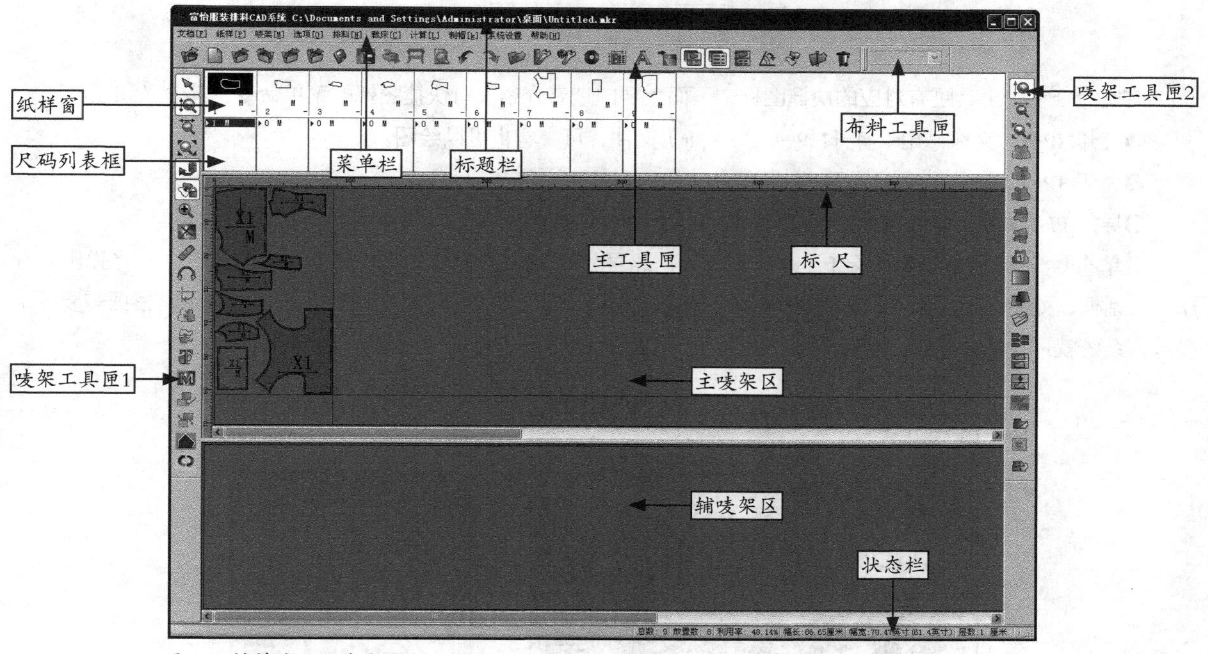

图4-1 排料系统工作界面

4.2.1 标题栏

标题栏位于工作界面的最上方，用于显示文件的名称、类型及存盘的路径。

4.2.2 菜单栏

菜单栏位于标题栏的下方，该区是放置菜单命令的地方，每个菜单的下拉菜单中又有各种子命令。单击菜单命令时，将会弹出下拉菜单，在下拉菜单中可以单击菜单命令。用户也可以按住【Alt】键的同时按住菜单后对应的字母键，启用菜单，再用方向键或鼠标选中需要的命令。

1. “文档”菜单

“文档”菜单主要用于执行新建、打开、合并、保存、绘图和打印等操作，如图4-2所示。

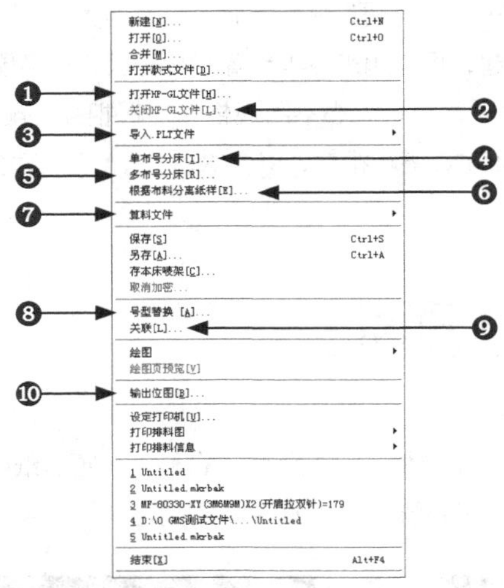

图4-2 “文档”菜单

有些命令在主工具匣有对应的快捷图标，下面主要向读者介绍没有快捷图标的菜单命令，其含义如下。

❶打开HP-GL文件：用于打开HP-GL（*.plt）文件，可查看也可以绘图。

❷关闭HP-GL文件：用于关闭已打开的HP-GL（*.plt）文件。

❸导入.PLT文件：导入格式为PLT的文件。

❹单布号分床：将当前已经打开的唛架，根据码号分为多床的唛架文件并保存。单击该命令，将弹出“分床”对话框，如图4-3所示，单击“自动分床”按钮，将弹出“自动分床”对话框，如图4-4所示，根据需要设定参数，系统就可自动分好床。

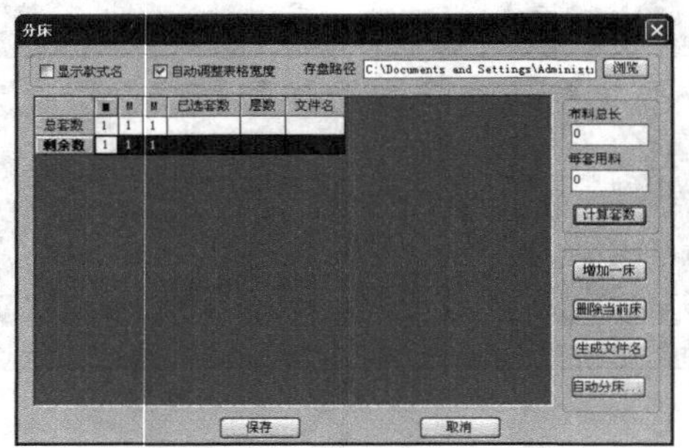

图4-3 “分床”对话框

图4-4 “自动分床”对话框

❺多布号分床：将当前已经打开的唛架根据布号，以套为单位，分为多床的唛架文件保存。单击该按钮，将弹出“多布号分床”对话框，如图4-5所示。

❻根据布料分离纸样：将唛架文件根据布料类型自动分开纸样。

❼算料文件：该命令包含4个子命令，如图4-6所示。

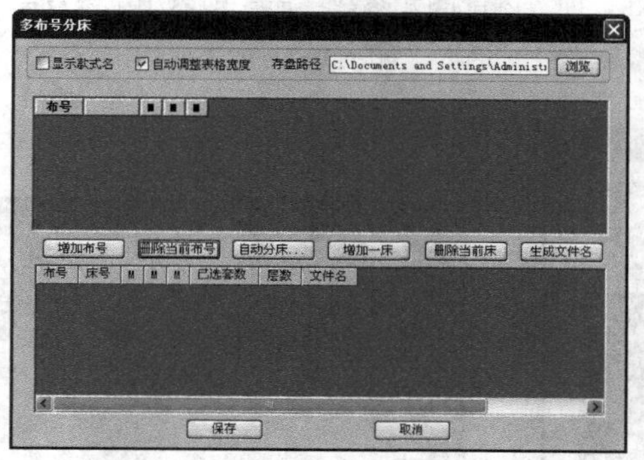

图4-5 “多布号分床”对话框

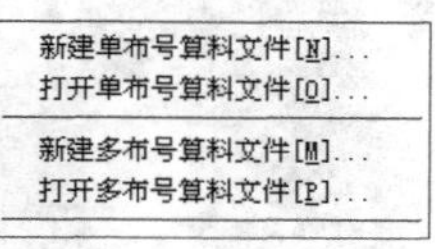

图4-6 子命令

❽号型替换：为了提高排料效率，在已排好唛架上替换号型中的一套或多套。单击该按钮，将弹出“号型替换”对话框，如图4-7所示。

❾关联：对已经排好的唛架，纸样又需要修改时，在设计与放码CAD软件中修改保存后，应用关联可对之前已排好的唛架自动更新，不需要重新排料。

❿输出位图：用于将整张唛架输出为.bmp格式文件，并在唛架下面输出一些唛架信息。可用来在没有装CAD软件的计算机上查看唛架。单击该命令，将弹出“输出位图”对话框，如图4-8所示。

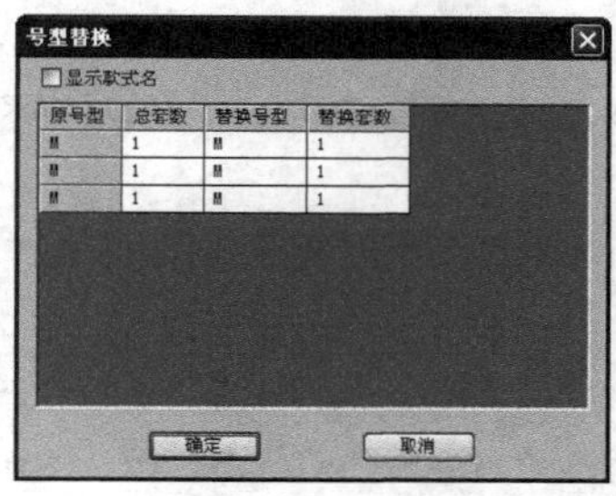

图4-7 “号型替换”对话框

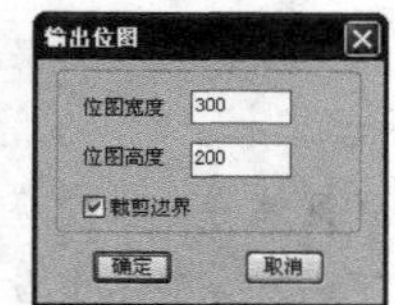

图4-8 “输出位图”对话框

2. “纸样”菜单

“纸样”菜单放置与纸样操作有直接关系的一些命令，如图4-9所示。

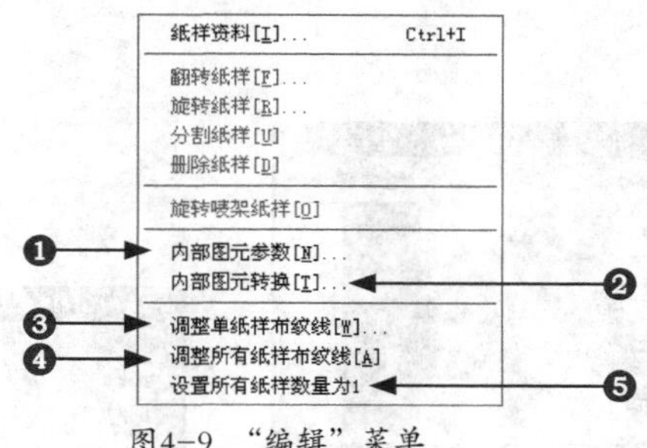

图4-9 “编辑”菜单

在“纸样”菜单中，各主要命令的含义如下。

❶内部图元参数：内部图元命令是用来修改或删除所选纸样内部的剪口、钻孔等服装附件的属性。图元即指剪口、钻孔等服装附件。用户可改变这些服装附件的大小、类型等选项的特性。单击该按钮，将弹出“内部图元”对话框，如图4-10所示。

❷内部图元转换：用该命令可改变当前纸样，或当前纸样所有尺码内部的所有附件的属性。它常常用于同时改变唛架上所有纸样中的某一种内部附件的属性，而“内部图元参数”命令则只用于改变某一个纸样中的某一个附件的属性。单击该按钮，弹出“全部内部元素转换”对话框，如图4-11所示。

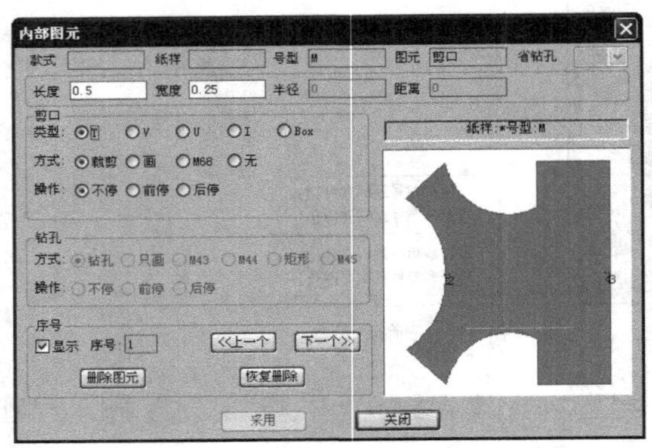

图4-10 “内部图元”对话框

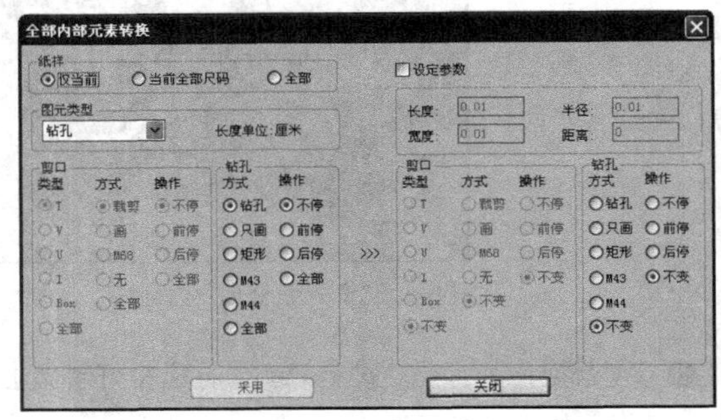

图4-11 “全部内部元素转换”对话框

高手点拨

在“全部内部元素转换”对话框中，各主要选项的含义如下。

- “仅当前”单选按钮：选中该单选按钮，则仅针对当前所选纸样的当前一个尺码，该尺码纸样所有选中的图元类型的内部附件将被改变。
- “当前全部尺码”单选按钮：选中该单选按钮，将针对当前所选纸样的所有尺码，该尺码纸样的所选内部附件的类型将被改变。
- “全部”单选按钮：勾选该项，将对唛架上所有纸样的所有尺码起作用，它们中所选某个类型的全部的内部附件将被编辑和修改。
- “图元类型”选项区：该区域存放有“剪口”、“钻孔”、“尖省”等内部图元。从该区域中选取要编辑的内部附件种类，在下面就会显示出当前所选的内部附件的状态，而在右面编辑区就可以进行编辑。
- “设定参数”复选框：选中该复选框就可修改所选剪口、扣眼以及钻孔等内部附件的属性。

❸调整单纸样布纹线：调整选择纸样的布纹线。单击该命令，弹出“布纹线调整”对话框，如图4-12所示。

❹调整所有纸样布纹线：调整所有纸样的布纹线位置。单击该命令，弹出“调整所有纸样的布纹线”对话框，如图4-13所示。

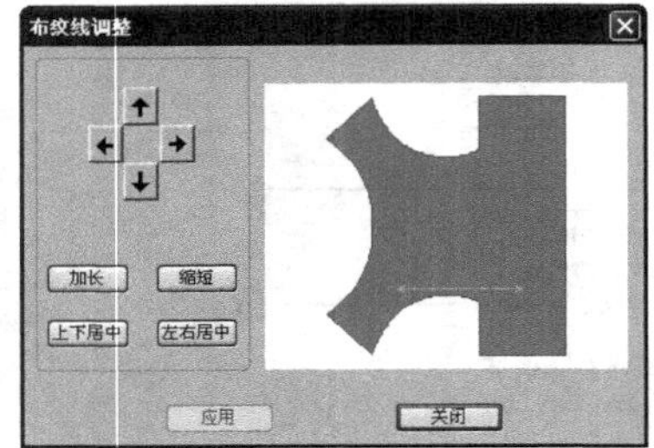

图4-12 “布纹线调整”对话框

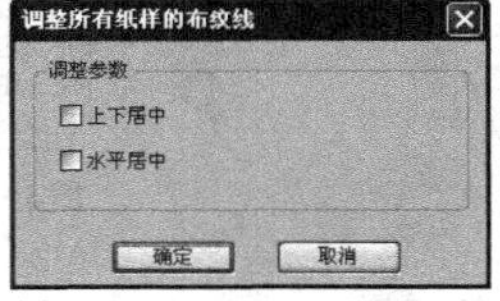

图4-13 调整所有纸样的布纹线”对话框

❺设置所有纸样数量为1：将所有纸样的数量改为1，常用于在排料中排“纸版”。

3. “唛架”菜单

“唛架”菜单包含了唛架和排料有关的命令，可以指定唛架尺寸、清除唛架、往唛架上放置纸样、从唛架上移除纸样和检查重叠纸样等操作，如图4-14所示。

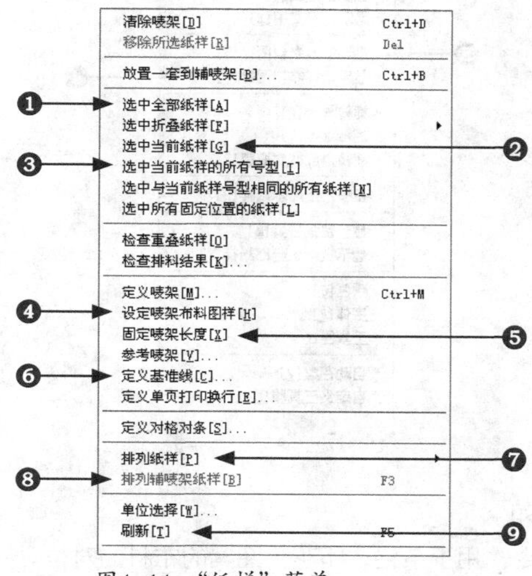

图4-14 “纸样”菜单

在“唛架”菜单中，各主要命令的含义如下。

❶选中全部纸样：用该命令可将唛架区的纸样全部被选中。

❷选中当前纸样：将当前选中纸样的当前号型全部纸样选中。

❸选中当前纸样的所有号型：将选中纸样的所有号型全部选中。

❹设定唛架布料图样：显示唛架布料图样。单击该按钮，弹出“唛架布料图样”对话框，如图4-15所示。

❺固定唛架长度：固定唛架的长度。

❻定义基准线：用于在唛架上做标记线，可做排料时的参考线，也可使纸样以该线对齐。单击该按钮，弹出“编辑基准线”对话框，如图4-16所示。

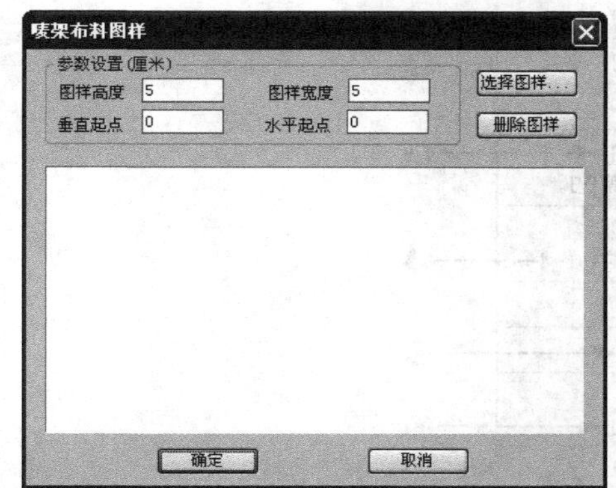

图4-15 “唛架布料图案”对话框

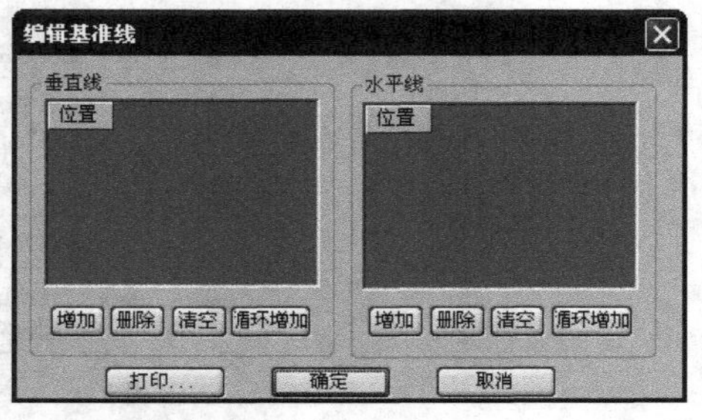

图4-16 “编辑基准线”对话框

❼排列纸样：可以将唛架上的纸样以各种形式对齐。

❽排列辅唛架纸样：将辅唛架的纸样重新按号型排列。

❾刷新：用于清除在程序运行过程中出现的残留点，这些点会影响显示的整洁，因此，必须及时清除。

4. "选项"菜单

"选项"菜单包含了一些常用的开、关命令，如图4-17所示。

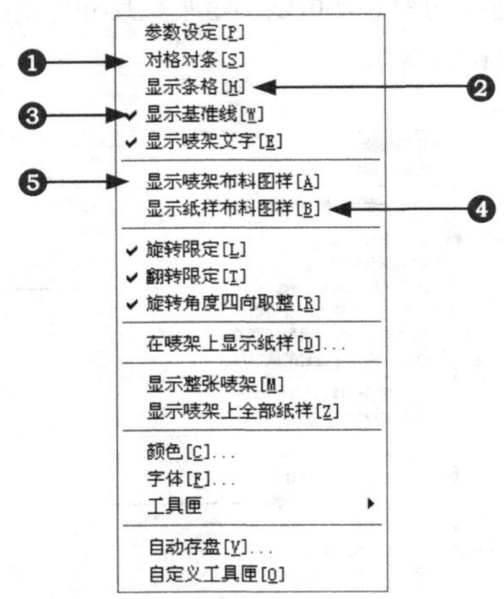

图4-17 "选项"菜单

在号型菜单中，各命令的含义如下。

❶对格对条：此命令是开关命令，用于条格，印花等图案的布料的对位。

❷显示条格：选中该命令，在工作区显示已经设定的布料条格花纹。

❸显示基准线：选中该命令，在工作区显示已经设定的基准线。

❹显示唛架文字：选中该命令，在工作区显示唛架文字。

❺显示唛架布料图案：选中该命令，在工作区显示已经设定的布料图案。

❻显示纸样布料图案：选中该命令，在工作区的纸样上显示已经设定的布料图案。

5. "排料"菜单

"排料"菜单包含一些与自动排料有关的命令，如图4-18所示。

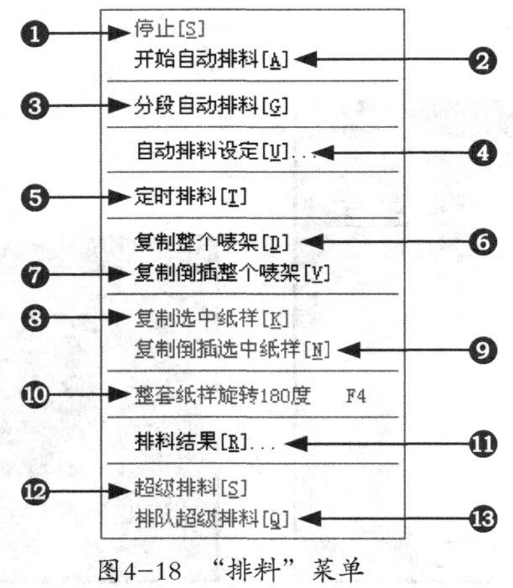

图4-18 "排料"菜单

❶停止：用来停止自动排料程序。

❷开始自动排料：开始进行自动排料指令。

❸分段自动排料：用于排切割机唛架图时，自动按纸张大小分段排料。

❹自动排料设定：自动排料设定命令是用来设定自动排料程序的速度的。在自动排料开始之前，根据需要在

此对自动排料速度做出选择。单击该命令，将弹出“自动排料设置”对话框，如图4-19所示。

❺定时排料：设定排料用时、利用率，系统会在指定时间内自动排出利用率最高的一床唛架，如果排料的利用率比设定的高就显示。单击该按钮，将弹出“限时自动排料”对话框，如图4-20所示。

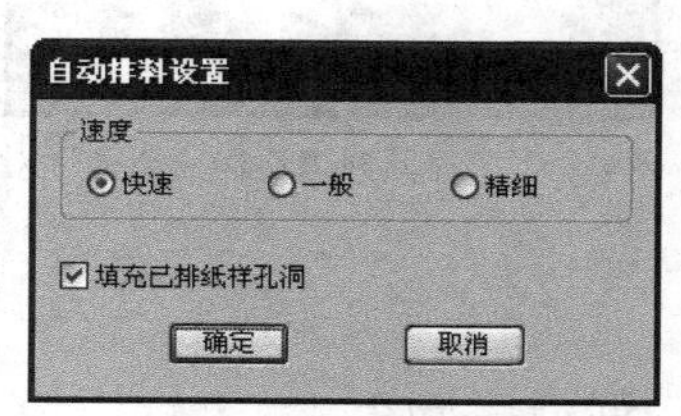

图4-19 “自动排料设置”对话框

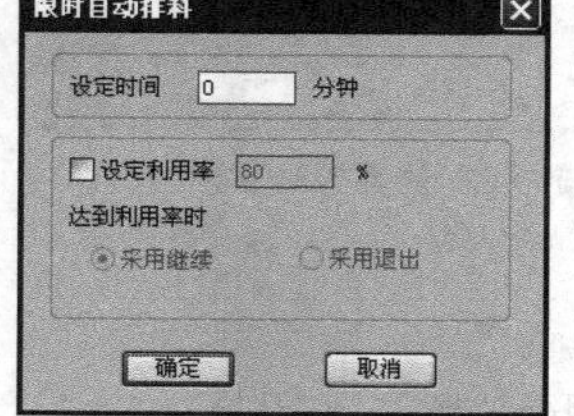

图4-20 “限时自动排料”对话框

❻复制整个唛架：手动排料时，某些纸样已手动排好一部分，而其剩余部分纸样想参照已排部分进行排料时，可用该命令，剩余部分就按照其已排的纸样的位置进行排放。

❼复制倒插整个唛架：使未放置的纸样参照已排好唛架的排放方式排放并且旋转180°。

❽复制选中纸样：使选中纸样的剩余部分，参照已排好的纸样的排放方式排放。

❾复制倒插选中纸样：使选中纸样剩余的部分，参照已排好的纸样的排放方式，旋转180°排放。

❿整套纸样旋转180°：使选中纸样的整套纸样旋转180°。

⓫排料结果：报告最终的布料利用率、完成套数、层数、尺码、总裁片数以及所在的纸样档案。

⓬超级排料：在短时间内排料的利用率比手工排料的利用率高。

⓭排队超级排料：在一个排料界面中排队超排。

6. “裁床”菜单

“裁床”菜单主要用于对操作系统的多种参数进行设置，对纸样、视窗的颜色进行设置，对纸样上的字体进行设置，如图4-21所示为“裁床”菜单。

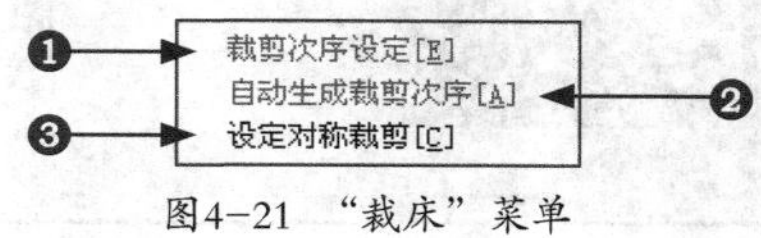

图4-21 “裁床”菜单

在“裁床”菜单中，各命令的含义如下。

❶裁剪次序设定：用于设定自动裁床裁剪纸样时的顺序。

❷自动生成裁剪次序：手动编辑裁剪顺序，用该命令可重新生成裁剪次序。

❸设定对称裁剪：设定纸样对称裁剪。

7. “计算”菜单

“计算”菜单主要用来放置与排料计算相关的命令，如图4-22所示。

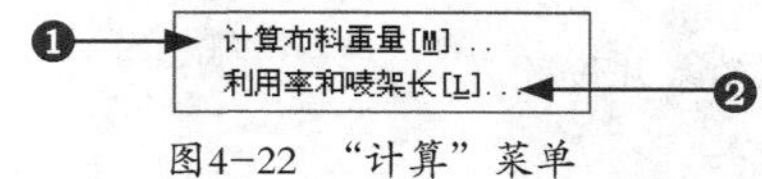

图4-22 “计算”菜单

在“计算”菜单中，各命令的含义如下。

❶计算布料重量：用于设定自动裁床裁剪纸样时的顺序，如图4-23所示。

❷计算利用率和唛架长：手动编辑裁剪顺序，用该命令可重新生成裁剪次序，如图4-24所示。

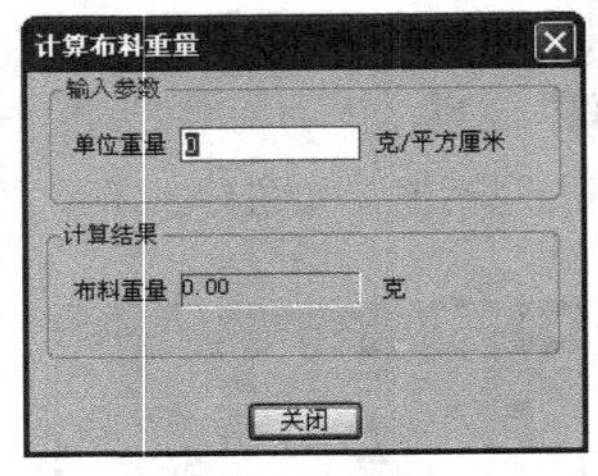

图4-23 计算布料重量

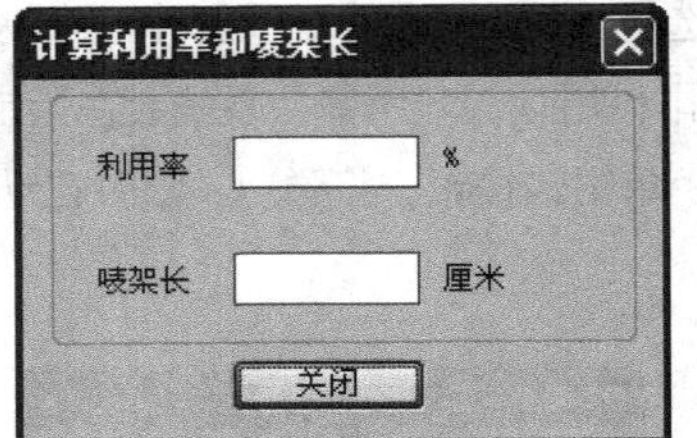

图4-24 “计算利用率和唛架长”对话框

8. “制帽”菜单

“制帽”菜单主要用于放置与制帽排料相关的命令，如图4-25所示。

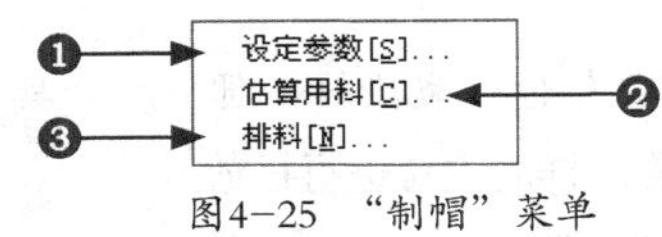

图4-25 “制帽”菜单

在“制帽”菜单中，各命令的含义如下。

❶设定参数：用于设定刀模排版时刀模的排刀方式及其数量、布种等。单击该命令，弹出“参数设置”对话框，如图4-26所示。

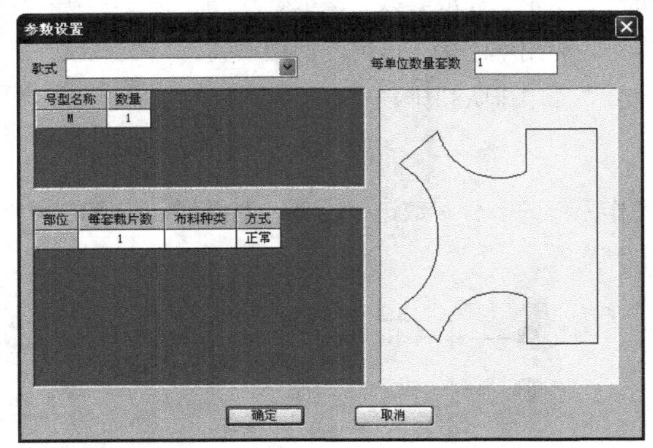

图4-26 “参数设置”对话框

高手点拨

在“参数设置”对话框中，各主要选项的含义如下。

- 每单位数量套数：可自由设定，以多少套数为一个单位。
- 数量：纸样制单中的号型套数除以每单位数量套数所得的整数，如号型套数设为60，每单位数量套数为12，那么此数量为5。
- 部位：显示纸样名称。
- 每套裁片数：显示裁片在一套里的裁片份数。
- 布料种类：可输入所用布料的种类。
- 方式：可在正常、倒插、交错、@倒插、@交错五种方式中选择其中一种排料方式。

❷估算用料：估算用布量。单击该命令，弹出“估料”对话框，如图4-27所示。

❸排料：用刀模裁剪时，对所有纸样的统一排料。单击该命令，将弹出“排料”对话框，如图4-28所示。

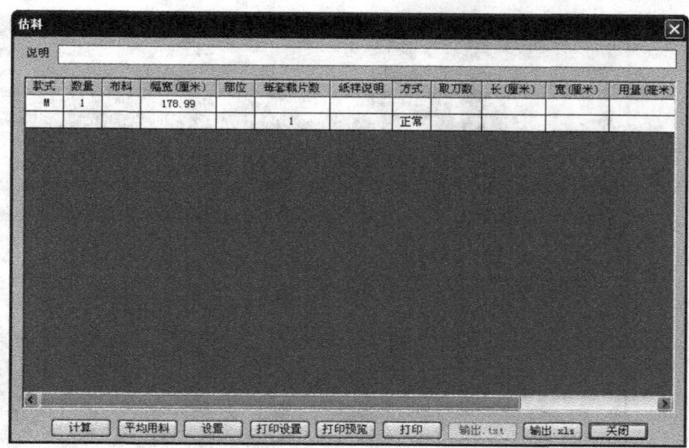

图4-27 “估料”对话框

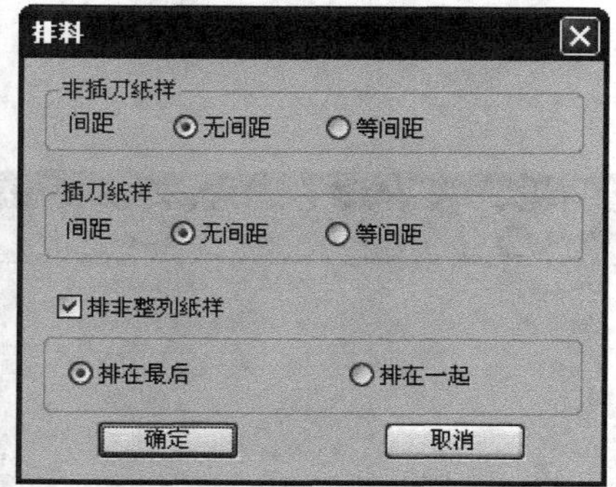

图4-28 “排料”对话框

高手点拨

在“估料”对话框中，各主要选项的含义如下。

- 款式：显示款式名和号型。
- 数量：显示为“设置参数”中的数量。
- 幅宽：所用布料的布封。
- 部位：显示纸样名称。
- 方式：显示“设置参数”中设置纸样的排料方式。
- 取刀数：纸样在指定幅宽内所排一列的最大纸样数。
- 长：所排列的唛架长减去少排一列的唛架长所得差。
- 宽：所排行的唛架宽减去少排一行的唛架宽所得差。

9. “系统设置”菜单

“系统设置”菜单的作用是显示语言版本，记住对话框的位置，如图4-29所示。

计算布料重量[M]...
利用率和唛架长[L]...

图4-29 “系统设置”菜单

10. “帮助”菜单

“帮助”菜单的作用是显示本系统版本信息。

4.2.3 主工具匣

主工具匣用于放置常用的命令，可以完成文档的建立、打开、存储、打印等操作，如图4-30所示。

图4-30 主工具匣

在快捷工具栏中，各主要按钮的含义如下。

- **“打开款式文件”按钮**：用该命令可以产生一个新的唛架，也可以向当前的唛架文档中添加一个或几个款式。单击该按钮，将弹出“选取款式”对话框，如图4-31所示，单击“载入”按钮，弹出“选取款式文档”对话框，选择合适的文档，单击“打开”按钮，将弹出“纸样制单”对话框，如图4-32所示，确定后，即可打开款式文件。

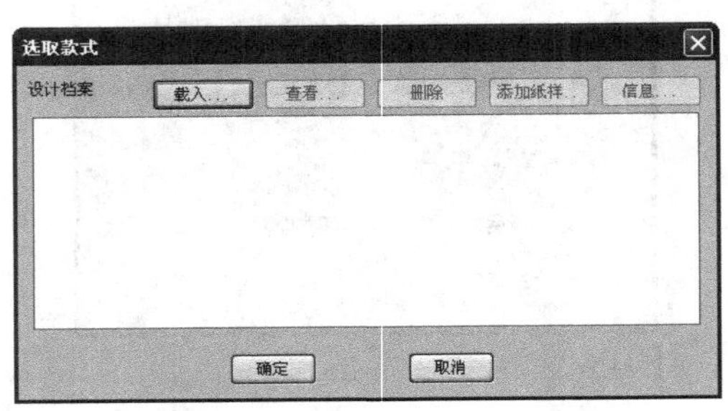
图4-31 “选取款式”对话框

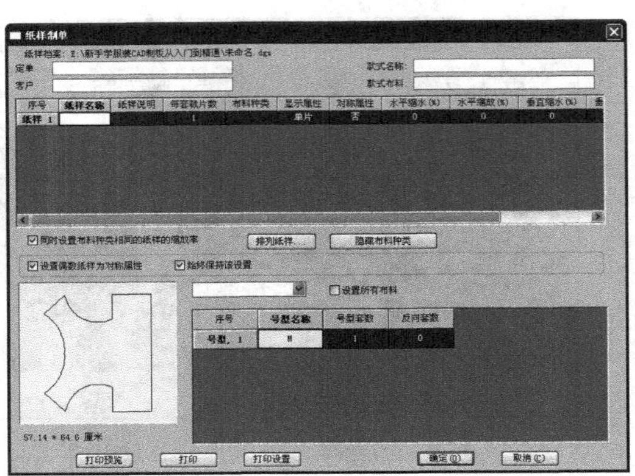
图4-32 “纸样制单”对话框

- **“新建”按钮**：打开一个文件。单击该按钮，弹出“唛架设定”对话框，如图4-33所示。
- **“打开”按钮**：打开一个已保存好的唛架文档。
- **“保存”按钮**：该命令可将唛架保存在指定的目录下，方便以后使用。
- **“保存本床唛架”按钮**：当保存本床唛架时，给新唛架取一个与初始唛架相类似的档案名，只是最后两个字母被改成破折号（-）和一个数字。单击该按钮，弹出“储存现有排样”对话框，如图4-34所示。

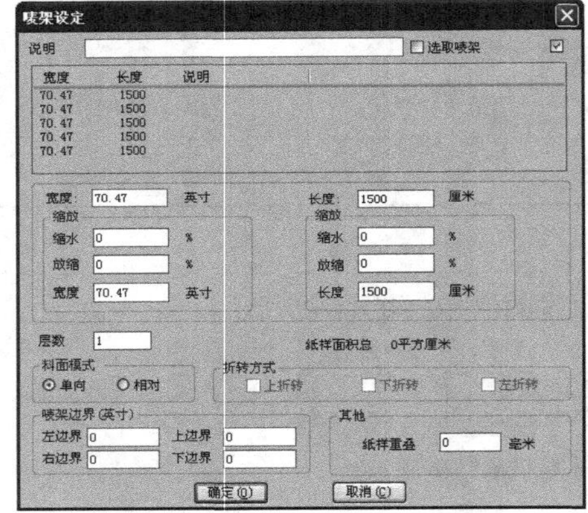
图4-33 “唛架设定”对话框

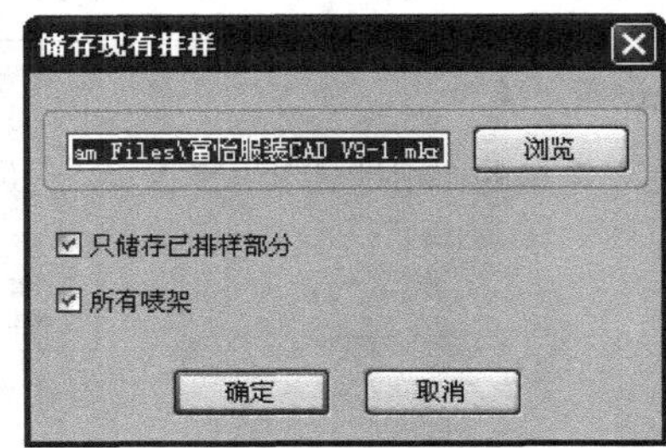

图4-34 “储存现有排样”对话框

高手点拨

在“储存现有排样”对话框中，各主要选项的含义如下。

- “浏览”按钮：用该按钮为本床唛架指定路径及文件名。
- “只储存已排样部分”复选框：选中该复选框，只储存当前唛架上已排部分，不储存未排部分。
- “所有唛架”复选框：选中该复选框后，储存所有唛架。不选中该复选框，只储存当前唛架。

- **“打印”按钮**：该命令可配合打印机来打印唛架图或唛架说明。
- **“绘图”按钮**：用该命令可绘制1:1唛架。只有直接与计算机串行口或并行口相连的绘图机或在网络上选择带有绘图机的计算机才能绘制文件。
- **“后退”按钮**：撤销上一步对唛架纸样的操作。
- **“前进”按钮**：返回到撤销前的操作。
- **“增加纸样”按钮**：可以增加或减少选中纸样的数量，可以只增加或减少一个码纸样的数量，也可以增加或减少所有码纸样的数量。

- “单位选择”按钮：可以用来设定唛架的单位。
- “参数设定”按钮：该命令包括系统一些命令的默认设置，它由“排料参数”、“纸样参数”、“显示参数”、“绘图打印”及“档案目录”五个选项卡组成，如图4-35所示。
- “颜色”：该命令为本系统的界面、纸样的各尺码和不同的套数等分别指定颜色，如图4-36所示。

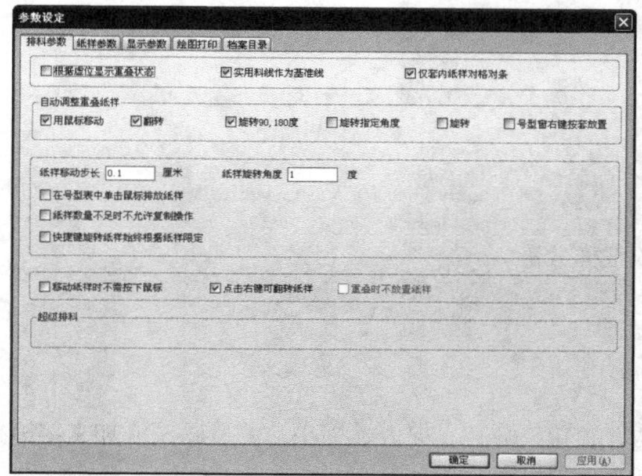

图4-35 “参数设定”对话框

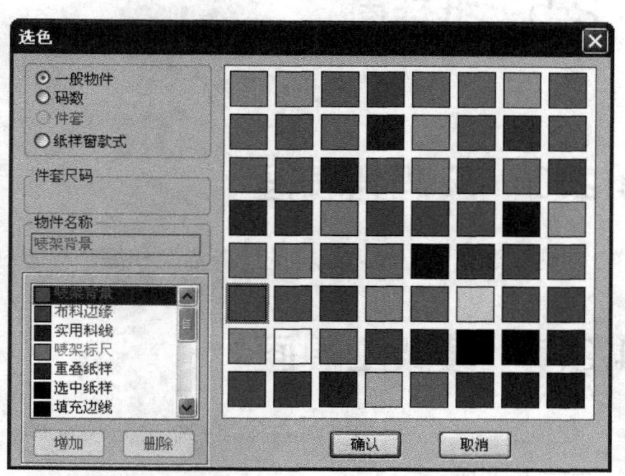

图4-36 “颜色”对话框

- “定义唛架”按钮：该命令可设置唛架的宽度、长、层数、面料模式及布边。
- “字体”按钮：该命令可为唛架显示字体、打印、绘图等分别指定字体。单击该按钮，将弹出“选择字体”对话框，如图4-37所示，在其中可以设置字体。
- “参考唛架”按钮：两个放码点之间的弧线按照等高的方式放码。
- “纸样资料”按钮：放置着当前纸样当前尺码的纸样信息，也可以对其做出修改。单击该按钮，将弹出“富怡服装排料CAD系统”对话框，如图4-38所示，其中包含了“纸样资料”、“全部尺码资料”和“纸样总体资料”对话框等3个选项卡。

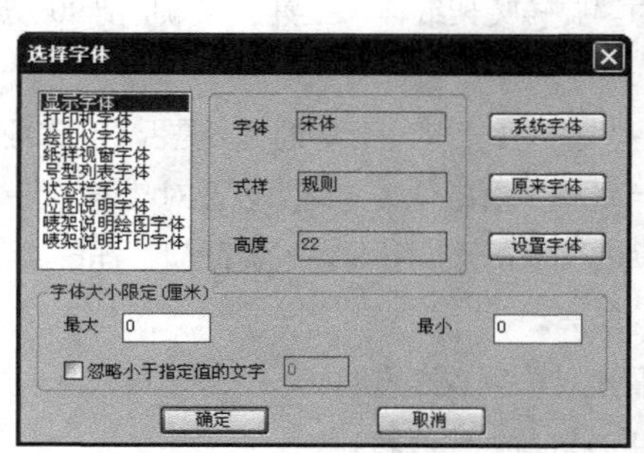

图4-37 “设定字体”对话框

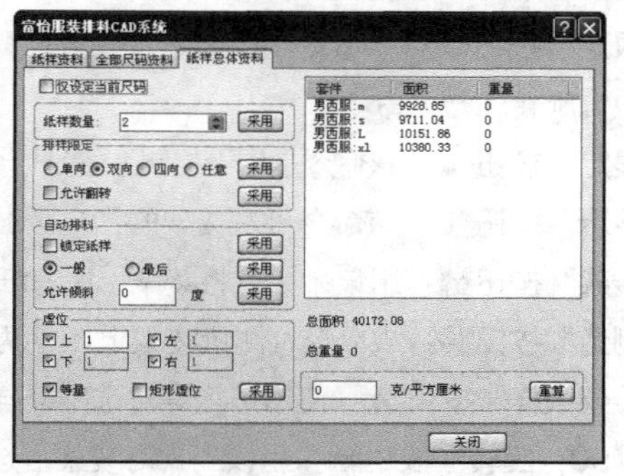

图4-38 “富怡服装排料CAD系统”对话框

- “旋转（复制）纸样”按钮：可对所选纸样进行任意角度旋转，还可复制其旋转纸样，生成一新纸样，添加到纸样窗内。
- “翻转纸样”按钮：用于将所选中纸样进行翻转。若所选纸样尚未排放到唛架上，则可对该纸样进行直接翻转，可以不复制该纸样；若所选纸样已排放到唛架上，则只能对其进行翻转复制，生成相应新纸样，并将其添加到纸样窗内。
- “分割纸样”按钮：将所选纸样按需要进行水平或垂直分割。在排料时，为了节约布料，在不影响款式式样的情况下，可将纸样剪开，分开排放在唛架。
- “删除纸样”按钮：删除一个纸样中的一个码或所有的码。

4.2.4 布料工具匣

布料工具匣用于显示当前排料文件中使用不同布料的纸样。

4.2.5 纸样窗

纸样窗用于放置文件中的所有纸样。

4.2.6 尺码列表框

尺码列表框中显示着纸样的所有号型和每个号型对应的纸样数量。

4.2.7 唛架工具匣1

唛架工具匣1主要用于对主唛架的纸样进行选择、移动、旋转、翻转、放大、缩小、测量以及添加文字等操作，如图4-39所示。

图4-39 唛架工具匣1

在唛架工具匣1中，各主要按钮的含义如下。

- **"纸样选择"按钮**：用于选择及移动纸样。
- **"唛架宽度显示"按钮**：该按钮呈选中状态时，主唛架就以宽度显示在可视界面。
- **"显示唛架上的全部纸样"按钮**：主唛架的全部纸样都显示在可视界面。
- **"显示整张唛架"按钮**：主唛架的整张唛架都显示在可视界面。
- **"旋转限定"按钮**：该命令是限制唛架工具匣1中的"旋转唛架纸样"工具、"顺时针90° 旋转"工具及键盘微调旋转的开关命令。
- **"翻转限定"按钮**：该命令是用于控制系统是否读取"纸样资料"对话框中的有关是否"允许翻转"的设定。
- **"放大显示"按钮**：该命令可对唛架的指定区域进行放大、对整体唛架缩小以及对唛架的移动。
- **"清除唛架"按钮**：用该命令可将唛架上所有纸样从唛架上清除，并将它们返回到纸样窗。
- **"尺寸测量"按钮**：该命令可测量唛架上任意两点的距离。
- **"旋转唛架纸样"按钮**：使用该工具对选中纸样设置旋转的度数和方向。
- **"顺时针90° 旋转"按钮**：用该工具对唛架上选中纸样进行90° 旋转。
- **"水平翻转"按钮**：对唛架上选中纸样进行水平翻转。
- **"垂直翻转"按钮**：对唛架上选中纸样进行垂直翻转。
- **"纸样文字"按钮**：用来为唛架上的纸样添加文字。单击该按钮，在唛架纸样上单击鼠标左键，将弹出"文字编辑"对话框，如图4-40所示，在其中可以输入文字。
- **"唛架文字"按钮**：用于在唛架的未排放纸样的位置加文字。
- **"成组"按钮**：将两个或两个以上的纸样组成一个整体。
- **"拆组"按钮**：是与成组工具对应的工具，起到拆组作用。
- **"设置选中纸样虚位"按钮**：在唛架区给选中纸样加虚位。单击该按钮，将弹出"设置选中纸样的虚位"对话框，如图4-41所示。

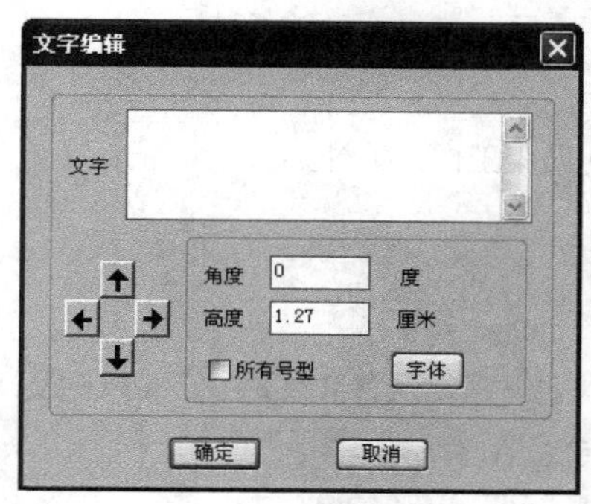

图4-40 “文字编辑”对话框

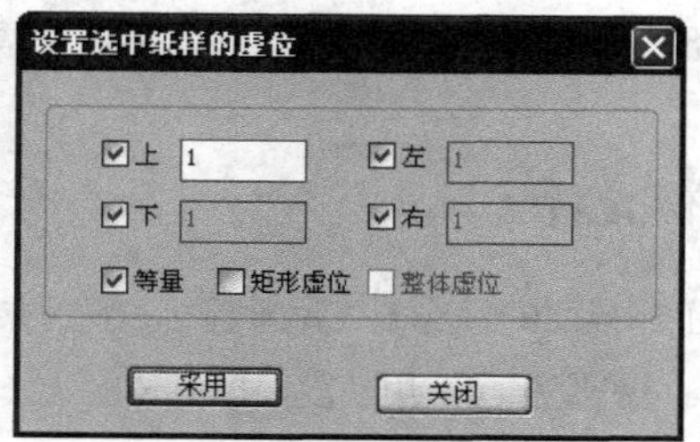

图4-41 “设置选中纸样的虚位”对话框

4.2.8 唛架工具匣2

当用剪刀工具剪下纸样后，用纸样工具栏工具将其进行细部加工，如加剪口、加钻孔、加缝份。加缝迹线、加缩水等。如图4-42所示为唛架工具匣2。

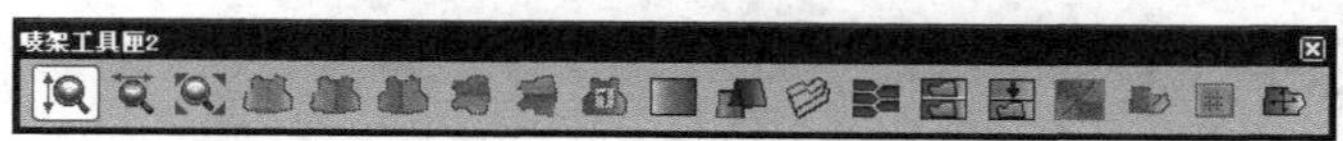

图4-42 唛架工具匣2

在唛架工具匣2中，各主要按钮的含义如下。

- **“显示辅唛架宽度”按钮**：当该按钮呈选中状态时，辅唛架就以宽度显示在可视界面。
- **“显示辅唛架所有纸样”按钮**：辅唛架的全部纸样都显示在可视界面。
- **“显示整个辅唛架”按钮**：使整个辅唛架显示在可视界面。
- **“展开折叠纸样”按钮**：将折叠的纸样展开。
- **“纸样右折”按钮、纸样左折”按钮、“纸样下折”按钮、“纸样上折”按钮**：当对圆桶唛架进行排料时，可将上下对称的纸样向上折叠、向下折叠，将左右对称的纸样向左折叠、向右折叠。
- **“裁剪次序设定”按钮**：用于设定自动裁床裁剪纸样时的顺序。
- **“画矩形”按钮**：用于画出矩形参考线，并可随排料图一起打印或绘图。
- **“重叠检查”按钮**：用于检查重叠纸样的重叠量。
- **“设定层”按钮**：纸样的部分重叠时可对重叠部分进行取舍设置。
- **“制帽材料”按钮**：对选中纸样的单个号型进行排料，排列方式有正常、倒插、交错、@倒插、@交错。
- **“主辅唛架等比例显示纸样”按钮**：将辅唛架上的“纸样”与主唛架“纸样”以相同比例显示出来。
- **“放置纸样到辅唛架”按钮**：将纸样列表框中的纸样放置到辅唛架上。
- **“清除辅唛架纸样”按钮**：将辅唛架上的纸样清除，并放回纸样窗。
- **“切割辅唛架纸样”按钮**：将唛架上纸样的重叠部分进行切割。
- **“裁床对格设置”按钮**：用于裁床上对格设置。
- **“缩放纸样”按钮**：对整体纸样放大或缩小。

4.2.9 主唛架区

工作区内放置唛架，在唛架上可以任意排料纸样，以取得最节省布料的排料方式。

4.2.10 辅唛架区

将纸样按码数分开排列在辅唛架上，按需将纸样调入主唛架工作区排料。

4.2.11 状态栏

状态栏位于工作界面的最底部，用于显示一些重要的信息，从左至右依次显示：纸样总数、已排纸样数量、布料利用率、排料总长度和已使用长度、排料宽度、排料层数、计算单位。

4.3 排料系统的基本操作

在排料系统中，用户可以进行一系列的基本操作，如新建文件、打开文件、另存文件、输出位图等。

4.3.1 打开文件

在使用设计与放码软件进行服装设计时，常常需要对纸样进行编辑或者重新设计，这时就需要打开相应的文件以进行相应操作。

	素材文件	光盘\素材\第4章\4-44.mkr
	效果文件	无
	视频文件	光盘\视频\第4章\4.3.1打开文件.mp4

步骤解析

步骤 1 在“主工具匣”中单击“打开”按钮，如图4-43所示。

步骤 2 弹出“开启唛架文档”对话框，选择合适的文件，如图4-44所示。

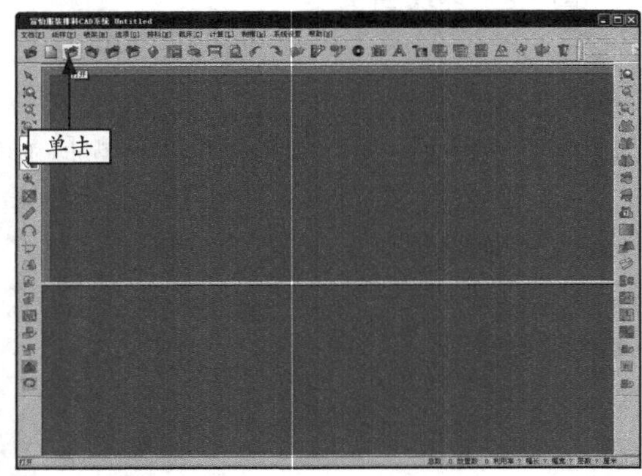

图4-43 单击“打开”命令

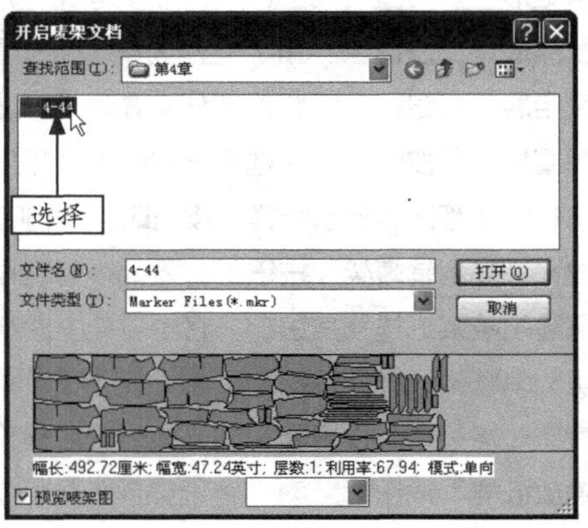

图4-44 选择合适的文件

步骤 3 单击“打开”按钮，执行操作后，即可打开文件，如图4-45所示。

高手点拨

用户还可以通过以下3种方法打开文件。

- 单击“文档” | “打开”命令。
- 按【Ctrl+O】组合键。
- 在格式为.mkr的文件上双击鼠标左键。

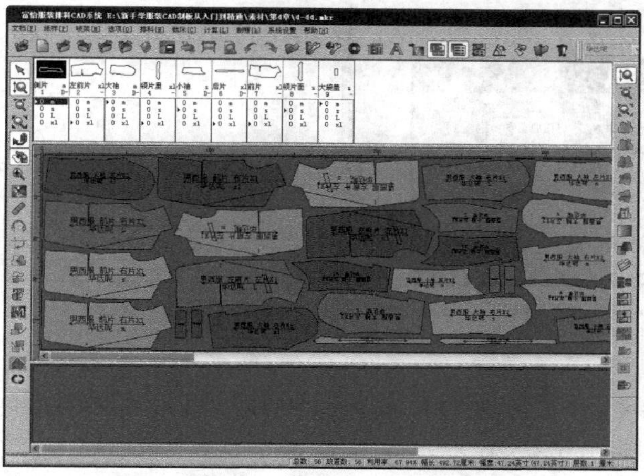

图4-45 打开文件

4.3.2 输出位图

在设计与放码软件中，用户可以根据需要将文件保存至别的磁盘中。

素材文件	光盘\素材\第4章\4-47.dgs
效果文件	光盘\效果\第4章\4-51.bmp
视频文件	光盘\视频\第4章\4.3.2 输出位图.mp4

步骤解析

步骤 1 按【Ctrl+O】组合键，打开一幅素材文件，如图4-46所示。

步骤 2 在菜单栏中，单击“文档” | “输出位图”命令，如图4-47所示。

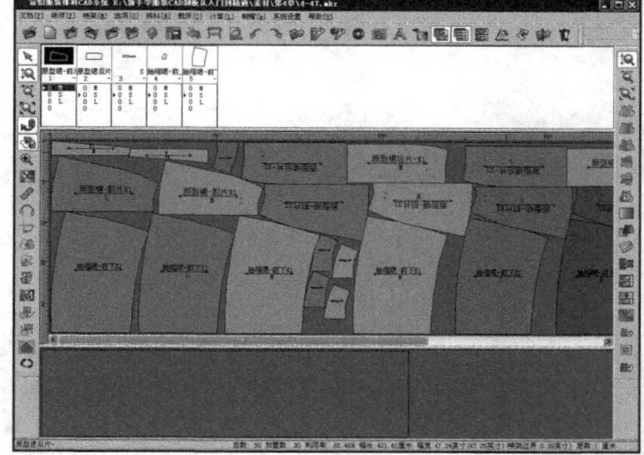

图4-46 打开素材

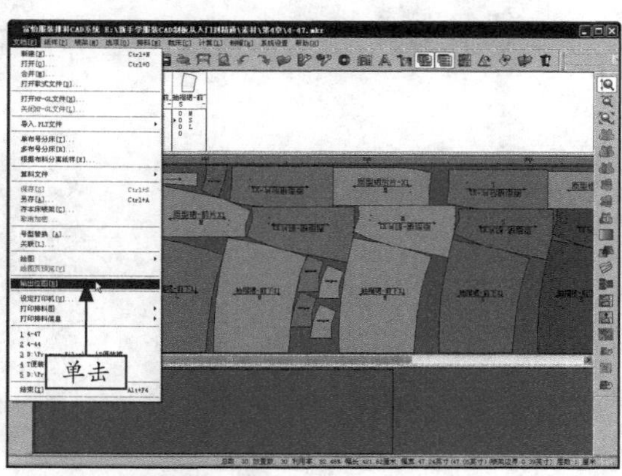

图4-47 单击“输出位图”命令

步骤 3 执行操作后，弹出“输出位图”对话框，设置“位图宽度”为1000、“位图高度”为800，单击“确定”按钮，如图4-48所示。

步骤 4 执行操作后，弹出“输出位图文件”，设置文件名和保存路径，单击“保存”按钮，如图4-49所示，即可输出位图。

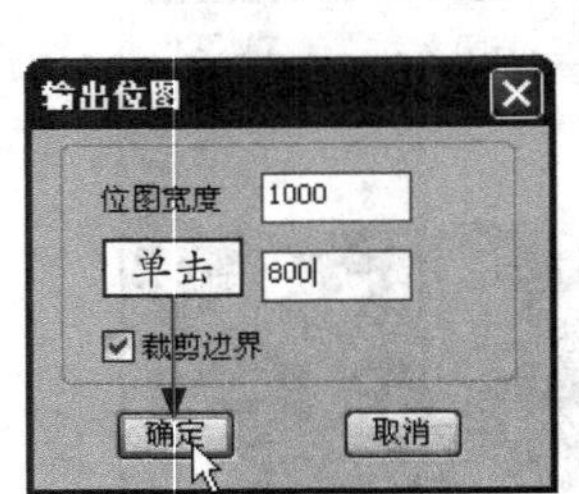

图4-48 单击“确定”按钮

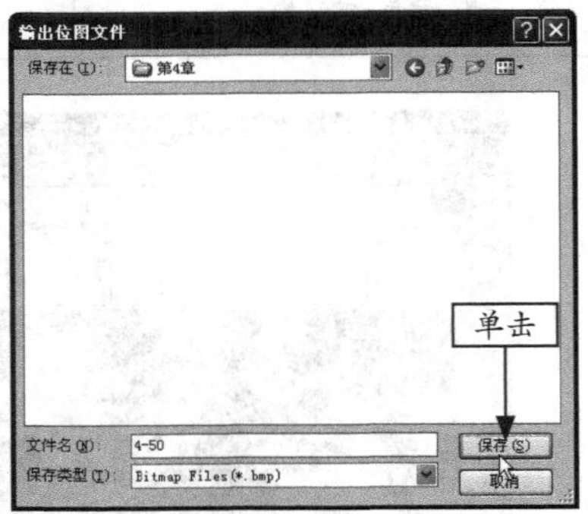

图4-49 单击“保存”命令

用户还可以通过按【Ctrl+A】组合键来另存文件。

本章建议学习时间 120 分钟

第 5 章 工业纸样制作

学前提示

在服装生产中，纸样具有重要的作用，它既是服装款式效果的结构设计图纸，又是进行裁剪和缝制加工的技术依据，还是复核检查裁片、部件规格的实际样模。本章主要向读者介绍工业纸样的基本知识以及工业纸样的检查与复核等内容。

本章内容

- 工业纸样概述
- 工业纸样的检查与复核

通过本章的学习，您可以

- 掌握工业纸样的基本概念
- 掌握工业纸样的常用术语
- 掌握工业纸样的制作流程
- 掌握工业纸样的复核
- 掌握对位标记的检查
- 掌握纸样总量的复核

5.1 工业纸样概述

工业纸样也称样板，是服装结构样板的简称，是服装工业化生产用于裁剪、缝制与整理服装的重要技术资料。

5.1.1 基本概念

工业纸样是以平面结构形式表现服装的立体形态，是以服装结构制图为基础制作出来的。它指一整套从小号型到大号型的系列化样板，是服装工业生产中的主要技术依据，是排料、画样以及缝制、检验的标准模具、样板和型板。

5.1.2 常用术语

在服装设计中，为了设计的方便，应掌握以下的常用术语。

- **缝份**：缝制工艺名词，缝份不同其缝份量也不同。常见的缝份形式有分开缝、倒缝、包缝、来去缝、装饰缝、滚边、绷缝等。
- 样板推档。
- **服装规格**：制作样板、裁剪、缝纫、销售的重要环节，是决定成衣质量和商品性能的重要依据。
- **规格档差**：主要包括成品规格档差（如衣长、胸围、领围、肩宽、袖长等）、各具体部位档差和细部档差（袖笼深、口袋位置等）。
- **服装号型国家标准**：净体尺寸。
- **服装号型系列**：确定服装规格和规格档差的科学依据和统一标准。现用 GB1335-1991《服装号型》标准。
- 坐标轴。
- **放码点**：又称位移点，是服装样板推档中的关键点、结构线条的拐点或交叉点。
- **位移方向**：每一个放码点根据规格档差在横向X轴和纵向Y轴上存在一定值的位移量，位移有八个方向。
- **坐标原点**：横向X轴和纵向Y轴的交叉点。
- **缩水率或热缩率**：面料遇水后，在面料的纵向或横向长度上发生的变化率称为缩水率；面料经加温加湿后，在面料的纵向或横向长度上发生的变化率称为热缩率。缩水率和热缩率的大小，是制定裁剪样板加放的依据。

5.1.3 工业纸样的种类

工业纸样可分为剪裁纸样和工艺纸样。

剪裁纸样通常是在成衣生产的批量裁剪时运用的，其可分为以下6种。

- **面料纸样**：服装结构图中的主件部分，含有缝份、贴边。
- **衬里纸样**：与面料样板一样大，在车缝或敷衬前，把它直接放在大身下面，用于遮住有网眼的面料，以防透过薄面料看见里面的结构。通常面料和衬里一起缝合，常使用薄的里子面料，为毛纸样。
- **里子纸样**：缝份比面子适当增加，但贴边处相对减少，尽量不分割。
- **衬布纸样**：有纺、无纺、可缝、可粘之分。根据款式所需和具体部位确定毛样和净样。
- **内衬纸样**：介于大身和里子之间，主要起保暖作用。毛织物、絮料、起绒布、法兰绒等常做内衬。

- **辅助纸样**：起辅助裁剪作用，多数使用毛板，如夹克中常用的橡皮筋。

工艺纸样用于成衣生产的缝制和熨烫过程中，其可分为以下4种。

- **修正纸样**：即劈样。用于易变形、多分割、特殊缝制要求、对条对格等。
- **定位纸样**：一般用于纽扣、口袋、装饰定位等，大部分为净样。
- **定型纸样**：勾画缝缉线，小部件整烫以及门襟翻边等，大部分为净样。
- **辅助纸样**：仅在缝制和整烫过程中起辅助作用。如垫在轻薄面料的暗裥下面的窄条，以防正面出现熨烫褶皱。

5.1.4 工业纸样的制作流程

1. 基准纸样设计

根据设计手稿或客户制单要求，进行纸样绘制。在进行纸样绘制时要充分考虑其工艺处理、面料的性能、款式风格特点等因素。

2. 试制样衣

纸样绘出后，必须通过制作样衣检验前面的服装设计和纸样设计工序是否符合要求以及订货的客户是否满意。

3. 推板

当样衣被认可符合要求之后，便可根据确认的样衣纸样和相应的号型规格系列表推放出所需型号的纸样。基型纸样的尺寸常选用中心型号，如男装170/88A的尺寸。

4. 制定工艺

根据服装款式或订单的要求、国家制定的服装产品标准，以生产企业的实际生产状况，由技术部门确定某产品的生产工艺要求和工艺标准（如剪裁、缝制、整烫等工艺要求）、关键部位的技术要求、辅料的选用等内容。此外，技术部门还应制定出缝纫工艺流程等有关的技术文件，以保证生产有序进行，有据可依。

5.2 工业纸样的检查与复核

纸样的结构设计是否符合款式的造型效果，就是人们常说的“板型”如何。在规格和款式相同的条件下，不同的打版师制版会出现不同的效果。在进行工业纸样设计时，一定要对纸样进行检查与复核。

5.2.1 工业纸样的复核

虽然纸样在放缝之前已经进行了检查，但为了保证样板准确无误，做完整套样板之后，仍然需要进行复核，复核的内容包括以下5点。

- 审查纸样是否符合款式特征。
- 检查规格尺寸是否符合要求。
- 检查整套纸样是否齐全，包括面料、里料衬料等纸样，同时检查修正纸样和定位纸样等是否齐全。
- 检查并合部位是否匹配与圆顺。
- 检查文字标注是否正确，包括衣片名称、纱向、片数、刀口等。

5.2.2 对位标记的检查

对位标记是确保服装质量所采取的有效措施，其有两种形式，即缝合线对位标记和用于纸样中间部位的定位（如省位、钮位等）。缝合线对位标记通常设在凹凸点、拐点和打褶范围的两端，主要起吻合点作用。如装袖吻合点、绱袖标点、设在前袖窿拐点和前袖山拐点处，袖山顶点与肩缝对位等。当缝合线较长时，可用对位标记（打三角口或直刀口）分几段处理，以利于缝合线直顺。

5.2.3 纸样纱向的检查

纸样上标注的纱向与裁片纱向是一致的，它是根据服装款式造型效果确定的，不得擅自更改或遗漏，合理利用不同纱向的面、辅料，是实现服装外观与工艺质量的关键因素。

1. 纱向定义

纱向指面料的经纬向。经纱是指裁片的经纱长于纬纱和斜纱，纬纱是指裁片的纬纱长于经纱和斜纱，斜纱指某裁片的斜纱长于经纱和纬纱。

2. 纱向使用原则

要求服装强度大且有挺拔感的前后衣片、裤片、袖片、过肩、腰头、袖克夫、腰带、立领等，均采用经纱；要求自然悬垂有动感的斜裙、大翻领以及格、条裁片或滚条、荡条等均采用斜纱；对既要求有一定的弹性，又要求有一定强度的袋盖、领面均可采用横纱。对于有毛向面料（如丝绒、条绒）应注意毛向一致，可避免因折光方向不同产生色差。

5.2.4 缝边与折边的复核

缝份大小应根据面料薄厚及质地疏密、服装部位、工艺档次等因素确定。薄、中厚服装可分别取0.8cm、1cm、1.5cm，质地疏松面料可多加0.3cm左右。在缝合线弧度较大的部位缝份可略窄，为0.8cm左右，如袖窿弯、大小裆弯、领口弯等处。在直线缝合处的缝份可适当增大，为1cm~1.5cm。在批量生产中，为了提高工作效率，大多数款式的服装采取缝份尽量整齐统一做法，一般以1cm为标准，这并不影响产品质量的标准化。在检查缝份时，除了宽窄适度外，还应注意保持某部位的缝份宽窄一致。折边量为2.5cm~4.5cm，可根据款式需要确定。

本章建议学习时间 **120** 分钟

第 6 章 原型CAD制版

学前提示

服装原型是服装结构设计的基础，服装款式千变万化，都离不开服装原型。服装原型按性别可分为男装原型、女装原型等；按部位可分为上衣原型、裙子原型等。本章主要向读者介绍设文化式原型与裙装原型的CAD制版等内容。

本章内容

- 文化式女上装原型CAD制版
- 文化式女装袖子原型CAD制版
- 裙装原型CAD制版

通过本章的学习，您可以

- 掌握文化式女上装原型的制版
- 掌握文化式女装袖子原型的制版
- 掌握裙装原型的制版

视频演示

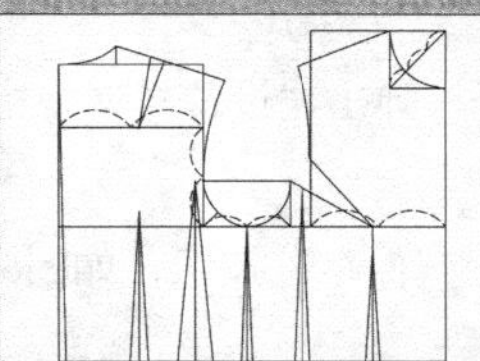

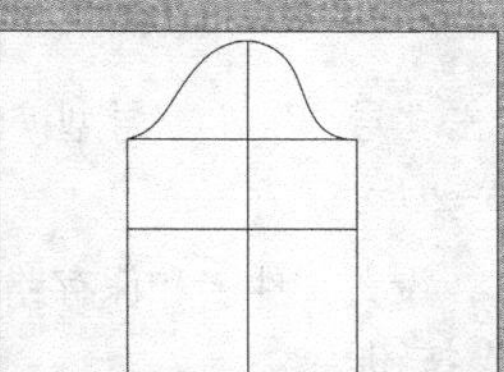

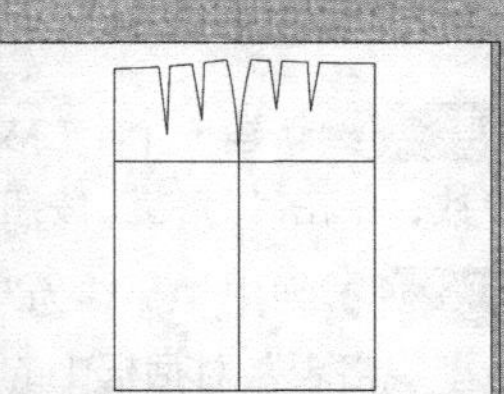

6.1 文化式女上装原型CAD制版

本实例介绍的是第八代文化式女上装原型，其是日本文化服装学院在第七代服装原型的基础上，推出的更加符合年轻女性体型的新原型。文化式女上装原型结构如图6-1所示。

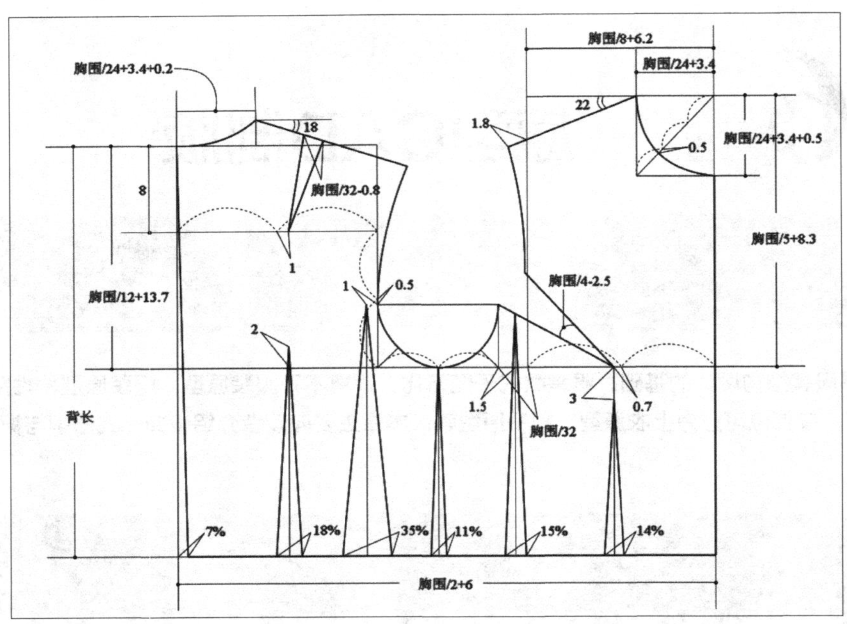

图6-1 文化式女上装原型

	素材文件	无
	效果文件	光盘\素材\第6章\6-108.dgs
	视频文件	光盘\视频\第6章\6.1 文化式女上装原型CAD制版.mp4

6.1.1 制图尺寸表

制图尺寸表如表6-1所示。

表6-1 单位：cm

部位	胸围	背长	腰围	袖长
尺寸	84	38	64	52

6.1.2 绘制文化式女上装原型主体

步骤解析

步骤 1 新建一个空白文件，单击“号型” | “号型编辑”命令，弹出“设置号型规格表”对话框，设置需要的参数，单击“存储”按钮，如图6-2所示。

步骤 2 弹出“另存为”对话框，设置文件名和保存路径，单击“保存”按钮，如图6-3所示，然后单击“设置号型规格表”对话框中的“确定”按钮。

步骤 3 在“设计工具栏”中单击“矩形”按钮，如图6-4所示。

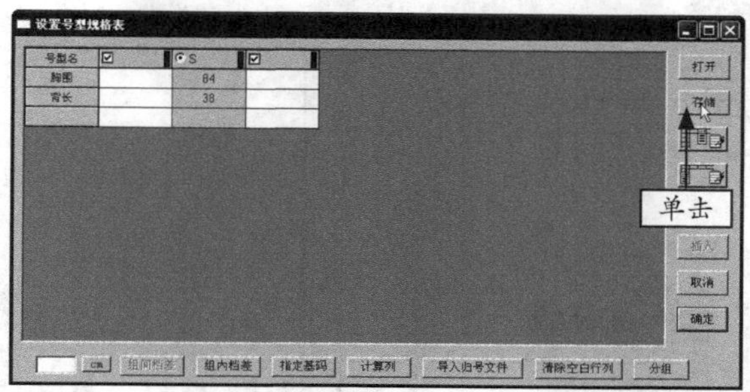

图6-2 单击“存储”按钮

图6-3 单击“保存”按钮

图6-4 单击“矩形”按钮

步骤 4 在工作区中的空白位置依次单击鼠标左键，弹出“矩形”对话框，设置“背长”为38，单击“计算器”按钮▦，如图6-5所示。

步骤 5 弹出“计算器”对话框，在左侧的列表框中选择“胸围”，双击鼠标左键，然后输入相应的公式，此时系统自动计算出结果，单击OK按钮，如图6-6所示。

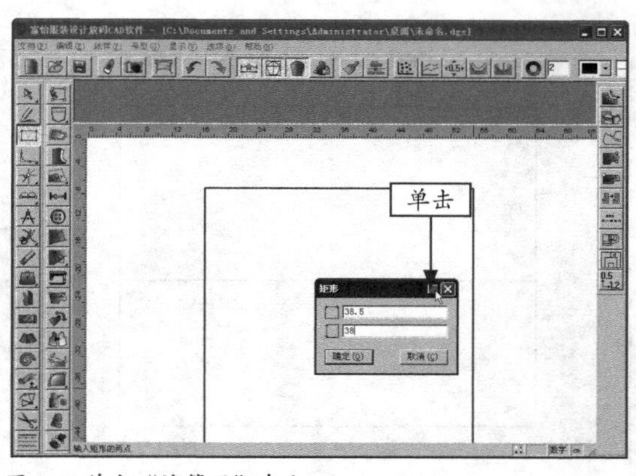

图6-5 单击“计算器”命令

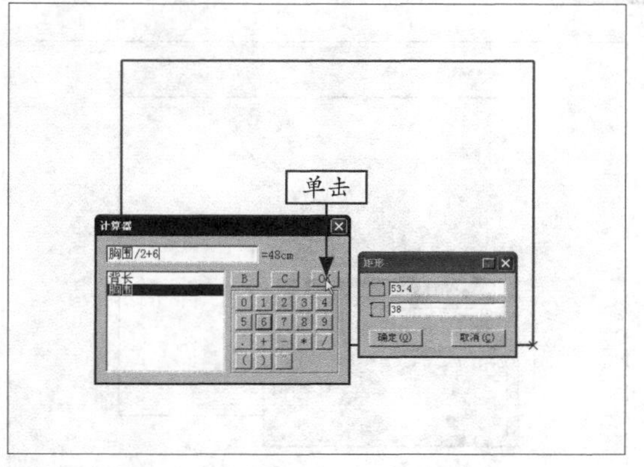

图6-6 单击OK按钮

步骤 6 返回到“矩形”对话框，如图6-7所示。

步骤 7 单击“确定”按钮，即可绘制矩形，如图6-8所示。

步骤 8 在“设计工具栏”中单击“智能笔”按钮▨，如图6-9所示。

步骤 9 在工作区中最上方的边线上单击鼠标左键的同时并向下拖曳，至合适位置后单击鼠标左键，弹出“平行线”对话框，单击“计算器”按钮▦，如图6-10所示。

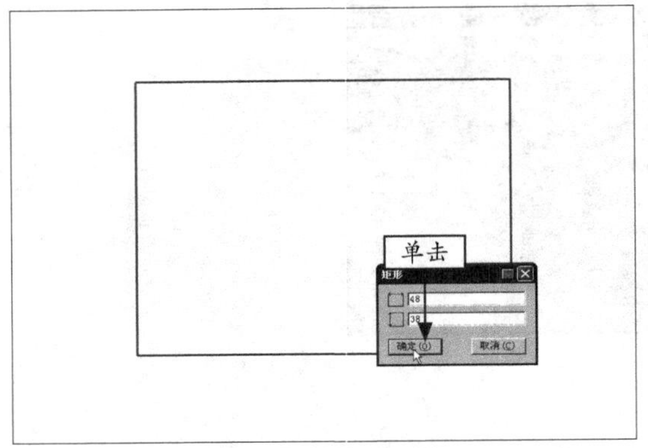

图6-7 “矩形”对话框

图6-8 绘制矩形

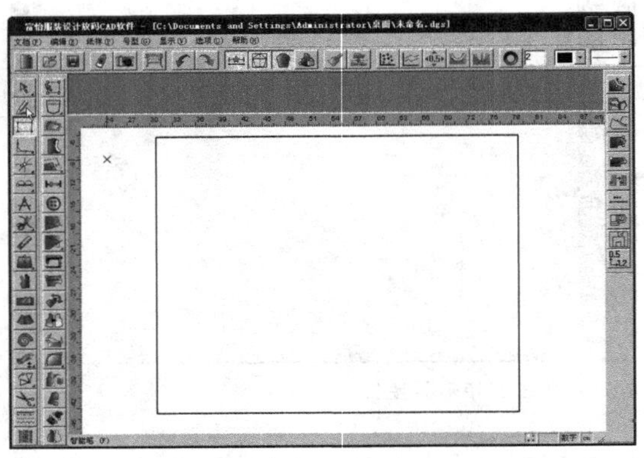

图6-9 单击“智能笔”按钮

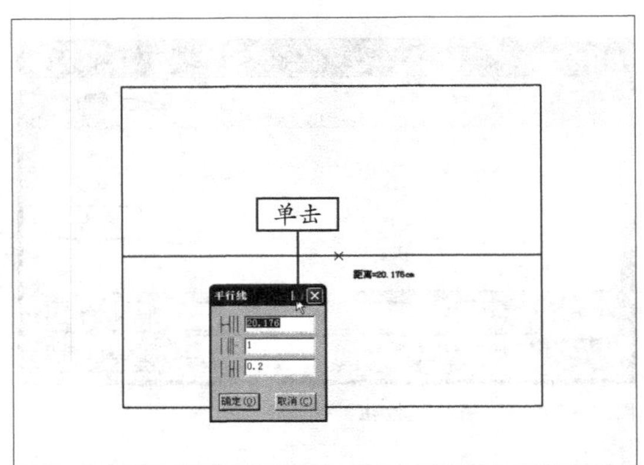

图6-10 单击“计算器”按钮

步骤 10 弹出“计算器”对话框，在左侧的列表框中选择“胸围”，双击鼠标左键，然后输入相应的公式，此时系统自动计算出结果，单击OK按钮，如图6-11所示。

步骤 11 返回到“水平线”对话框，单击“确定”按钮，即可绘制腰围线，如图6-12所示。

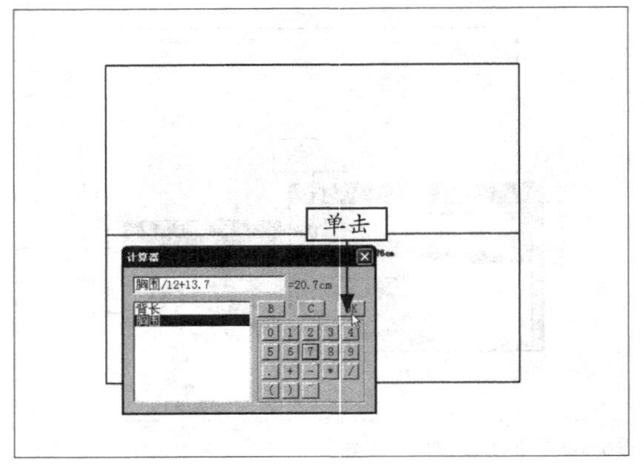

图6-11 单击OK按钮

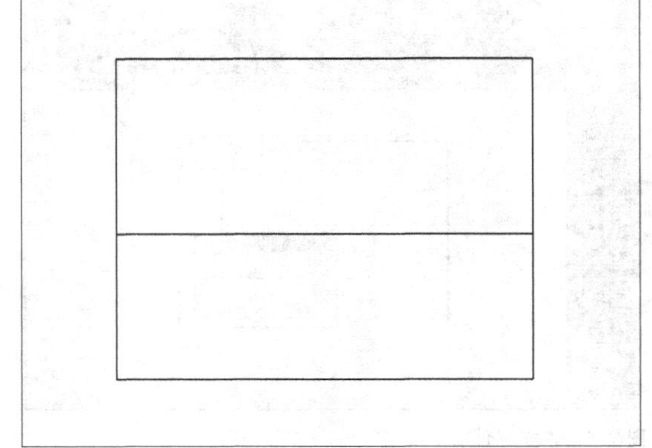

图6-12 绘制腰围线

步骤 12 继续使用“智能笔”命令，在腰围线的合适位置单击鼠标左键，弹出“点的位置”对话框，单击“计算器”按钮，如图6-13所示。

步骤 13 弹出“计算器”对话框，在左侧的列表框中选择“胸围”，双击鼠标左键，然后输入相应的公式，此时系统自动计算出结果，单击OK按钮，如图6-14所示。

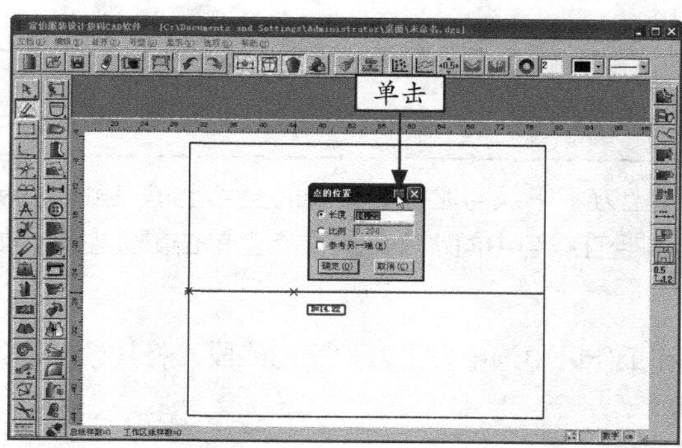

图6-13 单击“计算器”按钮

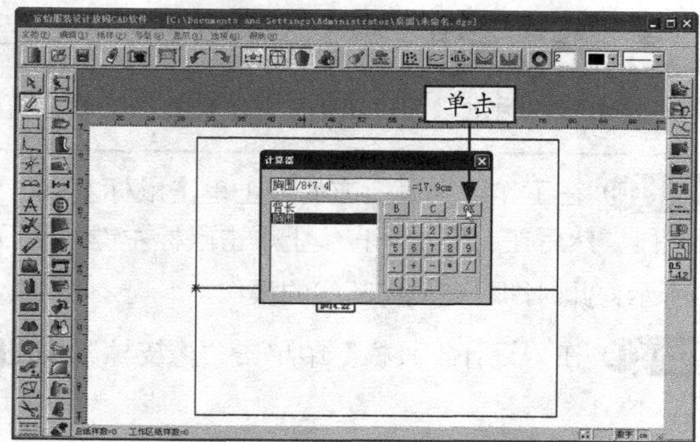

图6-14 单击OK按钮

步骤 14 返回到“点的位置”对话框，单击“确定”按钮，然后单击鼠标右键，切换输入状态，在最上方的线上单击鼠标左键，绘制背宽线，如图6-15所示。

步骤 15 继续使用“智能笔”命令，在工作区中左侧线的合适位置单击鼠标左键，弹出“点的位置”对话框，设置“长度”为8，单击“确定”按钮，如图6-16所示。

图6-15 绘制背宽线

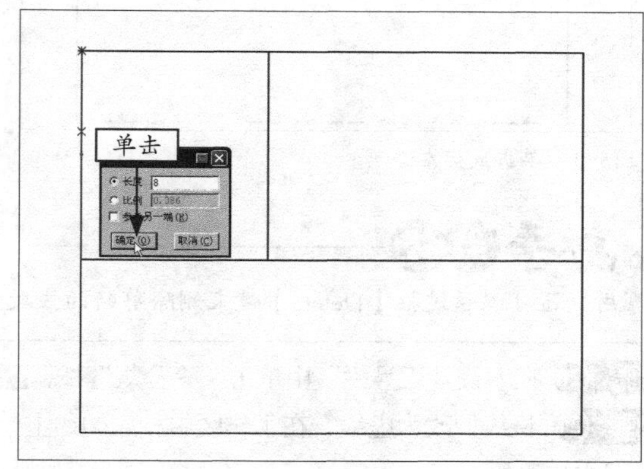

图6-16 单击“确定”按钮

高手点拨

在工作区中绘制线时，单击鼠标右键可以切换输入状态，通过其可以绘制水平或垂直的直线，也可生成45°线。

步骤 16 在右侧合适的线上单击鼠标左键，绘制直线，如图6-17所示。

步骤 17 在“设计工具栏”中单击“剪断线”按钮■，如图6-18所示。

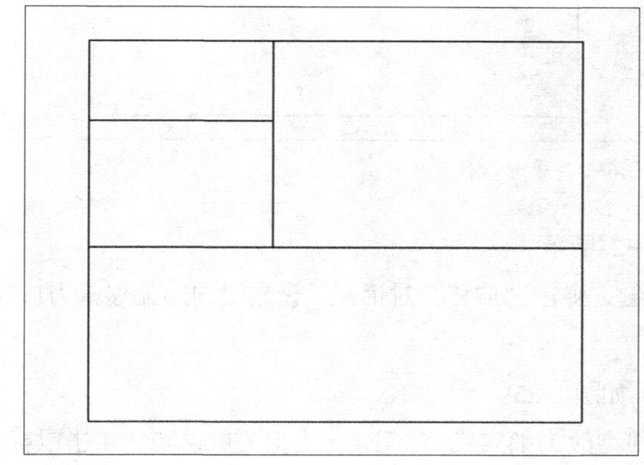

图6-17 绘制直线

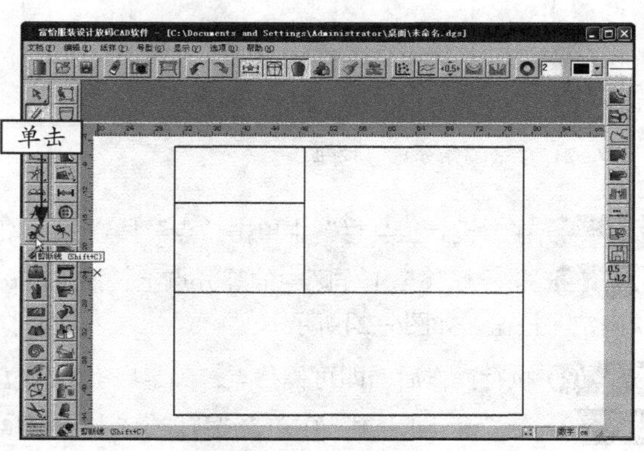

图6-18 单击“剪断线”按钮

高手点拨

用户还可以通过按【Shift+C】组合键来启用“剪断线”工具。

步骤 18 在工作区中最上方的线上单击鼠标左键，然后在上方水平线与左键竖直线的交点上单击鼠标左键，剪断线段，然后在右侧的竖直线上单击鼠标左键，然后在右侧竖直线与中间水平线的交点上单击鼠标左键，如图6-19所示，此时即可完成剪断线的操作。

步骤 19 在“设计工具栏”中单击“橡皮擦”按钮，在工作区中选中右上方剪断的线段，将其删除，如图6-20所示。

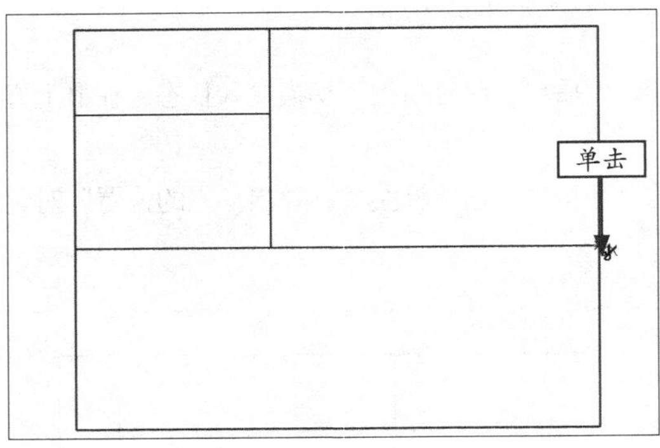

图6-19 单击鼠标左键

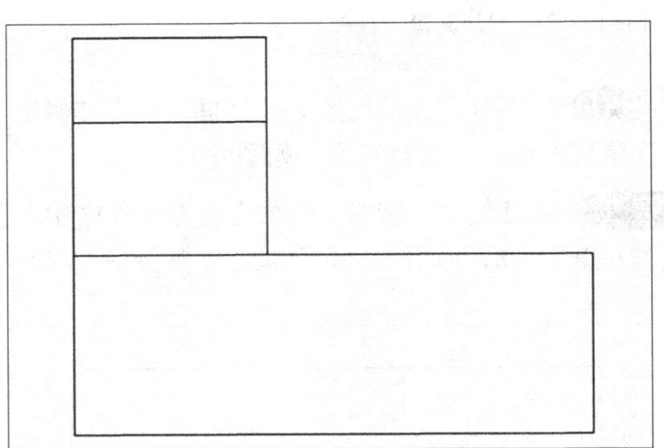

图6-20 删除线段

高手点拨

用户还可以通过按【Delete】键来删除剪断的线段。

步骤 20 在“设计工具栏”中单击“等分规”按钮，如图6-21所示。

步骤 21 将线型改为虚线，在工作区中相应的线上单击鼠标右键，然后单击鼠标左键，将线段平分两等分，如图6-22所示。

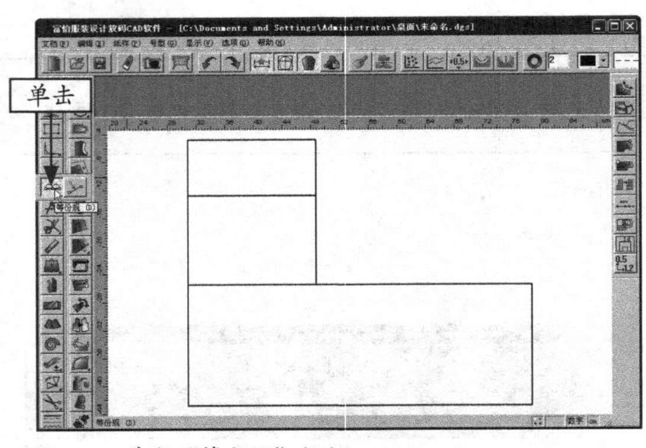

图6-21 单击“等分规”按钮

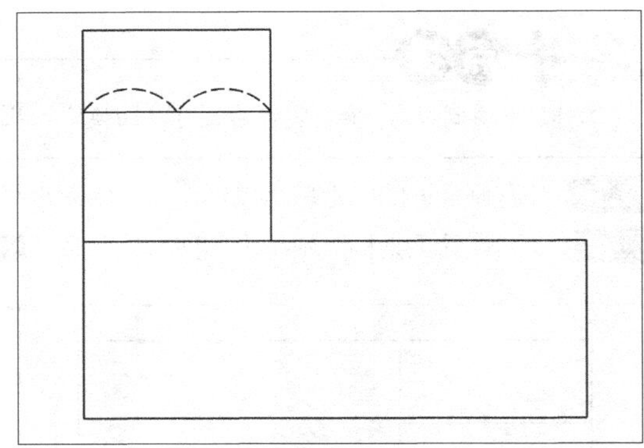

图6-22 平分线段

步骤 22 在“设计工具栏”中单击“点”按钮，如图6-23所示。

步骤 23 将鼠标移至工作区中的等分点上，按【Enter】键，弹出“偏移”对话框，设置横向的偏移量为1，单击“确定”按钮，如图6-24所示。

步骤 24 执行操作后，即可偏移点，确定肩省尖的位置，如图6-25所示。

步骤 25 在“设计工具栏”中单击“智能笔”按钮，将线型改为细实线，在工作区右上方的端点上单击鼠标左键，并向上拖曳鼠标，至合适位置后单击鼠标左键，弹出“长度”对话框，单击“计算器”按钮，如图6-26所示。

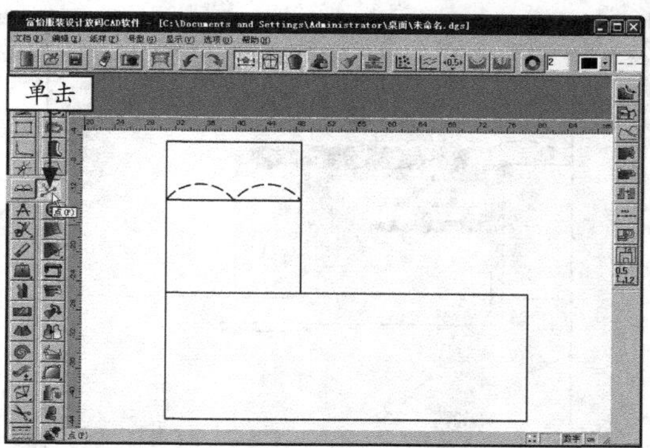

图6-23 单击“点”按钮

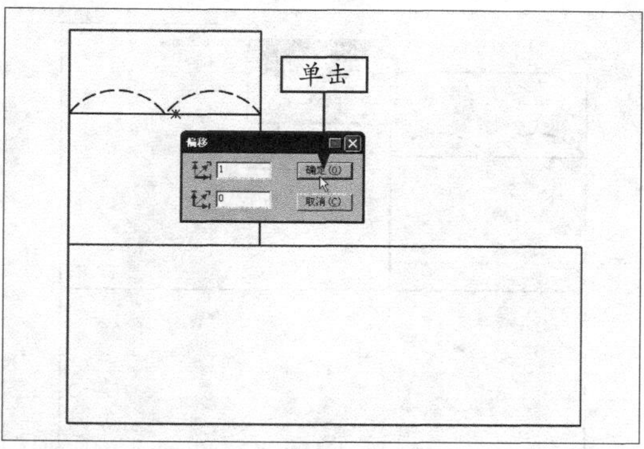

图6-24 单击“确定”按钮

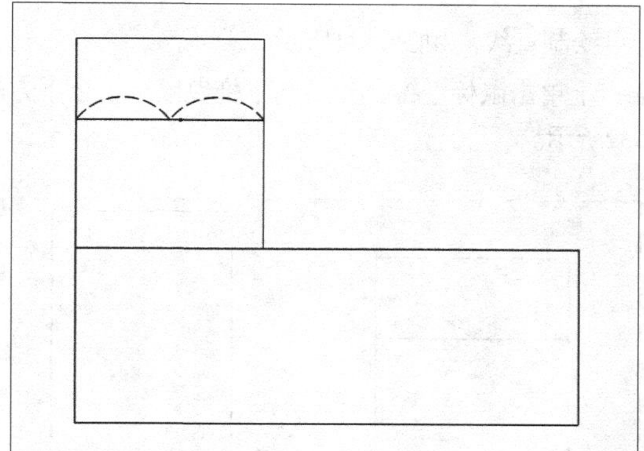

图6-25 确定肩省尖的位置

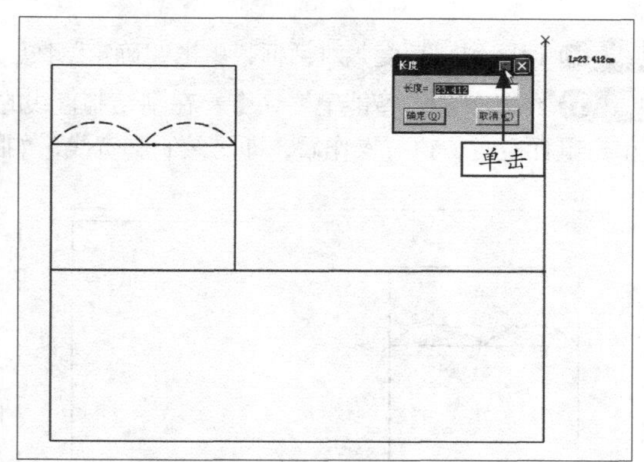

图6-26 单击“计算器”按钮

步骤 26 弹出“计算器”对话框，在左侧的列表框中选择“胸围”，双击鼠标左键，然后输入相应的公式，此时系统自动计算出结果，单击OK按钮，如图6-27所示。

步骤 27 返回到“长度”对话框，单击“确定”按钮，即可绘制直线，如图6-28所示。

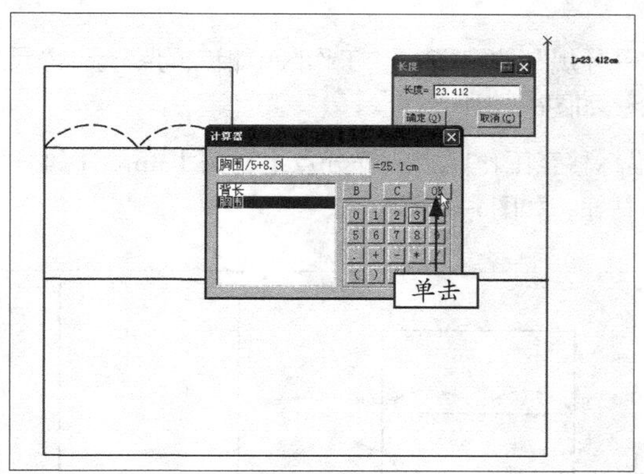

图6-27 单击OK按钮

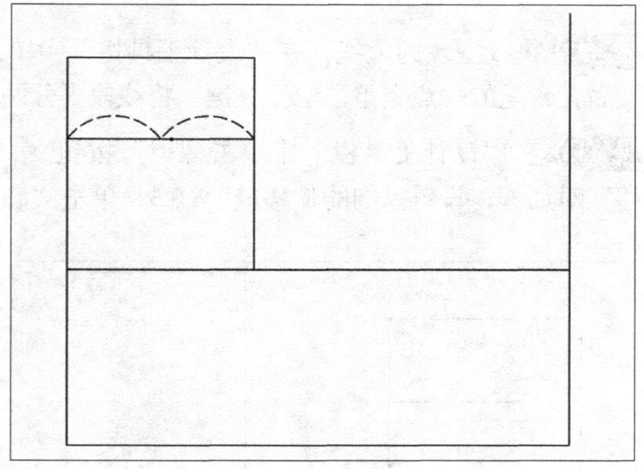

图6-28 绘制直线

步骤 28 继续使用“智能笔”命令，在工作区中右上方的端点上单击鼠标左键，然后向左拖曳鼠标，至合适位置后单击鼠标左键，弹出“长度”对话框，单击“计算器”按钮▦，如图6-29所示。

步骤 29 弹出“计算器”对话框，在左侧的列表框中选择“胸围”，双击鼠标左键，然后输入相应的公式，此时系统自动计算出结果，单击OK按钮，如图6-30所示。

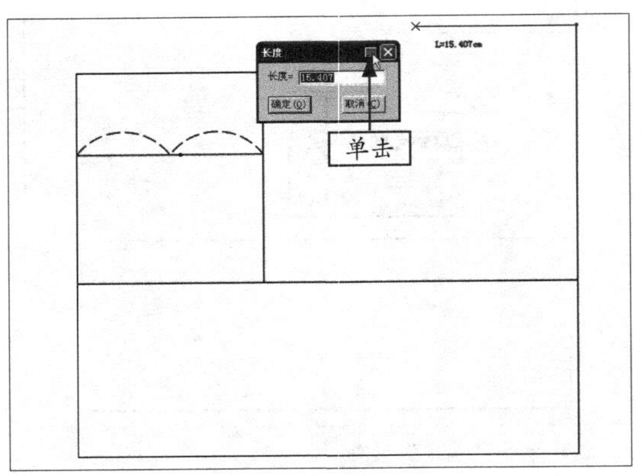

图6-29 单击“计算器”按钮

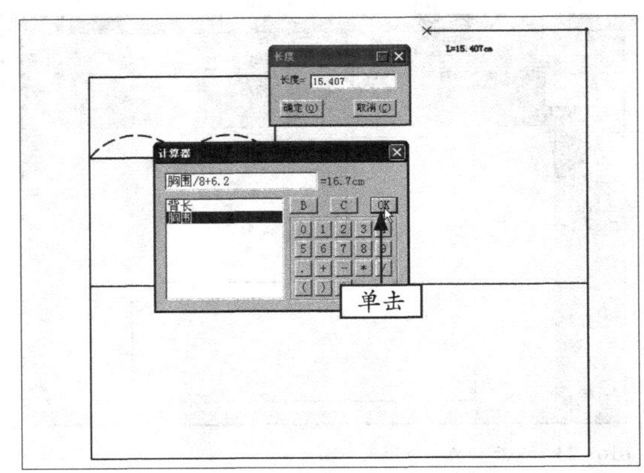

图6-30 单击OK按钮

步骤 30 返回到“长度”对话框，单击“确定”按钮，即可绘制直线，如图6-31所示。

步骤 31 继续使用“智能笔”命令，在刚绘制直线的左端点上单击鼠标左键，然后向下拖曳鼠标，至下方的直线上单击鼠标左键，执行操作后，即可绘制胸宽线，如图6-32所示。

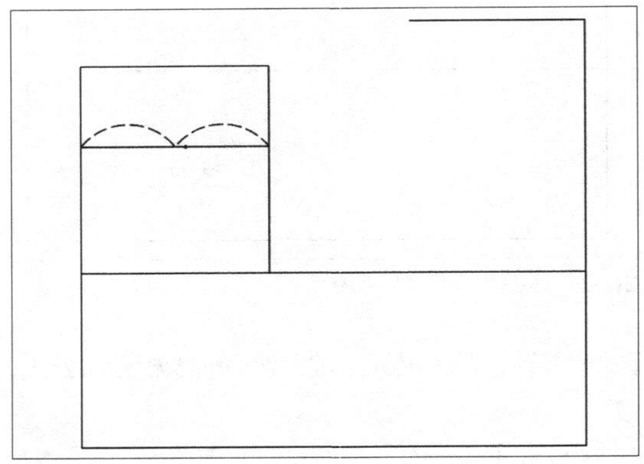

图6-31 绘制直线

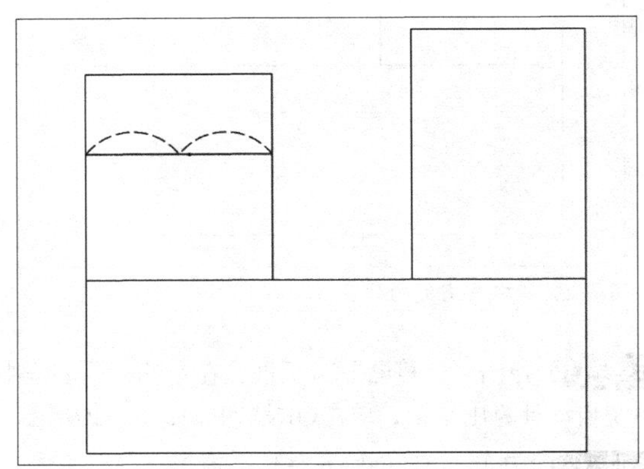

图6-32 绘制胸宽线

步骤 32 将线型改为虚线，在“设计工具栏”中单击“等分规”按钮，在工作区中相应的线上单击鼠标右键，然后在合适的端点上单击鼠标左键，将线段平分两等分，如图6-33所示。

步骤 33 在“设计工具栏”中单击“点”按钮，将鼠标移至工作区中的等分点上，按【Enter】键，弹出“偏移”对话框，设置纵向的偏移量为-0.5，单击“确定”按钮，如图6-34所示。

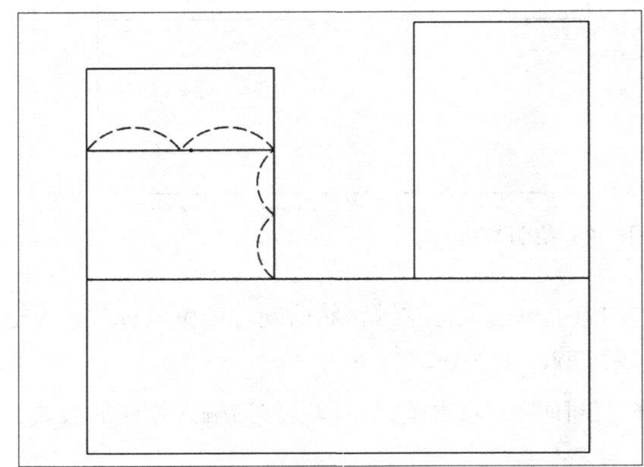

图6-33 平分线段

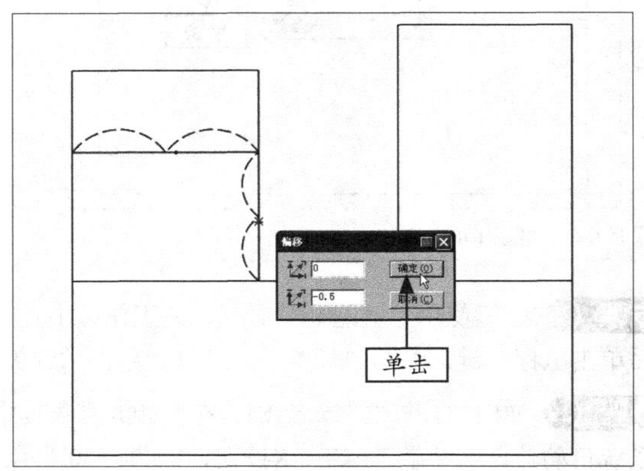

图6-34 单击“确定”按钮

步骤 34 执行操作后，即可偏移点，如图6-35所示。

步骤 35 在“设计工具栏”中单击“智能笔”按钮，将线型改为细实线，在工作区中刚偏移的点上单击鼠标左键，并向右拖曳鼠标，至合适位置后单击鼠标左键，绘制直线，如图6-36所示。

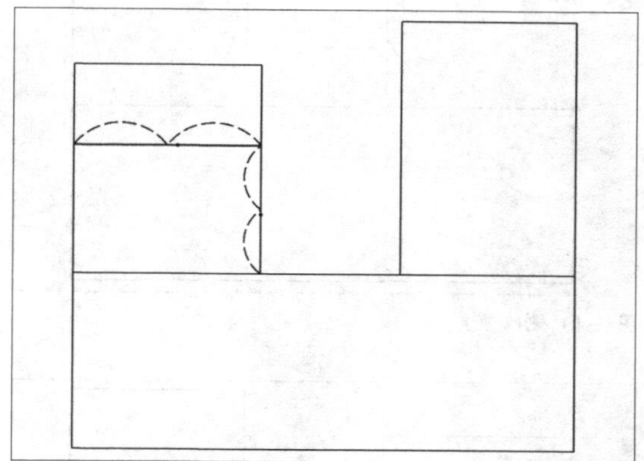

图6-35 偏移点

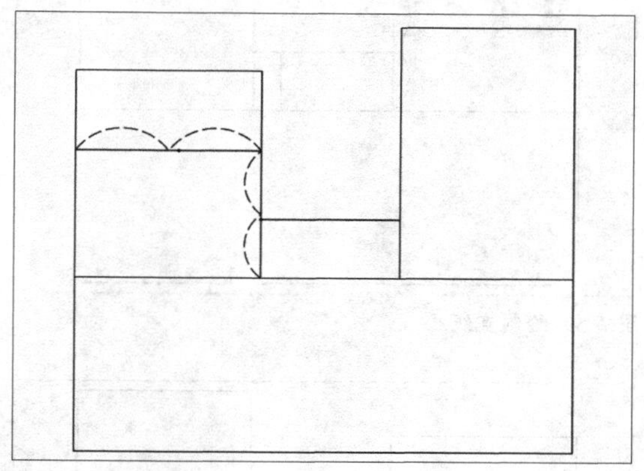

图6-36 绘制直线

步骤 36 继续使用“智能笔”命令，在工作区中刚绘制的直线上单击鼠标左键，弹出“点的位置”对话框，单击“计算器”按钮，如图6-37所示。

步骤 37 弹出“计算器”对话框，在左侧的列表框中选择“胸围”，双击鼠标左键，然后输入相应的公式，此时系统自动计算出结果，单击OK按钮，如图6-38所示。

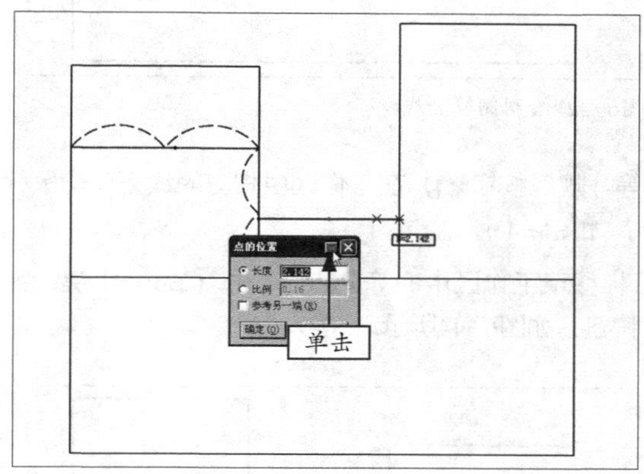

图6-37 单击“计算器”按钮

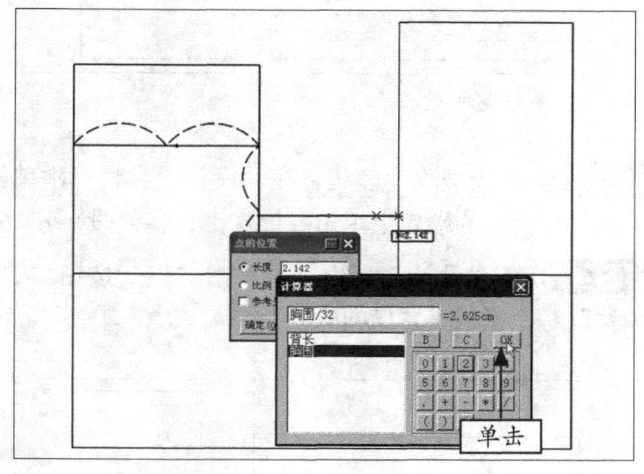

图6-38 单击OK按钮

步骤 38 返回到“点的位置”对话框，单击“确定”按钮，然后向下拖曳鼠标，至合适的直线上单击鼠标左键，绘制直线，如图6-39所示。

步骤 39 继续使用“智能笔”命令，在工作区中刚绘制的上端点上单击鼠标左键，并向左拖曳鼠标，至合适的直线上单击鼠标左键，绘制直线，然后在“设计工具栏”中单击“橡皮擦”按钮，删除相应的直线，如图6-40所示。

步骤 40 将线型改为虚线，在“设计工具栏”中单击“等分规”按钮，在工作区中相应的线上单击鼠标右键，然后在合适的端点上单击鼠标左键，将线段平分两等分，如图6-41所示。

步骤 41 在“设计工具栏”中单击“智能笔”按钮，将线型改为细实线，在工作区中刚等分的直线的中点上单击鼠标左键，然后向下拖曳鼠标，至下方直线上单击鼠标左键，绘制一条侧缝竖线，如图6-42所示。

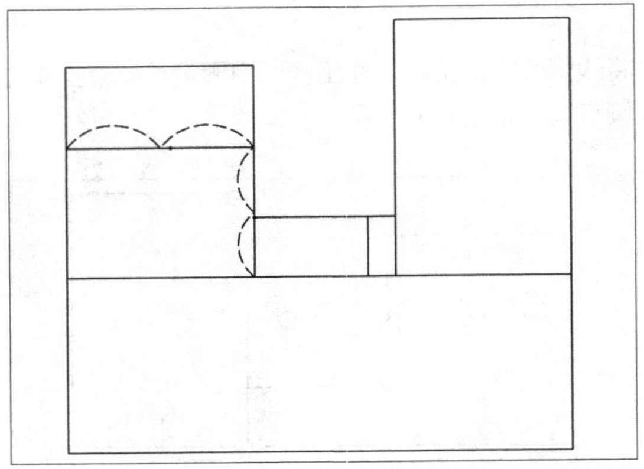
图6-39 绘制直线

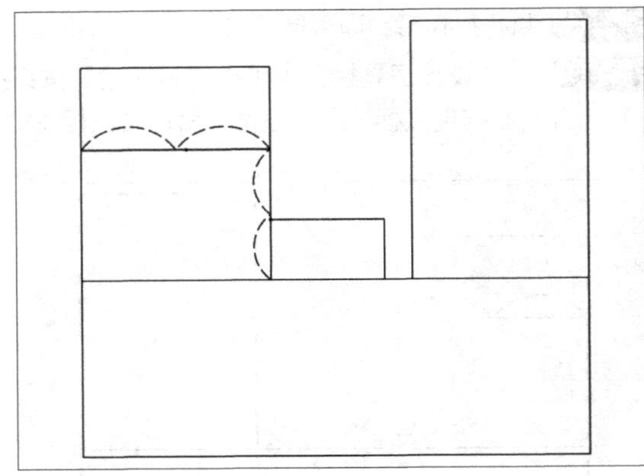
图6-40 删除直线

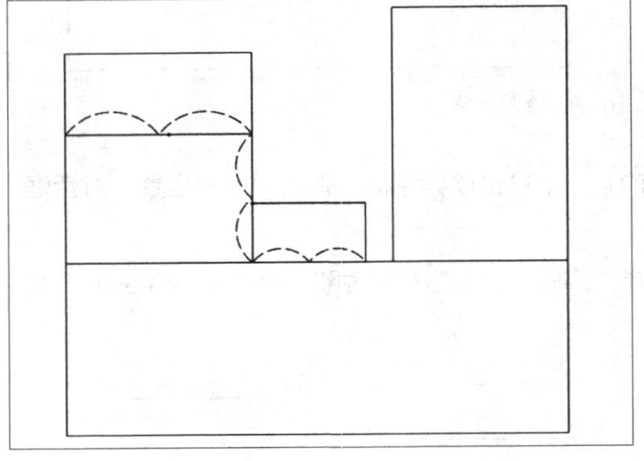
图6-41 平分直线

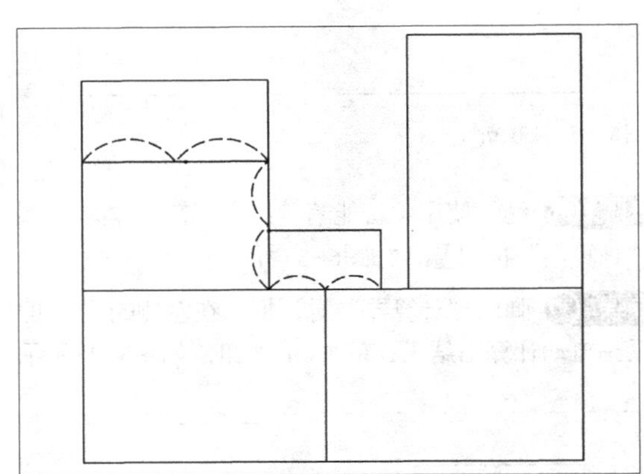
图6-42 绘制侧缝竖线

步骤 42 将线型改为虚线，在“设计工具栏”中单击“等分规”按钮，在工作区中相应的线上单击鼠标右键，然后在合适的端点上单击鼠标左键，将线段平分两等分，如图6-43所示。

步骤 43 在“设计工具栏”中单击“点”按钮，将鼠标移至工作区中的等分点上，按【Enter】键，弹出“偏移”对话框，设置横向的偏移量为-0.7，单击“确定”按钮，如图6-44所示。

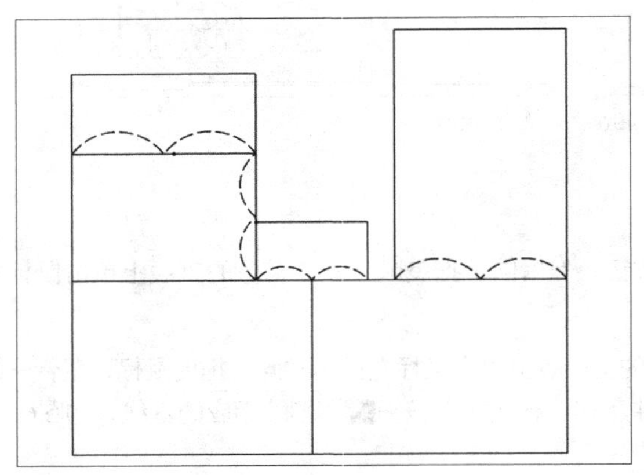
图6-43 平分线段

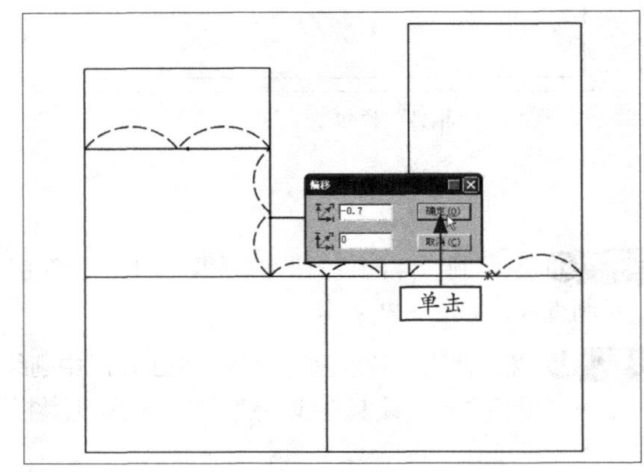

图6-44 单击“确定”按钮

步骤 44 执行操作后，即可偏移点，确定胸点的位置，如图6-45所示。

步骤 45 在“设计工具栏”中单击“智能笔”按钮，将线型改为细实线，在右上方的水平直线的合适位置单击鼠标左键，弹出“点的位置”对话框，单击“计算器”按钮，弹出“计算器”对话框，在左侧的列表框中选择“胸围”，双击鼠标左键，然后输入相应的公式，此时系统自动计算出结果，单击OK按钮，如图6-46所示。

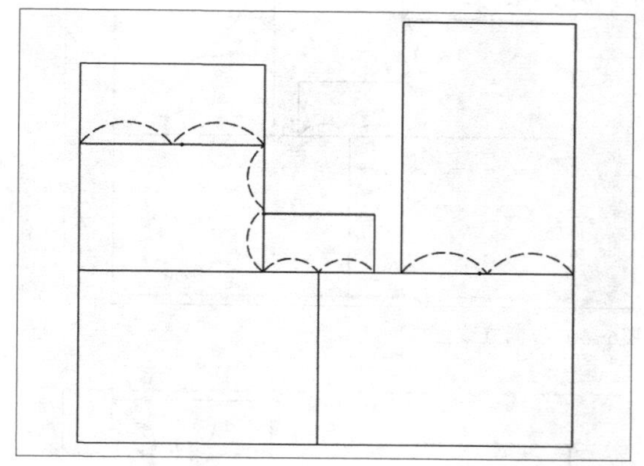

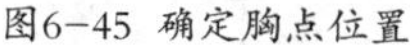
图6-45 确定胸点位置

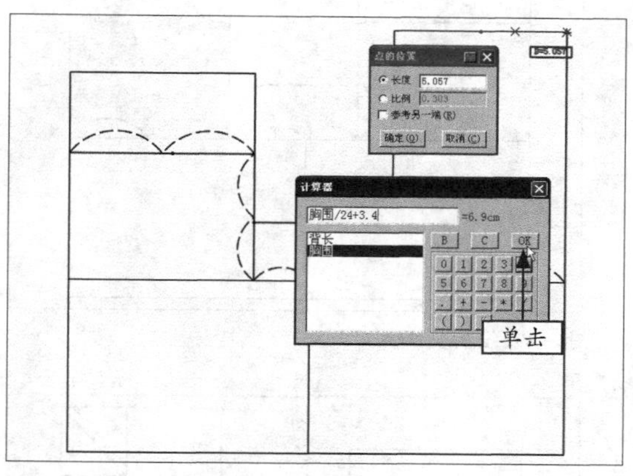

图6-46 单击OK按钮

步骤 46 返回到“点的位置”对话框，单击“确定”按钮，然后向下拖曳鼠标，至合适位置单击鼠标左键，弹出“点的位置”对话框，单击“计算器”按钮，弹出“计算器”对话框，在左侧的列表框中选择“胸围”，双击鼠标左键，然后输入相应的公式，此时系统自动计算出结果，单击OK按钮，如图6-47所示。

步骤 47 返回到“点的位置”对话框，单击“确定”按钮，即可绘制直线，如图6-48所示。

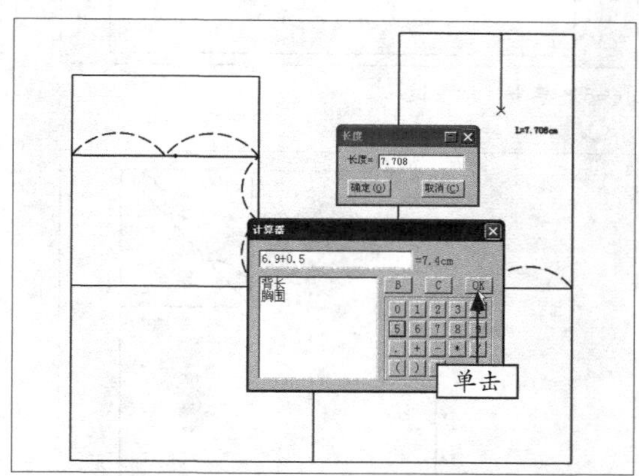

图6-47 单击OK按钮

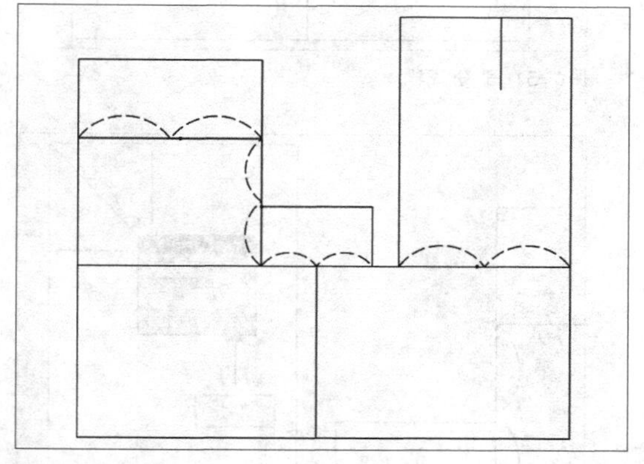
图6-48 绘制直线

步骤 48 继续使用“智能笔”命令，在工作区中刚绘制的直线的下端点单击鼠标左键，然后向右拖曳鼠标，至右侧的直线上单击鼠标左键，绘制直线，如图6-49所示。

步骤 49 继续使用“智能笔”命令，单击鼠标右键，切换输入状态，在工作区右上角矩形两对角上依次单击鼠标左键，绘制直线，如图6-50所示。

步骤 50 将线型改为虚线，在“设计工具栏”中单击“等分规”按钮，设置“等分数”为3，在合适的端点上单击鼠标左键，将线段平分3等分，如图6-51所示。

步骤 51 在“设计工具栏”中单击“剪断线”按钮，在工作区中选择刚平分的线段，然后在其上的等分点上单击鼠标左键，如图6-52所示。

步骤 52 执行操作后，即可剪断线段，在“设计工具栏”中单击“点”按钮，将鼠标移至工作区中刚剪断的线段上，单击鼠标左键，弹出“点的位置”对话框，设置“长度”为0.5，单击“确定”按钮，如图6-53所示。

步骤 53 执行操作后，即可绘制点，如图6-54所示。

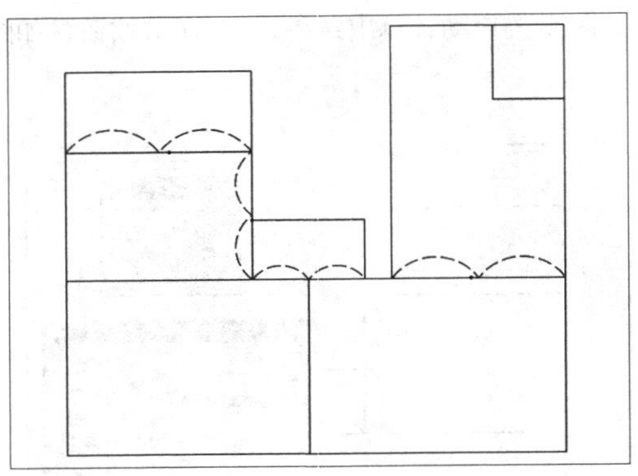
图6-49 绘制直线

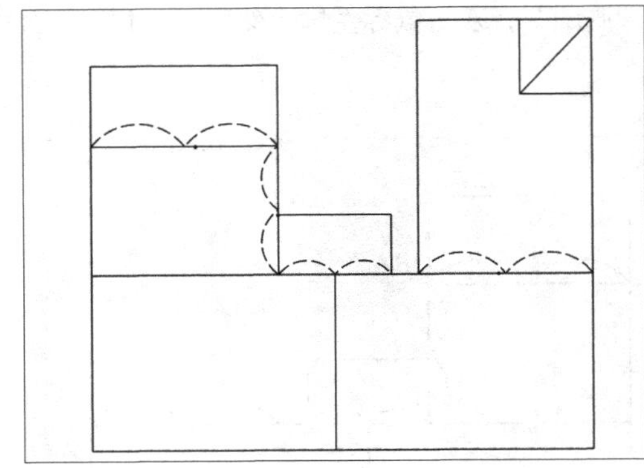
图6-50 绘制直线

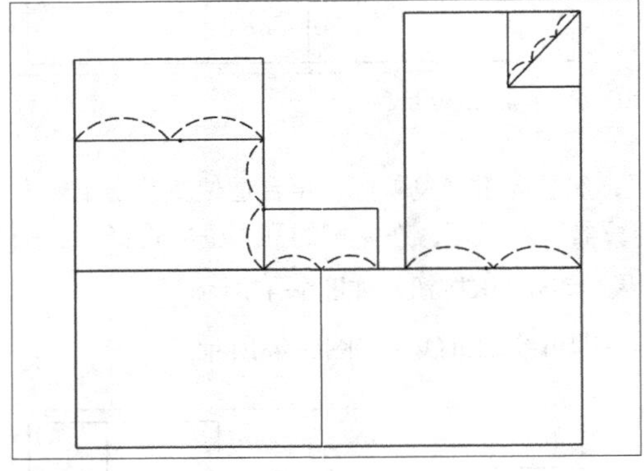
图6-51 平分线段

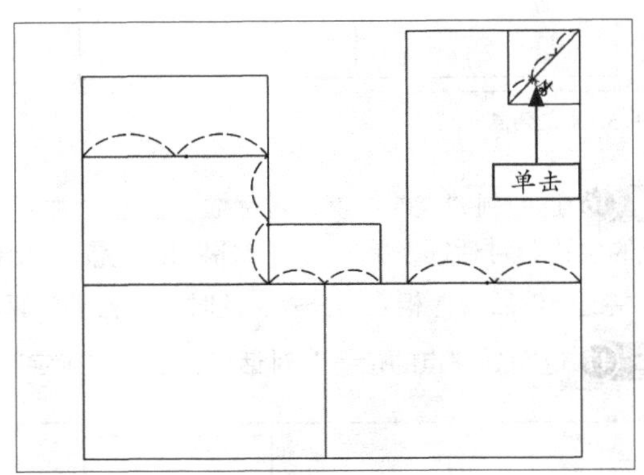

图6-52 单击鼠标左键

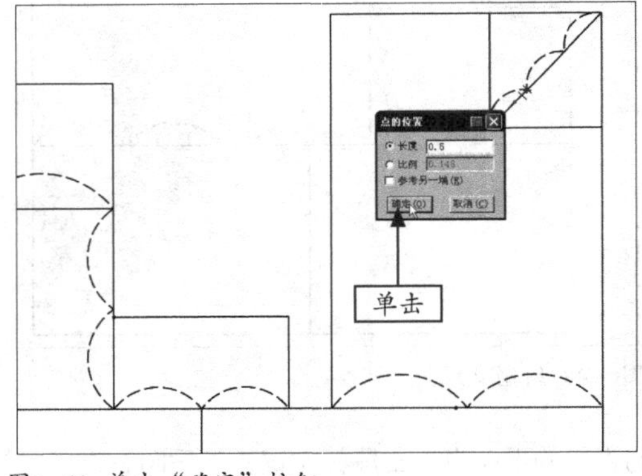

图6-53 单击“确定”按钮

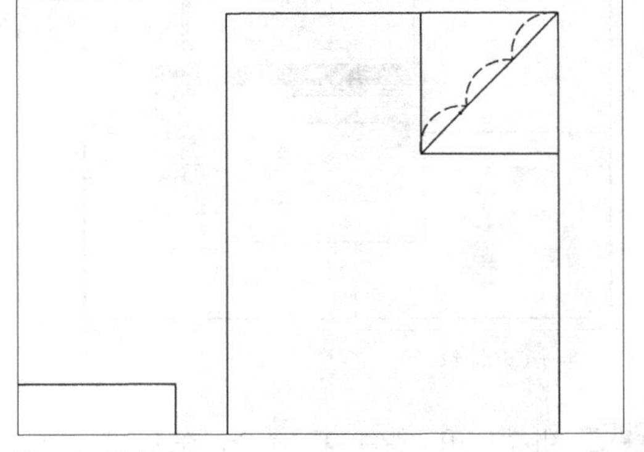
图6-54 绘制点

高手点拨

在绘制图6-54的点时，必须先对线段进行剪断，否则不能指定等分点。

6.1.3 绘制文化式女上装原型细节

步骤解析

步骤 1 继续使用“智能笔”命令，在工作区中右上角合适的点上单击鼠标左键，然后单击鼠标右键，即可绘制曲线，如图6-55所示。

步骤 2 在“设计工具栏”中单击“角度线”按钮，如图6-56所示。

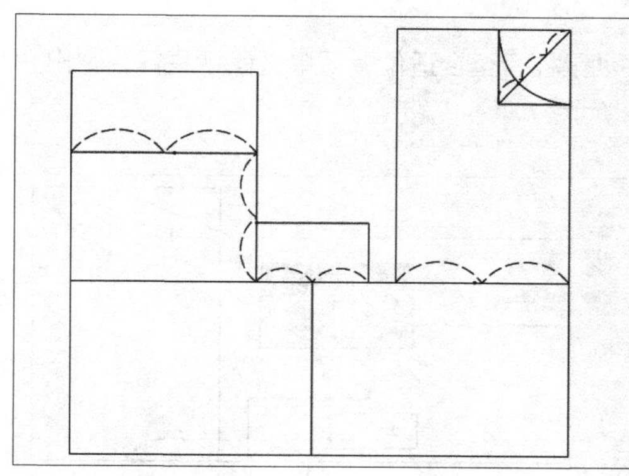

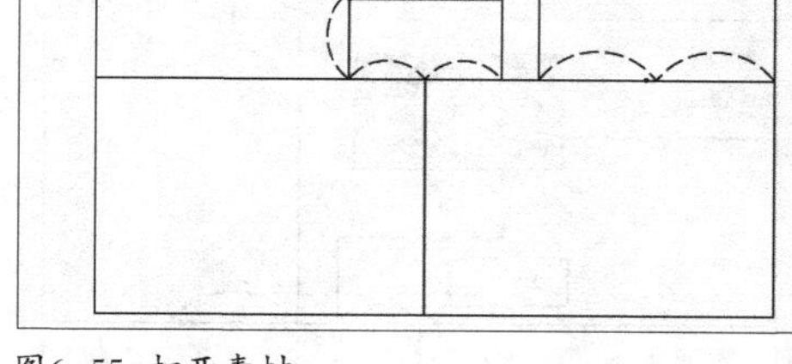

图6-55 打开素材

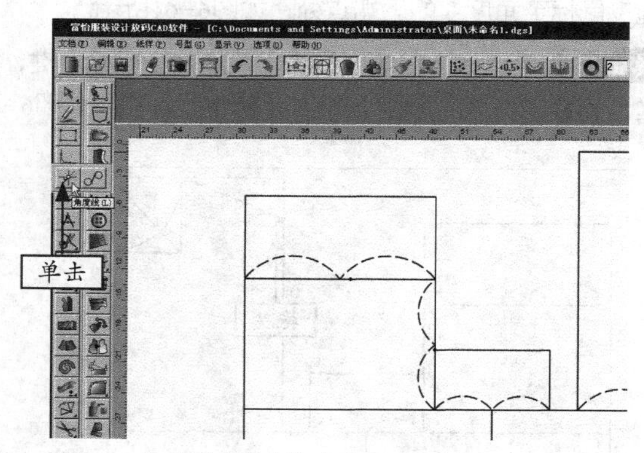

图6-56 单击“角度线”命令

步骤 3 在工作区中依次选择刚绘制曲线的上端点和上方水平直线的左端点，然后拖曳鼠标，弹出“尺寸线”对话框，设置“长度”为14，角度为22，如图6-57所示。

步骤 4 执行操作后，单击“确定”按钮，即可绘制角度线，如图6-58所示。

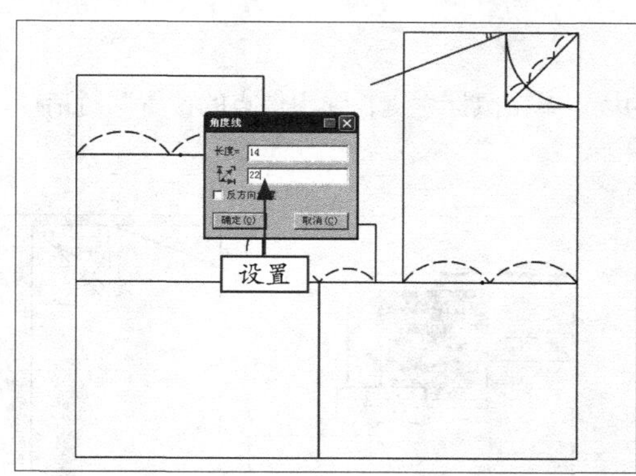

图6-57 设置参数

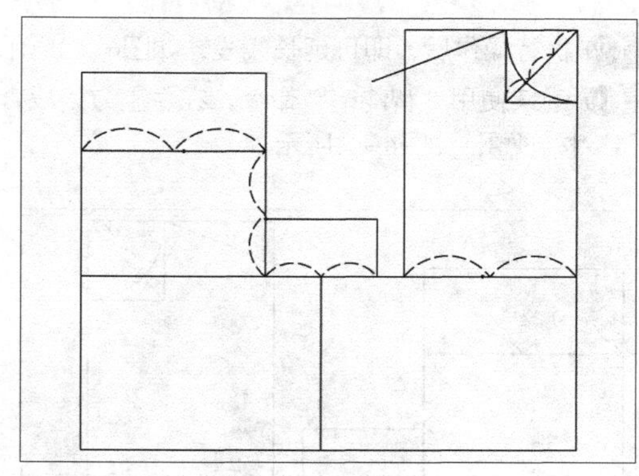

图6-58 绘制角度线

步骤 5 在“设计工具栏”中单击“剪断线”按钮，在工作区中刚绘制的角度线和竖直线的交点上单击鼠标左键，如图6-59所示。

步骤 6 执行操作后，即可剪断曲线，然后删除角度线左侧的线段，如图6-60所示。

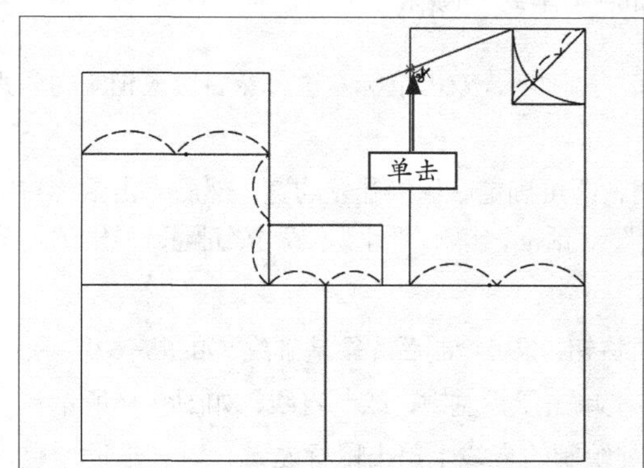

图6-59 单击鼠标左键

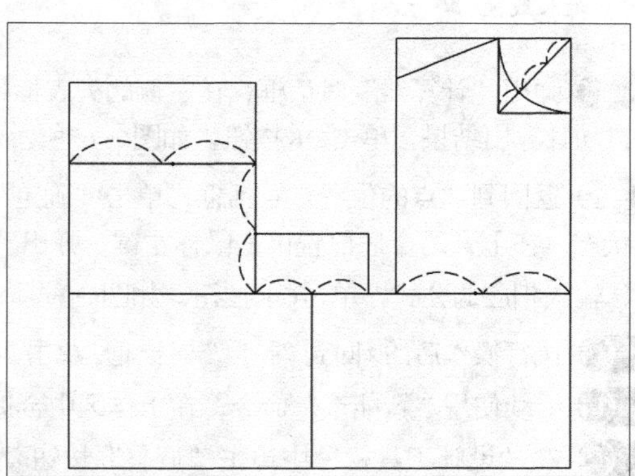

图6-60 删除线段

步骤 7 在“设计工具栏”中单击“智能笔”按钮，按住【Shift】键，在角度线的上端点单击鼠标左键的同时并拖曳鼠标至角度线的下端点处，如图6-61所示。

步骤 8 释放鼠标，在角度线的下端点单击鼠标左键，移动鼠标，至合适位置后单击鼠标左键，弹出“长度”对话框，设置“长度”为1.8，单击“确定”按钮，如图6-62所示。

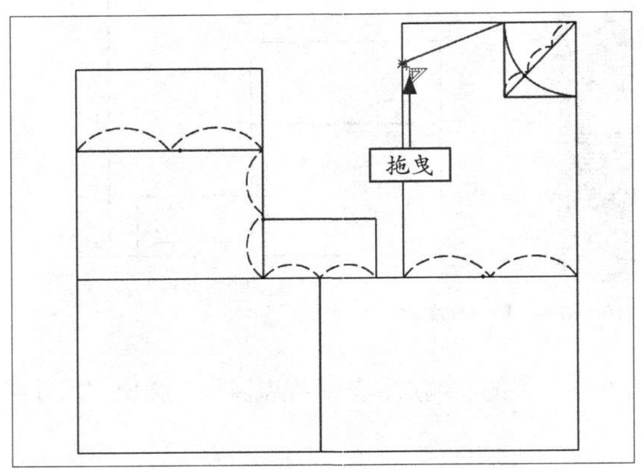

图6-61 拖曳鼠标

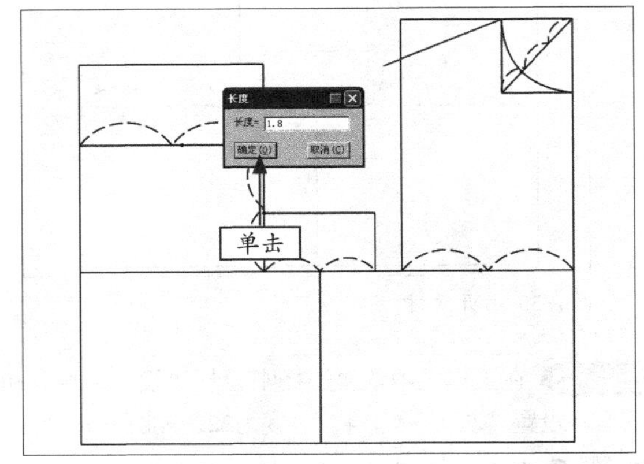

图6-62 单击“确定”按钮

步骤 9 执行操作后，即可延长线段，如图6-63所示。

步骤 10 继续使用“智能笔”命令，在左上方线段合适的位置单击鼠标左键，弹出“点的位置”对话框，单击“计算器”按钮，如图6-64所示。

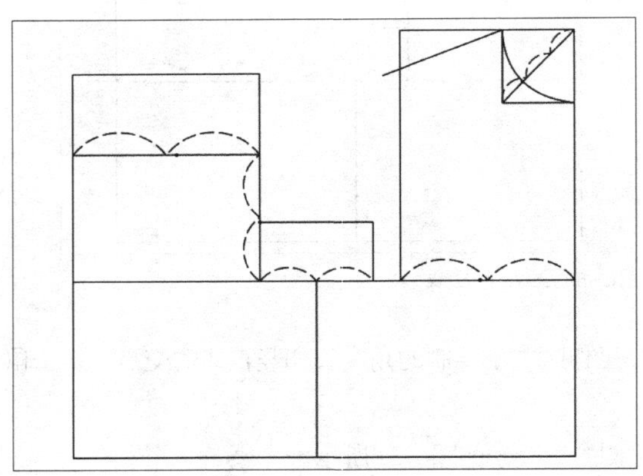

图6-63 延长线段

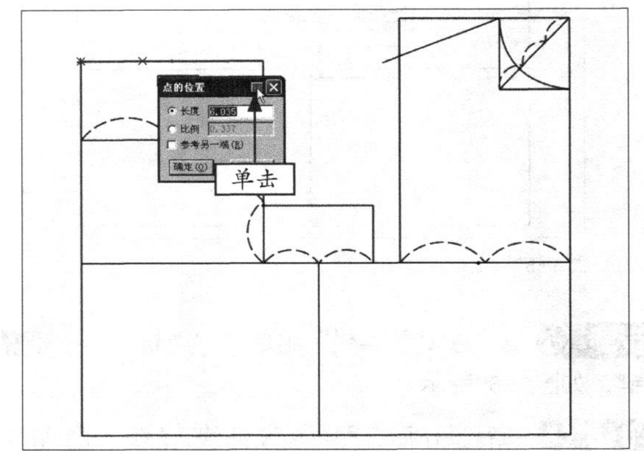

图6-64 单击“计算器”按钮

步骤 11 弹出“计算器”对话框，在左侧的列表框中选择“胸围”，双击鼠标左键，然后输入相应的公式，此时系统自动计算出结果，单击OK按钮，如图6-65所示。

步骤 12 返回到“点的位置”对话框，单击“确定”按钮，即可确定后片横开领的宽，然后单击鼠标右键，切换输入状态，在上方的合适位置单击鼠标左键，弹出“长度”对话框，单击“计算器”按钮，弹出“计算器”对话框，输入相应的公式，单击OK按钮，如图6-66所示。

步骤 13 执行操作后，返回到“长度”对话框，单击“确定”按钮，即可绘制后片领基础线，如图6-67所示。

步骤 14 继续使用“智能笔”命令，在工作区中合适的点上单击鼠标左键，绘制直线，如图6-68所示。

步骤 15 在“设计工具栏”中单击“调整”按钮，在刚绘制的直线上单击鼠标左键，对其进行调整，如图6-69所示。

步骤 16 在“设计工具栏”中单击“比较长度”按钮，如图6-70所示。

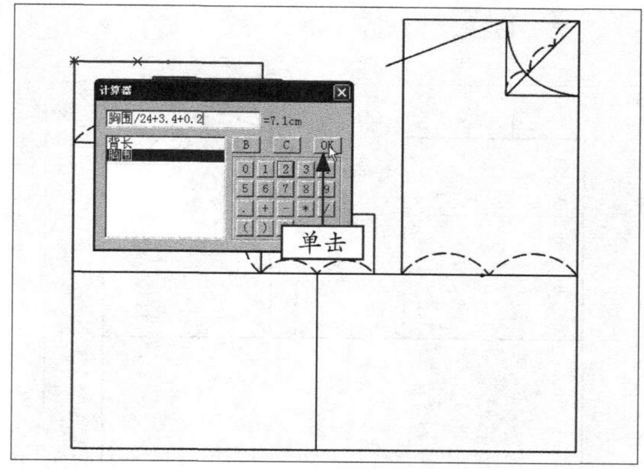

图6-65 单击OK按钮

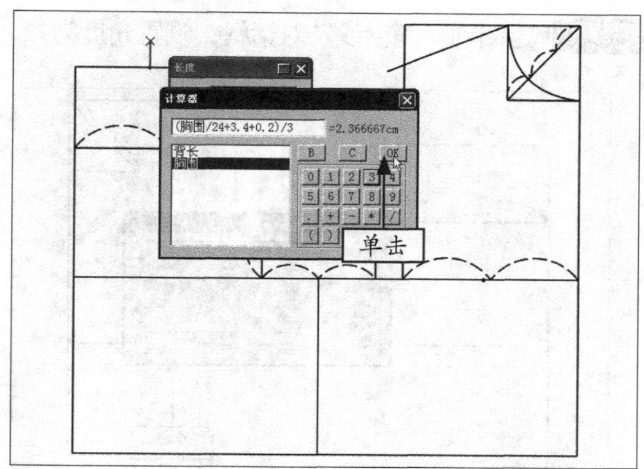

图6-66 单击OK按钮

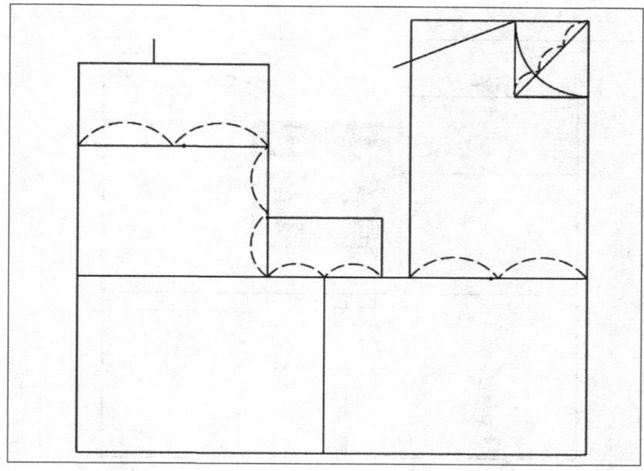
图6-67 绘制后片领基础线

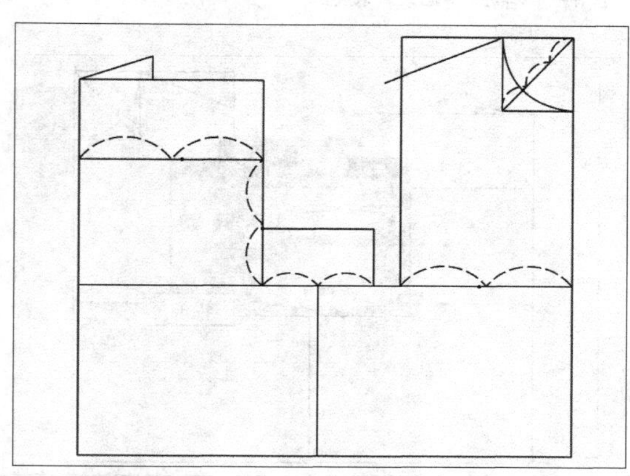
图6-68 绘制直线

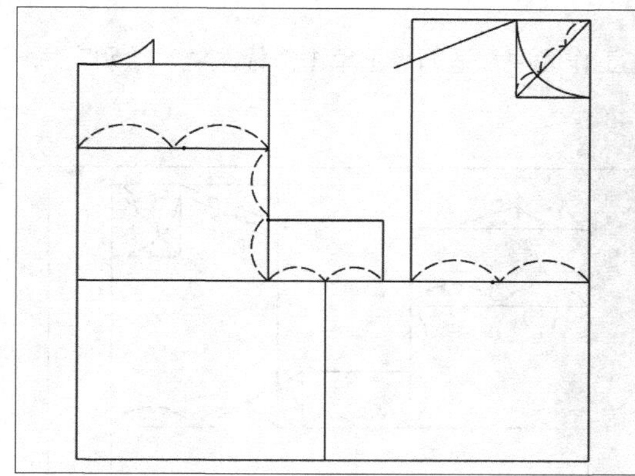
图6-69 调整直线

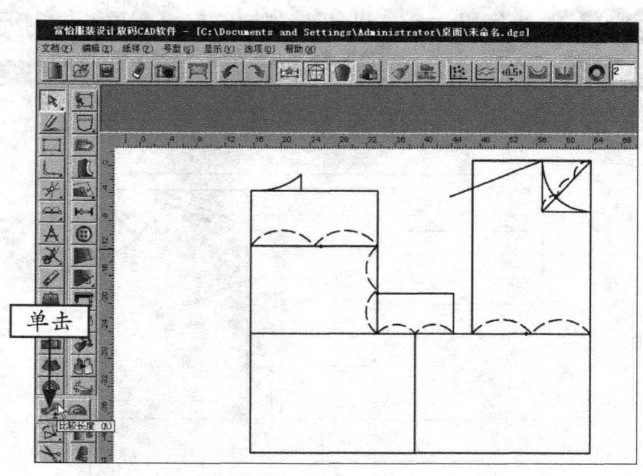

图6-70 单击“比较长度”按钮

步骤 17 单击鼠标右键，然后在工作区合适的点上单击鼠标左键，弹出“测量”对话框，单击“记录”按钮，如图6-71所示。

步骤 18 执行操作后，关闭“测量”对话框，即可测量长度，如图6-72所示。

步骤 19 在“设计工具栏”中单击“角度线”按钮，在后片领基础线的上下端点上依次单击鼠标左键，然后拖曳鼠标，至合适位置单击鼠标左键，弹出“角度线”对话框，单击“计算器”按钮，弹出“计算器”对话框，输入相应的公式，单击OK按钮，如图6-73所示。

步骤 20 返回到"角度线"对话框，设置角度为72，单击"确定"按钮，如图6-74所示。

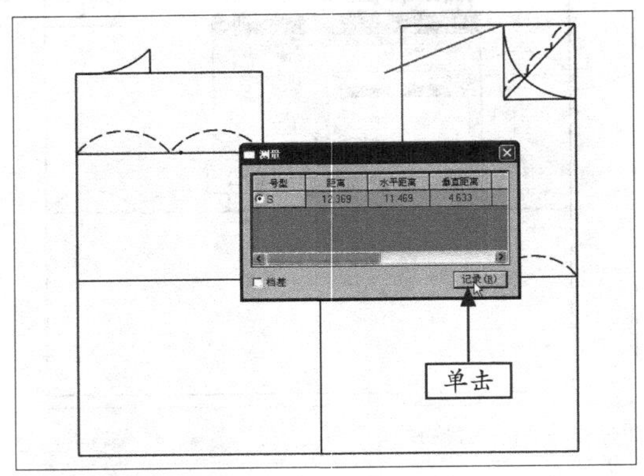

图6-71 单击"记录"按钮

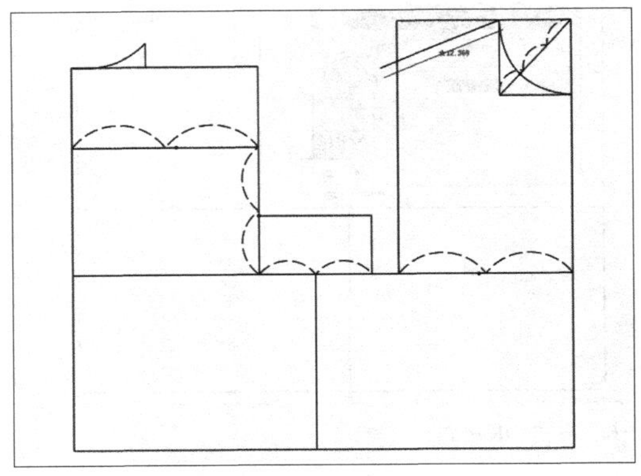
图6-72 测量长度

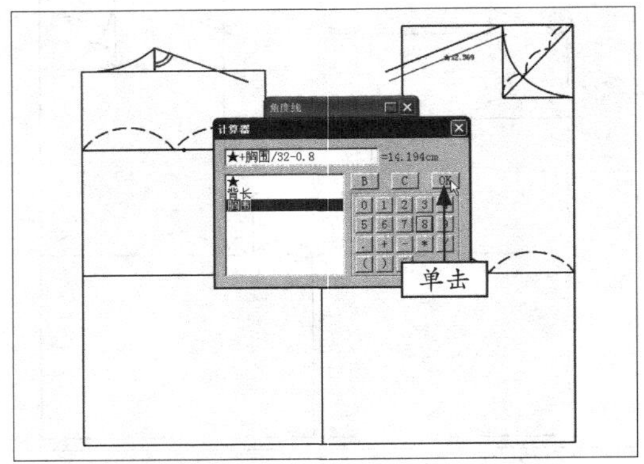

图6-73 单击OK按钮

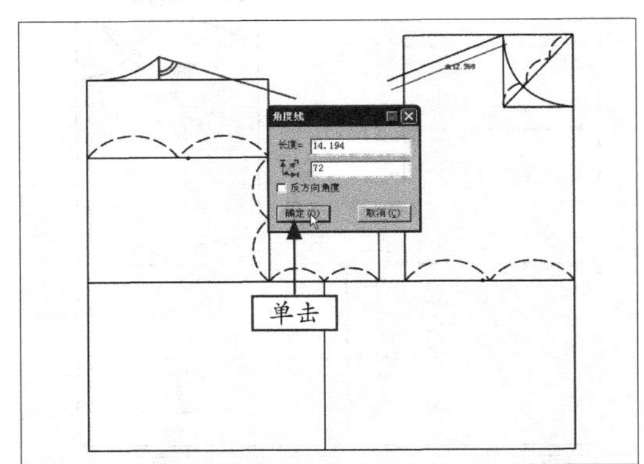

图6-74 单击"确定"按钮

步骤 21 执行操作后，即可绘制肩缝线，如图6-75所示。

步骤 22 在"设计工具栏"中单击"智能笔"按钮，在工作区中合适的点上单击鼠标左键，绘制直线，如图6-76所示。

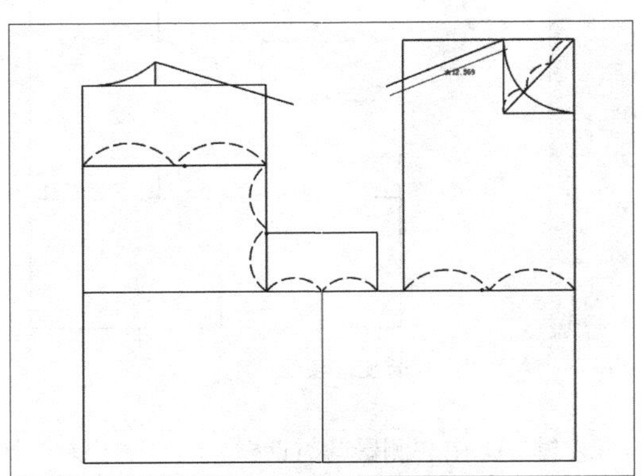
图6-75 绘制肩缝线

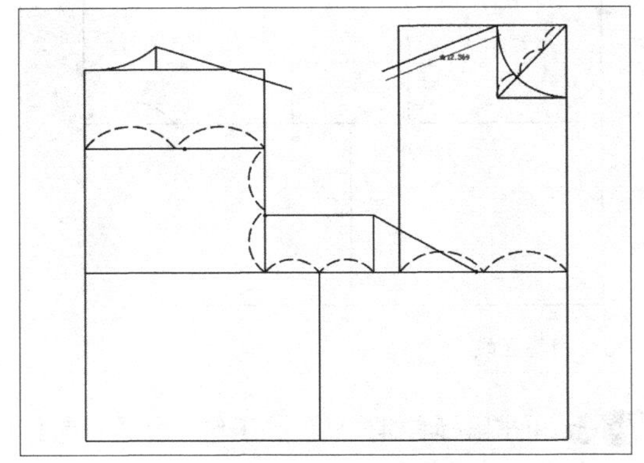
图6-76 绘制直线

步骤 23 在"设计工具栏"中单击"旋转"按钮，如图6-77所示。

步骤 24 按【Shift】键切换至"复制旋转"，在工作区中选择刚绘制的直线，单击鼠标右键，然后依次选择直线的下端点和上端点为旋转中心点和起点，拖曳鼠标，至合适位置后单击鼠标左键，弹出"旋转"对话框，单击"计算器"按钮，如图6-78所示。

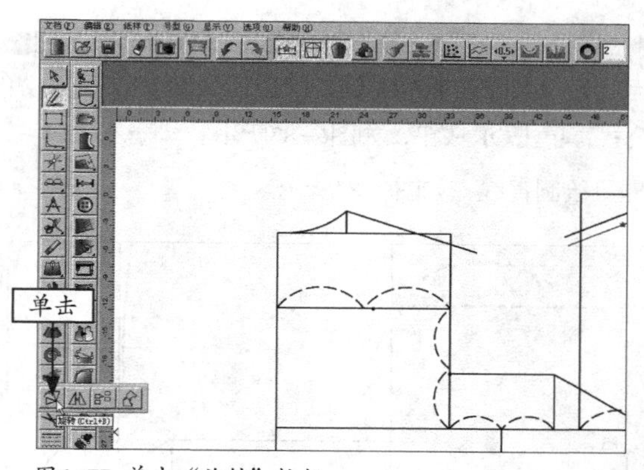

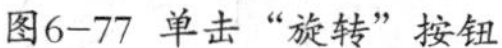

图6-77 单击“旋转”按钮

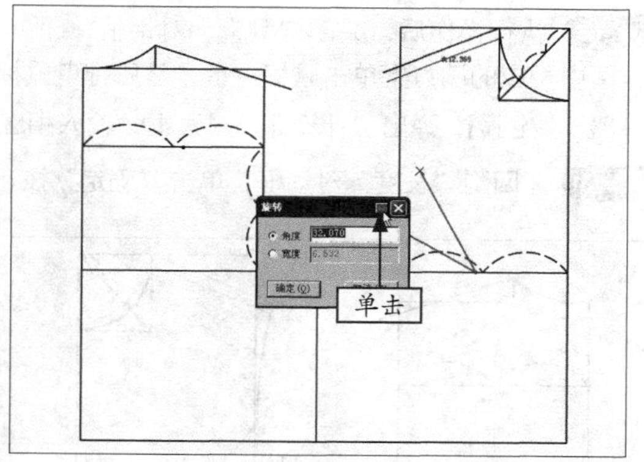

图6-78 单击“计算器”按钮

步骤 25 弹出“计算器”对话框，输入相应的公式，单击OK按钮，如图6-79所示。

步骤 26 返回到“旋转”对话框，单击“确定”按钮，即可复制旋转曲线，此时即可完成袖窿省的绘制，如图6-80所示。

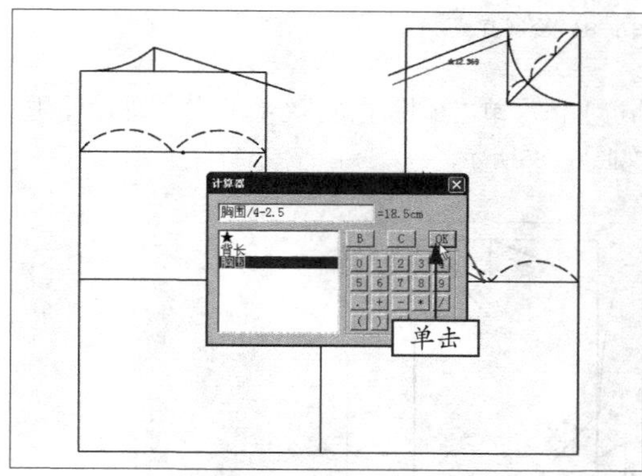

图6-79 单击OK按钮

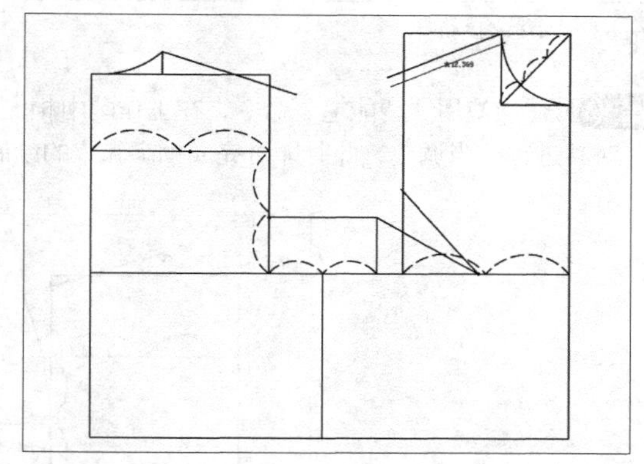

图6-80 绘制袖窿省

步骤 27 在“设计工具栏”中单击“智能笔”按钮，在工作区中相应的端点上依次单击鼠标左键，绘制直线，然后使用“调整工具”对其进行调整，此时即可完成前袖窿弧线上段部分的绘制，如图6-81所示。

步骤 28 在“设计工具栏”中单击“比较长度”按钮，单击鼠标右键，然后在工作区合适的点上单击鼠标左键，弹出“测量”对话框，单击“记录”按钮，如图6-82所示。

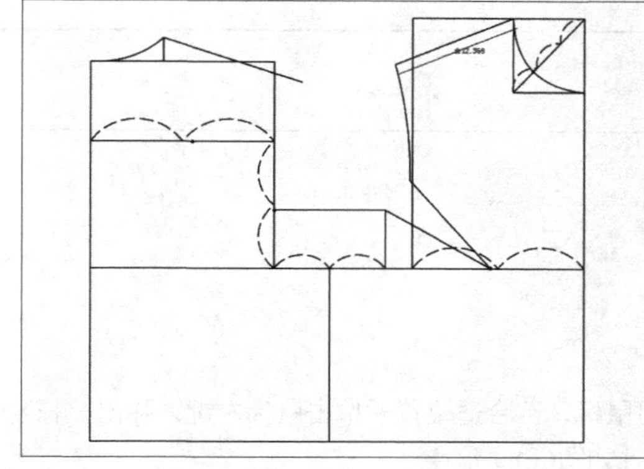

图6-81 绘制前袖窿弧线的上段部分

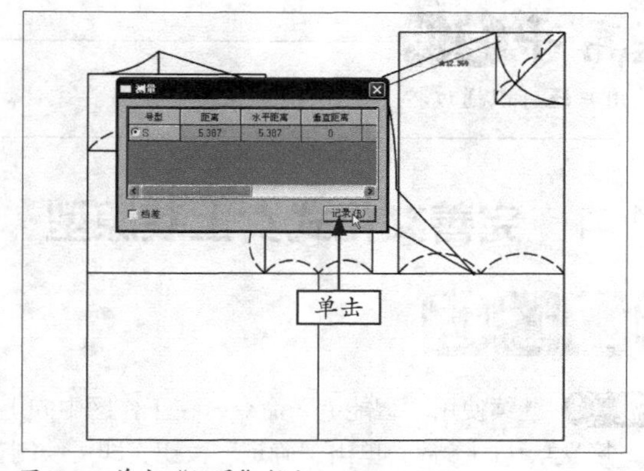

图6-82 单击“记录”按钮

步骤 29 执行操作后，关闭“测量”对话框，即可测量长度，在“设计工具栏”中单击“智能笔”按钮，在工作区中相应的端点上单击鼠标左键，然后拖曳鼠标，至合适位置单击鼠标左键，弹出“长度”对话框，单击“计算器”按钮，弹出“计算器”对话框，输入相应的公式，单击OK按钮，如图6-83所示。

步骤 30 返回到“长度”对话框，单击“确定”按钮，即可绘制直线，如图6-84所示。

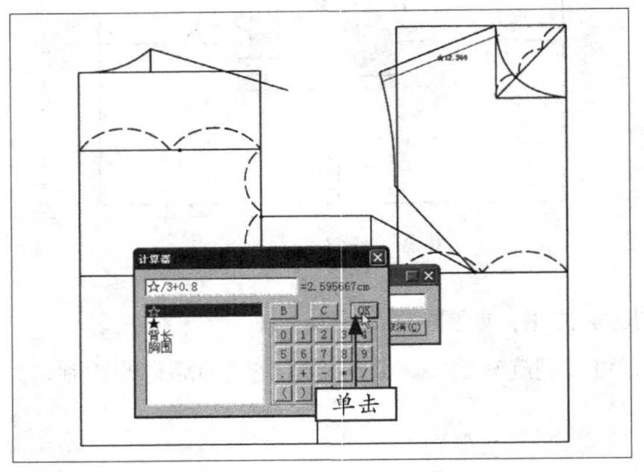

图6-83 单击OK按钮

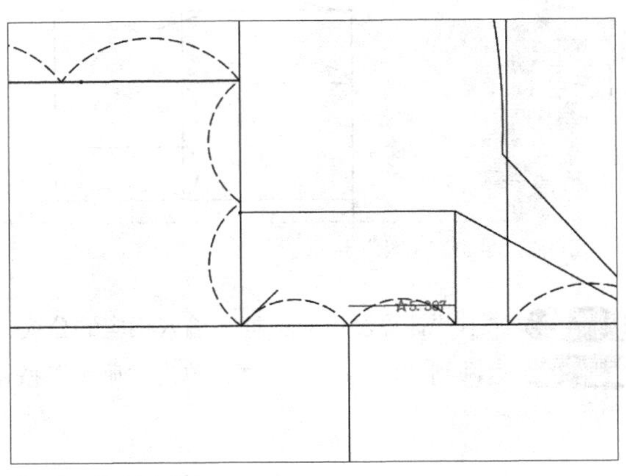

图6-84 绘制直线

步骤 31 继续使用“智能笔”命令，在工作区中相应的端点上依次单击鼠标左键，绘制曲线，然后使用“调整工具”对其进行适当调整，此时即可完成袖窿弧线的绘制，如图6-85所示。

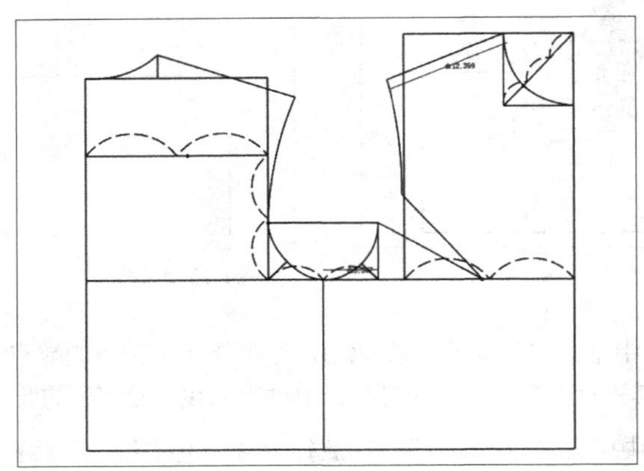

图6-85 绘制袖窿弧线

高手点拨

用户还可以通过按【Ctrl+A】组合键来另存文件。

6.1.4 完善文化式女上装原型

步骤解析

步骤 1 继续使用“智能笔”命令，在工作区中向上拖曳鼠标，至合适位置后单击鼠标左键，弹出“长度”对话框，接受默认的参数，单击“确定”按钮，即可绘制直线，如图6-86所示。

步骤 2 继续使用“智能笔”命令，在后肩线的合适位置单击鼠标左键，弹出“点的位置”对话框，设置“长度”为1.5，单击“确定”按钮，如图6-87所示。

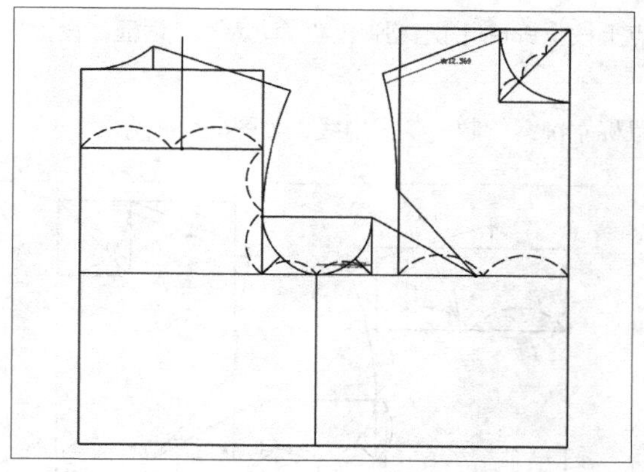

图6-86 绘制直线

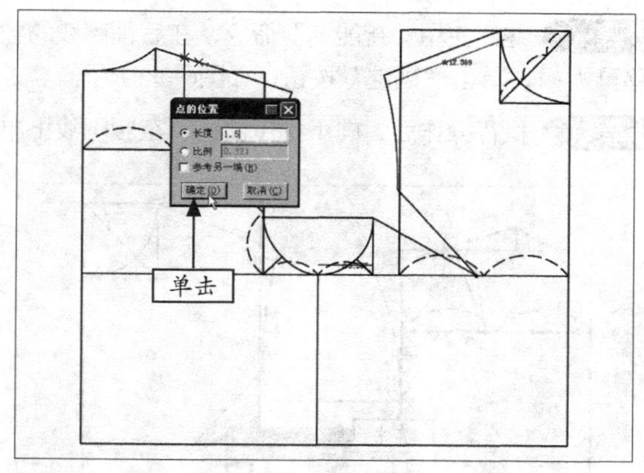

图6-87 单击“确定”按钮

步骤 3 执行操作后，移动鼠标至省尖点处，单击鼠标左键，并单击鼠标右键，即可绘制省线，如图6-88所示。

步骤 4 继续使用“智能笔”命令，在后肩线的合适位置单击鼠标左键，弹出“点的位置”对话框，设置“长度”为1.8，单击“确定”按钮，如图6-89所示。

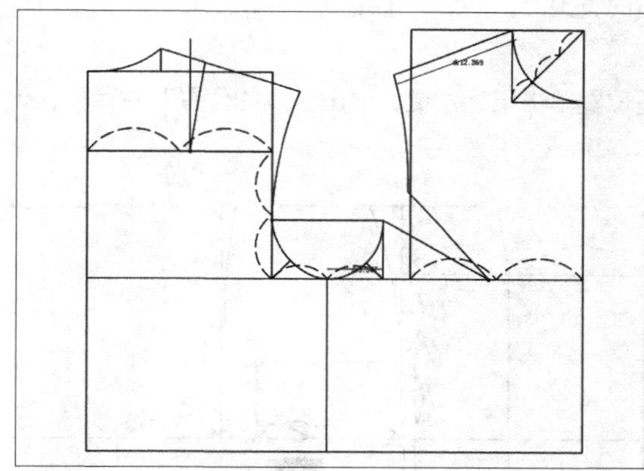

图6-88 绘制省线

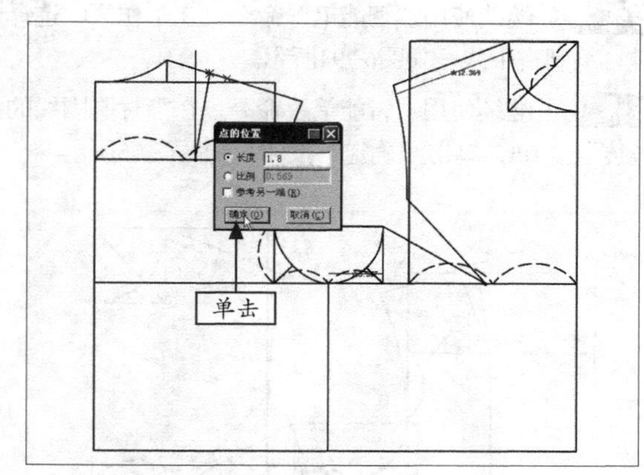

图6-89 单击“确定”按钮

步骤 5 执行操作后，移动鼠标至省尖点处，单击鼠标左键，并单击鼠标右键，即可绘制省线，然后删除相应的线段，如图6-90所示。

步骤 6 继续使用“智能笔”命令，在工作区中相应的点上单击鼠标左键，绘制省中线，如图6-91所示。

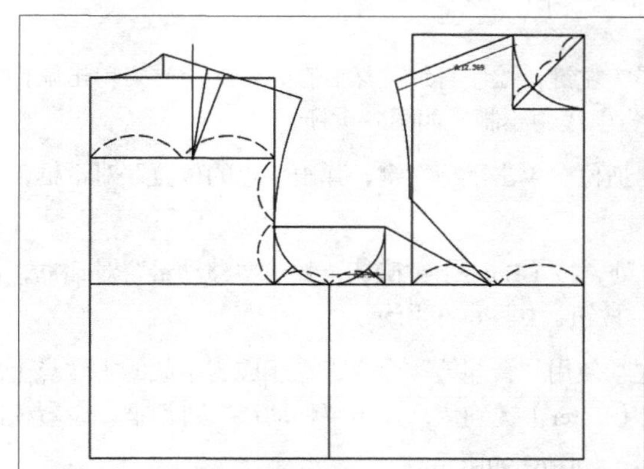

图6-90 绘制省线并删除线段

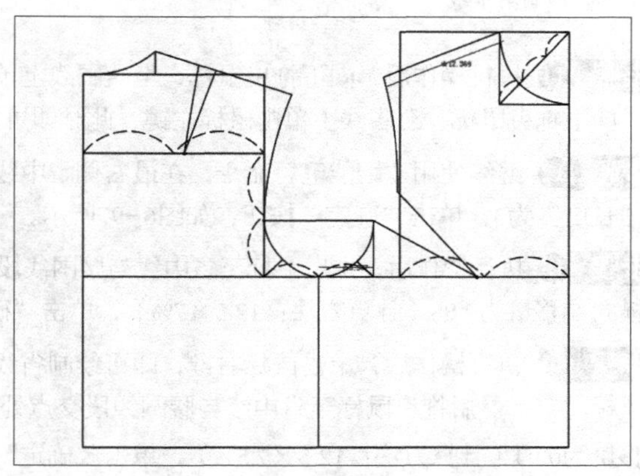

图6-91 绘制省中线

步骤 7 继续使用“智能笔”命令，在后袖窿线的控制点上按【Enter】键，弹出“移动量”对话框，设置横向偏移量为-1，单击“确定”按钮，如图6-92所示。

步骤 8 执行操作后，向下拖曳鼠标，至腰围线上单击鼠标左键，绘制一条省中线，如图6-93所示。

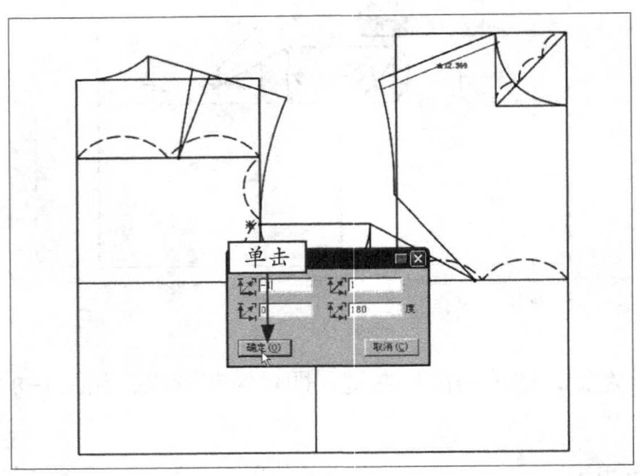

图6-92 单击“确定”按钮

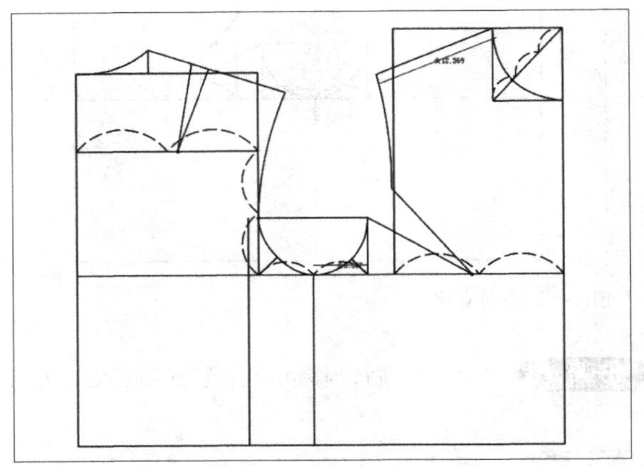

图6-93 绘制省中线

步骤 9 继续使用“智能笔”命令，在工作区中选择合适的省尖点，然后向下拖曳鼠标，至腰省线上单击鼠标左键，绘制省中线，如图6-94所示。

步骤 10 继续使用“智能笔”命令，在前片胸围线的合适位置单击鼠标左键，弹出“点的位置”对话框，设置“长度”为1.5，单击“确定”按钮，如图6-95所示。

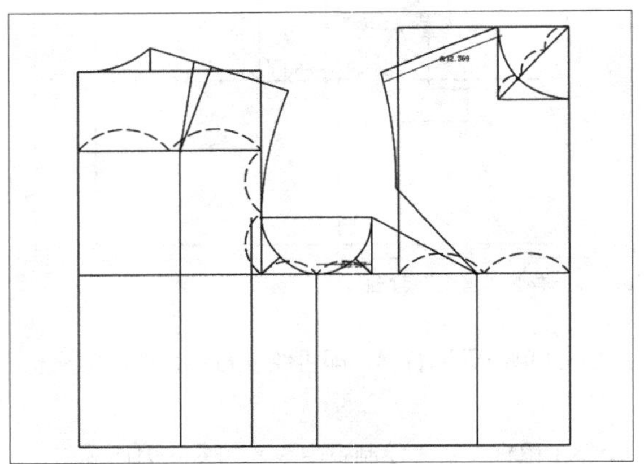

图6-94 绘制省中线

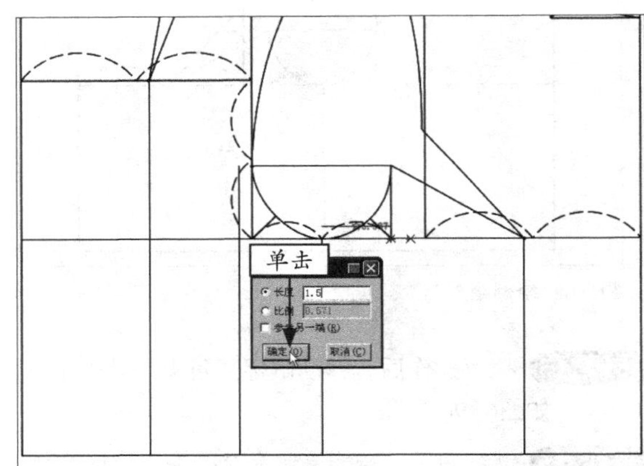

图6-95 单击“确定”按钮

步骤 11 执行操作后，向下拖曳鼠标，至腰围线上单击鼠标左键，绘制直线，然后在直线的上端点单击鼠标左键，向上拖曳鼠标，至省线上单击鼠标左键，此时即可完成省中线的绘制，如图6-96所示。

步骤 12 继续使用“智能笔”命令，在最右侧省中线的合适位置单击鼠标左键，弹出“点的位置”对话框，设置“长度”为3，单击“确定”按钮，如图6-97所示。

步骤 13 执行操作后，拖曳鼠标至省中线与腰围线段交点处，按【Enter】键确认，弹出“移动量”对话框，设置横向偏移量为0.88（计算方法：12.5×7%），单击“确定”按钮，如图6-98所示。

步骤 14 执行操作后，单击鼠标右键，即可绘制省线。继续使用“智能笔”命令，在相应省中线的上端点上单击鼠标左键，然后拖曳鼠标至省中线与腰围线段交点处，按【Enter】键确认，弹出“移动量”对话框，设置横向偏移量为0.94（计算方法：12.5×7.5%），单击“确定”按钮，如图6-99所示。

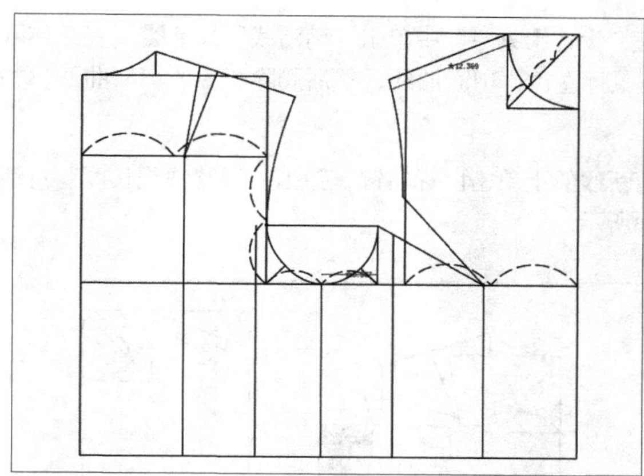

图6-96 绘制省中线

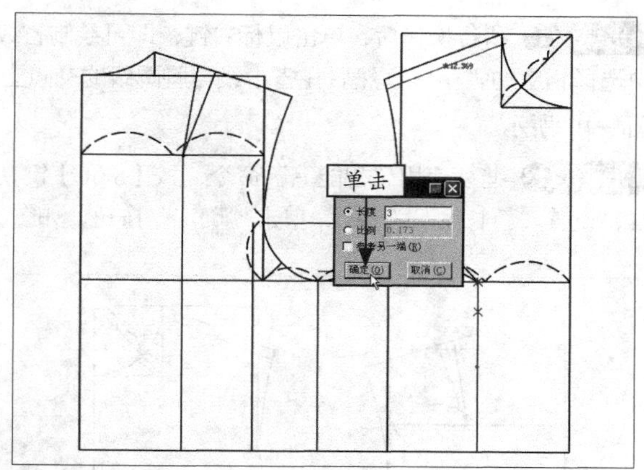

图6-97 单击"确定"按钮

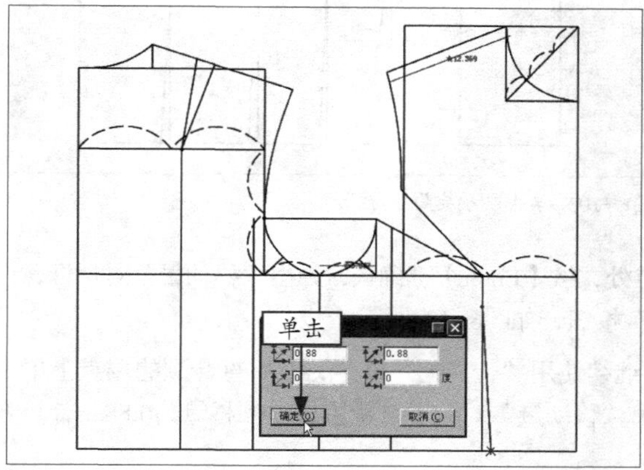

图6-98 单击"确定"按钮

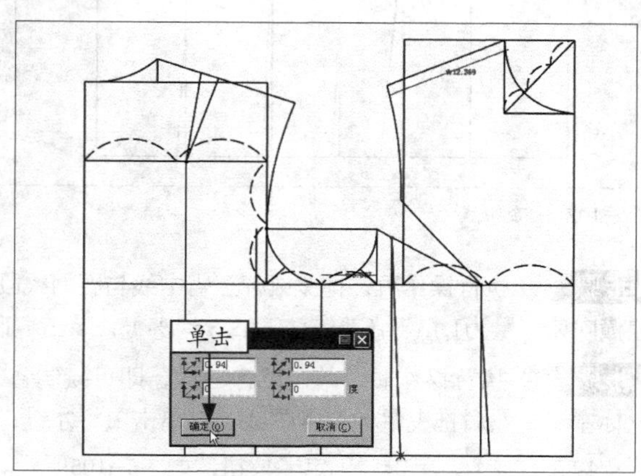

图6-99 单击"确定"按钮

步骤 15 执行操作后，单击鼠标右键，即可绘制省线。继续使用"智能笔"命令，在相应省中线的上端点上单击鼠标左键，然后拖曳鼠标至省中线与腰围线段交点处，按【Enter】键确认，弹出"移动量"对话框，设置横向偏移量为0.69（计算方法：12.5×5.5%），单击"确定"按钮，如图6-100所示。

步骤 16 执行操作后，单击鼠标右键，即可绘制省线。继续使用"智能笔"命令，在相应省中线的上端点上单击鼠标左键，然后拖曳鼠标至省中线与腰围线段交点处，按【Enter】键确认，弹出"移动量"对话框，设置横向偏移量为2.19（计算方法：12.5×17.5%），单击"确定"按钮，如图6-101所示。

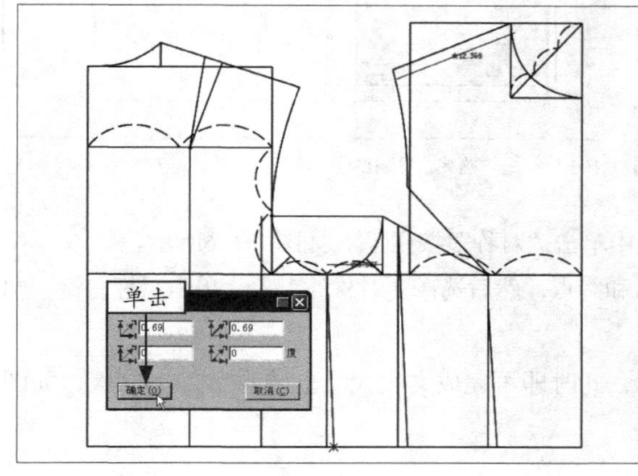

图6-100 单击"确定"按钮

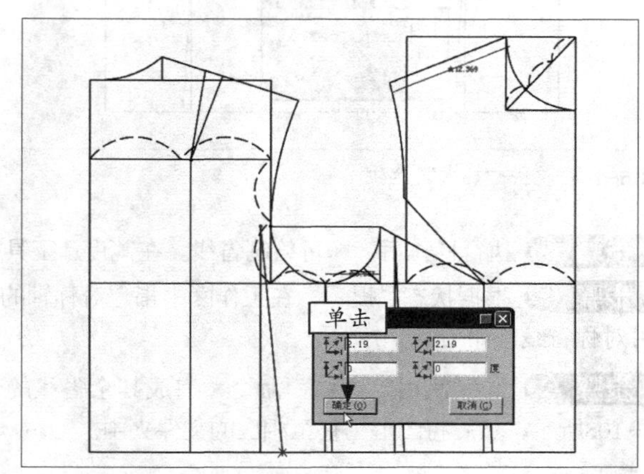

图6-101 单击"确定"按钮

步骤 17 执行操作后，单击鼠标右键，即可绘制省线。在“设计工具栏”中单击“剪断线”按钮■，在工作区中选择相应的省中线，然后在省中线与胸围线的交点上单击鼠标左键，剪断曲线，然后删除相应的剪断曲线，如图6-102所示。

步骤 18 继续使用“智能笔”命令，按【Shift】键，在剪断线的上单击鼠标右键，弹出“调整曲线长度”对话框，设置“新长度”为19.3，单击“确定”按钮，如图6-103所示。

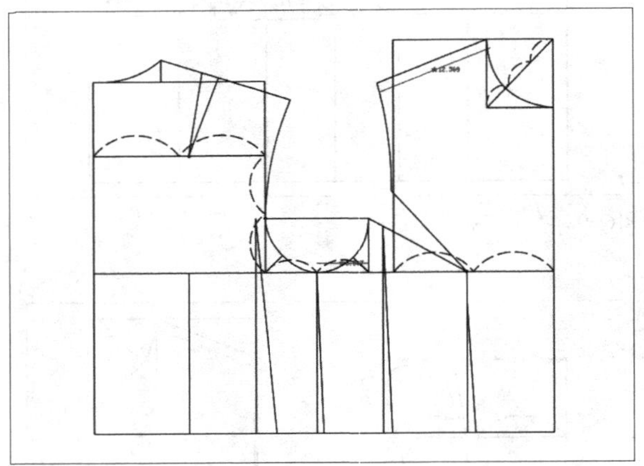

图6-102 删除曲线

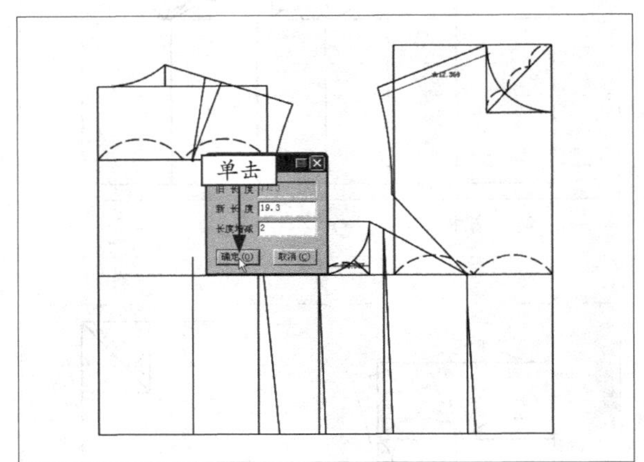

图6-103 单击“确定”按钮

步骤 19 执行操作后，拖曳鼠标至省中线与腰围线段交点处，按【Enter】键确认，弹出“移动量”对话框，设置横向偏移量为1.13（计算方法：12.5×9%），单击“确定”按钮，如图6-104所示。

步骤 20 执行操作后，单击鼠标右键，即可绘制省线。继续使用“智能笔”命令，在后直开领的端点上单击鼠标左键，然后拖曳鼠标至腰围线上，单击鼠标左键，弹出“移动量”对话框，设置横向偏移量为0.88（计算方法：12.5×7%），单击“确定”按钮，如图6-105所示。

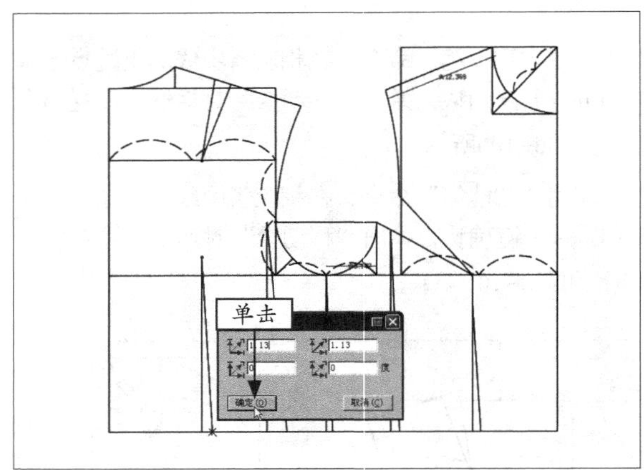

图6-104 单击“确定”按钮

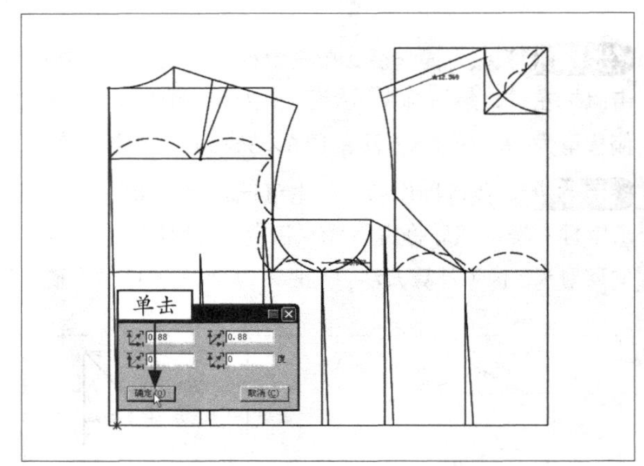

图6-105 单击“确定”按钮

步骤 21 执行操作后，即可绘制省线。在“设计工具栏”中单击“对称”按钮，如图6-106所示。

步骤 22 根据状态栏提示，在工作区中指定对称轴的起点和终点，然后选择要对称的对象，单击鼠标右键，即可对称省线，如图6-107所示。

步骤 23 继续使用“对称”命令，完成其余省线的对称，此时即可完成文化式女上装原型CAD制版，如图6-108所示，然后将图形另存至相应的文件夹中。

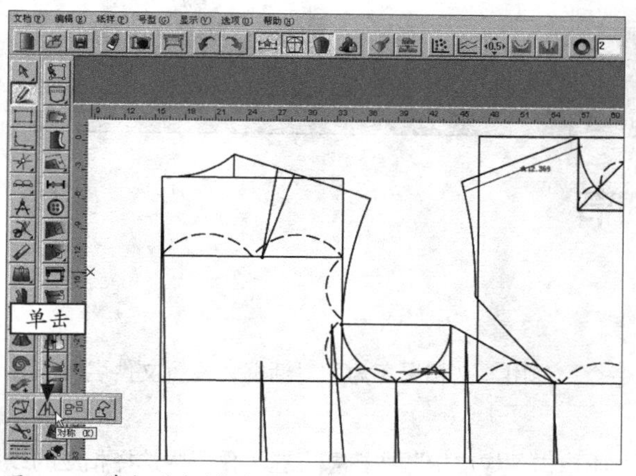

图6-106 单击“对称”按钮

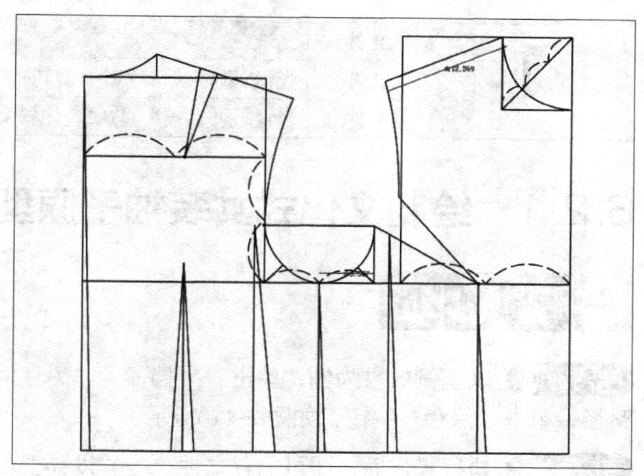

图6-107 对称省线

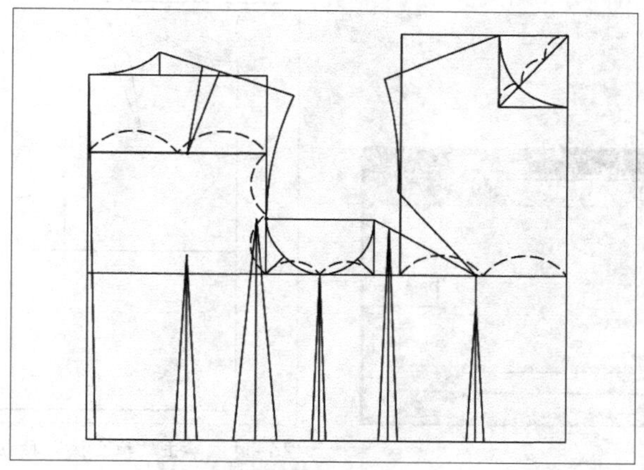

图6-108 文化式女上装原型

6.2 文化式女装袖子原型CAD制版

袖子作为服装的一个重要组成部分，对服装的造型起着至关重要的作用。在文化式女上装改革的同时，也带来了文化式女装袖子原型的改革，使袖片的处理有了很大的改进和提高。文化式女装袖子结构如图6-109所示。

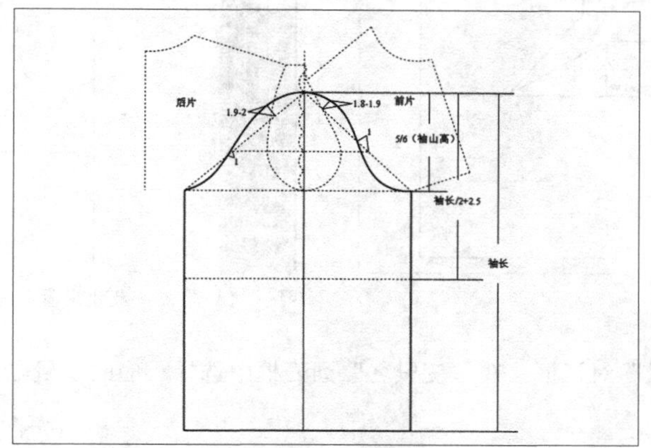

图6-109 文化式女装袖子原型

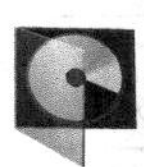

素材文件	无
效果文件	光盘\素材\第6章\6-177.dgs
视频文件	光盘\视频\第6章\6.2文化式女装袖子原型CAD制版.mp4

6.2.1 绘制文化式女装袖子原型细节

步骤解析

步骤 1 以上例效果为例，单击“文档” | “另存为”命令，弹出“文档另存为”对话框，设置文件名和保存路径，单击“保存”按钮，如图6-110所示。

步骤 2 执行操作后，即可另存文件。在“设计工具栏”中单击“橡皮擦”按钮，在工作区中选择相应的线段，将其删除，如图6-111所示。

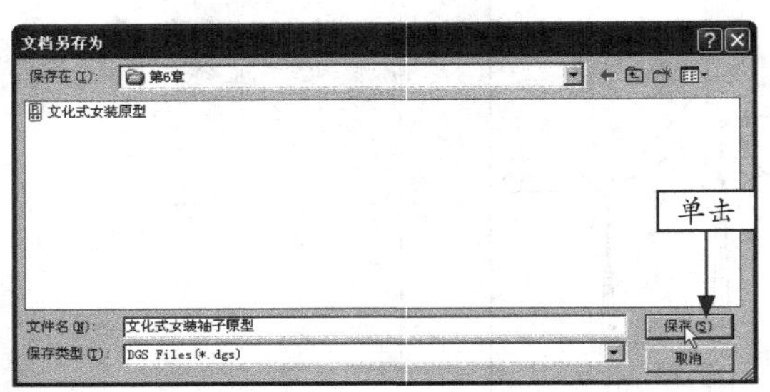

图6-110 保存素材

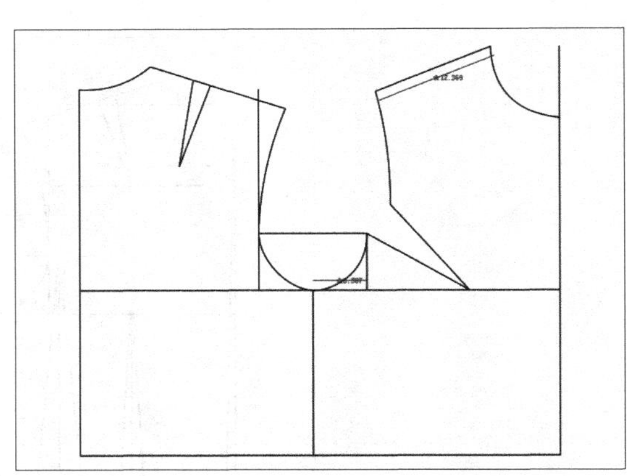

图6-111 单击“橡皮擦”按钮

步骤 3 在“设计工具栏”中单击“调整”按钮，在工作区中选择相应的线段，对其进行调整，如图6-112所示。

步骤 4 单击“号型” | “尺寸变量”命令，如图6-113所示。

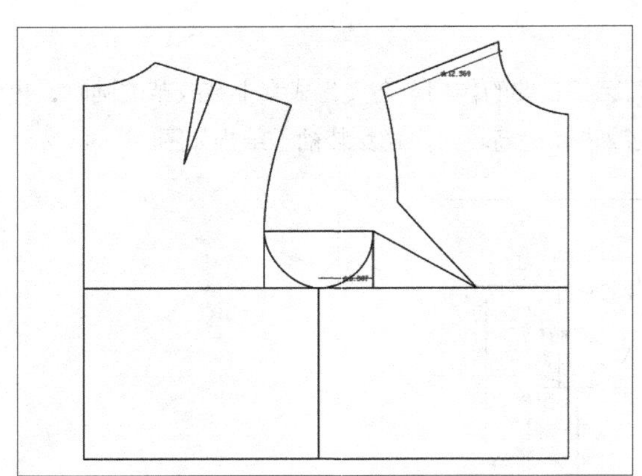

图6-112 调整线段

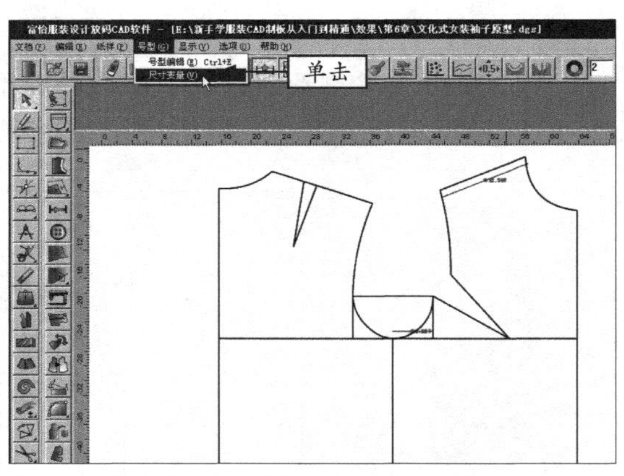

图6-113 单击“尺寸变量”命令

步骤 5 弹出“尺寸变量”对话框，在“变量名”列表框中选择相应的变量名，单击“删除”按钮，如图6-114所示。

步骤 6 执行操作后，即可删除变量，如图6-115所示。

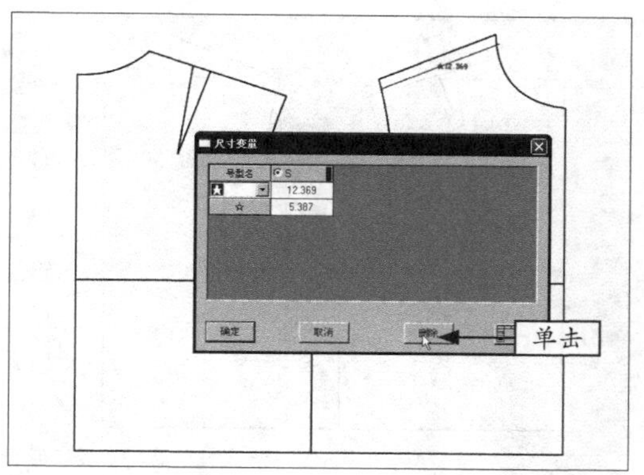

图6-114 单击“删除”按钮

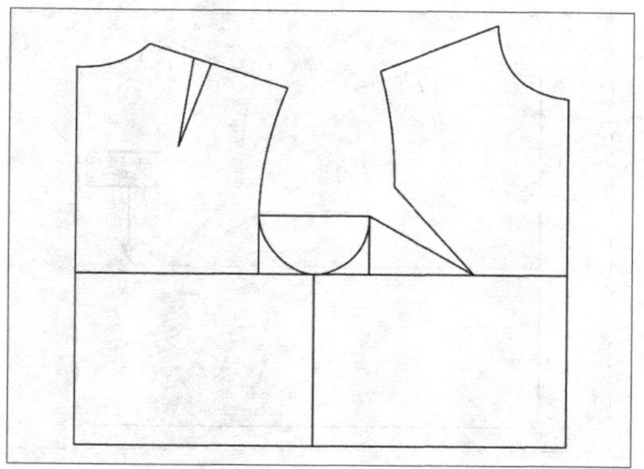

图6-115 删除变量

步骤 7 在“设计工具栏”中单击“剪断线”按钮，在工作区中选择袖窿弧线，然后在袖窿弧线与胸围线的交点上单击鼠标左键，如图6-116所示。

步骤 8 执行操作后，即可剪断袖窿弧线。继续使用“剪断线”命令，在工作区中选择胸围线，然后在省尖点处单击鼠标左键，如图6-117所示。

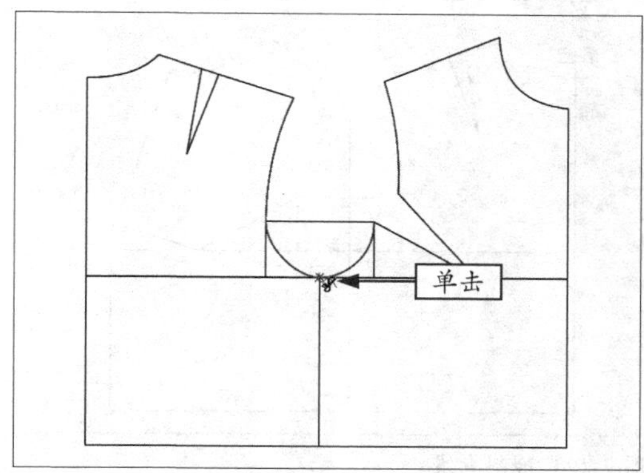

图6-116 单击鼠标左键

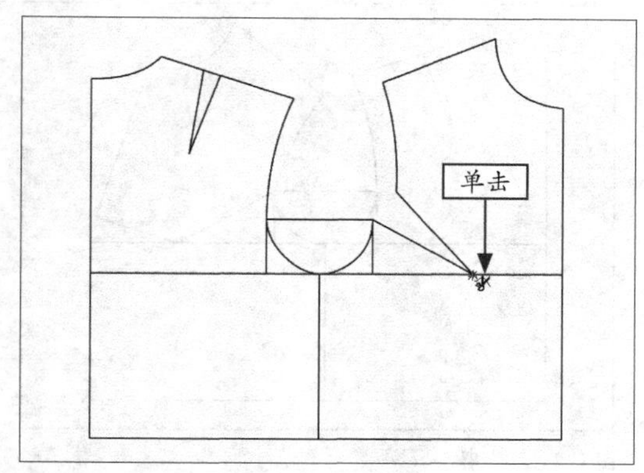

图6-117 单击鼠标左键

步骤 9 执行操作后，即可剪断胸围线。在“设计工具栏”中单击“转省”按钮，如图6-118所示。

步骤 10 根据状态栏提示，在工作区中框选转移线，如图6-119所示。

图6-118 单击“转省”按钮

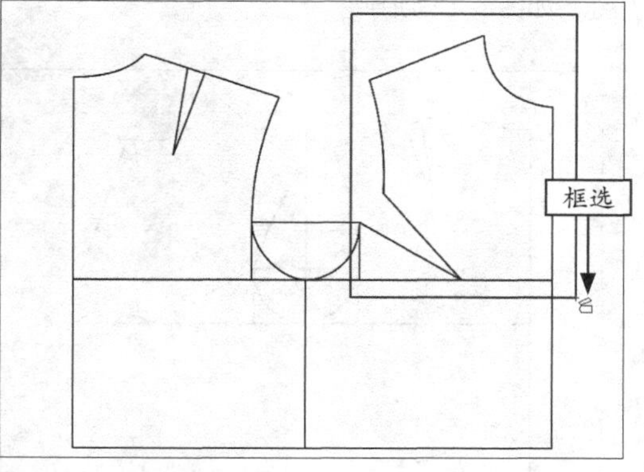

图6-119 框选转移线

步骤 11 单击鼠标右键，然后在工作区中选择新省线，如图6-120所示。

步骤 12 单击鼠标右键，然后在工作区中选择合并省的起始边和终止边，如图6-121所示。

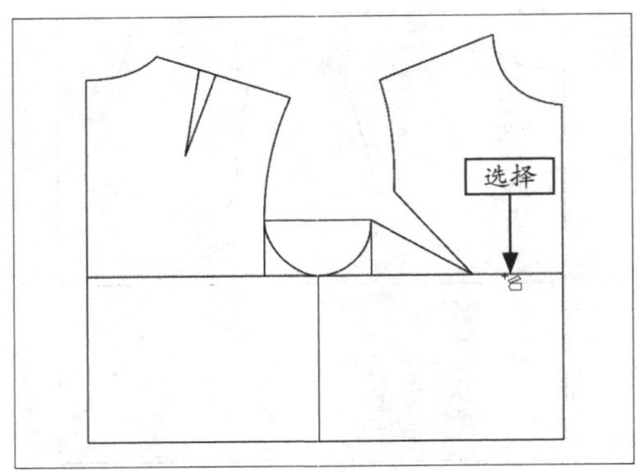

图6-120 选择新省线

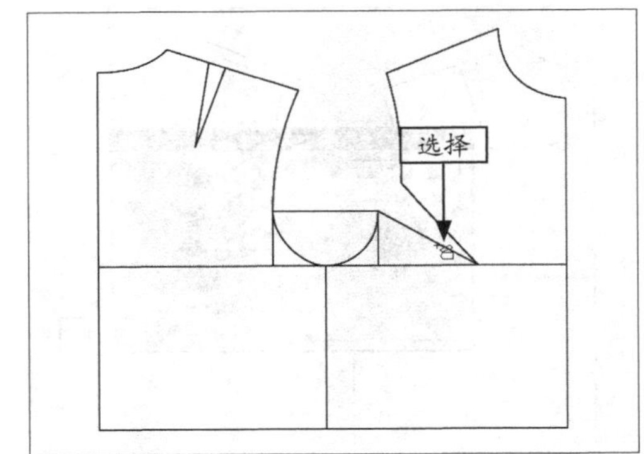

图6-121 选择边线

步骤 13 执行操作后，即可进行转省操作，如图6-122所示。

步骤 14 在“设计工具栏”中单击“智能笔”按钮，在袖笼弧线与胸围线的交点处单击鼠标左键，然后单击鼠标右键，切换输入状态，向上拖曳鼠标至合适位置后单击鼠标左键，弹出“长度”对话框，接受默认的参数，单击“确定”按钮，即可绘制直线，如图6-123所示。

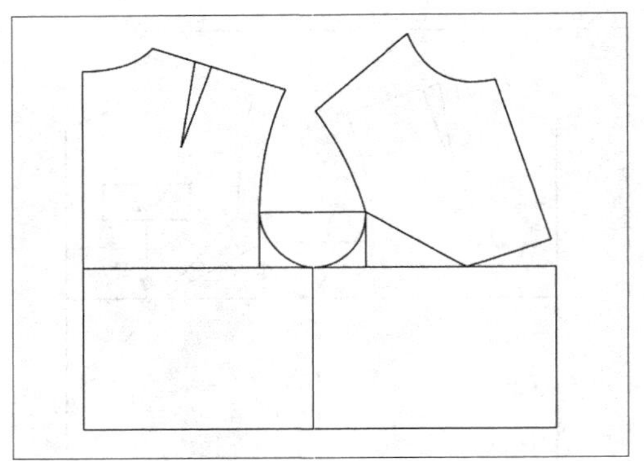
图6-122 转省

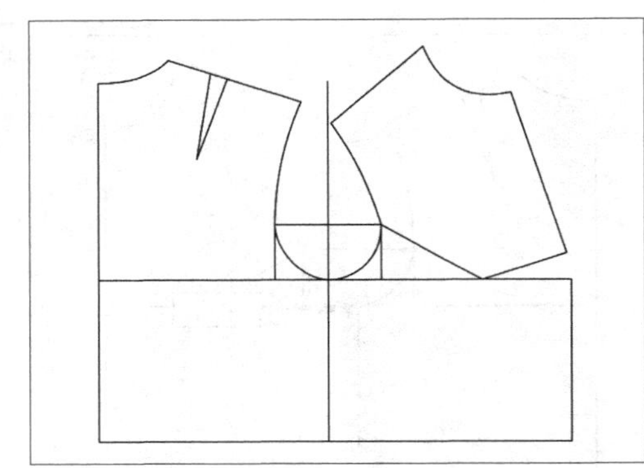
图6-123 绘制直线

步骤 15 继续使用“智能笔”命令，在前后肩点上依次单击鼠标左键，然后拖曳鼠标，至刚绘制的直线上单击鼠标左键，执行操作后，即可绘制直线，如图6-124所示。

步骤 16 在“设计工具栏”中单击“等分规”按钮，设置“等分数”为2，在工作区中相应的点上依次单击鼠标左键，如图6-125所示。

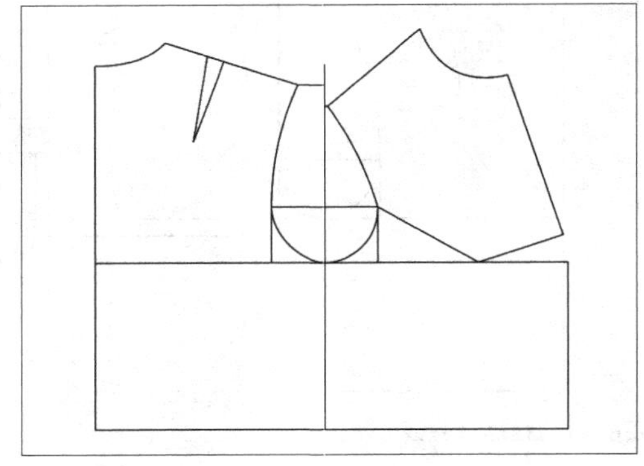
图6-124 绘制直线

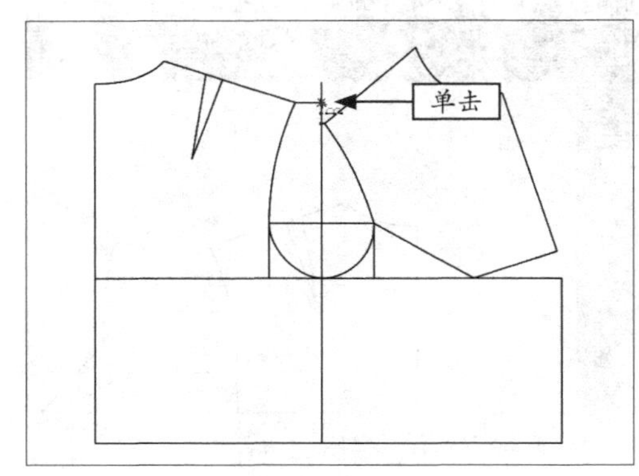

图6-125 单击鼠标左键

步骤 17 执行操作后，即可等分线段，如图6-126所示。

步骤 18 继续使用“等分规”命令，设置“等分数”为6，在侧缝线的端点和等分点上依次单击鼠标左键，如图6-127所示。

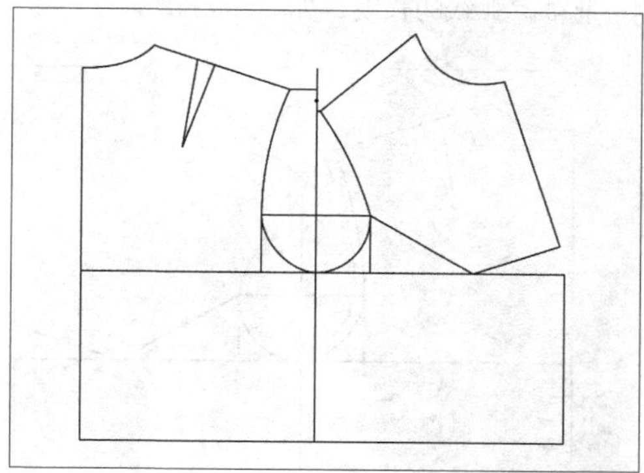

图6-126 等分线段

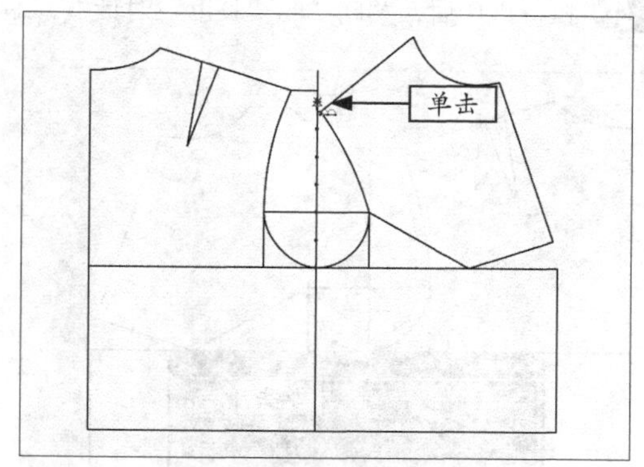

图6-127 单击鼠标左键

步骤 19 执行操作后，即可六等分线段，如图6-128所示。

步骤 20 在“设计工具栏”中单击“剪断线”按钮■，在工作区中的前袖窿弧线上依次单击鼠标左键，然后单击鼠标右键连接两端弧线，此时弧线会自动修正圆顺，如图6-129所示。

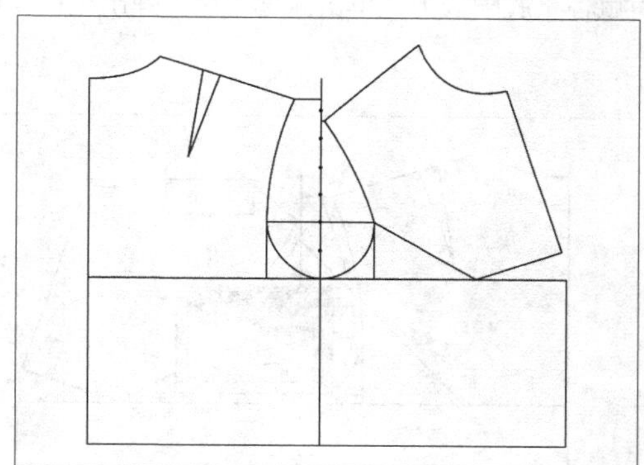

图6-128 六等分线段

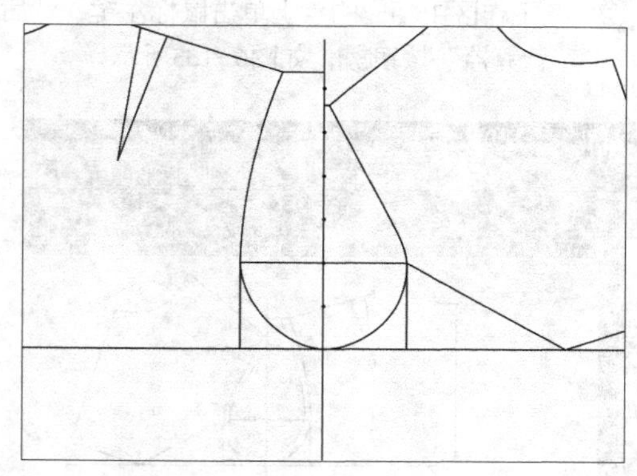

图6-129 连接弧线

步骤 21 在“设计工具栏”中单击“比较长度”按钮■，在工作区中的后袖窿弧线上单击鼠标左键，弹出“长度比较”对话框，单击“记录”按钮，如图6-130所示。

步骤 22 执行操作后，关闭“比较长度”对话框，即可测量后袖窿弧线的长度，如图6-131所示。

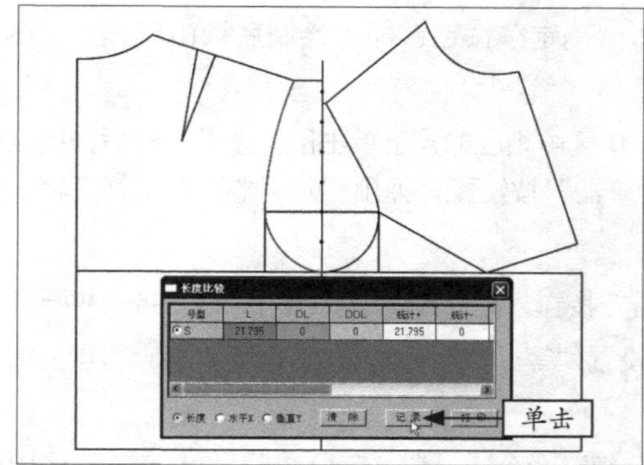

图6-130 单击“记录”按钮

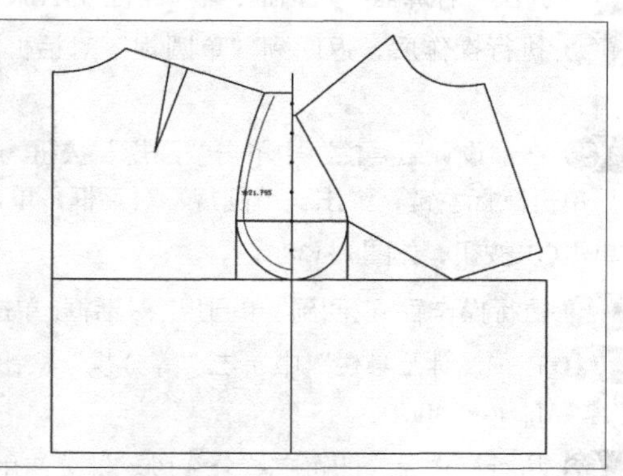

图6-131 测量后袖窿弧线的长度

步骤 23 继续使用"比较长度"命令，在工作区中的前袖窿弧线上单击鼠标左键，弹出"长度比较"对话框，单击"记录"按钮，如图6-132所示。

步骤 24 执行操作后，关闭"比较长度"对话框，即可测量前袖窿弧线的长度，如图6-133所示。

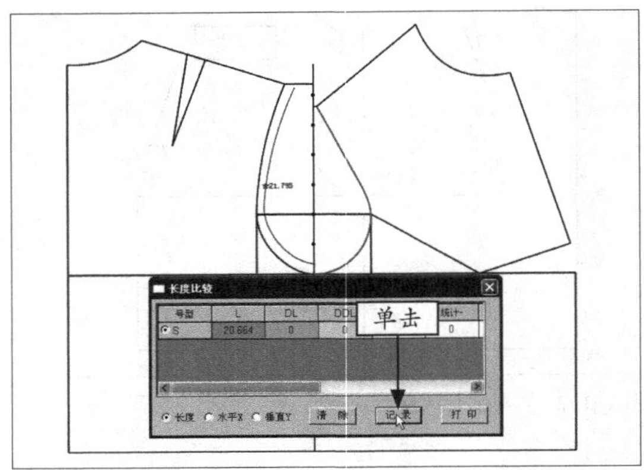

图6-132 单击"记录"按钮

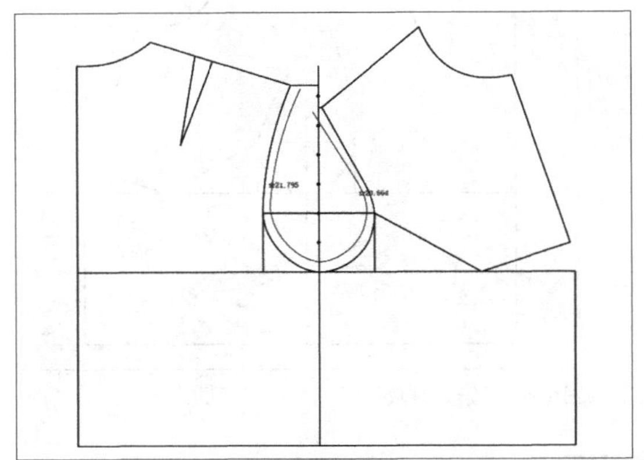

图6-133 测量前袖窿弧线的长度

步骤 25 在"设计工具栏"中单击"圆规"按钮，如图6-134所示。

步骤 26 在工作区中相应的点上单击鼠标左键，然后拖曳鼠标至胸围线上，单击鼠标左键，弹出"单圆规"对话框，单击"计算器"按钮，如图6-135所示。

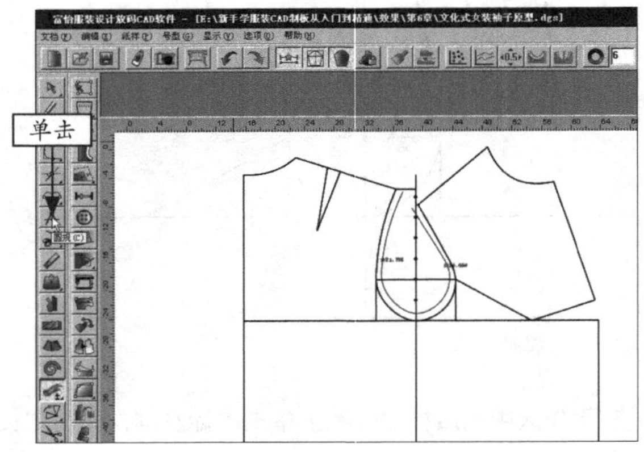

图6-134 单击"圆规"按钮

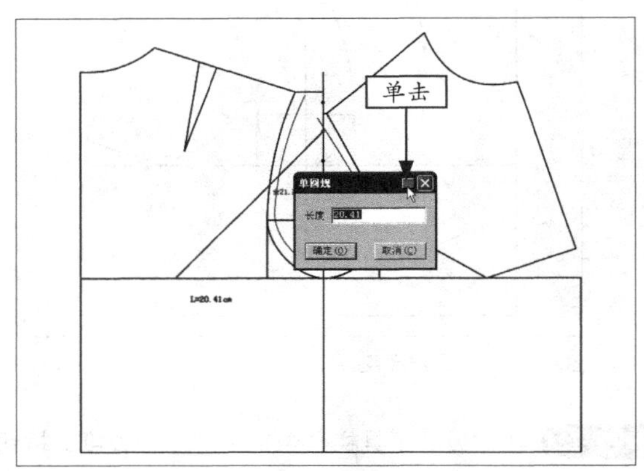

图6-135 单击"计算器"按钮

步骤 27 弹出"计算器"对话框，输入相应的公式，单击OK按钮，如图6-136所示。

步骤 28 执行操作后，返回到"单圆规"对话框，单击"确定"按钮，即可绘制后袖山斜线，如图6-137所示。

步骤 29 在"设计工具栏"中单击"圆规"按钮，在工作区中相应的点上单击鼠标左键，然后拖曳鼠标至胸围线上，单击鼠标左键，弹出"单圆规"对话框，单击"计算器"按钮，弹出"计算器"对话框，输入相应的公式，单击OK按钮，如图6-138所示。

步骤 30 执行操作后，返回到"单圆规"对话框，单击"确定"按钮，即可绘制前袖山斜线，如图6-139所示。

步骤 31 在"设计工具栏"中单击"等分规"按钮，设置"等分数"为3，在工作区中相应的点上依次单击鼠标左键，如图6-140所示。

步骤 32 执行操作后，即可三等分线段。继续使用"等分规"命令，设置"等分数"为3，在工作区中相应的点上依次单击鼠标左键，如图6-141所示。

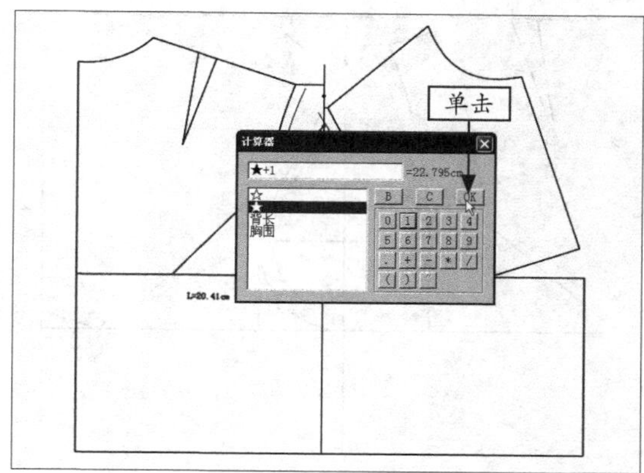

图6-136 单击OK按钮

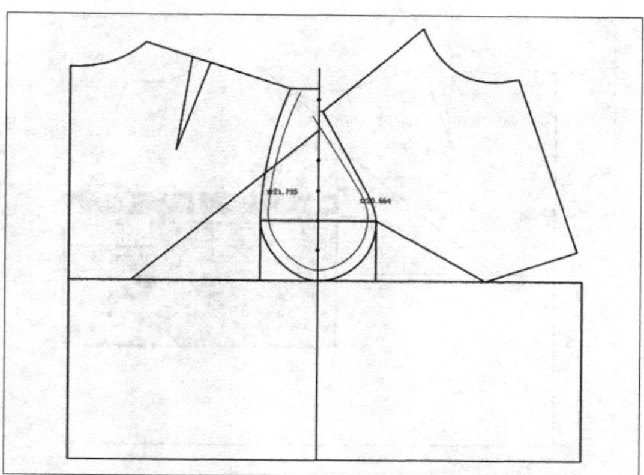

图6-137 绘制后袖山斜线

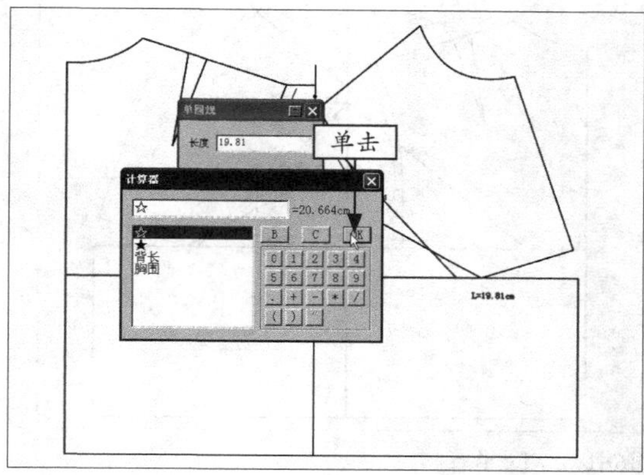

图6-138 单击OK按钮

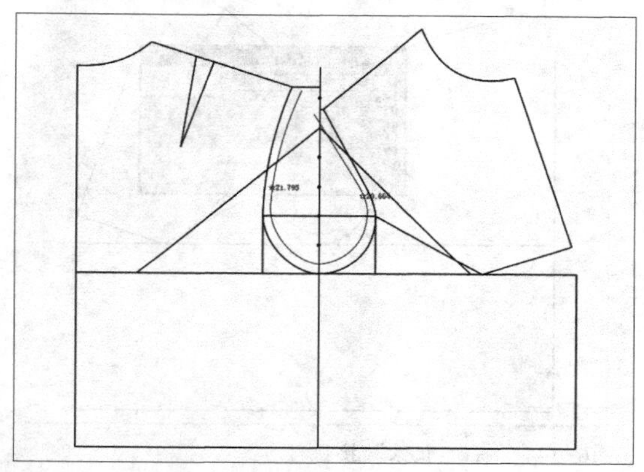

图6-139 绘制前袖山斜线

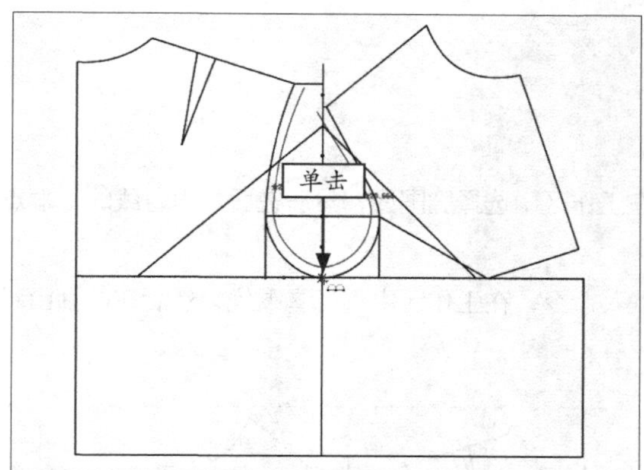

图6-140 单击鼠标左键

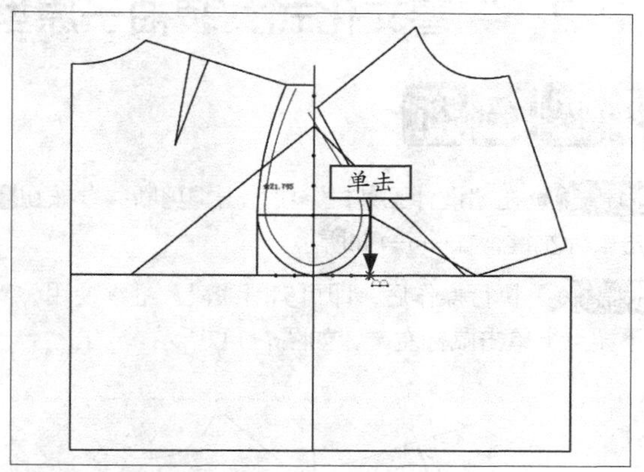

图6-141 单击鼠标左键

步骤 33 执行操作后，即可三等分线段。在“设计工具栏”中单击“比较长度”按钮，然后单击鼠标右键，在工作区中相应的点上依次单击鼠标左键，弹出“测量”对话框，单击“记录”按钮，如图6-142所示。

步骤 34 执行操作后，关闭“测量”对话框，即可测量长度，如图6-143所示。

步骤 35 继续使用“比较长度”命令，在工作区中相应的点上依次单击鼠标左键，弹出“测量”对话框，单击“记录”按钮，如图6-144所示。

步骤 36 执行操作后，关闭“测量”对话框，即可测量长度，如图6-145所示。

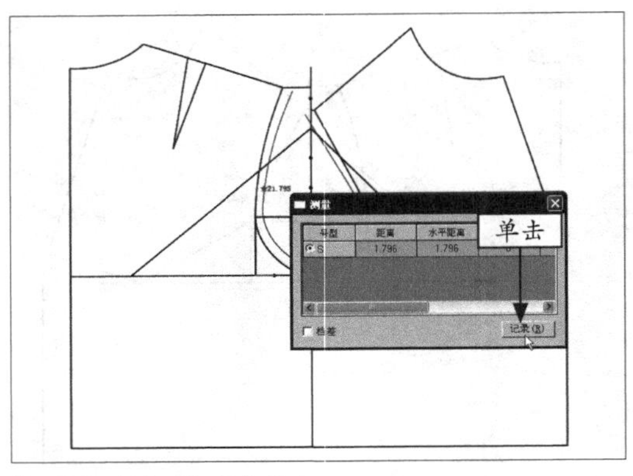

图6-142 单击“记录”按钮

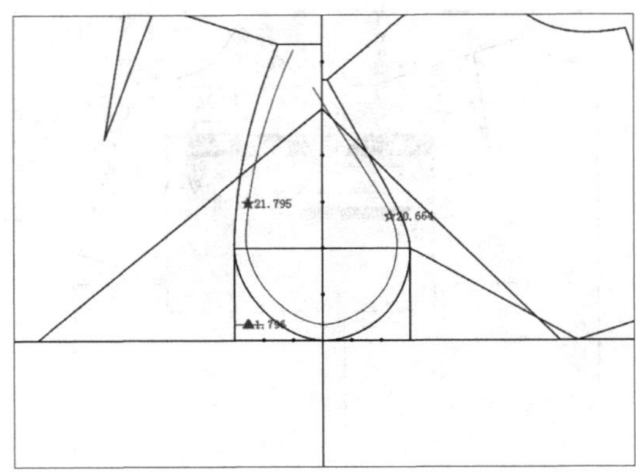

图6-143 测量长度

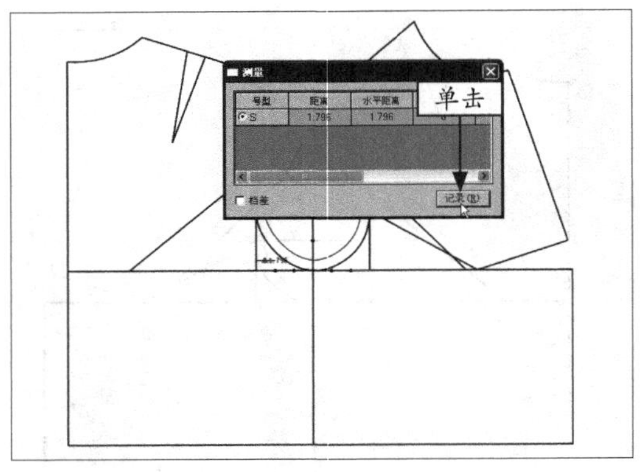

图6-144 单击“记录”按钮

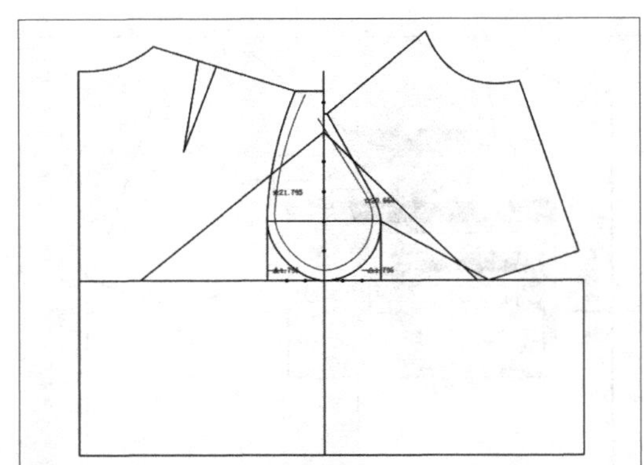

图6-145 测量长度

6.2.2 完善文化式女装袖子原型

步骤解析

步骤 1 在“设计工具栏”中单击“剪断线”按钮■，在工作区中选择胸围线，然后在后袖山斜线的下端点上单击鼠标左键，如图6-146所示。

步骤 2 执行操作后，即可剪断线段。继续使用“剪断线”命令，在工作区中选择胸围线，然后在前袖山斜线的下端点上单击鼠标左键，如图6-147所示。

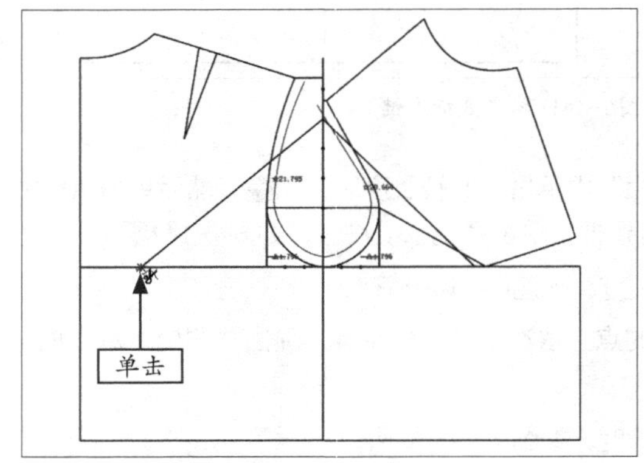

图6-146 单击鼠标左键

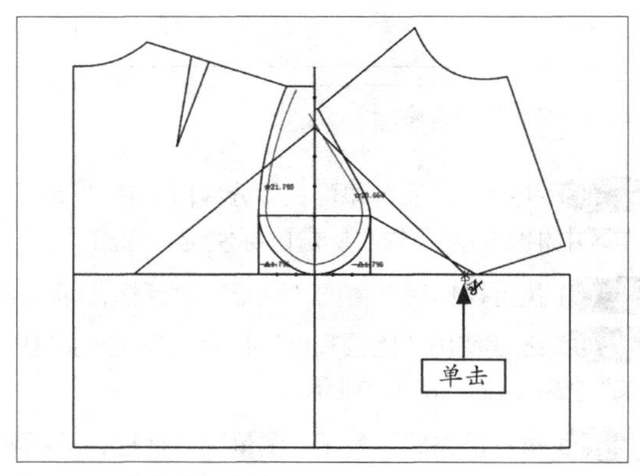

图6-147 单击鼠标左键

步骤 3 执行操作后，即可剪断线段。在“设计工具栏”中单击“智能笔”按钮，在胸围线的合适位置单击鼠标左键，弹出“点的位置”对话框，单击“计算器”按钮，弹出“计算器”对话框，输入相应的公式，单击OK按钮，如图6-148所示。

步骤 4 执行操作后，返回到“点的位置”对话框，单击“确定”按钮，然后向上拖曳鼠标，至袖山斜线上单击鼠标左键，绘制直线，如图6-149所示。

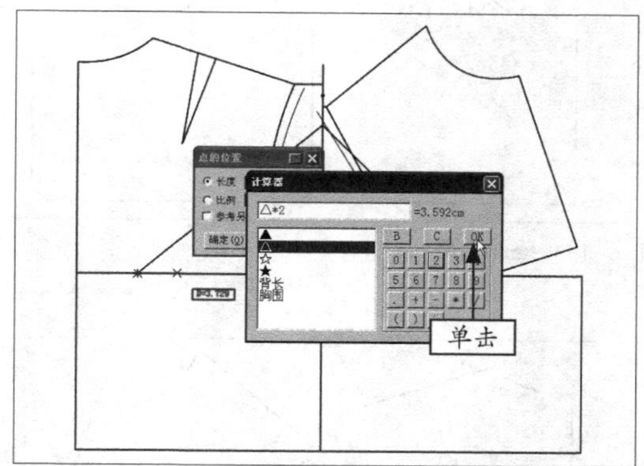

图6-148 单击OK按钮

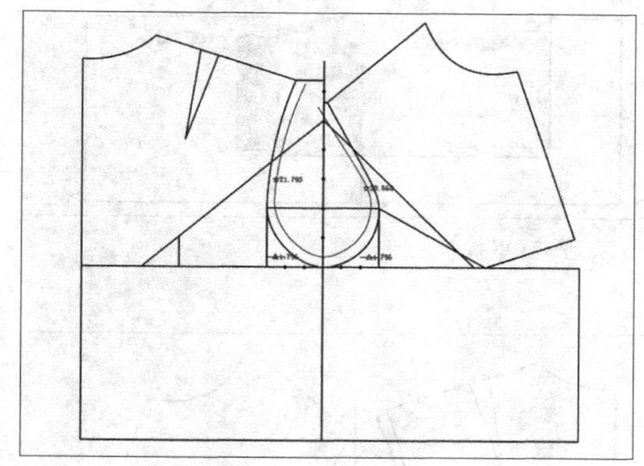
图6-149 绘制直线

步骤 5 继续使用“智能笔”命令，在工作区中相应的等分点上单击鼠标左键，然后向上拖曳鼠标，至袖窿弧线上单击鼠标左键，绘制直线，如图6-150所示。

步骤 6 继续使用“智能笔”命令，以刚绘制直线的左端点为起点，向右拖曳鼠标，至左侧的直线上单击鼠标左键，绘制直线，如图6-151所示。

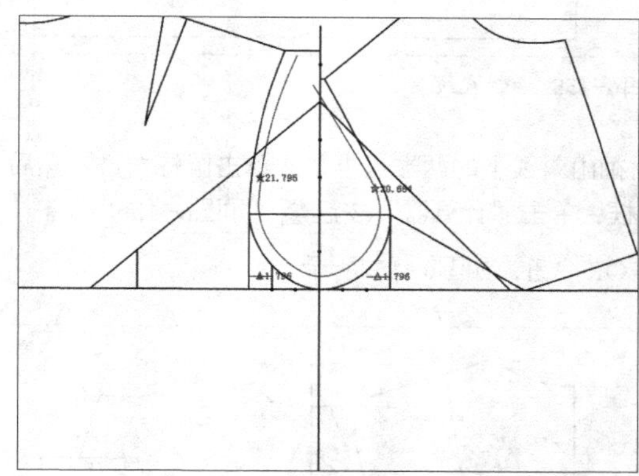
图6-150 绘制直线

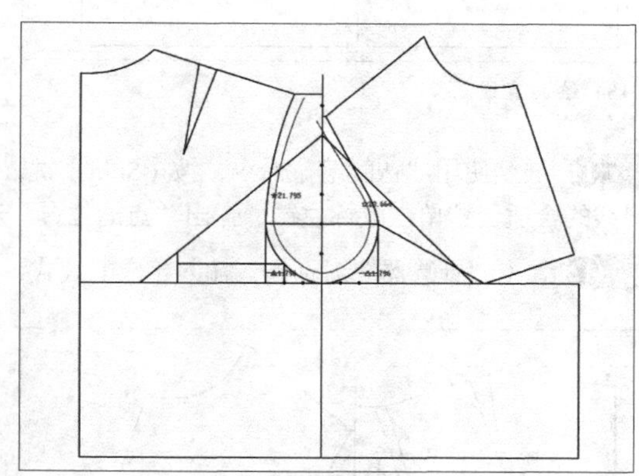
图6-151 绘制直线

步骤 7 继续使用“智能笔”命令，在胸围线的合适位置单击鼠标左键，弹出“点的位置”对话框，单击“计算器”按钮，弹出“计算器”对话框，输入相应的公式，单击OK按钮，如图6-152所示。

步骤 8 执行操作后，返回到“点的位置”对话框，单击“确定”按钮，然后向上拖曳鼠标，至袖山斜线上单击鼠标左键，绘制直线，如图6-153所示。

步骤 9 继续使用“智能笔”命令，在工作区中相应的点上单击鼠标左键，绘制直线，如图6-154所示。

步骤 10 继续使用“智能笔”命令，在工作区中相应线段的端点上单击鼠标左键，然后拖曳鼠标至袖山斜线上，单击鼠标左键，绘制直线，如图6-155所示。

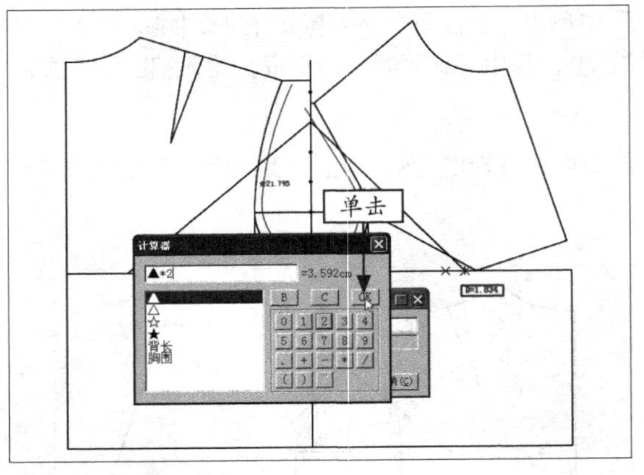

图6-152 单击OK按钮

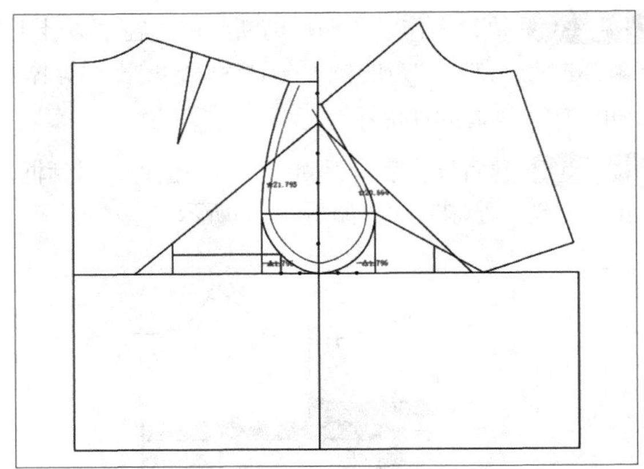

图6-153 绘制直线

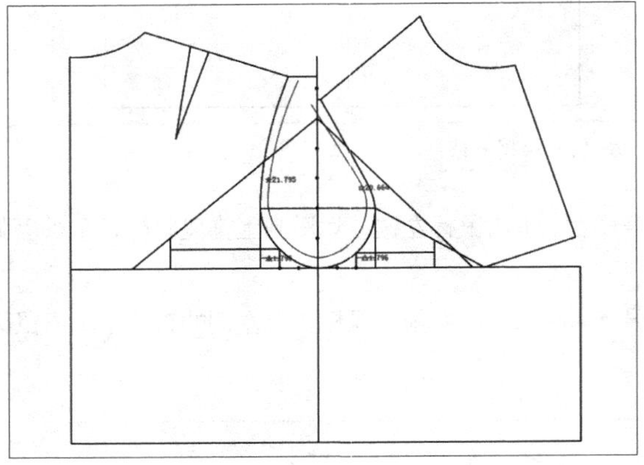

图6-154 绘制直线

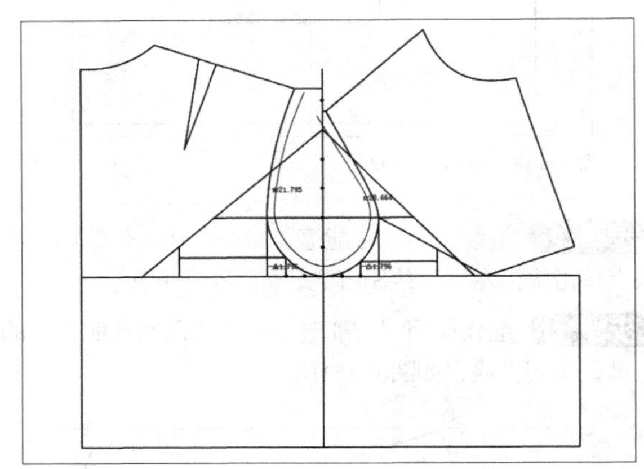

图6-155 绘制直线

步骤 11 继续使用“智能笔”命令，按【Shift】键，在后袖山斜线上的两端点上依次单击鼠标左键，然后在后袖山斜线的合适位置单击鼠标左键，弹出“点的位置”对话框，单击“计算器”按钮，如图6-156所示。

步骤 12 弹出“计算器”对话框，输入相应的公式，单击OK按钮，如图6-157所示。

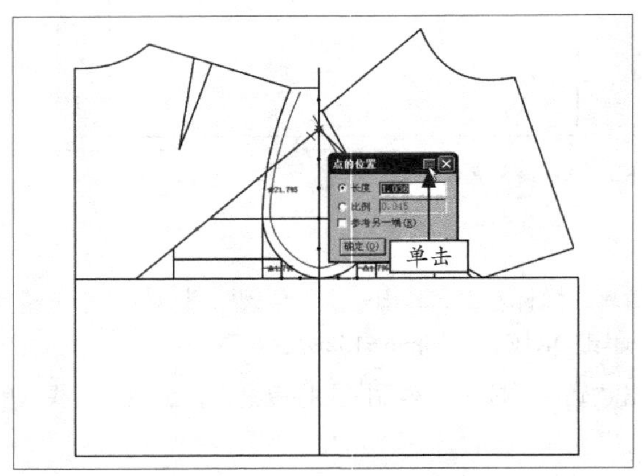

图6-156 单击“计算器”按钮

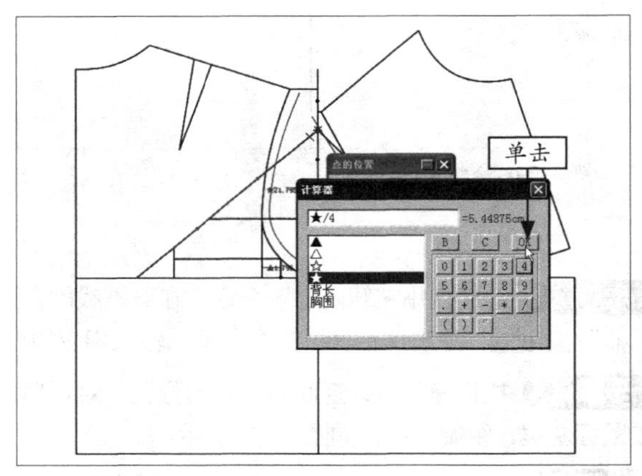

图6-157 单击OK按钮

步骤 13 执行操作后，返回到“点的位置”对话框，单击“确定”按钮，然后向左上方拖曳鼠标，至合适位置后单击鼠标左键，弹出“长度”对话框，设置“长度”为2，单击“确定”按钮，如图6-158所示。

步骤 14 执行操作后，即可绘制直线。继续使用“智能笔”命令，按【Shift】键，在前袖山斜线上的两端点上依次单击鼠标左键，然后在前袖山斜线的合适位置单击鼠标左键，弹出“点的位置”对话框，单击“计算器”按钮，弹出“计算器”对话框，输入相应的公式，单击OK按钮，如图6-159所示。

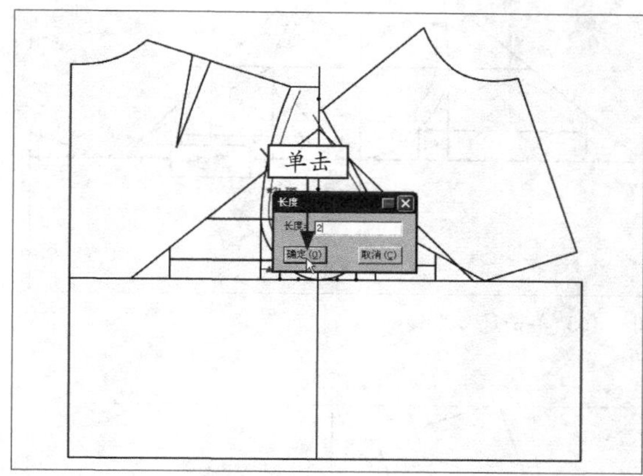

图6-158 单击“确定”按钮

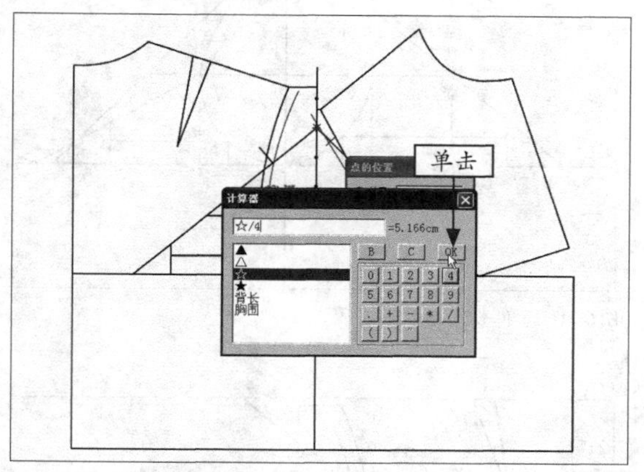

图6-159 单击OK按钮

步骤 15 执行操作后，返回到“点的位置”对话框，单击“确定”按钮，然后向右上方拖曳鼠标，至合适位置后单击鼠标左键，弹出“长度”对话框，设置“长度”为2，单击“确定”按钮，如图6-160所示。

步骤 16 执行操作后，即可绘制直线，如图6-161所示。

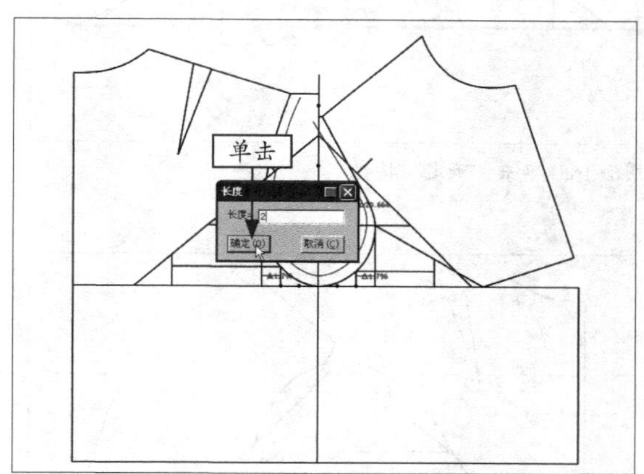

图6-160 单击“确定”按钮

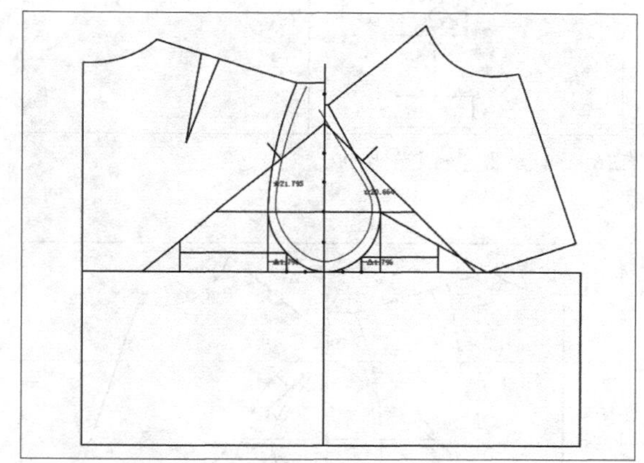

图6-161 绘制直线

步骤 17 在“设计工具栏”中单击“剪断线”按钮，在工作区中选择后袖山斜线，然后在相应的交点上单击鼠标左键，如图6-162所示。

步骤 18 执行操作后，即可剪断后袖山斜线。继续使用“剪断线”命令，在工作区中选择前袖山斜线，然后在相应的交点上单击鼠标左键，如图6-163所示。

步骤 19 在“设计工具栏”中单击“智能笔”按钮，在工作区中相应的点上单击鼠标左键，弹出“点的位置”对话框，设置“长度”为2，单击“确定”按钮，如图6-164所示。

步骤 20 执行操作后，在工作区的其他位置依次单击鼠标左键，弹出“点的位置”对话框，单击“确定”按钮，如图6-165所示。

步骤 21 执行操作后，在其余的点上单击鼠标左键，完成袖山弧线的绘制，如图6-166所示。

步骤 22 在“设计工具栏”中单击“橡皮擦”按钮，在工作区中选择相应的线段和点，将其删除，如图6-167所示。

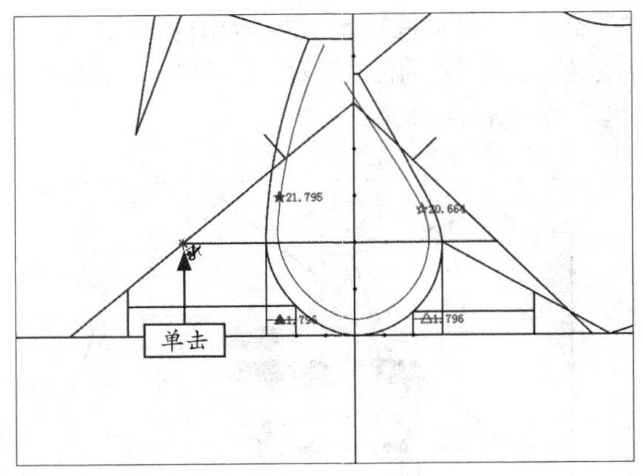

图6-162 单击鼠标左键

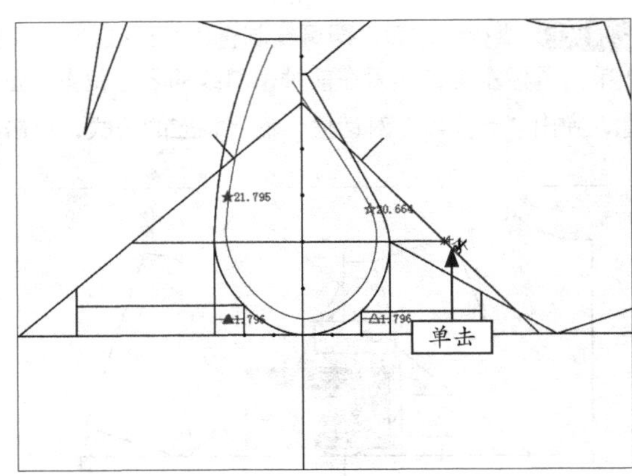

图6-163 单击鼠标左键

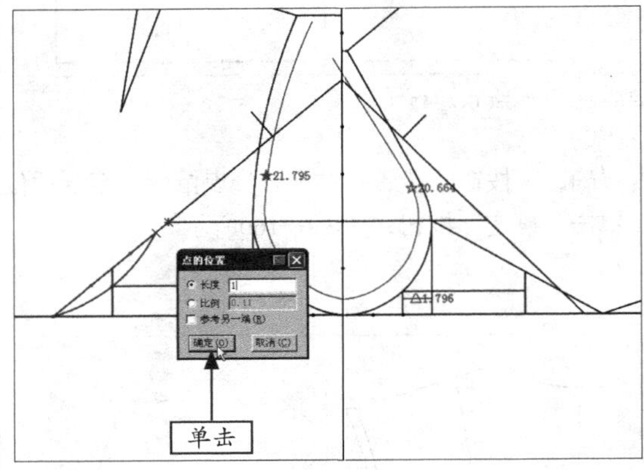

图6-164 单击“确定”按钮

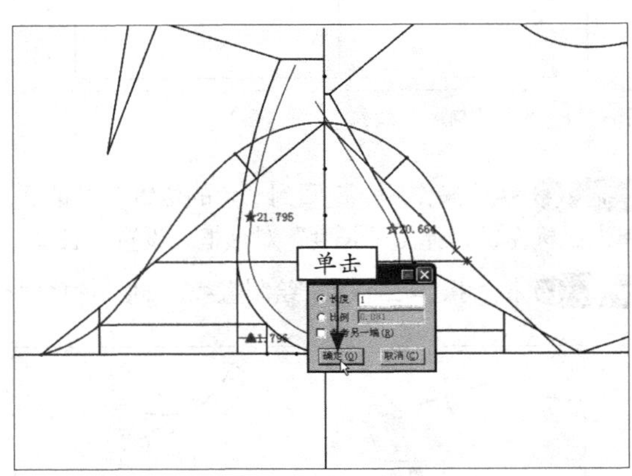

图6-165 单击“确定”按钮

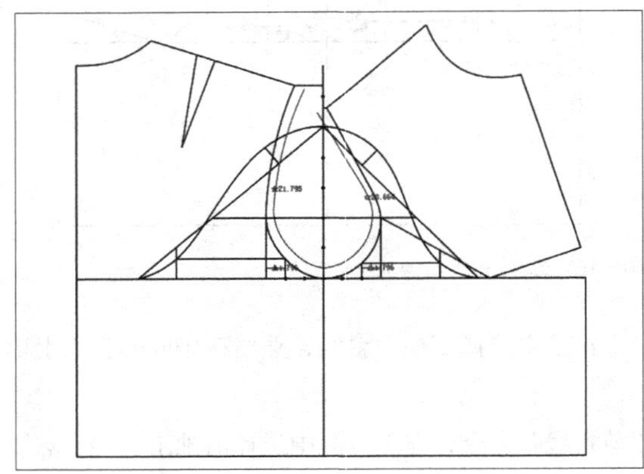
图6-166 绘制袖山斜线

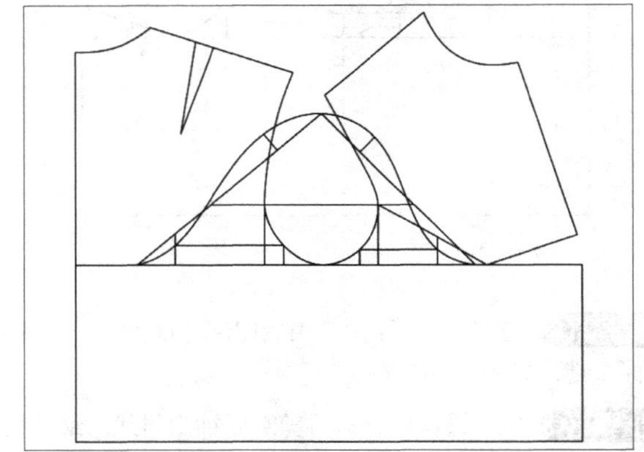
图6-167 删除线段

步骤 23 在“设计工具栏”中单击“设置线的颜色类型”按钮，如图6-168所示。

步骤 24 设置线型为虚线，在工作区中选择相应的线段，执行操作后，即可改变线型，如图6-169所示。

步骤 25 将线型改为实线，在“设计工具栏”中单击“智能笔”按钮，在袖山顶点单击鼠标左键，然后向下拖曳鼠标，至合适位置单击鼠标左键，弹出“长度”对话框，设置“长度”为51，单击“确定”按钮，如图6-170所示。

步骤 26 执行操作后，即可绘制袖中线，如图6-171所示。

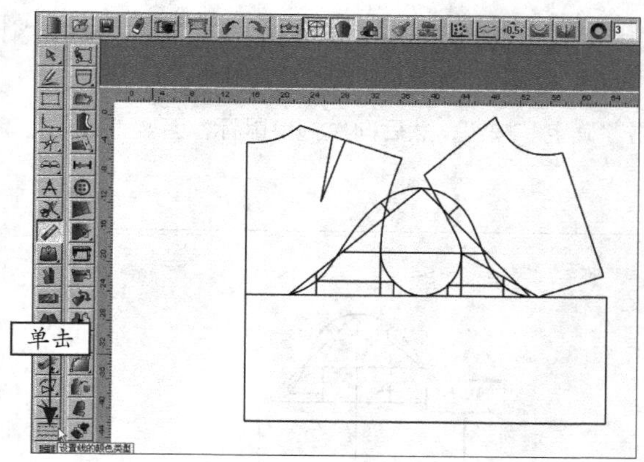

图6-168 单击相应的按钮

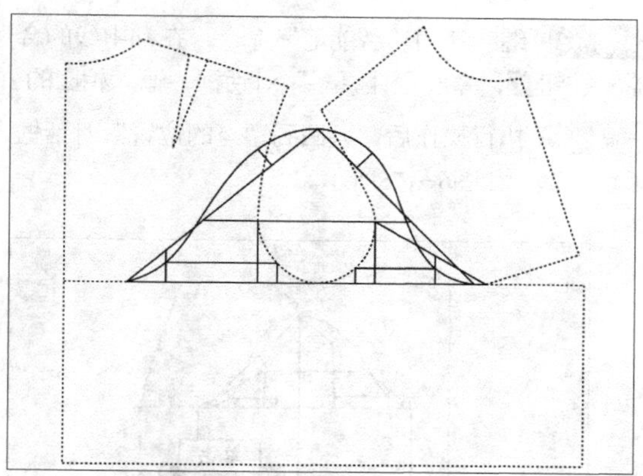
图6-169 改变线型

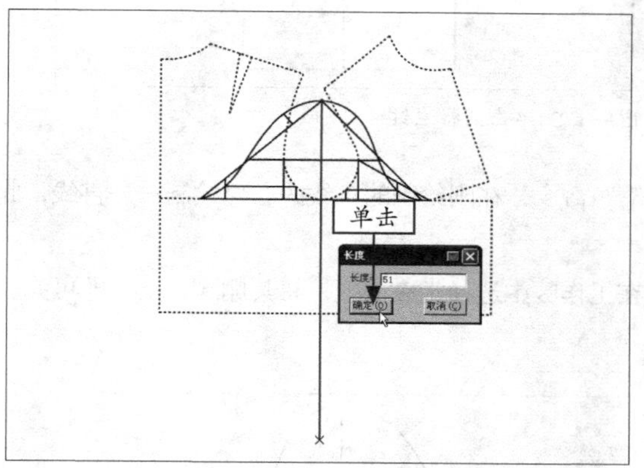

图6-170 单击“确定”按钮

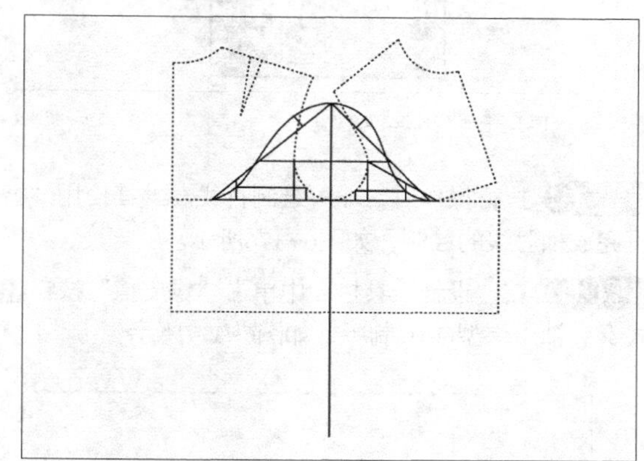
图6-171 绘制袖中线

高手点拨

在设置线的颜色类型时，要注意线型的调整，特别是设置完成后，应将线型调回来。

步骤 27 继续使用“智能笔”命令，在袖山弧线的左端点单击鼠标右键，并拖曳鼠标，至袖中线的下端点处单击鼠标左键，如图6-172所示。

步骤 28 执行操作后，即可绘制直线。用以上同样的方法，绘制直线，如图6-173所示。

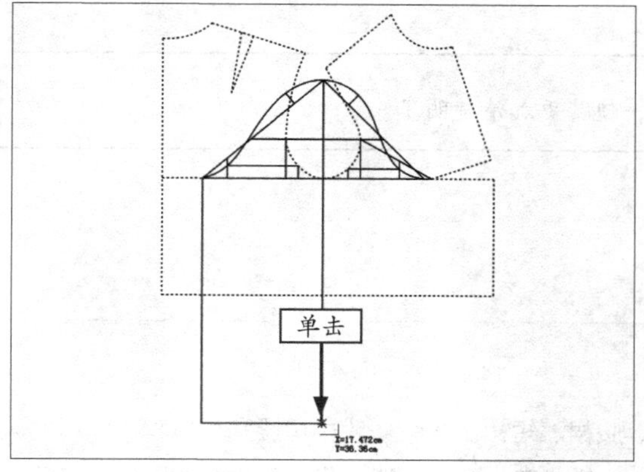

图6-172 单击鼠标左键

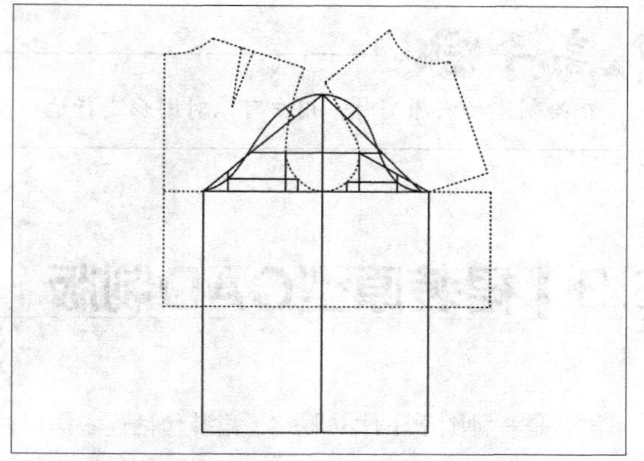
图6-173 绘制直线

步骤 29 继续使用“智能笔”命令，在袖中线的合适位置单击鼠标左键，弹出“点的位置”对话框，单击“计算器”按钮▦，弹出“计算器”对话框，输入相应的公式，单击OK按钮，如图6-174所示。

步骤 30 执行操作后，返回到“点的位置”对话框，单击“确定”按钮，然后向左拖曳鼠标，至竖直直线上单击鼠标左键，如图6-175所示。

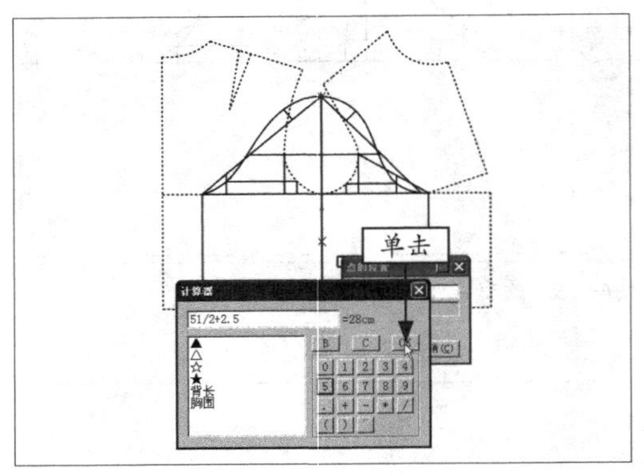

图6-174 单击OK按钮

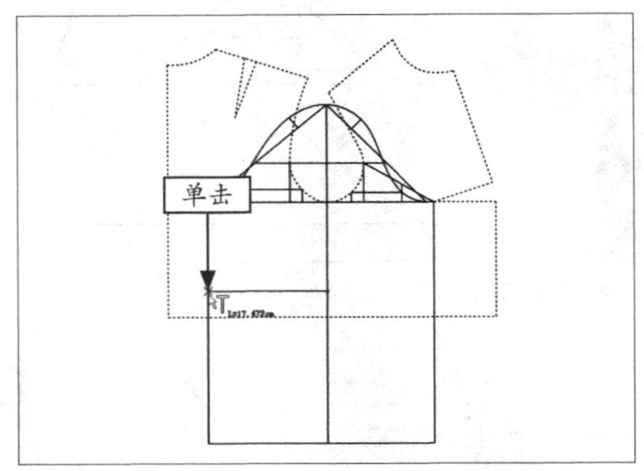

图6-175 单击鼠标左键

步骤 31 执行操作后，即可绘制直线。继续使用“智能笔”命令，在刚绘制的直线的右侧绘制一条直线，此时即可完成袖肘线的绘制，如图6-176所示。

步骤 32 在“设计工具栏”中单击“橡皮擦”按钮■，在工作区中选择相应的线，将其删除，此时即可完成文化式女装袖子原型CAD制版，如图6-177所示。

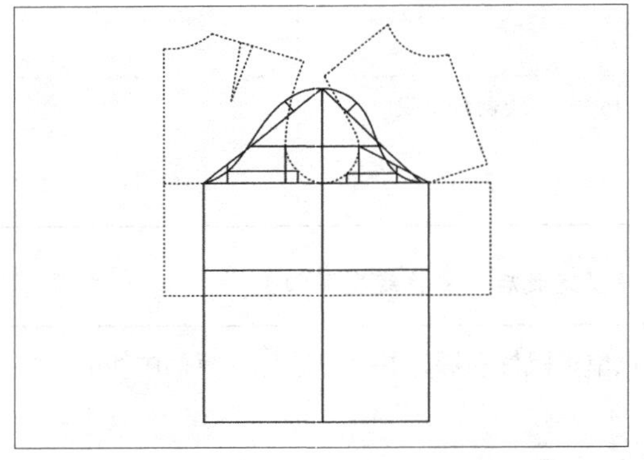
图6-176 绘制袖肘线

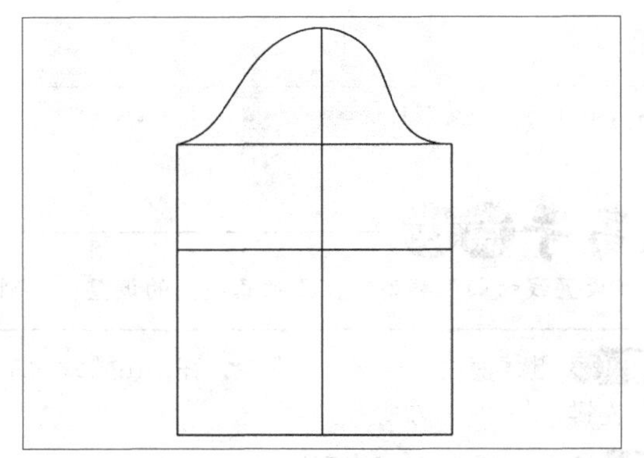
图6-177 文化式女装袖子原型

高手点拨

在绘制完袖装原型时，用户可以对图形进行适当修剪，使其更加清楚明了。

6.3 裙装原型CAD制版

裙装是一种围于下体的服装，裙装包括连衣裙、衬裙、腰裙、短裙。裙装一般由裙腰和裙体构成，有的只有裙体而无裙腰。因其通风散热性能好，穿着方便，行动自如，样式变化多端，诸多优点而为人们所广泛接受，其中以妇女和儿童穿着较多。在设计各式裙时，掌握裙装原型是至关重要的。裙装原型的结构如图6-178所示。

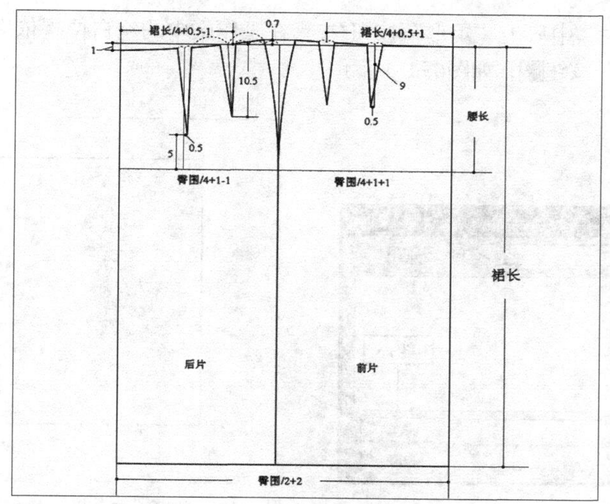

图6-178 裙装原型

素材文件	无
效果文件	光盘\素材\第6章\6-243.dgs
视频文件	光盘\视频\第6章\6.3裙装原型CAD制版.mp4

6.3.1　制图尺寸表

制图尺寸表如图6-2所示。

表6-2　　单位：cm

部位	腰围	臀围	腰长	裙长
尺寸	64	88	18	60

6.3.2　绘制裙装原型后片

步骤解析

步骤 1 新建一个空白文件，单击“号型” | “号型编辑”命令，弹出“设置号型规格表”对话框，设置需要的参数，单击“存储”按钮，如图6-179所示。

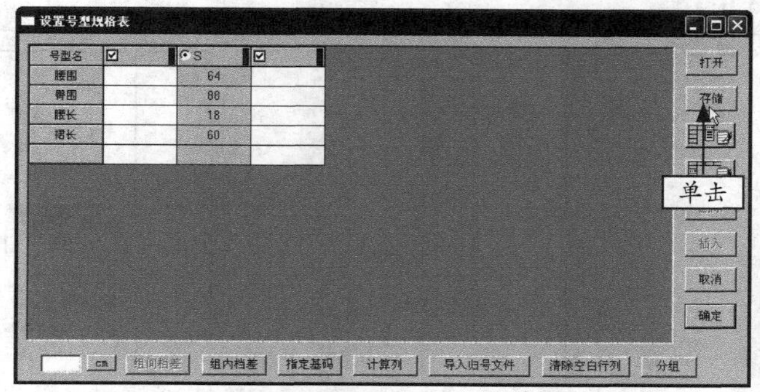

图6-179 单击“存储”按钮

步骤 2 弹出“另存为”对话框，设置文件名和保存路径，单击“保存”按钮，如图6-180所示，然后单击“设置号型规格表”对话框中的“确定”按钮。

步骤 3 在“设计工具栏”中单击“矩形”按钮▭，在工作区中的空白位置依次单击鼠标左键，弹出“矩形”对话框，单击“计算器”按钮▦，如图6-181所示。

图6-180 单击“保存”按钮

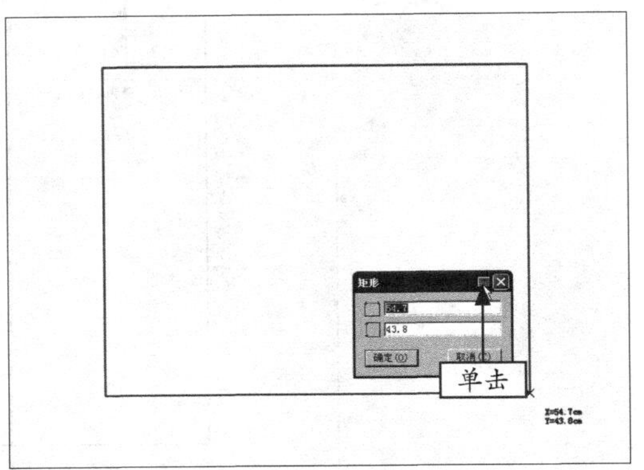

图6-181 单击“计算器”按钮

步骤 4 弹出“计算器”对话框，在左侧的列表框中选择“胸围”，双击鼠标左键，然后输入相应的公式，此时系统自动计算出结果，单击OK按钮，如图6-182所示。

步骤 5 返回到“矩形”对话框，设置矩形的高度为60（即裙长），单击“确定”按钮，如图6-183所示。

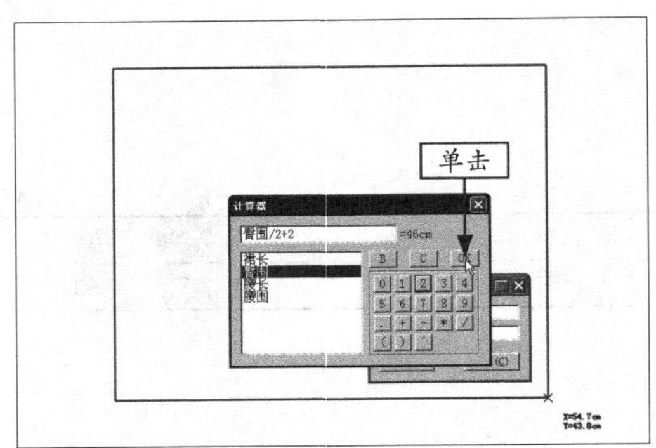

图6-182 单击“OK”按钮

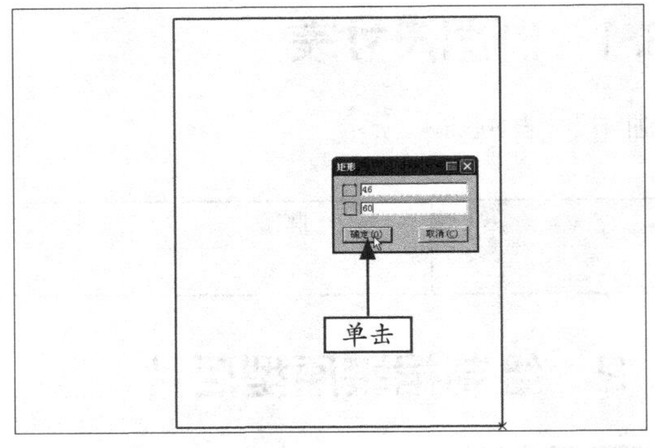

图6-183 单击“确定”按钮

步骤 6 执行操作后，即可绘制矩形，如图6-184所示。

步骤 7 在“设计工具栏”中单击“智能笔”按钮▨，在工作区中最左侧的线上单击鼠标左键的同时并拖曳鼠标，至合适位置后单击鼠标左键，弹出“平行线”对话框，单击“计算器”按钮▦，如图6-185所示。

图6-184 绘制矩形

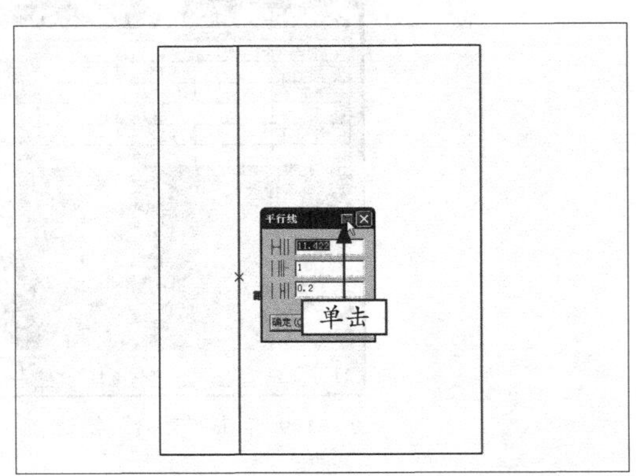

图6-185 单击“计算器”按钮

步骤 8 弹出“计算器”对话框，在左侧的列表框中选择“臀围”，双击鼠标左键，然后输入相应的公式，此时系统自动计算出结果，单击OK按钮，如图6-186所示。

步骤 9 返回到“平行线”对话框，单击“确定”按钮，即可划分前后片，如图6-187所示。

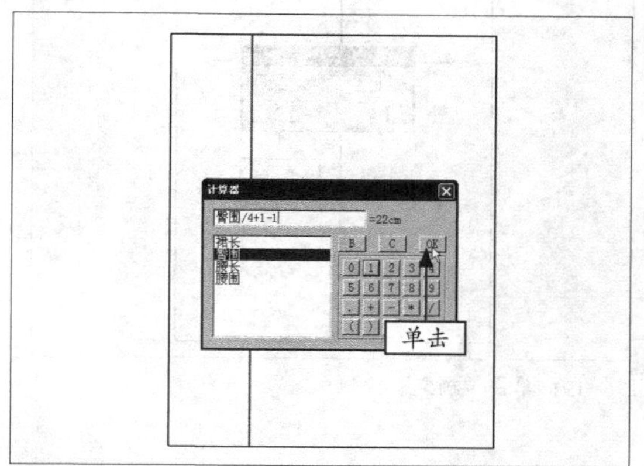

图6-186 单击OK按钮

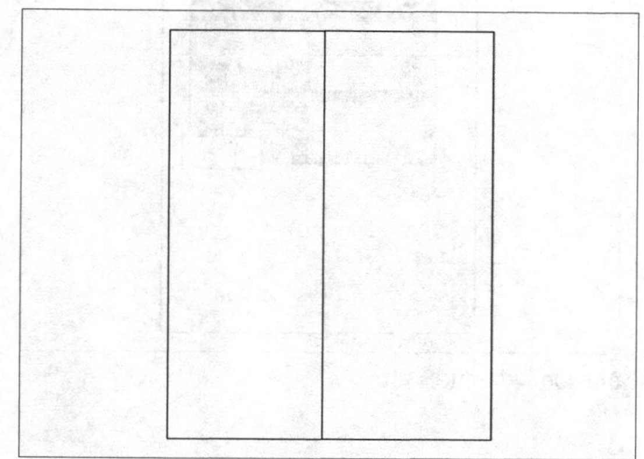

图6-187 划分前后片

步骤 10 继续使用“智能笔”命令，在工作区中最上方的线上单击鼠标左键的同时并拖曳鼠标，至合适位置后单击鼠标左键，弹出“平行线”对话框，设置相应的参数，单击“确定”按钮，如图6-188所示。

步骤 11 执行操作后，即可绘制腰长线，如图6-189所示。

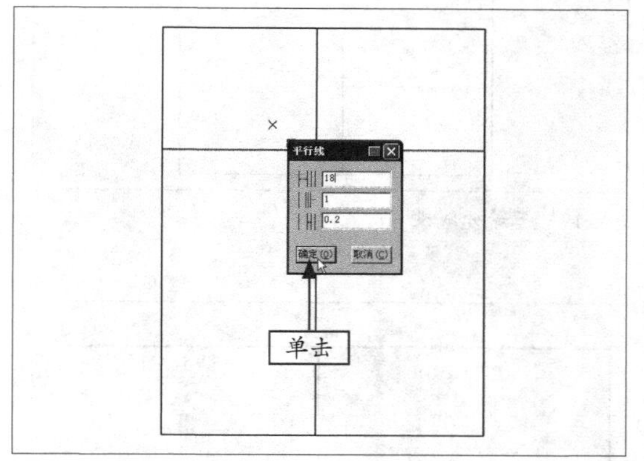

图6-188 单击“确定”按钮

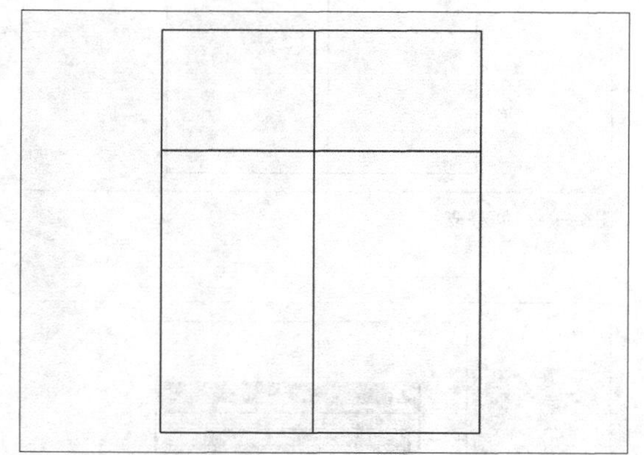

图6-189 绘制腰长线

步骤 12 继续使用“智能笔”命令，按住【Shift】键，在腰围线的左端点上单击鼠标右键，并单击鼠标右键切换输入状态，此时鼠标指针变为⁺⋯，然后拖曳鼠标，至合适位置单击鼠标左键，弹出“偏移”对话框，单击“计算器”按钮▦，弹出“计算器”对话框，在左侧的列表框中选择“腰围”，双击鼠标左键，然后输入相应的公式，此时系统自动计算出结果，单击OK按钮，如图6-190所示。

步骤 13 执行操作后，返回到“偏移”对话框，设置纵向偏移为0，单击“确定”按钮，如图6-191所示。

步骤 14 执行操作后，即可偏移点，如图6-192所示。

步骤 15 在“设计工具栏”中单击“等分规”按钮▬，设置“等分数”为3，在工作区中的偏移点和侧缝线上端点上依次单击鼠标左键，执行操作后，即可三等分线段，如图6-193所示。

步骤 16 在“设计工具栏”中单击“比较长度”按钮▬，按【Shift】键，切换到测量线功能，在工作区中单击刚等分线段中一等分的两端点，弹出“测量”对话框，单击“记录”按钮，如图6-194所示。

步骤 17 执行操作后，关闭“测量”对话框，即可测量长度，如图6-195所示。

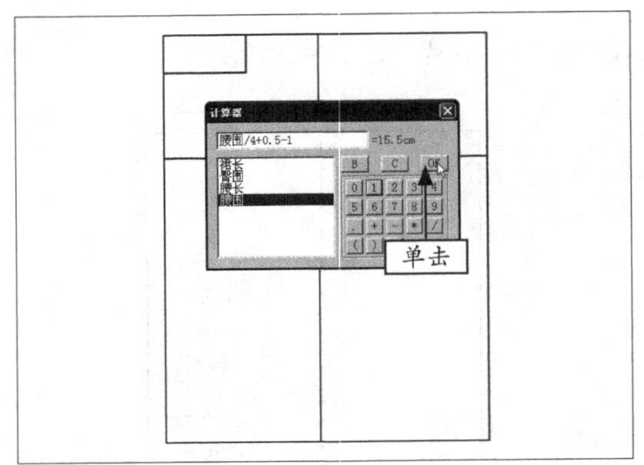

图6-190 单击OK按钮

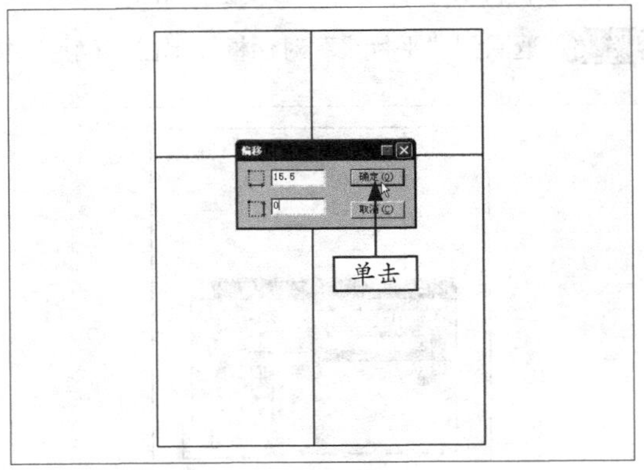

图6-191 单击“确定”按钮

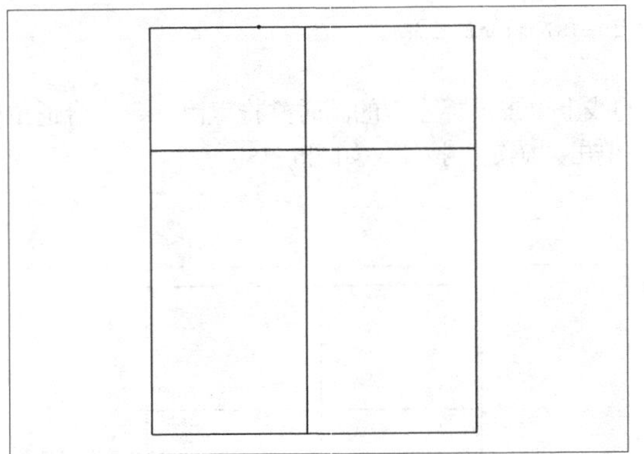

图6-192 偏移点

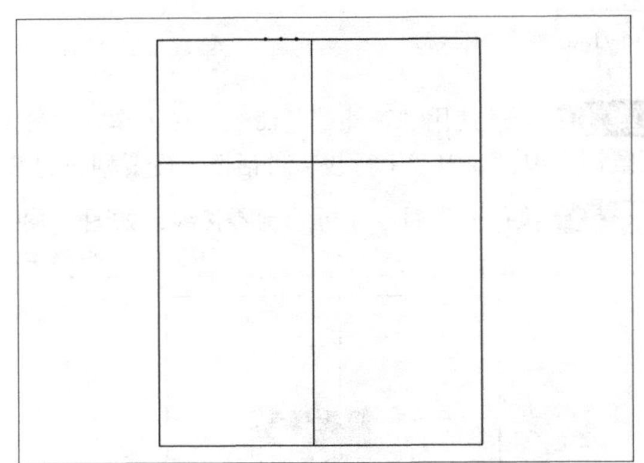

图6-193 三等分线段

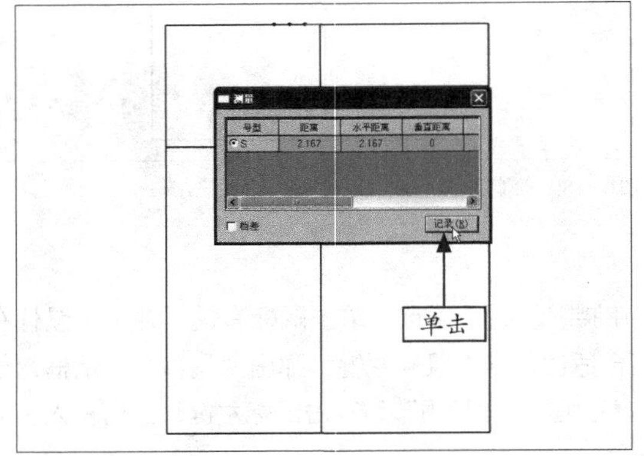

图6-194 单击“记录”按钮

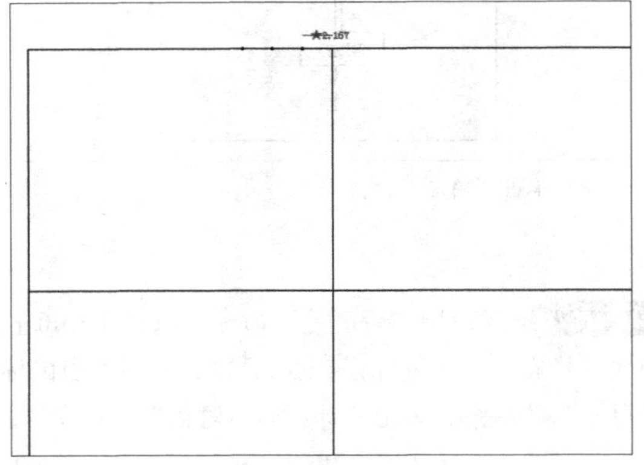

图6-195 测量长度

步骤 18 在“设计工具栏”中单击“智能笔”按钮，在工作区中相应的等分点上单击鼠标左键，然后单击鼠标右键，切换输入状态，接着向上拖曳鼠标，至合适位置单击鼠标左键，弹出“长度”对话框，输入0.7，单击“确定”按钮，如图6-196所示。

步骤 19 执行操作后，即可绘制线段，如图6-197所示。

步骤 20 继续使用“智能笔”命令，在后中线的合适位置单击鼠标左键，弹出“点的位置”对话框，设置“长度”为1，单击“确定”按钮，如图6-198所示。

步骤 21 执行操作后，在工作区中拖曳鼠标，至刚绘制线段的上端点上单击鼠标左键，绘制斜线，然后使用“调整”工具对其进行适当调整，如图6-199所示。

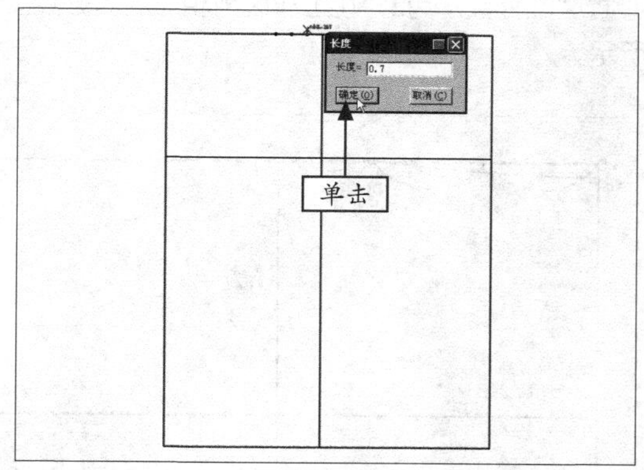

图6-196 单击“确定”按钮

图6-197 绘制线段

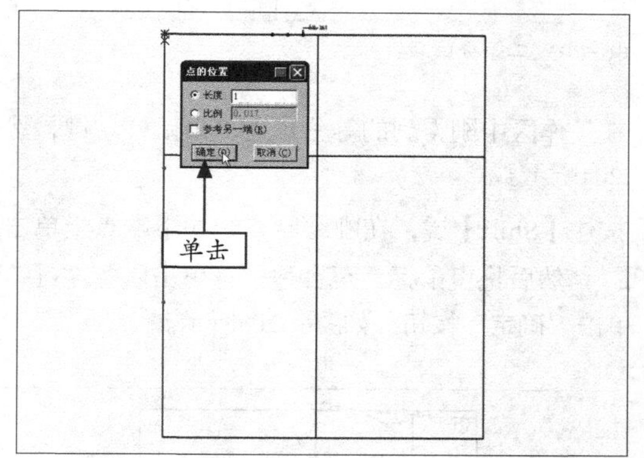

图6-198 单击“确定”按钮

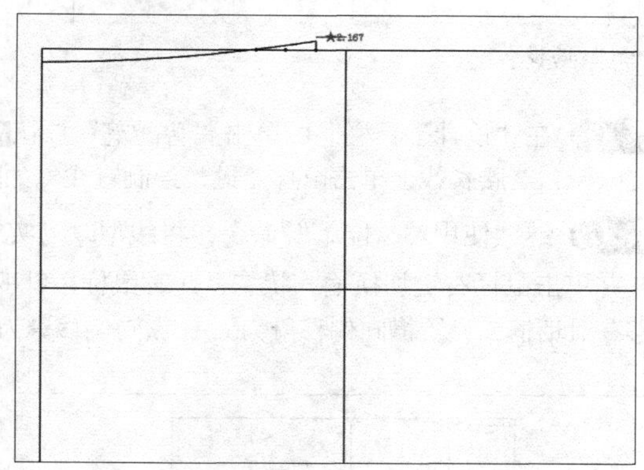

图6-199 绘制斜线并调整

步骤 22 在“设计工具栏”中单击“等分规”按钮，设置线型为虚线、“等分数”为2，单击鼠标右键，然后在工作区中的偏移点和后中线上端点上依次单击鼠标左键，执行操作后，即可二等分线段，如图6-200所示。

步骤 23 继续使用“智能笔”命令，按住【Shift】键，在二等分线段的等分点上单击鼠标右键，并单击鼠标右键切换输入状态，此时鼠标指针变为，然后拖曳鼠标，至合适位置单击鼠标左键，弹出“偏移”对话框，单击“计算器”按钮，弹出“计算器”对话框，输入相应的公式，单击OK按钮，如图6-201所示。

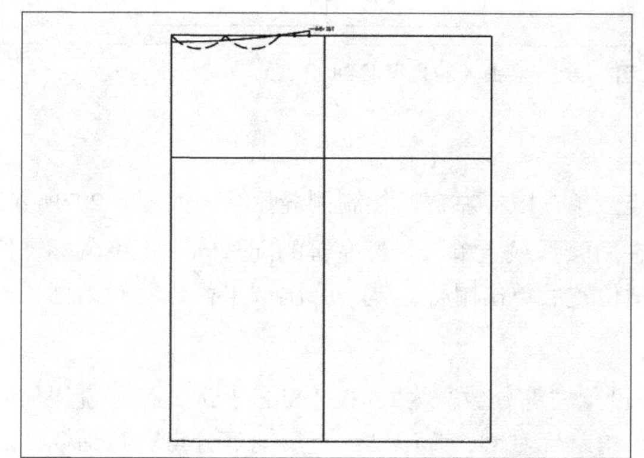

图6-200 二等分线段

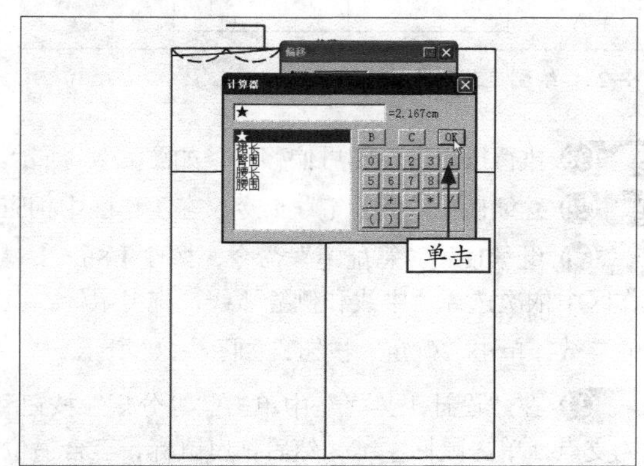

图6-201 单击OK按钮

步骤 24 执行操作后，返回到“偏移”对话框，设置纵向偏移为0，单击“确定”按钮，即可偏移点，如图6-202所示。

步骤 25 在“设计工具栏”中单击“等分规”按钮，设置“等分数”为2，在工作区中相应的等分点上依次单击鼠标左键，执行操作后，即可二等分线段，如图6-203所示。

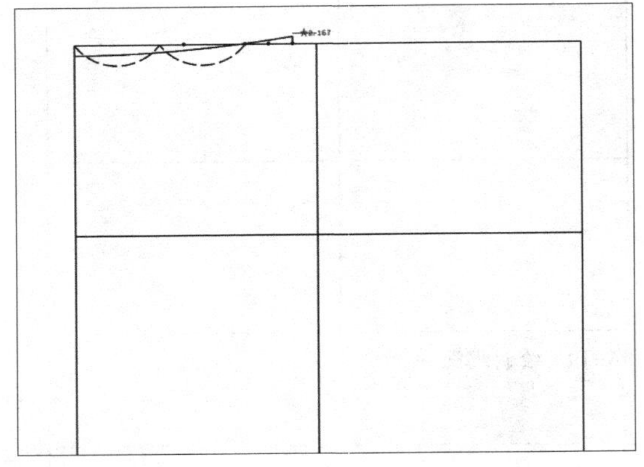
图6-202 偏移点

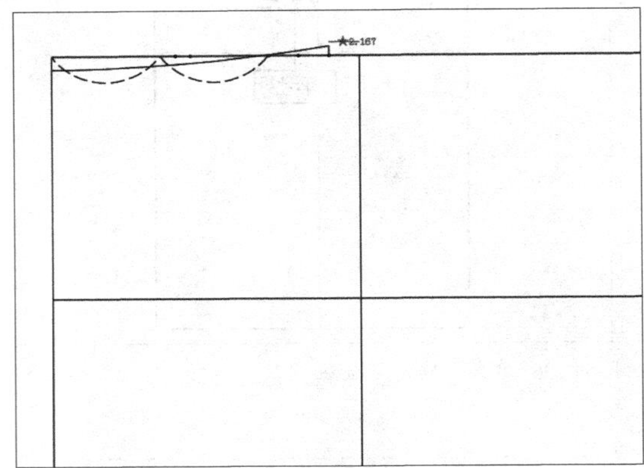
图6-203 二等分线段

步骤 26 在“设计工具栏”中单击“智能笔”按钮，在工作区中刚得到的等分点上单击鼠标左键，然后向下拖曳鼠标，至腰长线上单击鼠标左键，绘制直线，如图6-204所示。

步骤 27 继续使用“智能笔”命令，将线型改为实线，按住【Shift】键，在刚绘制直线的下端点上单击鼠标右键，并单击鼠标右键切换输入状态，此时鼠标指针变为，然后拖曳鼠标，至合适位置单击鼠标左键，弹出“偏移”对话框，设置横向偏移量为0.5、纵向偏移量为5，单击“确定”按钮，如图6-205所示。

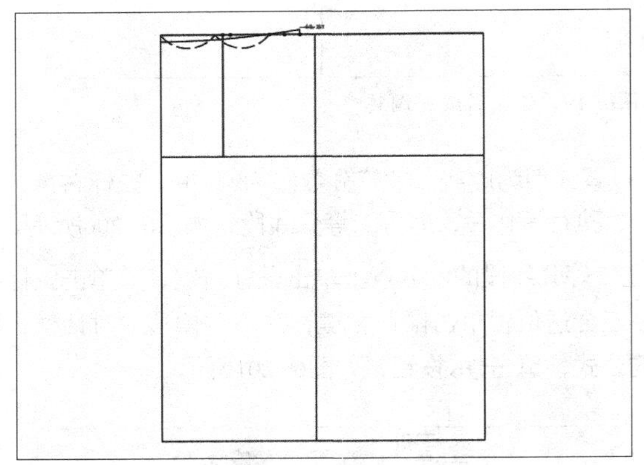
图6-204 绘制直线

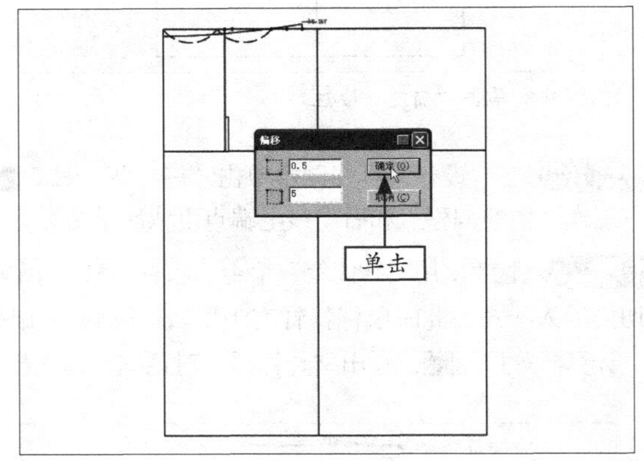

图6-205 单击“确定”按钮

步骤 28 执行操作后，即可偏移点，如图6-206所示。

步骤 29 继续使用“智能笔”命令，在工作区中相应的点上单击鼠标左键，绘制侧缝弧线，如图6-207所示。

步骤 30 继续使用“智能笔”命令，按住【Shift】键，在后腰弧线上单击鼠标左键的同时向下拖曳鼠标，然后在工作区中依次选择后中线和侧缝弧线，拖曳鼠标，至合适位置后单击鼠标左键，弹出“平行线”对话框，设置相应的参数，单击“确定”按钮，如图6-208所示。

步骤 31 在“设计工具栏”中单击“等分规”按钮，设置“等分数”为2，按【Shift】键，在竖直线与后腰弧线的交点处单击鼠标左键，然后拖曳鼠标，至合适位置单击鼠标左键，弹出“线上反向等分点”对话框，选中“双向总长”单选按钮，单击“计算器”按钮，弹出“计算器”对话框，输入相应的公式，单击OK按钮，如图6-209所示。

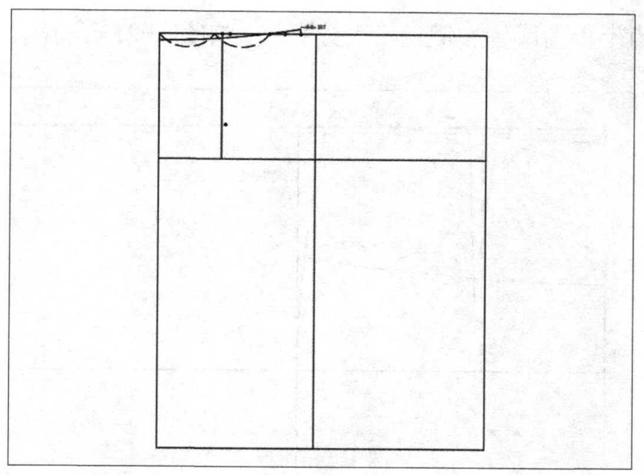

图6-206 偏移点

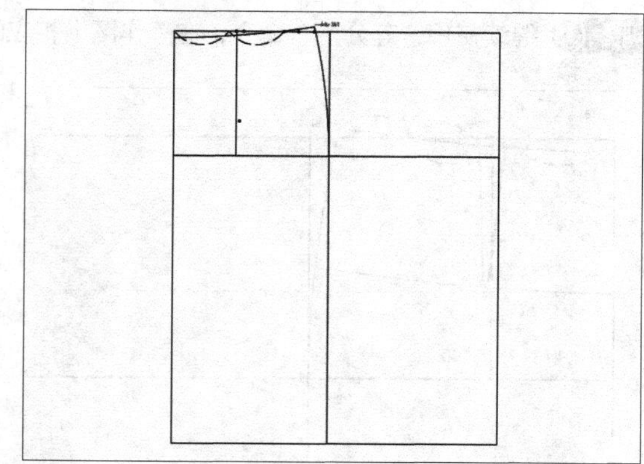

图6-207 绘制侧缝弧线

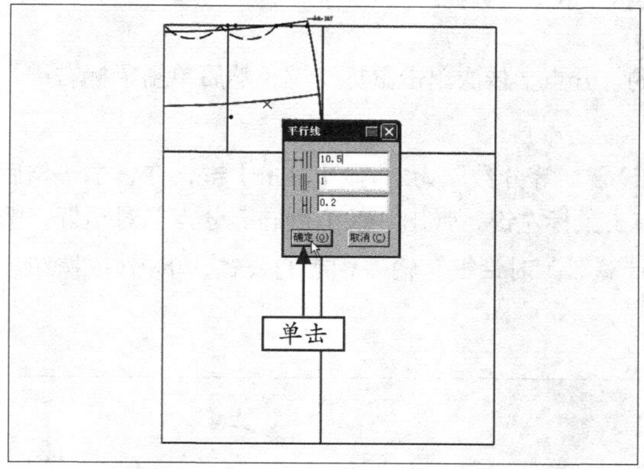

图6-208 单击“确定”按钮

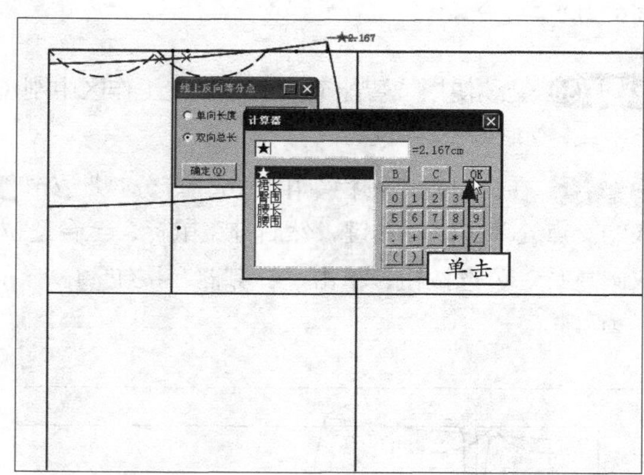

图6-209 单击OK按钮

步骤 32 执行操作后，返回到“线上反向等分点”对话框，单击“确定”按钮，即可绘制省边线点，如图6-210所示。

步骤 33 在“设计工具栏”中单击“智能笔”按钮，在工作区中相应的点上依次单击鼠标左键，并单击鼠标右键，即可绘制省线，如图6-211所示。

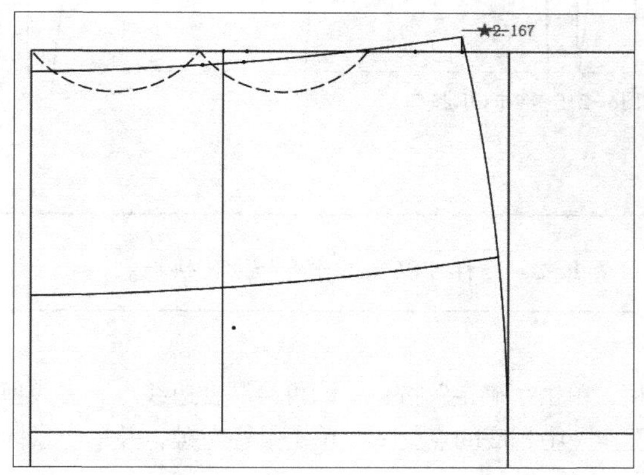

图6-210 绘制省边线点

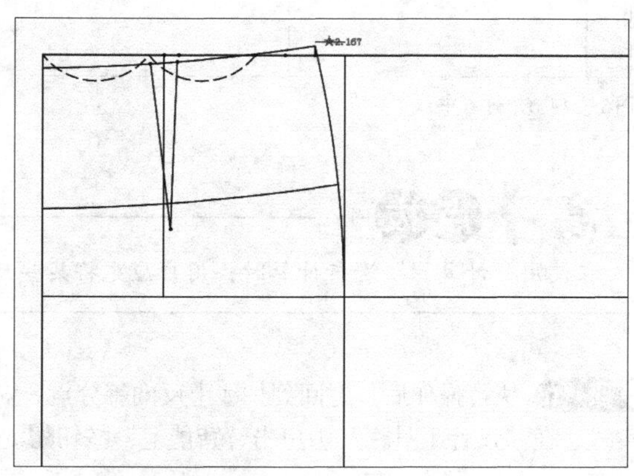

图6-211 绘制省线

步骤 34 在“设计工具栏”中单击“等分规”按钮，设置线型为虚线、“等分数”为2，按【Shift】键，在工作区中的省边点和后腰弧线的右端点依次单击鼠标左键，将弧线二等分，如图6-212所示。

步骤 35 继续使用“等分规”命令，在工作区中相应的点上单击鼠标左键，二等分弧线，如图6-213所示。

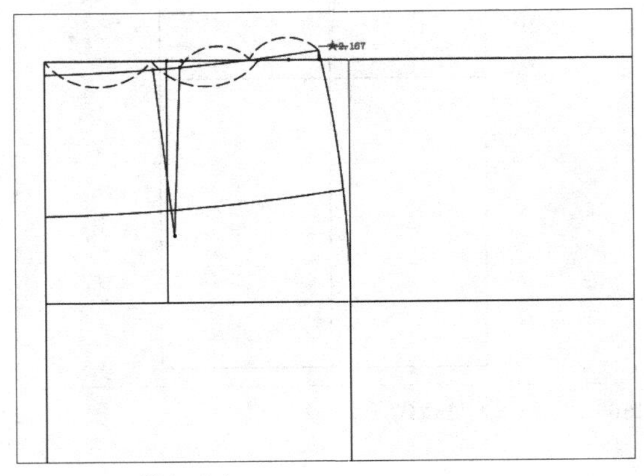

图6-212 二等分弧线

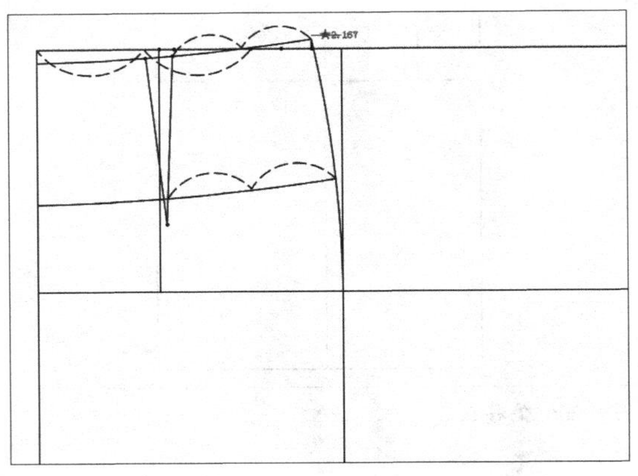

图6-213 二等分弧线

步骤 36 继续使用“智能笔”命令，在工作区中刚创建的等分点上依次单击鼠标左键，然后单击鼠标右键，绘制省中线，如图6-214所示。

步骤 37 在“设计工具栏”中单击“等分规”按钮，设置“等分数”为2，按【Shift】键，在省中线与后腰弧线的交点处单击鼠标左键，然后拖曳鼠标，至合适位置单击鼠标左键，弹出“线上反向等分点”对话框，选中“双向总长”单选按钮，单击“计算器”按钮，弹出“计算器”对话框，输入相应的公式，单击OK按钮，如图6-215所示。

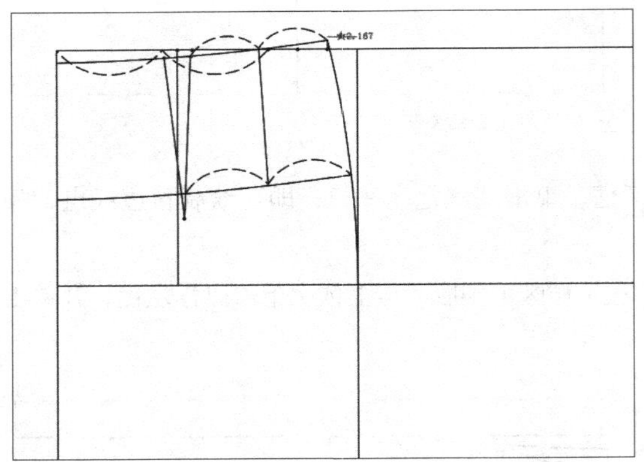

图6-214 绘制省中线

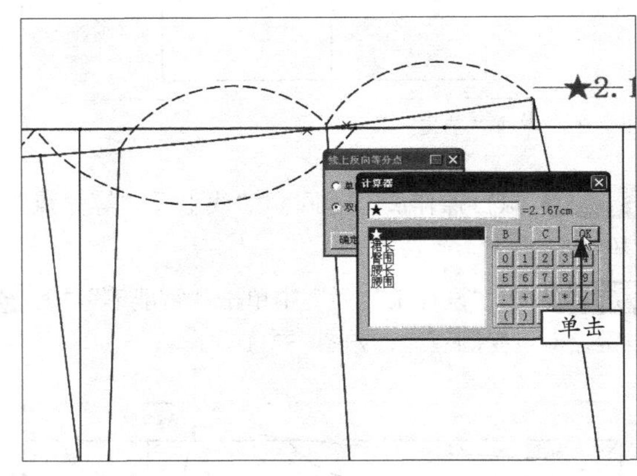

图6-215 单击OK按钮

高手点拨

在使用“计算器”进行计算时，用户应先将某些尺寸测量出来，这样可以使工作更加方便快捷。

步骤 38 执行操作后，返回到“线上反向等分点”对话框，单击“确定”按钮，即可绘制省边线点。将线型改为实线，在“设计工具栏”中单击“智能笔”按钮，在工作区中相应的点上依次单击鼠标左键，并单击鼠标右键，即可绘制省线，如图6-216所示。

步骤 39 在“设计工具栏”中单击“橡皮擦”按钮，删除相应的点和线，如图6-217所示。

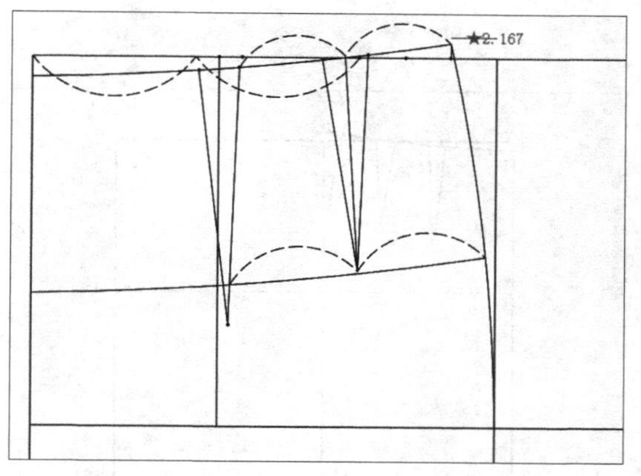

图6-216 绘制直线

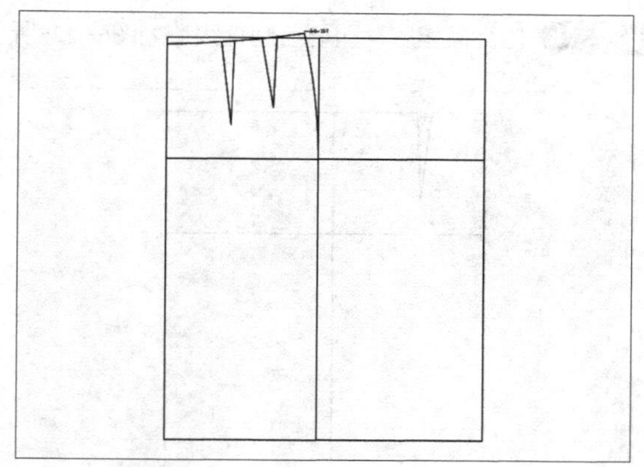
图6-217 删除点和线

6.3.3 绘制裙装原型前片

步骤解析

步骤 1 在“设计工具栏”中单击“智能笔”按钮，按住【Shift】键，在腰围线的右端点上单击鼠标右键，并单击鼠标右键切换输入状态，此时鼠标指针变为，然后拖曳鼠标，至合适位置单击鼠标左键，弹出“偏移”对话框，单击“计算器”按钮，弹出“计算器”对话框，在左侧的列表框中选择“腰围”，双击鼠标左键，然后输入相应的公式，此时系统自动计算出结果，单击OK按钮，如图6-218所示。

步骤 2 返回到“偏移”对话框，设置纵向偏移为0，单击“确定”按钮，如图6-219所示。

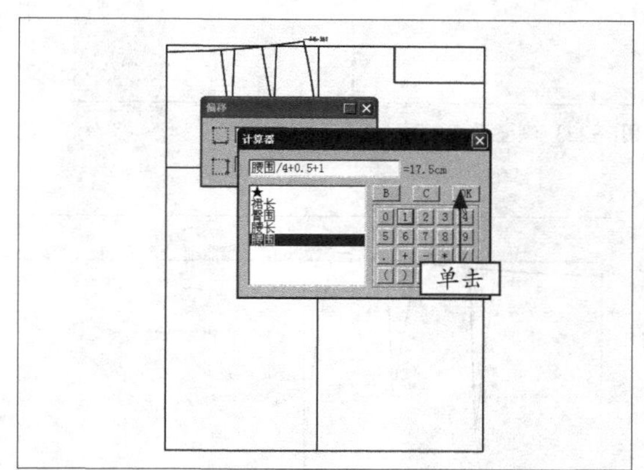

图6-218 打开素材

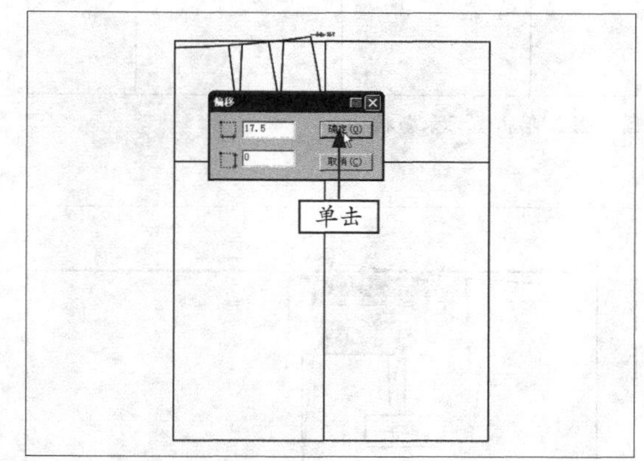

图6-219 单击“确定”命令

步骤 3 执行操作后，即可偏移点，如图6-220所示。

步骤 4 在“设计工具栏”中单击“等分规”按钮，设置“等分数”为3，按【Shift】键，在工作区中相应的点上单击鼠标左键，绘制等分点，如图6-221所示。

步骤 5 在“设计工具栏”中单击“比较长度”按钮，按【Shift】键，切换到测量线功能，在工作区中单击刚等分线段中一等分的两端点，弹出“测量”对话框，单击“记录”按钮，如图6-222所示。

步骤 6 执行操作后，关闭“测量”对话框，即可测量长度，如图6-223所示。

步骤 7 在“设计工具栏”中单击“智能笔”按钮，在工作区中相应的等分点上单击鼠标左键，然后单击鼠标右键，切换输入状态，接着向上拖曳鼠标，至合适位置单击鼠标左键，弹出“长度”对话框，输入0.7，单击“确定”按钮，如图6-224所示。

步骤 8 执行操作后，即可绘制直线，如图6-225所示。

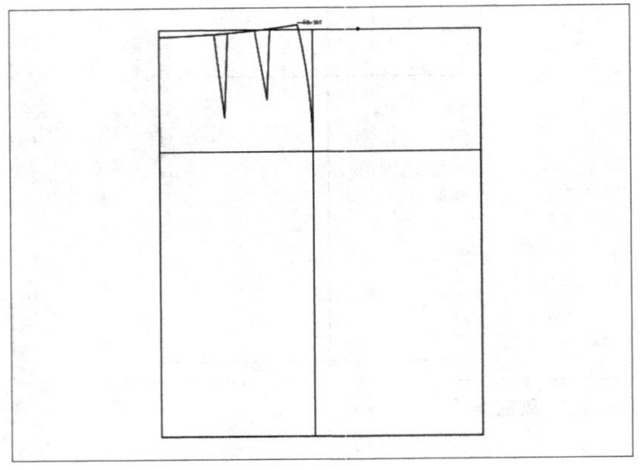

图6-220 设置参数

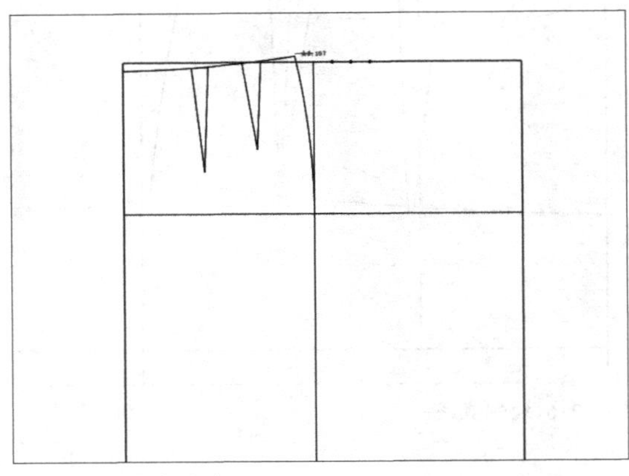

图6-221 绘制角度线

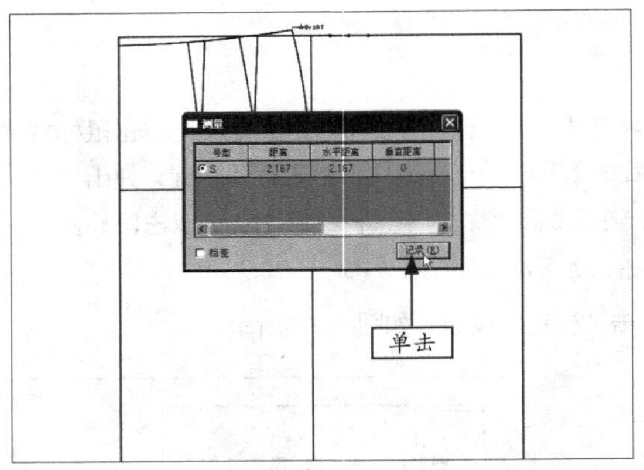

图6-222 单击“记录”按钮

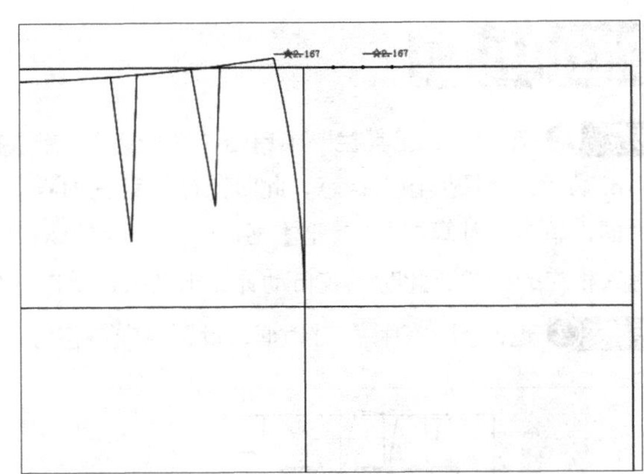

图6-223 测量长度

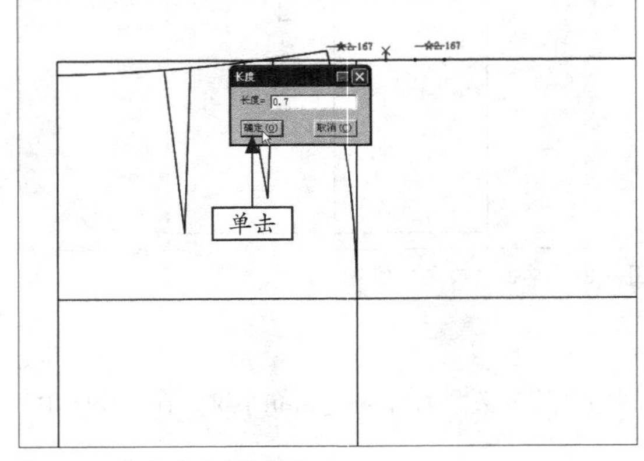

图6-224 单击“确定”按钮

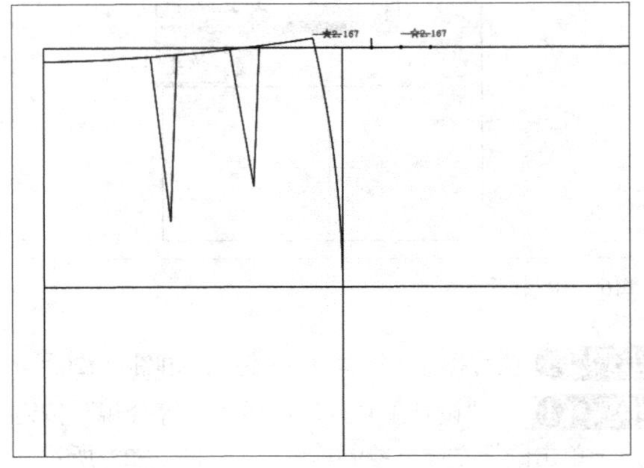

图6-225 绘制直线

步骤 9 继续使用“智能笔”命令，单击鼠标右键，切换输入状态，然后在刚绘制直线的上端点和前中线的上端点上依次单击鼠标左键，绘制直线，然后使用“调整”工具对其进行调整，如图6-226所示。

步骤 10 继续使用“智能笔”命令，单击鼠标右键，切换输入状态，在工作区中相应的等分点上单击鼠标左键，向上拖曳鼠标，至刚调整的弧线上单击鼠标左键，绘制直线，如图6-227所示。

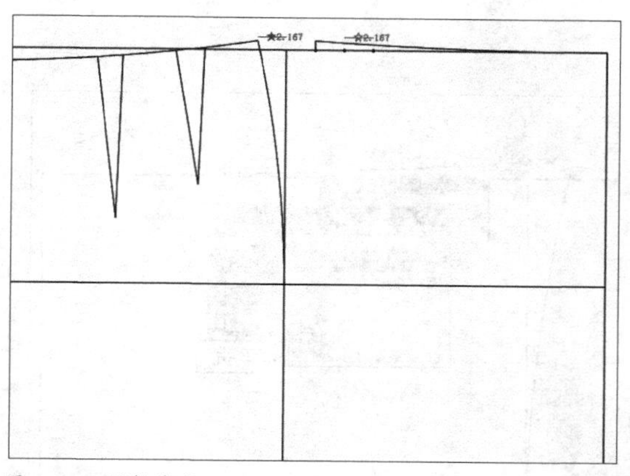

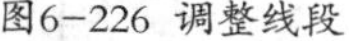
图6-226 调整线段

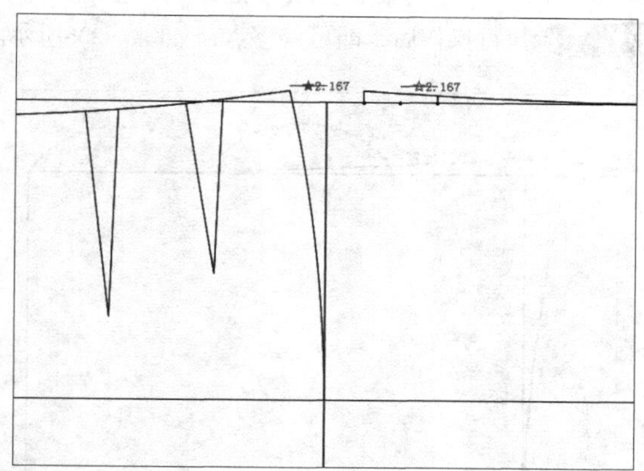

图6-227 绘制直线

步骤 11 在“设计工具栏”中单击“等分规”按钮，设置线型为虚线、“等分数”为2，单击鼠标右键，然后在工作区中刚绘制直线的上端点和前中线上端点上依次单击鼠标左键，执行操作后，即可二等分线段，如图6-228所示。

步骤 12 设置线型为实线，继续使用“智能笔”命令，按住【Shift】键，在刚创建的等分点上单击鼠标右键，并单击鼠标右键切换输入状态，此时鼠标指针变为，然后拖曳鼠标，至合适位置单击鼠标左键，弹出“偏移”对话框，设置相应的参数，单击“确定”按钮，如图6-229所示。

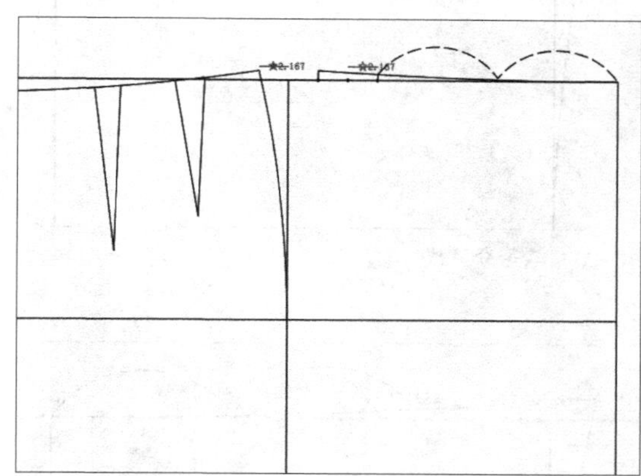

图6-228 单击OK按钮

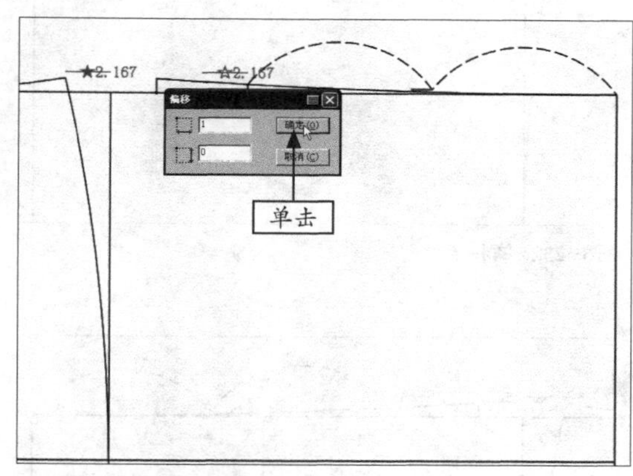

图6-229 单击“确定”按钮

步骤 13 执行操作后，即可偏移点，如图6-230所示。

步骤 14 继续使用“智能笔”命令，按住【Shift】键，在刚偏移的点上单击鼠标右键，并单击鼠标右键切换输入状态，此时鼠标指针变为，然后拖曳鼠标，至合适位置单击鼠标左键，弹出“偏移”对话框，单击“计算器”按钮，弹出“计算器”对话框，输入相应的公式，单击OK按钮，如图6-231所示。

步骤 15 执行操作后，返回到“偏移”对话框，设置纵向偏移为0，单击“确定”按钮，即可偏移点，如图6-232所示。

步骤 16 在“设计工具栏”中单击“等分规”按钮，设置线型为虚线、“等分数”为2，单击鼠标右键，然后在工作区中的两偏移点上依次单击鼠标左键，执行操作后，即可二等分弧线，
如图6-233所示。

步骤 17 继续使用“智能笔”命令，按住【Shift】键，在刚等分的点上单击鼠标右键，并单击鼠标右键切换输入状态，此时鼠标指针变为，然后拖曳鼠标，至合适位置单击鼠标左键，弹出“偏移”对话框，设置相应的参数，单击“确定”按钮，如图6-234所示。

步骤 18 执行操作后，即可偏移点，如图6-235所示。

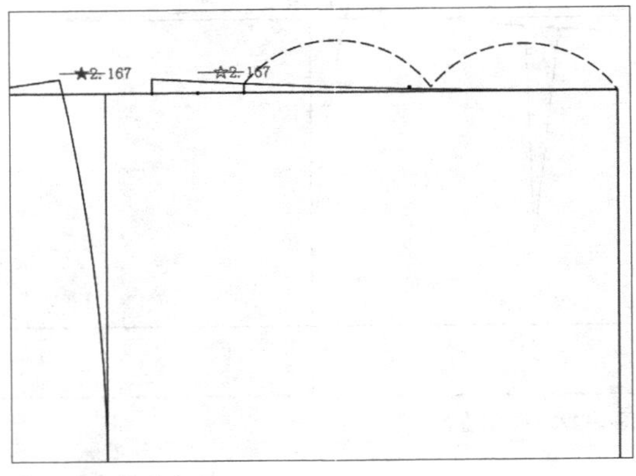

图6-230 偏移点

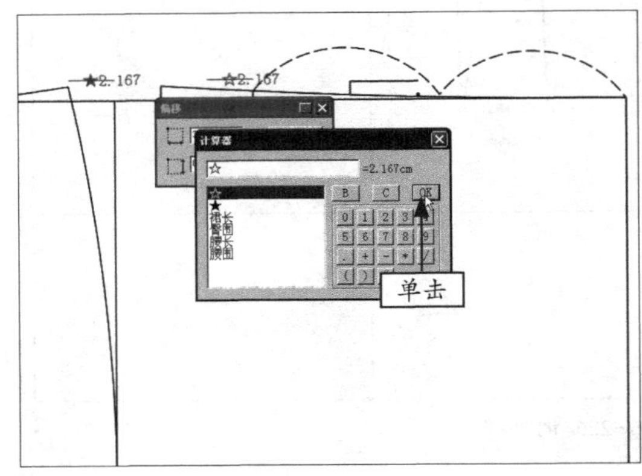

图6-231 单击OK按钮

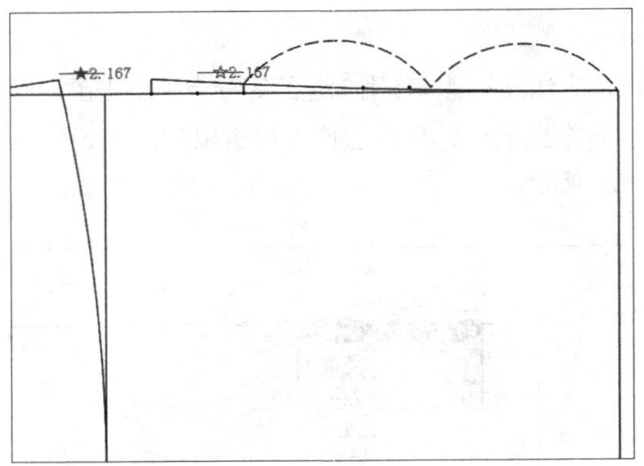

图6-232 偏移点

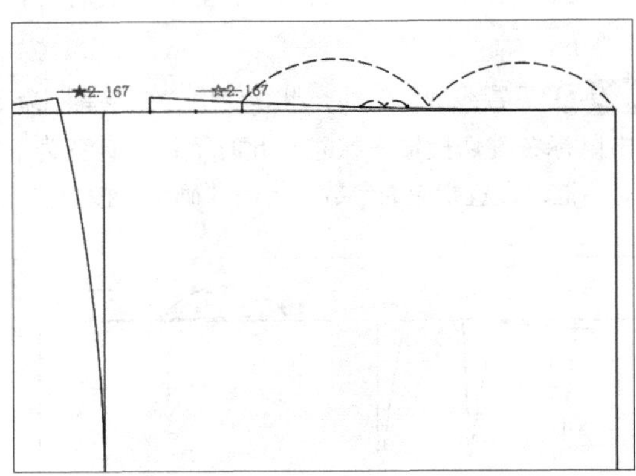

图6-233 二等分弧线

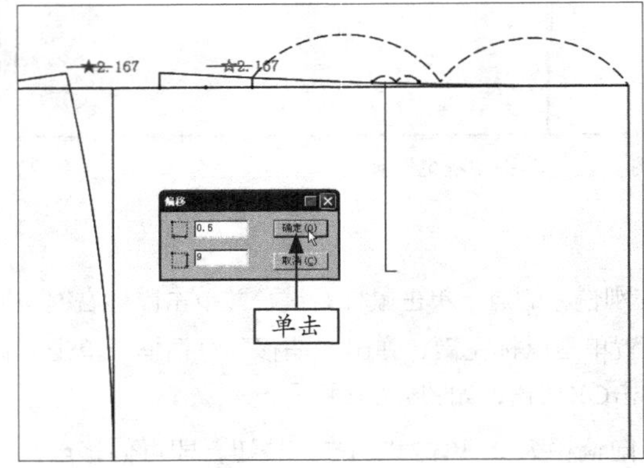

图6-234 单击“确定”按钮

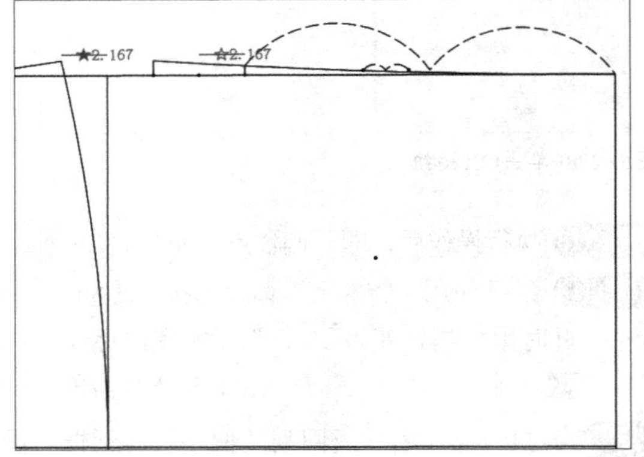

图6-235 偏移点

步骤 19 继续使用“智能笔”命令，在工作区中相应的点上单击鼠标左键，绘制省线，如图6-236所示。

步骤 20 继续使用“智能笔”命令，在工作区中相应的点上单击鼠标左键，绘制侧缝弧线，如图6-237所示。

步骤 21 继续使用“智能笔”命令，按住【Shift】键，在后腰弧线上单击鼠标左键的同时向下拖曳鼠标，然后在工作区中依次选择后中线和侧缝弧线，拖曳鼠标，至合适位置后单击鼠标左键，弹出“平行线”对话框，设置相应的参数，单击“确定”按钮，如图6-238所示。

步骤 22 在设计工具栏中单击"等分规"按钮，设置"等分数"为2，按【Shift】键，在相应的交点处单击鼠标左键，然后拖曳鼠标，至合适位置单击鼠标左键，弹出"线上反向等分点"对话框，选中"双向总长"单选按钮，单击"计算器"按钮，弹出"计算器"对话框，输入相应的公式，单击OK按钮，如图6-239所示。

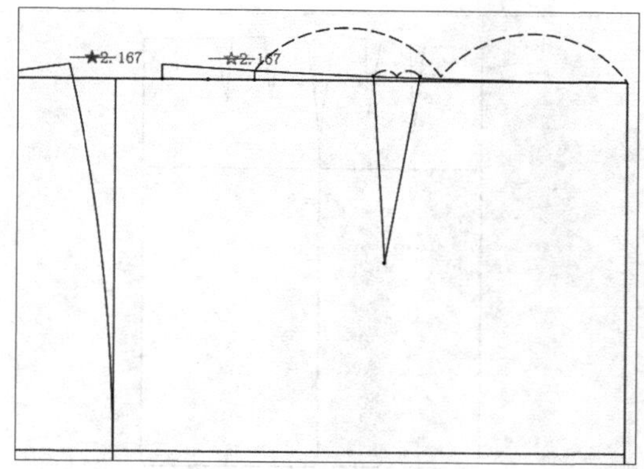

图6-236 绘制省线

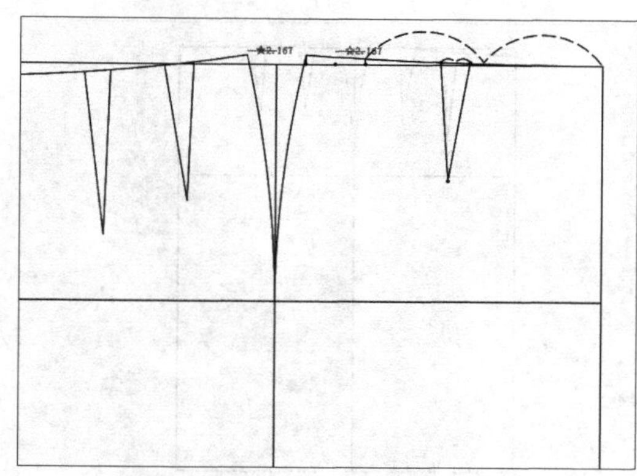

图6-237 绘制侧缝弧线

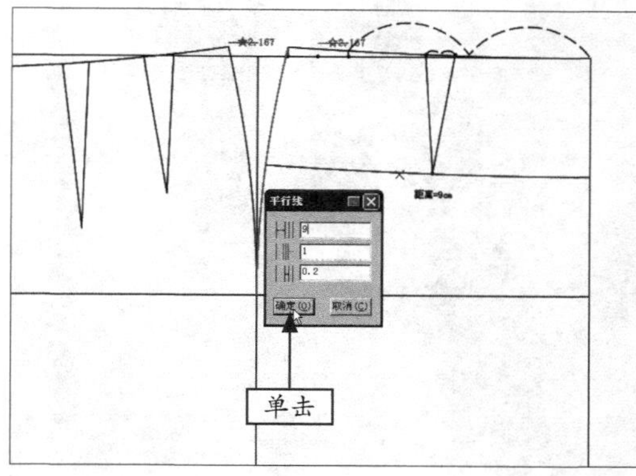

图6-238 单击"确定"按钮

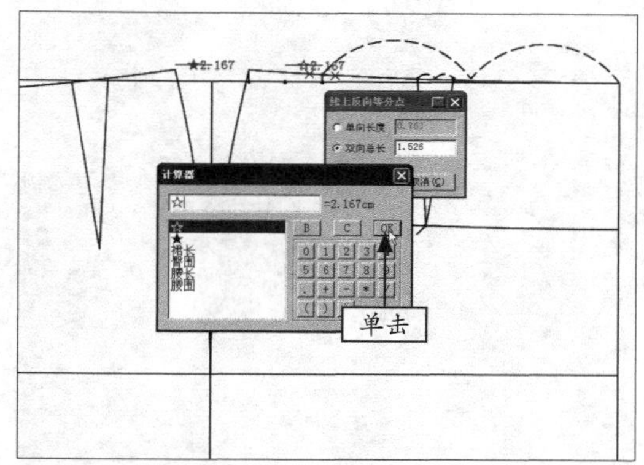

图6-239 单击OK按钮

步骤 23 继续使用"等分规"命令，设置线型为虚线、"等分数"为2，单击鼠标右键，然后在工作区中的相应的点上依次单击鼠标左键，执行操作后，即可二等分弧线，如图6-240所示。

步骤 24 将线型改为实线，继续使用"智能笔"命令，在工作区中相应的点上单击鼠标左键，绘制省线，如图6-241所示。

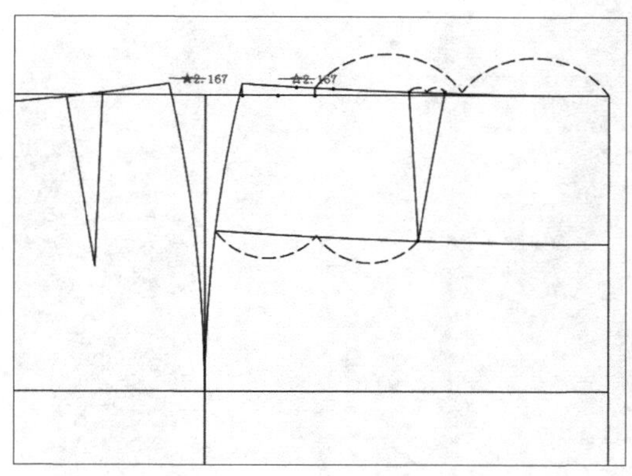

图6-240 二等分弧线

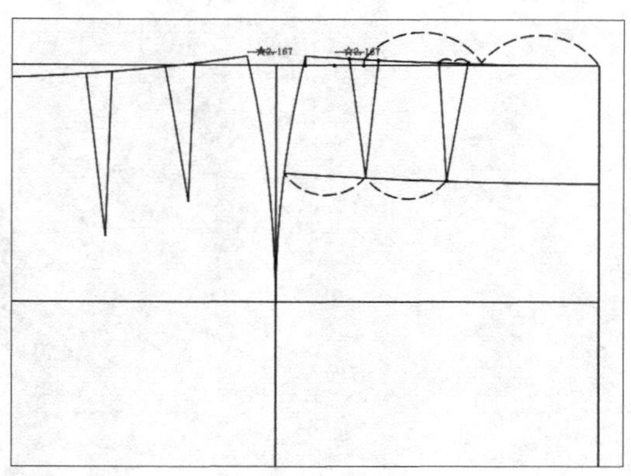

图6-241 绘制省线

步骤 ㉕ 在“设计工具栏”中单击“橡皮擦”按钮■，删除相应的点和线，如图6-242所示。

步骤 ㉖ 在“设计工具栏”中单击“剪断线”按钮■，剪断相应的线，然后删除多余的线段，此时即可完成裙装原型CAD制版，如图6-243所示。

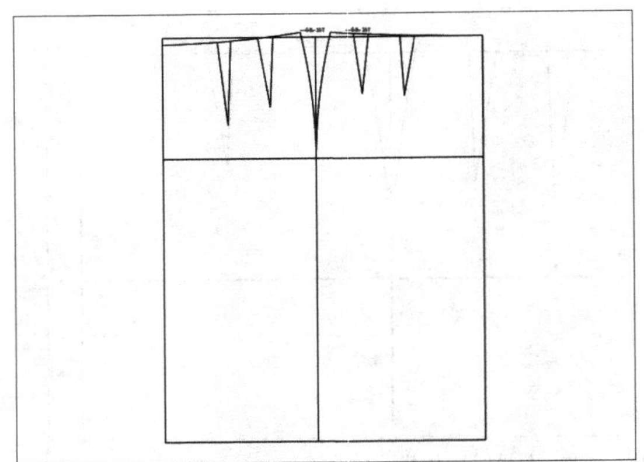
图6-242 删除点和线

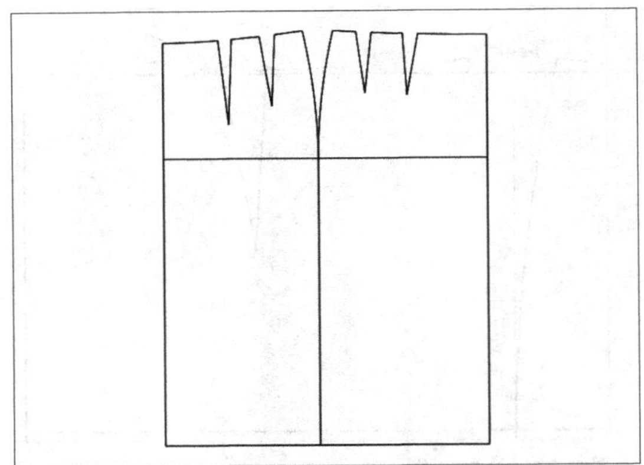
图6-243 裙装原型

本章建议学习时间120分钟

第 7 章　省、褶裥与分割线的设计

学前提示

服装原型是服装结构设计的基础，服装款式千变万化，都离不开服装原型。服装原型按性别可分为男装原型、女装原型以及童装原型；按部位可分为上衣原型、裙子原型等。本章主要向读者介绍设计放码软件的基本知识，主要包括设计放码软件的工作界面、文件的基本操作以及设计放码软件快速入门等内容。

本章内容

- 省道设计
- 分割线设计
- 褶裥设计

通过本章的学习，您可以

- 掌握领省的设计
- 掌握特色形状省的设计
- 掌握U形分割线的设计
- 掌握公主线的设计
- 掌握褶裥一的设计
- 掌握褶裥二的设计

视频演示

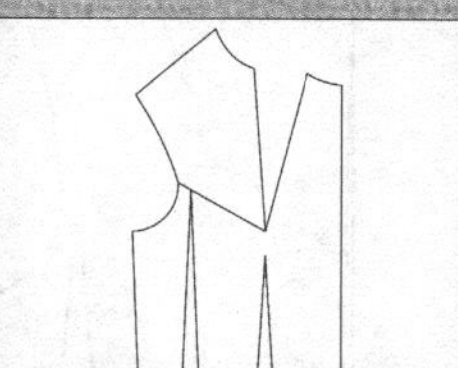

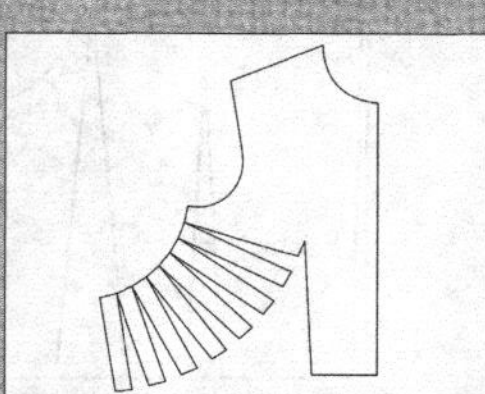

7.1 省道设计

省道变化很多，按部位可分为领省、肩省、袖窿省、腋下省、腰省、中心省等；按形状可分为钉子省、开花省、弧形省、锥子省、橄榄省等；按省的数量可分为单省、双省、多省组合。使用不同的省道可以变化出多种多样的服装款式。

7.1.1 领省

领省指在领窝部位所开的省道，多呈八字形。服装中的省是因为平面的布料为了包裹立体的人体产生的多余的量。领省的效果如图7-1所示。

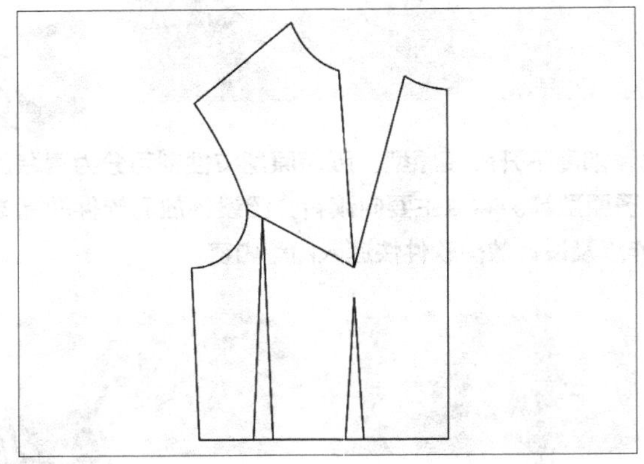
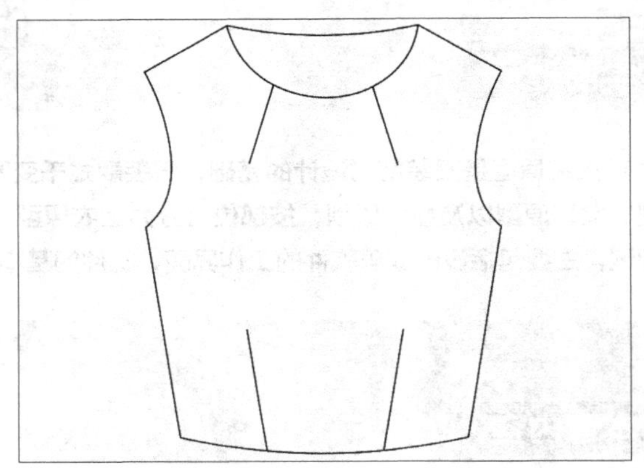

图7-1 领省效果

素材文件	无
效果文件	光盘\素材\第7章\7-15.dgs
视频文件	光盘\视频\第7章\7.1.1 领省.mp4

步骤解析

步骤 1 按【Ctrl+O】组合键，打开文化式女上装原型，如图7-2所示。

步骤 2 在“设计工具栏”中单击“橡皮擦”按钮■，如图7-3所示。

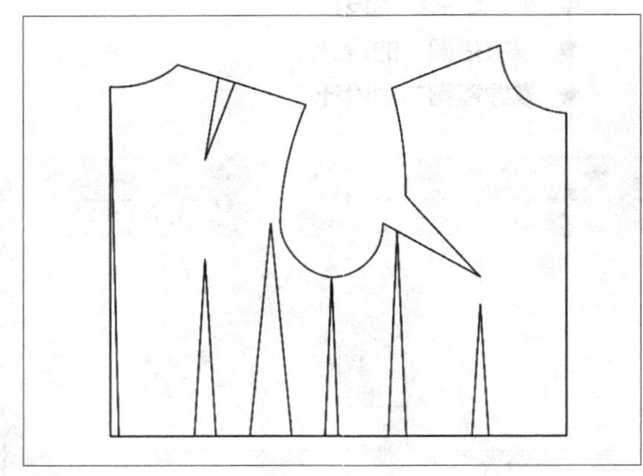

图7-2 打开文化式女上装原型

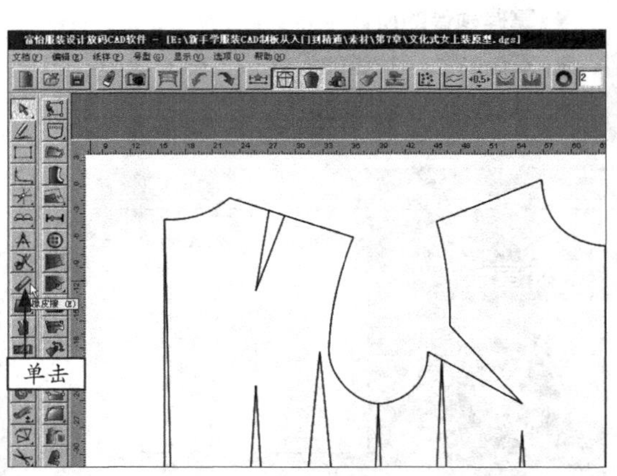

图7-3 单击“橡皮擦”按钮

步骤 3 在工作区中选择相应的线段，将其删除，如图7-4所示。

步骤 4 在“设计工具栏”中单击“剪断线”按钮■，如图7-5所示。

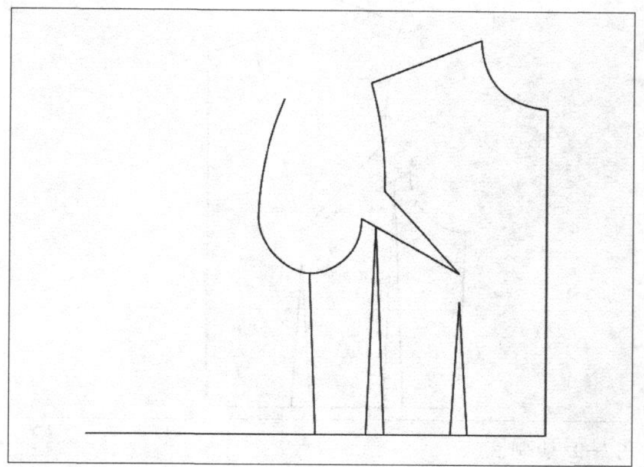

图7-4 删除线段

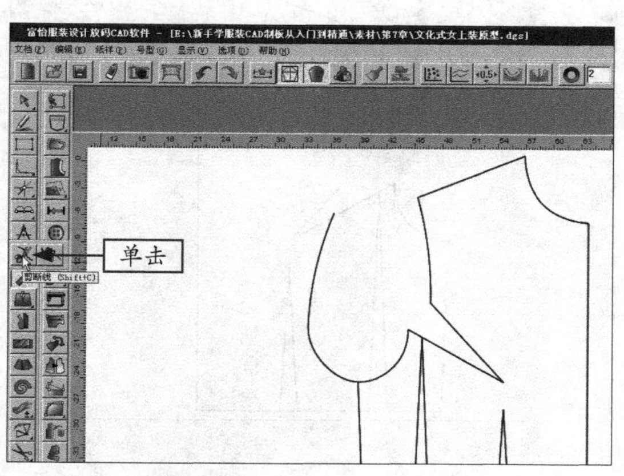

图7-5 单击“剪断线”按钮

步骤 5 在工作区中选择袖窿弧线，然后在袖窿弧线与省线的交点上单击鼠标左键，如图7-6所示。

步骤 6 执行操作后，即可剪断袖窿弧线。继续使用“剪断线”命令，在工作区中选择腰围线，然后在腰围线与省线的交点上单击鼠标左键，如图7-7所示。

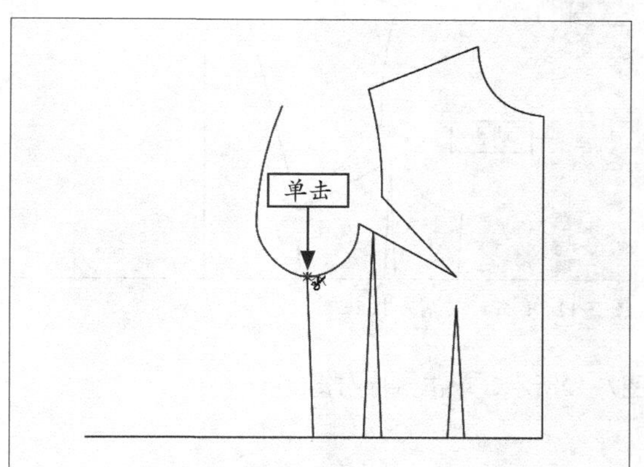

图7-6 单击鼠标左键

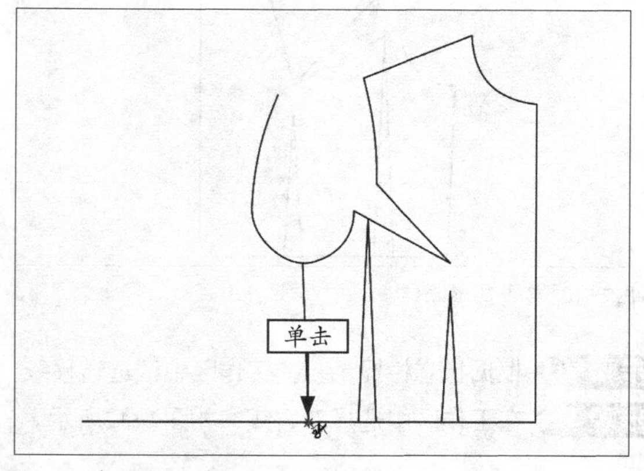

图7-7 单击鼠标左键

步骤 7 执行操作后，即可剪断腰围线。在“设计工具栏”中单击“橡皮擦”按钮■，删除相应的线，如图7-8所示。

步骤 8 在“设计工具栏”中单击“智能笔”按钮■，在前领口弧线上的相应位置单击鼠标左键，弹出“点的位置”对话框，接受默认的参数，单击“确定”按钮，然后拖曳鼠标，至省尖点单击鼠标左键，然后单击鼠标右键，绘制直线，如图7-9所示。

高手点拨

用户可以通过以下3种方法处理省道。

- 转移法。
- 剪切法。
- 量取法。

步骤 9 在“设计工具栏”中单击“剪断线”按钮■，在工作区中选择前领口弧线，然后在前领口弧线与刚绘制直线的交点上单击鼠标左键，如图7-10所示。

步骤 ⑩ 执行操作后，即可剪断前领口弧线。在“设计工具栏”中单击“转省”按钮，如图7-11所示。

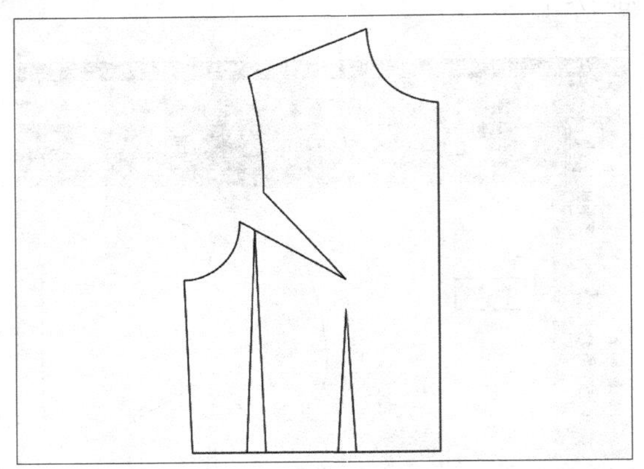
图7-8 删除线

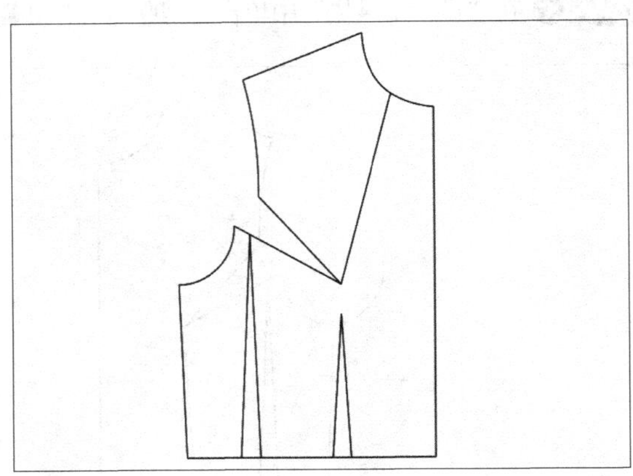
图7-9 绘制直线

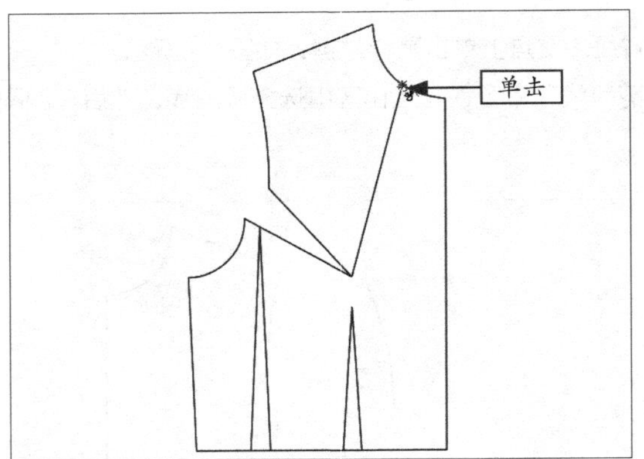

图7-10 单击鼠标左键

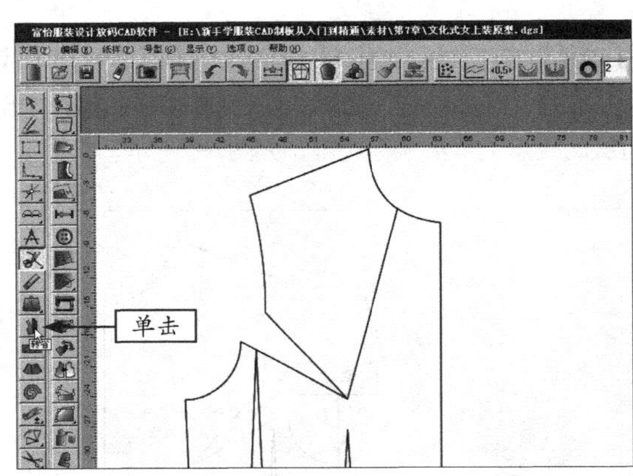

图7-11 单击“转省”按钮

步骤 ⑪ 根据状态栏提示，在工作区中框选转移线，如图7-12所示，单击鼠标右键。

步骤 ⑫ 在工作区中选择新省线，如图7-13所示。

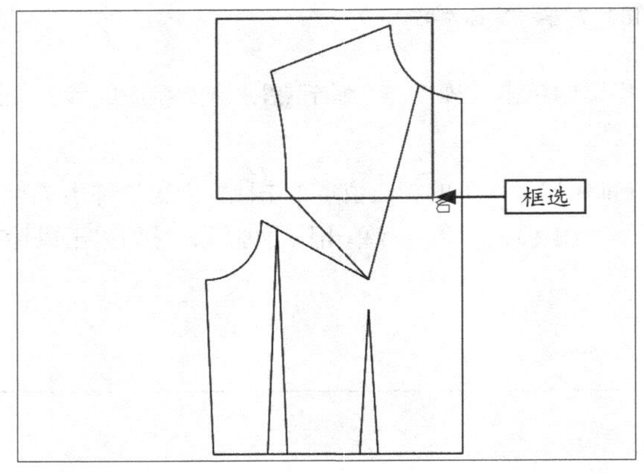

图7-12 框选转移线

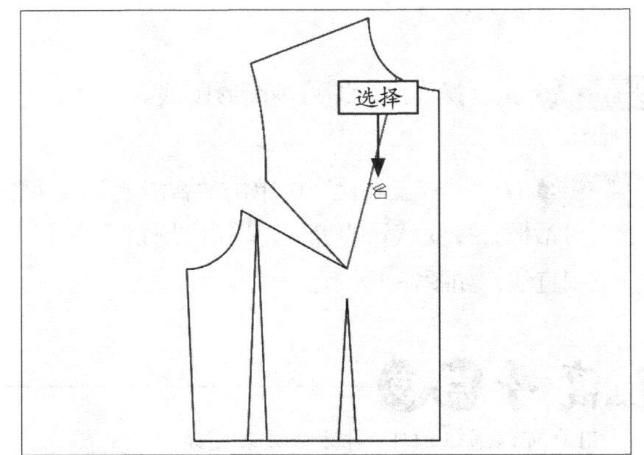

图7-13 选择新省线

步骤 ⑬ 单击鼠标右键，然后在工作区中选择袖窿省的省线作为合并省的起始边和终止边，如图7-14所示。

步骤 ⑭ 执行操作后，即可省道转移，此时即可完成领省的设计，效果如图7-15所示，然后单击“文档”|“另存为”命令，将其保存。

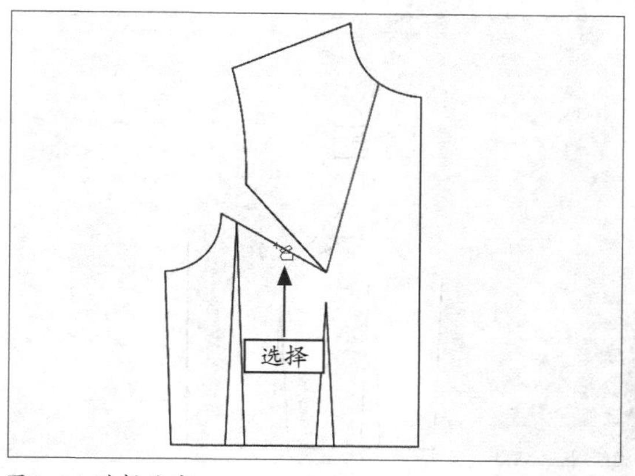

图7-14 选择边线

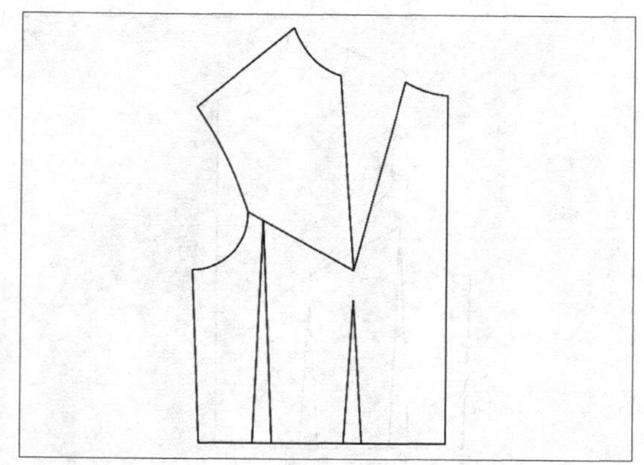
图7-15 领省效果

7.1.2 腋下省

腋下省指衣服两侧腋下处开的省道，其一般只设在前衣身上，省道形状常设计为锥形。腋下省的效果如图7-16所示。

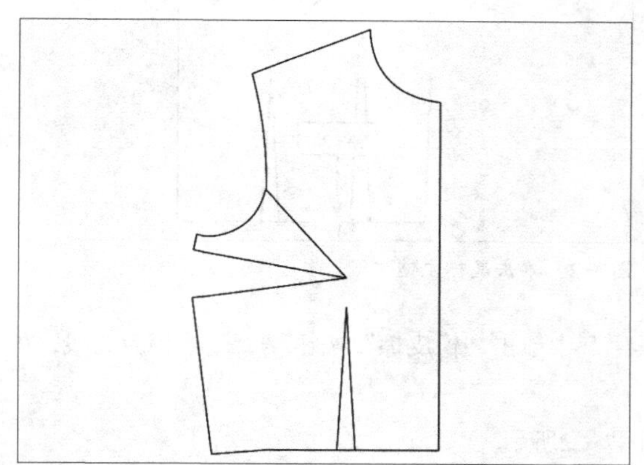
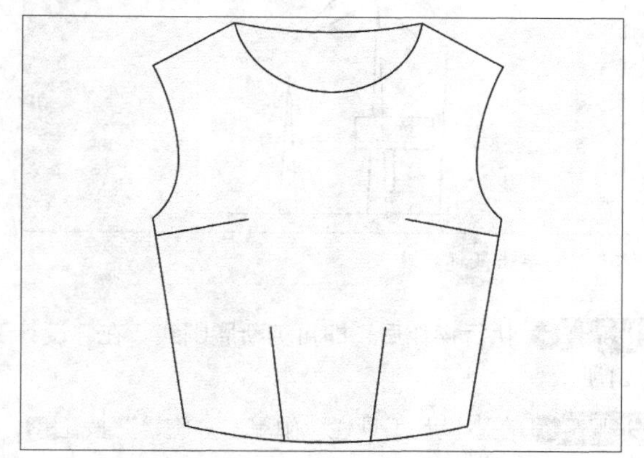
图7-16 腋下省效果

	素材文件	无
	效果文件	光盘\素材\第7章\7-33.dgs
	视频文件	光盘\视频\第7章\7.1.2 腋下省.mp4

步骤解析

步骤 1 按【Ctrl+O】组合键，打开文化式女上装原型，在“设计工具栏”中单击“橡皮擦”按钮■和“剪断线”按钮■，修剪曲线，如图7-17所示。

步骤 2 在“设计工具栏”中单击“剪断线”按钮■，在工作区中选择袖窿省的省线，然后在合适的点上单击鼠标左键，如图7-18所示。

步骤 3 执行操作后，即可剪断省线。继续使用“剪断线”命令，在工作区中选择腰围线，然后在相应的省边点上单击鼠标左键，如图7-19所示。

步骤 4 执行操作后，即可剪断腰围线。继续使用“剪断线”命令，在工作区中选择腰围线，然后在腰围线与省线的交点上单击鼠标左键，如图7-20所示。

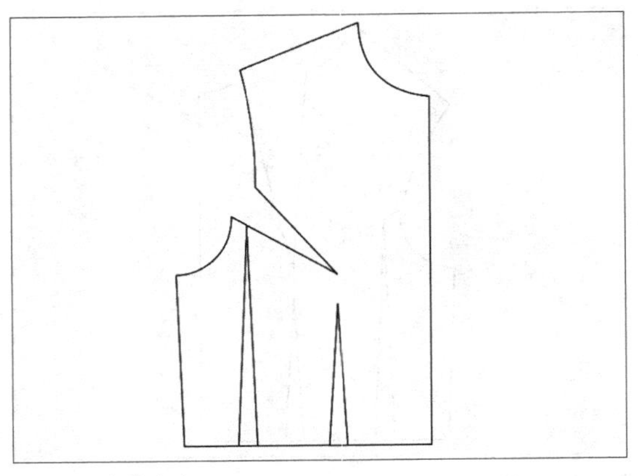
图7-17 修剪曲线

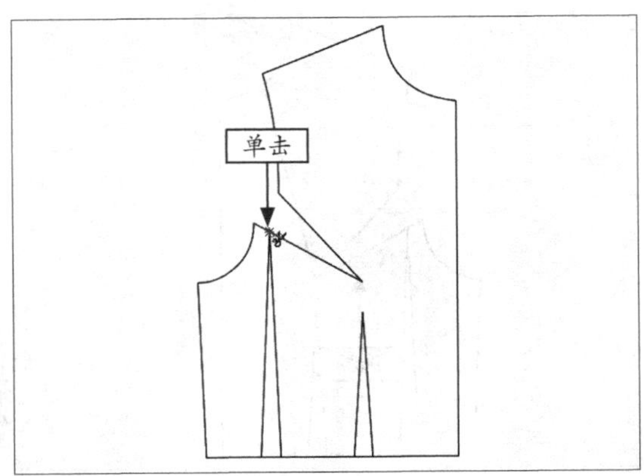

图7-18 单击鼠标左键

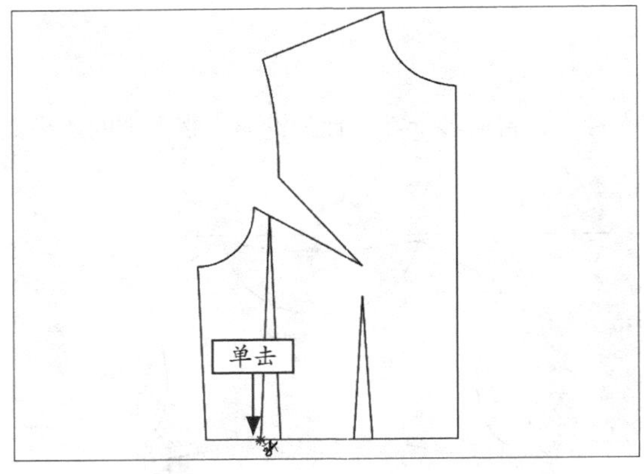

图7-19 单击鼠标左键

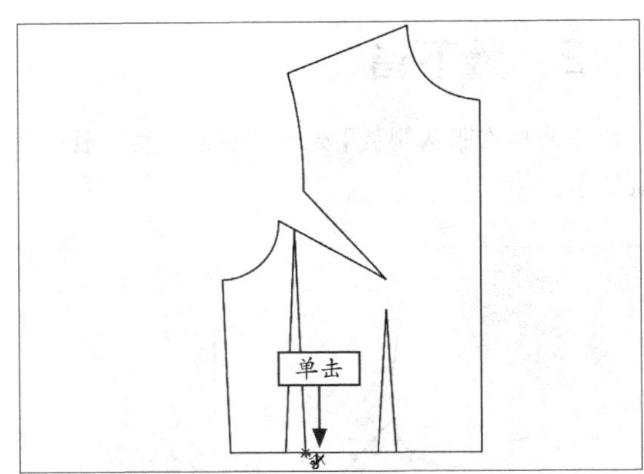

图7-20 单击鼠标左键

步骤5 执行操作后，即可剪断腰围线。在“设计工具栏”中单击“橡皮擦”按钮■，删除相应的线，如图7-21所示。

步骤6 在“设计工具栏”中单击“旋转”按钮■，如图7-22所示。

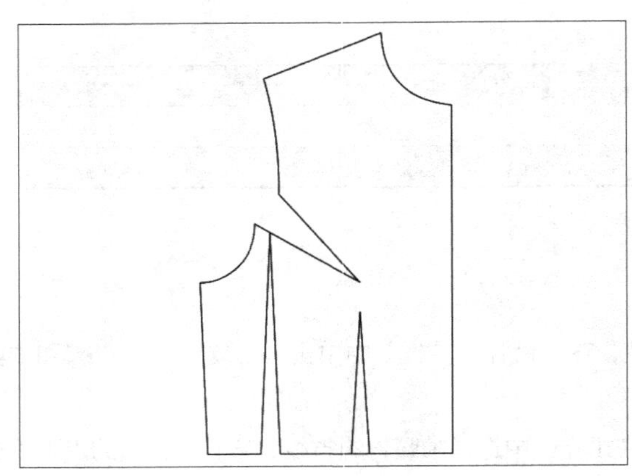
图7-21 删除线

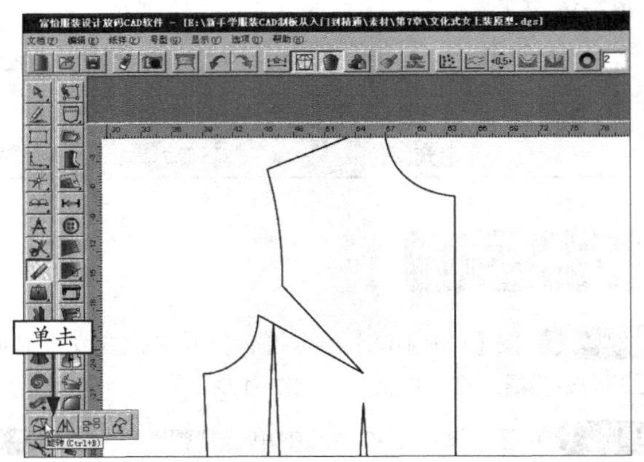

图7-22 单击“旋转”按钮

步骤7 根据状态栏提示，在工作区中框选曲线，如图7-23所示。

步骤8 单击鼠标右键，然后在工作区中指定旋转中心和旋转起点，如图7-24所示。

步骤9 拖曳鼠标，至相应的点上单击鼠标左键，指定旋转终点，如图7-25所示。

步骤 10 执行操作后，即可通过旋转合并省道，如图7-26所示。

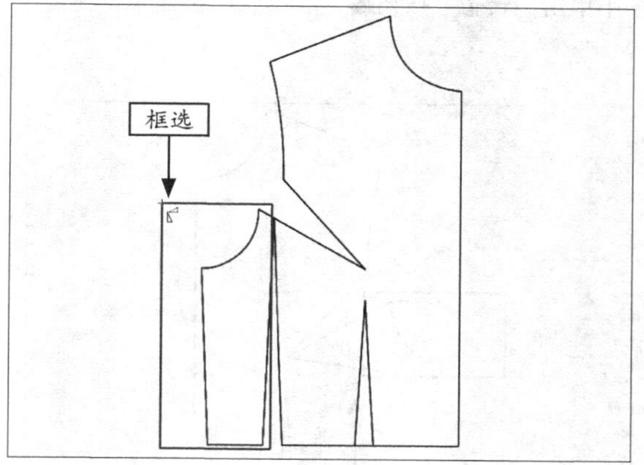

图7-23 框选曲线

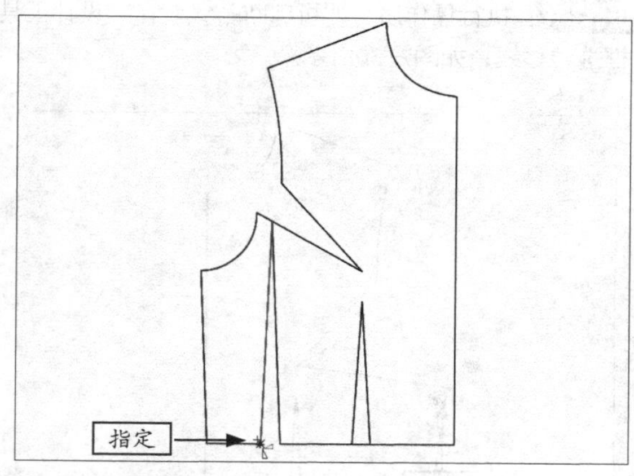

图7-24 指定旋转起点

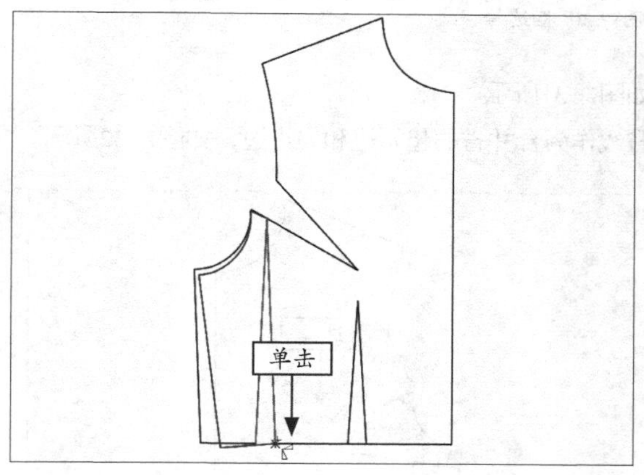

图7-25 单击鼠标左键

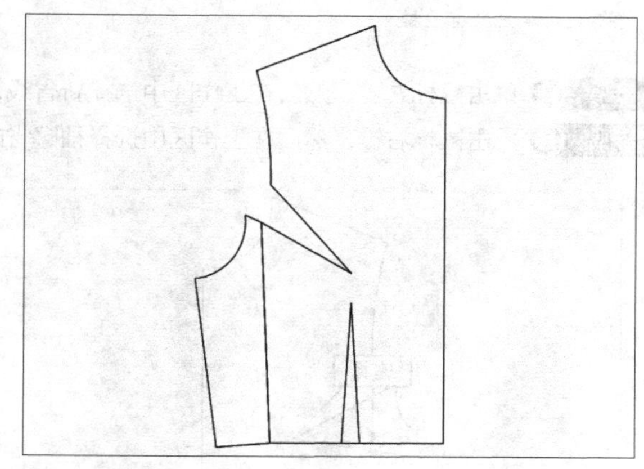
图7-26 合并省道

步骤 11 在“设计工具栏”中单击“橡皮擦”按钮■，删除相应的线，如图7-27所示。

步骤 12 在“设计工具栏”中单击“智能笔”按钮■，在工作区中相应的点上单击鼠标左键，绘制直线，如图7-28所示。

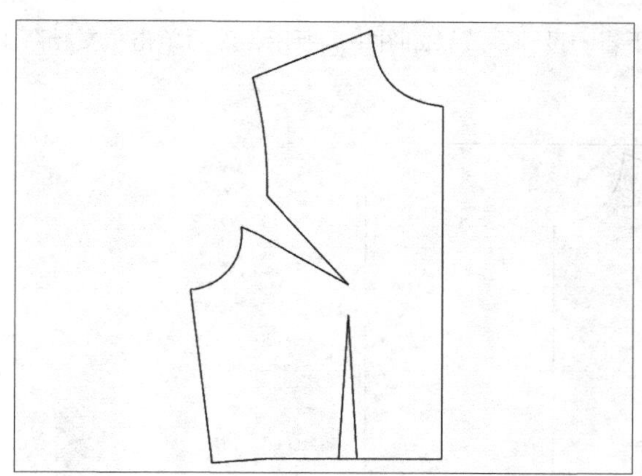
图7-27 删除线

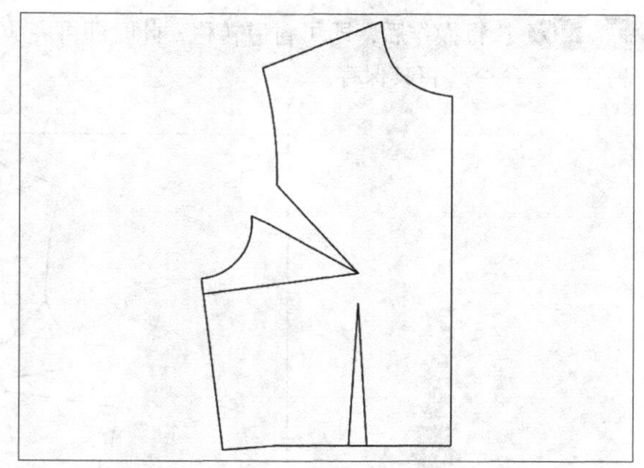
图7-28 绘制直线

步骤 13 在“设计工具栏”中单击“剪断线”按钮■，在工作区中选择最左侧的省线，然后在省线与刚绘制直线的交点上单击鼠标左键，如图7-29所示。

步骤 14 执行操作后，即可剪断省线。在“设计工具栏”中单击“转省”按钮，根据状态栏提示，在工作区中框选转移线，如图7-30所示。

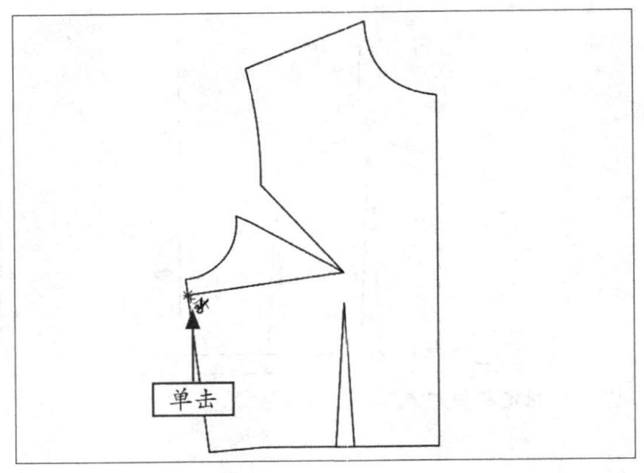

图7-29 单击鼠标左键

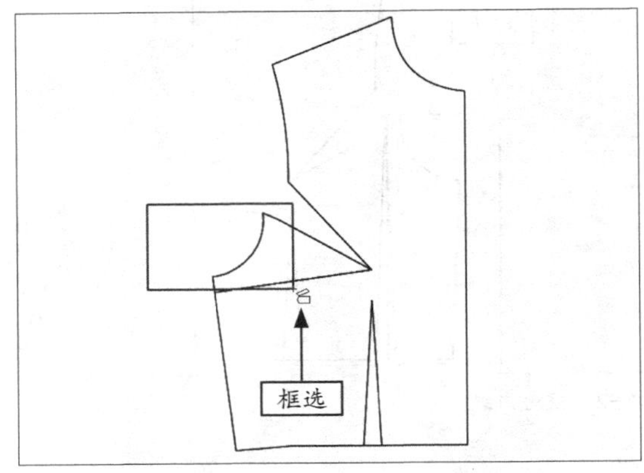

图7-30 框选转移线

步骤 15 单击鼠标右键，然后在工作区中选择新省线，如图7-31所示。

步骤 16 单击鼠标右键，然后在工作区中选择袖窿省的省线作为合并省的起始边和终止边，如图7-32所示。

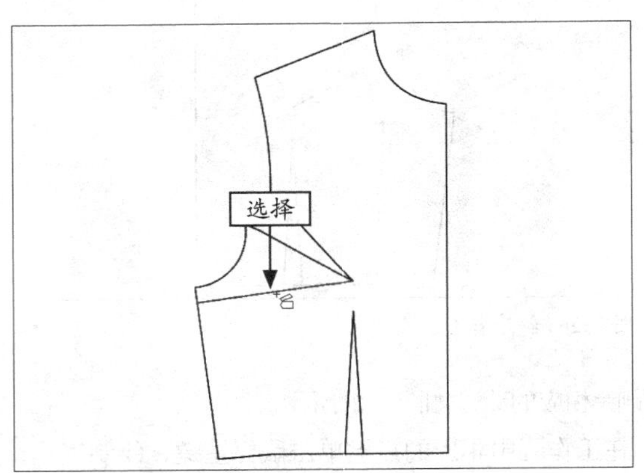

图7-31 选择新省线

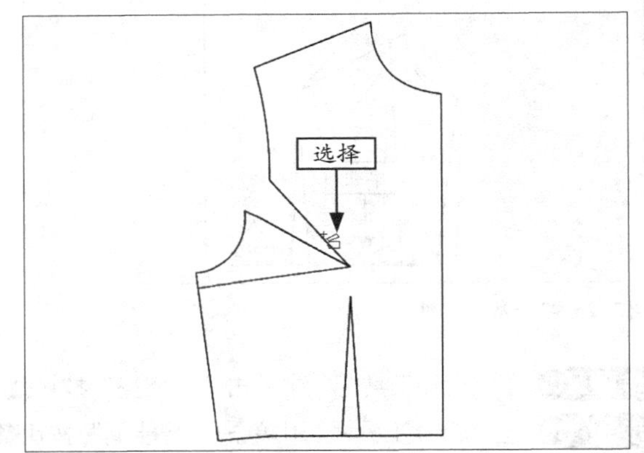

图7-32 选择边线

步骤 17 执行操作后，即可省道转移，此时即可完成腋下省的设计，效果如图7-33所示，然后单击“文档” | “另存为”命令，将其保存。

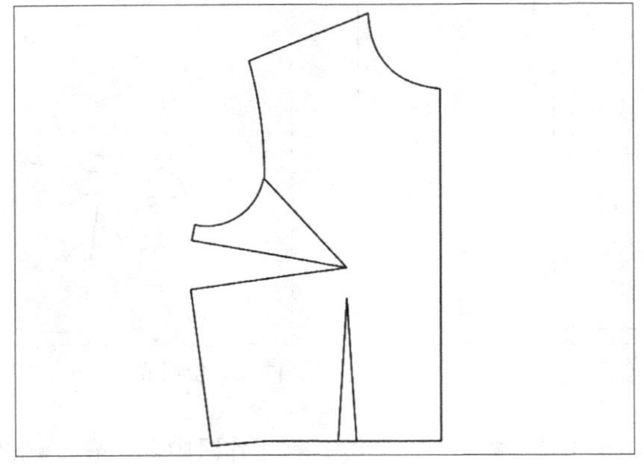
图7-33 腋下省效果

7.1.3 T形省

T形省是形状如T形的一类省道，其是中心省的一种。T形省的效果如图7-34所示。

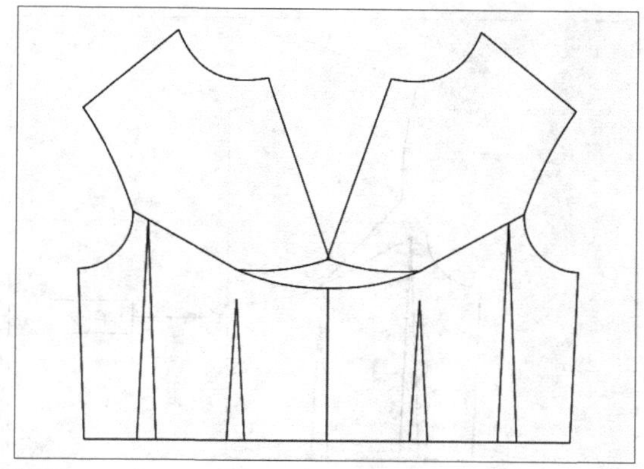
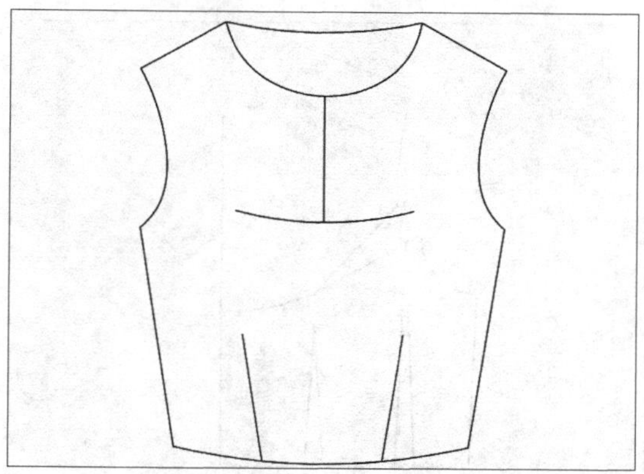

图7-34 T形省效果

素材文件	无
效果文件	光盘\素材\第7章\7-45.dgs
视频文件	光盘\视频\第7章\7.1.3 T形省.mp4

步骤解析

步骤 1 按【Ctrl+O】组合键，打开文化式女上装原型，在“设计工具栏”中单击“橡皮擦”按钮■和“剪断线”按钮■，修剪曲线，如图7-35所示。

步骤 2 在“设计工具栏”中单击“智能笔”按钮■，在工作区中相应的点上单击鼠标左键，然后拖曳鼠标，至前中线上单击鼠标左键，弹出“点的位置”对话框，设置“长度”为1.8，单击“确定”按钮，如图7-36所示。

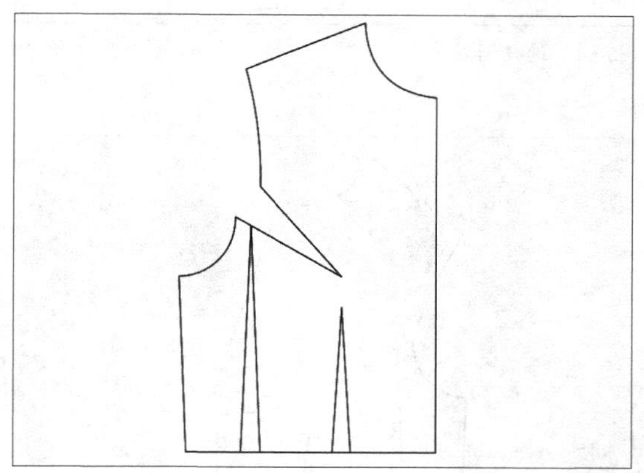

图7-35 修剪曲线

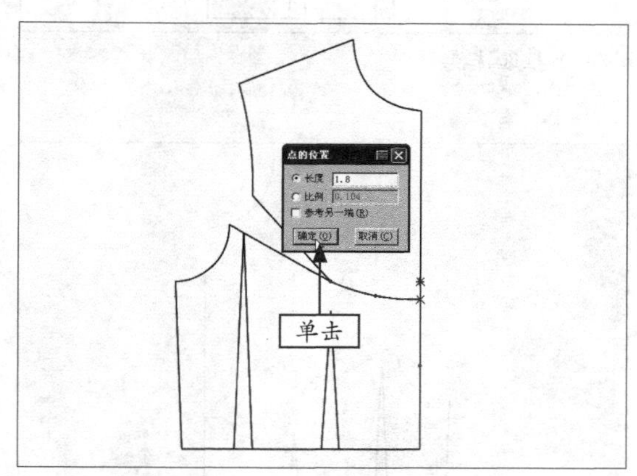

图7-36 单击“确定”按钮

步骤 3 执行操作后，单击鼠标右键，即可绘制直线，然后对其进行适当调整，如图7-37所示。

步骤 4 在“设计工具栏”中单击“剪断线”按钮■，在工作区中选择前中线，然后在前中线与弧线的交点上单击鼠标左键，如图7-38所示。

步骤 5 执行操作后，即可剪断前中线。在“设计工具栏”中单击“转省”按钮■，根据状态栏提示，在工作区中框选转移线，如图7-39所示。

步骤 6 单击鼠标右键，然后在工作区中选择新省线，如图7-40所示。

步骤 7 单击鼠标右键，然后在工作区中选择袖窿省的省线作为合并省的起始边和终止边，如图7-41所示。

步骤 8 执行操作后，即可转移省道，如图7-42所示。

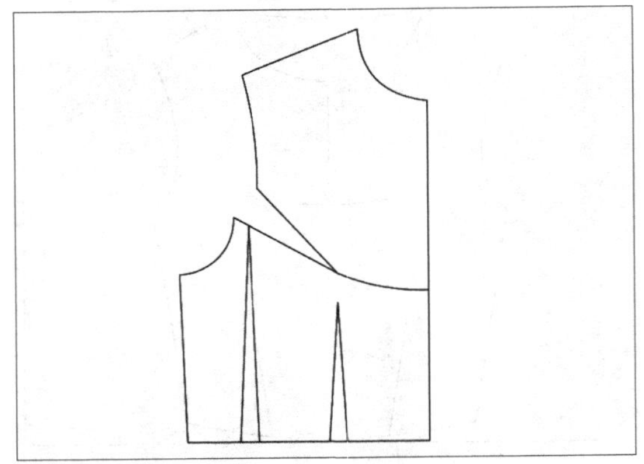

图7-37 绘制并调整直线

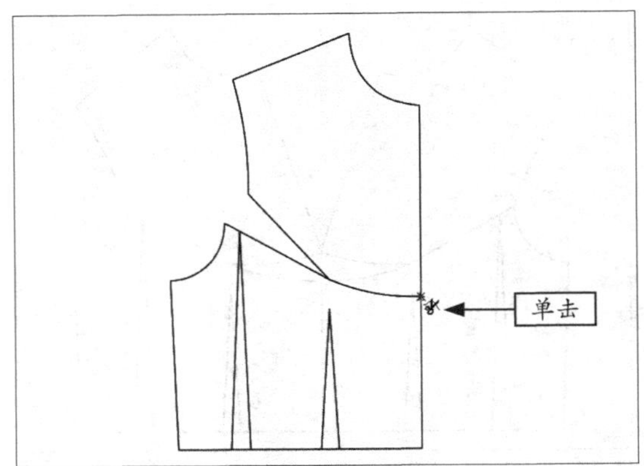

图7-38 单击鼠标左键

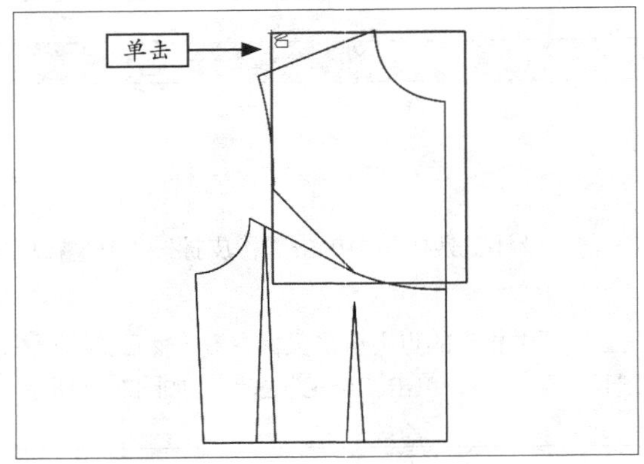

图7-39 框选转移线

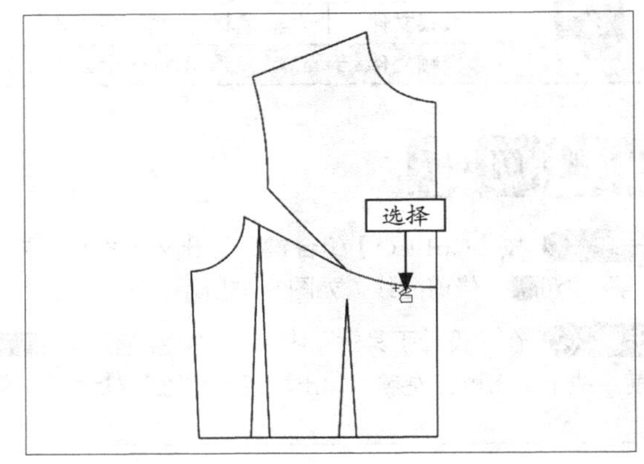

图7-40 选择新省线

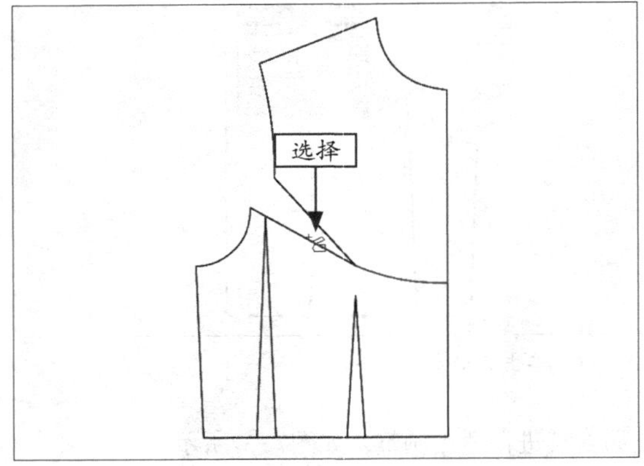

图7-41 选择边线

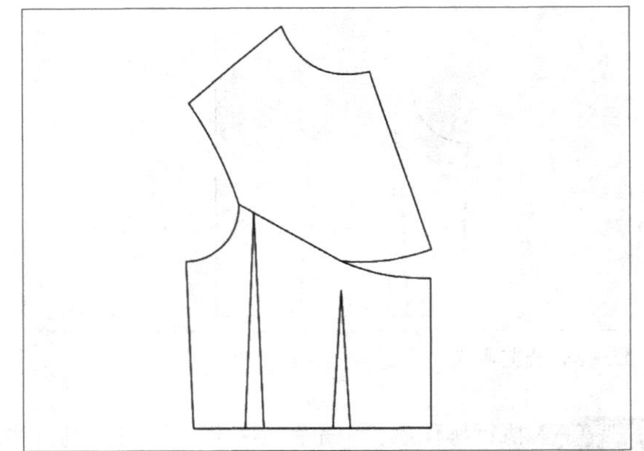

图7-42 转移省道

步骤 9 在“设计工具栏”中单击“对称”按钮，如图7-43所示。

步骤 10 根据状态栏提示，在工作区中的前中线上任取两点，指定对称轴的起点和终点，单击鼠标右键，然后框选左侧的曲线，如图7-44所示。

步骤 11 执行操作后，单击鼠标右键，即可对称曲线，此时即可完成T形省的设计，效果如图7-45所示，然后单击“文档” | “另存为”命令，将其保存。

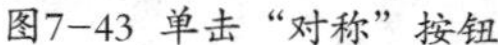

图7-43 单击“对称”按钮

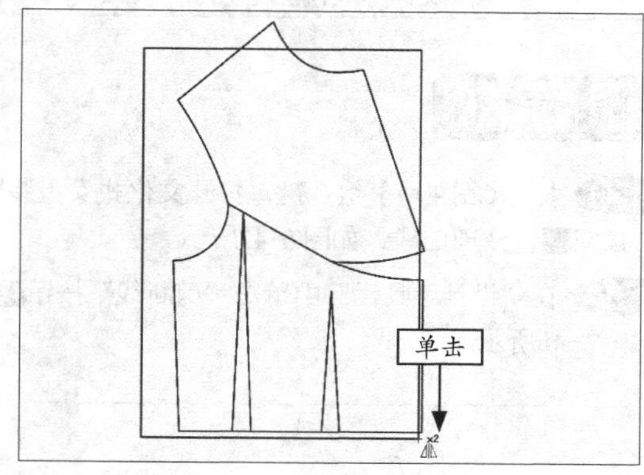

图7-44 框选曲线

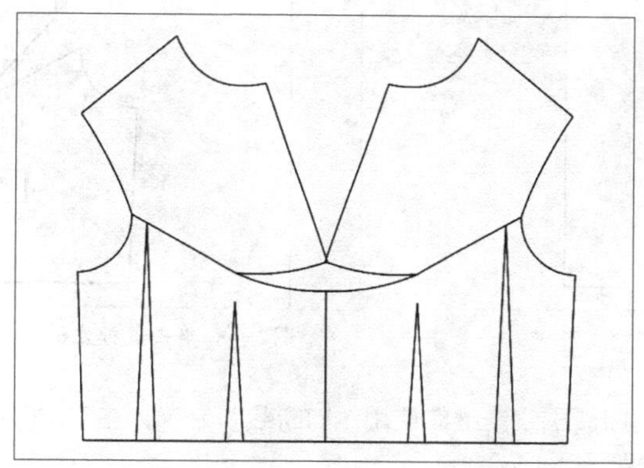

图7-45 T形省效果

7.1.4 特殊形状省

特殊形状省是指没有特定形态的一类省道，其能增加服装的时尚感。特殊形状省的效果如图7-46所示。

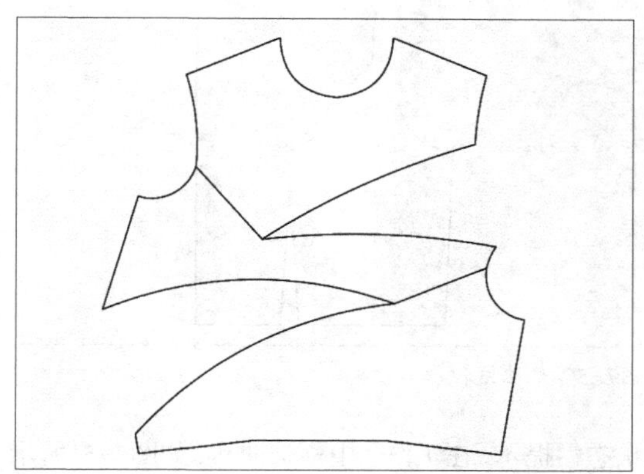

图7-46 特殊形状省效果

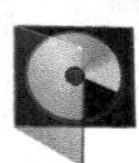

素材文件	无
效果文件	光盘\素材\第7章\7-67.dgs
视频文件	光盘\视频\第7章\7.1.4 特殊形状省.mp4

步骤解析

步骤 1 按【Ctrl+O】组合键，打开文化式女上装原型，在“设计工具栏”中单击“橡皮擦”按钮■和“剪断线”按钮■，修剪曲线，如图7-47所示。

步骤 2 在“设计工具栏”中单击“剪断线”按钮■，在工作区中选择腰围线，然后在合适的点上单击鼠标左键，如图7-48所示。

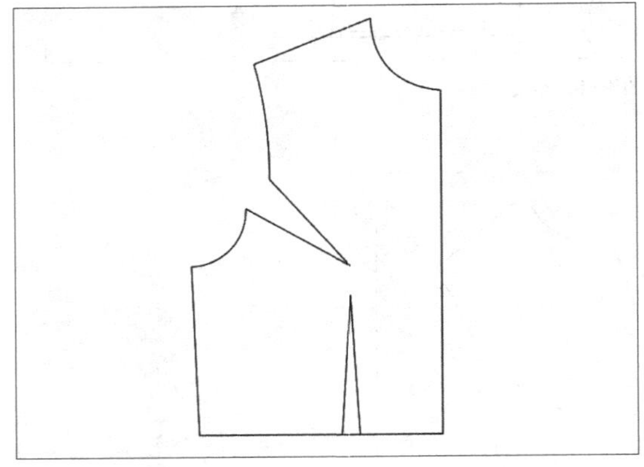

图7-47 修剪曲线

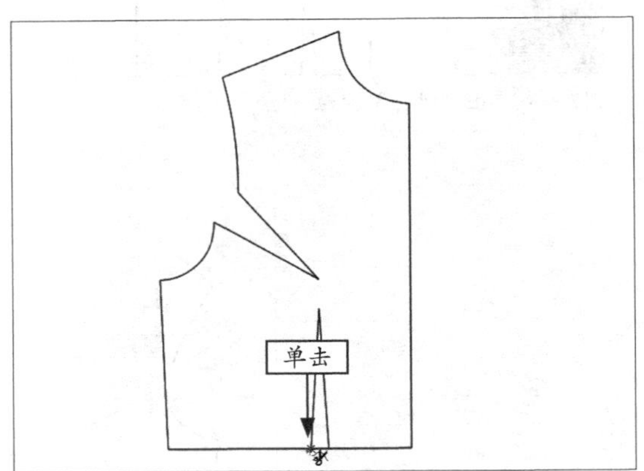

图7-48 单击鼠标左键

步骤 3 执行操作后，即可剪断腰围线。继续使用“剪断线”命令，在工作区中选择腰围线，然后在相应的省边点上单击鼠标左键，如图7-49所示。

步骤 4 执行操作后，即可剪断腰围线。在“设计工具栏”中单击“橡皮擦”按钮■，删除相应的线段，如图7-50所示。

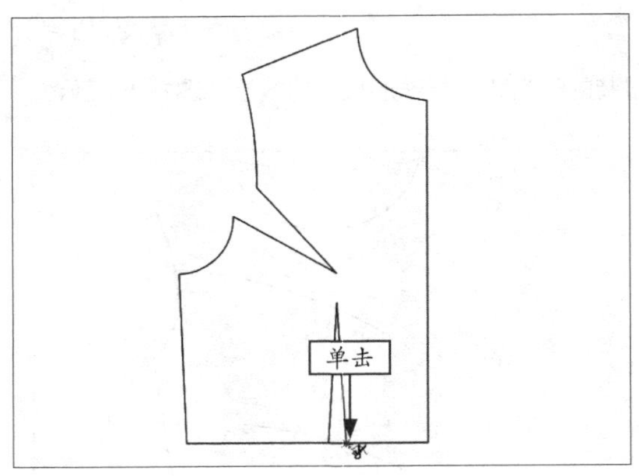

图7-49 单击鼠标左键

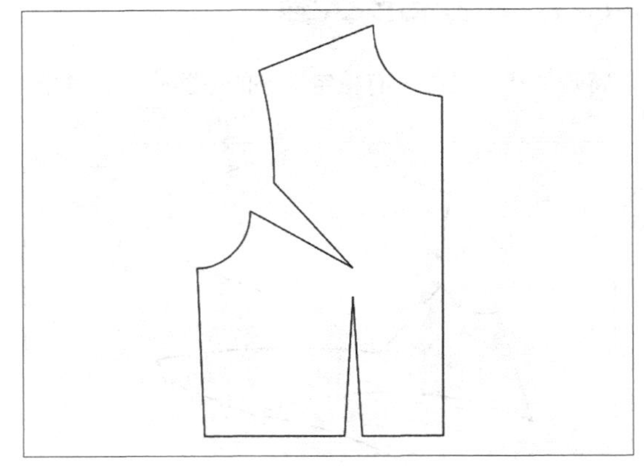

图7-50 删除线段

步骤 5 在“设计工具栏”中单击“旋转”按钮■，根据状态栏提示，在工作区中框选曲线，如图7-51所示。

步骤 6 单击鼠标右键，然后在工作区中指定旋转中心和旋转起点，如图7-52所示。

步骤 7 拖曳鼠标至相应的点上单击鼠标左键，指定旋转终点，执行操作后，即可通过旋转合并省道，如图7-53所示。

步骤 8 在“设计工具栏”中单击“橡皮擦”按钮■，在工作区中选择合并的线，将其删除，然后对省线进行调整，如图7-54所示。

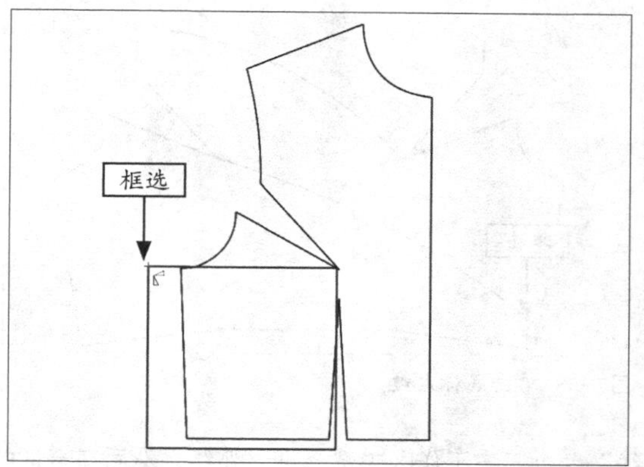

图7-51 框选曲线

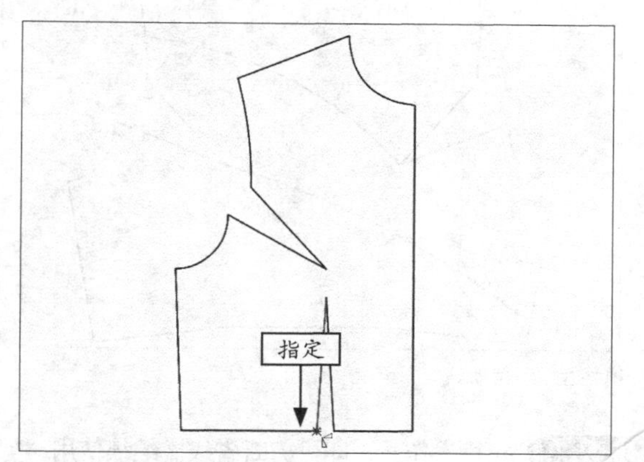

图7-52 指定旋转中心和旋转起点

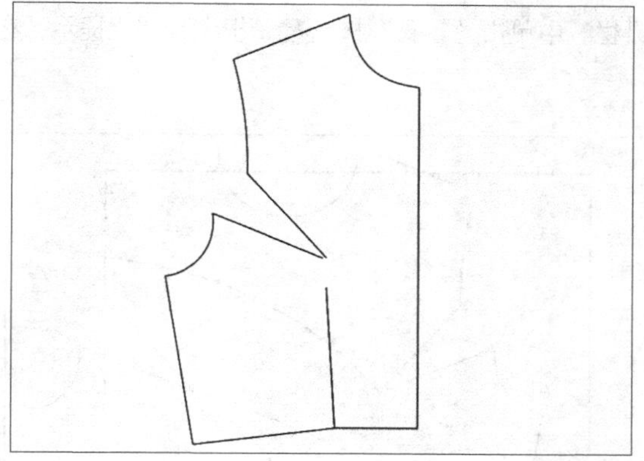
图7-53 合并省道

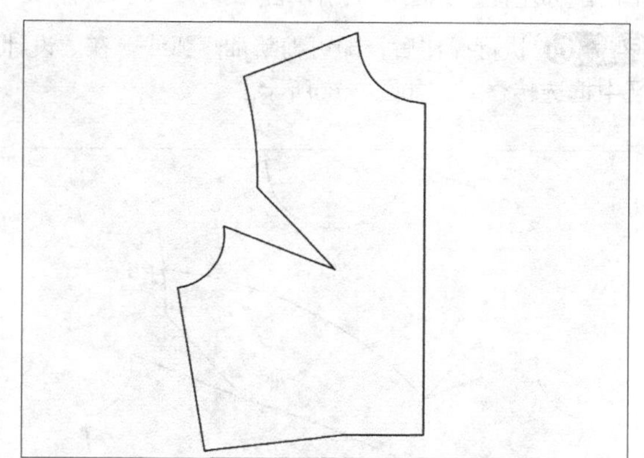
图7-54 删除曲线

步骤 9 在“设计工具栏”中单击“对称”按钮■，根据状态栏提示，在工作区中的前中线上任取两点，指定对称轴的起点和终点，单击鼠标右键，然后框选左侧的曲线，执行操作后，单击鼠标右键，即可对称曲线，如图7-55所示。

步骤 10 在“设计工具栏”中单击“橡皮擦”按钮■，删除前中线，如图7-56所示。

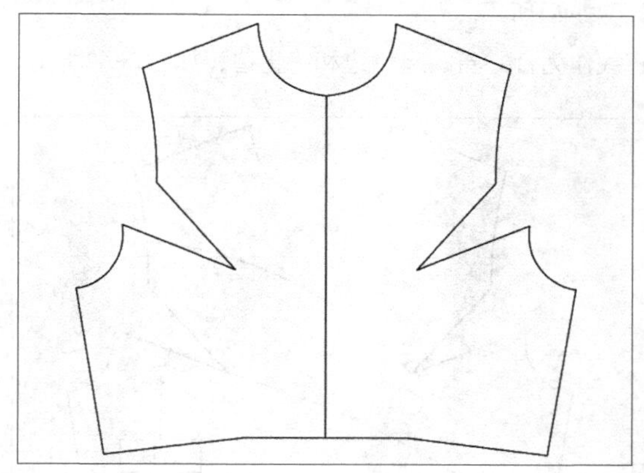
图7-55 对称曲线

图7-56 删除前中线

步骤 11 在“设计工具栏”中单击“智能笔”按钮■，在工作区中绘制相应的曲线，如图7-57所示。

步骤 12 在“设计工具栏”中单击“剪断线”按钮■，在工作区中选择省线，然后在合适的点上单击鼠标左键，如图7-58所示。

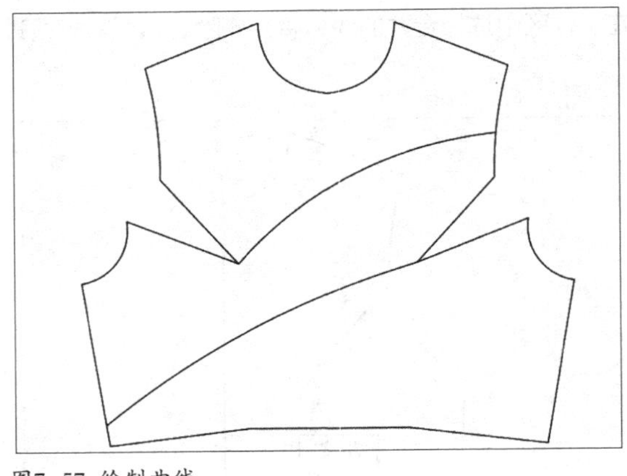

图7-57 绘制曲线

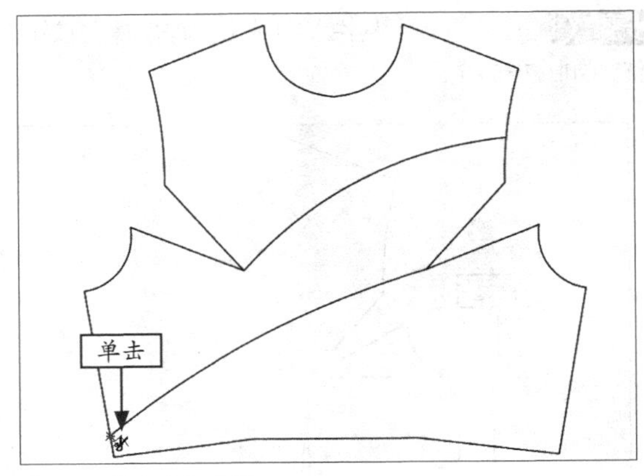

图7-58 单击鼠标左键

步骤 13 执行操作后，即可剪断省线。继续使用“剪断线”命令，在工作区中选择袖窿弧线，然后在合适的点上单击鼠标左键，如图7-59所示。

步骤 14 执行操作后，即可剪断袖窿弧线。在“设计工具栏”中单击“转省”按钮，根据状态栏提示，在工作区中框选转移线，如图7-60所示。

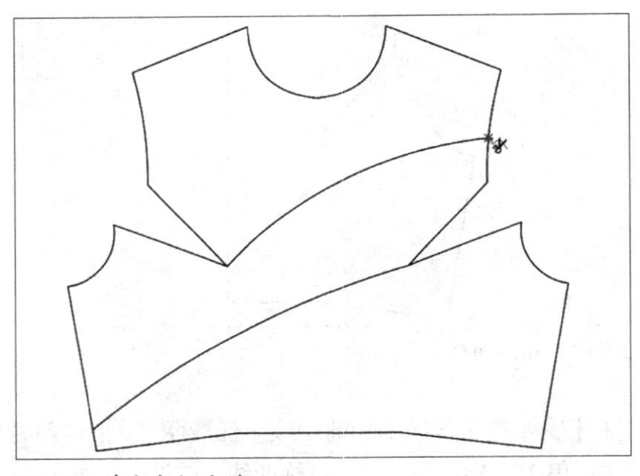

图7-59 单击鼠标左键

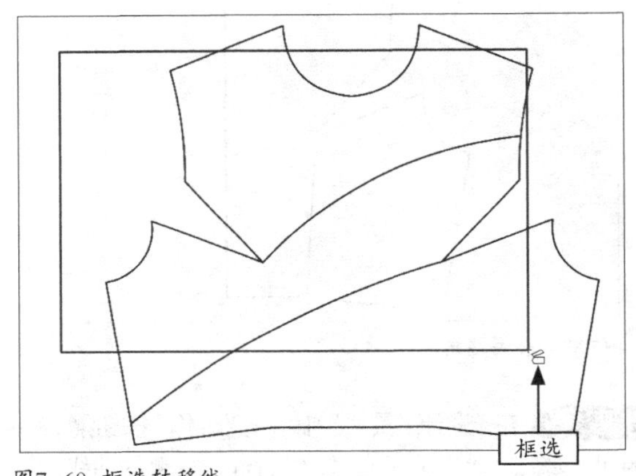

图7-60 框选转移线

步骤 15 单击鼠标右键，然后在工作区中选择新省线，如图7-61所示。

步骤 16 单击鼠标右键，然后在工作区中选择袖窿省的省线作为合并省的起始边和终止边，如图7-62所示。

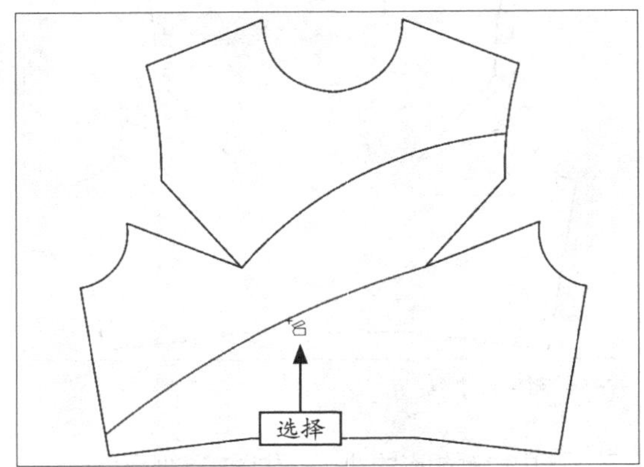

图7-61 选择新省线

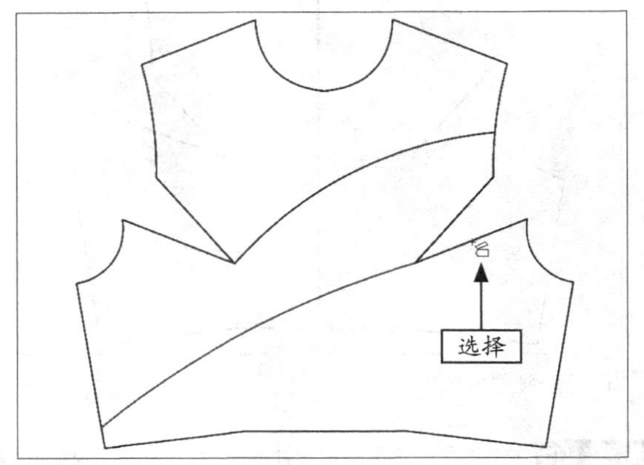

图7-62 选择边线

步骤 17 执行操作后，即可转移省道，如图7-63所示。

步骤 18 在“设计工具栏”中单击“转省”按钮，根据状态栏提示，在工作区中框选转移线，如图7-64所示。

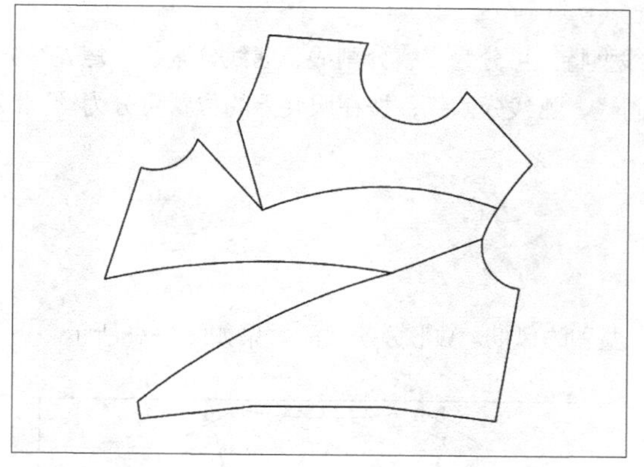

图7-63　转移省道

框选

图7-64　框选转移线

步骤 19 单击鼠标右键，然后在工作区中选择新省线，如图7-65所示。

步骤 20 单击鼠标右键，然后在工作区中选择袖窿省的省线作为合并省的起始边和终止边，如图7-66所示。

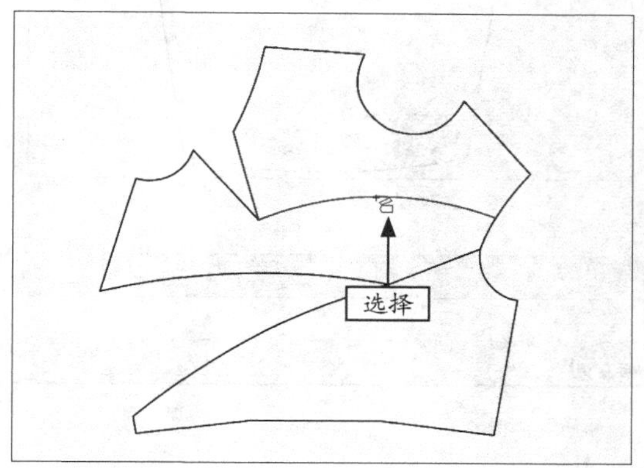

图7-65　选择新省线

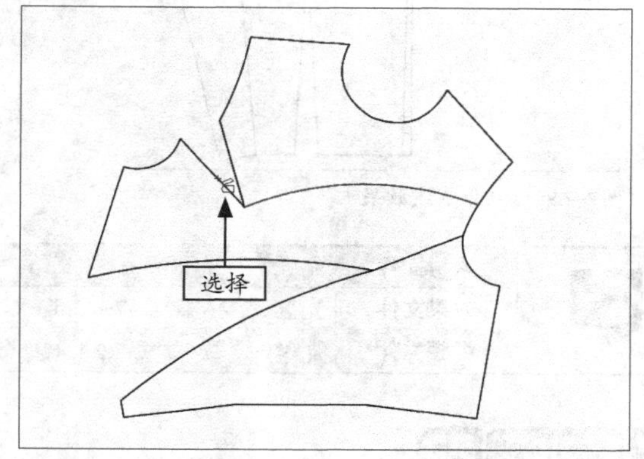

图7-66　选择边线

步骤 21 执行操作后，即可转移省道，此时即可完成特殊形状省的设计，效果如图7-67所示，然后单击“文档” | “另存为”命令，将其保存。

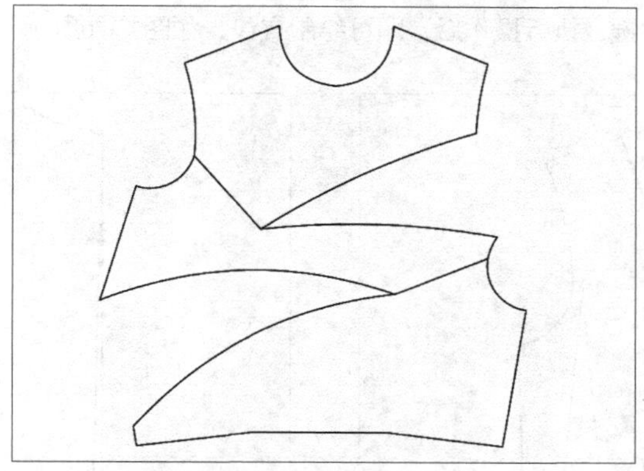

图7-67　特殊形状省效果

7.2 分割线设计

分割线是服装结构线的一种，又称开刀线。分割线按线型特征可分为直线分割线、曲线分割线、螺旋线分割线；按形态方向可分为横向分割线、纵向分割线、斜向分割线、弧线分割线；按在服装上的位置可分为领围线、肩线、育克线、腰围线、公主线、侧缝线、袖窿线等。

7.2.1 U形分割线

U形分割线是弧线分割线的一种，其能增加女性柔软、温和的风韵。U形分割线的效果如图7-68所示。

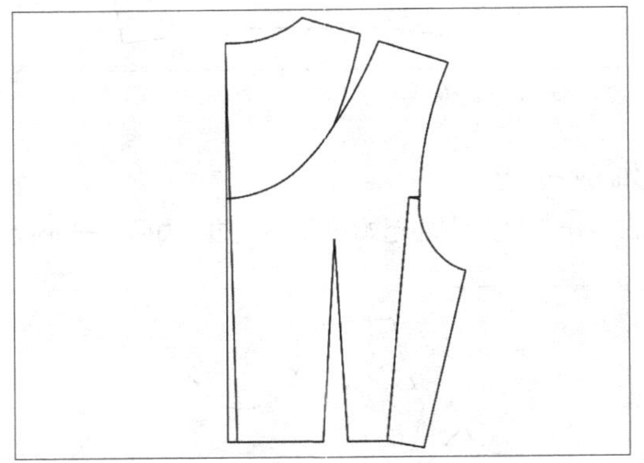
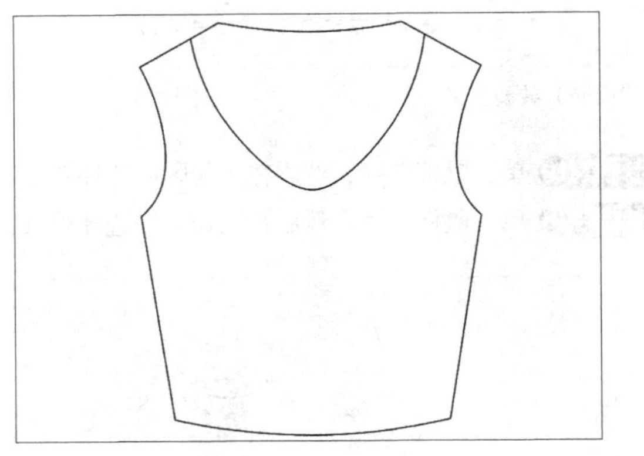

图7-68 U形分割线效果

素材文件	无
效果文件	光盘\素材\第7章\7-83.dgs
视频文件	光盘\视频\第7章\7.2.1 U形分割线.mp4

步骤解析

步骤1 按【Ctrl+O】组合键，打开文化式女上装原型，在“设计工具栏”中单击“橡皮擦”按钮和“剪断线”按钮，修剪曲线，如图7-69所示。

步骤2 在“设计工具栏”中单击“智能笔”按钮，在工作区中相应的点上单击鼠标左键，然后向右拖曳鼠标，至袖窿弧线上单击鼠标左键，执行操作后，即可绘制直线，如图7-70所示。

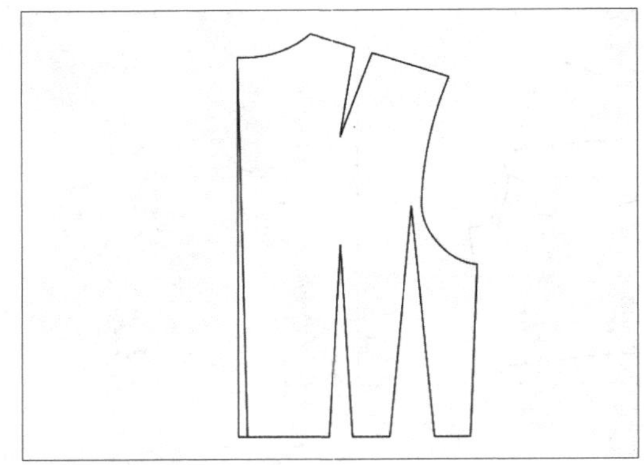

图7-69 修剪曲线

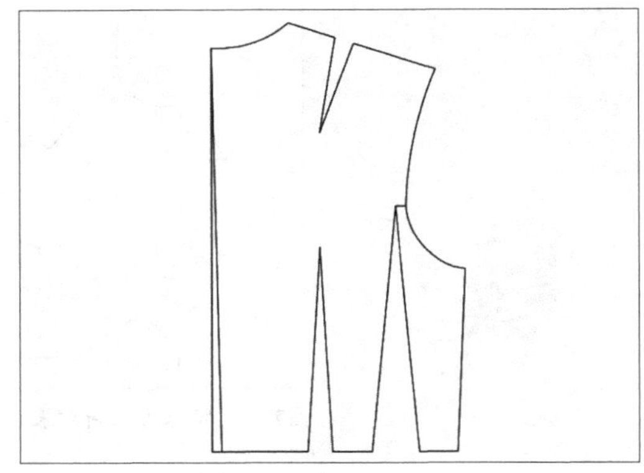

图7-70 绘制直线

步骤 3 在“设计工具栏”中单击“剪断线”按钮■，在工作区中选择袖窿弧线，然后在合适的位置单击鼠标左键，如图7-71所示。

步骤 4 执行操作后，即可剪断袖窿弧线。在“设计工具栏”中单击“旋转”按钮■，根据状态栏提示，在工作区中选择要旋转的曲线，单击鼠标右键，然后指定旋转中点和旋转起点，如图7-72所示。

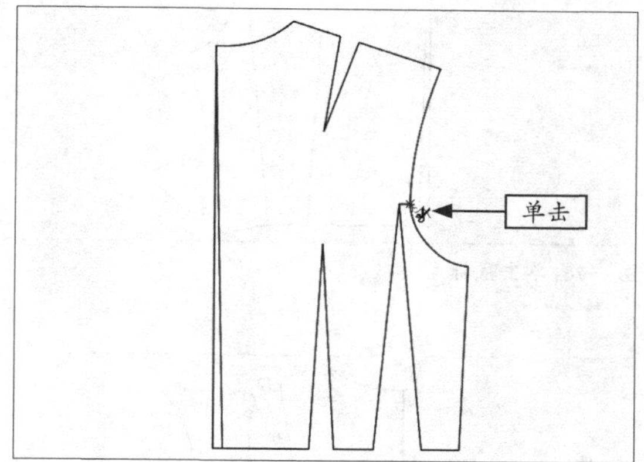

图7-71 单击鼠标左键

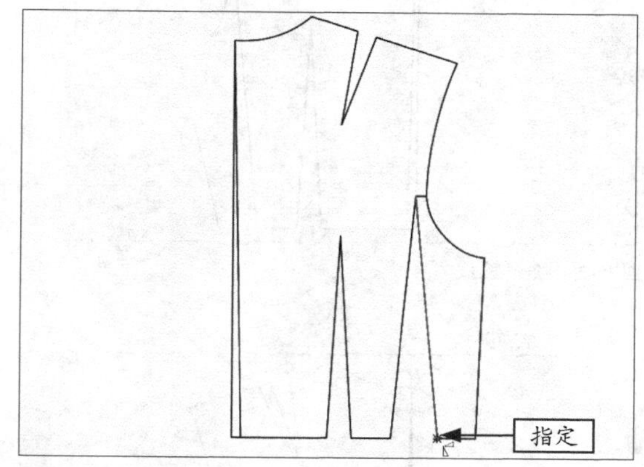

图7-72 指定旋转起点

步骤 5 向左拖曳鼠标，至省边点上单击鼠标左键，指定旋转终点，此时即可旋转曲线，如图7-73所示。

步骤 6 在“设计工具栏”中单击“智能笔”按钮■，在工作区中相应的省尖点上单击鼠标左键，然后向右拖曳鼠标，至袖窿弧线上单击鼠标左键，执行操作后，即可绘制省线，如图7-74所示。

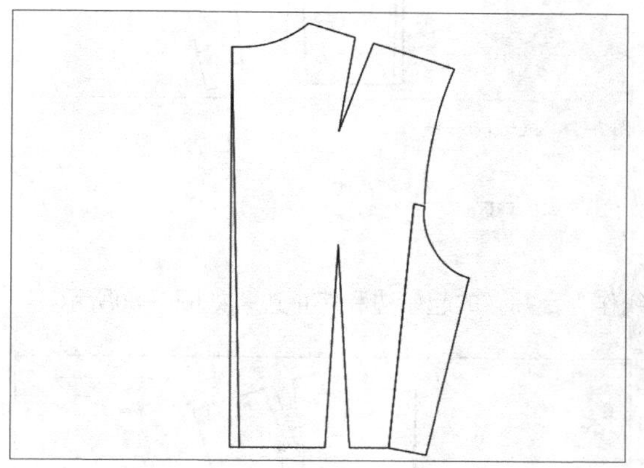
图7-73 旋转曲线

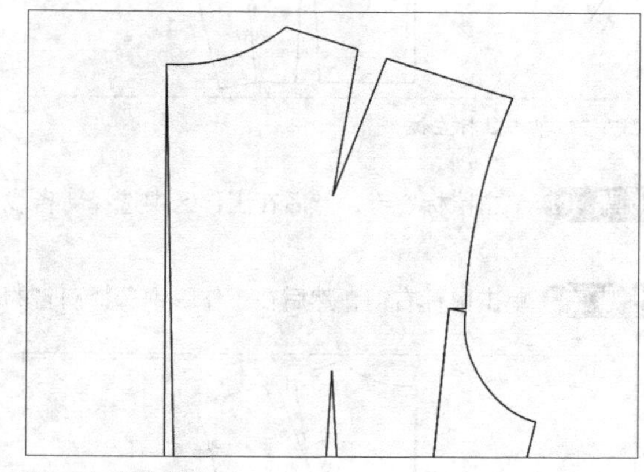
图7-74 绘制省线

步骤 7 继续使用“智能笔”命令，在工作区中的肩线上单击鼠标左键，然后在工作区中相应位置依次单击鼠标左键，绘制弧线，如图7-75所示。

步骤 8 在“设计工具栏”中单击“剪断线”按钮■，在工作区中选择肩线，然后在合适的位置单击鼠标左键，如图7-76所示。

步骤 9 执行操作后，即可剪断肩线。继续使用“剪断线”命令，在工作区中选择弧线，然后在相应的省尖点上单击鼠标左键，如图7-77所示。

步骤 10 执行操作后，即可剪断弧线。在“设计工具栏”中单击“转省”按钮■，根据状态栏提示，在工作区中框选转移线，如图7-78所示。

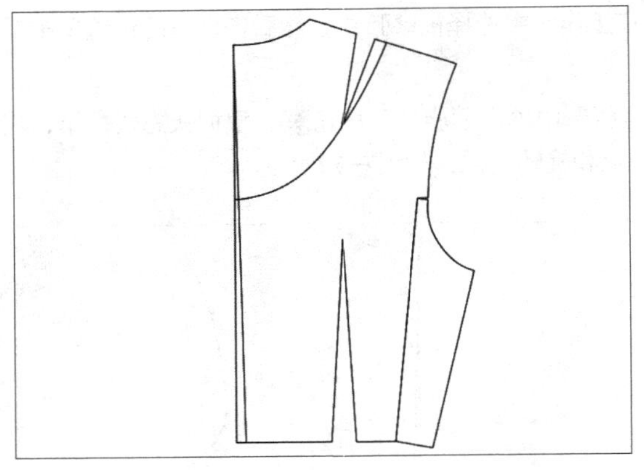
图7-75 绘制弧线

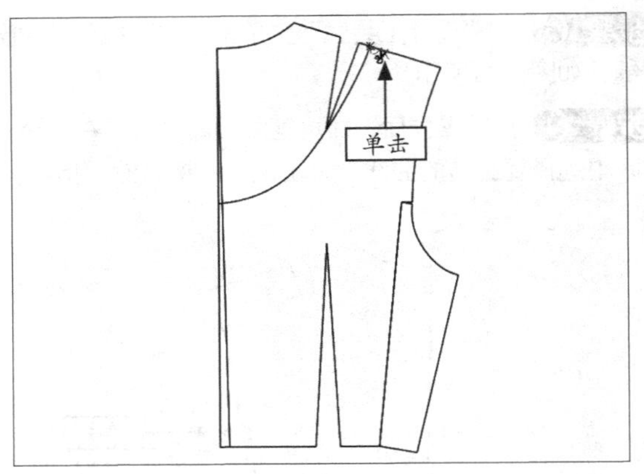

图7-76 单击鼠标左键

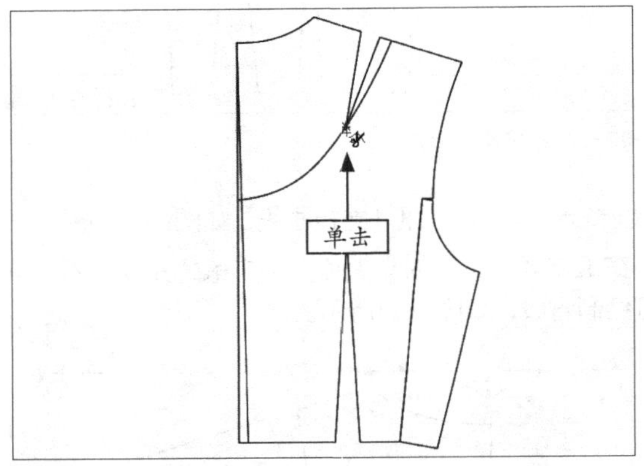

图7-77 单击鼠标左键

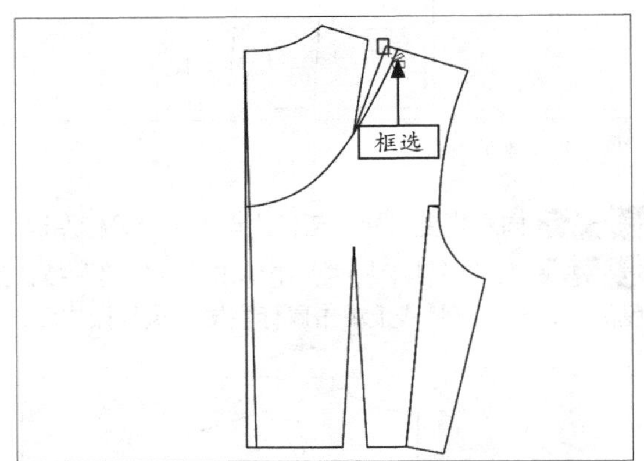

图7-78 框选转移线

步骤 11 单击鼠标右键，然后在工作区中选择新省线，如图7-79所示。

步骤 12 单击鼠标右键，然后在工作区中选择肩省的省线作为合并省的起始边和终止边，如图7-80所示。

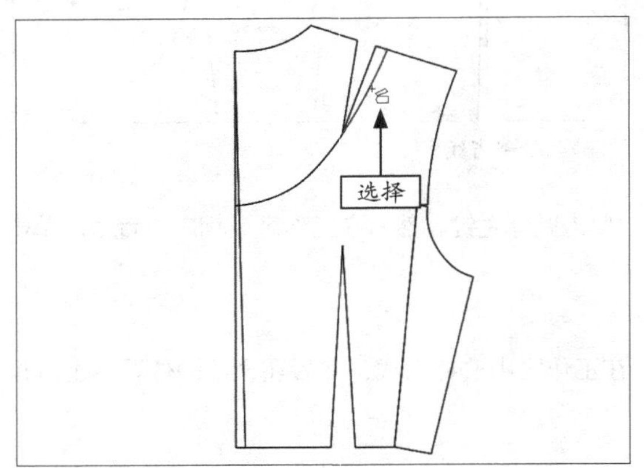

图7-79 选择新省线

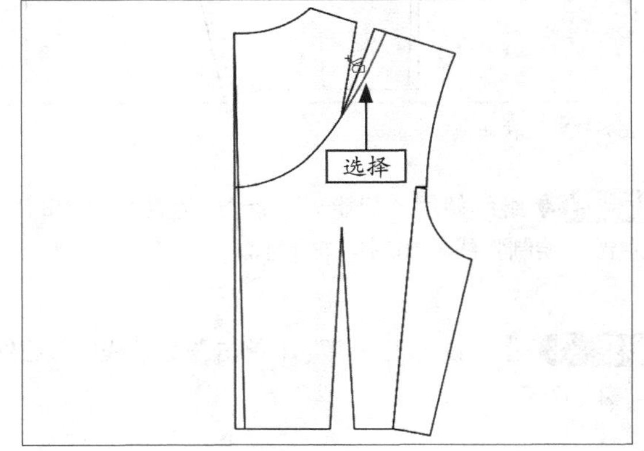

图7-80 选择边线

步骤 13 执行操作后，即可转移省道，如图7-81所示。

步骤 14 在“设计工具栏”中单击“智能笔”按钮，在工作区中相应的点上单击鼠标左键，执行操作后，即可绘制直线，如图7-82所示。

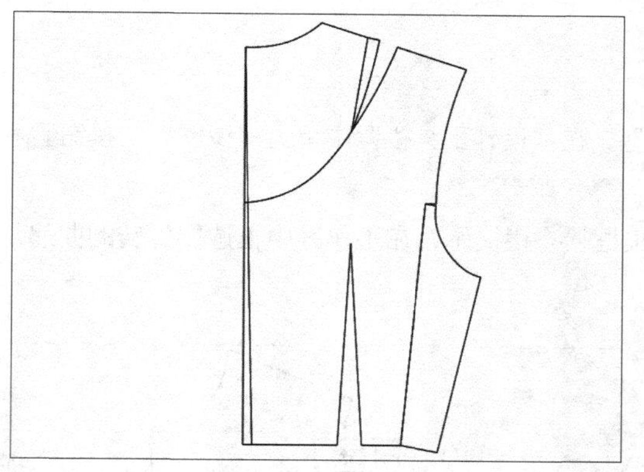

图7-81 转移省道

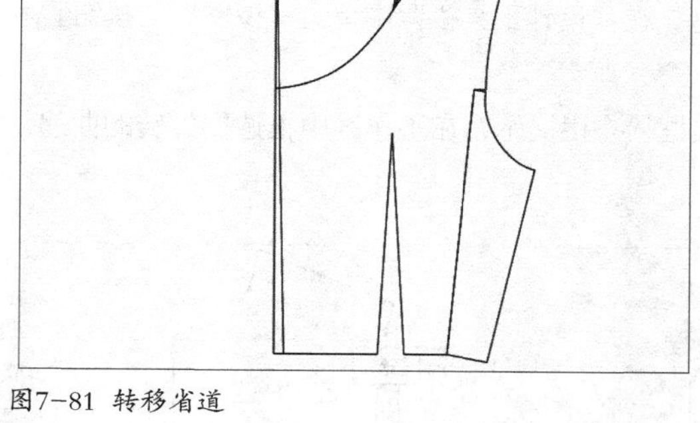

图7-82 绘制直线

步骤 15 在“设计工具栏”中单击“橡皮擦”按钮■，删除相应的线，此时即可完成U形分割线的设计，效果如图7-83所示。

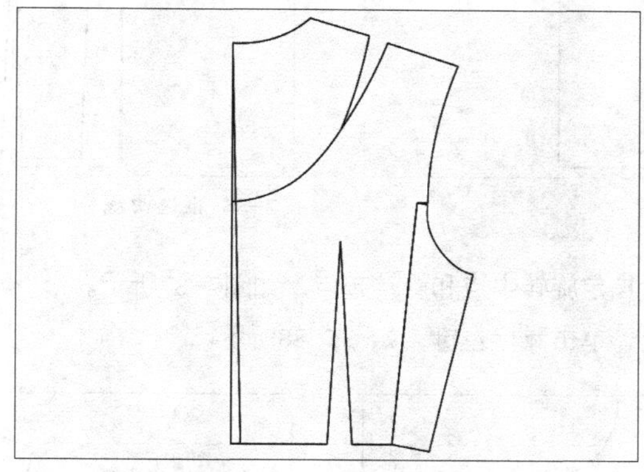

图7-83 U型分割线效果

7.2.2 公主线

公主线是服装中的一种分割线,可以使两块衣片缝合起来;让服装合身却不紧身。公主线的效果如图7-84所示。

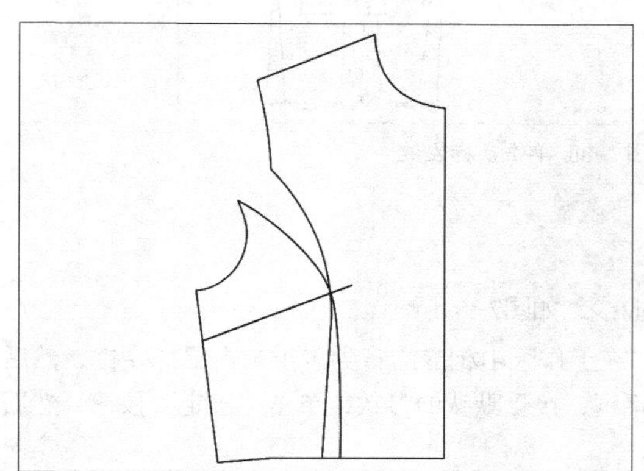

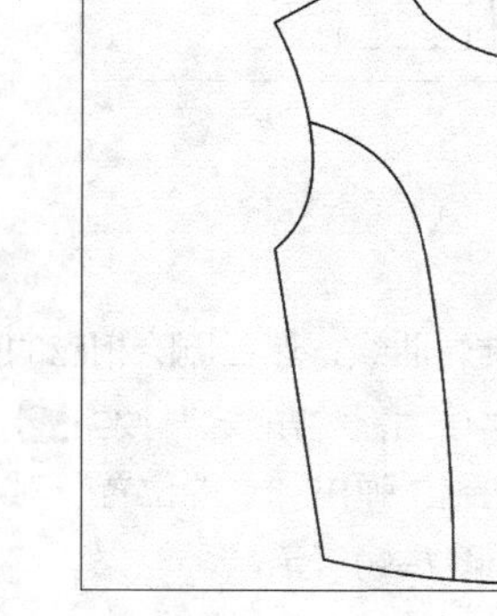

图7-84 公主线效果

	素材文件	无
	效果文件	光盘\素材\第7章\7-109.dgs
	视频文件	光盘\视频\第7章\7.2.2 公主线.mp4

步骤解析

步骤 1 按【Ctrl+O】组合键，打开文化式女上装原型，在“设计工具栏”中单击“橡皮擦”按钮■和“剪断线”按钮■，修剪曲线，如图7-85所示。

步骤 2 在“设计工具栏”中单击“旋转”按钮■，根据状态栏提示，在工作区中框选要旋转的曲线，如图7-86所示。

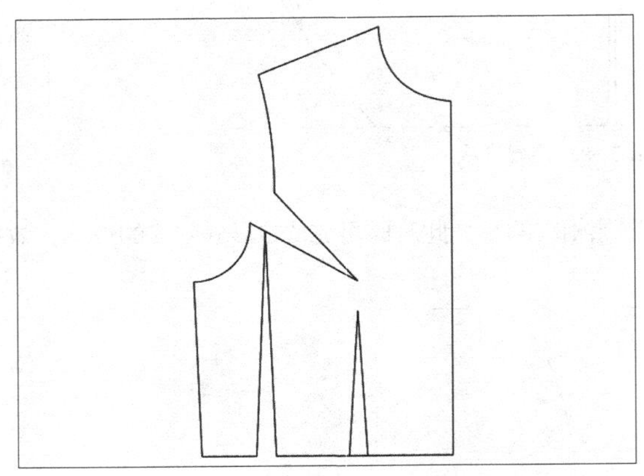
图7-85 修剪曲线

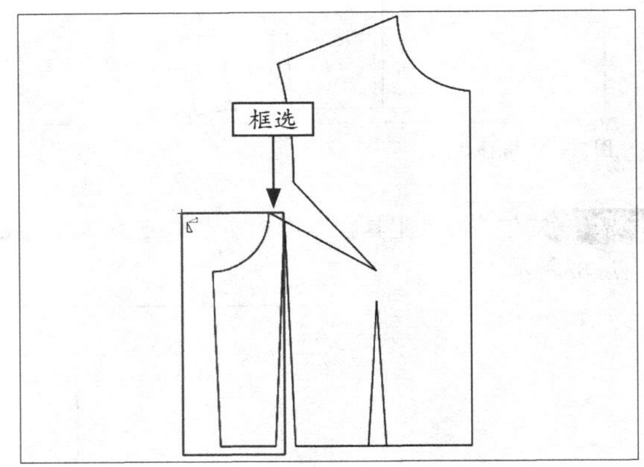

图7-86 框选曲线

步骤 3 单击鼠标右键，然后指定旋转中点和旋转起点，如图7-87所示。

步骤 4 拖曳鼠标至省边点上，单击鼠标左键，如图7-88所示。

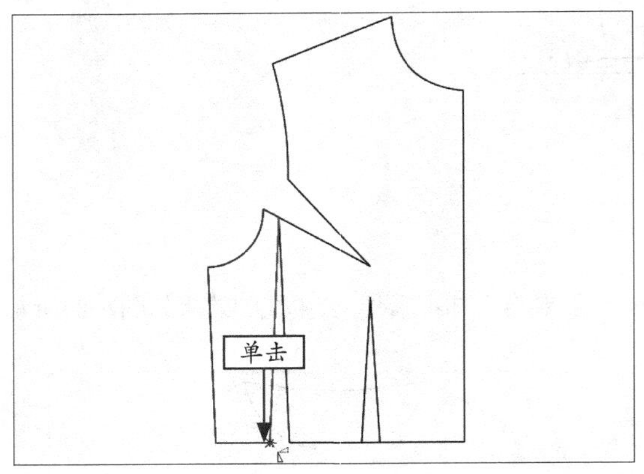

图7-87 指定旋转中点和起点

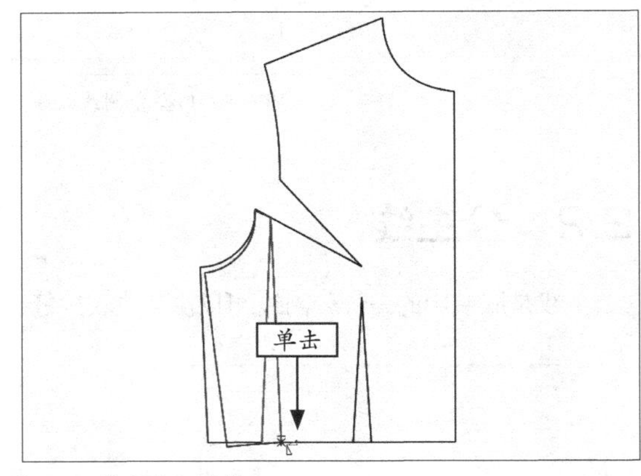

图7-88 单击鼠标左键

步骤 5 执行操作后，即可旋转曲线，然后删除相应的曲线，如图7-89所示。

步骤 6 在“设计工具栏”中单击“智能笔”按钮■，在工作区中相应的省尖点上单击鼠标左键，然后向左拖曳鼠标，至省线上单击鼠标左键，弹出“点的位置”对话框，接受默认的参数，单击“确定”按钮，然后单击鼠标右键，即可绘制新省线，如图7-90所示。

步骤 7 在“设计工具栏”中单击“剪断线”按钮■，在工作区中选择省线，然后在合适的位置单击鼠标左键，如图7-91所示。

步骤 8 执行操作后，即可剪断省线。在“设计工具栏”中单击“转省”按钮■，根据状态栏提示，在工作区中框选转移线，如图7-92所示。

高手点拨

在选择转移线时，为了选择的方便，用户可以框选所有的曲线。

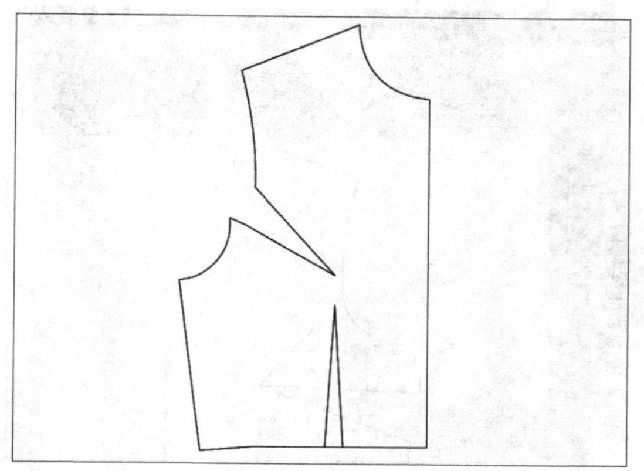
图7-89 旋转曲线

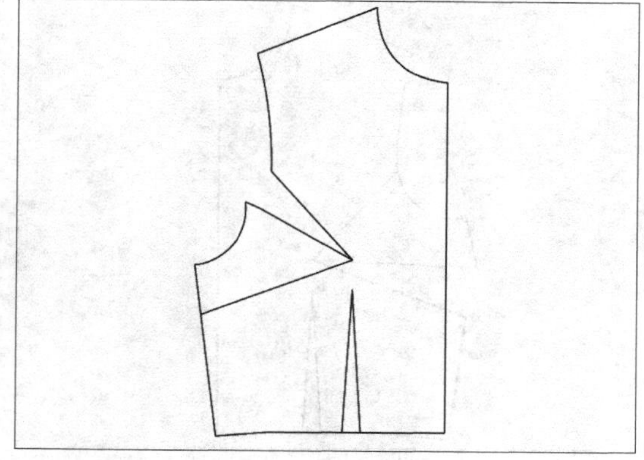
图7-90 绘制新省线

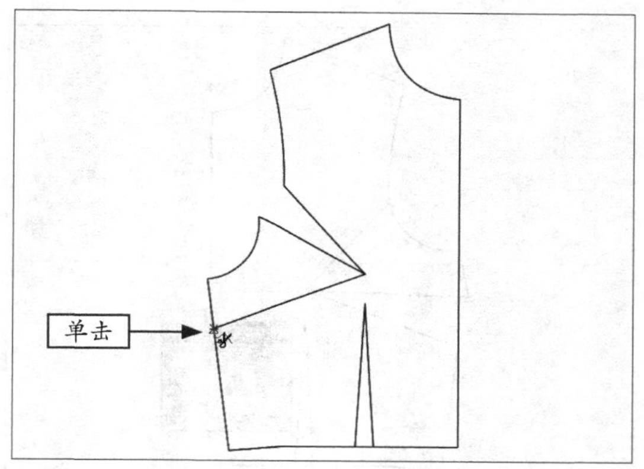

图7-91 单击鼠标左键

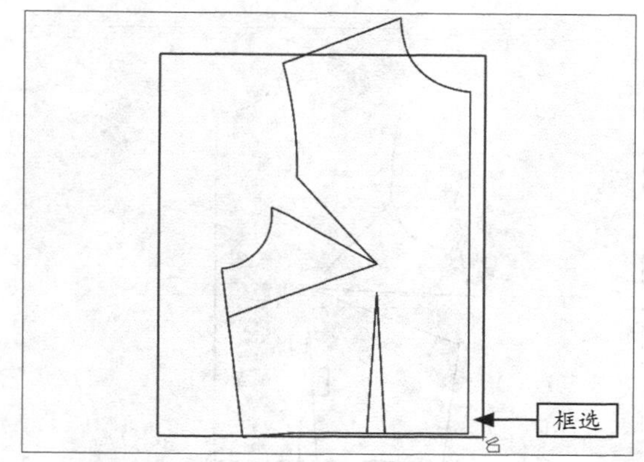

图7-92 框选转移线

步骤 9 单击鼠标右键，然后在工作区中选择新省线，如图7-93所示。

步骤 10 单击鼠标右键，然后在工作区中选择袖窿省的省线作为合并省的起始边和终止边，如图7-94所示。

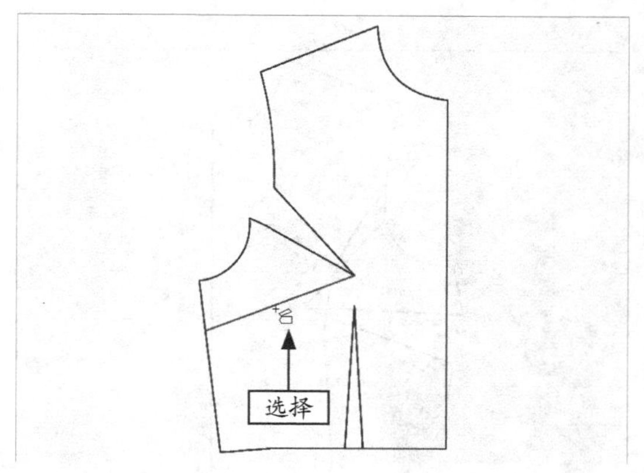

图7-93 选择新省线

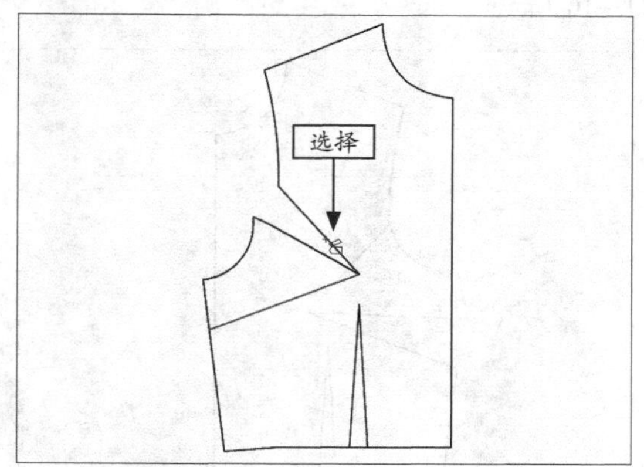

图7-94 选择边线

步骤 11 执行操作后，即可转移省道，如图7-95所示。

步骤 12 在“设计工具栏”中单击“移动”按钮，如图7-96所示。

步骤 13 在工作区中选择腰省，如图7-97所示。

步骤 14 单击鼠标右键，然后选择一个省边点，并向左拖曳鼠标，至合适位置单击鼠标左键，弹出“点的位置”对话框，设置“长度”为2，单击“确定”按钮，如图7-98所示。

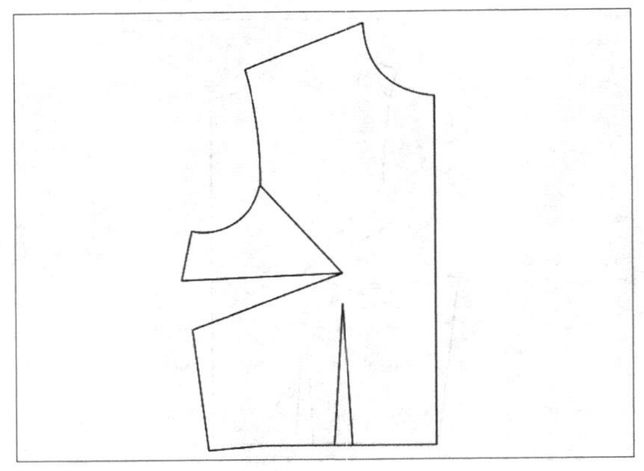
图7-95 转移省道

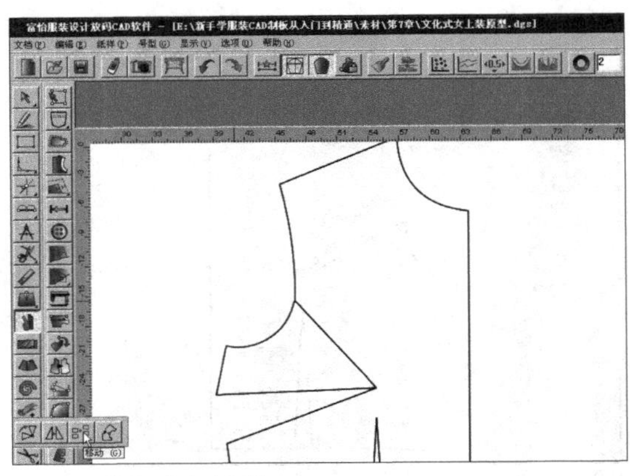
图7-96 单击“移动”按钮

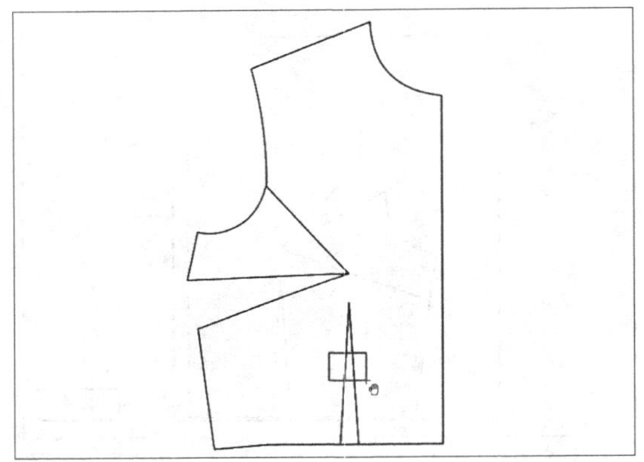
图7-97 选择腰省

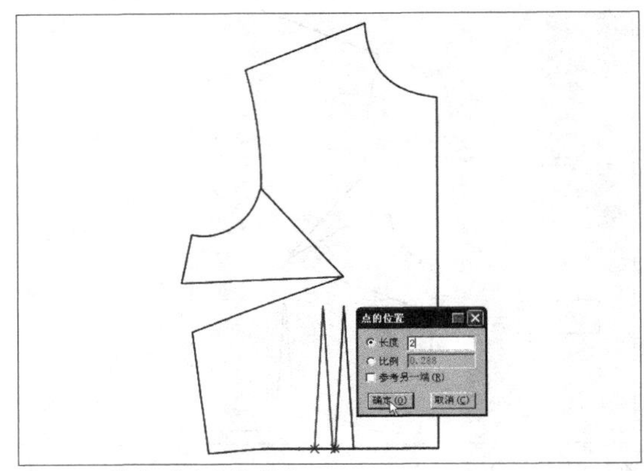

图7-98 单击“确定”按钮

步骤 15 执行操作后，即可移动腰省，如图7-99所示。

步骤 16 在“设计工具栏”中单击“智能笔”按钮■，在工作区中的合适位置单击鼠标左键，绘制分割线，如图7-100所示。

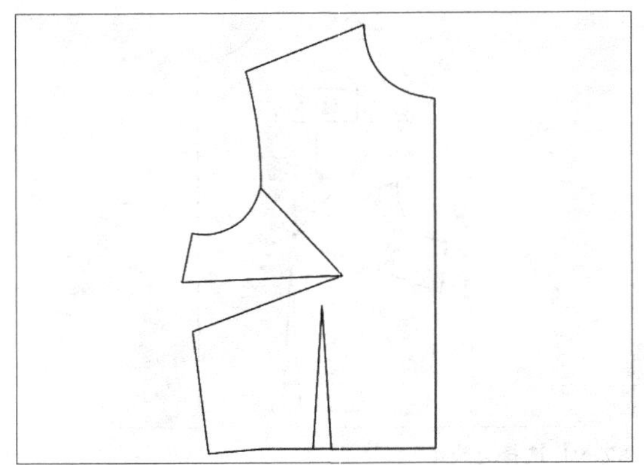
图7-99 移动省道

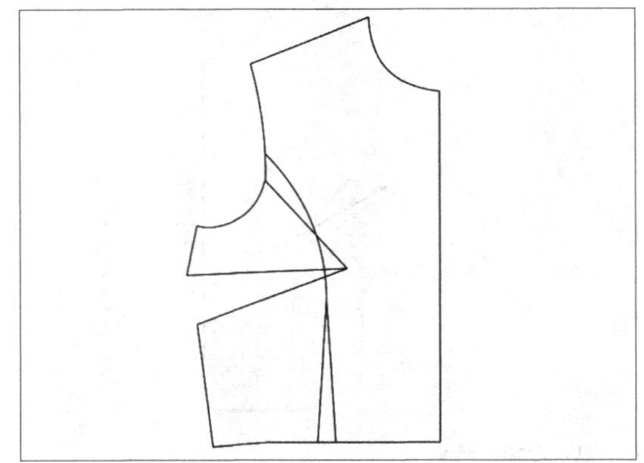
图7-100 绘制分割线

步骤 17 在“设计工具栏”中单击“剪断线”按钮■，在工作区中选择袖窿弧线，然后在合适的位置单击鼠标左键，如图7-101所示。

步骤 18 执行操作后，即可剪断袖窿弧线。继续使用“剪断线”命令，在工作区中的袖窿弧线上单击鼠标左键，然后单击鼠标右键，即可将两段袖窿弧线连接成一条线，然后删除工作区中相应的曲线，如图7-102所示。

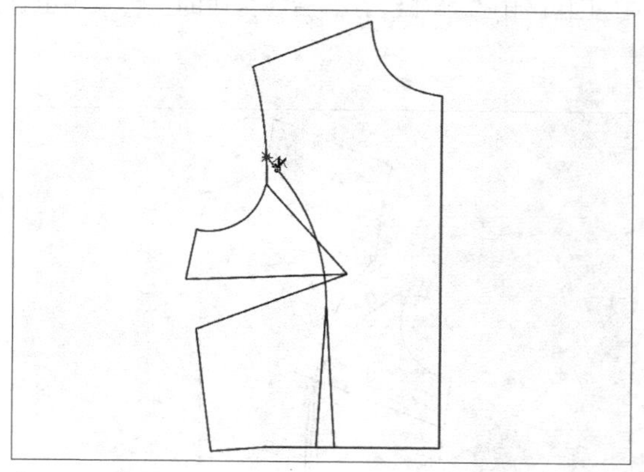
图7-101 单击鼠标左键

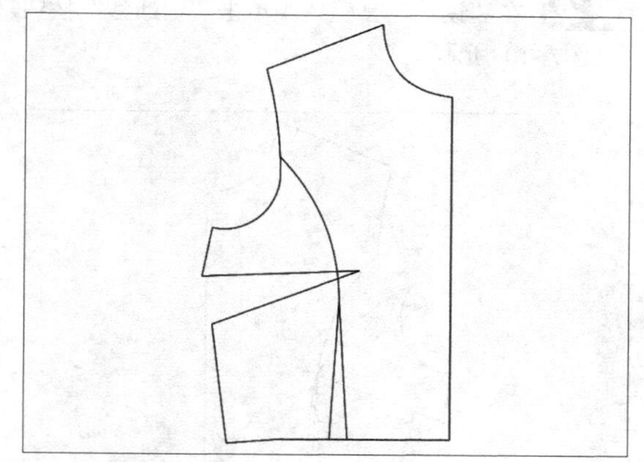
图7-102 删除曲线

步骤 19 在“设计工具栏”中单击“旋转”按钮■，根据状态栏提示，在工作区中框选要旋转的曲线，如图7-103所示。

步骤 20 单击鼠标右键，然后指定旋转中点和旋转起点，如图7-104所示。

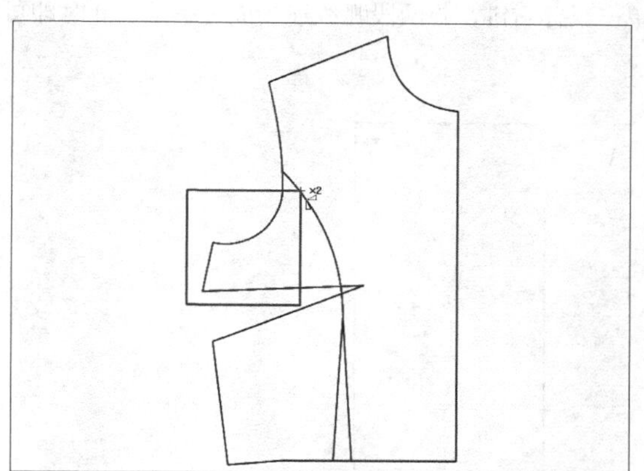
图7-103 框选曲线

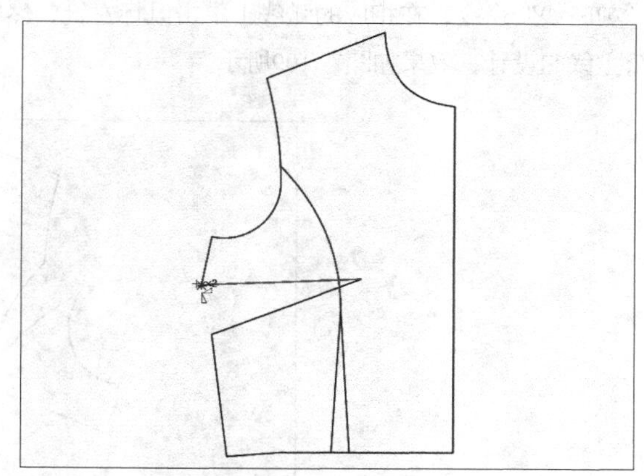
图7-104 指定旋转中点和起点

步骤 21 向下拖曳鼠标，至省边点上单击鼠标左键，执行操作后，即可旋转曲线，如图7-105所示。

步骤 22 在“设计工具栏”中单击“橡皮擦”按钮■，在工作区中选择相应的曲线，将其删除，如图7-106所示。

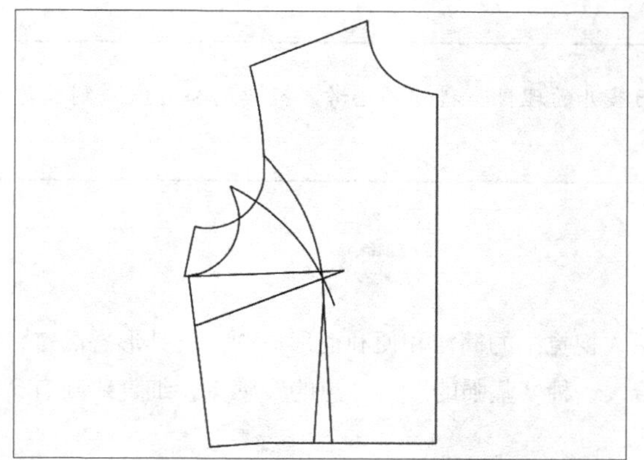
图7-105 旋转曲线

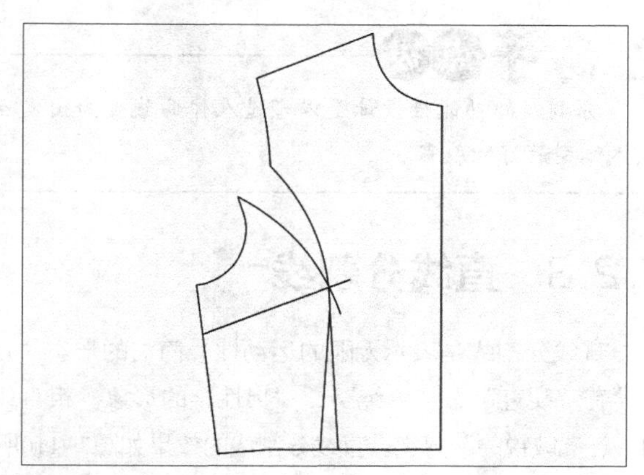
图7-106 删除曲线

步骤 23 在“设计工具栏”中单击“智能笔”按钮，在工作区中相应的点上单击鼠标左键，绘制弧线，如图7-107所示。

步骤 24 在“设计工具栏”中单击“剪断线”按钮，在工作区中选择弧线，然后在合适的位置单击鼠标左键，如图7-108所示。

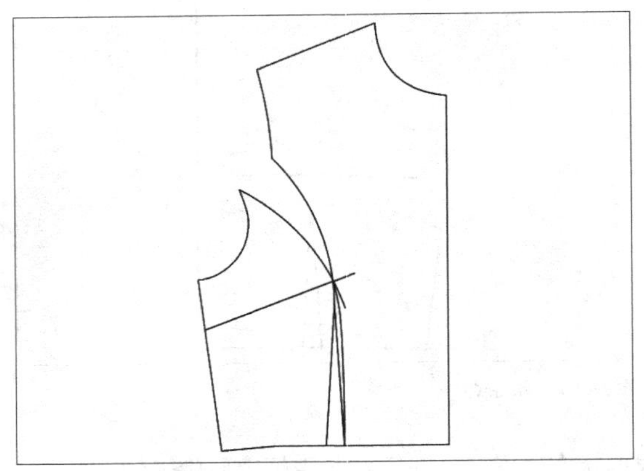
图7-107 绘制弧线

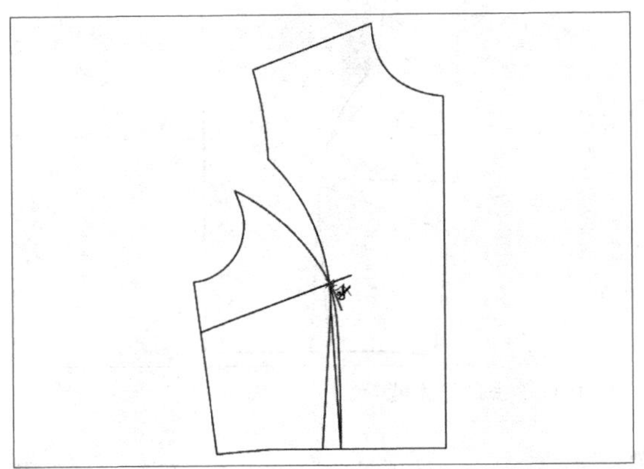
图7-108 单击鼠标左键

步骤 25 执行操作后，即可剪断弧线。在“设计工具栏”中单击“橡皮擦”按钮，删除相应的曲线；继续执行“剪断线”命令，在相应的弧线上单击鼠标左键，然后单击鼠标右键，将两段弧线连接成一条线，此时即可完成公主线的设计，效果如图7-109所示。

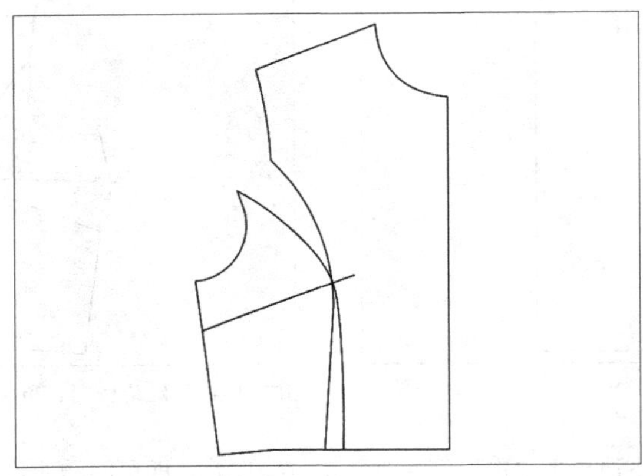
图7-109 公主线效果

高手点拨

分割线的功能性设计是以塑造人体曲线美为出发点而展开的理性、科学的思考。经典的公主线分割就是对人体体型最好的展露。

7.2.3 直线分割线

直线分割线是表示无限的运动性最简洁的形态，是由人视觉上的简洁和便利而形成的。就其形态而言，直线具有“硬直”、“单纯”、“男性”的形象。粗直线给人一种“坚强的”、“重的”感觉，细直线则有“弱的”、“敏锐的”感觉。直线分割线的效果如图7-110所示。

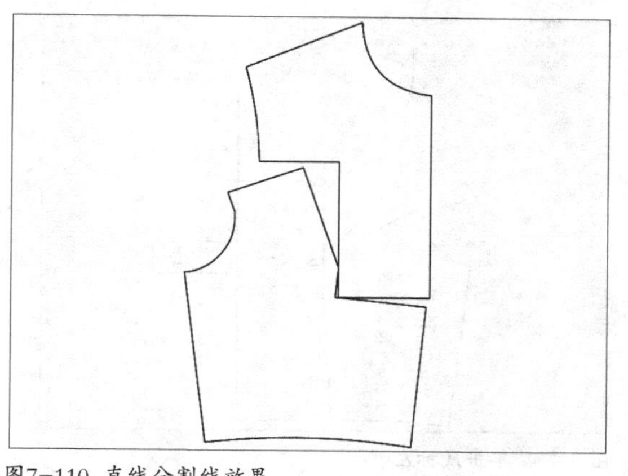

图7-110　直线分割线效果

素材文件	无
效果文件	光盘\素材\第7章\7-127.dgs
视频文件	光盘\视频\第7章\7.2.3　直线分割线.mp4

步骤解析

步骤 1 按【Ctrl+O】组合键，打开文化式女上装原型，在“设计工具栏”中单击“橡皮擦”按钮■和“剪断线”按钮■，修剪曲线，如图7-111所示。

步骤 2 在“设计工具栏”中单击“智能笔”按钮■，在工作区中的袖窿弧线上单击鼠标左键，弹出“点的位置”对话框，设置“长度”为2，单击“确定”按钮，如图7-112所示。

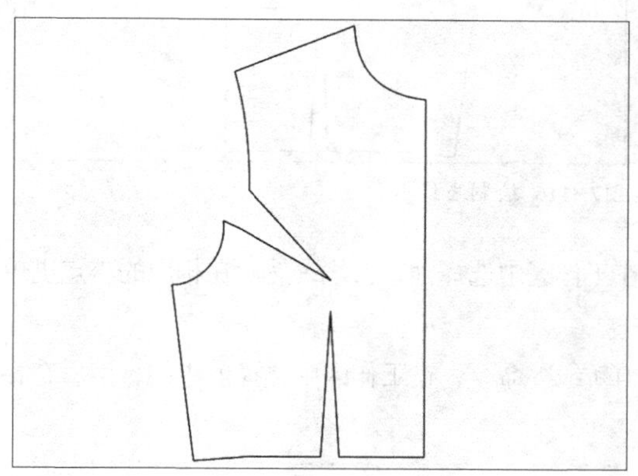

图7-111　修剪曲线

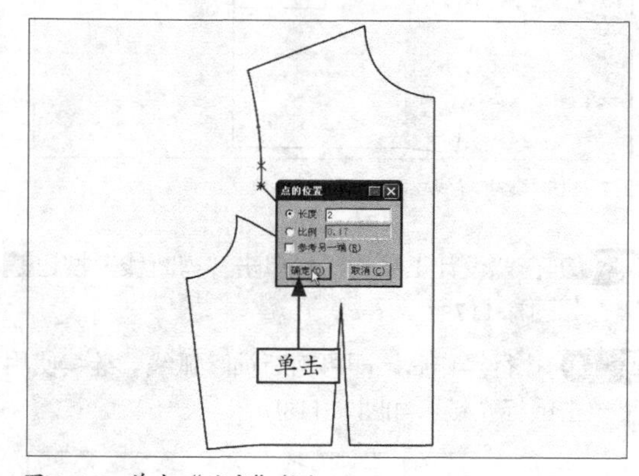

图7-112　单击“确定”按钮

步骤 3 执行操作后，在工作区中的相应位置单击鼠标左键，绘制直线，如图7-113所示。

步骤 4 在“设计工具栏”中单击“剪断线”按钮■，在工作区中选择相应的直线，然后在省尖点上单击鼠标左键，如图7-114所示。

高手点拨

直线分割线又可分为水平线、垂直线、斜线三种形态，水平线具有广阔的性格，与垂直线相对，具有“静的”、“限制的”、“被动的”感觉。垂直线表现重力，纵方向的动感和向上的力，有“上升”、“权威”、“中心”、“男性的”感觉。斜线具有不安定感，斜线的形象是“活动的”、“不安定的”、“刺激的”，在视觉上给人以强烈的印象。康定斯基认为，水平线表示无限的，冰冷的运动性，垂直线表现温暖的运动性，斜方向的直线则含有这两者的因素。

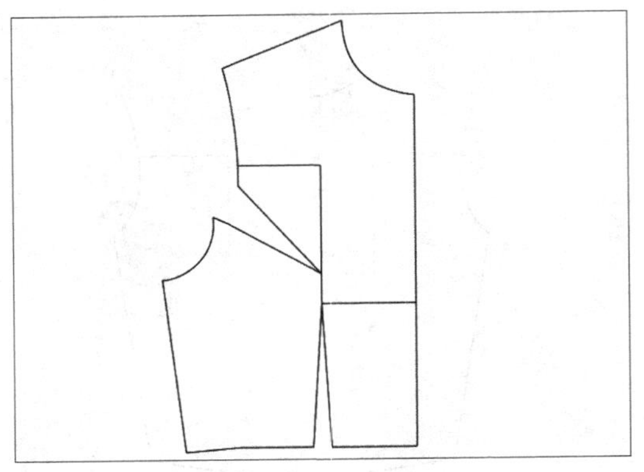

图7-113 绘制直线

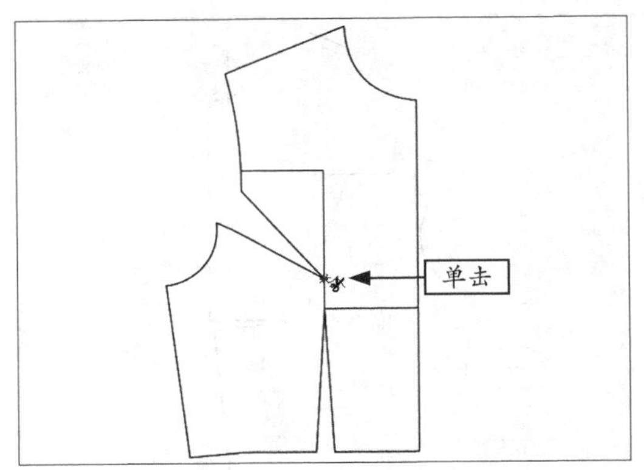

图7-114 单击鼠标左键

步骤 5 执行操作后，即可剪断直线。继续使用"剪断线"命令，在工作区中选择相应的直线然后单击鼠标右键，即可将两段直线连成一条直线，然后删除相应的省线，如图7-115所示。

步骤 6 在"设计工具栏"中单击"智能笔"按钮，在工作区中相应的点上单击鼠标左键，绘制省线，如图7-116所示。

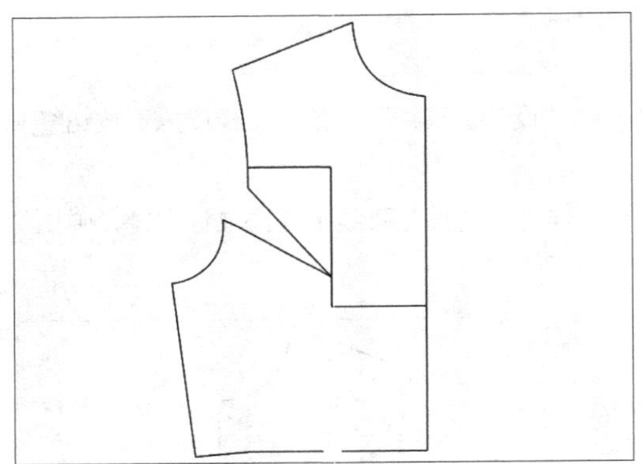

图7-115 删除省线

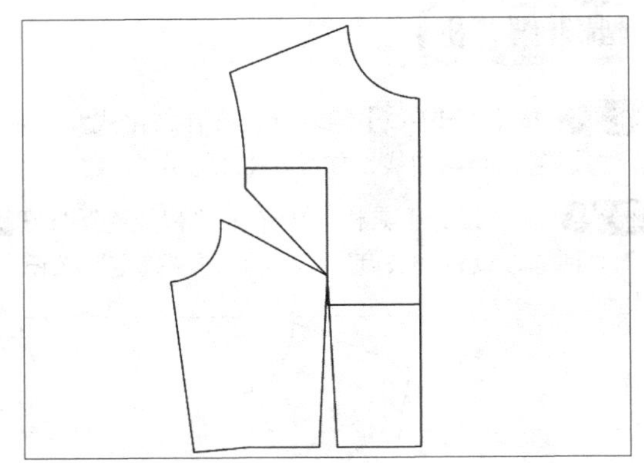

图7-116 绘制省线

步骤 7 在"设计工具栏"中单击"剪断线"按钮，在工作区中选择袖窿弧线，然后在相应的交点上单击鼠标左键，如图7-117所示。

步骤 8 执行操作后，即可剪断袖窿弧线。继续使用"剪断线"命令，在工作区中选择前中线，然后在相应的交点上单击鼠标左键，如图7-118所示。

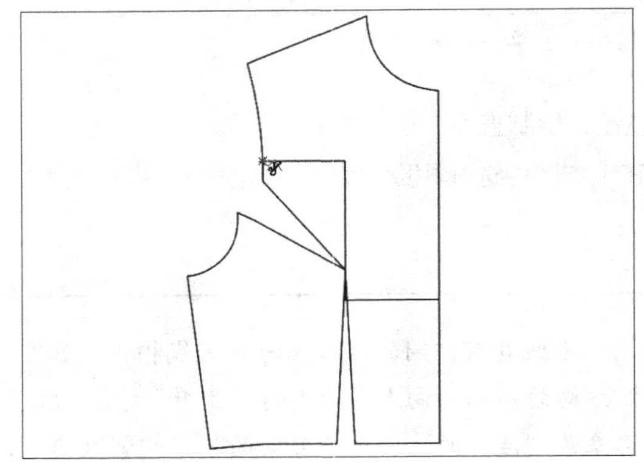

图7-117 单击鼠标左键

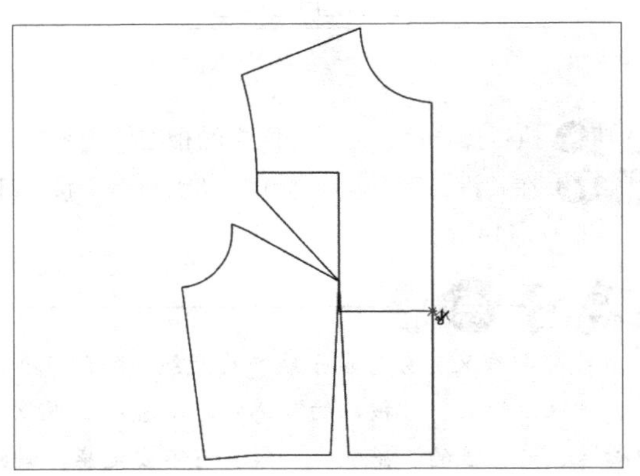

图7-118 单击鼠标左键

步骤 9 执行操作后，即可剪断前中线。在“设计工具栏”中单击“转省”按钮，根据状态栏提示，在工作区中框选转移线，如图7-119所示。

步骤 10 单击鼠标右键，然后在工作区中选择新省线，如图7-120所示。

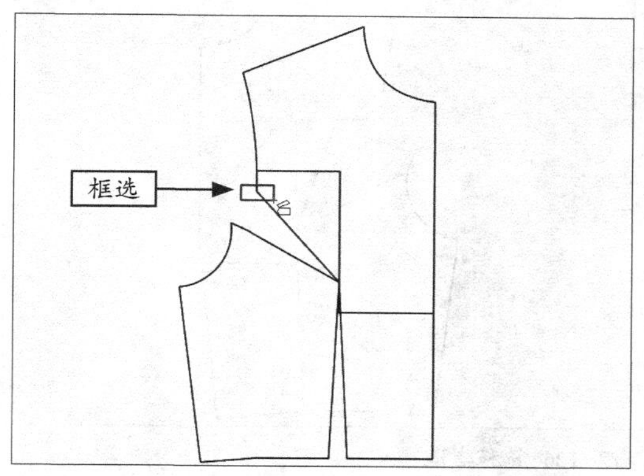

图7-119 框选转移线

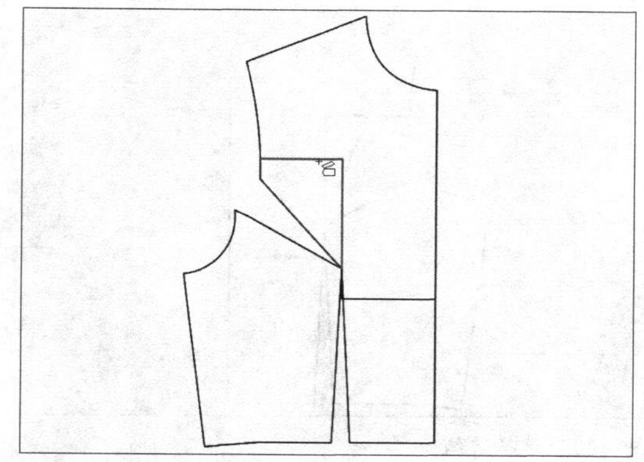
图7-120 选择新省线

步骤 11 单击鼠标右键，然后在工作区中选择袖窿省的省线作为合并省的起始边和终止边，如图7-121所示。

步骤 12 执行操作后，即可转移省道，效果如图7-122所示。

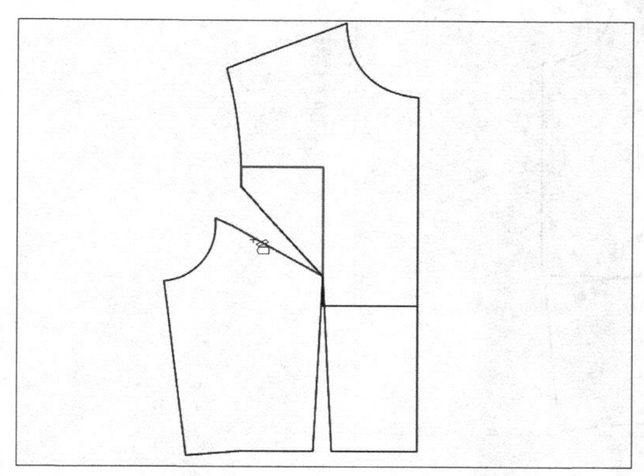
图7-121 选择边线

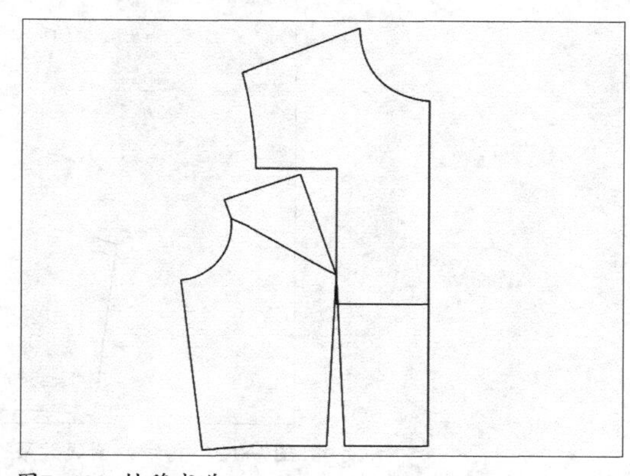
图7-122 转移省道

步骤 13 在“设计工具栏”中单击“转省”按钮，根据状态栏提示，在工作区中框选转移线，如图7-123所示。

步骤 14 单击鼠标右键，然后在工作区中选择新省线，如图7-124所示。

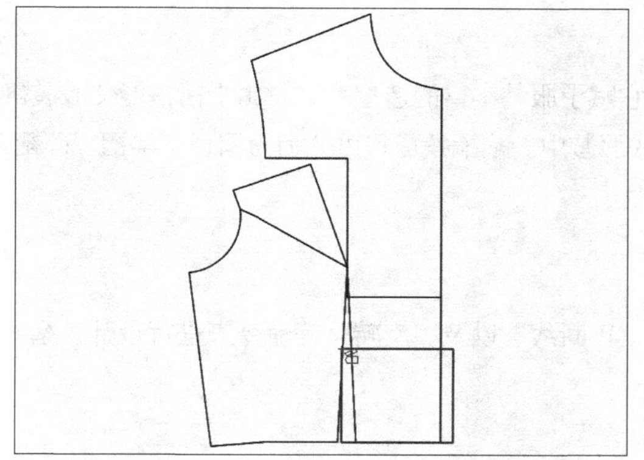
图7-123 框选转移线

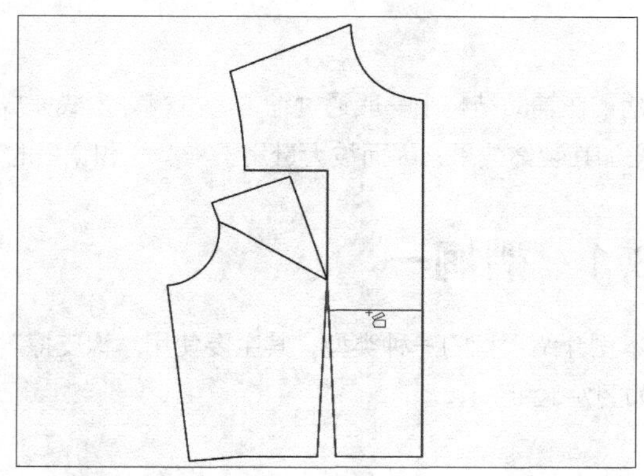
图7-124 选择新省线

步骤 15 单击鼠标右键，然后在工作区中选择腰省的省线作为合并省的起始边和终止边，如图7–125所示。

步骤 16 执行操作后，即可转移省道，如图7–126所示。

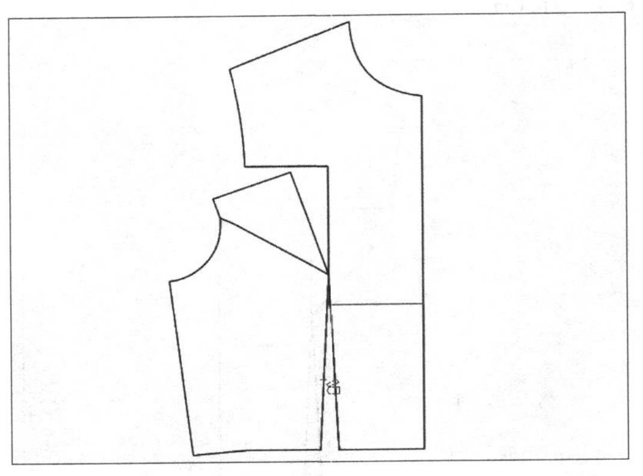

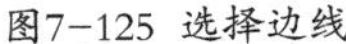
图7–125 选择边线

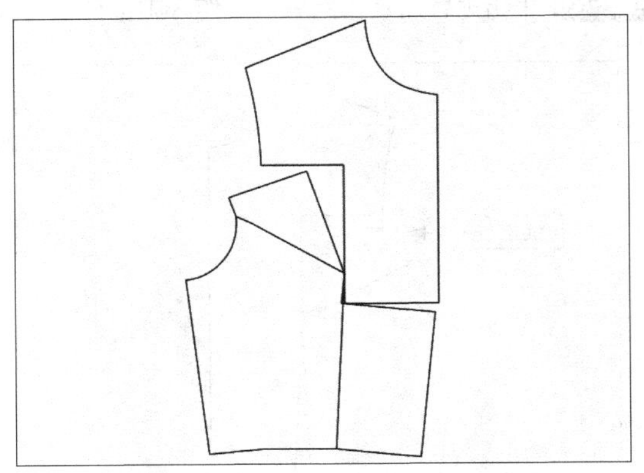

图7–126 转移省道

步骤 17 在“设计工具栏”中单击“智能笔”按钮，在腰围线上相应的点上依次单击鼠标左键，绘制曲线，然后在工作区中选择相应的线，将其删除，此时即可完成直线分割线的设计，效果如图7–127所示。

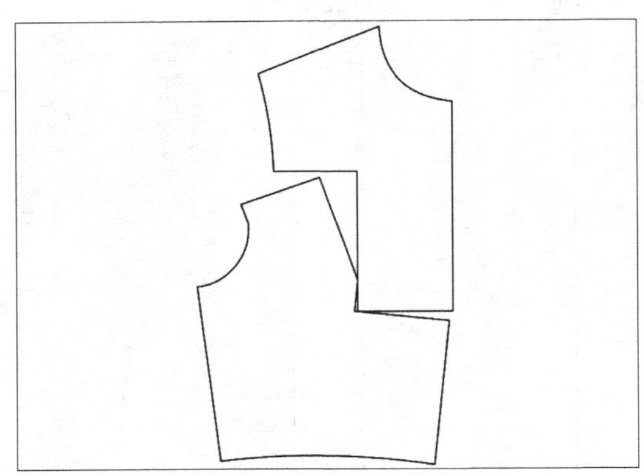

图7–127 直线分割线效果

7.3 褶裥设计

褶裥在辅助结构中一般通过缩褶、打裥等形式完成，它赋予服装丰富的造型变化。由于褶裥能使服装舒适合体和增加其装饰效果，因而被大量用于半宽松和宽松的女式服装中。褶裥按形状可分为刀褶、工字褶、碎褶等。

7.3.1 褶裥一

本例介绍褶裥的一种类型，其主要使用“橡皮擦”、“剪断线”以及“旋转”等命令来进行设计。褶裥一的效果如图7–128所示。

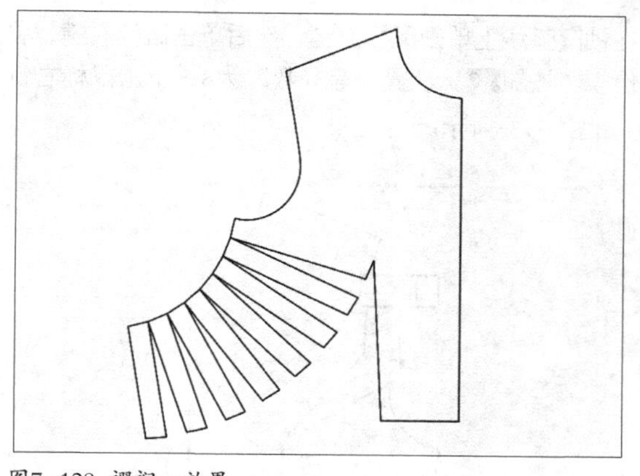
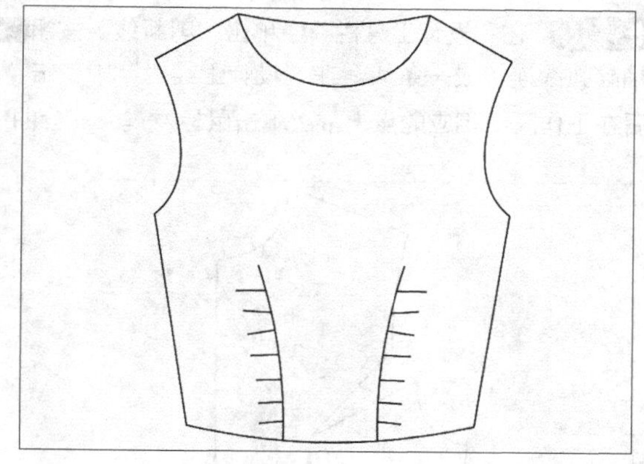

图7-128 褶裥一效果

素材文件	无
效果文件	光盘\素材\第7章\7-145.dgs
视频文件	光盘\视频\第7章\7.3.1 褶裥一.mp4

步骤解析

步骤 1 按【Ctrl+O】组合键，打开文化式女上装原型，在“设计工具栏”中单击“橡皮擦”按钮■和“剪断线”按钮■，修剪曲线，如图7-129所示。

步骤 2 在“设计工具栏”中单击“橡皮擦”按钮■，在工作区中选择腰省省线，将其删除，如图7-130所示。

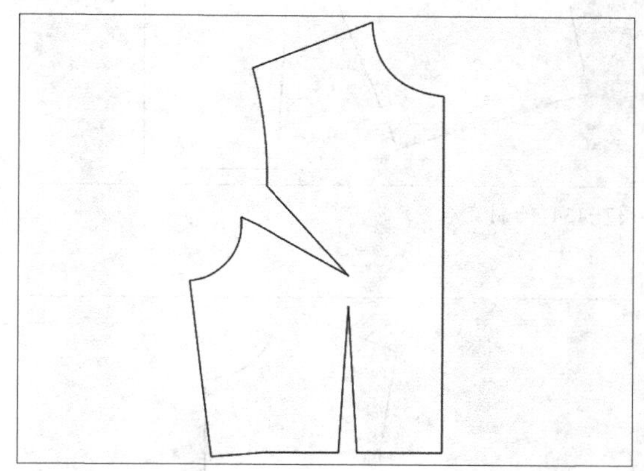

图7-129 修剪曲线

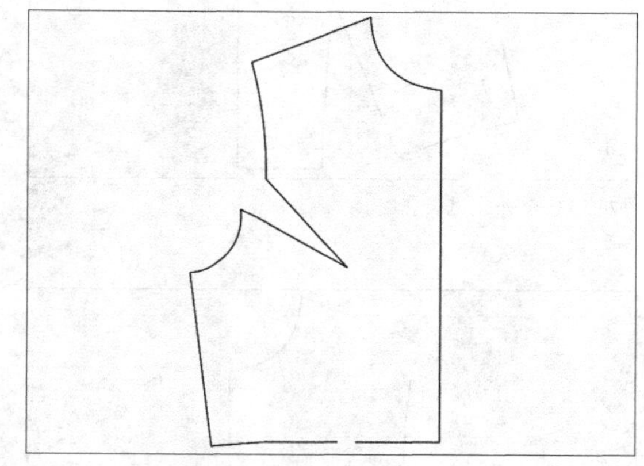

图7-130 删除省线

步骤 3 在“设计工具栏”中单击“智能笔”按钮■，在工作区中相应的点上单击鼠标左键，绘制省线，如图7-131所示。

步骤 4 在“设计工具栏”中单击“旋转”按钮■，根据状态栏提示，在工作区中选择要旋转的曲线，单击鼠标右键，然后在工作区中指定旋转中心和旋转起点，如图7-132所示。

步骤 5 拖曳鼠标，至相应的点上单击鼠标左键，指定旋转终点，执行操作后，即可通过旋转合并省道，如图7-133所示。

步骤 6 在“设计工具栏”中单击“智能笔”按钮■，在工作区中相应的点上单击鼠标左键，绘制直线，如图7-134所示。

步骤 7 在“设计工具栏”中单击“橡皮擦”按钮■，删除相应的曲线，如图7-135所示。

步骤 8 在“设计工具栏”中单击“剪断线”按钮■，在袖窿弧线上单击鼠标左键，然后单击鼠标右键，将两段袖窿弧线连接成一条线。在“设计工具栏”中单击“等份规”按钮■，设置“等分数”为8，单击鼠标右键，然后在工作区中相应的点上依次单击鼠标左键，等分曲线，如图7-136所示。

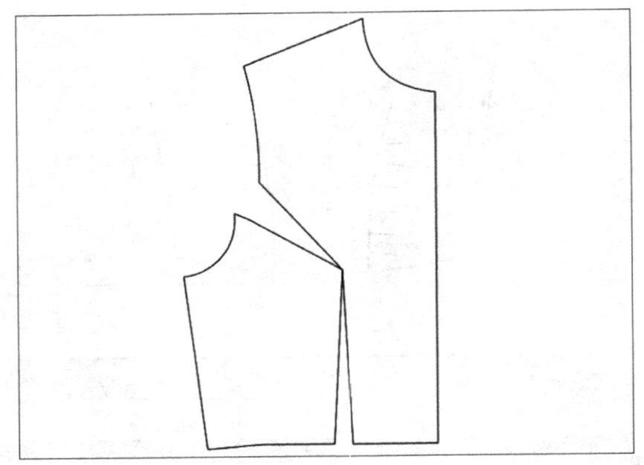
图7-131 绘制省线

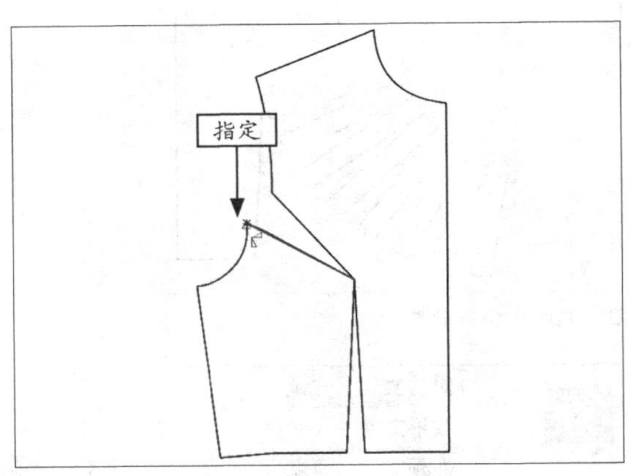

图7-132 指定旋转中点和起点

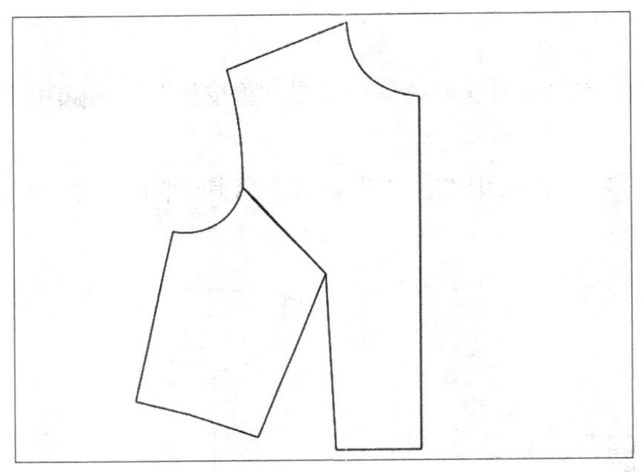
图7-133 合并省道

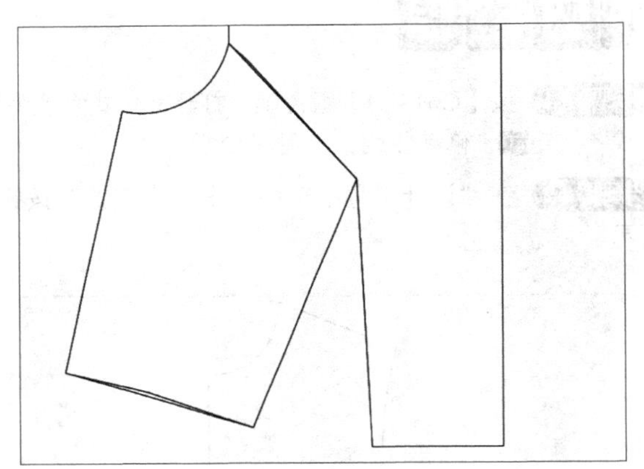
图7-134 绘制直线

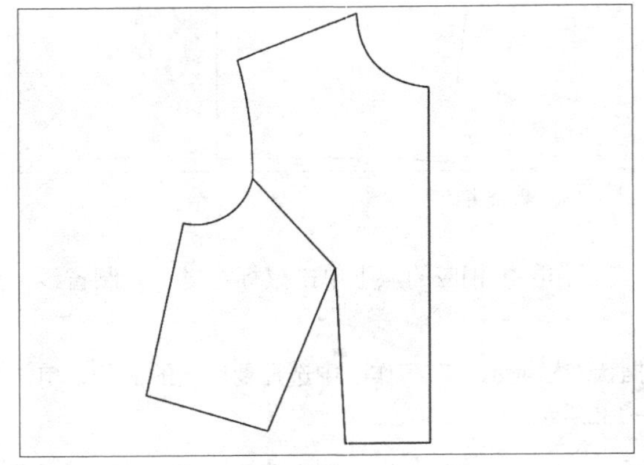
图7-135 删除曲线

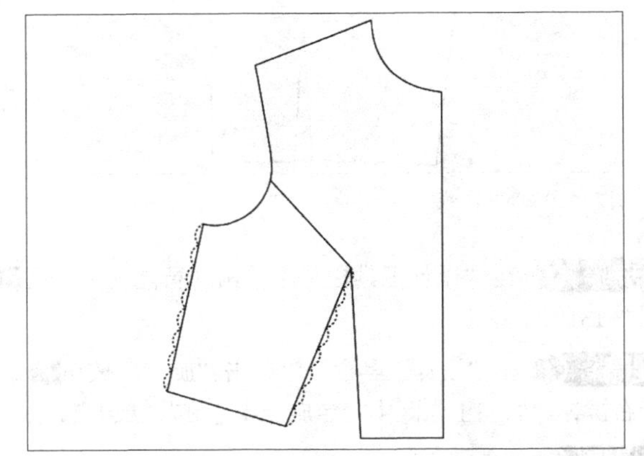
图7-136 等分曲线

步骤 9 在“设计工具栏”中单击“智能笔”按钮■，在工作区中相应的等分点上单击鼠标左键，绘制直线，如图7-137所示。

步骤 10 继续使用“智能笔”命令，在工作区中其他的等分点上依次单击鼠标左键，绘制直线，如图7-138所示。

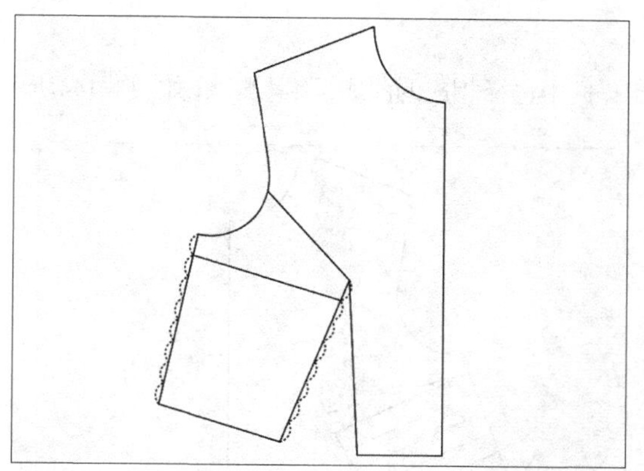
图7-137 绘制直线

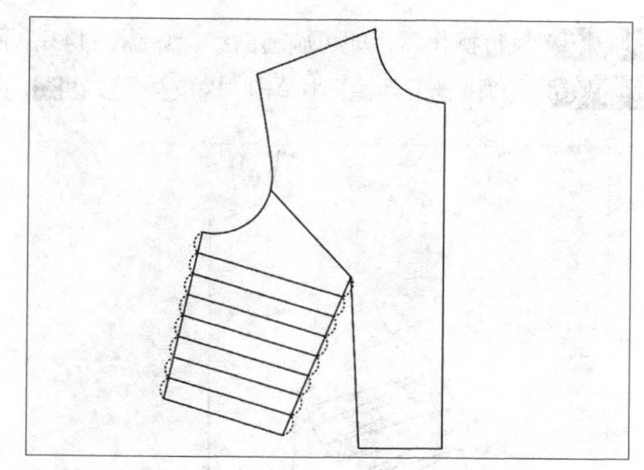
图7-138 绘制直线

步骤 11 在“设计工具栏”中单击“橡皮擦”按钮■，删除相应的线，如图7-139所示。

步骤 12 在“设计工具栏”中单击“剪断线”按钮■，在工作区中选择相应的边线，并在边线上的等分点上单击鼠标左键，如图7-140所示。

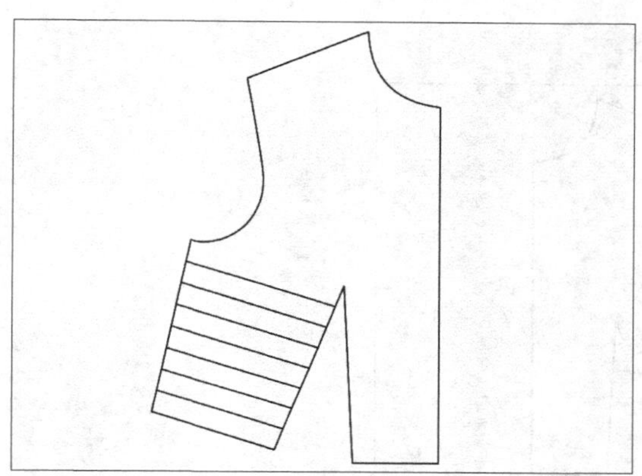
图7-139 删除线

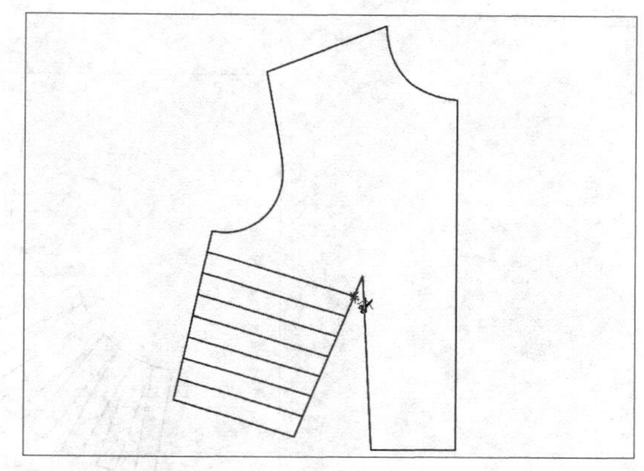
图7-140 单击鼠标左键

步骤 13 执行操作后，即可剪断曲线。继续使用“剪断线”命令，剪断相应的曲线。在“设计工具栏”中单击“旋转”按钮■，根据状态栏提示，按【Shift】键，然后在工作区中框选要旋转的曲线，如图7-141所示。

步骤 14 单击鼠标右键，然后在工作区中指定旋转中心和旋转起点，拖曳鼠标，至相应的点上单击鼠标左键，指定旋转终点，如图7-142所示。

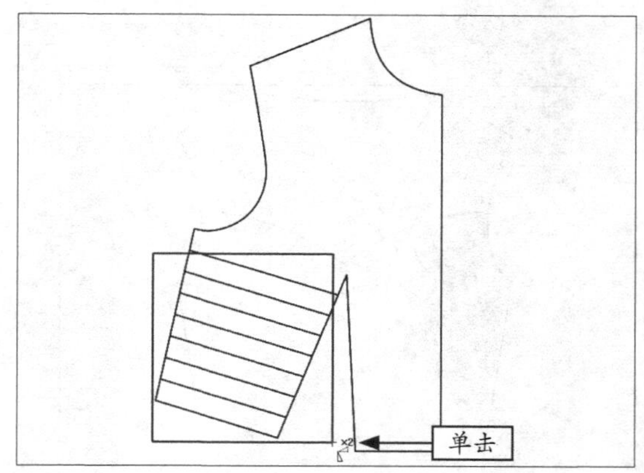

图7-141 框选曲线

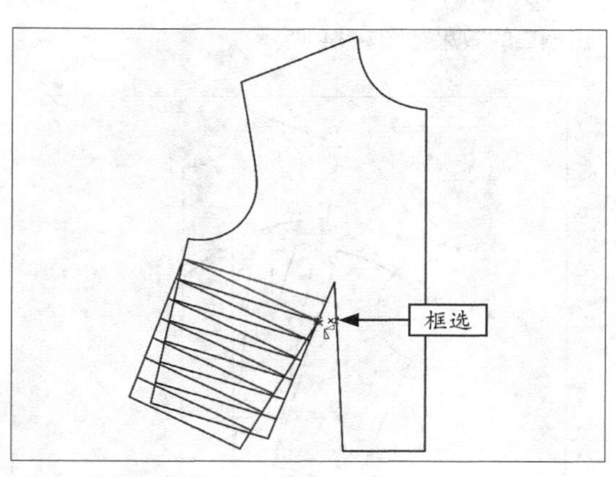

图7-142 指定旋转终点

步骤 15 执行操作后，即可旋转曲线，如图7-143所示。

步骤 16 在“设计工具栏”中单击“橡皮擦”按钮■，在工作区中选择相应的曲线，将其删除，如图7-144所示。

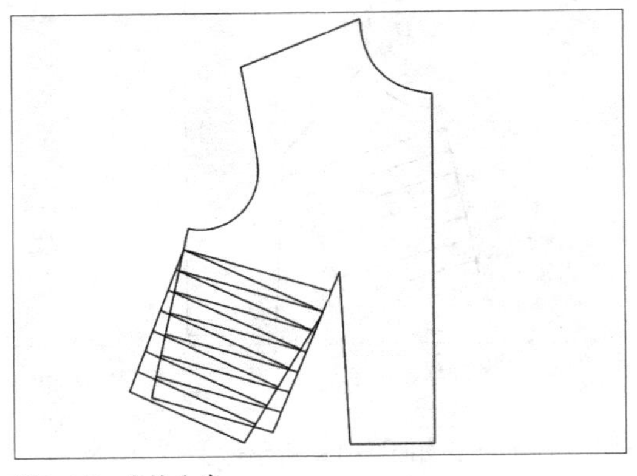

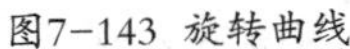

图7-143 旋转曲线

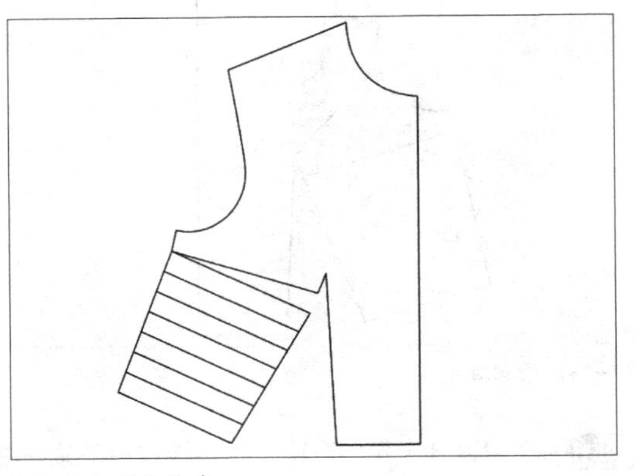

图7-144 删除曲线

步骤 17 继续使用“旋转”、“橡皮擦”命令，在工作区中旋转和删除曲线，此时即可完成褶裥一的设计，效果如图7-145所示。

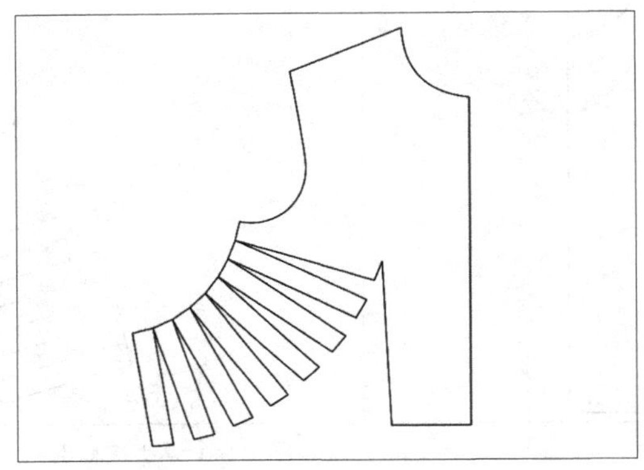

图7-145 褶裥一效果

7.3.2 褶裥二

本例介绍褶裥的一种类型，其主要使用“旋转”、“智能笔”、“剪断线”以及“转省”等命令来进行设计。褶裥二的效果如图7-146所示。

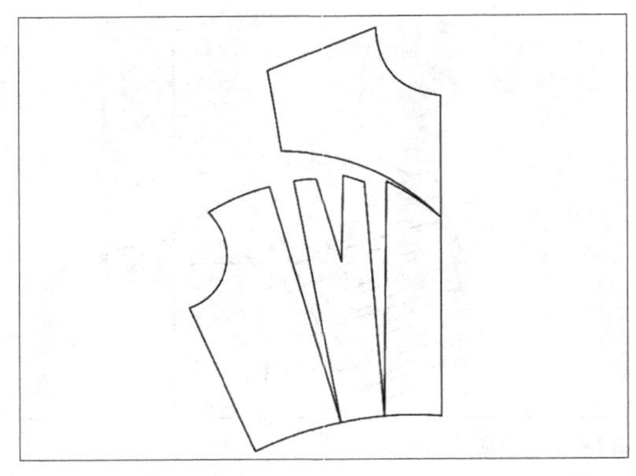

图7-146 褶裥二效果

素材文件	无
效果文件	光盘\素材\第7章\7-180.dgs
视频文件	光盘\视频\第7章\7.3.2 褶裥二.mp4

步骤解析

步骤 1 按【Ctrl+O】组合键，打开文化式女上装原型，在“设计工具栏”中单击“橡皮擦”按钮■、“剪断线”按钮■、“旋转”按钮■和“智能笔”按钮■，修改文化式女上装原型，如图7-147所示。

步骤 2 在“设计工具栏”中单击“智能笔”按钮■，在工作区中相应的位置单击鼠标左键，绘制分割线，如图7-148所示。

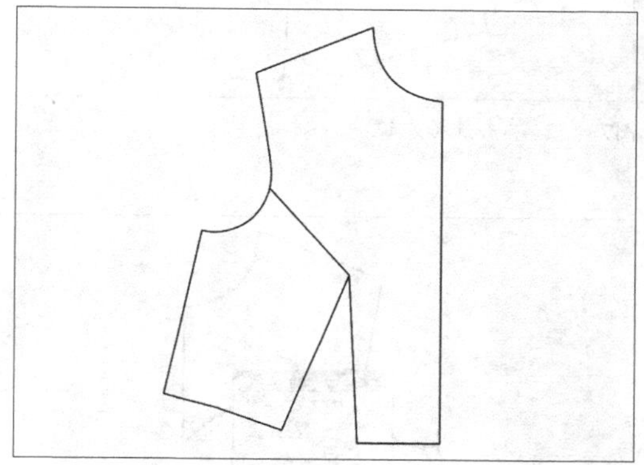

图7-147 修改文化式女上装原型

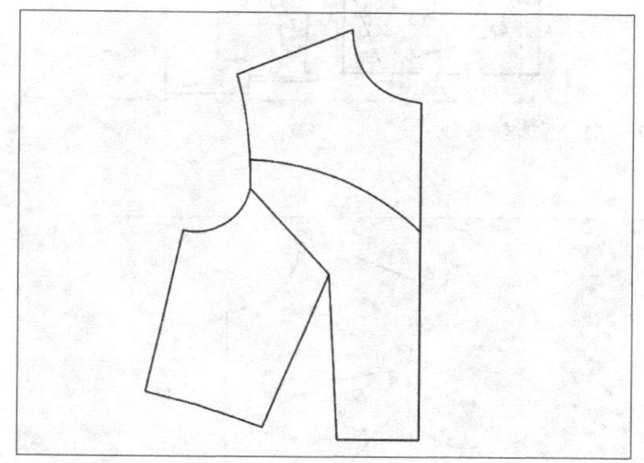

图7-148 绘制分割线

步骤 3 在“设计工具栏”中单击“剪断线”按钮■，在工作区中选择袖窿弧线，然后在合适的位置单击鼠标左键，如图7-149所示。

步骤 4 执行操作后，即可剪断袖窿弧线。在“设计工具栏”中单击“剪断线”按钮■，在工作区中选择前中线，然后在合适的位置单击鼠标左键，如图7-150所示。

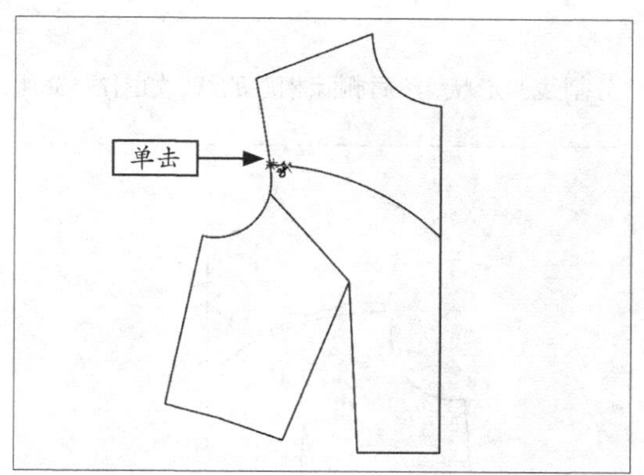

图7-149 单击鼠标左键

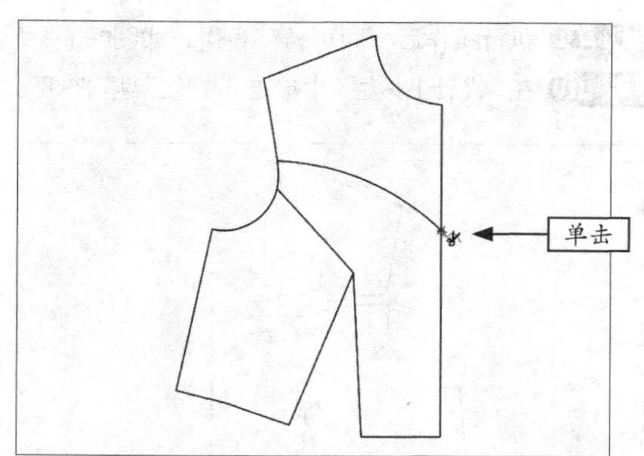

图7-150 单击鼠标左键

步骤 5 执行操作后，即可剪断前中线。在“设计工具栏”中单击“转省”按钮■，根据状态栏提示，在工作区中框选转移线，如图7-151所示。

步骤 6 单击鼠标右键，然后在工作区中选择新省线，如图7-152所示。

步骤 7 单击鼠标右键，然后在工作区中选择腰省左侧的省线作为合并省的起始边，按住【Ctrl】键，选择腰省右侧的省线作为合并省的终止边，如图7-153所示。

步骤 8 弹出“转省”对话框，选中“按比例”单选按钮，并在其后的数值框中输入30，单击“确定”按钮，如图7-154所示。

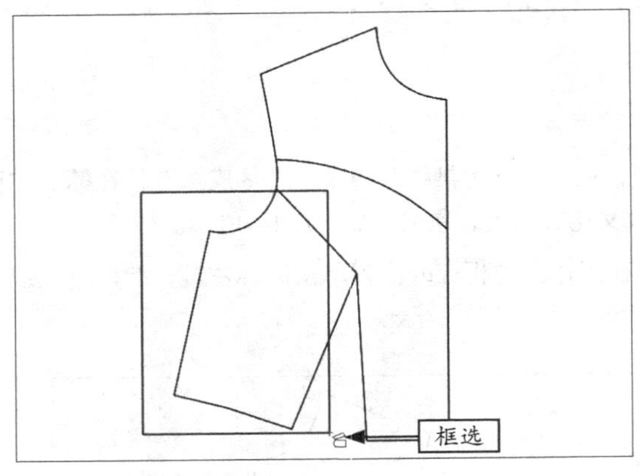

图7-151 框选转移线

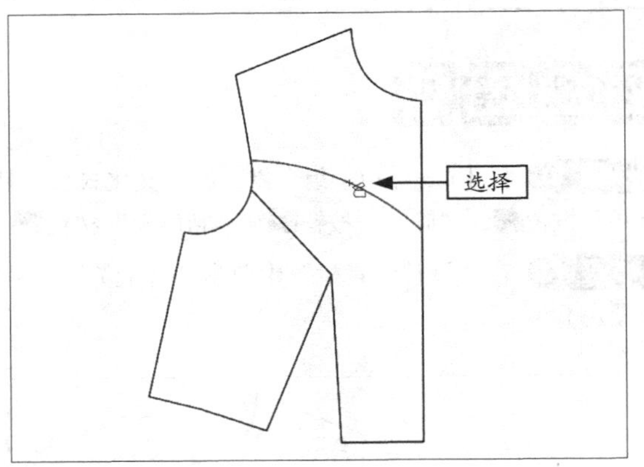

图7-152 单击鼠标左键

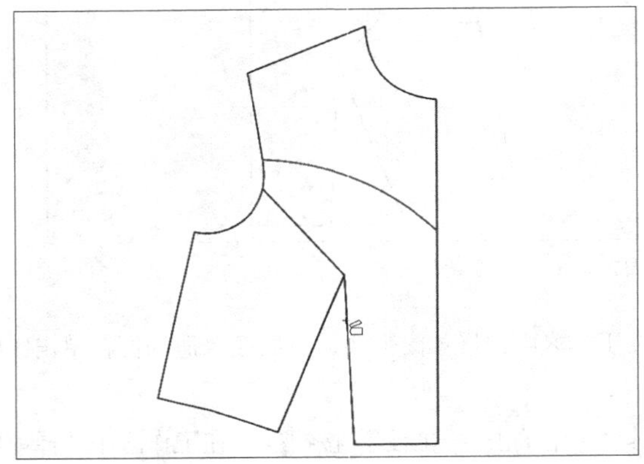

图7-153 选择边线

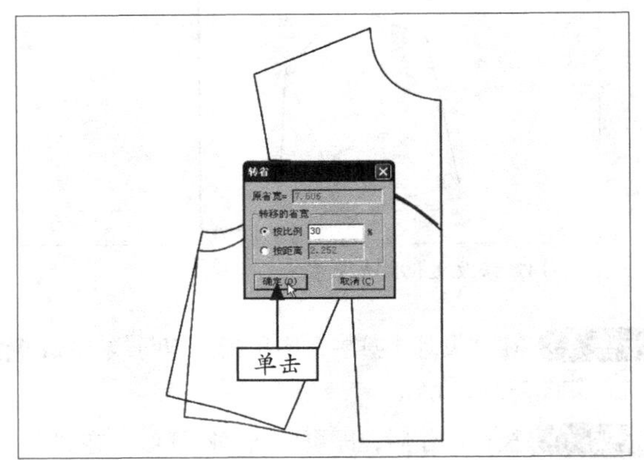

图7-154 单击“确定”按钮

步骤 9 执行操作后，即可转移省道，如图7-155所示。

步骤 10 在“设计工具栏”中单击“调整工具”按钮，调整分割线的形状，然后删除相应的线，如图7-156所示。

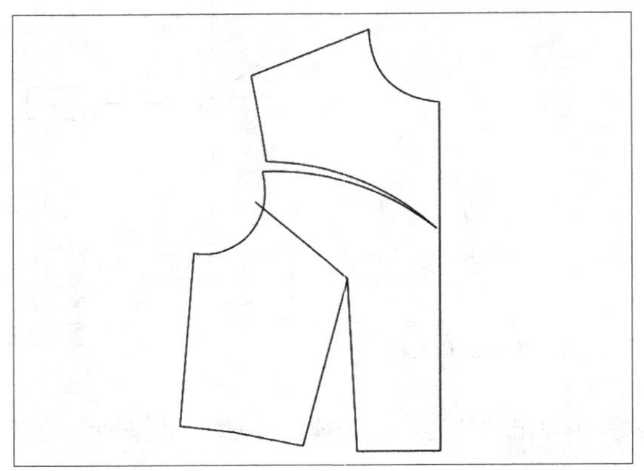

图7-155 转移省道

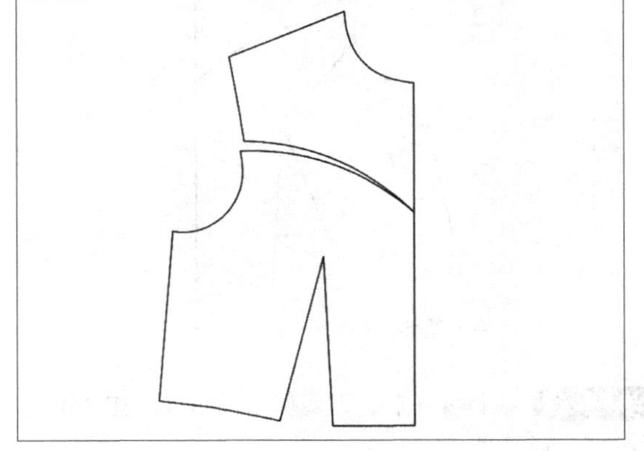

图7-156 删除线

步骤 11 在“设计工具栏”中单击“智能笔”按钮，在工作区中相应的位置单击鼠标左键，绘制褶裥的位置，如图7-157所示。

步骤 12 在“设计工具栏”中单击“剪断线”按钮■，在工作区中选择分割线，然后在合适的位置单击鼠标左键，如图7-158所示。

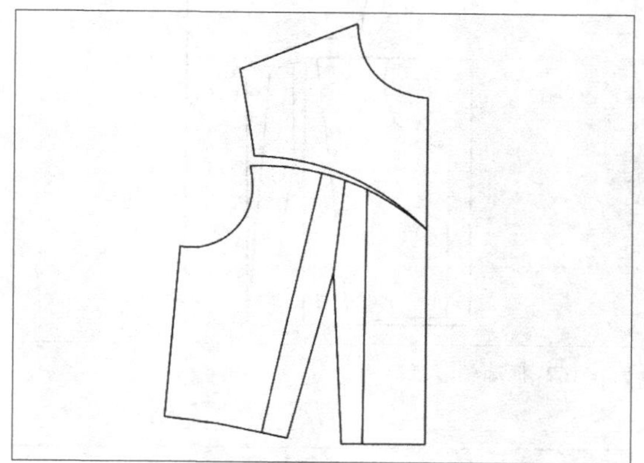

图7-157 绘制褶裥位置

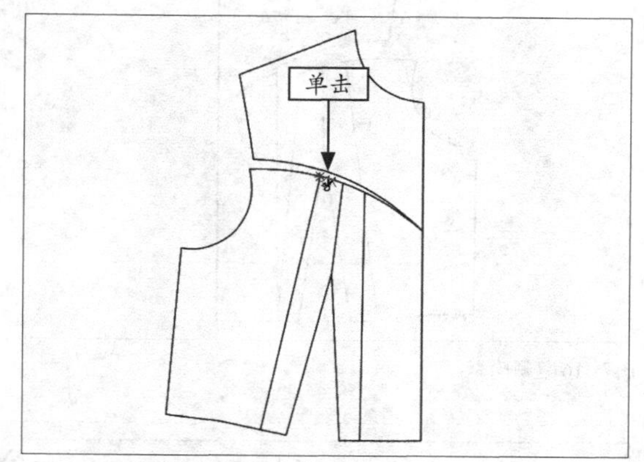

图7-158 单击鼠标左键

步骤 13 执行操作后，即可剪断分割线。继续执行“剪断线”命令，在工作区中选择分割线，然后分割线的其他位置单击鼠标左键，剪断分割线。在“设计工具栏”中单击“旋转”按钮■，根据状态栏提示，按【Shift】键，在工作区中选择要旋转的曲线，单击鼠标右键，然后在工作区中指定旋转中心和旋转起点，拖曳鼠标，至相应的点上单击鼠标左键，指定旋转终点，如图7-159所示。

步骤 14 执行操作后，即可旋转曲线，如图7-160所示。

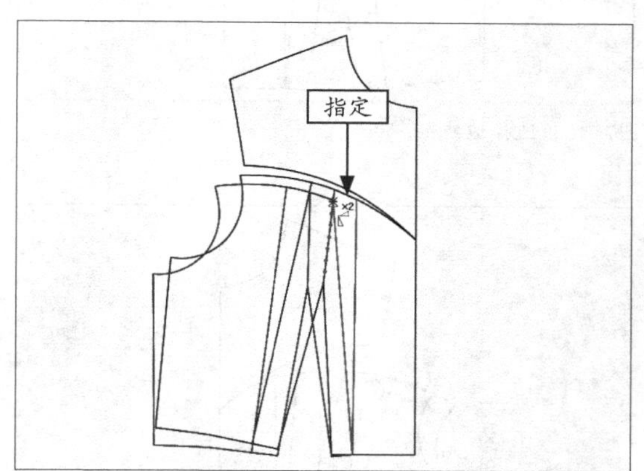

图7-159 指定旋转终点

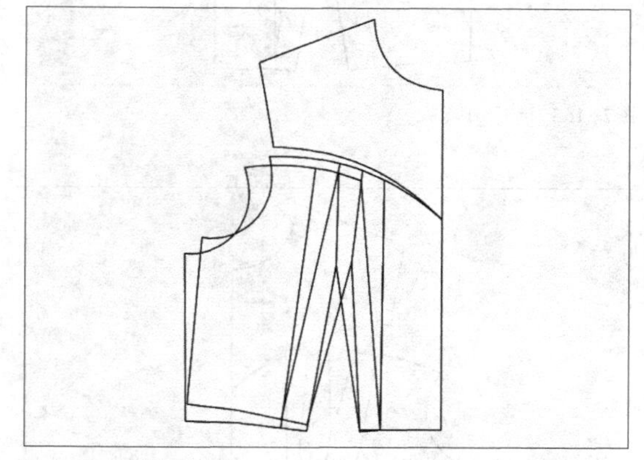

图7-160 旋转曲线

步骤 15 在“设计工具栏”中单击“橡皮擦”按钮■，在工作区中选择相应的曲线，将其删除，如图7-161所示。

步骤 16 在“设计工具栏”中单击“转省”按钮■，根据状态栏提示，在工作区中框选转移线，如图7-162所示。

步骤 17 单击鼠标右键，然后在工作区中选择新省线，如图7-163所示。

步骤 18 单击鼠标右键，然后在工作区中选择腰省的省线作为合并省的起始边和终止边，如图7-164所示。

步骤 19 执行操作后，即可转移省道，如图7-165所示。

步骤 20 在“设计工具栏”中单击“旋转”按钮■，根据状态栏提示，在工作区中选择要旋转的曲线，单击鼠标右键，然后在工作区中指定旋转中心和旋转起点，拖曳鼠标，至相应的点上单击鼠标左键，指定旋转终点，如图7-166所示。

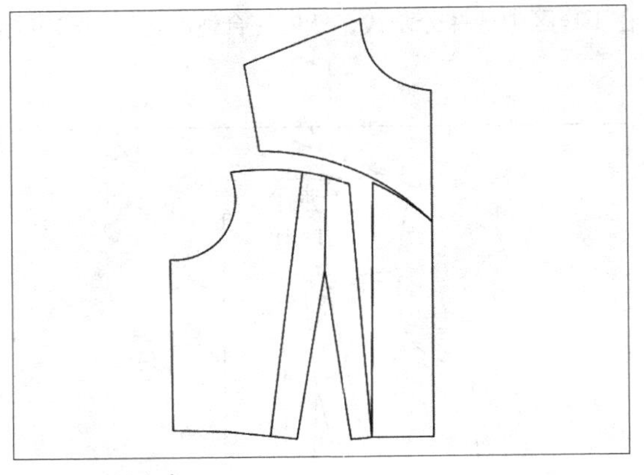

图7-161 删除线

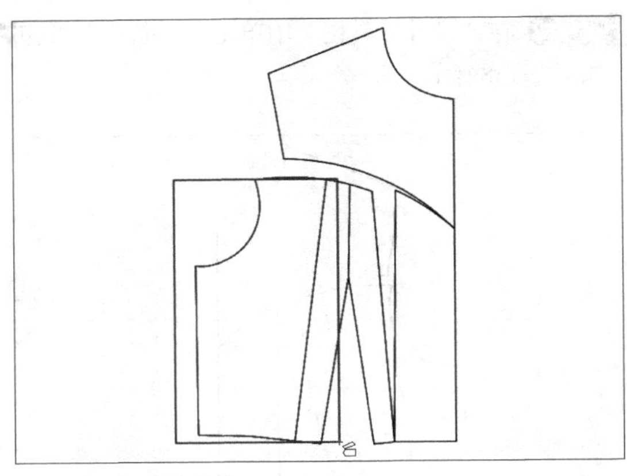

图7-162 框选转移线

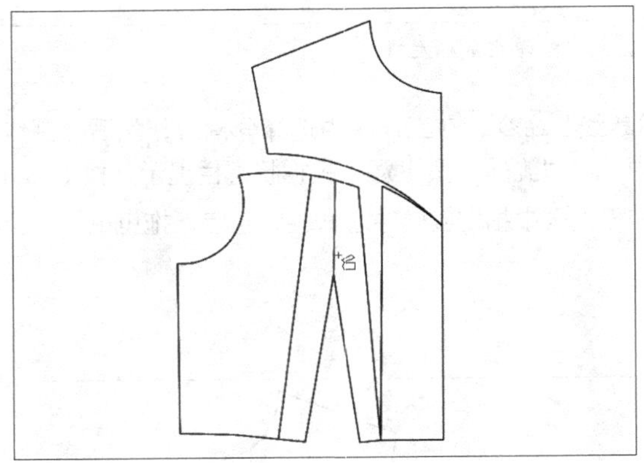

图7-163 选择新省线

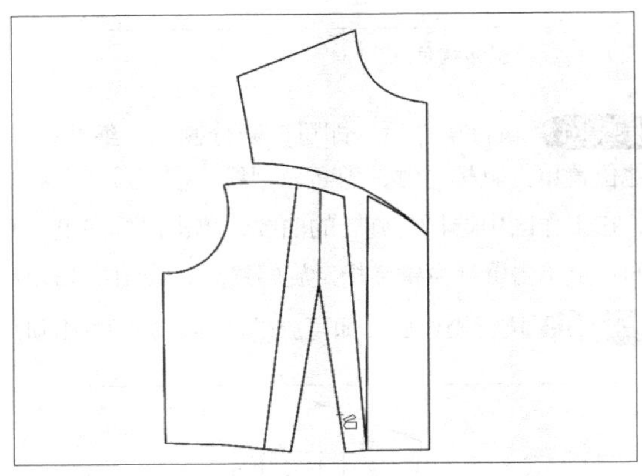

图7-164 选择边线

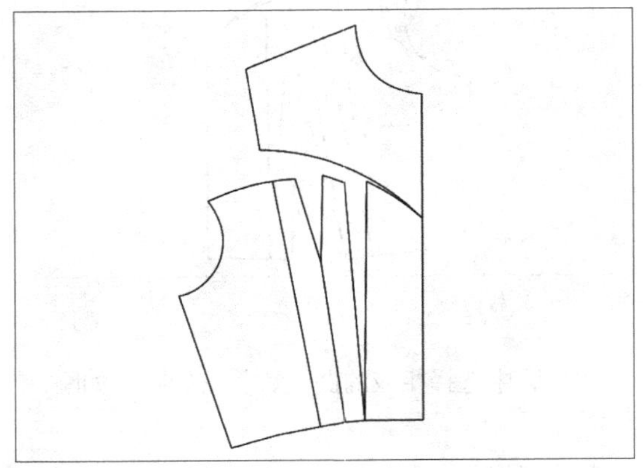

图7-165 转移省道

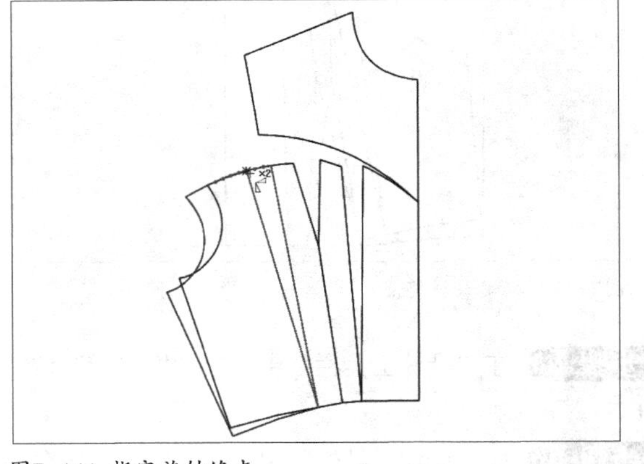

图7-166 指定旋转终点

步骤 21 执行操作后，即可旋转曲线，如图7-167所示。

步骤 22 在“设计工具栏”中单击“橡皮擦”按钮■，在工作区中选择相应的曲线，将其删除，如图7-168所示。

步骤 23 在“设计工具栏”中单击“智能笔”按钮■，在工作区中相应的位置单击鼠标左键，绘制曲线，如图7-169所示。

步骤 24 在“设计工具栏”中单击“橡皮擦”按钮■，在工作区中选择相应的曲线，将其删除，此时即可完成褶裥二的设计，效果如图7-170所示。

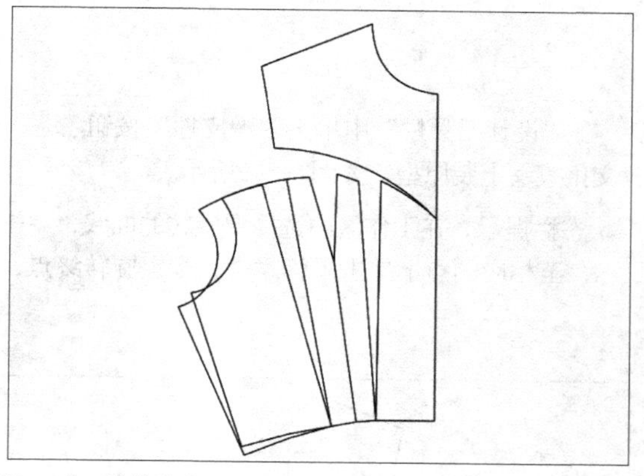
图7-167 旋转曲线

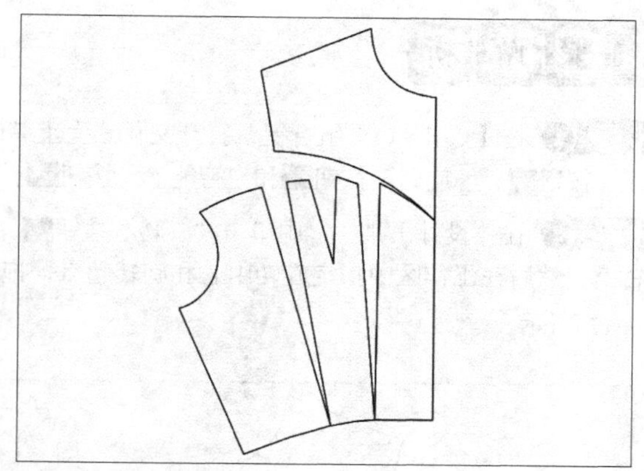
图7-168 删除曲线

图7-169 绘制曲线

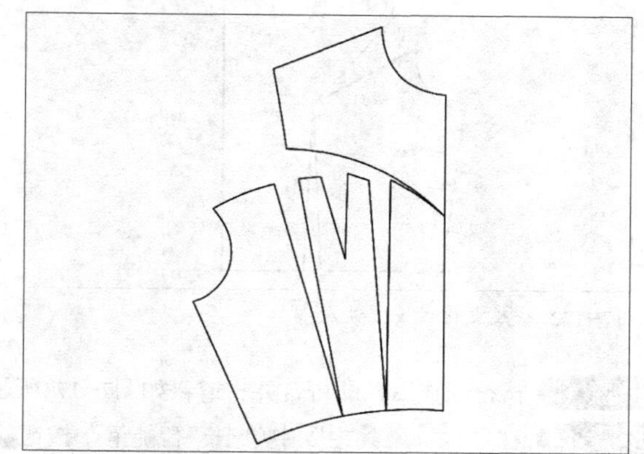
图7-170 褶裥二效果

7.3.3 褶裥三

本例介绍褶裥的一种类型，其主要使用“橡皮擦”、“剪断线”、“智能笔”以及“转省”等命令来进行设计。褶裥三的效果如图7-171所示。

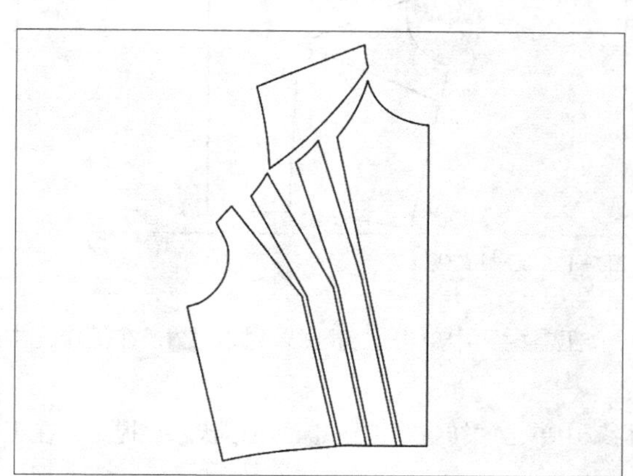

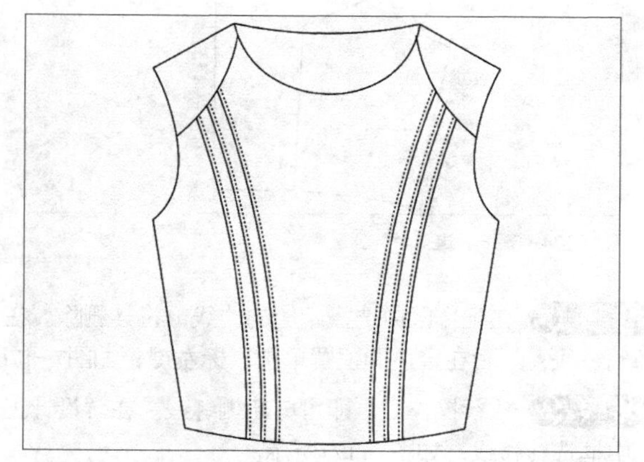

图7-171 褶裥三效果

素材文件	无
效果文件	光盘\素材\第7章\7-207.dgs
视频文件	光盘\视频\第7章\7.3.3 褶裥三.mp4

步骤解析

步骤 1 按【Ctrl+O】组合键，打开文化式女上装原型，在“设计工具栏”中单击“橡皮擦”按钮、“剪断线”按钮、“旋转”按钮和“智能笔”按钮，修改文化式女上装原型，如图7-172所示。

步骤 2 在“设计工具栏”中单击“旋转”按钮，根据状态栏提示，在工作区中选择要旋转的曲线，单击鼠标右键，然后在工作区中指定旋转中心和旋转起点，拖曳鼠标，至相应的点上单击鼠标左键，指定旋转终点，如图7-173所示。

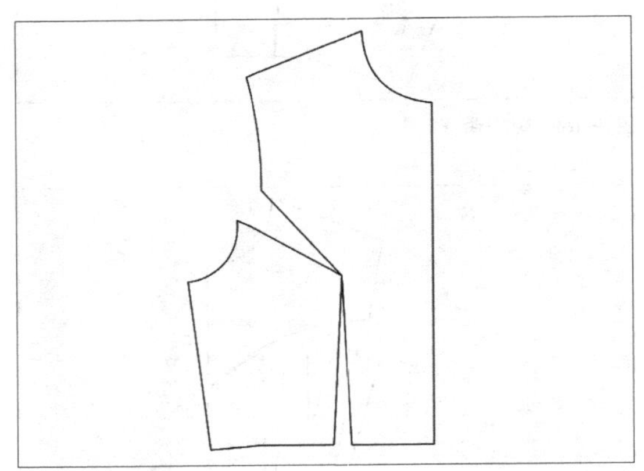
图7-172 修改文化式女上装原型

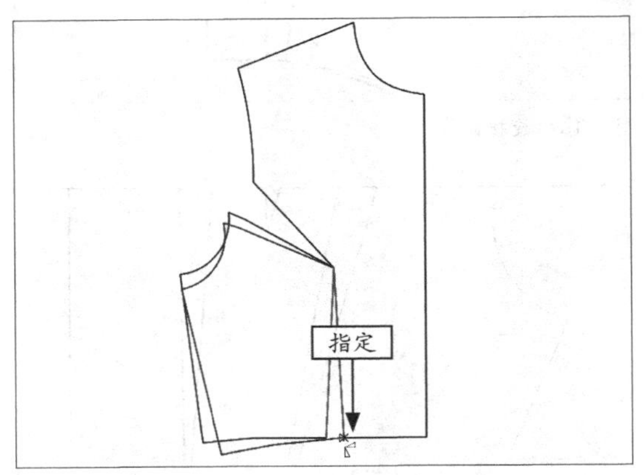

图7-173 指定旋转终点

步骤 3 执行操作后，即可合并省道，如图7-174所示。

步骤 4 在“设计工具栏”中单击“智能笔”按钮，在工作区中的合适位置单击鼠标左键，绘制直线，如图7-175所示。

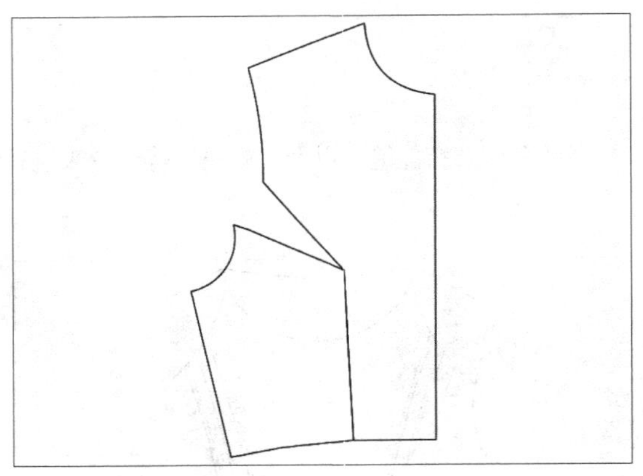
图7-174 合并省道

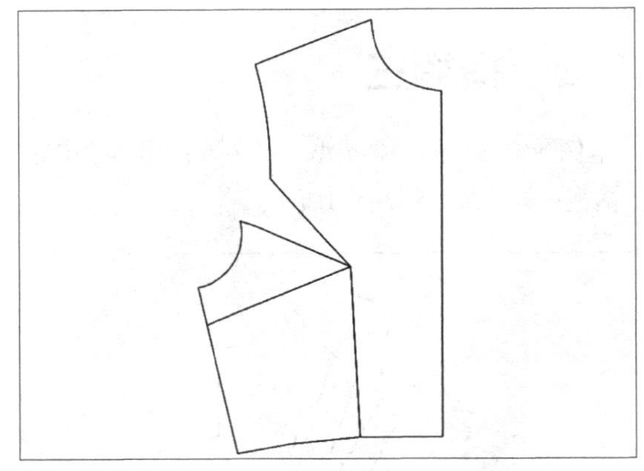
图7-175 绘制直线

步骤 5 在工作区中选择相应的曲线，将其删除。在“设计工具栏”中单击“剪断线”按钮，在工作区中选择侧缝线，然后在合适的位置单击鼠标左键，如图7-176所示。

步骤 6 执行操作后，即可剪断侧缝线。在“设计工具栏”中单击“转省”按钮，根据状态栏提示，在工作区中框选转移线，如图7-177所示。

步骤 7 单击鼠标右键，在工作区中选择新省线，如图7-178所示。

步骤 8 单击鼠标右键，然后在工作区中选择袖窿省的省线作为合并省的起始边和终止边，如图7-179所示。

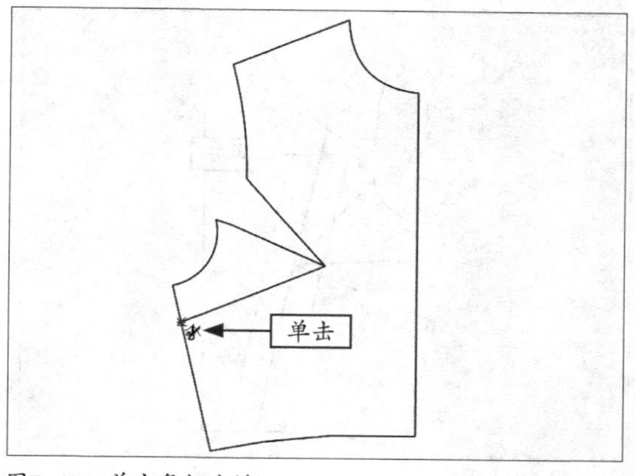

图7-176 单击鼠标左键

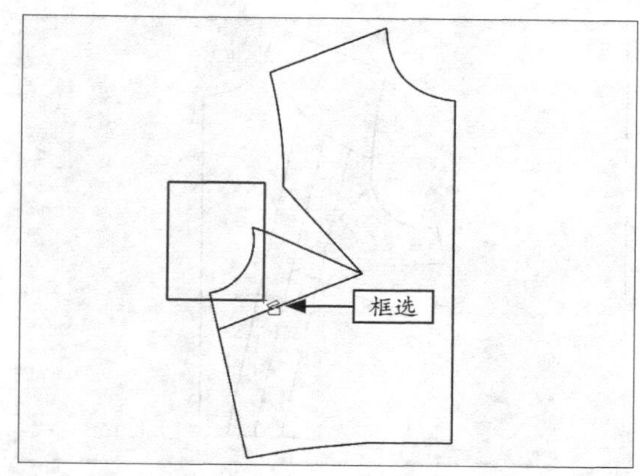

图7-177 框选转移线

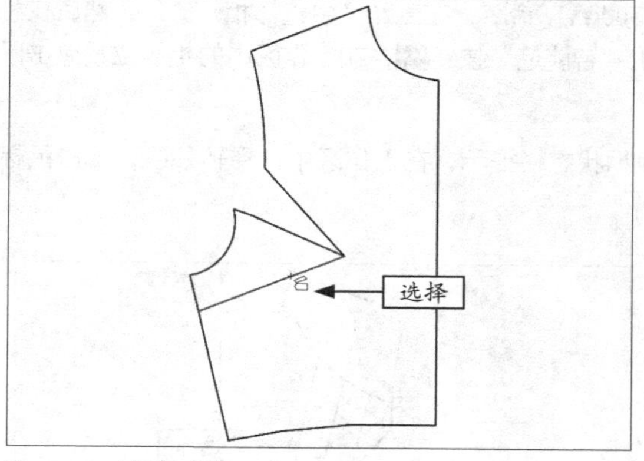

图7-178 选择新省线

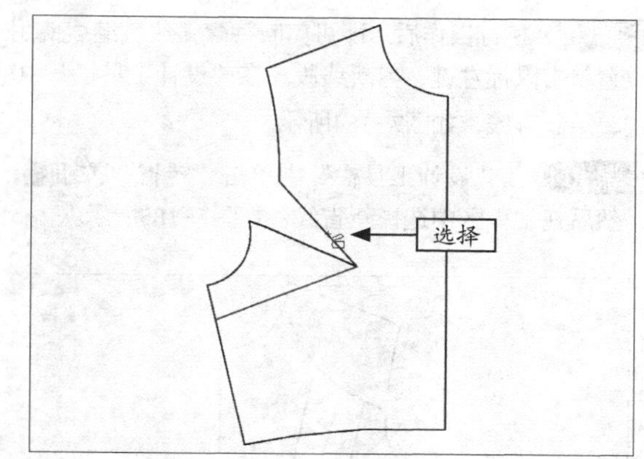

图7-179 选择边线

步骤 9 执行操作后，即可转移省道，如图7-180所示。

步骤 10 在“设计工具栏”中单击“智能笔”按钮，在工作区中的合适位置单击鼠标左键，绘制曲线，如图7-181所示。

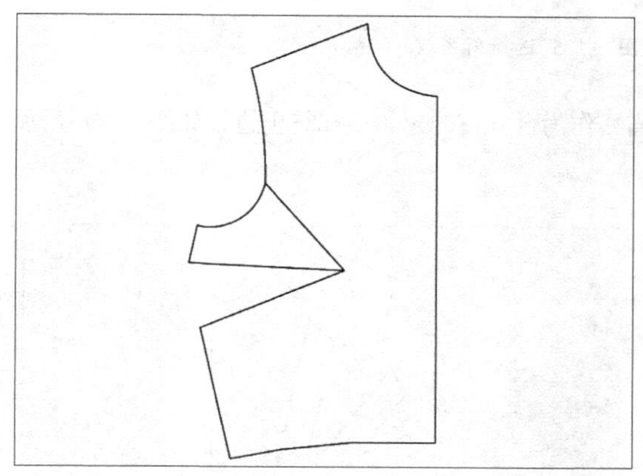
图7-180 转移省道

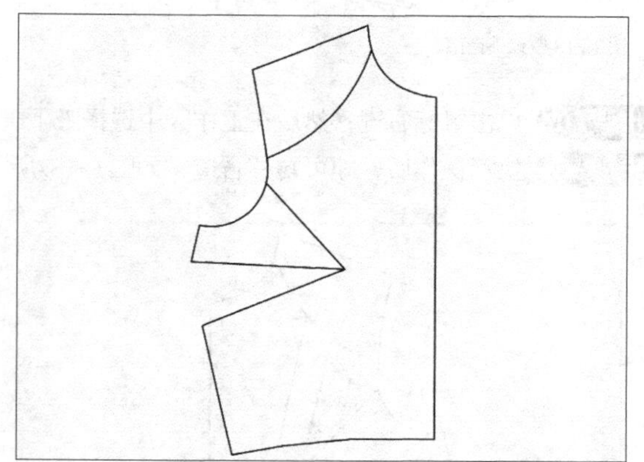
图7-181 绘制曲线

步骤 11 在“设计工具栏”中单击“智能笔”按钮，在工作区中的合适位置单击鼠标左键，绘制分割线，如图7-182所示。

步骤 12 在“设计工具栏”中单击“剪断线”按钮，在工作区中选择袖窿弧线，然后在合适的位置单击鼠标左键，如图7-183所示。

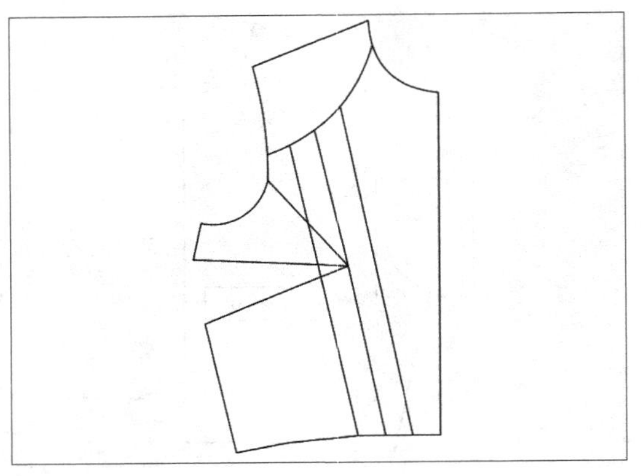

图7-182 绘制分割线

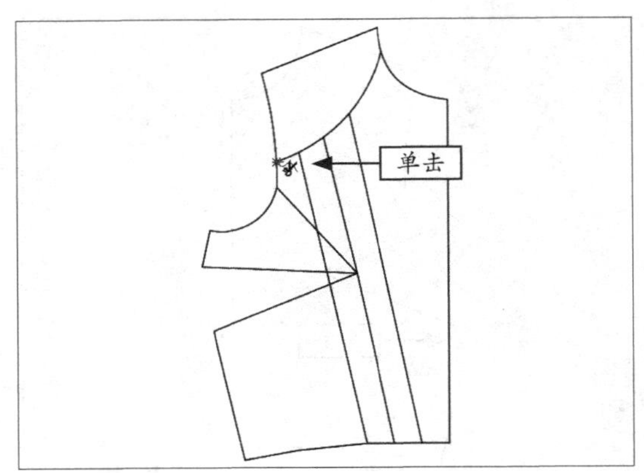

图7-183 单击鼠标左键

步骤 13 执行操作后，即可剪断袖窿弧线。继续使用“剪断线”命令，在工作区中选择相应的线，然后在相应的位置单击鼠标左键，剪断线段。在“设计工具栏”中单击“智能笔”按钮，在工作区中的相应位置单击鼠标左键，绘制直线，如图7-184所示。

步骤 14 在“设计工具栏”中单击“转省”按钮，根据状态栏提示，在工作区中选择转移线，单击鼠标右键，然后在工作区中选择新省线，如图7-185所示。

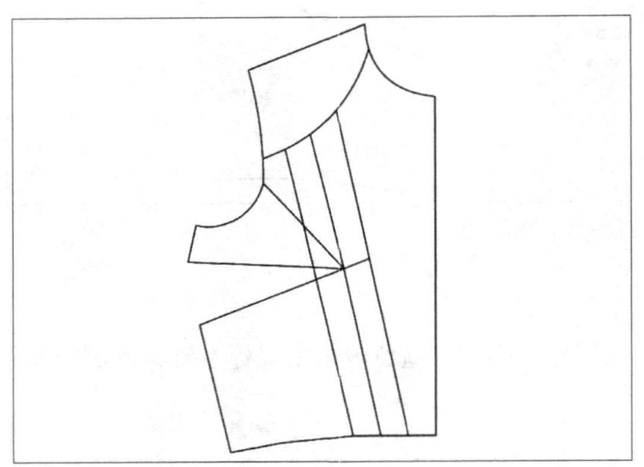

图7-184 绘制直线

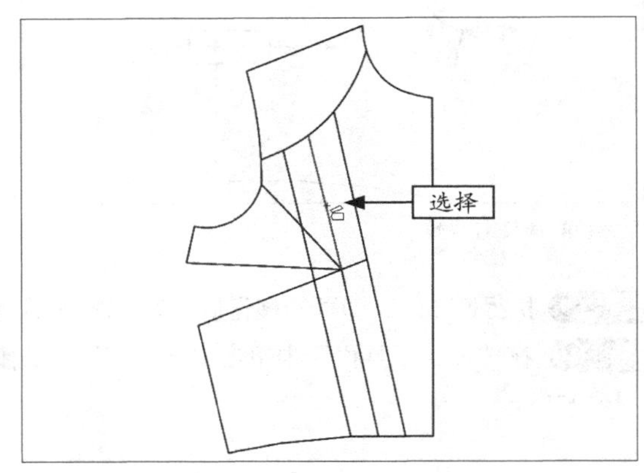

图7-185 选择新省线

步骤 15 单击鼠标右键，然后在工作区中选择腋下省的省线作为合并省的起始边和终止边，如图7-186所示。

步骤 16 执行操作后，即可转移省道，如图7-187所示。

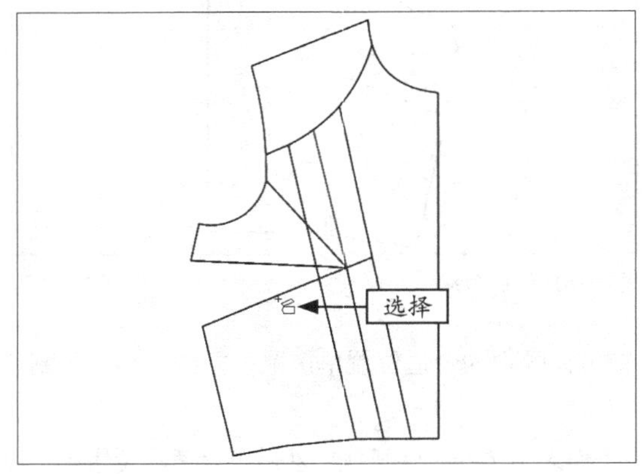

图7-186 选择边线

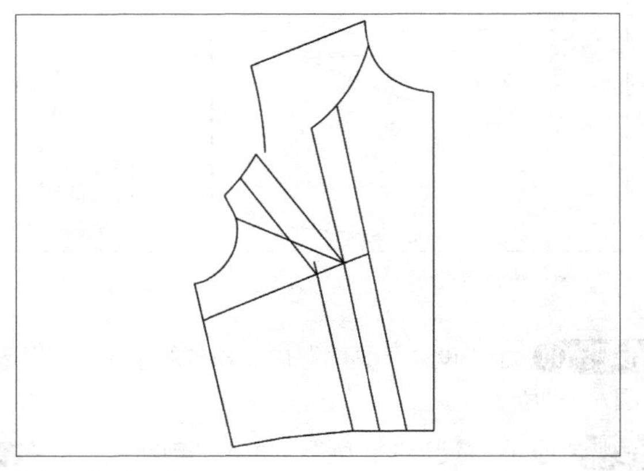

图7-187 转移省道

步骤 17 继续使用“转省”命令，在工作区中框选转移线，如图7-188所示。

步骤 18 单击鼠标右键，然后在工作区中选择新省线，如图7-189所示。

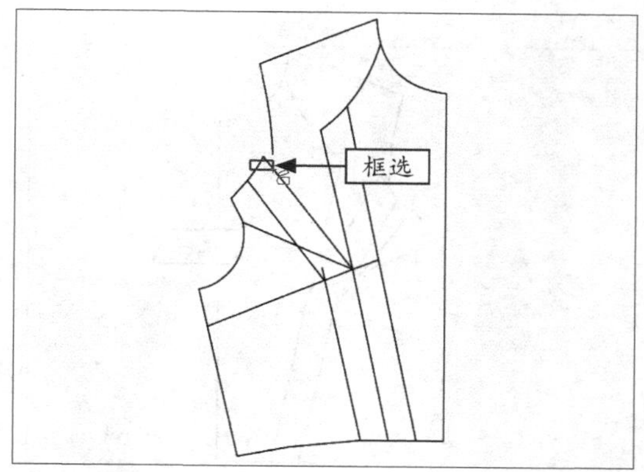

图7-188 框选转移线

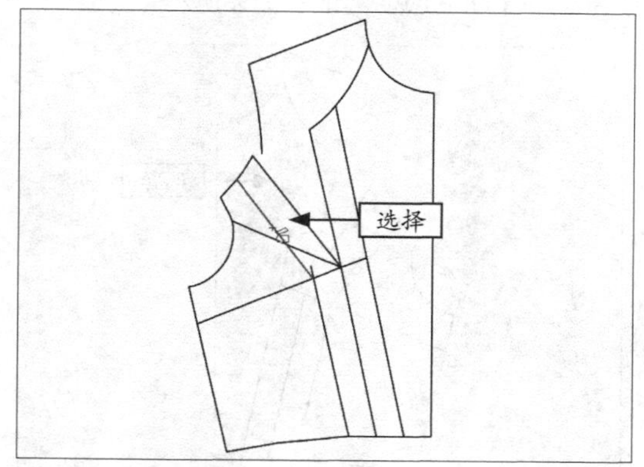

图7-189 选择新省线

步骤 19 单击鼠标右键，然后在工作区中选择相应的省线作为合并省的起始边，按住【Ctrl】键，选择相应的省线作为合并省的终止边，如图7-190所示。

步骤 20 弹出“转省”对话框，选中“按比例”单选按钮，并在其后的数值框中输入33，单击“确定”按钮，如图7-191所示。

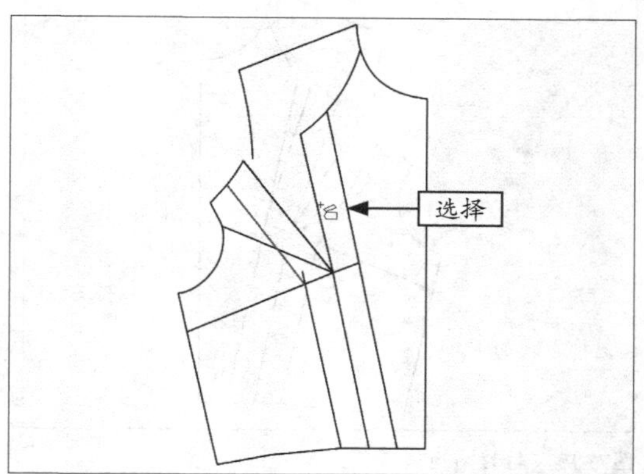

图7-190 选择边线

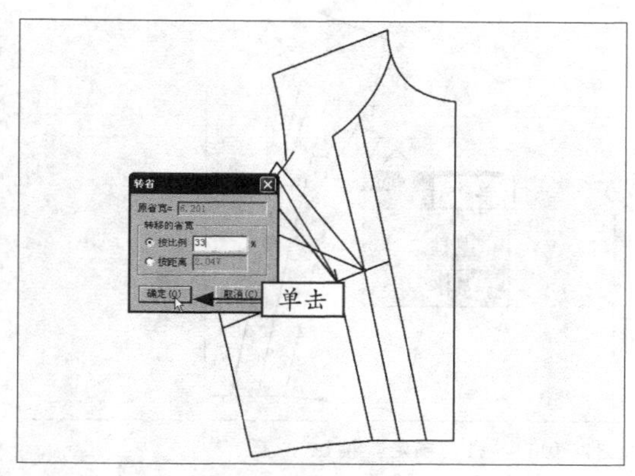

图7-191 单击“确定”按钮

步骤 21 执行操作后，即可转移省道，如图7-192所示。

步骤 22 继续使用“转省”命令，在工作区中框选转移线，如图7-193所示。

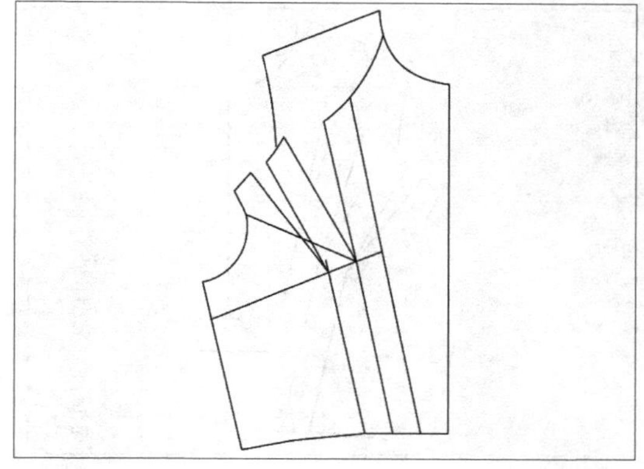
图7-192 转移省道

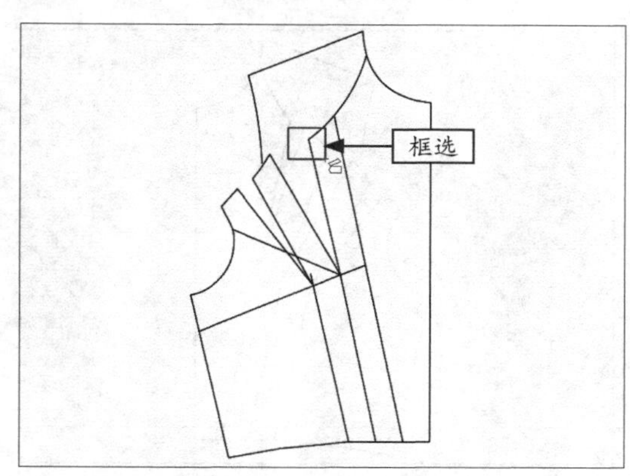

图7-193 框选转移线

步骤 23 单击鼠标右键，然后在工作区中选择新省线，如图7-194所示。

步骤 24 单击鼠标右键，然后在工作区中选择相应的省线作为合并省的起始边，按住【Ctrl】键，选择相应的省线作为合并省的终止边，如图7-195所示。

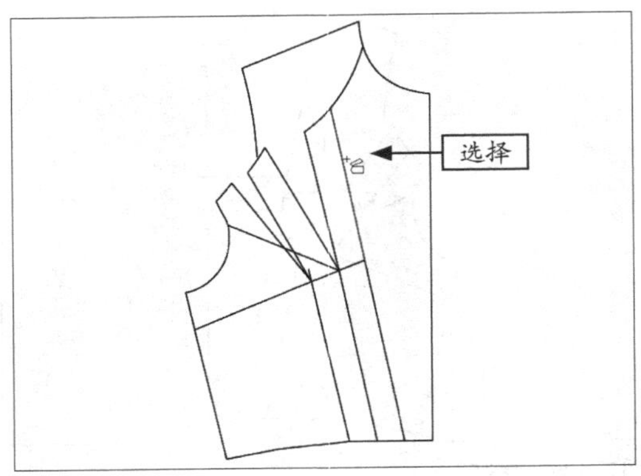

图7-194 选择新省线

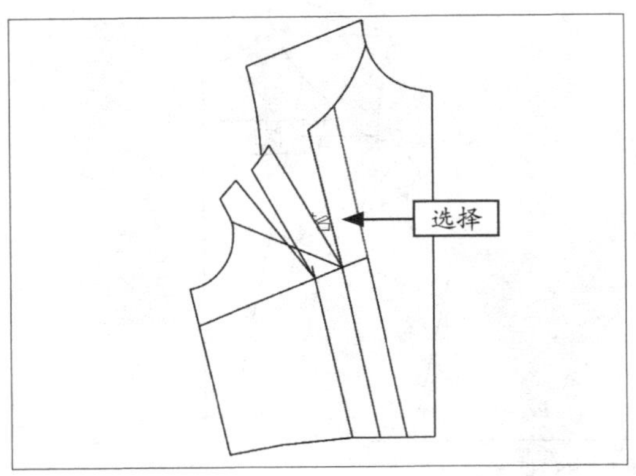

图7-195 选择边线

步骤 25 弹出“转省”对话框，选中“按比例”单选按钮，并在其后的数值框中输入33，单击“确定”按钮，如图7-196所示。

步骤 26 执行操作后，即可转移省道，如图7-197所示。

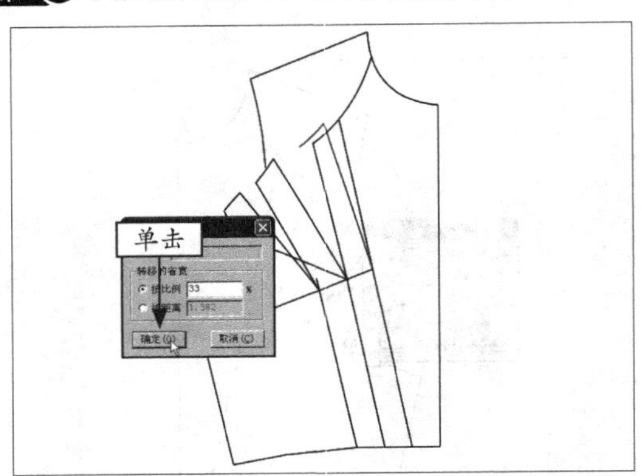

图7-196 单击“确定”按钮

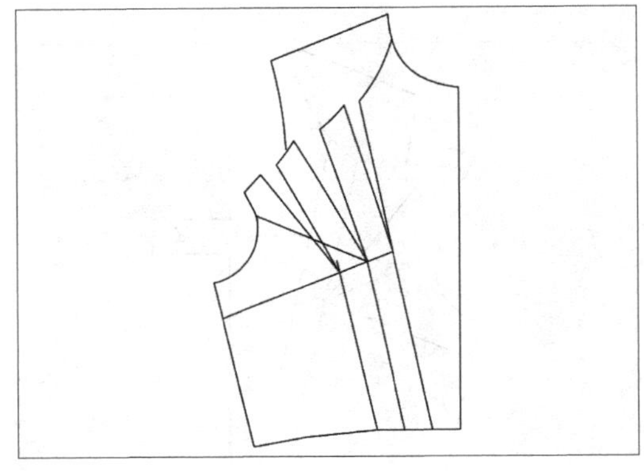
图7-197 转移省道

步骤 27 在工作区中选择相应的曲线，按【Delete】键删除，并调整曲线，如图7-198所示。

步骤 28 在“设计工具栏”中单击“剪断线”按钮■，在工作区中选择相应的边线，然后在合适的位置单击鼠标左键，如图7-199所示。

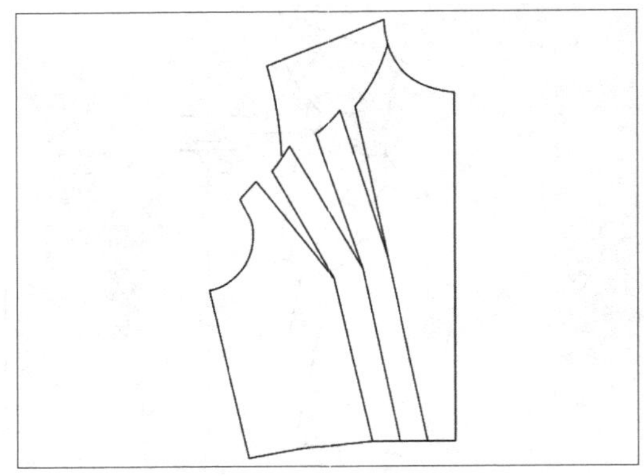
图7-198 删除并调整曲线

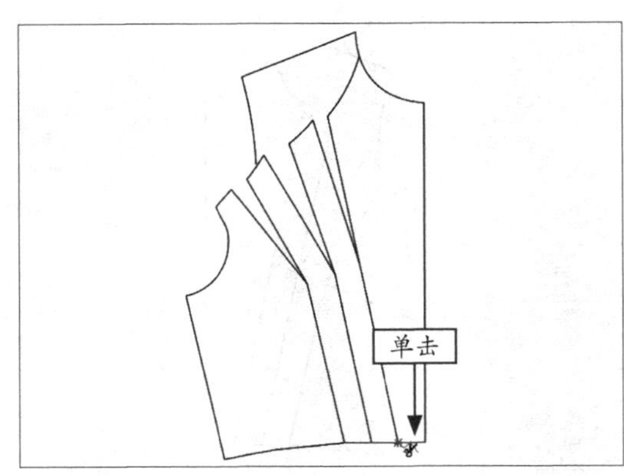

图7-199 单击鼠标左键

步骤 29 执行操作后，即可剪断边线。继续使用“剪断线”命令，在工作区中选择相应的边线，然后在合适的位置单击鼠标左键，如图7-200所示。

步骤 30 执行操作后，即可剪断边线。在“设计工具栏”中单击“移动”按钮，根据状态栏提示，按【Shift】键，在工作区中选择要移动的曲线，单击鼠标右键，然后在工作区中指定移动起点，如图7-201所示。

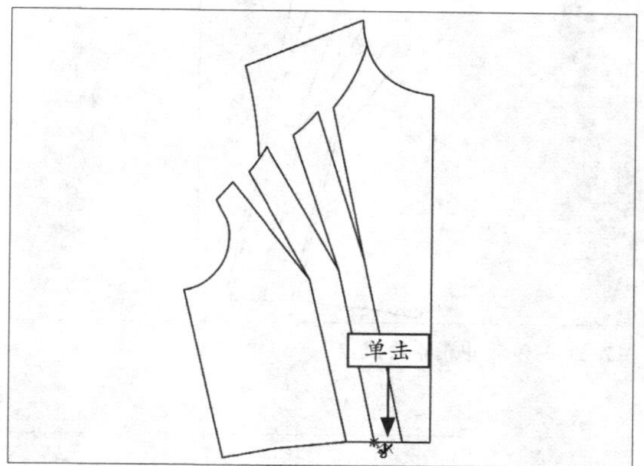

图7-200 单击鼠标左键

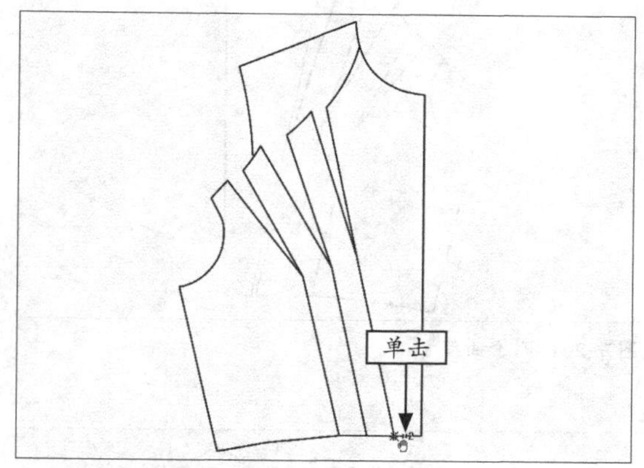

图7-201 指定移动起点

步骤 31 向左拖曳鼠标，至合适位置单击鼠标左键，弹出“点的位置”对话框，设置“长度”为0.5，单击“起点”按钮，如图7-202所示。

步骤 32 执行操作后，即可移动曲线，如图7-203所示。

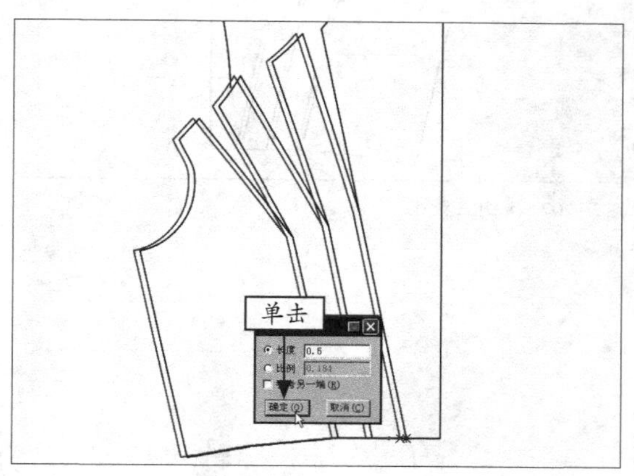

图7-202 单击“起点”按钮

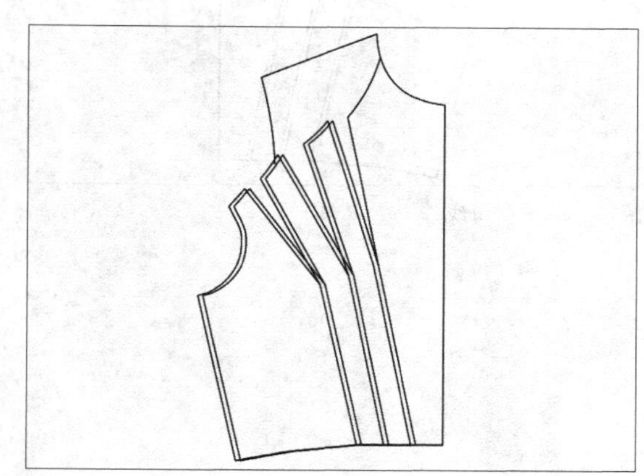
图7-203 移动曲线

步骤 33 在“设计工具栏”中单击“橡皮擦”按钮，在工作区中选择相应的曲线，将其删除，如图7-204所示。

步骤 34 继续使用“移动”、“橡皮擦”命令，移动并删除曲线，如图7-205所示。

步骤 35 在“设计工具栏”中单击“智能笔”按钮，在工作区中的合适位置单击鼠标左键，绘制曲线，如图7-206所示。

步骤 36 在“设计工具栏”中单击“移动”按钮，根据状态栏提示，按【Shift】键，在工作区中选择要移动的曲线，单击鼠标右键，然后在工作区中指定移动的起点和终点，执行操作后，即可移动曲线，此时即可完成褶裥三的设计，效果如图7-207所示。

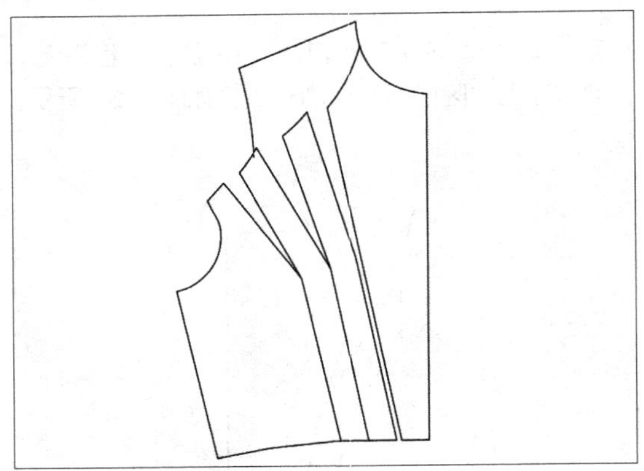
图7-204 删除曲线

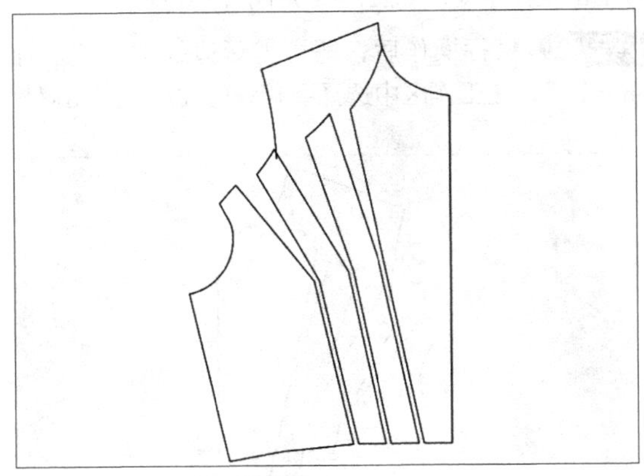
图7-205 移动并删除曲线

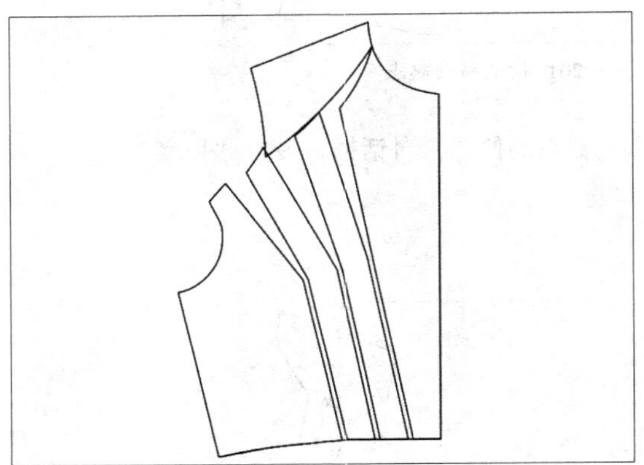
图7-206 绘制曲线

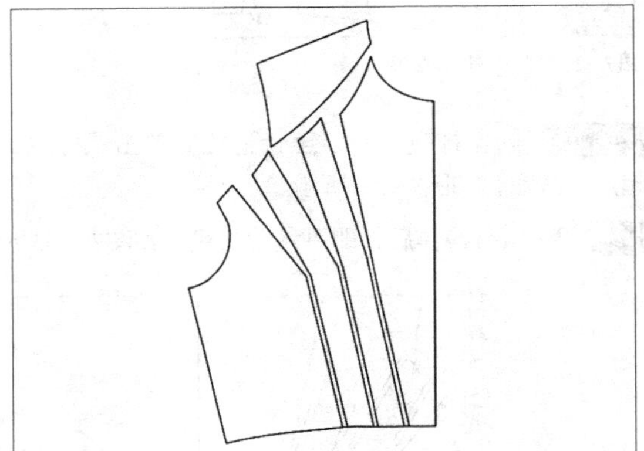
图7-207 褶裥三效果

本章建议学习时间120分钟

第8章 衣领与衣袖的设计

学前提示

衣领和衣袖是上装极为重要的部分。本章主要向读者介绍立领、翻领、翻驳领、灯笼袖、火腿袖和插肩袖的设计。

本章内容

- 衣领设计
- 衣袖设计

通过本章的学习，您可以

- 掌握立领的设计
- 掌握翻领的设计
- 掌握翻驳领的设计
- 掌握灯笼袖的设计
- 掌握火腿袖的设计
- 掌握插肩袖的设计

视频演示

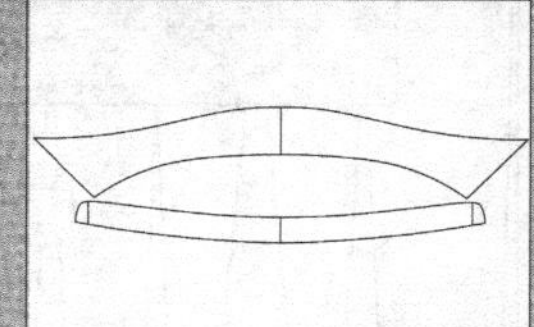

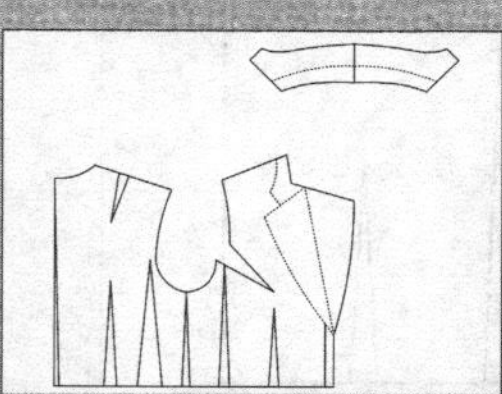

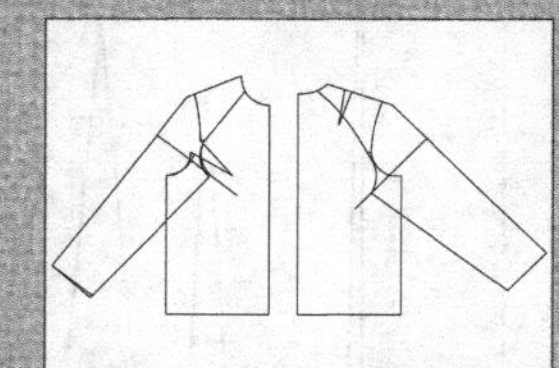

8.1 衣领设计

衣领位于服装的上部，是服装造型中最为重要的部分，可以修饰人的脸形。衣领按领线可分为一字领、V字领、方形领和圆领等；按领型可分为立领、翻领、坦领、翻驳领等。

8.1.1 立领

立领是一种没有领面，只有领座的领型，是将领面竖立在领围线上的一种领型，是领座为主体的领子。立领主要具有保护、保暖以及装饰功能，早期多用于职业装、礼服、舞台装的设计中，给人一种严谨、挺拔和雍容华贵的感觉，现已广泛应用于各类风格的服装中，且样式变化多样。立领的效果如图8-1所示。

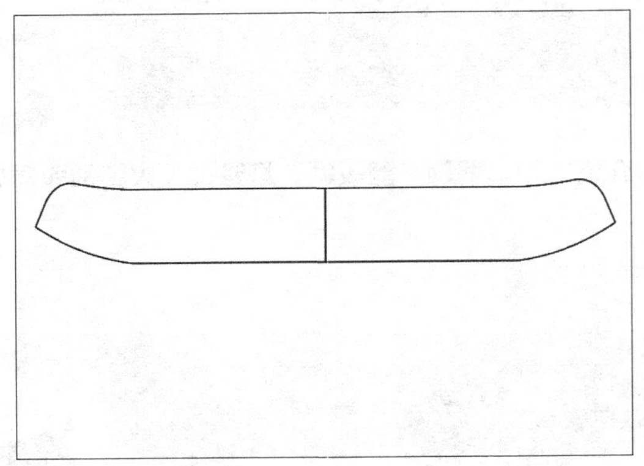

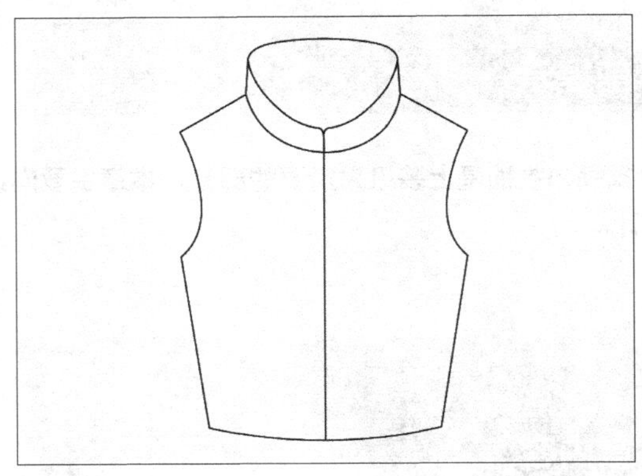

图8-1 立领效果

	素材文件	无
	效果文件	光盘\效果\第8章\8-26.dgs
	视频文件	光盘\视频\第8章\8.1.1立领.mp4

步骤解析

步骤 1 按【Ctrl+O】组合键，打开文化式女上装原型，如图8-2所示。

步骤 2 在“设计工具栏”中单击“比较长度”按钮，在工作区中选择前领口弧线，弹出“长度比较”对话框，单击“记录”按钮，如图8-3所示。

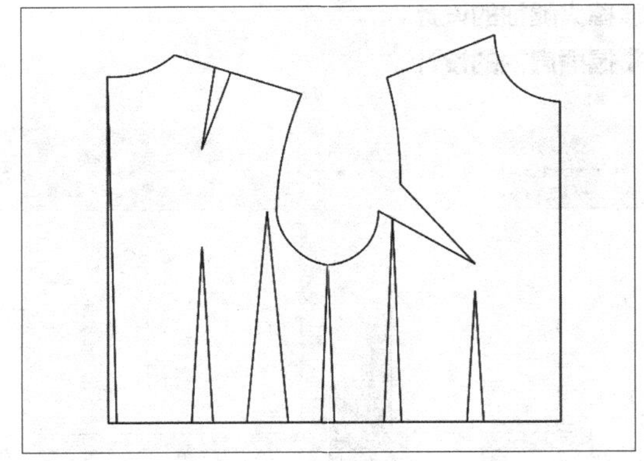

图8-2 打开文化式女上装原型

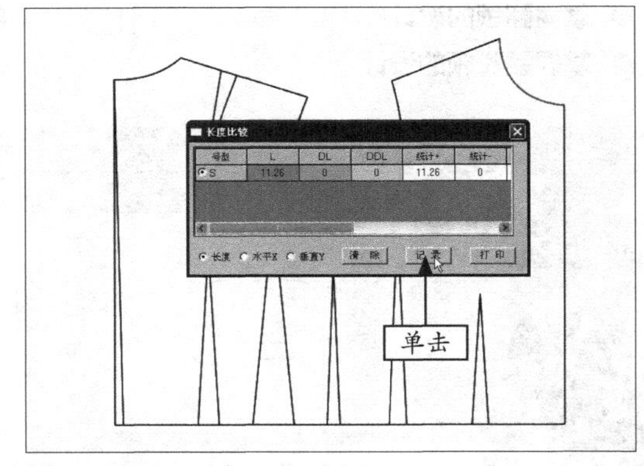

图8-3 单击“记录”按钮

步骤 3 执行操作后，即可测量前领口弧线的长度，如图8-4所示。

步骤 4 继续使用“比较长度”命令，在工作区中选择后领口弧线，弹出“长度比较”对话框，单击“记录”按钮，如图8-5所示。

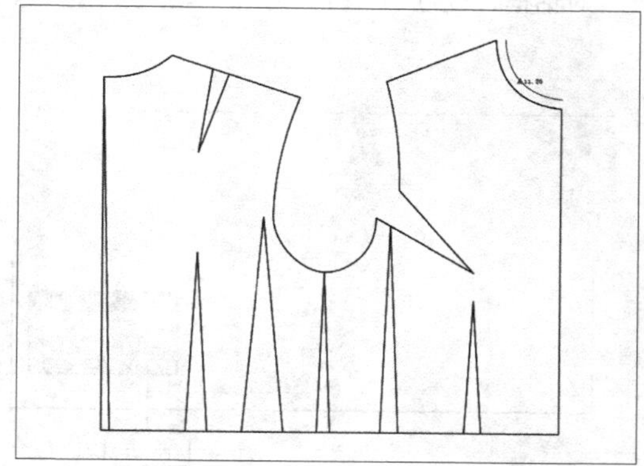
图8-4 测量长度

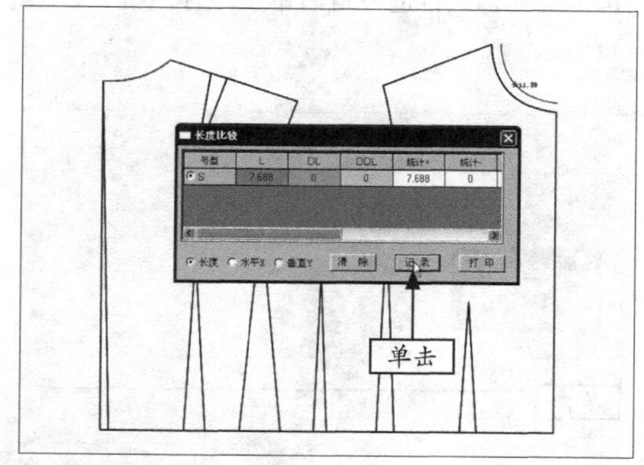

图8-5 单击“记录”按钮

步骤 5 执行操作后，即可测量前领口弧线的长度，如图8-6所示。

步骤 6 在“设计工具栏”中单击“智能笔”按钮，在工作区右侧的合适位置单击鼠标左键，然后单击鼠标右键，并向右拖曳鼠标，至合适位置后单击鼠标左键，弹出“长度”对话框，单击“计算器”按钮，如图8-7所示。

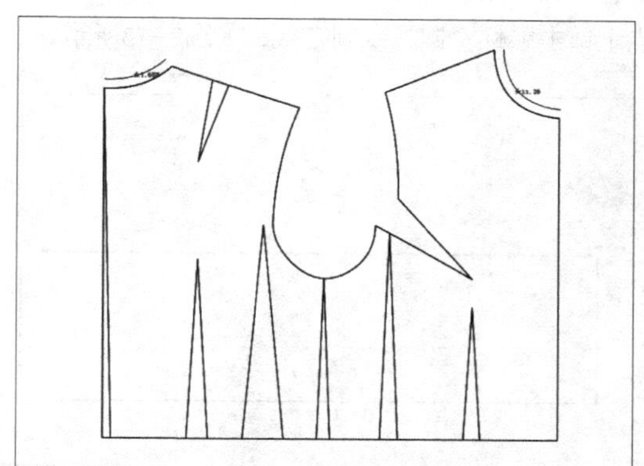
图8-6 测量长度

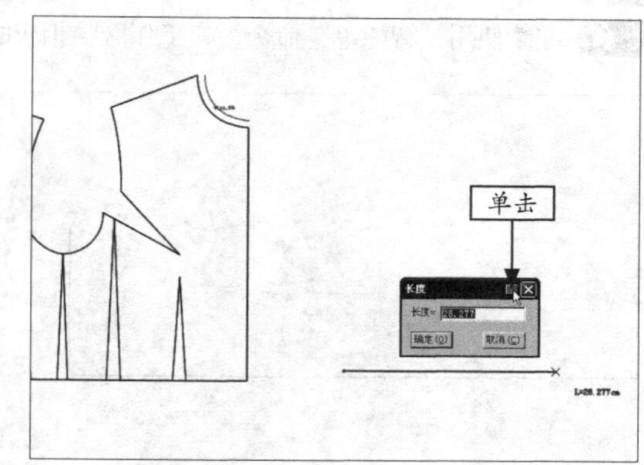

图8-7 单击“计算器”按钮

步骤 7 弹出“计算器”对话框，输入相应的公式，单击“OK”按钮，如图8-8所示。

步骤 8 返回到“长度”对话框，单击“确定”按钮，即可绘制领下口线，如图8-9所示。

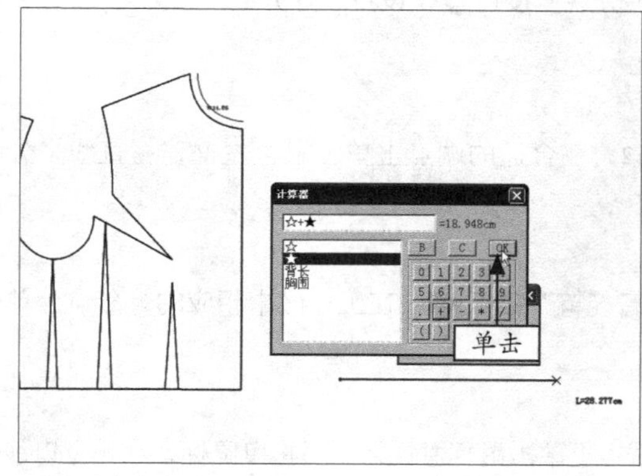

图8-8 单击“OK”按钮

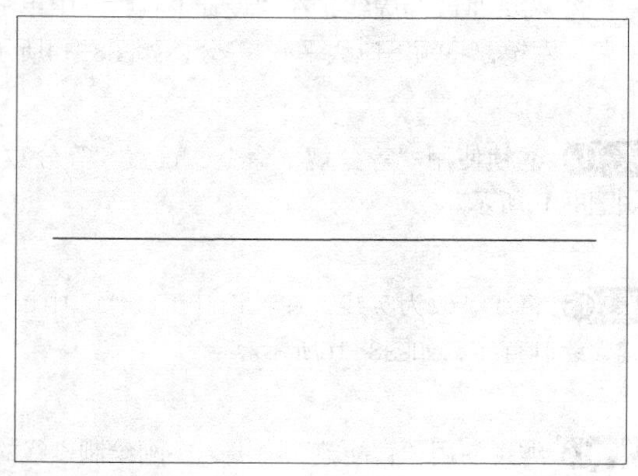
图8-9 绘制领下口线

步骤 9 继续使用“智能笔”命令，在领下口线左侧的点上单击鼠标左键，并向上拖曳鼠标，至合适位置后单击鼠标左键，弹出“长度”对话框，设置“长度”为5，单击“确定”按钮，如图8-10所示。

步骤 10 执行操作后，即可绘制领后中线。继续使用“智能笔”命令，在领下口线右侧的点上单击鼠标左键，并向上拖曳鼠标，至合适位置后单击鼠标左键，弹出“长度”对话框，设置“长度”为5，单击“确定”按钮，如图8-11所示。

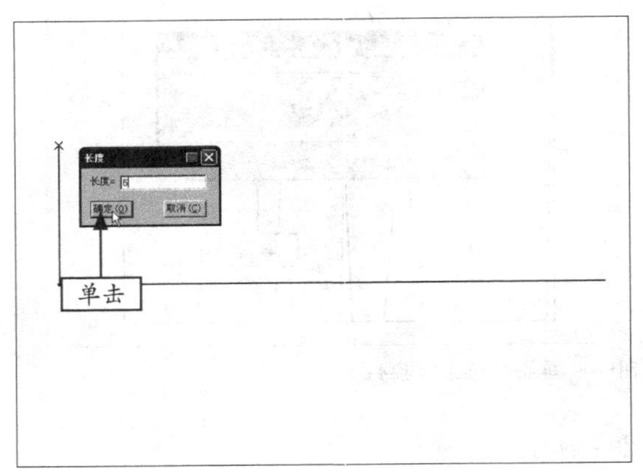

图8-10 单击“确定”按钮

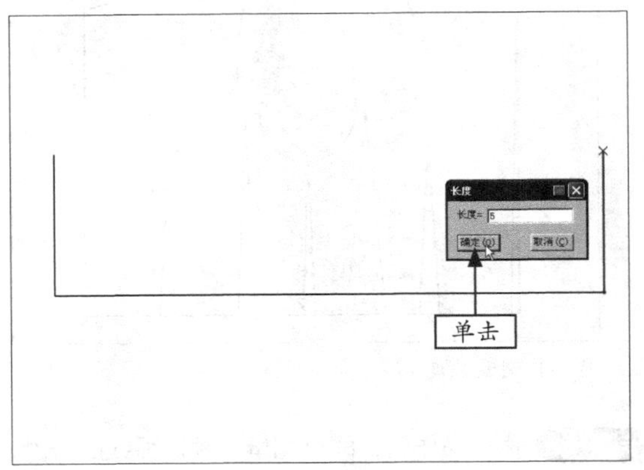

图8-11 单击“确定”按钮

步骤 11 执行操作后，即可绘制直线，如图8-12所示。

步骤 12 继续使用“智能笔”命令，在工作区中相应的点上单击鼠标左键，绘制直线，如图8-13所示。

图8-12 绘制直线

图8-13 绘制直线

步骤 13 将线型改为虚线，在“设计工具栏”中单击“等分规”按钮，设置“等分数”为3，在合适的端点上单击鼠标左键，将领下口线平分3等分，如图8-14所示。

步骤 14 继续使用“等分规”命令，设置“等分数”为2，在合适的端点上单击鼠标左键，将直线平分两等分，如图8-15所示。

步骤 15 将线型改为实线，在“设计工具栏”中单击“智能笔”按钮，在工作区中相应的等分点上单击鼠标左键，绘制直线，如图8-16所示。

步骤 16 继续使用“智能笔”命令，在刚绘制直线的上端点上单击鼠标左键，然后拖曳鼠标，至领上口线上单击鼠标左键，弹出“点的位置”对话框，设置“长度”为1，单击“确定”按钮，如图8-17所示。

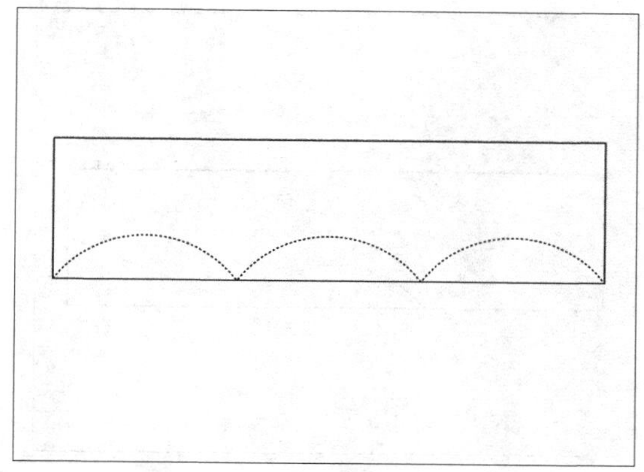
图8-14 平分领下口线

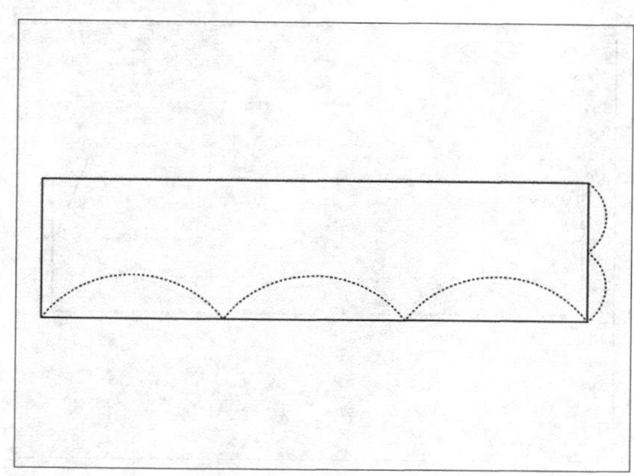
图8-15 平分直线

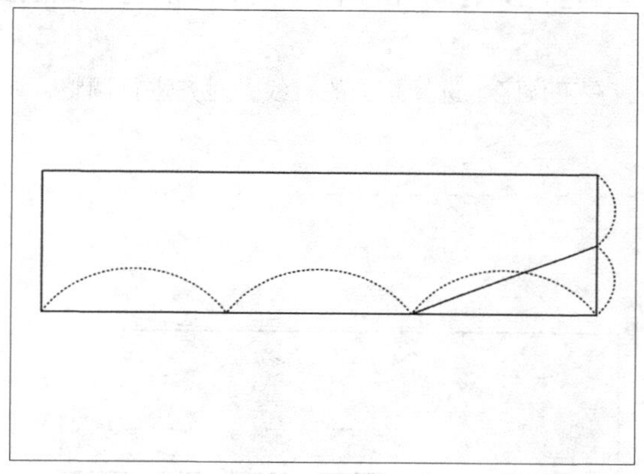
图8-16 绘制直线

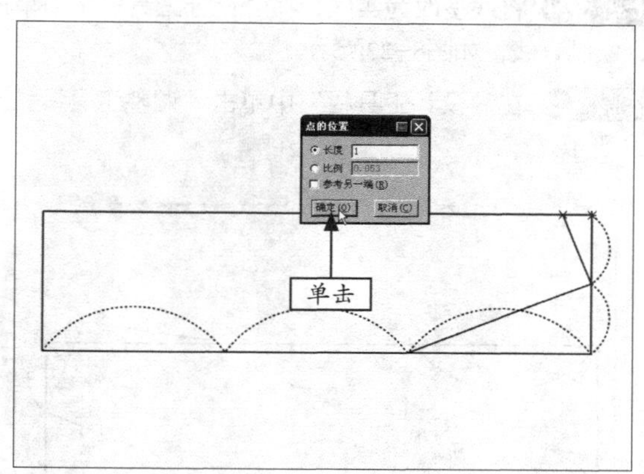

图8-17 单击“确定”按钮

步骤 17 执行操作后，即可绘制直线，如图8-18所示。

步骤 18 继续使用“智能笔”命令，按住【Shift】键，在刚绘制直线的下端点和上端点上依次单击鼠标左键，释放鼠标，然后在上端点单击鼠标左键，拖曳鼠标，至合适位置后单击鼠标左键，弹出“长度”对话框，设置“长度”为0.8，单击“确定”按钮，如图8-19所示。

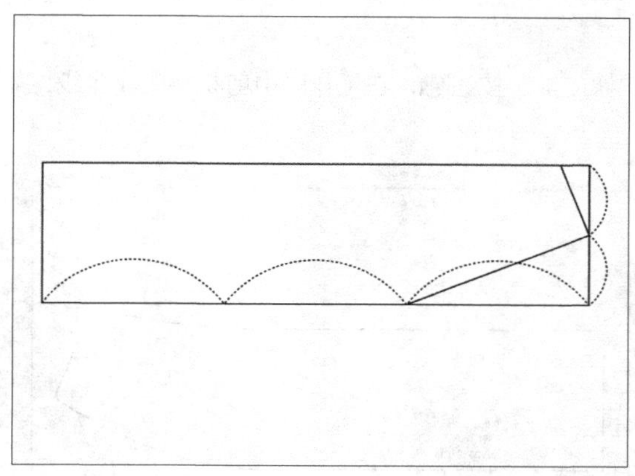
图8-18 绘制直线

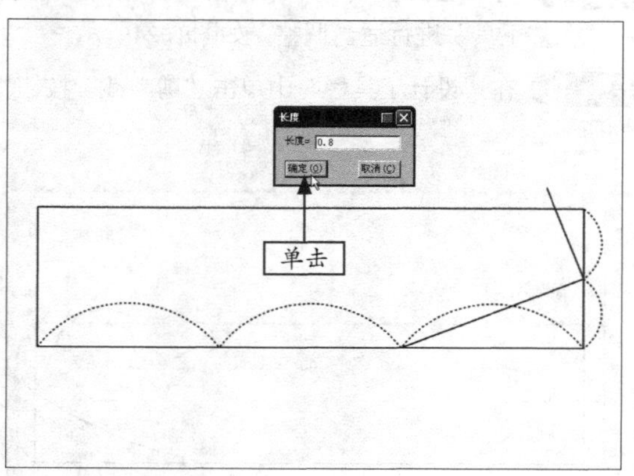

图8-19 单击“确定”按钮

步骤 19 执行操作后，即可延长直线，如图8-20所示。

步骤 20 将线型改为虚线，在“设计工具栏”中单击“等分规”按钮，设置“等分数”为3，在合适的端点上单击鼠标左键，将领上口线平分3等分，如图8-21所示。

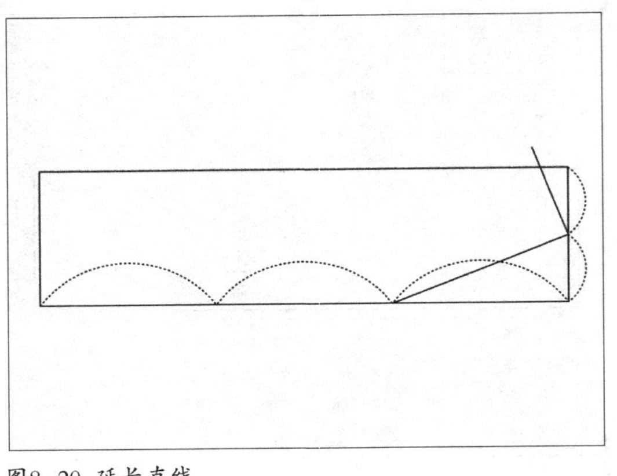
图8-20 延长直线

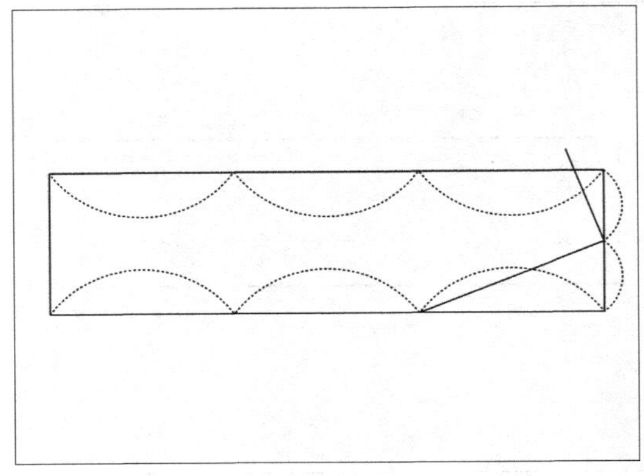
图8-21 平分领上口线

步骤 21 将线型改为实线，在“设计工具栏”中单击“智能笔”按钮，在工作区中相应的点上单击鼠标左键，绘制直线，如图8-22所示。

步骤 22 在“设计工具栏”中单击“调整工具”按钮，在工作区中选择相应的直线，对齐进行调整，如图8-23所示。

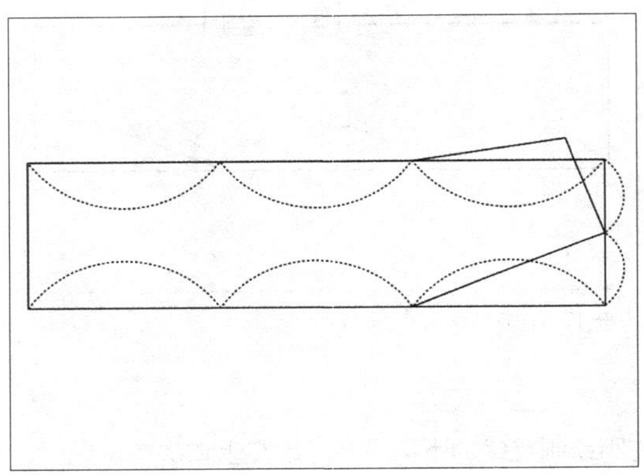
图8-22 绘制直线

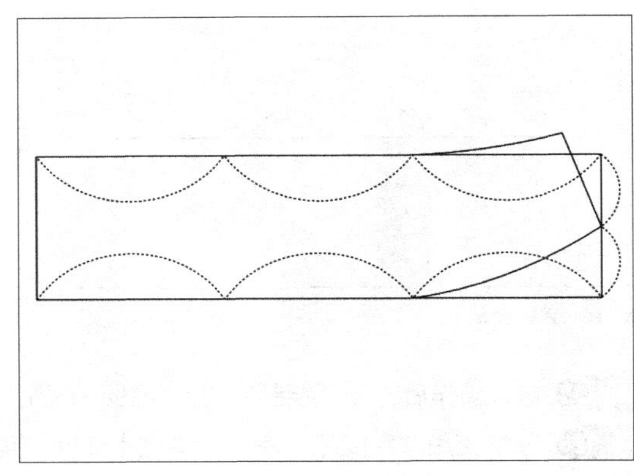
图8-23 调整直线

步骤 23 在“设计工具栏”中单击“智能笔”按钮，在工作区中相应的线上单击鼠标左键，绘制直线，并使用“调整工具”进行适当调整，如图8-24所示。

步骤 24 在“设计工具栏”中单击“剪断线”按钮和“橡皮擦”按钮，在工作区中剪断并删除曲线，如图8-25所示。

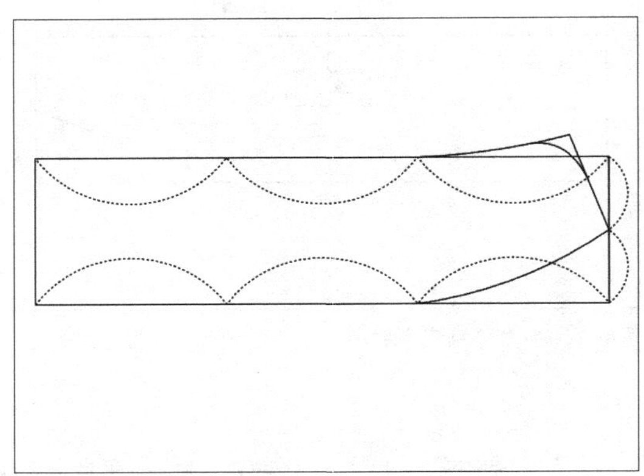
图8-24 绘制并调整直线

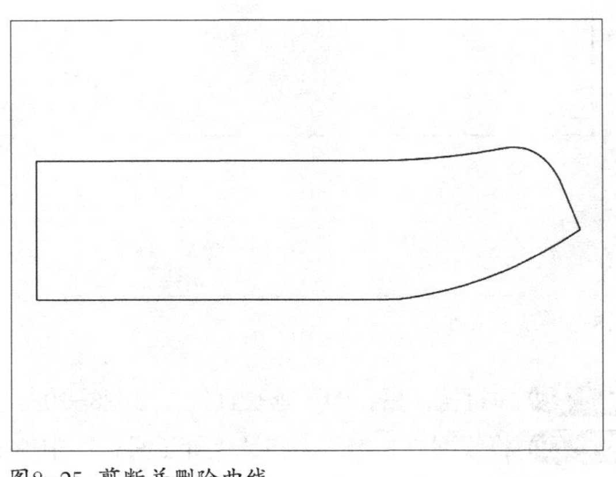
图8-25 剪断并删除曲线

步骤 25 在“设计工具栏”中单击“对称”按钮■，按【Shift】键，在工作区中的合适位置单击鼠标左键，指定对称轴，然后选择要对称的曲线，单击鼠标右键，即可对称曲线，此时即可完成立领的设计，效果如图8-26所示。

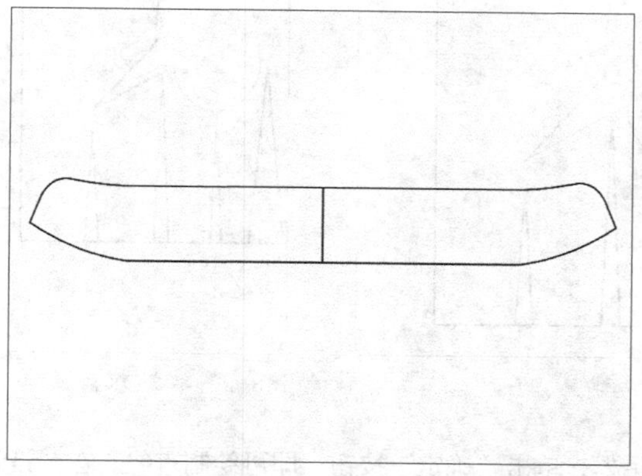

图8-26 立领效果

8.1.2 翻领

翻领是指领面向外翻折的一类领型，其根据领面的翻折形态可分为小翻领和大翻领。翻领的效果如图8-27所示。

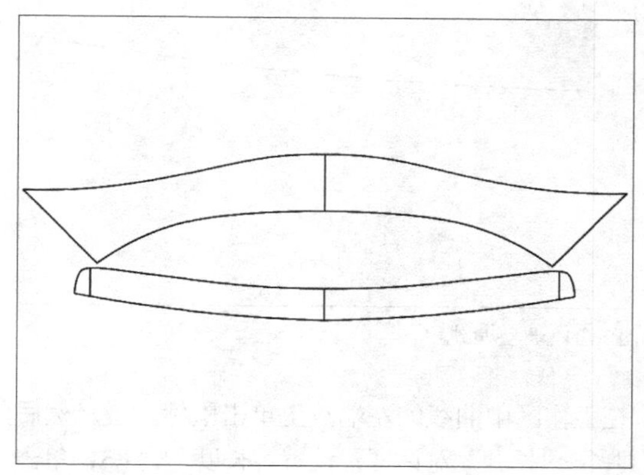

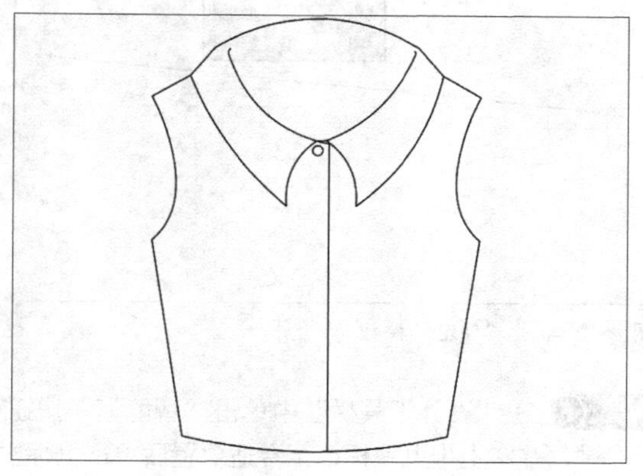

图8-27 翻领效果

素材文件	无
效果文件	光盘\效果\第8章\8-49.dgs
视频文件	光盘\视频\第8章\8.1.2翻领.mp4

步骤解析

步骤 1 按【Ctrl+O】组合键，打开文化式女上装原型，在“设计工具栏”中单击“比较长度”按钮■，在工作区中选择前领口弧线，弹出“长度比较”对话框，单击“记录”按钮，测量前领口弧线长度，然后选择后领口弧线，单击“记录”按钮，测量后领口弧线长度，如图8-28所示。

步骤 2 在“设计工具栏”中单击“智能笔”按钮■，在工作区右侧的合适位置单击鼠标左键，然后单击鼠标右键，并向右拖曳鼠标，至合适位置后单击鼠标左键，弹出“长度”对话框，单击“计算器”按钮■，弹出“计算器”对话框，输入相应的公式，单击OK按钮，如图8-29所示。

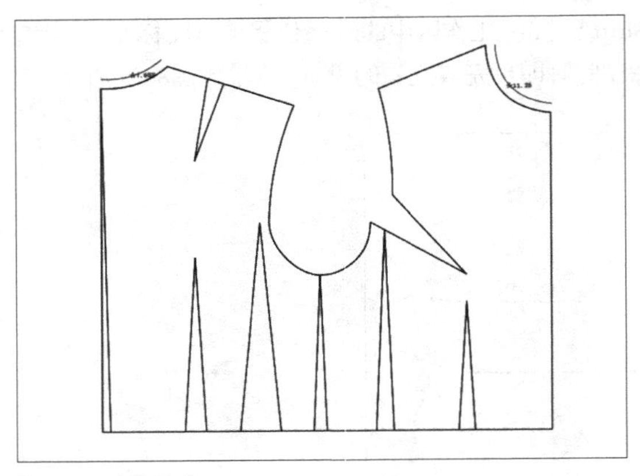
图8-28 测量长度

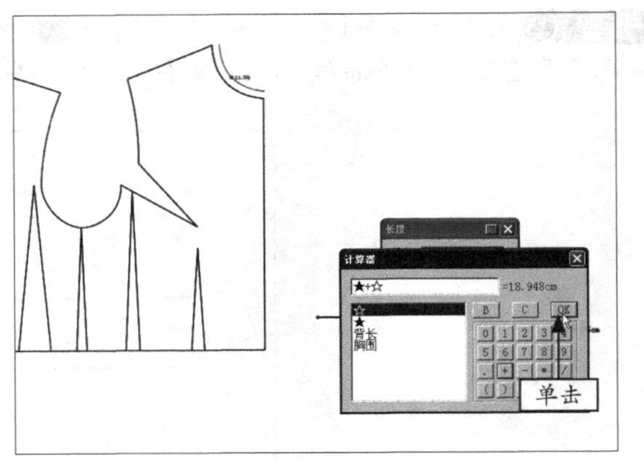

图8-29 单击OK按钮

步骤 3 返回到“长度”对话框，单击“确定”按钮，即可绘制直线。在“设计工具栏”中单击“调整工具”按钮，将鼠标移至直线右端点上，单击鼠标右键，弹出“偏移”对话框，设置纵向偏移为2，单击“确定”按钮，如图8-30所示。

步骤 4 执行操作后，即可调整曲线。继续使用“调整工具”命令，对曲线进行适当调整，如图8-31所示。

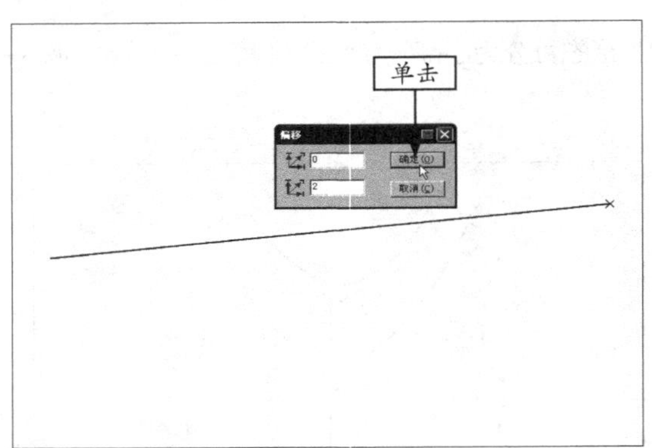

图8-30 单击“确定”按钮

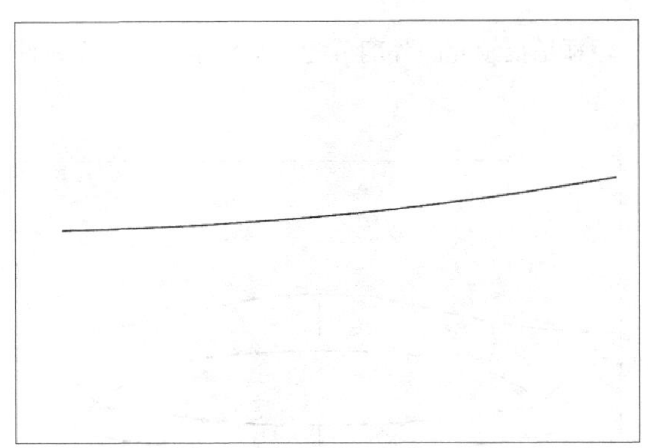
图8-31 调整曲线

步骤 5 在“设计工具栏”中单击“智能笔”按钮，在工作区中曲线的左端点上单击鼠标左键，然后单击鼠标右键，并向上拖曳鼠标，至合适位置后单击鼠标左键，弹出“长度”对话框，设置“长度”为2.5，单击“确定”按钮，如图8-32所示。

步骤 6 执行操作后，即可绘制直线，如图8-33所示。

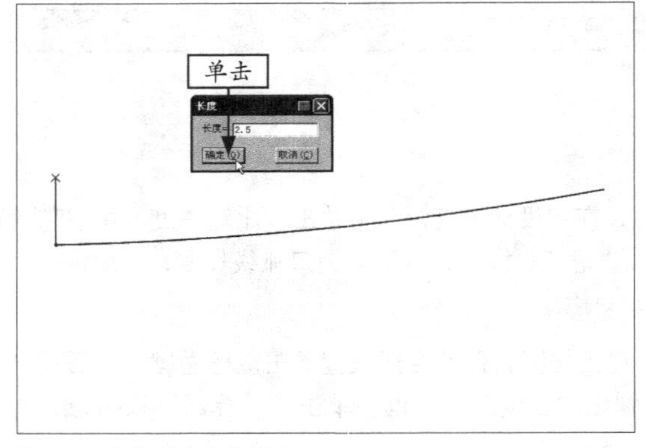

图8-32 单击“确定”按钮

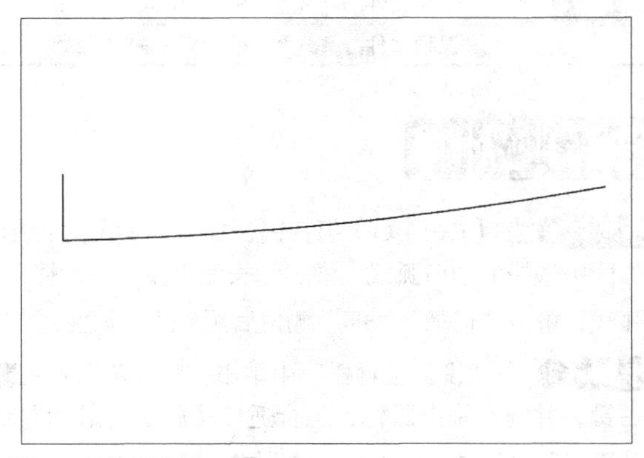
图8-33 绘制直线

步骤 7 继续使用“智能笔”命令，在工作区中相应的曲线上单击鼠标左键，弹出“点的位置”对话框，设置“长度”为1.2，单击“确定”按钮，如图8-34所示。

步骤 8 向上拖曳鼠标，至合适位置后单击鼠标左键，弹出“长度”对话框，设置“长度”为2.2，单击“确定”按钮，如图8-35所示。

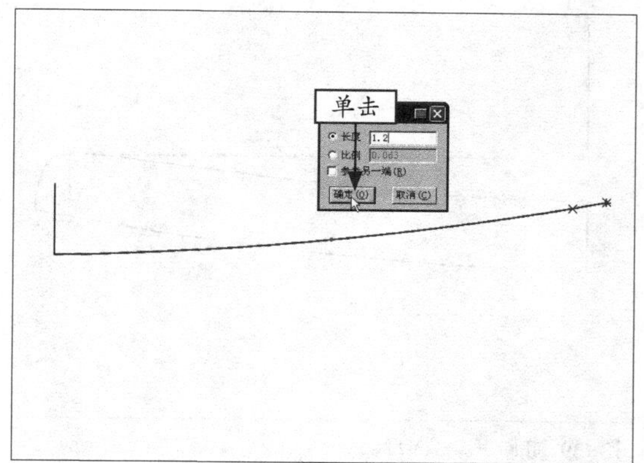

图8-34 单击“确定”按钮

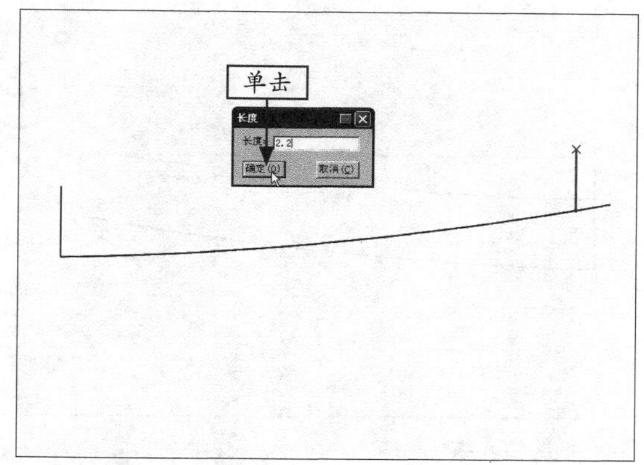

图8-35 单击“确定”按钮

步骤 9 执行操作后，即可绘制直线，如图8-36所示。

步骤 10 继续使用“智能笔”命令，在工作区中相应的位置单击鼠标左键，绘制曲线，然后使用“调整工具”对其进行调整，如图8-37所示。

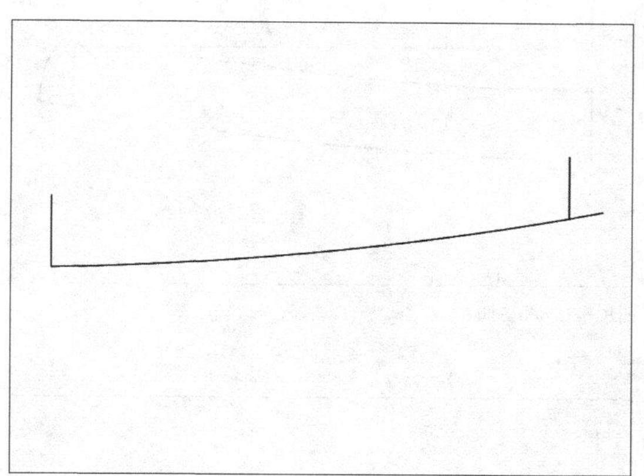
图8-36 绘制直线

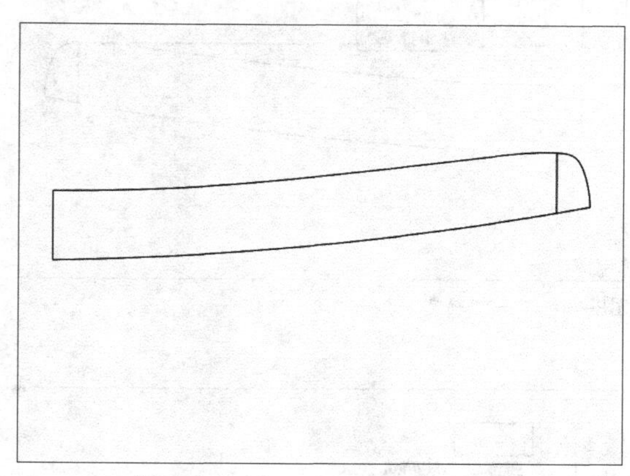
图8-37 调整曲线

步骤 11 继续使用“智能笔”命令，在工作区中的相应点上单击鼠标左键，绘制直线，如图8-38所示。

步骤 12 在“设计工具栏”中单击“剪断线”按钮和“橡皮擦”按钮，在工作区中选择合适的曲线，将其剪断，然后删除相应的曲线，如图8-39所示。

步骤 13 在“设计工具栏”中单击“智能笔”按钮，在工作区中相应的直线上单击鼠标左键，弹出“点的位置”对话框，设置“长度”为4.5，单击“确定”按钮，如图8-40所示。

步骤 14 在工作区中相应的位置单击鼠标左键，绘制曲线。在“设计工具栏”中单击“调整工具”按钮，在工作区中相应的曲线，对其进行调整，如图8-41所示。

步骤 15 在“设计工具栏”中单击“智能笔”按钮，在工作区中左上方的端点上单击鼠标左键，然后向上拖曳鼠标，至合适位置后单击鼠标左键，弹出“长度”对话框，设置“长度”为4.5，单击“确定”按钮，如图8-42所示。

步骤 16 执行操作后，即可绘制直线。继续使用“智能笔”命令，按住【Shift】键，在工作区中最上方的弧线上单击鼠标右键，弹出“调整曲线长度”对话框，设置“长度增减”为-0.65，单击“确定”按钮，如图8-43所示。

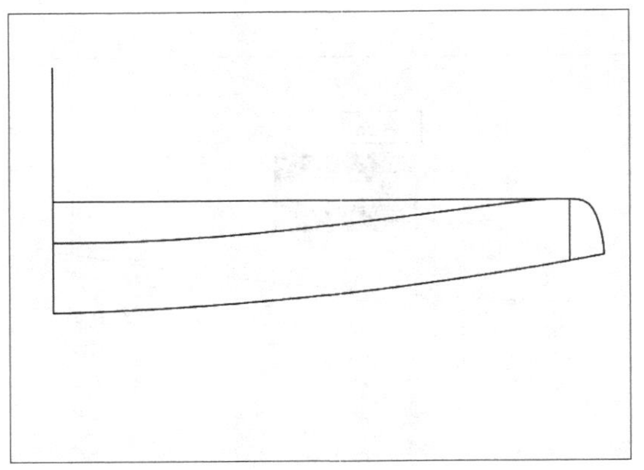

图8-38 绘制直线

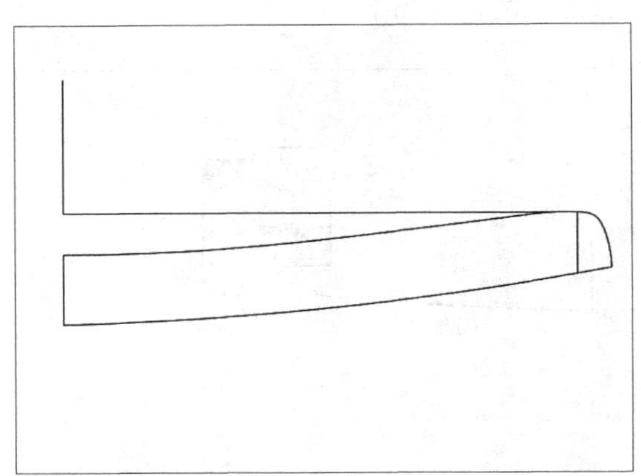

图8-39 剪断并删除曲线

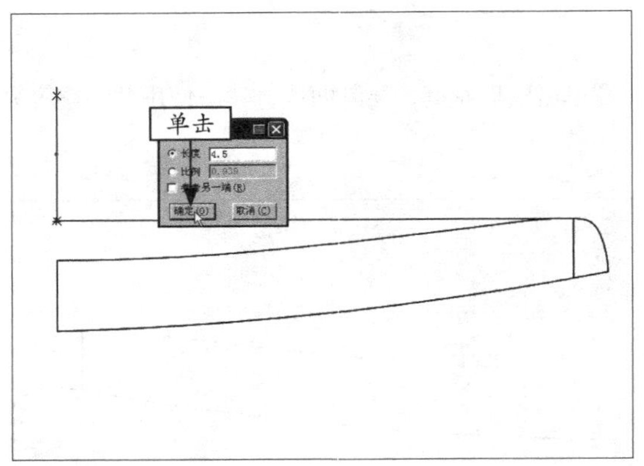

图8-40 单击“确定”按钮

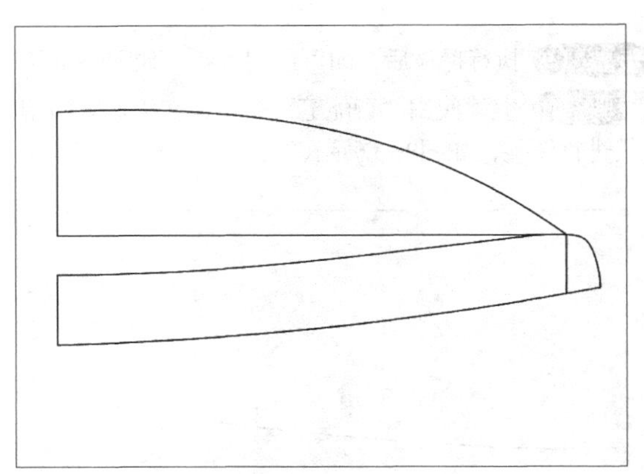

图8-41 调整曲线

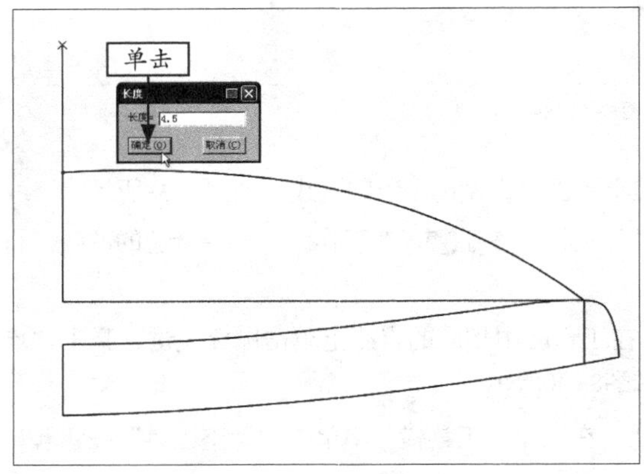

图8-42 单击“确定”按钮

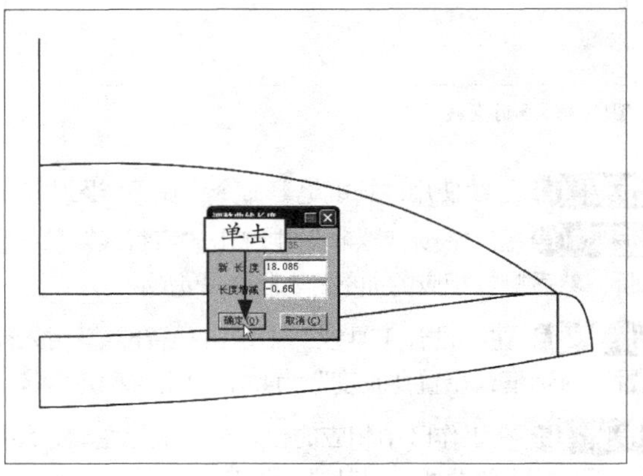

图8-43 单击“确定”按钮

步骤 17 执行操作后，即可调整弧线的长度，如图8-44所示。

步骤 18 继续使用“智能笔”命令，在弧线的右端点上单击鼠标左键，然后向右上方拖曳鼠标，至合适位置单击鼠标左键，弹出“长度”对话框，设置“长度”为8，单击“确定”按钮，如图8-45所示。

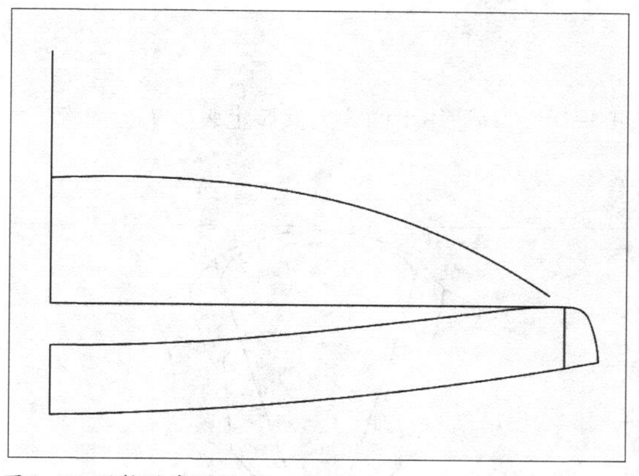

图8-44　调整弧线的长度

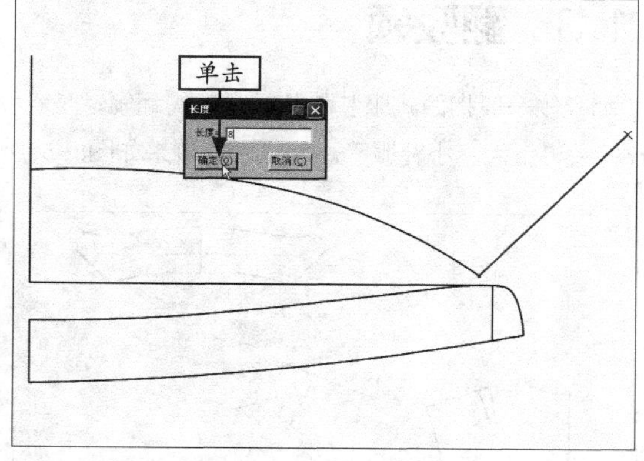

图8-45　单击“确定”按钮

步骤 19 执行操作后，即可绘制直线。继续使用“智能笔”命令，在工作区中相应的点上单击鼠标左键，然后单击鼠标右键，绘制直线，如图8-46所示。

步骤 20 在“设计工具栏”中单击“调整工具”按钮，在工作区中选择相应的曲线，对其进行适当调整，如图8-47所示。

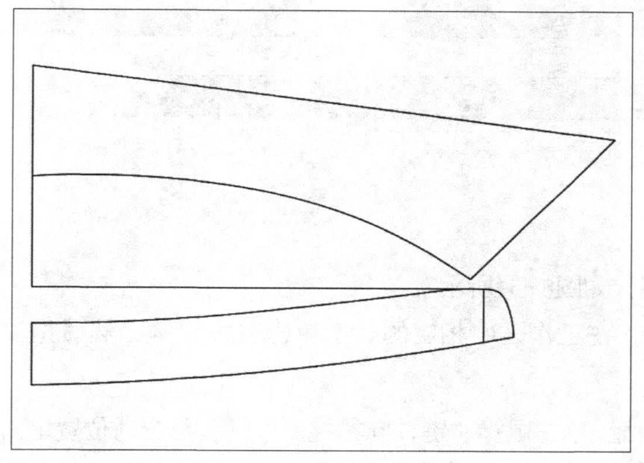

图8-46　绘制直线

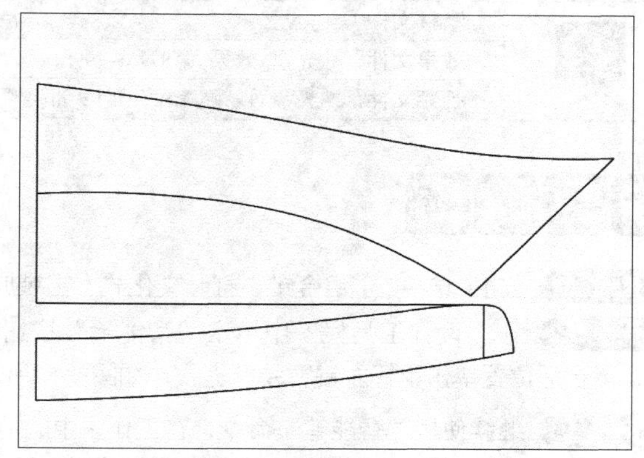

图8-47　调整曲线

步骤 21 在工作区中选择相应的曲线，按【Delete】键删除，如图8-48所示。

步骤 22 在“设计工具栏”中单击“对称”按钮，按【Shift】键，在工作区中的合适位置单击鼠标左键，指定对称轴，然后选择要对称的曲线，单击鼠标右键，即可对称曲线，此时即可完成翻领的设计，如图8-49所示。

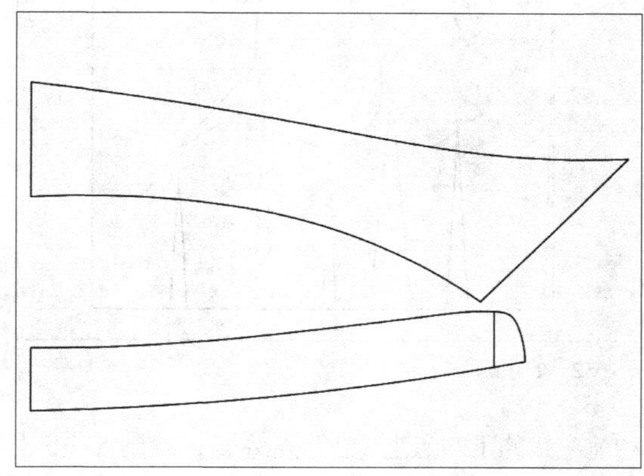

图8-48　删除曲线

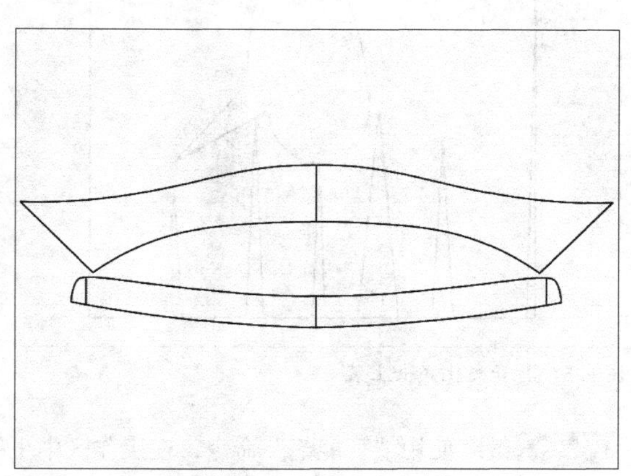

图8-49　翻领效果

8.1.3 翻驳领

翻驳领一般指西式服装外装、上装的翻领，是衣领外型的一种，其适用于西式男女装上装、男士大衣、女士大衣以及男士大、小礼服等。翻驳领的效果如图8-50所示。

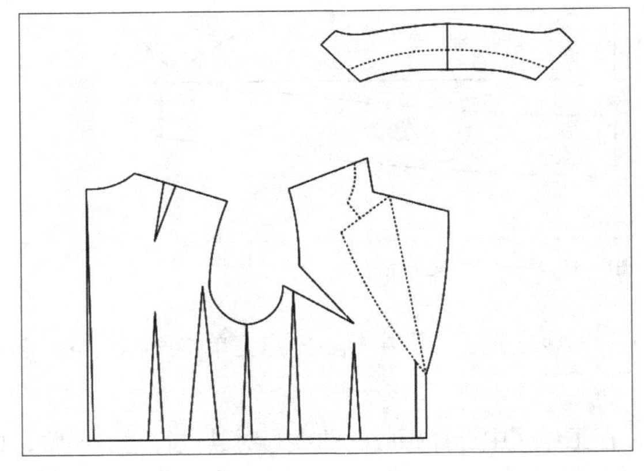
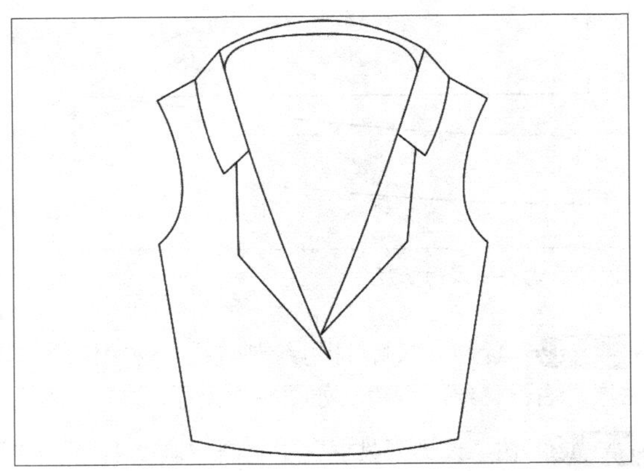

图8-50 翻驳领效果

	素材文件	无
	效果文件	光盘\效果\第8章\8-99.dgs
	视频文件	光盘\视频\第8章\8.1.3翻驳领.mp4

步骤解析

步骤 1 按【Ctrl+O】组合键，打开文化式女上装原型，如图8-51所示。

步骤 2 在“设计工具栏”中单击“智能笔”按钮，在工作区中相应的点上单击鼠标右键，然后拖曳鼠标，至合适位置单击鼠标左键，绘制直线，如图8-52所示。

步骤 3 继续使用“智能笔”命令，在工作区中的前中线上单击鼠标左键，向右拖曳鼠标，至合适位置单击鼠标左键，弹出“平行线”对话框，设置相应的参数，单击“确定”按钮，如图8-53所示。

步骤 4 执行操作后，即可绘制平行线，如图8-54所示。

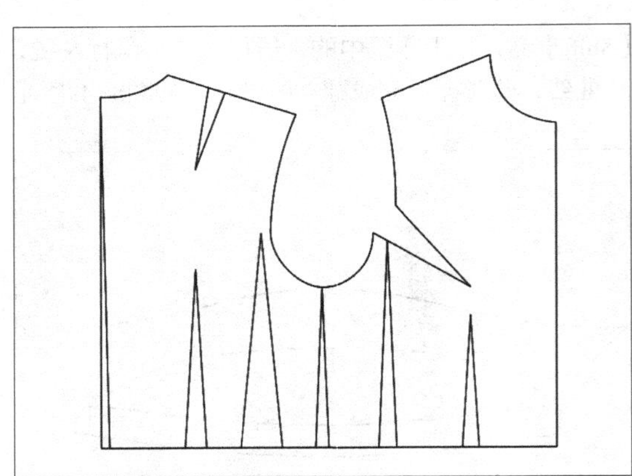

图8-51 打开文化式女上装

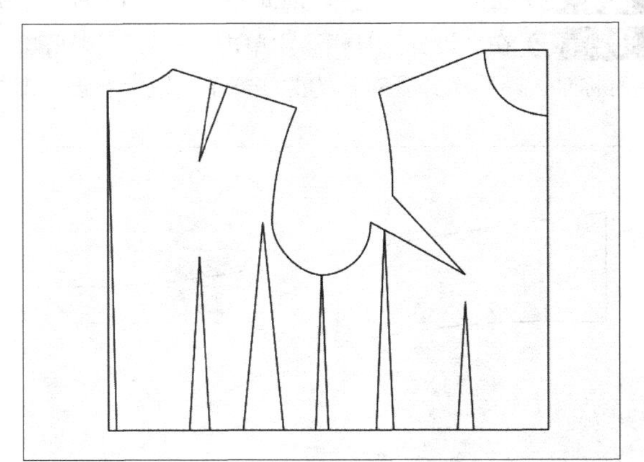

图8-52 绘制直线

步骤 5 继续使用“智能笔”命令，在工作区中平行线和前中线的下端点上单击鼠标左键，绘制直线，如图8-55所示。

步骤 6 继续使用"智能笔"命令，在平行线的合适位置单击鼠标左键，弹出"点的位置"对话框，设置"长度"为9.5，单击"确定"按钮，如图8-56所示。

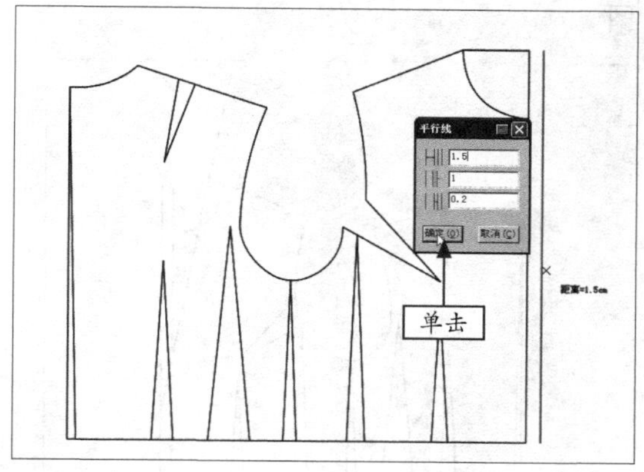

图8-53 单击"确定"按钮

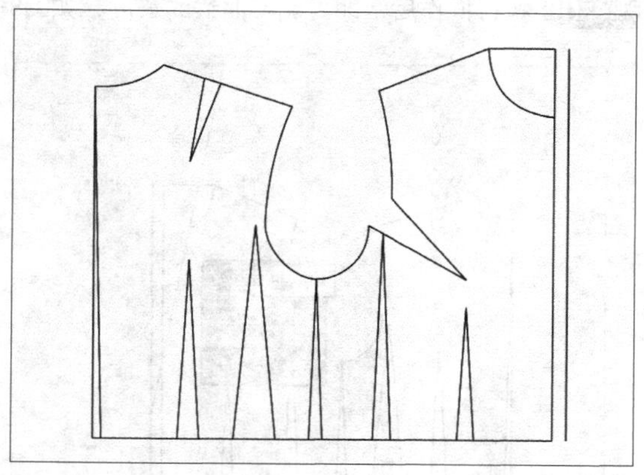
图8-54 绘制平行线

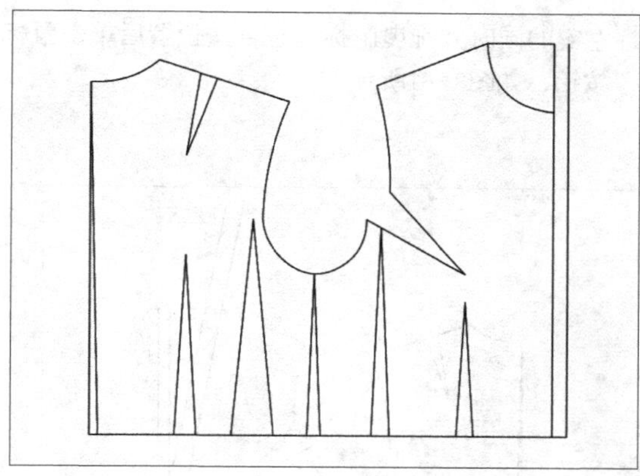
图8-55 绘制直线

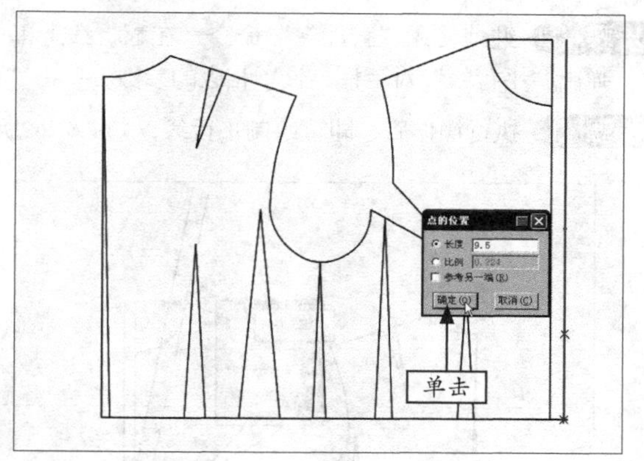

图8-56 单击"确定"按钮

步骤 7 拖曳鼠标，至合适的直线上单击鼠标左键，弹出"点的位置"对话框，设置长度为2.1，单击"确定"按钮，如图8-57所示。

步骤 8 执行操作后，单击鼠标右键，即可绘制翻折线，如图8-58所示。

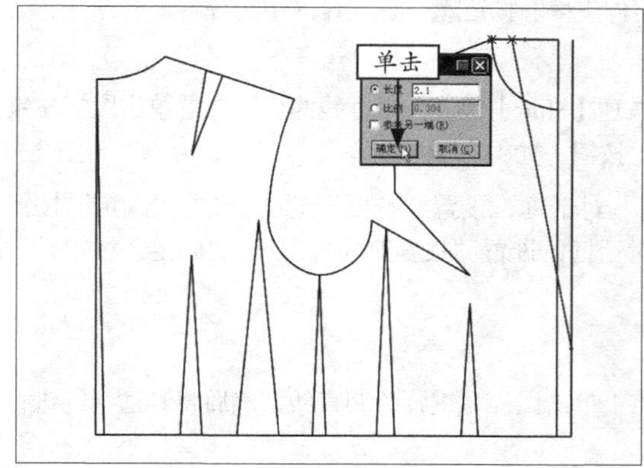

图8-57 单击"确定"按钮

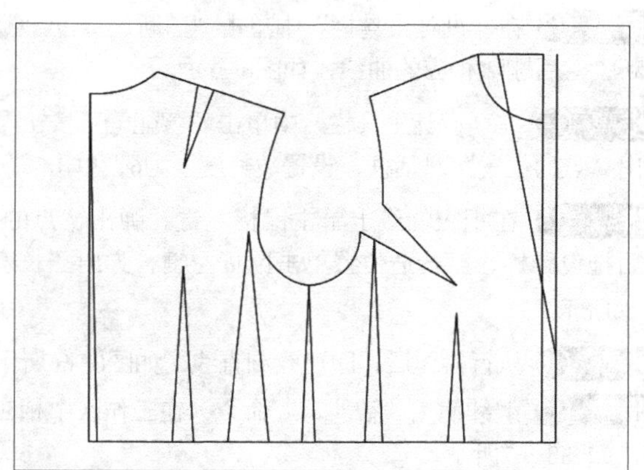
图8-58 绘制翻折线

步骤 9 在“设计工具栏”中单击“智能笔”按钮，按住【Shift】键，在翻折线的上半部分单击鼠标右键，弹出“调整曲线长度”对话框，在“长度增减”对话框中输入17，单击“确定”按钮，如图8-59所示。

步骤 10 执行操作后，即可调整曲线的长度，如图8-60所示。

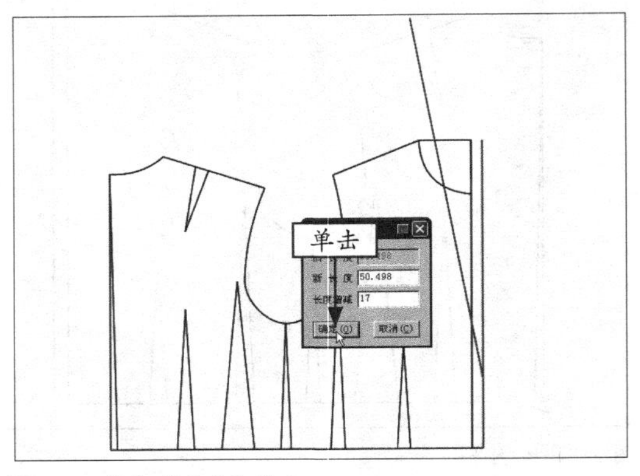

图8-59 单击“确定”按钮

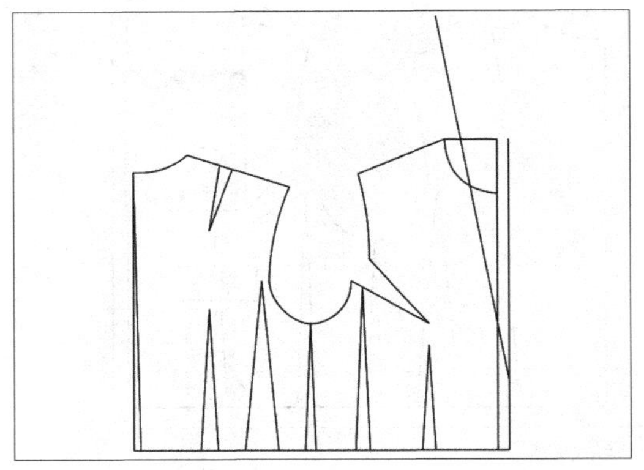
图8-60 调整曲线的长度

步骤 11 继续使用“智能笔”命令，在翻折线上单击鼠标左键的同时并拖曳鼠标，至合适位置后单击鼠标左键，弹出“平行线”对话框，设置相应的参数，单击“确定”按钮，如图8-61所示。

步骤 12 执行操作后，即可绘制平行线，如图8-62所示。

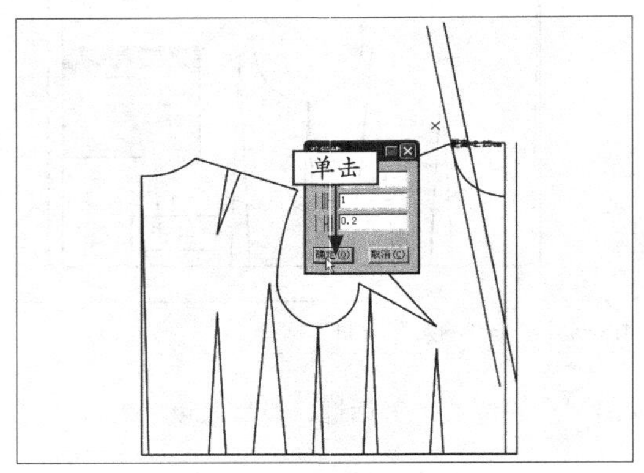

图8-61 单击“确定”按钮

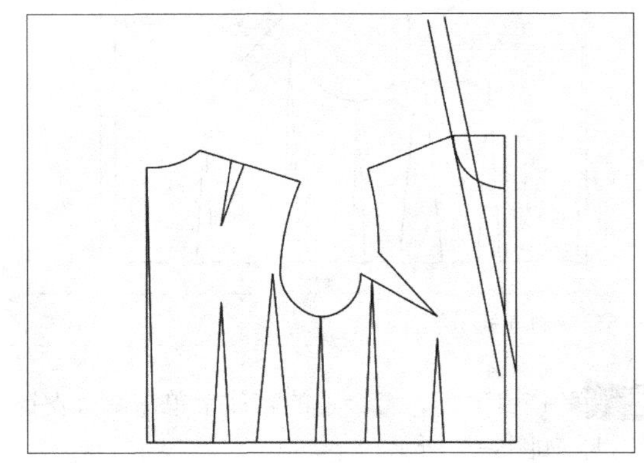
图8-62 绘制平行线

步骤 13 在“设计工具栏”中单击“剪断线”按钮和“橡皮擦”按钮，在工作区中选择合适的曲线，将其剪断，然后删除相应的曲线，如图8-63所示。

步骤 14 在“设计工具栏”中单击“智能笔”按钮，按住【Shift】键，在平行线的合适位置单击鼠标左键，弹出“点的位置”对话框，设置“长度”为6，单击“确定”按钮，如图8-64所示。

步骤 15 在相应的线上单击鼠标左键，弹出“点的位置”对话框，设置“长度”为6，单击“确定”按钮，然后拖曳鼠标，至合适位置单击鼠标左键，弹出“长度”对话框，设置“长度”为2，单击“确定”按钮，如图8-65所示。

步骤 16 执行操作后，即可绘制直线，如图8-66所示。

步骤 17 继续使用“智能笔”命令，在工作区中相应的点上单击鼠标左键，绘制直线，然后将其适当的进行延长，如图8-67所示。

步骤 18 继续使用“智能笔”命令，在相应的直线上单击鼠标左键的同时并拖曳鼠标，至合适位置单击鼠标左键，弹出“平行线”对话框，设置相应的参数，单击“确定”按钮，如图8-68所示。

图8-63 剪断并删除曲线

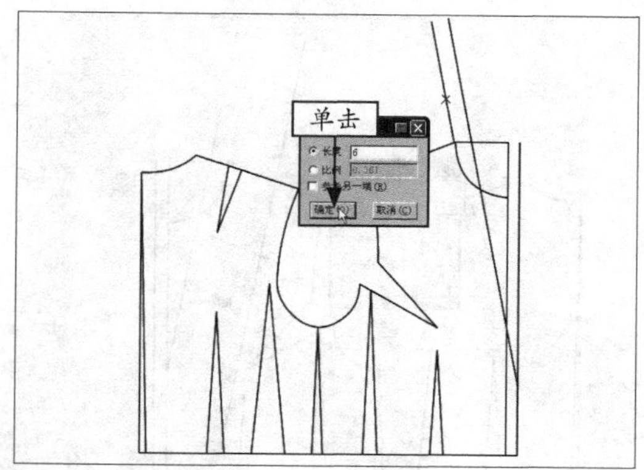

图8-64 单击“确定”按钮

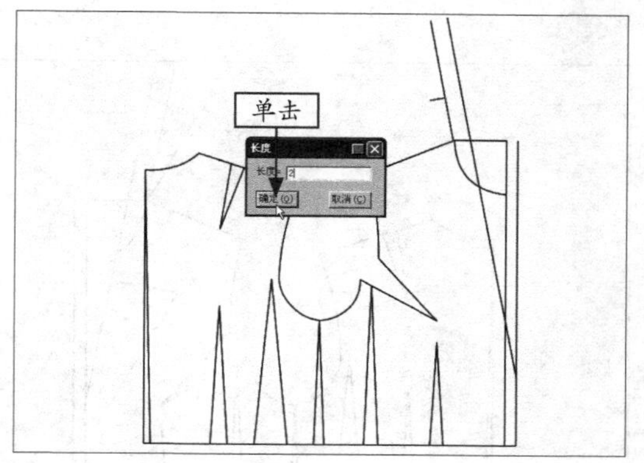

图8-65 单击“确定”按钮

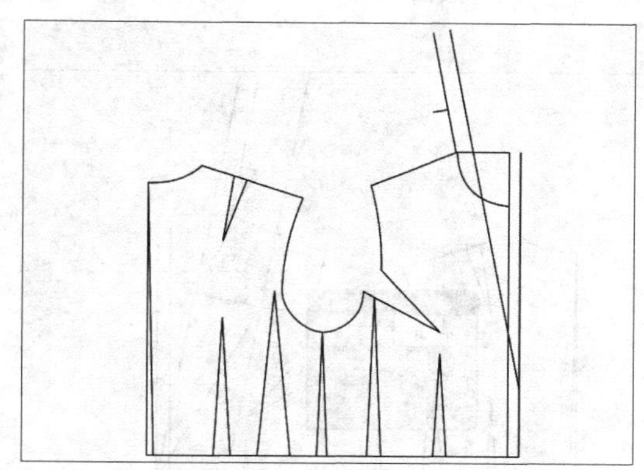
图8-66 绘制直线

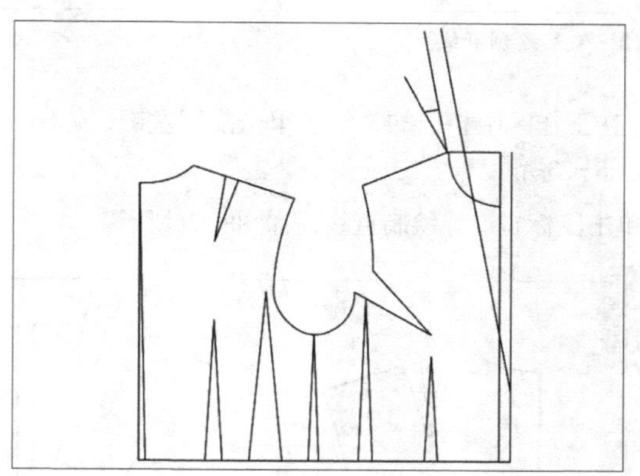
图8-67 绘制直线并延长

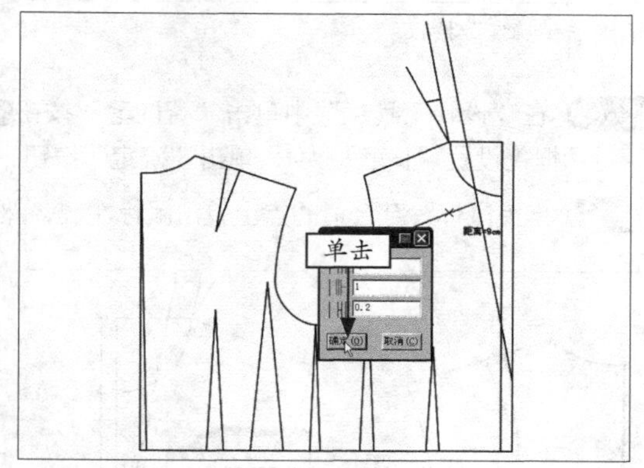

图8-68 单击“确定”按钮

步骤 19 执行操作后，即可绘制平行线。继续使用“智能笔”命令，在相应的直线上单击鼠标左键的同时并拖曳鼠标，至合适位置单击鼠标左键，弹出“平行线”对话框，设置相应的参数，单击“确定”按钮，如图8-69所示。

步骤 20 执行操作后，即可绘制平行线，如图8-70所示。

步骤 21 在“设计工具栏”中单击“角度线”按钮，在相应的直线上单击鼠标左键，然后拖曳鼠标，至刚绘制直线的上端点上单击鼠标左键，弹出“角度线”对话框，设置“角度”为90，单击“确定”按钮，如图8-71所示。

步骤 22 执行操作后，即可绘制直线，然后删除相应的曲线，如图8-72所示。

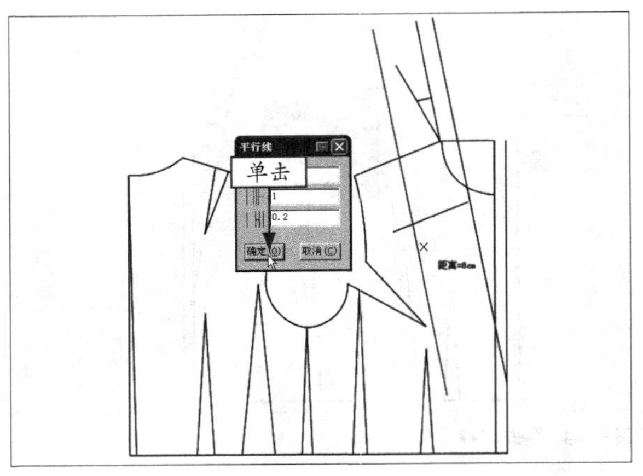

图8-69 单击“确定”按钮

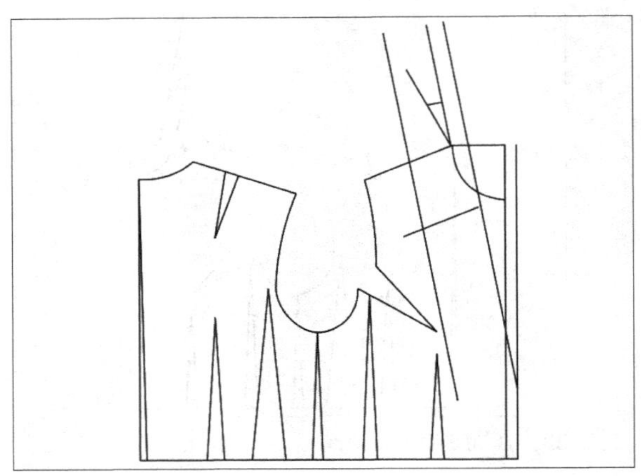

图8-70 绘制平行线

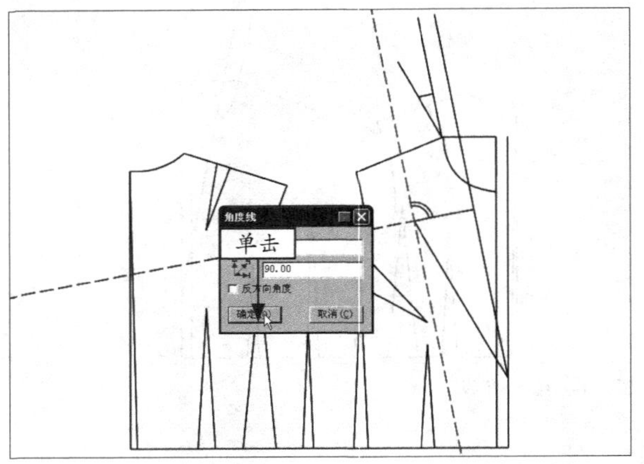

图8-71 单击“确定”按钮

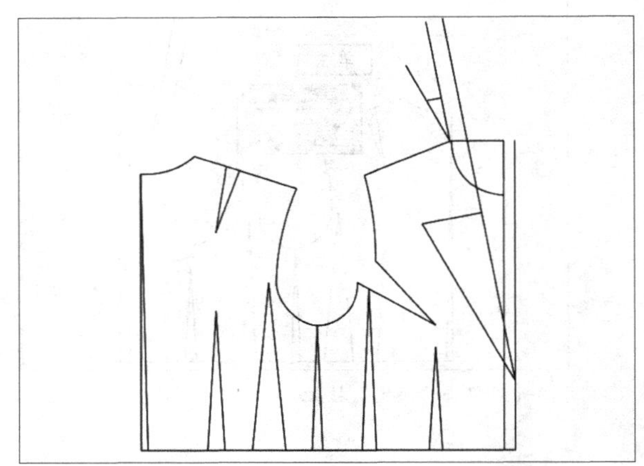

图8-72 绘制直线

步骤 23 在“设计工具栏”中单击“智能笔”按钮，在工作区中相应的直线上单击鼠标左键，弹出“点的位置”对话框，设置“长度”为4，单击“确定”按钮，如图8-73所示。

步骤 24 拖曳鼠标，至合适的点上单击鼠标左键，然后单击鼠标右键，绘制直线，如图8-74所示。

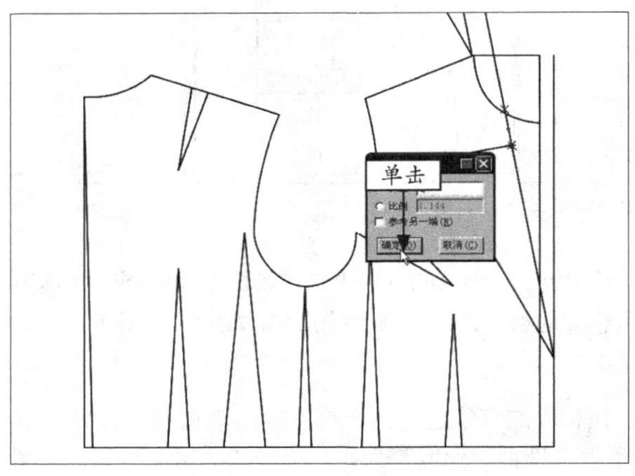

图8-73 单击“确定”按钮

图8-74 绘制直线

步骤 25 继续使用“智能笔”命令，按住【Shift】键，在刚绘制直线的合适位置单击鼠标左键，弹出“点的位置”对话框，设置“长度”为3.5，单击“确定”按钮，如图8-75所示。

步骤 26 在相应的线上单击鼠标左键，弹出“点的位置”对话框，设置“长度”为3.5，单击“确定”按钮，然后拖曳鼠标，至合适位置单击鼠标左键，弹出“长度”对话框，设置“长度”为3，单击“确定”按钮，如图8-76所示。

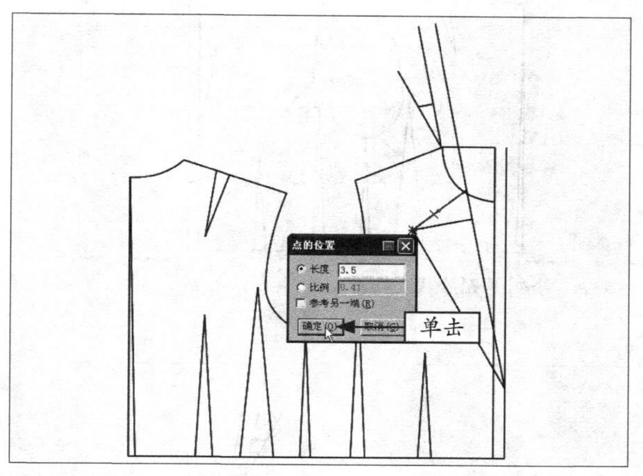

图8-75 单击“确定”按钮

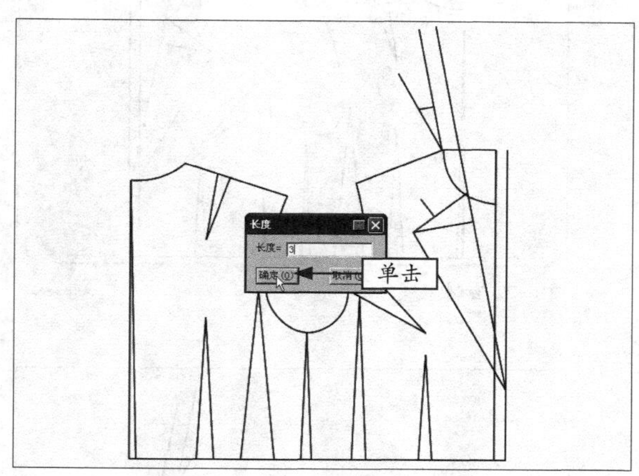

图8-76 单击“确定”按钮

步骤 27 执行操作后，即可绘制直线，如图8-77所示。

步骤 28 继续使用“智能笔”命令，按住【Shift】键，在相应直线的端点上依次单击鼠标左键，然后向左拖曳鼠标，至合适位置单击鼠标左键，弹出“长度”对话框，设置“长度”为1.9，单击“确定”按钮，如图8-78所示。

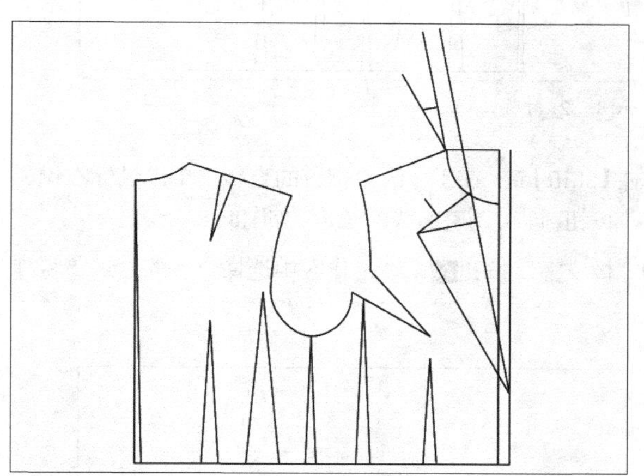

图8-77 绘制直线

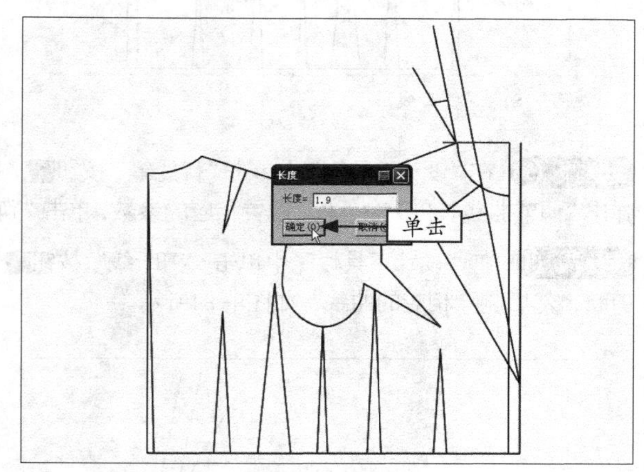

图8-78 单击“确定”按钮

步骤 29 执行操作后，即可延长直线，然后在直线的左端点上单击鼠标左键，并单击鼠标右键，切换输入状态，向下拖曳鼠标，至合适位置单击鼠标左键，弹出“长度”对话框，接受默认的参数，单击“确定”按钮，即可绘制直线，如图8-79所示。

步骤 30 继续使用“智能笔”命令，在工作区中相应的点上单击鼠标左键，绘制直线，然后使用“橡皮擦”命令，删除相应的曲线，如图8-80所示。

步骤 31 在“设计工具栏”中单击“调整工具”按钮，在工作区中选择相应的曲线，对其进行适当调整，如图8-81所示。

步骤 32 在“设计工具栏”中单击“对称”按钮，在工作区中的翻折线上任取两点，指定对称轴，然后在工作区中框选要对称的曲线，执行操作后，单击鼠标右键，即可对称曲线，如图8-82所示。

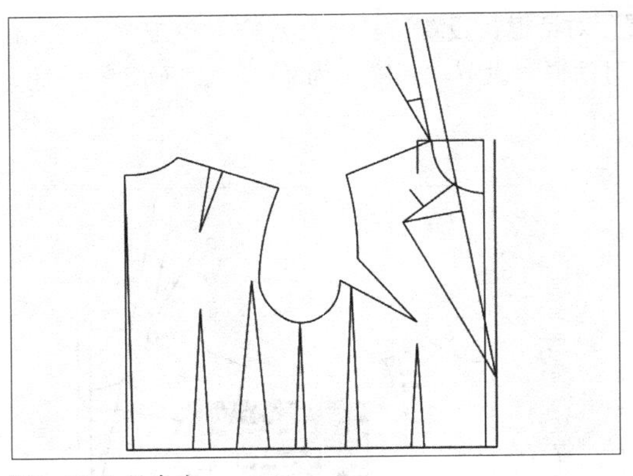
图8-79 绘制直线

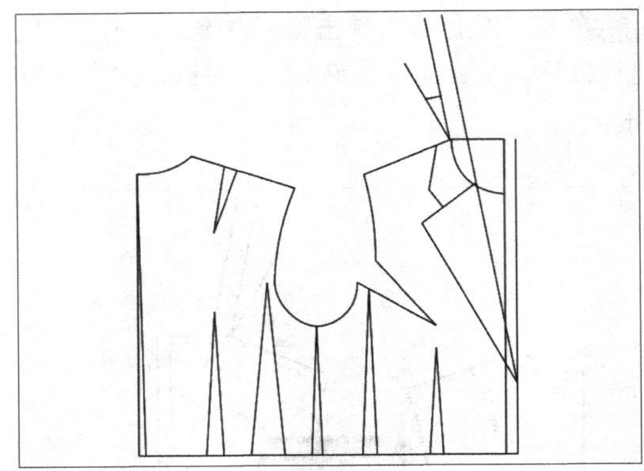
图8-80 绘制并删除线

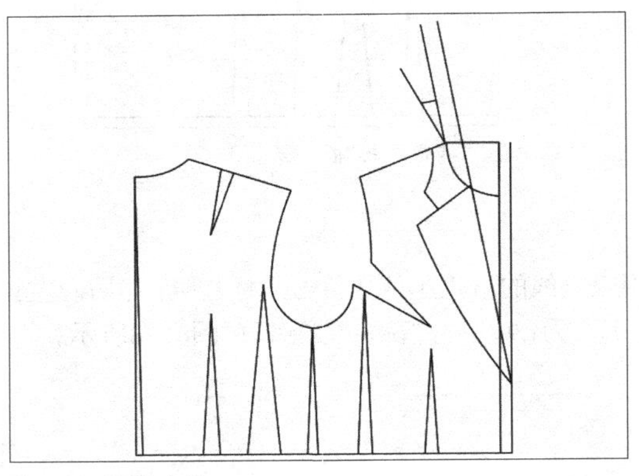
图8-81 调整曲线

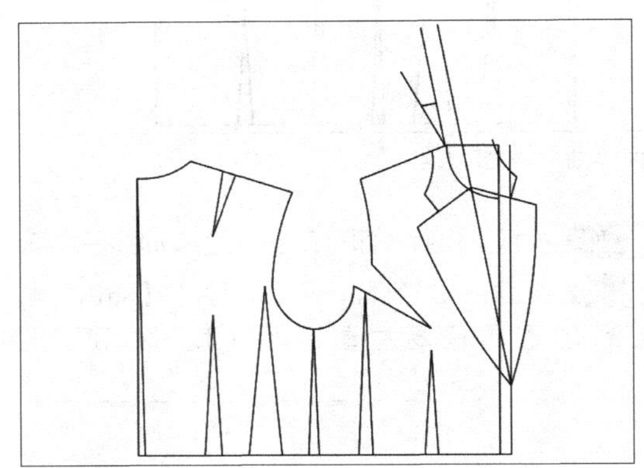
图8-82 对称曲线

步骤 33 在“设计工具栏”中单击“智能笔”按钮■，按住【Shift】键，在工作区中相应的直线上单击鼠标右键，弹出“调整曲线长度”对话框，设置相应的参数，单击“确定”按钮，即可调整曲线的长度，如图8-83所示。

步骤 34 在“设计工具栏”中单击“剪断线”按钮■和“橡皮擦”按钮■，在工作区中选择合适的曲线，将其剪断，然后删除相应的曲线，如图8-84所示。

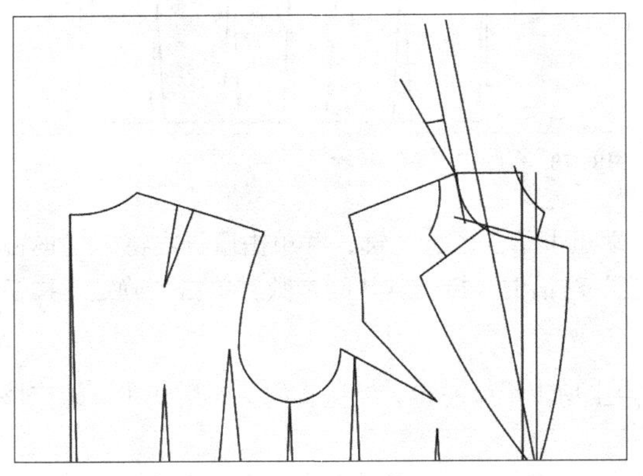
图8-83 调整曲线的长度

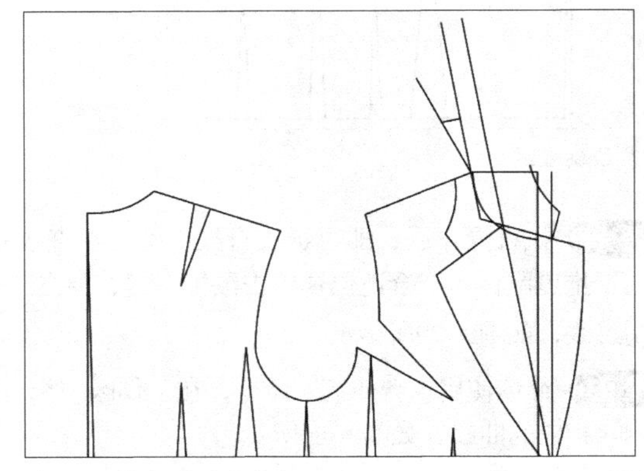
图8-84 剪断并删除曲线

步骤 35 在“设计工具栏”中单击“比较长度”按钮■，在工作区中选择后领口弧线，弹出“长度比较”对话框，单击“记录”按钮，如图8-85所示。

步骤 36 执行操作后，即可记录后领口弧线的长度，如图8-86所示。

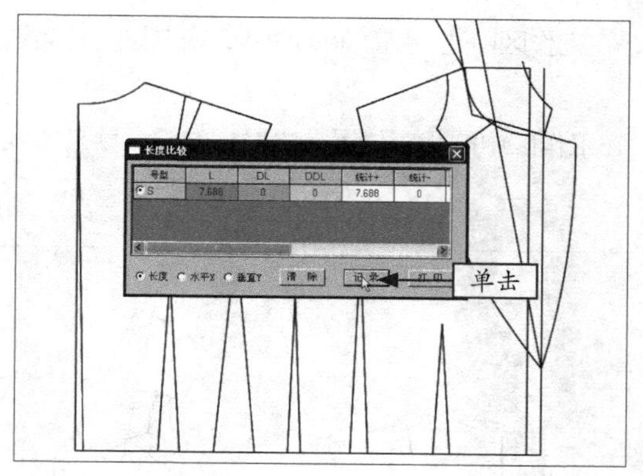

图8-85 单击“记录”按钮

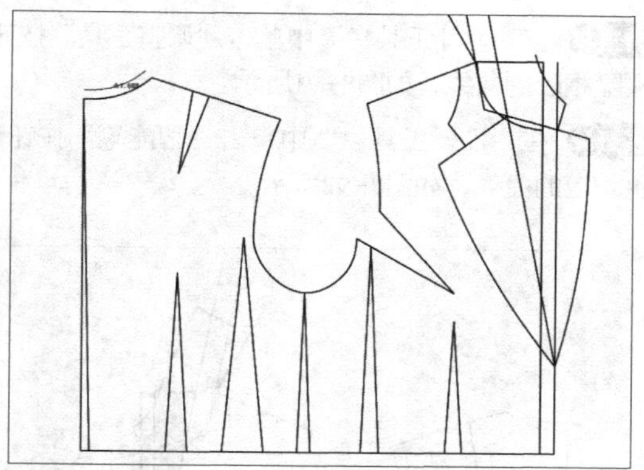
图8-86 记录长度

步骤 37 在“设计工具栏”中单击“智能笔”按钮，按住【Shift】键，在工作区中相应的直线上依次单击鼠标左键，弹出“点的位置”对话框，单击“计算器”按钮，弹出“计算器”对话框，输入相应的公式，单击OK按钮，如图8-87所示。

步骤 38 在相应的线上单击鼠标左键，弹出“点的位置”对话框，单击“计算器”按钮，弹出“计算器”对话框，输入与上相同的公式，单击OK按钮，然后拖曳鼠标，至合适位置单击鼠标左键，弹出“长度”对话框，设置“长度”为7，单击“确定”按钮，如图8-88所示。

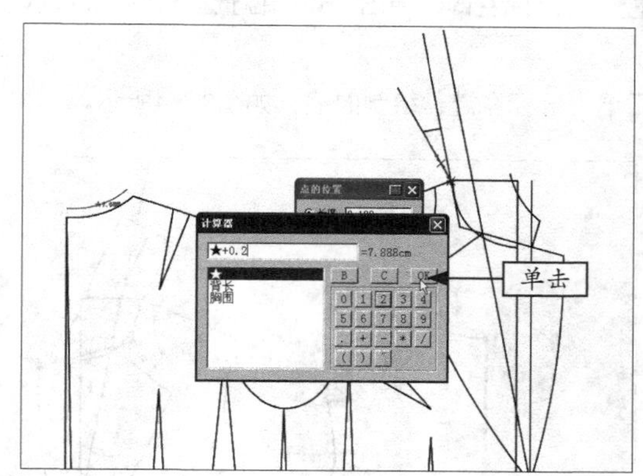

图8-87 单击OK按钮

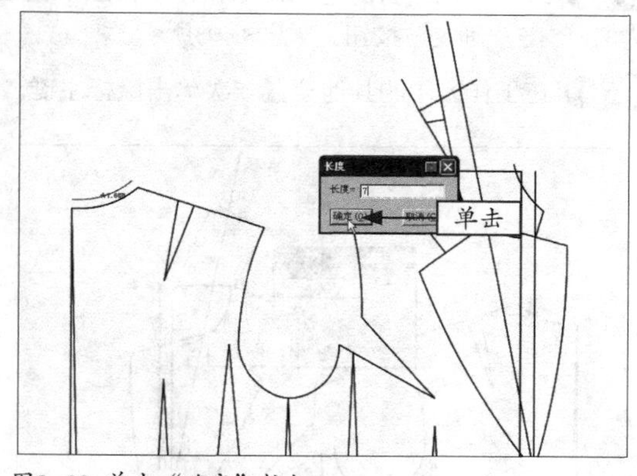

图8-88 单击“确定”按钮

步骤 39 执行操作后，即可绘制直线，如图8-89所示。

步骤 40 继续使用“智能笔”命令，在工作区中相应的点上单击鼠标左键，绘制直线，如图8-90所示。

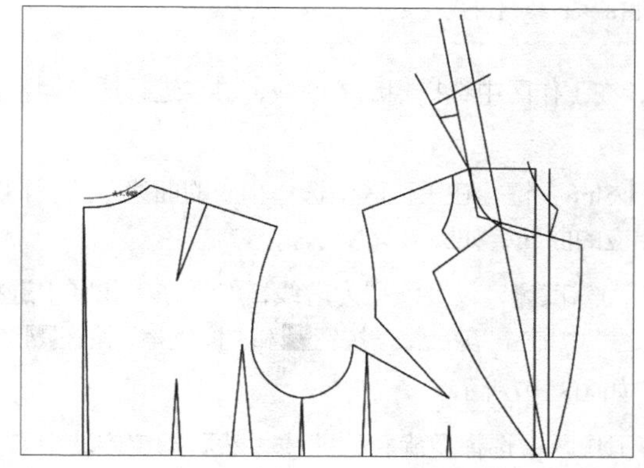
图8-89 绘制直线

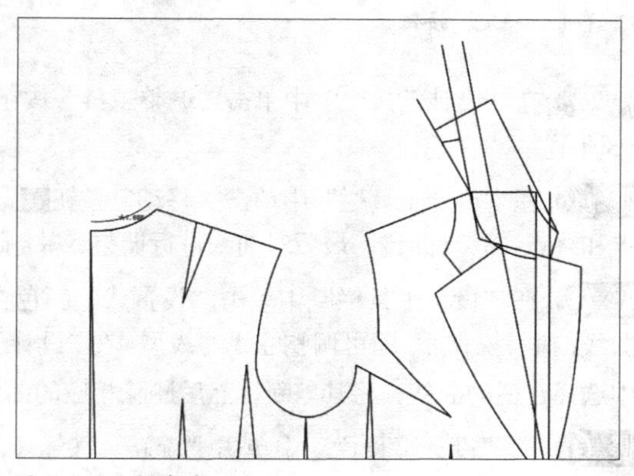
图8-90 绘制直线

步骤 41 在"设计工具栏"中单击"调整工具"按钮，在工作区中选择刚绘制的曲线，对其进行适当调整，然后删除相应的曲线，如图8-91所示。

步骤 42 在"设计工具栏"中单击"智能笔"按钮，在工作区中的相应位置单击鼠标左键，绘制曲线，然后删除相应的曲线，如图8-92所示。

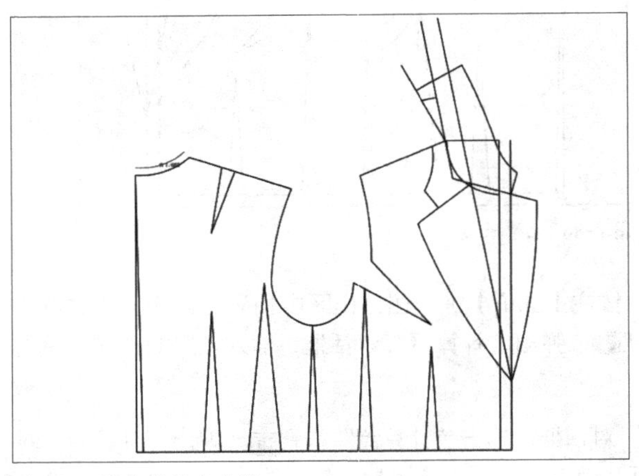
图8-91 调整并删除曲线

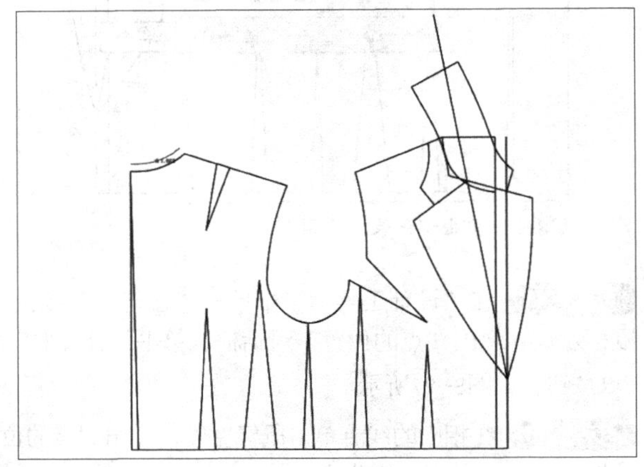
图8-92 绘制并删除曲线

步骤 43 继续使用"智能笔"命令，在工作区中相应位置单击鼠标左键，弹出"点的位置"对话框，设置"长度"为3，单击"确定"按钮，如图8-93所示。

步骤 44 在工作区中的其他位置依次单击鼠标左键，然后单击鼠标右键，绘制曲线，如图8-94所示。

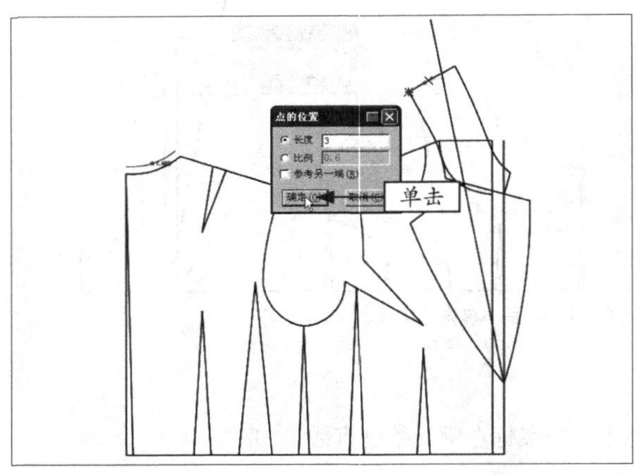

图8-93 单击"确定"按钮

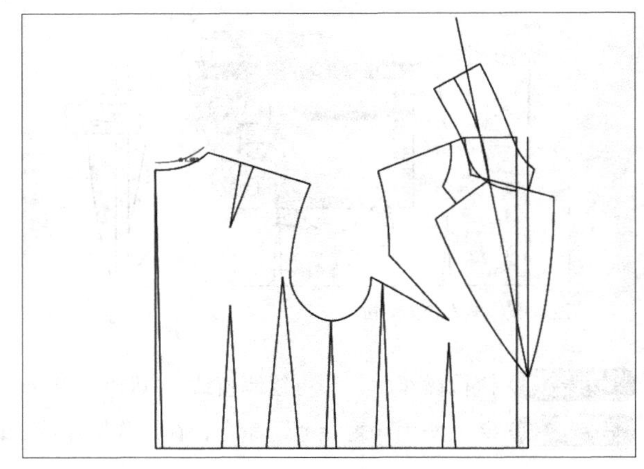
图8-94 绘制曲线

步骤 45 在"设计工具栏"中单击"调整工具"按钮，在工作区中选择相应的曲线，对其进行适当调整，如图8-95所示。

步骤 46 在"设计工具栏"中单击"移动"按钮，按【Shift】键，在工作区中选择相应的曲线，然后指定移动起点和终点，移动曲线，最后对曲线进行调整，并删除相应的曲线，如图8-96所示。

步骤 47 在"设计工具栏"中单击"设置线的颜色类型"按钮，设置线型为虚线，然后在工作区中选择相应的曲线，执行操作后，即可调整曲线的线型。在"设计工具栏"中单击"剪断线"按钮和"橡皮擦"按钮，在工作区中选择合适的曲线，将其剪断，然后删除相应的曲线，如图8-97所示。

步骤 48 在"设计工具栏"中单击"旋转"按钮，在工作区中选择要旋转的曲线，然后指定旋转中点和起点，拖曳鼠标，至合适位置单击鼠标左键，即可旋转曲线，如图8-98所示。

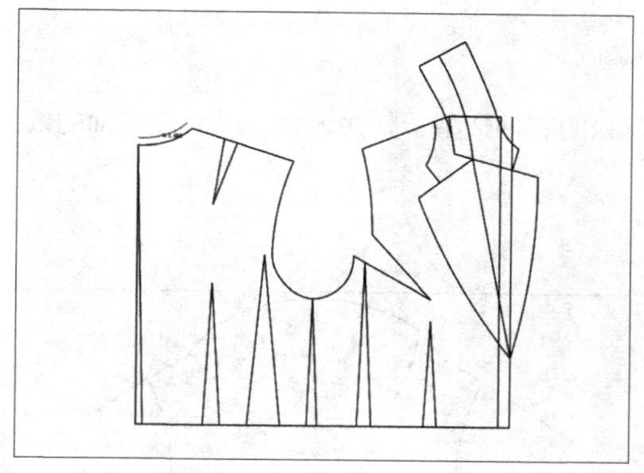

图8-95 调整曲线

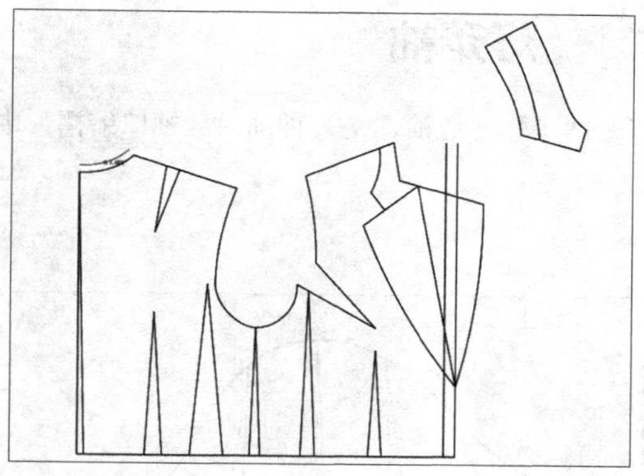

图8-96 删除曲线

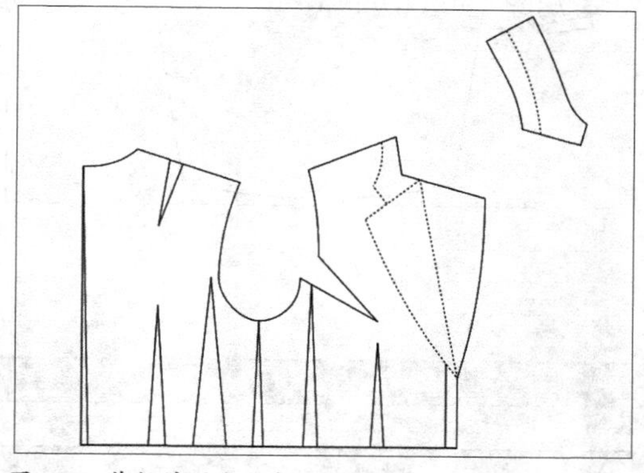

图8-97 剪断并删除曲线

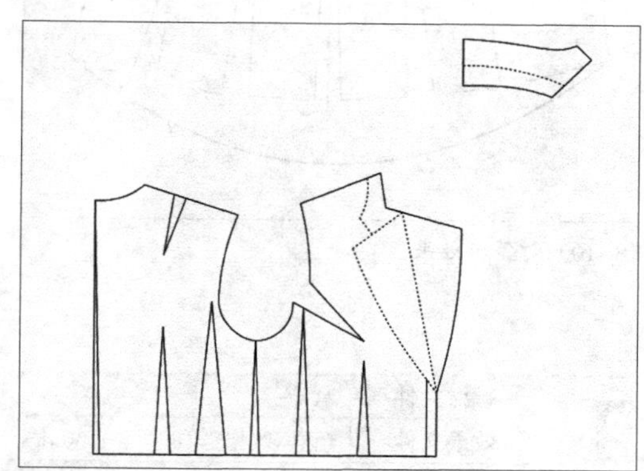

图8-98 旋转曲线

步骤 49 在“设计工具栏”中单击“对称”按钮■，按【Shift】键，在工作区中的合适位置单击鼠标左键，指定对称轴，然后选择要对称的曲线，单击鼠标右键，即可对称曲线，此时即可完成翻驳领的设计，效果如图8-99所示。

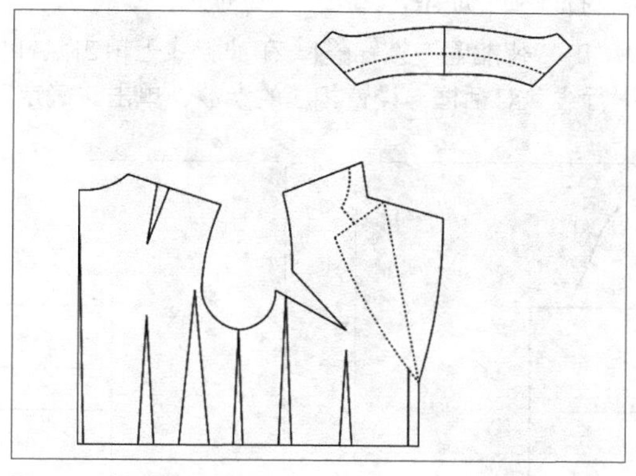

图8-99 翻驳领效果

8.2 衣袖设计

衣袖是服装覆盖手臂的部分，是指衣服上的袖子。按袖的造型可分为直袖、紧扣袖、喇叭袖、灯笼袖、肩袖、火腿袖；按袖型的长短可分为无袖、肩带袖、短袖、五分袖、七分袖、长袖；按袖型的结构可分为装袖、插肩袖、和服袖、组合袖；按袖片多少可分为单片袖、两片袖、三片袖、多片袖。

8.2.1 灯笼袖

灯笼袖又称泡泡袖，是一种袖山、袖口缩褶，中间宽松的衣袖造型，款式各式各样。灯笼袖的效果如图8-100所示。

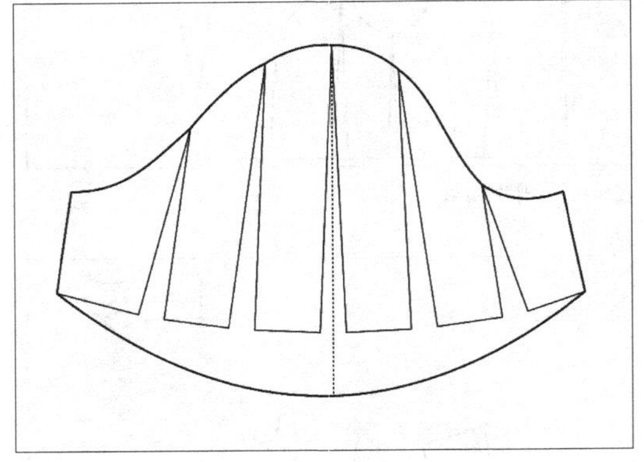

图8-100 灯笼袖效果

	素材文件	无
	效果文件	光盘\效果\第8章\8-130.dgs
	视频文件	光盘\视频\第8章\8.2.1灯笼袖.mp4

步骤解析

步骤 1 按【Ctrl+O】组合键，打开袖子原型，如图8-101所示。

步骤 2 在“设计工具栏”中单击“智能笔”按钮，在袖肥线上单击鼠标左键的同时并向下拖曳鼠标，至合适位置单击鼠标左键，弹出“平行线”对话框，设置相应的参数，单击“确定”按钮，如图8-102所示。

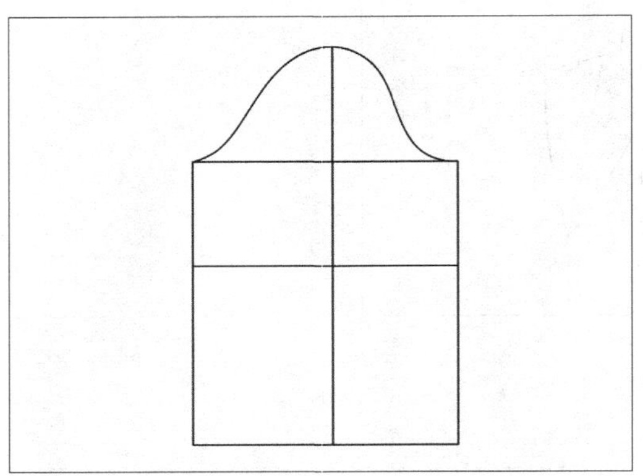

图8-101 打开袖子原型

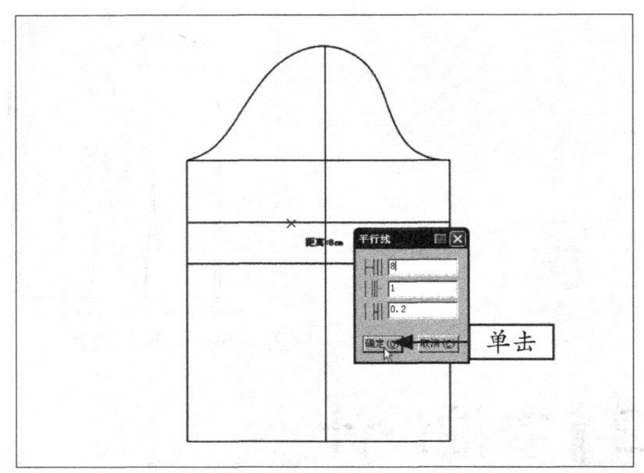

图8-102 单击“确定”按钮

步骤 3 执行操作后，即可绘制平行线，如图8-103所示。

步骤 4 在“设计工具栏”中单击“剪断线”按钮，在工作区中选择后袖下线，然后在合适的位置单击鼠标左键，如图8-104所示。

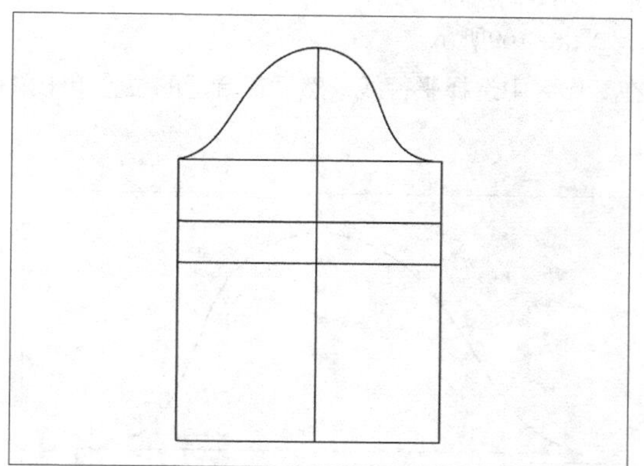

图8-103　绘制平行线

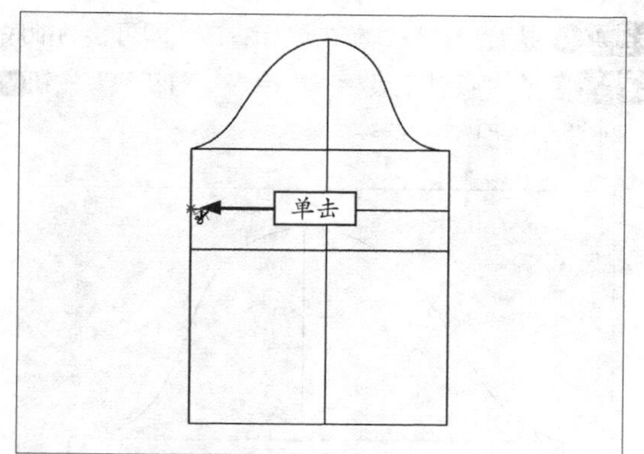

图8-104　单击鼠标左键

步骤 5 执行操作后，即可剪断后袖下线，然后选择前袖下线，并在合适的位置单击鼠标左键，执行操作后，即可剪断前袖下线，然后删除相应的曲线，如图8-105所示。

步骤 6 在“设计工具栏”中单击“智能笔”按钮，在工作区中相应的点上单击鼠标左键，然后拖曳鼠标，至刚绘制的平行线上单击鼠标左键，弹出“点的位置”对话框，设置“长度”为1，单击“确定”按钮，如图8-106所示。

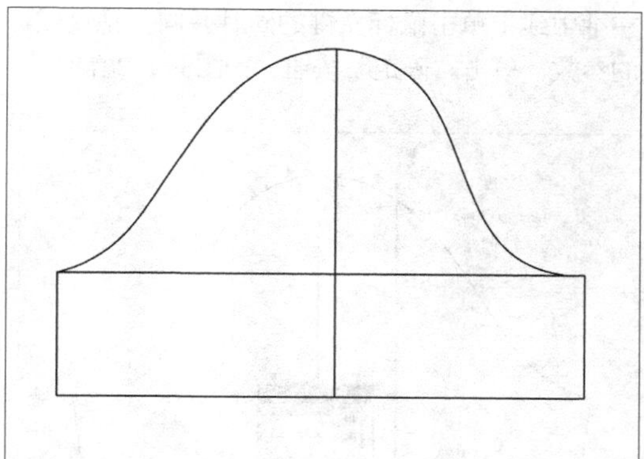
图8-105　剪断并删除曲线

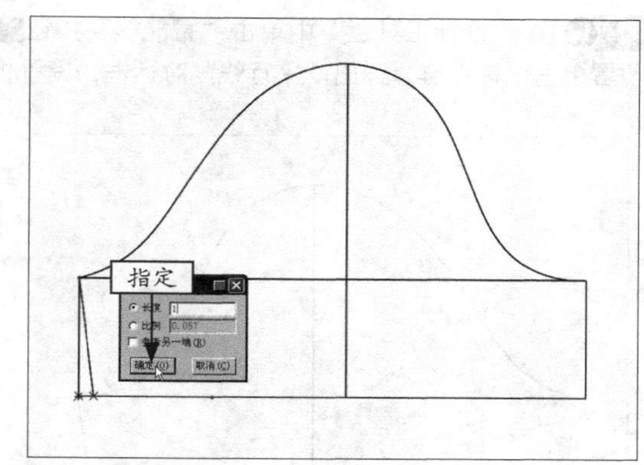

图8-106　单击“确定”按钮

步骤 7 执行操作后，单击鼠标右键，即可绘制袖底线，如图8-107所示。

步骤 8 继续使用“智能笔”命令，在工作区中相应的点上单击鼠标左键，然后拖曳鼠标，至刚绘制的平行线上单击鼠标左键，弹出“点的位置”对话框，设置“长度”为1，单击“确定”按钮，如图8-108所示。

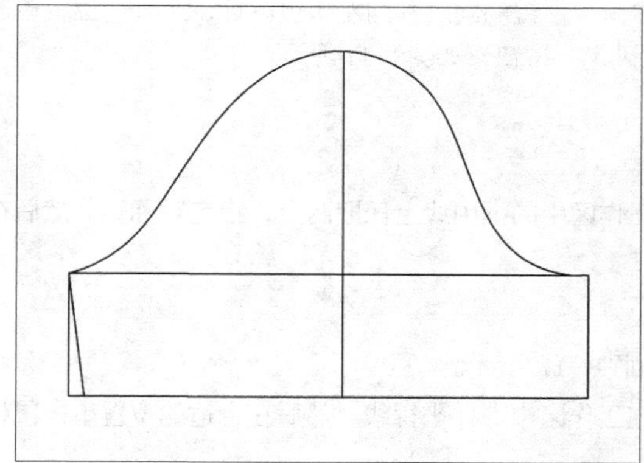
图8-107　绘制袖底线

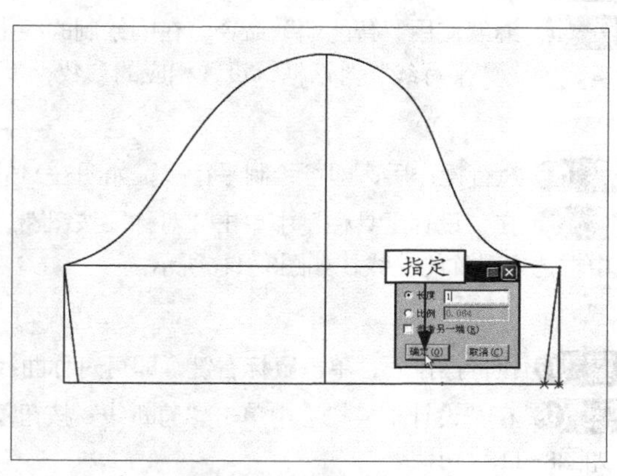

图8-108　单击“确定”按钮

步骤 9 执行操作后，单击鼠标右键，即可绘制袖底线，如图8-109所示。

步骤 10 在“设计工具栏”中单击“剪断线”按钮，在工作区中选择平行线，然后在合适的位置单击鼠标左键，如图8-110所示。

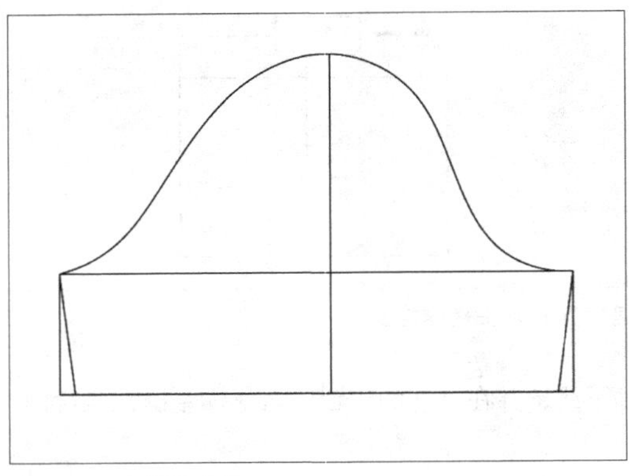
图8-109 绘制袖底线

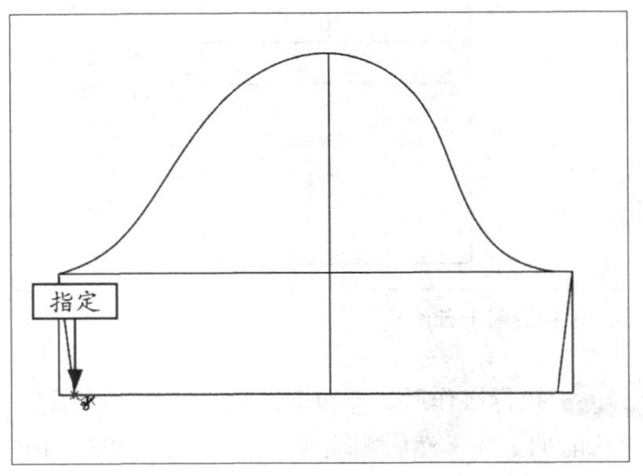

图8-110 单击鼠标左键

步骤 11 执行操作后，即可剪断平行线，继续使用“剪断线”命令，在其他位置剪断平行线，然后删除相应的曲线，如图8-111所示。

步骤 12 在“设计工具栏”中单击“智能笔”按钮，在袖中线上单击鼠标左键的同时并向左拖曳鼠标，至合适位置单击鼠标左键，弹出“平行线”对话框，设置相应的参数，单击“确定”按钮，如图8-112所示。

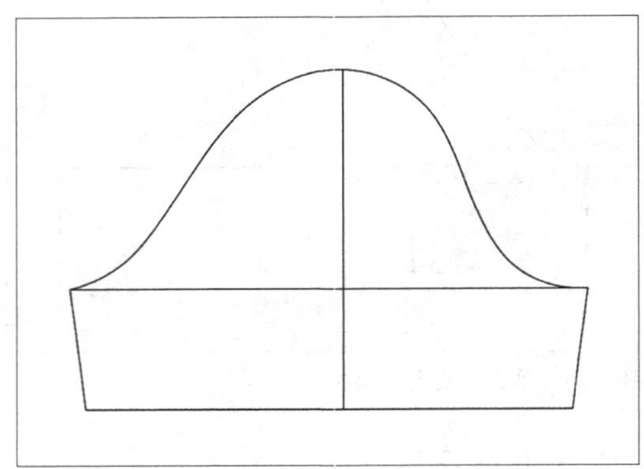
图8-111 剪断并删除曲线

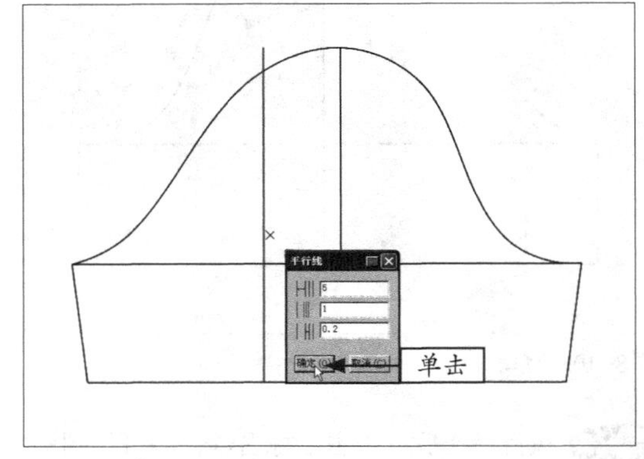

图8-112 单击“确定”按钮

步骤 13 执行操作后，即可绘制平行线，如图8-113所示。

步骤 14 继续使用“智能笔”命令，在刚绘制的线上单击鼠标左键的同时并向左拖曳鼠标，至合适位置单击鼠标左键，弹出“平行线”对话框，设置相应的参数，单击“确定”按钮，如图8-114所示。

步骤 15 执行操作后，即可绘制平行线，如图8-115所示。

步骤 16 在“设计工具栏”中单击“对称”按钮，在工作区中的袖中线上任取两点，指定对称轴，然后在工作区中框选要对称的曲线，如图8-116所示。

步骤 17 执行操作后，单击鼠标右键，即可对称曲线，如图8-117所示。

步骤 18 在“设计工具栏”中单击“剪断线”按钮，在工作区中选择平行线，然后在合适的位置单击鼠标左键，如图8-118所示。

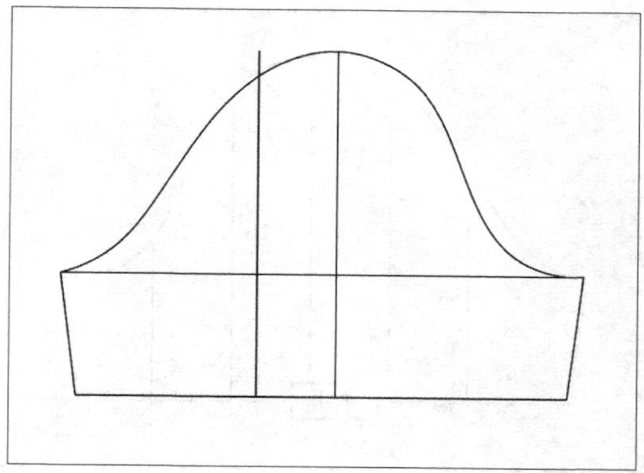
图8-113 绘制平行线

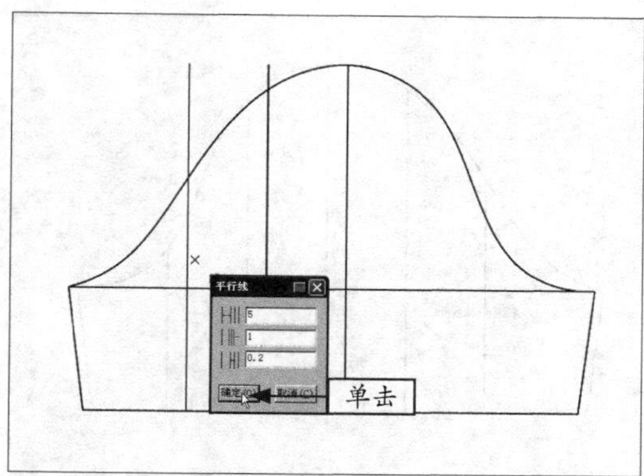

图8-114 单击“确定”按钮

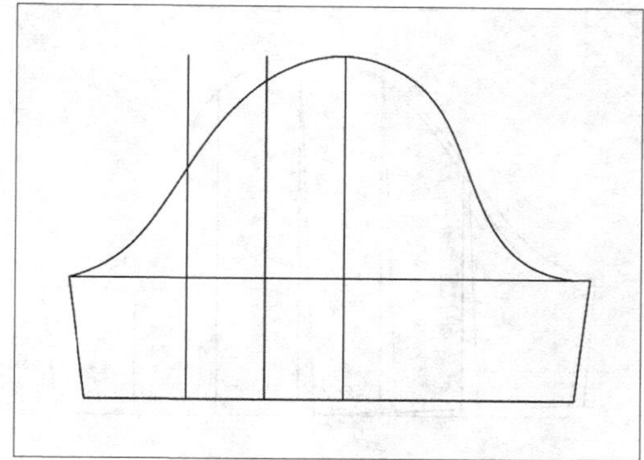
图8-115 绘制平行线

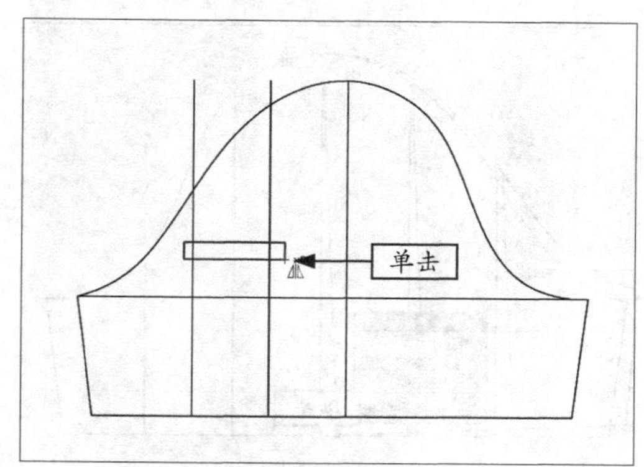

图8-116 框选曲线

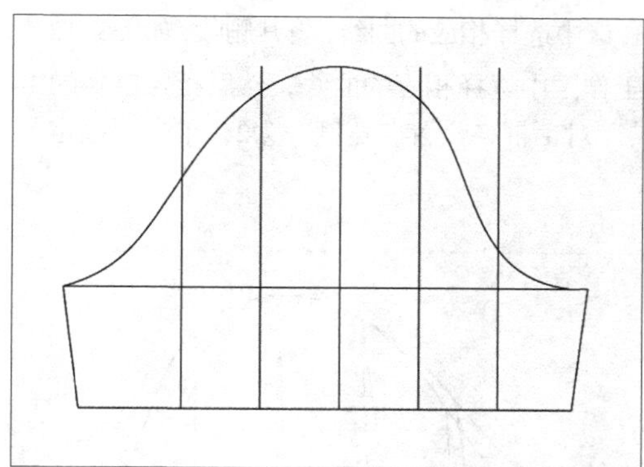
图8-117 对称曲线

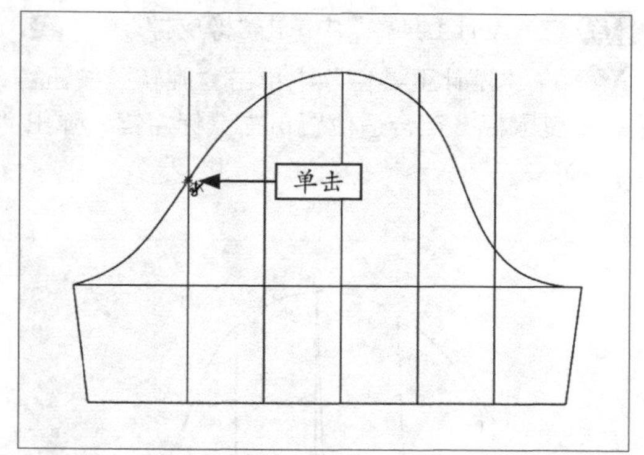

图8-118 单击鼠标左键

步骤 19 执行操作后，即可剪断曲线；继续使用“剪断线”命令，选择相应的曲线，将其剪断，然后删除相应的曲线，如图8-119所示。

步骤 20 继续使用“剪断线”命令，在工作区中选择相应的曲线，在工作区的合适位置单击鼠标左键，如图8-120所示。

步骤 21 执行操作后，即可剪断曲线。继续使用“剪断线”命令，选择相应的曲线，将其剪断。在“设计工具栏”中单击“旋转”按钮，在工作区中选择相应的曲线，然后指定旋转的中心和起点，然后拖曳鼠标，至合适位置单击鼠标左键，弹出“点的位置”对话框，设置“长度”为1，单击“确定”按钮，如图8-121所示。

步骤 22 执行操作后，即可旋转曲线，如图8-122所示。

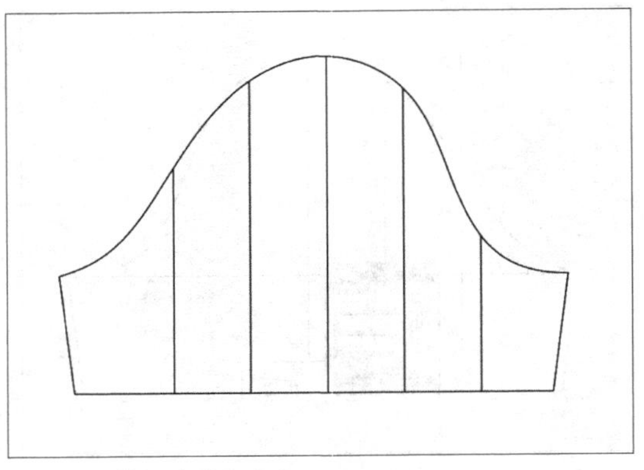

图8-119 剪断并删除曲线

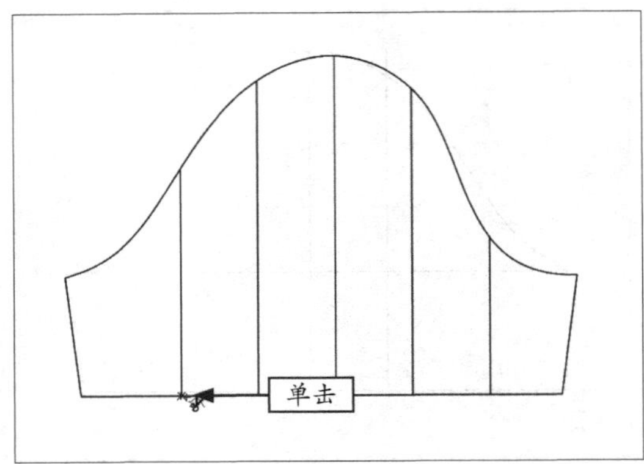

图8-120 单击鼠标左键

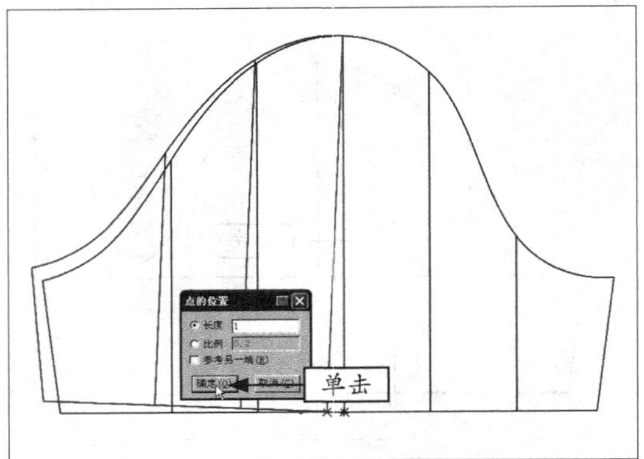

图8-121 单击“确定”按钮

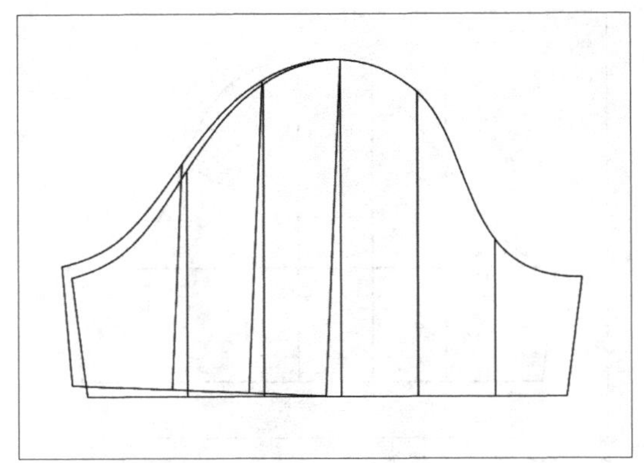

图8-122 旋转曲线

步骤 23 在“设计工具栏”中单击“橡皮擦”按钮■，在工作区中选择相应的曲线，将其删除，如图8-123所示。

步骤 24 在“设计工具栏”中单击“旋转”按钮，在工作区中选择相应的曲线，然后指定旋转的中心和起点，然后拖曳鼠标，至合适位置单击鼠标左键，弹出“旋转”对话框，设置“宽度”为2，单击“确定”按钮，如图8-124所示。

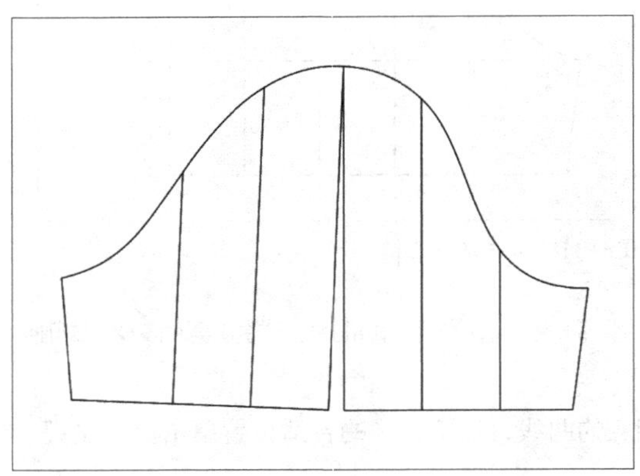

图8-123 删除曲线

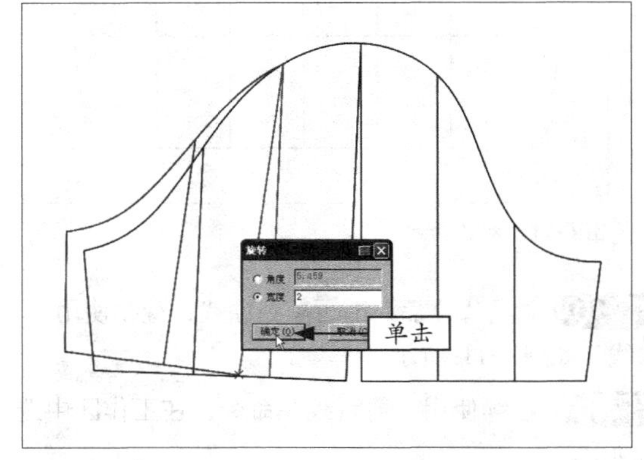

图8-124 单击“确定”按钮

步骤 25 执行操作后，即可旋转曲线，如图8-125所示。

步骤 26 在“设计工具栏”中单击“橡皮擦”按钮■，在工作区中选择相应的曲线，将其删除，如图8-126所示。

步骤 27 继续使用“旋转”、“橡皮擦”命令，在工作区中旋转并删除相应的曲线，如图8-127所示。

步骤 28 在“设计工具栏”中单击“智能笔”按钮，按住【Shift】键，在袖中线上单击鼠标右键，弹出“调整曲线长度”对话框，设置“长度增减”为5，单击“确定”按钮，如图8-128所示。

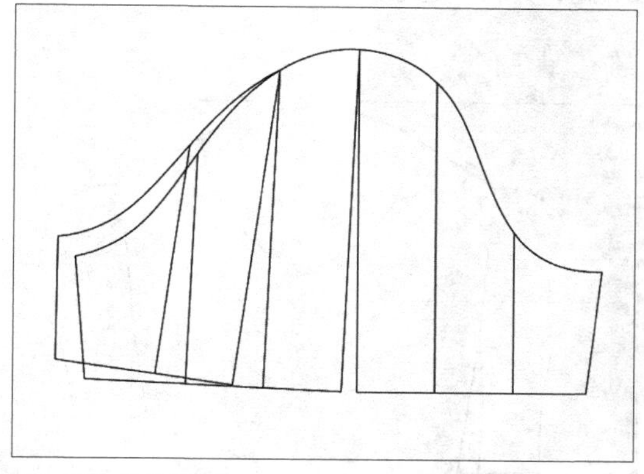

图8-125 旋转曲线

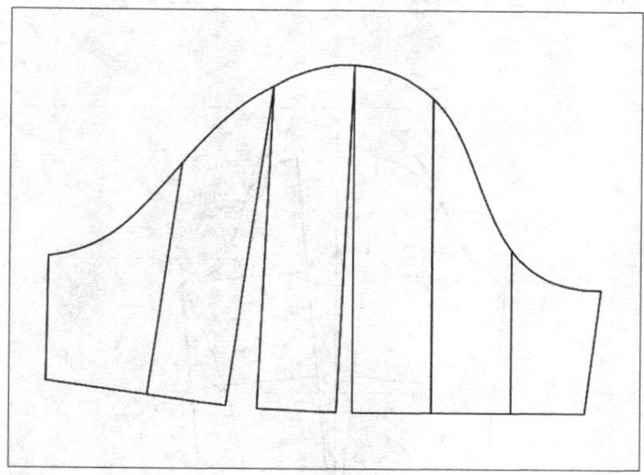

图8-126 删除曲线

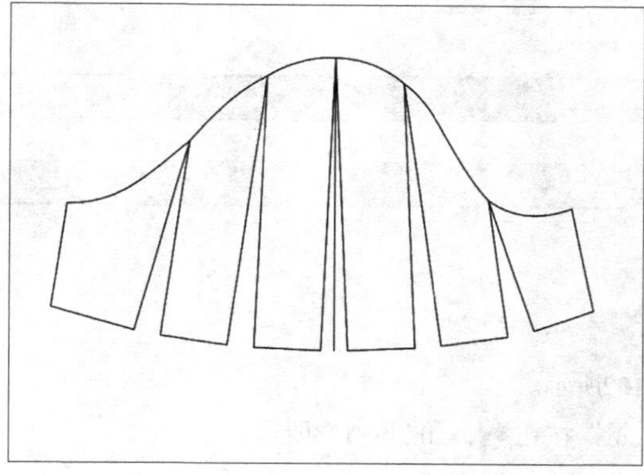

图8-127 旋转并删除曲线

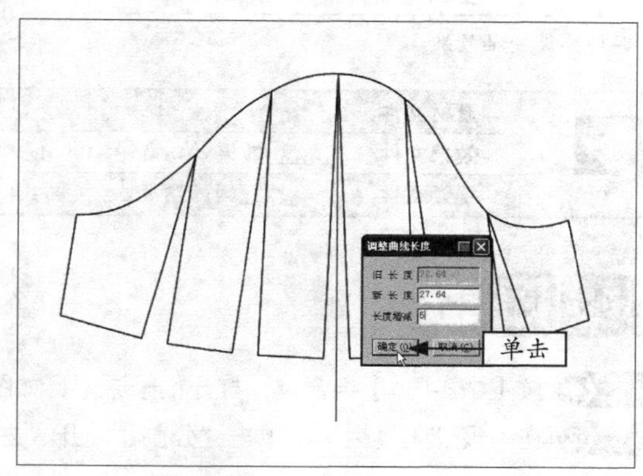

图8-128 单击“确定”按钮

步骤 29 执行操作后，即可调整曲线的长度，如图8-129所示。

步骤 30 在“设计工具栏”中单击“智能笔”按钮，在工作区中相应的点上单击鼠标左键，绘制曲线；在“设计工具栏”中单击“设置线的颜色类型”按钮，设置相应的线型，然后在工作区中选择相应的曲线，执行操作后，即可调整曲线的线型，此时即可完成灯笼袖的设计，效果如图8-130所示。

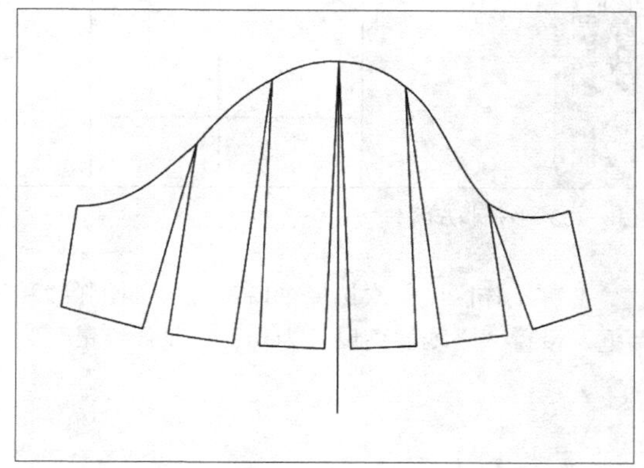

图8-129 调整曲线的长度

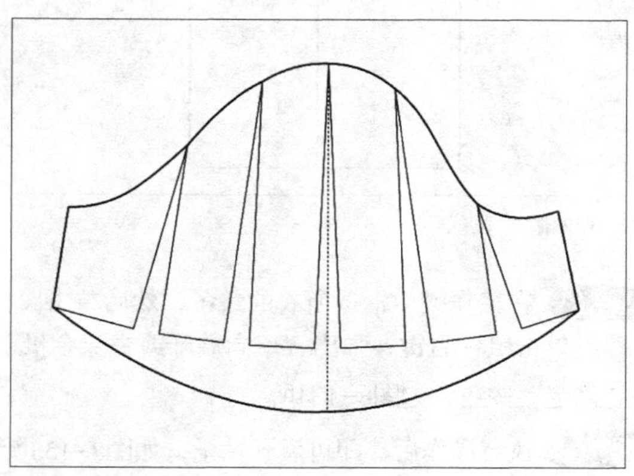

图8-130 灯笼袖效果

8.2.2 火腿袖

火腿袖的上部宽大蓬松，袖筒向下逐渐收窄变小，状如火腿，具有一定的现代感和审美价值。火腿袖的效果如图8-131所示。

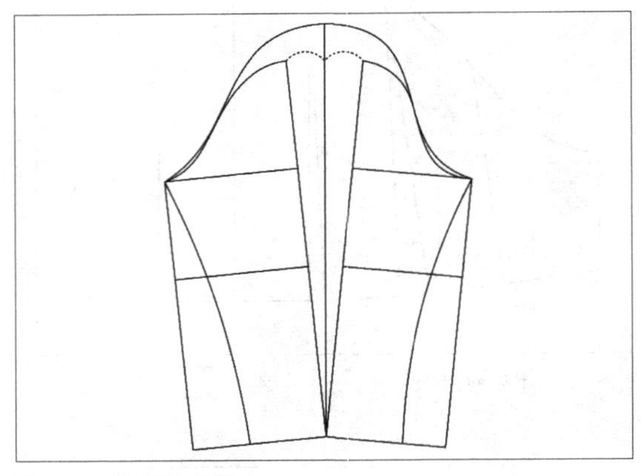
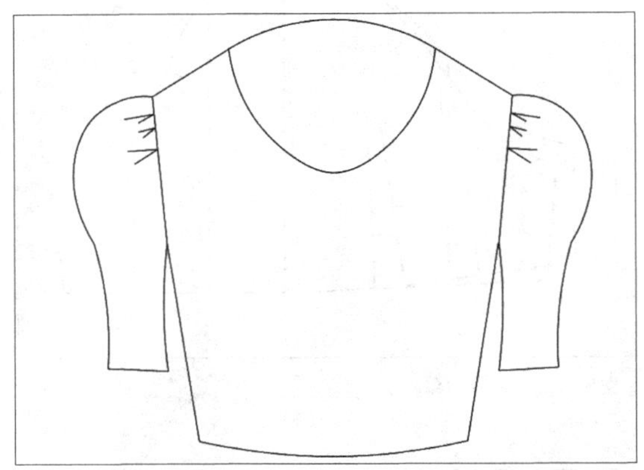

图8-131 火腿袖效果

素材文件	无
效果文件	光盘\效果\第8章\8-149.dgs
视频文件	光盘\视频\第8章\8.2.2火腿袖.mp4

步骤解析

步骤1 按【Ctrl+O】组合键，打开袖子原型，如图8-132所示。

步骤2 在“设计工具栏”中单击“分割、展开、去除余量”按钮，如图8-133所示。

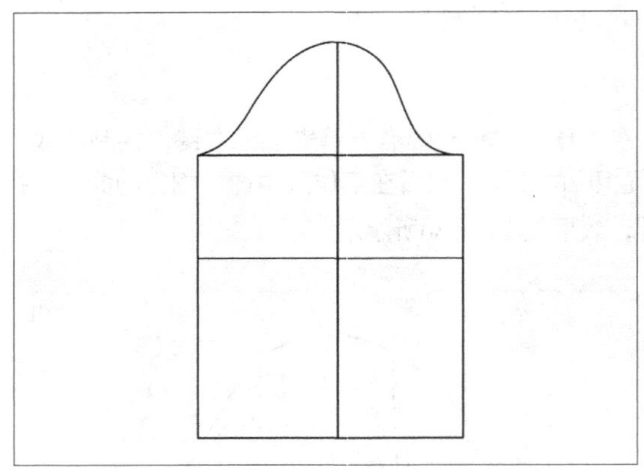

图8-132 修剪曲线

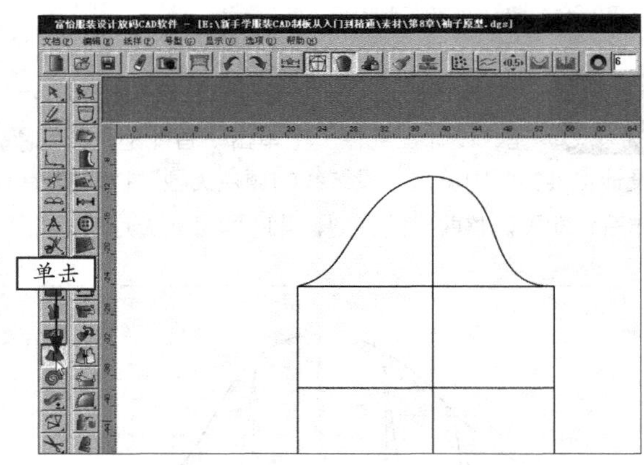

图8-133 单击相应按钮

步骤3 在工作区中框选所有的线条，然后单击鼠标右键，并在工作区中依次选择袖口直线、袖山弧线和袖中线，然后单击鼠标右键，弹出“单向展开或去除余量”对话框，设置“平均伸缩量”为10、“总伸缩量”为10，单击“确定”按钮，如图8-134所示。

步骤4 执行操作后，即可展开袖子，如图8-135所示。

步骤5 将线型改为虚线，在“设计工具栏”中单击“等分规”按钮，设置“等分数”为2，在合适的端点上单击鼠标左键，绘制等分点，如图8-136所示。

步骤 6 在“设计工具栏”中单击“智能笔”按钮，将线型改为“实线”，在工作区中相应的点上单击鼠标左键，绘制袖山中线，如图8-137所示。

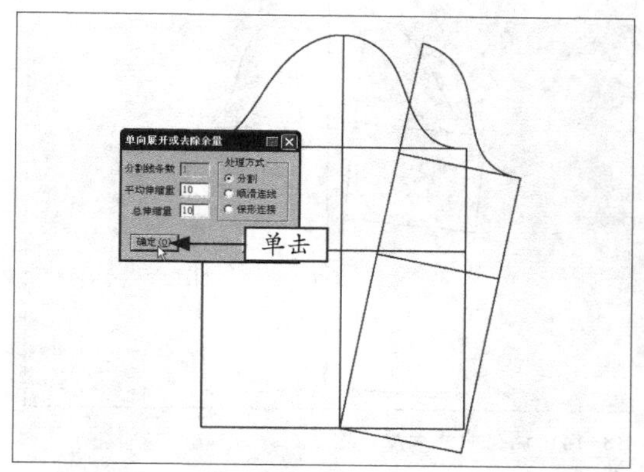

图8-134 单击“确定”按钮

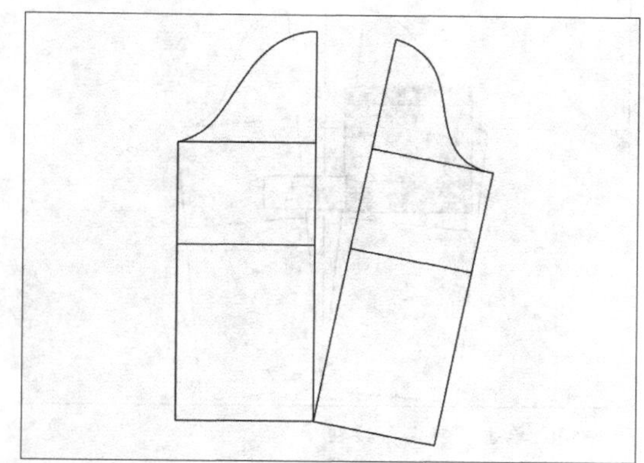

图8-135 展开袖子

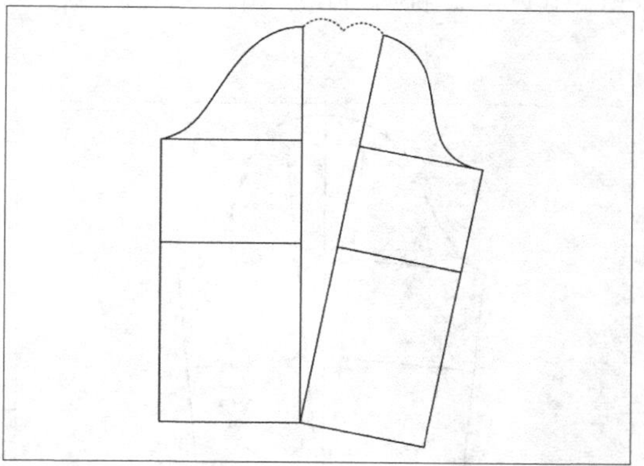

图8-136 绘制等分点

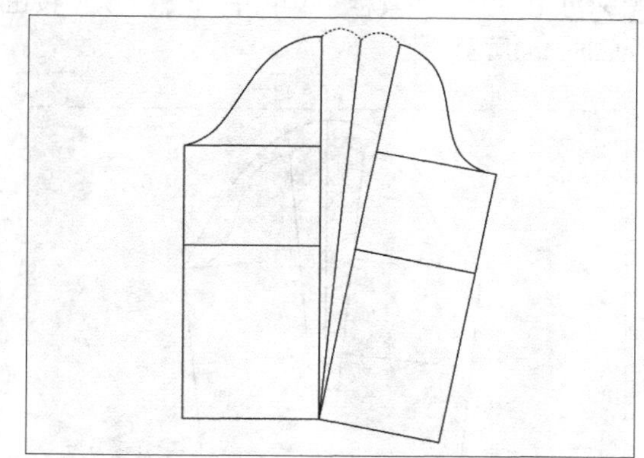

图8-137 绘制袖山中线

步骤 7 在“设计工具栏”中单击“旋转”按钮，根据状态栏提示，在工作区中框选所有的曲线，然后指定旋转中点和起点，向左拖曳鼠标，至合适位置单击鼠标左键，指定旋转终点，如图8-138所示。

步骤 8 执行操作后，即可旋转曲线，如图8-139所示。

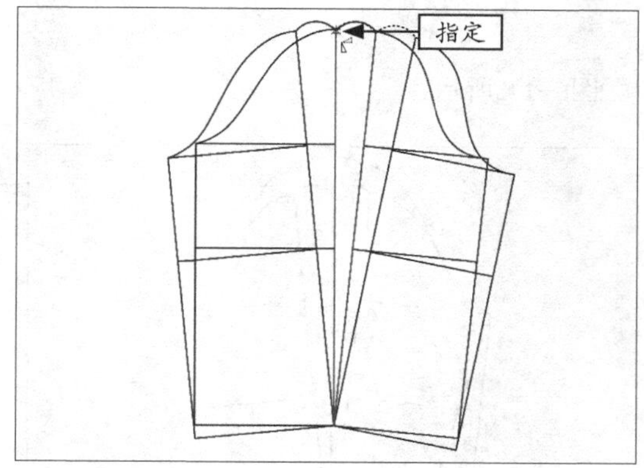

图8-138 指定旋转终点

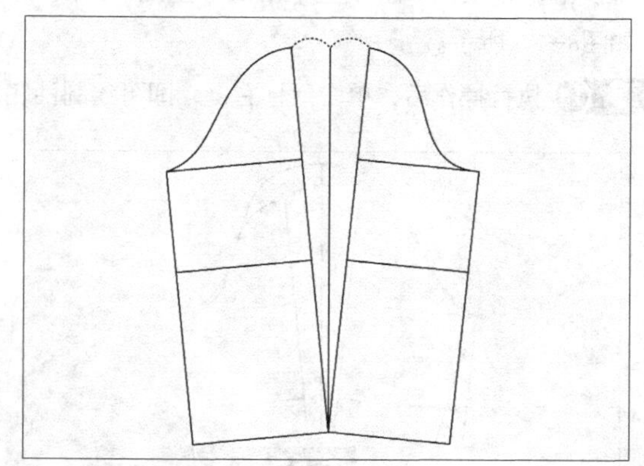

图8-139 旋转曲线

步骤 9 在“设计工具栏”中单击“智能笔”按钮，按住【Shift】键，在工作区中的袖山中线上单击鼠标右键，弹出“调整曲线长度”对话框，设置“长度增减”为5，单击“确定”按钮，如图8-140所示。

步骤 10 执行操作后，即可调整曲线长度，如图8-141所示。

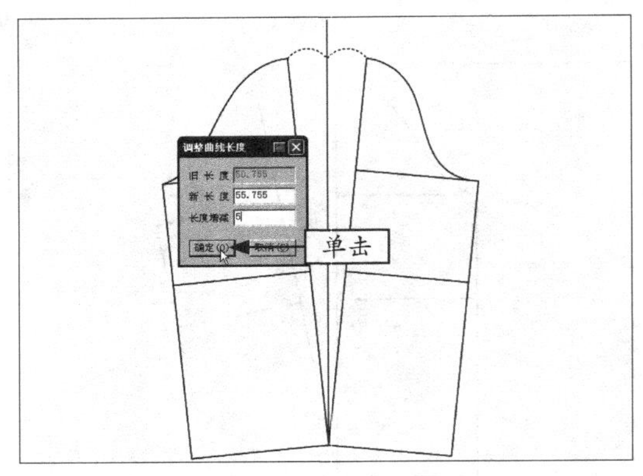

图8-140 单击“确定”按钮

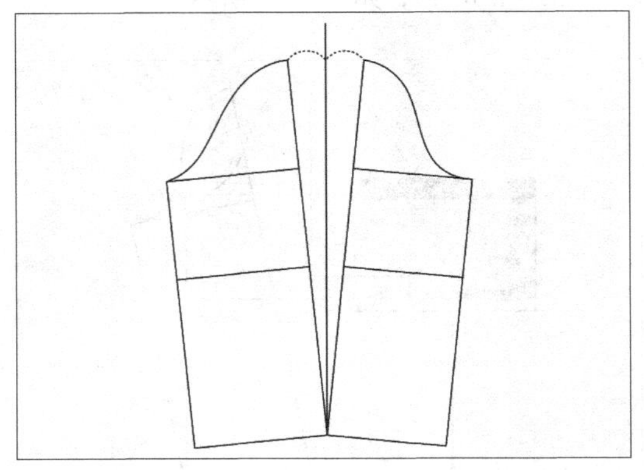
图8-141 调整曲线长度

步骤 11 继续使用“智能笔”命令，在工作区中相应的点上单击鼠标左键，绘制新的袖山弧线，如图8-142所示。

步骤 12 在“设计工具栏”中单击“调整工具”按钮，在工作区中选择刚绘制的袖山弧线，对其进行适当调整，如图8-143所示。

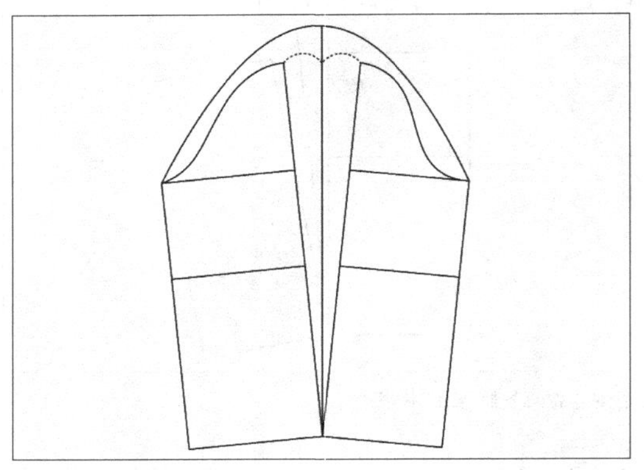
图8-142 绘制新的袖山弧线

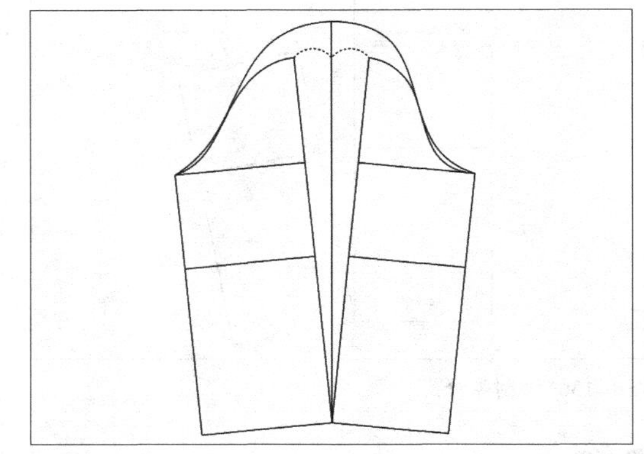
图8-143 调整袖山弧线

步骤 13 在“设计工具栏”中单击“智能笔”按钮，在工作区中袖山弧线的左端点上单击鼠标左键，然后向下拖曳鼠标，至袖口直线上单击鼠标左键，弹出“点的位置”对话框，设置“长度”为10，单击“确定”按钮，如图8-144所示。

步骤 14 执行操作后，单击鼠标右键，即可绘制袖底线，如图8-145所示。

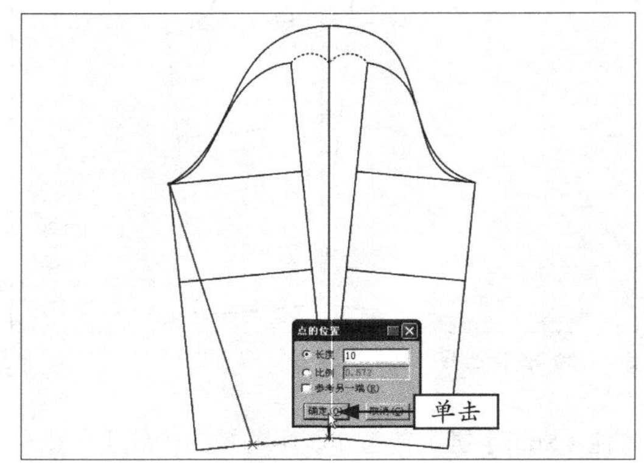

图8-144 单击“确定”按钮

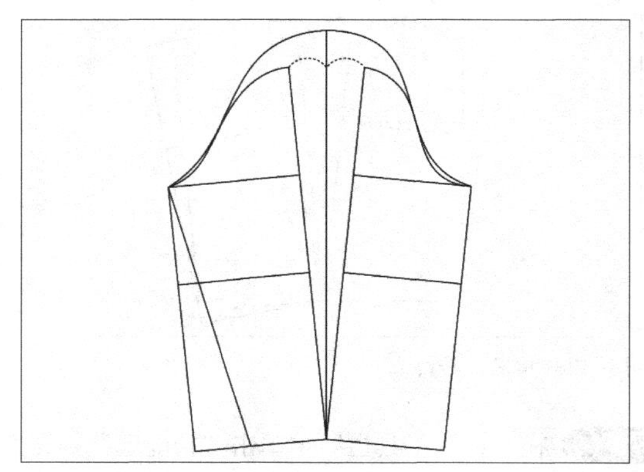
图8-145 绘制袖底线

步骤 15 继续使用"智能笔"命令，在工作区中袖山弧线的右端点上单击鼠标左键，然后向下拖曳鼠标，至袖口直线上单击鼠标左键，弹出"点的位置"对话框，设置"长度"为10，单击"确定"按钮，如图8-146所示。

步骤 16 执行操作后，即可绘制袖底线，如图8-147所示。

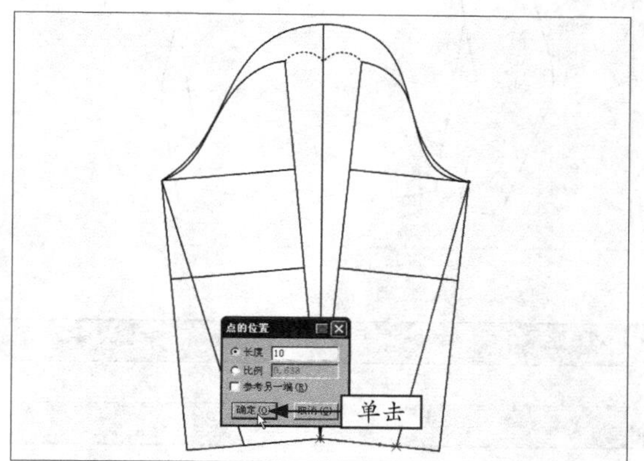

图8-146 单击"确定"按钮

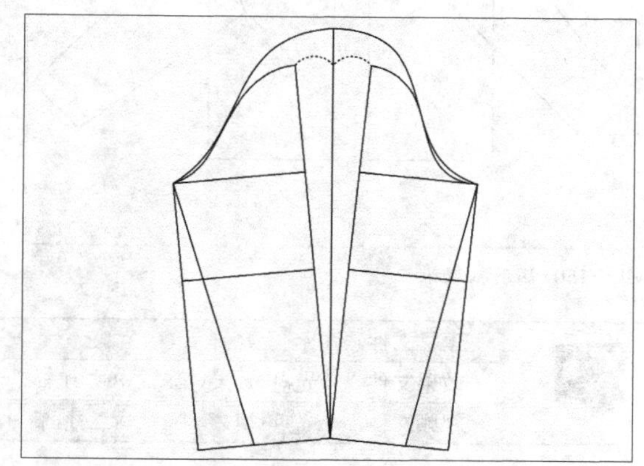

图8-147 绘制袖底线

步骤 17 在"设计工具栏"中单击"调整工具"按钮，在工作区中选择刚绘制的袖底线，对其进行适当调整，如图8-148所示。

步骤 18 在"设计工具栏"中单击"设置线的颜色类型"按钮，设置相应的线型，然后在工作区中选择相应的曲线，执行操作后，即可调整曲线的线型，此时即可完成火腿袖的设计，如图8-149所示。

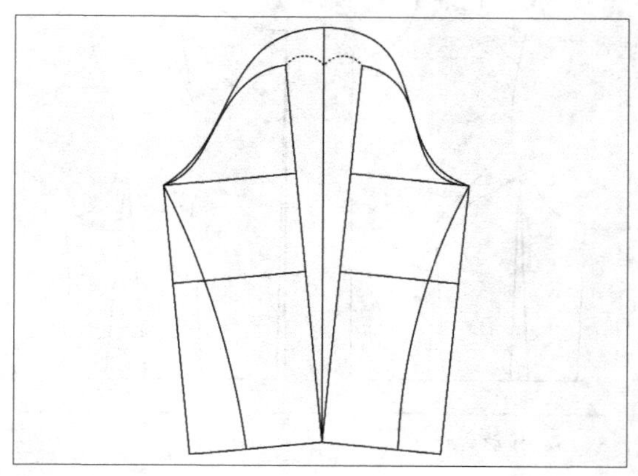

图8-148 调整曲线

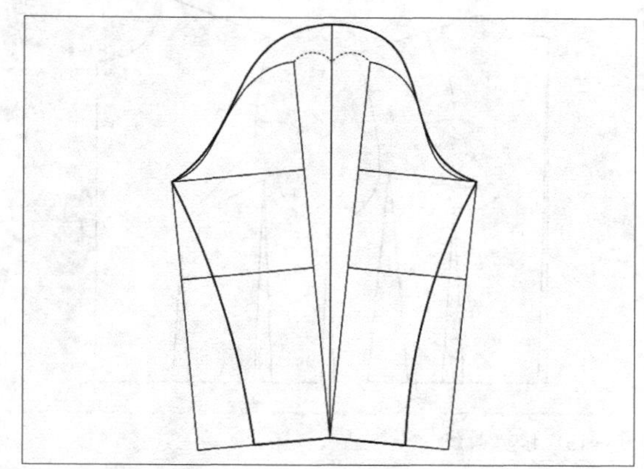

图8-149 火腿袖效果

8.2.3 插肩袖

插肩袖的袖窿较深，袖山一直连插围线，肩部甚至全被袖子覆盖，形成流展的结构线和宽松洒脱的风格，其袖窿较深，更适合自由宽博的服装。插肩袖的效果如图8-150所示。

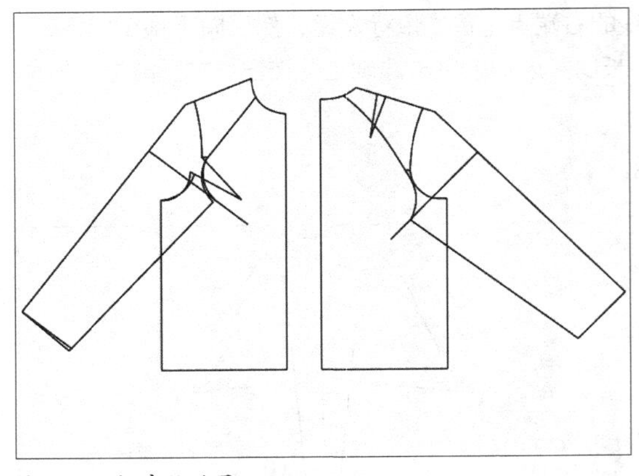
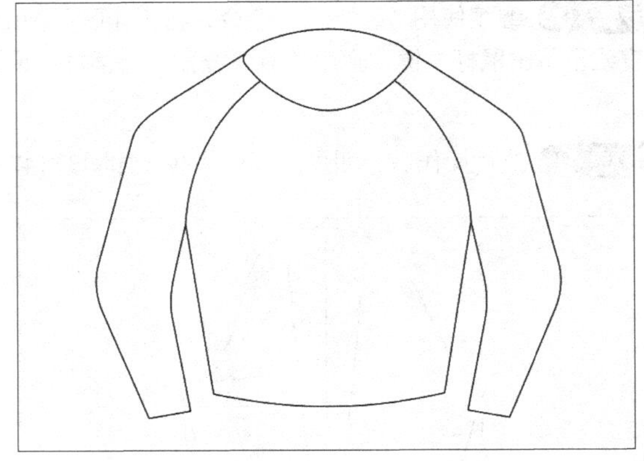

图8-150 插肩袖效果

	素材文件	无
	效果文件	光盘\效果\第8章\8-201.dgs
	视频文件	光盘\视频\第8章\8.2.3插肩袖.mp4

步骤解析

步骤 1 按【Ctrl+O】组合键，打开文化式女上装原型，在“设计工具栏”中单击“橡皮擦”按钮■和“剪断线”按钮■，修剪曲线，如图8-151所示。

步骤 2 在“设计工具栏”中单击“移动”按钮■，按【Shift】键，在工作区中选择相应的曲线，然后指定移动起点和终点，移动曲线，如图8-152所示。

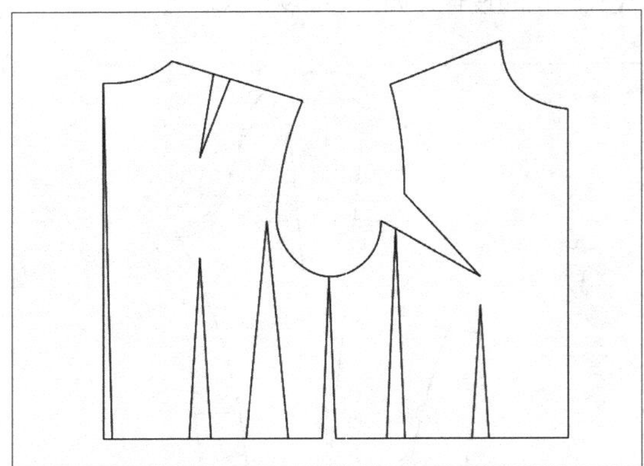

图8-151 修剪曲线

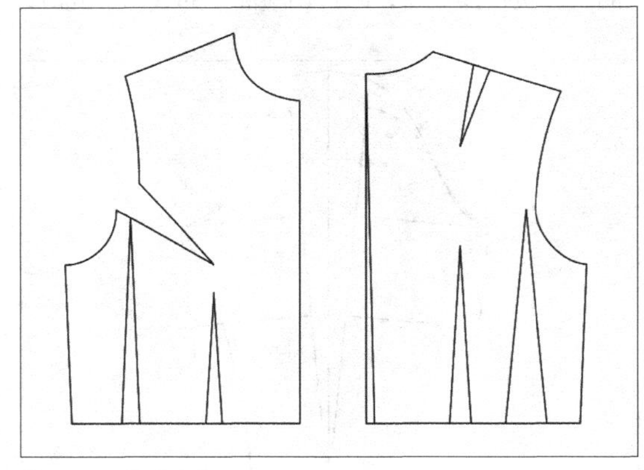

图8-152 移动曲线

步骤 3 在“设计工具栏”中单击“智能笔”按钮■，在工作区中相应的点上单击鼠标左键，并单击鼠标右键，切换输入状态，然后向右拖曳鼠标，至袖窿弧线上单击鼠标左键，即可绘制直线，如图8-153所示。

步骤 4 继续使用“智能笔”命令，按住【Shift】键，在工作区中的肩线上单击鼠标右键，弹出“调整曲线长度”对话框，在“长度增减”数值框中输入14.5，单击“确定”按钮，如图8-154所示。

步骤 5 执行操作后，即可调整曲线长度。继续使用“智能笔”命令，按住【Shift】键，在工作区中肩线上相应的点上单击鼠标左键，然后在肩线的右端点上单击鼠标左键，并拖曳鼠标，至合适位置单击鼠标左键，弹出“长度”对话框，设置“长度”为6，单击“确定”按钮，如图8-155所示。

步骤 6 执行操作后，即可绘制直线，如图8-156所示。

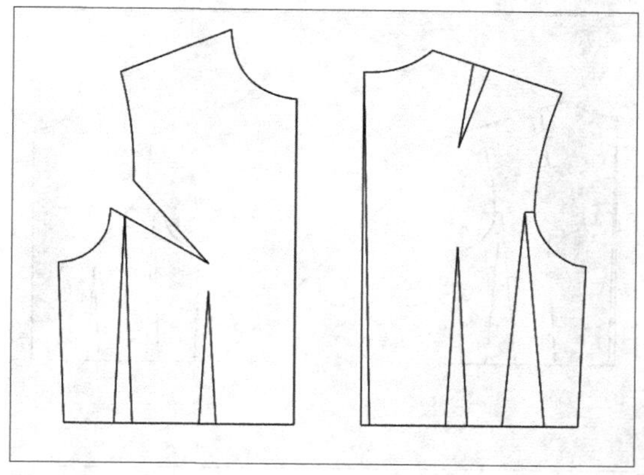
图8-153 绘制直线

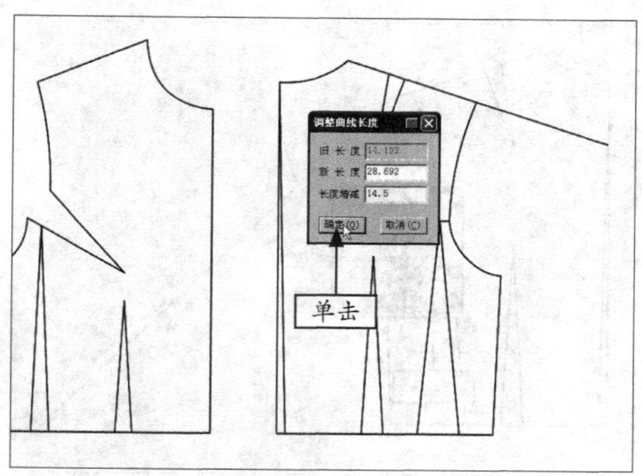

图8-154 单击“确定”按钮

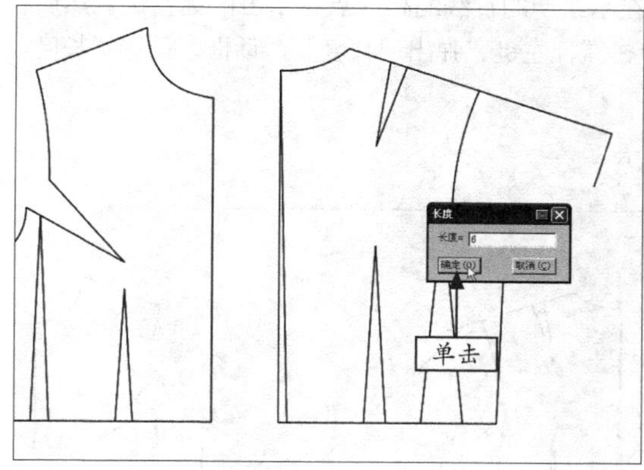

图8-155 单击“确定”按钮

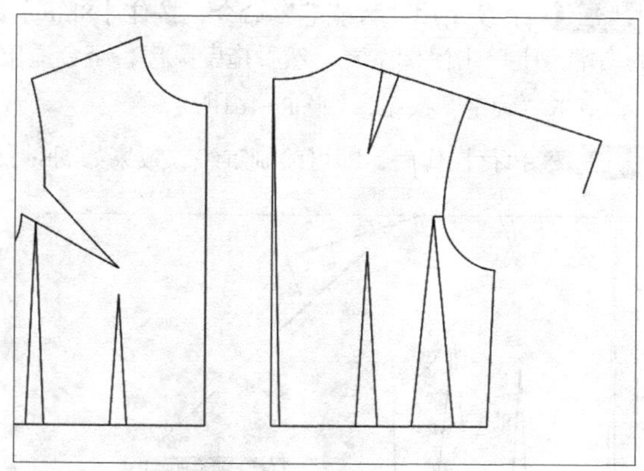
图8-156 绘制直线

步骤 7 继续使用“智能笔”命令，在工作区中相应的点上单击鼠标左键，然后拖曳鼠标，至肩线的合适位置单击鼠标左键，弹出“点的位置”对话框，设置“长度”为2.5，单击“确定”按钮，如图8-157所示。

步骤 8 执行操作后，单击鼠标右键，即可绘制直线，如图8-158所示。

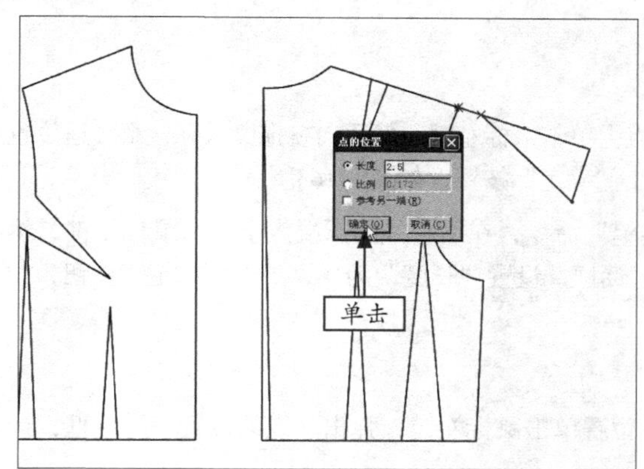

图8-157 单击“确定”按钮

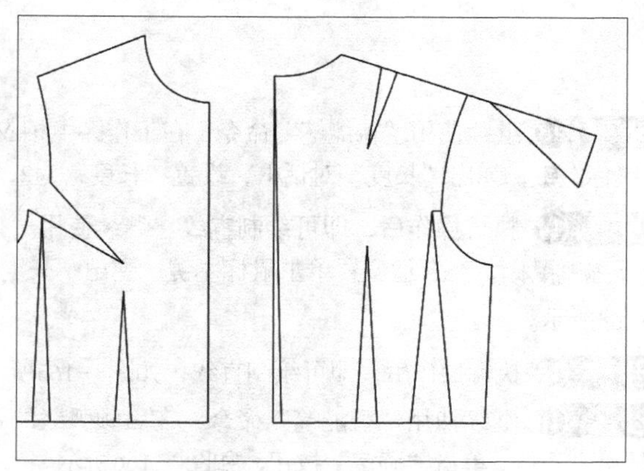
图8-158 绘制直线

步骤 9 继续使用“智能笔”命令，按住【Shift】键，在工作区中的刚绘制的直线上单击鼠标右键，弹出“调整曲线长度”对话框，在“长度增减”数值框中输入40，单击“确定”按钮，如图8-159所示。

步骤 10 执行操作后，即可调整曲线长度，如图8-160所示。

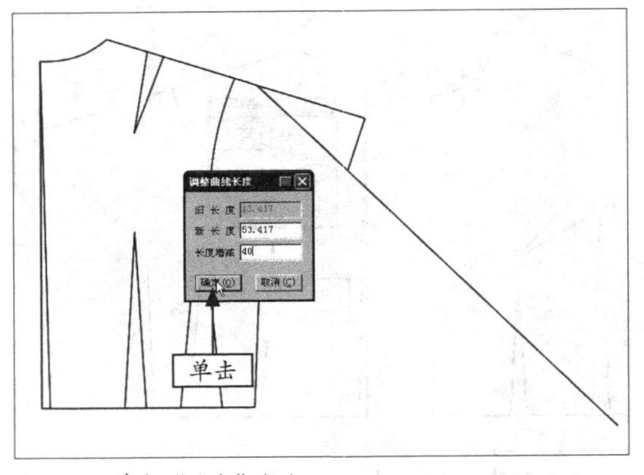

图8-159 单击"确定"按钮

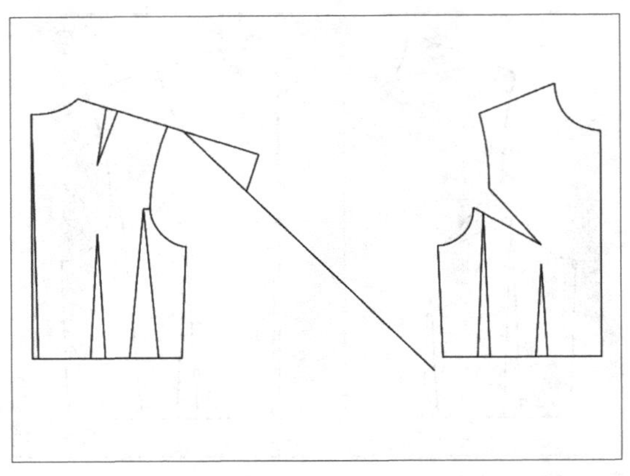
图8-160 调整曲线长度

步骤 11 继续使用"智能笔"命令，按住【Shift】键，在刚绘制的直线的相应点上单击鼠标左键，然后在直线的右端点上单击鼠标左键，然后拖曳鼠标，至合适位置单击鼠标左键，弹出"长度"对话框，设置"长度"为13.5，单击"确定"按钮，如图8-161所示。

步骤 12 执行操作后，即可绘制直线，效果如图8-162所示。

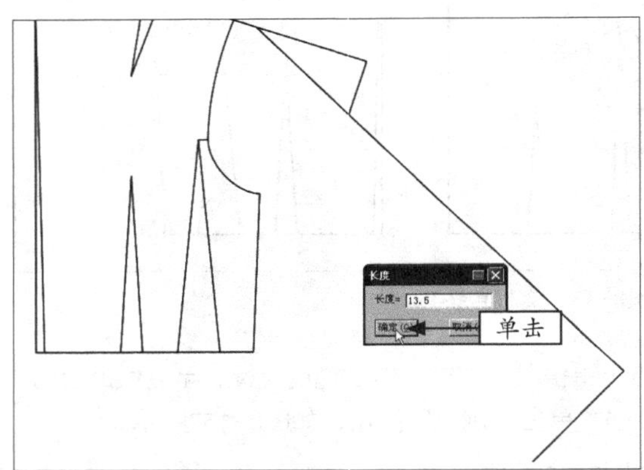

图8-161 单击"确定"按钮

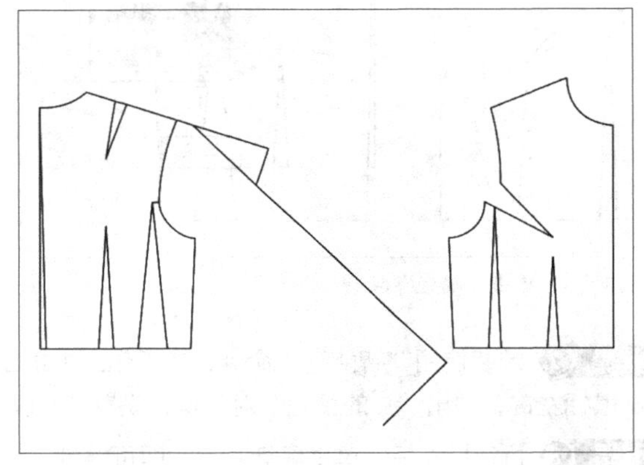
图8-162 绘制直线

步骤 13 继续使用"智能笔"命令，在工作区中相应的点上单击鼠标左键，然后向右拖曳鼠标，至合适位置单击鼠标左键，弹出"长度"对话框，设置"长度"为2，单击"确定"按钮，如图8-163所示。

步骤 14 执行操作后，即可绘制直线。继续使用"智能笔"命令，在后中线的下端点上单击鼠标左键，然后向下拖曳鼠标，至合适位置单击鼠标左键，弹出"长度"对话框，设置"长度"为18，单击"确定"按钮，如图8-164所示。

步骤 15 执行操作后，即可绘制直线，如图8-165所示。

步骤 16 继续使用"智能笔"命令，在后领弧线的合适位置单击鼠标左键，弹出"点的位置"对话框，设置"长度"为3，单击"确定"按钮，如图8-166所示。

步骤 17 向右下方拖曳鼠标，至肩省线上单击鼠标左键，弹出"长度"对话框，设置"点的位置"为3，单击"确定"按钮，如图8-167所示。

步骤 18 向右下方拖曳鼠标，至相应的点上依次单击鼠标左键，然后单击鼠标右键，绘制曲线，如图8-168所示。

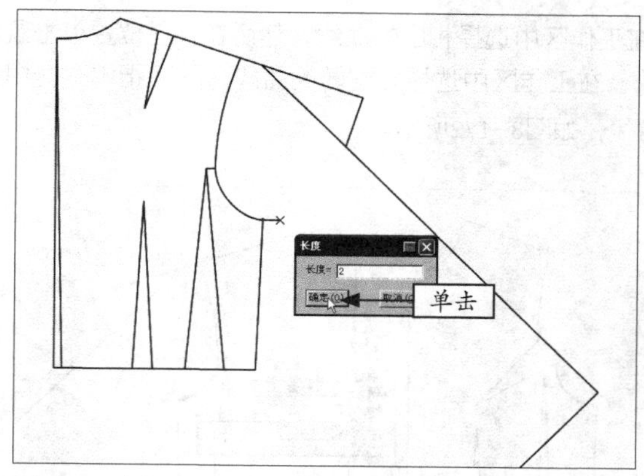

图8-163 单击“确定”按钮

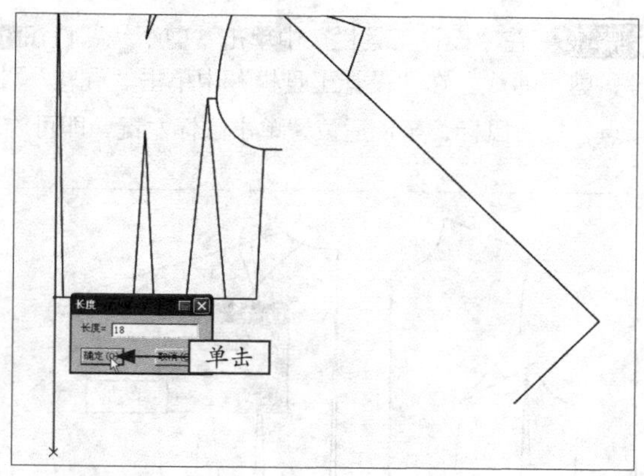

图8-164 单击“确定”按钮

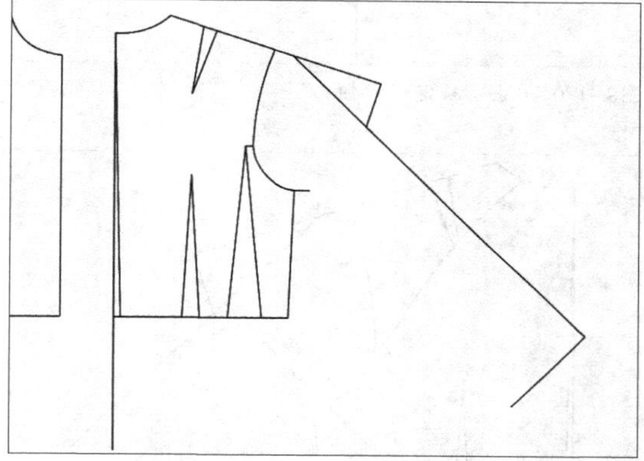
图8-165 绘制直线

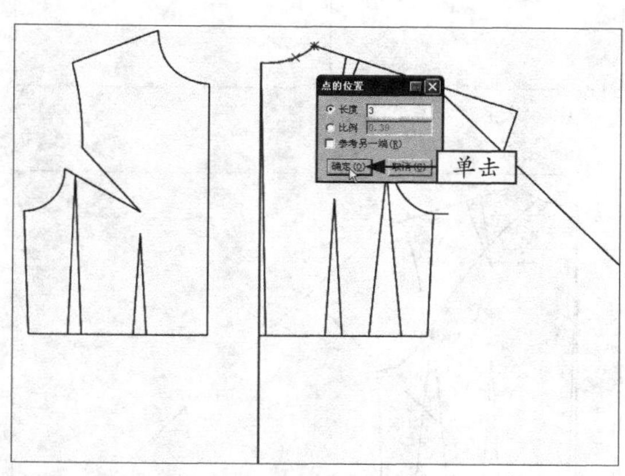

图8-166 单击“确定”按钮

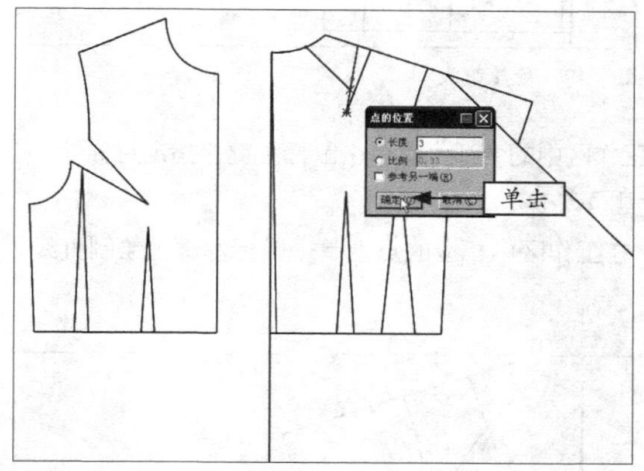

图8-167 单击“确定”按钮

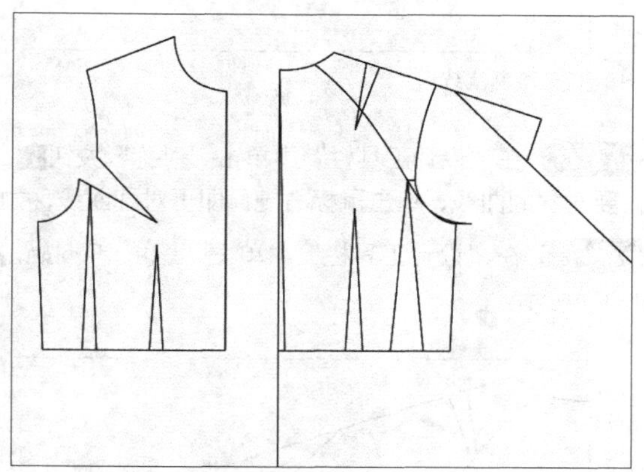
图8-168 绘制曲线

步骤 19 继续使用“智能笔”命令，按住【Shift】键，在工作区中相应的曲线上依次单击鼠标左键，弹出“点的位置”对话框，设置“长度”为12，单击“确定”按钮，如图8-169所示。

步骤 20 然后在该曲线上再次单击鼠标左键，弹出“点的位置”对话框，设置“长度”为12，单击“确定”按钮，拖曳鼠标，至合适位置单击鼠标左键，弹出“长度”对话框，设置“长度”为25，单击“确定”按钮，如图8-170所示。

步骤 21 执行操作后，即可绘制直线，如图8-171所示。

步骤22 在“设计工具栏”中单击“剪断线”按钮，在工作区中选择相应的曲线，然后在合适位置单击鼠标左键，剪断曲线。在“设计工具栏”中单击“旋转”按钮，在工作区中选择要旋转的曲线，然后指定旋转中点和起点，拖曳鼠标，至合适位置单击鼠标左键，即可旋转曲线，如图8-172所示。

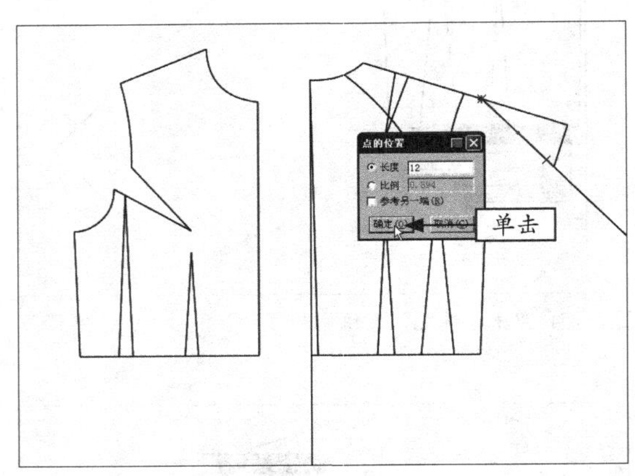

图8-169 单击“确定”按钮

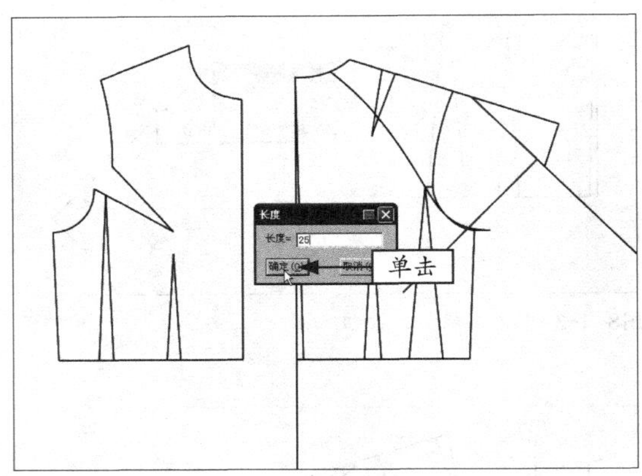

图8-170 单击“确定”按钮

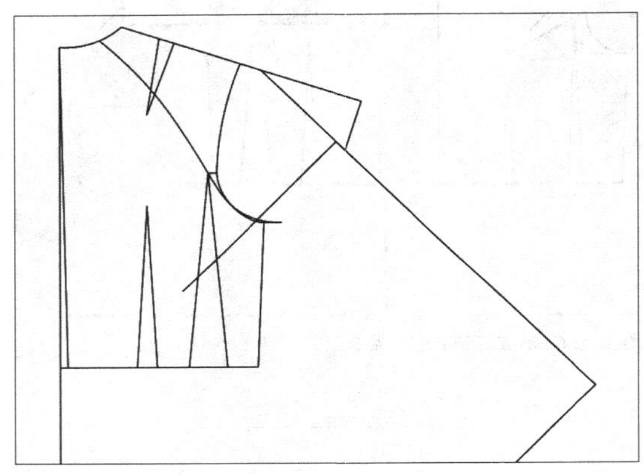

图8-171 绘制直线

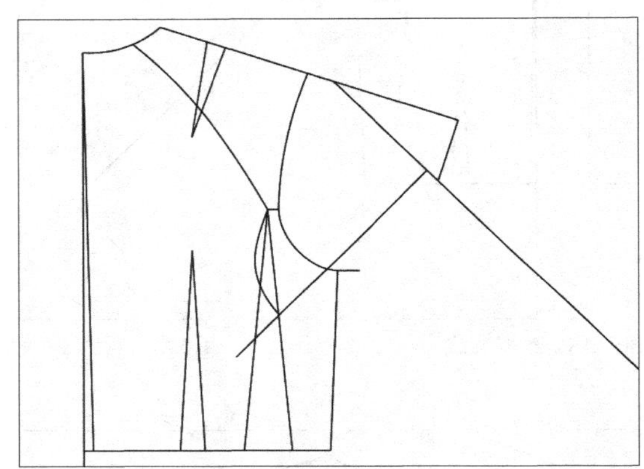

图8-172 旋转曲线

步骤23 在“设计工具栏”中单击“对称”按钮，在工作区中的合适位置单击鼠标左键，指定对称轴，然后选择要对称的曲线，单击鼠标右键，即可对称曲线，如图8-173所示。

步骤24 在“设计工具栏”中单击“智能笔”按钮，在工作区中相应的点上单击鼠标左键，绘制直线，如图8-174所示。

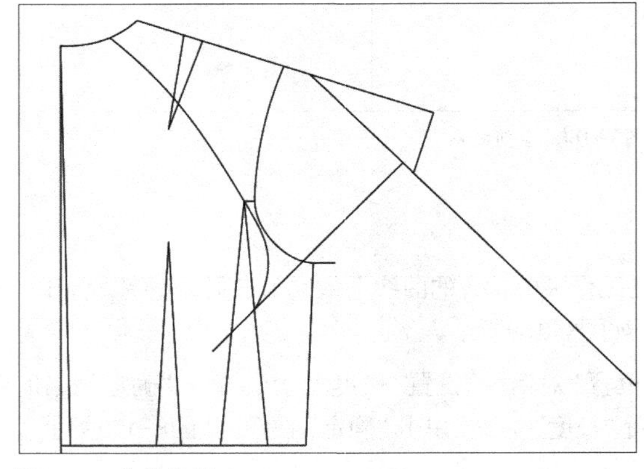

图8-173 旋转曲线

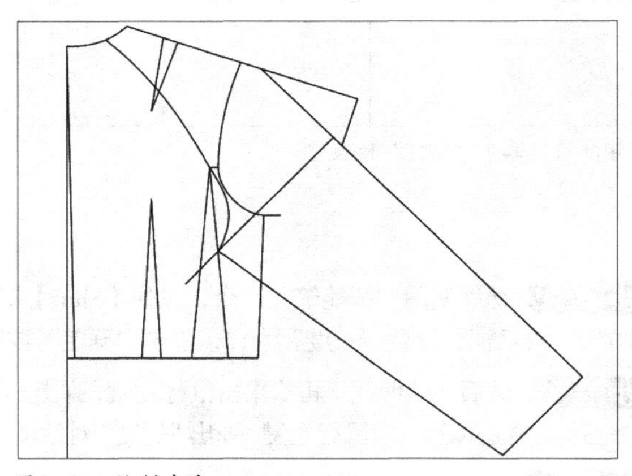

图8-174 绘制直线

步骤 25 继续使用“智能笔”命令，在工作区中相应的点上单击鼠标右键，然后拖曳鼠标，至合适的点上单击鼠标左键，如图8-175所示。

步骤 26 执行操作后，即可绘制直线，然后删除相应的曲线，如图8-176所示。

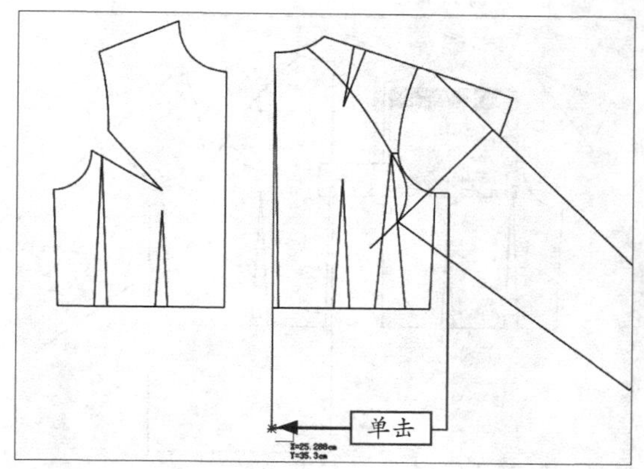

图8-175 单击鼠标左键

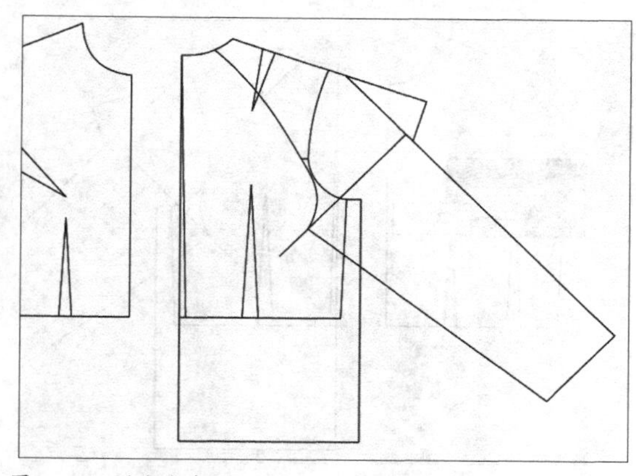

图8-176 删除曲线

步骤 27 继续使用“智能笔”命令，按住【Shift】键，在工作区中的肩线上单击鼠标右键，弹出“调整曲线长度”对话框，在“长度增减”数值框中输入14，单击“确定”按钮，如图8-177所示。

步骤 28 执行操作后，即可调整曲线的长度，如图8-178所示。

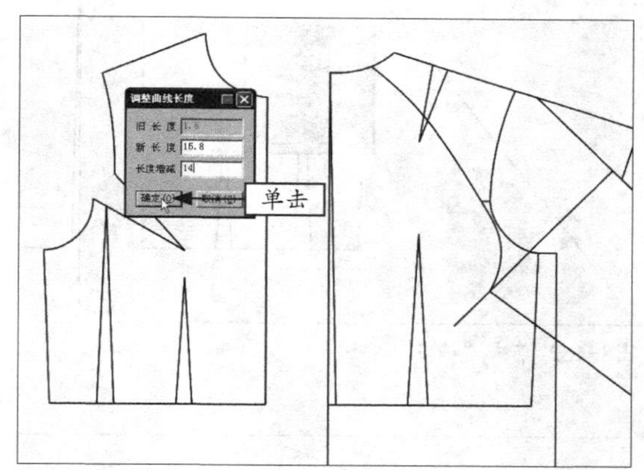

图8-177 单击“确定”按钮

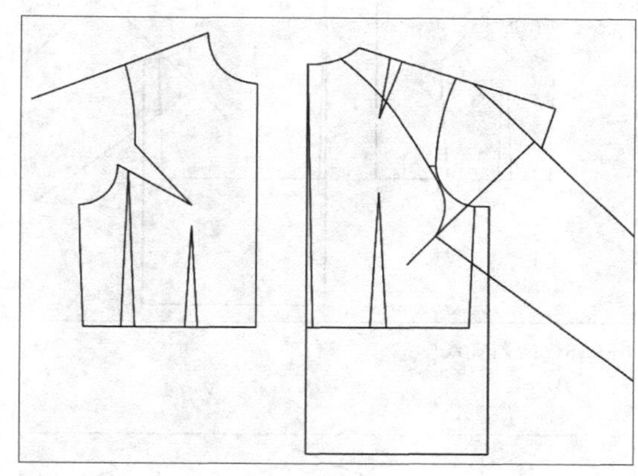

图8-178 调整曲线长度

步骤 29 继续使用“智能笔”命令，按住【Shift】键，在工作区中肩线上相应的点上单击鼠标左键，然后在肩线的左端点上单击鼠标左键，并拖曳鼠标，至合适位置单击鼠标左键，弹出“长度”对话框，设置“长度”为7，单击“确定”按钮，如图8-179所示。

步骤 30 执行操作后，即可绘制直线。.继续使用“智能笔”命令，在工作区中相应的点上单击鼠标左键，然后拖曳鼠标左键，至肩线的合适位置单击鼠标左键，弹出“点的位置”对话框，设置“长度”为2，单击“确定”按钮，如图8-180所示。

步骤 31 执行操作后，单击鼠标右键，即可绘制直线，如图8-181所示。

步骤 32 继续使用“智能笔”命令，按住【Shift】键，在工作区中刚绘制的直线上单击鼠标右键，弹出“调整曲线长度”对话框，在“长度增减”数值框中输入40，单击“确定”按钮，如图8-182所示。

步骤 33 执行操作后，即可绘制直线。继续使用“智能笔”命令，按住【Shift】键，在刚绘制的直线的相应点上单击鼠标左键，然后在直线的左端点上单击鼠标左键，然后拖曳鼠标，至合适位置单击鼠标左键，弹出“长度”对话框，设置“长度”为12.5，单击“确定”按钮，如图8-183所示。

步骤 34 执行操作后，即可绘制直线。继续使用"智能笔"命令，在工作区中相应的点上单击鼠标左键，然后向左拖曳鼠标，至合适位置单击鼠标左键，弹出"长度"对话框，设置"长度"为0.5，单击"确定"按钮，如图8-184所示。

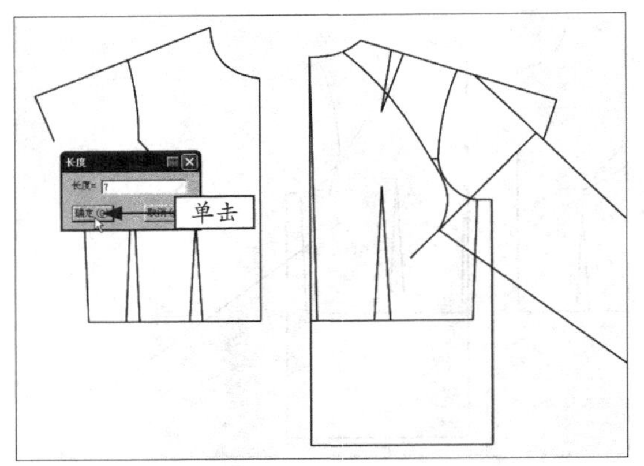

图8-179 单击"确定"按钮

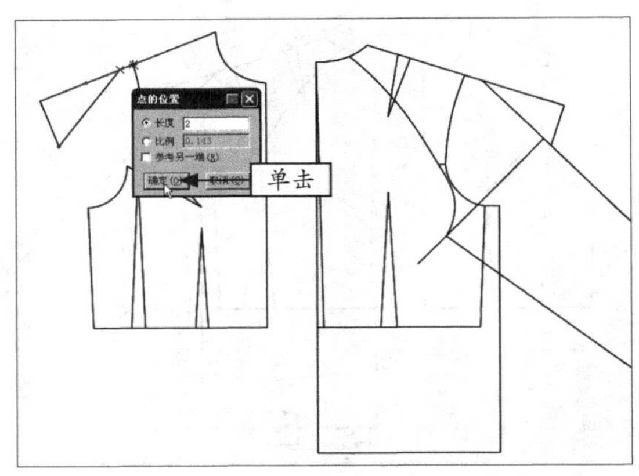

图8-180 单击"确定"按钮

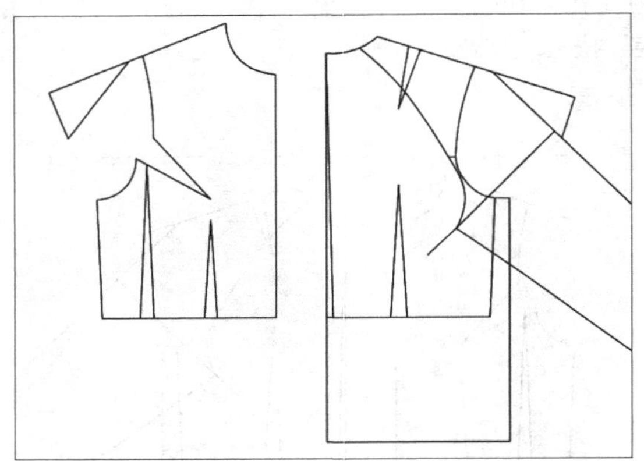
图8-181 绘制直线

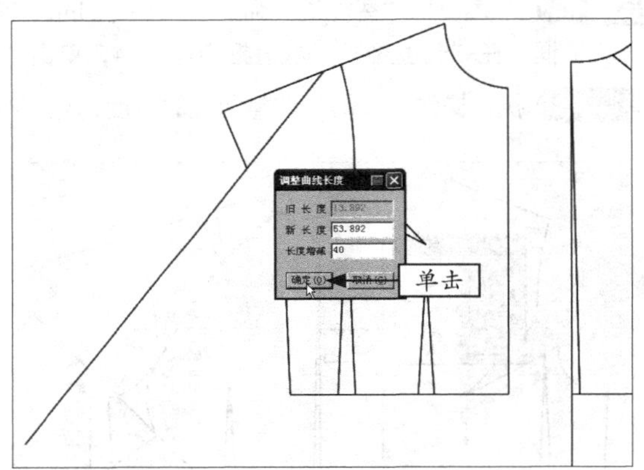

图8-182 单击"确定"按钮

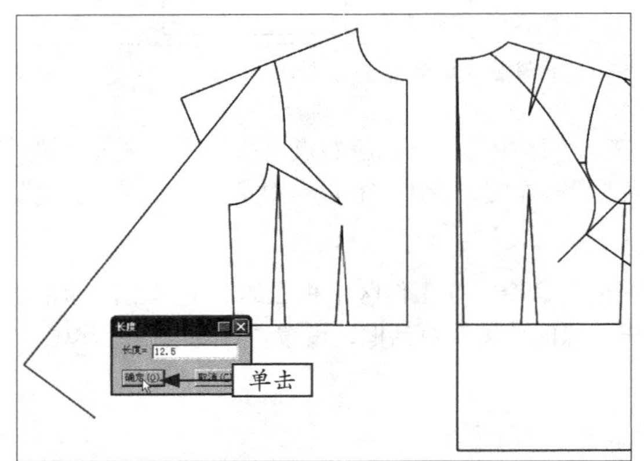

图8-183 单击"确定"按钮

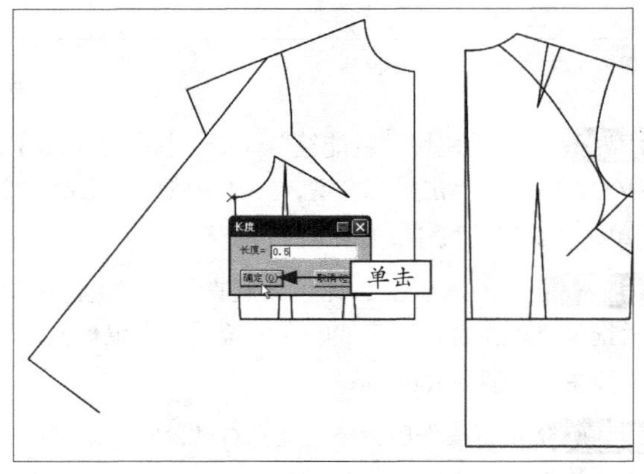

图8-184 单击"确定"按钮

步骤 35 执行操作后，即可绘制直线。继续使用"智能笔"命令，在工作区中相应的点上单击鼠标左键，然后向下拖曳鼠标，至合适位置单击鼠标左键，弹出"长度"对话框，设置"长度"为18，单击"确定"按钮，如图8-185所示。

步骤 36 执行操作后，即可绘制直线。继续使用“智能笔”命令，在工作区中相应的点上单击鼠标右键，然后拖曳鼠标，至合适的点上单击鼠标左键，如图8-186所示。

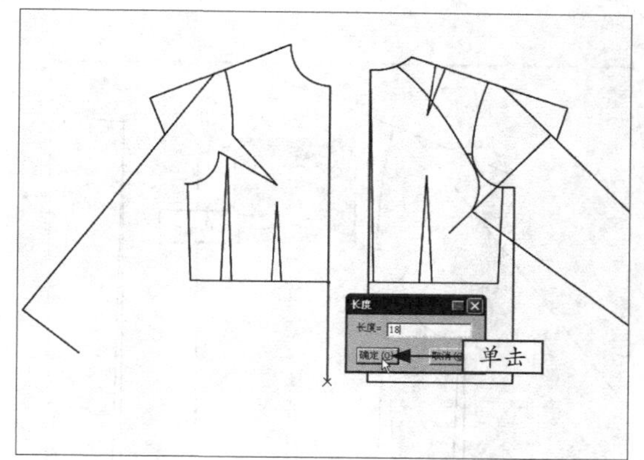

图8-185 单击“确定”按钮

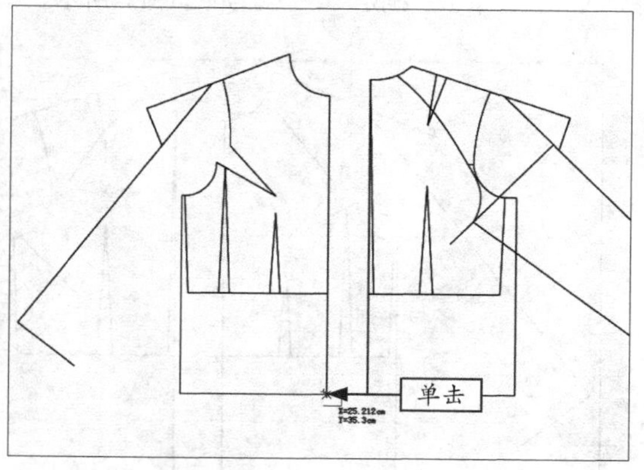

图8-186 单击鼠标左键

步骤 37 执行操作后，即可绘制直线。继续使用“智能笔”命令，在工作区中相应的点上单击鼠标左键，然后向左拖曳鼠标，至合适位置单击鼠标左键，弹出“长度”对话框，设置“长度”为1.2，单击“确定”按钮，如图8-187所示。

步骤 38 执行操作后，即可绘制直线。继续使用“智能笔”命令，在工作区中相应的点上单击鼠标左键，然后向右上方拖曳鼠标，至合适位置单击鼠标左键，弹出“点的位置”对话框，设置“长度”为4，单击“确定”按钮，如图8-188所示。

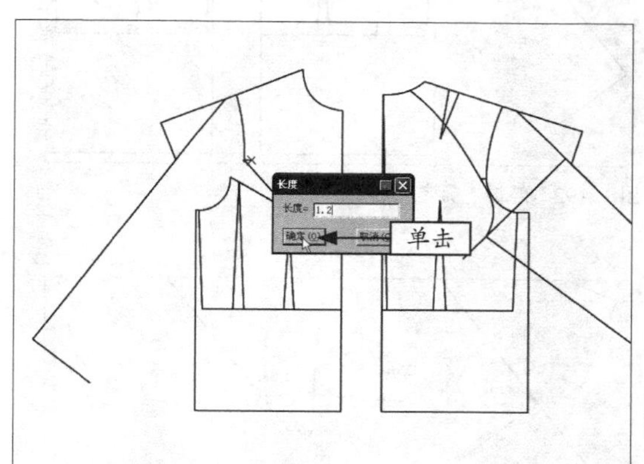

图8-187 单击“确定”按钮

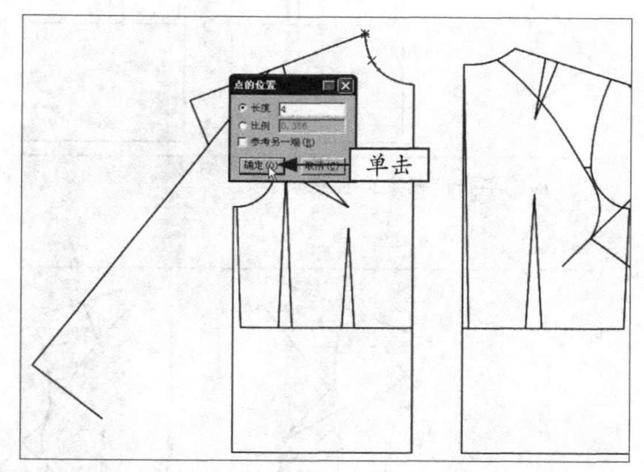

图8-188 单击“确定”按钮

步骤 39 执行操作后，单击鼠标右键，即可绘制直线，如图8-189所示。

步骤 40 继续使用“智能笔”命令，在工作区中相应的点上单击鼠标左键，然后拖曳鼠标至袖窿省的省线上单击鼠标左键，弹出“点的位置”对话框，设置“长度”为1，单击“确定”按钮，如图8-190所示。

步骤 41 执行操作后，单击鼠标右键，即可绘制直线。继续使用“智能笔”命令，按住【Shift】键，在工作区中相应的曲线上依次单击鼠标左键，弹出“点的位置”对话框，设置“长度”为12，单击“确定”按钮，如图8-191所示。

步骤 42 然后在该曲线上再次单击鼠标左键，弹出“点的位置”对话框，设置“长度”为12，单击“确定”按钮，拖曳鼠标，至合适位置单击鼠标左键，弹出“长度”对话框，设置“长度”为25，单击“确定”按钮，如图8-192所示。

步骤 43 执行操作后，即可绘制直线，如图8-193所示。

步骤 44 继续使用“智能笔”命令，在工作区中相应的点上单击鼠标左键，弹出“点的位置”对话框，设置“长度”为1，单击“确定”按钮，如图8-194所示。

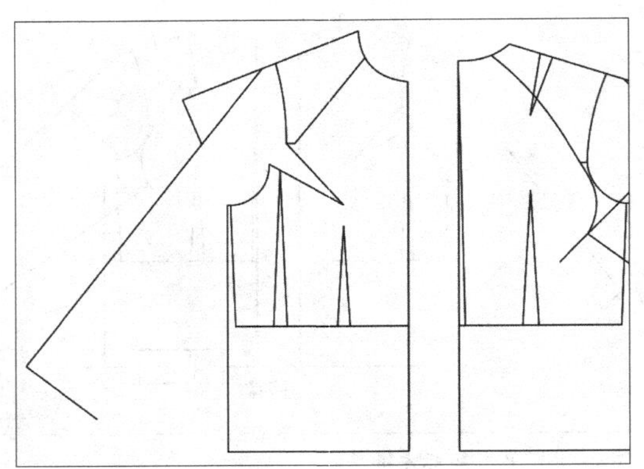

图8-189 绘制直线

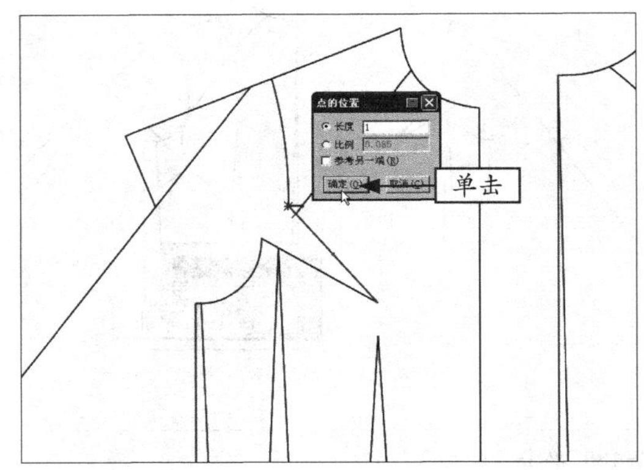

图8-190 单击“确定”按钮

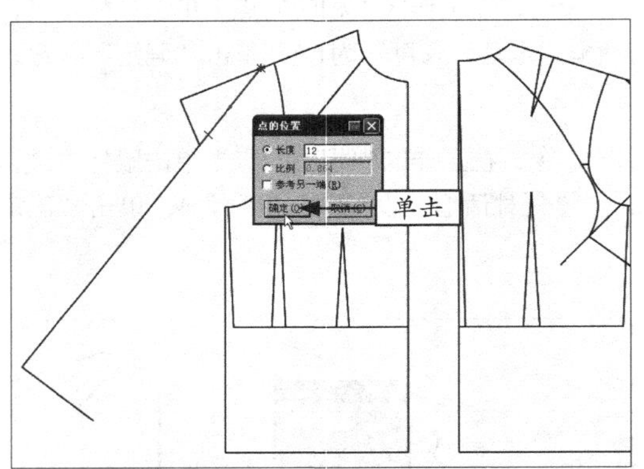

图8-191 单击“确定”按钮

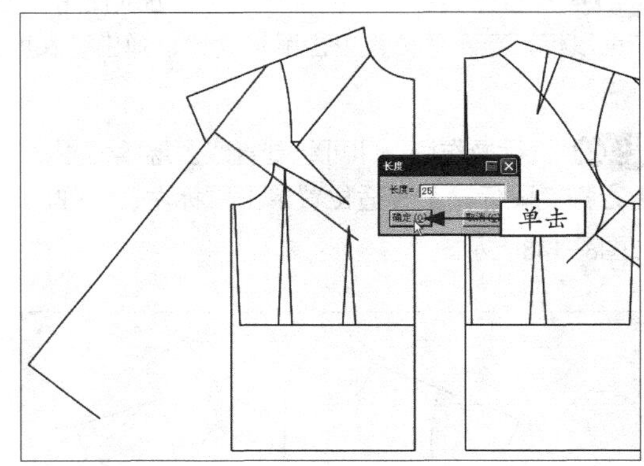

图8-192 单击“确定”按钮

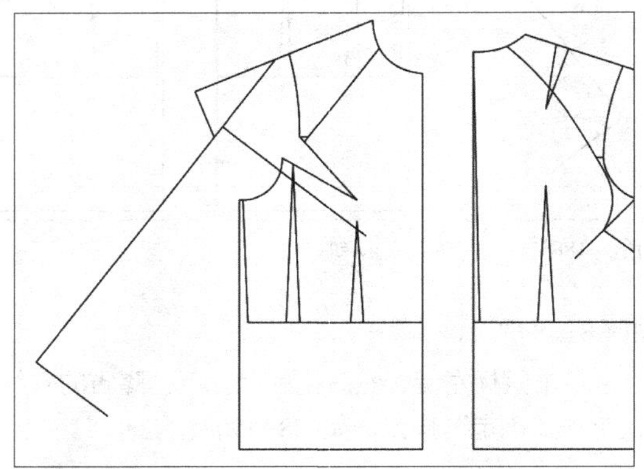

图8-193 绘制直线

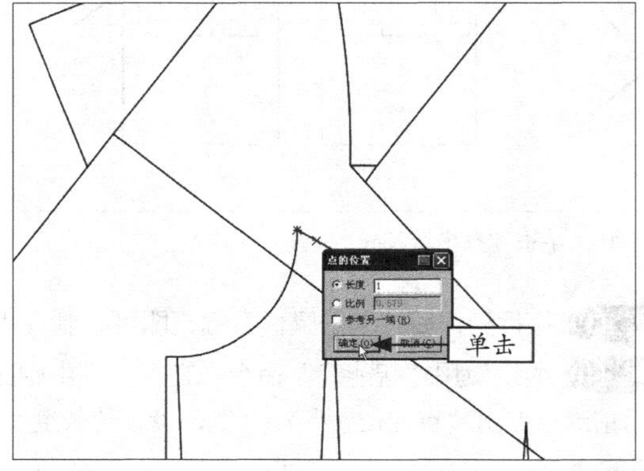

图8-194 单击“确定”按钮

步骤 45 拖曳鼠标，在工作区中的其他位置依次单击鼠标左键，绘制新袖山弧线，如图8-195所示。

步骤 46 在“设计工具栏”中单击“对称”按钮，在工作区中的合适位置单击鼠标左键，指定对称轴，然后选择要对称的曲线，单击鼠标右键，即可对称曲线，如图8-196所示。

步骤 47 在“设计工具栏”中单击“旋转”按钮，在工作区中选择要旋转的曲线，然后指定旋转中点和起点，拖曳鼠标，至合适位置单击鼠标左键，即可旋转曲线，如图8-197所示。

步骤 48 继续使用“旋转”命令，在工作区中选择刚旋转的曲线，然后指定旋转中点和起点，拖曳鼠标，至合适位置单击鼠标左键，弹出“旋转”对话框，设置“宽度”为1，单击“确定”按钮，即可旋转曲线，如图8-198所示。

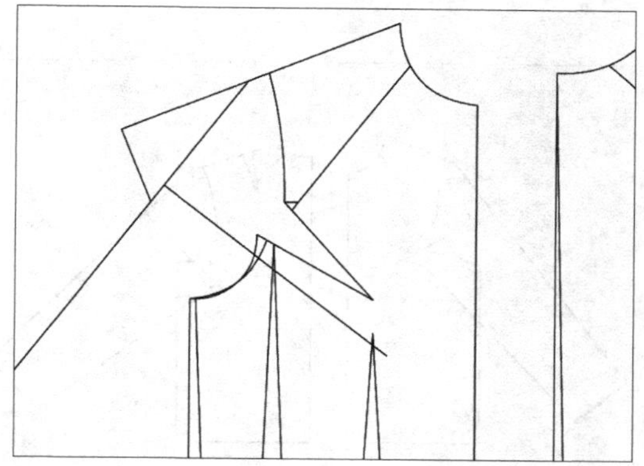
图8-195 绘制新袖山弧线

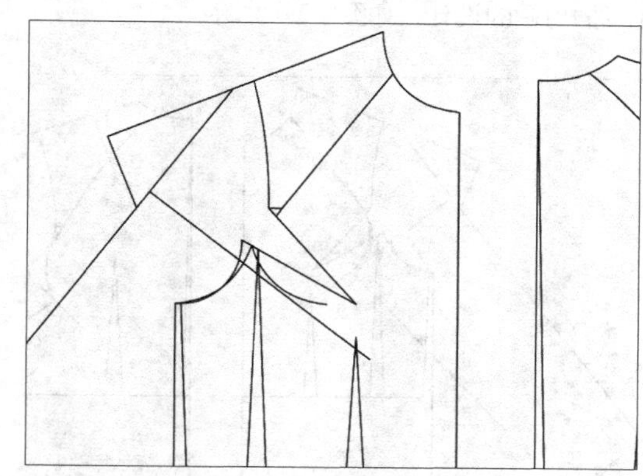
图8-196 对称曲线

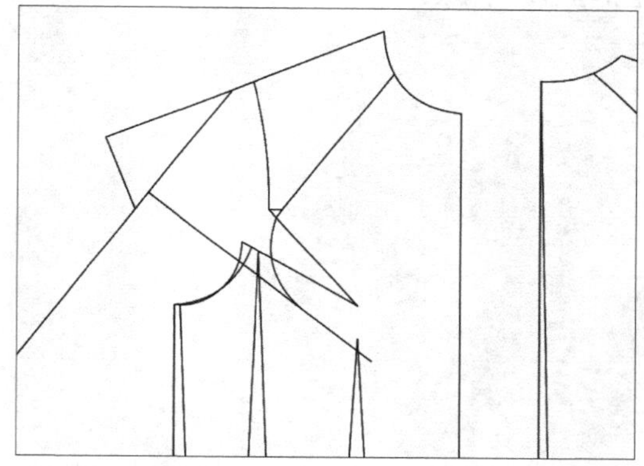
图8-197 旋转曲线

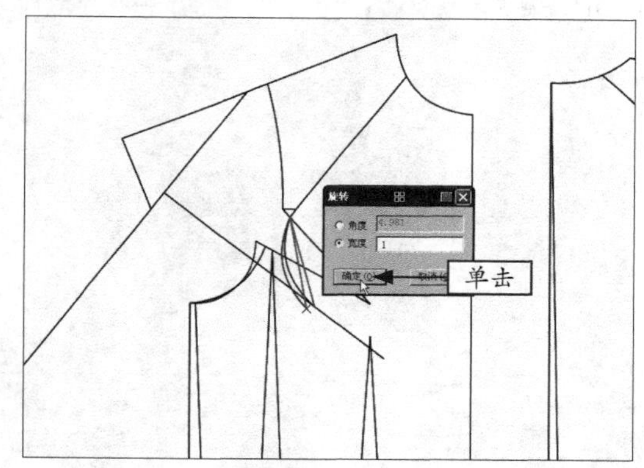

图8-198 单击“确定”按钮

步骤 49 在“设计工具栏”中单击“智能笔”按钮，在工作区中相应的点上单击鼠标左键，绘制直线，如图8-199所示。

步骤 50 继续使用“智能笔”命令，按住【Shift】键，在工作区中刚绘制的直线上单击鼠标右键，弹出“调整曲线长度”对话框，设置“长度增减”为0.7，单击“确定”按钮，如图8-200所示。

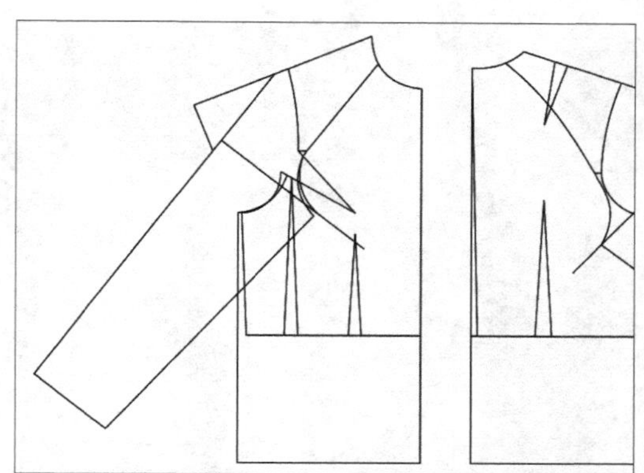
图8-199 绘制直线

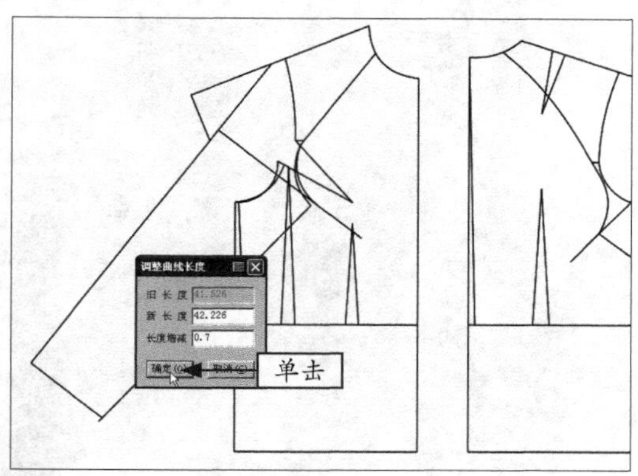

图8-200 单击“确定”按钮

步骤 51 执行操作后，即可调整曲线长度。继续使用“智能笔”命令，在工作区中相应的点上单击鼠标左键，绘制直线，如图8-201所示。

步骤 52 在“设计工具栏”中单击“剪断线”按钮■和“橡皮擦”按钮■，在工作区中剪断并删除曲线，此时即可完成插肩袖的设计，如图8-202所示。

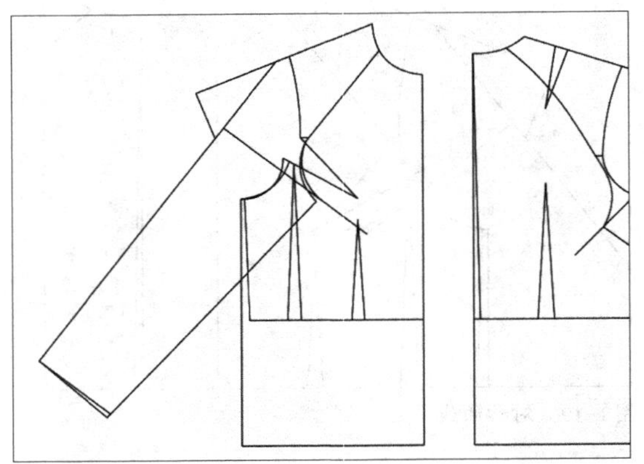
图8-201 绘制直线

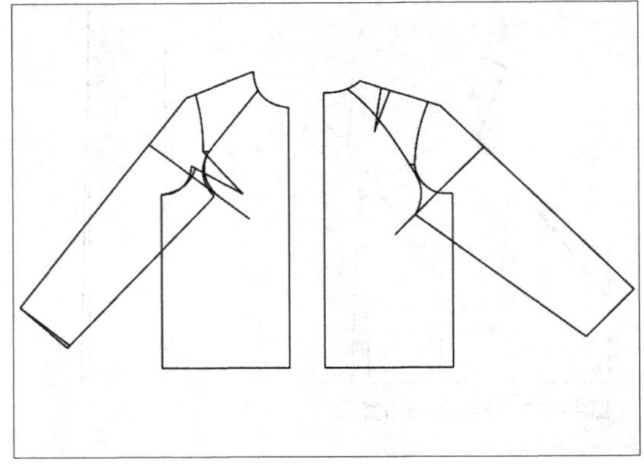
图8-202 插肩袖效果

本章建议学习时间 **120** 分钟

第 9 章 女装制版

学前提示

服饰的变迁是一部历史，是一个时代发展的缩影。它映衬着一种民族的精神，传承着当地的历史文化。女装使女人倍添姿彩，女装为产业增添亮点。本章主要向读者介绍女西裤、连衣裙以及风衣的制版。

本章内容

- 女西裤
- 连衣裙
- 风衣

通过本章的学习，您可以

- 掌握女西裤的制版
- 掌握连衣裙的制版
- 掌握风衣的制版

视频演示

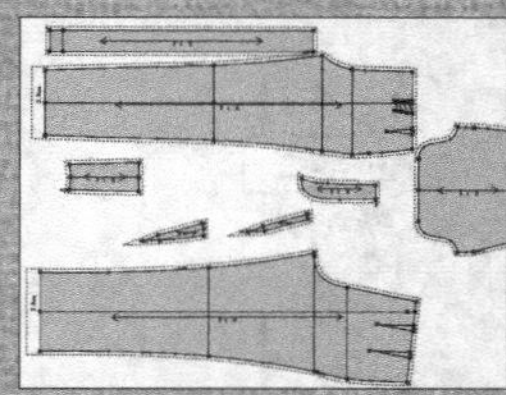

9.1 女西裤

女西裤主要指与女西装上衣配套穿着的裤子。很早以前，西装叫“洋装”或“洋服”，是欧洲人穿着的礼仪服装。后来随着国家与国家的交往逐渐传到了中原，就是中国，也就慢慢有了西装。由于女西裤主要在办公室及社交场合穿着，所以在要求舒适自然的前提下，在造型上比较注意与形体的协调，裁剪时放松量适中，给人以平和稳重的感觉。女西裤效果如图9-1所示。

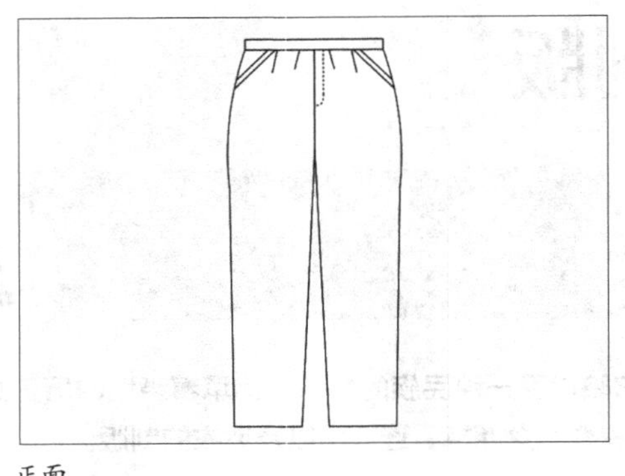

正面

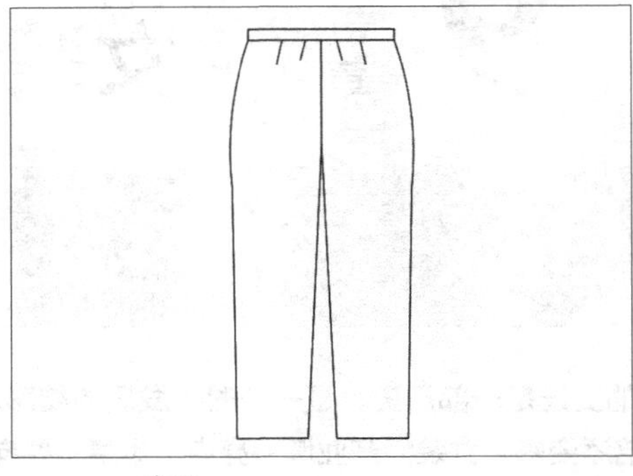

背面

图9-1 女西裤效果

素材文件	无
效果文件	光盘\素材\第9章\女西裤.dgs
视频文件	光盘\视频\第9章\9.1女西裤.swf

9.1.1 女西裤规格尺寸表

女西裤规格尺寸表如表9-1所示。

表9-1　　单位：cm

部位	裤长	腰围	臀围	脚口
尺寸	100	68	98	40

9.1.2 绘制女西裤前片

步骤解析

步骤 1 新建一个空白文件，单击“号型”|“号型编辑”命令，弹出“设置号型规格表”对话框，设置相应的参数，单击“确定”按钮，如图9-2所示。

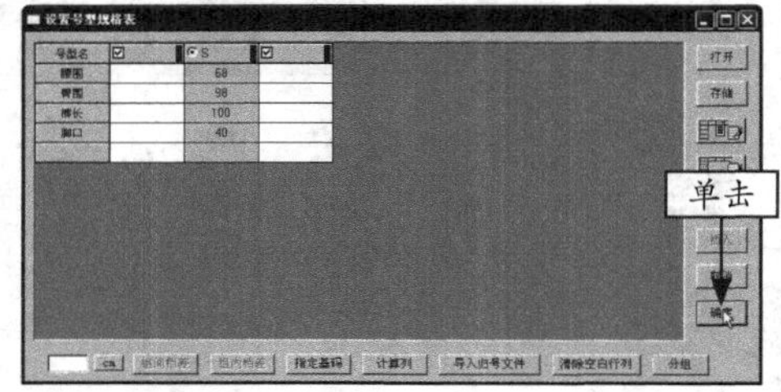

图9-2 单击“确定”按钮

步骤 2 执行操作后，即可编辑号型。单击“文档” | “另存为”命令，弹出“文档另存为”对话框，设置文件名和保存路径，单击“保存”按钮，如图9-3所示。

步骤 3 执行操作后，即可另存文件。在“设计工具栏”中单击“智能笔”按钮，在工作区中的合适位置单击鼠标左键，然后单击鼠标右键，切换输入状态，向右拖曳鼠标，至合适位置单击鼠标左键，弹出“长度”对话框，设置“长度”为100，单击“确定”按钮，如图9-4所示。

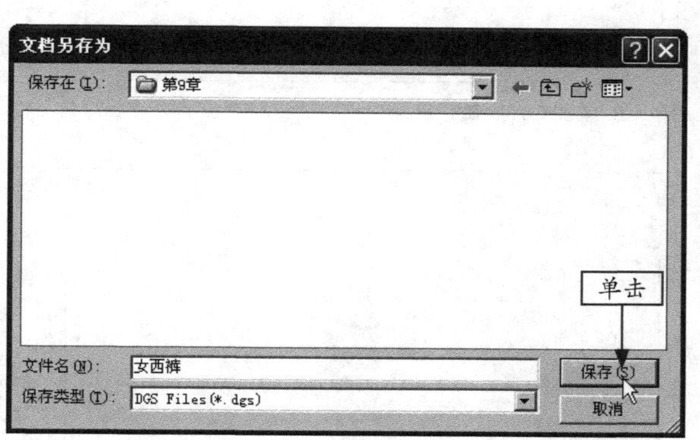

图9-3 单击“保存”按钮

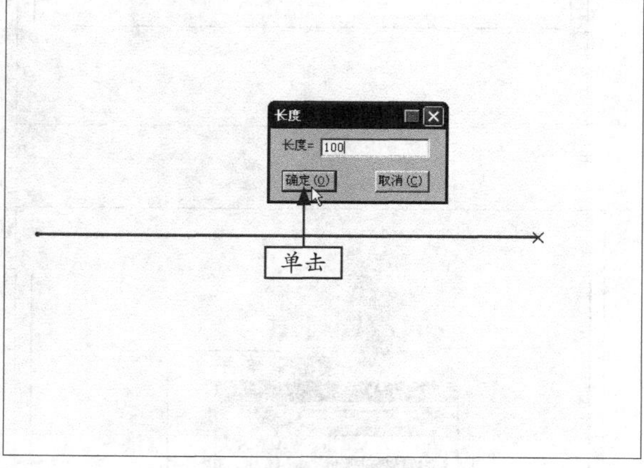

图9-4 单击“确定”按钮

步骤 4 执行操作后，即可绘制直线，如图9-5所示。

步骤 5 继续使用“智能笔”命令，在刚绘制的直线的左端点单击鼠标左键，然后向上拖曳鼠标，至合适位置单击鼠标左键，弹出“长度”对话框，接受默认的参数，单击“确定”按钮，即可绘制直线，如图9-6所示。

图9-5 绘制直线

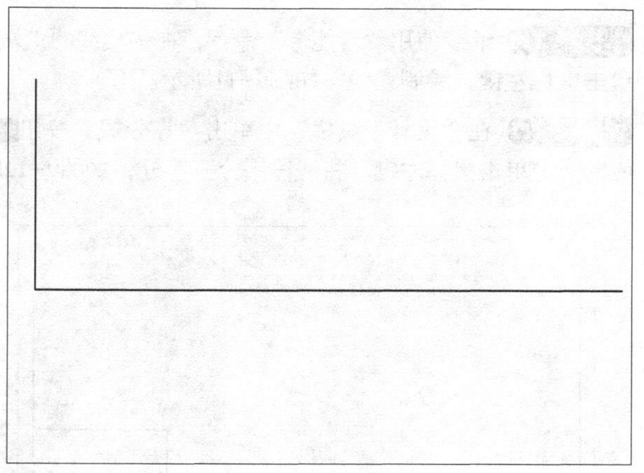

图9-6 绘制直线

步骤 6 继续使用“智能笔”命令，在相应直线的右端点单击鼠标左键，然后向上拖曳鼠标，至合适位置单击鼠标左键，弹出“长度”对话框，接受默认的参数，单击“确定”按钮，即可绘制直线，如图9-7所示。

步骤 7 继续使用“智能笔”命令，在相应直线上单击鼠标左键，弹出“点的位置”对话框，单击“计算器”按钮，弹出“计算器”对话框，输入相应的公式，单击OK按钮，如图9-8所示。

步骤 8 返回到“点的位置”对话框，单击“确定”按钮，向上拖曳鼠标，至合适位置单击鼠标左键，弹出“长度”对话框，单击“计算器”按钮，弹出“计算器”对话框，输入相应的公式，单击OK按钮，如图9-9所示。

步骤 9 返回到“长度”对话框，单击“确定”按钮，即可绘制横档线，如图9-10所示。

图9-7 绘制直线

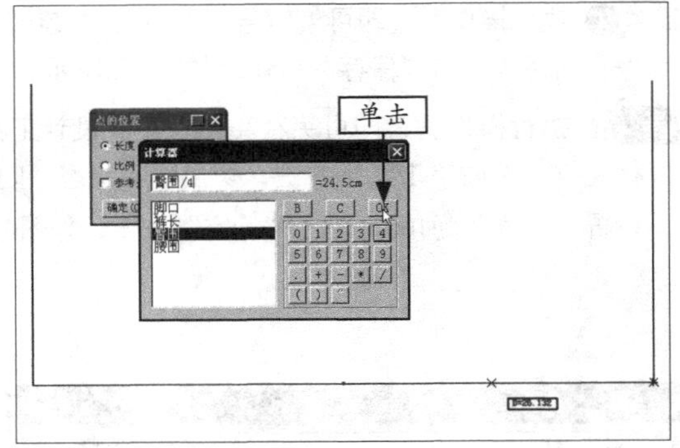

图9-8 单击OK按钮

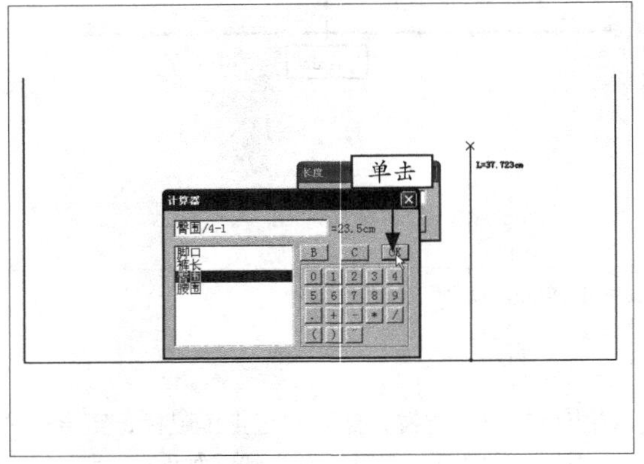

图9-9 单击OK按钮

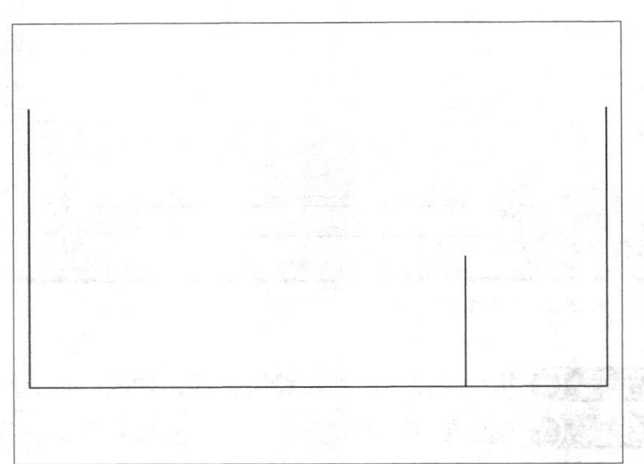
图9-10 绘制横档线

步骤 10 继续使用“智能笔”命令，在横档线的上端点上单击鼠标左键，然后向右拖曳鼠标，至右侧的直线上单击鼠标左键，绘制直线，如图9-11所示。

步骤 11 在“设计工具栏”中单击“等分规”按钮，将线型改为虚线，设置“等分数”为3，在工作区中相应的点上单击鼠标左键，将线段平分三等分，如图9-12所示。

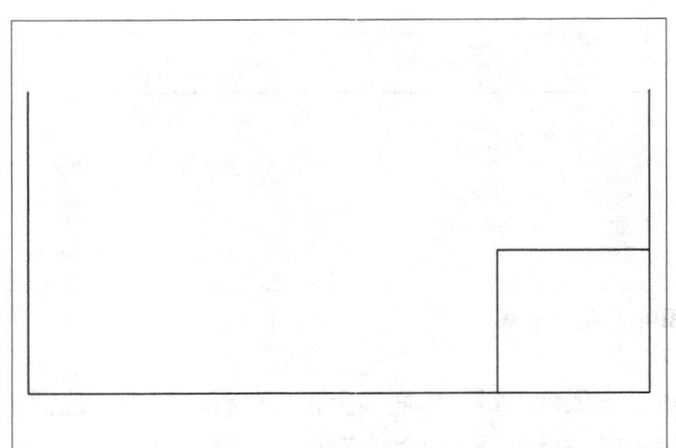
图9-11 绘制直线

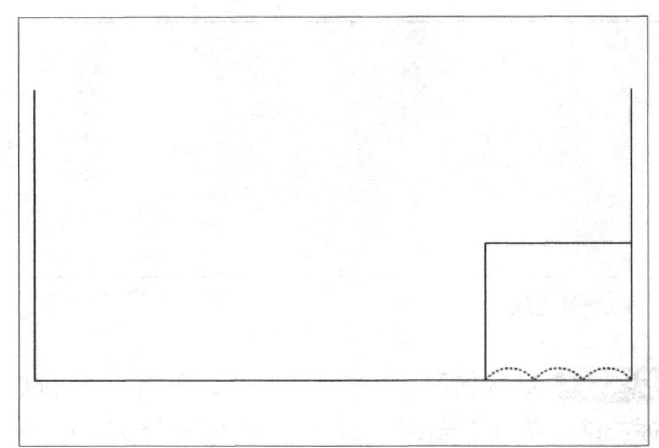
图9-12 三等分线段

步骤 12 将线型改为“实线”，继续使用“智能笔”命令，在相应的等分点上单击鼠标左键，然后向上拖曳鼠标，至上方的直线上单击鼠标左键，绘制臀高线，如图9-13所示。

步骤 13 继续使用“智能笔”命令，按住【Shift】键，在横档线上单击鼠标右键，弹出“调整曲线长度”对话框，在“长度增减”数值框中单击鼠标左键，单击“计算器”按钮，弹出“计算器”对话框，输入相应的公式，单击OK按钮，如图9-14所示。

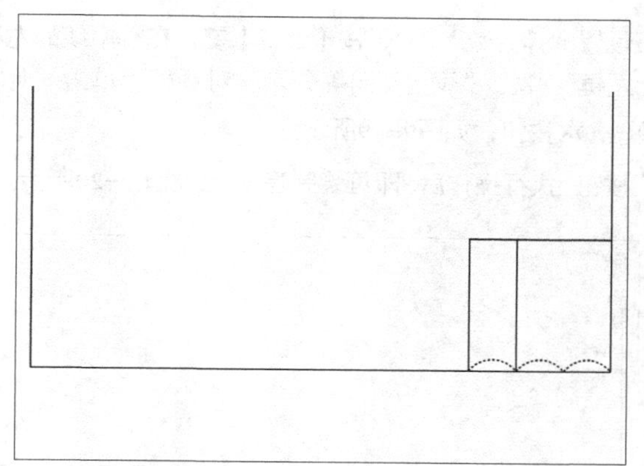
图9-13 绘制臀高线

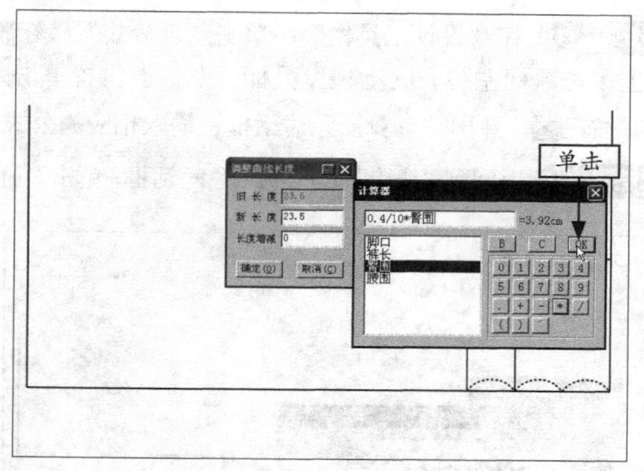

图9-14 单击OK按钮

步骤 14 返回到"调整曲线对话框"对话框，单击"确定"按钮，即可调整曲线的长度，如图9-15所示。

步骤 15 在"设计工具栏"中单击"点"按钮，在横档线的合适位置单击鼠标左键，弹出"点的位置"对话框，设置"长度"为1，单击"确定"按钮，如图9-16所示。

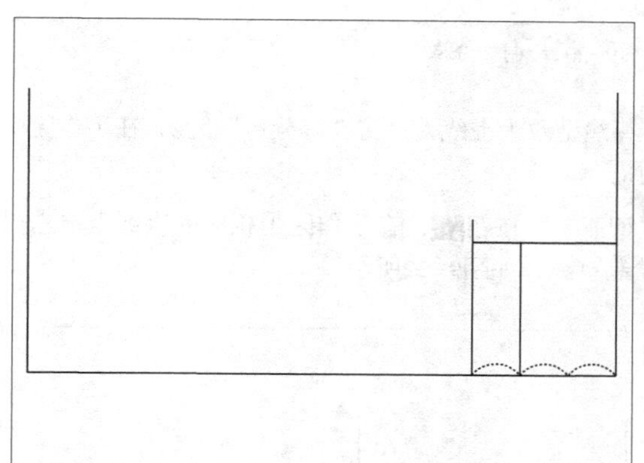
图9-15 调整曲线长度

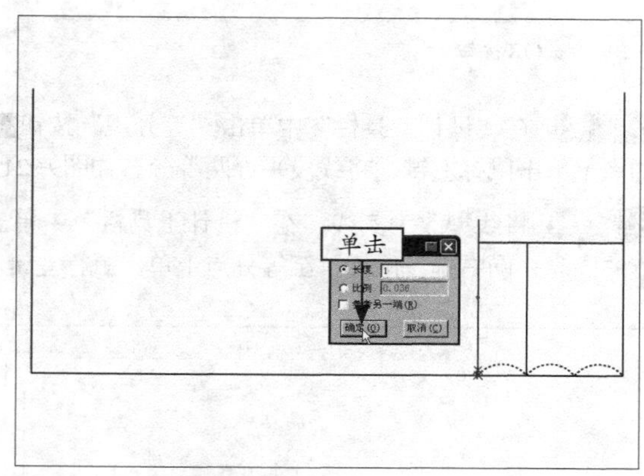

图9-16 单击"确定"按钮

步骤 16 执行操作后，即可绘制点。在"设计工具栏"中单击"等分规"按钮，将线型改为虚线，设置"等分数"为2，在工作区中相应的点上单击鼠标左键，将线段平分两等分，如图9-17所示。

步骤 17 将线型改为实线，在"设计工具栏"中单击"智能笔"按钮，在工作区中相应的直线上单击鼠标左键的同时，向上拖曳鼠标，至等分点上单击鼠标左键，绘制裤中线，如图9-18所示。

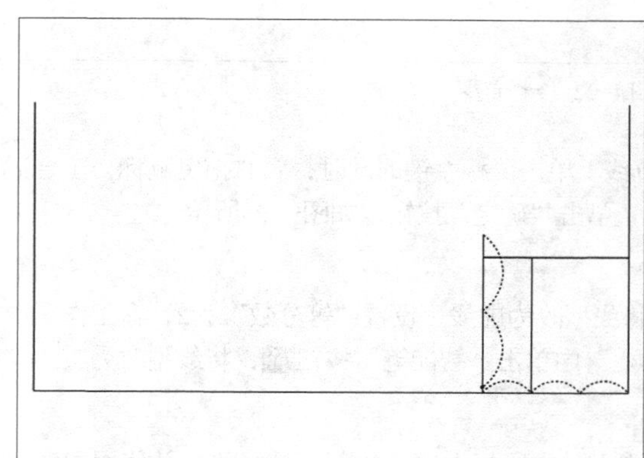
图9-17 绘制直线

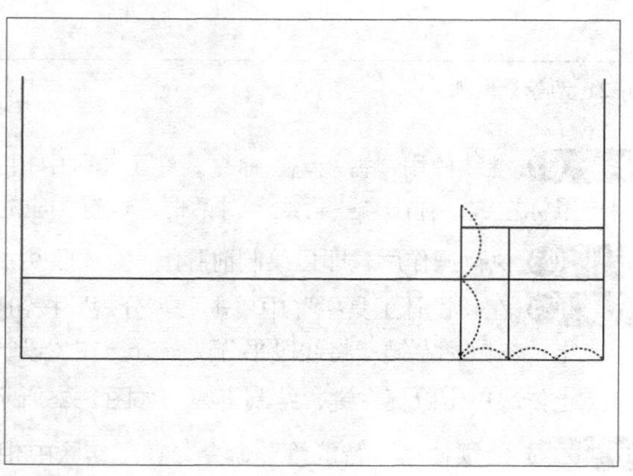
图9-18 绘制裤中线

步骤⑱ 在“设计工具栏”中单击“等分规”按钮，设置“等分数”为2，按【Shift】键，在裤中线的左端点上单击鼠标左键，向上拖曳鼠标，至合适位置单击鼠标左键，弹出“线上反向等分点”对话框，单击“计算器”按钮，弹出“计算器”对话框，输入相应的公式，单击OK按钮，如图9-19所示。

步骤⑲ 返回到“线上反向等分点”对话框，单击“确定”按钮，执行操作后，即可绘制等分点，如图9-20所示。

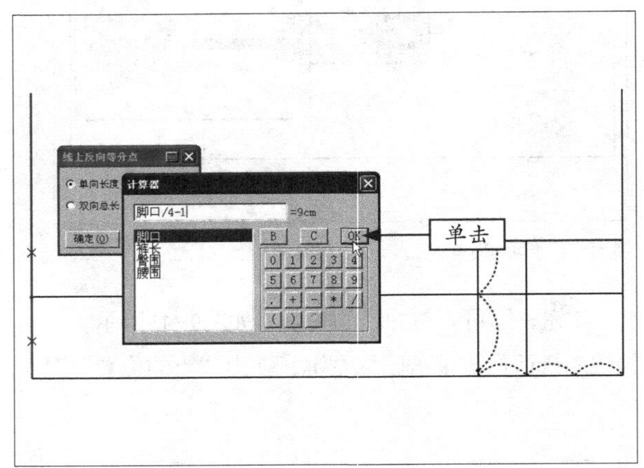

图9-19 单击OK按钮

图9-20 绘制等分点

步骤⑳ 在“设计工具栏”中单击“等分规”按钮，将线型改为虚线，设置“等分数”为2，在工作区中相应的点上单击鼠标左键，将线段平分两等分，如图9-21所示。

步骤㉑ 将线型改为实线，在“设计工具栏”中单击“智能笔”按钮，在工作区中相应的直线上单击鼠标左键的同时，向右拖曳鼠标，至等分点上单击鼠标左键，绘制直线，如图9-22所示。

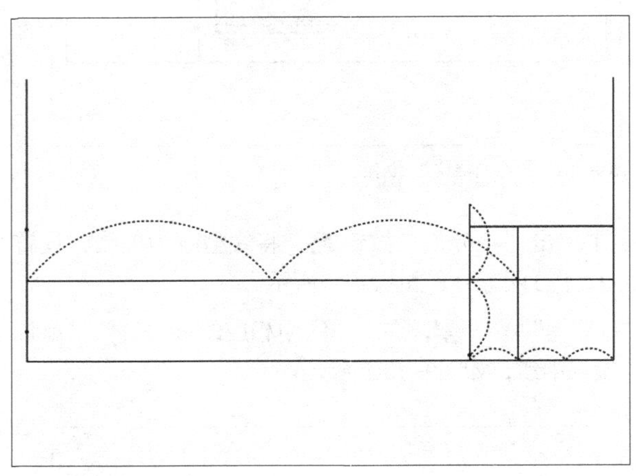

图9-21 两等分线段

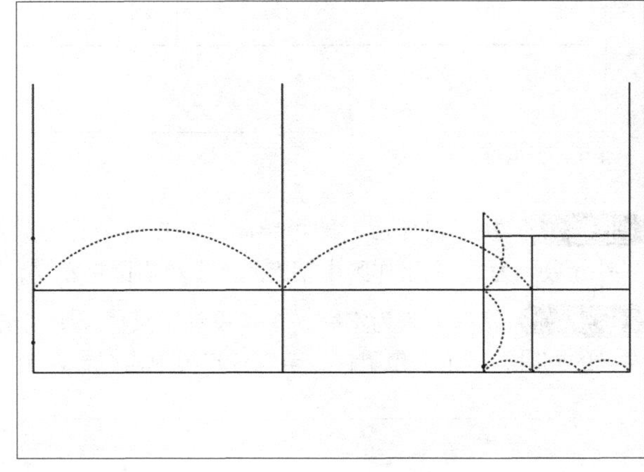

图9-22 绘制直线

步骤㉒ 继续使用“智能笔”命令，在工作区中相应的直线上单击鼠标左键的同时，向右拖曳鼠标，至合适位置单击鼠标左键，弹出“平行线”对话框，设置相应的参数，单击“确定”按钮，如图9-23所示。

步骤㉓ 执行操作后，即可绘制前膝围线，如图9-24所示。

步骤㉔ 在“设计工具栏”中单击“等分规”按钮，将线型改为虚线，设置“等分数”为2，在工作区中相应的点上单击鼠标左键，将线段平分两等分。在“设计工具栏”中单击“智能笔”按钮，将线型改为实线，在等分点上依次单击鼠标左键，绘制直线，如图9-25所示。

步骤㉕ 继续使用“智能笔”命令，在工作区中相应的点上单击鼠标左键，绘制下档缝线，并使用“调整工具”命令对其进行适当调整，如图9-26所示。

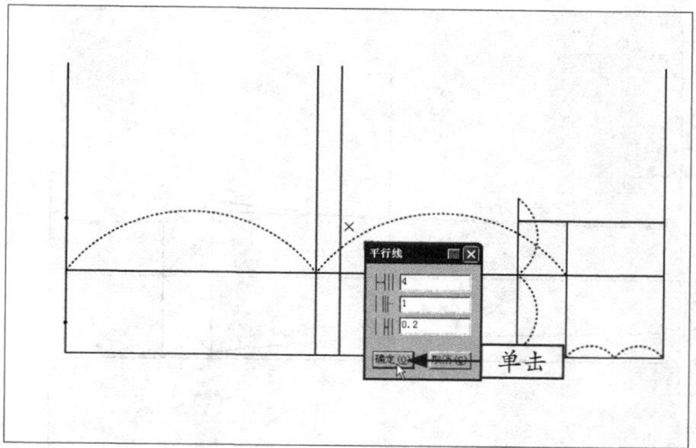

图9-23 单击“确定”按钮

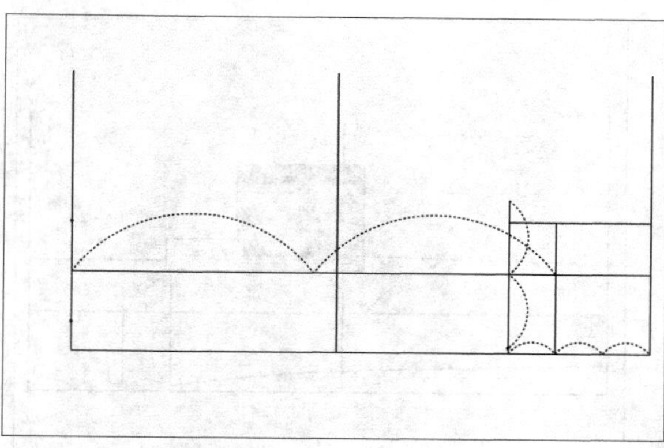
图9-24 绘制前膝围线

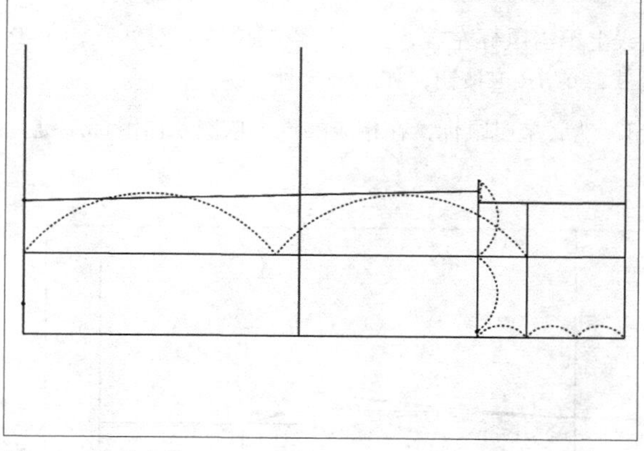
图9-25 绘制直线

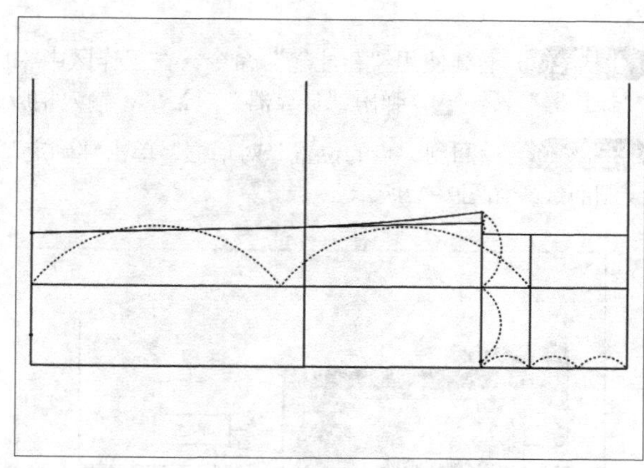
图9-26 绘制下档缝线

步骤 26 在“设计工具栏”中单击“对称”按钮■，在工作区中裤中线的端点上单击鼠标左键，指定对称轴，然后选择下档缝线，单击鼠标右键，执行操作后，即可对称下档缝线，如图9-27所示。

步骤 27 在“设计工具栏”中单击“剪断线”按钮■，在工作区中选择最右侧的曲线，然后在相应的交点上单击鼠标左键，如图9-28所示。

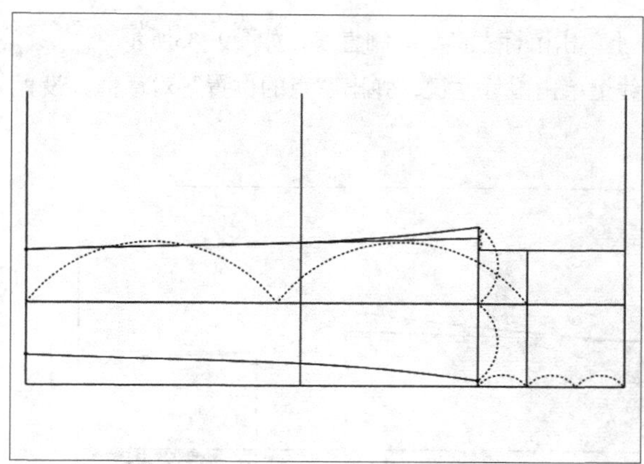
图9-27 对称下档缝线

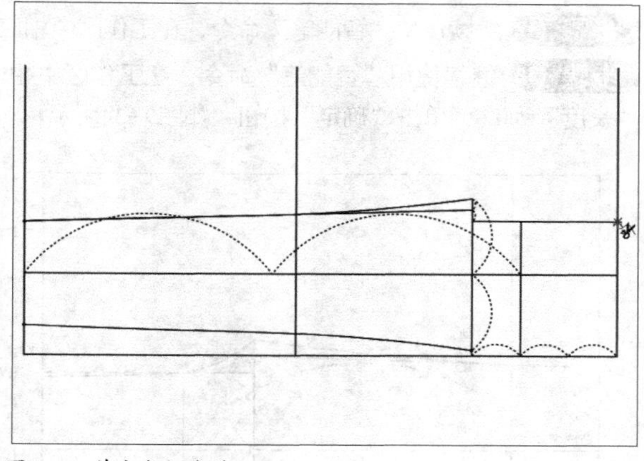
图9-28 单击鼠标左键

步骤 28 执行操作后，即可剪断曲线。在“设计工具栏”中单击“智能笔”按钮■，在工作区中相应的直线上单击鼠标左键，弹出“点的位置”对话框，设置“长度”为0.6，单击“确定”按钮，如图9-29所示。

步骤 29 在相应的点上依次单击鼠标左键，然后单击鼠标右键，绘制曲线，并对其进行适当调整，如图9-30所示。

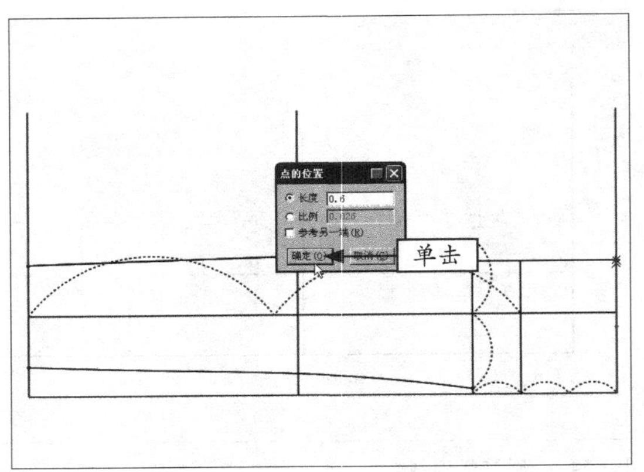

图9-29 单击“确定”按钮

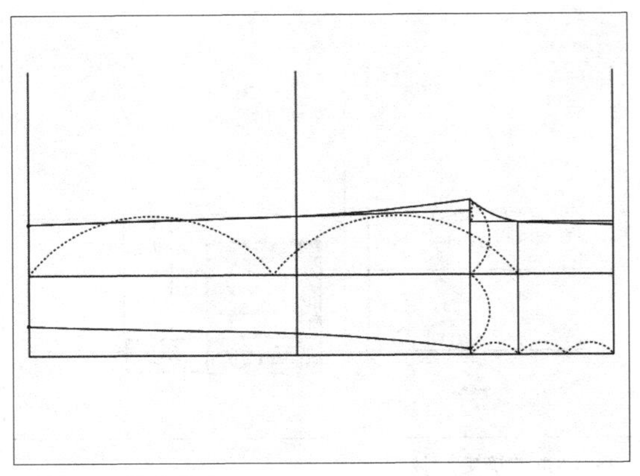
图9-30 绘制曲线

步骤 30 继续使用“智能笔”命令，在工作区中相应的线上单击鼠标左键，弹出“点的位置”对话框，单击“计算器”按钮，弹出“计算器”对话框，输入相应的公式，单击OK按钮，如图9-31所示。

步骤 31 返回到“点的位置”对话框，单击“确定”按钮，然后拖曳鼠标，在相应的点上依次单击鼠标左键，绘制曲线，如图9-32所示。

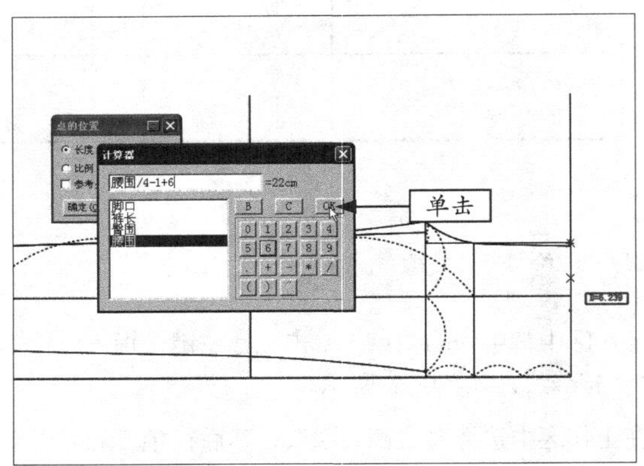

图9-31 单击OK按钮

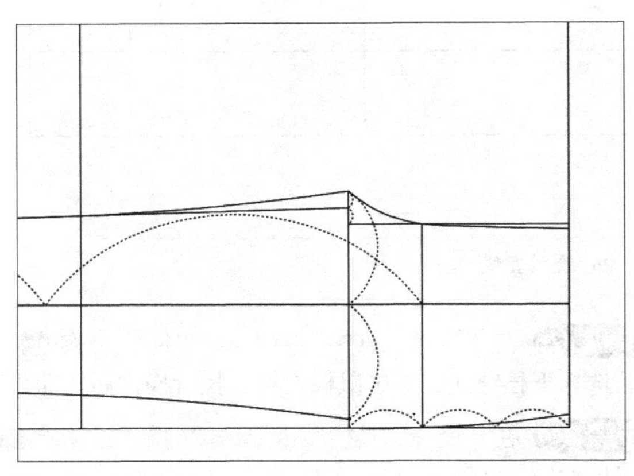
图9-32 绘制曲线

步骤 32 继续使用“智能笔”命令，在工作区中相应的点上单击鼠标左键，绘制直线，如图9-33所示。

步骤 33 继续使用“智能笔”命令，在工作区中相应的线上单击鼠标左键，弹出“点的位置”对话框，设置“长度”为0.6，单击“确定”按钮，如图9-34所示。

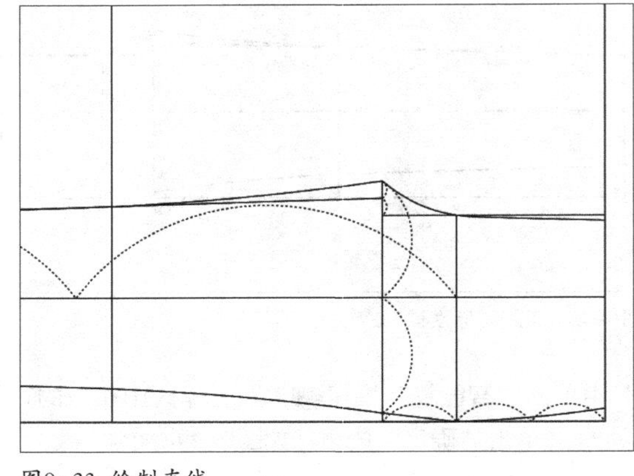
图9-33 绘制直线

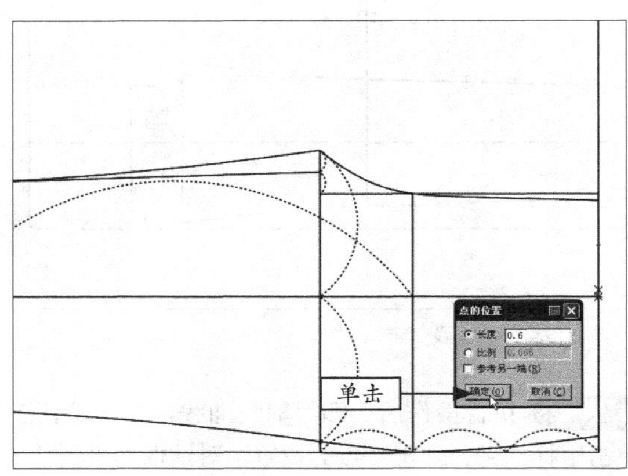

图9-34 单击“确定”按钮

步骤 34 执行操作后，向左拖曳鼠标，至合适位置单击鼠标左键，弹出“长度”对话框，设置“长度”为5，单击“确定”按钮，如图9–35所示。

步骤 35 执行操作后，即可绘制直线。继续使用“智能笔”命令，在工作区中拖曳鼠标至相应的点上，按【Enter】键，弹出“移动量”对话框，设置纵向偏移为–3.5，单击“确定”按钮，如图9–36所示。

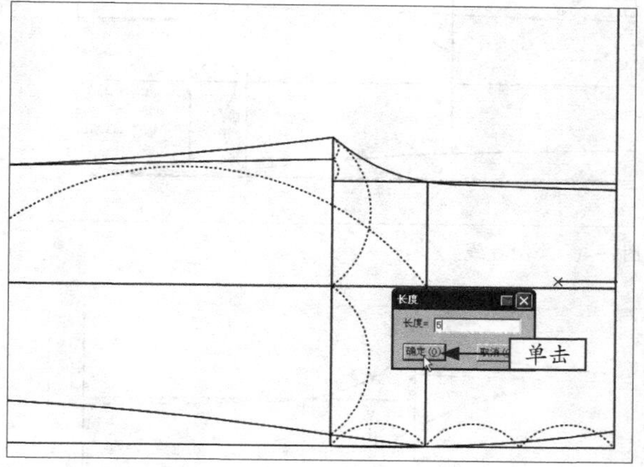

图9–35 单击“确定”按钮

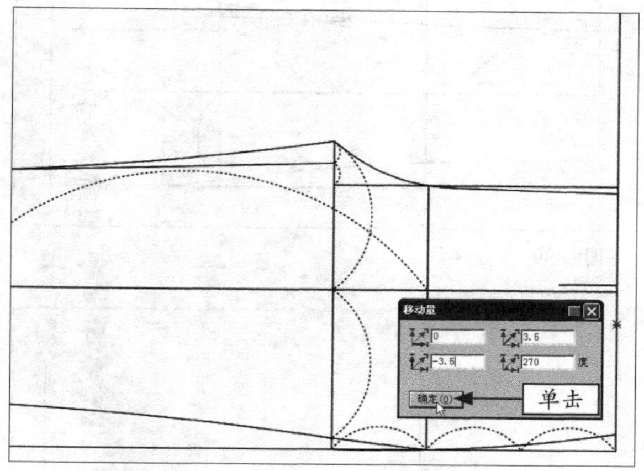

图9–36 单击“确定”按钮

步骤 36 执行操作后，向左侧拖曳鼠标，至相应的点上按【Enter】键，弹出“移动量”对话框，设置纵向偏移为–2.5，单击“确定”按钮，如图9–37所示。

步骤 37 执行操作后，即可绘制直线。继续使用“智能笔”命令，在工作区中绘制省褶，如图9–38所示。

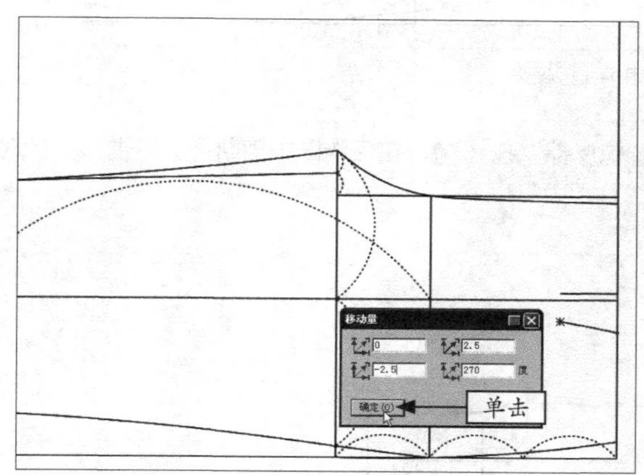

图9–37 单击“确定”按钮

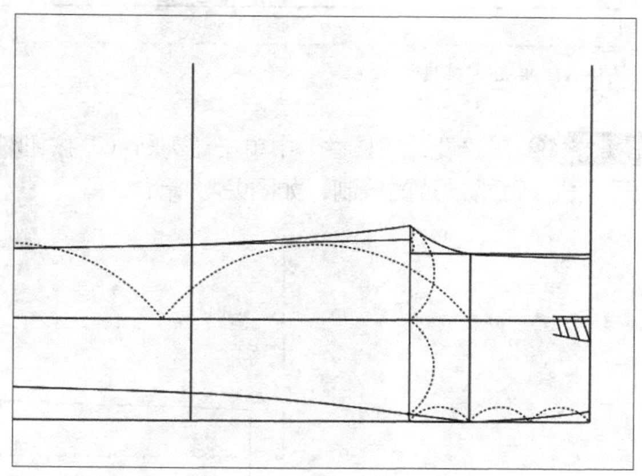
图9–38 绘制省褶

步骤 38 在“设计工具栏”中单击“等分规”按钮，将线型改为虚线，设置“等分数”为2，在工作区中相应的点上单击鼠标左键，将线段平分两等分，如图9–39所示。

步骤 39 将线型改为实线，继续使用“智能笔”命令，在工作区中相应的等分点上单击鼠标左键，并向左拖曳鼠标，至合适位置单击鼠标左键，弹出“长度”对话框，接受默认的参数，绘制直线，如图9–40所示。

步骤 40 在“设计工具栏”中单击“收省”按钮，在工作区中选择右侧的直线作为截取省宽的线，然后选择刚绘制的线作为省线，弹出“省宽”对话框，设置“省宽”为1.5，单击“确定”按钮，如图9–41所示。

步骤 41 执行操作后，即可收省，如图9–42所示。

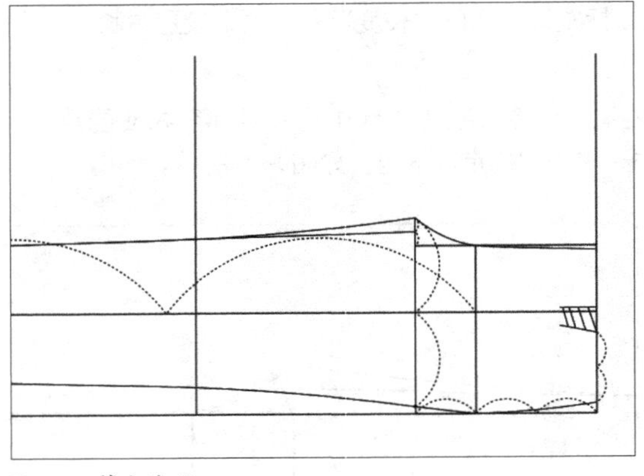
图9-39 等分线段

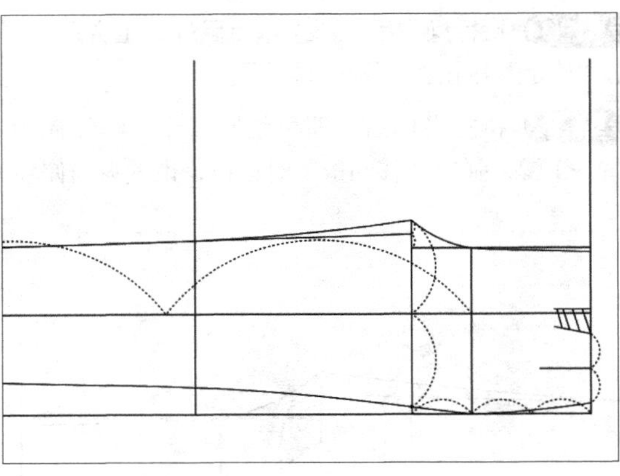
图9-40 绘制直线

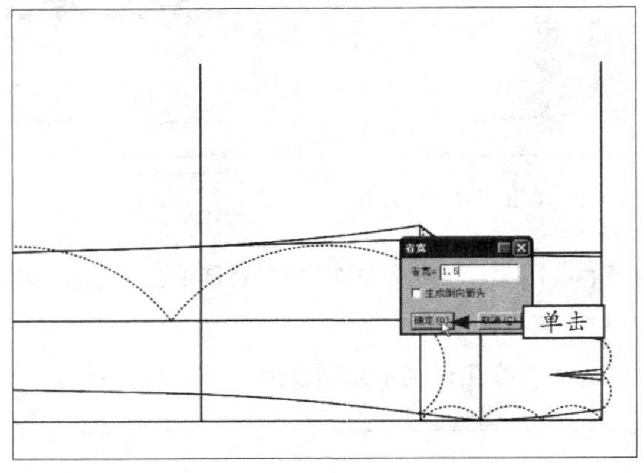

图9-41 单击“确定”按钮

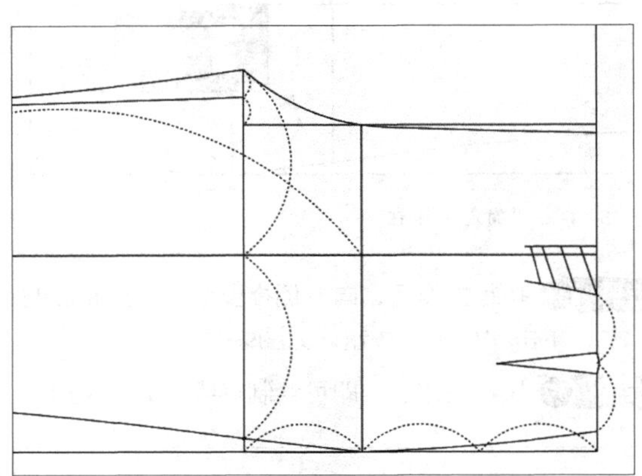
图9-42 收省

步骤 42 在“设计工具栏”中单击“剪断线”按钮■和“橡皮擦”按钮■，在工作区中剪断并删除曲线，此时即可完成女西裤前片的绘制，如图9-43所示。

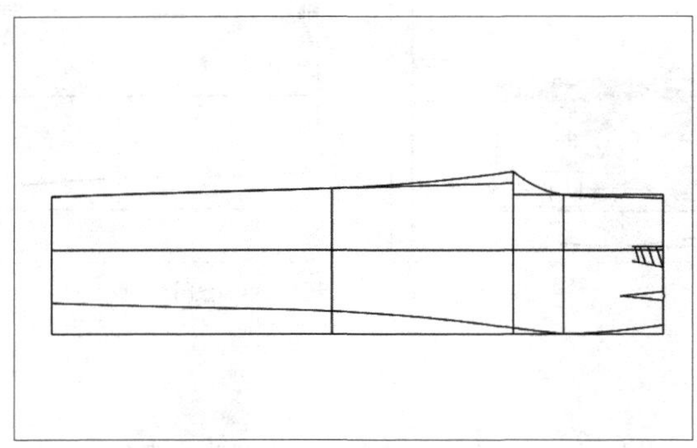
图9-43 女西裤前片

9.1.3 绘制女西裤后片

步骤解析

步骤 1 在“设计工具栏”中单击“移动”按钮■，按【Shift】键，在工作区中选择所有曲线，单击鼠标右键，然后指定移动起点和终点，移动曲线，如图9-44所示。

步骤2 在“设计工具栏”中单击“设置线的颜色类型”按钮，设置线型为虚线，然后在工作区中选择相应的曲线，执行操作后，即可调整曲线的线型，然后删除相应的曲线，如图9-45所示。

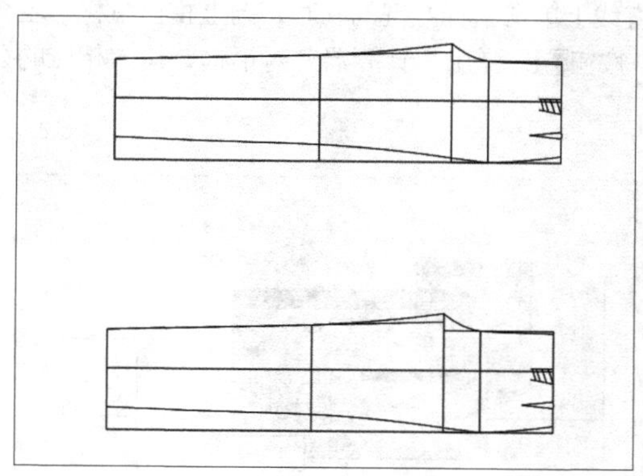

图9-44 打开素材

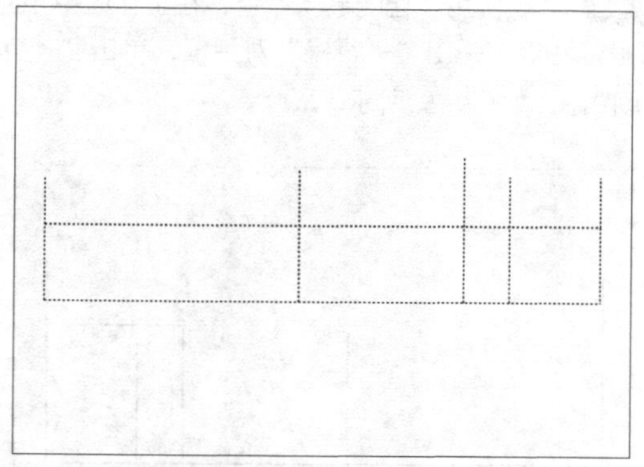

图9-45 调整曲线线型并删除曲线

步骤3 设置线型为实线，在“设计工具栏”中单击“智能笔”按钮，在工作区中相应的点上单击鼠标左键，并向上拖曳鼠标，至合适位置单击鼠标左键，弹出“长度”对话框，单击“计算器”按钮，弹出“计算器”对话框，输入相应的公式，单击OK按钮，如图9-46所示。

步骤4 执行操作后，返回到“长度”对话框，单击“确定”按钮，即可绘制直线，并删除相应的虚线，如图9-47所示。

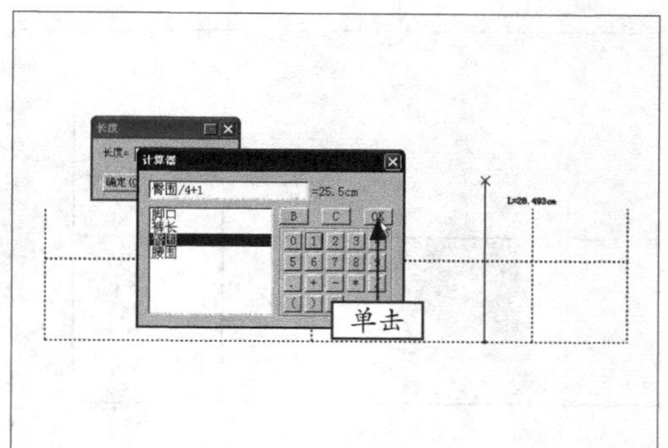

图9-46 单击OK按钮

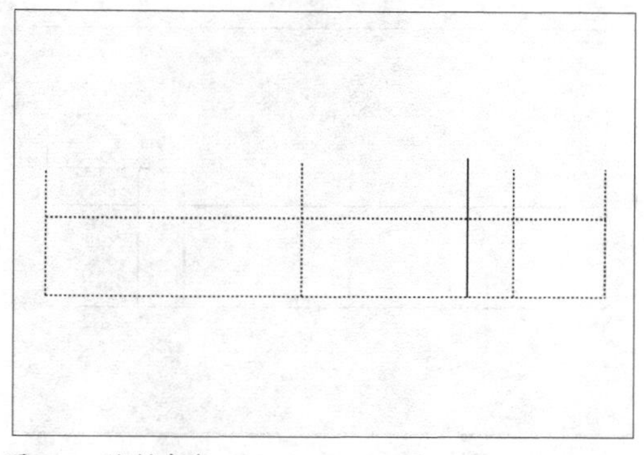

图9-47 绘制直线

步骤5 继续使用“智能笔”命令，在工作区中相应位置单击鼠标左键，绘制直线，如图9-48所示。

步骤6 继续使用“智能笔”命令，在相应直线的上端点上单击鼠标左键，然后向左拖曳鼠标，至右侧的直线上单击鼠标左键，绘制直线，如图9-49所示。

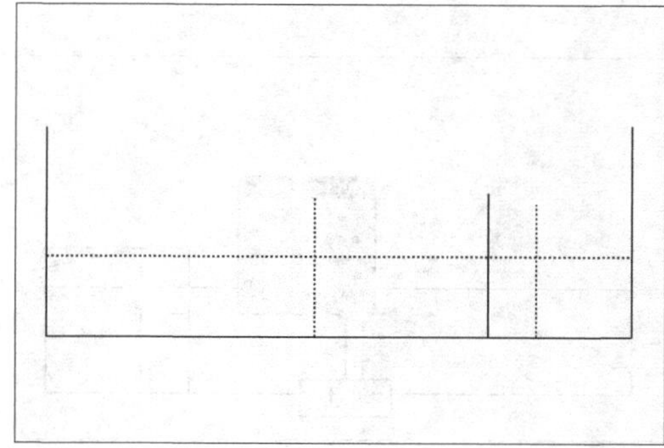

图9-48 绘制直线

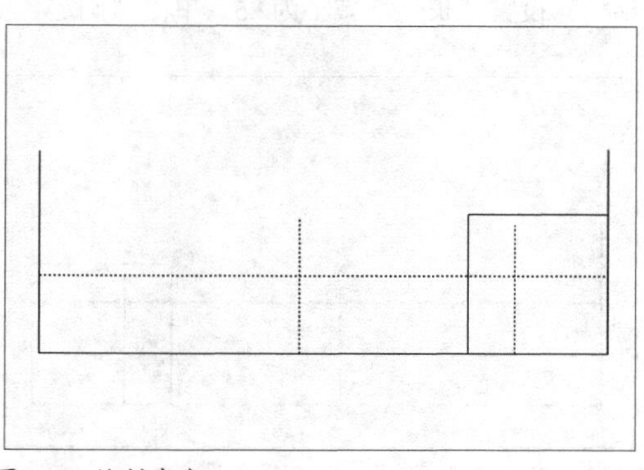

图9-49 绘制直线

步骤 7 继续使用“智能笔”命令，在工作区中的相应点上单击鼠标左键，并向上拖曳鼠标，至合适的直线上单击鼠标左键，绘制直线，然后删除相应的虚线，如图9-50所示。

步骤 8 继续使用“智能笔”命令，在工作区中相应的直线上单击鼠标左键的同时，向上拖曳鼠标，至合适位置单击鼠标左键，弹出“平行线”对话框，单击“计算器”按钮，弹出“计算器”对话框，输入相应的公式，单击OK按钮，如图9-51所示。

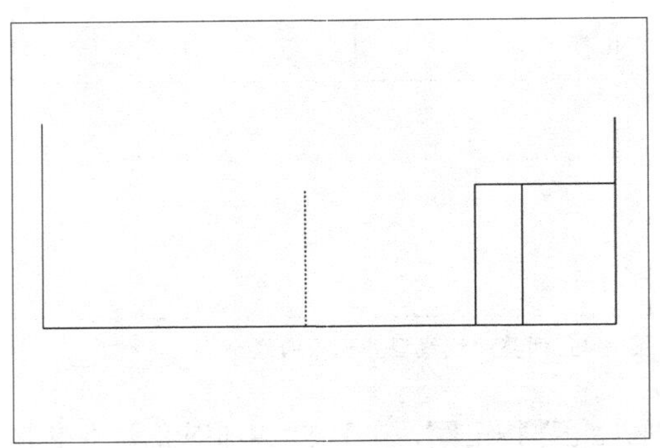

图9-50 绘制直线

图9-51 单击OK按钮

步骤 9 执行操作后，返回到“平行线”对话框，单击“确定”按钮，即可绘制裤中线，如图9-52所示。

步骤 10 在“设计工具栏”中单击“等分规”按钮，将线型改为虚线，设置“等分数”为2，在工作区中相应的点上单击鼠标左键，将线段平分两等分，如图9-53所示。

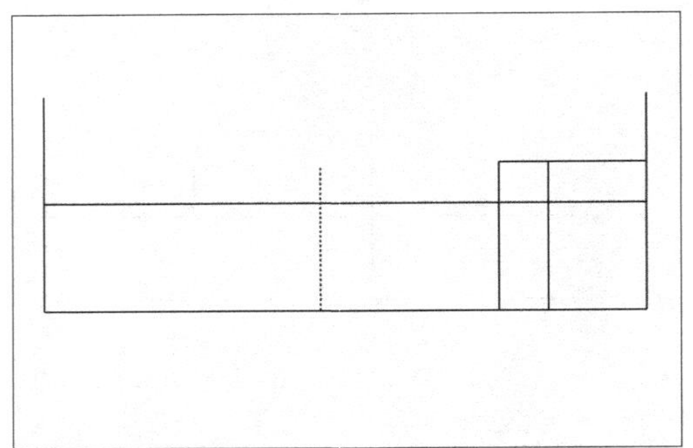

图9-52 绘制裤中线

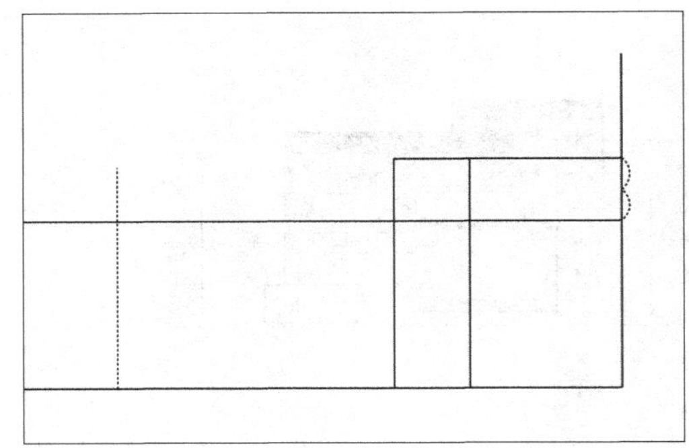

图9-53 两等分线段

步骤 11 将线型设为实线，在“设计工具栏”中单击“智能笔”按钮，在工作区中相应的点上单击鼠标左键，绘制直线，如图9-54所示。

步骤 12 继续使用“智能笔”命令，按住【Shift】键，在刚绘制的直线上单击鼠标右键，弹出“调整曲线长度”对话框，设置“长度增减”为2.5，单击“确定”按钮，如图9-55所示。

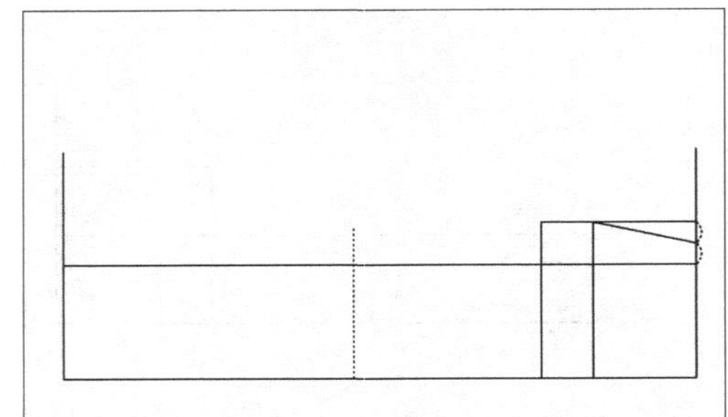

图9-54 绘制直线

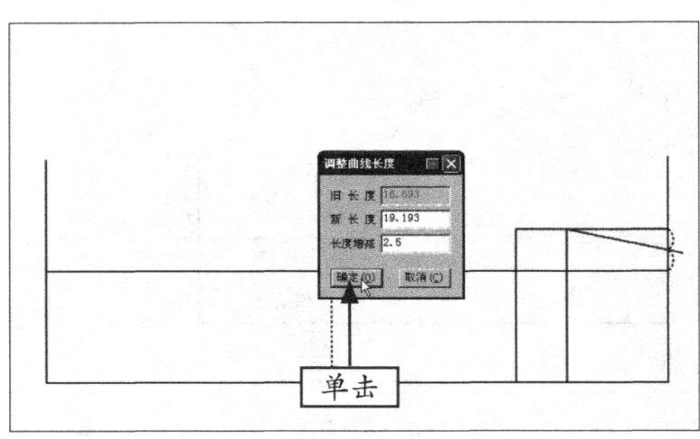

图9-55 单击“确定”按钮

步骤 13 执行操作后，即可调整曲线长度，如图9-56所示。

步骤 14 继续使用“智能笔”命令，按住【Shift】键，在工作区中横档线的端点上依次单击鼠标左键，然后在横档线的上端点上单击鼠标左键，并拖曳鼠标，至合适位置单击鼠标左键，弹出“长度”对话框，单击“计算器”按钮，弹出“计算器”对话框，输入相应的公式，单击OK按钮，如图9-57所示。

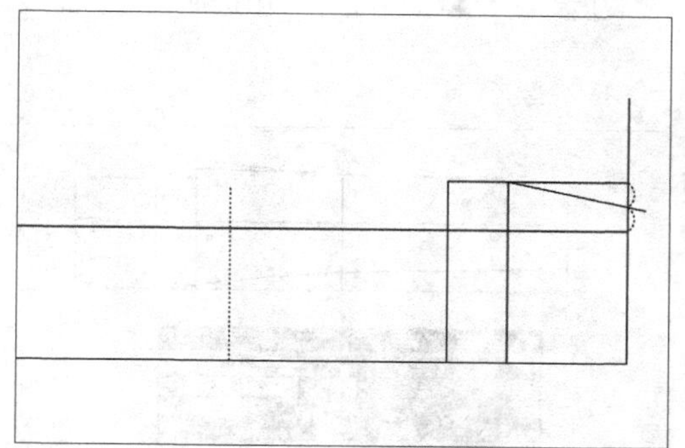
图9-56 调整曲线长度

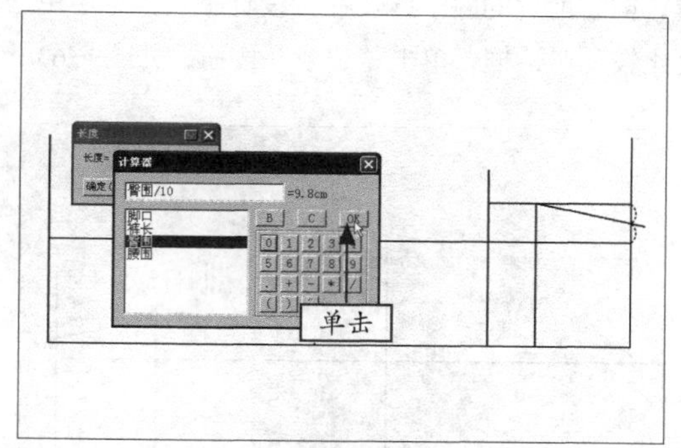

图9-57 单击OK按钮

步骤 15 执行操作后，返回到“长度”对话框，单击“确定”按钮，即可延长横档线，如图9-58所示。

步骤 16 继续使用“智能笔”命令，在延长的横档线上单击鼠标左键，然后向左拖曳鼠标，至合适位置单击鼠标左键，弹出“平行线”对话框，设置相应的参数，单击“确定”按钮，如图9-59所示。

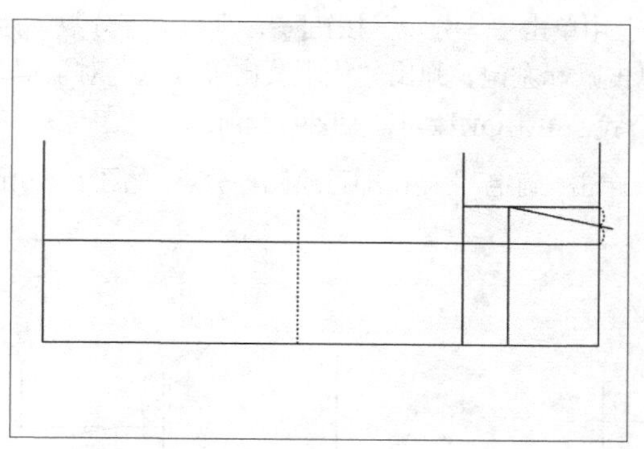
图9-58 调整直线

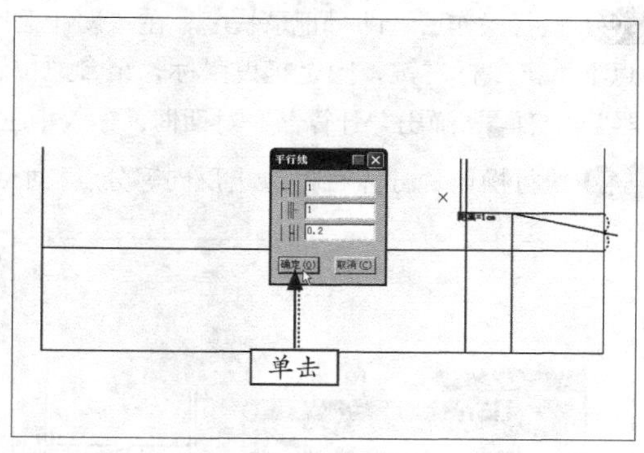

图9-59 单击“确定”按钮

步骤 17 执行操作后，即可绘制平行线。在“设计工具栏”中单击“等分规”按钮，设置“等分数”为2，按【Shift】键，在裤中线的左端点上单击鼠标左键，向上拖曳鼠标，至合适位置单击鼠标左键，弹出“线上反向等分点”对话框，单击“计算器”按钮，弹出“计算器”对话框，输入相应的公式，单击“OK”按钮，如图9-60所示。

步骤 18 执行操作后，返回到“线上反向等分点”对话框，单击“确定”按钮，即可绘制等分点，如图9-61所示。

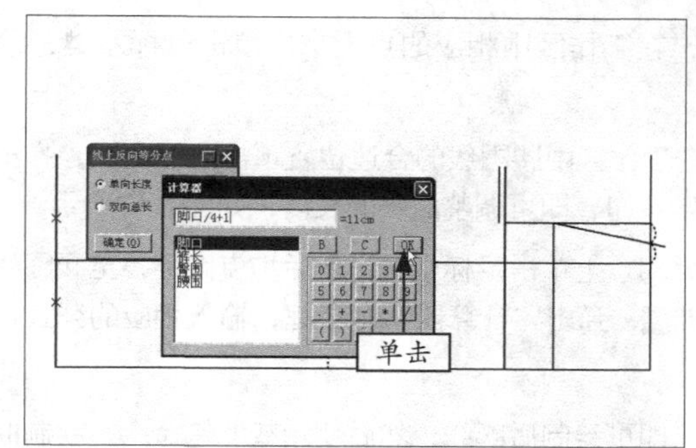

图9-60 单击“OK”按钮

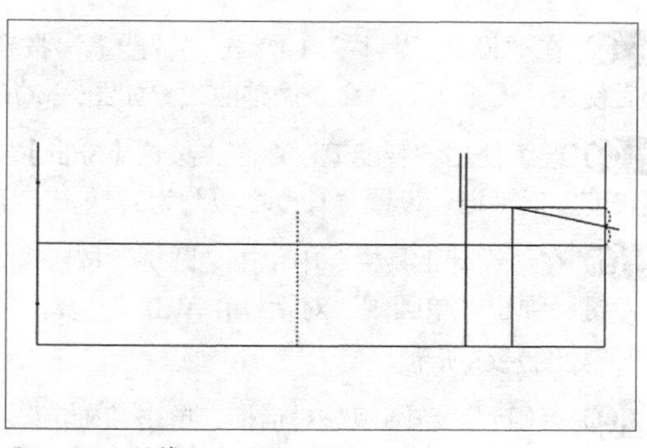
图9-61 绘制等分点

步骤 19 在"设计工具栏"中单击"智能笔"按钮，在工作区中相应的点上单击鼠标左键，向上拖曳鼠标，至合适位置单击鼠标左键，弹出"长度"对话框，接受默认的参数，单击"确定"按钮，绘制直线，然后删除相应的虚线，如图9-62所示。

步骤 20 在"设计工具栏"中单击"剪断线"按钮，在工作区中选择前片的膝围线，在合适位置依次单击鼠标左键，剪断前片的膝围线。在"设计工具栏"中单击"比较长度"按钮，在工作区中选择相应的曲线，弹出"长度比较"对话框，单击"记录"按钮，如图9-63所示。

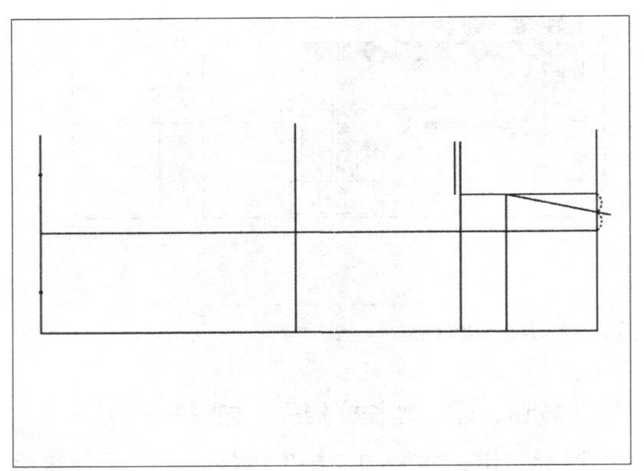

图9-62 绘制直线

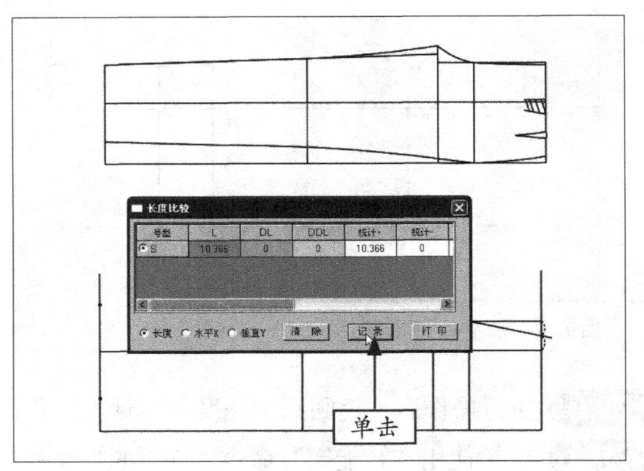

图9-63 单击"记录"按钮

步骤 21 执行操作后，即可记录长度。在"设计工具栏"中单击"等分规"按钮，设置"等分数"为2，在相应的点上单击鼠标左键，向上拖曳鼠标，至合适位置单击鼠标左键，弹出"线上反向等分点"对话框，单击"计算器"按钮，弹出"计算器"对话框，输入相应的公式，单击OK按钮，如图9-64所示。

步骤 22 执行操作后，返回到"线上反向等分点"对话框，单击"确定"按钮，即可绘制等分点，如图9-65所示。

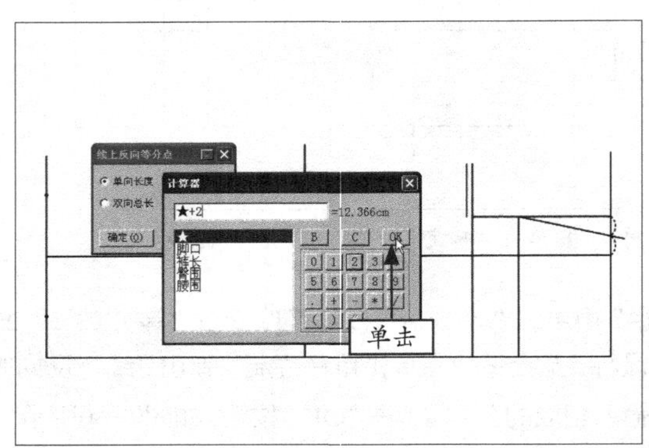

图9-64 单击OK按钮

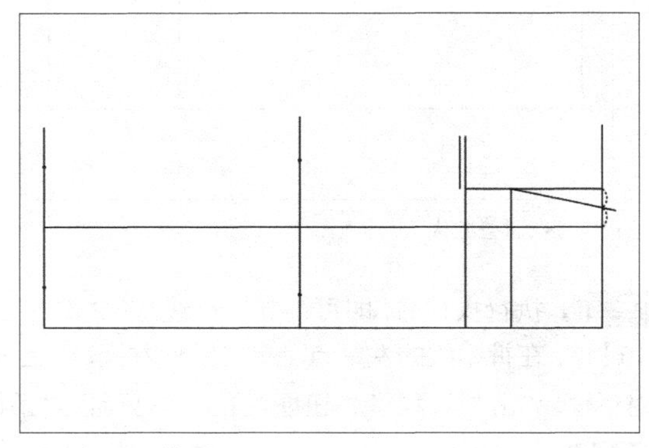

图9-65 绘制等分点

步骤 23 在"设计工具栏"中单击"智能笔"按钮，在工作区中相应的点上依次单击鼠标左键，绘制曲线，然后使用"调整工具"命令调整曲线，如图9-66所示。

步骤 24 继续使用"智能笔"命令，按住【Shift】键，在工作区中腰围线的合适位置单击鼠标右键，弹出"调整曲线长度"对话框，设置"长度增减"为5，单击"确定"按钮，即可调整曲线的长度，如图9-67所示。

步骤 25 在"设计工具栏"中单击"圆规"按钮，在后翘点上单击鼠标左键，然后拖曳鼠标，至腰围线上单击鼠标左键，弹出"单圆规"对话框，单击"计算器"按钮，弹出"计算器"对话框，输入相应的公式，单击OK按钮，如图9-68所示。

步骤 26 返回到"单圆规"对话框，单击"确定"按钮，即可绘制后腰线，然后使用智能笔命令，绘制曲线，如图9-69所示。

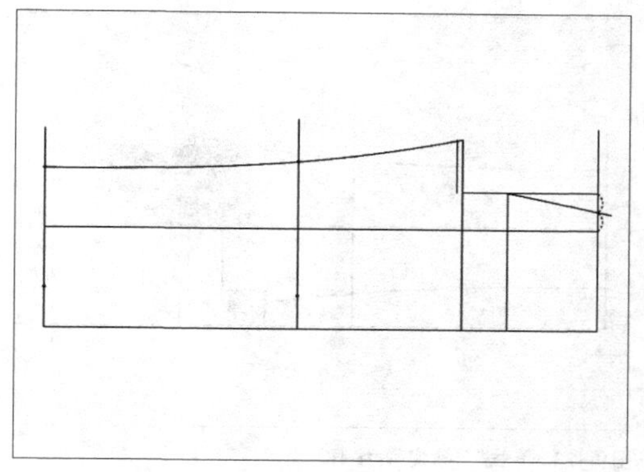
图9-66 绘制并调整曲线

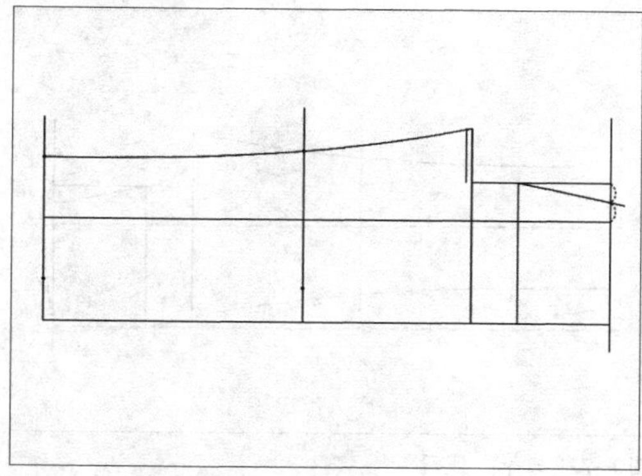
图9-67 调整曲线长度

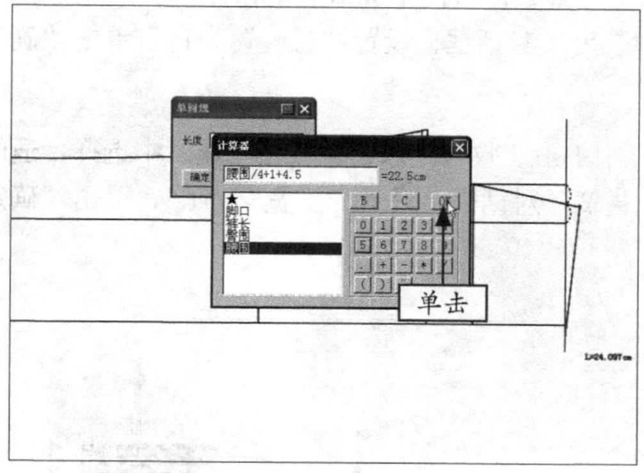

图9-68 单击OK按钮

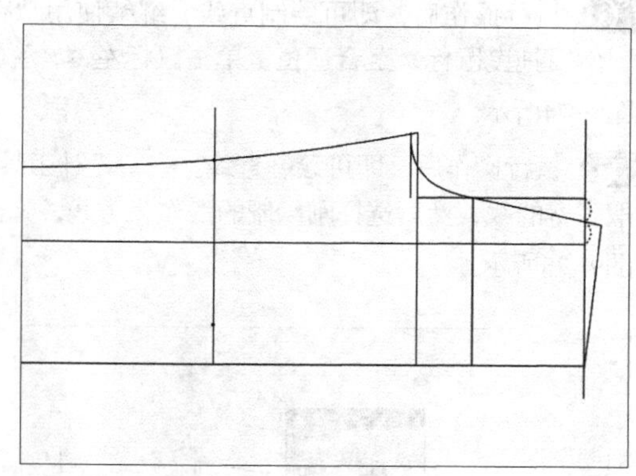
图9-69 绘制曲线

步骤 27 在“设计工具栏”中单击“对称”按钮，在工作区中裤中线的端点上单击鼠标左键，指定对称轴，然后选择后下档缝线，单击鼠标右键，执行操作后，即可对称下档缝线，如图9-70所示。

步骤 28 在“设计工具栏”中单击“智能笔”按钮，在工作区中相应的端点上依次单击鼠标左键，绘制曲线，然后使用“调整工具”对其进行调整，如图9-71所示。

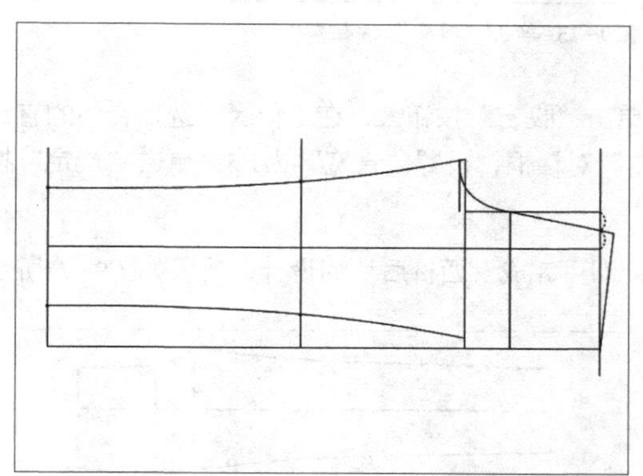
图9-70 对称后下档缝线

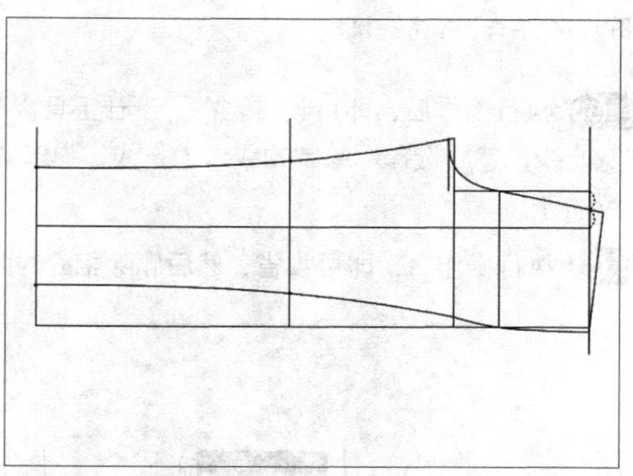
图9-71 绘制并调整曲线

步骤 29 在“设计工具栏”中单击“等分规”按钮，将线型改为虚线，设置“等分数”为3，在工作区中相应的点上单击鼠标左键，将线段平分三等分，如图9-72所示。

步骤 30 将线型改为实线，在“设计工具栏”中单击“智能笔”按钮，按住【Shift】键，在相应点上依次单击鼠标左键，然后拖曳鼠标，至合适位置单击鼠标左键，弹出“长度”对话框，设置“长度”为10，单击“确定”按钮，如图9-73所示。

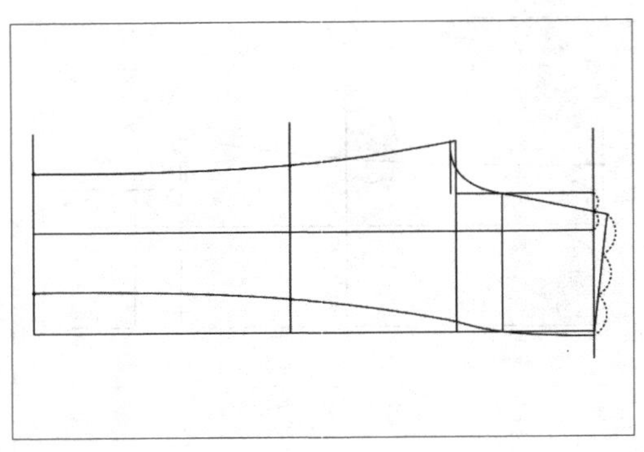
图9-72 三等分线段

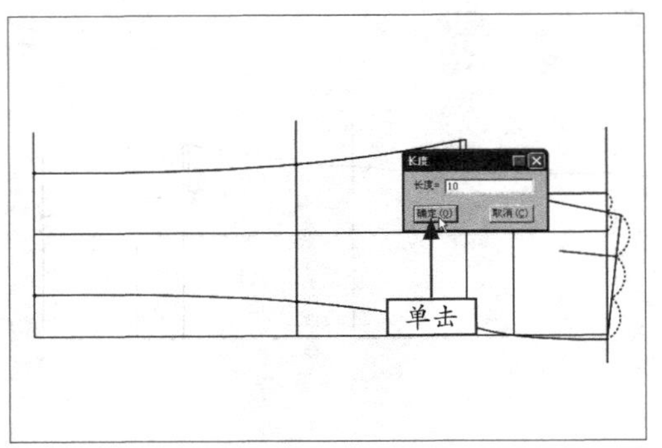

图9-73 单击“确定”按钮

步骤 31 执行操作后，即可绘制直线。继续使用“智能笔”命令，按住【Shift】键，在相应点上依次单击鼠标左键，然后拖曳鼠标，至合适位置单击鼠标左键，弹出“长度”对话框，设置“长度”为11，单击“确定”按钮，如图9-74所示。

步骤 32 执行操作后，即可绘制直线。在“设计工具栏”中单击“收省”按钮，在工作区中选择合适的直线作为截取省宽的线，然后选择刚绘制的线作为省线，弹出“省宽”对话框，设置“省宽”为1.5，单击“确定”按钮，如图9-75所示。

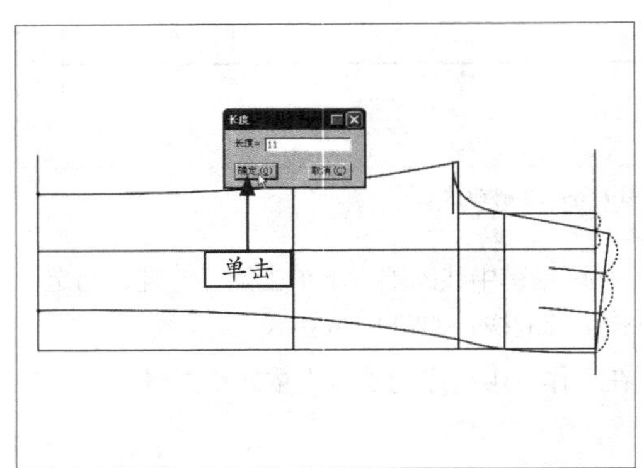

图9-74 单击“确定”按钮

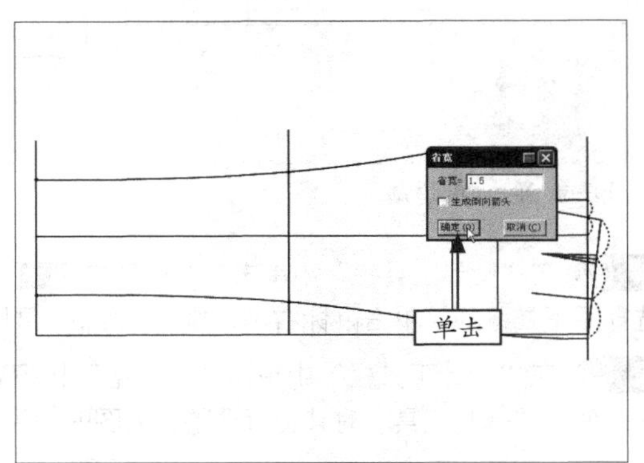

图9-75 单击“确定”按钮

步骤 33 执行操作后，即可收省。在“设计工具栏”中单击“收省”按钮，在工作区中选择合适的直线作为截取省宽的线，然后选择刚绘制的线作为省线，弹出“省宽”对话框，设置“省宽”为1.5，单击“确定”按钮，如图9-76所示。

步骤 34 执行操作后，即可收省，然后删除相应的曲线，即可完成女西裤后片的设计，效果如图9-77所示。

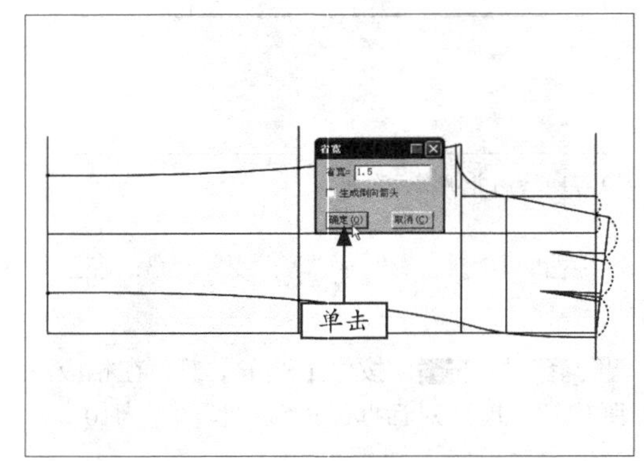

图9-76 单击“确定”按钮

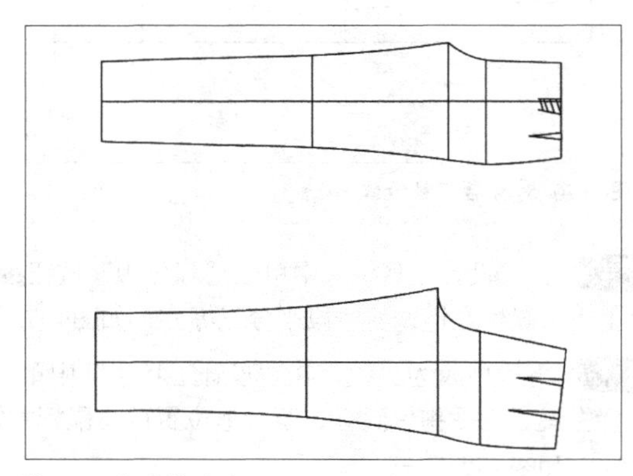
图9-77 女西裤后片

9.1.4 绘制女西裤其他部件

步骤解析

步骤 1 在“设计工具栏”中单击“智能笔”按钮，在前腰线上单击鼠标左键，弹出“点的位置”对话框，设置“长度”为2，单击“确定”按钮，如图9-78所示。

步骤 2 执行操作后，向左拖曳鼠标，至侧缝线上单击鼠标左键，弹出“点的位置”对话框，设置“长度”为12，单击“确定”按钮，如图9-79所示。

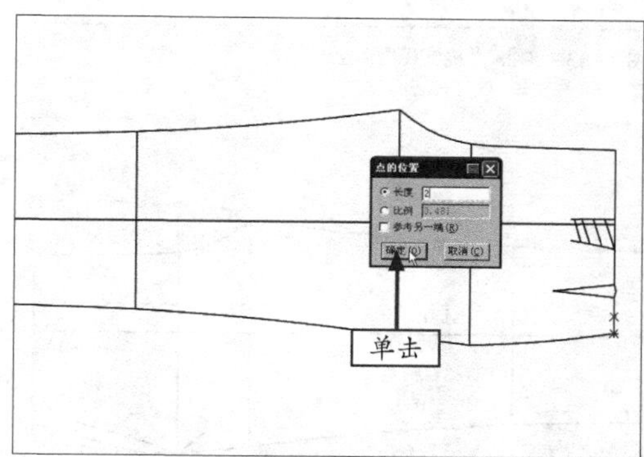

图9-78 单击“确定”按钮

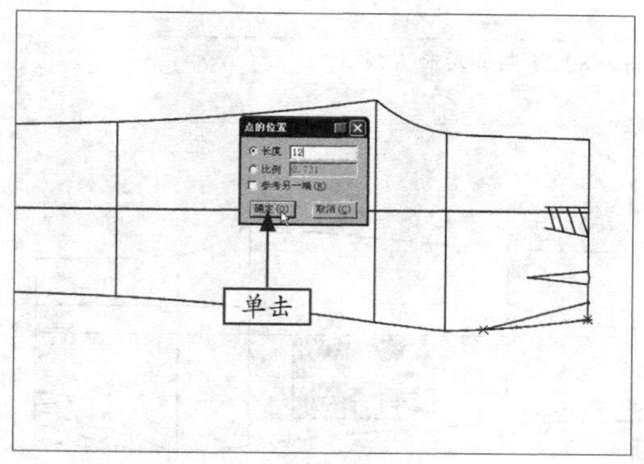

图9-79 单击“确定”按钮

步骤 3 执行操作后，单击鼠标右键，即可绘制直线，如图9-80所示。

步骤 4 继续使用“智能笔”命令，在工作区中刚绘制的直线上单击鼠标左键，然后向上拖曳鼠标，至合适位置单击鼠标左键，弹出“平行线”对话框，设置相应的参数，单击“确定”按钮，如图9-81所示。

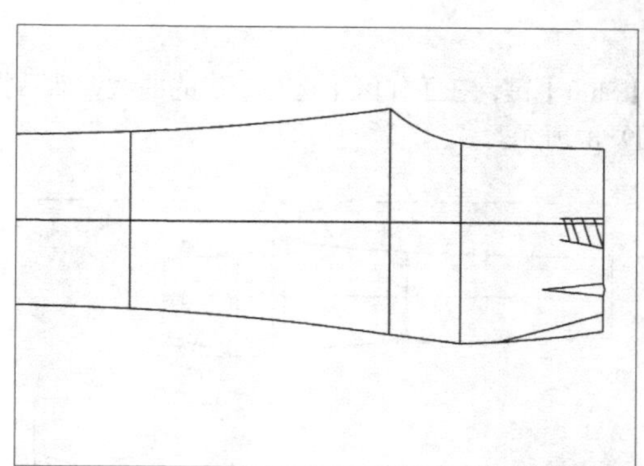

图9-80 绘制省线

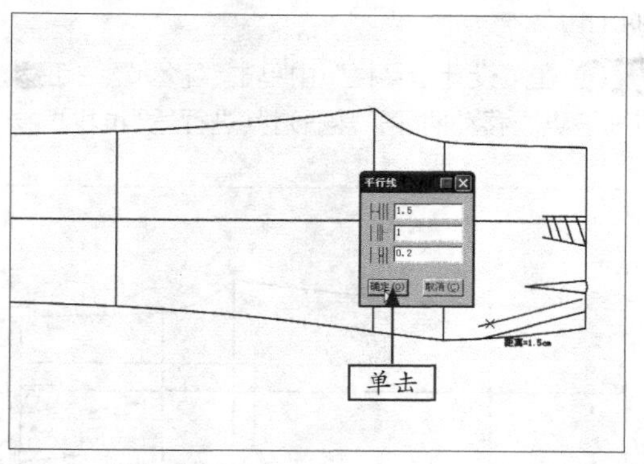

图9-81 单击“确定”按钮

步骤 5 执行操作后，即可绘制平行线。继续使用“智能笔”命令，按住【Shift】键，在相应的点上依次单击鼠标左键，即可延长直线，如图9-82所示。

步骤 6 继续使用“智能笔”命令，在工作区中相应的直线上单击鼠标左键，弹出“点的位置”对话框，设置“长度”为5.4，单击“确定”按钮，如图9-83所示。

步骤 7 执行操作后，向左拖曳鼠标，至合适位置单击鼠标左键，弹出“长度”对话框，设置“长度”为27，单击“确定”按钮，如图9-84所示。

步骤 8 执行操作后，即可绘制直线。继续使用“智能笔”命令，在相应的点上单击鼠标左键，向下拖曳鼠标，至合适位置单击鼠标左键，弹出“长度”对话框，设置“长度”为8，单击“确定”按钮，绘制直线。继续使用“智能笔”命令，在相应的点上单击鼠标左键，绘制直线，如图9-85所示。

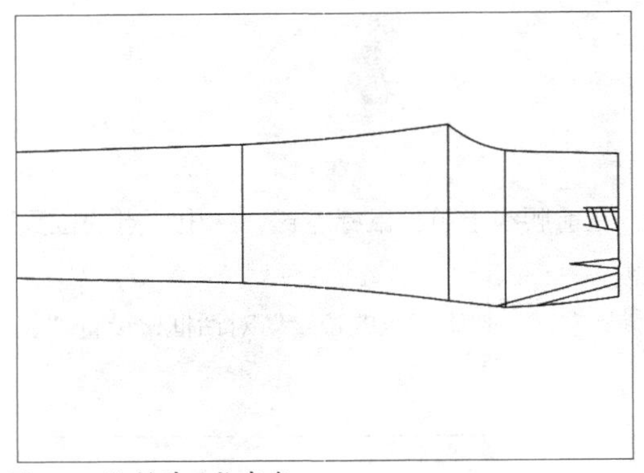
图9-82 绘制并延长直线

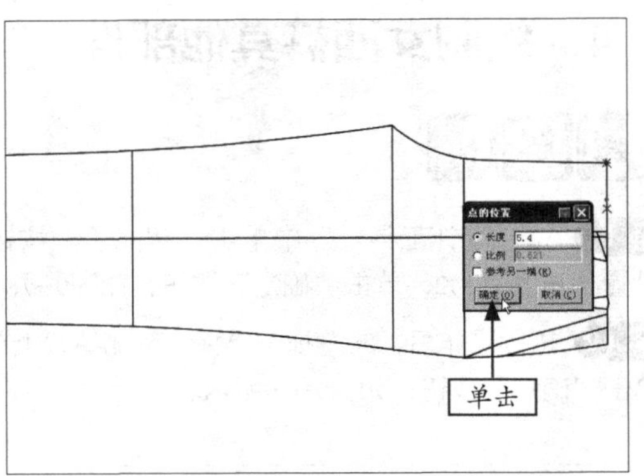

图9-83 单击“确定”按钮

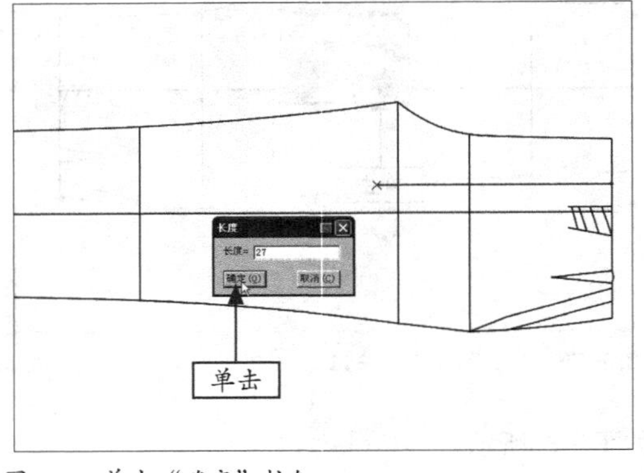

图9-84 单击“确定”按钮

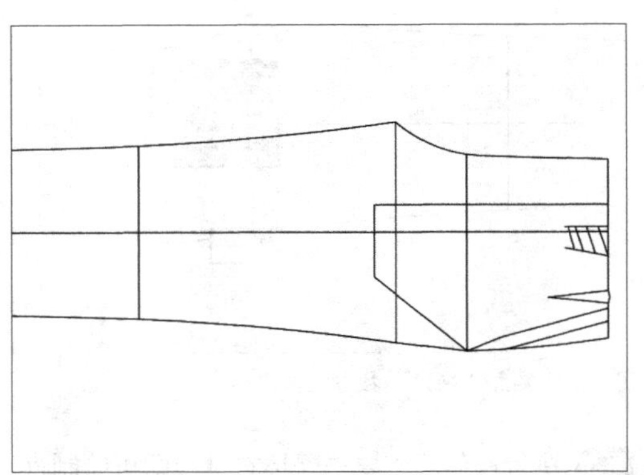
图9-85 绘制直线

步骤 9 在“设计工具栏”中单击“调整工具”按钮■，在工作区中选择相应的直线，对其进行适当调整，如图9-86所示。

步骤 10 在“设计工具栏”中单击“移动”按钮■，按【Shift】键，在工作区中选择相应的曲线，然后指定移动起点和终点，移动曲线，然后对其进行适当的调整，如图9-87所示。

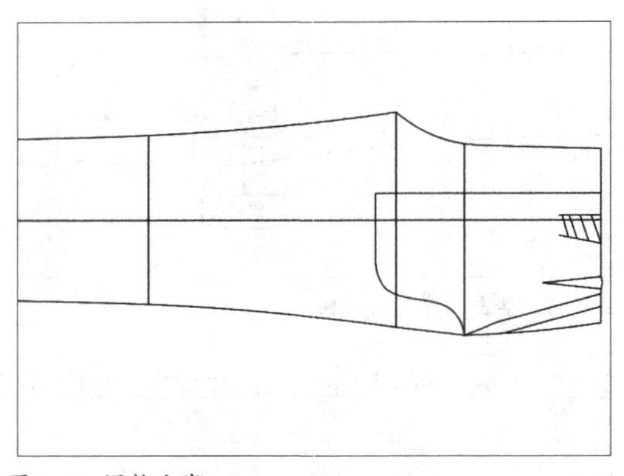
图9-86 调整曲线

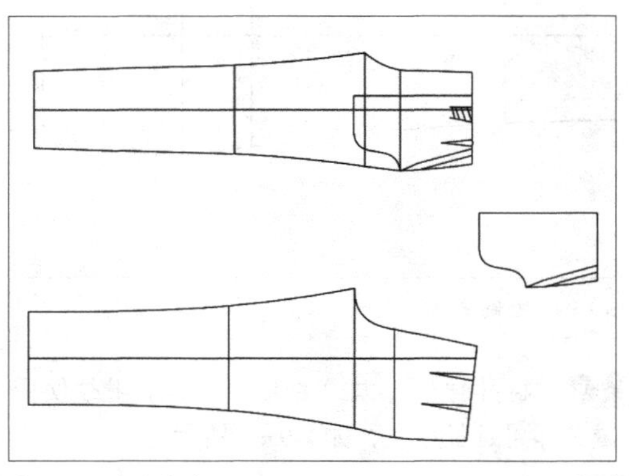
图9-87 移动曲线

步骤 11 继续使用“移动”命令，在工作区中选择相应的曲线，然后指定移动起点和终点，移动曲线，如图9-88所示。

步骤 12 在“设计工具栏”中单击“对称”按钮■，按【Shift】键，在工作区中合适的点上单击鼠标左键，指定对称轴，然后选择要对称的曲线，单击鼠标右键，即可对称曲线。使用“橡皮擦”、“设置线的颜色类型”命令，在工作区中将相应的线改为虚线，并删除相应的曲线，如图9-89所示。

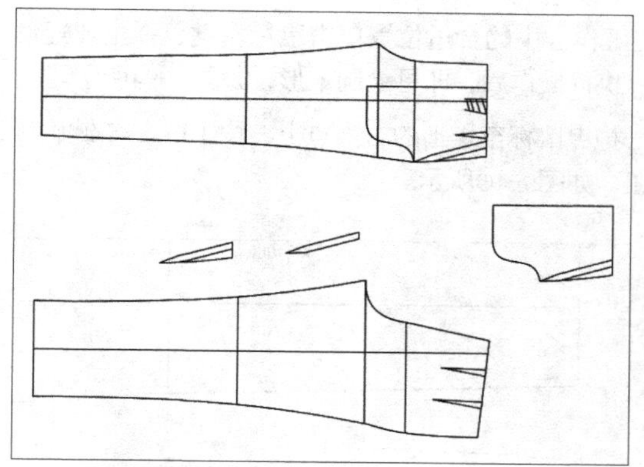
图9-88 绘制省中线

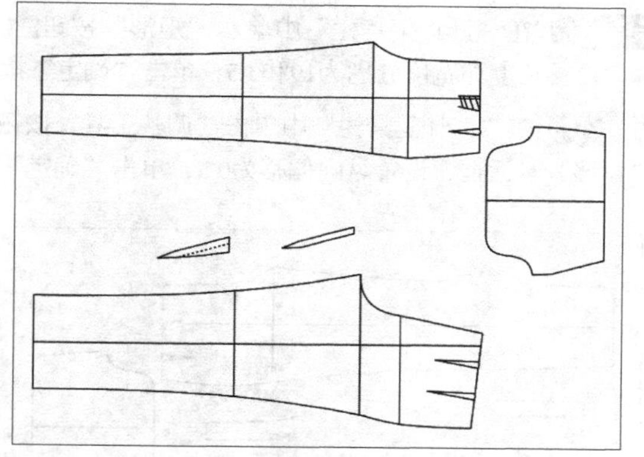
图9-89 调整线型并删除曲线

步骤 13 在“设计工具栏”中单击“智能笔”按钮，在相应的线上单击鼠标左键，弹出“点的位置”对话框，设置“长度”为5，单击“确定”按钮，如图9-90所示。

步骤 14 执行操作后，拖曳鼠标，至前腰线的合适位置单击鼠标左键，弹出“点的位置”对话框，设置“长度”为4，单击“确定”按钮，如图9-91所示。

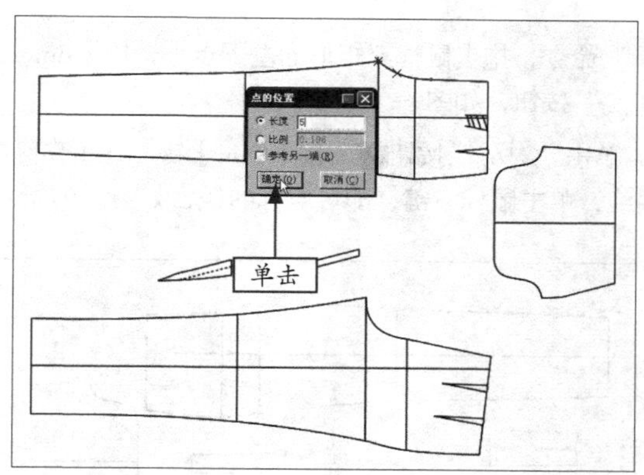

图9-90 单击“确定”按钮

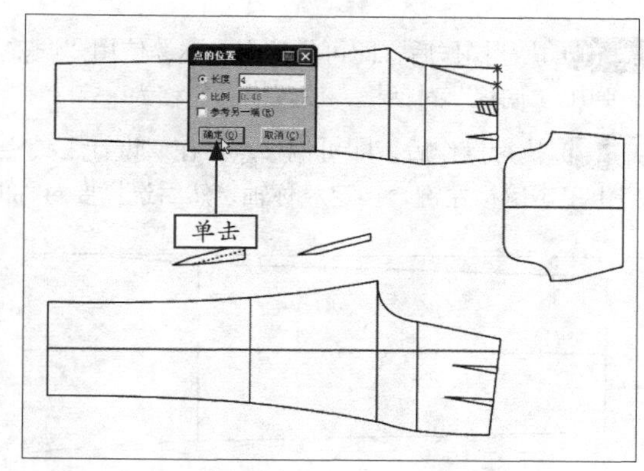

图9-91 单击“确定”按钮

步骤 15 执行操作后，单击鼠标右键，即可绘制直线，然后使用“调整工具”命令对其进行适当调整，如图9-92所示。

步骤 16 在“设计工具栏”中单击“移动”按钮，按【Shift】键，在工作区中选择相应的曲线，然后指定移动起点和终点，移动曲线，然后删除相应的曲线，如图9-93所示。

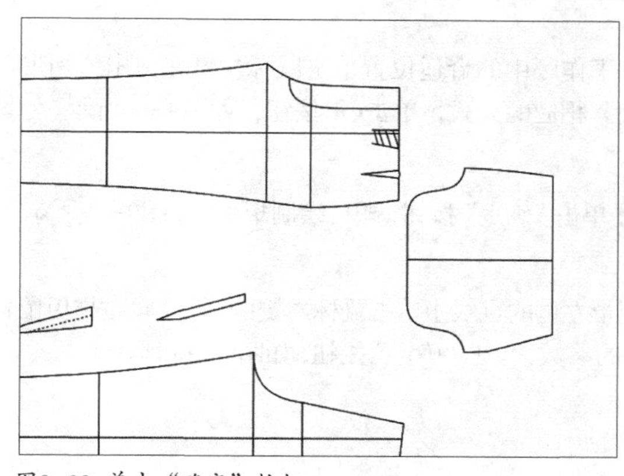
图9-92 单击“确定”按钮

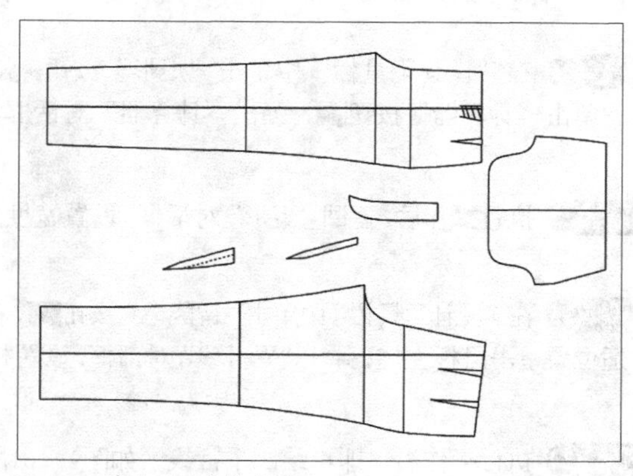
图9-93 单击“确定”按钮

步骤 17 在“设计工具栏”中单击“矩形”按钮，在工作区中的合适位置单击鼠标左键，弹出“矩形”对话框，设置长度和宽度分别为19和3.5，单击“确定”按钮，执行操作后，即可绘制矩形，如图9-94所示。

步骤 18 在“设计工具栏”中单击“调整工具”按钮，拖曳鼠标至矩形的右上点上，按【Enter】键确认，弹出“偏移”对话框，设置纵向偏移为0.5，单击“确定”按钮，如图9-95所示。

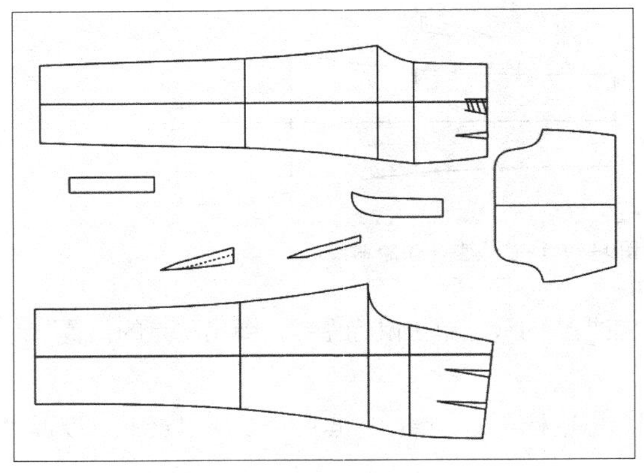
图9-94 删除曲线

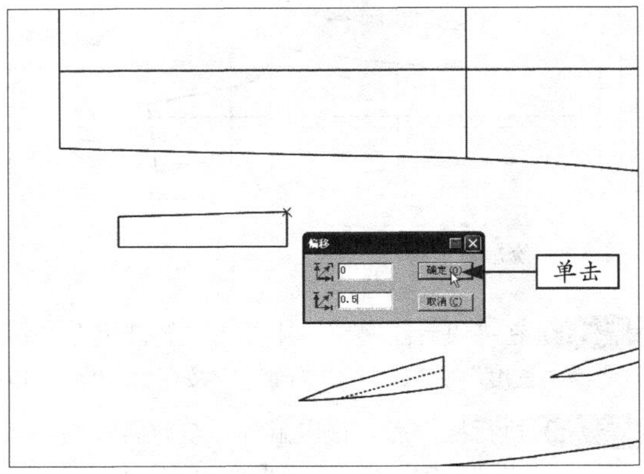

图9-95 单击“确定”按钮

步骤 19 执行操作后，即可偏移点。继续使用“调整工具”命令，拖曳鼠标至矩形的左下点上，按【Enter】键确认，弹出“偏移”对话框，设置横向偏移为0.5，单击“确定”按钮，如图9-96所示。

步骤 20 执行操作后，即可偏移点。在“设计工具栏”中单击“对称”按钮，按【Shift】键，在工作区中合适的点上单击鼠标左键，指定对称轴，然后选择要对称的曲线，单击鼠标右键，即可对称曲线，如图9-97所示。

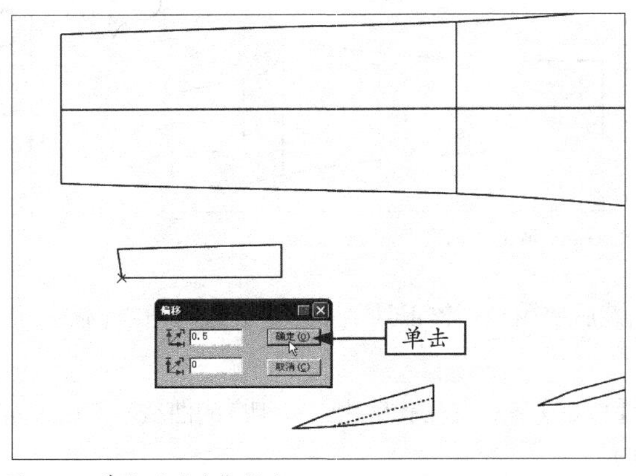

图9-96 单击“确定”按钮

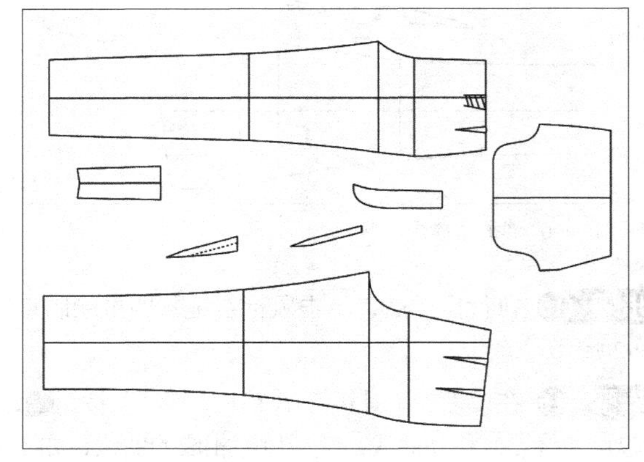
图9-97 对称曲线

步骤 21 在“设计工具栏”中单击“矩形”按钮，在工作区中的合适位置单击鼠标左键，弹出“矩形”对话框，单击“计算器”按钮，弹出“计算器”对话框，输入相应的公式，单击OK按钮，如图9-98所示。

步骤 22 执行操作后，返回“矩形”对话框，设置宽度为6，单击“确定”按钮，即可绘制矩形，如图9-99所示。

步骤 23 在“设计工具栏”中单击“智能笔”按钮，在矩形左侧的直线上单击鼠标左键的同时，向右拖曳鼠标，至合适位置单击鼠标左键，弹出“平行线”对话框，设置相应的参数，单击“确定”按钮，如图9-100所示。

步骤 24 执行操作后，即可绘制平行线，如图9-101所示。

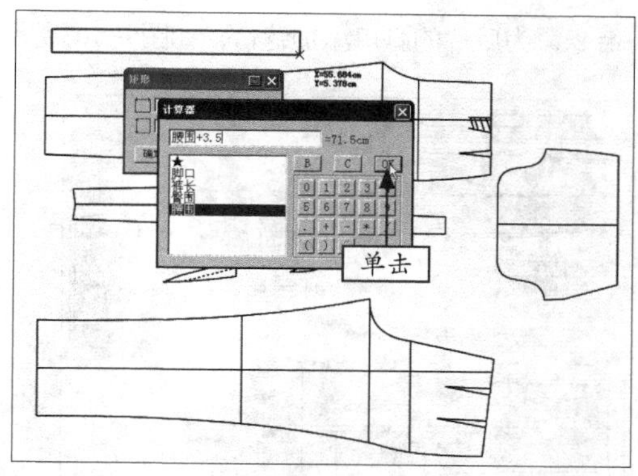

图9-98 单击OK按钮

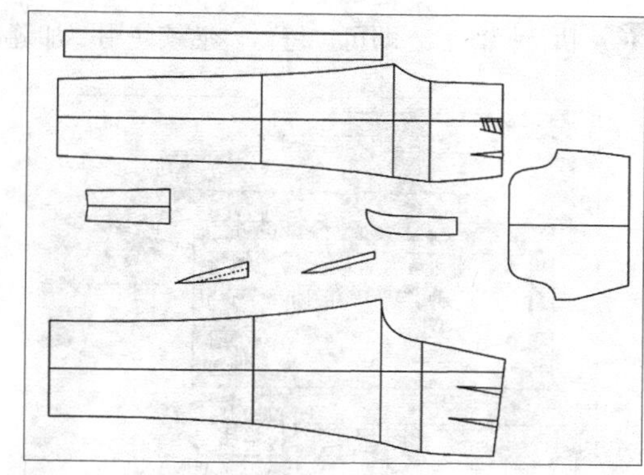
图9-99 绘制矩形

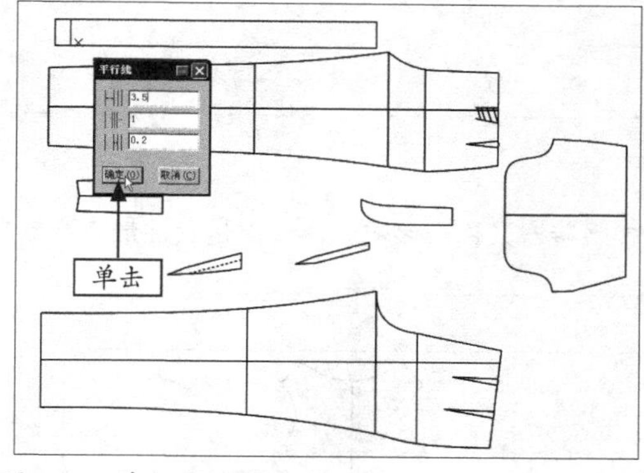

图9-100 单击“确定”按钮

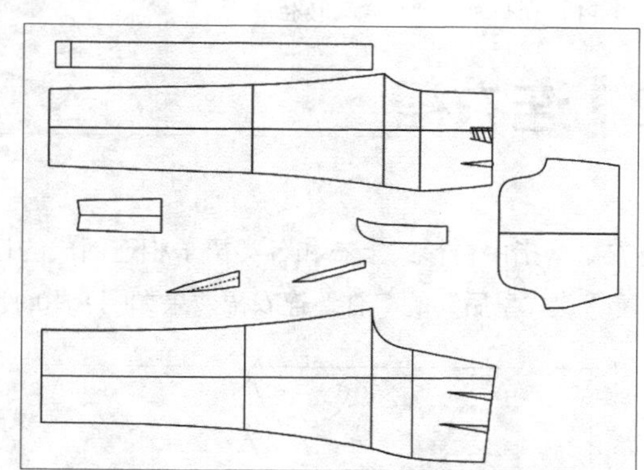
图9-101 绘制平行线

9.1.5 制作女西裤纸样

步骤解析

步骤 1 在设计工具栏中单击“剪刀”按钮，在工作区中依次框选相应的曲线，然后单击鼠标右键，拾取纸样，如图9-102所示。

步骤 2 在设计工具栏中单击“布纹线”按钮，在每一个纸样内绘制一条水平线，调整布纹线，如图9-103所示。

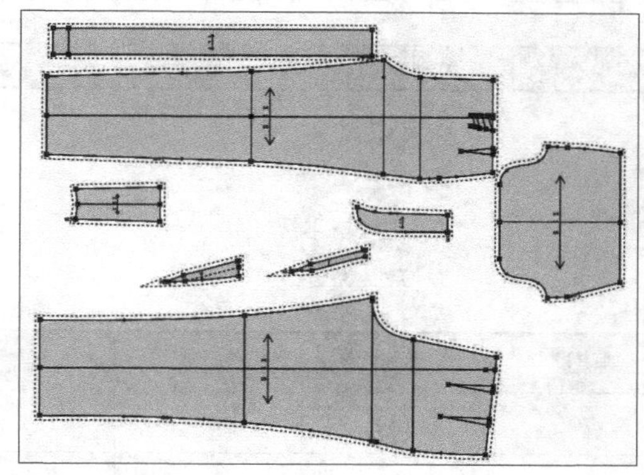
图9-102 拾取纸样

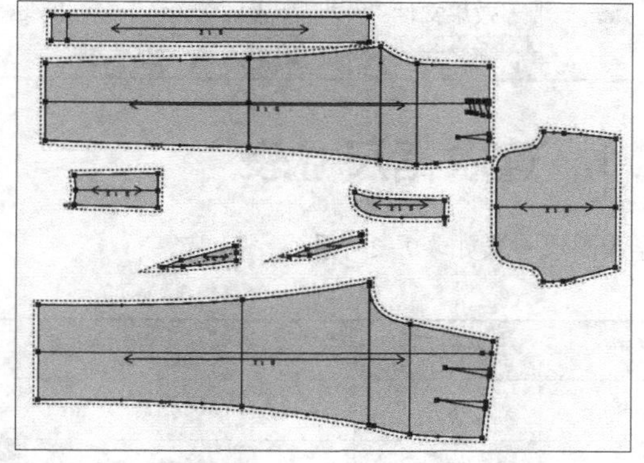
图9-103 调整布纹线

步骤 3 在设计工具栏中单击“加缝份”按钮，在脚口线上单击鼠标左键，弹出“加缝份”对话框，设置“起点缝份量”为3.8，选中“终点缝份量”对话框，并在其后的数值框中输入3.8，单击“确定”按钮，如图9-104所示。

步骤 4 执行操作后，即可加缝份。继续使用“加缝份”命令，为后片的脚口添加缝份，如图9-105所示。

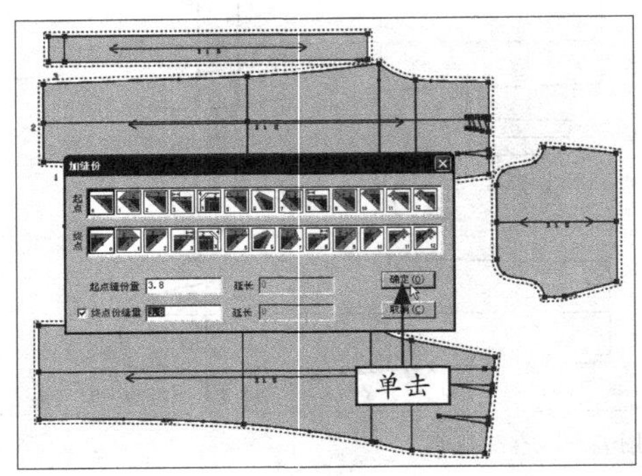

图9-104 单击“确定”按钮

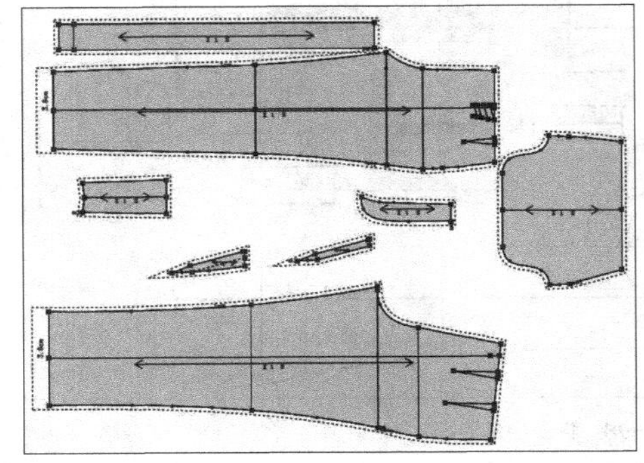

图9-105 加缝份

9.2 连衣裙

连衣裙是指由衬衫式上衣和各类裙子相连而成的连体式服装，又称连衫裙。连衣裙是女性最喜欢的夏装之一，有着“款式皇后”的美誉。连衣裙效果如图9-106所示。

正面

背面

图9-106 连衣裙效果

素材文件	无
效果文件	光盘\素材\第9章\连衣裙.dgs
视频文件	光盘\视频\第9章\9.2连衣裙.swf

9.2.1 连衣裙尺寸表

连衣裙尺寸表如表9-2所示。

表9-2　　　单位：cm

号型	衣长	肩宽	胸围	腰围	摆围	领围	拉链长
155\80A	89	34	86	70	134	68	32
160\84A	91	35	90	74	138	69	32
165\88A	93	36	94	78	142	70	32
170\92A	95	37	98	82	146	71	32

9.2.2 绘制连衣裙前片

步骤解析

步骤 1 按【Ctrl+O】组合键，打开文化式女上装原型，如图9-107所示。

步骤 2 单击“号型”|“号型编辑”命令，弹出“设置号型规格表”对话框，设置相应的参数，单击“确定”按钮，如图9-108所示。

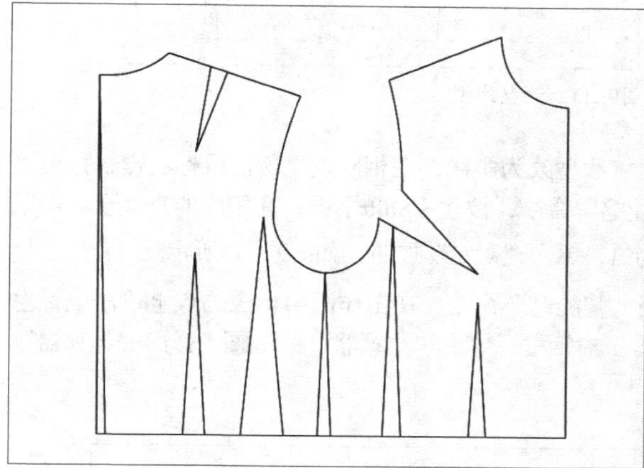

图9-107 打开文化式女上装原型

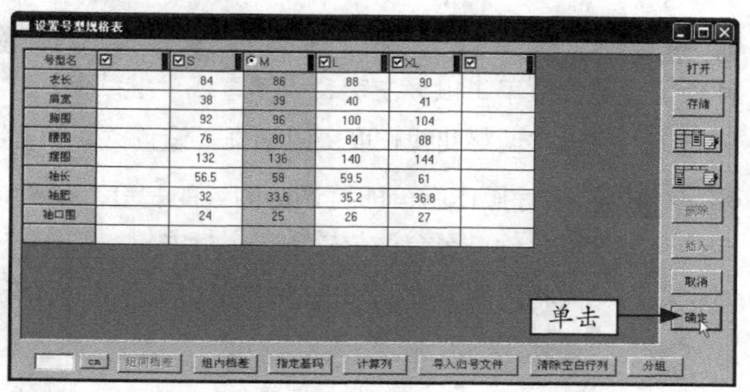

图9-108 单击“确定”按钮

步骤 3 执行操作后，即可编辑号型。单击“文档”|“另存为”命令，弹出“另存为”对话框，设置文件名和保存路径，单击“保存”按钮，如图9-109所示。

步骤 4 执行操作后，即可保存文档。使用“剪断线”、“移动”、“删除”、智能笔，命令，对文化式女上装原型进行修改，如图9-110所示。

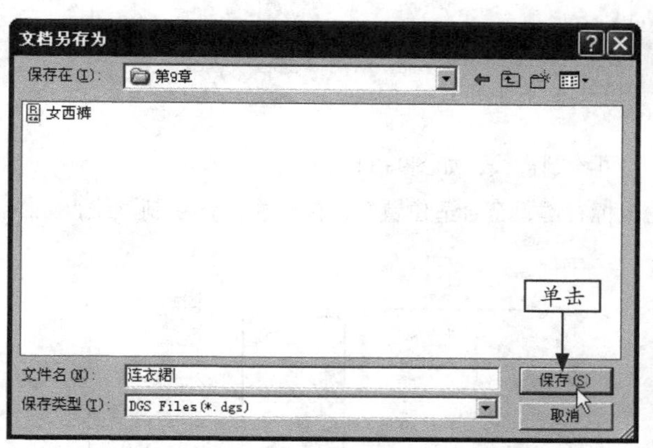

图9-109 单击“保存”按钮

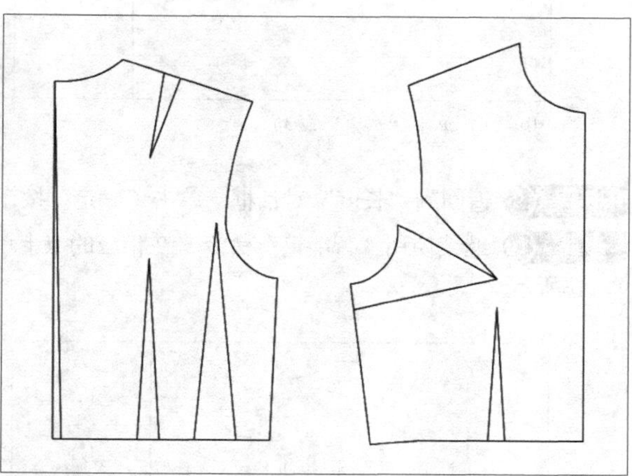

图9-110 单击“确定”按钮

步骤 5 在“设计工具栏”中单击“转省”按钮，根据状态栏提示，在工作区中框选转移线，单击鼠标右键，在工作区中选择新省线，单击鼠标右键，然后在工作区中选择袖窿省的省线作为合并省的起始边和终止边，执行操作后，即可转移省道，然后删除相应的曲线，如图9-111所示。

步骤 6 在“设计工具栏”中单击“设置线的颜色类型”按钮，设置线型为虚线，然后框选所有的曲线，将其改为虚线，如图9-112所示。

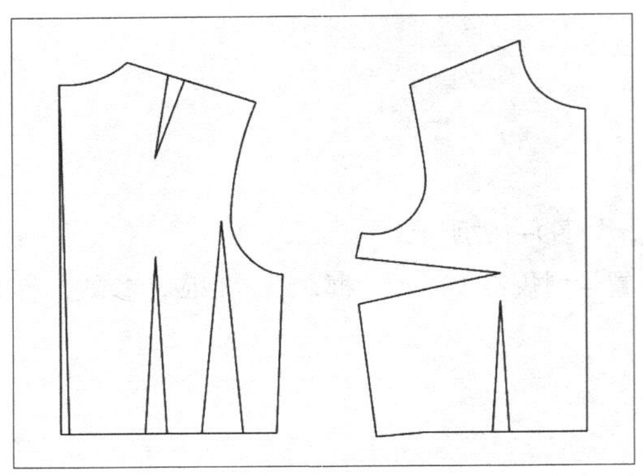
图9-111 转移省道

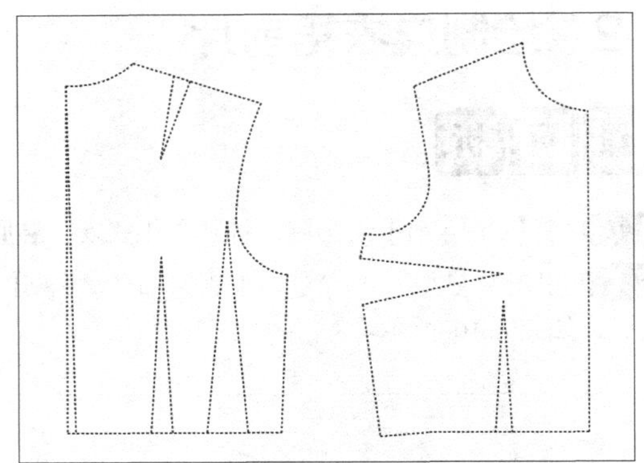
图9-112 调整线型

步骤 7 在“设计工具栏”中单击“智能笔”按钮，将线型改为实线，在相应点上单击鼠标右键，拖曳鼠标，至合适位置单击鼠标左键，绘制直线。继续使用“智能笔”命令，按住【Shift】键，在相应的直线上单击鼠标右键，弹出“调整曲线长度”对话框，设置“新长度”为91，单击“确定”按钮，如图9-113所示。

步骤 8 执行操作后，即可调整曲线的长度。继续使用“智能笔”命令，在工作区中相应的点上单击鼠标左键，向左拖曳鼠标，至合适位置单击鼠标左键，弹出“长度”对话框，单击“计算器”按钮，弹出“计算器”对话框，输入相应的公式，单击OK按钮，如图9-114所示。

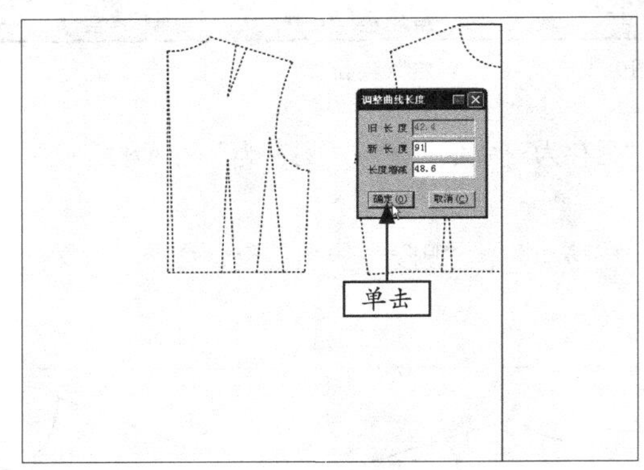

图9-113 单击“确定”按钮

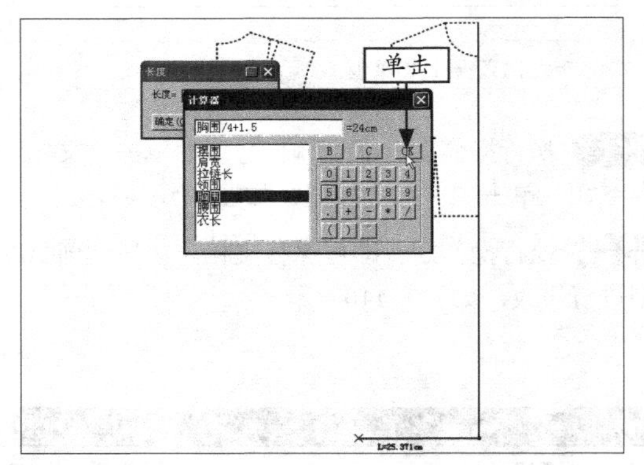

图9-114 单击OK按钮

步骤 9 返回到“长度”对话框，单击“确定”按钮，即可绘制直线，如图9-115所示。

步骤 10 继续使用“智能笔”命令，在相应的点上单击鼠标右键，至合适位置单击鼠标左键，绘制直线，如图9-116所示。

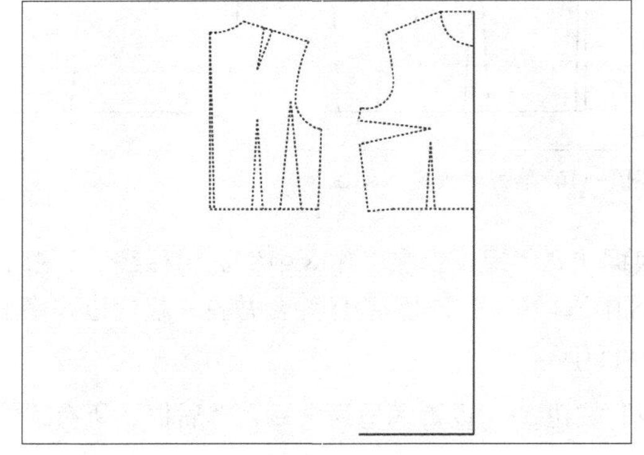
图9-115 绘制直线

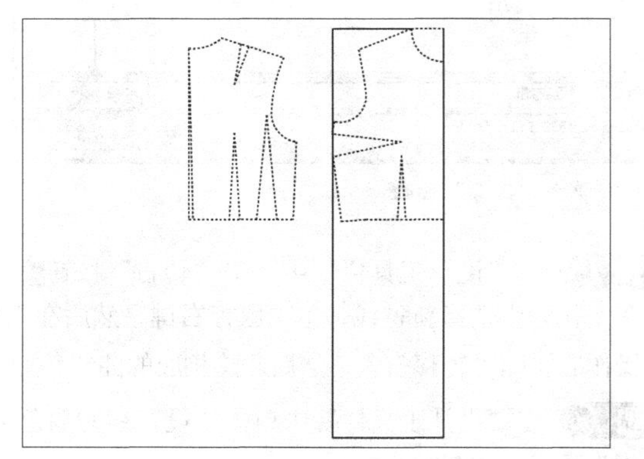
图9-116 绘制直线

步骤 11 继续使用“智能笔”命令，在相应的点上单击鼠标右键，向右下方拖曳鼠标，至合适位置单击鼠标左键，弹出“点的位置”对话框，设置“长度”为1，单击“确定”按钮，如图9-117所示。

步骤 12 执行操作后，即可绘制直线。继续使用“智能笔”命令，在相应的点上单击鼠标右键，向右下方拖曳鼠标，至合适位置单击鼠标左键，弹出“点的位置”对话框，单击“计算器”按钮，弹出“计算器”对话框，输入相应的公式，单击OK按钮，如图9-118所示。

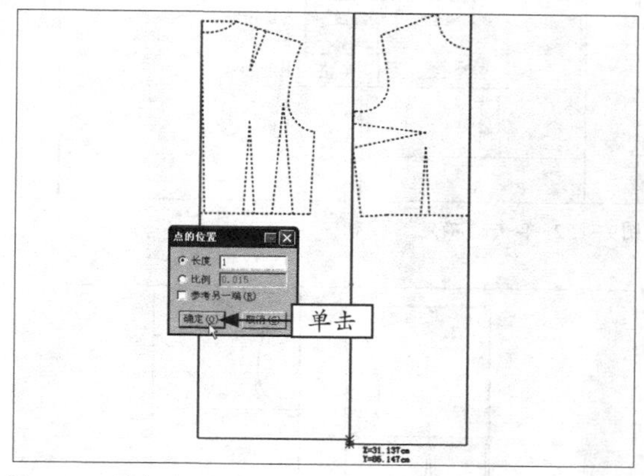

图9-117 单击“确定”按钮

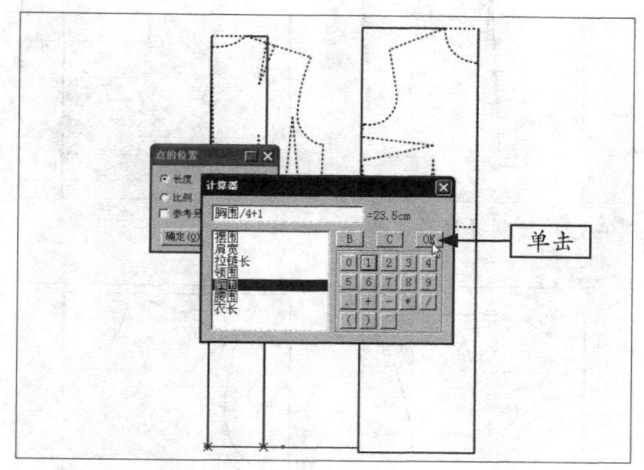

图9-118 单击OK按钮

步骤 13 执行操作后，返回到“点的位置”对话框，单击“确定”按钮，即可绘制直线，如图9-119所示。

步骤 14 继续使用“智能笔”命令，在后袖窿弧线的下端点单击鼠标左键，向右拖曳鼠标，至合适位置单击鼠标左键，绘制直线。继续使用“智能笔”命令，在刚绘制直线的右端点上按【Enter】键，弹出“移动量”对话框，设置相应的参数，单击“确定”按钮，如图9-120所示。

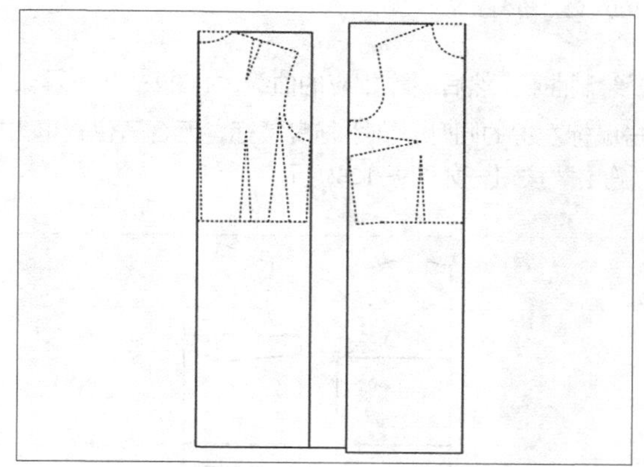
图9-119 绘制直线

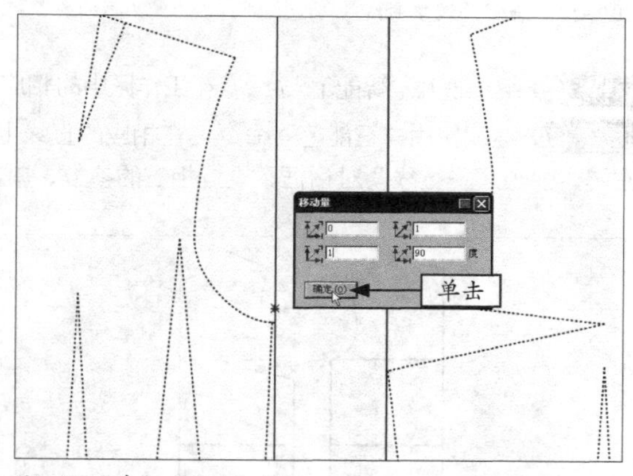

图9-120 单击“确定”按钮

步骤 15 执行操作后，拖曳鼠标，至后袖窿弧线的上端点上单击鼠标左键，绘制曲线，然后对其进行适当调整，如图9-121所示。

步骤 16 继续使用“智能笔”命令，在前袖窿弧线的下端点单击鼠标左键，向左拖曳鼠标，至合适位置单击鼠标左键，绘制直线。继续使用“智能笔”命令，在刚绘制直线的左端点上按【Enter】键，弹出“移动量”对话框，设置相应的参数，单击“确定”按钮，如图9-122所示。

步骤 17 执行操作后，拖曳鼠标，至前袖窿弧线的上端点上单击鼠标左键，绘制曲线，然后对其进行适当调整，如图9-123所示。

步骤 18 继续使用“智能笔”命令，在工作区中的合适位置单击鼠标左键，绘制直线，如图9-124所示。

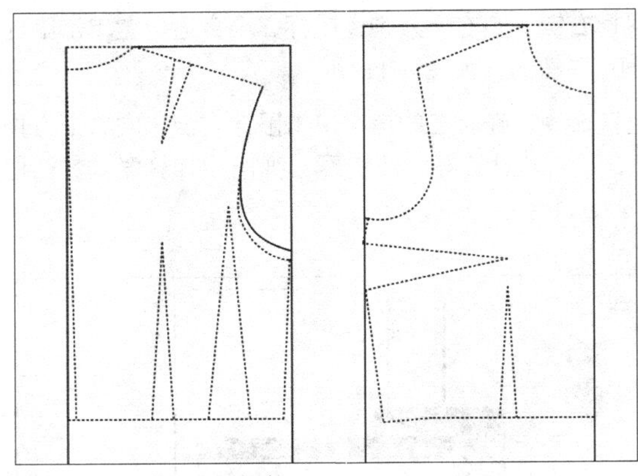
图9-121 绘制并调整曲线

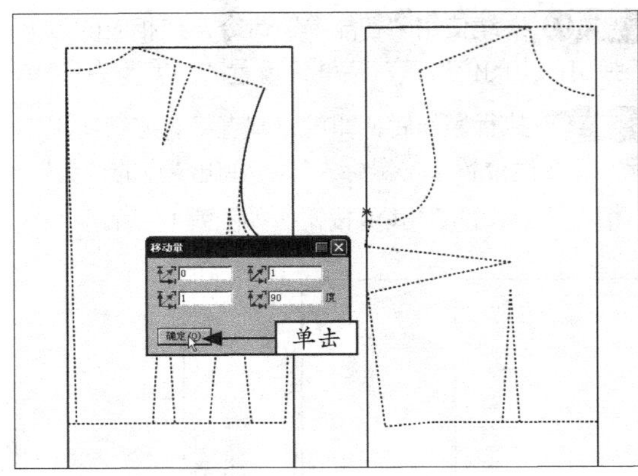

图9-122 单击“确定”按钮

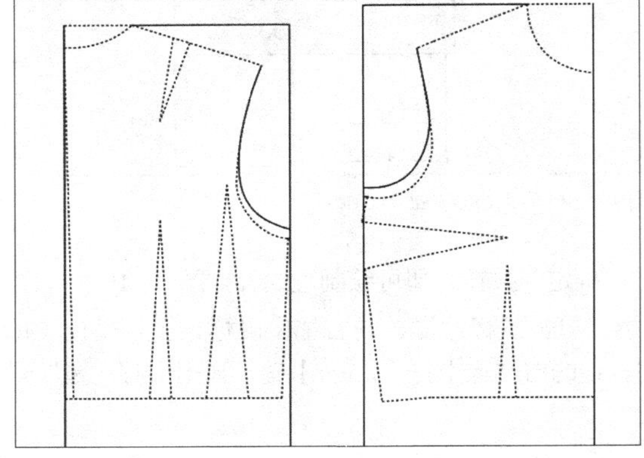
图9-123 绘制并调整曲线

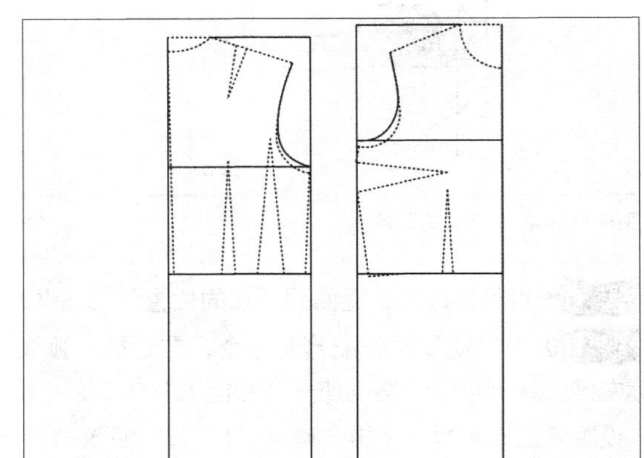
图9-124 绘制直线

步骤 19 继续使用“智能笔”命令，在工作区中的相应位置绘制曲线，然后删除相应的曲线，如图9-125所示。

步骤 20 继续使用“智能笔”命令，在相应的直线上单击鼠标左键的同时，向下拖曳鼠标，至合适位置单击鼠标左键，弹出“平行线”对话框，设置相应的参数，单击“确定”按钮，如图9-126所示。

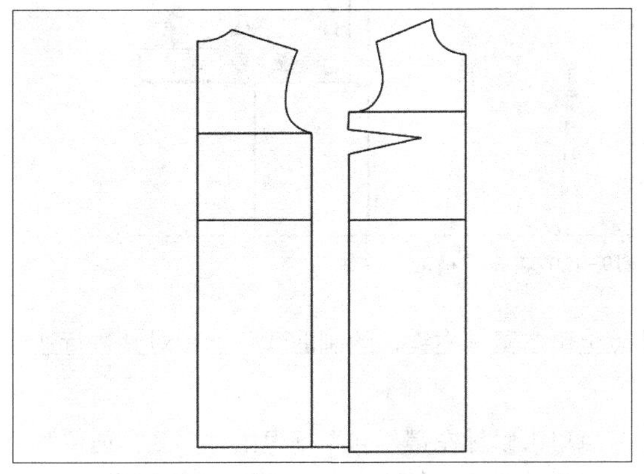
图9-125 绘制并删除曲线

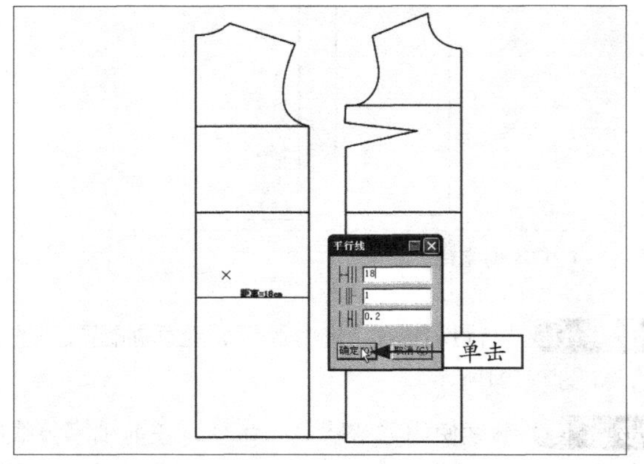

图9-126 单击“确定”按钮

步骤 21 执行操作后，即可绘制平行线。继续使用“智能笔”命令，在工作区中相应的直线上单击鼠标左键的同时，向下拖曳鼠标，至合适位置单击鼠标左键，弹出“平行线”对话框，设置相应的参数，单击“确定”按钮，如图9-127所示。

步骤 22 执行操作后，即可绘制平行线，如图9-128所示。

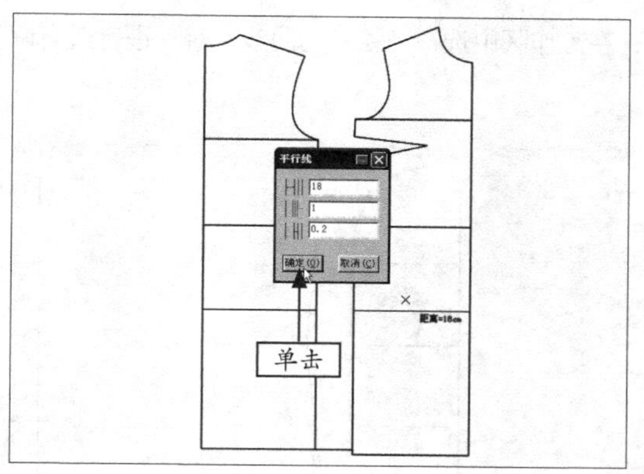

图9-127 单击“确定”按钮

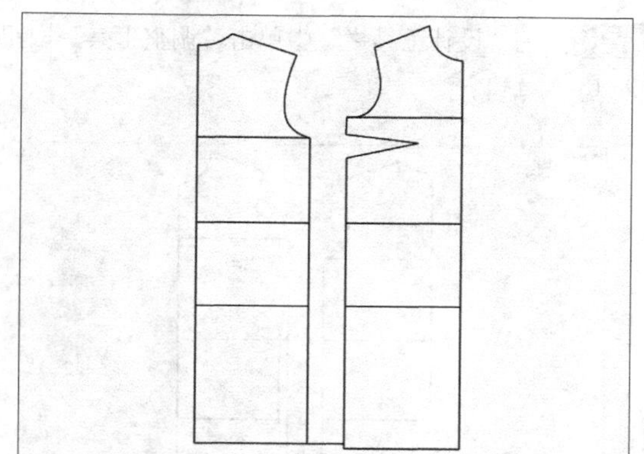

图9-128 绘制平行线

步骤 23 继续使用“智能笔”命令，在工作区中相应的点上单击鼠标左键，绘制直线，如图9-129所示。

步骤 24 继续使用“智能笔”命令，按住【Shift】键，在工作区中刚绘制的直线上单击鼠标右键，弹出“调整曲线长度”对话框，设置相应的参数，单击“确定”按钮，如图9-130所示。

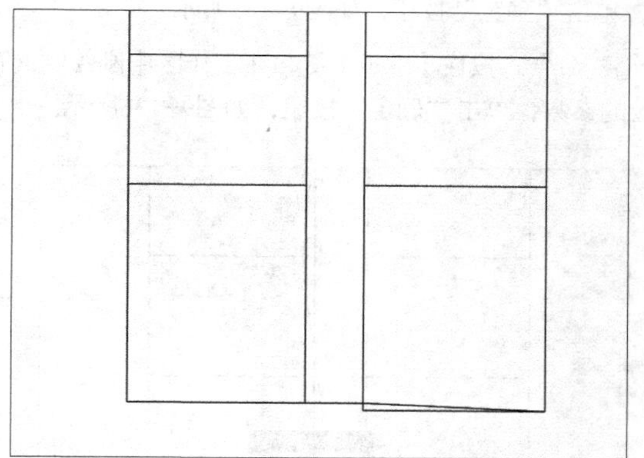

图9-129 绘制直线

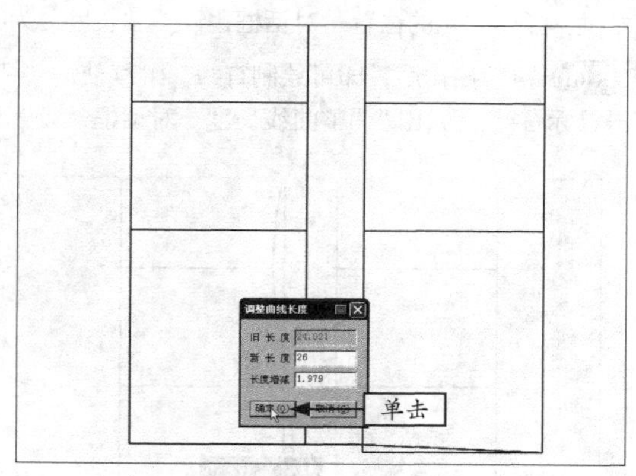

图9-130 单击“确定”按钮

步骤 25 执行操作后，即可调整曲线的长度，然后删除相应的曲线，如图9-131所示。

步骤 26 继续使用“智能笔”命令，在工作中相应的点上单击鼠标左键，向下拖曳鼠标，至合适的直线上单击鼠标左键，弹出“点的位置”对话框，设置“长度”为1.6，单击“确定”按钮，如图9-132所示。

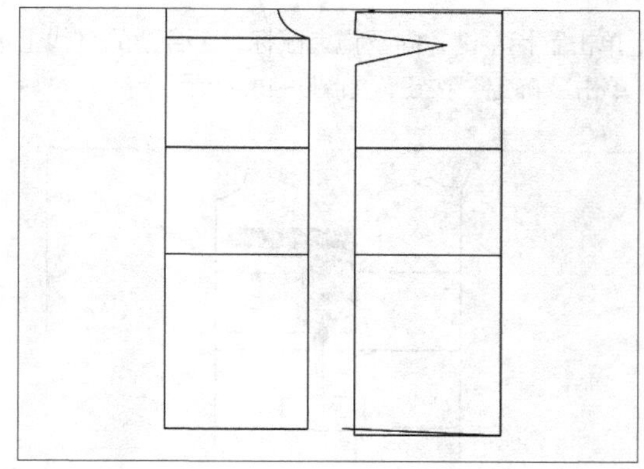

图9-131 调整曲线长度

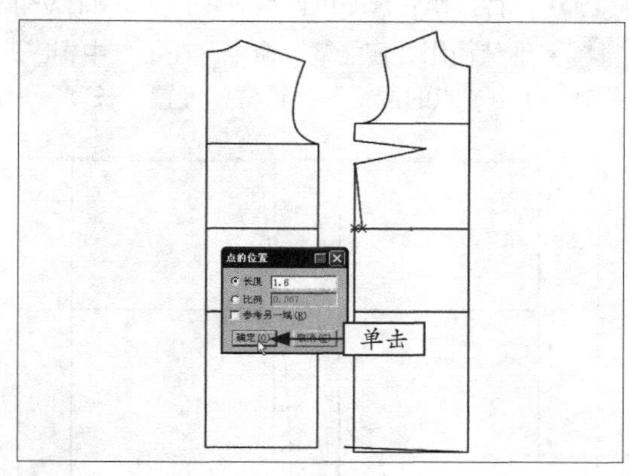

图9-132 单击“确定”按钮

步骤 27 执行操作后，向下拖曳鼠标，至相应的点上单击鼠标左键，绘制曲线，如图9-133所示。

步骤 28 在“设计工具栏”中单击“调整工具”按钮，在工作区中选择刚绘制的曲线，对其进行适当调整，如图9-134所示。

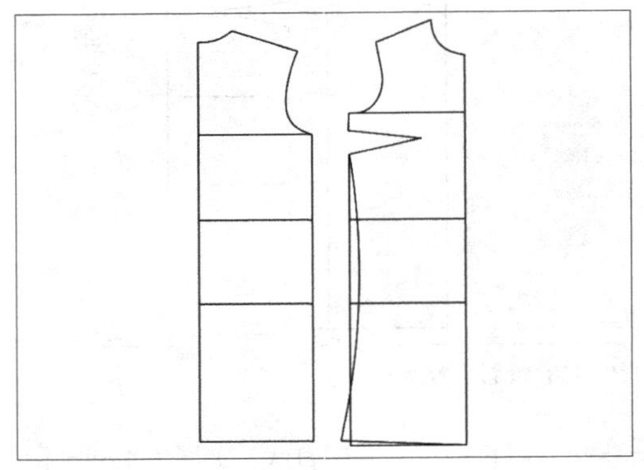
图9-133 绘制曲线

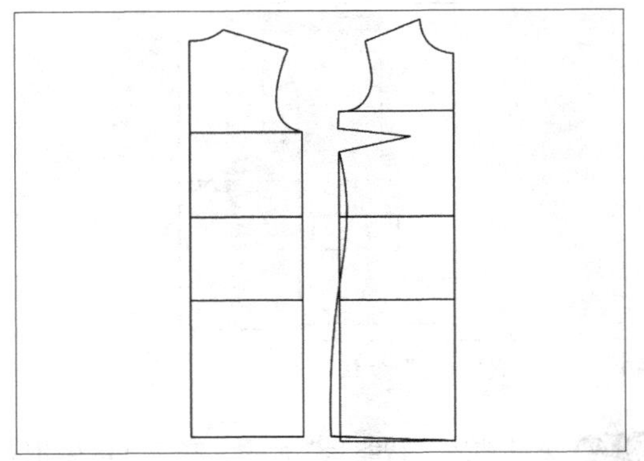
图9-134 调整曲线

步骤 29 继续使用“智能笔”命令，在工作中相应的点上单击鼠标左键，向右拖曳鼠标，至合适的直线上单击鼠标左键，弹出“点的位置”对话框，设置“长度”为0.5，单击“确定”按钮，如图9-135所示。

步骤 30 执行操作后，即可绘制直线。继续使用“智能笔”命令，按住【Shift】键，在工作区中刚绘制的直线上单击鼠标右键，弹出“调整曲线长度”对话框，设置相应的参数，单击“确定”按钮，如图9-136所示。

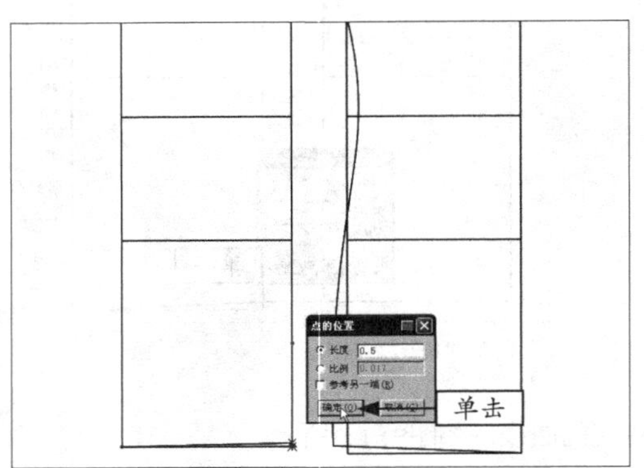

图9-135 单击“确定”按钮

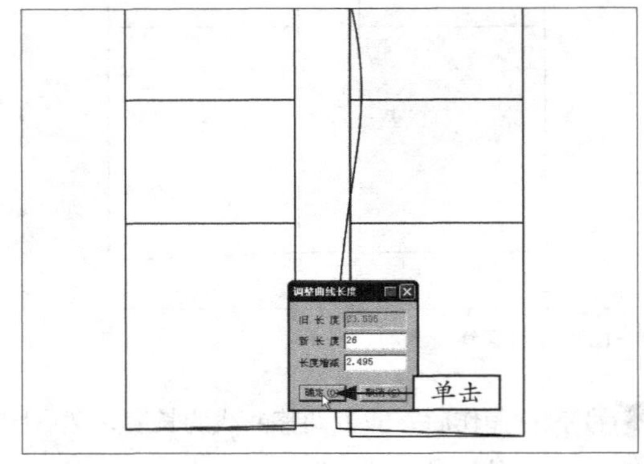

图9-136 调整曲线设置

步骤 31 执行操作后，即可调整曲线长度，如图9-137所示。

步骤 32 继续使用“智能笔”命令，在工作中相应的点上单击鼠标左键，向下拖曳鼠标，至合适的直线上单击鼠标左键，弹出“点的位置”对话框，设置“长度”为1.6，单击“确定”按钮，如图9-138所示。

图9-137 调整曲线长度

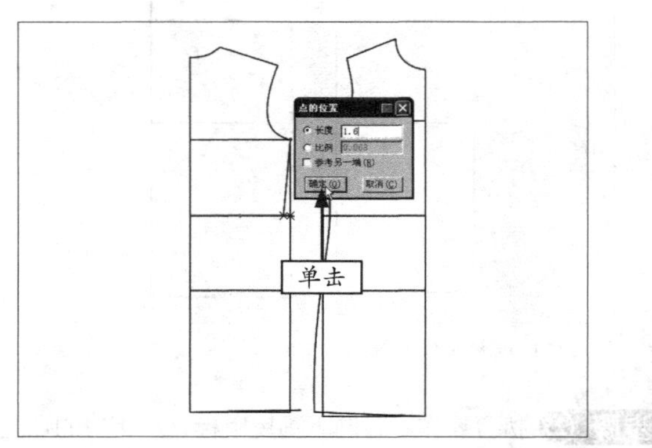

图9-138 单击“确定”按钮

步骤 33 执行操作后，向下拖曳鼠标，至相应的点上单击鼠标左键，绘制曲线，如图9-139所示。

步骤 34 在“设计工具栏”中单击“调整工具”按钮，在工作区中选择相应的曲线，对其进行适当调整，如图9-140所示。

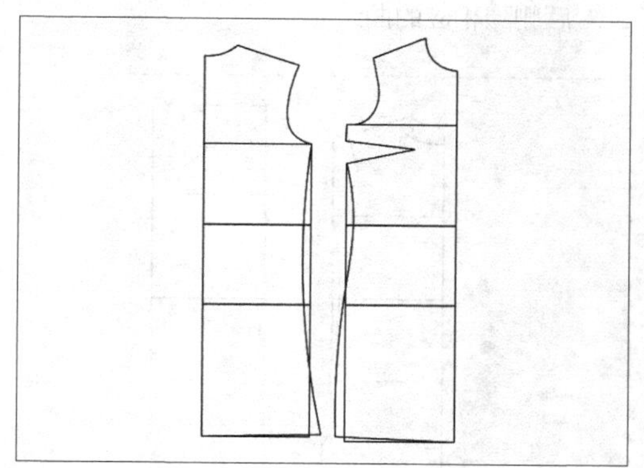

图9-139 绘制曲线

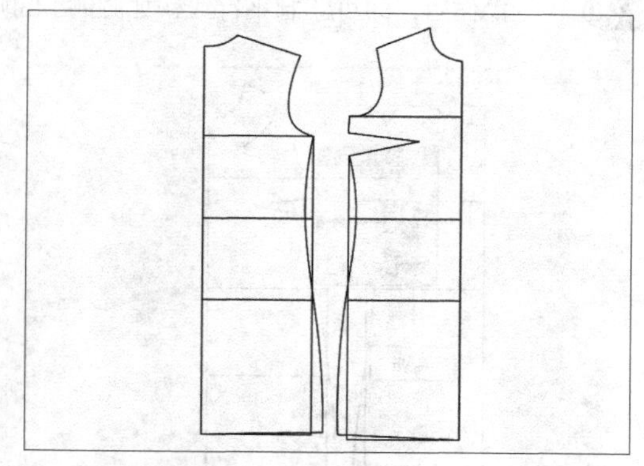

图9-140 调整曲线

步骤 35 在“设计工具栏”中单击“加省山”按钮，在工作区中相应的曲线上依次单击鼠标左键，执行操作后，即可添加省山，如图9-141所示。

步骤 36 继续使用“智能笔”命令，在工作区中相应的曲线上单击鼠标左键的同时，向左拖曳鼠标，至合适位置单击鼠标左键，弹出“平行线”对话框，设置相应的参数，单击“确定”按钮，如图9-142所示。

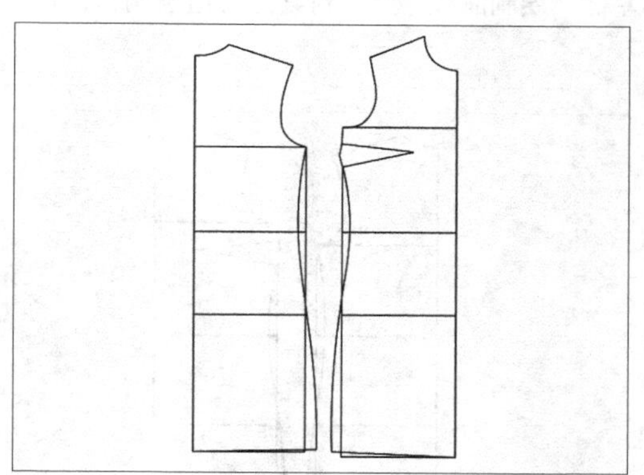

图9-141 添加省山

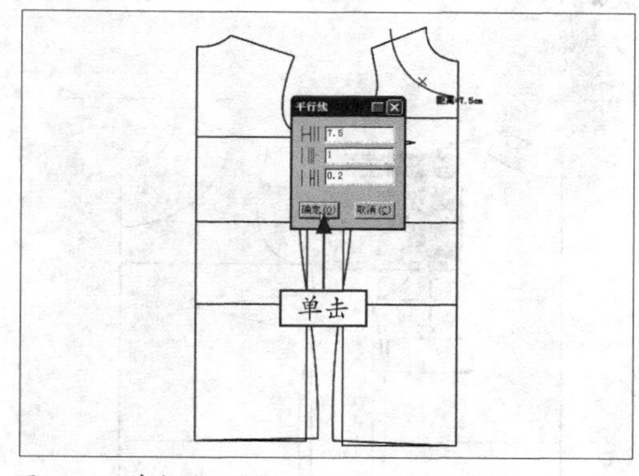

图9-142 单击“确定”按钮

步骤 37 执行操作后，即可绘制平行线，如图9-143所示。

步骤 38 在“设计工具栏”中单击“调整工具”按钮，在工作区中选择相应的曲线，对其进行适当调整，如图9-144所示。

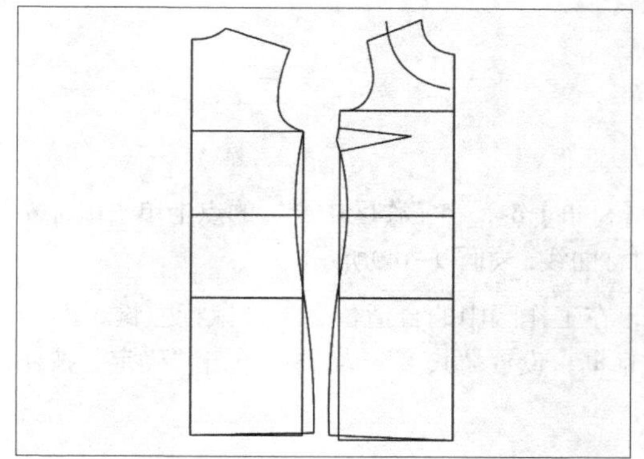

图9-143 绘制平行线

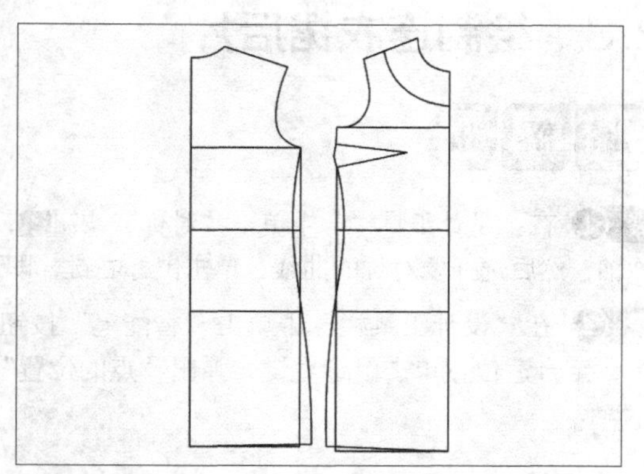

图9-144 调整曲线

步骤 39 继续使用“智能笔”命令，在工作区中相应的曲线上单击鼠标左键的同时，向右拖曳鼠标，至合适位置单击鼠标左键，弹出“平行线”对话框，设置相应的参数，单击“确定”按钮，如图9-145所示。

步骤 40 执行操作后，即可绘制平行线，如图9-146所示，然后删除相应的曲线。

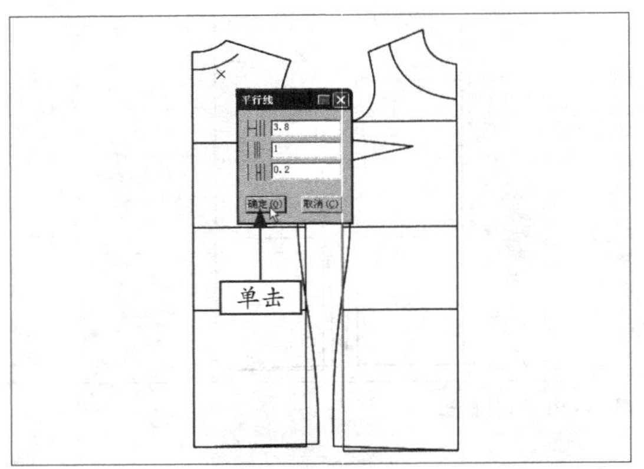

图9-145 单击“确定”按钮

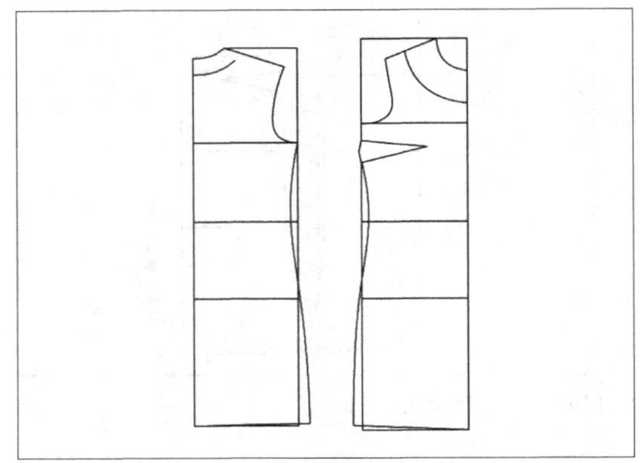
图9-146 绘制平行线

步骤 41 继续使用“智能笔”命令，在工作区中相应的点上单击鼠标左键，弹出“点的位置”对话框，设置“长度”为3.8，单击“确定”按钮，如图9-147所示。

步骤 42 执行操作后，拖曳鼠标，至合适位置单击鼠标左键，绘制曲线，然后对其进行适当调整，如图9-148所示。

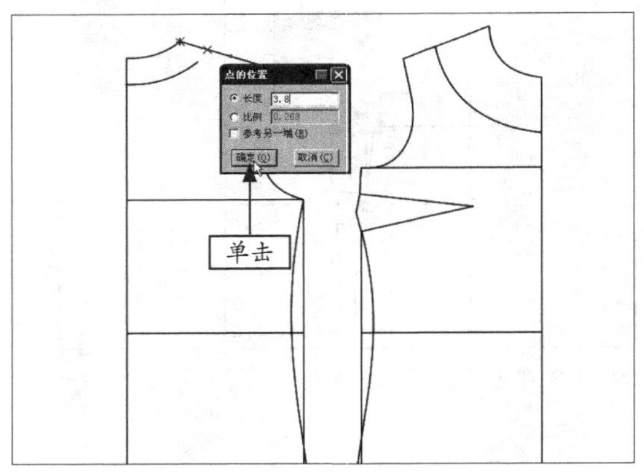

图9-147 单击“确定”按钮

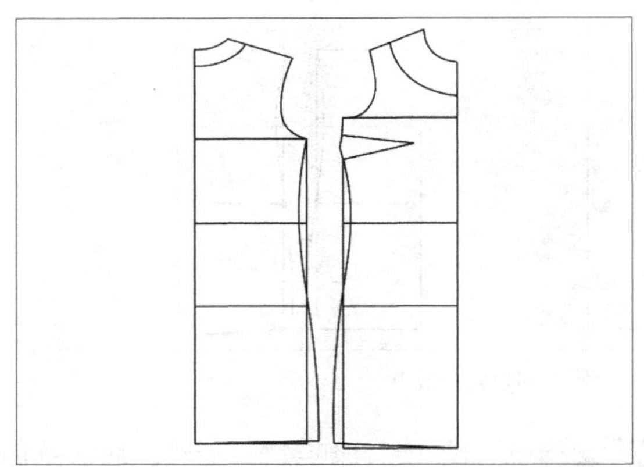
图9-148 绘制并调整曲线

9.2.3 绘制连衣裙后片

步骤解析

步骤 1 在“设计工具栏”中单击“对称”按钮■，按【Shift】键，在工作区中合适的点上单击鼠标左键，指定对称轴，然后选择要对称的曲线，单击鼠标右键，即可对称曲线，如图9-149所示。

步骤 2 在“设计工具栏”中单击“智能笔”按钮■，在工作区中的合适位置单击鼠标左键，然后向下拖曳鼠标，至合适位置单击鼠标左键，弹出“点的位置”对话框，设置“长度”为1.5，单击“确定”按钮，如图9-150所示。

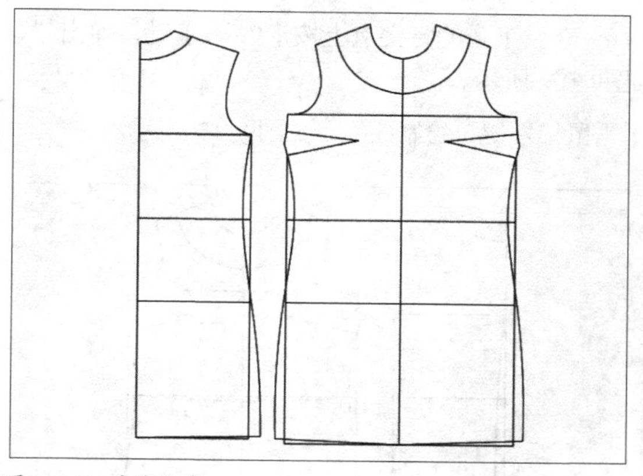
图9-149 对称曲线

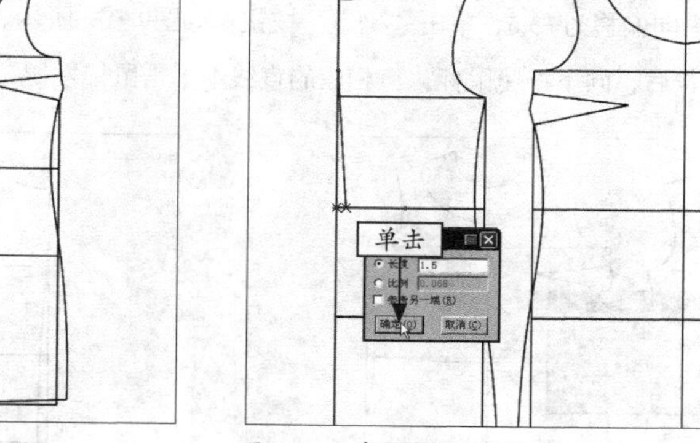

图9-150 单击“确定”按钮

步骤 3 执行操作后，向下拖曳鼠标，至相应的直线上单击鼠标左键，弹出“点的位置”对话框，设置“长度”为1，单击“确定”按钮，如图9-151所示。

步骤 4 执行操作后，单击鼠标右键，即可绘制曲线，如图9-152所示。

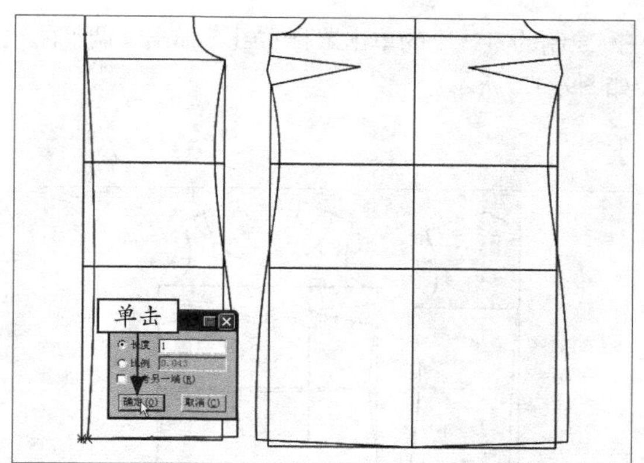

图9-151 单击“确定”按钮

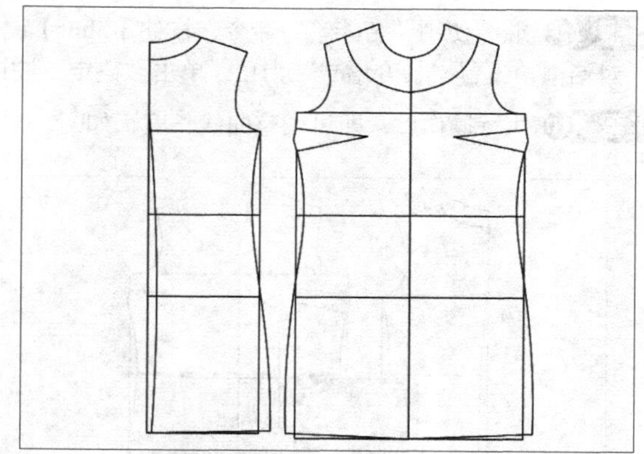
图9-152 绘制曲线

步骤 5 继续使用“智能笔”命令，在工作区中相应位置单击鼠标左键，向右拖曳鼠标，至前中线上单击鼠标左键，弹出“点的位置”对话框，设置“长度”为1，单击“确定”按钮，如图9-153所示。

步骤 6 执行操作后，向右拖曳鼠标，至相应的交点上单击鼠标左键，然后单击鼠标右键，绘制曲线，如图9-154所示。

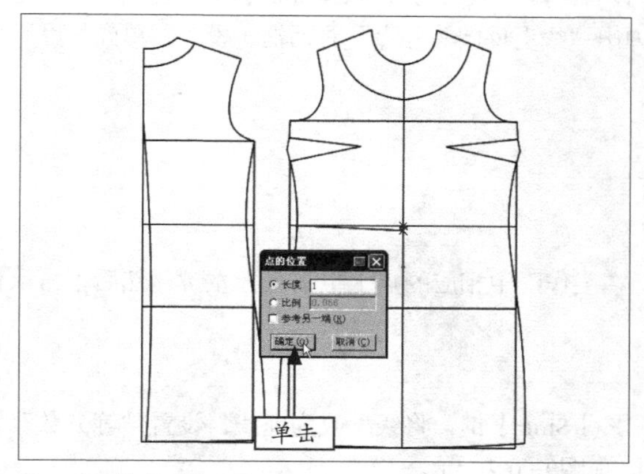

图9-153 单击“确定”按钮

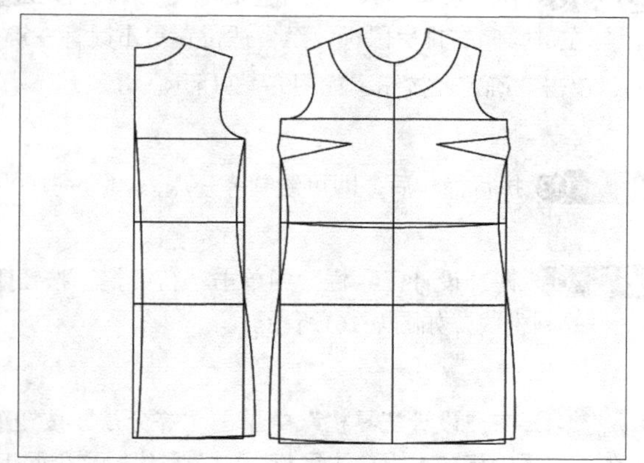
图9-154 绘制曲线

步骤 7 继续使用“智能笔”命令，在工作区中拖曳鼠标，至腋下省的省尖点上按【Enter】键，弹出“移动量”对话框，设置纵向偏移为-3.5，单击“确定”按钮，如图9-155所示。

步骤 8 执行操作后，向下拖曳鼠标，至相应的直线上单击鼠标左键，绘制曲线，如图9-156所示。

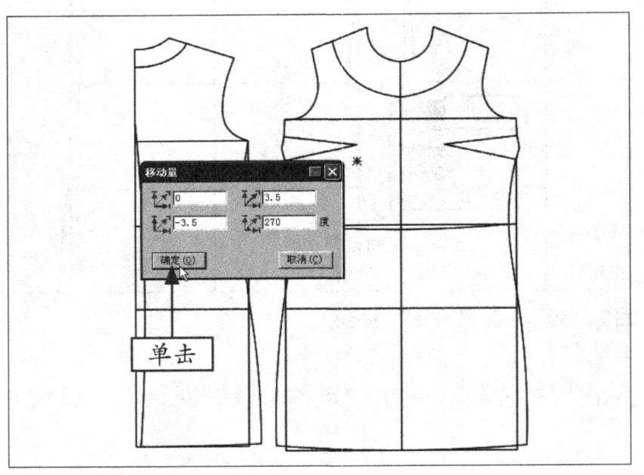

图9-155 单击“确定”按钮

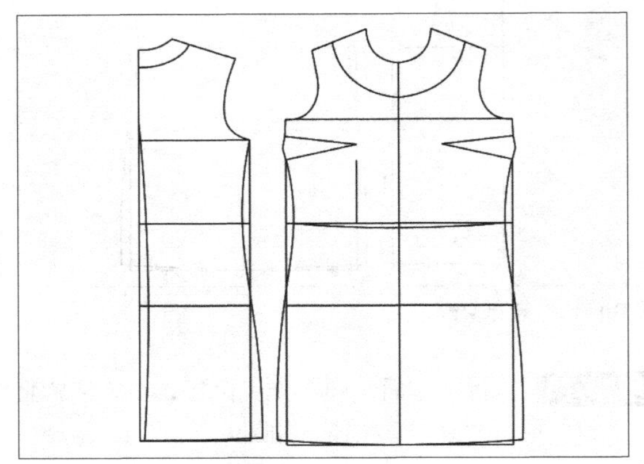

图9-156 绘制曲线

步骤 9 继续使用“智能笔”命令，按住【Shift】键，在刚绘制的直线上的单击鼠标右键，弹出“调整曲线长度”对话框，设置“长度增减”为12，单击“确定”按钮，如图9-157所示。

步骤 10 执行操作后，即可调整曲线长度，如图9-158所示。

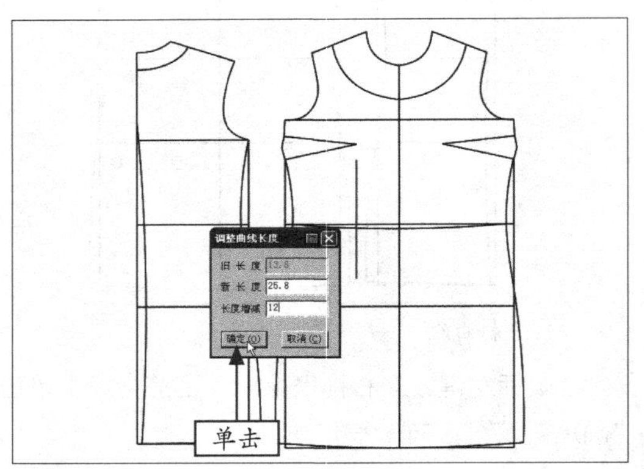

图9-157 单击“确定”按钮

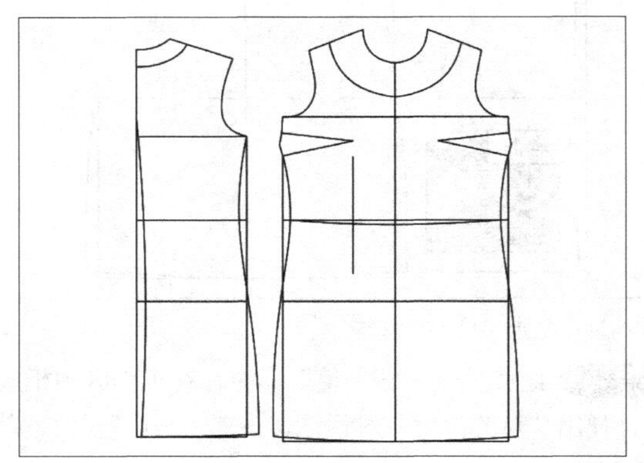

图9-158 调整曲线长度

步骤 11 在“设计工具栏”中单击“等分规”按钮，设置“等分数”为2，按【Shift】键，在相应的点上单击鼠标左键，向右拖曳鼠标，至合适位置单击鼠标左键，弹出“线上反向等分点”对话框，设置“单向长度”为1.25，单击“确定”按钮，如图9-159所示。

步骤 12 执行操作后，即可绘制等分点，如图9-160所示。

步骤 13 在“设计工具栏”中单击“智能笔”按钮，在工作区中相应的点上单击鼠标左键，然后单击鼠标右键，绘制省线，如图9-161所示。

步骤 14 在“设计工具栏”中单击“等分规”按钮，按【Shift】键，将线型改为虚线，设置“等分数”为2，在工作区中相应点上单击鼠标左键，将线段平分两等分，如图9-162所示。

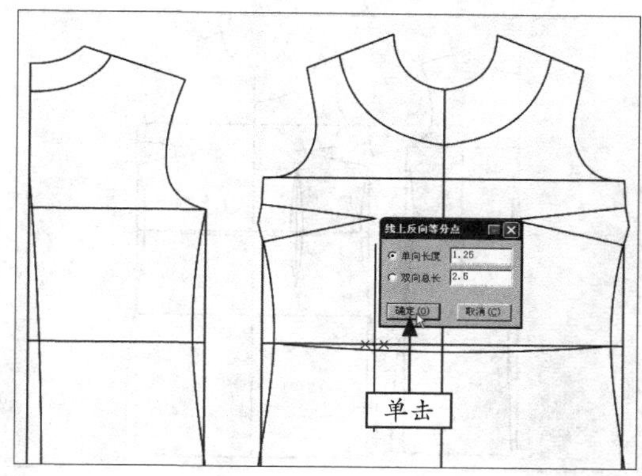

图9-159 单击“确定”按钮

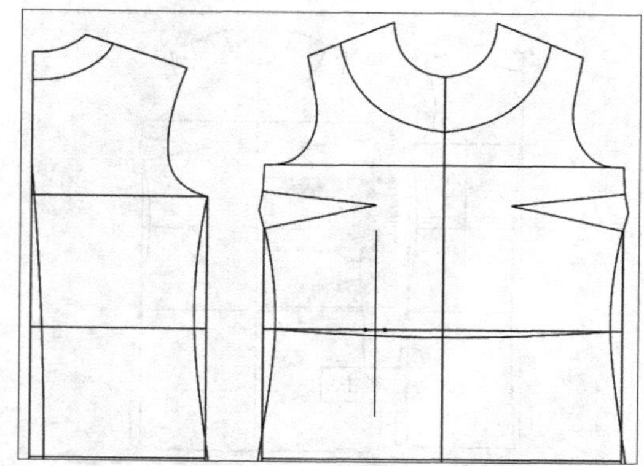
图9-160 绘制等分点

步骤 15 将线型改为实线，在“设计工具栏”中单击“智能笔”按钮，在工作区中拖曳鼠标，至等分点上按【Enter】键，弹出“移动量”对话框，设置纵向偏移为20，单击“确定”按钮，如图9-163所示。

步骤 16 执行操作后，向下拖曳鼠标，至相应的直线上单击鼠标左键，然后单击鼠标右键，绘制省中线，如图9-164所示。

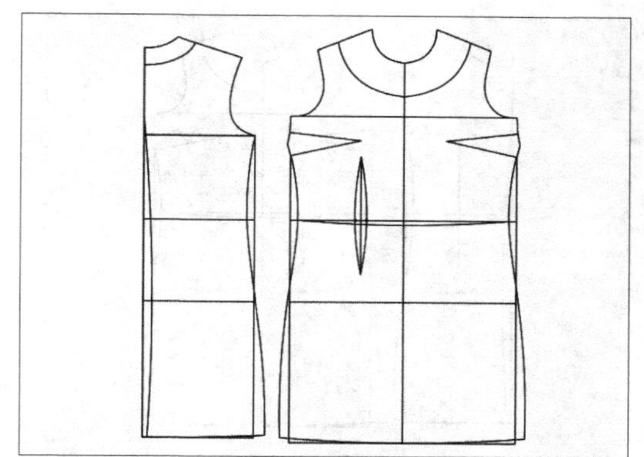
图9-161 绘制省线

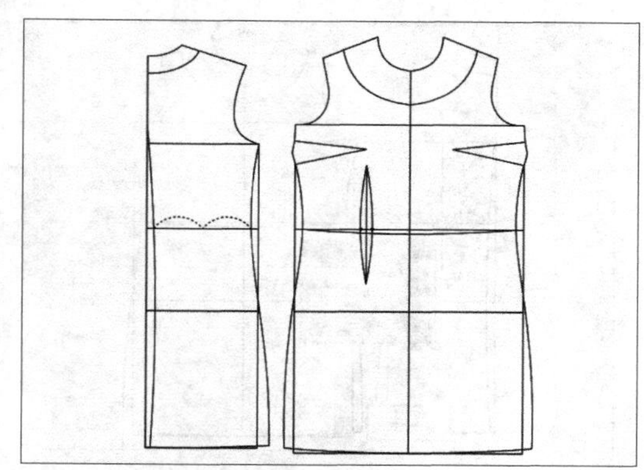
图9-162 两等分线段

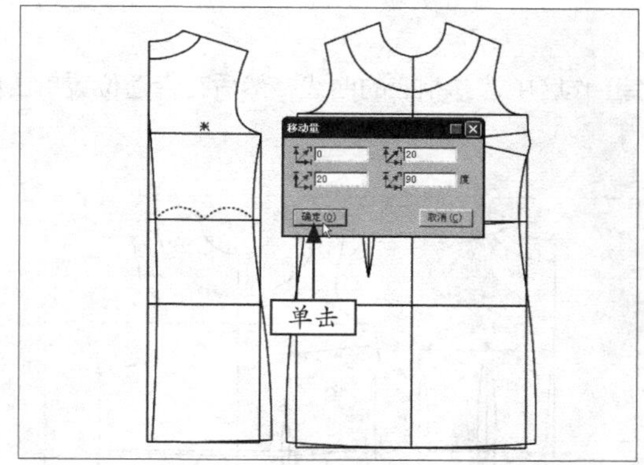

图9-163 单击“确定”按钮

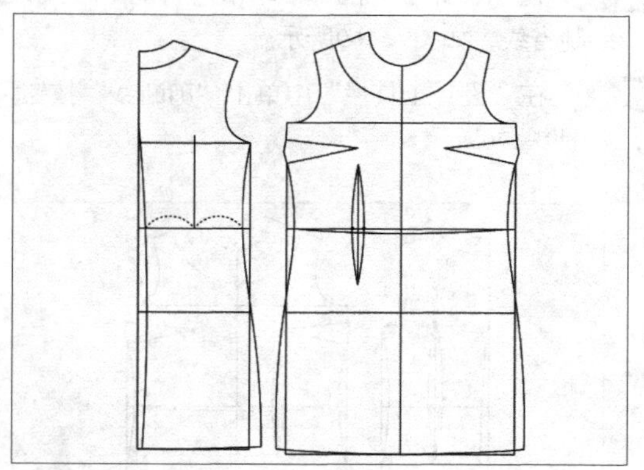
图9-164 绘制省中线

步骤 17 继续使用“智能笔”命令，按住【Shift】键，在刚绘制的直线上单击鼠标右键，弹出“调整曲线长度”对话框，设置“长度增减”为12，单击“确定”按钮，如图9-165所示。

步骤 18 执行操作后，即可调整曲线长度，如图9-166所示。

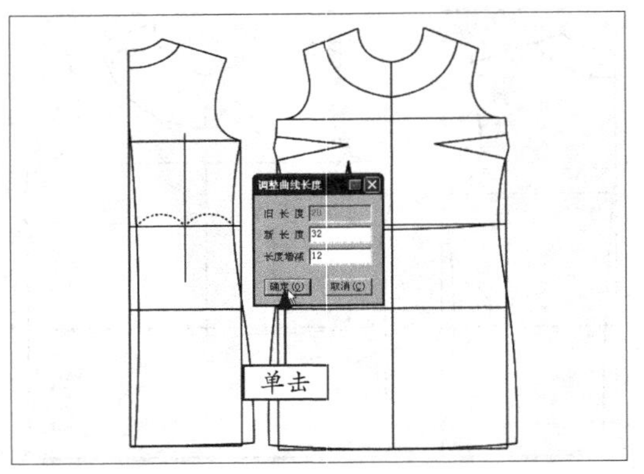

图9-165 单击“确定”按钮

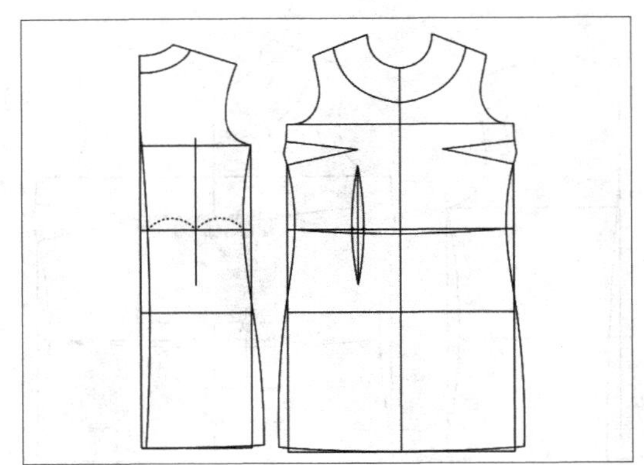
图9-166 调整曲线长度

步骤19 在“设计工具栏”中单击“等分规”按钮，设置“等分数”为2，按【Shift】键，在相应的点上单击鼠标左键，向右拖曳鼠标，至合适位置单击鼠标左键，弹出“线上反向等分点”对话框，设置“单向长度”为1.5，单击“确定”按钮，如图9-167所示。

步骤20 执行操作后，即可绘制等分点，如图9-168所示。

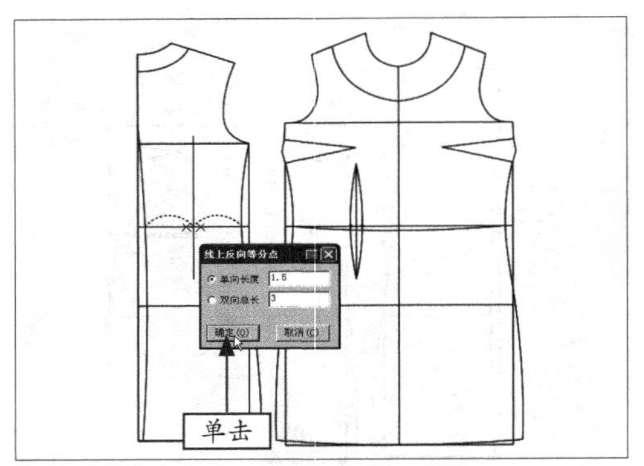

图9-167 单击“确定”按钮

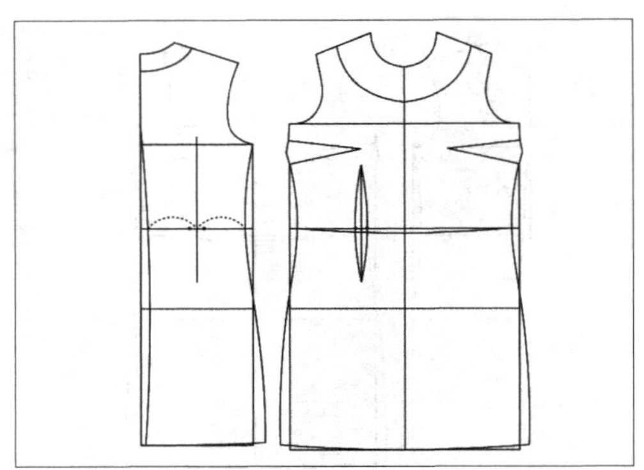
图9-168 绘制等分点

步骤21 在“设计工具栏”中单击“智能笔”按钮，在工作区中相应的点上单击鼠标左键，然后单击鼠标右键，绘制省线，如图9-169所示。

步骤22 在“设计工具栏”中单击“剪断线”按钮，在工作区中选择相应的曲线，然后在合适位置单击鼠标左键，如图9-170所示。

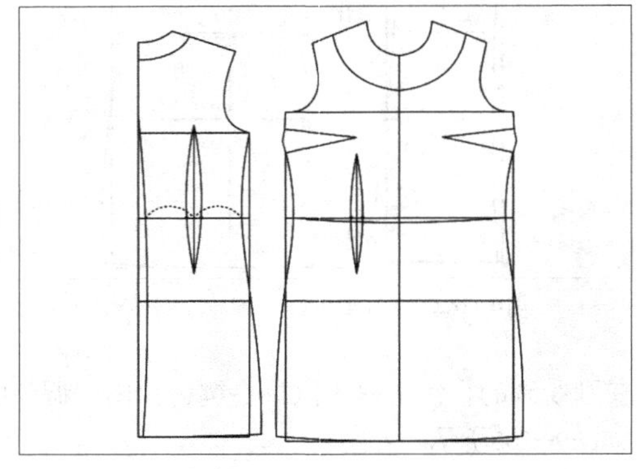
图9-169 绘制省线

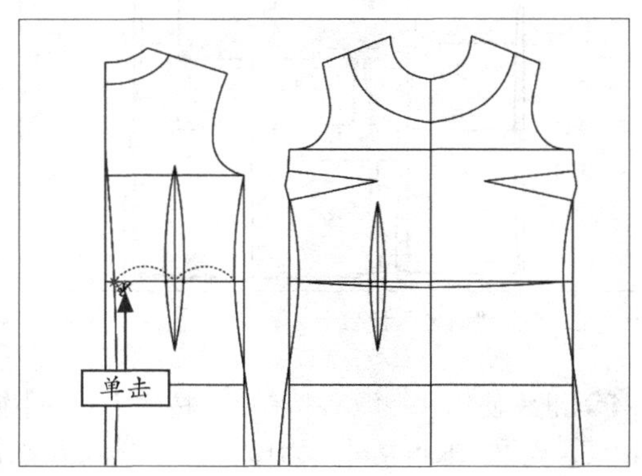

图9-170 单击鼠标左键

步骤 23 执行操作后，即可剪断曲线。在“设计工具栏”中单击“智能笔”按钮，在工作区中相应的点上单击鼠标左键，然后拖曳鼠标，至相应的曲线上单击鼠标左键，弹出“点的位置”对话框，设置“长度”为1，单击“确定”按钮，如图9-171所示。

步骤 24 执行操作后，单击鼠标右键，即可绘制曲线，然后使用“调整工具”对其进行适当调整，如图9-172所示。

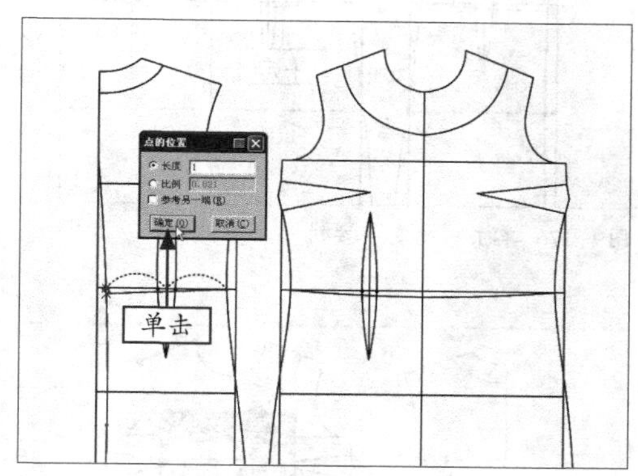

图9-171 单击“确定”按钮

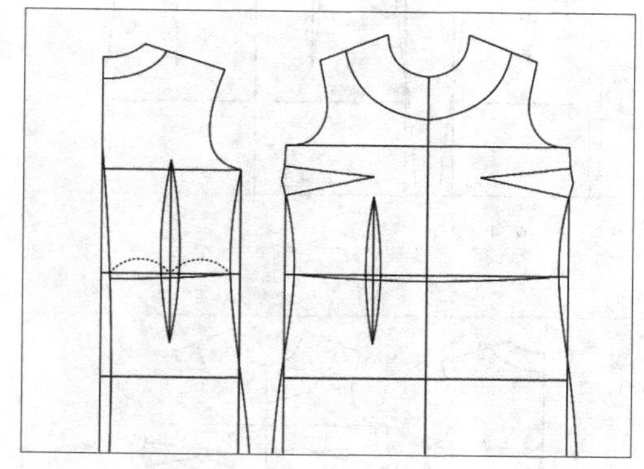
图9-172 绘制并调整曲线

步骤 25 继续使用“智能笔”命令，按住【Shift】键，在工作区中相应的点上单击鼠标右键，然后拖曳鼠标，至合适位置单击鼠标右键，然后单击鼠标左键，弹出“偏移”对话框，设置横向偏移为9.75、纵向偏移为12，单击“确定”按钮，如图9-173所示。

步骤 26 执行操作后，即可偏移点，如图9-174所示。

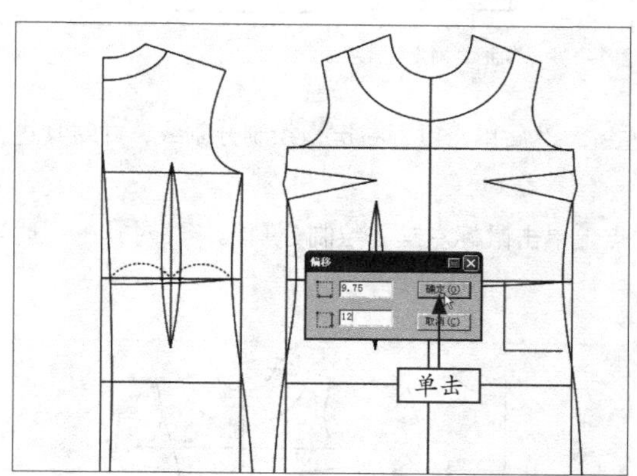

图9-173 单击“确定”按钮

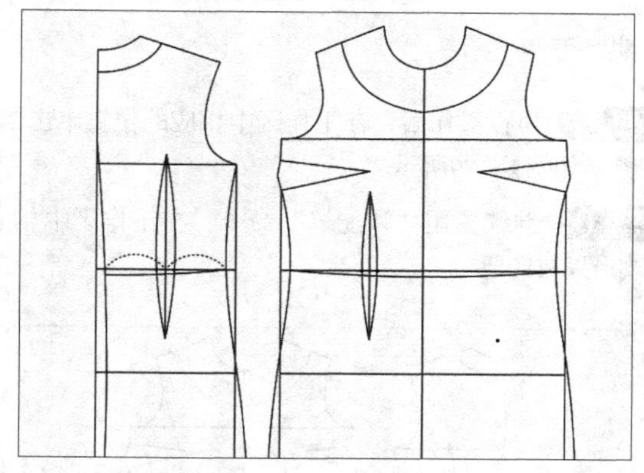
图9-174 偏移点

步骤 27 继续使用“智能笔”命令，在刚偏移的点上单击鼠标左键，然后向上拖曳鼠标，至相应的直线上单击鼠标左键，绘制省中线，如图9-175所示。

步骤 28 在“设计工具栏”中单击“等分规”按钮，设置“等分数”为2，在相应的点上单击鼠标左键，向右拖曳鼠标，至合适位置单击鼠标左键，弹出“线上反向等分点”对话框，设置“单向长度”为1.25，单击“确定”按钮，如图9-176所示。

步骤 29 执行操作后，即可绘制等分点，然后使用“智能笔”命令，绘制省线，如图9-177所示。

步骤 30 继续使用“智能笔”命令，在工作区中相应的曲线上单击鼠标左键，弹出“点的位置”对话框，设置“长度”为7.8，单击“确定”按钮，如图9-178所示。

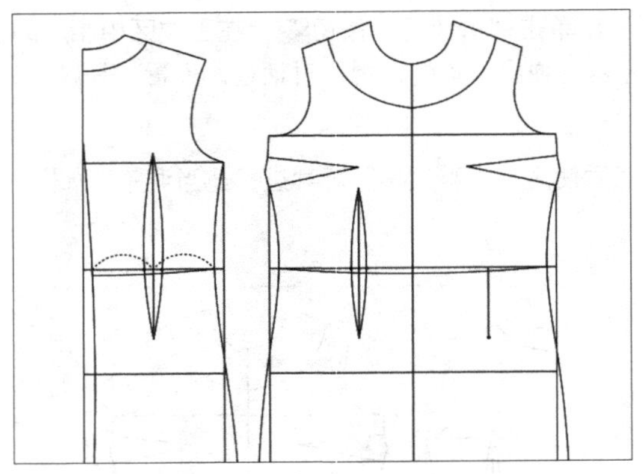
图9-175 绘制省中线

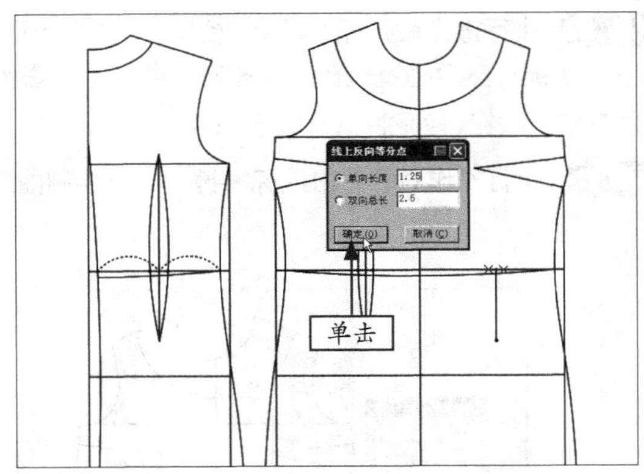

图9-176 单击“确定”按钮

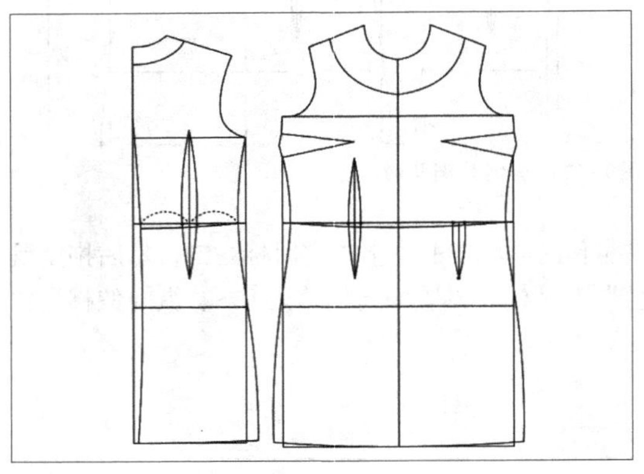
图9-177 绘制省线

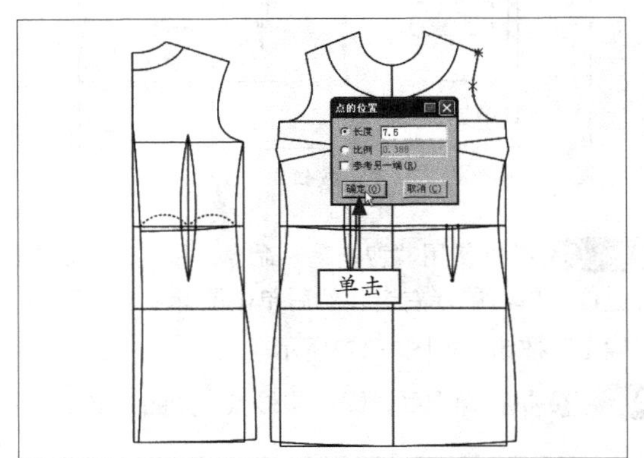

图9-178 单击“确定”按钮

步骤 31 执行操作后，在工作区中相应的位置单击鼠标左键，然后单击鼠标右键，绘制分割线，并对其进行适当调整，如图9-179所示。

步骤 32 继续使用“智能笔”命令，在工作区中相应的点上单击鼠标左键，绘制分割线，并对其进行适当调整，如图9-180所示。

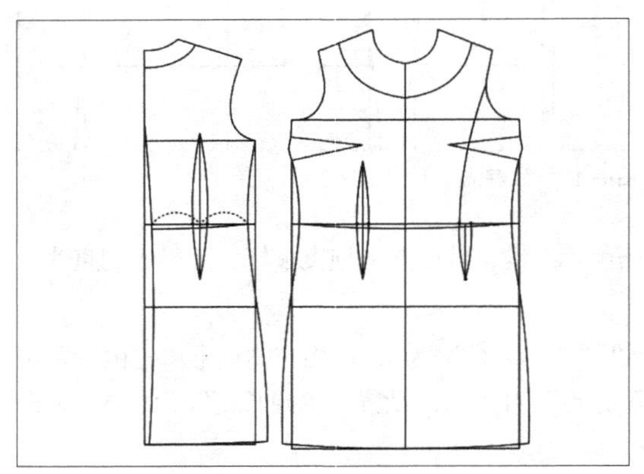
图9-179 绘制分割线

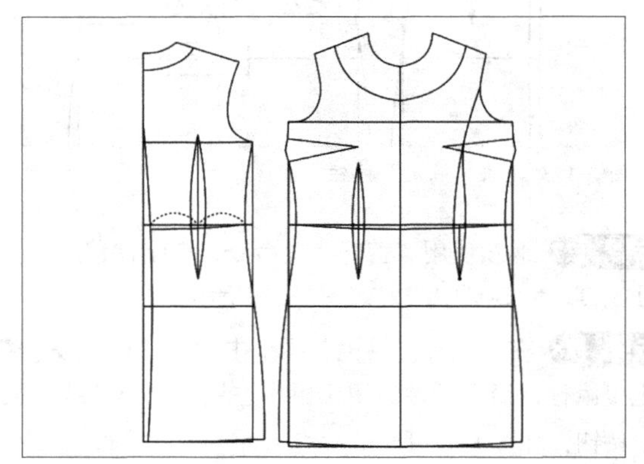
图9-180 绘制并调整分割线

步骤 33 继续使用“智能笔”命令，在工作区中相应的点上单击鼠标左键，绘制省中线，如图9-181所示。

步骤 34 在“设计工具栏”中单击“剪断线”按钮■和“橡皮擦”按钮■，在工作区中剪断并删除曲线，效果如图9-182所示。

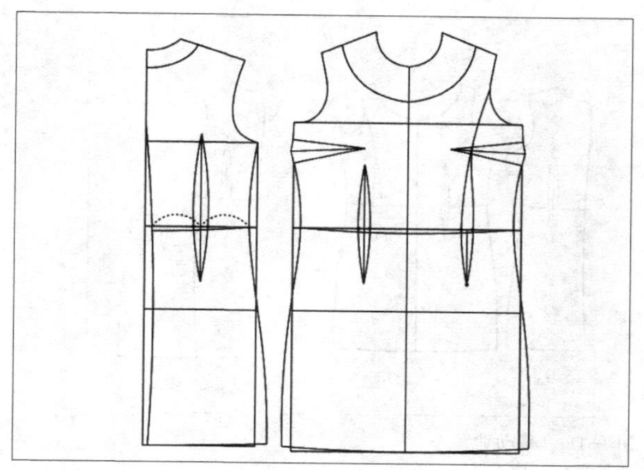
图9-181 绘制省中线

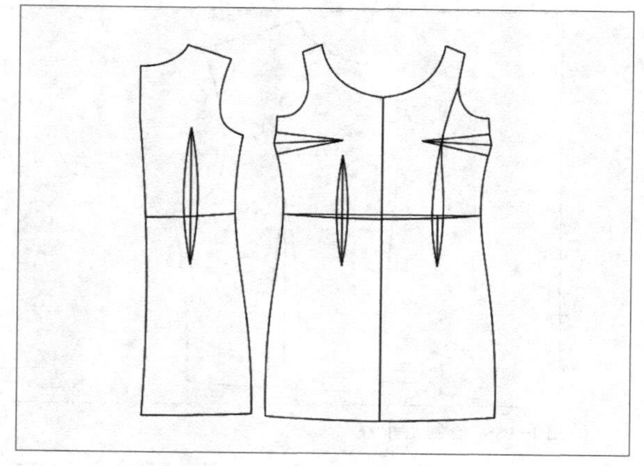
图9-182 剪断并删除曲线

9.2.4 绘制连衣裙其他部件

步骤解析

步骤 1 在“设计工具栏”中单击“移动”按钮，按【Shift】键，在工作区中选择相应的曲线，单击鼠标右键，然后指定移动的起点和终点，执行操作后，即可移动曲线，如图9-183所示。

步骤 2 在“设计工具栏”中单击“加省山”按钮，在工作区中相应的曲线上依次单击鼠标左键，执行操作后，即可添加省山，如图9-184所示。

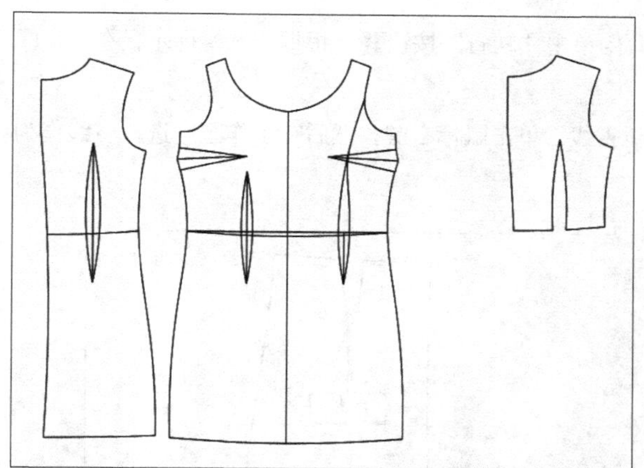
图9-183 移动曲线

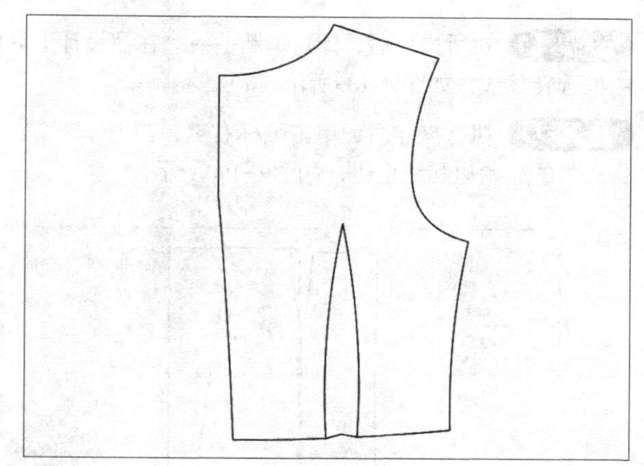
图9-184 加省山

步骤 3 在“设计工具栏”中单击“智能笔”按钮，在工作区中相应的点上单击鼠标左键，绘制省中线，如图9-185所示。

步骤 4 在“设计工具栏”中单击“移动”按钮，在工作区中选择相应的曲线，单击鼠标右键，然后指定移动的起点和终点，执行操作后，即可移动曲线，如图9-186所示。

步骤 5 在“设计工具栏”中单击“智能笔”按钮，在工作区中相应的点上单击鼠标左键，绘制直线，如图9-187所示。

步骤 6 在“设计工具栏”中单击“剪断线”按钮，在工作区中选择相应的曲线，然后在合适位置单击鼠标左键，如图9-188所示。

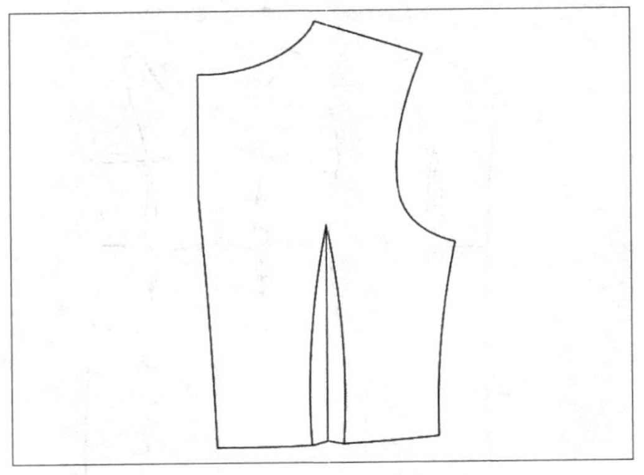
图9-185 绘制省中线

图9-186 移动曲线

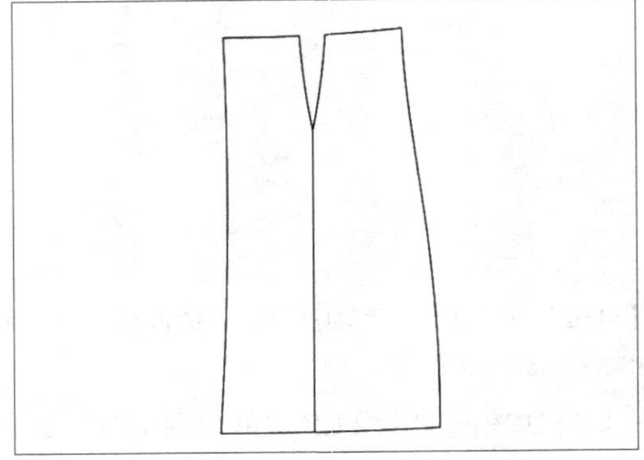
图9-187 绘制直线

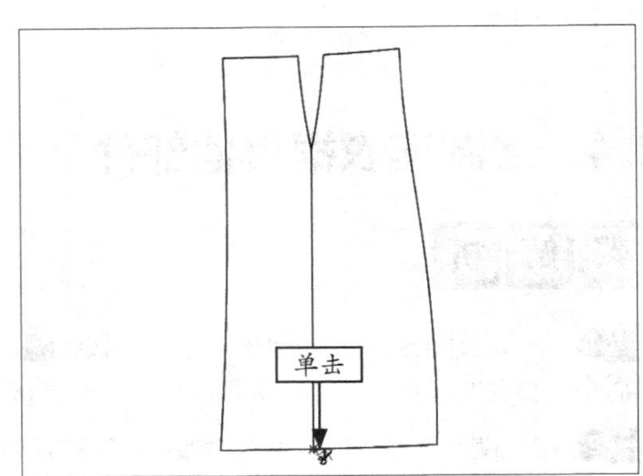

图9-188 单击鼠标左键

步骤 7 执行操作后，即可剪断曲线。在“设计工具栏”中单击“转省”按钮，根据状态栏提示，在工作区中框选转移线，如图9-189所示。

步骤 8 执行操作后，单击鼠标右键，在工作区中选择新省线，单击鼠标右键，然后在工作区中选择省线作为合并省的起始边和终止边，如图9-190所示。

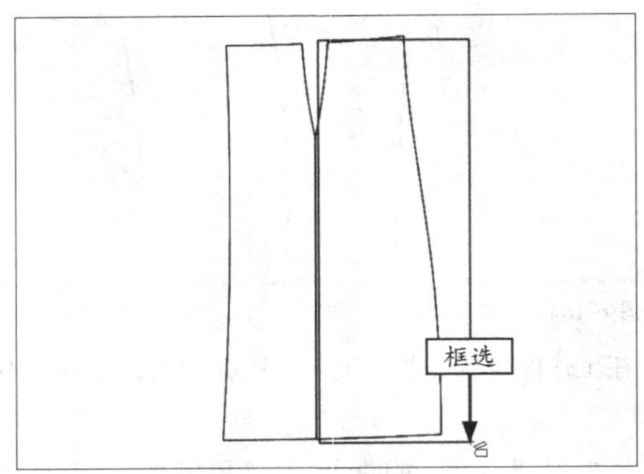

图9-189 框选转移线

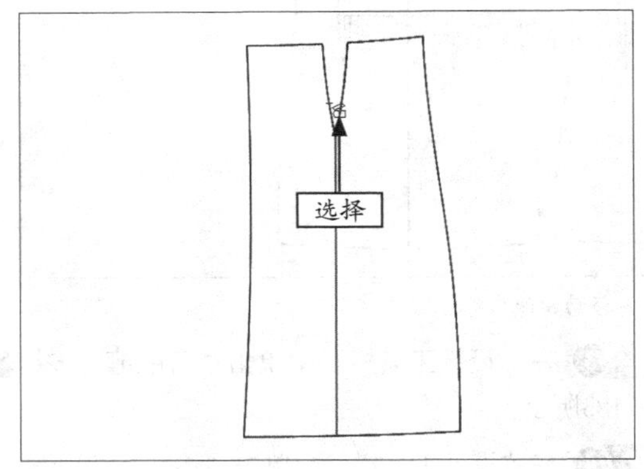

图9-190 选择边线

步骤 9 执行操作后，即可转移省道，如图9-191所示。

步骤 10 在“设计工具栏”中单击“智能笔”按钮，在工作区中的合适位置单击鼠标左键，绘制曲线，如图9-192所示。

步骤 11 在“设计工具栏”中单击“橡皮擦”按钮，在工作区中选择相应的曲线，将其删除，如图9-193所示。

步骤 12 在“设计工具栏”中单击“对称”按钮，按【Shift】键，在工作区中合适的点上单击鼠标左键，指定对称轴，然后选择要对称的曲线，单击鼠标右键，即可对称曲线，如图9-194所示。

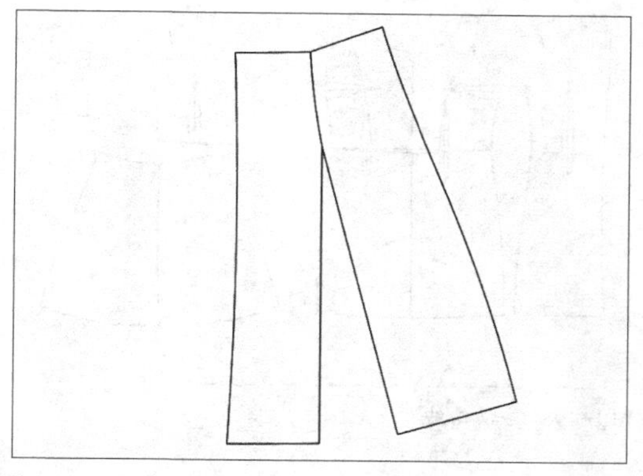
图9-191 转移省道

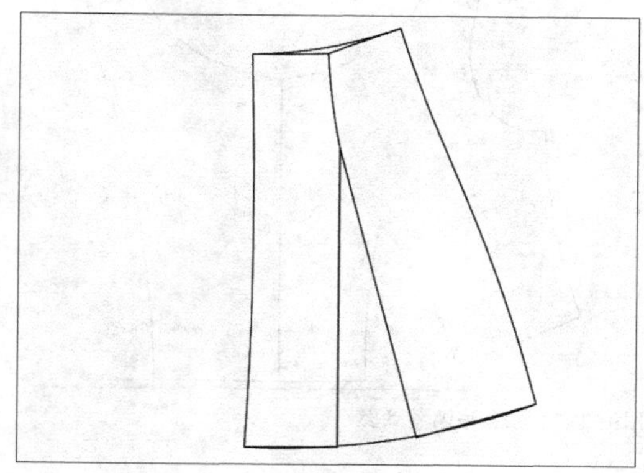
图9-192 绘制曲线

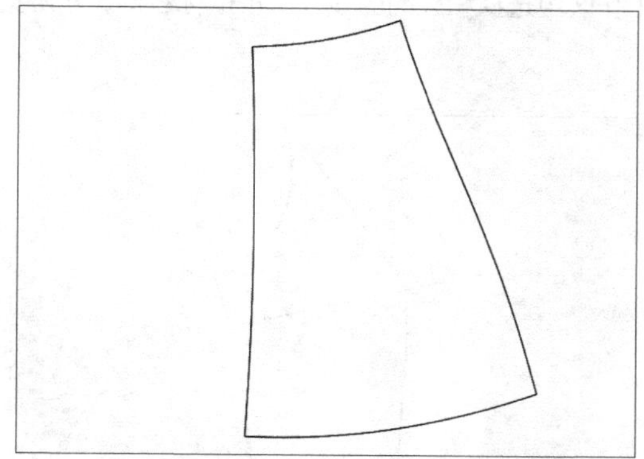
图9-193 删除曲线

图9-194 对称曲线

步骤 13 在“设计工具栏”中单击“移动”按钮，在工作区中选择相应的曲线，单击鼠标右键，然后指定移动的起点和终点，执行操作后，即可移动曲线，如图9-195所示。

步骤 14 在“设计工具栏”中单击“旋转”按钮，在工作区中选择相应的曲线，然后指定旋转中心和起点，然后拖曳鼠标，指定旋转终点，旋转曲线，如图9-196所示。

图9-195 移动曲线

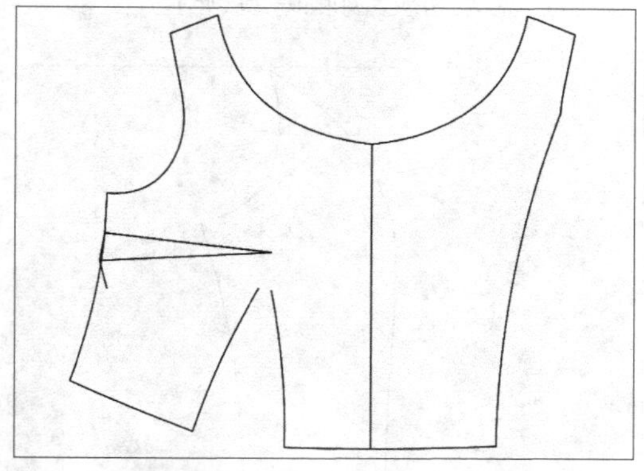
图9-196 旋转曲线

步骤 15 在工作区中选择相应的曲线，将其删除，然后选择相应的曲线，对其进行适当调整，如图9-197所示。

步骤 16 在“设计工具栏”中单击“移动”按钮，按【Shift】键，在工作区中选择相应的曲线，然后指定移动起点和终点，移动曲线，如图9-198所示。

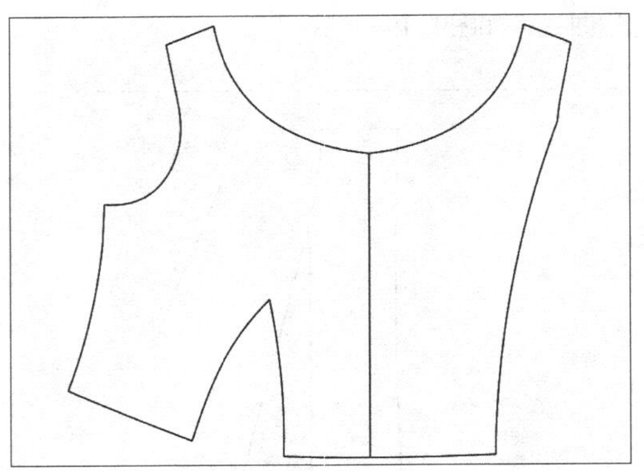
图9-197 删除并调整曲线

图9-198 移动曲线

步骤 17 在工作区中选择相应的曲线，将其剪断，然后删除相应的曲线，如图9-199所示。

步骤 18 在“设计工具栏”中单击“旋转”按钮，在工作区中选择相应的曲线，单击鼠标右键，然后指定旋转的起点和终点，旋转曲线，如图9-200所示。

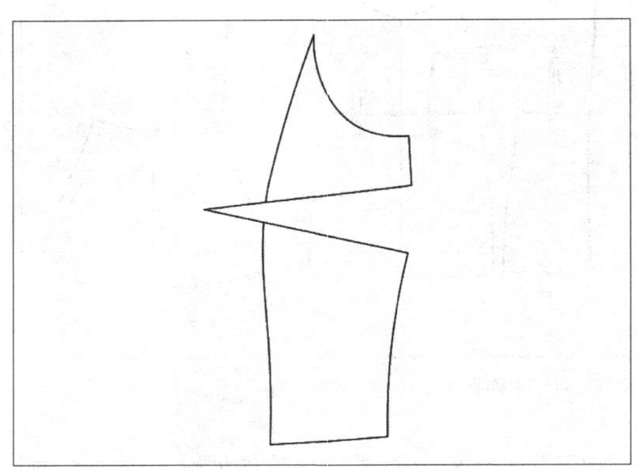
图9-199 剪断并删除曲线

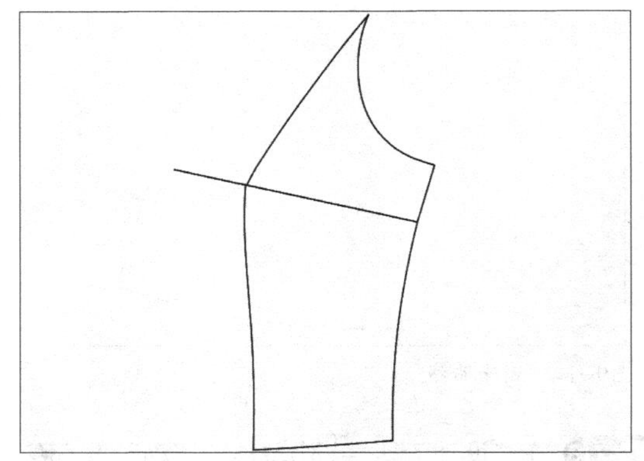
图9-200 旋转曲线

步骤 19 在工作区中选择相应的曲线，将其删除，然后选择相应的曲线，对其进行适当调整，如图9-201所示。

步骤 20 在“设计工具栏”中单击“移动”按钮，按【Shift】键，在工作区中选择相应的曲线，然后指定移动起点和终点，移动曲线，如图9-202所示。

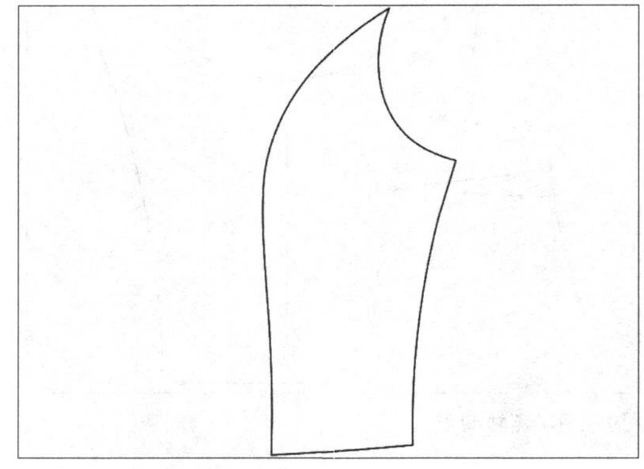
图9-201 删除并调整曲线

图9-202 移动曲线

步骤 21 在“设计工具栏”中单击“智能笔”按钮，在工作区中相应的点上单击鼠标左键，绘制直线，如图9-203所示。

步骤 22 在工作区中选择相应的曲线，将其剪断。在“设计工具栏”中单击“转省”按钮，根据状态栏提示，在工作区中框选转移线，单击鼠标右键，在工作区中选择新省线，单击鼠标右键，然后选择省线作为合并省的起始边和终止边，转移省道，如图9-204所示。

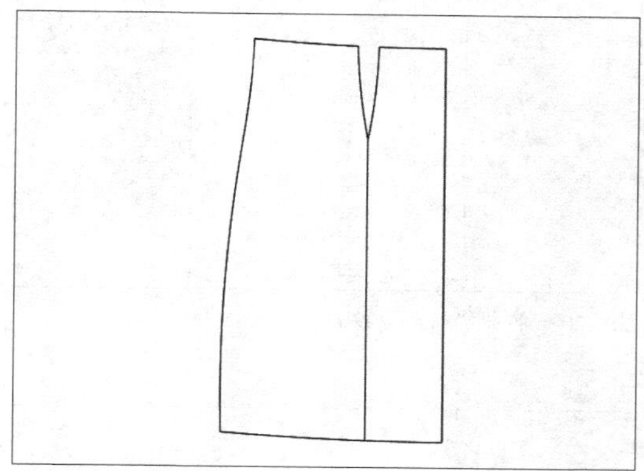

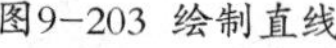

图9-203 绘制直线

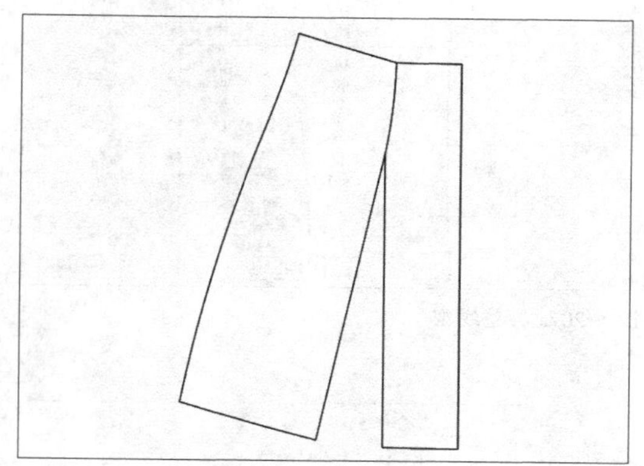

图9-204 转移省道

步骤 23 在“设计工具栏”中单击“智能笔”按钮，在工作区中相应的点上单击鼠标左键，绘制曲线。在工作区中选择相应的曲线，将其删除，如图9-205所示。

步骤 24 在“设计工具栏”中单击“对称”按钮，按【Shift】键，在工作区中合适的点上单击鼠标左键，指定对称轴，然后选择要对称的曲线，单击鼠标右键，即可对称曲线，如图9-206所示。

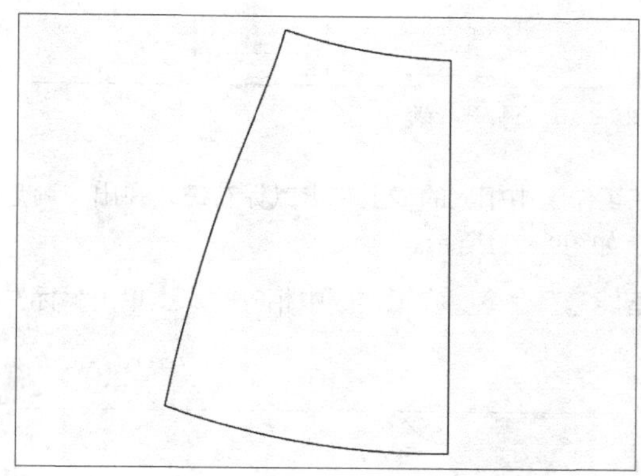

图9-205 对称曲线

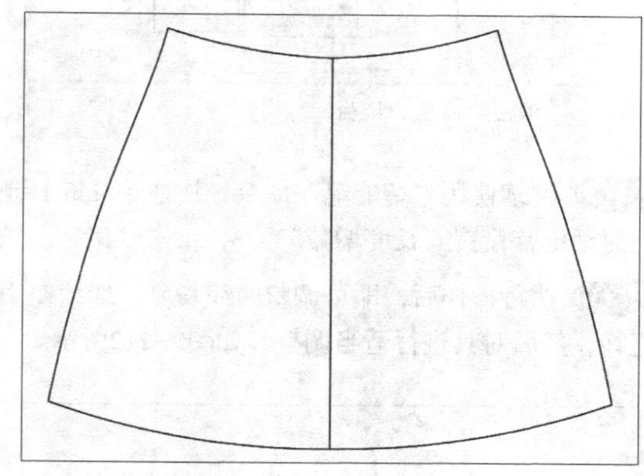

图9-206 对称曲线

步骤 25 在“设计工具栏”中单击“设置线的颜色类型”按钮，设置线型为虚线，然后在工作区中选择相应的曲线，执行操作后，即可调整曲线的线型，如图9-207所示。

步骤 26 在“设计工具栏”中单击“调整工具”按钮，在工作区中相应的点上按【Enter】键，弹出“偏移”对话框，设置相应的参数，单击“确定”按钮，如图9-208所示。

步骤 27 执行操作后，即可偏移点。继续使用“智能笔”命令，在工作区中相应的线上单击鼠标左键的同时，向上拖曳鼠标，至合适位置单击鼠标左键，弹出“平行线”对话框，设置相应的参数，单击“确定”按钮，如图9-209所示。

步骤 28 执行操作后，即可绘制平行线。继续使用“智能笔”命令，用与上同样的方法，绘制平行线，如图9-210所示。

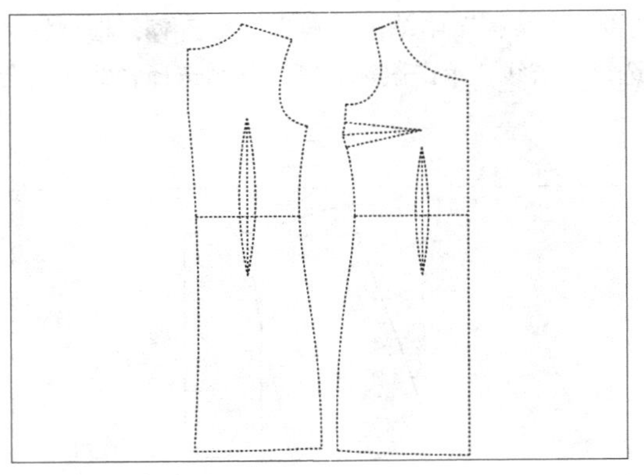

图9-207 调整线型

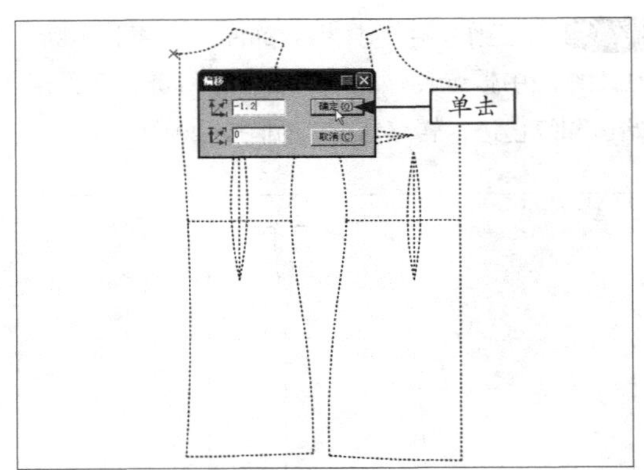

图9-208 单击“确定”按钮

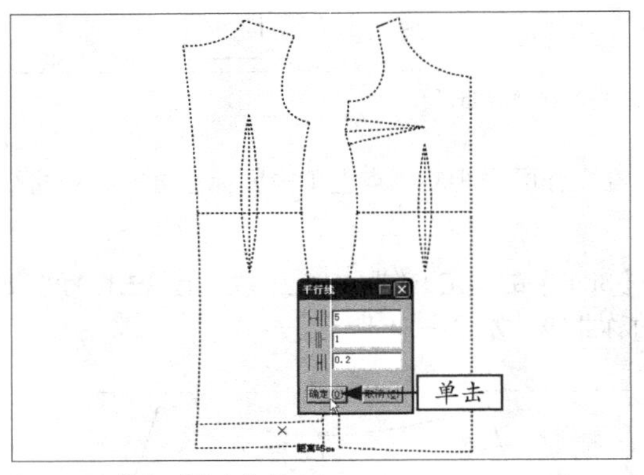

图9-209 单击“确定”按钮

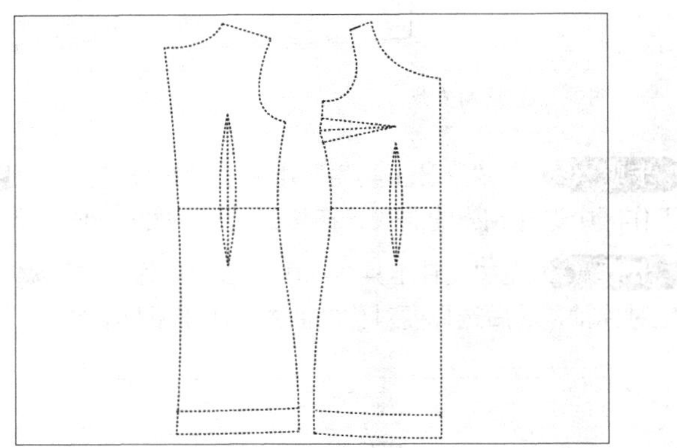

图9-210 绘制平行线

步骤 29 继续使用“智能笔”命令，按住【Shift】键，在工作区中相应的线上单击鼠标右键，弹出“调整曲线长度”对话框，设置“长度增减”为3，单击“确定”按钮，如图9-211所示。

步骤 30 执行操作后，即可调整曲线长度。继续使用“智能笔”命令，在工作区中相应的点上单击鼠标左键，绘制直线，然后对其进行适当调整，如图9-212所示。

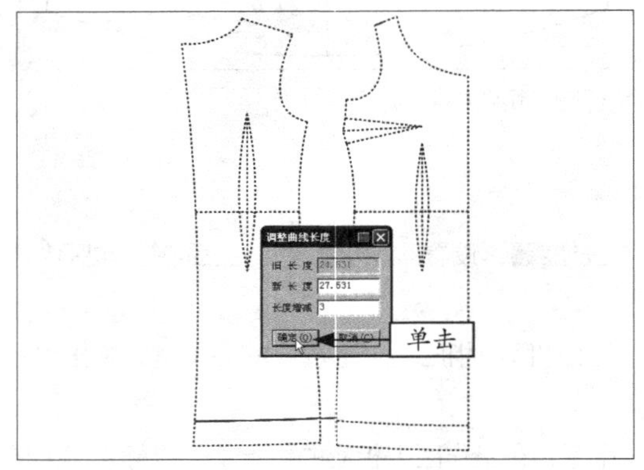

图9-211 单击“确定”按钮

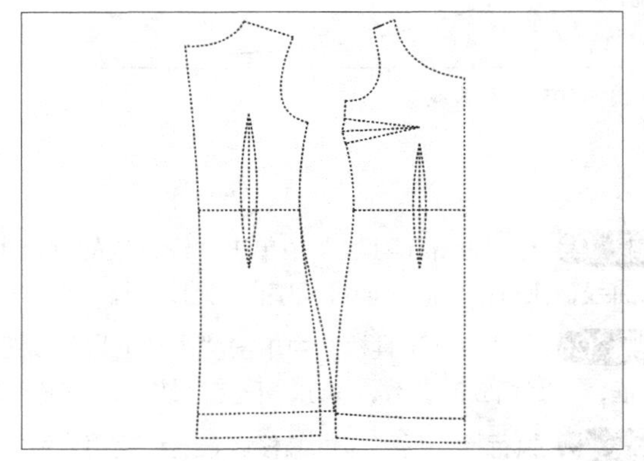

图9-212 绘制并调整曲线

步骤 31 继续使用“智能笔”命令，用与上同样的方法，调整平行线的长度，并绘制直线，然后对其进行适当调整，如图9-213所示。

步骤 32 在工作区中选择相应的曲线，将其删除，如图9-214所示。

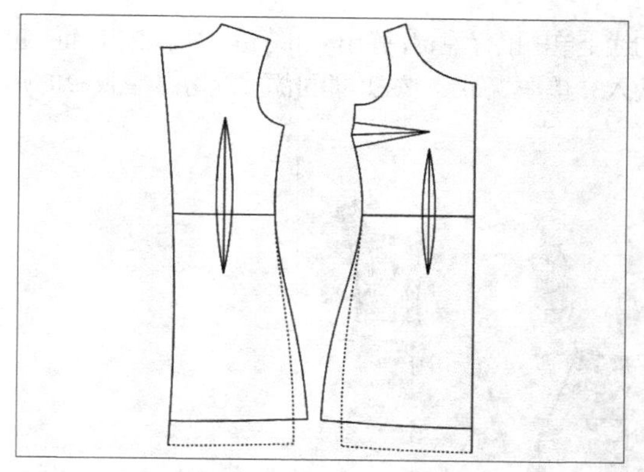

图9-213 绘制并调整曲线

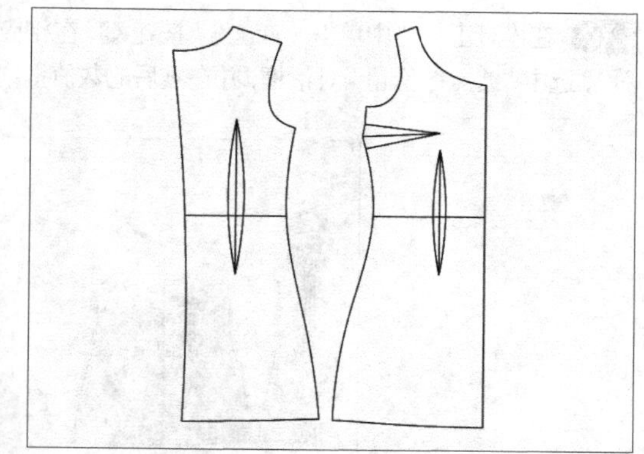
图9-214 删除曲线

步骤 33 使用“智能笔”、“转省”、“剪断线”和“橡皮擦”命令，将胸省进行转移，如图9-215所示。

步骤 34 使用“对称”命令，按【Shift】键，在工作区中合适的点上单击鼠标左键，指定对称轴，然后选择要对称的曲线，单击鼠标右键，即可对称曲线，如图9-216所示。

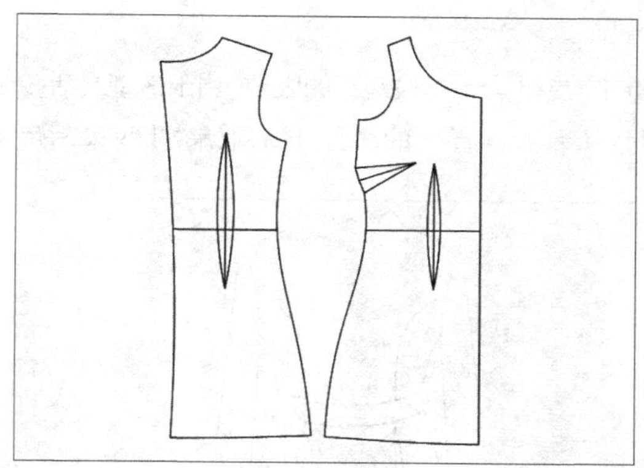
图9-215 转移胸省

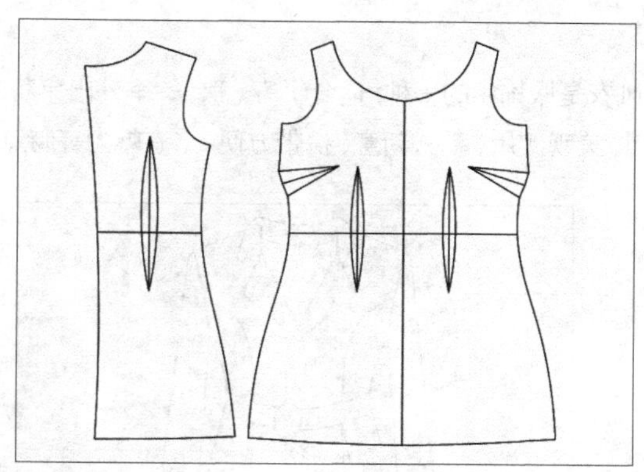
图9-216 对称曲线

9.2.5 制作连衣裙纸样

步骤解析

步骤 1 在设计工具栏中单击“剪刀”按钮，在工作区中依次框选相应的曲线，然后单击鼠标右键，拾取纸样，如图9-217所示。

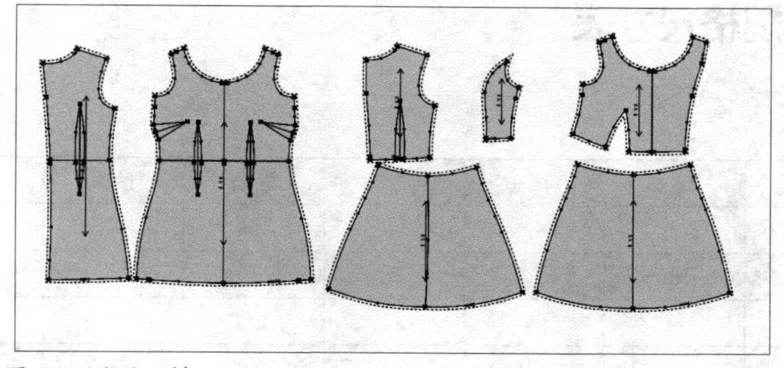
图9-217 拾取纸样

步骤 2 在设计工具栏中单击“加缝份”按钮，在相应的线上单击鼠标左键，弹出“加缝份”对话框，设置“起点缝份量”为3，选中“终点缝份量”对话框，并在其后的数值框中输入3，单击“确定”按钮，即可添加缝份，如图9-218所示。

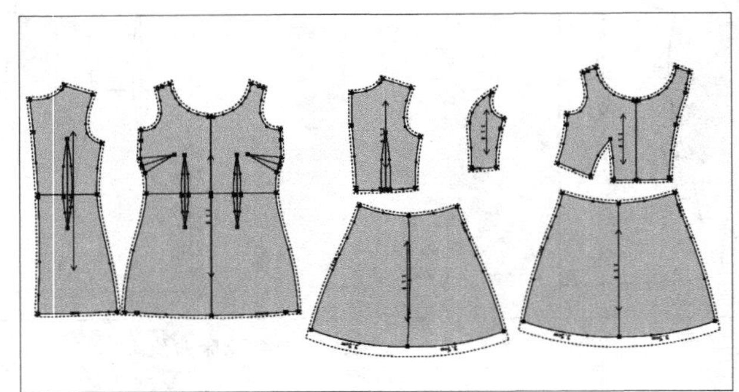

图9-218 添加缝份

9.3 风衣

风衣是服饰中的一种，适合于春、秋、冬季外出穿着，是近来二三十年来比较流行的服装。由于造型灵活多变、健美潇洒、美观实用、款式新意、携带方便、富有魅力等特点，因而深受中青年男女的喜爱。风衣效果如图9-219所示。

正面　　背面

图9-219 风衣效果

素材文件	无
效果文件	光盘\素材\第9章\风衣.dgs
视频文件	光盘\视频\第9章\9.3风衣.swf

9.3.1 风衣规格尺寸表

风衣规格尺寸表如表9-3所示。

表9-3　　单位：cm

号型	衣长	肩宽	胸围	腰围	摆围	袖长	袖肥	袖口
155\80A	84	39	92	76	168	57	34.4	24
160\84A	86	40	96	80	172	58	36	25
165\88A	88	41	100	84	176	59	37.6	26
170\92A	90	42	104	88	180	60	39.2	27

9.3.2 绘制风衣前片

步骤解析

步骤 1 按【Ctrl+O】组合键，打开素材，并对其进行适当修剪，如图9-220所示。

步骤 2 单击“号型” | “号型编辑”命令，弹出“设置号型规格表”对话框，设置需要的参数，单击“确定”按钮，如图9-221所示。

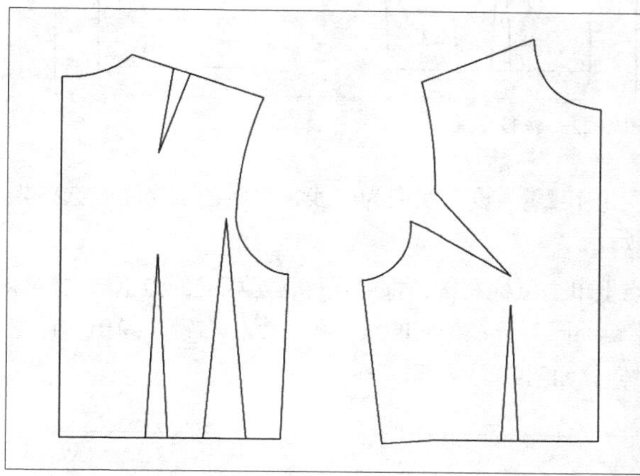

图9-220 打开素材

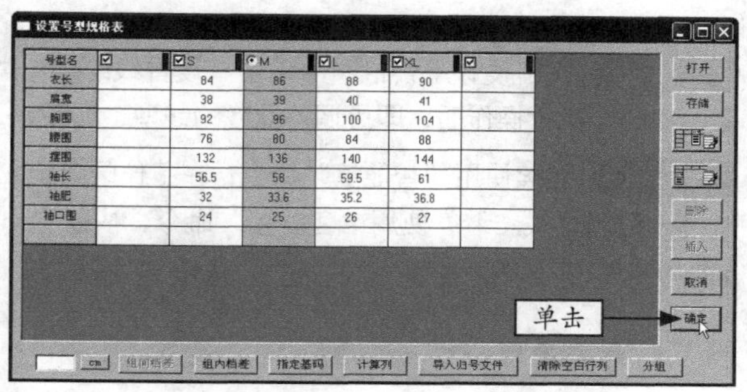

图9-221 单击“确定”按钮

步骤 3 执行操作后，即可编辑号型。单击“文档” | “另存为”命令，弹出“另存为”对话框，设置文件名和保存路径，单击“保存”按钮，如图9-222所示。

步骤 4 执行操作后，即可保存文档。在“设计工具栏”中单击“智能笔”按钮，在工作区中的合适位置单击鼠标左键，绘制直线，如图9-223所示。

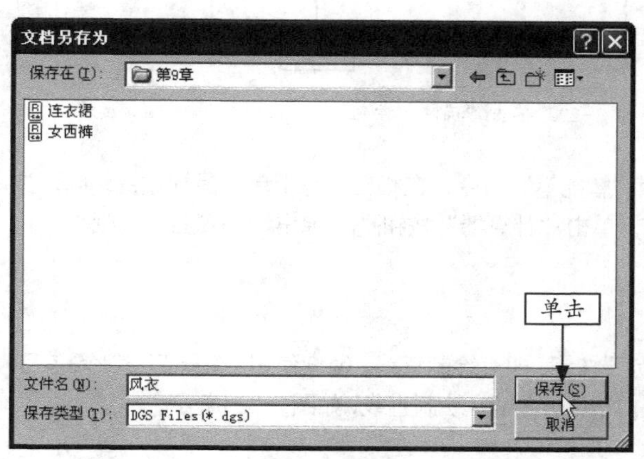

图9-222 单击“保存”按钮

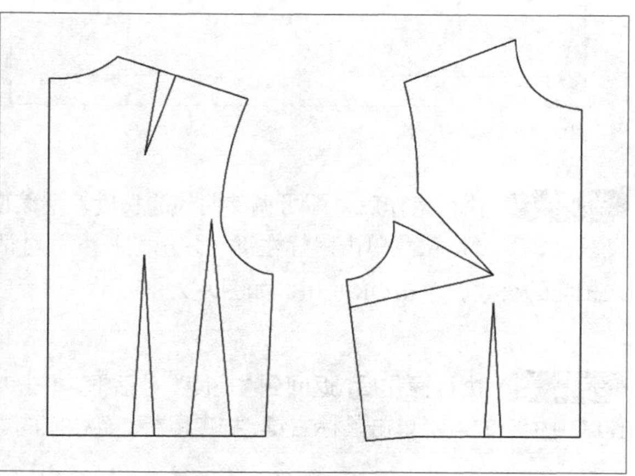

图9-223 绘制直线

步骤 5 在“设计工具栏”中单击“转省”按钮，根据状态栏提示，在工作区中框选转移线，单击鼠标右键，在工作区中选择新省线，单击鼠标右键，然后在工作区中选择袖窿省的省线作为合并省的起始边，按住【Ctrl】的同时，选择袖窿省的另一条省道，弹出“转省”对话框，设置相应的参数，单击“确定”按钮，如图9-224所示。

步骤 6 执行操作后，即可转移省道，如图9-225所示。

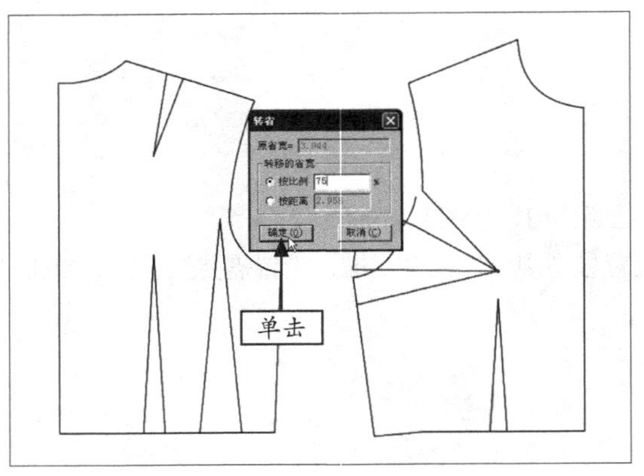

图9-224 单击“确定”按钮

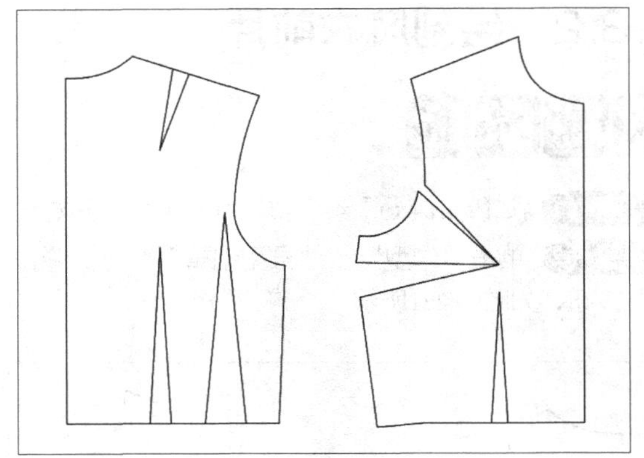
图9-225 转移省道

步骤 7 在“设计工具栏”中单击“设置线的颜色类型”按钮，设置线型为虚线，然后在工作区中选择相应的曲线，执行操作后，即可调整曲线的线型，如图9-226所示。

步骤 8 继续使用“智能笔”命令，在工作区中相应的点上单击鼠标右键，拖曳鼠标，至相应的点上单击鼠标左键，绘制直线。继续使用“智能笔”命令，按住【Shift】键的同时，在相应的线上单击鼠标右键，弹出“调整曲线长度”对话框，设置“新长度”为86，单击“确定”按钮，如图9-227所示。

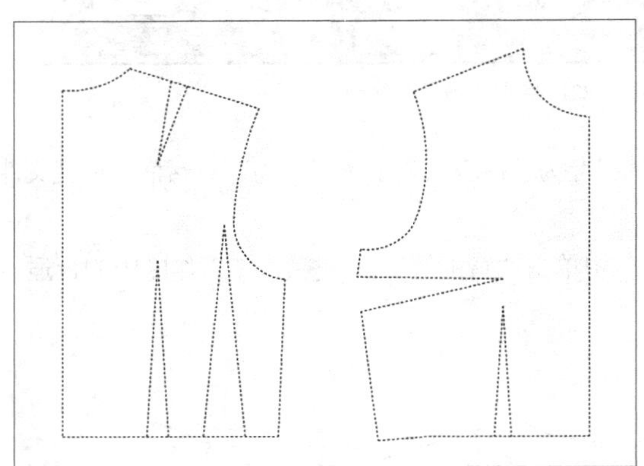
图9-226 调整线型

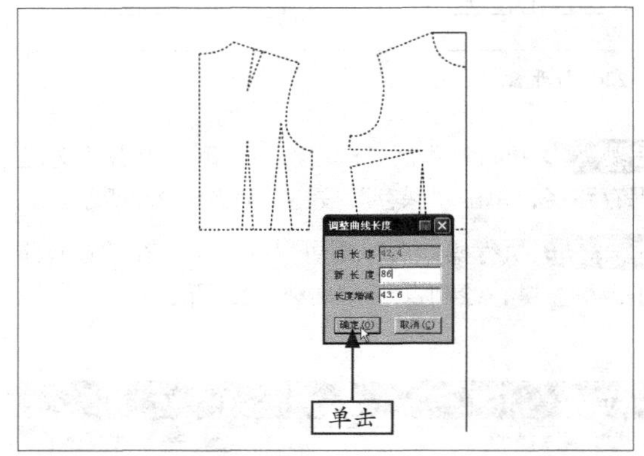

图9-227 单击“确定”按钮

步骤 9 执行操作后，即可调整曲线的长度。继续使用“智能笔”命令，在相应的点上单击鼠标左键，向左拖曳鼠标，至合适位置单击鼠标左键，弹出“长度”对话框，单击“计算器”按钮，弹出“计算器”对话框，输入相应的公式，单击OK按钮，如图9-228所示。

步骤 10 执行操作后，返回到“长度”对话框，单击“确定”按钮，即可绘制直线。继续使用“智能笔”命令，在工作区中相应的点上单击鼠标右键，拖曳鼠标，至相应的点上单击鼠标左键，绘制直线，如图9-229所示。

步骤 11 继续使用“智能笔”命令，在工作区中相应的点上单击鼠标右键，拖曳鼠标，至相应的线上单击鼠标左键，弹出“点的位置”对话框，设置“长度”为1，单击“确定”按钮，如图9-230所示。

步骤 12 执行操作后，即可绘制直线。继续使用“智能笔”命令，在工作区中相应的点上单击鼠标右键，拖曳鼠标，至相应的线上单击鼠标左键，弹出“点的位置”对话框，单击“计算器”按钮，弹出“计算器”对话框，输入相应的公式，单击OK按钮，如图9-231所示。

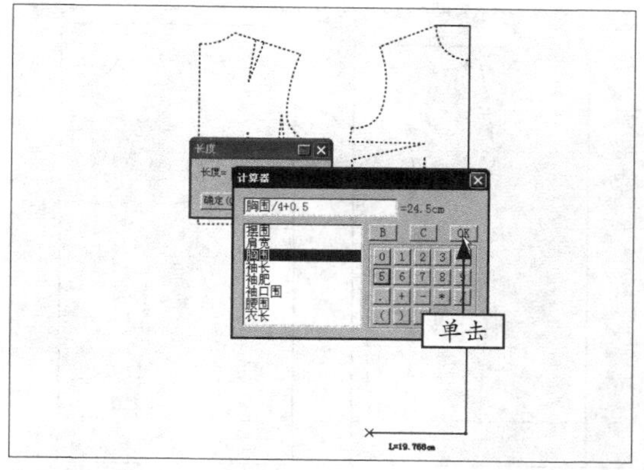

图9-228 单击OK按钮

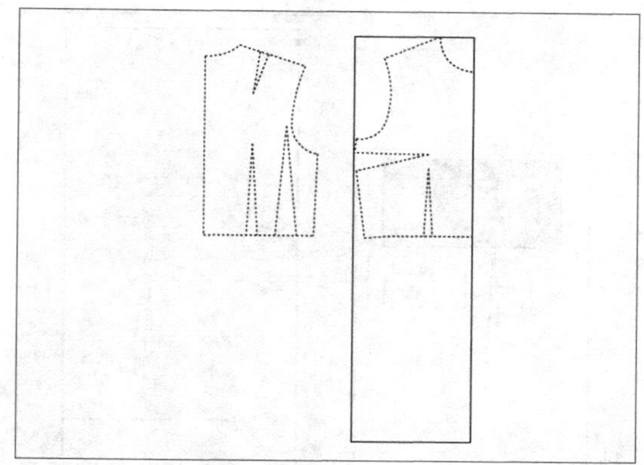
图9-229 绘制直线

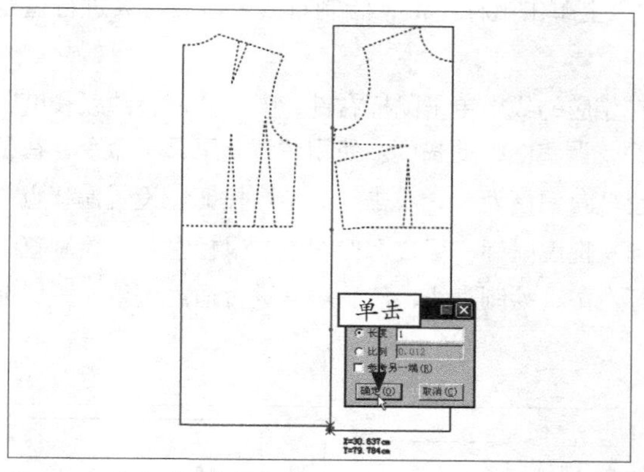

图9-230 单击“确定”按钮

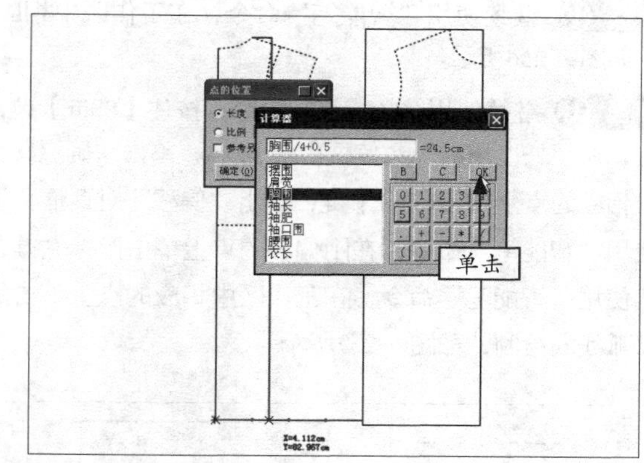

图9-231 单击OK按钮

步骤 13 执行操作后，返回到“点的位置”对话框，单击“确定”按钮，即可绘制臀高线，如图9-232所示。

步骤 14 继续使用“智能笔”命令，按住【Shift】键，在相应的线上单击鼠标右键，弹出“调整曲线长度”对话框，在“长度增减”数值框中输入0.5，单击“确定”按钮，如图9-233所示。

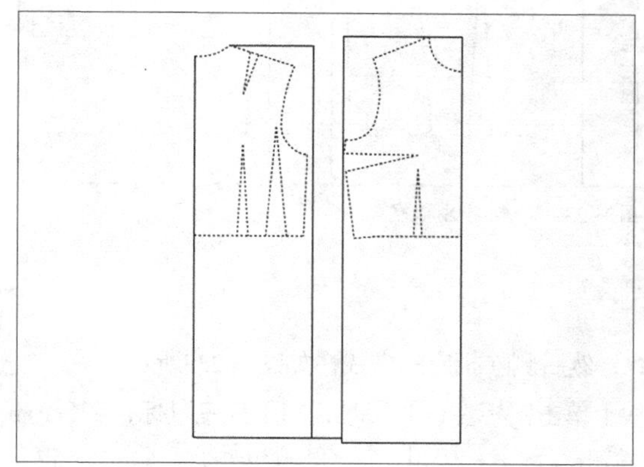
图9-232 绘制臀高线

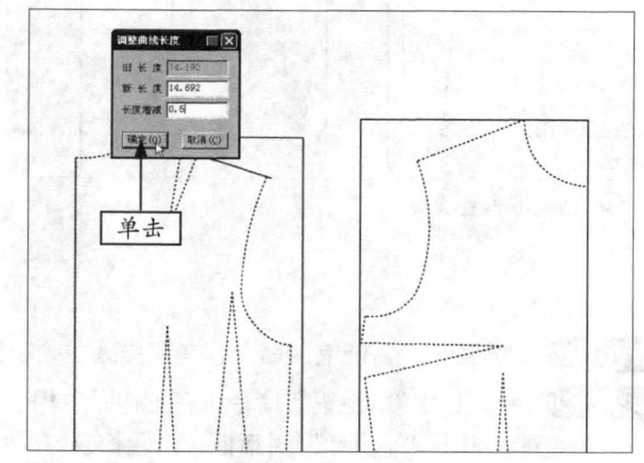

图9-233 单击“确定”按钮

步骤 15 执行操作后，即可调整曲线的长度；在“设计工具栏”中单击“点”按钮，在工作区中相应的点上按【Enter】键，弹出“偏移”对话框，设置纵向偏移为-2，单击“确定”按钮，如图9-234所示。

步骤 16 执行操作后，即可偏移点。继续使用“智能笔”命令，在刚偏移的点上单击鼠标左键，向右拖曳鼠标，至合适位置单击鼠标左键，绘制直线，如图9-235所示。

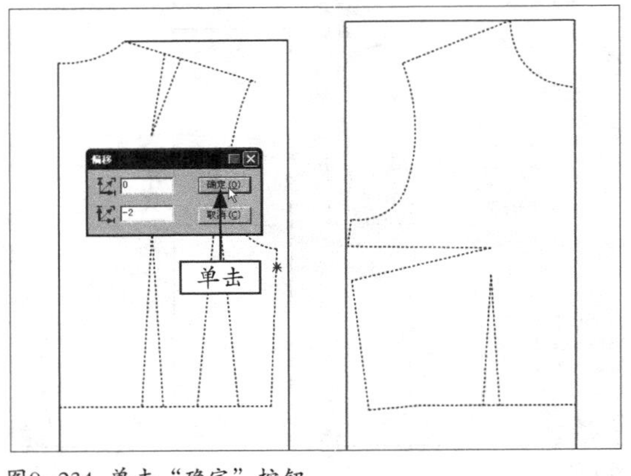

图9-234 单击"确定"按钮

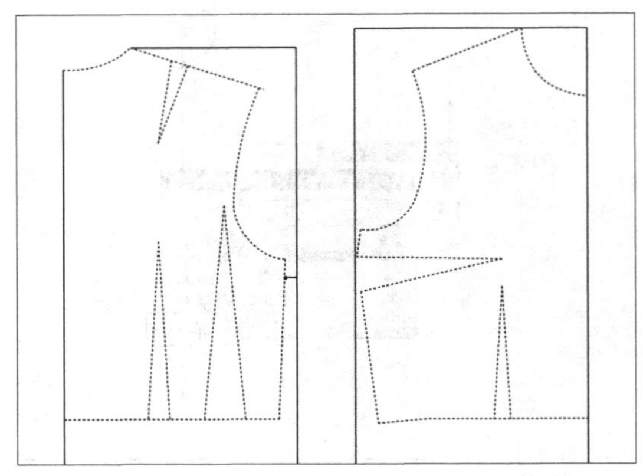
图9-235 绘制直线

步骤 17 继续使用"智能笔"命令，在工作区中相应的点上单击鼠标左键，绘制直线，然后对其进行适当调整，如图9-236所示。

步骤 18 继续使用"智能笔"命令，按住【Shift】键，在相应的线上单击鼠标右键，弹出"调整曲线长度"对话框，在"长度增减"数值框中输入0.5，单击"确定"按钮，调整曲线的长度。使用"调整工具"命令，在工作区中相应的点上按【Enter】键，弹出"偏移"对话框，设置纵向偏移为-2，单击"确定"按钮，设置偏移点。继续使用"智能笔"命令，在刚偏移的点上单击鼠标左键，向左拖曳鼠标，至合适位置单击鼠标左键，绘制直线。继续使用"智能笔"命令，在工作区中相应的点上单击鼠标左键，绘制直线，然后对其进行适当调整，完成前片袖窿弧线的绘制，如图9-237所示。

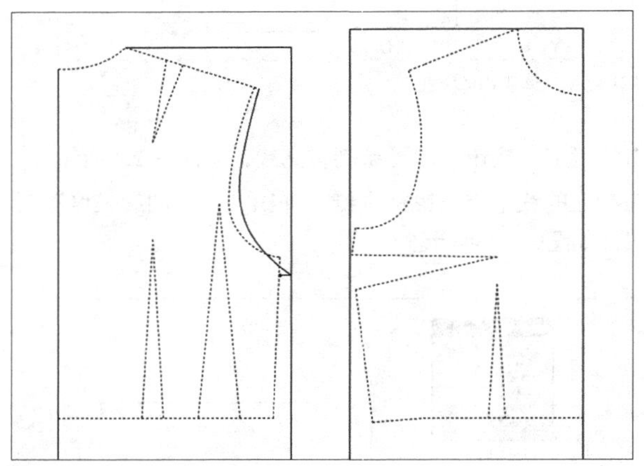
图9-236 绘制并调整直线

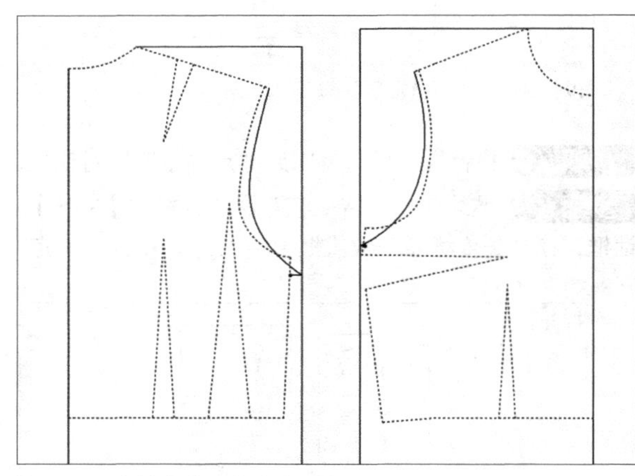
图9-237 绘制前片袖窿弧线

步骤 19 继续使用"智能笔"命令，在工作区中绘制直线，然后删除相应的虚线，如图9-238所示。

步骤 20 继续使用"智能笔"命令，在工作区中相应的线上单击鼠标左键的同时，向下拖曳鼠标，至合适位置单击鼠标左键，弹出"平行线"对话框，设置相应的参数，单击"确定"按钮，如图9-239所示。

步骤 21 执行操作后，即可绘制平行线。继续使用"智能笔"命令，在工作区中相应的线上单击鼠标左键的同时，向下拖曳鼠标，至合适位置单击鼠标左键，弹出"平行线"对话框，设置相应的参数，单击"确定"按钮，如图9-240所示。

步骤 22 执行操作后，即可绘制平行线，如图9-241所示。

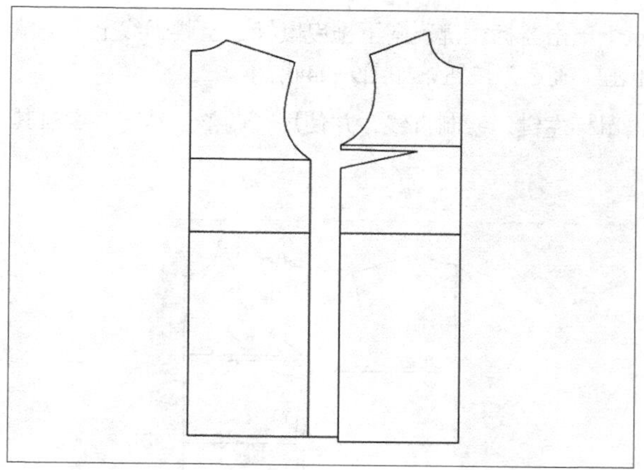
图9-238 绘制直线并删除虚线

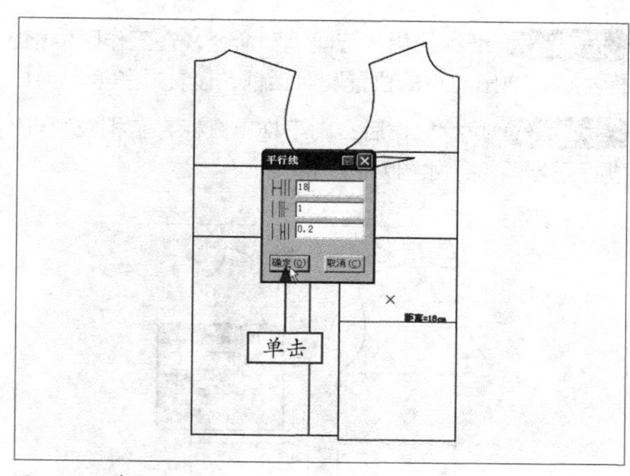

图9-239 单击“确定”按钮

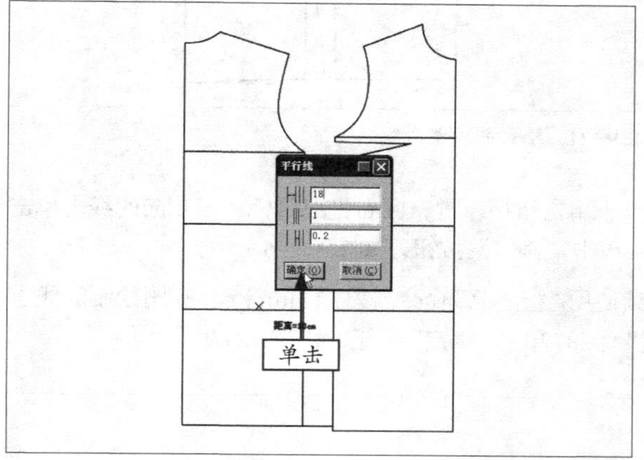

图9-240 单击“确定”按钮

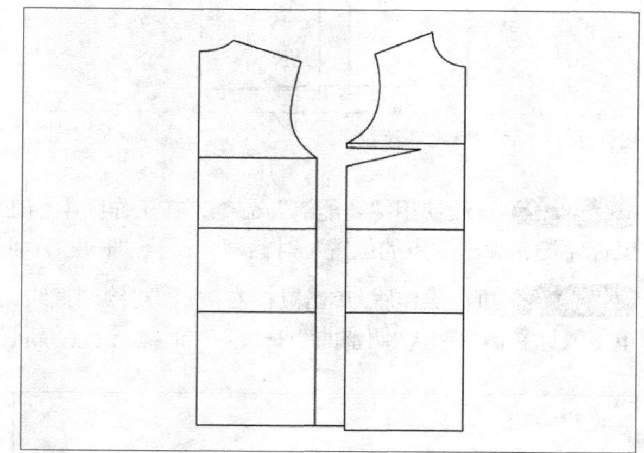
图9-241 绘制平行线

步骤 23 继续使用“智能笔”命令，在工作区中相应的点上单击鼠标左键，绘制直线。继续使用“智能笔”命令，按住【Shift】键，在刚绘制的线上单击鼠标右键，弹出“调整曲线长度”对话框，设置“新长度”为28.5，单击“确定”按钮，如图9-242所示。

步骤 24 执行操作后，即可调整曲线长度，然后剪断、删除相应的曲线，如图9-243所示。

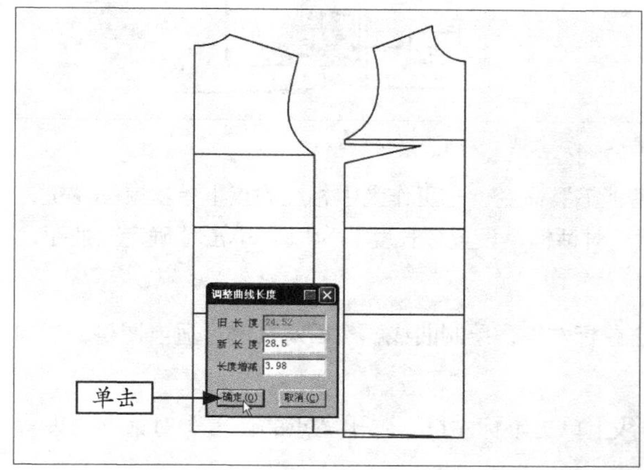

图9-242 单击“确定”按钮

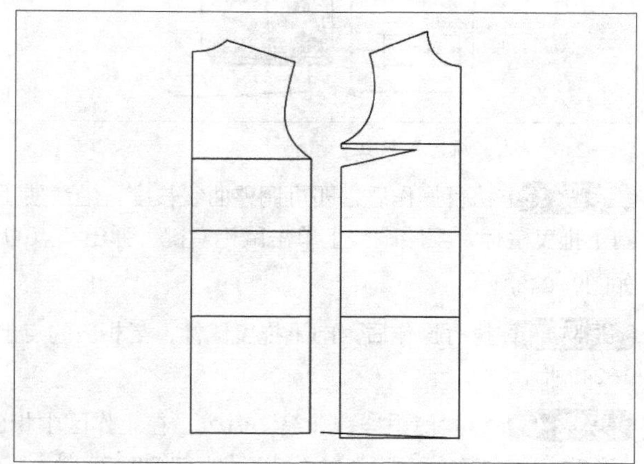
图9-243 调整曲线

步骤 25 继续使用“智能笔”命令，在工作区中相应的点上单击鼠标左键，向下拖曳鼠标，至腰围线上单击鼠标左键，弹出“点的位置”对话框，设置“长度”为1.6，单击“确定”按钮，如图9-244所示。

步骤 26 执行操作后，向下拖曳鼠标，至相应的点上单击鼠标左键，绘制直线，并使用“调整工具”命令对其进行适当调整，如图9-245所示。

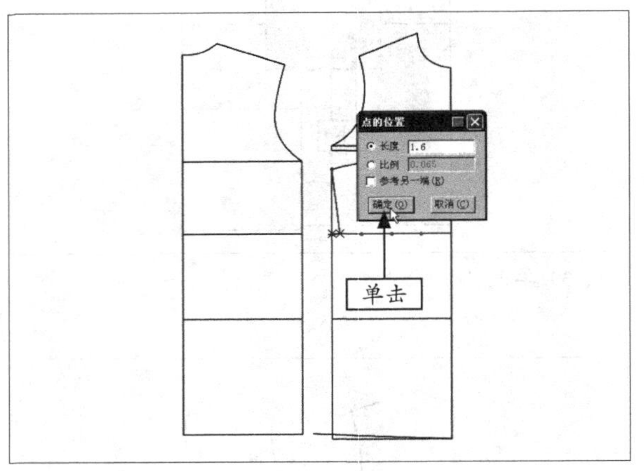

图9-244 单击“确定”按钮

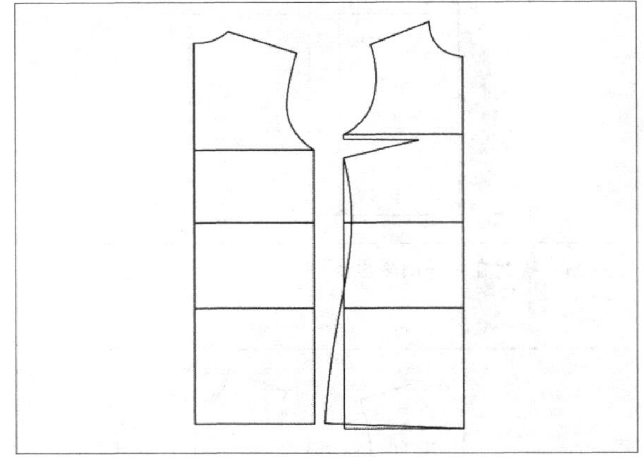
图9-245 绘制并调整曲线

步骤 27 继续使用“智能笔”命令，在工作区中相应的点上单击鼠标左键，向右拖曳鼠标，至相应的线上单击鼠标左键，弹出“点的位置”对话框，设置“长度”为0.5，单击“确定”按钮，如图9-246所示。

步骤 28 执行操作后，单击鼠标右键，即可绘制直线。继续使用“智能笔”命令，按住【Shift】键，在刚绘制的线上单击鼠标右键，弹出“调整曲线长度”对话框，设置“新长度”为28，单击“确定”按钮，如图9-247所示。

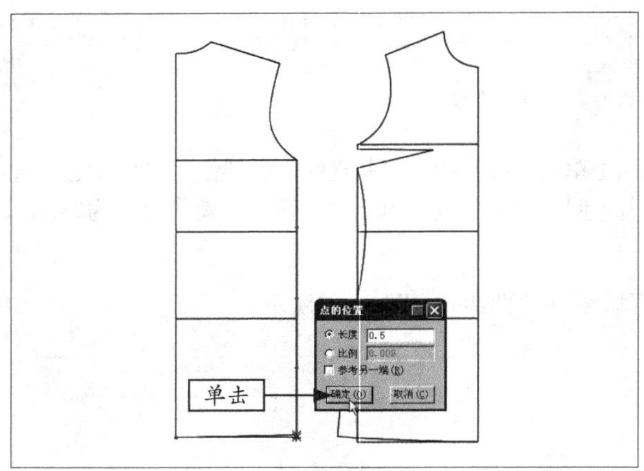

图9-246 单击“确定”按钮

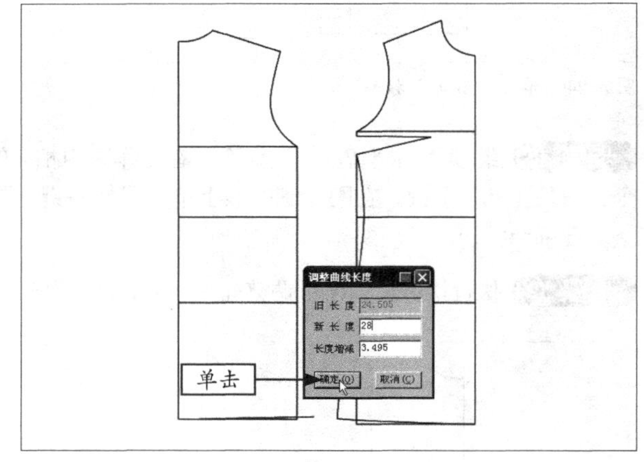

图9-247 单击“确定”按钮

步骤 29 执行操作后，即可调整曲线长度。继续使用“智能笔”命令，在工作区中相应的点上单击鼠标左键，向下拖曳鼠标，至腰围线上单击鼠标左键，弹出“点的位置”对话框，设置“长度”为1.6，单击“确定”按钮，如图9-248所示。

步骤 30 执行操作后，向下拖曳鼠标，至相应的点上单击鼠标左键，绘制曲线，然后对其进行适当调整，如图9-249所示。

步骤 31 继续使用“智能笔”命令，在工作区中相应的线上单击鼠标左键，弹出“点的位置”对话框，设置“长度”为11.5，单击“确定”按钮，如图9-250所示。

步骤 32 执行操作后，向上拖曳鼠标，至合适的线上单击鼠标左键，绘制直线，如图9-251所示。

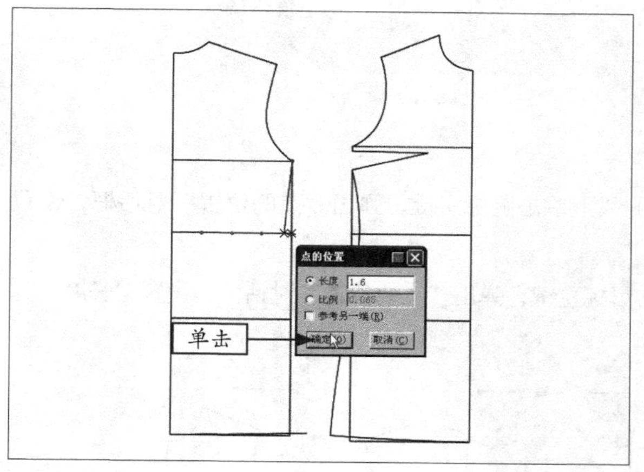

图9-248 单击“确定”按钮

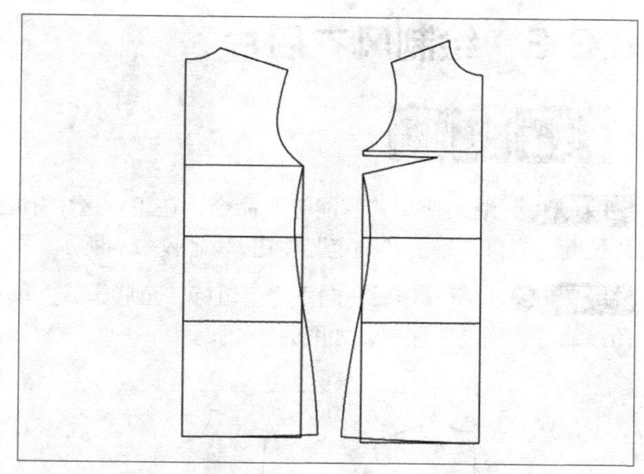

图9-249 绘制并调整曲线

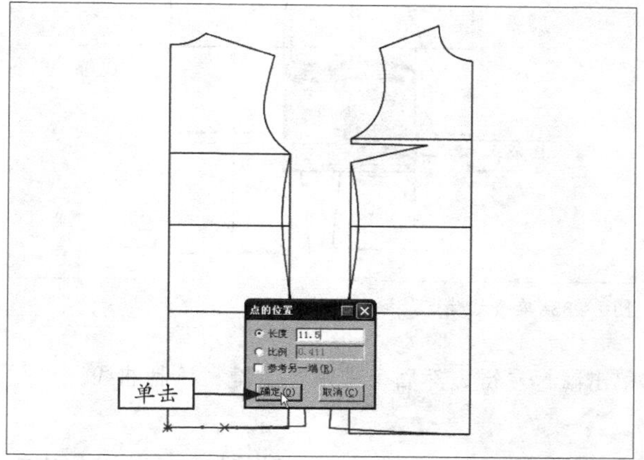

图9-250 单击“确定”按钮

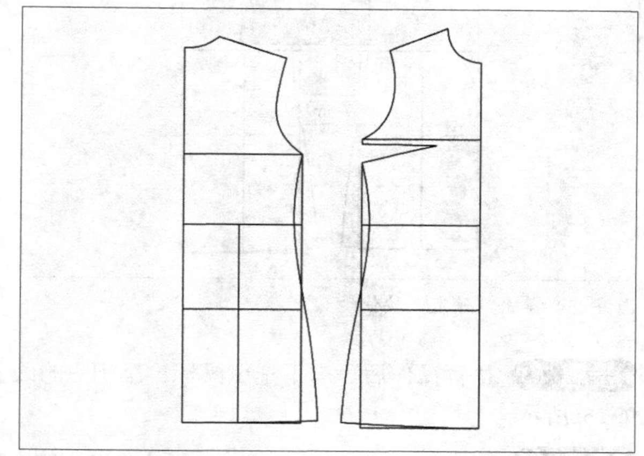

图9-251 绘制直线

步骤 33 继续使用“智能笔”命令，在工作区中相应的线上单击鼠标左键，弹出“点的位置”对话框，设置“长度”为13，单击“确定”按钮，如图9-252所示。

步骤 34 执行操作后，向上拖曳鼠标，至合适的线上单击鼠标左键，绘制直线，如图9-253所示。

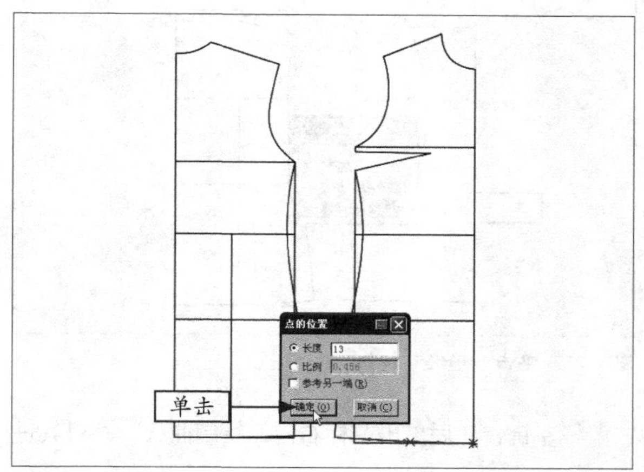

图9-252 单击“确定”按钮

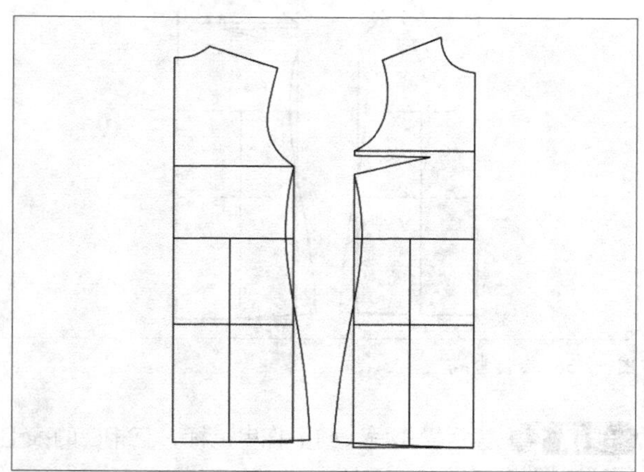

图9-253 绘制直线

9.3.3 绘制风衣后片

步骤解析

步骤 1 继续使用“智能笔”命令，在工作区中相应的线上单击鼠标左键，弹出“点的位置”对话框，设置“长度”为11，单击“确定”按钮，如图9-254所示。

步骤 2 执行操作后，向下拖曳鼠标，至腰围线上单击鼠标左键，弹出“点的位置”对话框，设置“长度”为10，单击“确定”按钮，如图9-255所示。

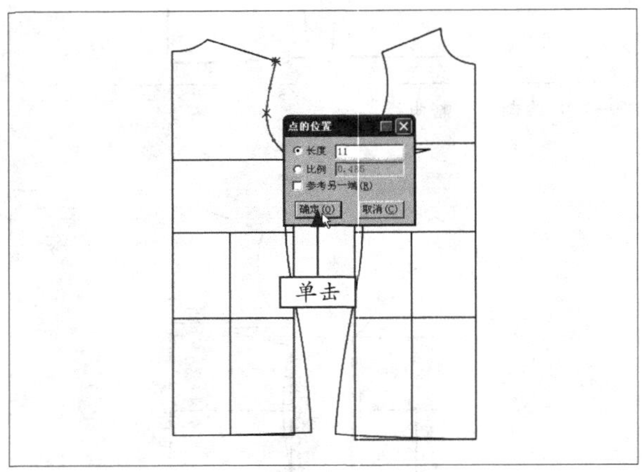

图9-254 单击“确定”按钮

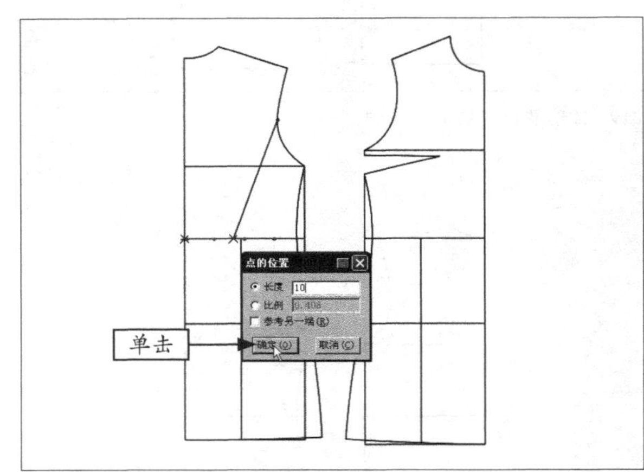

图9-255 单击“确定”按钮

步骤 3 执行操作后，向下拖曳鼠标，至相应的线上单击鼠标左键，然后单击鼠标右键，绘制曲线，如图9-256所示。

步骤 4 继续使用“智能笔”命令，在工作区中相应的点上单击鼠标左键，然后向下拖曳鼠标，在工作区中相应的线上单击鼠标左键，弹出“点的位置”对话框，设置“长度”为13，单击“确定”按钮，如图9-257所示。

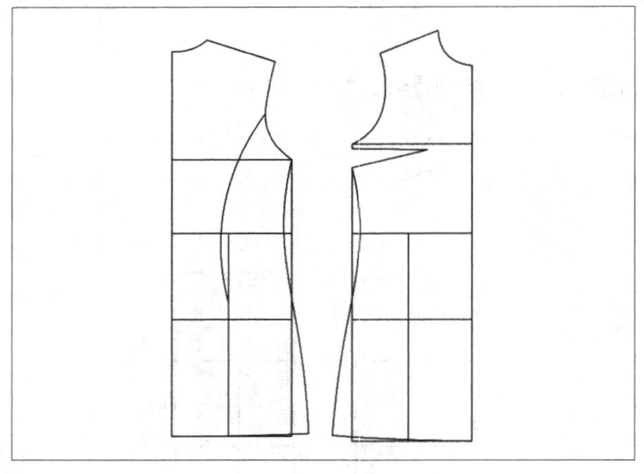

图9-256 绘制曲线

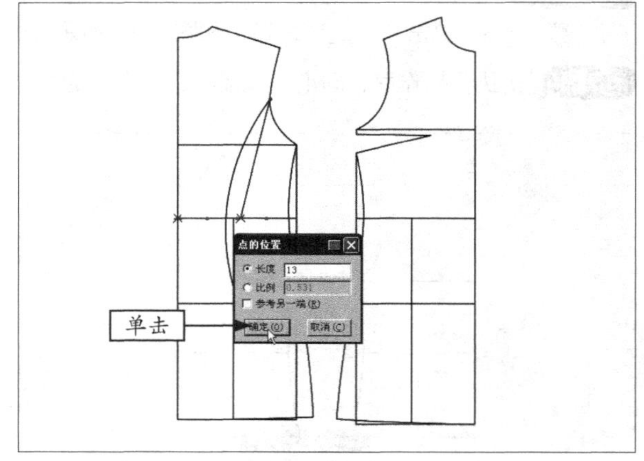

图9-257 单击“确定”按钮

步骤 5 执行操作后，向下拖曳鼠标，至相应的线上单击鼠标左键，然后单击鼠标右键，绘制曲线，并对其进行适当调整，如图9-258所示。

步骤 6 继续使用“智能笔”命令，在工作区中相应的线上单击鼠标左键，弹出“点的位置”对话框，设置“长度”为9.5，单击“确定”按钮，如图9-259所示。

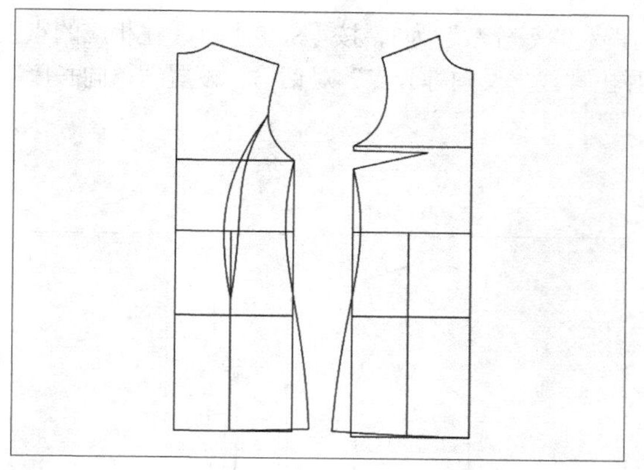
图9-258 绘制曲线

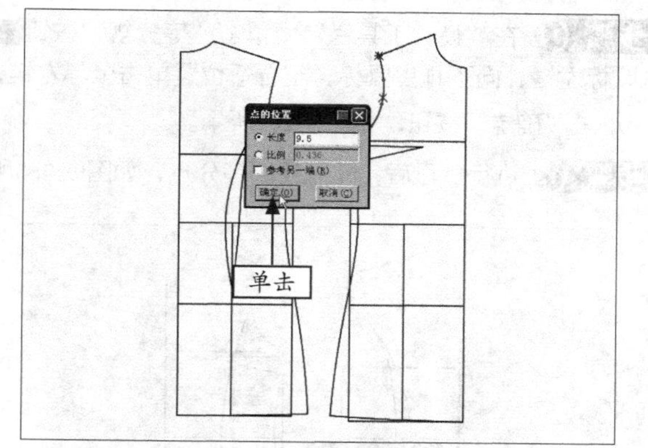

图9-259 单击“确定”按钮

步骤 7 执行操作后，向下拖曳鼠标，至腰围线上单击鼠标左键，弹出“点的位置”对话框，设置“长度”为11.75，单击“确定”按钮，如图9-260所示。

步骤 8 执行操作后，向下拖曳鼠标，至相应的直线上单击鼠标左键，绘制曲线，如图9-261所示。

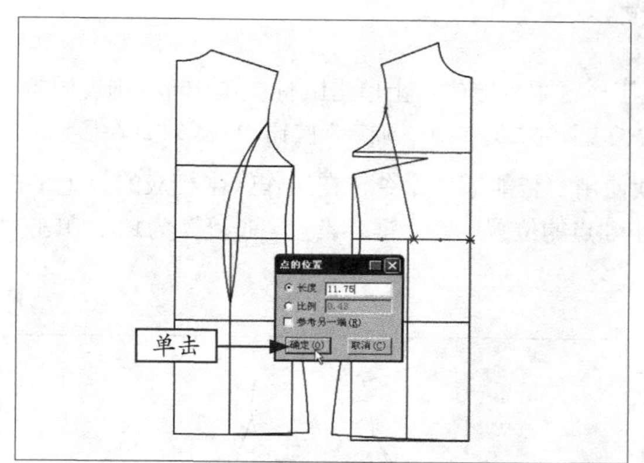

图9-260 单击“确定”按钮

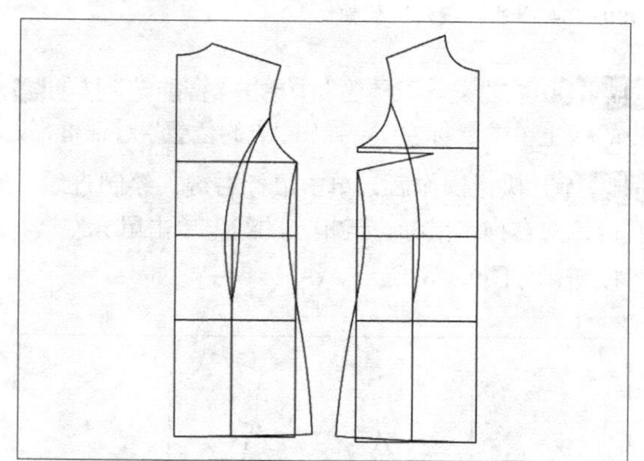
图9-261 绘制曲线

步骤 9 继续使用“智能笔”命令，在工作区中相应的点上单击鼠标左键，然后向下拖曳鼠标，在工作区中相应的线上单击鼠标左键，弹出“点的位置”对话框，设置“长度”为14.25，单击“确定”按钮，如图9-262所示。

步骤 10 执行操作后，向下拖曳鼠标，至相应的点上单击鼠标左键，然后单击鼠标右键，绘制曲线，然后选择相应的直线，对其进行适当调整，如图9-263所示。

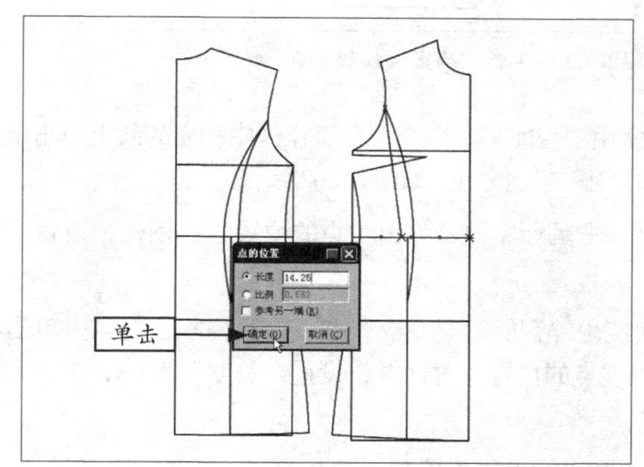

图9-262 单击“确定”按钮

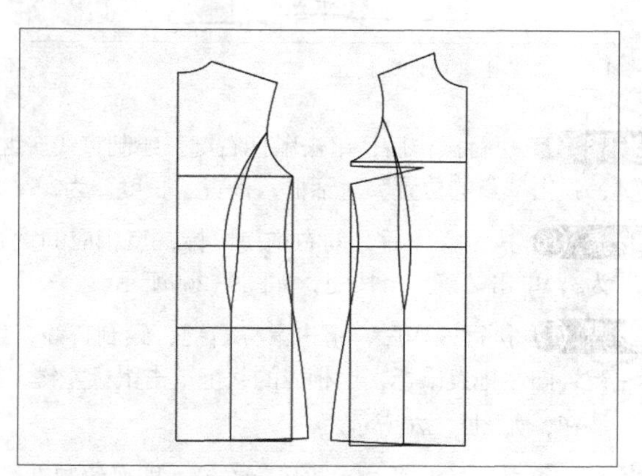
图9-263 绘制曲线并调整直线

步骤 11 在“设计工具栏”中单击“等分规”按钮，设置“等分数”为2，按【Shift】键，在相应的点上单击鼠标左键，向下拖曳鼠标，至合适位置单击鼠标左键，弹出“线上反向等分点”对话框，设置“单向长度”为2，单击“确定”按钮，如图9-264所示。

步骤 12 执行操作后，即可绘制等分点，如图9-265所示。

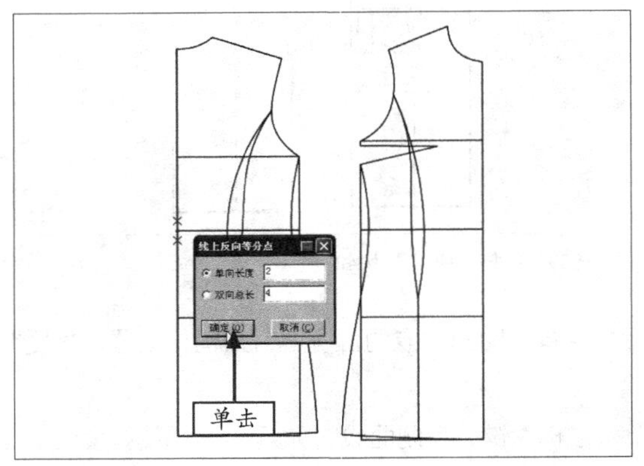

图9-264 单击“确定”按钮

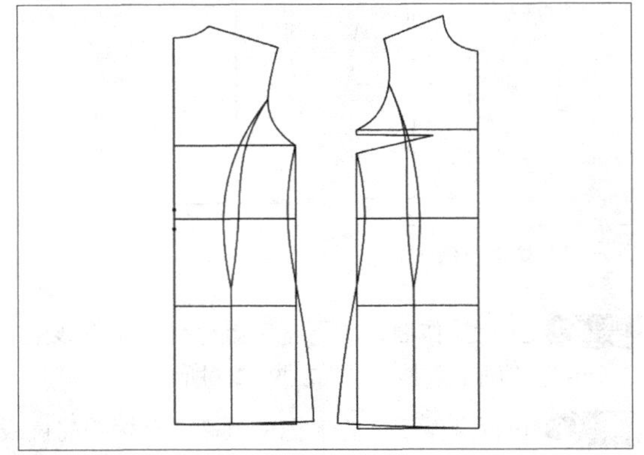

图9-265 绘制等分点

步骤 13 在“设计工具栏”中单击“智能笔”按钮，在工作区中相应的点上单击鼠标左键，向右拖曳鼠标，至相应的线上单击鼠标左键，弹出“点的位置”对话框，设置“长度”为2.5，单击“确定”按钮，如图9-266所示。

步骤 14 执行操作后，单击鼠标右键，绘制直线。继续使用“智能笔”命令，在工作区中相应的点上单击鼠标左键，向右拖曳鼠标，至相应的线上单击鼠标左键，弹出“点的位置”对话框，设置“长度”为1.5，单击“确定”按钮，如图9-267所示。

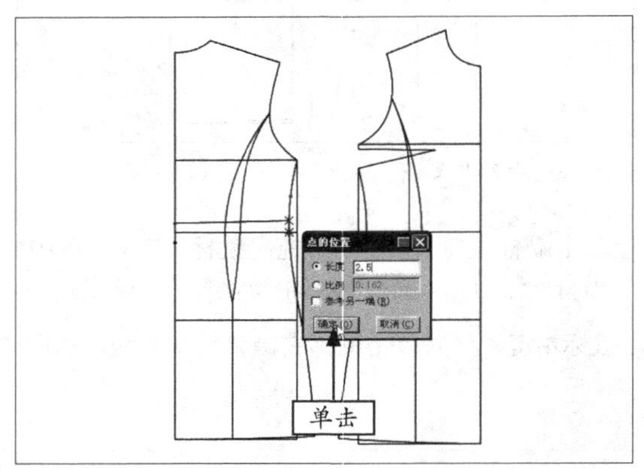

图9-266 单击“确定”按钮

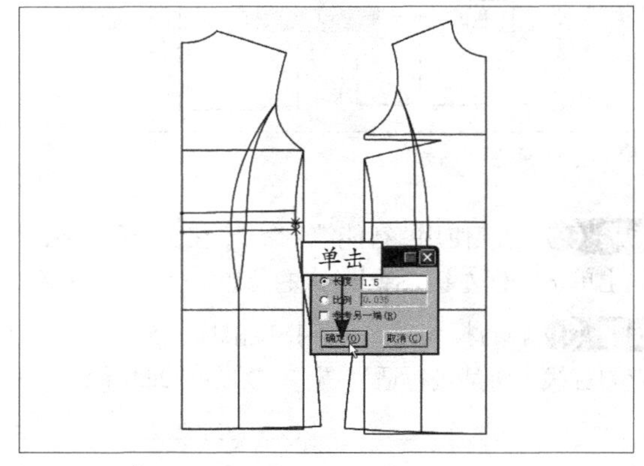

图9-267 单击“确定”按钮

步骤 15 执行操作后，单击鼠标右键，绘制直线。继续使用“智能笔”命令，在工作区中相应的线上单击鼠标左键，弹出“点的位置”对话框，设置“长度”为2.5，单击“确定”按钮，如图9-268所示。

步骤 16 执行操作后，向右拖曳鼠标，至相应的直线上单击鼠标左键，弹出“点的位置”对话框，设置“长度”为3，单击“确定”按钮，如图9-269所示。

步骤 17 执行操作后，单击鼠标右键，绘制直线。继续使用“智能笔”命令，在工作区中相应的点上单击鼠标左键，向左拖曳鼠标，至相应的线上单击鼠标左键，弹出“点的位置”对话框，设置“长度”为1.5，单击“确定”按钮，如图9-270所示。

步骤 18 执行操作后，单击鼠标右键，即可绘制直线，然后对其进行适当调整，如图9-271所示。

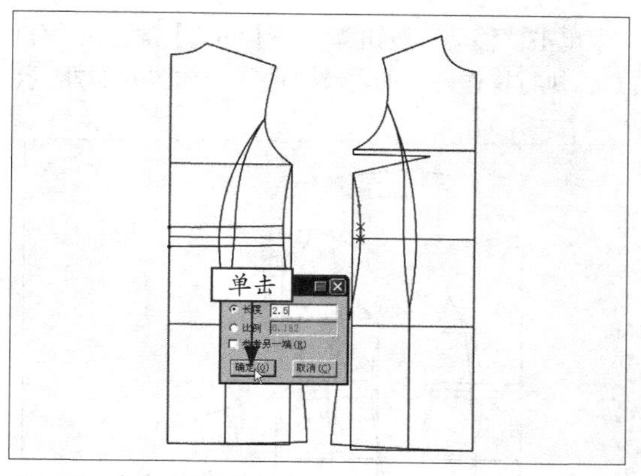

图9-268 单击“确定”按钮

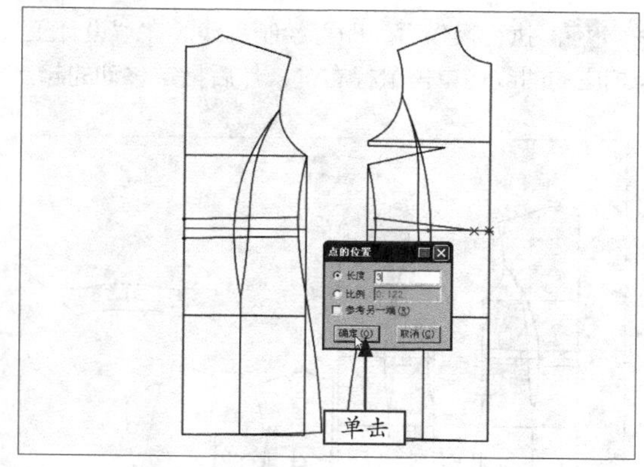

图9-269 单击“确定”按钮

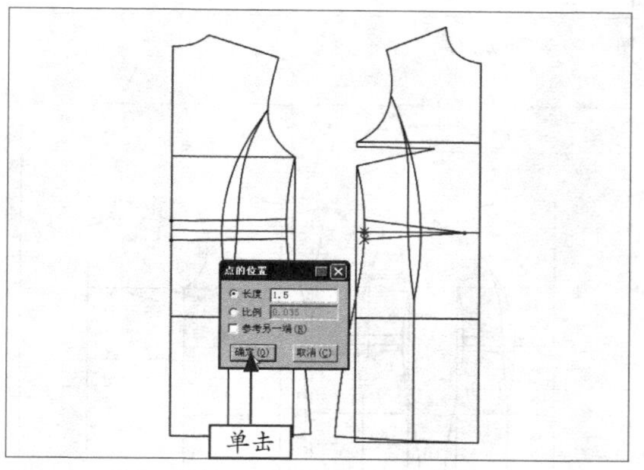

图9-270 单击“确定”按钮

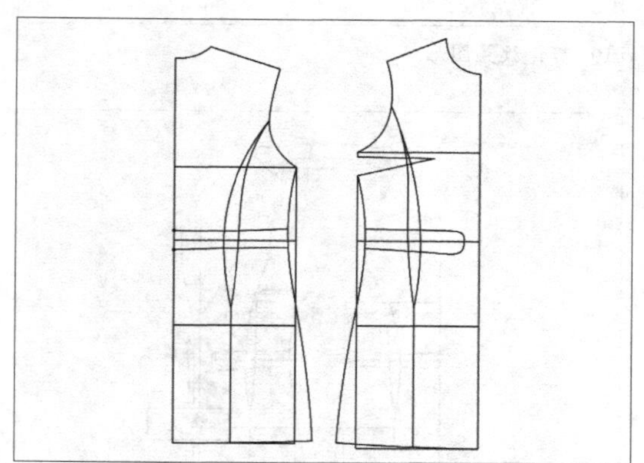
图9-271 绘制并调整直线

步骤 19 单击“文档” | “档案合并”命令，如图9-272所示。

步骤 20 弹出“打开”对话框，选择相应的选项，单击“打开”按钮，如图9-273所示。

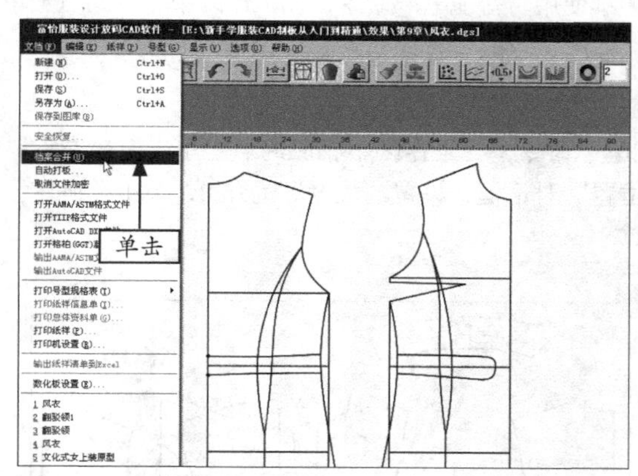

图9-272 单击“档案合并”命令

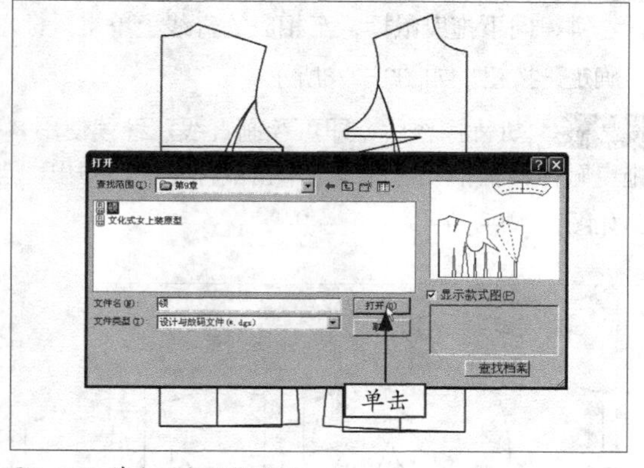

图9-273 单击“打开”按钮

步骤 21 执行操作后，在工作区中相应的位置单击鼠标左键，放置图形，如图9-274所示。

步骤 22 在“设计工具栏”中单击“移动”按钮，在工作区中选择相应的曲线，单击鼠标右键，然后指定移动的起点和终点，执行操作后，即可移动曲线，如图9-275所示。

步骤 23 在工作区中选择相应的曲线，将其删除。继续使用“智能笔”命令，在工作区中相应的点上单击鼠标右键，向上拖曳鼠标，至合适位置单击鼠标左键，如图9-276所示。

步骤 24 执行操作后，即可绘制直线。在“设计工具栏”中单击“移动”按钮，按【Shift】键，在工作区中选择相应的曲线，单击鼠标右键，然后指定移动的起点和终点，执行操作后，即可移动曲线，如图9-277所示。

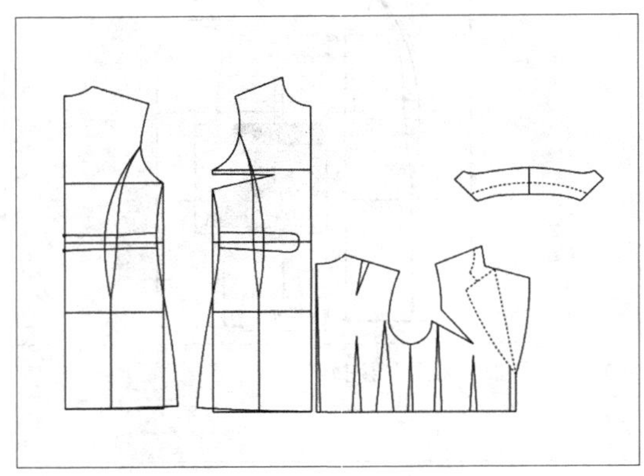

图9-274 放置图形

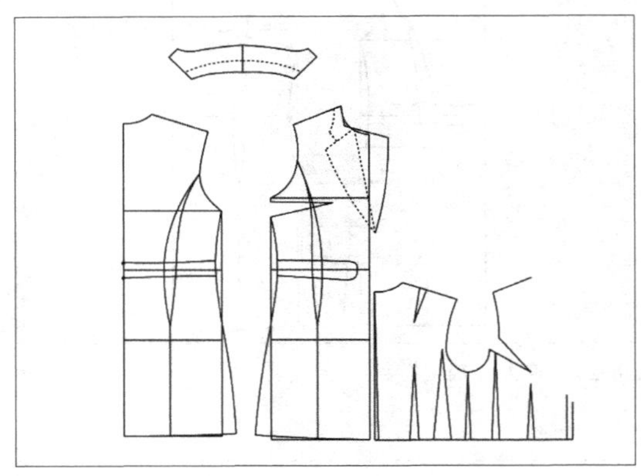

图9-275 移动曲线

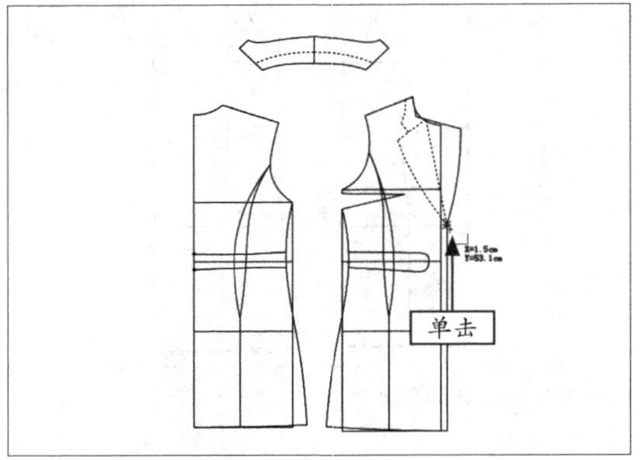

图9-276 单击鼠标左键

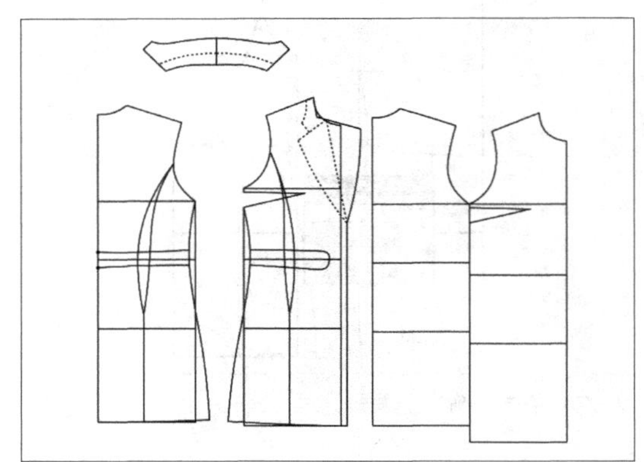

图9-277 移动曲线

步骤 25 参考原型袖的画法，绘制直线，并等分直线。继续使用“智能笔”命令，在工作区中相应的点上单击鼠标左键，向下拖曳鼠标，至相应的直线上单击鼠标左键，弹出“点的位置”对话框，设置“长度”为17.2，单击“确定”按钮，如图9-278所示。

步骤 26 执行操作后，即可绘制直线。继续使用“智能笔”命令，在工作区中相应的点上单击鼠标左键，向下拖曳鼠标，至相应的直线上单击鼠标左键，弹出“点的位置”对话框，设置“长度”为15.8，单击“确定”按钮，如图9-279所示。

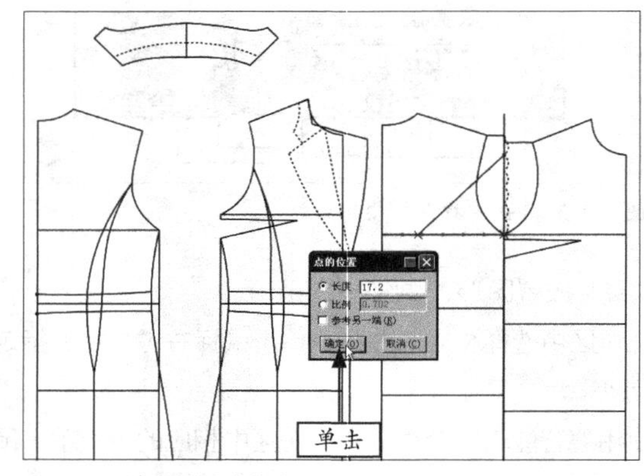

图9-278 单击“确定”按钮

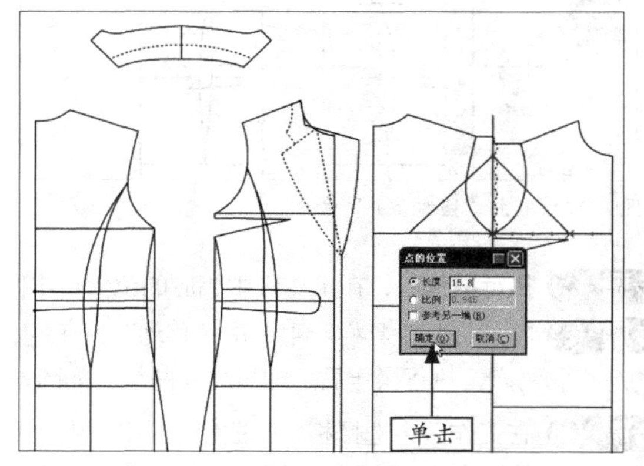

图9-279 单击“确定”按钮

步骤 27 执行操作后，即可绘制直线。参考原型袖的画法，绘制袖窿，如图9-280所示。

步骤 28 在工作区中选择相应的曲线，将其剪断，然后删除相应的曲线，如图9-281所示。

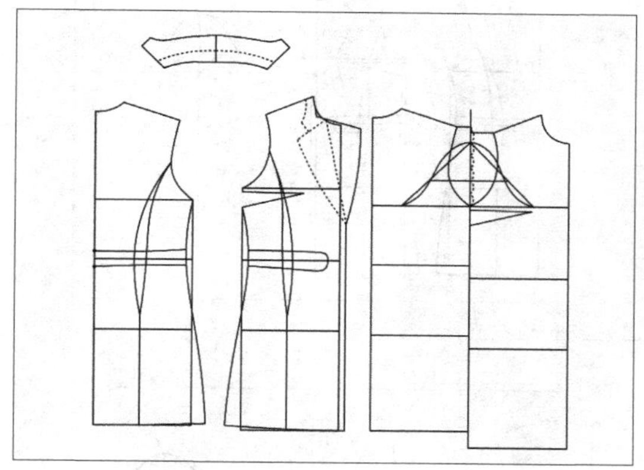
图9-280 绘制袖窿

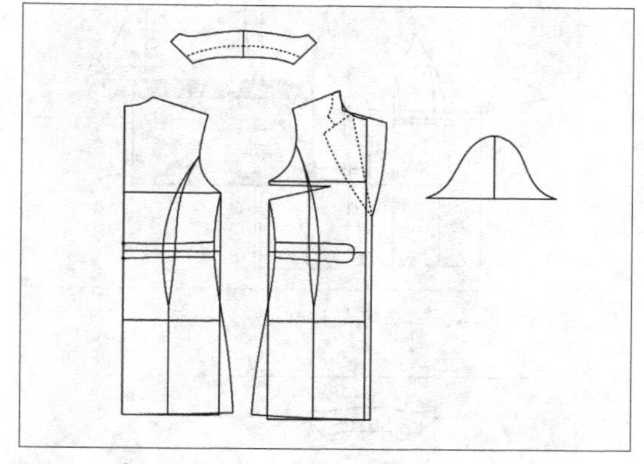
图9-281 剪断并删除曲线

步骤 29 在“设计工具栏”中单击“智能笔”按钮，按住【Shift】键，在工作区中相应的线上单击鼠标右键，弹出“调整曲线长度”对话框，设置“新长度”为58，单击“确定”按钮，如图9-282所示。

步骤 30 执行操作后，即可调整曲线长度。在“设计工具栏”中单击“等分规”按钮，将线型改为虚线，设置“等分数”为4，在工作区中相应的点上单击鼠标左键，将直线平分四等分，如图9-283所示。

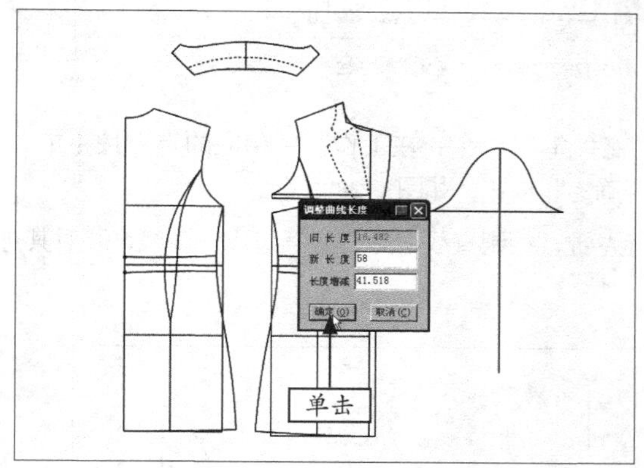

图9-282 绘制等分点

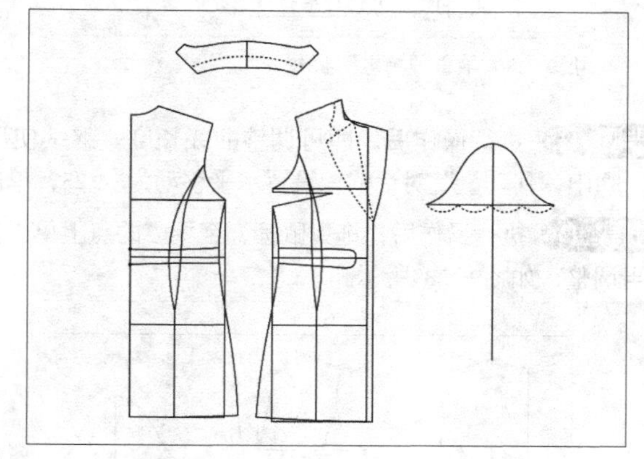
图9-283 四等分直线

步骤 31 继续使用“智能笔”命令，在工作区中相应的点上按【Enter】键，弹出“移动量”对话框，设置水平移动为3，单击“确定”按钮，如图9-284所示。

步骤 32 执行操作后，拖曳鼠标，至相应的线上单击鼠标左键，绘制直线。继续使用“智能笔”命令，在工作区中相应的点上单击鼠标右键，然后拖曳鼠标，至合适的点上单击鼠标左键，绘制直线，然后使用“剪断”命令，在刚绘制的两条直线上单击鼠标左键，然后单击鼠标右键，将两条直线连成一条，如图9-285所示。

步骤 33 在工作区中选择刚连接的曲线，对其进行适当调整。继续使用“智能笔”命令，在工作区中相应的线上单击鼠标左键的同时，向左拖曳鼠标，至合适位置单击鼠标左键，弹出“平行线”对话框，设置相应的参数，单击“确定”按钮，如图9-286所示。

步骤 34 执行操作后，即可绘制平行线。继续使用“智能笔”命令，按住【Shift】键，在工作区中相应的线上单击鼠标右键，弹出“调整曲线长度”对话框，设置“新长度”为16.75，单击“确定”按钮，如图9-287所示。

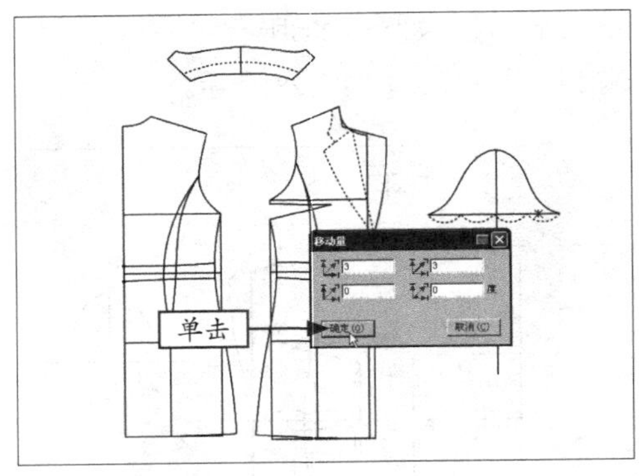

图9-284 单击“确定”按钮

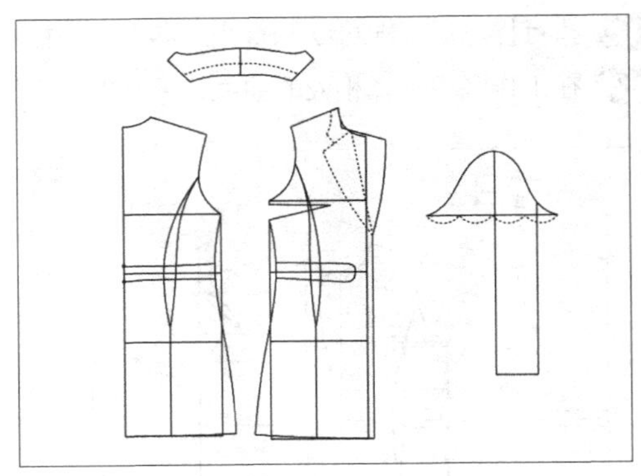
图9-285 连接直线

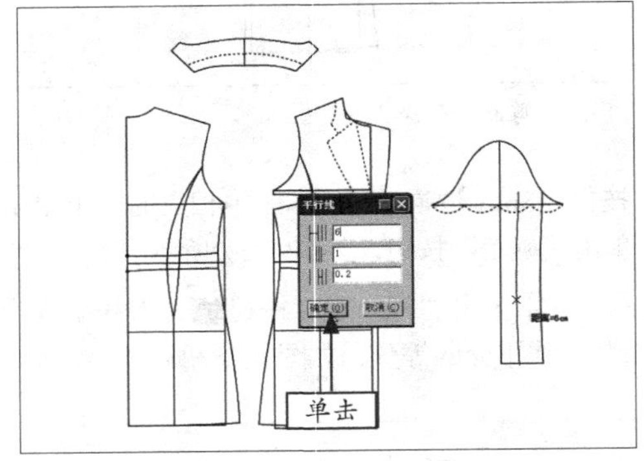

图9-286 单击“确定”按钮

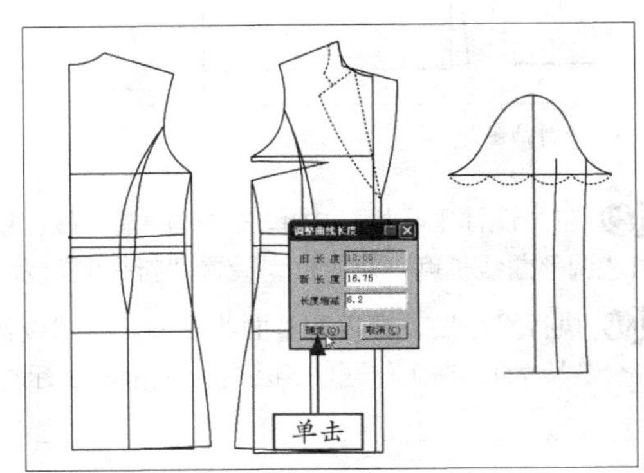

图9-287 单击“确定”按钮

步骤 35 执行操作后，即可调整曲线长度。继续使用“智能笔”命令，在工作区中相应的点上按【Enter】键，弹出“移动量”对话框，设置水平移动为-1.25，单击“确定”按钮，如图9-288所示。

步骤 36 执行操作后，拖曳鼠标，至相应的点上单击鼠标左键，绘制直线，然后将其连成一条线，并对其进行适当调整，如图9-289所示。

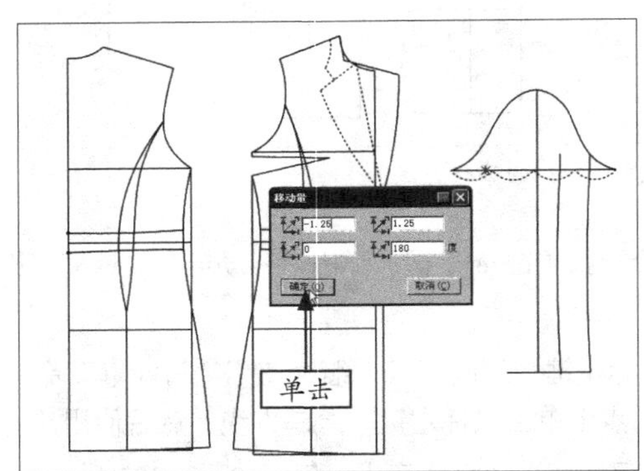

图9-288 单击“确定”按钮

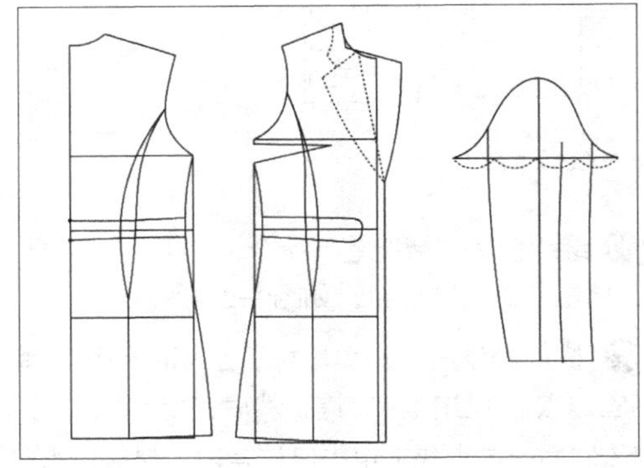
图9-289 调整曲线

步骤 37 使用“调整工具”命令，在工作区中框选相应的点，按【Enter】键，弹出“偏移”对话框，设置纵向偏移为-0.5，单击“确定”按钮，如图9-290所示。

步骤 38 执行操作后，即可偏移点。继续使用“智能笔”命令，在工作区中相应的线上单击鼠标左键的同时，向左拖曳鼠标，至合适位置单击鼠标左键，弹出“平行线”对话框，设置相应的参数，单击“确定”按钮，如图9-291所示。

步骤 39 执行操作后，即可绘制平行线，然后使用“智能笔”、“调整工具”、“剪断”、“橡皮擦”命令，绘制并调整，然后对曲线进行修剪，如图9-292所示。

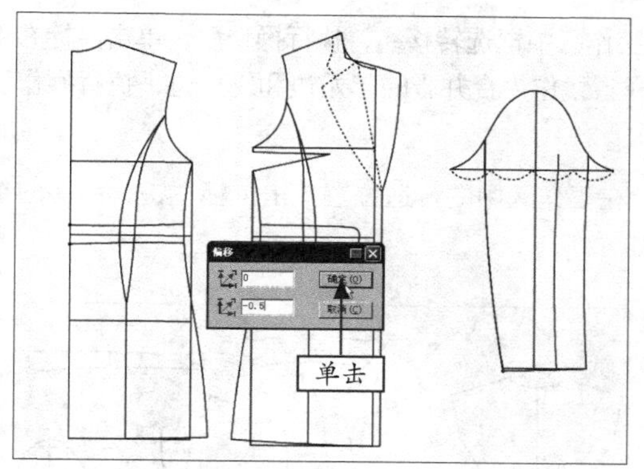

图9-290 单击“确定”按钮

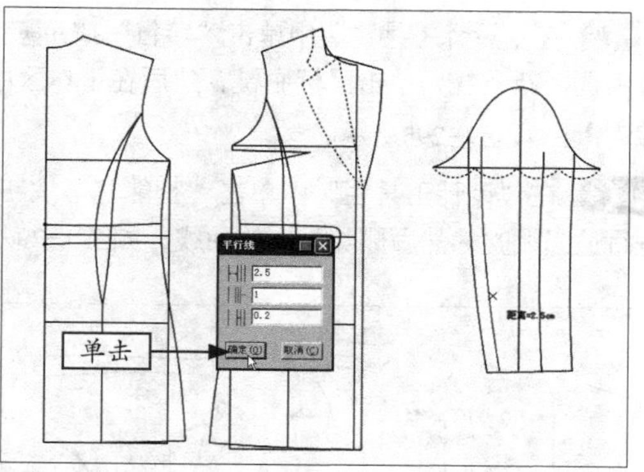

图9-291 单击“确定”按钮

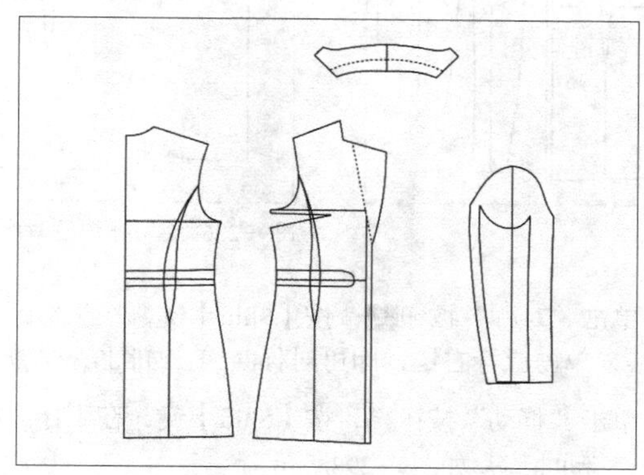

图9-292 修剪曲线

9.3.4 绘制风衣其他部件

步骤解析

步骤 1 在“设计工具栏”中单击“移动”按钮，按【Shift】键，在工作区中选择相应的曲线，单击鼠标右键，然后指定移动的起点和终点，移动曲线，如图9-293所示。

步骤 2 在“设计工具栏”中单击“对称”按钮，按【Shift】键，在工作区中合适的点上单击鼠标左键，指定对称轴，然后选择要对称的曲线，单击鼠标右键，即可对称曲线，如图9-294所示。

图9-293 移动曲线

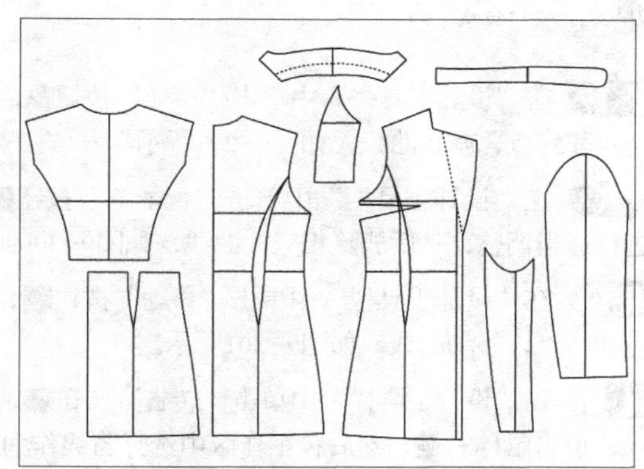

图9-294 对称曲线

步骤3 在“设计工具栏”中单击“转省”按钮，在工作区中框选转移线，执行操作后，单击鼠标右键，在工作区中选择新省线，单击鼠标右键，然后在工作区中选择省线作为合并省的起始边和终止边，执行操作后，即可转移省道，如图9-295所示。

步骤4 在“设计工具栏”中单击“智能笔”按钮，在工作区中的合适位置单击鼠标左键，绘制曲线，并对其进行适当调整，然后删除相应的曲线，如图9-296所示。

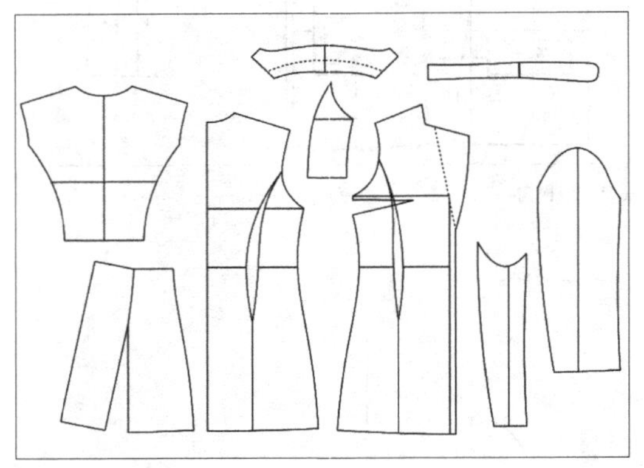
图9-295 转移省道

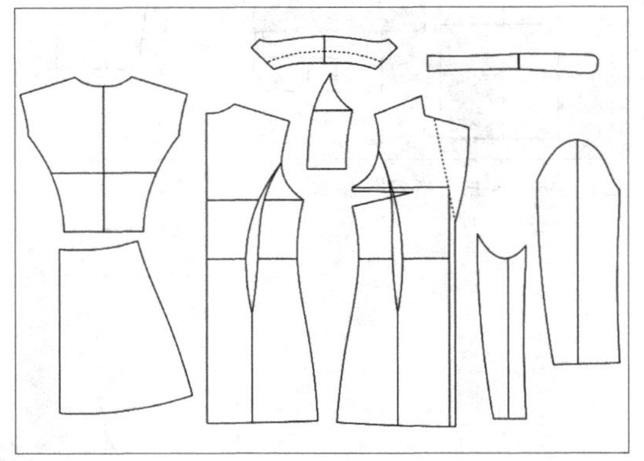
图9-296 绘制并调整曲线

步骤5 在“设计工具栏”中单击“对称”按钮，按【Shift】键，在工作区中合适的点上单击鼠标左键，指定对称轴，然后选择要对称的曲线，单击鼠标右键，即可对称曲线，如图9-297所示。

步骤6 在“设计工具栏”中单击“移动”按钮，按【Shift】键，在工作区中选择相应的曲线，单击鼠标右键，然后指定移动的起点和终点，移动曲线，如图9-298所示。

图9-297 对称曲线

图9-298 移动曲线

步骤7 在“设计工具栏”中单击“旋转”按钮，在工作区中选择相应的曲线，单击鼠标右键，然后指定旋转的起点和终点，旋转曲线，如图9-299所示。

步骤8 在“设计工具栏”中单击“智能笔”按钮，在工作区中的合适位置单击鼠标左键，绘制曲线，并对其进行适当调整，然后删除相应的曲线，如图9-300所示。

步骤9 在“设计工具栏”中单击“移动”按钮，按【Shift】键，在工作区中选择相应的曲线，然后指定移动起点和终点，移动曲线，如图9-301所示。

步骤10 在“设计工具栏”中单击“转省”按钮，在工作区中框选转移线，单击鼠标右键，在工作区中选择新省线，单击鼠标右键，然后在工作区中选择省线作为合并省的起始边和终止边，执行操作后，即可转移省道，然后使用“智能笔”命令，绘制直线，并对其进行适当调整，然后删除相应的曲线，如图9-302所示。

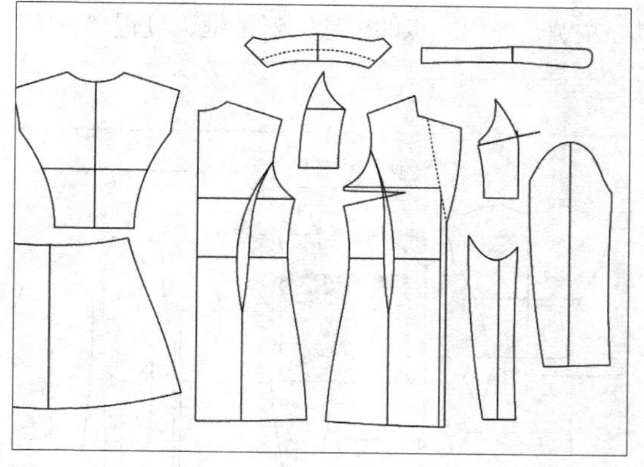
图9-299 旋转曲线

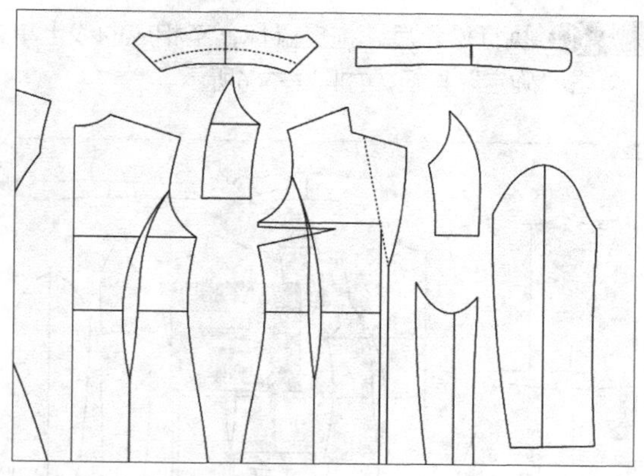
图9-300 绘制并调整曲线

图9-301 移动曲线

图9-302 绘制并调整曲线

步骤 11 在“设计工具栏”中单击“旋转”按钮，在工作区中选择相应的曲线，单击鼠标右键，然后指定旋转的起点，拖曳鼠标，至相应位置单击鼠标左键，弹出“点的位置”对话框，设置“长度”为6，单击“确定”按钮，如图9-303所示。

步骤 12 执行操作后，即可旋转曲线。使用“智能笔”命令，绘制直线，并对其进行适当调整，然后删除相应的曲线，如图9-304所示。

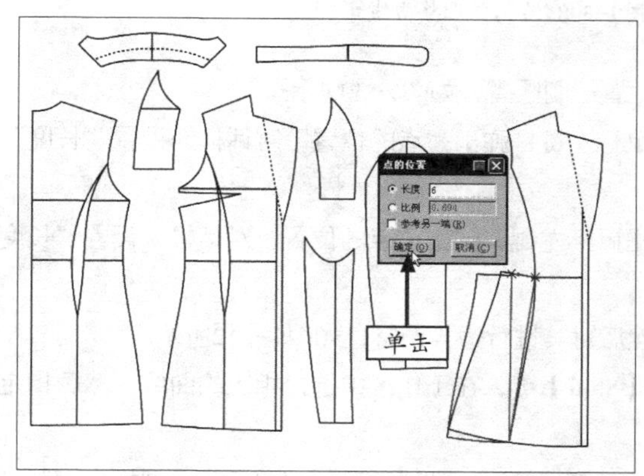

图9-303 单击“确定”按钮

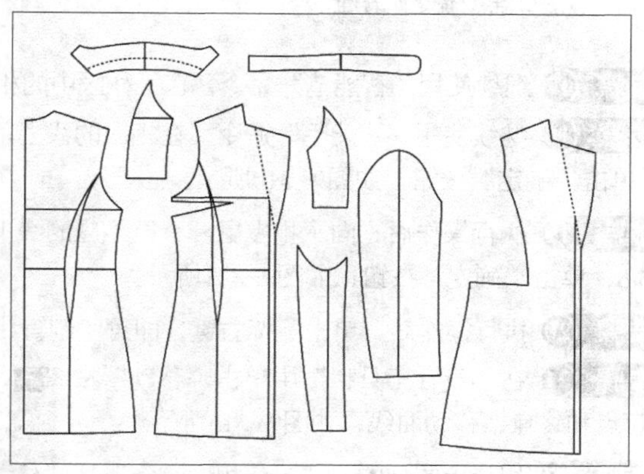
图9-304 绘制并调整曲线

步骤 13 继续使用“智能笔”命令，在相应的线上单击鼠标左键，弹出“点的位置”对话框，设置“长度”为4，单击“确定”按钮，如图9-305所示。

步骤 14 执行操作后，拖曳鼠标，至相应的线上单击鼠标左键，弹出“点的位置”对话框，设置“长度”为7.5，单击“确定”按钮，如图9-306所示。

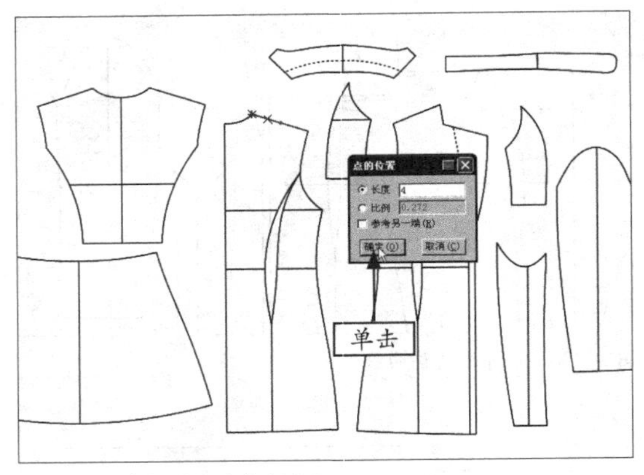

图9-305 单击“确定”按钮

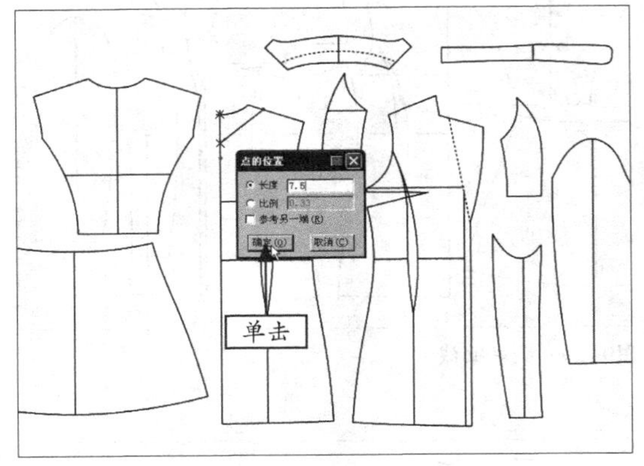

图9-306 单击“确定”按钮

步骤 15 执行操作后，单击鼠标右键，即可绘制直线，然后使用“调整工具”命令对其进行适当调整。继续使用“调整工具”命令，在相应的点上按【Enter】键，弹出“偏移”对话框，设置相应的参数，单击“确定”按钮，如图9-307所示。

步骤 16 执行操作后，即可绘制直线，然后对其进行适当调整，如图9-308所示。

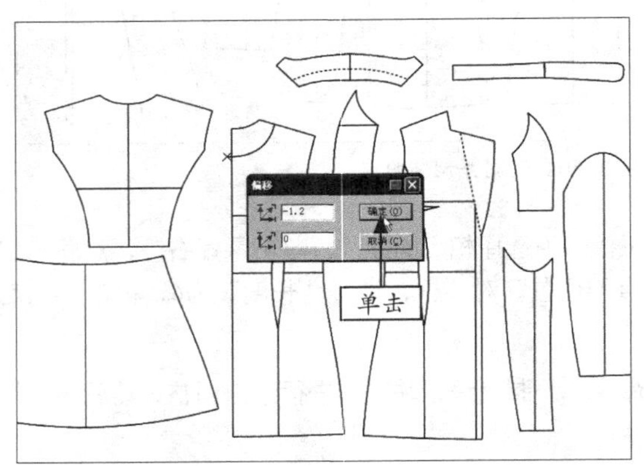

图9-307 单击“确定”按钮

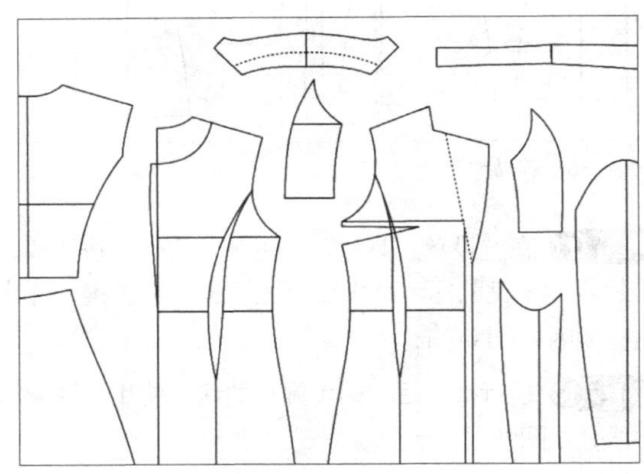

图9-308 绘制并调整曲线

步骤 17 继续使用“智能笔”命令，在工作区中的相应位置绘制腰省，如图9-309所示。

步骤 18 继续使用“智能笔”命令，在相应的线上单击鼠标左键，弹出“点的位置”对话框，设置“长度”为4，单击“确定”按钮，如图9-310所示。

步骤 19 执行操作后，向下拖曳鼠标，至相应的线上单击鼠标左键，弹出“点的位置”对话框，设置“长度”为5.5，单击“确定”按钮，如图9-311所示。

步骤 20 执行操作后，单击鼠标右键，即可绘制直线，然后对其进行适当调整，如图9-312所示。

步骤 21 在“设计工具栏”中单击“移动”按钮■，按【Shift】键，在工作区中选择相应的曲线，然后指定移动起点和终点，移动曲线，如图9-313所示。

步骤 22 用与上同样的方法，使用“转省”、“移动”、“智能笔”、“对称”、“剪断”、“橡皮擦”等命令，对移动的曲线进行适当的处理，如图9-314所示。

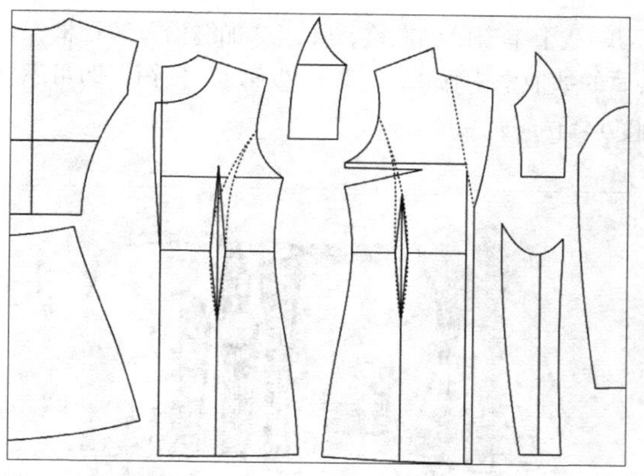
图9-309 绘制腰省

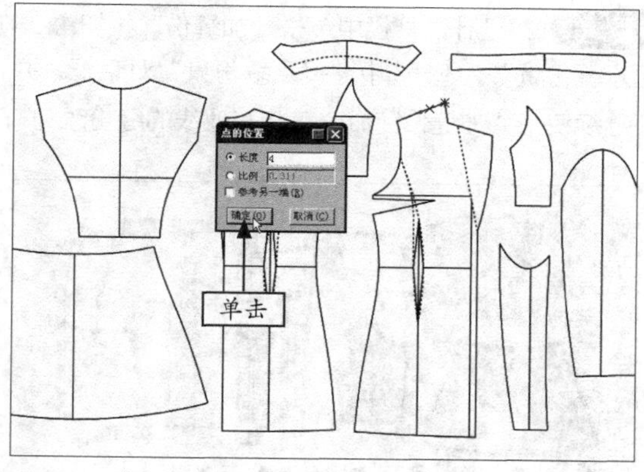

图9-310 单击“确定”按钮

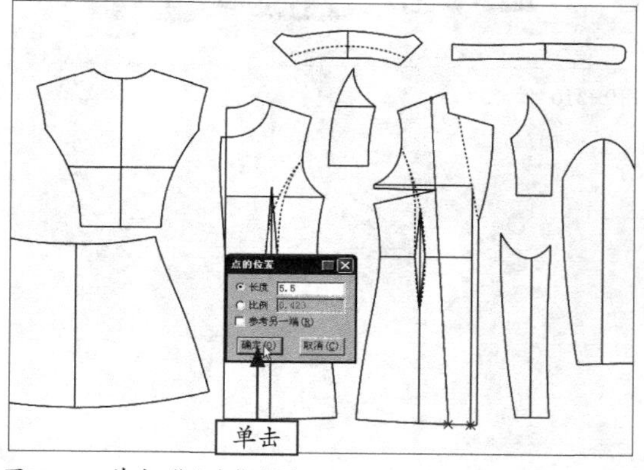

图9-311 单击“确定”按钮

图9-312 绘制并调整曲线

图9-313 移动曲线

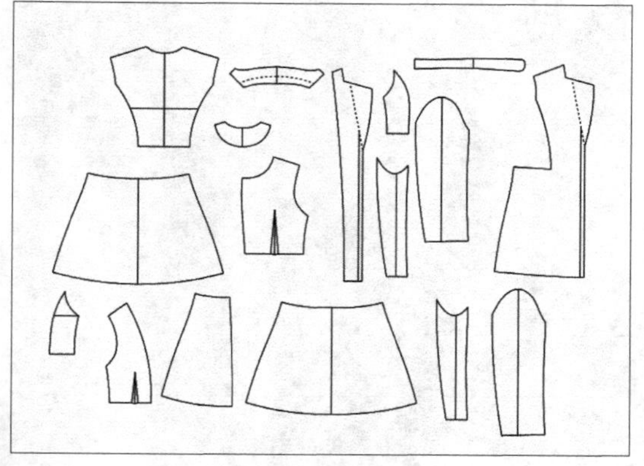
图9-314 处理部件

9.3.5 制作风衣纸样

步骤解析

步骤 1 在设计工具栏中单击“剪刀”按钮，在工作区中依次框选相应的曲线，然后单击鼠标右键，拾取纸样，如图9-315所示。

步骤 2 在设计工具栏中单击“加缝份”按钮，在相应的线上单击鼠标左键，弹出“加缝份”对话框，设置“起点缝份量”为3，选中“终点缝份量”对话框，并在其后的数值框中输入3，单击“确定”按钮，即可添加缝份。继续使用“加缝份”命令，将其他线的缝份改为3，如图9-316所示。

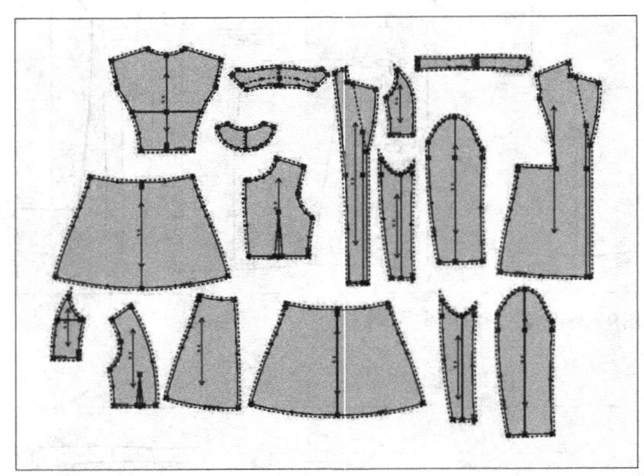

图9-315 拾取纸样

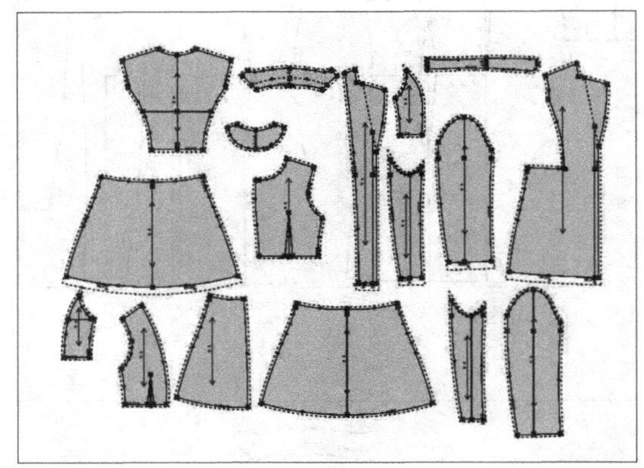

图9-316 修改缝份

本章建议学习时间 **120** 分钟

第10章 男装制版

学前提示

男装指男士穿着的服饰，其与所有的服装一样，都有上装和下装。本章主要向读者介绍休闲裤、男式衬衣以及男式西装外套的制版等内容。

本章内容

- 休闲裤
- 男式衬衣
- 男式西装外套

通过本章的学习，您可以

- 掌握休闲裤的制版
- 掌握男式衬衣的制版
- 掌握男式西装外套的制版

视频演示

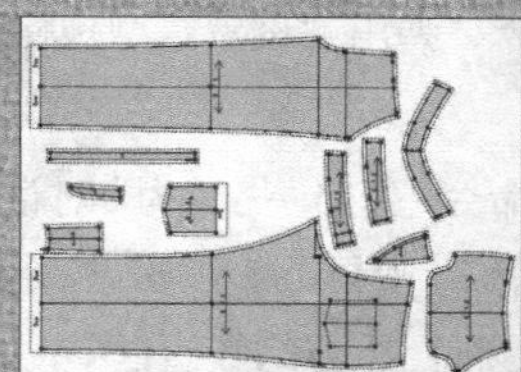

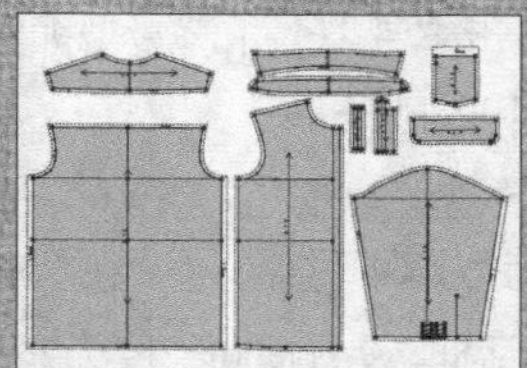

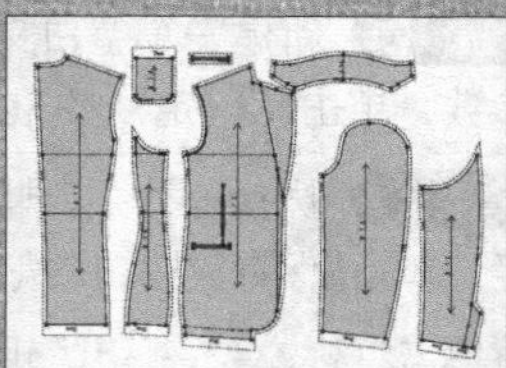

10.1 休闲裤

休闲裤，顾名思义就是穿起来显得比较休闲随意的裤子。广义的休闲裤，包含了一切非正式商务、政务、公务场合穿着的裤子。现实生活中主要是指以西裤为模板，在面料、板型方面比西裤随意和舒适，颜色则采用更加丰富多彩的裤子。休闲裤效果如图10-1所示。

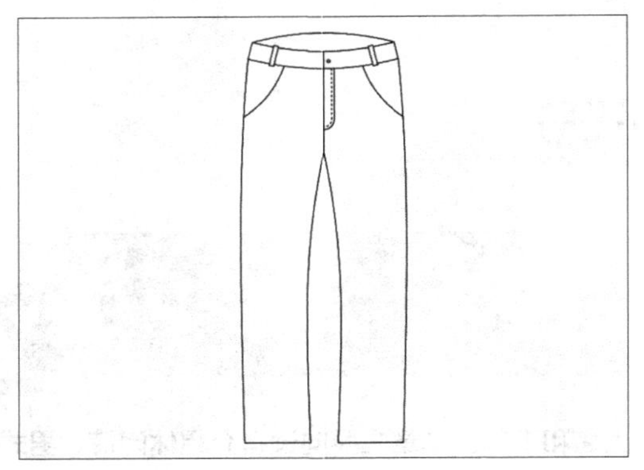

正面

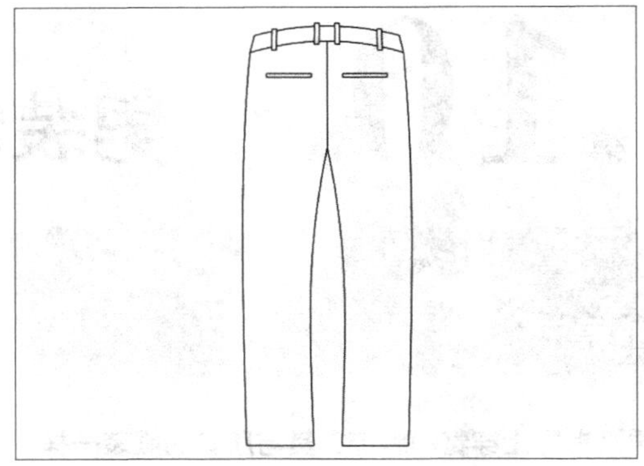

背面

图10-1 休闲裤效果

素材文件	无
效果文件	光盘\素材\第10章\休闲裤.dgs
视频文件	光盘\视频\第10章\10.1休闲裤.swf

10.1.1 休闲裤规格尺寸表

休闲裤规格尺寸表如表10-1所示。

表10-1 单位：cm

部位	裤长	腰围	臀围	膝围	脚口
165/72A	103	74	96	48	46
170/76A	106	78	100	50	48
175/80A	109	82	104	52	50
180/84A	112	86	108	54	52

10.1.2 绘制休闲裤前片

步骤解析

步骤1 新建一个空白文件，单击“号型”|“号型编辑”命令，弹出“设置号型规格表”对话框，设置需要的参数，单击“确定”按钮，如图10-2所示。

步骤2 执行操作后，即可编辑号型。单击“文档”|“另存为”命令，弹出“另存为”对话框，设置文件名和保存路径，单击“保存”按钮，执行操作后，即可另存文件。在“设计工具栏”中单击“矩形”按钮，在工作区中的合适位置单击鼠标左键，弹出“矩形”对话框，设置横向长度为26，拖曳鼠标至下方的数值框中，然后单击鼠标左键，单击“计算器”按钮，弹出“计算器”对话框，输入相应的公式，单击OK按钮，如图10-3所示。

步骤 3 执行操作后，返回到“矩形”对话框，单击“确定”按钮，绘制矩形。在“设计工具栏”中单击“智能笔”按钮，在工作区中左侧的直线上单击鼠标左键的同时，并向右拖曳鼠标，至合适位置单击鼠标左键，弹出“平行线”对话框，设置相应的参数，单击“确定”按钮，如图10-4所示。

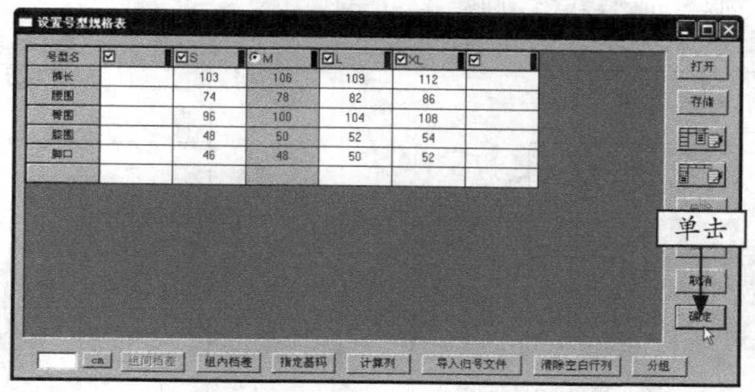

图10-2 单击“确定”按钮

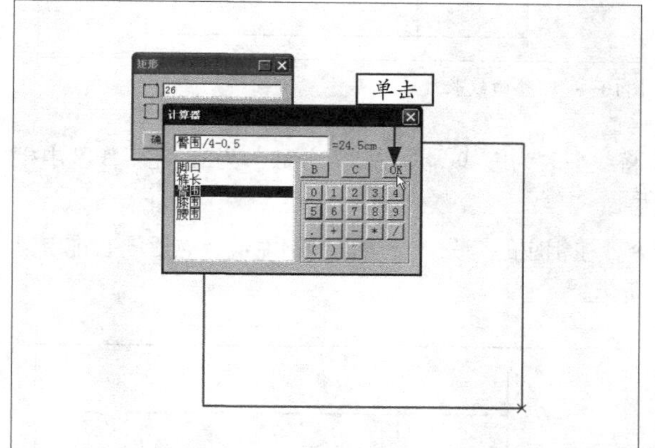

图10-3 单击OK按钮

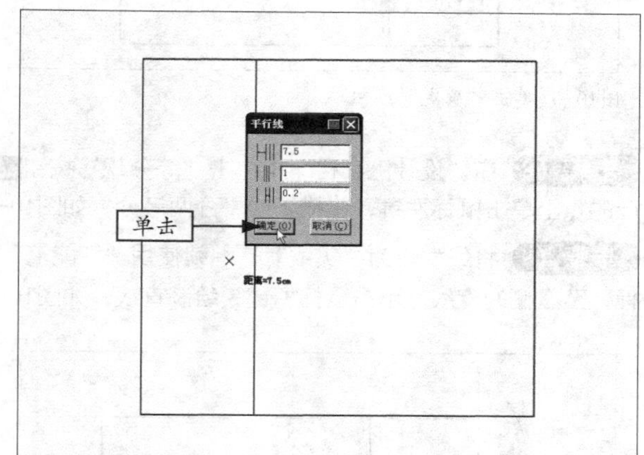

图10-4 单击“确定”按钮

步骤 4 执行操作后，即可绘制前臀围线，如图10-5所示。

步骤 5 继续使用“智能笔”命令，按住【Shift】键，在工作区中矩形左侧直线的合适位置单击鼠标右键，弹出“调整曲线长度”对话框，在“长度增减”数值框中单击鼠标左键，单击“计算器”按钮，弹出“计算器”对话框，输入相应的公式，单击OK按钮，如图10-6所示。

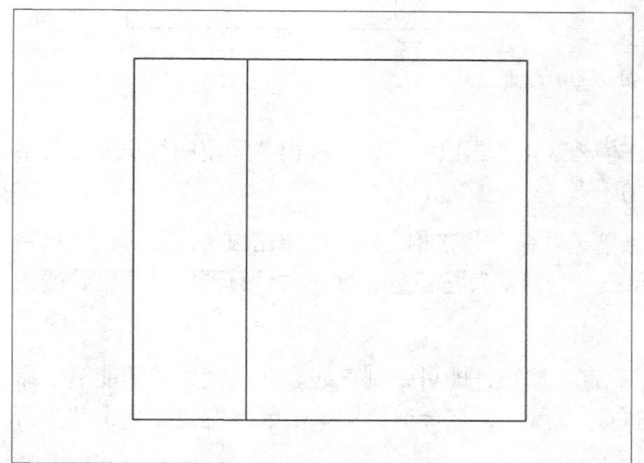

图10-5 绘制前臀围线

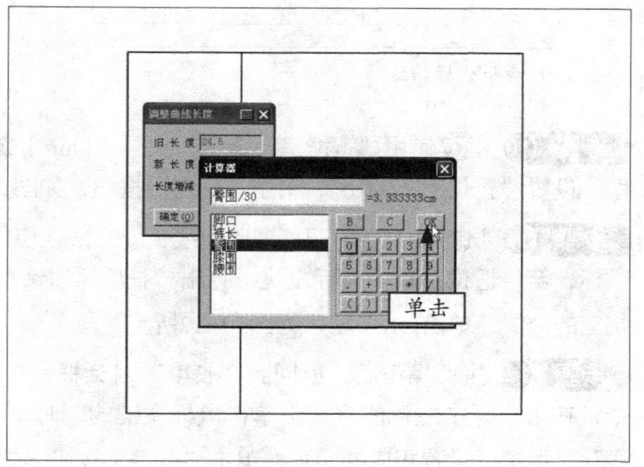

图10-6 单击OK按钮

步骤 6 执行操作后，即可调整曲线长度。继续使用“智能笔”命令，用同样的方法在直线下方合适位置单击鼠标右键，弹出“调整曲线长度”对话框，在“长度增减”数值框中输入-0.8，单击“确定”按钮，如图10-7所示。

步骤 7 执行操作后，即可调整曲线长度，如图10-8所示。

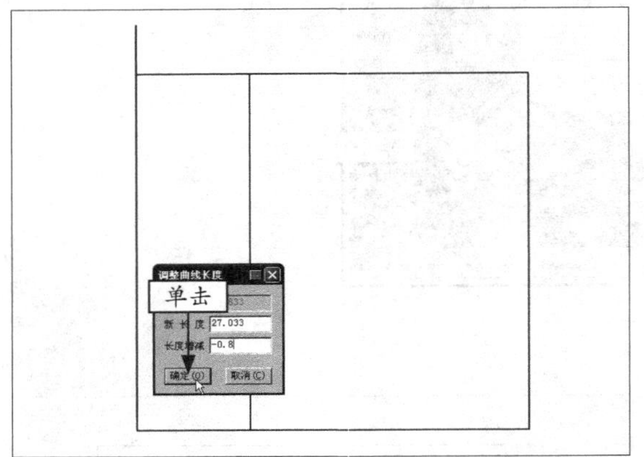

图10-7 单击“确定”按钮

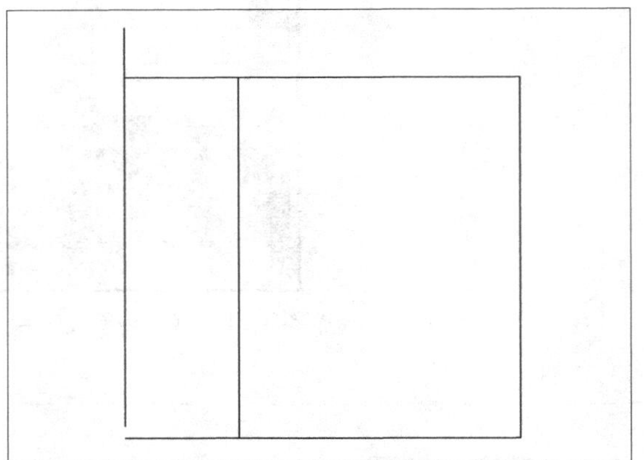
图10-8 调整曲线长度

步骤 8 在“设计工具栏”中单击“等分规”按钮，将线型改为虚线，设置“等分数”为2，在工作区中相应的点上单击鼠标左键，将横档线平分两等分，如图10-9所示。

步骤 9 将线型改为“实线”，继续使用“智能笔”命令，在相应的等分点上单击鼠标左键，然后向右拖曳鼠标，至右侧的直线上单击鼠标左键，绘制直线，如图10-10所示。

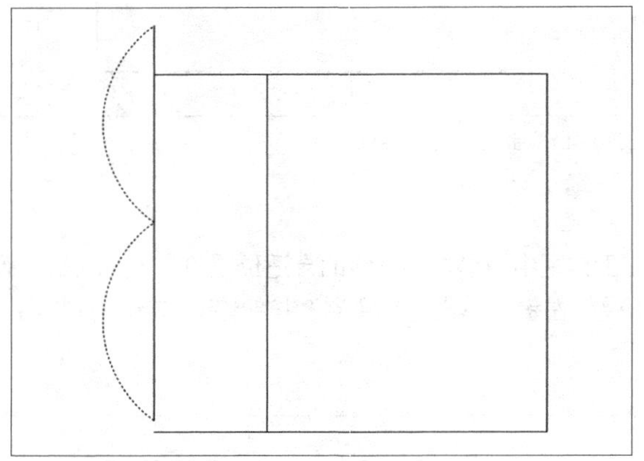
图10-9 两等分横档线

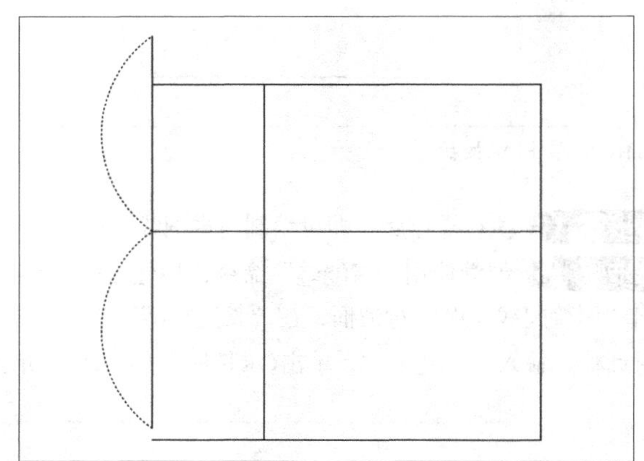
图10-10 绘制直线

步骤 10 继续使用“智能笔”命令，按住【Shift】键，在横档线上单击鼠标右键，弹出“调整曲线长度”对话框，设置“新长度”为103，单击“确定”按钮，如图10-11所示。

步骤 11 执行操作后，即可调整曲线长度。继续使用“智能笔”命令，在相应的点上单击鼠标左键，向上拖曳鼠标，至合适位置单击鼠标左键，弹出“长度”对话框，单击“计算器”按钮，弹出“计算器”对话框，输入相应的公式，单击OK按钮，如图10-12所示。

步骤 12 执行操作后，返回到“长度”对话框，单击“确定”按钮，即可绘制直线。继续使用“智能笔”命令，在工作区中左侧的直线上单击鼠标左键的同时，并向右拖曳鼠标，至合适位置单击鼠标左键，弹出“平行线”对话框，设置相应的参数，单击“确定”按钮，如图10-13所示。

步骤 13 执行操作后，即可绘制平行线。继续使用“智能笔”命令，按住【Shift】键，在刚绘制的平行线上单击鼠标右键，弹出“调整曲线长度”对话框，单击“计算器”按钮，弹出“计算器”对话框，输入相应的公式，单击OK按钮，如图10-14所示。

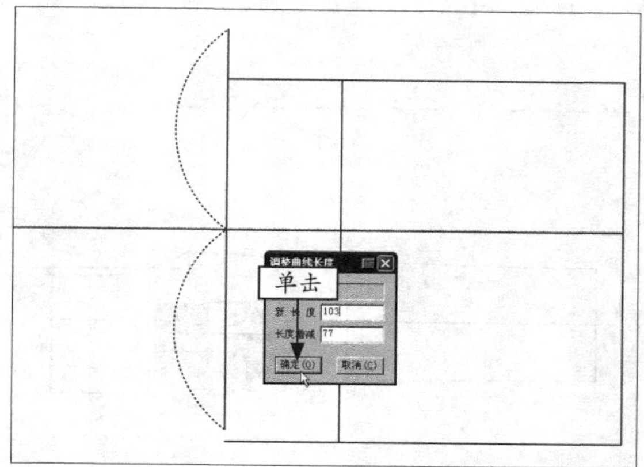

图10-11 单击“确定”按钮

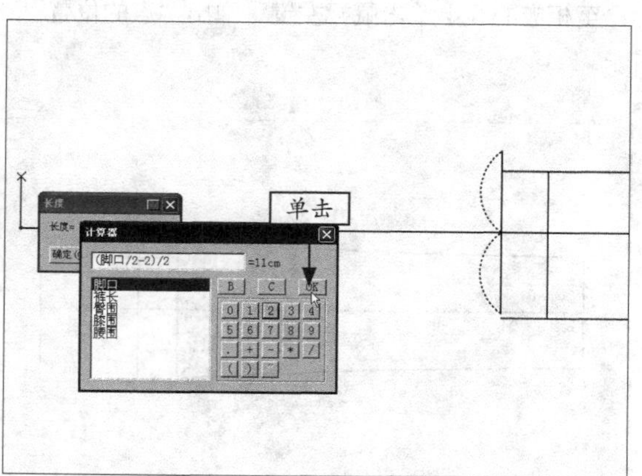

图10-12 单击OK按钮

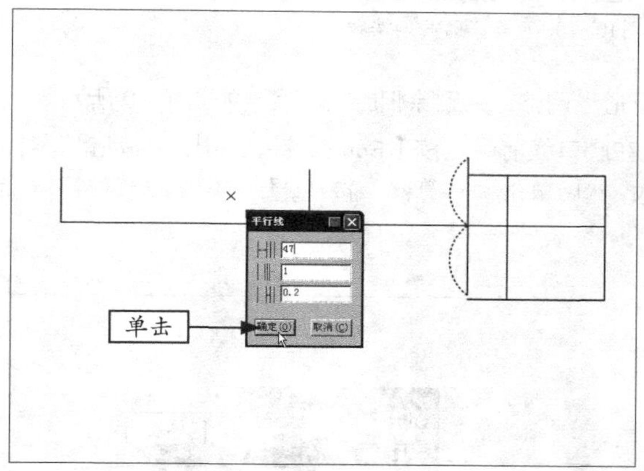

图10-13 单击“确定”按钮

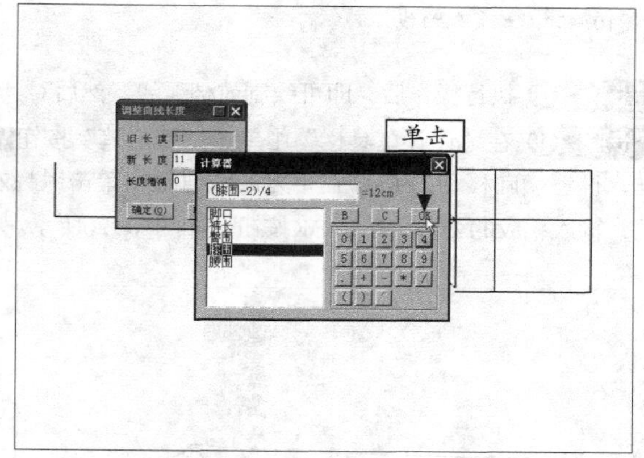

图10-14 单击OK按钮

步骤 14 返回到“调整曲线对话框”对话框，单击“确定”按钮，即可调整曲线的长度，如图10-15所示。

步骤 15 在“设计工具栏”中单击“智能笔”按钮，在工作区中相应的点上单击鼠标左键，绘制侧缝线，如图10-16所示。

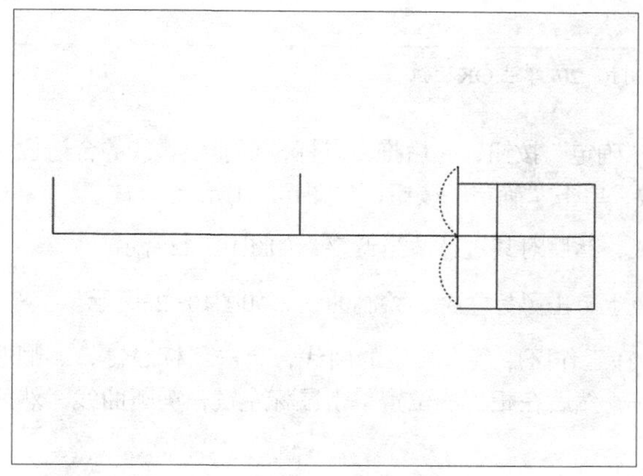
图10-15 调整曲线长度

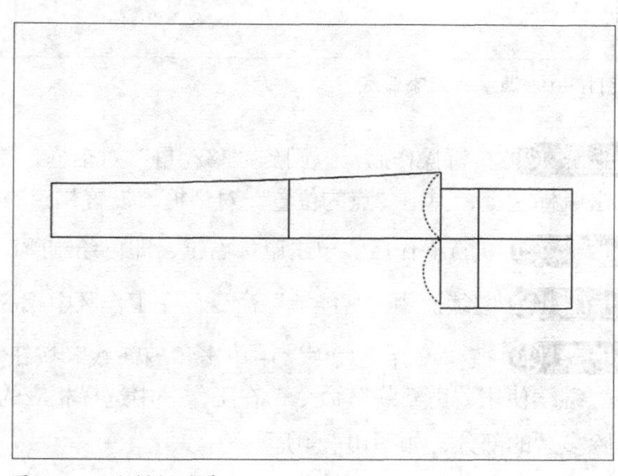
图10-16 绘制侧缝线

步骤 16 在“设计工具栏”中单击“对称”按钮■，在工作区中裤中线的端点上单击鼠标左键，指定对称轴，然后选择相应的曲线，单击鼠标右键，执行操作后，即可对称复制曲线，如图10-17所示。

步骤 17 在“设计工具栏”中单击“智能笔”按钮■，在工作区中相应的点上单击鼠标左键，然后拖曳鼠标，至相应的线上单击鼠标左键，弹出“点的位置”对话框，设置“长度”为1，单击“确定”按钮，如图10-18所示。

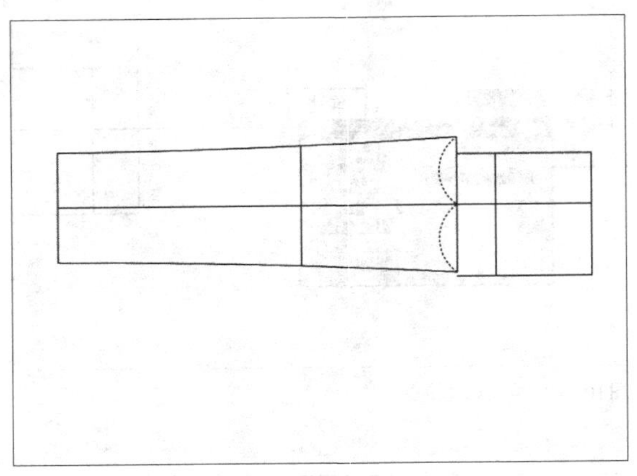

图10-17 对称复制曲线

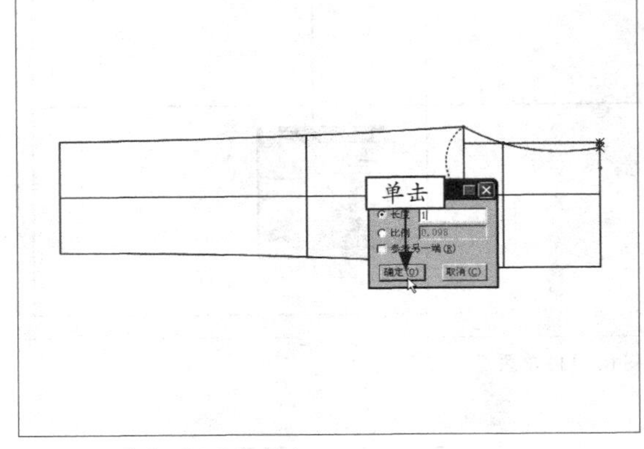

图10-18 单击“确定”按钮

步骤 18 执行操作后，即可绘制前档弧线，然后对其进行适当调整，并删除相应的曲线，如图10-19所示。

步骤 19 在“设计工具栏”中单击“智能笔”按钮■，在腰口线前中点按【Enter】键，弹出“移动量”对话框，设置横向移动为0.5，在下方的数值框中单击鼠标左键，然后单击“计算器”按钮■，弹出“计算器”对话框，输入相应的公式，单击OK按钮，如图10-20所示。

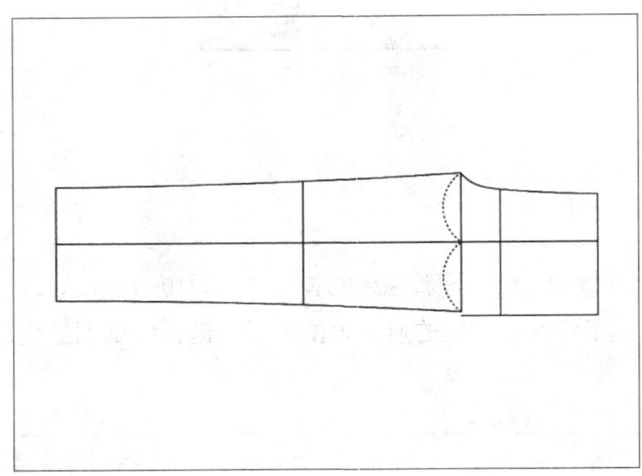

图10-19 调整并删除曲线

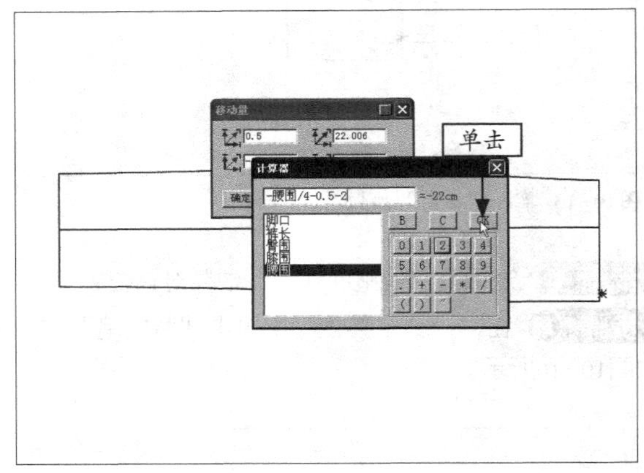

图10-20 单击OK按钮

步骤 20 执行操作后，返回到“移动量”对话框，单击“确定”按钮，然后拖曳鼠标，至前档弧线的合适位置单击鼠标左键，弹出“点的位置”对话框，设置相应的参数，单击“确定”按钮，如图10-21所示。

步骤 21 执行操作后，单击鼠标右键，即可绘制腰口弧线，然后对其进行适当调整，如图10-22所示。

步骤 22 继续使用“智能笔”命令，在工作区中相应的点上单击鼠标左键，绘制曲线，如图10-23所示。

步骤 23 在“设计工具栏”中单击“剪断线”按钮■，在工作区中选择相应的曲线，单击鼠标右键，调顺曲线。继续使用“剪断线”命令，在工作区中选择相应的曲线，然后在相应的位置单击鼠标左键，剪断曲线，然后删除多余的部分，如图10-24所示。

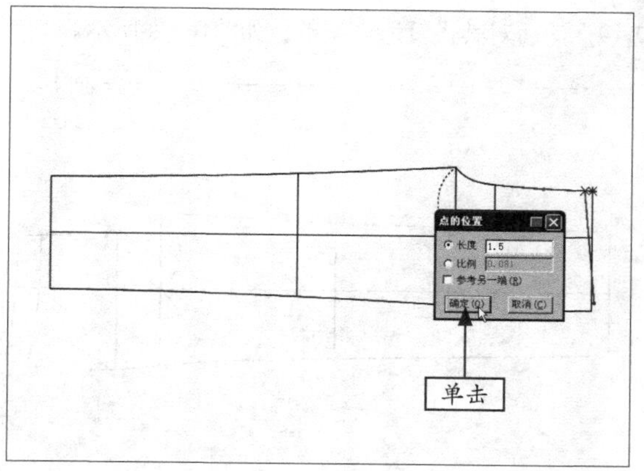

图10-21 单击“确定”按钮

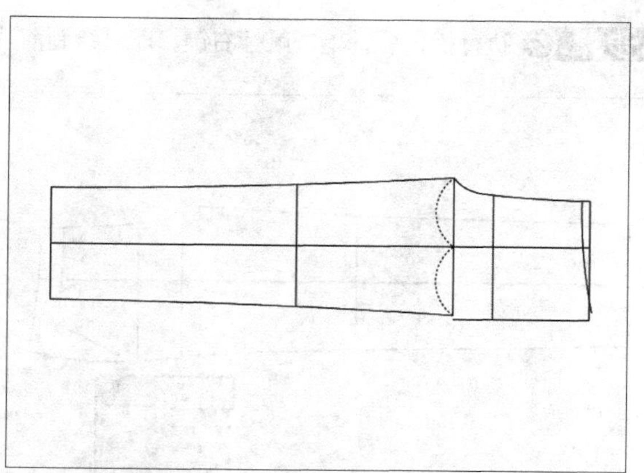
图10-22 绘制直线

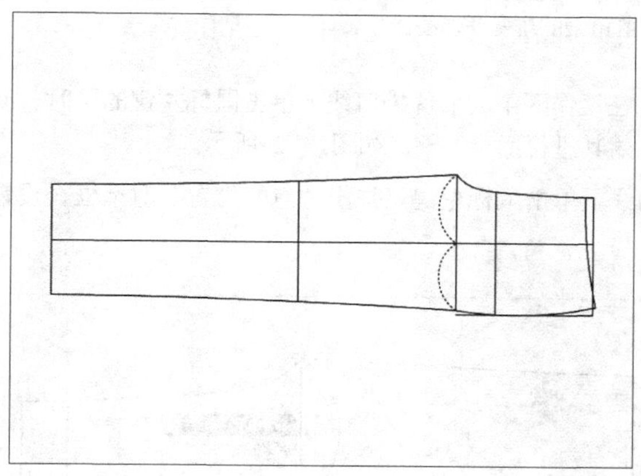
图10-23 绘制曲线

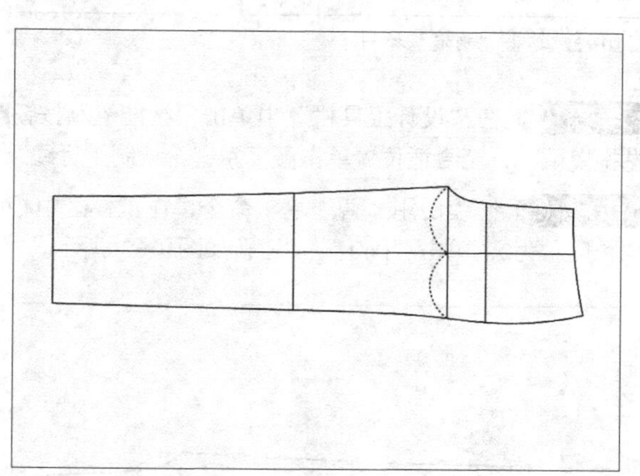
图10-24 调整并删除曲线

步骤 24 在“设计工具栏”中单击“智能笔”按钮，在工作区中腰口弧线上单击鼠标左键的同时，向左拖曳鼠标，至合适位置单击鼠标左键，弹出“平行线”对话框，设置相应的参数，单击“确定”按钮，如图10-25所示。

步骤 25 执行操作后，即可绘制平行线。继续使用“智能笔”命令，在工作区中相应的线上单击鼠标左键，弹出“点的位置”对话框，设置“长度”为6，单击“确定”按钮，如图10-26所示。

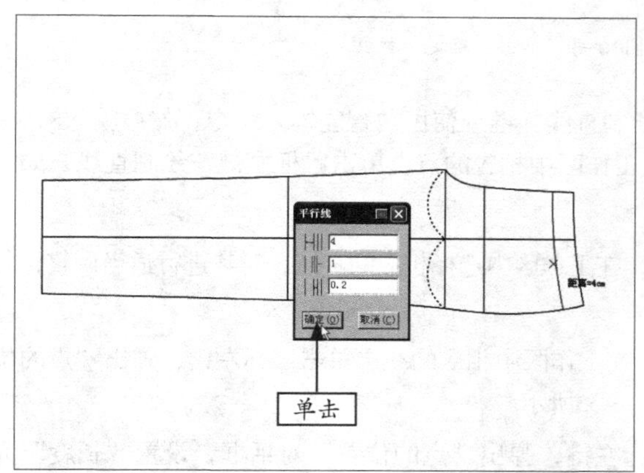

图10-25 单击“确定”按钮

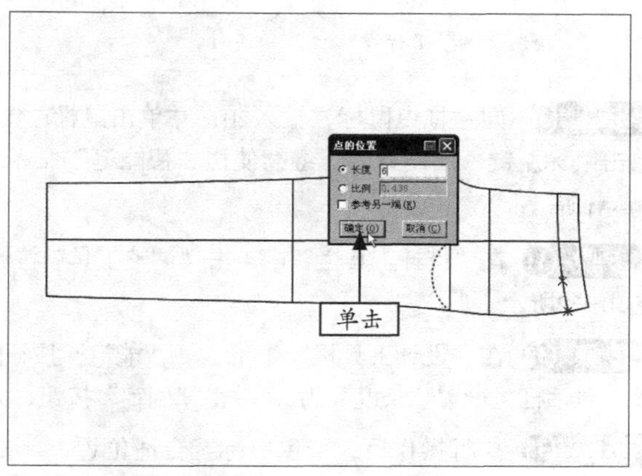

图10-26 单击“确定”按钮

步骤 26 执行操作后，拖曳鼠标，至合适的线上单击鼠标左键，弹出“点的位置”对话框，设置“长度”为14，单击“确定”按钮，如图10-27所示。

步骤 27 执行操作后，单击鼠标右键，即可绘制前片袋口线，然后对其进行适当调整，如图10-28所示。

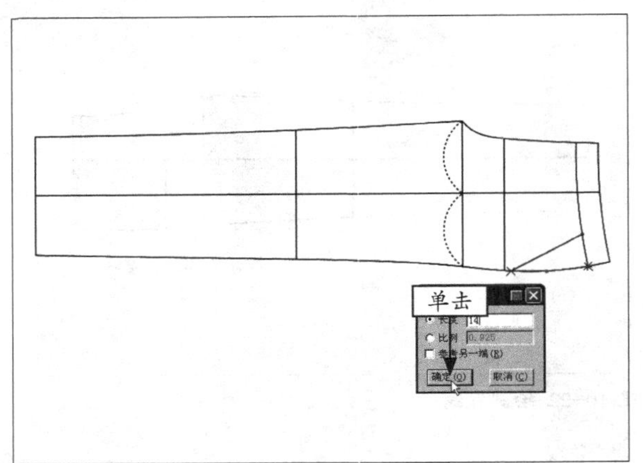

图10-27 单击“确定”按钮

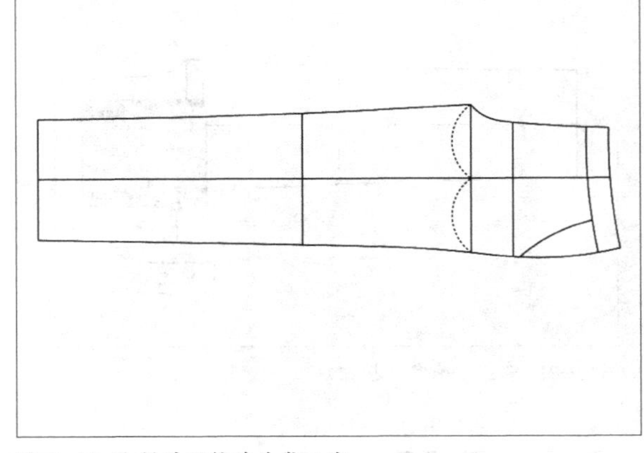
图10-28 绘制并调整前片袋口线

步骤 28 在“设计工具栏”中单击“智能笔”按钮，在工作区中的前片袋口线上单击鼠标左键的同时，向左拖曳鼠标，至合适位置单击鼠标左键，绘制平行线，然后对其进行适当调整，如图10-29所示。

步骤 29 继续使用“智能笔”命令，在工作区中相应的线上单击鼠标左键，弹出“点的位置”对话框，设置“长度”为2，单击“确定”按钮，如图10-30所示。

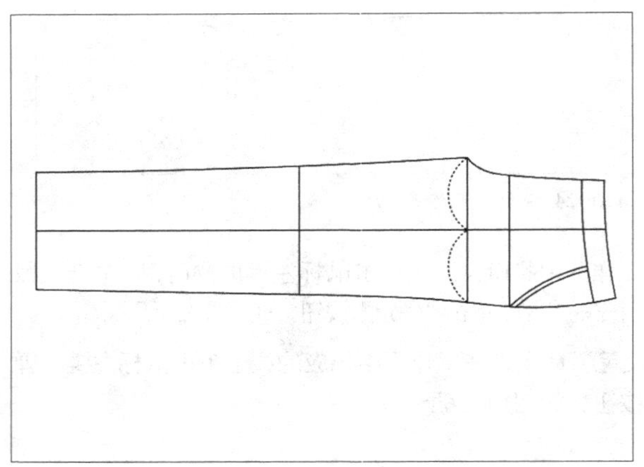
图10-29 绘制并调整平行线

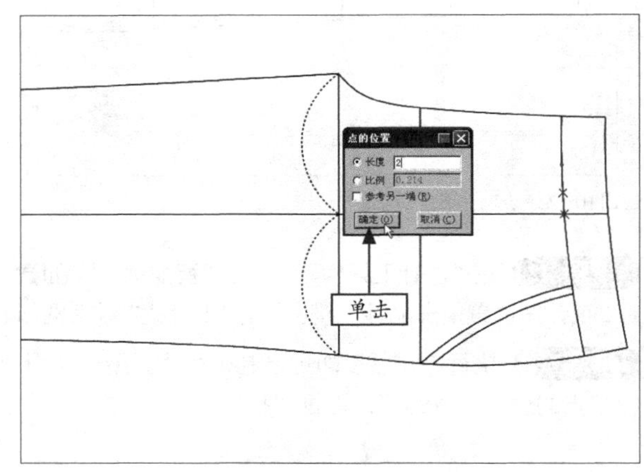

图10-30 单击“确定”按钮

步骤 30 向左拖曳鼠标，输入20，并单击鼠标左键，绘制直线。继续使用“智能笔”命令，然后输入8，并单击鼠标左键，绘制直线。继续使用“智能笔”命令，在工作区中相应的点上单击鼠标左键，绘制直线，如图10-31所示。

步骤 31 在“设计工具栏”中单击“调整工具”按钮，在工作区中选择相应的直线，对其进行适当调整，如图10-32所示。

步骤 32 在“设计工具栏”中单击“智能笔”按钮，在工作区中相应的线上单击鼠标左键，弹出“点的位置”对话框，设置“长度”为2，单击“确定”按钮，如图10-33所示。

步骤 33 执行操作后，拖曳鼠标至合适位置，单击鼠标左键，弹出“点的位置”对话框，设置“长度”为0.5，单击“确定”按钮，如图10-34所示。

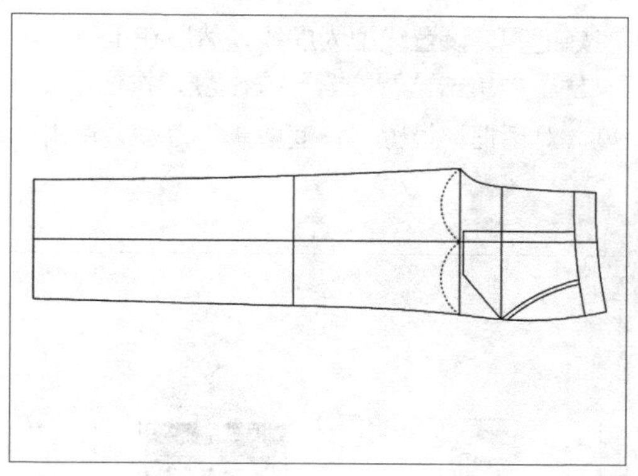
图10-31 绘制直线

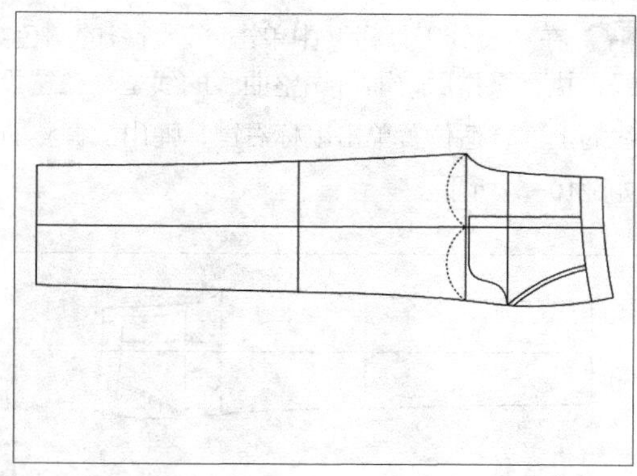
图10-32 绘制曲线

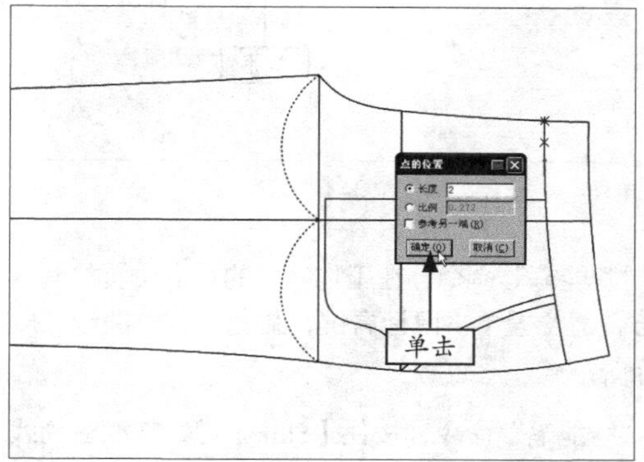

图10-33 单击"确定"按钮

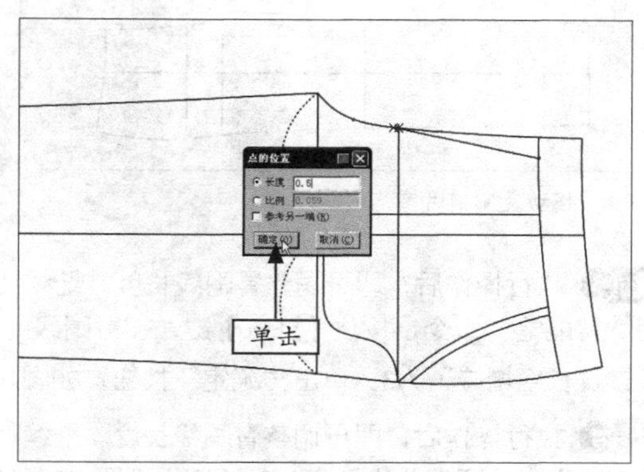

图10-34 单击"确定"按钮

步骤 34 在"设计工具栏"中单击"调整工具"按钮■，在工作区中选择相应的直线，对其进行适当调整，然后删除相应的曲线，如图10-35所示。

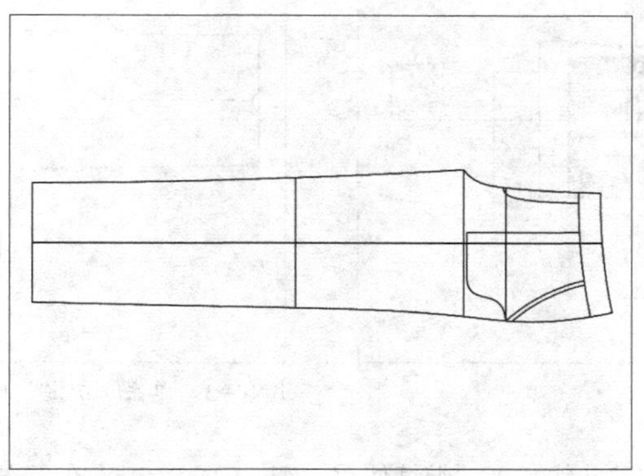
图10-35 调整并删除曲线

10.1.3 绘制休闲裤后片

步骤解析

步骤 1 在"设计工具栏"中单击"移动"按钮■，按【Shift】键，在工作区中选择前片结构，单击鼠标右键，然后指定移动起点和终点，移动复制前片，如图10-36所示。

步骤 2 在“设计工具栏”中单击“设置线的颜色类型”按钮，设置线型为虚线，然后在工作区中选择相应的曲线，执行操作后，即可调整曲线的线型。在“设计工具栏”中单击“智能笔”按钮，按住【Shift】键，在臀围线的上部合适位置单击鼠标右键，弹出“调整曲线长度”对话框，设置“长度增减”为-2，单击“确定”按钮，如图10-37所示。

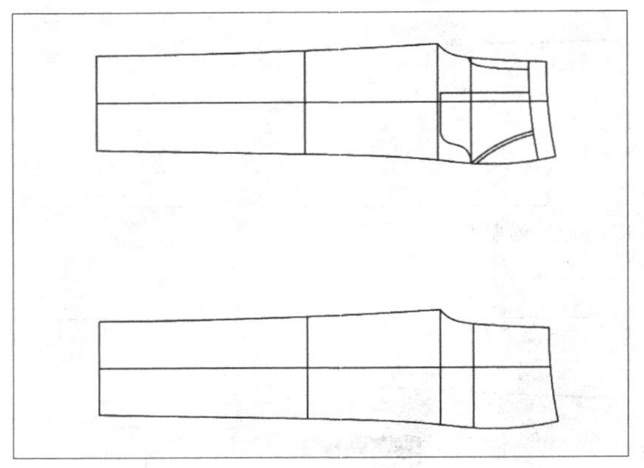

图10-36 移动复制前片

图10-37 单击“确定”按钮

步骤 3 执行操作后，即可调整臀围线长度。继续使用“智能笔”命令，在工作区中的相应位置绘制直线。继续使用“智能笔”命令，按住【Shift】键，在臀围线的下方合适位置单击鼠标右键，弹出“调整曲线长度”对话框，设置“长度增减”为3，单击“确定”按钮，如图10-38所示。

步骤 4 执行操作后，即可调整臀围线长度。继续使用“智能笔”命令，按住【Shift】键，在相应的线上单击鼠标右键，弹出“调整曲线长度”对话框，设置“新长度”为26，单击“确定”按钮，如图10-39所示。

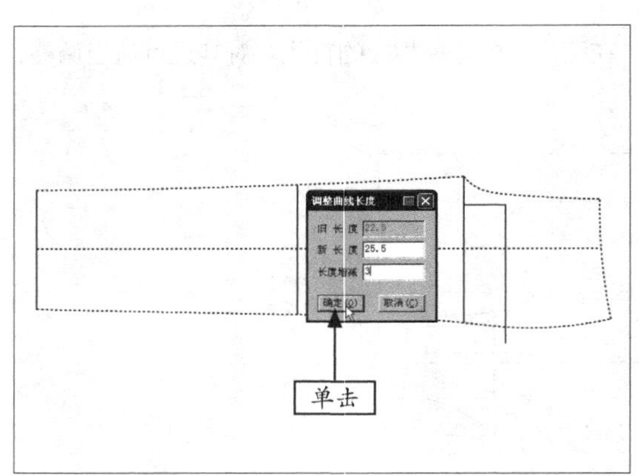

图10-38 单击“确定”按钮

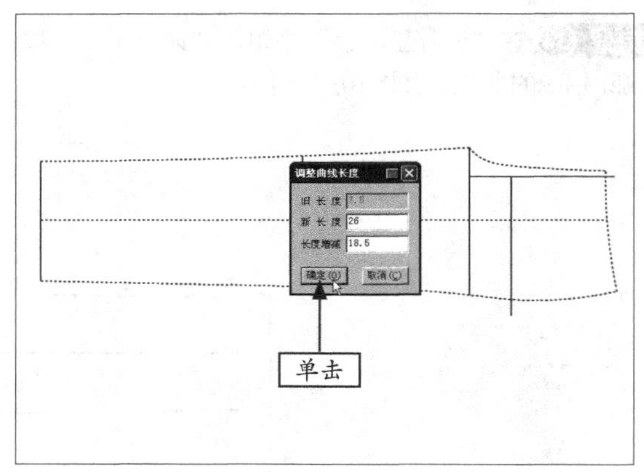

图10-39 单击“确定”按钮

步骤 5 执行操作后，即可调整曲线长度。继续使用“智能笔”命令，在工作区中相应的点上单击鼠标右键，拖曳鼠标，至合适位置单击鼠标左键，绘制直线，如图10-40所示。

步骤 6 继续使用“智能笔”命令，按住【Shift】键，在脚口线的合适位置单击鼠标右键，弹出“调整曲线长度”对话框，设置“长度增减”为2，单击“确定”按钮，如图10-41所示。

步骤 7 执行操作后，即可调整脚口线的长度。继续使用“智能笔”命令，调整其他线的长度，如图10-42所示。

步骤 8 继续使用“智能笔”命令，在合适的点上按【Enter】键，弹出“移动量”对话框，设置横向移动为-1.2，在下方的数值框中单击鼠标左键，然后单击“计算器”按钮，弹出“计算器”对话框，输入相应的公式，单击OK按钮，如图10-43所示。

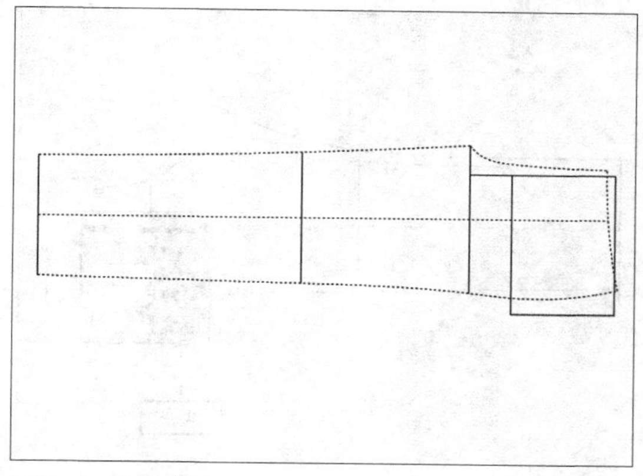
图10-40 绘制直线

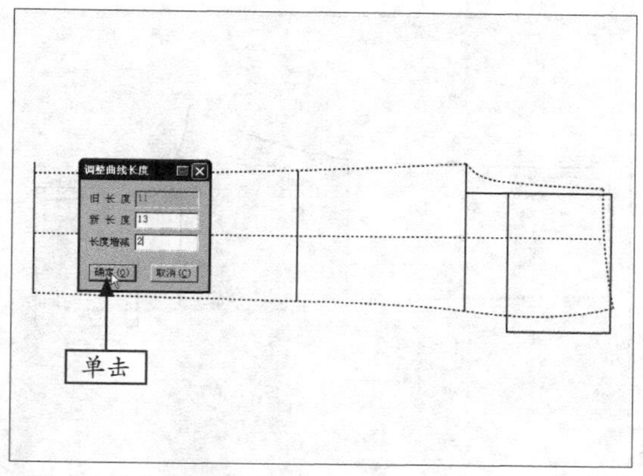

图10-41 单击“确定”按钮

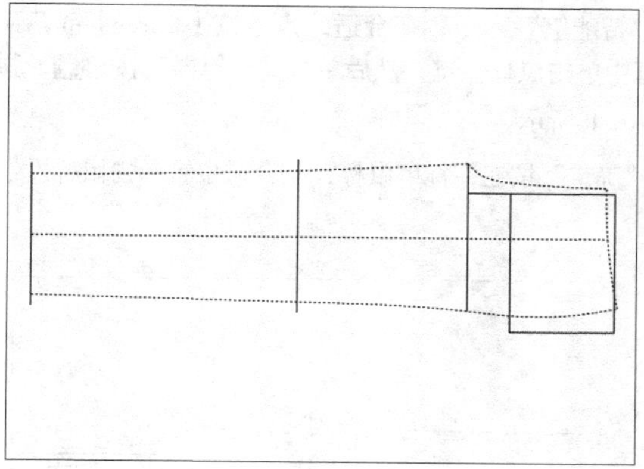
图10-42 调整线长度

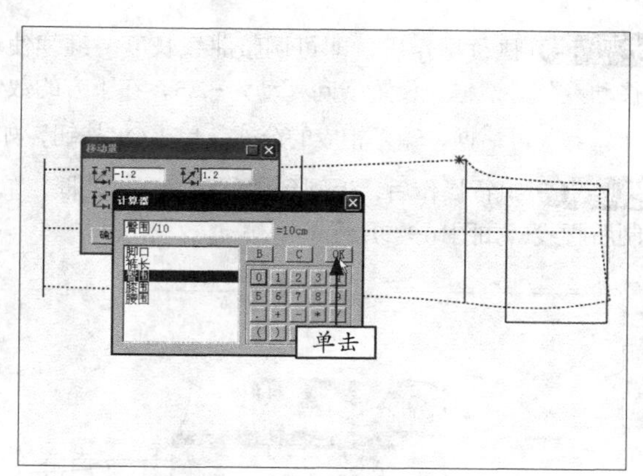

图10-43 单击OK按钮

步骤 9 执行操作后，返回到“移动量”对话框，单击“确定”按钮，拖曳鼠标，至合适的点上单击鼠标左键，绘制后片档缝线，并对其进行适当调整，如图10-44所示。

步骤 10 继续使用“智能笔”命令，在工作区中相应的点上单击鼠标左键，然后拖曳鼠标，至合适的线上单击鼠标左键，弹出“点的位置”对话框，设置“长度”为2.5，单击“确定”按钮，如图10-45所示。

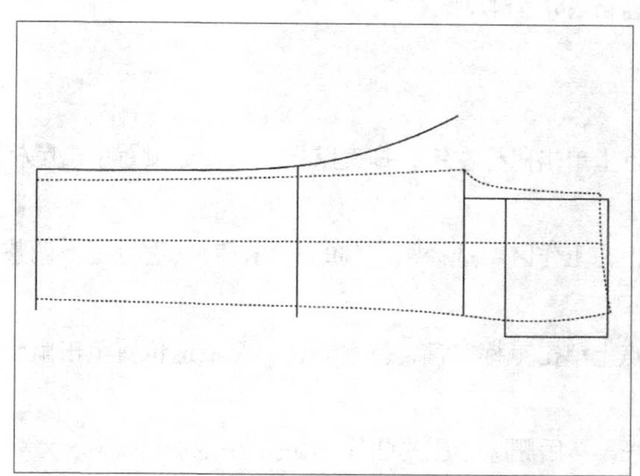
图10-44 绘制后片档缝线

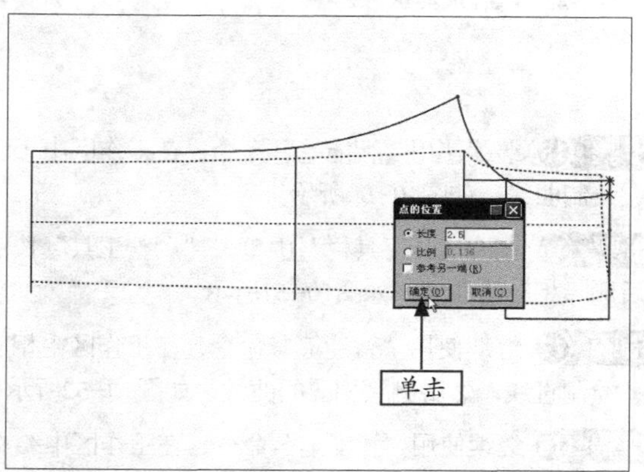

图10-45 单击“确定”按钮

步骤 11 执行操作后，单击鼠标右键，绘制后上档弧线，然后对其进行适当调整，如图10-46所示。

步骤 12 继续使用“智能笔”命令，按住【Shift】键，在刚绘制的线上单击鼠标右键，弹出“调整曲线长度”对话框，设置“长度增减”为3，单击“确定”按钮，如图10-47所示。

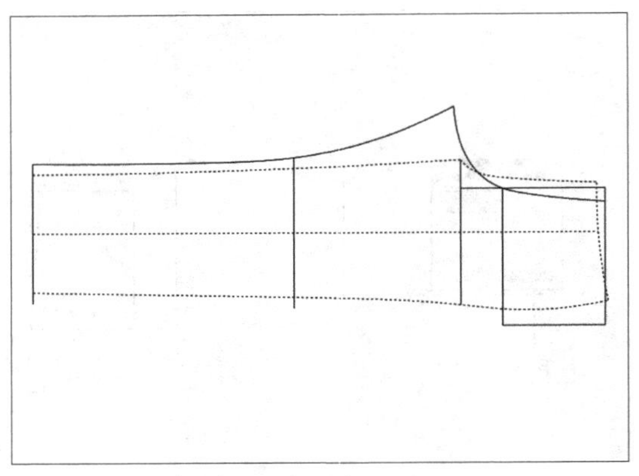

图10-46 绘制并调整后上档弧线

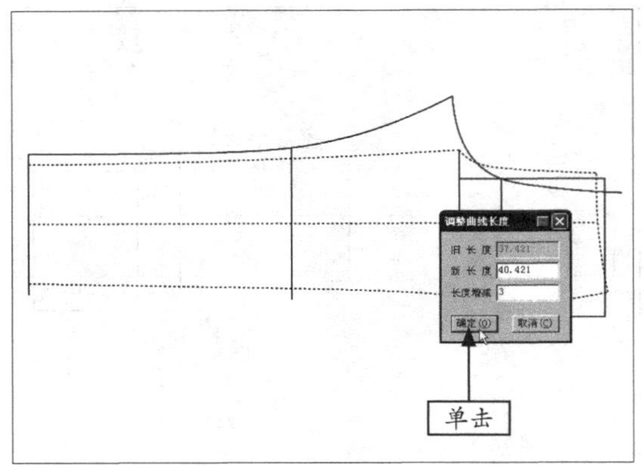

图10-47 单击“确定”按钮

步骤 13 执行操作后，即可调整曲线长度。继续使用“智能笔”命令，在合适的点上按【Enter】键，弹出“移动量”对话框，设置横向移动为-2.5，在下方的数值框中单击鼠标左键，然后单击“计算器”按钮，弹出“计算器”对话框，输入相应的公式，单击OK按钮，如图10-48所示。

步骤 14 执行操作后，返回到“移动量”对话框，单击“确定”按钮，拖曳鼠标，至合适位置单击鼠标左键，绘制后腰线，如图10-49所示。

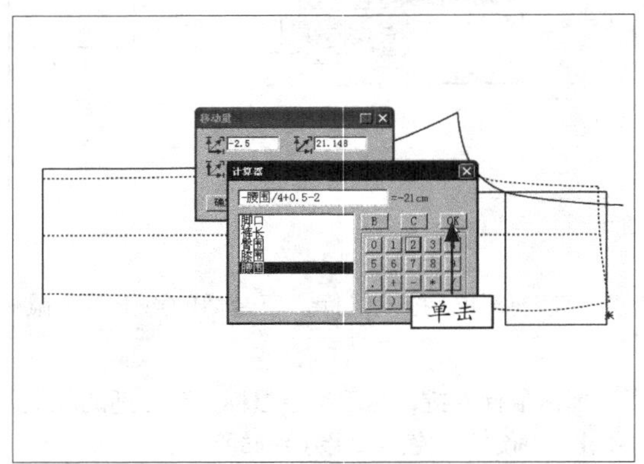

图10-48 单击OK按钮

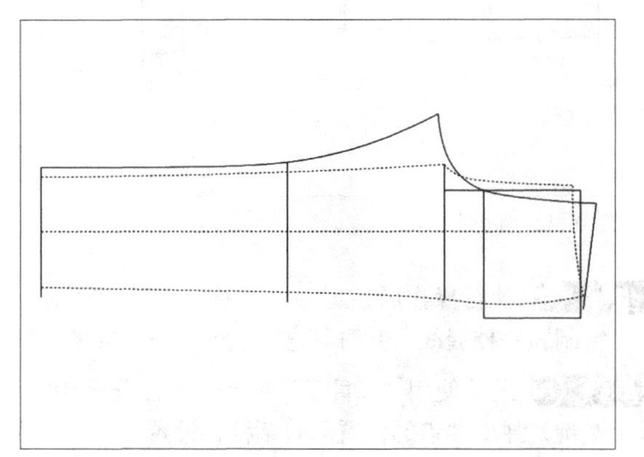
图10-49 绘制后腰线

步骤 15 继续使用“智能笔”命令，在工作区中相应的点上单击鼠标左键，拖曳鼠标，至合适位置单击鼠标左键，绘制曲线，如图10-50所示。

步骤 16 在“设计工具栏”中单击“调整工具”按钮，在工作区中选择刚绘制的曲线，对其进行适当调整，然后删除相应的曲线，如图10-51所示。

步骤 17 继续使用“智能笔”命令，在工作区中相应的点上单击鼠标右键，拖曳鼠标，至合适位置单击鼠标左键，绘制直线，然后删除相应的曲线，如图10-52所示。

步骤 18 继续使用“智能笔”命令，在工作区中绘制直线，然后删除相应的曲线，如图10-53所示。

步骤 19 继续使用“智能笔”命令，按住【Shift】键，在腰口线的后中端点上依次单击鼠标左键，然后拖曳鼠标，至合适位置单击鼠标左键，弹出“长度”对话框，设置“长度”为10，单击“确定”按钮，如图10-54所示。

步骤 20 执行操作后，即可绘制直线。在“设计工具栏”中单击“收省”按钮，在工作区中依次选择腰口线和刚绘制的直线，弹出“省宽”对话框，设置“宽度”为2，单击“确定”按钮，如图10-55所示。

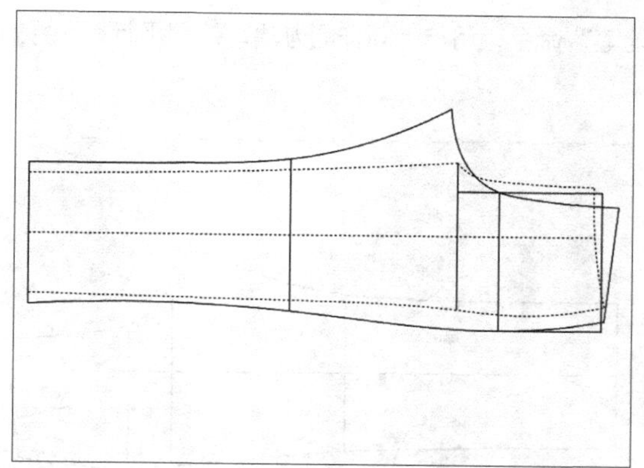
图10-50 绘制侧缝线

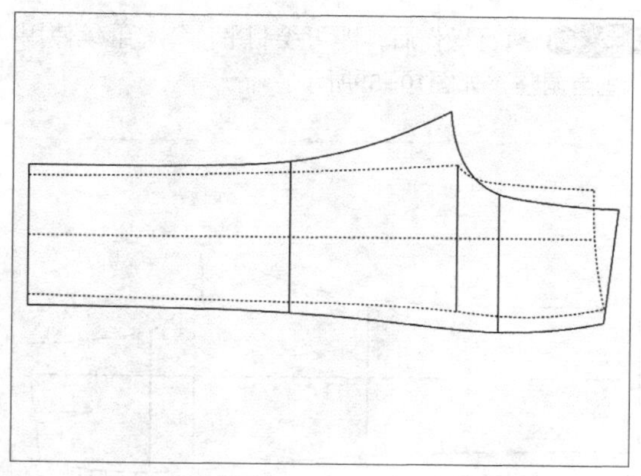
图10-51 调整并删除曲线

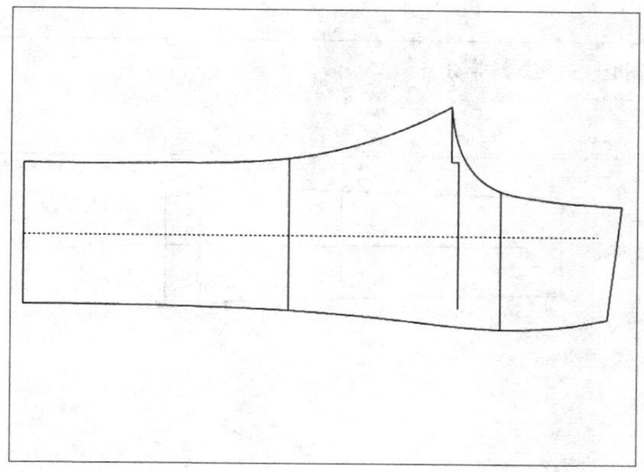
图10-52 绘制直线

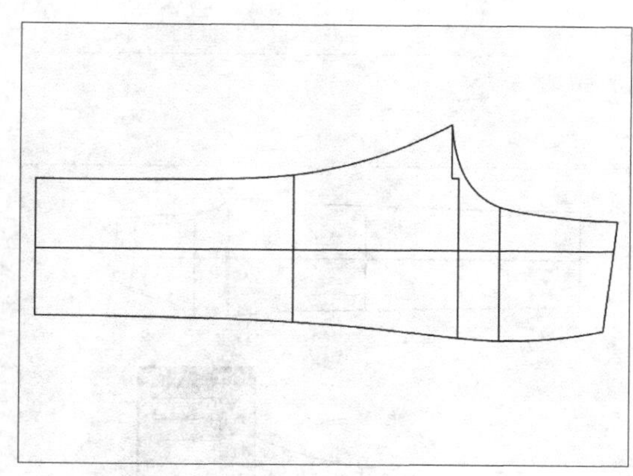
图10-53 绘制并删除曲线

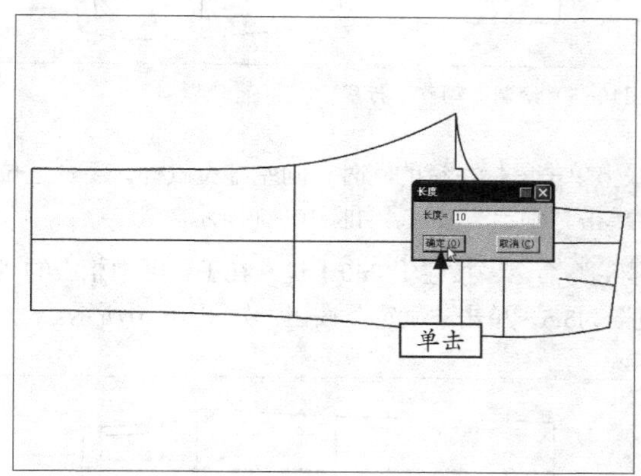

图10-54 单击“确定”按钮

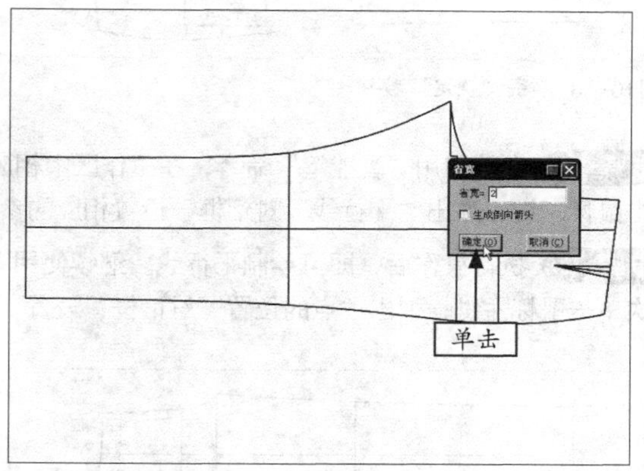

图10-55 单击“确定”按钮

步骤 21 执行操作后，在右侧的空白位置单击鼠标左键，即可收省，如图10-56所示。

步骤 22 在“设计工具栏”中单击“调整工具”按钮，在工作区中选择腰口线，对其进行适当调整，如图10-57所示。

步骤 23 在“设计工具栏”中单击“智能笔”按钮，在工作区中相应的线上单击鼠标左键的同时，向左拖曳鼠标，至合适位置单击鼠标左键，弹出“平行线”对话框，设置相应的参数，单击“确定”按钮，如图10-58所示。

步骤 24 执行操作后，即可绘制平行线。继续使用“智能笔”命令，用与上同样的方法，绘制平行线，并对其进行适当调整，如图10-59所示。

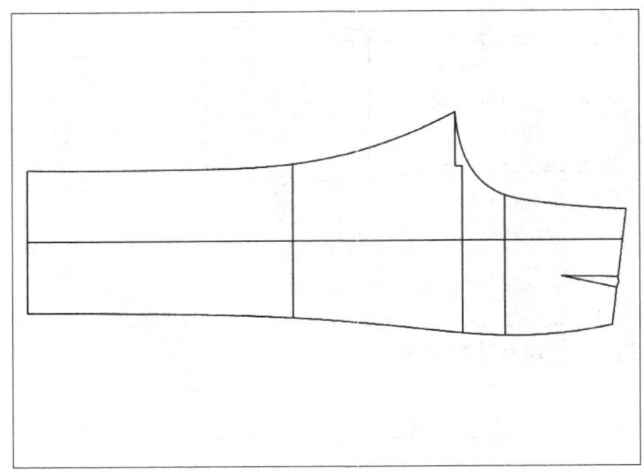
图10-56 收省

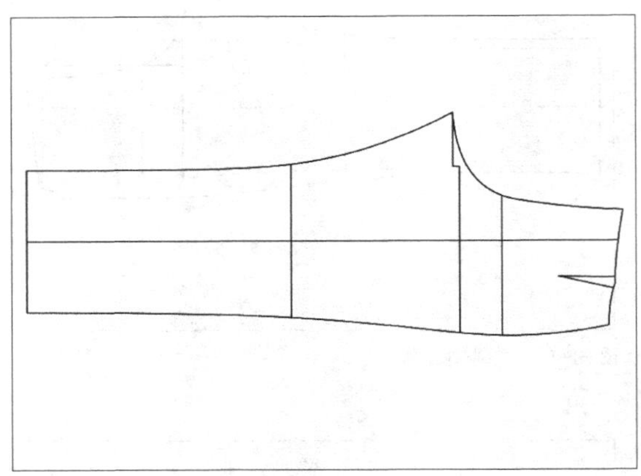
图10-57 绘制等分点

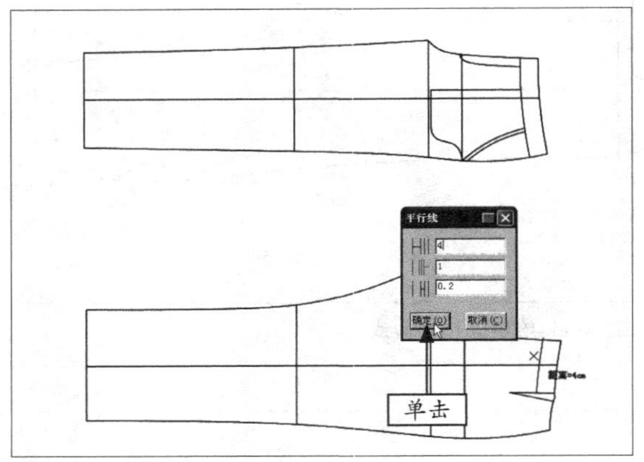

图10-58 单击“确定”按钮

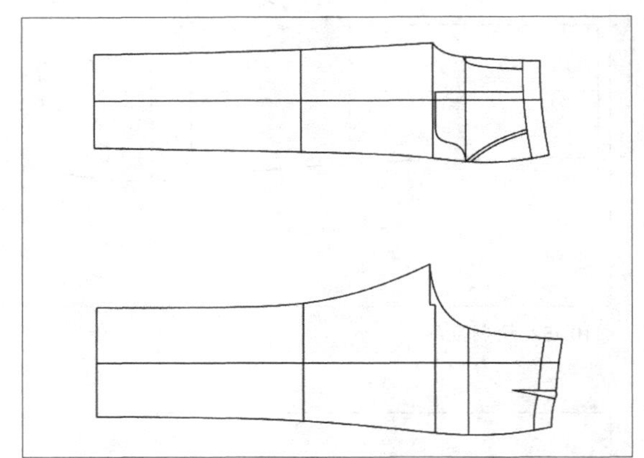
图10-59 绘制并调整平行线

步骤 25 继续使用“智能笔”命令，在工作区中相应的线上单击鼠标左键的同时，向左拖曳鼠标，至合适位置单击鼠标左键，弹出“平行线”对话框，设置相应的参数，单击“确定”按钮，如图10-60所示。

步骤 26 执行操作后，即可绘制平行线。继续使用“智能笔”命令，按住【Shift】键，在工作区中相应的线上依次单击鼠标左键，弹出“点的位置”对话框，设置“长度”为5.5，单击“确定”按钮，如图10-61所示。

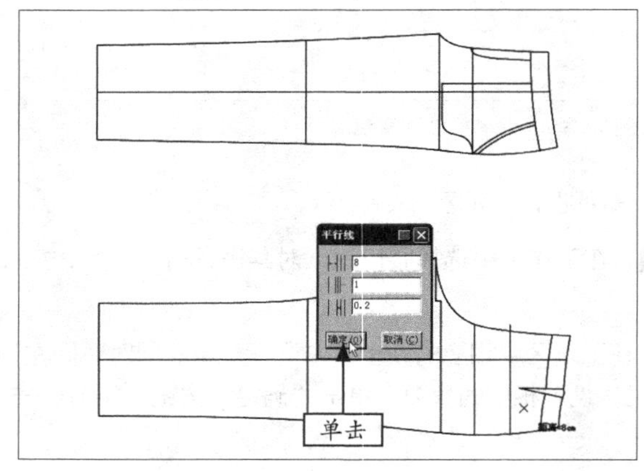

图10-60 单击“确定”按钮

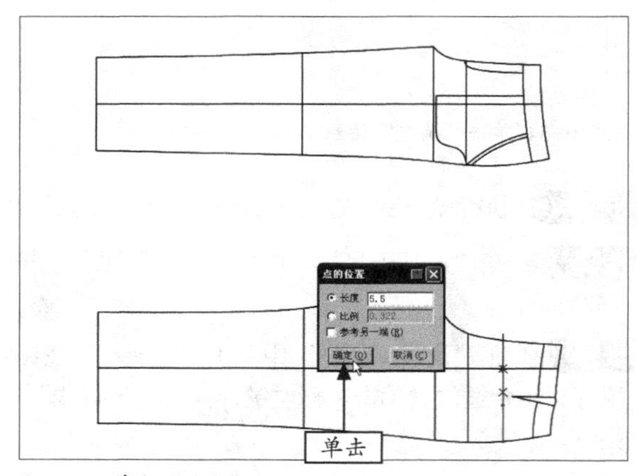

图10-61 单击“确定”按钮

步骤 27 执行操作后，在工作区中相应的线上单击鼠标左键，弹出“点的位置”对话框，设置“长度”为5.5，单击“确定”按钮，然后向左拖曳鼠标，至合适位置单击鼠标左键，弹出“长度”对话框，设置“长度”为14，单击“确定”按钮，如图10-62所示。

步骤 28 执行操作后，即可绘制直线。继续使用“智能笔”命令，在刚绘制的直线上单击鼠标左键，弹出“点的位置”对话框，设置“长度”为1.5，单击“确定”按钮，如图10-63所示。

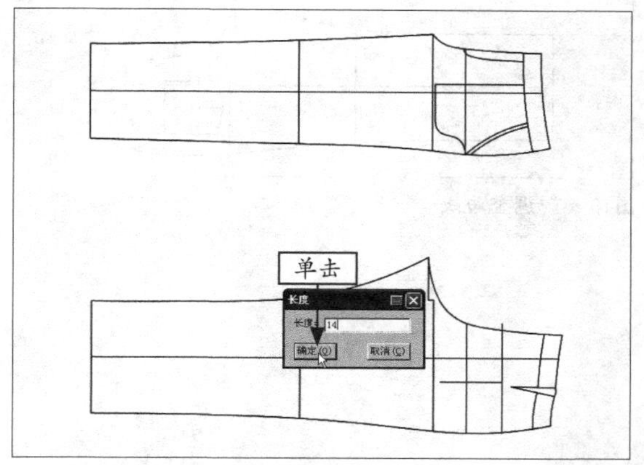

图10-62 单击“确定”按钮

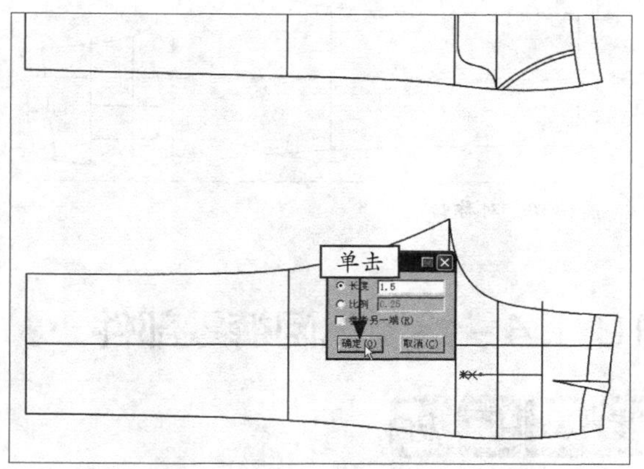

图10-63 单击“确定”按钮

步骤 29 执行操作后，向上拖曳鼠标，输入6.5，然后单击鼠标左键，绘制直线。继续使用“智能笔”命令，在刚绘制直线的上端点单击鼠标左键，然后向右拖曳鼠标，至合适位置单击鼠标左键，绘制直线，如图10-64所示。

步骤 30 继续使用“智能笔”命令，在工作区中相应的点上单击鼠标左键，绘制直线，然后删除相应的直线，如图10-65所示。

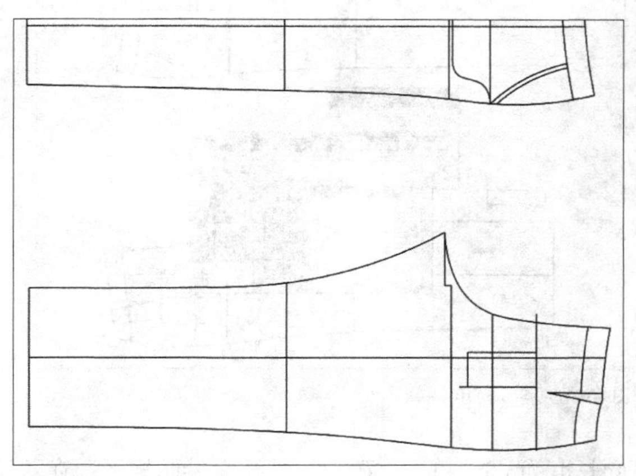
图10-64 绘制直线

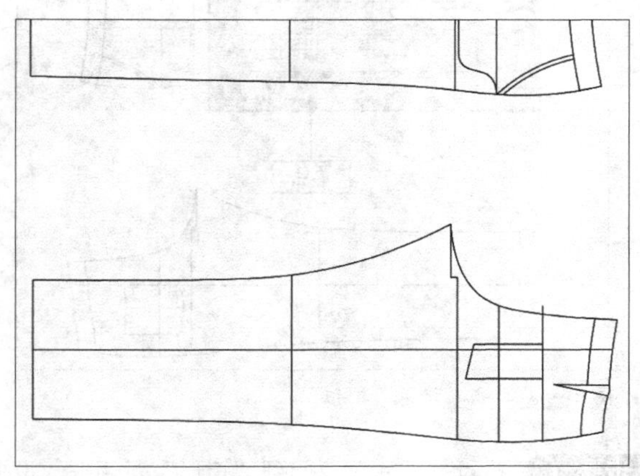
图10-65 绘制并删除直线

步骤 31 在“设计工具栏”中单击“对称”按钮■，按【Shift】键，在工作区中合适的点上单击鼠标左键，指定对称轴，然后选择要对称的曲线，单击鼠标右键，即可对称曲线，如图10-66所示。

步骤 32 在“设计工具栏”中单击“调整工具”按钮■，在工作区中选择相应的直线，对其进行适当调整，如图10-67所示。

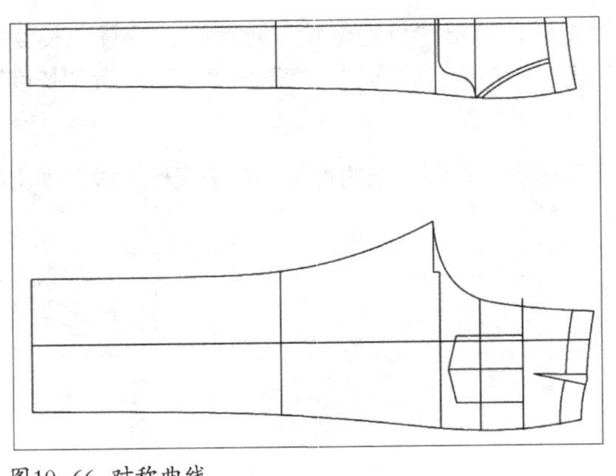
图10-66 对称曲线

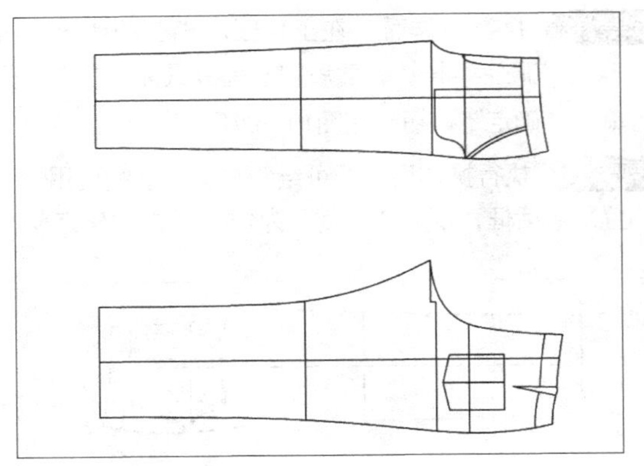
图10-67 调整曲线

10.1.4 绘制休闲裤零部件

步骤解析

步骤 1 在“设计工具栏”中单击“剪断线”按钮，在工作区中选择相应的曲线，将其剪断。在“设计工具栏”中单击“比较长度”按钮，在工作区中选择相应的曲线，弹出“长度比较”对话框，单击“记录”按钮，如图10-68所示。

步骤 2 执行操作后，即可记录长度。在“设计工具栏”中单击“矩形”按钮，在工作区中的合适位置单击鼠标左键，弹出“矩形”对话框，单击“计算器”按钮，弹出“计算器”对话框，输入相应的公式，单击OK按钮，如图10-69所示。

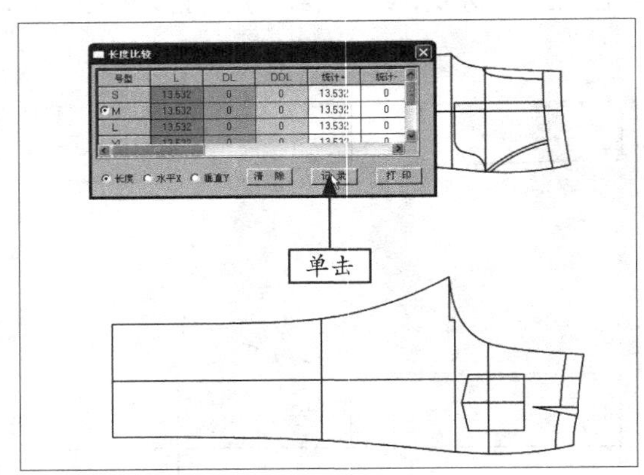

图10-68 单击“记录”按钮

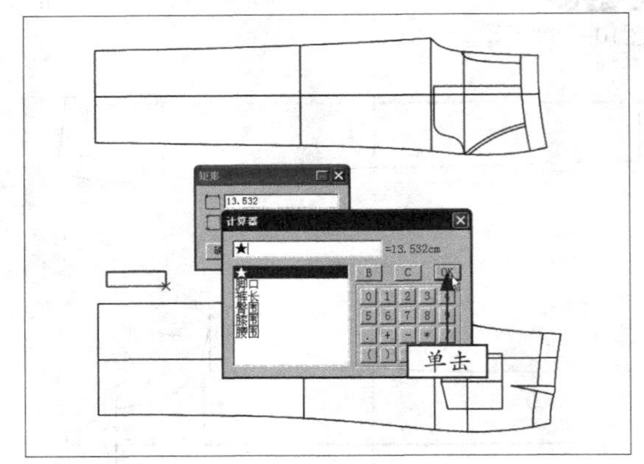

图10-69 单击OK按钮

步骤 3 执行操作后，返回到“矩形”对话框，设置纵向长度为3.5，单击“确定”按钮，绘制矩形。在“设计工具栏”中单击“智能笔”按钮，在矩形的左上端点上按【Enter】键，弹出“移动量”对话框，设置横向偏移量为-0.5、纵向偏移量为-0.5，单击“确定”按钮，如图10-70所示。

步骤 4 执行操作后，在相应的点上单击鼠标左键，绘制直线，如图10-71所示。

步骤 5 在工作区中选择相应的直线，将其删除。在“设计工具栏”中单击“对称”按钮，在工作区中合适的点上单击鼠标左键，指定对称轴，然后选择要对称的曲线，单击鼠标右键，即可对称曲线，如图10-72所示。

步骤 6 在“设计工具栏”中单击“矩形”按钮，在工作区中的合适位置单击鼠标左键，弹出“矩形”对话框，设置长度为40、宽度为2，单击“确定”按钮，如图10-73所示。

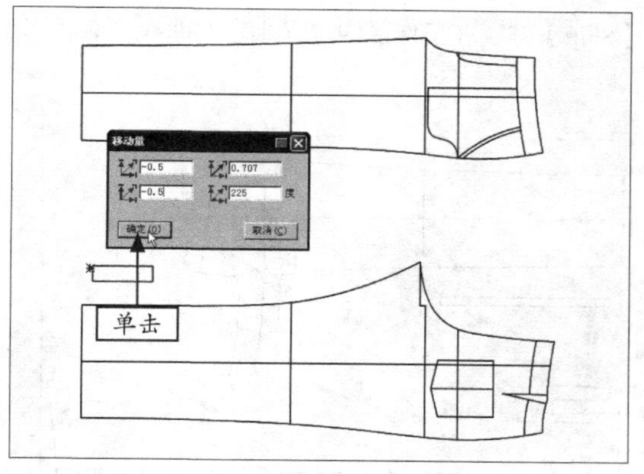

图10-70 单击“确定”按钮

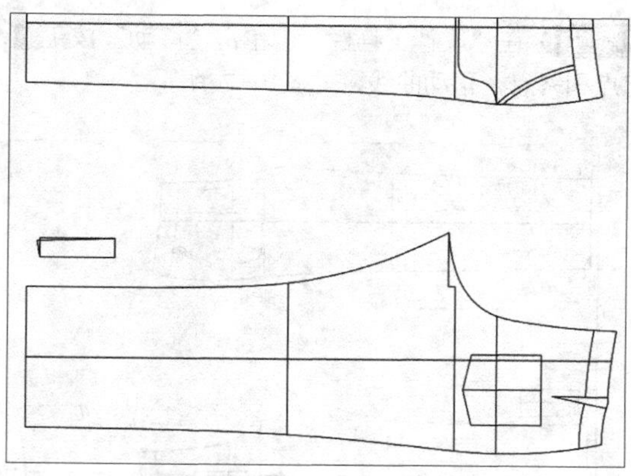
图10-71 绘制直线

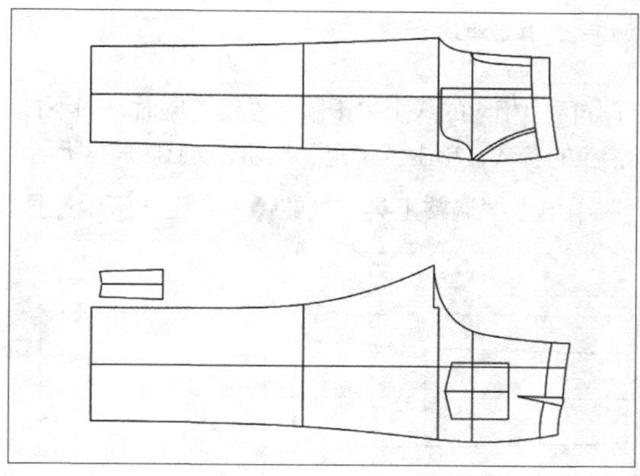
图10-72 对称曲线

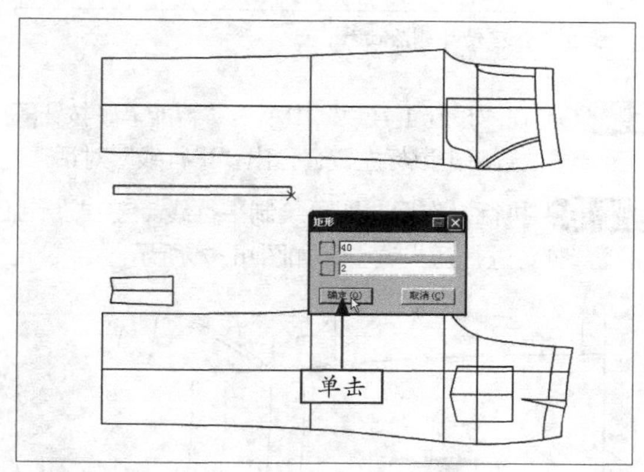

图10-73 单击“确定”按钮

步骤 7 执行操作后，即可绘制矩形。在“设计工具栏”中单击“移动”按钮■，按【Shift】键，在工作区中选择相应的曲线，然后指定移动起点和终点，移动曲线，如图10-74所示。

步骤 8 在“设计工具栏”中单击“对称”按钮■，按【Shift】键，在工作区中合适的点上单击鼠标左键，指定对称轴，然后选择要对称的曲线，单击鼠标右键，即可对称曲线，如图10-75所示。

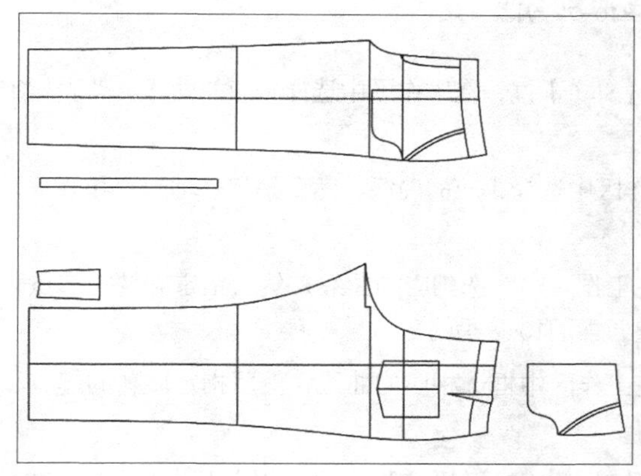
图10-74 移动曲线

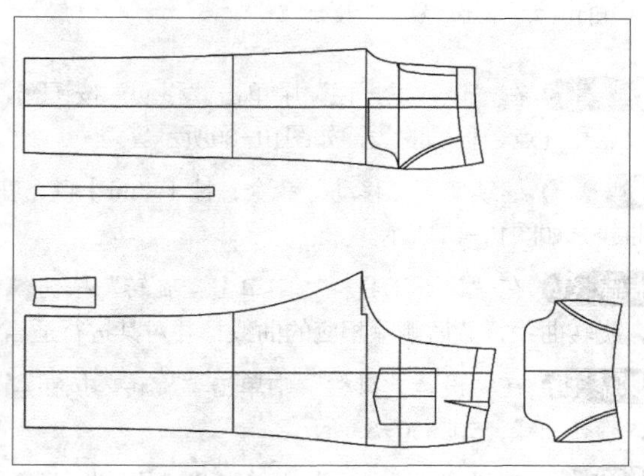
图10-75 对称曲线

步骤 9 在“设计工具栏”中单击“移动”按钮■，按【Shift】键，在工作区中选择相应的曲线，然后指定移动起点和终点，移动曲线，然后选择相应的曲线，按【Delete】键将其删除，如图10-76所示。

步骤 10 在“设计工具栏”中单击“移动”按钮，按【Shift】键，在工作区中选择相应的曲线，然后指定移动起点和终点，移动曲线，如图10-77所示。

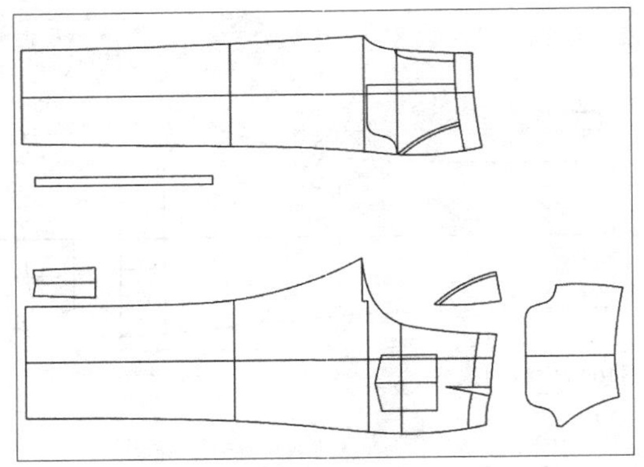
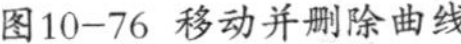

图10-76 移动并删除曲线

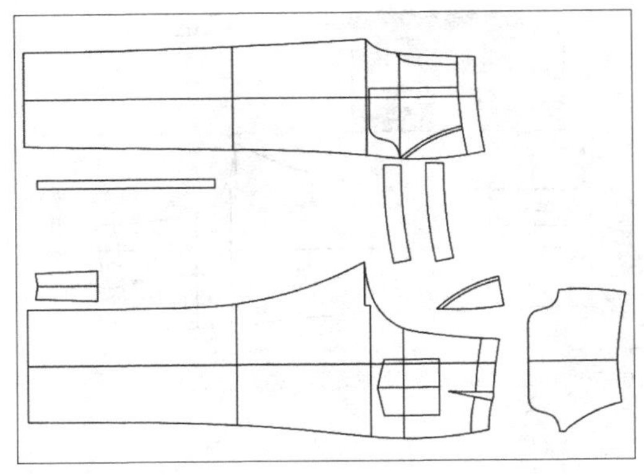

图10-77 移动曲线

步骤 11 在“设计工具栏”中单击“智能笔”按钮，在工作区中相应的线上单击鼠标左键的同时，向下拖曳鼠标，至合适位置单击鼠标左键，弹出“平行线”对话框，设置相应的参数，单击“确定”按钮，如图10-78所示。

步骤 12 执行操作后，即可绘制平行线。在“设计工具栏”中单击“调整工具”按钮，在工作区中选择相应的曲线，对其进行适当调整，如图10-79所示。

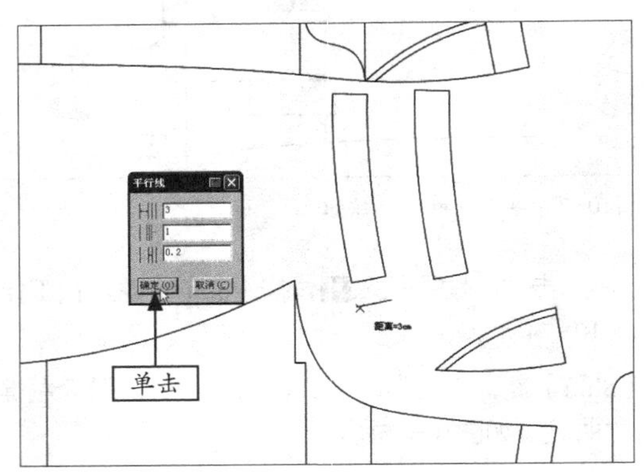

图10-78 单击“确定”按钮

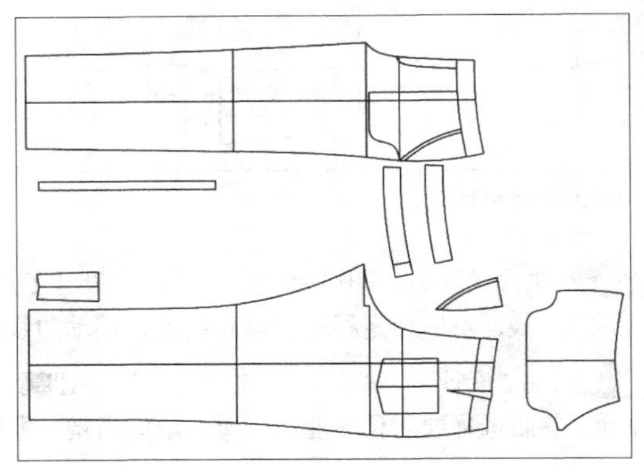

图10-79 调整曲线

步骤 13 在“设计工具栏”中单击“移动”按钮，按【Shift】键，在工作区中选择相应的曲线，然后指定移动起点和终点，移动曲线，如图10-80所示。

步骤 14 继续使用“移动”命令，按【Shift】键，在工作区中选择相应的曲线，然后指定移动起点和终点，移动曲线，如图10-81所示。

步骤 15 在“设计工具栏”中单击“旋转”按钮，在工作区中框选相应的曲线，然后指定旋转的起点和终点，旋转曲线，然后删除相应的曲线，并对其进行适当调整，如图10-82所示。

步骤 16 在“设计工具栏”中单击“旋转”按钮，在工作区中框选相应的曲线，然后指定旋转的起点和终点，旋转曲线，如图10-83所示。

步骤 17 在“设计工具栏”中单击“对称”按钮，按【Shift】键，在工作区中合适的点上单击鼠标左键，指定对称轴，然后选择要对称的曲线，单击鼠标右键，即可对称曲线，如图10-84所示。

步骤 18 在工作区中选择相应的曲线，将其删除。在“设计工具栏”中单击“设置线的颜色类型”按钮，设置线型为虚线，然后在工作区中选择相应的曲线，执行操作后，即可调整曲线的线型，如图10-85所示。

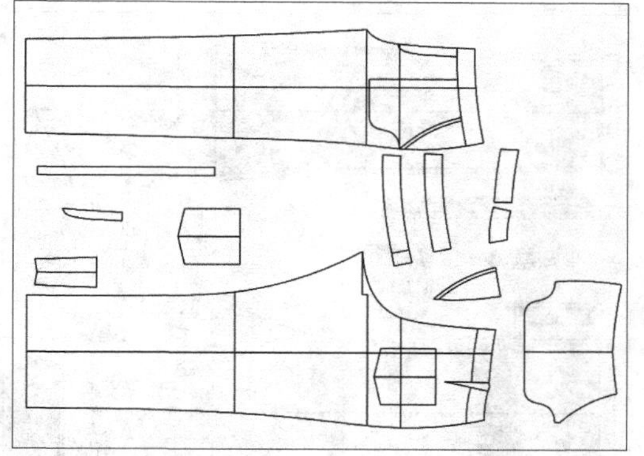
图10-80 移动曲线

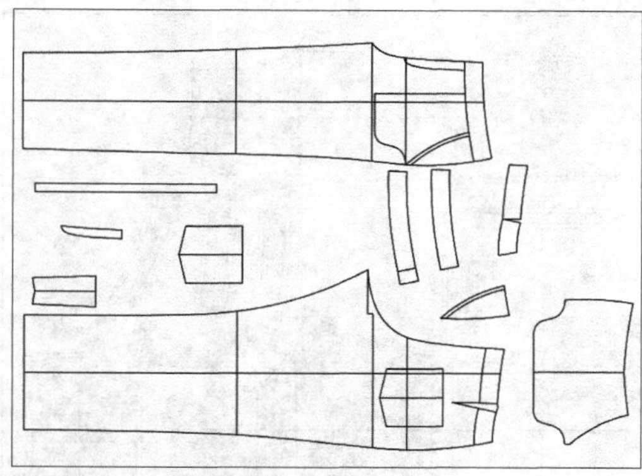
图10-81 移动曲线

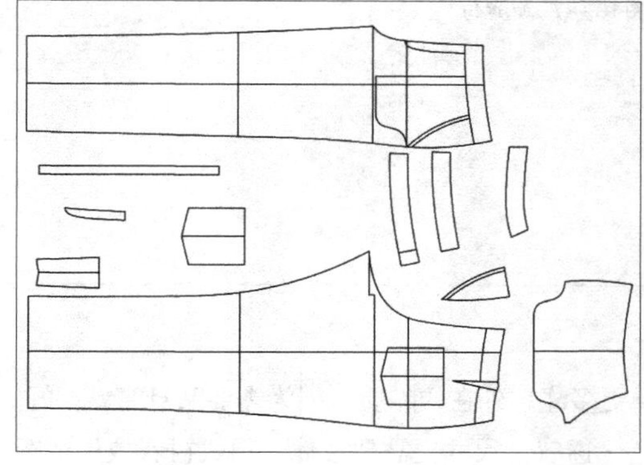
图10-82 调整曲线

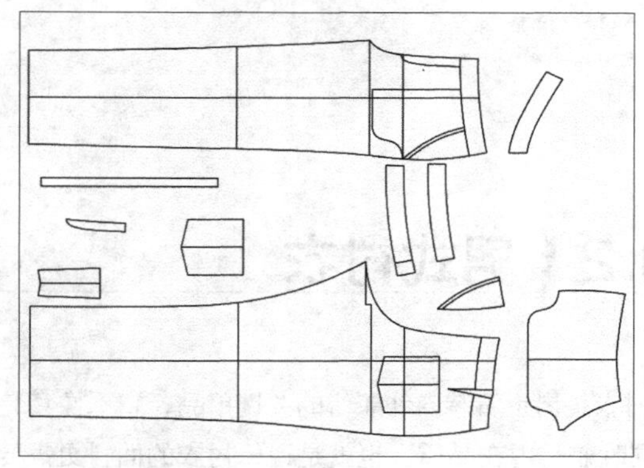
图10-83 旋转曲线

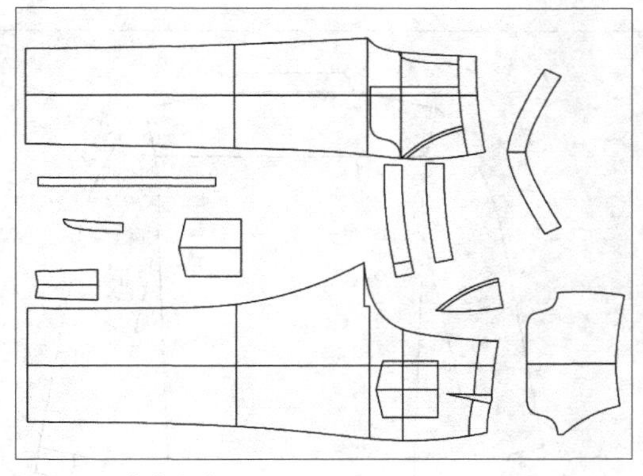
图10-84 对称曲线

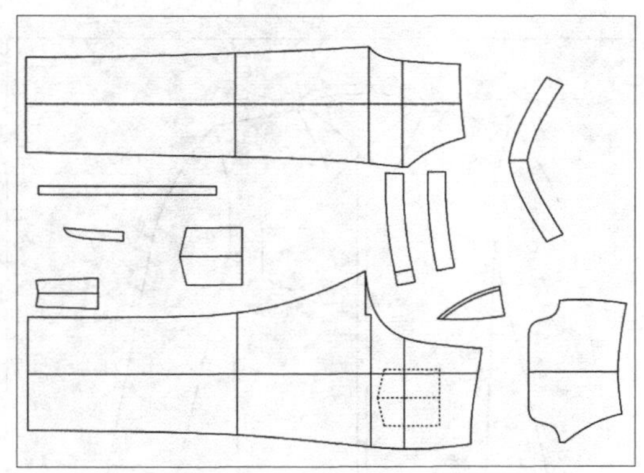
图10-85 更改线的颜色类型

10.1.5 制作休闲裤纸样

步骤解析

步骤 1 在设计工具栏中单击“剪刀”按钮，在工作区中依次框选相应的曲线，然后单击鼠标右键，拾取纸样。在设计工具栏中单击“布纹线”按钮，在后腰头样片中绘制一条水平线，调整布纹线，如图10-86所示。

步骤 2 在设计工具栏中单击“加缝份”按钮，在脚口线上单击鼠标左键，弹出“加缝份”对话框，设置“起点缝份量”为3，选中“终点缝份量”对话框，并在其后的数值框中输入3，单击“确定”按钮，执行操作后，即可添加缝份。继续使用“加缝份”命令，将后贴袋外口缝份改为3，如图10-87所示。

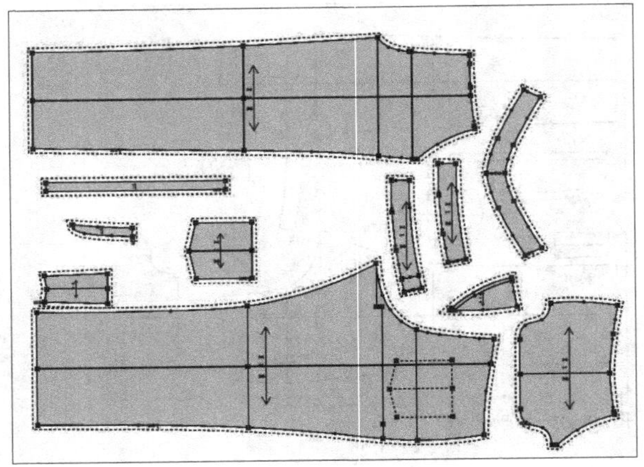
图10-86 拾取纸样

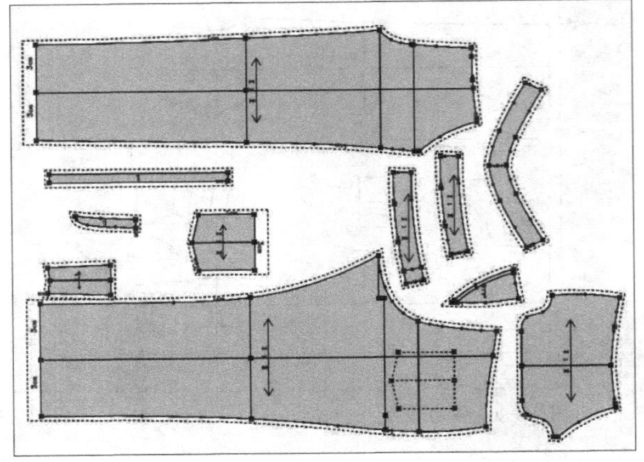
图10-87 加缝份

10.2 男式衬衣

衬衣是男士着装内外兼修的关键单品，它不像套装需要更多注重外在的品质，因为需要贴身穿着，好的衬衣还要同时兼具内在品质。也就是说，衬衣的面料更需要舒适、透气，尺寸更需要合体。男式衬衣效果如图10-88所示。

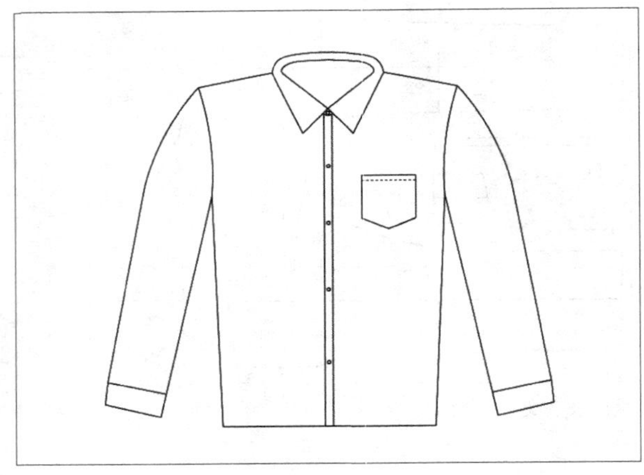
正面

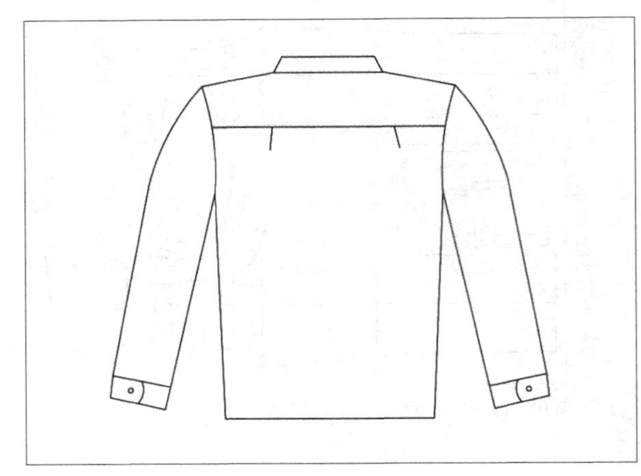
背面

图10-88 男式衬衣效果

素材文件	无
效果文件	光盘\素材\第10章\男士衬衣.dgs
视频文件	光盘\视频\第10章\10.2男式衬衣.swf

10.2.1 男式衬衣尺寸表

男士衬衣尺寸表如表10-2所示。

表10-2

单位：cm

号型	衣长	肩宽	胸围	腰围	摆围	领围	袖长	袖肥	袖口
165\86A	73.5	47	108	102	112	39	56.5	42.4	21
170\90A	75	48	112	106	116	40	58	44	22
175\94A	76.5	49	116	110	120	41	59.5	45.6	23
180\98A	78	50	120	114	124	42	61	47.2	24

10.2.2 绘制男式衬衣后片

步骤解析

步骤1 单击“号型”｜“号型编辑”命令，弹出“设置号型规格表”对话框，设置需要的参数，单击“确定”按钮，如图10-89所示。

步骤2 执行操作后，即可编辑号型。单击“文档”｜“另存为”命令，弹出“另存为”对话框，设置文件名和保存路径，单击“保存”按钮，执行操作后，即可另存文件。在“设计工具栏”中单击“矩形”按钮，在工作区中的合适位置单击鼠标左键，弹出“矩形”对话框，设置纵向长度为75，拖曳鼠标至上方的数值框中，然后单击鼠标左键，并单击“计算器”按钮，弹出“计算器”对话框，输入相应的公式，单击OK按钮，如图10-90所示。

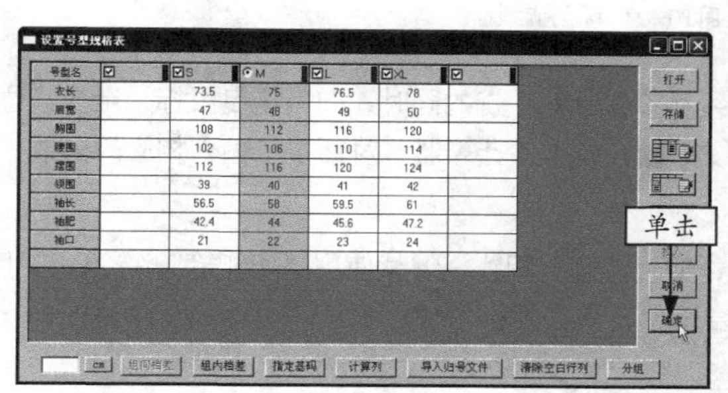

图10-89 打开文化式女上装原型

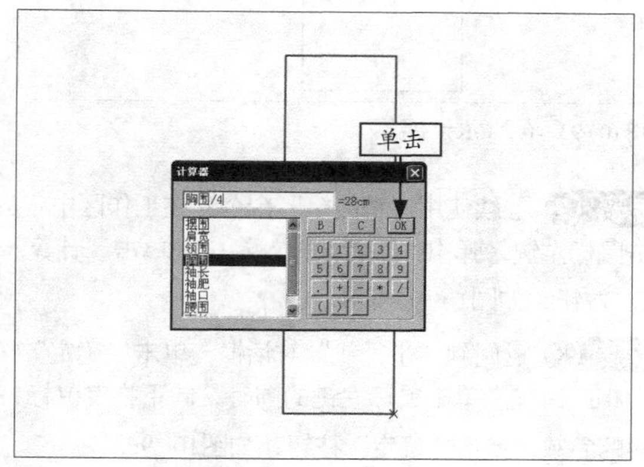

图10-90 单击OK按钮

步骤3 执行操作后，返回到“矩形”对话框，单击“确定”按钮，即可绘制矩形。继续使用“矩形”命令，在工作区中的合适位置单击鼠标左键，弹出“矩形”对话框，设置纵向长度为2.5，拖曳鼠标至上方的数值框中，然后单击鼠标左键，并单击“计算器”按钮，弹出“计算器”对话框，输入相应的公式，单击OK按钮，如图10-91所示。

步骤4 执行操作后，返回到“矩形”对话框，单击“确定”按钮，即可绘制矩形。在“设计工具栏”中单击“智能笔”按钮，在后领肩点处单击鼠标左键，然后拖曳鼠标至右侧的直线上，输入4.5/15，单击鼠标左键，然后单击鼠标右键，绘制后肩线，如图10-92所示。

步骤5 继续使用“智能笔”命令，在工作区中相应的线上单击鼠标左键，弹出“点的位置”对话框，单击“计算器”按钮，弹出“计算器”对话框，输入相应的公式，单击OK按钮，如图10-93所示。

步骤6 执行操作后，返回到“点的位置”对话框，单击“确定”按钮，然后向下拖曳鼠标，并单击鼠标右键，至后肩线上单击鼠标左键，即可绘制直线，如图10-94所示。

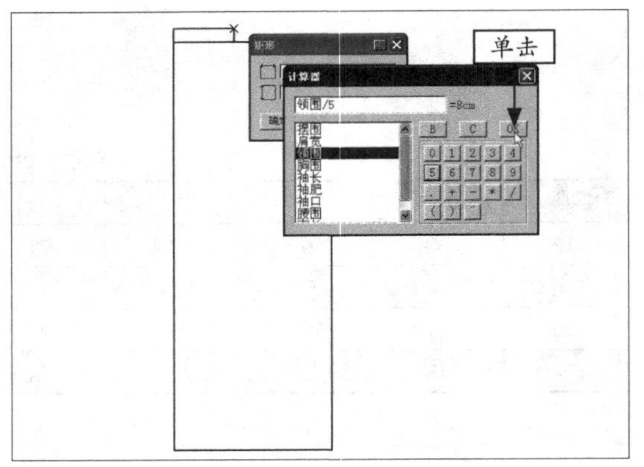

图10-91 单击OK按钮

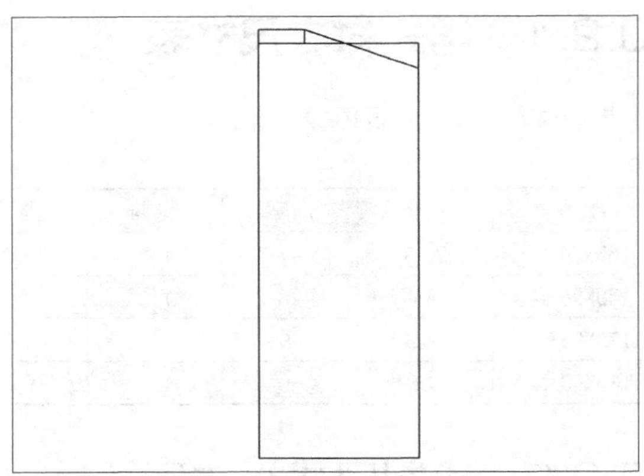

图10-92 绘制后肩线

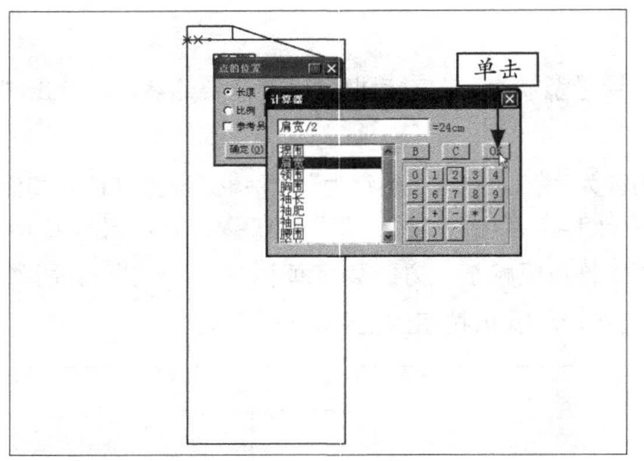

图10-93 单击OK按钮

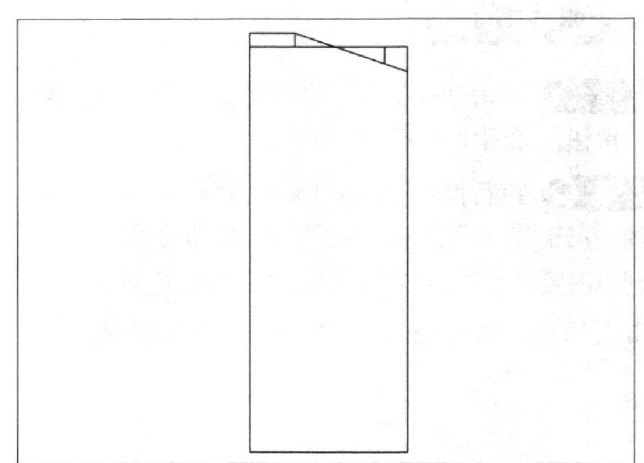

图10-94 绘制直线

步骤 7 继续使用“智能笔”命令，在工作区中相应的线上单击鼠标左键的同时，向下拖曳鼠标，至合适位置单击鼠标左键，弹出“平行线”对话框，单击“计算器”按钮，弹出“计算器”对话框，输入相应的公式，单击OK按钮，如图10-95所示。

步骤 8 返回到“平行线”对话框，单击“确定”按钮，即可绘制胸围线。继续使用“智能笔”命令，在工作区中相应的线上单击鼠标左键的同时，向下拖曳鼠标，至合适位置单击鼠标左键，弹出“平行线”对话框，设置相应的参数，单击“确定”按钮，如图10-96所示。

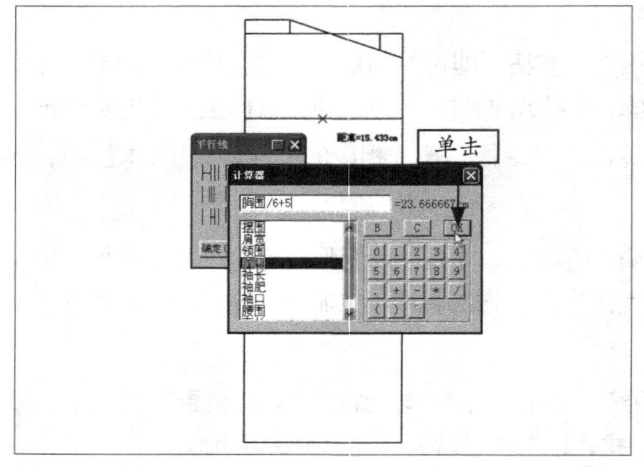

图10-95 单击OK按钮

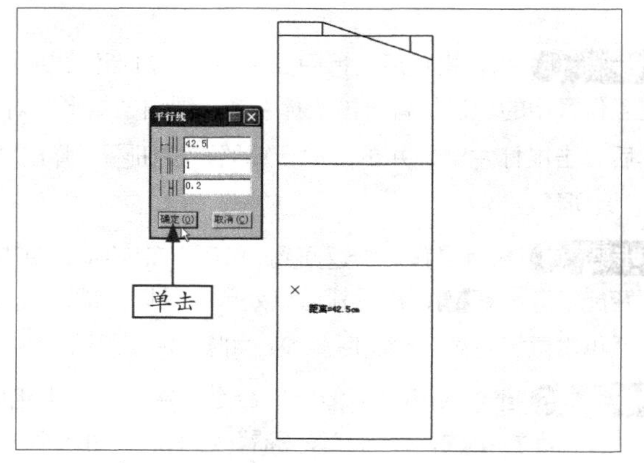

图10-96 单击“确定”按钮

步骤 9 执行操作后，即可绘制腰围线。继续使用"智能笔"命令，在工作区中相应的线上单击鼠标左键的同时，向右拖曳鼠标，至合适位置单击鼠标左键，弹出"平行线"对话框，单击"计算器"按钮▦，弹出"计算器"对话框，输入相应的公式，单击OK按钮，如图10-97所示。

步骤 10 返回到"平行线"对话框，单击"确定"按钮，即可绘制平行线，如图10-98所示。

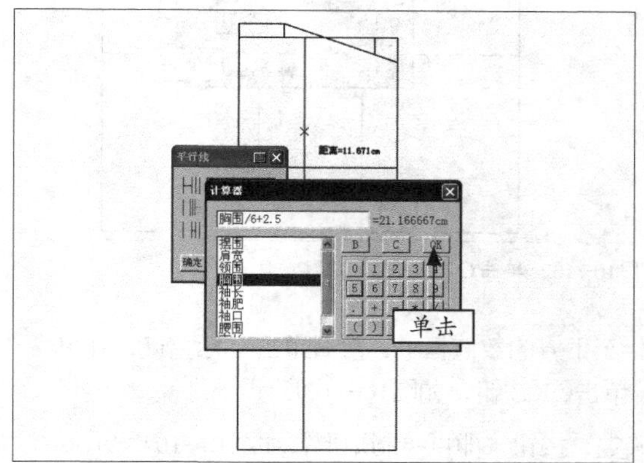

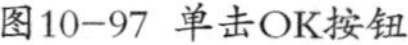
图10-97 单击OK按钮

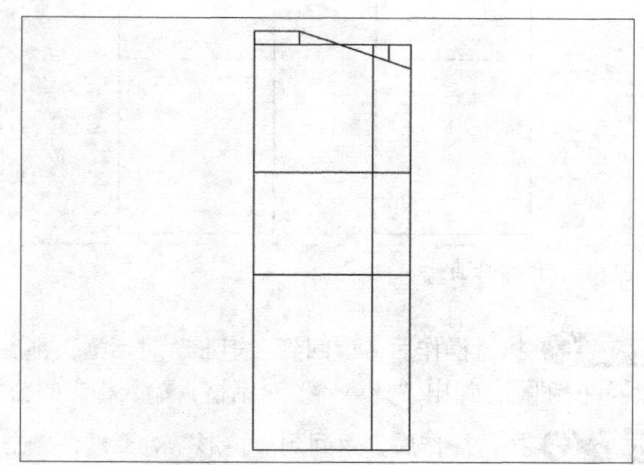

图10-98 绘制平行线

步骤 11 继续使用"智能笔"命令，在工作区中相应的点上单击鼠标左键，绘制直线。在"设计工具栏"中单击"调整工具"按钮■，在工作区中选择刚绘制的曲线，对其进行适当调整，如图10-99所示。

步骤 12 在"设计工具栏"中单击"剪断线"按钮■，在工作区中选择相应的直线，将其剪断，然后删除相应的直线，如图10-100所示。

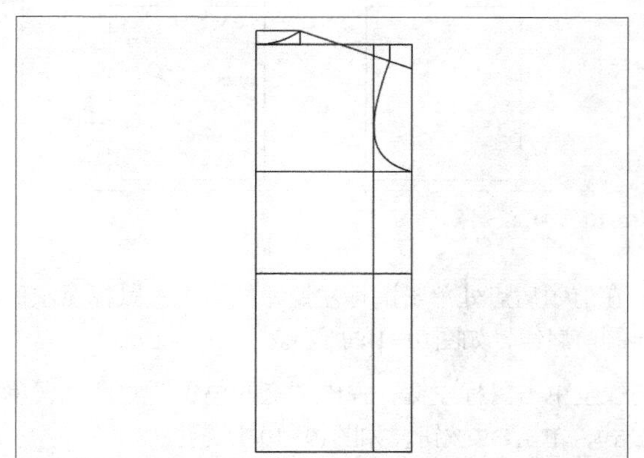

图10-99 调整曲线

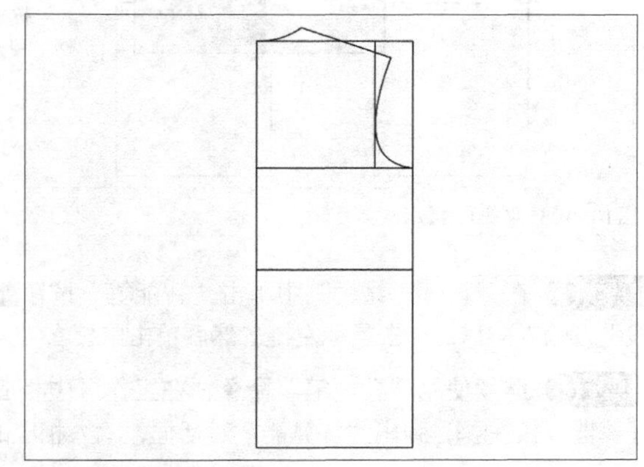

图10-100 剪断并删除直线

10.2.3 绘制男式衬衣前片

步骤解析

步骤 1 在"设计工具栏"中单击"对称"按钮■，按【Shift】键，在工作区中合适的点上单击鼠标左键，指定对称轴，然后选择要对称的曲线，单击鼠标右键，即可对称曲线，如图10-101所示。

步骤 2 在"设计工具栏"中单击"矩形"按钮■，在工作区中的合适位置单击鼠标左键，弹出"矩形"对话框，拖曳鼠标至上方的数值框中，然后单击鼠标左键，并单击"计算器"按钮▦，弹出"计算器"对话框，输入相应的公式，单击OK按钮，如图10-102所示。

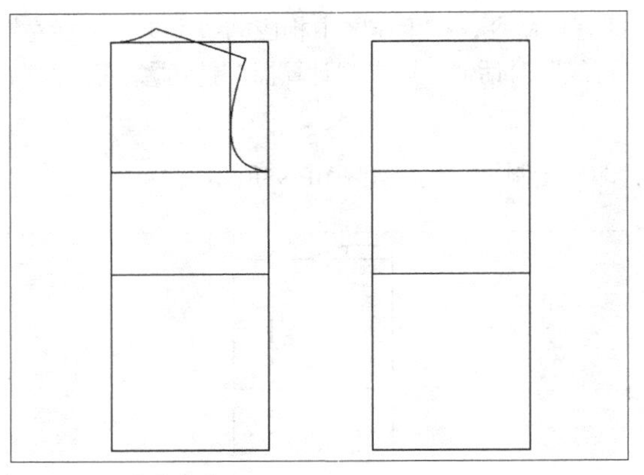

图10-101 对称曲线

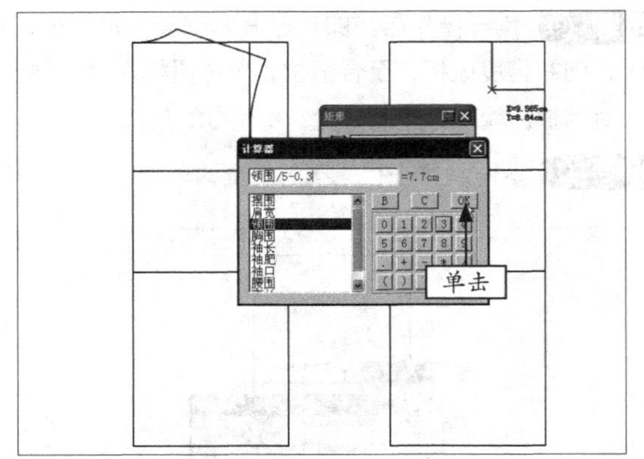

图10-102 单击OK按钮

步骤 3 执行操作后，返回到“矩形”对话框，拖曳鼠标至下方的数值框中，然后单击鼠标左键，并单击“计算器”按钮▦，弹出“计算器”对话框，输入相应的公式，单击OK按钮，如图10-103所示。

步骤 4 执行操作后，返回到“矩形”对话框，单击“确定”按钮，即可绘制矩形，如图10-104所示。

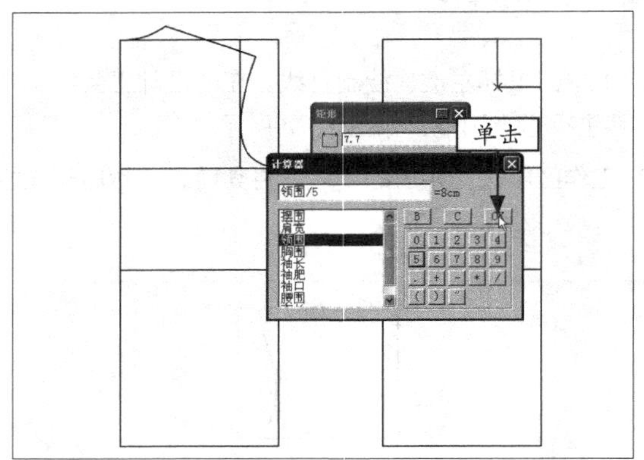

图10-103 单击OK按钮

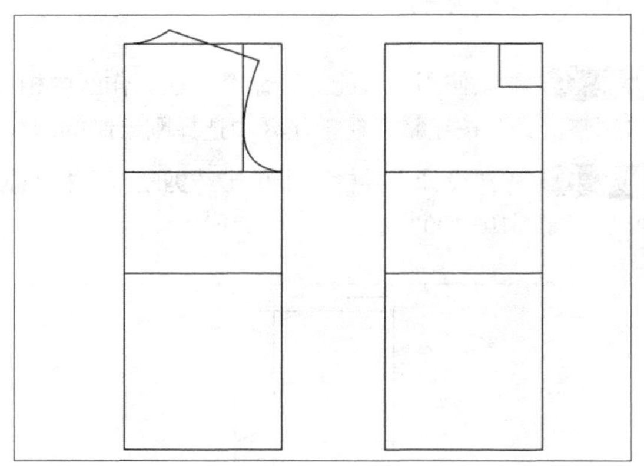

图10-104 绘制矩形

步骤 5 在“设计工具栏”中单击“智能笔”按钮◢，在前领肩点处单击鼠标左键，然后拖曳鼠标至左侧的直线上，输入5/15，单击鼠标左键，然后单击鼠标右键，绘制前肩线，如图10-105所示。

步骤 6 继续使用“智能笔”命令，在工作区中相应的线上单击鼠标左键，弹出“点的位置”对话框，单击“计算器”按钮▦，弹出“计算器”对话框，输入相应的公式，单击OK按钮，如图10-106所示。

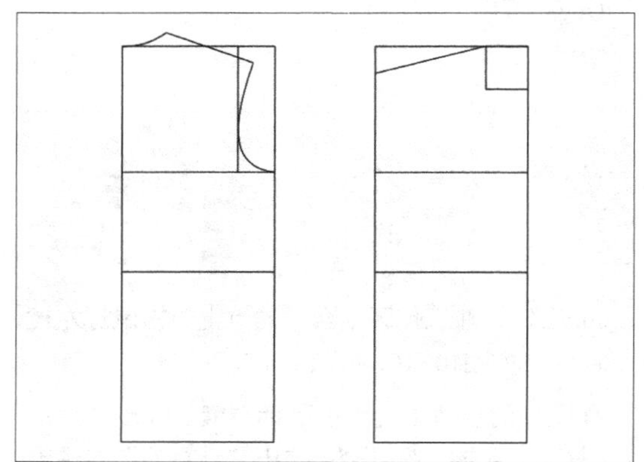

图10-105 绘制前肩线

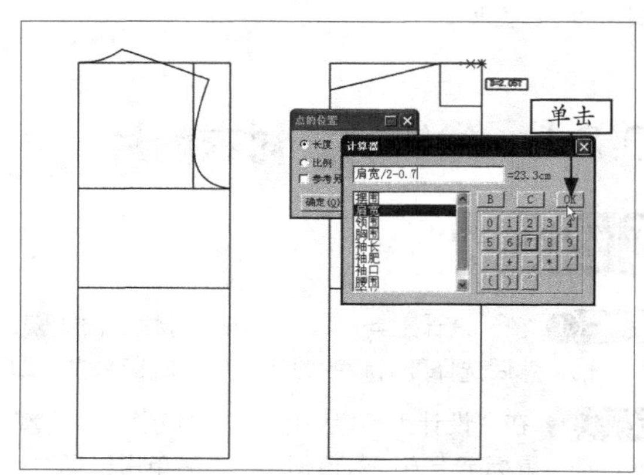

图10-106 单击OK按钮

步骤 7 返回到“点的位置”对话框，单击“确定”按钮，然后向下拖曳鼠标，至肩线上单击鼠标左键，绘制直线，如图10-107所示。

步骤 8 继续使用“智能笔”命令，在工作区中相应的线上单击鼠标左键，弹出“点的位置”对话框，单击“计算器”按钮，弹出“计算器”对话框，输入相应的公式，单击OK按钮，如图10-108所示。

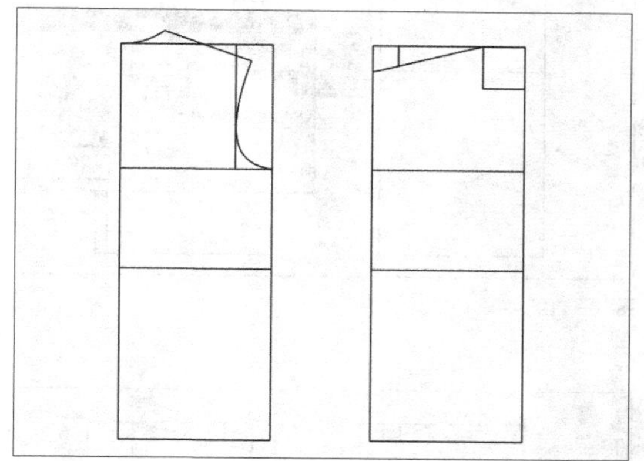
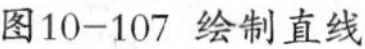
图10-107 绘制直线

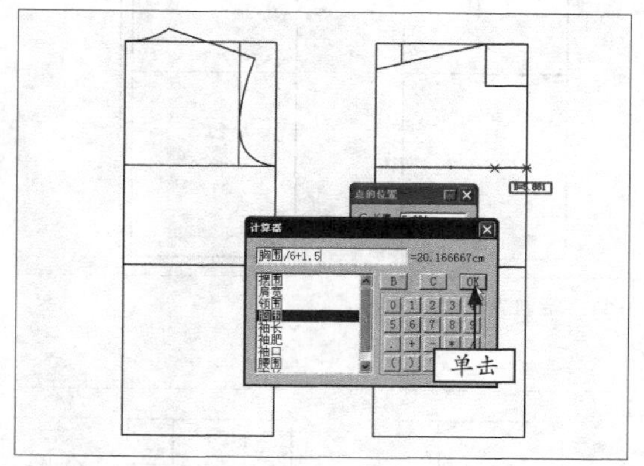

图10-108 单击OK按钮

步骤 9 返回到“点的位置”对话框，单击“确定”按钮，然后向上拖曳鼠标，至肩线上单击鼠标左键，绘制直线，如图10-109所示。

步骤 10 继续使用“智能笔”命令，在前领深点上单击鼠标左键，向右拖曳鼠标，至合适位置单击鼠标左键，弹出“长度”对话框，设置“长度”为2，单击“确定”按钮，如图10-110所示。

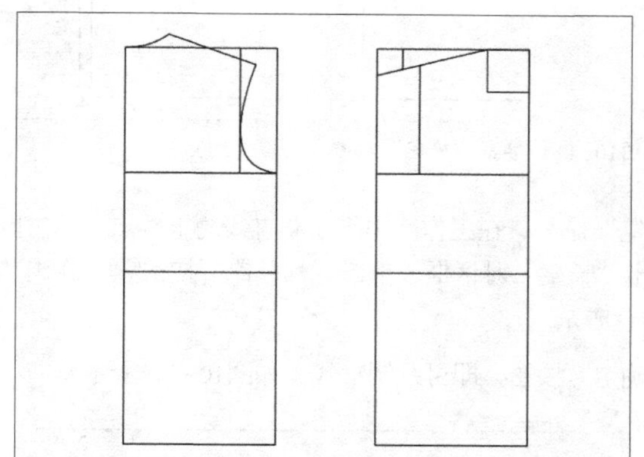
图10-109 绘制直线

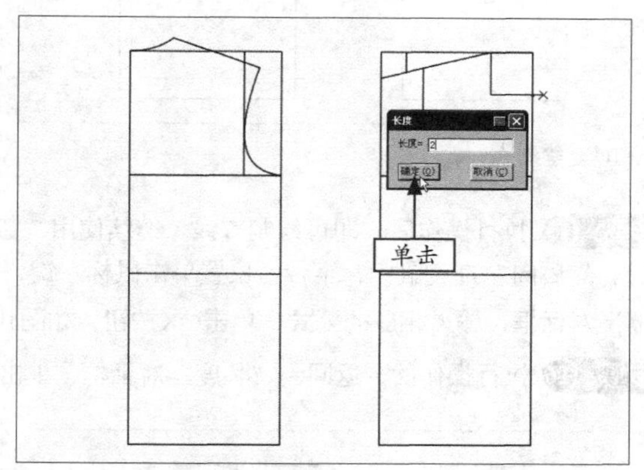

图10-110 单击“确定”按钮

步骤 11 执行操作后，即可绘制直线。继续使用“智能笔”命令，在刚绘制直线的右端点上单击鼠标右键，然后向下拖曳鼠标，至合适位置单击鼠标左键，绘制直线，如图10-111所示。

步骤 12 在“设计工具栏”中单击“点”按钮，在工作区中相应的线上单击鼠标左键，弹出“点的位置”对话框，单击“计算器”按钮，弹出“计算器”对话框，输入相应的公式，单击OK按钮，如图10-112所示。

步骤 13 执行操作后，返回到“点的位置”对话框，单击“确定”按钮，即可绘制点，如图10-113所示。

步骤 14 在“设计工具栏”中单击“智能笔”按钮，在工作区中的点上单击鼠标左键，向上拖曳鼠标，至合适位置单击鼠标左键，弹出“长度”对话框，设置“长度”为2，单击“确定”按钮，如图10-114所示。

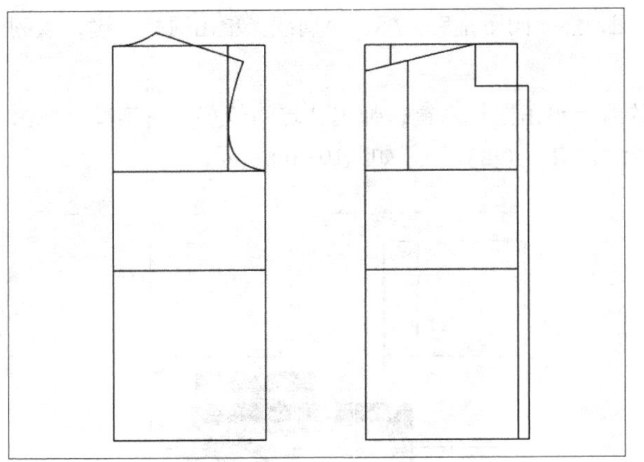

图10-111 绘制直线

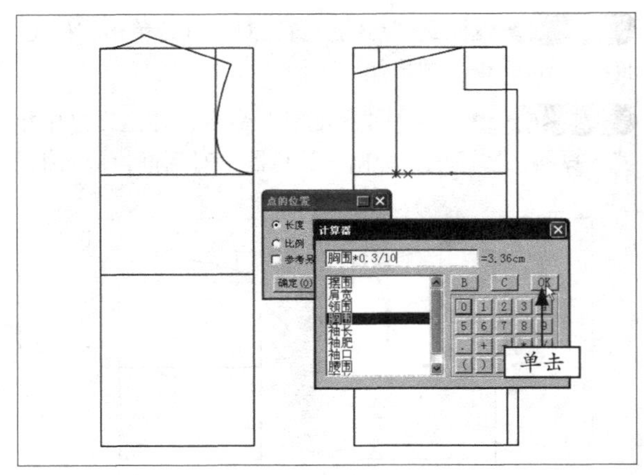

图10-112 单击OK按钮

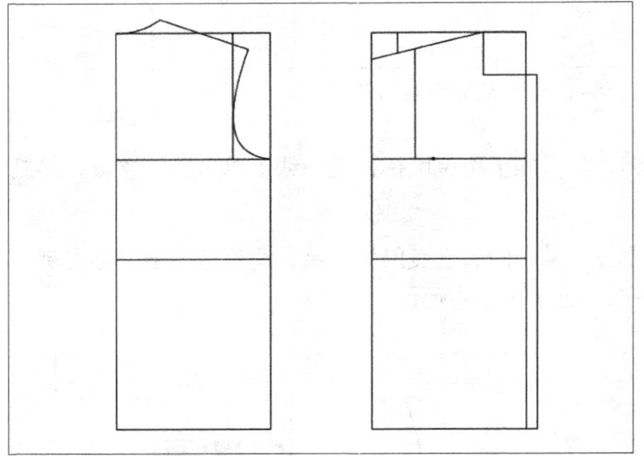

图10-113 绘制点

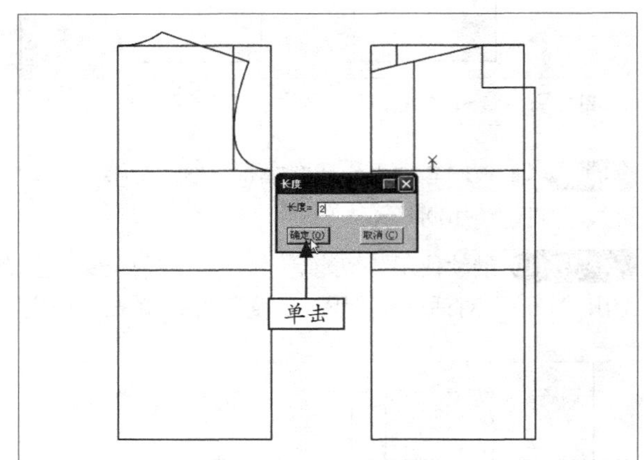

图10-114 单击“确定”按钮

步骤 15 执行操作后，即可绘制直线。继续使用“智能笔”命令，在工作区中刚绘制直线的上端点上单击鼠标左键，然后向左拖曳鼠标，至合适位置单击鼠标左键，弹出“长度”对话框，单击“计算器”按钮，弹出“计算器”对话框，输入相应的公式，单击OK按钮，如图10-115所示。

步骤 16 执行操作后，返回到“长度”对话框，单击“确定”按钮，即可绘制直线，如图10-116所示。

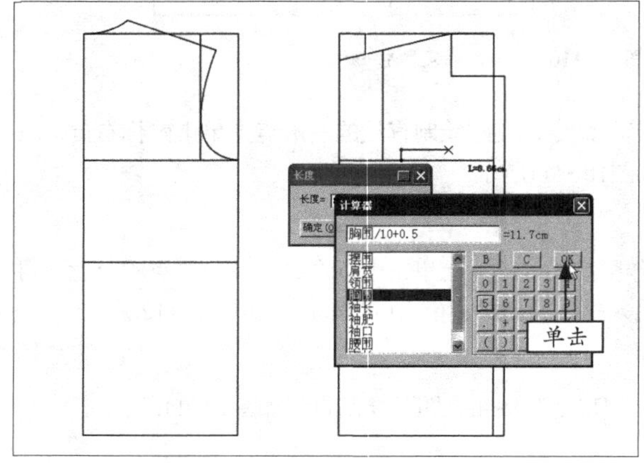

图10-115 单击OK按钮

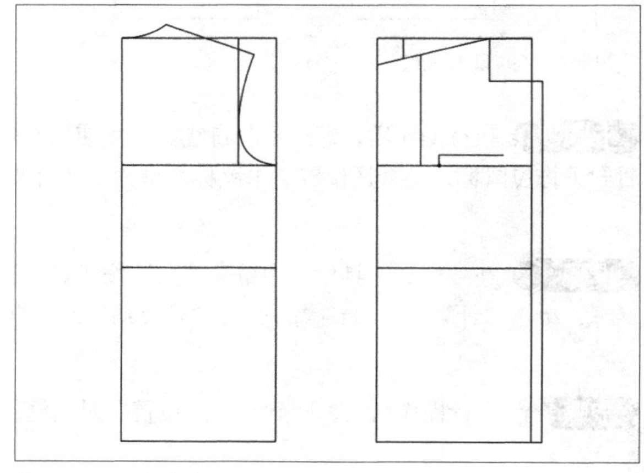

图10-116 绘制直线

步骤 17 继续使用“智能笔”命令，在工作区中刚绘制直线的右端点上单击鼠标左键，然后向下拖曳鼠标，至合适位置单击鼠标左键，弹出“长度”对话框，单击“计算器”按钮，弹出“计算器”对话框，输入相应的公式，单击OK按钮，如图10−117所示。

步骤 18 执行操作后，返回到“长度”对话框，单击“确定”按钮，即可绘制直线。继续使用“智能笔”命令，在工作区中刚绘制直线的下端点上单击鼠标右键，然后拖曳鼠标，至合适的点上单击鼠标左键，绘制直线，如图10−118所示。

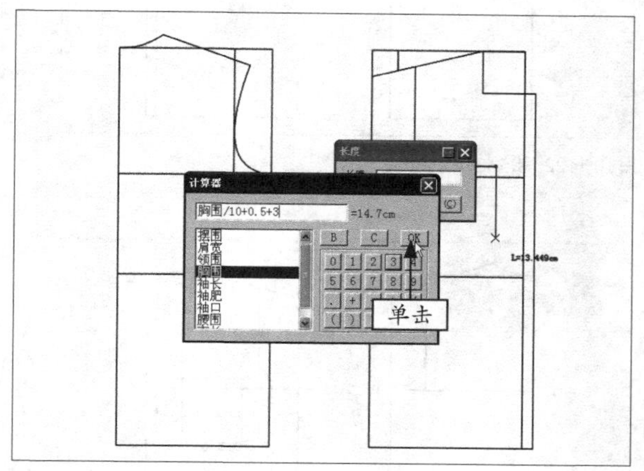

图10−117 单击OK按钮

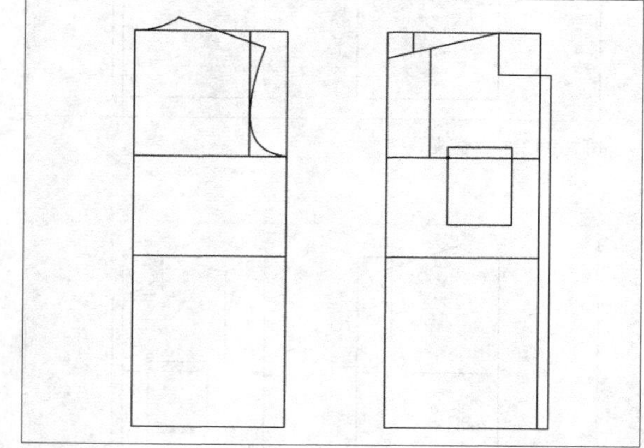

图10−118 单击“确定”按钮

步骤 19 继续使用“智能笔”命令，在相应的线上单击鼠标左键的同时，向上拖曳鼠标，至合适位置单击鼠标左键，弹出“平行线”对话框，设置相应的参数，单击“确定”按钮，如图10−119所示。

步骤 20 执行操作后，即可绘制平行线，如图10−120所示。

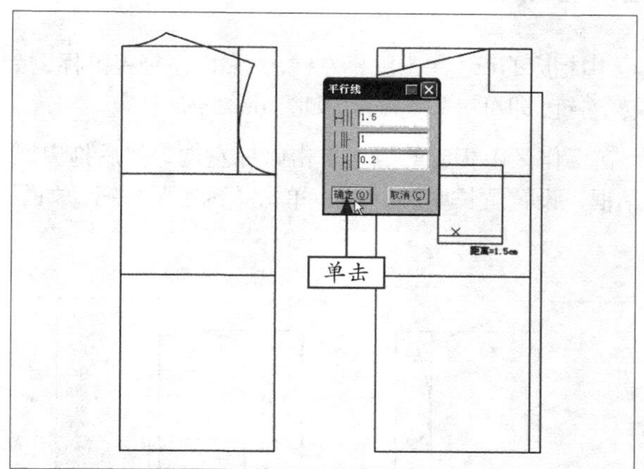

图10−119 单击“确定”按钮

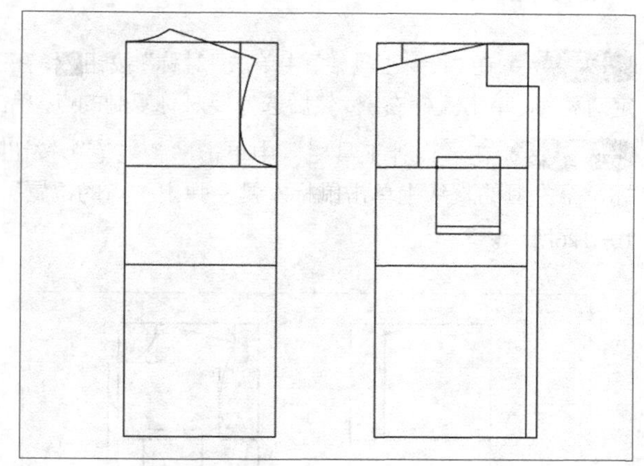

图10−120 绘制平行线

步骤 21 继续使用“智能笔”命令，在工作区中相应的点上单击鼠标左键，绘制直线，如图10−121所示。

步骤 22 继续使用“智能笔”命令，在工作区中相应的点上单击鼠标左键，绘制直线，如图10−122所示。

步骤 23 在“设计工具栏”中单击“调整工具”按钮，在工作区中选择刚绘制的直线，对其进行适当调整，如图10−123所示。

步骤 24 在“设计工具栏”中单击“等分规”按钮，设置“等分数”为6，按【Shift】键，在相应的点上单击鼠标左键，绘制等分点，如图10−124所示。

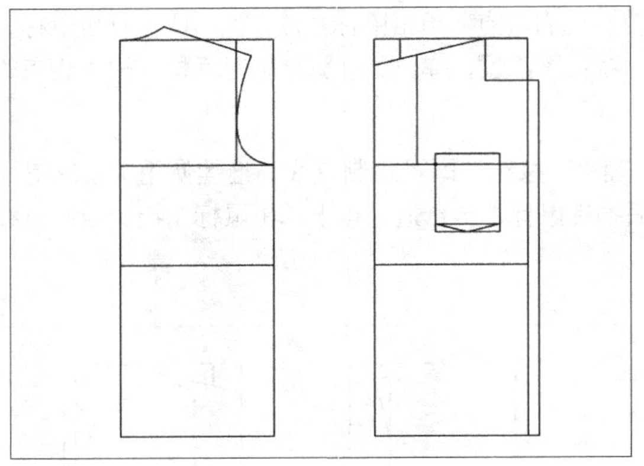
图10-121 绘制直线

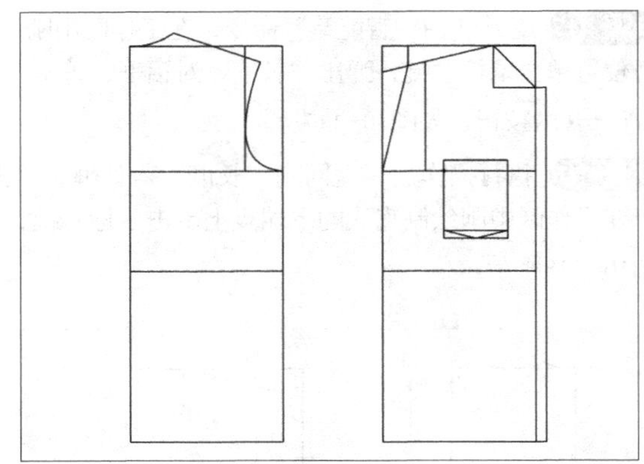
图10-122 绘制直线

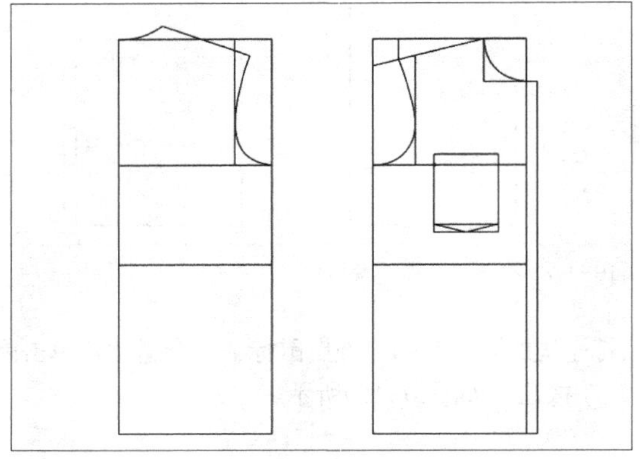
图10-123 调整直线

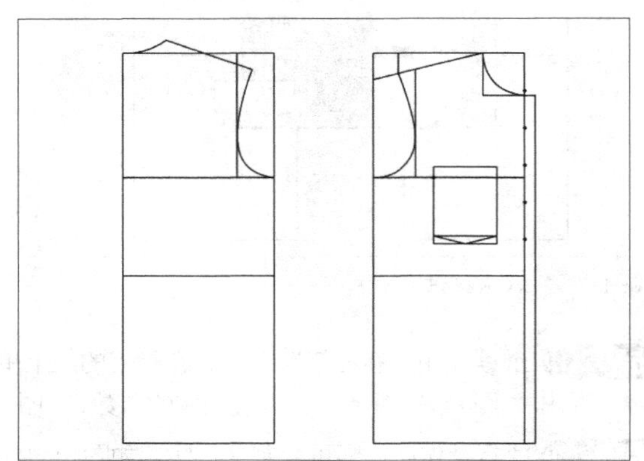
图10-124 绘制等分点

步骤 25 在"设计工具栏"中单击"对称"按钮■，在工作区中相应的点上单击鼠标左键，然后向左拖曳鼠标，指定对称轴，单击鼠标右键，然后选择要对称复制的点，单击鼠标右键，即可对称复制点，如图10-125所示。

步骤 26 在"设计工具栏"中单击"智能笔"按钮■，在工作区中相应的点上单击鼠标左键，然后拖曳鼠标，至左侧的直线上单击鼠标左键，弹出"点的位置"对话框，设置"长度"为0.7，单击"确定"按钮，如图10-126所示。

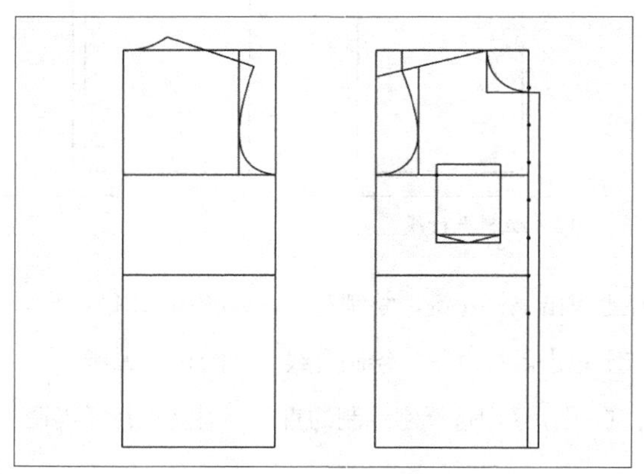
图10-125 对称复制点

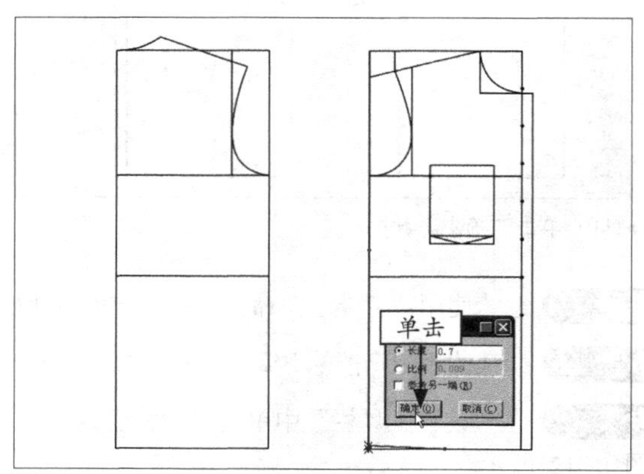

图10-126 单击"确定"按钮

步骤 27 执行操作后，即可绘制直线，然后对其进行适当调整，如图10-127所示。

步骤 28 在工作区中选择相应的曲线，将其剪断，然后删除相应的曲线，如图10-128所示。

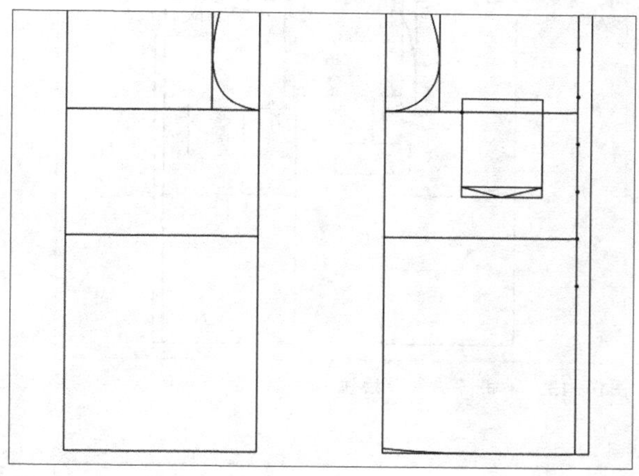
图10-127 绘制并调整直线

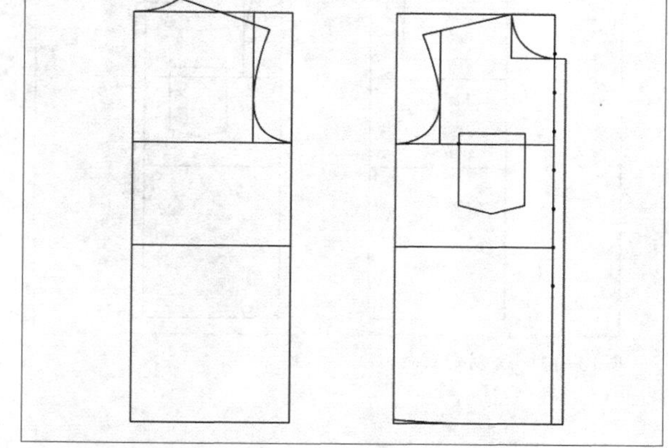
图10-128 剪断并删除曲线

10.2.4 绘制男式衬衣其他部件

步骤解析

步骤 1 在“设计工具栏”中单击“比较长度”按钮，在工作区中选择相应的曲线，弹出“长度比较”对话框，单击“记录”按钮，然后关闭对话框，即可记录长度，如图10-129所示。

步骤 2 在“设计工具栏”中单击“矩形”按钮，在工作区中的合适位置单击鼠标左键，弹出“矩形”对话框，设置纵向长度为3.8，拖曳鼠标至上方的数值框中，然后单击鼠标左键，并单击“计算器”按钮，弹出“计算器”对话框，输入相应的公式，单击OK按钮，如图10-130所示。

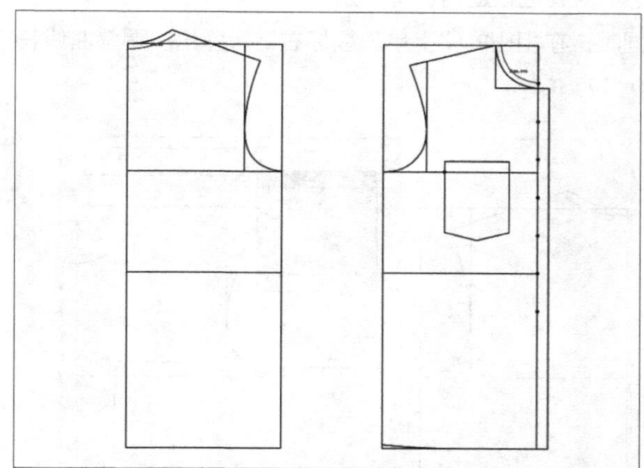
图10-129 记录长度

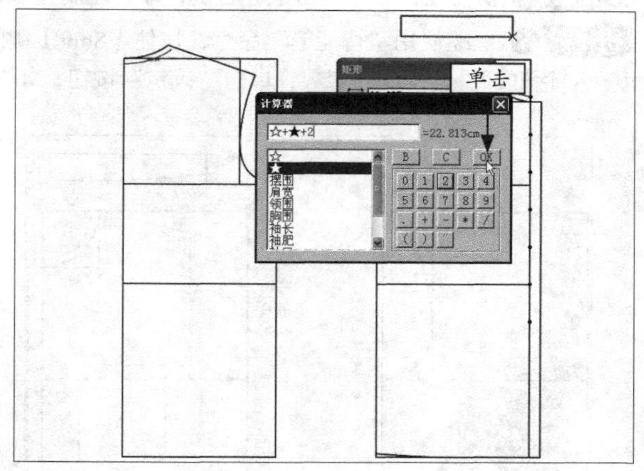

图10-130 单击OK按钮

步骤 3 执行操作后，返回到“矩形”对话框，单击“确定”按钮，即可绘制矩形，如图10-131所示。

步骤 4 在“设计工具栏”中单击“智能笔”按钮，在工作区中相应的线上单击鼠标左键，弹出“点的位置”对话框，设置“长度”为1.5，单击“确定”按钮，如图10-132所示。

步骤 5 执行操作后，向上拖曳鼠标，至合适位置单击鼠标左键，绘制前中线，如图10-133所示。

步骤 6 继续使用“智能笔”命令，在工作区中相应的点上单击鼠标左键，然后拖曳鼠标，至相应的线上单击鼠标左键，弹出“点的位置”对话框，设置“长度”为1.2，单击“确定”按钮，如图10-134所示。

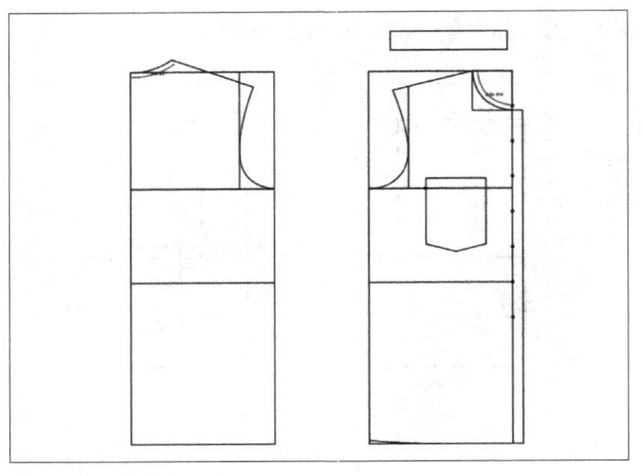
图10-131 绘制矩形

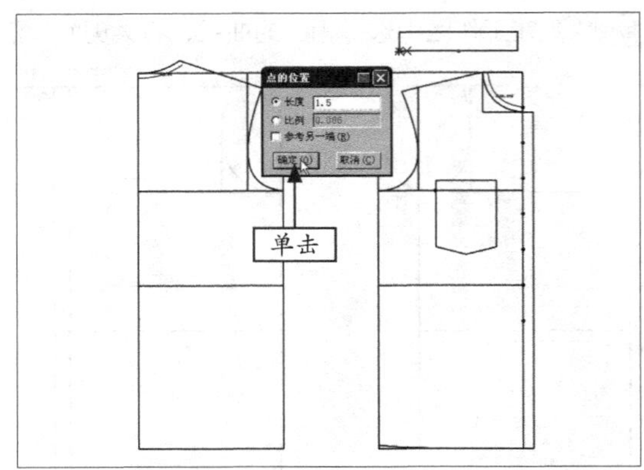

图10-132 单击“确定”按钮

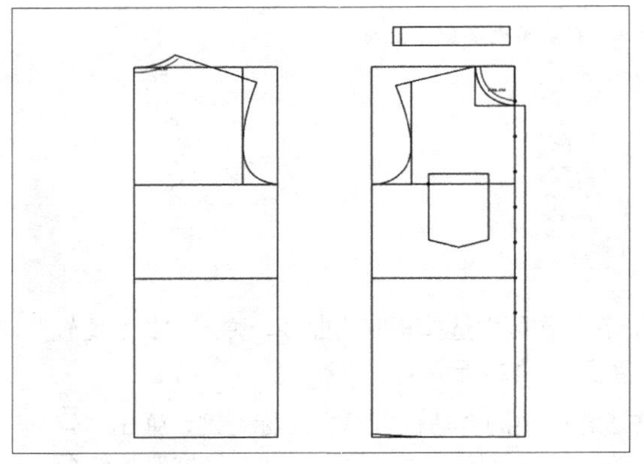
图10-133 绘制直线

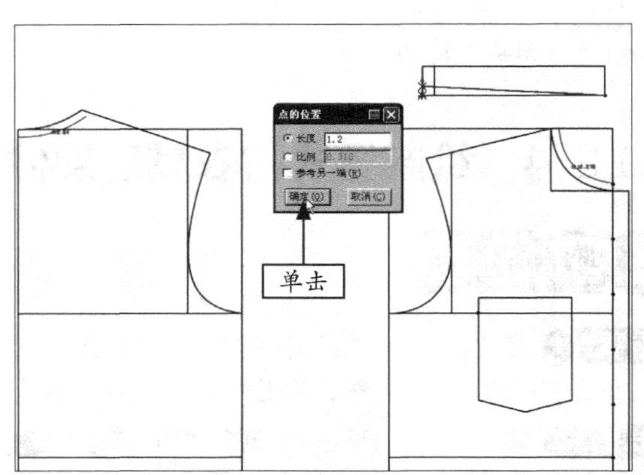

图10-134 单击“确定”按钮

步骤 7 执行操作后，单击鼠标右键，即可绘制直线，然后对其进行适当调整，如图10-135所示。

步骤 8 继续使用“智能笔”命令，按住【Shift】键的同时，在相应的线上单击鼠标右键，弹出“调整曲线长度”对话框，设置相应的参数，单击“确定”按钮，如图10-136所示。

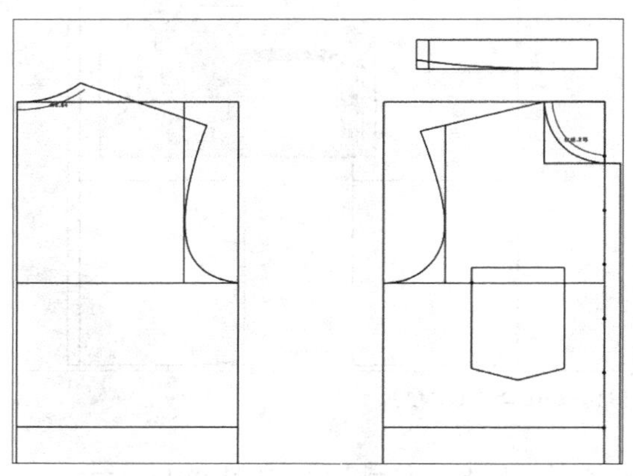
图10-135 绘制并调整直线

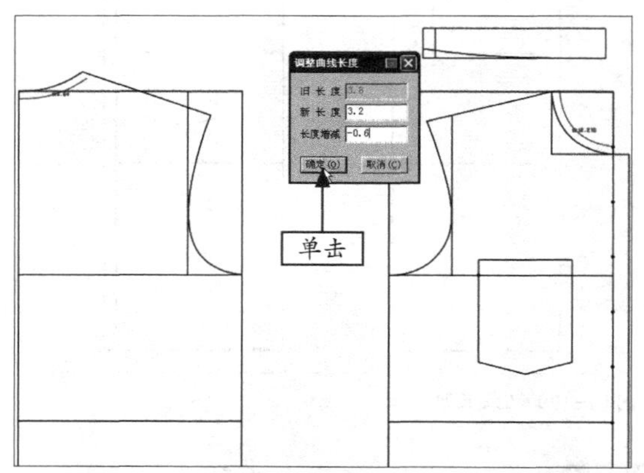

图10-136 单击“确定”按钮

步骤 9 执行操作后，即可调整曲线长度。继续使用“智能笔”命令，在工作区中相应的点上单击鼠标左键，绘制曲线，然后对其进行适当调整，如图10-137所示。

步骤 10 继续使用“智能笔”命令，在工作区中相应的点上按【Enter】键，弹出“移动量”对话框，设置纵向移动为2，单击“确定”按钮，如图10-138所示。

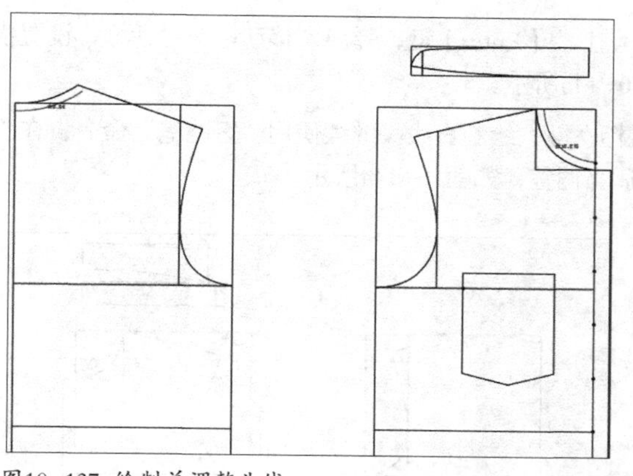
图10-137 绘制并调整曲线

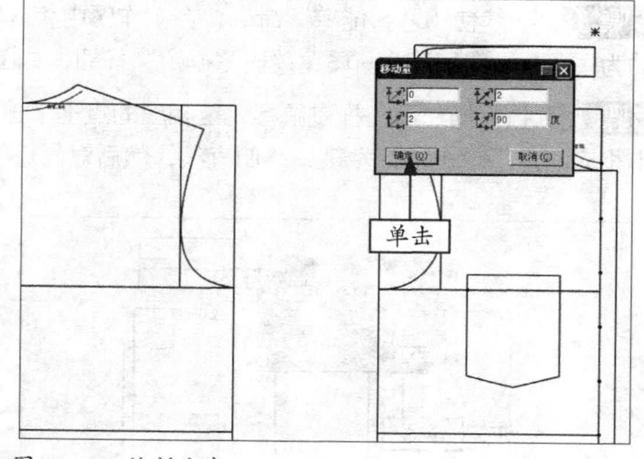

图10-138 绘制曲线

步骤 11 执行操作后，向上拖曳鼠标，输入4，单击鼠标左键，即可绘制直线，如图10-139所示。

步骤 12 继续使用“智能笔”命令，在工作区中相应的线上单击鼠标左键，弹出“点的位置”对话框，单击“计算器”按钮，弹出“计算器”对话框，输入相应的公式，单击OK按钮，如图10-140所示。

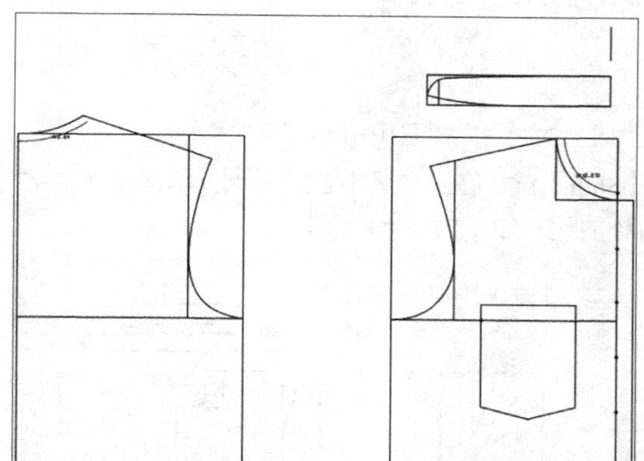
图10-139 绘制直线

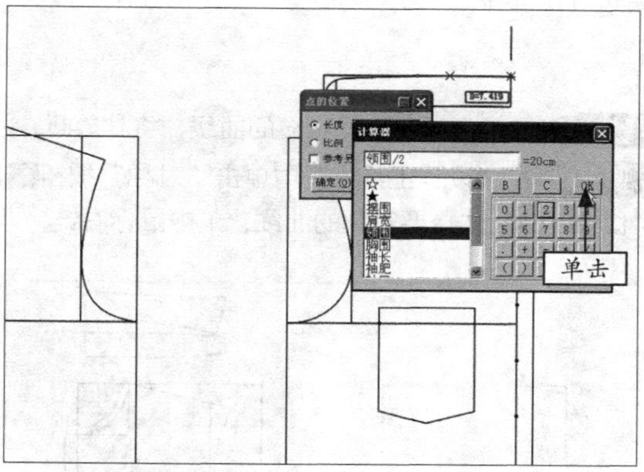

图10-140 单击OK按钮

步骤 13 执行操作后，返回到“点的位置”对话框，单击“确定”按钮，然后拖曳鼠标，至相应的点上单击鼠标左键，绘制直线，然后对其进行适当调整，如图10-141所示。

步骤 14 继续使用“智能笔”命令，在工作区中相应的点上单击鼠标右键，然后拖曳鼠标，至相应的点上单击鼠标左键，绘制直线，如图10-142所示。

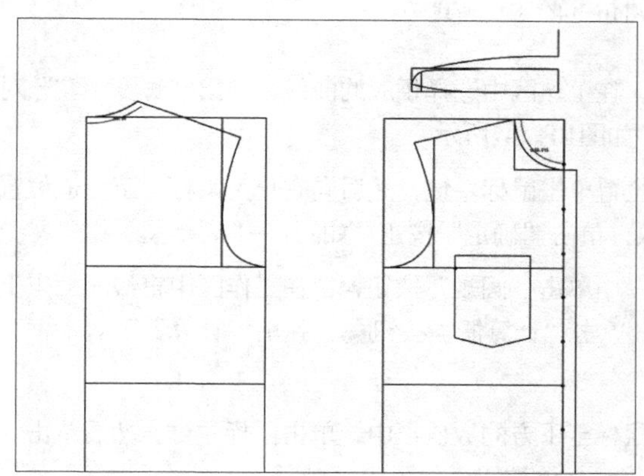
图10-141 绘制并调整直线

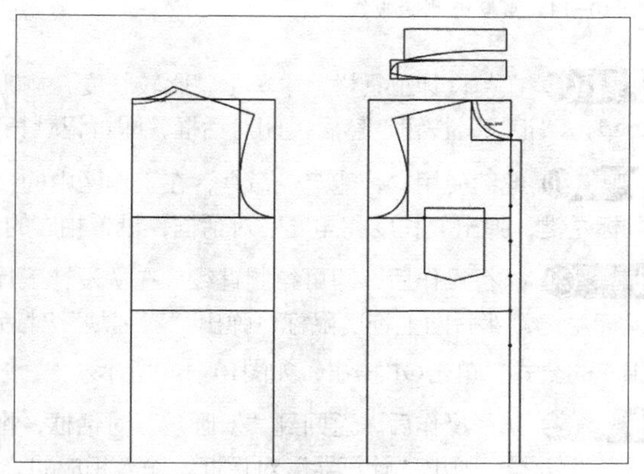
图10-142 绘制直线

步骤 15 继续使用"智能笔"命令，在工作区中相应的点上按【Enter】键，弹出"移动量"对话框，设置横向移动为-1.5、纵向移动为-0.5，单击"确定"按钮，如图10-143所示。

步骤 16 执行操作后，拖曳鼠标，至相应的点上单击鼠标左键，绘制直线。继续使用"智能笔"命令，在工作区中相应的点上单击鼠标左键，绘制直线，然后对其进行适当调整，如图10-144所示。

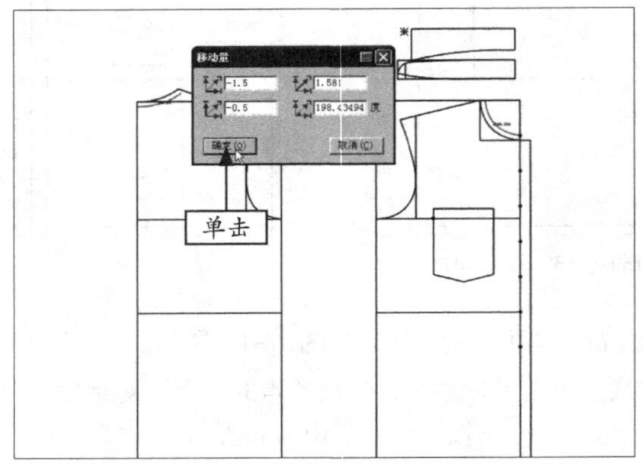

图10-143 单击"确定"按钮

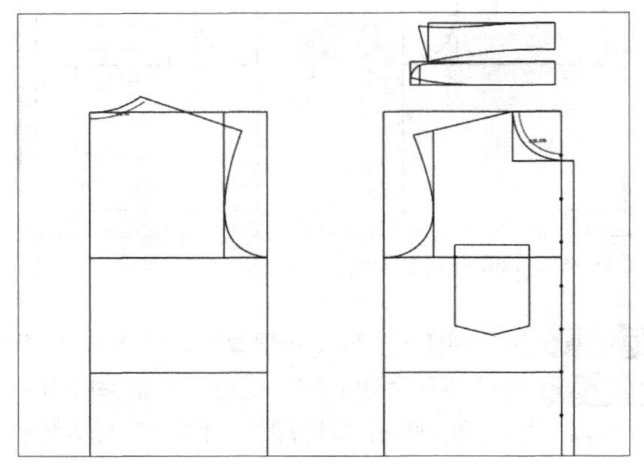
图10-144 绘制并调整直线

步骤 17 在工作区中选择相应的曲线，将其剪断，并删除相应的曲线，如图10-145所示。

步骤 18 在"设计工具栏"中单击"对称"按钮，按【Shift】键，在工作区中合适的点上单击鼠标左键，指定对称轴，然后选择要对称的曲线，单击鼠标右键，即可对称曲线，如图10-146所示。

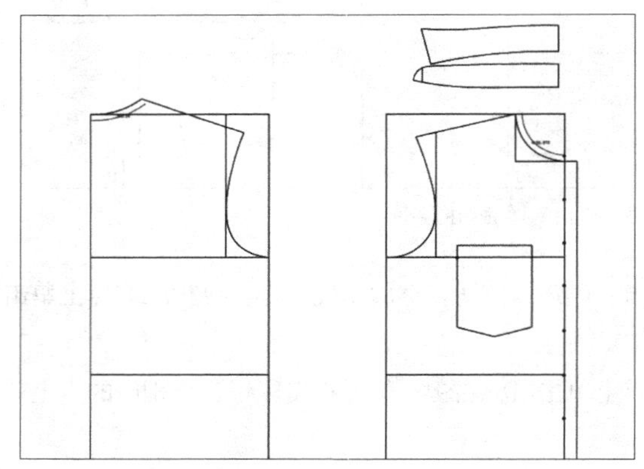
图10-145 剪断并删除曲线

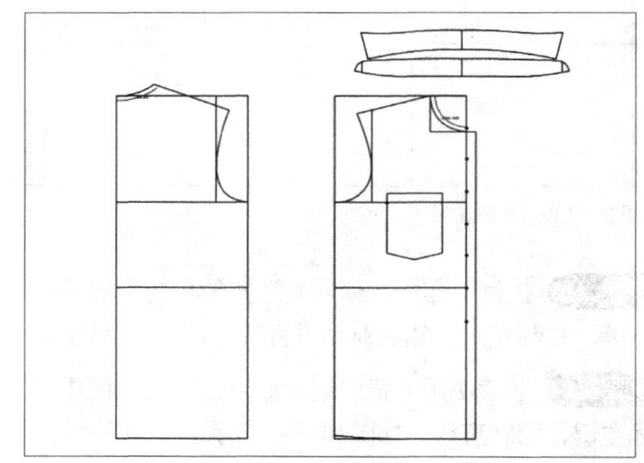
图10-146 对称曲线

步骤 19 在"设计工具栏"中单击"比较长度"按钮，在工作区中选择相应的曲线，弹出"长度比较"对话框，单击"记录"按钮，然后关闭对话框，即可记录长度，如图10-147所示。

步骤 20 继续使用"智能笔"命令，在工作区中的合适位置单击鼠标左键，然后向右拖曳鼠标，至合适位置单击鼠标左键，弹出"长度和角度"对话框，设置相应的参数，单击"确定"按钮，如图10-148所示。

步骤 21 执行操作后，即可绘制直线。在"设计工具栏"中单击"圆规"按钮，在工作区中直线的端点上单击鼠标左键，然后向上拖曳鼠标，弹出"双圆规"对话框，单击"计算器"按钮，弹出"计算器"对话框，输入相应的公式，单击OK按钮，如图10-149所示。

步骤 22 执行操作后，返回到"双圆规"对话框，拖曳鼠标至下方的数值框中，单击鼠标左键，然后单击"计算器"按钮，弹出"计算器"对话框，输入相应的公式，单击OK按钮，如图10-150所示。

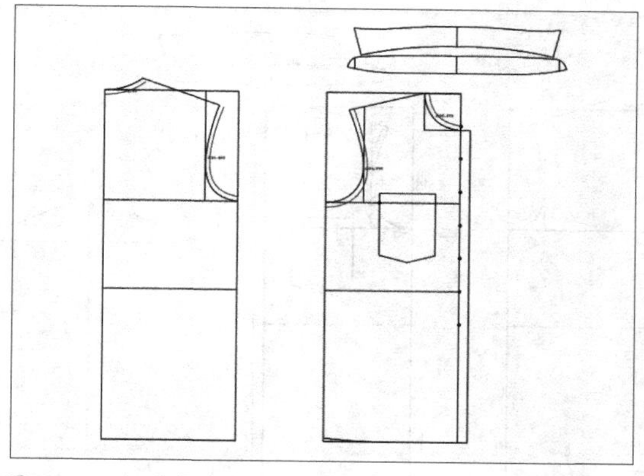

图10-147 记录长度

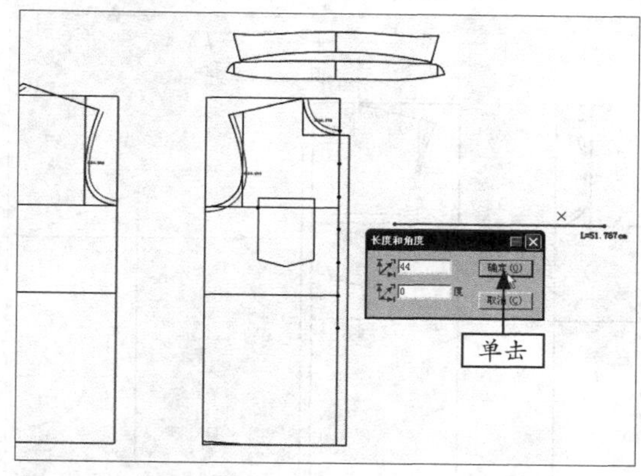

图10-148 单击“确定”按钮

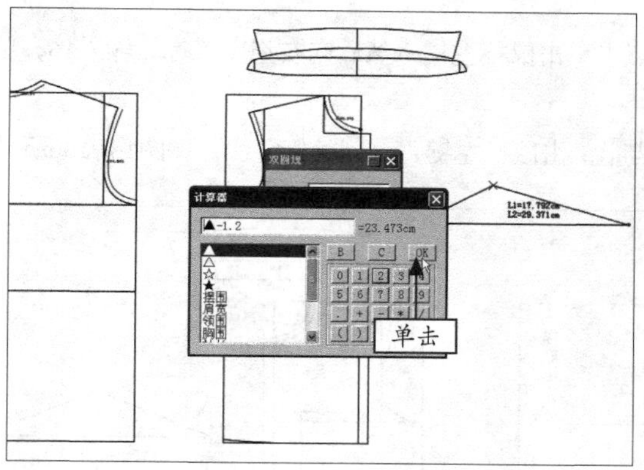

图10-149 单击OK按钮

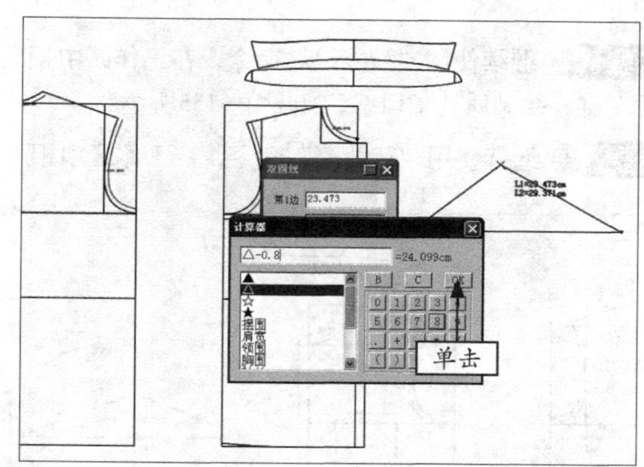

图10-150 单击OK按钮

步骤 23 执行操作后，返回到“双圆规”对话框，单击“确定”按钮，即可绘制直线，如图10-151所示。

步骤 24 在“设计工具栏”中单击“智能笔”按钮，在工作区中相应的点上单击鼠标左键，然后向下拖曳鼠标，至合适位置单击鼠标左键，弹出“长度”对话框，单击“计算器”按钮，弹出“计算器”对话框，输入相应的公式，单击OK按钮，如图10-152所示。

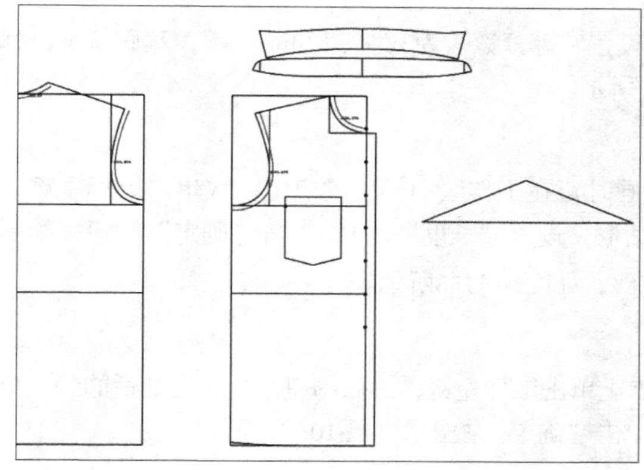

图10-151 绘制直线

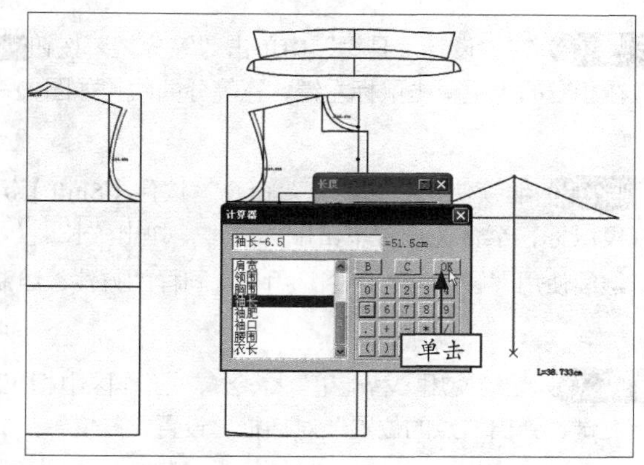

图10-152 单击OK按钮

步骤 25 执行操作后，返回到“长度”对话框，单击“确定”按钮，即可绘制袖中线，如图10-153所示。

步骤 26 继续使用“智能笔”命令，在工作区中相应的点上单击鼠标左键，然后向左拖曳鼠标，输入15，单击鼠标左键，绘制前片袖口线，如图10-154所示。

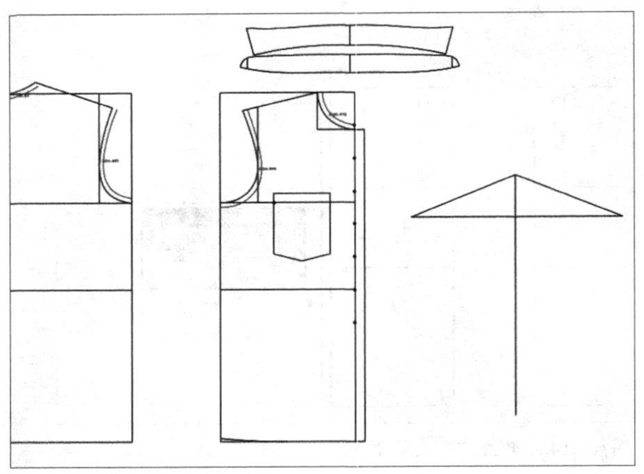
图10-153 绘制袖中线

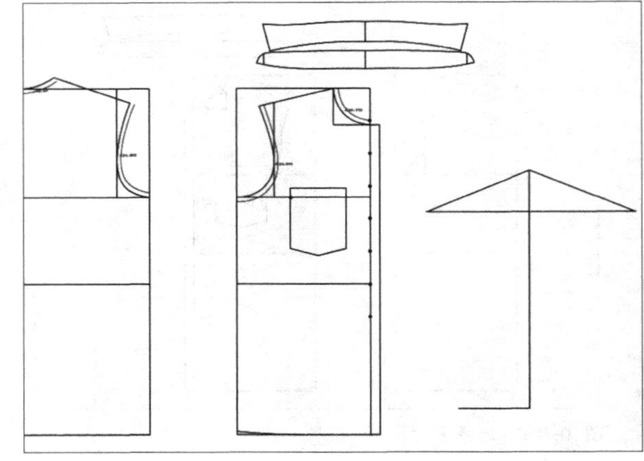
图10-154 绘制前片袖口线

步骤 27 继续使用"智能笔"命令，在工作区中相应的点上单击鼠标左键，然后向右拖曳鼠标，输入16，单击鼠标左键，绘制后片袖口线，如图10-155所示。

步骤 28 继续使用"智能笔"命令，在工作区中相应的点上单击鼠标左键，绘制袖侧缝线，如图10-156所示。

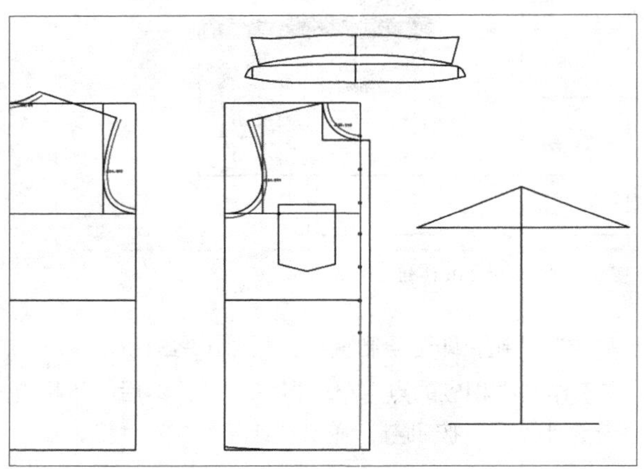
图10-155 绘制后片袖口线

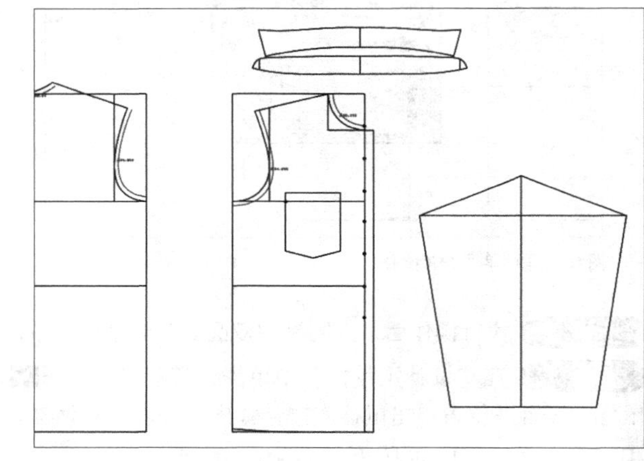
图10-156 绘制袖侧缝线

步骤 29 在"设计工具栏"中单击"等分规"按钮，设置"等分数"为3，按【Shift】键，然后单击鼠标右键，在相应的点上单击鼠标左键，三等分曲线，如图10-157所示。

步骤 30 继续使用"智能笔"命令，按住【Shift】键的同时，在工作区中相应的点上依次单击鼠标左键，然后拖曳鼠标，至合适位置单击鼠标左键，弹出"长度"对话框，设置"长度"为1，单击"确定"按钮，绘制直线。继续使用"智能笔"命令，用与上同样的方法，绘制直线，如图10-158所示。

步骤 31 继续使用"智能笔"命令，在工作区中相应的点上单击鼠标左键，然后拖曳鼠标，至合适的线上单击鼠标左键，弹出"点的位置"对话框，设置"长度"为5，单击"确定"按钮，如图10-159所示。

步骤 32 执行操作后，在工作区中其他的点上依次单击鼠标左键，然后单击鼠标右键，绘制袖山弧线，如图10-160所示。

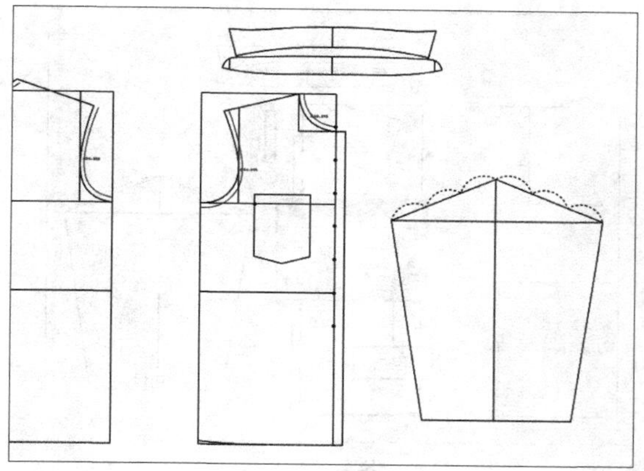
图10-157 三等分曲线

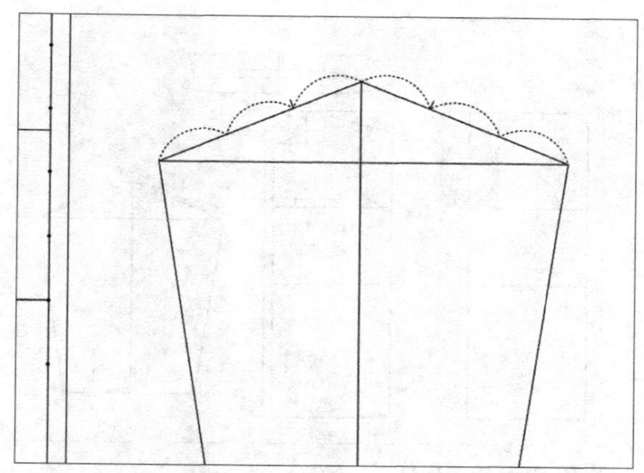
图10-158 绘制直线

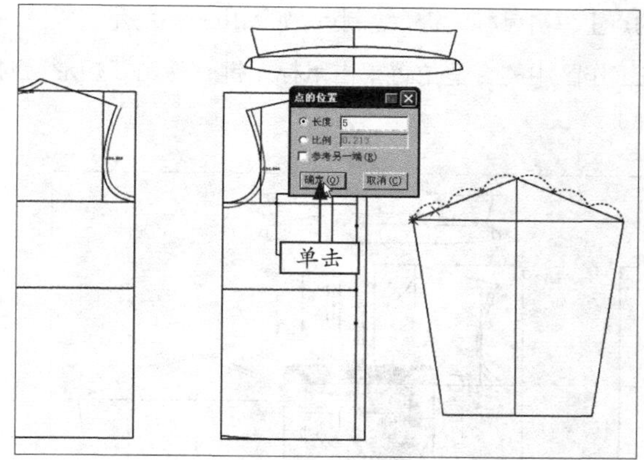

图10-159 单击“确定”按钮

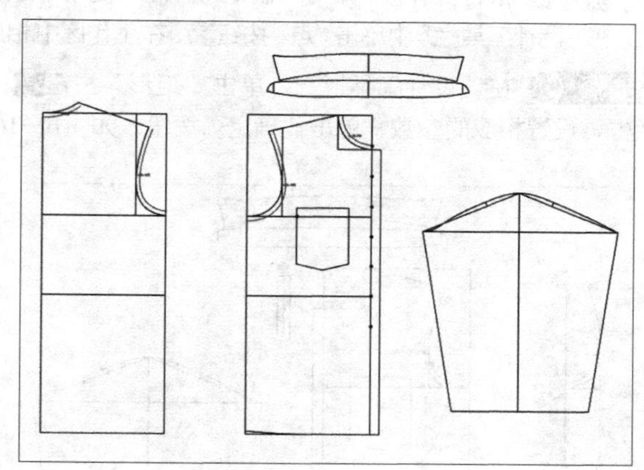
图10-160 绘制袖山弧线

步骤 33 继续使用“智能笔”命令，在工作区中相应的线上单击鼠标左键，弹出“点的位置”对话框，设置“长度”为7.2，单击“确定”按钮，如图10-161所示。

步骤 34 执行操作后，向上拖曳鼠标，输入12.5，单击鼠标左键，绘制直线，以确定衩位，如图10-162所示。

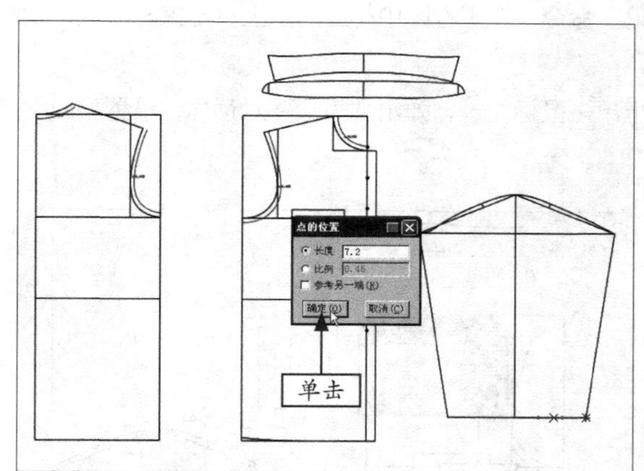

图10-161 单击“确定”按钮

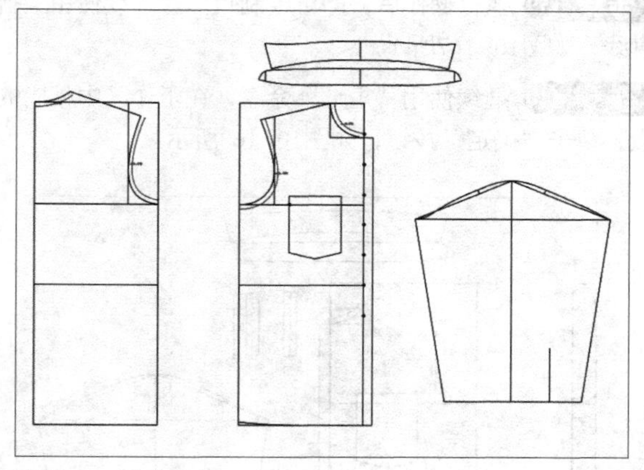
图10-162 确定衩位

步骤 35 继续使用“智能笔”命令，在工作区中绘制裥位，如图10-163所示。

步骤 36 在“设计工具栏”中单击“矩形”按钮■，在工作区中的合适位置单击鼠标左键，弹出“矩形”对话框，设置相应的参数，单击“确定”按钮，如图10-164所示。

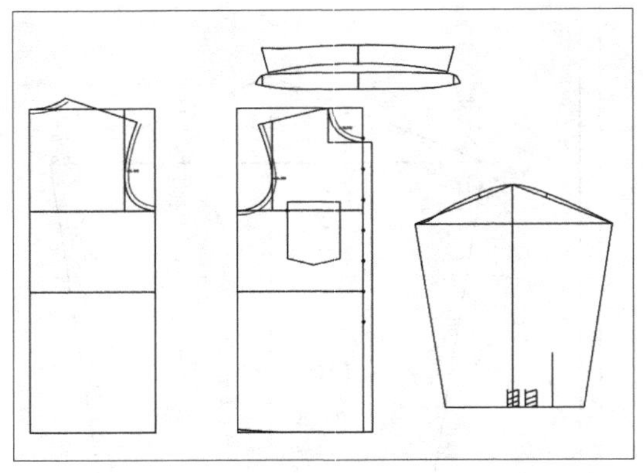

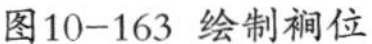
图10-163 绘制裥位

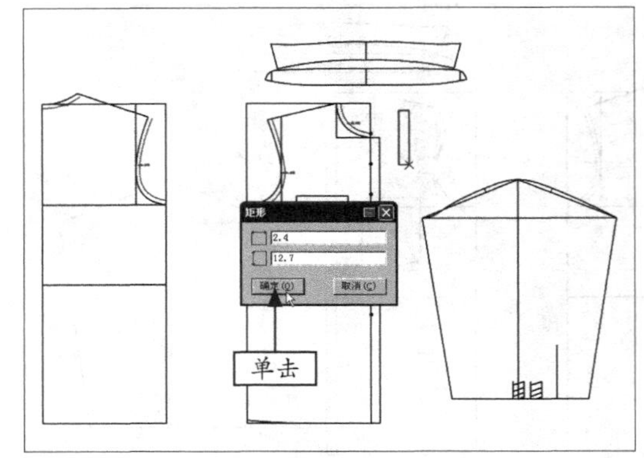

图10-164 单击“确定”按钮

步骤 37 执行操作后，即可绘制矩形。继续使用“智能笔”命令，在工作区中相应的点上单击鼠标左键，绘制直线。在“设计工具栏”中单击“点”按钮，在工作区中相应的点上单击鼠标左键，绘制点，如图10-165所示。

步骤 38 在“设计工具栏”中单击“矩形”按钮，在工作区中的合适位置单击鼠标左键，弹出“矩形”对话框，设置相应的参数，单击“确定”按钮，如图10-166所示。

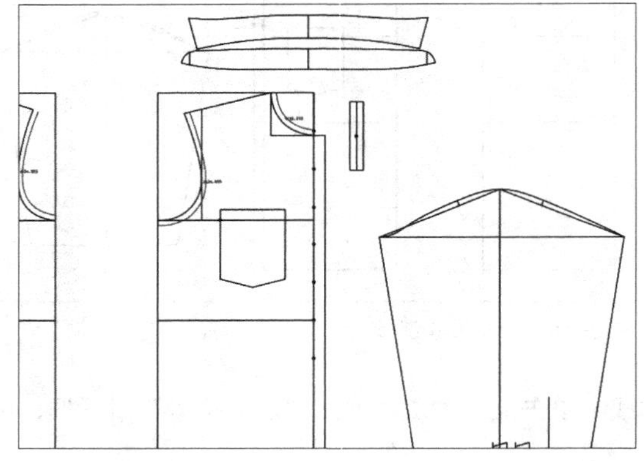
图10-165 绘制点

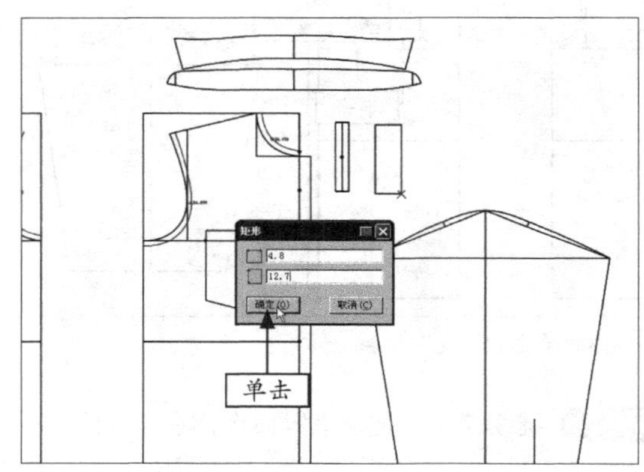

图10-166 单击“确定”按钮

步骤 39 执行操作后，即可绘制矩形。继续使用“智能笔”命令，在工作区中相应的点上单击鼠标左键，绘制直线，如图10-167所示。

步骤 40 继续使用“矩形”命令，在工作区中相应的点上单击鼠标左键，弹出“矩形”对话框，设置相应的参数，单击“确定”按钮，如图10-168所示。

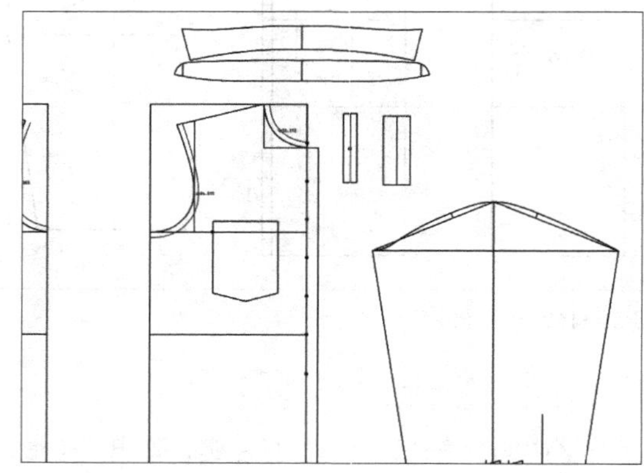
图10-167 绘制直线

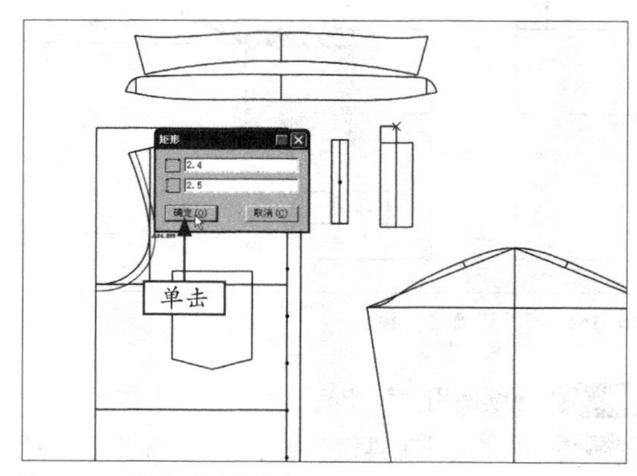

图10-168 单击“确定”按钮

步骤 41 执行操作后，即可绘制矩形。继续使用"智能笔"命令，在工作区中相应的直线上单击鼠标左键的同时，向上拖曳鼠标，至合适位置单击鼠标左键，弹出"平行线"对话框，设置相应的参数，单击"确定"按钮，即可绘制平行线。继续使用"智能笔"命令，在工作区中相应的点上单击鼠标左键，绘制直线，如图10-169所示。

步骤 42 在工作区中选择相应的直线，将其删除，如图10-170所示。

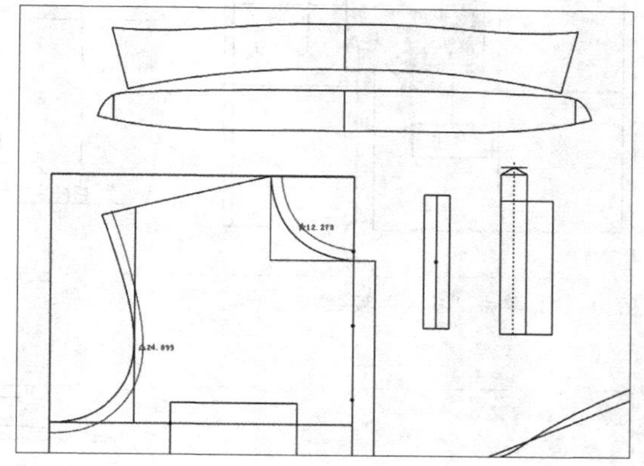

图10-169 绘制直线

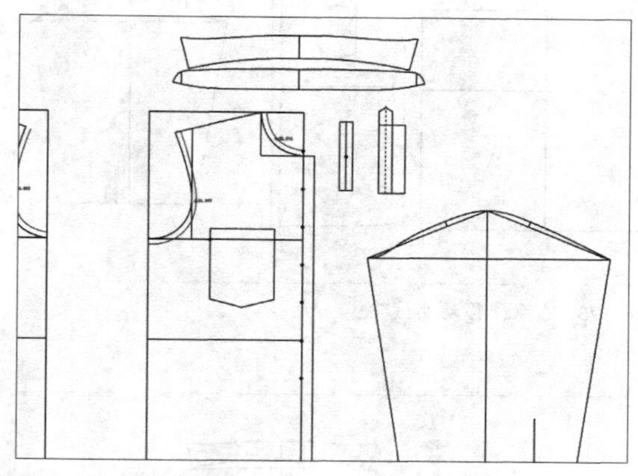

图10-170 删除直线

步骤 43 继续使用"矩形"命令，在工作区中相应的位置单击鼠标左键，弹出"矩形"对话框，设置宽度为6.5，拖曳鼠标至长度数值框，单击鼠标左键，然后单击"计算器"按钮，弹出"计算器"对话框，输入相应的公式，单击OK按钮，如图10-171所示。

步骤 44 返回到"矩形"对话框，单击"确定"按钮，即可绘制矩形。在"设计工具栏"中单击"圆角"按钮，在工作区中相应的线上单击鼠标左键，然后拖曳鼠标，弹出"顺滑连角"对话框，设置相应的参数，单击"确定"按钮，即可圆角矩形，如图10-172所示。

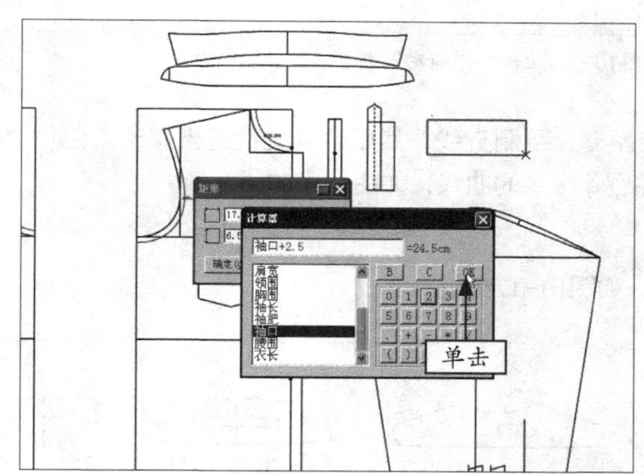

图10-171 单击OK按钮

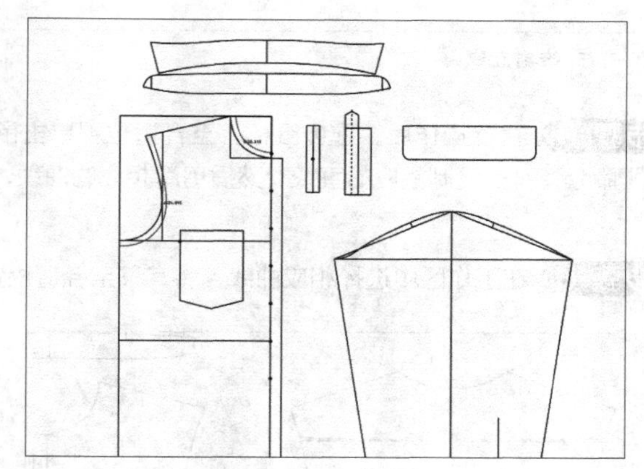

图10-172 圆角矩形

步骤 45 在工作区中选择相应的曲线，将其删除，然后使用"对称"和"移动"命令，对称和移动曲线，如图10-173所示。

步骤 46 在"设计工具栏"中单击"智能笔"按钮，在工作区中相应的线上单击鼠标左键，弹出"点的位置"对话框，设置"长度"为8，单击"确定"按钮，如图10-174所示。

步骤 47 执行操作后，向左拖曳鼠标，至相应的曲线上单击鼠标左键，绘制直线，如图10-175所示。

步骤 48 在工作区中选择袖窿弧线，将其剪断。继续使用"智能笔"命令，在工作区中相应的线上单击鼠标左键，弹出"点的位置"对话框，设置"长度"为0.5，单击"确定"按钮，如图10-176所示。

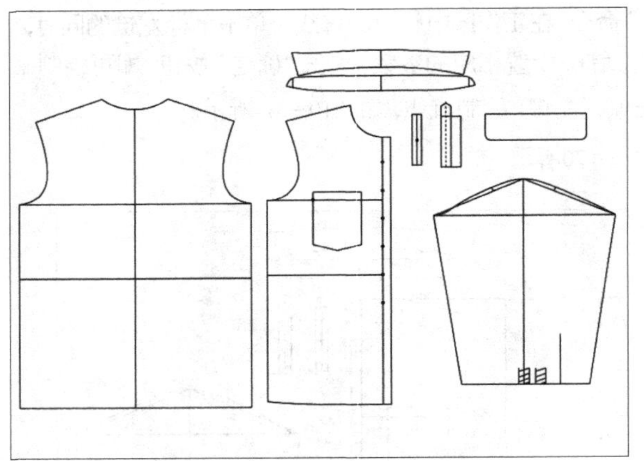
图10-173 对称、移动曲线

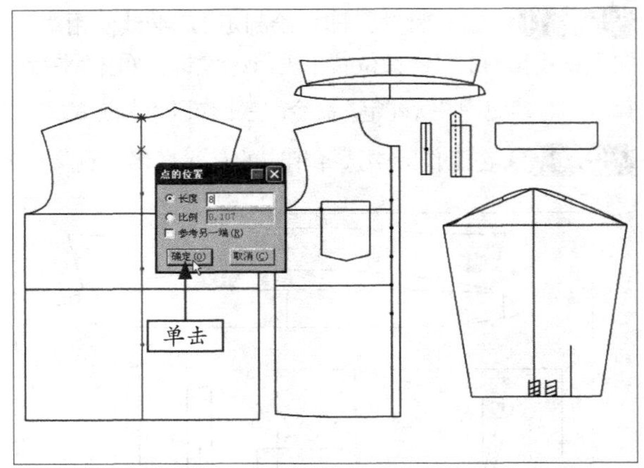

图10-174 单击“确定”按钮

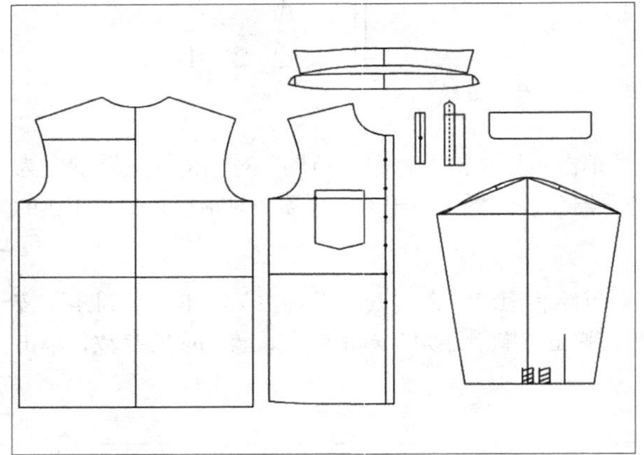
图10-175 绘制直线

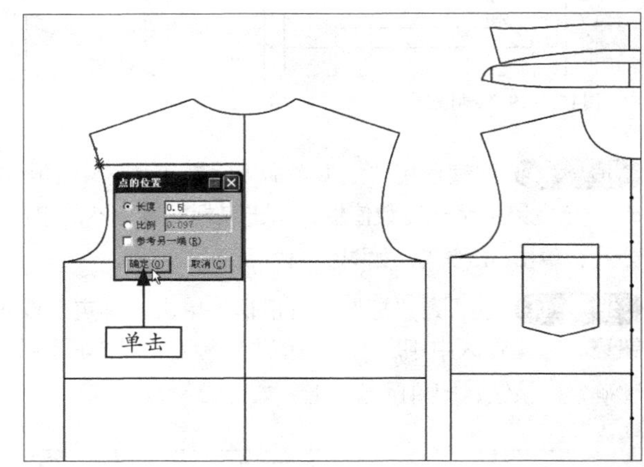

图10-176 单击“确定”按钮

步骤 49 执行操作后，拖曳鼠标，至合适位置单击鼠标左键，绘制直线，然后对其进行适当调整。使用“对称”命令，对称复制相应的直线，然后剪断相应的曲线，并删除多余的曲线，如图10-177所示。

步骤 50 在工作区中选择相应曲线，将其移至合适位置，如图10-178所示。

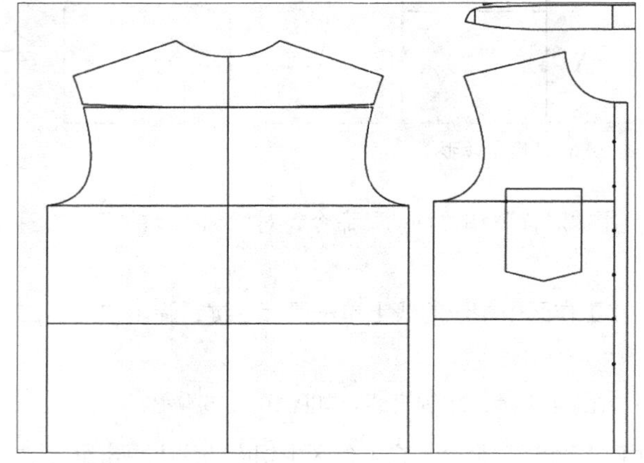
图10-177 删除曲线

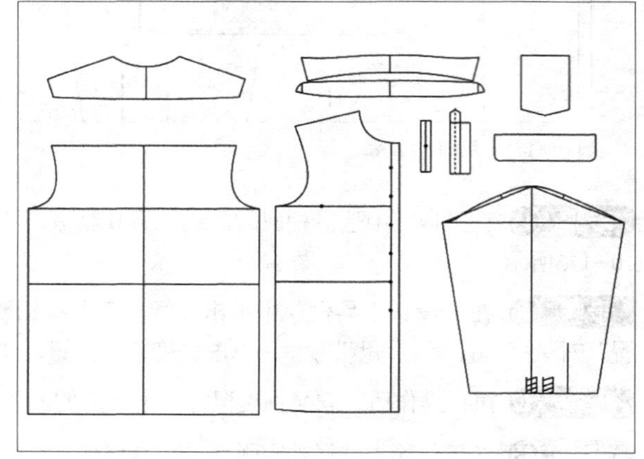
图10-178 移动曲线

10.2.5 制作男式衬衣纸样

步骤解析

步骤1 在设计工具栏中单击“剪刀”按钮，在工作区中依次框选相应的曲线，然后单击鼠标右键，拾取纸样，如图10-179所示。

步骤2 在设计工具栏中单击“布纹线”按钮，在相应的纸样内绘制一条水平线，调整布纹线，如图10-180所示。

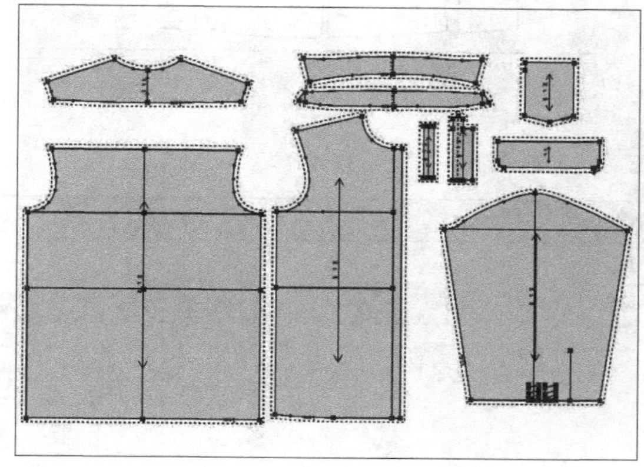

图10-179 拾取纸样

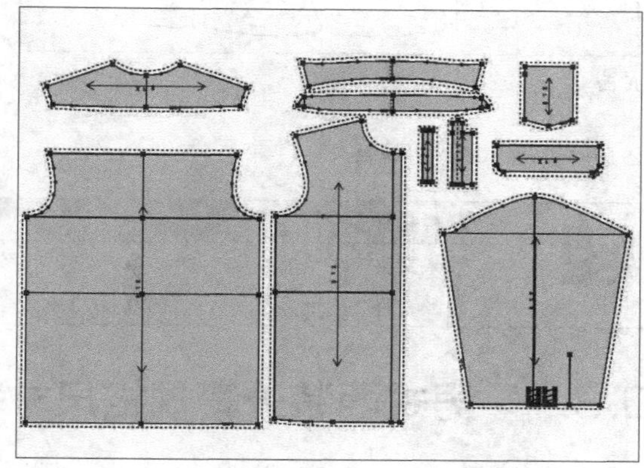

图10-180 调整布纹线

步骤3 在设计工具栏中单击“加缝份”按钮，在后片侧缝线上单击鼠标左键，弹出“加缝份”对话框，设置“起点缝份量”为1.6，选中“终点缝份量”对话框，并在其后的数值框中输入1.6，单击“确定”按钮，执行操作后，即可添加缝份。继续使用“加缝份”命令，将前片贴袋上口缝份改为3、袖片袖山弧线和后袖侧缝线的缝份改为1.6，如图10-181所示。

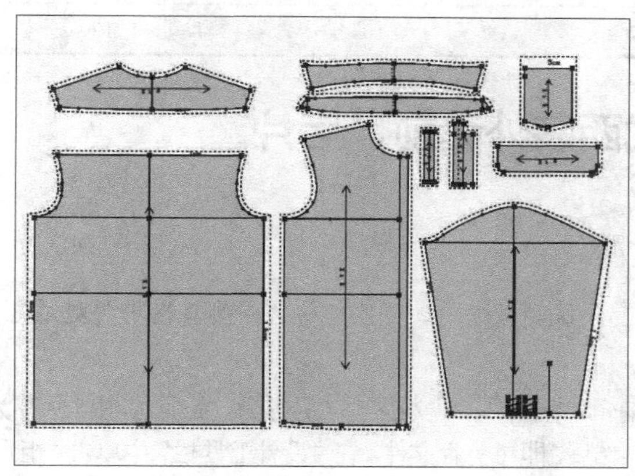

图10-181 修改缝份

10.3 男式西装外套

西装是一种国际性服装，穿起来给人一种彬彬有礼、潇洒大方的深刻印象，所以现在越来越多地被用于正式场合，也是商务人士必备的服饰之一。男式西装外套效果如图10-182所示。

正面

背面

图10-182 男式西装外套效果

	素材文件	无
	效果文件	光盘\素材\第10章\男式西装外套.dgs
	视频文件	光盘\视频\第10章\10.3男式西装外套.swf

10.3.1 男式西装外套规格尺寸表

男士西装外套规格尺寸表如表10-3所示。

表10-3　　单位：cm

号型	衣长	肩宽	胸围	腰围	领围	摆围	袖长	袖肥	袖口
165\86A	72	43.4	102	92	39	108	58.5	36.9	28
170\90A	74	44.6	106	96	40	1112	60	38.5	29
175\94A	76	45.8	110	100	41	116	61.5	40.1	30
180\98A	78	47	114	104	42	120	63	41.7	31

10.3.2 绘制男式西装外套前、后片

步骤解析

步骤1 单击“号型” | “号型编辑”命令，弹出“设置号型规格表”对话框，设置需要的参数，单击“确定”按钮，如图10-183所示。

步骤2 执行操作后，即可编辑号型。单击“文档” | “另存为”命令，弹出“另存为”对话框，设置文件名和保存路径，单击“保存”按钮，执行操作后，即可另存文件。在“设计工具栏”中单击“矩形”按钮■，在工作区中的合适位置单击鼠标左键，弹出“矩形”对话框，设置纵向长度为74，拖曳鼠标至上方的数值框中，然后单击鼠标左键，并单击“计算器”按钮▦，弹出“计算器”对话框，输入相应的公式，单击OK按钮，如图10-184所示。

步骤3 执行操作后，返回到“矩形”对话框，单击“确定”按钮，即可绘制矩形。继续使用“矩形”命令，在工作区中的合适位置单击鼠标左键，弹出“矩形”对话框，设置纵向长度为2.5，拖曳鼠标至上方的数值框中，然后单击鼠标左键，并单击“计算器”按钮▦，弹出“计算器”对话框，输入相应的公式，单击OK按钮，如图10-185所示。

步骤4 执行操作后，返回到“矩形”对话框，单击“确定”按钮，即可绘制矩形，如图10-186所示。

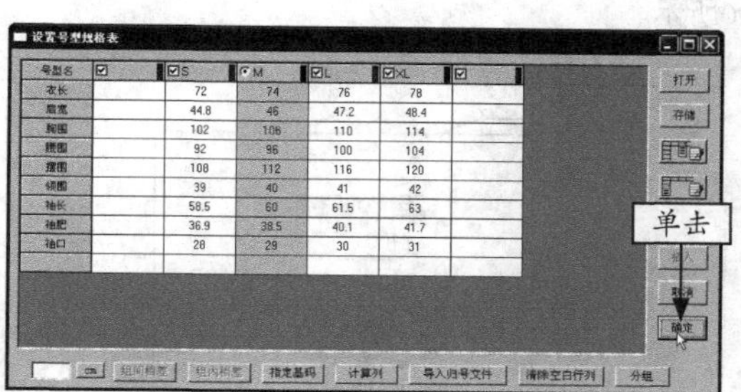

图10-183 单击“确定”按钮

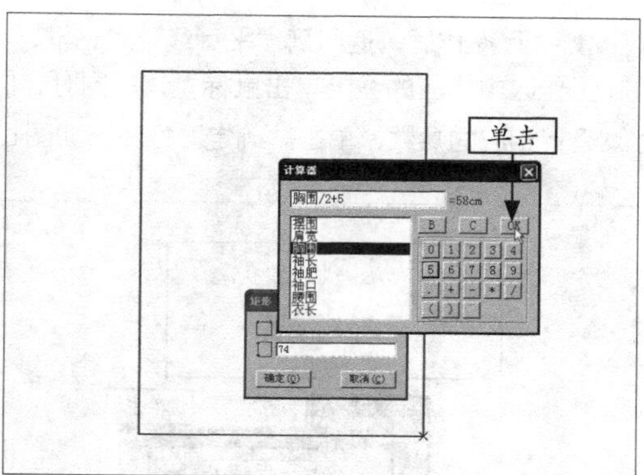

图10-184 单击OK按钮

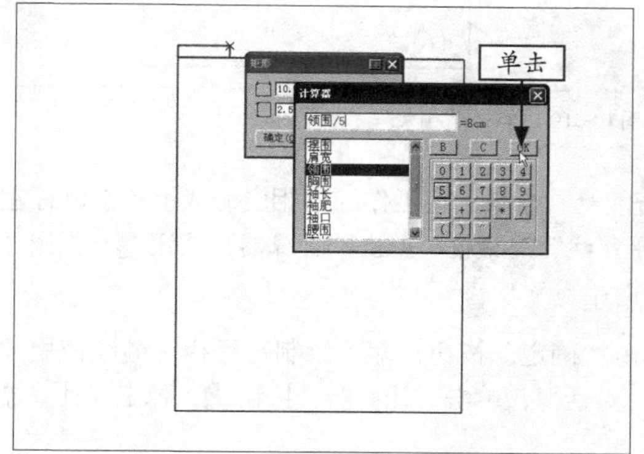

图10-185 单击OK按钮

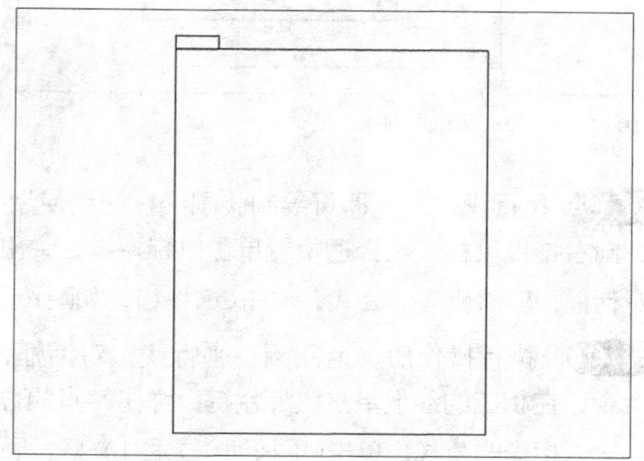

图10-186 绘制矩形

步骤 5 在“设计工具栏”中单击“智能笔”按钮，在工作区中相应的点上按【Enter】键，弹出“移动量”对话框，设置纵向移动为-5.5，将鼠标拖曳至上面的数值框中，单击鼠标左键，然后单击“计算器”按钮，弹出“计算器”对话框，输入相应的公式，单击OK按钮，如图10-187所示。

步骤 6 执行操作后，返回到“移动量”对话框，单击“确定”按钮，然后拖曳鼠标，至合适位置单击鼠标左键，即可绘制后肩线，如图10-188所示。

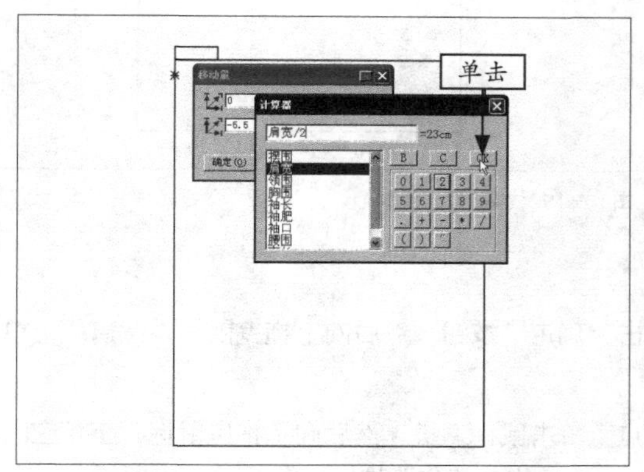

图10-187 单击OK按钮

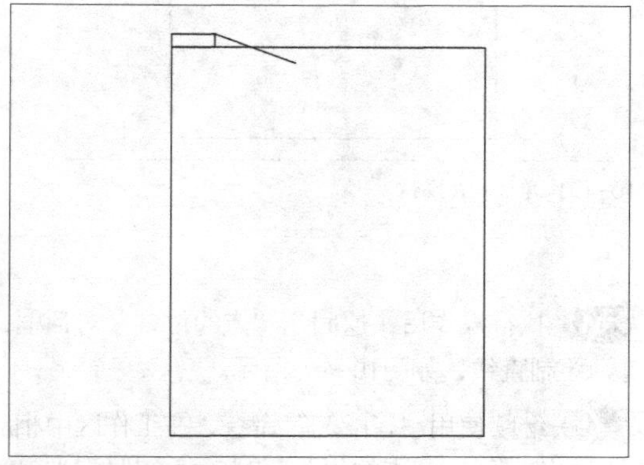

图10-188 绘制后肩线

步骤 7 继续使用“智能笔”命令，在工作区中相应的线上单击鼠标左键的同时，向下拖曳鼠标，至合适位置单击鼠标左键，弹出“平行线”对话框，单击“计算器”按钮，弹出“计算器”对话框，输入相应的公式，单击OK按钮，如图10-189所示。

步骤 8 执行操作后，返回到“平行线”对话框，单击“确定”按钮，即可绘制胸围线。继续使用“智能笔”命令，在工作区中相应的线上单击鼠标左键的同时，向下拖曳鼠标，至合适位置单击鼠标左键，弹出“平行线”对话框，设置相应的参数，单击“确定”按钮，如图10-190所示。

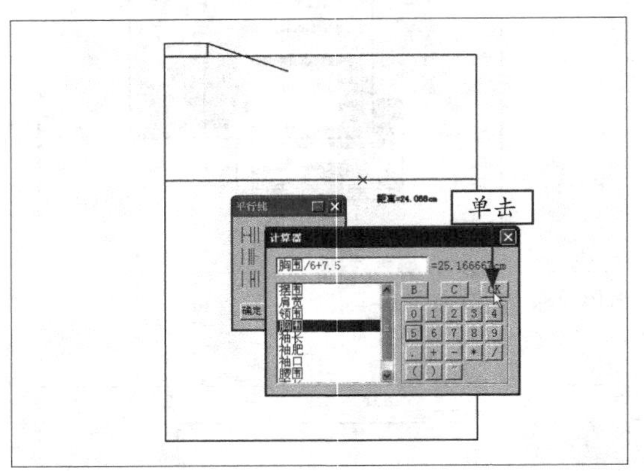

图10-189 单击“OK”按钮

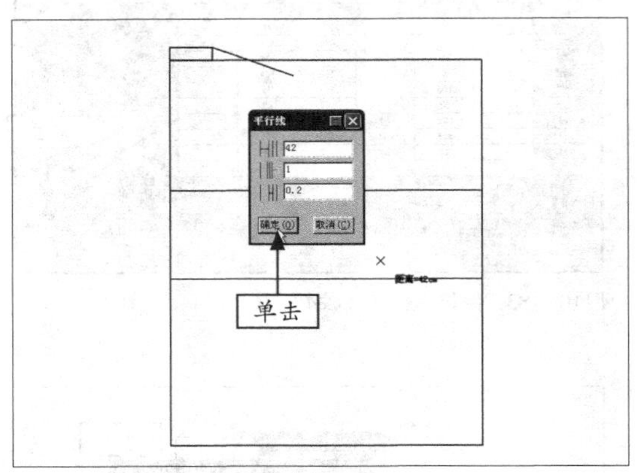

图10-190 单击“确定”按钮

步骤 9 执行操作后，即可绘制腰围线。继续使用“智能笔”命令，在工作区中相应的线上单击鼠标左键的同时，向右拖曳鼠标，至合适位置单击鼠标左键，弹出“平行线”对话框，单击“计算器”按钮▦，弹出“计算器”对话框，输入相应的公式，单击OK按钮，如图10-191所示。

步骤 10 执行操作后，返回到“平行线”对话框，单击“确定”按钮，即可绘制平行线。继续使用“智能笔”命令，在相应的线上单击鼠标左键，弹出“点的位置”对话框，单击“计算器”按钮▦，弹出“计算器”对话框，输入相应的公式，单击OK按钮，如图10-192所示。

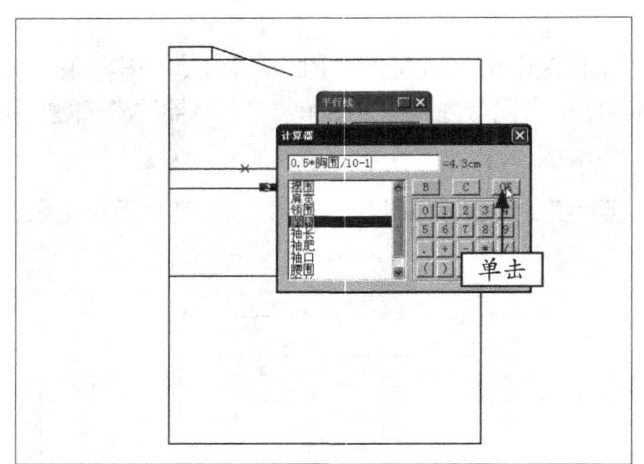

图10-191 单击OK按钮

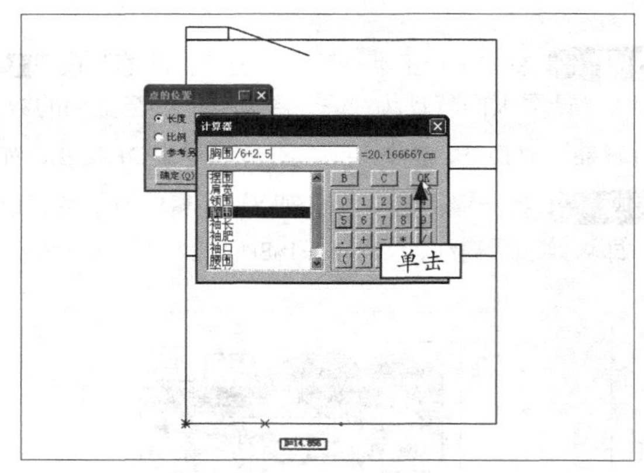

图10-192 单击OK按钮

步骤 11 执行操作后，返回到“点的位置”对话框，单击“确定”按钮，然后向上拖曳鼠标，至肩线上单击鼠标左键，绘制直线，如图10-193所示。

步骤 12 继续使用“智能笔”命令，在工作区中相应的点上单击鼠标左键，然后向下拖曳鼠标，至相应的线上单击鼠标左键，弹出“点的位置”对话框，设置“长度”为1.2，单击“确定”按钮，如图10-194所示。

步骤 13 执行操作后，向下拖曳鼠标，至腰围线的合适位置单击鼠标左键，弹出“点的位置”对话框，设置“长度”为2，单击“确定”按钮，执行操作后，向下拖曳鼠标，至摆围线的合适位置单击鼠标左键，弹出“点的位置”对话框，设置“长度”为2.5，单击“确定”按钮，如图10-195所示。

步骤 14 执行操作后，即可绘制后中弧线。在“设计工具栏”中单击“等分规”按钮，设置“等分数”为2，在工作区中相应的点上单击鼠标左键，将摆围线平分两等分，然后使用“智能笔”命令，在等分点上单击鼠标左键，并向上拖曳鼠标，至合适位置单击鼠标左键，绘制直线，如图10-196所示。

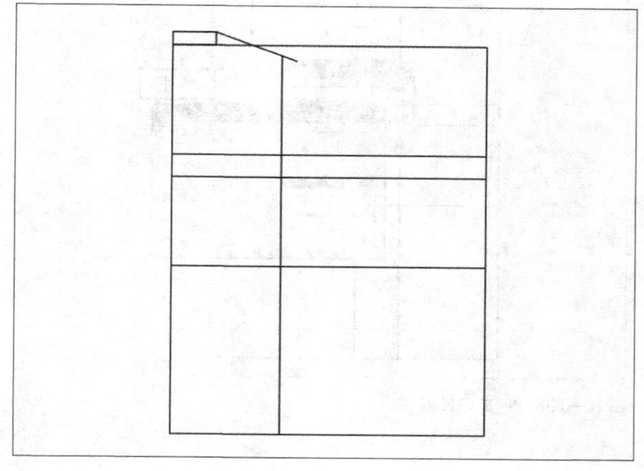
图10-193 绘制直线

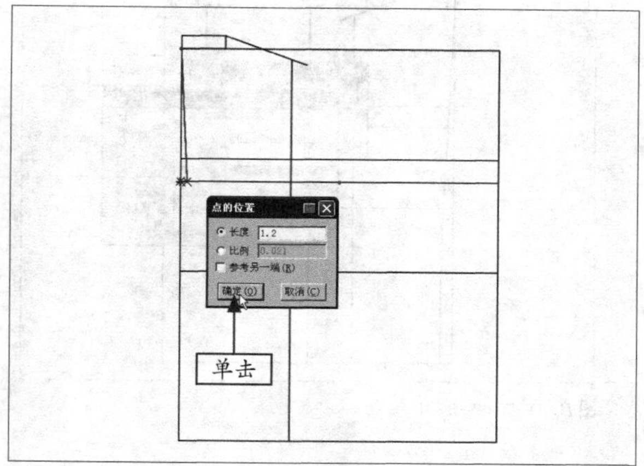

图10-194 单击“确定”按钮

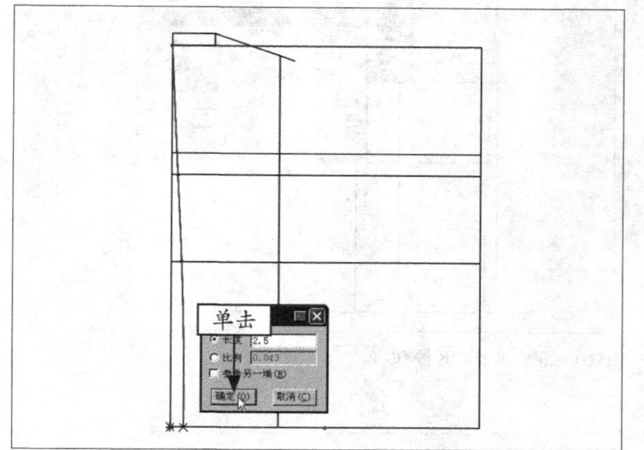

图10-195 单击“确定”按钮

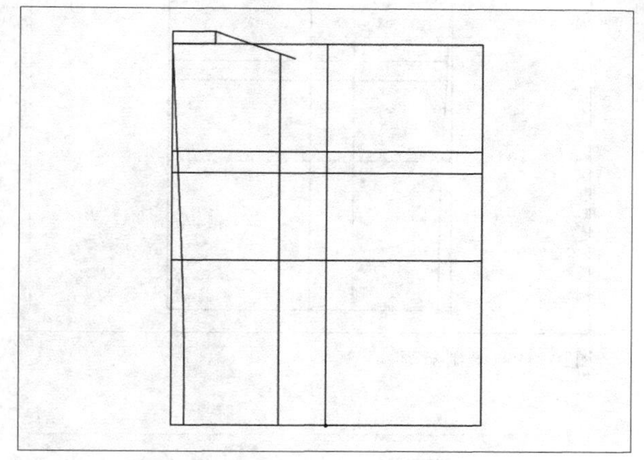
图10-196 绘制后中弧线

步骤 15 在“设计工具栏”中单击“矩形”按钮，在工作区中的合适位置单击鼠标左键，弹出“矩形”对话框，并单击“计算器”按钮，弹出“计算器”对话框，输入相应的公式，单击OK按钮，如图10-197所示。

步骤 16 执行操作后，返回到“矩形”对话框，在下方的数值框中单击鼠标左键，然后单击“计算器”按钮，弹出“计算器”对话框，输入相应的公式，单击OK按钮，如图10-198所示。

步骤 17 执行操作后，返回到“矩形”对话框，单击“确定”按钮，即可绘制矩形，如图10-199所示。

步骤 18 继续使用“智能笔”命令，在工作区中相应的点上按【Enter】键，弹出“移动量”对话框，单击“计算器”按钮，弹出“计算器”对话框，输入相应的公式，单击OK按钮，如图10-200所示。

步骤 19 执行操作后，返回到“移动量”对话框，设置纵向移动为-6，单击“确定”按钮，然后拖曳鼠标，至合适的点上单击鼠标左键，绘制前肩线，如图10-201所示。

步骤 20 继续使用“智能笔”命令，在工作区中相应的线上单击鼠标左键，弹出“点的位置”对话框，单击“计算器”按钮，弹出“计算器”对话框，输入相应的公式，单击OK按钮，如图10-202所示。

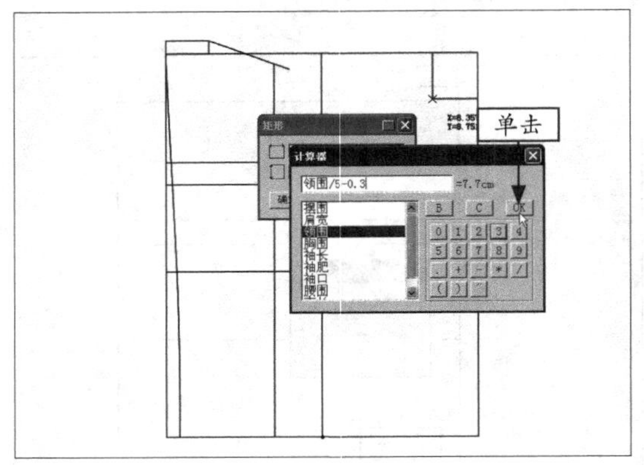

图10-197 单击OK按钮

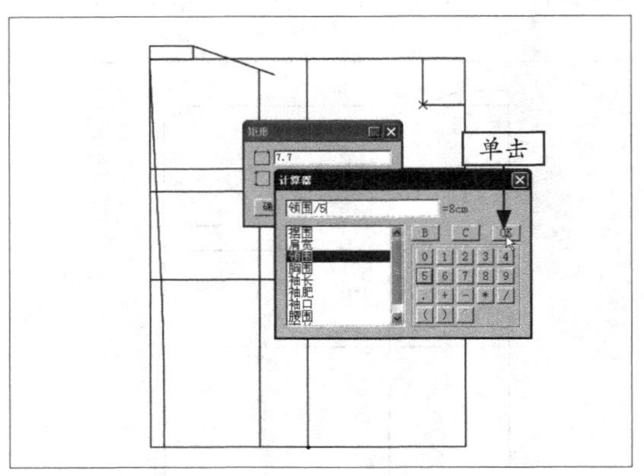

图10-198 单击OK按钮

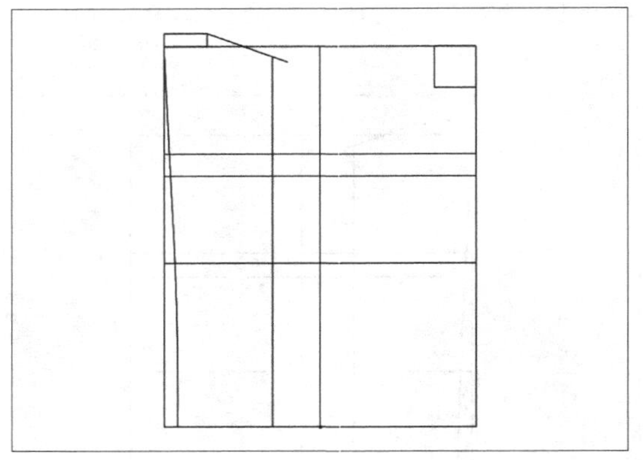

图10-199 绘制矩形

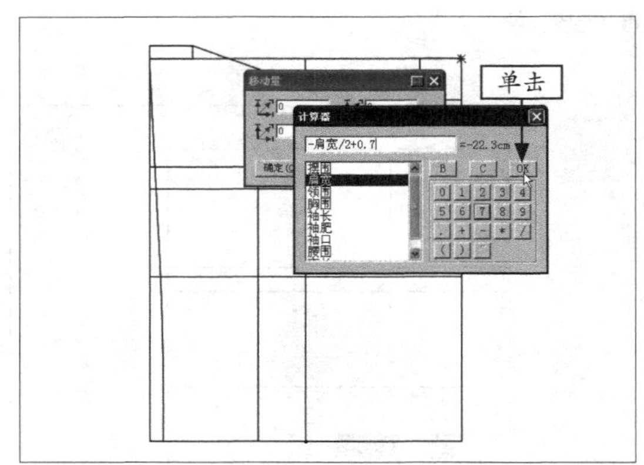

图10-200 单击OK按钮

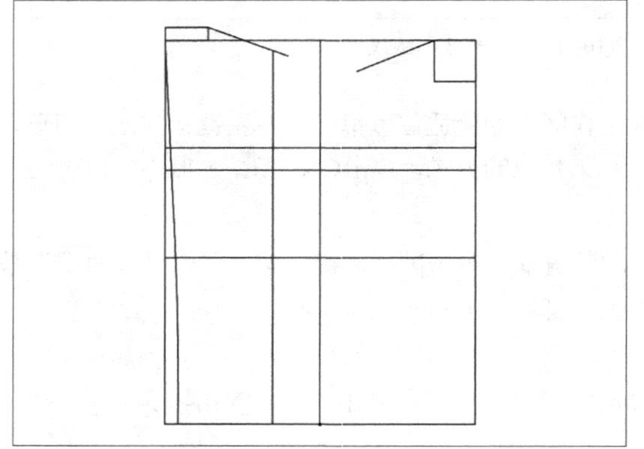

图10-201 绘制前肩线

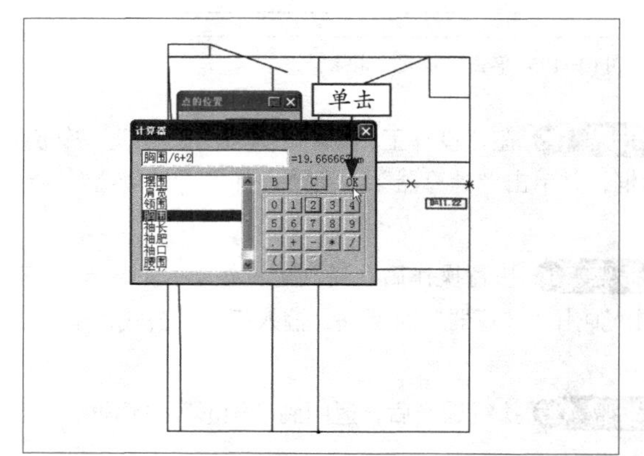

图10-202 单击OK按钮

步骤 21 执行操作后，返回到“点的位置”对话框，单击“确定”按钮，然后向上拖曳鼠标，至前肩线上单击鼠标左键，绘制直线，如图10-203所示。

步骤 22 继续使用“智能笔”命令，在工作区中相应的线上单击鼠标左键，弹出“点的位置”对话框，单击“计算器”按钮，弹出“计算器”对话框，输入相应的公式，单击OK按钮，如图10-204所示。

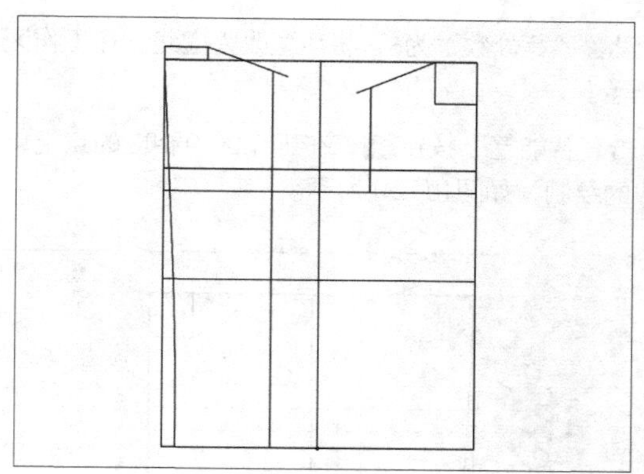

图10-203 绘制直线

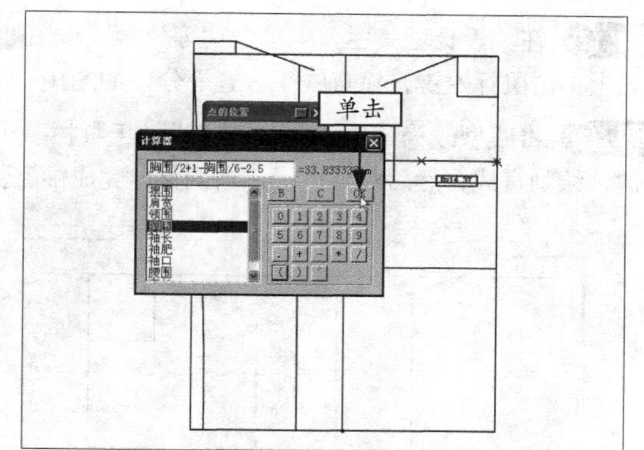

图10-204 单击OK按钮

步骤 23 执行操作后，返回到“点的位置”对话框，单击“确定”按钮，然后向下拖曳鼠标，至摆围线上单击鼠标左键，绘制直线，如图10-205所示。

步骤 24 在工作区中选择相应的线，将其剪断。继续使用“智能笔”命令，在工作区中相应的点上单击鼠标左键，然后向下拖曳鼠标，至腰围线上单击鼠标左键，弹出“点的位置”对话框，设置“长度”为2，单击“确定”按钮，如图10-206所示。

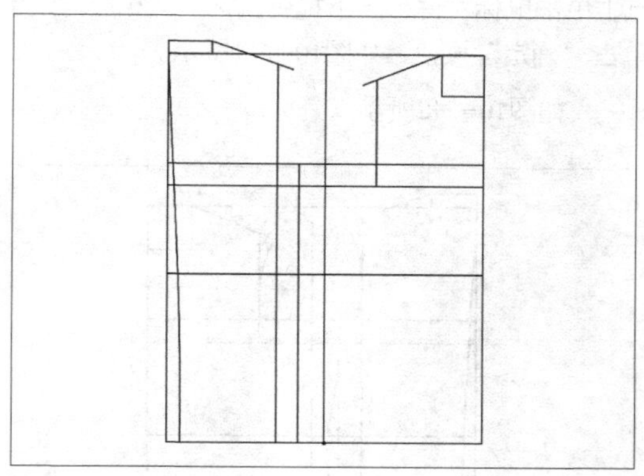

图10-205 绘制直线

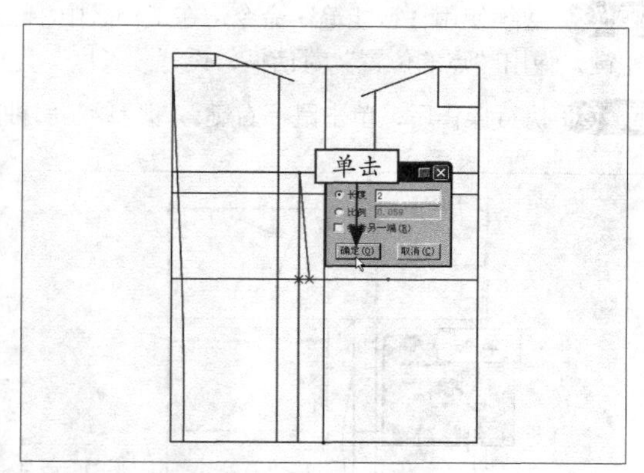

图10-206 单击“确定”按钮

步骤 25 执行操作后，向下拖曳鼠标，至摆围线上单击鼠标左键，弹出“点的位置”对话框，设置“长度”为2，单击“确定”按钮，如图10-207所示。

步骤 26 执行操作后，单击鼠标右键，即可绘制小腋下侧缝线，然后对其进行适当调整，如图10-208所示。

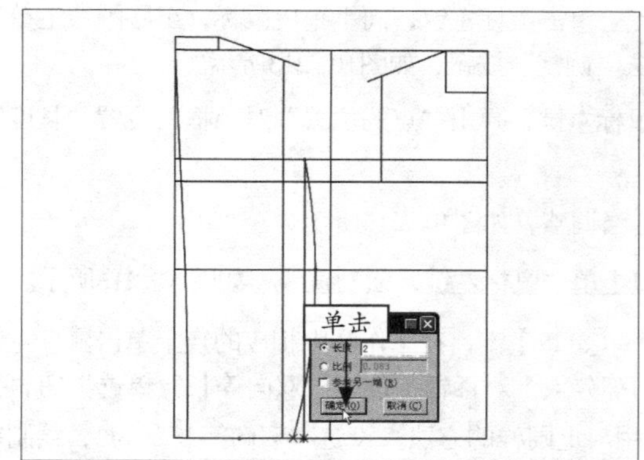

图10-207 单击“确定”按钮

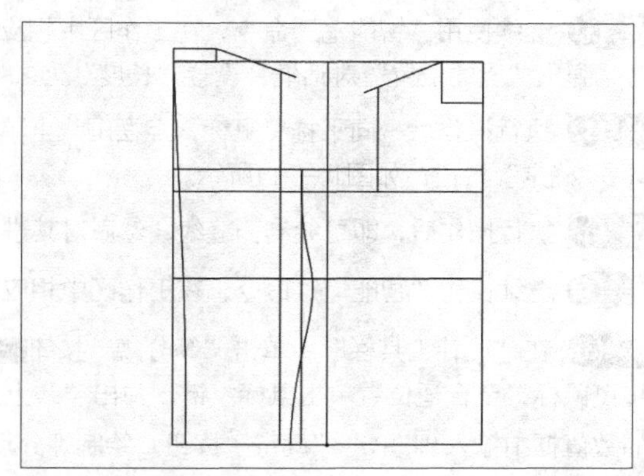

图10-208 绘制小腋下侧缝线

步骤 27 在“设计工具栏”中单击“等分规”按钮，设置“等分数”为5，将线型改为虚线，在工作区中相应的点上单击鼠标左键，将直线平分五等分，如图10-209所示。

步骤 28 将线型改为“实线”，在“设计工具栏”中单击“智能笔”按钮，在工作区中相应的点上单击鼠标左键，绘制直线，然后对其进行适当调整，完成袖窿弧线的绘制，如图10-210所示。

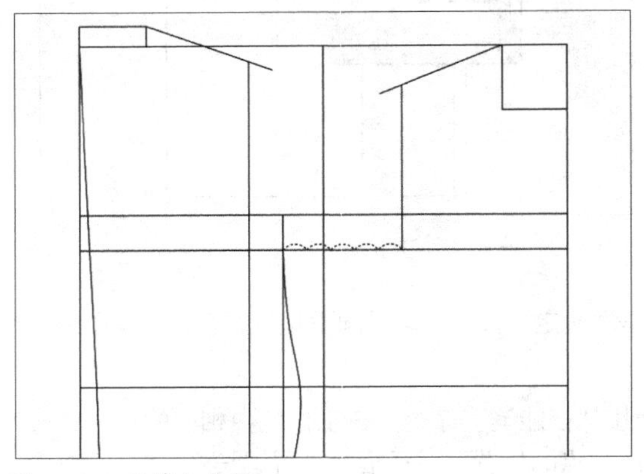

图10-209 五等分直线

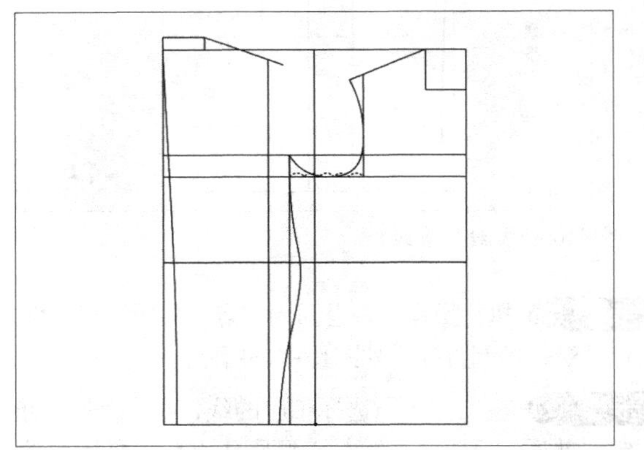

图10-210 绘制袖窿弧线

步骤 29 继续使用“智能笔”命令，在工作区中相应的点上单击鼠标左键，向下拖曳鼠标，至相应的线上单击鼠标左键，弹出“点的位置”对话框，设置“长度”为1，单击“确定”按钮，如图10-211所示。

步骤 30 执行操作后，单击鼠标右键，即可绘制后袖窿弧线，如图10-212所示。

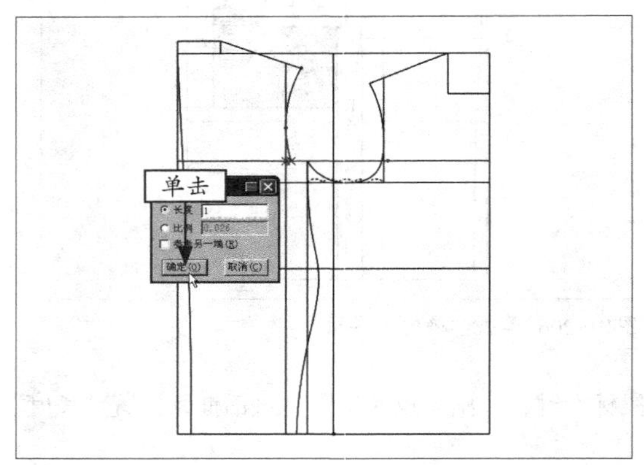

图10-211 单击“确定”按钮

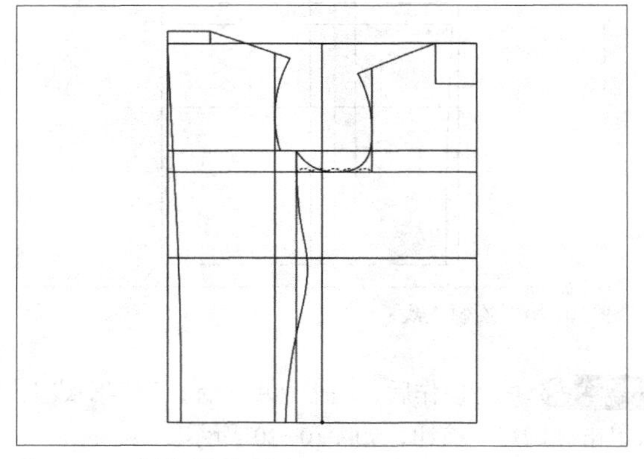

图10-212 绘制后袖窿弧线

步骤 31 继续使用“智能笔”命令，在工作区中相应的点上单击鼠标左键，向下拖曳鼠标，至腰围线上单击鼠标左键，弹出“点的位置”对话框，设置“长度”为2，单击“确定”按钮，如图10-213所示。

步骤 32 执行操作后，向下拖曳鼠标，至摆围线上单击鼠标左键，弹出“点的位置”对话框，设置“长度”为1，单击“确定”按钮，如图10-214所示。

步骤 33 执行操作后，即可绘制侧缝线，然后对其进行适当调整，如图10-215所示。

步骤 34 继续使用“智能笔”命令，在工作区中相应的点上单击鼠标左键，绘制直线，如图10-216所示。

步骤 35 在“设计工具栏”中单击“等分规”按钮，按【Shift】键，在工作区中相应的点上单击鼠标左键，然后拖曳鼠标，至合适位置单击鼠标左键，弹出“线上反向等分点”对话框，选中“双向等长”单选按钮，并在其后的数值框中输入1，单击“确定”按钮，绘制等分点。用与上同样的方法，设置“双向等长”为2，绘制等分点，如图10-217所示。

步骤 36 在“设计工具栏”中单击“智能笔”按钮▨，在工作区中相应的点上单击鼠标左键，然后向下拖曳鼠标，在合适的点上按【Enter】键，弹出“移动量”对话框，设置纵向移动为-0.5，单击“确定”按钮，如图10-218所示。

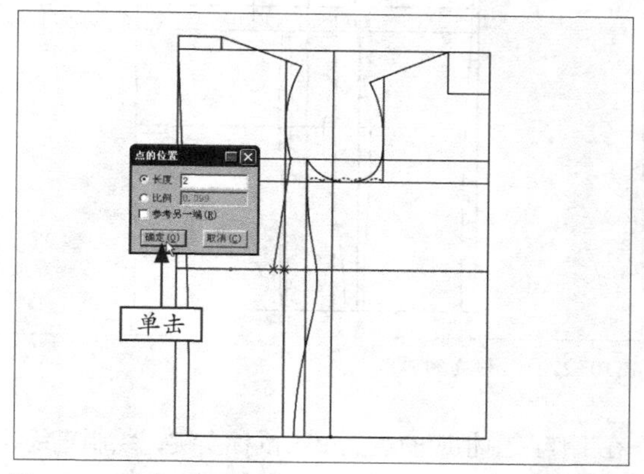

图10-213 单击“确定”按钮

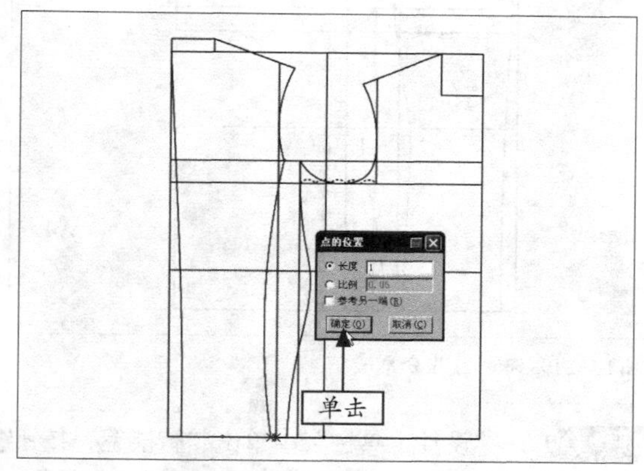

图10-214 单击“确定”按钮

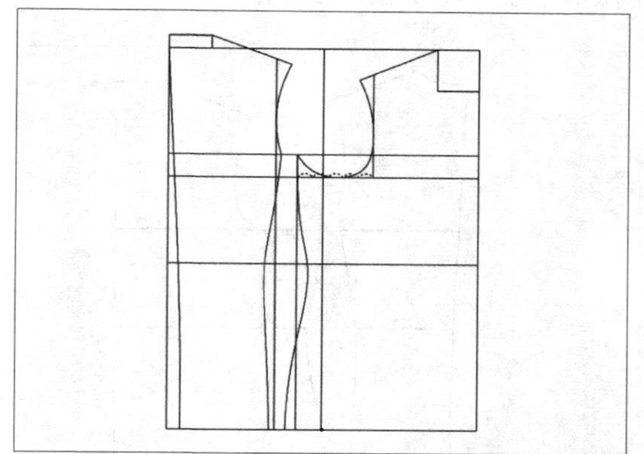
图10-215 绘制并调整侧缝线

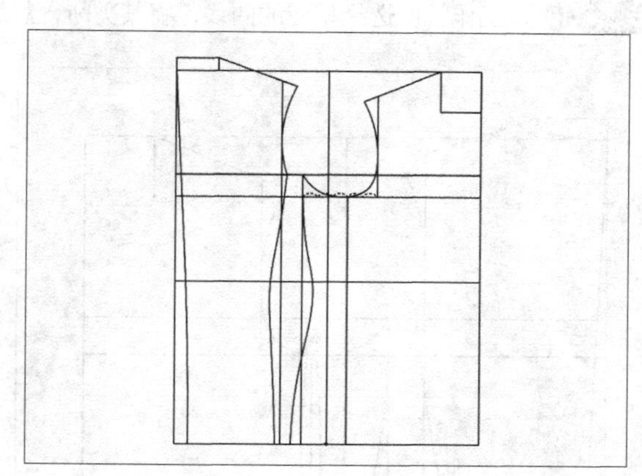
图10-216 绘制直线

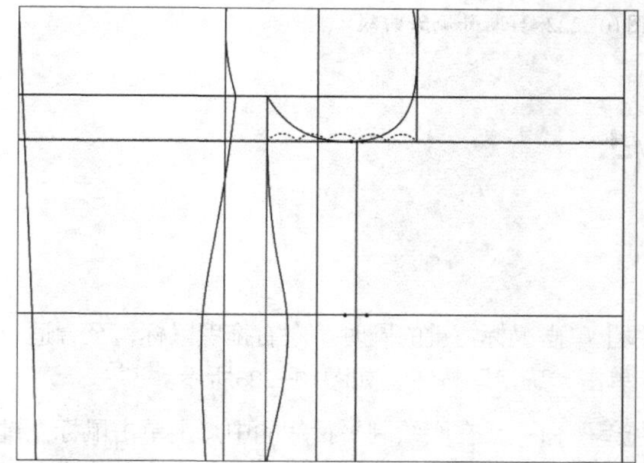
图10-217 绘制等分点

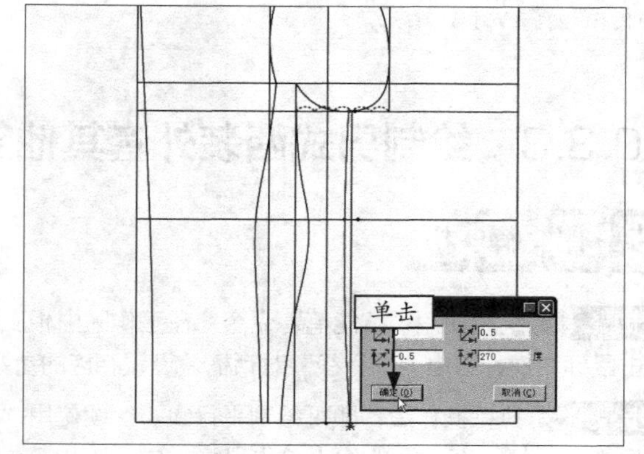

图10-218 单击“确定”按钮

步骤 37 执行操作后，单击鼠标右键，即可绘制前片分割缝，然后对其进行适当调整，如图10-219所示。

步骤 38 在“设计工具栏”中单击“对称”按钮▨，在工作区中相应的点上单击鼠标左键，然后向左拖曳鼠标，指定对称轴，单击鼠标右键，然后选择要对称复制的曲线，单击鼠标右键，即可对称复制曲线，如图10-220所示。

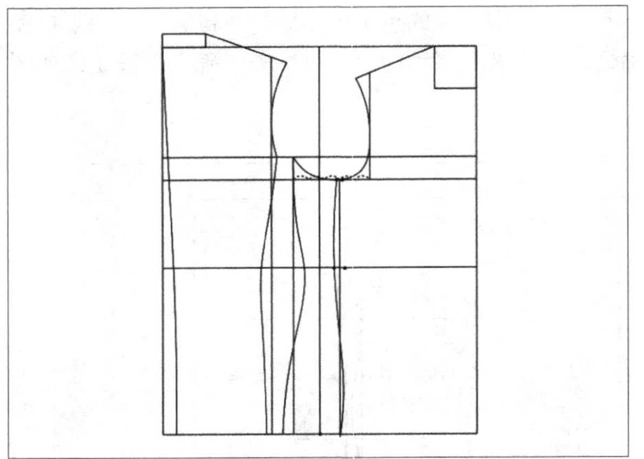

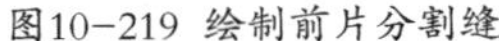
图10-219 绘制前片分割缝

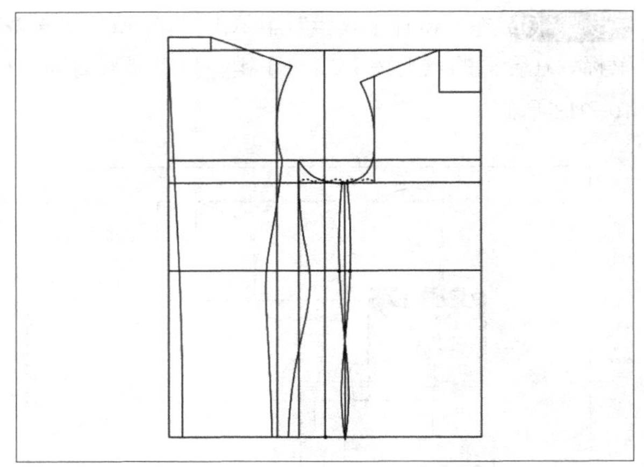
图10-220 对称复制曲线

步骤 39 在“设计工具栏”中单击“智能笔”按钮，在工作区中相应的点上单击鼠标左键，绘制直线，然后对其进行适当调整，绘制后领弧，如图10-221所示。

步骤 40 在工作区中选择相应的曲线，将其剪断，然后删除相应的曲线，如图10-222所示。

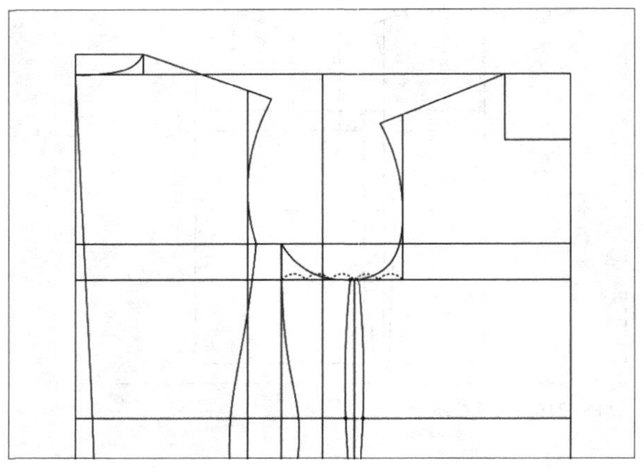
图10-221 绘制后领弧

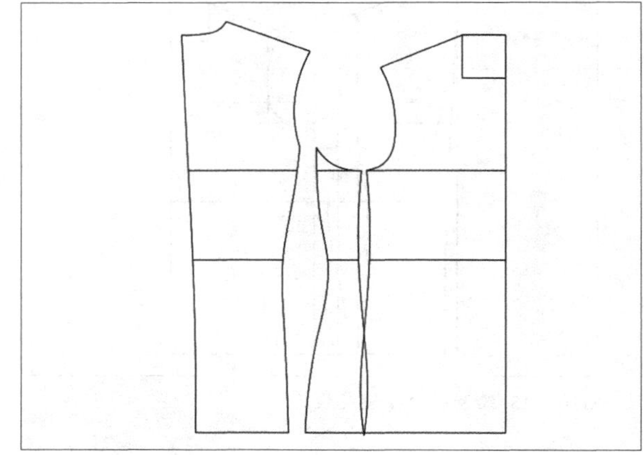
图10-222 剪断并删除曲线

10.3.3 绘制男式西装外套其他部件

步骤解析

步骤 1 继续使用“智能笔”命令，在工作区中相应的线上单击鼠标左键的同时，向右拖曳鼠标，至合适位置单击鼠标左键，弹出“平行线”对话框，设置相应的参数，单击“确定”按钮，如图10-223所示。

步骤 2 执行操作后，即可绘制平行线。继续使用“智能笔”命令，在刚绘制平行线的中点上单击鼠标左键，然后拖曳鼠标，至合适的线上单击鼠标左键，弹出“点的位置”对话框，设置“长度”为2.1，单击“确定”按钮，如图10-224所示。

步骤 3 执行操作后，单击鼠标右键，即可绘制翻折线，如图10-225所示。

步骤 4 继续使用“智能笔”命令，按住【Shift】键，在翻折线上单击鼠标右键，弹出“调整曲线长度”对话框，设置“长度增减”为17，单击“确定”按钮，如图10-226所示。

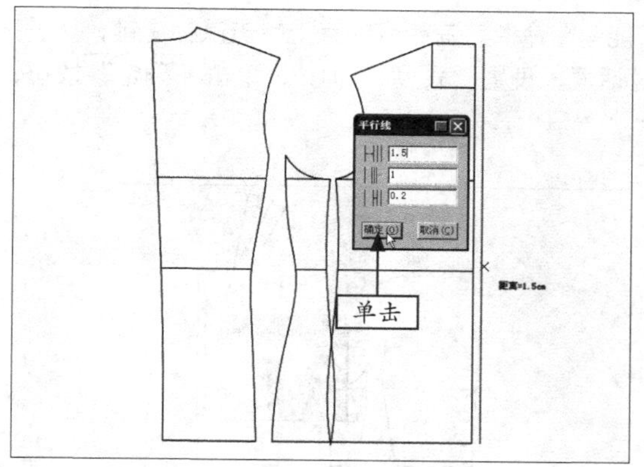

图10-223 单击“确定”按钮

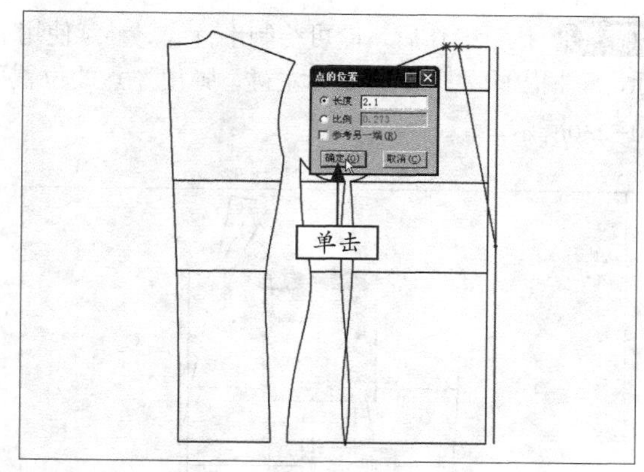

图10-224 单击“确定”按钮

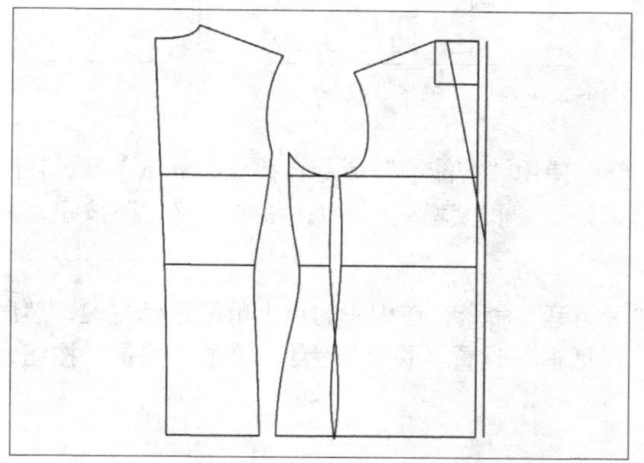
图10-225 绘制翻折线

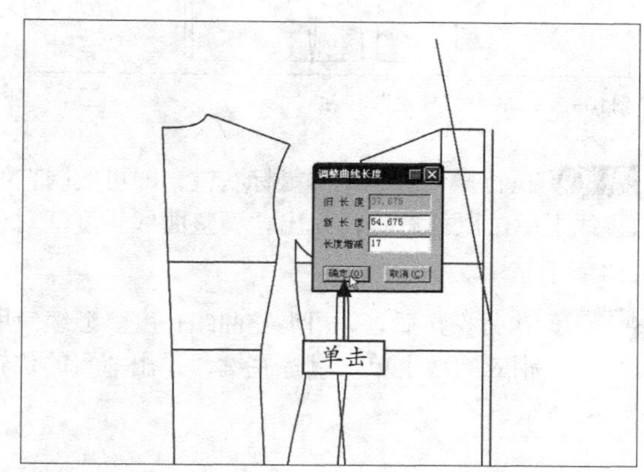

图10-226 单击“确定”按钮

步骤 5 执行操作后，即可调整曲线的长度。继续使用“智能笔”命令，按住【Shift】键，在翻折线上相应的位置单击鼠标左键，然后在上端点上单击鼠标左键，拖曳鼠标，至合适位置单击鼠标左键，弹出“长度”对话框，设置“长度”为5.5，单击“确定”按钮，如图10-227所示。

步骤 6 执行操作后，即可延长直线。继续使用“智能笔”命令，在工作区中相应的点上单击鼠标左键，然后单击鼠标右键，绘制直线，如图10-228所示。

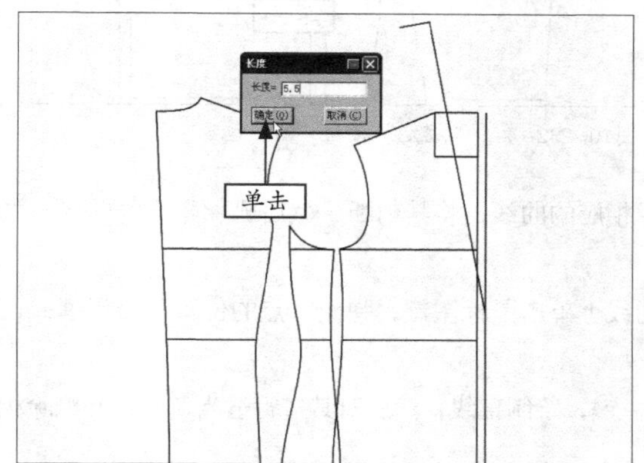

图10-227 单击“确定”按钮

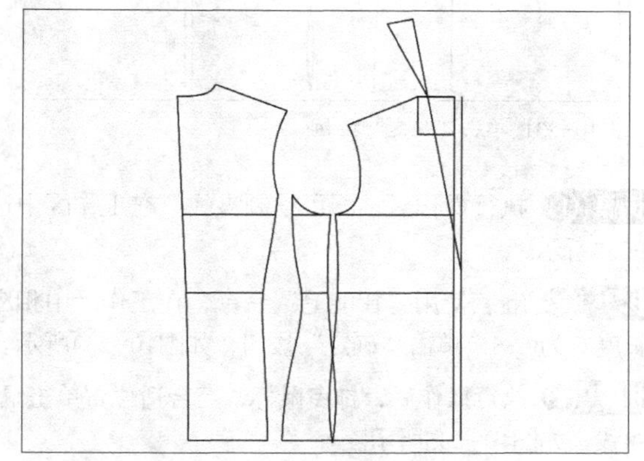
图10-228 绘制直线

步骤 7 继续使用“智能笔”命令，在工作区中相应的线上单击鼠标左键的同时，向左拖曳鼠标，至合适位置单击鼠标左键，弹出“平行线”对话框，设置相应的参数，单击“确定”按钮，如图10-229所示。

步骤 8 执行操作后，即可绘制平行线。继续使用“智能笔”命令，在相应的点上单击鼠标左键，然后拖曳鼠标，至相应的线上单击鼠标左键，弹出“点的位置”对话框，设置“长度”为1.5，单击“确定”按钮，如图10-230所示。

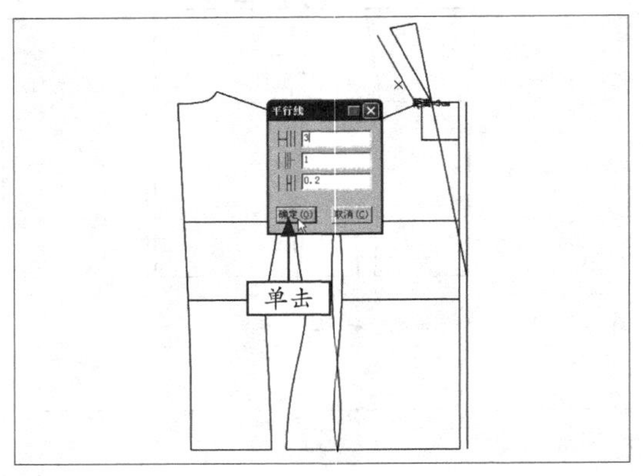

图10-229 单击“确定”按钮

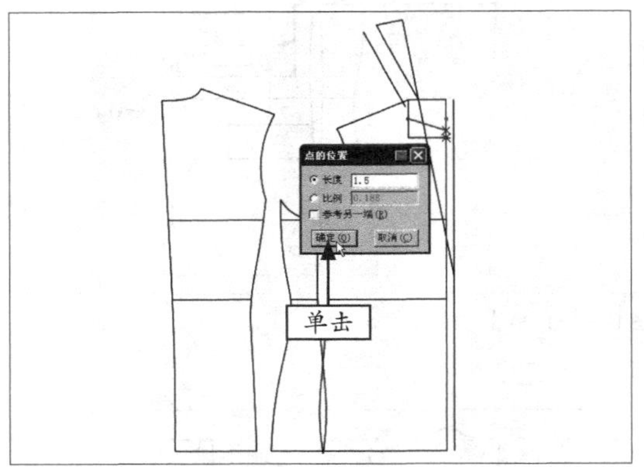

图10-230 单击“确定”按钮

步骤 9 执行操作后，单击鼠标右键，即可绘制直线。继续使用“智能笔”命令，按住【Shift】键，在刚绘制的直线上单击鼠标右键，弹出“调整曲线长度”对话框，设置“长度增减”为7，单击“确定”按钮，如图10-231所示。

步骤 10 执行操作后，即可调整曲线长度。继续使用“智能笔”命令，在相应的点上单击鼠标左键，然后拖曳鼠标，至相应的线上单击鼠标左键，弹出“点的位置”对话框，设置“长度”为1，单击“确定”按钮，如图10-232所示。

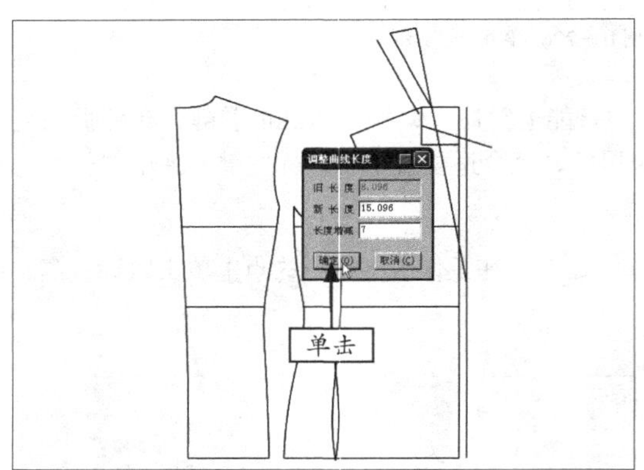

图10-231 单击“确定”按钮

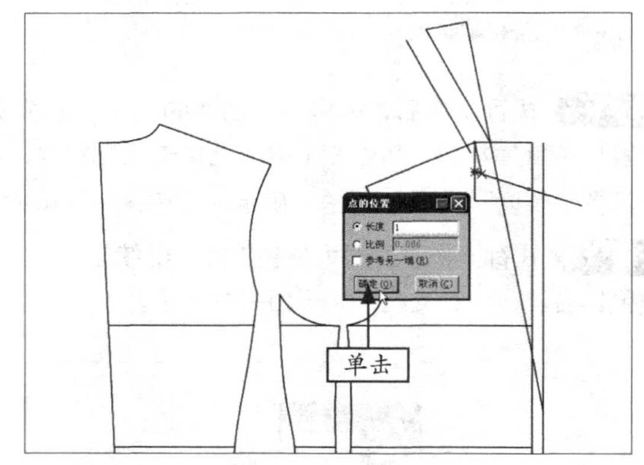

图10-232 单击“确定”按钮

步骤 11 执行操作后，即可绘制直线。在工作区中选择相应的曲线，将其剪断，然后删除相应的曲线，如图10-233所示。

步骤 12 继续使用“智能笔”命令，在工作区中相应的线上单击鼠标左键，弹出“点的位置”对话框，设置“长度”为9.35，单击“确定”按钮，如图10-234所示。

步骤 13 执行操作后，拖曳鼠标，至合适位置单击鼠标左键，绘制直线，然后对其进行适当调整，并删除相应的曲线，如图10-235所示。

步骤 14 在工作区中选择相应的曲线，将其剪断，然后删除相应的曲线，如图10-236所示。

步骤 15 在“设计工具栏”中单击“点”按钮，在工作区中相应的线上单击鼠标左键，弹出“点的位置”对话框，设置“长度”为2，单击“确定”按钮，如图10-237所示。

步骤 16 执行操作后，即可绘制点。继续使用“智能笔”命令，按住【Shift】键的同时，在刚绘制的点和端点上依次单击鼠标左键，然后拖曳鼠标，至合适位置单击鼠标左键，弹出“长度”对话框，设置“长度”为7，单击“确定”按钮，如图10-238所示。

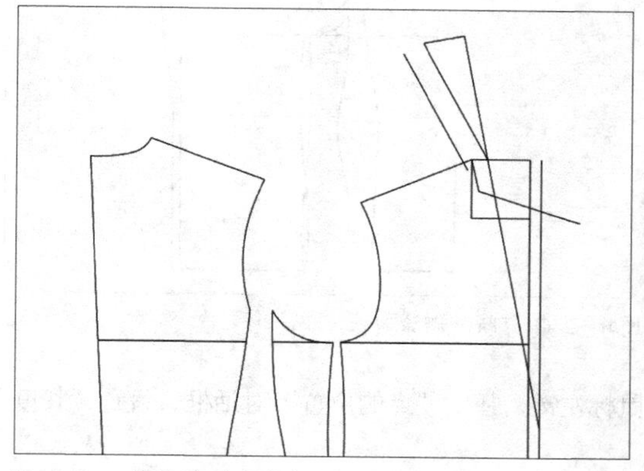

图10-233 剪断并删除曲线

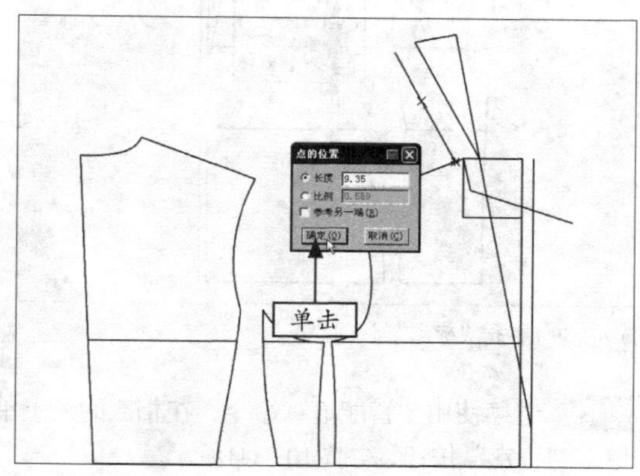

图10-234 单击“确定”按钮

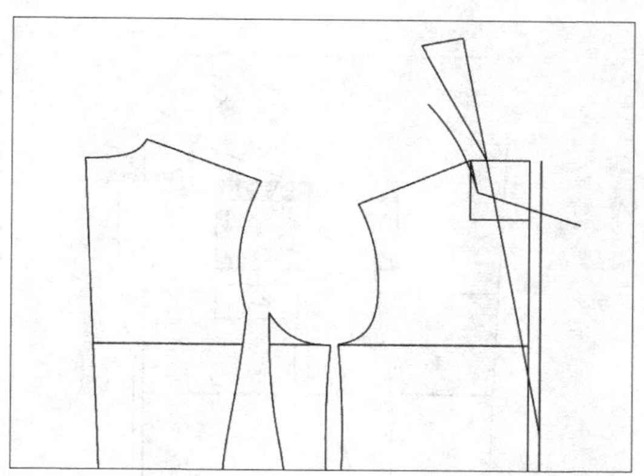

图10-235 调整并删除曲线

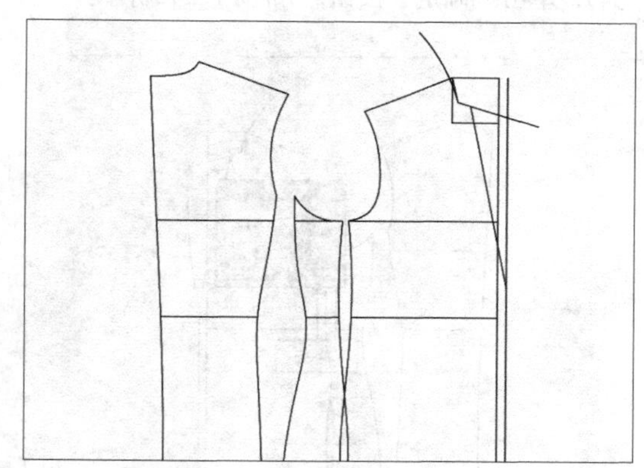

图10-236 剪断并删除曲线

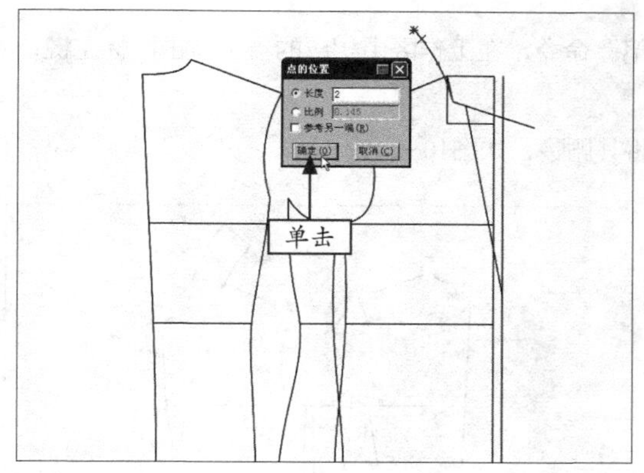

图10-237 单击“确定”按钮

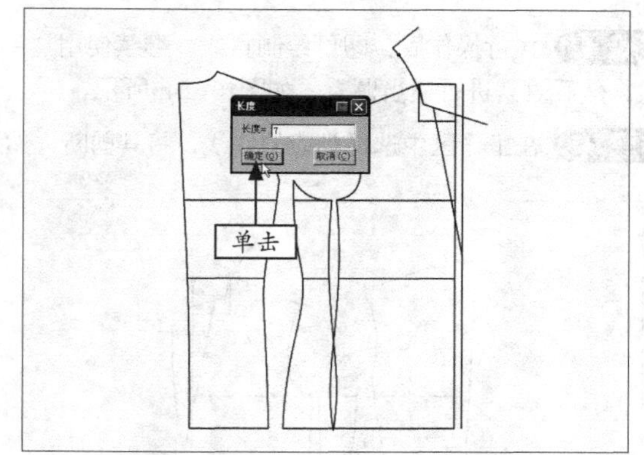

图10-238 单击“确定”按钮

步骤 17 执行操作后，即可延长直线。继续使用“智能笔”命令，在工作区中相应的线上单击鼠标左键，弹出“点的位置”对话框，设置“长度”为9，单击“确定”按钮，如图10-239所示。

步骤 18 执行操作后，拖曳鼠标，至合适的点上单击鼠标左键，绘制直线，并对其进行适当调整。在工作区中选择相应的曲线，将其剪断，然后删除相应的曲线，如图10-240所示。

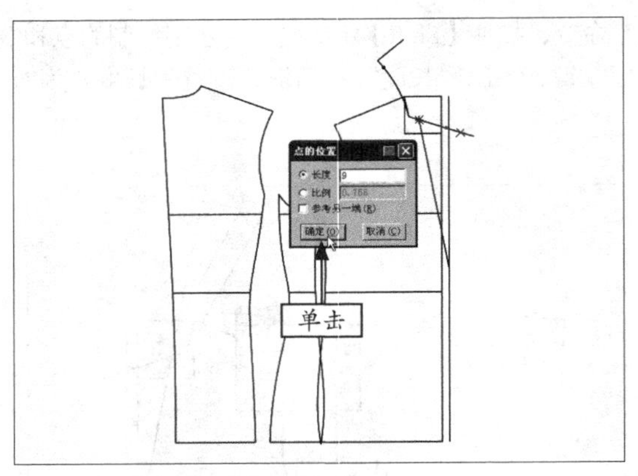

图10-239 单击“确定”按钮

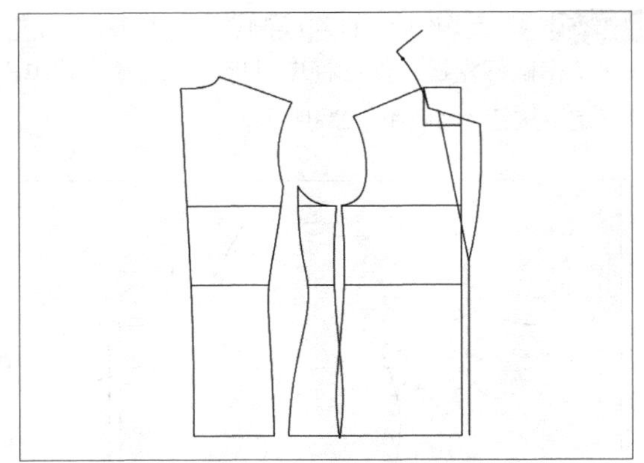

图10-240 剪断并删除曲线

步骤 19 继续使用“智能笔”命令，在相应的线上单击鼠标左键，弹出“点的位置”对话框，设置“长度”为4.5，单击“确定”按钮，如图10-241所示。

步骤 20 执行操作后，拖曳鼠标，至合适位置单击鼠标左键，弹出“长度和角度”对话框，设置长度为3.5、角度为45，单击“确定”按钮，如图10-242所示。

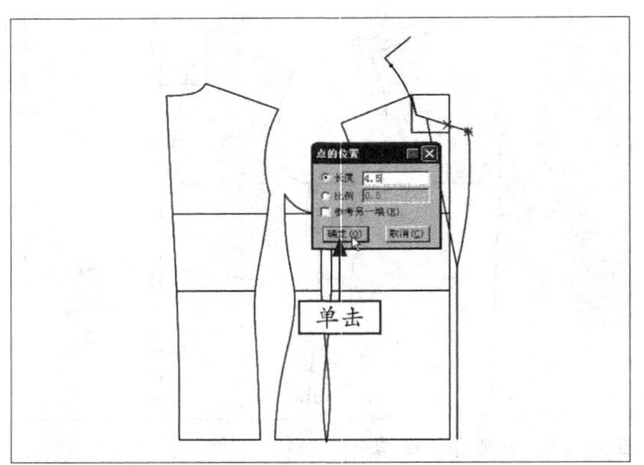

图10-241 单击“确定”按钮

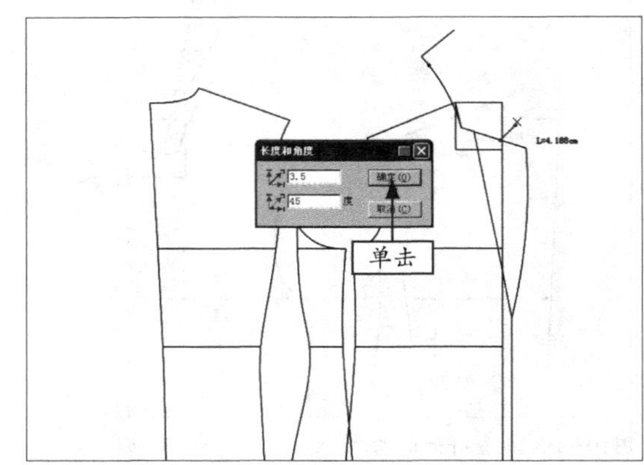

图10-242 单击“确定”按钮

步骤 21 执行操作后，即可绘制直线。继续使用“智能笔”命令，在工作区中相应的点上单击鼠标左键，绘制直线，然后对其进行适当调整，如图10-243所示。

步骤 22 在工作区中选择相应的曲线，将其剪断，然后将其删除，如图10-244所示。

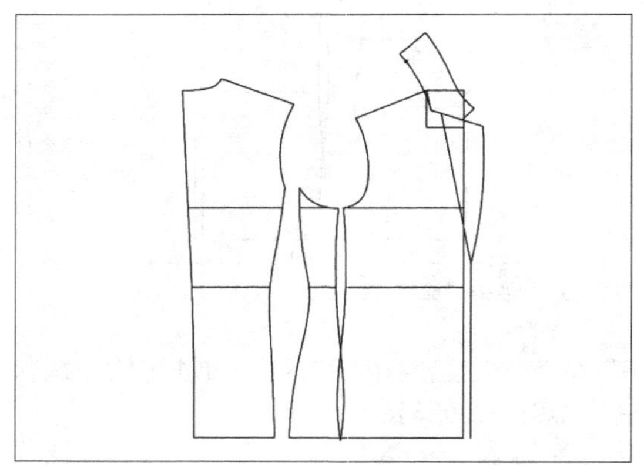

图10-243 绘制并调整直线

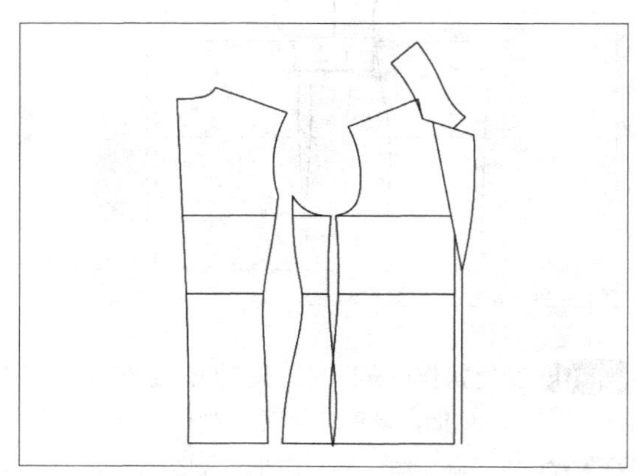

图10-244 剪断并删除曲线

步骤 23 使用“矩形”命令和“智能笔”命令，在工作区中绘制前袋位和前腰省，如图10-245所示。

步骤 24 继续使用“智能笔”命令，在工作区中相应的点上按【Enter】键，弹出“移动量”对话框，设置纵向移动为-2.5，单击“确定”按钮，如图10-246所示。

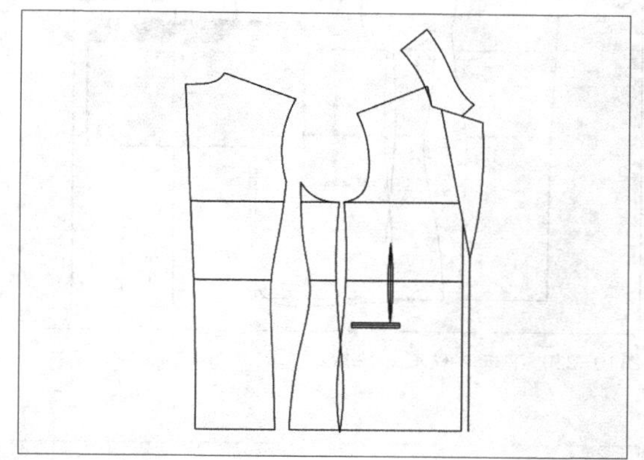
图10-245 绘制前袋位和前腰省

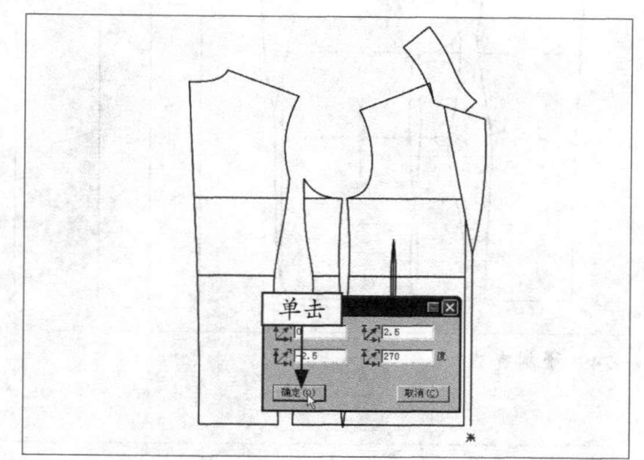

图10-246 单击“确定”按钮

步骤 25 执行操作后，拖曳鼠标，至相应的点上单击鼠标左键，绘制直线，然后对其进行适当调整，如图10-247所示。

步骤 26 在“设计工具栏”中单击“矩形”按钮，在工作区中的合适位置单击鼠标左键，弹出“矩形”对话框，设置相应的参数，单击“确定”按钮，如图10-248所示。

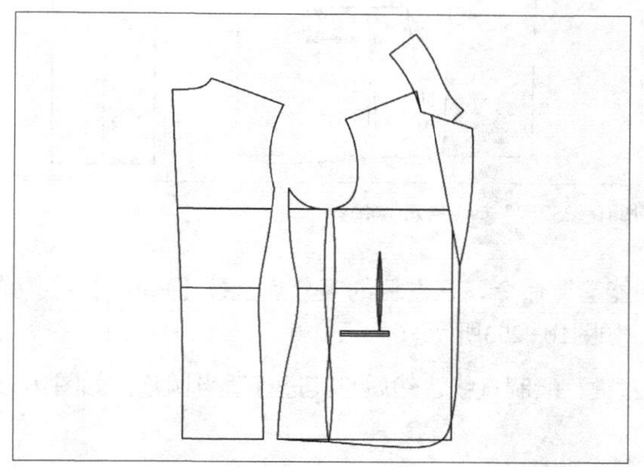
图10-247 绘制并调整直线

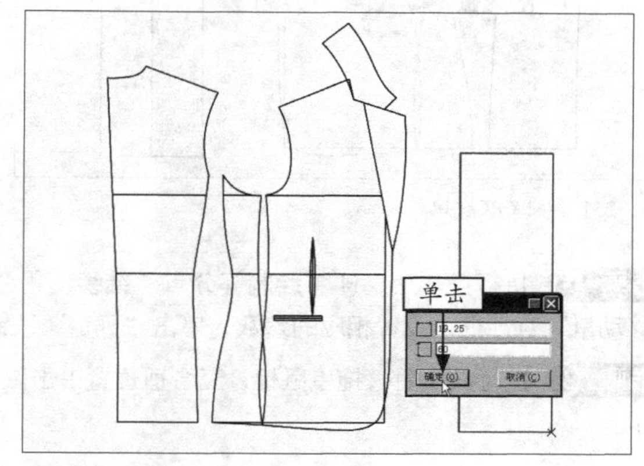

图10-248 单击“确定”按钮

步骤 27 执行操作后，即可绘制矩形。继续使用“智能笔”命令，在工作区中相应的点上单击鼠标左键，绘制直线，如图10-249所示。

步骤 28 继续使用“智能笔”命令，在工作区中相应的点上按【Enter】键，弹出“移动量”对话框，设置横向移动为1.2、纵向移动为-7，单击“确定”按钮，如图10-250所示。

步骤 29 执行操作后，拖曳鼠标，至合适位置单击鼠标左键，绘制直线。继续使用“智能笔”命令，在工作区中相应的线上单击鼠标左键的同时，向下拖曳鼠标，至合适位置单击鼠标左键，弹出“平行线”对话框，单击“计算器”按钮，弹出“计算器”对话框，输入相应的公式，单击OK按钮，如图10-251所示。

步骤 30 执行操作后，返回到“平行线”对话框，单击“确定”按钮，即可绘制平行线。在“设计工具栏”中单击“等分规”按钮，按【Shift】键，设置等分数为2，在工作区中相应的点上单击鼠标左键，然后拖曳鼠标，至合适位置单击鼠标左键，弹出“线上反向等分点”对话框，设置“单向长度”为3，单击“确定”按钮，如图10-252所示。

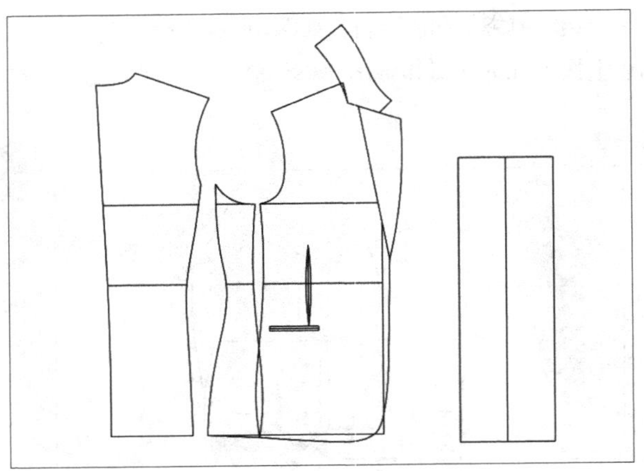

图10-249 绘制直线

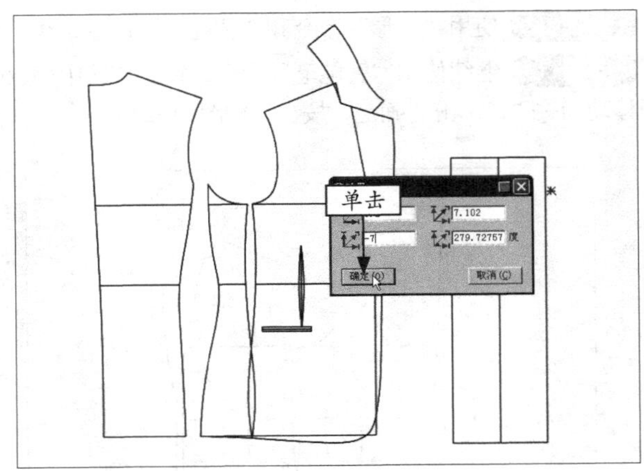

图10-250 单击“确定”按钮

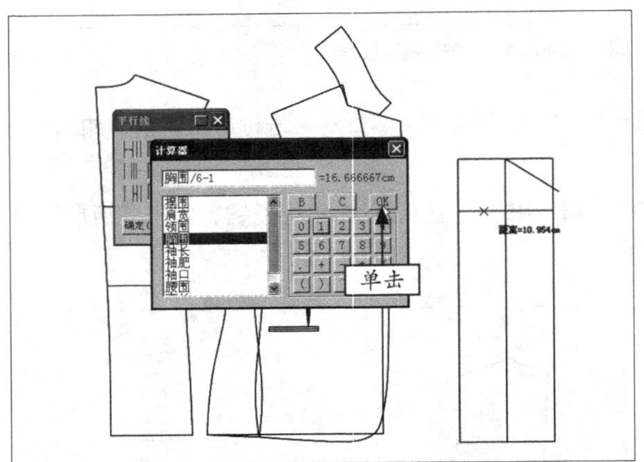

图10-251 单击OK按钮

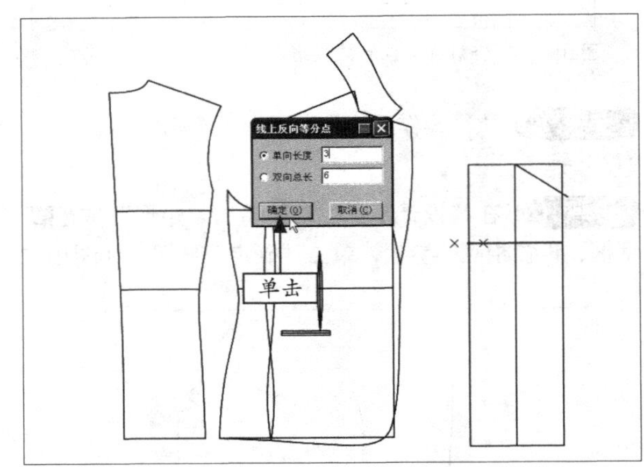

图10-252 单击“确定”按钮

步骤 31 执行操作后，即可绘制等分点。继续使用“智能笔”命令，在左侧的等分点上按【Enter】键，弹出“移动量”对话框，设置相应的参数，单击“确定”按钮，如图10-253所示。

步骤 32 执行操作后，拖曳鼠标，至合适位置单击鼠标左键，绘制直线，然后对其进行适当调整，如图10-254所示。

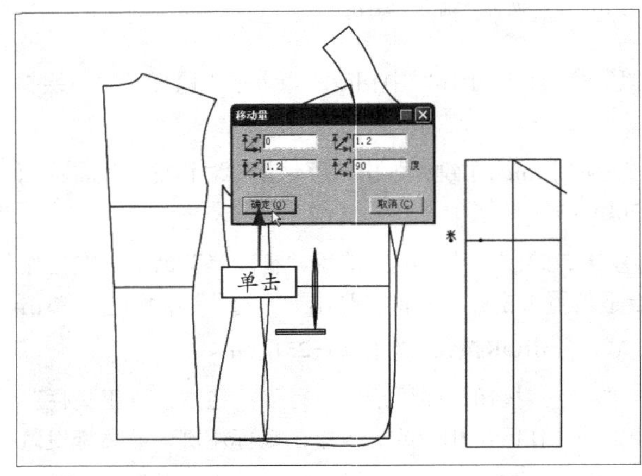

图10-253 单击“确定”按钮

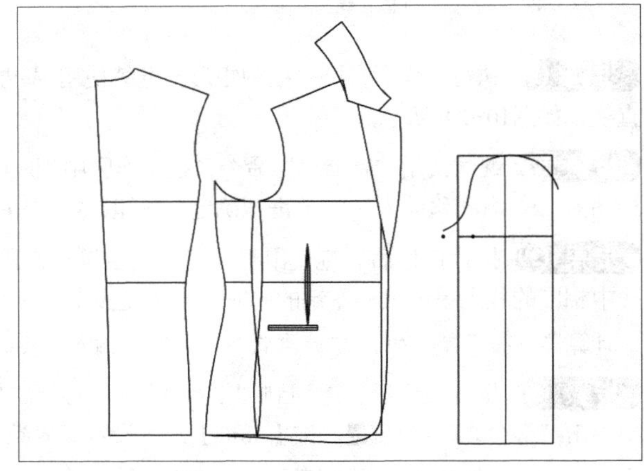

图10-254 绘制并调整曲线

步骤 33 在“设计工具栏”中单击“等分规”按钮，设置等分数为2，在工作区中相应的点上单击鼠标左键，然后拖曳鼠标，至合适位置单击鼠标左键，弹出“线上反向等分点”对话框，设置“单向长度”为3，单击“确定”按钮，即可绘制等分点。继续使用“智能笔”命令，在工作区中相应的点上单击鼠标左键，绘制直线，然后对其进行适当调整，如图10-255所示。

步骤 34 继续使用“智能笔”命令，在工作区中相应的点上单击鼠标左键，向右拖曳鼠标，至合适的点上按【Enter】键，弹出“移动量”对话框，设置相应的参数，单击“确定”按钮，如图10-256所示。

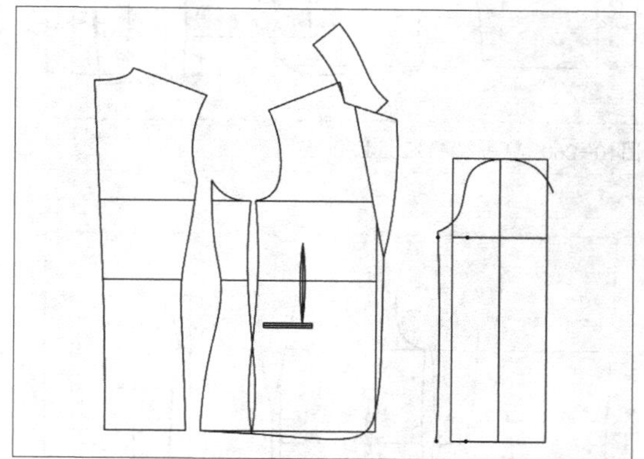

图10-255 绘制并调整直线

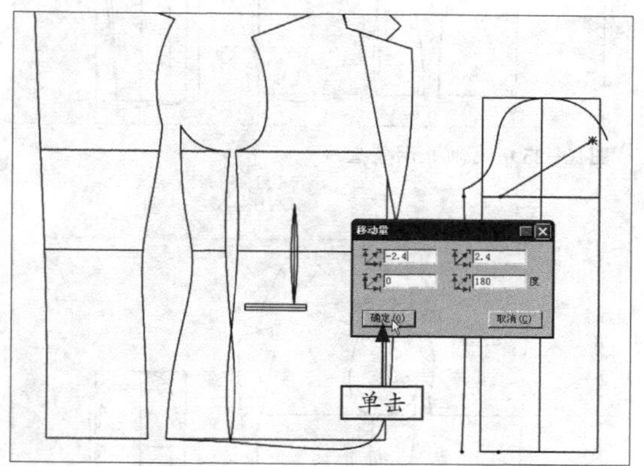

图10-256 单击“确定”按钮

步骤 35 执行操作后，即可绘制直线，然后对其进行适当调整。继续使用“智能笔”命令，在工作区中相应的点上单击鼠标左键，绘制直线，然后对其进行适当调整，如图10-257所示。

步骤 36 继续使用“智能笔”命令，在工作区中相应的点上单击鼠标左键，然后拖曳鼠标，至矩形的左下角点上按【Enter】键，弹出“移动量”对话框，设置相应的参数，单击“确定”按钮，如图10-258所示。

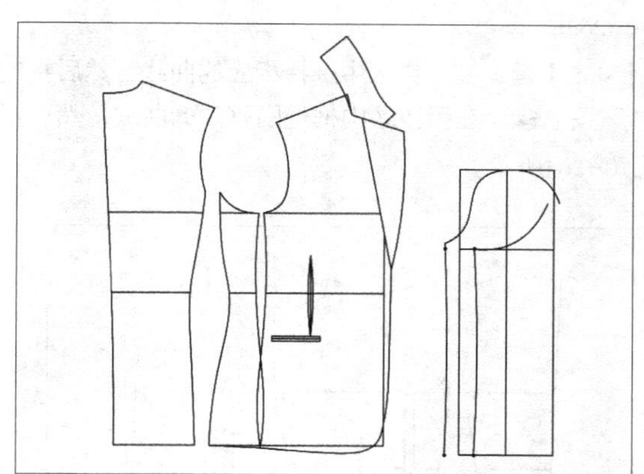

图10-257 绘制并调整直线

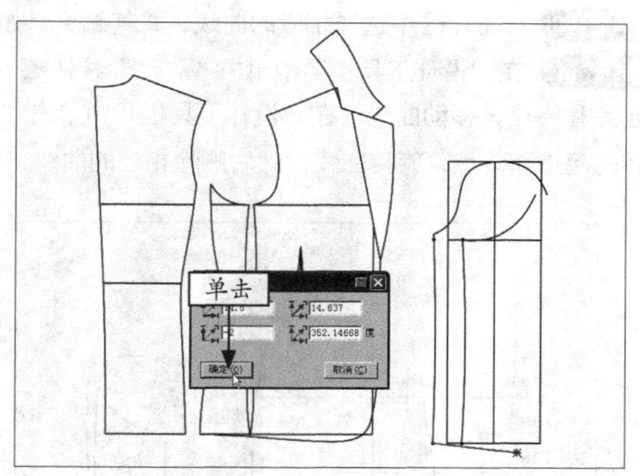

图10-258 单击“确定”按钮

步骤 37 执行操作后，单击鼠标右键，即可绘制直线。继续使用“智能笔”命令，在工作区中相应的点上依次单击鼠标左键，并单击鼠标右键，绘制直线，如图10-259所示。

步骤 38 继续使用“智能笔”命令，按住【Shift】键的同时，在工作区中相应的线上单击鼠标右键，弹出“调整曲线长度”对话框，设置“长度增减”为2.5，单击“确定”按钮，如图10-260所示。

步骤 39 执行操作后，即可调整曲线长度，然后在工作区中选择相应的曲线，对其进行适当调整，如图10-261所示。

步骤 40 继续使用“智能笔”命令，在工作区中绘制相应的直线，如图10-262所示。

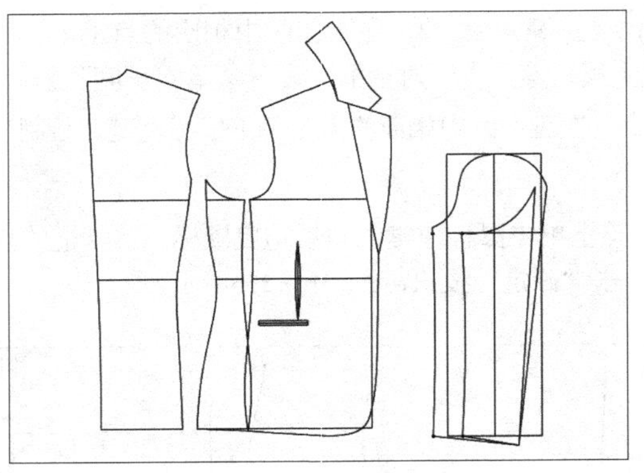

图10-259 绘制并调整直线

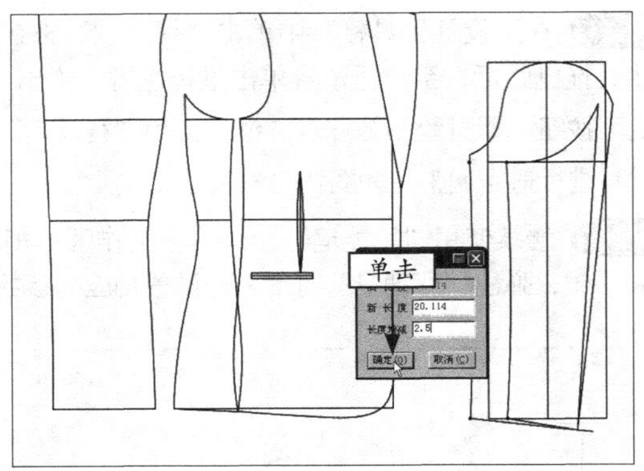

图10-260 单击“确定”按钮

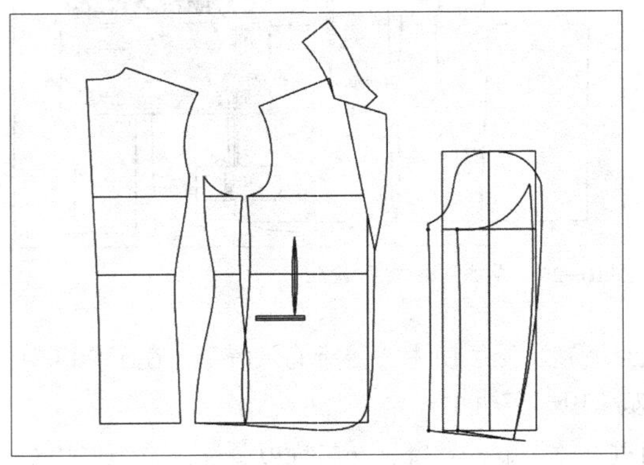

图10-261 调整曲线

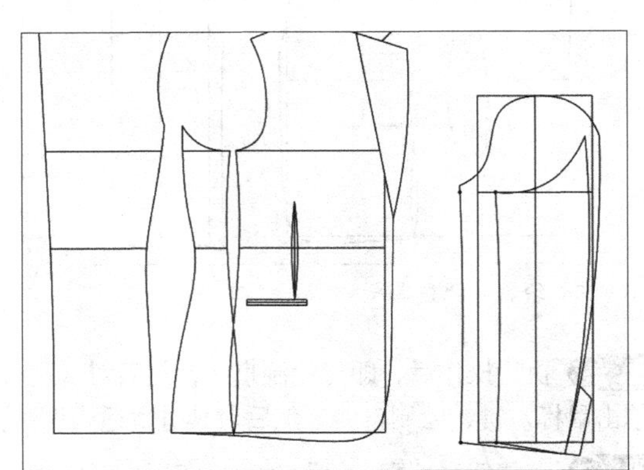

图10-262 绘制直线

步骤 41 在工作区中选择相应的曲线，将其删除，如图10-263所示。

步骤 42 在“设计工具栏”中单击“移动”按钮，按【Shift】键，在工作区中选择相应的曲线，然后指定移动起点和终点，移动曲线。在“设计工具栏”中单击“旋转”按钮，在工作区中框选刚移动的曲线，然后指定旋转的起点和终点，旋转曲线，然后删除相应的曲线，如图10-264所示。

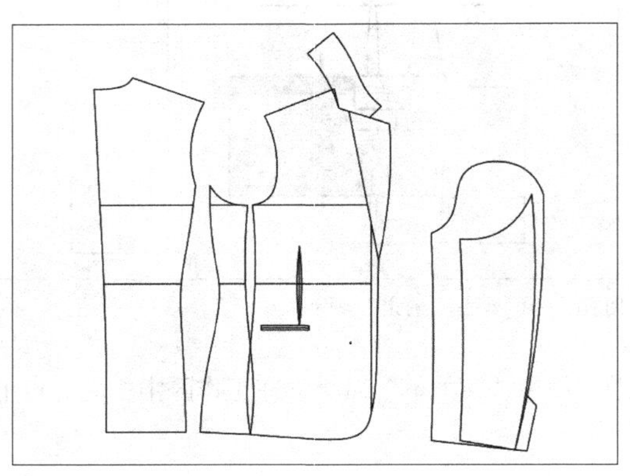

图10-263 删除曲线

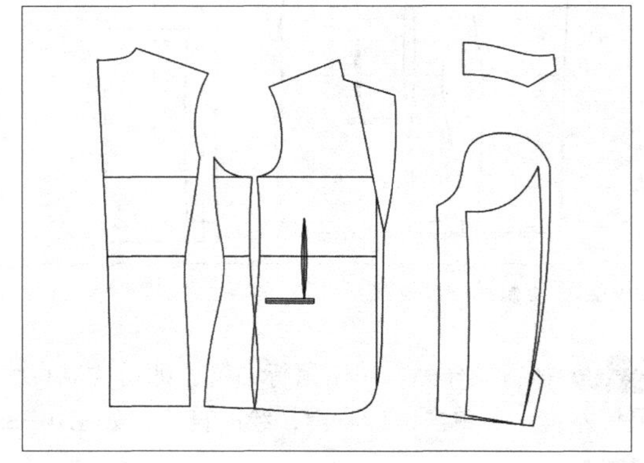

图10-264 移动曲线

步骤 43 在“设计工具栏”中单击“对称”按钮，按【Shift】键，在工作区中合适的点上单击鼠标左键，指定对称轴，然后选择要对称的曲线，单击鼠标右键，即可对称曲线，如图10-265所示。

步骤 44 在“设计工具栏”中单击“移动”按钮，按【Shift】键，在工作区中选择相应的曲线，然后指定移动起点和终点，移动曲线，如图10-266所示。

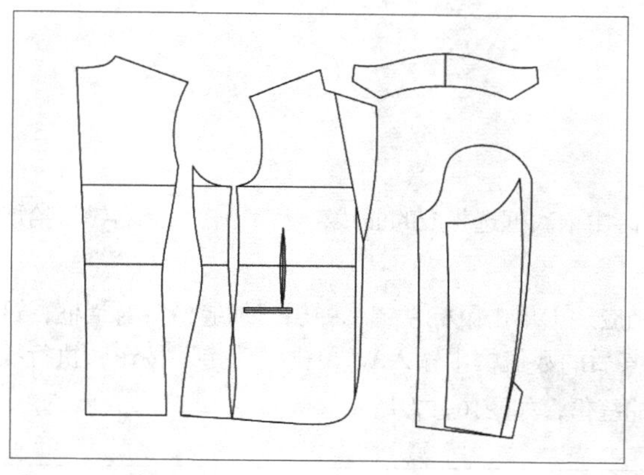
图10-265 对称曲线

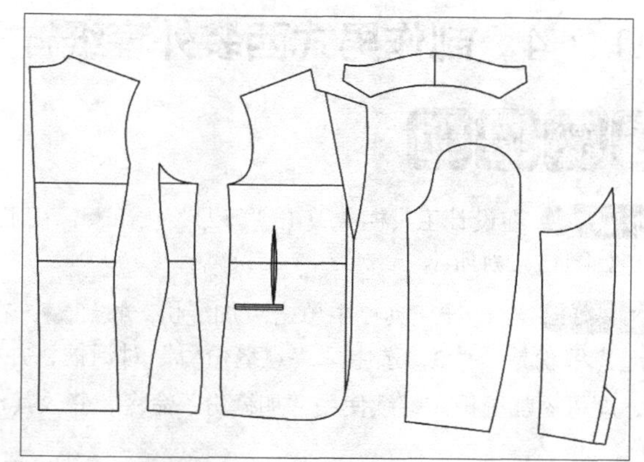
图10-266 移动曲线

步骤 45 在“设计工具栏”中单击“矩形”按钮，在工作区中的合适位置单击鼠标左键，弹出“矩形”对话框，设置长度为10、宽度为12，单击“确定”按钮，如图10-267所示。

步骤 46 执行操作后，即可绘制矩形。在“设计工具栏”中单击“圆角”按钮，在工作区中相应的线上单击鼠标左键，然后拖曳鼠标，弹出“顺滑连角”对话框，设置相应的参数，单击“确定”按钮，即可圆角矩形，然后选择相应的曲线，将其移至合适位置，如图10-268所示。

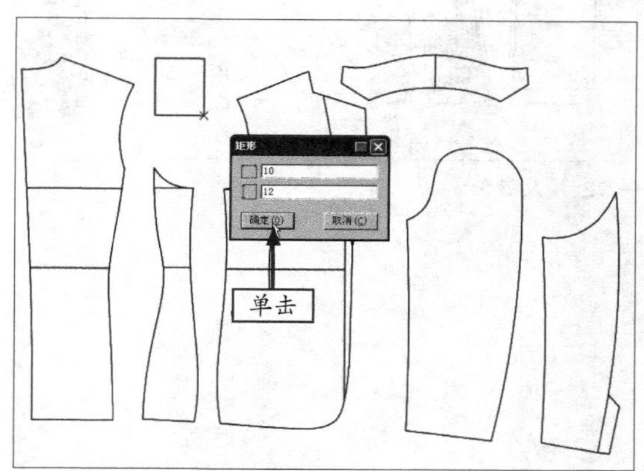

图10-267 单击“确定”按钮

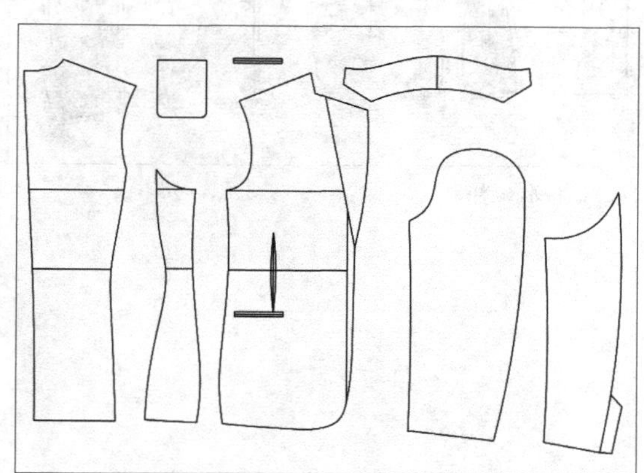
图10-268 移动曲线

步骤 47 继续使用“智能笔”命令，在工作区中绘制相应的直线，如图10-269所示。

步骤 48 使用“设置线的颜色类型”命令，将相应的曲线改为虚线，如图10-270所示。

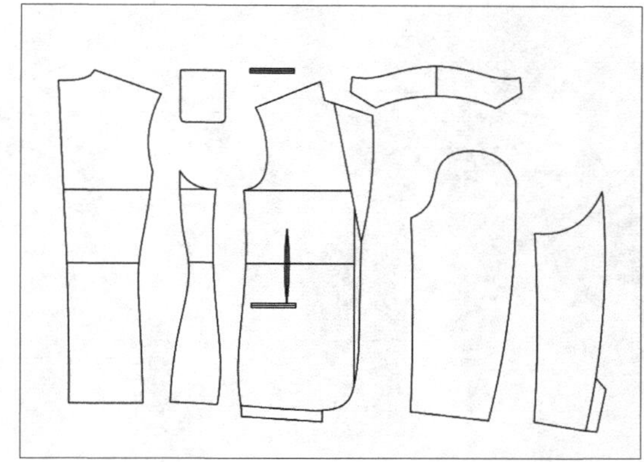
图10-269 绘制直线

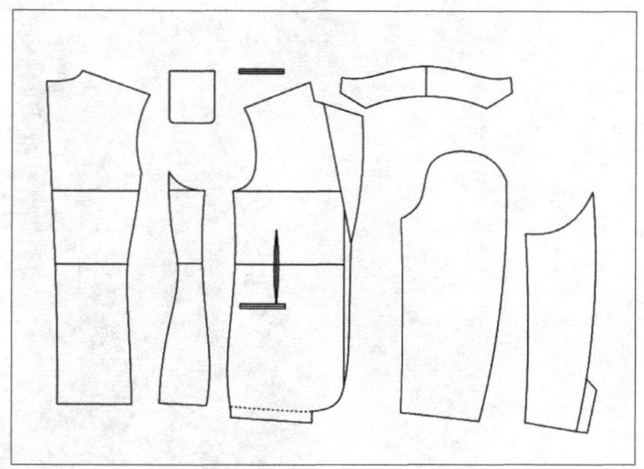
图10-270 更改线型

10.3.4 制作男式西装外套纸样

步骤解析

步骤 1 在设计工具栏中单击“剪刀”按钮，在工作区中依次框选相应的曲线，然后单击鼠标右键，拾取纸样，如图10-271所示。

步骤 2 在设计工具栏中单击“加缝份”按钮，在相应线上单击鼠标左键，弹出“加缝份”对话框，设置“起点缝份量”为3，选中“终点缝份量”对话框，并在其后的数值框中输入3，单击“确定”按钮，执行操作后，即可添加缝份。继续使用“加缝份”命令，修改其他的缝份，如图10-272所示。

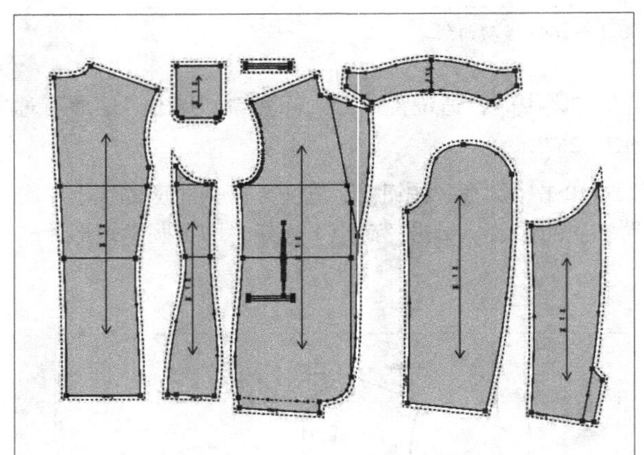

图10-271 拾取纸样

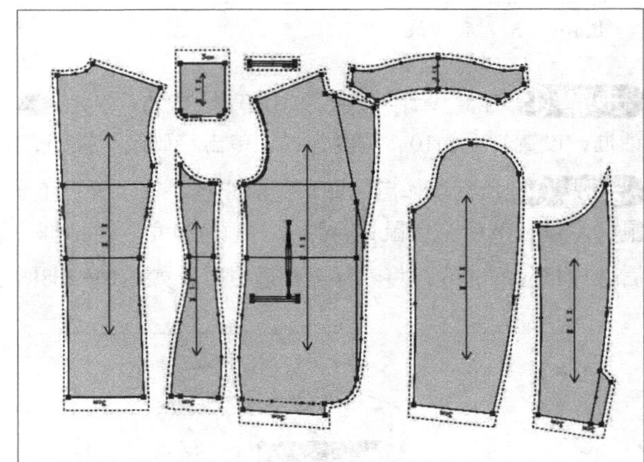

图10-272 修改缝份

本章建议学习时间 120 分钟

第11章 服装CAD放码与排料

学前提示

服装CAD放码也叫推档，其不仅准确、高效、快速，而且可以随时修改，还可以通过工具方便地检查放码结果的准确性。服装CAD排料可降低生产成本，给铺料、剪裁等工艺提供可行的技术依据。本章主要向读者介绍服装CAD的放码与排料。

本章内容

- 服装CAD放码
- 服装CAD排料

通过本章的学习，您可以

- 掌握休闲裤的放码
- 掌握休闲裤的排料
- 掌握裙子的放码
- 掌握裙子的排料

视频演示

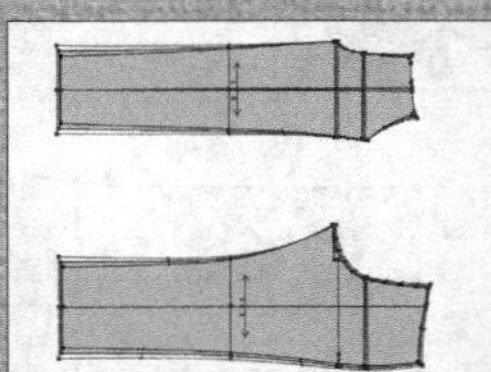

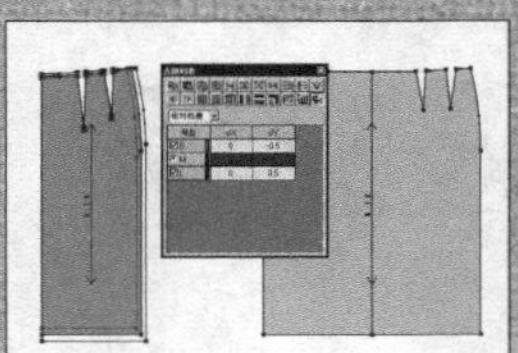

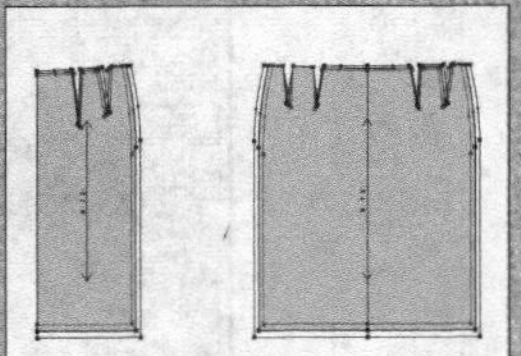

11.1 服装CAD放码

放码是工业上为了节省时间，为避免N次码号重新打板而采取的一种简化过程，每个人可能放码方法及尺寸都不一样，但无论用何种方法放码，都不可避免的出现误差。

11.1.1 休闲裤的放码

本实例介绍休闲裤的放码。该实例主要采用了“点放码表”、“选择纸样控制点”、“复制点放码量”等命令。

	素材文件	光盘\素材\第11章\休闲裤.dgs
	效果文件	光盘\效果\第11章\休闲裤.dgs
	视频文件	光盘\视频\第11章\11.1 休闲裤的放码.mp4

步骤解析

步骤 1 按【Ctrl+O】组合键，打开素材图形，如图11-1所示。

步骤 2 在快捷工具栏中单击“点放码表”按钮，如图11-2所示。

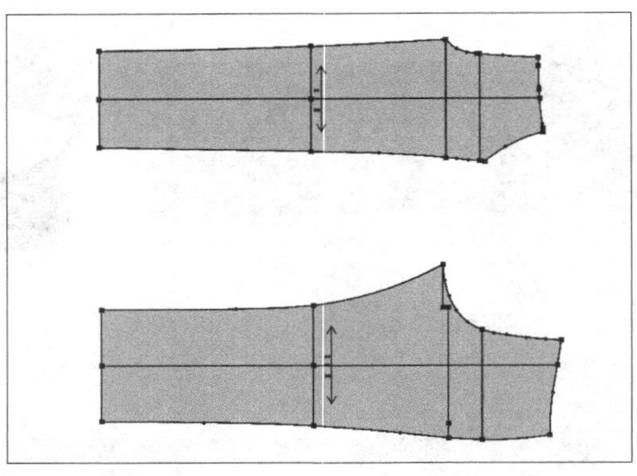

图11-1 打开素材图形

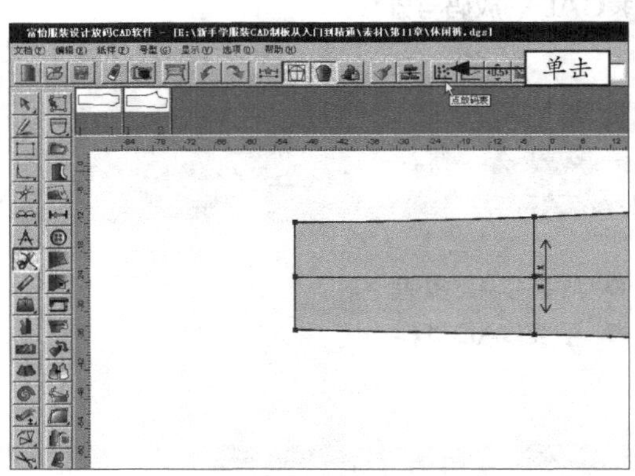

图11-2 单击“点放码表”按钮

步骤 3 弹出“点放码表”对话框，在“纸样工具栏”中单击“选择纸样控制点”按钮，如图11-3所示。

步骤 4 在工作区中选择前片腰围线的上端点，在“点放码表”对话框中输入相应的参数，单击“XY相等”按钮，如图11-4所示。

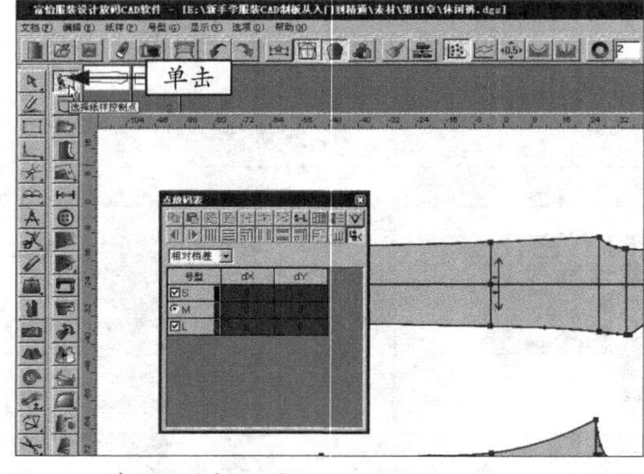

图11-3 单击“选择纸样控制点”按钮

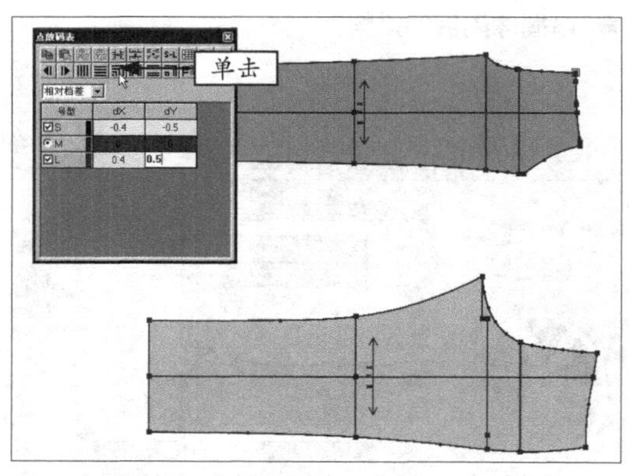

图11-4 单击“XY相等”按钮

步骤 5 执行操作后，即可完成前片腰围线上端点的放码，如图11–5所示。

步骤 6 在工作区中选择前片臀围线的上端点，在“点放码表”对话框中输入相应的参数，单击“XY相等”按钮，如图11–6所示。

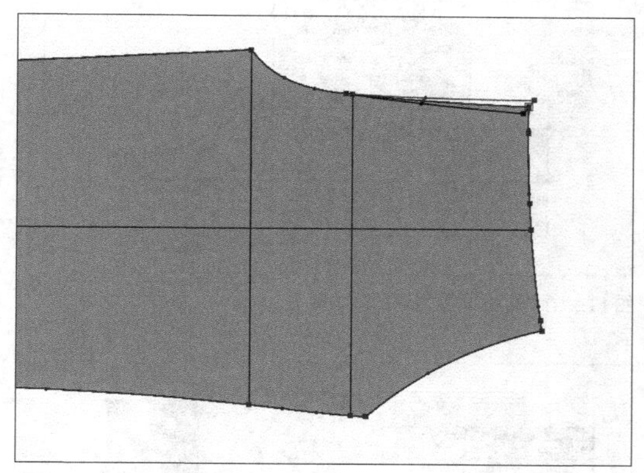

图11–5 腰围线上端点的放码

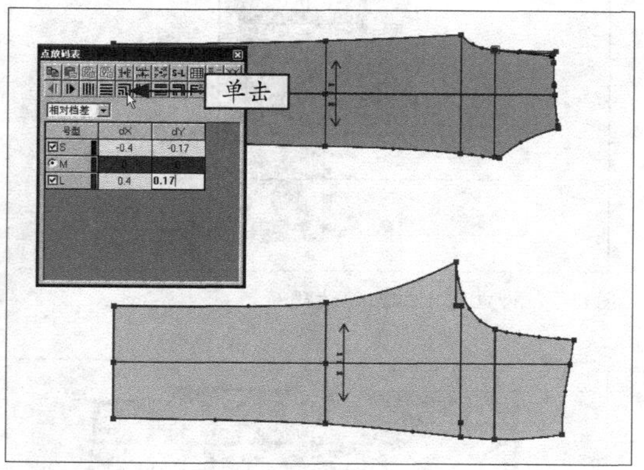

图11–6 单击“XY相等”按钮

步骤 7 执行操作后，即可完成前片臀围线上端点的放码。在工作区中选择前片横档线的上端点，在“点放码表”对话框中输入相应的参数，单击“XY相等”按钮，执行操作后，即可完成前片横档线上端点的放码，如图11–7所示。

步骤 8 在工作区中选择前片膝围线的上端点，在“点放码表”对话框中输入相应的参数，单击“XY相等”按钮，执行操作后，即可完成膝围线上端点的放码，如图11–8所示。

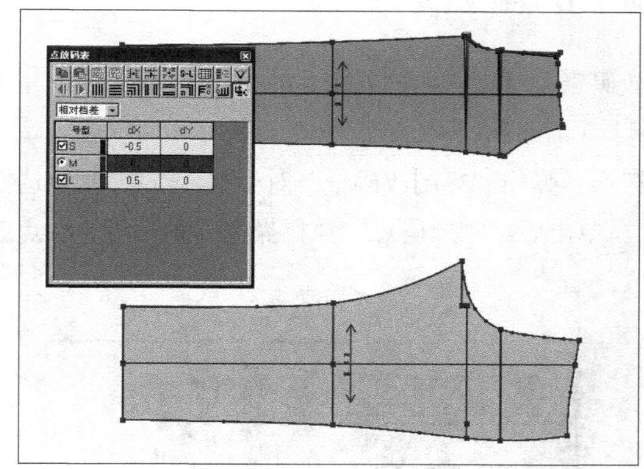

图11–7 横档线上端点的放码

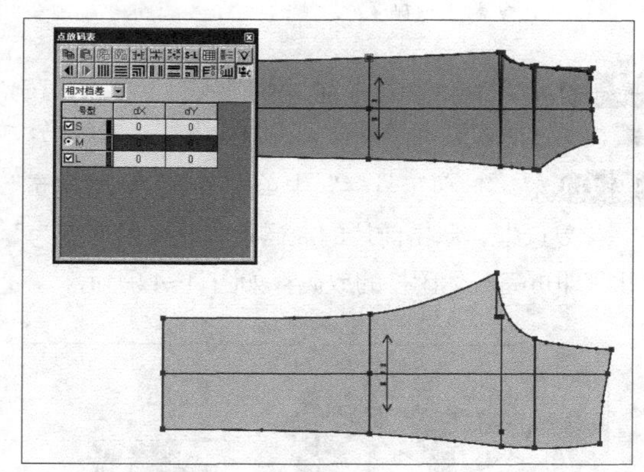

图11–8 膝围线上端点的放码

步骤 9 在工作区中选择前片脚口线的上端点，在“点放码表”对话框中输入相应的参数，单击“XY相等”按钮，执行操作后，即可完成脚口线上端点的放码，如图11–9所示。

步骤 10 在工作区中选择前片脚口线的上端点，在“点放码表”对话框中单击“复制放码量”，然后选择脚口线的中点，单击“粘贴X”按钮，此时即可复制粘贴放码量，然后单击“Y等于零”按钮，如图11–10所示。

步骤 11 在“放码工具栏”中单击“复制点放码量”按钮，弹出“复制放码量”对话框，选中XY单选按钮和Y→–Y复选框，单击前片上方的放码点，此时鼠标变为→2，再单击前片下方的放码点，执行操作后，即可复制点放码量，如图11–11所示。

步骤 12 在“纸样工具栏”中单击“选择纸样控制点”按钮，在工作区中选择前片臀围线的下端点，在“点放码表”对话框中输入相应的参数，单击“XY相等”按钮，执行操作后，即可完成臀围线下端点的放码，如图11–12所示。

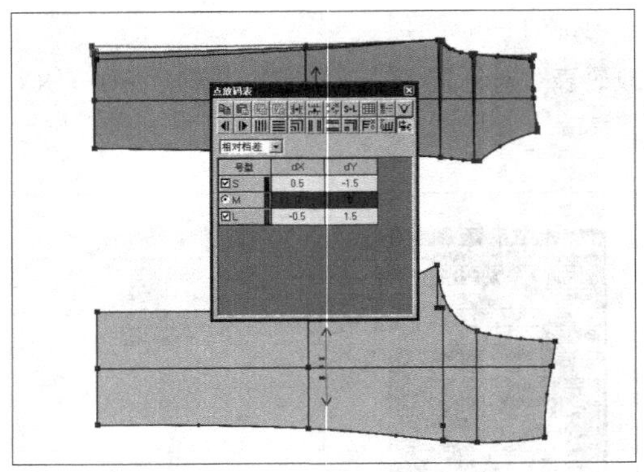

图11-9 脚口线上端点的放码

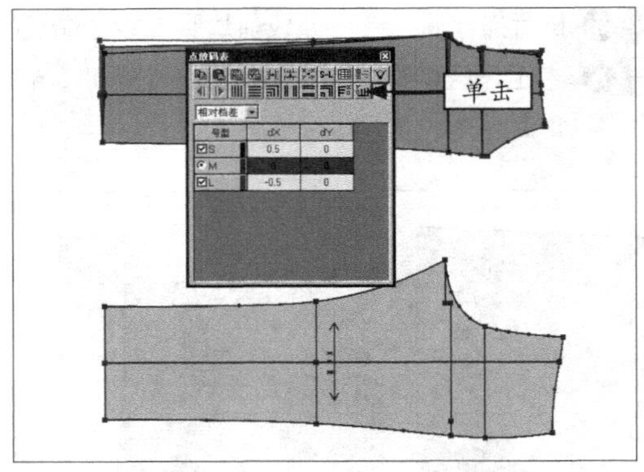

图11-10 单击“Y等于零”按钮

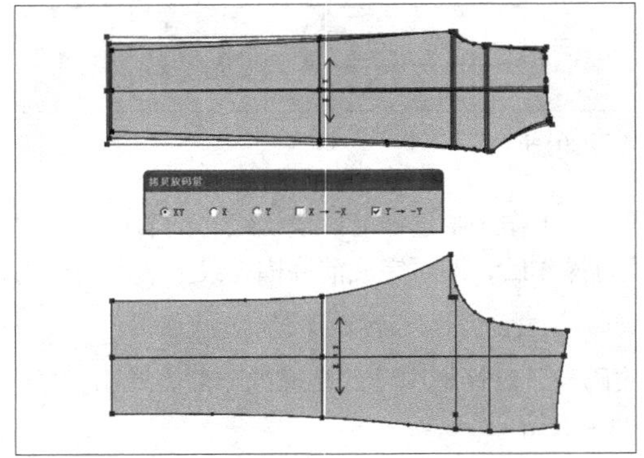

图11-11 复制点放码量

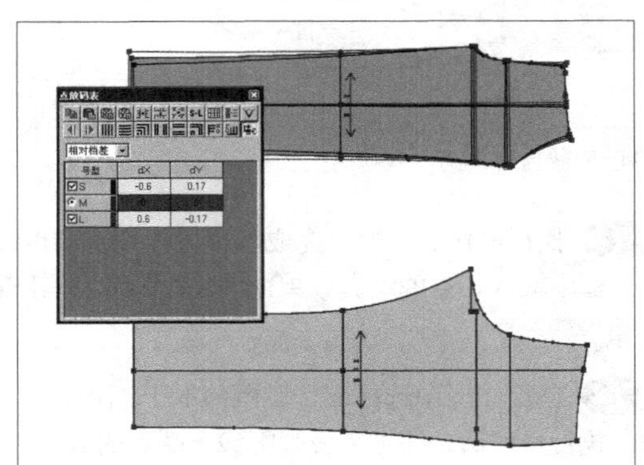

图11-12 臀围线下端点的放码

步骤 13 在工作区中选择前片腰围线的下端点，在“点放码表”对话框中输入相应的参数，单击“XY相等”按钮，执行操作后，即可完成腰围线下端点的放码，如图11-13所示。

步骤 14 在“放码工具栏”中单击“复制点放码量”按钮，弹出“复制放码量”对话框，选中XY单选按钮和Y→-Y复选框，单击前片的放码点，此时鼠标变为，再单击后片的放码点，执行操作后，即可复制点放码量，此时即可完成休闲裤的放码，如图11-14所示。

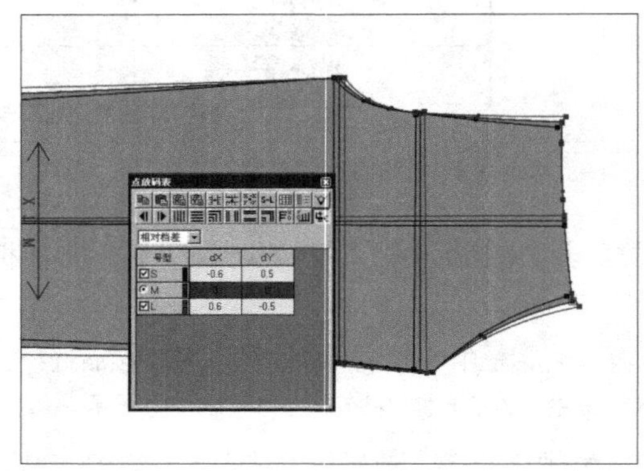

图11-13 腰围线下端点的放码

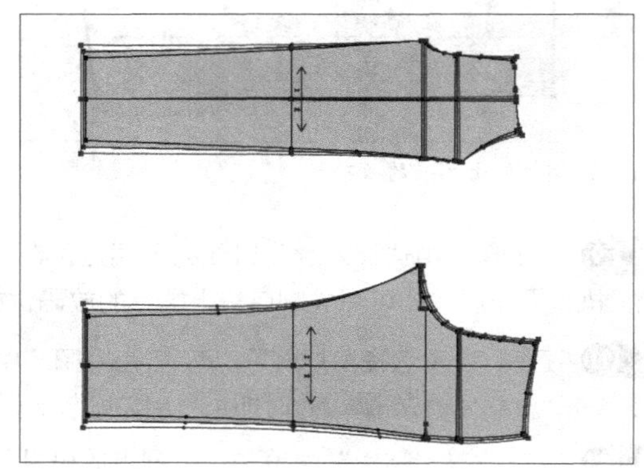

图11-14 休闲裤的放码

11.1.2 裙子的放码

本实例介绍裙子的放码。裙子的放码与休闲裤的放码大致相同，同样采用了“点放码表”、“选择纸样控制点”、“复制点放码量”等命令。

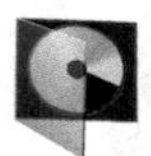

素材文件	光盘\素材\第11章\裙子.dgs
效果文件	光盘\效果\第11章\裙子.dgs
视频文件	光盘\视频\第11章\11.2裙子的放码.mp4

步骤解析

步骤 1 按【Ctrl+O】组合键，打开素材图形，如图11-15所示。

步骤 2 在快捷工具栏中单击“点放码表”按钮，弹出“点放码表”对话框，在“纸样工具栏”中单击“选择纸样控制点”按钮，在工作区中选择后片腰围线的右端点，在“点放码表”对话框中输入相应的参数，单击“XY相等”按钮，执行操作后，即可完成后片腰围线右端点的放码，如图11-16所示。

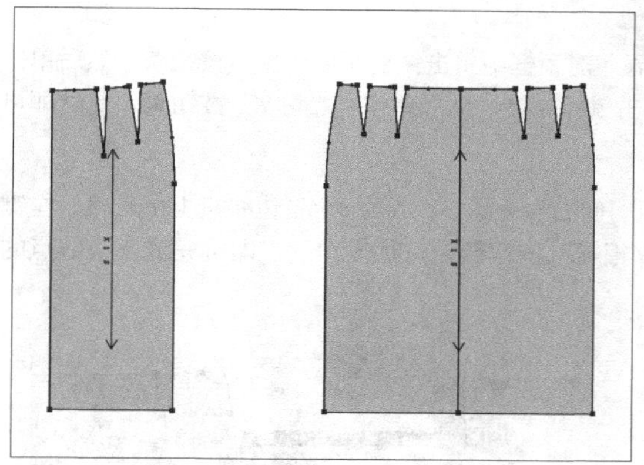

图11-15　打开素材图形

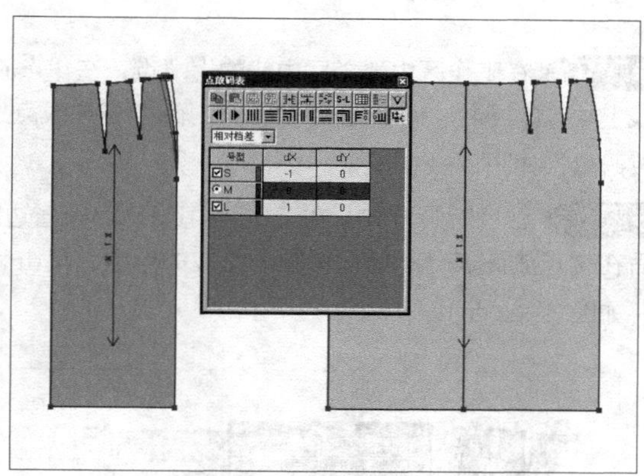

图11-16　腰围线右端点的放码

步骤 3 在工作区中选择后片臀围线的右端点，在“点放码表”对话框中输入相应的参数，单击“XY相等”按钮，执行操作后，即可完成后片臀围线右端点的放码，如图11-17所示。

步骤 4 在工作区中选择后片侧缝线的下端点，在“点放码表”对话框中输入相应的参数，单击“XY相等”按钮，执行操作后，即可完成后片侧缝线下端点的放码，如图11-18所示。

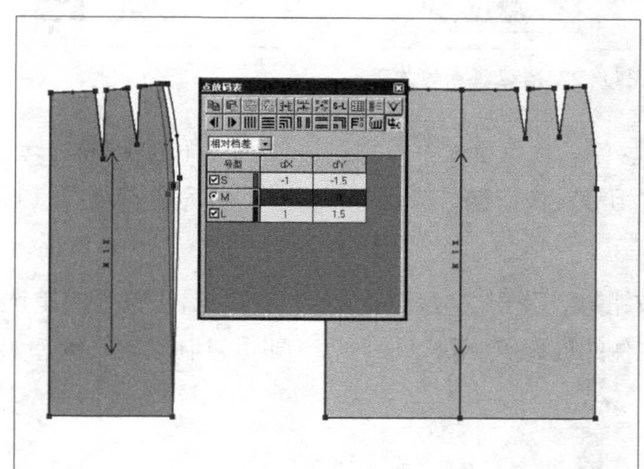

图11-17　臀围线右端点的放码

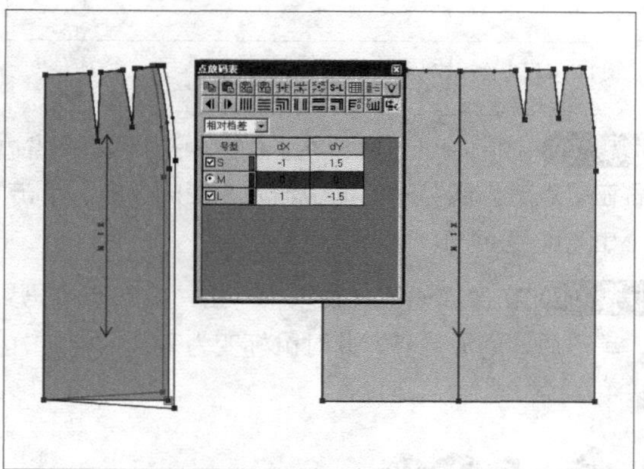

图11-18　侧缝线下端点的放码

步骤 5 在工作区中选择侧缝线的下端点，在“点放码表”对话框中单击“复制放码量”按钮，然后选择后中线的下端点，单击“粘贴Y”按钮，此时即可复制放码量，如图11-19所示。

步骤 6 在工作区中选择后中线的上端点，在“点放码表”对话框中输入相应的参数，单击“XY相等”按钮，执行操作后，即可完成后中线上端点的放码，如图11-20所示。

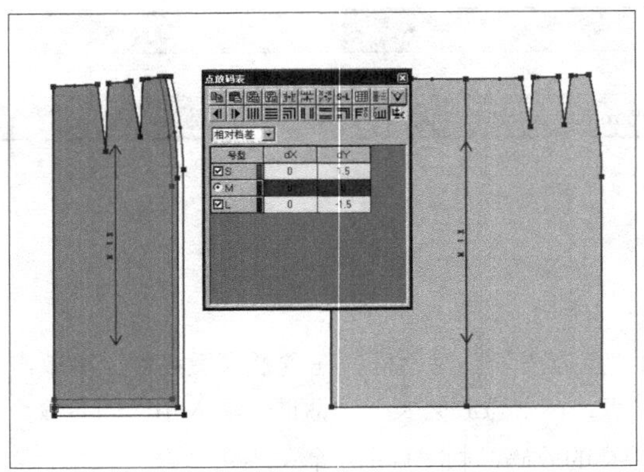
图11-19 复制放码量

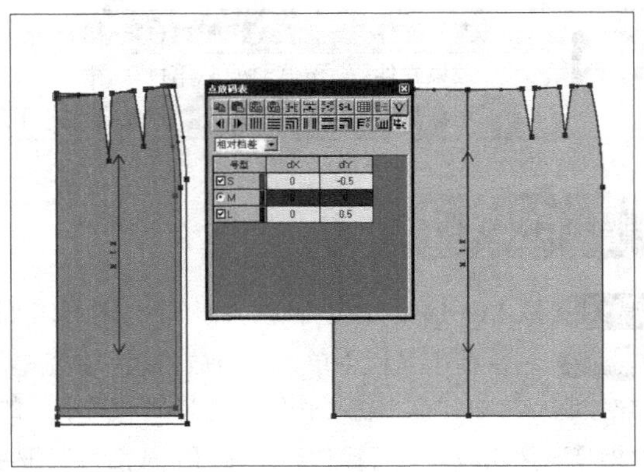
图11-20 后中线上端点的放码

步骤 7 在工作区中选择后中线的上端点，在“点放码表”对话框中单击“复制放码量”按钮，然后单击后中线上端点的同时，向右拖曳鼠标，至第4个省边线点上单击鼠标左键，然后单击“粘贴Y”按钮，此时即可复制放码量，如图11-21所示。

步骤 8 按顺时针方向，在工作区中选择第1个省边线点，向右拖曳鼠标，至第2个省边线点上单击鼠标左键，然后在“点放码表”对话框中输入相应的参数，单击“XY相等”按钮，执行操作后，即可完成省边线点的放码，如图11-22所示。

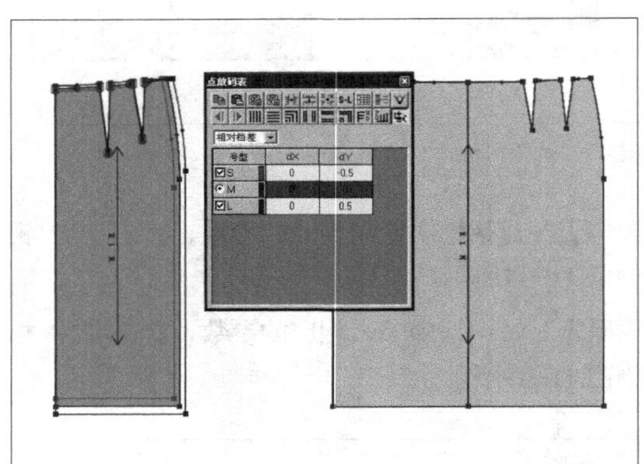
图11-21 复制放码点

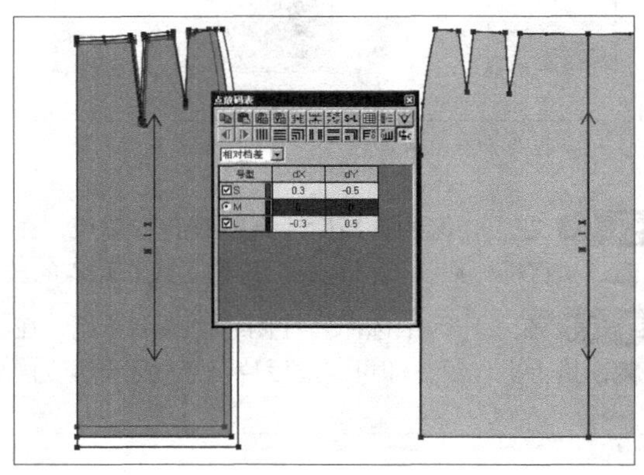
图11-22 省边线点的放码

步骤 9 按顺时针方向，在工作区中选择第3个省边线点，向右拖曳鼠标，至第4个省边线点上单击鼠标左键，然后在“点放码表”对话框中输入相应的参数，单击“XY相等”按钮，执行操作后，即可完成省边线点的放码，如图11-23所示。

步骤 10 在“放码工具栏”中单击“复制点放码量”按钮，弹出“复制放码量”对话框，选中XY单选按钮，单击后片的放码点，此时鼠标变为$^{+}$→2，再单击前片右侧的放码点，执行操作后，即可复制点放码量，如图11-24所示。

高手点拨

在复制放码量时，选择一个放码点后，当鼠标变为$^{+}$→2时，用户应选择需要复制放码量的点，而不是一次性选择被复制放码量的点。

步骤 11 在“复制放码量”对话框中选中XY单选按钮和X→-X复选框，单击前片右侧的放码点，此时鼠标变为$^{+}$→2，再单击前片左侧的放码点，执行操作后，即可复制点放码量，此时即可完成裙子的放码，如图11-25所示。

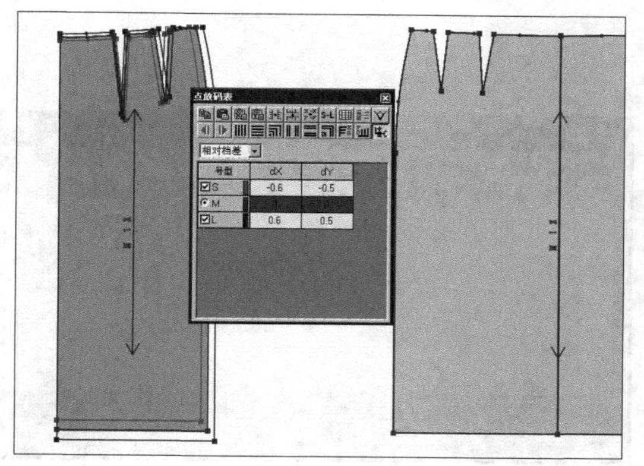

图11-23　省边线点的放码

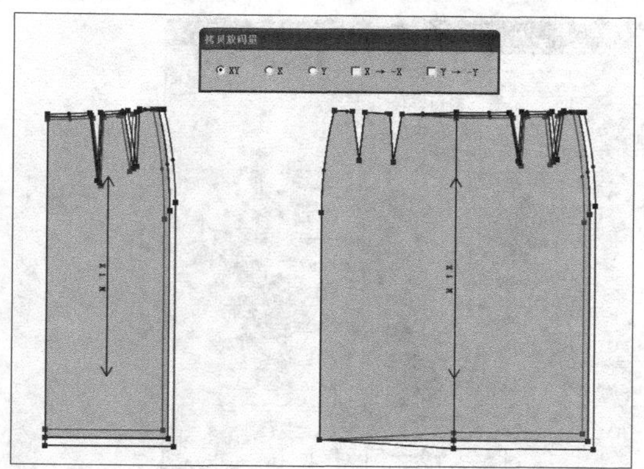

图11-24　复制放码量

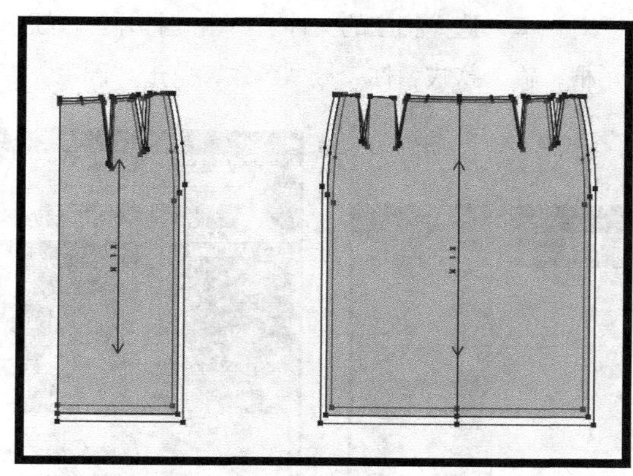

图11-25　裙子的放码

11.2 服装CAD排料

服装排料也称排版、排唛架、划皮、套料等，是指一个产品排料图的设计过程，是在满足设计、制作等要求的前提下，将服装各规格的所有衣片样板在指定的面料幅宽内进行科学的排列，以最小面积或最短长度排出用料定额。

11.2.1　休闲裤的排料

本实例介绍休闲裤的排料，要进行休闲裤的排料，休闲裤必须已经完成放码操作，该实例主要运用了"开始自动排料"命令。

素材文件	光盘\效果\第11章\休闲裤1.dgs
效果文件	光盘\效果\第11章\休闲裤.mkr
视频文件	光盘\视频\第11章\11.2.1休闲裤的排料.mp4

步骤解析

步骤 1 单击"新建"按钮，弹出"唛架设定"对话框，设置相应的参数，单击"确定"按钮，如图11-26所示。

步骤 2 弹出"选取款式"对话框，单击"载入"按钮，如图11-27所示。

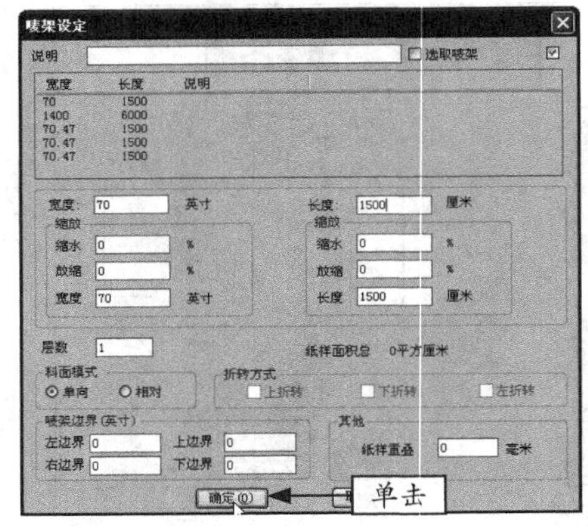

图11-26 单击“确定”按钮

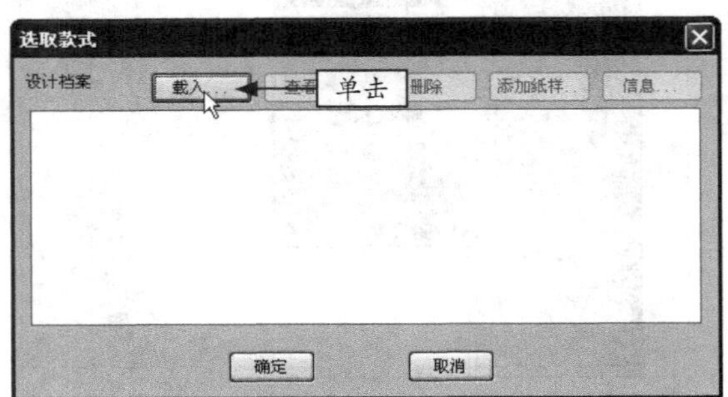

图11-27 单击“载入”按钮

步骤 3 弹出“选取款式文档”对话框，选择相应的文件，单击“打开”按钮，如图11-28所示。

步骤 4 弹出“纸样制单”对话框，输入款式名称、号型套数，单击“确定”按钮，如图11-29所示。

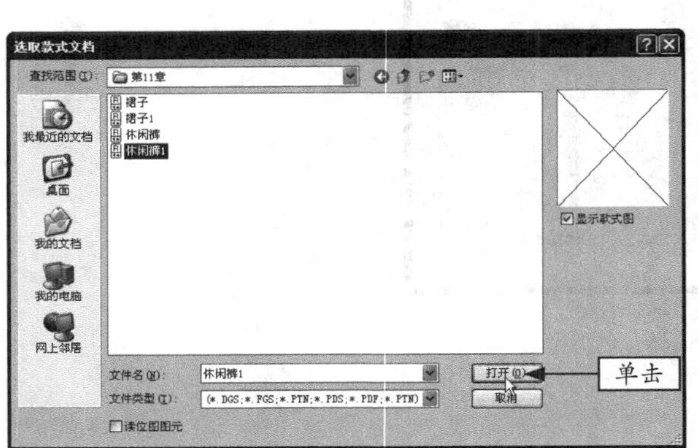

图11-28 单击“打开”按钮

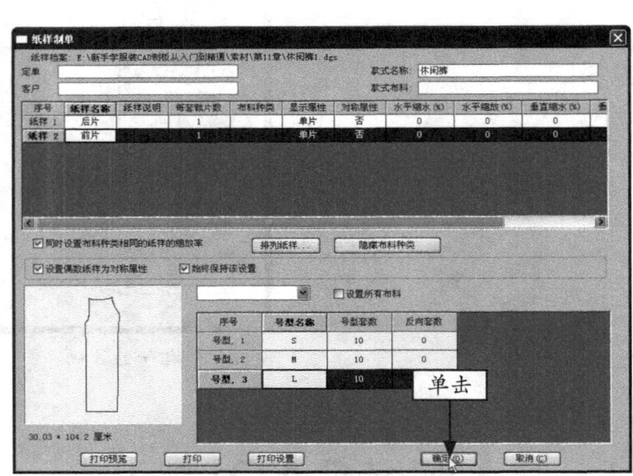

图11-29 单击“确定”按钮

步骤 5 返回到“选取款式”对话框，单击“确定”按钮，如图11-30所示。

步骤 6 单击“排料” | “开始自动排料”命令，如图11-31所示。

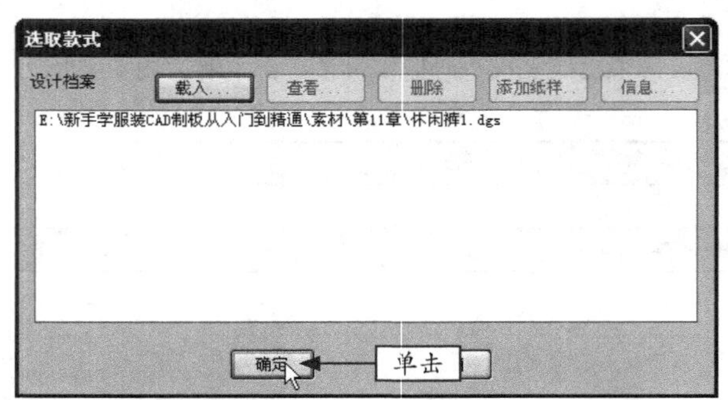

图11-30 单击“确定”按钮

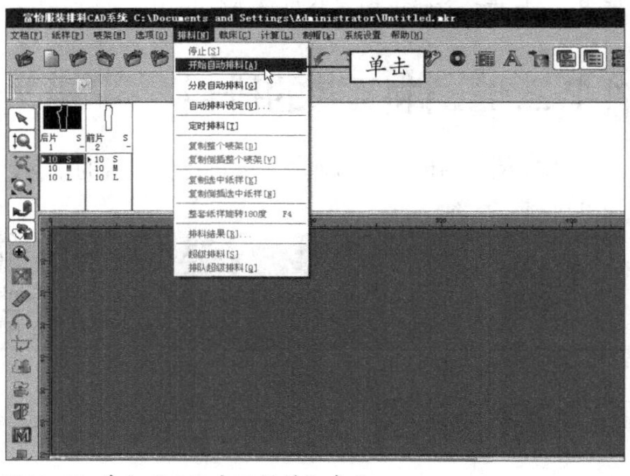

图11-31 单击“开始自动排料”命令

步骤 7 执行操作后，即可自动排料，如图11-32所示，且弹出“排料结果”对话框，如图11-33所示，单击“确定”按钮，即可完成休闲裤的排料。

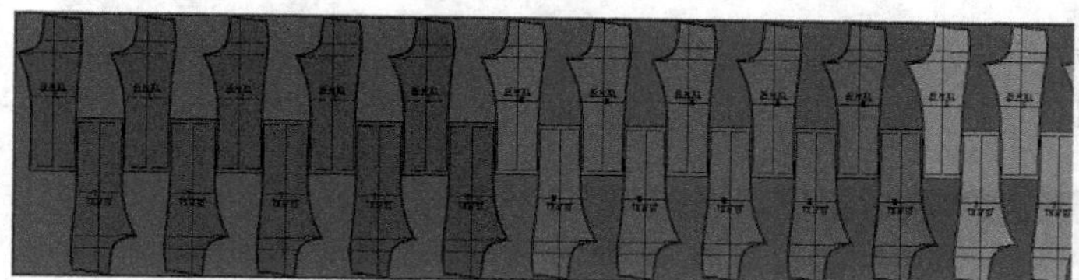

图11-32 自动排料

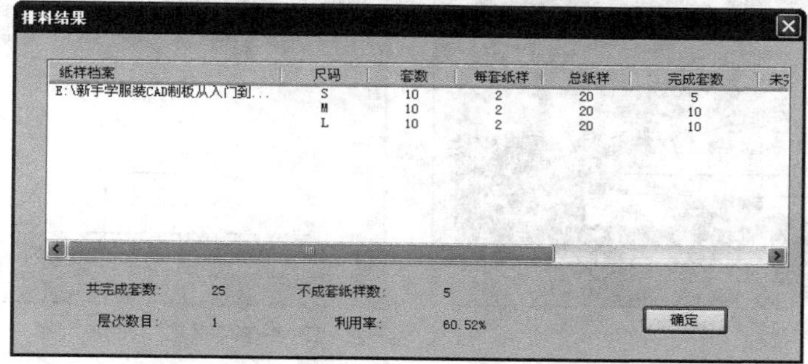

图11-33 “排料结果”对话框

11.2.2 裙子的排料

本实例介绍裙子的排料，要进行裙子的排料，裙子必须已经完成放码操作，该实例主要运用了“开始自动排料”命令。

	**素材文件**	光盘\素材\第11章\裙子1.dgs
	效果文件	光盘\效果\第11章\裙子.mkr
	视频文件	光盘\视频\第11章\11.2.2 裙子的排料.mp4

步骤解析

步骤 1 单击“新建”按钮，弹出“唛架设定”对话框，设置相应的参数，单击“确定”按钮，如图11-34所示。

步骤 2 弹出“选取款式”对话框，单击“载入”按钮，弹出“选取款式文件”对话框，选择相应的文件，单击“打开”按钮，如图11-35所示。

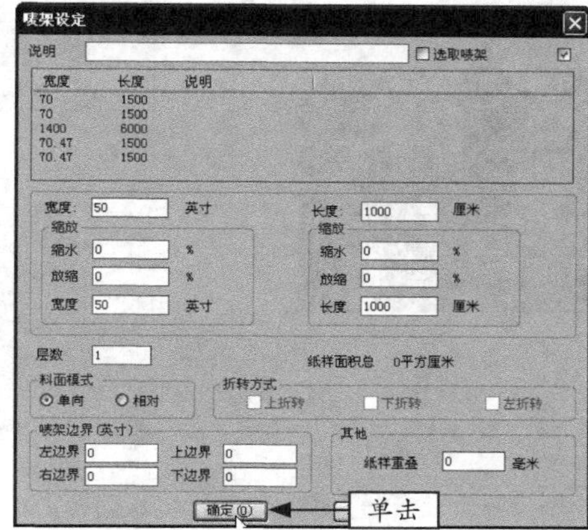

图11-34 单击“确定”按钮

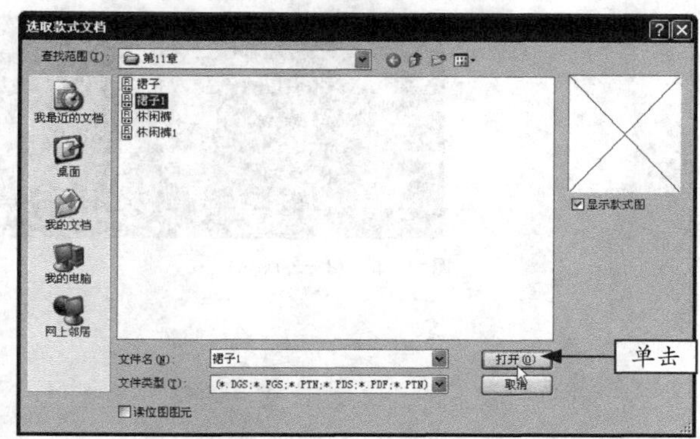

图11-35 单击“打开”按钮

步骤 3 弹出“纸样制单”对话框，输入款式名称、号型套数，单击“确定”按钮，如图11-36所示。

步骤 4 返回到“选取款式”对话框，单击“确定”按钮，如图11-37所示。

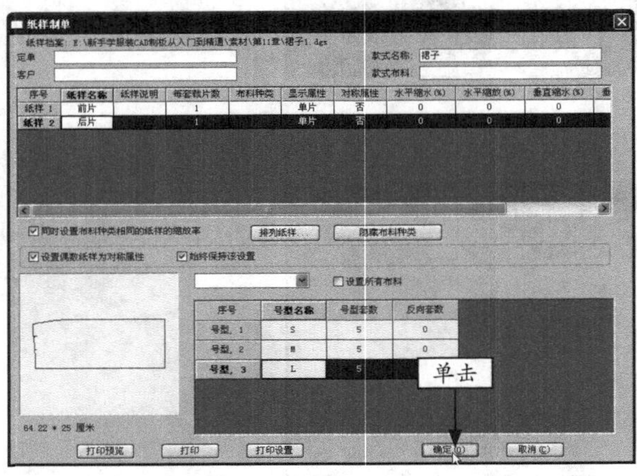

图11-36 单击“确定”按钮

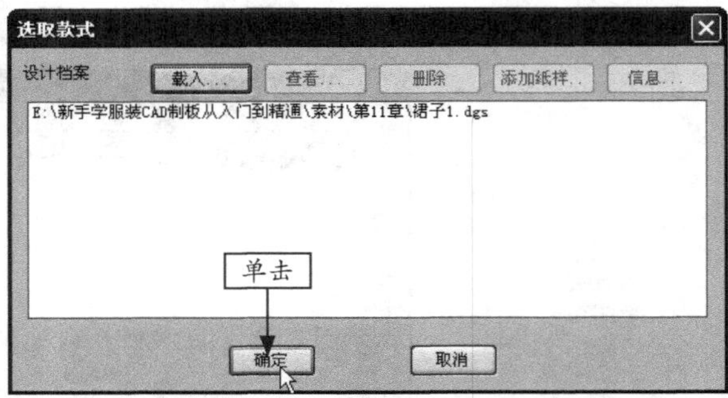

图11-37 单击“确定”按钮

步骤 5 单击“排料”|“自动排料设定”命令，如图11-38所示。

步骤 6 弹出“自动排料设置”对话框，选择“精细”单选按钮，单击“确定”按钮，如图11-39所示。

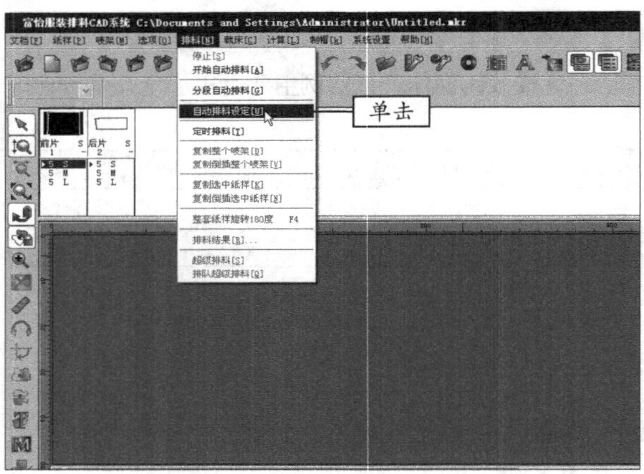

图11-38 单击“自动排料设定”命令

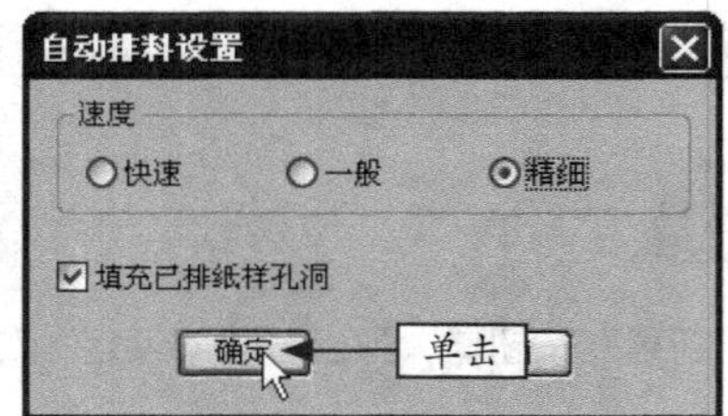

图11-39 单击“确定”按钮

步骤 7 单击“排料”|“开始自动排料”命令，执行操作后，即可自动排料，此时即可完成裙子的排料，如图11-40所示。

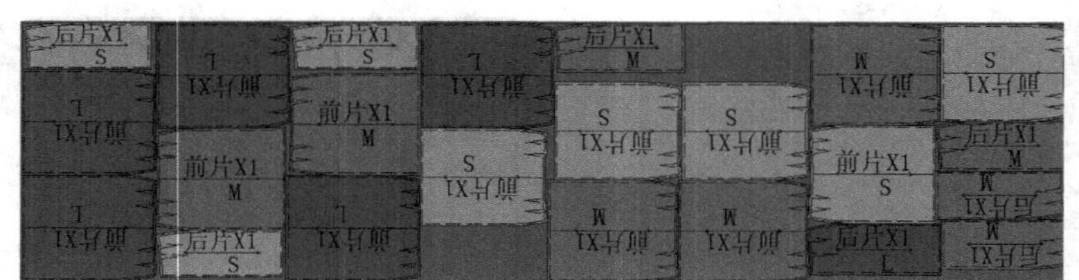

图11-40 裙子的排料